Informationstechnik

M. Bossert

Kanalcodierung

Informationstechnik

Herausgegeben von

Prof. Dr.-Ing. Dr.-Ing. E. h. Norbert Fliege, Mannheim
Prof. Dr.-Ing. Martin Bossert, Ulm

In der Informationstechnik wurden in den letzten Jahrzehnten klassische Bereiche wie analoge Nachrichtenübertragung, lineare Systeme und analoge Signalverarbeitung durch digitale Konzepte ersetzt bzw. ergänzt. Zu dieser Entwicklung haben insbesondere die Fortschritte in der Mikroelektronik und die damit steigende Leistungsfähigkeit integrierter Halbleiterschaltungen beigetragen. Digitale Kommunikationssysteme, digitale Signalverarbeitung und die Digitalisierung von Sprache und Bildern erobern eine Vielzahl von Anwendungsbereichen. Die heutige Informationstechnik ist durch hochkomplexe digitale Realisierungen gekennzeichnet, bei denen neben Informationstheorie Algorithmen und Protokolle im Mittelpunkt stehen. Ein Musterbeispiel hierfür ist der digitale Mobilfunk, bei dem die ganze Breite der Informationstechnik gefragt ist.

In der Buchreihe „Informationstechnik" soll der internationale Standard der Methoden und Prinzipien der modernen Informationstechnik festgehalten und einer breiten Schicht von Ingenieuren, Informatikern, Physikern und Mathematikern in Hochschule und Industrie zugänglich gemacht werden. Die Buchreihe soll grundlegende und aktuelle Themen der Informationstechnik behandeln und neue Ergebnisse auf diesem Gebiet reflektieren, um damit als Basis für zukünftige Entwicklungen zu dienen.

Kanalcodierung

Von Dr.-Ing. Martin Bossert
Professor an der Universität Ulm

2., vollständig neubearbeitete
und erweiterte Auflage

Mit 194 Bildern, 36 Tabellen
und 211 Beispielen

 Springer Fachmedien Wiesbaden GmbH **1998**

Die Deutsche Bibliothek – CIP-Einheitsaufnahme

Bossert, Martin:
Kanalcodierung / von Martin Bossert.
2., vollständig neubearb. und erw. Aufl. –
Stuttgart : Teubner, 1998
  (Informationstechnik)
  ISBN 978-3-322-90917-6   ISBN 978-3-322-90916-9 (eBook)
  DOI 10.1007/978-3-322-90916-9

© Springer Fachmedien Wiesbaden 1998
  Ursprünglich erschienen bei B. G. Teubner Stuttgart 1998
Softcover reprint of the hardcover 2nd edition 1998

VORWORT ZUR 1. AUFLAGE

Das vorliegende Buch entstand aus dem Manuskript zu der Vorlesung *Verfahren zur Kanalcodierung*, die ich an der TH Karlsruhe seit 1987 halte. Die Vorlesung richtet sich an Studenten im Hauptstudium der Fachrichtungen Elektrotechnik mit Schwerpunkt Nachrichtentechnik, Informatik und Mathematik. Das Ziel der Vorlesung – und damit auch des Buches – ist, die Verfahren, Methoden und Prinzipien der Kanalcodierung zu erläutern. Dabei kann auf Beweise an manchen Stellen – selbstverständlich nicht überall – verzichtet werden, um die für die Anwendung wichtigen Stellen ausführlicher zu erörtern.

Die Kapitel über verallgemeinerte Codeverkettung und über codierte Modulation sind neu hinzugekommen. Sie beruhen auf den Arbeiten, die ich 1987/88 durch ein Stipendium der Deutschen Forschungsgemeinschaft bei Prof. T. Ericson an der Universität Linköping in Schweden durchführen konnte. Obwohl diese Themen bisher nicht oder nur unvollständig im Vorlesungsmanuskript behandelt wurden, war der Inhalt schon wegen der aktuellen Thematik Teil der Vorlesung. In beiden Kapiteln wird versucht, sowohl die Grundlagen der Themen herauszuarbeiten als auch die Aufarbeitung für die Anwendung bereitzustellen.

Die Übungsaufgaben mit Lösungen sind nun an den entsprechenden Stellen integriert und sollen die Möglichkeit bieten, den behandelten Stoff zu vertiefen. An dieser Stelle möchte ich erwähnen, daß ich den Großteil der Übungsaufgaben zusammen mit meinem damaligen Kollegen Dr. K. Huber als wissenschaftlicher Angestellter am Institut von Prof. B. Dorsch an der TH Darmstadt erarbeitet habe.

Für die Mithilfe bei der Entstehung des Buches möchte ich mich bei Herrn P. Klund bedanken, der sehr sorgfältig mit dem nötigen Sachverstand einen großen Teil des handschriftlichen Vorlesungsmanuskripts in LaTeX umgesetzt hat. Mein besonderer Dank gilt Herrn Dr. C. Mahr, der mit Rat und Tat geholfen hat. Weiterhin bedanke ich mich bei meinen Kollegen bei der AEG Mobile Communication Frau Leinauer und den Herren H. Dieterich, H. Dreßler, J. Gerstner, M. Heilig, M. Reiner, G. Rossmanith und Dr. G. Schnabl für deren Mithilfe. Nicht zuletzt gilt mein Dank Herrn Prof. H. Wolf, dem Leiter des Lehrstuhls für Nachrichtensysteme an der TH Karlsruhe, der die Vorlesung *Verfahren zur Kanalcodierung* unterstützt, und Dr. J. Schlembach vom Teubner-Verlag für die konstruktive Zusammenarbeit.

Ulm, im April 1991   *Martin Bossert*

VORWORT ZUR 2. AUFLAGE

Gegenüber der ersten Auflage des Buches wurden einige Korrekturen, Ergänzungen und Änderungen vorgenommen. Die Korrekturen bedürfen keiner Erklärung. Die Änderungen betreffen hauptsächlich die Kapitel über Faltungscodes, verallgemeinerte Codeverkettung und codierte Modulation. Hier hat die Erfahrung aus meinen Vorlesungen gezeigt, daß Beispiele sehr nützlich sind, um durch unübersichtliche Notation nicht das Verständnis zu verhindern. Die Ergänzungen waren notwendig, da auf einigen Teilgebieten wesentliche Resultate hinzugekommen sind, etwa bei der Beschreibung von Blockcodes durch Trellisdiagramme.

Im Detail gibt es folgende Veränderungen zur ersten Auflage:

Kapitel 1: Codeverkürzung und -erweiterung sowie die Definition des dualen Codes wurden vorgezogen und weitere Aufgaben mit Lösungen hinzugefügt.

Kapitel 2: Die Definition von Ringen wurde ergänzt und weitere Beispiele angegeben (z.B. Gaußzahlen). Auch hier wurden zusätzliche Aufgaben mit Lösungen hinzugefügt.

Kapitel 3: Der Beweis des Berlekamp-Massey-Algorithmus wurde durch die Beschreibung des Zusammenhangs mit dem Euklidischen-Algorithmus überflüssig. Die einfache und zweifache Erweiterung von RS-Codes wurde aufgenommen, da diese später benötigt werden.

Kapitel 4: Nichtbinäre BCH-Codes und der Zusammenhang zu RS-Codes wurden ergänzt.

Kapitel 5 heißt in der neuen Auflage *„Weitere Codeklassen"*, und es werden nun RM-, Simplex-, Walsh-Hadamard-, konstazyklische-, nichtbinäre Hamming- und QR-Codes erläutert. Dabei wird speziell auf Pseudo-Noise- (PN-) und orthogonale Sequenzen eingegangen und der Zusammenhang der Codeklassen beschrieben.

Kapitel 6 heißt neu *„Eigenschaften von Codes und Trellisdarstellung"*. Auf dem Gebiet der Trellisdarstellung von Blockcodes sind speziell im Jahre 1996 einige elegante Ergebnisse veröffentlicht worden. Wegen der Wichtigkeit der Theorie der minimalen Trellisse wurde diese hier aufgenommen.

Kapitel 7: Die Decodierung von Blockcodes hat ebenfalls in den letzten Jahren einige Fortschritte erfahren. Es war deshalb notwendig, dieses Kapitel neu zu strukturieren. Dabei wurde versucht, die Konzepte der Verfahren, die bisher veröffentlicht wurden, zu klassifizieren und einheitlich zu beschreiben. Nach der Definition von Kanalmodellen und möglichen Metriken werden Decodierverfahren angegeben, die keine Zuverlässigkeitsinformation verwenden. Danach werden Decodierverfahren mit Zuverlässigkeitsinformation aufgeteilt in solche, die Codesequenzen schätzen und solche, die Codesymbole schätzen. Die ersteren werden als Listendecodierverfahren beschrieben, und letztere werden hauptsächlich zur iterativen Decodierung benutzt. Zum Schluß wird noch eine Verbindung zu Verfahren aus der Optimierungstheorie, wie etwa zu dem Simplex-Algorithmus, angegeben.

Kapitel 8: Dieses Kapitel wurde neu überarbeitet und mit vielen Beispielen ergänzt, speziell mit Hinblick auf die Betrachtung von Faltungscodes durch ihre algebraischen Eigenschaften. Mit integriert wurden auch die Beschreibung als lineare zeitinvariante Systeme und neue Distanzmaße. Für den praktischen Gebrauch von Faltungscodes rückt zunehmend die Decodierung mit Ausgabe von Zuverlässigkeitsinformation (Soft-Output) in den Vordergrund, die ebenfalls mit aufgenommen wurde. Auch sind aktuelle Tabellen guter Faltungscodes angegeben. Des weiteren wird die Verbindung zur Theorie der Blockcodes über die sogenannte Unit-Memory-Beschreibung von Faltungscodes erläutert.

Kapitel 9: Die verallgemeinerte Verkettung von Codes ist bisher nur in russischen Büchern beschrieben. Dank der engen Kooperation mit russischen Wissenschaftlern konnten diese Quellen genutzt werden und dieses mächtige Konzept wird hier grundlegend beschrieben. Dabei wurde versucht, auf viele bekannte Varianten einzugehen und auch neuere Ergebnisse, wie die der Verkettung mit inneren Faltungcodes, zu integrieren. Das Hauptziel ist dabei, das Verständnis der Konzepte durch Beispiele zu vermitteln, da eine allgemeingültige Notation sehr komplex ist. Mit Block- und Faltungscodes als innere bzw. äußere Codes werden die vier damit möglichen verketteten Codes untersucht. Bei den als mehrfach verketteten Codes beschreibbaren RM-Codes wird ein verbesserter Decodieralgorithmus erläutert.

Kapitel 10: Codierte Modulation wird als Spezialfall der verallgemeinerten Codeverkettung einheitlich beschrieben. Auch hier wurden zur Veranschaulichung zahlreiche Beispiele ergänzt. Die aus der Literatur bekannten Verfahren werden ebenfalls mit dieser Beschreibung klassifiziert. Außerdem werden neue Konzepte für Modulationsverfahren mit Gedächtnis vorgestellt.

Es ist klar, daß ein Buch nicht unabhängig vom Umfeld des Autors entsteht, ja es spiegelt sogar dieses wieder. Deshalb gilt mein erster Dank meinem Lehrer Viktor Zyablov vom *Institute of Problems of Information Transmission* (IPPI) der Akademie der Wissenschaften in Moskau, und meinen Kollegen Sergo Shavgulidze von der Universität in Tiflis, Georgien, und Valodja Sidorenko, ebenfalls vom IPPI. Von ihnen habe ich durch zahllose Diskussionen und gemeinsame Projekte sowohl menschlich wie fachlich viel gelernt.

Dann möchte ich mich ganz besonders bei meinen Mitarbeitern bedanken, ohne deren Mithilfe das Buch nicht hätte entstehen können: Helmut Grießer, Ralph Jordan, Rainer Lucas, Adrian Donder, Armin Häutle und Hans Dieterich.

Weiterhin waren wichtige Mithelfer: Markus Breitbach, Thomas Frey, Johannes Maucher, Ramon Nogueroles, Gottfried Rossmanith und Walter Schnug sowie Christoph Haslach, Sven Riedel, Gabriele Buch, Claudia Osmann, Armin Dammann, Michael Lentmeier, Christian Kempter, und die Gäste Stefan Dodunekov und Ernst Gabidulin. Ganz besonderen Dank auch Herrn Dr. J. Schlembach vom

Teubner-Verlag für die konstruktive Zusammenarbeit und den zahllosen weiteren Helfern, die zum Gelingen des Buches beigetragen haben. Des weiteren möchte ich mich bei den Studenten bedanken, die wertvolle Hinweise zur Darstellung des Stoffes gegeben haben.

Ich habe mich immer gewundert, warum die Autoren den Familienangehörigen danken. Nach diesem Buch weiß ich es und danke ganz besonders meiner geliebten Familie, meiner Frau Inge und meinen Kindern Marie-Luise, Magdalena und Sebastian, für deren Verständnis.

Ulm, im Januar 1998   *Martin Bossert*

Inhaltsverzeichnis

Einleitung   **1**

1 Grundbegriffe   **7**
  1.1 Gewicht, Distanz 9
     1.1.1 Mindestdistanz und Fehlerkorrigierbarkeit 10
     1.1.2 Hamming-Schranke 12
  1.2 Prüfmatrix und Syndrom 13
  1.3 Decodierprinzipien 14
  1.4 Fehlerwahrscheinlichkeit 18
  1.5 Hamming-Codes 20
  1.6 Generatormatrix 21
  1.7 Zyklische Codes 23
  1.8 Dualer Code 23
  1.9 Erweiterung und Verkürzung von Codes 24
  1.10 Kanalkapazität und Kanalcodiertheorem 25
  1.11 Zusammenfassung 28
  1.12 Übungsaufgaben 29

2 Galois-Felder   **33**
  2.1 Gruppe 33
  2.2 Ring, Körper 34
  2.3 Primkörper 35
     2.3.1 Primitives Element 36
     2.3.2 Euklidischer Algorithmus 37
     2.3.3 Gaußkörper 41
  2.4 Erweiterungskörper 42
     2.4.1 Irreduzible Polynome 43
     2.4.2 Primitive Polynome, Wurzeln 44
     2.4.3 Eigenschaften von Erweiterungskörpern 47
  2.5 Kreisteilungsklassen 49
  2.6 Quadratische Reste 50
  2.7 Zusammenfassung 51
  2.8 Übungsaufgaben 52

3 Reed-Solomon-Codes   **55**
  3.1   Definition von RS-Codes 55
       3.1.1   Diskrete Fourier-Transformation (DFT) 57
       3.1.2   Generatorpolynom 58
       3.1.3   Prüfpolynom 59
       3.1.4   Codierung 60
       3.1.5   Allgemeinere Definition 61
       3.1.6   GRS-Codes und Erweiterung von RS-Codes 61
  3.2   Algebraische Decodierung 65
       3.2.1   Schlüsselgleichung 68
       3.2.2   Berlekamp-Massey-Algorithmus 72
       3.2.3   Euklidischer Algorithmus 73
       3.2.4   Fehlerwertberechnung 81
       3.2.5   Äquivalenz von Euklidischem und BM-Algorithmus 84
       3.2.6   Auslöschungskorrektur 85
  3.3   Zusammenfassung 88
  3.4   Übungsaufgaben 89

4 BCH-Codes   **93**
  4.1   Primitive BCH-Codes 93
       4.1.1   Definition mit Kreisteilungsklassen 93
       4.1.2   Definition mit DFT 96
       4.1.3   Eigenschaften von primitiven BCH-Codes 96
       4.1.4   Berechnung des Generatorpolynoms 98
  4.2   Nicht-primitive BCH-Codes 100
  4.3   Verkürzte und erweiterte BCH-Codes 101
  4.4   Nicht-binäre BCH-Codes und RS-Codes 102
       4.4.1   Nicht-binäre BCH-Codes 102
       4.4.2   Zusammenhang zwischen RS- und BCH-Codes 102
  4.5   Asymptotisches Verhalten von BCH-Codes 103
  4.6   Decodierung von BCH-Codes 104
  4.7   Zusammenfassung 104
  4.8   Übungsaufgaben 106

5 Weitere Codeklassen   **107**
  5.1   RM-Codes (1. Ord.), Simplex-Codes und Walsh-Sequenzen 107
       5.1.1   Reed-Muller- und Hamming-Code 109
       5.1.2   Hamming- und Simplex-Code 110
       5.1.3   Simplex-Code und binäre Pseudo-Zufallsfolgen 111
       5.1.4   Reed-Muller- und Simplex-Code 115
  5.2   Reed-Muller-Codes höherer Ordnung 117
  5.3 q-wertige Hamming-Codes 119
  5.4   Quadratische-Reste-Codes 122
  5.5   Konsta- und negazyklische Codes 123
  5.6   Codes durch binäre Interpretation von $q = 2^m$ und $\mathbb{Z}_4$ 125

5.7 Zusammenfassung 127
5.8 Übungsaufgaben 128

6 Eigenschaften von Blockcodes und Trellisdarstellung   **131**
6.1 Dualer Code und MacWilliams-Identität 131
6.2 Automorphismus 137
6.3 Gilbert-Varshamov-Schranke 138
6.4 Singleton-Schranke (MDS) 139
6.5 Reiger-Schranke (Bündelfehlerkorrektur) 140
6.6 Asymptotische Schranken 141
6.7 Minimales Trellis von linearen Blockcodes 143
   6.7.1 Konstruktion mit Hilfe der Prüfmatrix 145
   6.7.2 Konstruktion mit Hilfe der Generatormatrix 147
   6.7.3 Eigenschaften eines minimalen Trellisses 152
6.8 Zusammenfassung 157
6.9 Übungsaufgaben 159

7 Decodierung von Blockcodes   **161**
7.1 Kanalmodelle und Metriken 163
   7.1.1 q-närer symmetrischer Kanal 164
   7.1.2 Additives weißes Gaußsches Rauschen (AWGN) 165
   7.1.3 Zeitvariante Kanäle 166
   7.1.4 Hamming- und euklidische Metrik 167
7.2 Decodierprinzipien, Zuverlässigkeit, Komplexität und Codiergewinn 169
   7.2.1 Decodierprinzipien 169
   7.2.2 Zuverlässigkeit und Decodierprinzipien für die binäre Über-
       tragung 170
   7.2.3 Decodierkomplexität und der Satz von Evseev 177
   7.2.4 Codiergewinn 179
7.3 Decodierverfahren ohne Zuverlässigkeitsinformation 180
   7.3.1 Permutationsdecodierung 180
   7.3.2 Mehrheitsdecodierung (*majority logic decoding*) 183
   7.3.3 DA-Algorithmus 186
   7.3.4 HDML-Decodierung – Viterbi-Algorithmus 188
7.4 Decodierverfahren mit Zuverlässigkeitsinformation 190
   7.4.1 Symbolweise Soft-Decision-Decodierung 192
   7.4.2 Listendecodierung im Codetrellis – Viterbi-Algorithmus . . 201
   7.4.3 Listendecodierung im Coderaum C 202
   7.4.4 Listendecodierung im Coderaum $C^{\perp}$ 217
7.5 Decodierung als Optimierungsproblem 220
7.6 Zusammenfassung 224
7.7 Übungsaufgaben 225

8 Faltungscodes   **227**
  8.1 Grundlagen von Faltungscodes 228
      8.1.1 Codierung durch sequentielle Schaltkreise 229
      8.1.2 Impulsantwort und Faltung 230
      8.1.3 Einflußlänge, Gedächtnisordnung und Gesamteinflußlänge . 232
      8.1.4 Generatormatrix im Zeitbereich 234
      8.1.5 Zustandsdiagramm, Codebaum und Trellis 236
      8.1.6 Freie Distanz und Distanzfunktion 240
      8.1.7 Terminierung, Truncation und Tail-Biting 245
      8.1.8 Generatormatrix im transformierten Bereich 248
      8.1.9 Systematische und katastrophale Generatormatrizen 252
      8.1.10 Punktierte Faltungscodes 255
  8.2 Algebraische Beschreibung 259
      8.2.1 Code, Generatormatrix und Codierer 259
      8.2.2 Faltungscodierer in Steuer- und Beobachterentwurf 260
      8.2.3 Äquivalente Generatormatrizen 263
      8.2.4 Smith-Form einer Generatormatrix 265
      8.2.5 Basisgeneratormatrix 267
      8.2.6 Katastrophale Generatormatrizen 269
      8.2.7 Systematische Generatormatrizen 271
      8.2.8 Prüfmatrix und dualer Code 273
  8.3 Distanzmaße 274
      8.3.1 Spalten- und Zeilendistanz 274
      8.3.2 Erweiterte Distanzmaße 278
  8.4 Maximum-Likelihood (Viterbi-) Decodierung 283
      8.4.1 Metrik 284
      8.4.2 Viterbi-Algorithmus 286
      8.4.3 Schranken zur Decodierfähigkeit 290
      8.4.4 Interleaving 294
      8.4.5 Soft-Output-Viterbi-Algorithmus (SOVA) 294
  8.5 Maximum-a-posteriori-Decodierung (MAP) 298
      8.5.1 BCJR-Algorithmus 298
      8.5.2 Max-Log-MAP-Algorithmus 301
  8.6 Sequentielle Decodierung 304
      8.6.1 Fano-Metrik 304
      8.6.2 Zigangirov-Jelinek (ZJ)-Decodierer 306
      8.6.3 Fano-Decodierer 306
  8.7 (Partial-) Unit-Memory-Codes, (P)UM-Codes 308
      8.7.1 Definition von (P)UM-Codes 308
      8.7.2 Trellis von (P)UM-Codes 311
      8.7.3 Distanzmaße bei (P)UM-Codes 312
      8.7.4 Konstruktion von (P)UM-Codes 313
      8.7.5 BMD-Decodierung 315
  8.8 Tabellen guter Codes 317
  8.9 Zusammenfassung 322

8.10 Übungsaufgaben 324

9 Verallgemeinerte Codeverkettung **325**
9.1 Einführende Beispiele 328
9.2 GC-Codes mit Blockcodes 334
   9.2.1 Definition von GC-Codes 334
   9.2.2 Zur Partitionierung von Blockcodes 337
   9.2.3 Codekonstruktionen 344
   9.2.4 Decodierung von GC-Codes 350
   9.2.5 UEP-Codes mit mehrstufigem Fehlerschutz 368
   9.2.6 Zyklische Codes als GC-Codes 369
   9.2.7 GC-Codes durch Codierung des Syndroms 374
9.3 GC-Codes mit Faltungscodes 382
   9.3.1 Partitionierung von (P)UM-Codes 383
   9.3.2 Einführende Beispiele zur Partitionierung durch das Trellis 386
   9.3.3 Partitionierung von Faltungscodes 394
   9.3.4 Konstruktion und Decodierung eines GC-Codes 399
   9.3.5 Turbo-Codes und ungelöste Probleme 405
9.4 GC-Codes mit Block- und Faltungscodes 407
   9.4.1 Innere Faltungs- und äußere Blockcodes 408
   9.4.2 Innere Block- und äußere Faltungscodes 413
9.5 Mehrfachverkettung und Reed-Muller-Codes 415
   9.5.1 GMC, Decodieralgorithmus für RM-Codes 416
   9.5.2 L-GMC, Listendecodierung von RM-Codes 422
   9.5.3 Simulationsergebnisse und Komplexität 426
9.6 Zusammenfassung 430

10 Codierte Modulation **435**
10.1 Einführende Beispiele 436
10.2 GC mit Blockmodulation 437
   10.2.1 Partitionierung von Signalen 438
   10.2.2 Definition der Codierten Modulation 441
   10.2.3 Lattices und verallgemeinerte Mehrfachverkettung 442
   10.2.4 Decodierung 447
   10.2.5 Trelliscodierte Modulationssysteme 450
10.3 GC mit Faltungsmodulation 452
   10.3.1 Einführendes Beispiel 453
   10.3.2 Algebraische Beschreibung der Faltungsmodulation 455
   10.3.3 Partitionierung für Faltungsmodulation 458
   10.3.4 Äußere Faltungscodes 459
   10.3.5 Äußere Blockcodes 462
10.4 Zusammenfassung 463

A Metriken   **465**
  A.1 Lee-Metrik 465
  A.2 Manhattan- und Mannheim-Metrik 468
  A.3 Kombinatorische Metrik 469

B Log-Likelihood-Algebra   **473**

C Lösungen zu den Übungsaufgaben   **475**

Literaturverzeichnis   **503**

Sachverzeichnis   **519**

Einleitung

Unter dem Begriff Codierung versteht man im allgemeinen die Zuordnung einer Nachrichtenmenge zu einer Menge von Symbolen oder Zeichen. Dabei können unterschiedliche Ziele verfolgt werden. Die Codierung zur Verschlüsselung oder zur Authentifizierung wird Kryptographie genannt und wird verwendet, um Nachrichten gegen mißbräuchliche Benutzung zu schützen. Die Quellencodierung versucht, eine Nachrichtenmenge zu komprimieren, und die Kanalcodierung versucht, eine Nachrichtenmenge gegen zufällige Störungen unempfindlich zu machen.

Ein allgegenwärtiges Beispiel für Kanalcodierung stellt die Sprache bzw. der geschriebene Text dar. Die Sprache enthält Redundanz, und diese kann bei fehlerhafter Übertragung (Druckfehler, Lese-Schreibschwäche des Verfassers, etc.) zur Korrektur der Fehler benutzt werden. Die Redundanz ergibt sich aus der Tatsache, daß nicht alle Worte, die man etwa aus 7 Buchstaben bilden kann, gültige (sinnvolle) Worte einer Sprache darstellen. Die gültigen Worte sind die Codeworte, und die Decodierung bedeutet, ein gültiges Codewort möglichst „nahe" an einer Buchstabenfolge zu finden.

Um meiner Frau und meinen Kindern zu erklären, was Kanalcodierung ist, haben wir folgendes Experiment durchgeführt. Ich habe ein Sprichwort ausgewählt und die Kinder haben den Übertragungskanal gespielt, indem gewürfelt wurde und zusätzlich irgendein Buchstabe aus den 26 des Alphabets gezogen wurde. Die Zahl des Würfels entsprach den fehlerfreien Stellen zwischen denen ein regulärer Buchstabe gegen einen gezogenen ausgetauscht wurde. Heraus kam:

„Eina Rdisd von raascnd Mqiler eeginft mit eqneo einzlgen Echrdtt."
Chinesisches Sprichwort

Meine Frau mußte anschließend die Decodierung durchführen, indem sie für jedes fehlerhafte Wort ein gültiges Wort suchte (gleichzeitig benutzt man selbstverständlich implizit die sinnvolle Aussage des ganzen Satzes). Sie konnte alle Fehler korrigieren und die Aussage des Sprichwortes gibt Mut neue, auf den ersten Blick sehr komplexe Dinge anzugehen (etwa ein Lehrbuch zu schreiben oder aber zu studieren).

Als Ursprung sowohl der Informationstheorie als auch der Kanalcodierung wird die Arbeit von C. E. Shannon [Sha48] aus dem Jahre 1948 angesehen, in der schon absolute Grenzen für die Möglichkeiten der Kanalcodierung angegeben wurden. Wie bei der Sprache werden bei der Kanalcodierung zusätzlich zu den Informations- noch Redundanzzeichen hinzugefügt, die benutzt werden, um durch Störungen entstandene Fehler zu erkennen bzw. zu korrigieren. Dies kann mit zwei prinzipiell unterschiedlichen Codeklassen durchgeführt werden: den Blockcodes, bei denen voneinander unabhängige Blöcke – die Codewörter – mit einem konstanten Ver- hältnis von Information und Redundanz gebildet werden, und den Faltungscodes, bei denen die Redundanz kontinuierlich durch Verknüpfung (Faltung) der Infor- mation gebildet wird.

Die Kanalcodierung ist ein recht junges Gebiet. Van Lint schreibt noch 1982 in [Lint], daß es deshalb „nicht überraschend sei, daß die Kanalcodierung noch keine Standard-Vorlesung an den meisten Universitäten ist", was Ursache für eine nur zögernd voranschreitende Anwendung von Kanalcodierung in der Praxis war. Diese Situation hat sich inzwischen gewandelt, und ein digitales Kommunikationssystem ist ohne Kanalcodierung kaum mehr denkbar.

Das vorliegende Buch soll die grundlegenden Prinzipien, Methoden und Verfah- ren erläutern, die in der Kanalcodierung verwendet werden. Die Wahl eines Codes ist vor allem vom vorliegenden Kanal abhängig. Ein wesentlicher Punkt für die praktische Verwendung von Codes ist deren Decodierung, die im Vordergrund ste- hen soll. Desweiteren wird in Kommunikationssystemen zunehmend das mächtige Konzept der Codeverkettung (codierte Modulation) eingesetzt, das von Grund auf im letzten Teil des Buches eingeführt wird. Elementare Kenntnisse in Wahrschein- lichkeitstheorie und Nachrichtentechnik werden vorausgesetzt.

Zunächst werden im Kapitel 1 einige elementare Grundbegriffe, Modelle, Konzepte und Definitionen angegeben. Eine Abschätzung der erreichbaren Parameter von Blockcodes, d. h. ihrer Decodierfähigkeit, stellt eine obere Schranke bereit. Die möglichen Decodierprinzipien werden erörtert und die Decodierfehlerwahrschein- lichkeiten dazu definiert. In Kapitel 2 wird die Theorie der Galois-Felder erläutert, d. h. Primkörper und Erweiterungskörper. Ein wichtiges Hilfsmittel ist hierbei der Euklidische Algorithmus, der den größten gemeinsamen Teiler von zwei ganzen Zahlen berechnet. Die Kenntnisse der elementaren Algebra erleichtern die Code- konstruktionen, und erlauben später elegant zyklische Codes zu konstruieren, wie sie etwa als sogenannter CRC-Code (*cyclic redundancy check*) bekannt sind.

Die Reed-Solomon-Codes werden in Kapitel 3 eingeführt. Dabei werden aus zwei Gründen nur Primkörper verwendet, obwohl die Theorie auch unverändert für Erweiterungskörper gilt. Der erste Grund ist, daß das ungewohnte Rechnen in Erweiterungskörpern nicht die Theorie verdeckt und der zweite, daß man Reed- Solomon-Codes verstehen kann, auch wenn man sich „nur" die Theorie zu Prim- körpern angeeignet hat. Zur Decodierung wird das algebraische Decodierverfahren beschrieben, das den Berlekamp-Massey- oder den Euklidischen Algorithmus zur Lösung bestimmter Gleichungen verwendet. Wir werden die Äquivalenz beider Algorithmen zeigen.

Für die Erörterung von BCH-Codes in Kapitel 4 wird dann zusätzlich die Theorie der Erweiterungskörper benötigt. Hierbei konzentrieren wir uns auf Erweiterun- gen des binären Grundkörpers. Der Zusammenhang zwischen Reed-Solomon- und

BCH-Codes wird erläutert, und zur Decodierung kann ebenfalls das algebraische Verfahren verwendet werden.

Weitere Codeklassen, die von praktischem Interesse sind, werden in Kapitel 5 eingeführt. Dabei handelt es sich u. a. um Codes, die zur Erzeugung von orthogonalen bzw. biorthogonalen Signalen und PN-Sequenzen (*pseudo noise*) dienen. Namentlich sind dies Simplex-, Reed-Muller- und Hamming-Codes sowie Walsh- und Hadamard-Sequenzen. Außerdem werden die binären Quadratischen-Reste-Codes in Abschnitt 5.4 definiert, die mit zu den besten bekannten Codes gehören.

In Kapitel 6 werden allgemeine Eigenschaften von Blockcodes behandelt, die dann in Kapitel 7 benutzt werden, um weitere Decodierverfahren herzuleiten. Inzwischen ist die Beschreibung eines Blockcodes durch ein Trellis (Netzdiagramm) zu einem unerläßlichen Hilfsmittel geworden, und deshalb werden die fundamentalen Begriffe, Definitionen und Eigenschaften dazu angegeben und erläutert.

Auf die Decodierung von Blockcodes wird ausführlich in Kapitel 7 eingegangen. Es werden unterschiedliche Decodierverfahren beschrieben, die einerseits notwendig sind, um Codes decodieren zu können, die nicht algebraisch decodierbar sind, und andererseits werden sie für die Anwendung, häufig sowohl wegen der größeren Decodiergeschwindigkeit, als auch wegen der Möglichkeit Zuverlässigkeitsinformation zu benutzen, dem algebraischen Verfahren vorgezogen. Die Methoden der Signalschätzung liefern nämlich im allgemeinen nicht nur eine binäre Entscheidung, sondern zusätzlich eine Information über die Zuverlässigkeit der Entscheidung. Wie diese zusätzliche Information zur Decodierung verwendet werden kann, wird in Abschnitt 7.4 beschrieben, d. h. es wird erläutert, wie sie von dem entsprechenden Decodieralgorithmus verwendet wird. Dabei handelt es sich u. a. um Verfahren wie: Permutationsdecodierung, Schwellwertdecodierung, Listendecodierung, iterative symbolweise Decodierung und Mehrheitsdecodierung. Grundsätzlich werden wir dabei zwischen optimalen und suboptimalen Verfahren unterscheiden. Letztere sind notwendig, um den unrealistisch hohen Rechenaufwand zu reduzieren. Ein Code muß also so gewählt werden, daß er möglichst viele Fehler, die charakteristisch sind für den gegebenen Kanal, korrigieren kann, und die Komplexität der Decodierung im Rahmen des Möglichen liegt.

Für Faltungscodes werden in Kapitel 8 die elementaren Theorien erläutert. Dabei werden sowohl die möglichen klassischen Beschreibungsformen von Faltungscodes angegeben, als auch die algebraische Betrachtung. Die große praktische Bedeutung verdanken die Faltungscodes der möglichen Decodierung durch den Viterbi-Algorithmus, der hier nochmals erörtert wird, obwohl wir ihn in Kapitel 7 bei der Decodierung von Blockcodes benutzt haben. Desweiteren beschreiben wir die sequentielle Decodierung von Faltungscodes mittels Fano- und ZJ-Algorithmus sowie die Decodierung mit zusätzlicher Ausgabe von Zuverlässigkeitsinformation, die zunehmend praktische Bedeutung erlangt. Diese Methode kann u. a. bei der Verkettung von Faltungscodes verwendet werden. Die Punktierung (*puncturing*) von Faltungscodes ermöglicht es, Codes mit mehrstufigem Fehlerschutz zu konstruieren. Am Ende dieses Kapitels sind noch Tabellen von guten Faltungscodes angegeben.

Im Kapitel 9 wird das Prinzip der verallgemeinerten Codeverkettung erläutert.
Dieses sehr mächtige Prinzip geht von der Idee aus, zwei Codes seriell zu verketten, die dann innerer und äußerer Code genannt werden. Die Partitionierung des
inneren Codes und die Anwendung mehrerer äußerer Codes führt dann zur verallgemeinerten Verkettung von Codes. Eine Beschreibung dieser Theorie hat bislang
nur Eingang in russische Lehrbücher gefunden und wird deshalb umfassend in den
Kapiteln 9 und 10 erläutert und für die Anwendung aufbereitet. Entscheidende
Vorteile dieses Prinzips sind dabei u. a. die Möglichkeit, Codes mit mehrstufigem
Fehlerschutz zu konstruieren, die gleichzeitige Korrektur von Bündel- und Einzelfehlern, und die für die Anwendung wichtige Tatsache, daß aus mehreren *kurzen*
Codes relativ *lange* Codes konstruiert werden können. Wir werden auf die verall-
gemeinerte Verkettung von Block- und Faltungscodes eingehen, wobei anzumerken
ist, daß sich das Gebiet noch in der Forschung befindet, d. h. noch viele ungelöste
Probleme existieren.

Mit Hilfe der verallgemeinerten Codeverkettung gelingt es, die Klasse der Reed-
Muller-Codes einfach zu beschreiben. Die Konsequenz dieser Beschreibung ist ein
neues Decodierverfahren, das die Benutzung von vorhandener Zuverlässigkeitsinformation erlaubt. Dieses neue Decodierverfahren werden wir in Abschnitt 9.5.1
erläutern. Es hat, verglichen mit allen bisher bekannten Decodierverfahren für
Reed-Muller-Codes, eine extrem geringe Komplexität, d. h. die Decodierung benötigt wenig Rechenoperationen.

Die Theorie der verallgemeinerten Codeverkettung erlaubt als Spezialfall die codierte Modulation in Kapitel 10 zu beschreiben. Deshalb werden die Kenntnisse
aus Kapitel 9 fast vollständig für Kapitel 10 vorausgesetzt. Die codierte Modulation stellt zur Zeit einen aktuellen Forschungsschwerpunkt in der Nachrichtentheo-
rie dar. Der Zugang zu diesem Gebiet mittels verallgemeinerter Codeverkettung
erlaubt sowohl eine abstrakte Beschreibung als auch Konstruktionsmethoden für
codierte Modulationssysteme. Weit verbreitet ist die codierte Modulation auch unter dem Namen trelliscodierte Modulation. Die Benutzung von mehrdimensionalen
Räumen erlaubt eine flexiblere Ausnutzung der verwendeten Verfahren bei codierten Modulationssystemen. Die mehrdimensionalen Signalkonstellationen sind auch
unter dem Namen Lattice bekannt, und einige davon werden wir als verallgemeinerte Codeverkettung beschreiben.

Über 200 Beispiele dienen dazu, die Theorie sofort zu veranschaulichen. Die Beispiele sind häufig Voraussetzung für weitere Beispiele und sollten deshalb nachvoll-
zogen werden. Am Ende der Kapitel 1–8 sind Übungsaufgaben angegeben, deren
mögliche Lösungen im Anhang C beschrieben werden. Die Aufgaben sollen zum
tieferen Verständnis beitragen, sind jedoch keine Voraussetzung für den Inhalt der
jeweils folgenden Kapitel.

Als Leser dieses Buches ist es möglich unterschiedliche Schwerpunkte zu setzen,
und deshalb sollen im folgenden einige Hinweise über spezielle Teilgebiete des
Buches angegeben werden:

- Die Codierung und Decodierung der BCH- und RS-Codes werden durch die
  Kapitel 1–4 abgedeckt.

- Die Decodierung von binären linearen Blockcodes wird durch die Kapitel 1, 6 und 7 beschrieben.

- Die Theorie zu Faltungscodes und ihre Decodierung befinden sich in Kapitel 8. Zusätzlich werden noch die Abschnitte 7.1 und 7.2 für die Kanalmodelle, die Metrik und die Zuverlässigkeitsinformation benötigt.

- Die Beschreibung von Blockcodes durch ein Trellis sowie die Theorie zum minimalen Trellis ist in Abschnitt 6.7 erläutert. Hierzu ist die Kenntnis von Kapitel 1 vorausgesetzt.

Einige Themen, wie beispielsweise Viterbi-Decodierung oder Zuverlässigkeitswerte, werden sowohl im Kontext von Block- als auch von Faltungscodes behandelt. Die Wiederholung scheint aber durchaus sinnvoll, da man die Thematik so aus unterschiedlichen Perspektiven kennenlernt. Im Hinblick auf die Notation habe ich mich an den gängigen Veröffentlichungen orientiert, um die Lektüre weiterführender Literatur zu erleichtern. Da diese Notation bei Block- und Faltungscodes etwas unterschiedlich ist, spiegelt sich dies auch in diesem Buch wider.

Es ist klar, daß ein derartiges Buch nicht gänzlich fehlerfrei sein kann. Angesichts der behandelten Thematik bleibt jedoch zu hoffen, daß genügend Redundanz vorliegt, um diese Fehler zu erkennen und zu korrigieren.

1 Grundbegriffe

Das Problem der Kanalcodierung kann durch das in Bild 1.1 gezeigte Modell beschrieben werden. Die Informationsfolge **i** des Senders wird durch einen Codierer in die Codefolge **c** umgewandelt. Durch eventuell auftretende Störungen im Kanal wird eine Folge **r** empfangen, aus der der Decodierer die mit größter Wahrscheinlichkeit gesendete Informationsfolge $\hat{\mathbf{i}}$ bestimmen muß. Dazu äquivalent ist, aus der empfangenen Folge **r** die Codefolge **c** bzw. die Fehlerfolge **f** zu bestimmen.

Der Kanal beschreibt verschiedenartige Gegebenheiten, z. B. Schreiben und Lesen auf bzw. von einem Speicher, Senden, Toleranzen von Herstellungsverfahren, Nebensprechen auf Leitungen, usw. Um diese Gegebenheiten zu abstrahieren, werden Kanalmodelle verwendet. Ist der Kanal gedächtnislos, so kann er durch die Angabe der bedingten Wahrscheinlichkeiten beschrieben werden:

$$P\left(r \mid c\right),$$

d. h. die Wahrscheinlichkeit, daß das Zeichen r empfangen wurde unter der Annahme, daß das Zeichen c gesendet wurde. In Bild 1.2 ist das sehr einfache Modell des symmetrischen Binärkanals (*binary symmetric channel*, BSC) angegeben.

Im folgenden wollen wir annehmen, daß die Folgen aus binären Zeichen 0 und 1 bestehen. Beim BSC wird eine gesendete 0 mit der Wahrscheinlichkeit p im Kanal verfälscht und als 1 empfangen, d. h. ein Fehler ist aufgetreten, und mit der Wahrscheinlichkeit $1 - p$ korrekt übertragen; entsprechend symmetrisch für eine gesendete 1. Um zu gewährleisten, daß bei Rechenoperationen mit 0 und 1 als Ergebnis wiederum nur die Zeichen 0 und 1 entstehen, definieren wir das Rechnen modulo einer Zahl.

Definition 1.1 (Modulorechnung) *Seien $a, c \in \mathbb{Z}$ ganze Zahlen und $b \in \mathbb{N}, d \in \mathbb{N}_0$ ($\mathbb{N}_0$ und $\mathbb{N}$ ist die Menge der ganzen positiven Zahlen mit bzw. ohne Null) und*

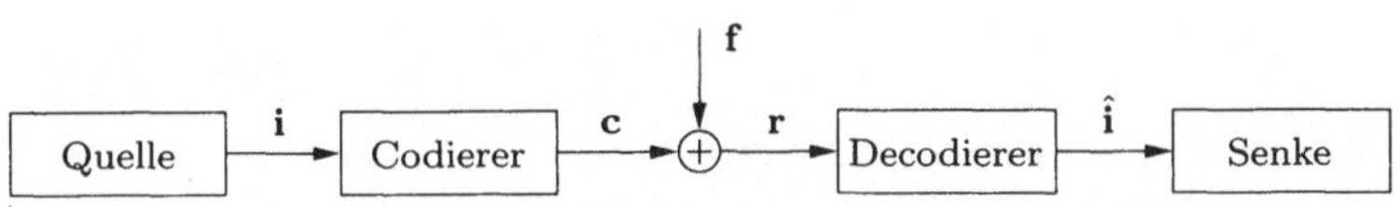

Bild 1.1: Digitales Übertragungssystem.

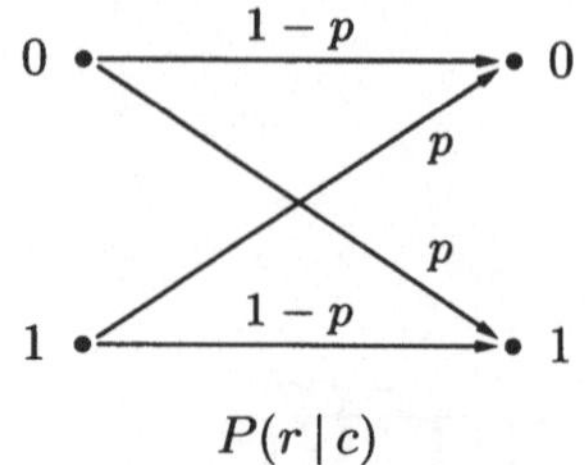

$P(r\,|\,c)$

Bild 1.2: Symmetrischer Binärkanal (BSC).

gelte $a = c \cdot b + d$, so schreibt man

$$a = d \quad \mathrm{mod}\ b, \quad \text{es gilt: } d < b$$

(sprich: a kongruent d modulo b).

Beim Rechnen modulo einer Zahl b werden Vielfache der Zahl b nicht berücksichtigt, d. h.

$$c \cdot b = 0 \quad \mathrm{mod}\ b.$$

Beispiel 1.1 (Modulorechnung) Es folgen einige Rechenbeispiele:
$71 = 1 \mod 7, \quad -13 = 2 \mod 5, \quad 30 = 6 \mod 8, \quad 25 \cdot 31 = 4 \cdot 3 = 5 \mod 7.$ ⋄

Blockcode: Ein Blockcode $\mathcal{C}$ der Länge n ist die Menge der Vektoren $\mathbf{c}$, die aus n Zeichen $c_0, c_1, \ldots, c_{n-1}$ bestehen. Jeder Blockcode kann durch unterschiedliche Codierer erzeugt werden. Ein möglicher Codierer für einen linearen Code (Definition 1.3) ordnet jeder Informationsfolge aus k Zeichen $i_0, i_1, \ldots, i_{k-1}$ genau eine Codefolge zu und k heißt Dimension des Codes. Die Anzahl der Redundanzzeichen ist $n - k$. Das Verhältnis k/n wird als *Coderate* bezeichnet. Werden ausschließlich binäre Zeichen verwendet, so spricht man von einem binären Blockcode und die Symbole 0 und 1 werden auch das Alphabet des Codes genannt.

Beispiel 1.2 (Parity-Check-Code, PC-Code) Die Codiervorschrift eines PC-Codes (*single parity check code*) der Länge n lautet: Wähle die ersten $n-1$ Stellen $c_0, c_1, \ldots, c_{n-2}$ eines Codewortes $\mathbf{c} = (c_0, c_1, \ldots, c_{n-1})$ als die $n-1$ Informationszeichen $i_0, i_1, \ldots, i_{n-2}$ und die $(n-1)$-te Stelle c_{n-1}, so daß gilt: $\sum_{j=0}^{n-2} i_j + c_{n-1} = 0 \mod 2$. Für $n = 3$ ergeben sich die folgenden Codewörter:

i_0	i_1	c_2
0	0	0
0	1	1
1	0	1
1	1	0

⋄

Beispiel 1.3 (Wiederholungscode, RP-Code) Ein binärer Wiederholungscode (*repetition code*) der Länge n besteht aus zwei Codewörtern, dem Nullwort $c_0 = c_1 = \ldots = c_{n-1} = 0$ und dem Alleinsenwort $c_0 = c_1 = \cdots = c_{n-1} = 1$. ⋄

Definition 1.2 (Addition von Codewörtern) *Die Addition zweier Codewörter* **c** + **a** *ist definiert durch die Addition der j-ten Stellen $c_j + a_j$, $j = 0, 1, \ldots, n-1$, jeweils* mod 2.

Definition 1.3 (Linearer Code) *Ein Code C ist* linear, *wenn die lineare Verknüpfung (z. B. die Addition) von Codewörtern wieder ein Codewort ist.*

Wir werden uns ausschließlich mit linearen Codes beschäftigen. Für nichtlineare Codes sei auf [McWSl] verwiesen. Auch Parity-Check-Codes (Beispiel 1.2) und Wiederholungscodes (Beispiel 1.3) sind lineare Codes.

Wir können eine binäre Folge auch als Vektor mit binären Komponenten betrachten und bezeichnen im folgenden mit $\mathbb{F}_2^n$ alle möglichen binären Vektoren der Länge n.

Definition 1.4 (Skalarprodukt) *Seien* **a**, **b** $\in \mathbb{F}_2^n$, *so ist das Skalarprodukt definiert als*

$$\langle \mathbf{a}, \mathbf{b} \rangle = \sum_{i=0}^{n-1} a_i \cdot b_i \quad \mathrm{mod}\ 2\ .$$

1.1 Gewicht, Distanz

Wir wollen hier die sogenannte Hamming-Metrik definieren, die zunächst für unsere Betrachtungen genügt. In Kapitel 7 bzw. im Anhang A werden weitere Metriken eingeführt.

Definition 1.5 (Hamming-Gewicht) *Das (Hamming-) Gewicht eines Vektors* **c** *ist die Anzahl der von 0 verschiedenen Elemente von* **c**:

$$\mathrm{wt}(\mathbf{c}) = \sum_{j=0}^{n-1} \mathrm{wt}(c_j) \quad mit \quad \mathrm{wt}(c_j) = \left\{ \begin{array}{ll} 0, & c_j = 0 \\ 1, & c_j \neq 0 \end{array} \right. .$$

Definition 1.6 (Hamming-Distanz) *Die (Hamming-) Distanz zweier Vektoren* **a**, **c** *ist die Anzahl der unterschiedlichen Elemente von* **a** *und* **c**:

$$\begin{array}{lll} \mathrm{dist}(\mathbf{a}, \mathbf{c}) & = & \displaystyle\sum_{j=0}^{n-1} \mathrm{wt}(a_j + c_j) \quad mit \quad \mathrm{wt}(a_j + c_j) = \left\{ \begin{array}{ll} 0, & c_j = a_j \\ 1, & c_j \neq a_j \end{array} \right. , \\ \mathrm{dist}(\mathbf{a}, \mathbf{c}) & = & \mathrm{wt}\,(\mathbf{a} + \mathbf{c})\ . \end{array}$$

Definition 1.7 (Gewichtsverteilung) *Die Gewichtsverteilung $W = (w_0, w_1, \ldots, w_n)$ eines Codes C der Länge n gibt an, wieviele Codewörter (w_j) mit Gewicht j existieren. W kann auch als Polynom in x geschrieben werden, d. h.*

$$W(x) = \sum_{j=0}^{n} w_j x^j\ .$$

Für lineare Codes $\mathcal{C}$ gilt immer $w_0 = 1$, d.h. das Nullwort muß ein Codewort sein, wegen $(\mathbf{c} + \mathbf{c} = \mathbf{0} \in \mathcal{C})$. Außerdem ist die Gewichtsverteilung eines linearen Codes gleich der Distanzverteilung, d.h. die Hamming-Distanzen eines beliebigen Codewortes zu allen anderen Codeworten.

Beispiel 1.4 (Gewichtsverteilung) Die Gewichtsverteilung des Parity-Check-Codes der Länge $n = 3$ aus Beispiel 1.2 ist:

$$W = (1, 0, 3, 0)\,.$$

Die Gewichtsverteilung eines Wiederholungscodes der Länge n aus Beispiel 1.3 ist:

$$w_0 = 1, \quad w_n = 1, \quad w_j = 0, \; j = 1, \dots, n-1\,. \qquad \diamond$$

1.1.1   Mindestdistanz und Fehlerkorrigierbarkeit

Definition 1.8 (Mindestdistanz) *Die Mindestdistanz d eines Codes $\mathcal{C}$ ist die minimale Distanz zweier unterschiedlicher Codewörter:*

$$d = \min_{\substack{\mathbf{a},\mathbf{c} \in \mathcal{C} \\ \mathbf{a} \neq \mathbf{c}}} \{\mathrm{dist}(\mathbf{a}, \mathbf{c})\}\,.$$

Für lineare Codes ist die Mindestdistanz gleich dem minimalen Gewicht:

$$d = \min_{\substack{\mathbf{a},\mathbf{c} \in \mathcal{C} \\ \mathbf{a} \neq \mathbf{c}}} \{\mathrm{wt}(\mathbf{a} + \mathbf{c})\} = \min_{\substack{\mathbf{c} \in \mathcal{C} \\ \mathbf{c} \neq \mathbf{0}}} \{\mathrm{wt}(\mathbf{c})\}\,.$$

Die Eigenschaft *Mindestdistanz gleich Minimalgewicht* ist sehr wichtig, da sie benutzt werden kann, um Codes mit bestimmtem Minimalgewicht zu konstruieren. Dies ist in der Regel sehr viel einfacher, als Codes mit bestimmter Mindestdistanz zu konstruieren.

Wieviele Fehler kann man mit einem Code $\mathcal{C}$ korrigieren?
Dazu betrachten wir zwei Codewörter, die die Mindestdistanz d besitzen. Ist ein Fehler in einem Codewort aufgetreten, so hat das empfangene Wort die Distanz 1 zum Codewort. Der n-dimensionale Raum ist natürlich nicht auf Papier darstellbar. Wir wollen aber zur Veranschaulichung folgende Hilfsdarstellung wählen: Zwei benachbarte Punkte haben die Hamming-Distanz 1. Damit kann nun der Sachverhalt der Fehlerkorrigierbarkeit in Bild 1.3 dargestellt werden.

Im linken Teil des Bildes 1.3 ist die Hamming-Distanz d zwischen $\mathbf{a}$ und $\mathbf{c}$ gleich 3. Gemäß der Definition der Mindestdistanz gilt damit, daß die Hamming-Distanz zwischen beliebigen Codewörtern ≥ 3 ist. Legen wir nun *Kugeln* um die Codewörter, in denen alle Vektoren mit der Hamming-Distanz 1 enthalten sind, so erkennt man im linken Teil von Bild 1.3, daß sich die Kugeln nicht überlappen, wenn die Mindestdistanz $d = 3$ ist. Man kann damit jeden Vektor mit der Hamming-Distanz ≤ 1 eindeutig einem Codewort zuordnen.

Im rechten Teil von Bild 1.3 ist die Mindestdistanz $d = 4$. Der Vektor mit der Distanz 2 zu $\mathbf{a}$ und $\mathbf{c}$ kann nicht eindeutig $\mathbf{a}$ oder $\mathbf{c}$ zugeordnet werden. Wir

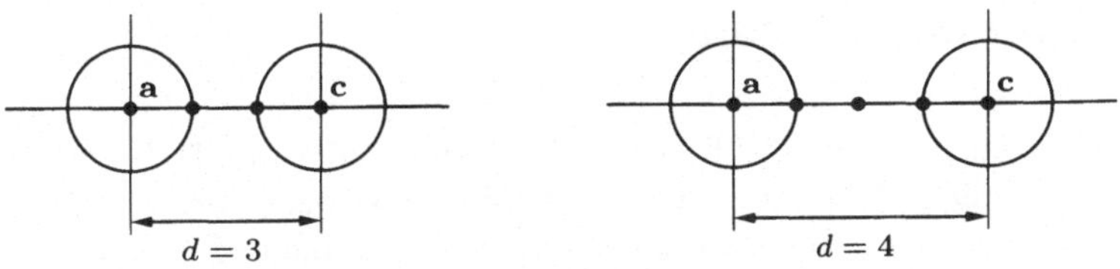

Bild 1.3: Hamming-Distanzen.

können daher auch im Falle $d = 4$ nur alle Vektoren mit der Distanz ≤ 1 eindeutig einem Codewort zuordnen.

Wir wollen nun diese Überlegungen verallgemeinern. Ein empfangener Vektor $\mathbf{r} = \mathbf{c} + \mathbf{f}$, $\mathbf{c} \in \mathcal{C}$, $\mathbf{f}$ Fehler, kann also solange eindeutig dem Codewort $\mathbf{c}$ zugeordnet werden, solange für die Distanz zu einem beliebigen anderen Codewort $\mathbf{a} \in \mathcal{C}$ gilt:

$$\mathrm{dist}(\mathbf{c}, \mathbf{c} + \mathbf{f}) \quad < \quad \mathrm{dist}(\mathbf{a}, \mathbf{c} + \mathbf{f})\,,$$

$$\text{oder:} \quad \mathrm{wt}(\mathbf{f}) \quad < \quad \mathrm{wt}(\mathbf{a} + \mathbf{c} + \mathbf{f})\,,$$

$$\text{daraus folgt:} \quad \mathrm{wt}(\mathbf{f}) \quad \leq \quad \left\lfloor \frac{d-1}{2} \right\rfloor\,,$$

wobei $\lfloor x \rfloor$ die größte ganze Zahl ist, die kleiner oder gleich x ist. Ist d ungerade, so ist $\lfloor \frac{d-1}{2} \rfloor = \frac{d-1}{2}$, und falls d gerade ist, so gilt $\lfloor \frac{d-1}{2} \rfloor = \frac{d-2}{2}$.

Bei den Überlegungen ist vorausgesetzt, daß weniger Fehler wahrscheinlicher sind als viele und deshalb als Decodierentscheidung das Codewort mit geringster Distanz zum empfangenen Wort gewählt wird.

Beispiel 1.5 (Mindestdistanz) Der Parity-Check-Code von Beispiel 1.2 hat die Mindestdistanz $d = 2$ und damit: $\lfloor \frac{d-1}{2} \rfloor = 0$. Mit einem PC-Code können also keine Fehler korrigiert werden, aber jede ungerade Fehleranzahl wird erkannt, da die Prüfsumme $\neq 0$ ist. ⋄

Beispiel 1.6 (Mindestdistanz) Der Wiederholungscode von Beispiel 1.3 hat die Mindestdistanz $d = n$, also:

$$\left\lfloor \frac{d-1}{2} \right\rfloor = \left\lfloor \frac{n-1}{2} \right\rfloor = \begin{cases} \frac{n-1}{2}, & n \text{ ungerade} \\ \frac{n-2}{2}, & n \text{ gerade}\,. \end{cases}$$

Im Falle eines BSC (Bild 1.2) lautet die Decodiervorschrift für einen Wiederholungscode: Zähle die Anzahl der Nullen im empfangenen Wort, ist sie größer als $\lfloor \frac{n-1}{2} \rfloor$, so decodiere 0, sonst 1. Bei Gleichheit, d. h. $\frac{n}{2}$, ist die Entscheidung beliebig (dies ist nur für gerade n möglich). ⋄

Definition 1.9 (Linearer Blockcode, Fehlerkorrekturfähigkeit) *Ein Code $C(n, k, d)$ ist ein linearer Blockcode der Länge n, der Dimension k, d. h. im binären Fall existieren 2^k Codewörter, und der Mindestdistanz d. Mit C können kleiner gleich $e = \lfloor \frac{d-1}{2} \rfloor$ Fehler eindeutig korrigiert oder kleiner gleich $d-1$ Fehler eindeutig erkannt werden.*

1.1.2 Hamming-Schranke

Die Frage, wieviele Codewörter bei gegebener Mindestdistanz d und Länge n existieren können, ist ein zentrales Problem der Kanalcodierung. Dabei sind zwei Fragestellungen möglich: Zum einen wieviele Codewörter *höchstens* existieren können und zum anderen, wieviele *mindestens* existieren können, d. h. obere und untere Schranken. Die Hamming-Schranke ist eine obere Schranke. Zu einem Vektor $\mathbf{c} \in \mathcal{C}(n, k, d)$ gibt es $\binom{n}{1}$ Vektoren mit der Distanz 1, $\binom{n}{2}$ Vektoren mit Distanz 2, usw. Dabei ist $\binom{n}{t}$ definiert als:

$$\binom{n}{t} = \frac{n \cdot (n-1) \cdots (n-t+1)}{t \cdot (t-1) \cdots 1} \; .$$

Insgesamt gibt es 2^n binäre Vektoren der Länge n.

Satz 1.10 (Hamming-Schranke) *Für einen binären Code* $\mathcal{C}(n, k, d)$ *muß gelten:*

$$2^k \cdot \left(1 + \binom{n}{1} + \cdots + \binom{n}{e}\right) \leq 2^n \quad \textit{mit} \quad e = \left\lfloor \frac{d-1}{2} \right\rfloor .$$

Anschaulich betrachtet, bedeutet dies: Man legt um die Codewörter Korrekturkugeln mit möglichst großem Radius, derart, daß sich keine Kugeln überlappen. Der maximale Radius wird durch die halbe Mindestdistanz begrenzt (vergleiche Bild 1.3). Alle Vektoren, die innerhalb der Korrekturkugeln liegen, können eindeutig einem Codewort, das dem Mittelpunkt der Kugel entspricht, zugeordnet werden.

Definition 1.11 (Perfekter Code) *Gilt für einen Code* $\mathcal{C}(n, k, d)$ *Gleichheit in der Hamming-Schranke von Satz 1.10, so heißt der Code perfekt.*

Es gibt jedoch nur wenige perfekte Codes. Wir werden alle binären perfekten Codes kennenlernen, die existieren können, nämlich die Wiederholungscodes ungerader Länge, die einfehlerkorrigierenden Hamming-Codes und den Golay-Code (vergleiche auch Aufgabe 1.7 c).

Die Hamming-Schranke vergleicht die Anzahl der Vektoren, die eindeutig einem Codewort zugeordnet werden können, mit der Anzahl aller möglichen Vektoren von $\mathbb{F}_2^n$. Sie läßt daher eine Aussage zu, wie „gut" der Raum durch Korrekturkugeln überdeckt ist. Die Hamming-Schranke wird im englischen Sprachgebrauch deshalb auch als *sphere packing bound* bezeichnet. Bei einem perfekten Code überdecken die Korrekturkugeln den gesamten Raum, d. h. alle Vektoren liegen innerhalb einer Korrekturkugel.

Beispiel 1.7 (Hamming-Schranke) Für den Parity-Check-Code von Beispiel 1.2 lautet die Hamming-Schranke: $k = n - 1$, $e = 0$,

$$2^{n-1}(1) < 2^n \; ,$$

d. h. der Code ist nicht perfekt.

Für den Wiederholungscode der Länge $n = 3$ (Beispiel 1.3) lautet sie: $k = 1$, $e = 1$,

$$2^1 \cdot \left(1 + \binom{3}{1}\right) = 2^1 \cdot 4 = 8 = 2^3 = 8,$$

d. h. der Code ist perfekt. ◇

Satz 1.12 (Perfekte Wiederholungscodes) *Alle binären Wiederholungscodes mit ungerader Länge sind perfekt.*

Beweis: Für Wiederholungscodes ungerader Länge n ist $k = 1$ und $e = \frac{n-1}{2}$. Mit den Beziehungen:

$$\sum_{j=0}^{n} \binom{n}{j} = 2^n \qquad \text{und} \qquad \binom{n}{j} = \binom{n}{n-j}$$

errechnet man:

$$2 \cdot \left(1 + \binom{n}{1} + \cdots + \binom{n}{\frac{n-1}{2}}\right) =$$

$$= 1 + \binom{n}{1} + \cdots + \binom{n}{\frac{n-1}{2}} + \binom{n}{\frac{n-1}{2}} + \cdots + \binom{n}{1} + 1 = \sum_{j=0}^{n} \binom{n}{j} = 2^n . \qquad \square$$

1.2 Prüfmatrix und Syndrom

Ein linearer Blockcode kann folgendermaßen definiert werden: Der Vektor $\mathbf{c} = (c_0, c_1, \ldots, c_{n-1})$ ist genau dann ein Codewort, wenn gilt:

$$\mathbf{H} \cdot \mathbf{c}^T = 0 \qquad (\text{oft auch } \mathbf{c} \cdot \mathbf{H}^T = 0) .$$

H heißt Prüfmatrix (Parity-Check-Matrix) und ist für einen Code der Länge n und Dimension k eine $((n - k) \times n)$-Matrix. Die Matrixmultiplikation von **H** mit einem Vektor $\mathbf{c}^T$ entspricht einem Vektor, dessen Komponenten die Skalarprodukte der Zeilen von **H** mit dem Vektor $\mathbf{c}^T$ sind. Daß die Anzahl der Zeilen gleich der Anzahl der Prüfstellen ist, wird offensichtlich bei systematischer Darstellung der Prüfmatrix **H** (siehe Definition 1.13). Damit der durch **H** definierte Code die Mindestdistanz d hat, müssen beliebige $d - 1$ Spalten von **H** linear unabhängig sein und d Spalten existieren, die linear abhängig sind.

Beispiel 1.8 (Prüfmatrix) Der Parity-Check-Code von Beispiel 1.2 hat als Prüfmatrix

$$\mathbf{H} = (1, 1, \ldots, 1) ,$$

$n - k = 1$, d. h. eine $(1 \times n)$-Matrix.
Ein Wiederholungscode der Länge n hat als Prüfmatrix **H** eine $((n - 1) \times n)$-Matrix:

$$\mathbf{H} = \begin{pmatrix} 1 & 1 & & \\ 1 & & 1 & \\ \vdots & & & \ddots \\ 1 & & & & 1 \end{pmatrix} \qquad (\text{frei bedeutet } 0) .$$

◇

Jede Zeile der Prüfmatrix $\mathbf{H}$ muß mit einem transponierten Codewort multipliziert 0 ergeben, damit auch jede Linearkombination von Zeilen. Man kann also durch Linearkombinationen der Zeilen von $\mathbf{H}$ äquivalente Prüfmatrizen $\mathbf{H}'$ erhalten.

Definition 1.13 (Systematische Codierung) *Die Abbildung von Informationszeichen auf ein Codewort heißt systematisch, wenn die k Informationszeichen unverändert ein Teil des Codewortes sind, d. h. Informations- und Redundanzzeichen getrennt sind. Die Prüfmatrix hat dann z. B. die Form:*

$$\mathbf{H} = (\ \mathbf{A}\ |\ \mathbf{I}\ ), \qquad \mathbf{I}\ ((n-k) \times (n-k))\text{-}Einheitsmatrix\ .$$

Durch Linearkombinationen der Zeilen der Prüfmatrix kann jeder lineare Blockcode in systematischer Form dargestellt werden, aber nicht unbedingt durch $(\ \mathbf{A}\ |\ \mathbf{I}\ )$, sondern die Einheitsmatrix kann auf beliebige $n-k$ Spalten verteilt sein.

Definition 1.14 (Syndrom) *Das Syndrom $\mathbf{s}$ (Symptome der Fehler) wird definiert als Multiplikation eines transponierten empfangenen Wortes $\mathbf{r} = \mathbf{c} + \mathbf{f}$, $\mathbf{c} \in \mathcal{C}$, $\mathbf{f}$ Fehler, mit der Prüfmatrix,*

$$\mathbf{s}^T = \mathbf{H} \cdot \mathbf{r}^T = \mathbf{H} \cdot \left(\mathbf{c}^T + \mathbf{f}^T \right) = \mathbf{H} \cdot \mathbf{f}^T\ ,$$

und ist nur vom Fehler – nicht vom Codewort – abhängig, da $\mathbf{H} \cdot \mathbf{c}^T = 0$ für $\mathbf{c} \in \mathcal{C}$ ist.

Das Problem der Decodierung besteht darin, von einem Syndrom, das nur vom Fehler abhängig ist, auf den wahrscheinlichsten Fehler zu schließen, der zu $\mathbf{s}$ führt.

1.3 Decodierprinzipien

Das Ergebnis einer Decodierung ist entweder korrekt oder falsch, oder aber die Decodierung liefert kein Ergebnis. Man spricht von korrekt korrigiert, falsch korrigiert und Decodierversagen.

Mögliche Decodierergebnisse:

- Korrekte Decodierung:
  Das gesendete Codewort ist gleich dem decodierten Codewort, d. h. der Decodierer hat den im Kanal aufgetretenen Fehler korrigiert bzw. erkannt.

- Falsche Decodierung:
  Das gesendete Codewort ist ungleich dem decodierten Codewort, d. h. der Decodierer hat zwar korrigiert, aber er hat einen Fehler berechnet, der nicht dem im Kanal aufgetretenen Fehler entspricht. Ist der im Kanal aufgetretene Fehler z. B. ein gültiges Codewort, so wird jeder Decodierer eine falsche Decodierung durchführen.

- Decodierversagen:
  Der Decodierer findet keine Lösung. Dieser Fall kann bei bestimmten Decodierprinzipien eintreten.

Der Decodierer kann nicht wissen, ob eine korrekte oder falsche Decodierung erfolgt ist. Dagegen wird ein Decodierversagen bemerkt.

Ist ein Code $C(n, k, d)$ gegeben und ein empfangenes Wort $\mathbf{r} \notin C$ liegt vor, so können verschiedene Decodierprinzipien gewählt werden. Es sei $\mathbf{r}$ empfangen mit $\mathbf{r} = \mathbf{c} + \mathbf{f}$, $\mathbf{c} \in C$, $\mathbf{f}$ Fehler. Wenn der Decodierer eine Entscheidung $\hat{\mathbf{c}}$ als gesendetes Codewort findet, was gleichbedeutend ist mit $\hat{\mathbf{f}}$ als Fehler, so gilt:

$$\mathbf{c} + \mathbf{f} = \mathbf{r} = \hat{\mathbf{c}} + \hat{\mathbf{f}} \ .$$

Bei korrekter Decodierung ist $\mathbf{c} = \hat{\mathbf{c}}$ (bzw. $\mathbf{f} = \hat{\mathbf{f}}$) und bei falscher $\mathbf{c} \neq \hat{\mathbf{c}}$ (bzw. $\mathbf{f} \neq \hat{\mathbf{f}}$).

Anmerkung: Bei den folgenden Decodierprinzipien wird ausschließlich ein BSC und Hamming-Metrik zugrunde gelegt. In Abschnitt 7.1 wird auf andere Kanäle und Metriken nochmals detaillierter eingegangen.

Mögliche Decodierprinzipien:

- Fehlererkennung:

  Die Decodierung ist hier eine Überprüfung, ob ein empfangenes Wort $\mathbf{r}$ ein Codewort ist oder nicht, d. h. es wird nur getestet ob $\mathbf{r} \in C$ ist. Für $\mathbf{r} \notin C$ wird dann korrekt decodiert (erkannt). Für $\mathbf{f} = \mathbf{0}$ wird ebenfalls korrekt korrigiert, und für $\{\mathbf{f} \in C, \mathbf{f} \neq \mathbf{0}\}$ wird falsch korrigiert. Ein Decodierversagen kann hier nicht auftreten.

- Maximum-Likelihood-Decodierung (ML):

  Ein empfangenes Wort $\mathbf{r}$ wird als das Codewort $\hat{\mathbf{c}}$ decodiert, das mit größter Wahrscheinlichkeit gesendet worden ist, d. h.

$$P(\mathbf{r} \,|\, \hat{\mathbf{c}}) = \max_{\mathbf{a} \in C} P(\mathbf{r} \,|\, \mathbf{a}) \ .$$

  Falls mehrere Codewörter mit gleicher Wahrscheinlichkeit existieren, so wird zufällig entschieden. Im Falle des symmetrischen Binärkanals bedeutet dies, daß dasjenige Codewort $\hat{\mathbf{c}}$ decodiert wird, das die kleinste Hamming-Distanz zu $\mathbf{r}$ besitzt. Bei der ML-Decodierung gibt es kein Decodierversagen, sondern nur korrekte oder falsche Decodierung.

- Symbolweise Maximum-a-posteriori-Decodierung (s/s-MAP):

  Hier wird ein einziges Symbol c_i des Codes betrachtet und die Wahrscheinlichkeit berechnet, mit der dieses Symbol 0 bzw. 1 ist. Die Entscheidung erfolgt dann für jedes Symbol separat. Sind alle n Codesymbole entschieden, so muß der Vektor $(c_0, c_1, \ldots, c_{n-1})$ – im Gegensatz zur ML Decodierung – kein gültiges Codewort sein. In diesem Falle müssen wir unterscheiden, ob der Code in systematischer Form vorliegt oder nicht. Bei systematischer Codierung können wir nur die Informationssymbole entscheiden und damit kann kein Decodierversagen auftreten. Dagegen liegt Decodierversagen vor, wenn die entschiedenen Symbole bei nichtsystematischer Form kein Codewort bilden.

- Begrenzte-Mindestdistanz-Decodierung (BMD, *bounded minimum distance decoding*):

  Es wird nur decodiert, falls sich $\mathbf{r}$ innerhalb einer Korrekturkugel mit Radius $\lfloor \frac{d-1}{2} \rfloor$ befindet. Hier können alle drei möglichen Ausgänge der Decodierung auftreten: korrekte Decodierung, falsche Decodierung und Decodierversagen. Der Begriff Begrenzte-Distanz-Decodierung wird verwendet, falls die Korrekturkugeln einen Radius kleiner als $\lfloor \frac{d-1}{2} \rfloor$ aufweisen.

- Decodierung über die halbe Mindestdistanz:

  Es wird versucht, auch für $\mathbf{r}$ außerhalb einer Korrekturkugel zu decodieren. Eine ML-Decodierung ist demnach eine Decodierung über die halbe Mindestdistanz. Andererseits ist die Decodierung über die halbe Mindestdistanz in der Regel keine ML-Decodierung, unter anderem, da hier Decodierversagen möglich ist. Hier können demnach alle drei möglichen Ausgänge der Decodierung auftreten: korrekte Decodierung, falsche Decodierung und Decodierversagen.

Zur Erläuterung: Das Prinzip der Fehlererkennung wird in Nachrichtensystemen oft verwendet, um fehlerhafte Reaktionen des Systems zu vermeiden. Man spricht von Fehlerverdeckung (*error concealment*), d. h. falsche Informationen werden erkannt und nicht verwendet, also verdeckt. Hierzu können beispielsweise zwei Codes hintereinander verwendet werden, wobei der zuerst codierte und zuletzt decodierte zur Fehlererkennung verwendet wird und der zuletzt codierte und zuerst decodierte zur Fehlerkorrektur. Es kann auch ein Code verwendet werden, bei dem nur ein Teil seiner Decodierfähigkeiten ausgeschöpft wird.

BMD-Decodierung bedeutet, daß nur dann korrigiert wird, wenn ein Codewort $\mathbf{c}$ existiert mit

$$\mathrm{dist}(\mathbf{c}, \mathbf{r}) \leq e = \left\lfloor \frac{d-1}{2} \right\rfloor ,$$

das heißt, daß alle Vektoren, die nicht innerhalb von Korrekturkugeln liegen, in der Regel nicht decodiert werden können. Ihre Anzahl entspricht genau der Differenz der rechten und der linken Seite der Hamming-Schranke (Satz 1.10).

Da es meistens viele Vektoren gibt, die eindeutig einem Codewort zugeordnet werden können, aber nicht innerhalb einer Korrekturkugel liegen, ist es oft erstrebenswert, zumindest einen Teil dieser Vektoren einem Codewort zuzuordnen. Dies ist möglich, falls es gelingt, über die halbe Mindestdistanz zu decodieren. Beispiele hierfür sind das Decodierverfahren für binäre lineare Codes (Abschnitt 7.3.3) und das für verallgemeinert verkettete Codes (Abschnitt 9.2.4). Jede nicht-ML-Decodierung schöpft die Decodierfähigkeit eines Codes nicht voll aus.

Die Decodierung eines Wiederholungscodes in Beispiel 1.6 ist eine ML-Decodierung. Für beliebige Codes wird eine ML-Decodierung erreicht, wenn man alle Codewörter mit dem empfangenen Wort vergleicht. Dies kann folgendermaßen durchgeführt werden:

Standard-Array-Decodierung (ML): Sei $\mathcal{C}(n, k, d)$ ein linearer Blockcode. Ein Coset (Restklasse) eines beliebigen Vektors $\mathbf{b} \in \mathbb{F}_2^n$ wird definiert, indem man zu $\mathbf{b}$ alle Codewörter des Codes $\mathcal{C}$ addiert, d. h.

$$[\mathcal{C}]_\mathbf{b} = \{\mathbf{b} + \mathcal{C}\} = \{\mathbf{b} + \mathbf{c}, \mathbf{c} \in \mathcal{C}\}.$$

Die Cosets haben folgende Eigenschaften:

- Jeder Coset enthält 2^k Vektoren (Anzahl der Codewörter von $\mathcal{C}$).

- $\mathcal{C} \cup \{\mathbf{b}_1 + \mathcal{C}\} \cup \{\mathbf{b}_2 + \mathcal{C}\} \cup \ldots \cup \{\mathbf{b}_{2^{n-k}-1} + \mathcal{C}\}$ sind genau alle 2^n Vektoren.

- Zwei Cosets sind entweder gleich oder verschieden (teilweise Überlappung ist unmöglich).

Damit ist offensichtlich, daß für alle Vektoren $\mathbf{b}_i$ gilt: $\mathbf{b}_i \notin \mathcal{C}$, außer für $\mathbf{b} = \mathbf{0}$. Denn jedes $\mathbf{b}_i \in \mathcal{C}$ würde den Coset $\mathcal{C}$ erzeugen.

Zur Decodierung werden nun die Cosets derart geordnet, daß in jedem Coset der Vektor mit kleinstem Gewicht an erster Stelle steht. Falls mehrere mit kleinstem Gewicht existieren, so wird einer davon zufällig ausgewählt. Man nennt sie die Cosetleader (Restklassenführer). Wird nun ein Vektor $\mathbf{r} = \mathbf{c} + \mathbf{f}$ empfangen, so wird der Coset gesucht in dem $\mathbf{r}$ enthalten ist. Der Cosetleader entspricht dann dem Fehler mit kleinstem Gewicht, dessen Addition zu $\mathbf{r}$ ein Codewort ergibt. Diese Art der Decodierung wird Standard-Array-Decodierung genannt und ist offensichtlich eine ML-Decodierung, aber nur für kurze Codes möglich.

Beispiel 1.9 (Standard-Array) Gegeben sei ein Code mit den folgenden vier Codeworten

$$(0000) \quad (0011) \quad (1100) \quad (1111) \ .$$

Dies ist ein (4,2,2) Code. Das Standard-Array besteht damit aus vier Cosets

$$\begin{aligned}
\mathbf{b} = (0000): \quad & \{(0000), \quad (0011), \quad (1100), \quad (1111)\} \\
\mathbf{b} = (1000): \quad & \{(1000), \quad (1011), \quad (0100), \quad (0111)\} \\
\mathbf{b} = (0010): \quad & \{(0010), \quad (0001), \quad (1110), \quad (1101)\} \\
\mathbf{b} = (1001): \quad & \{(1001), \quad (1010), \quad (0101), \quad (0110)\}
\end{aligned}$$

Das minimale Gewicht innerhalb eines Cosets ist in diesem Falle nicht eindeutig, was zu erwarten war, da die Mindestdistanz des Codes 2 ist. Würden wir z. B. $\mathbf{b} = (0100)$ addieren, so erhalten wir den Coset $\{(0100), (0111), (1000), (1011)\}$, der jedoch schon mit dem Vektor $\mathbf{b} = (1000)$ erzeugt wurde. $\diamond$

Bei der BMD-Decodierung werden nur diejenigen empfangenen Vektoren $\mathbf{r}$ korrigiert, die in einem Coset liegen, der einen eindeutigen Cosetleader vom Gewicht $\leq \lfloor \frac{d-1}{2} \rfloor$ besitzt. Die Hamming-Schranke gibt daher Aufschluß über den Unterschied zwischen BMD und ML.

1.4 Fehlerwahrscheinlichkeit

Definition 1.15 (Restfehlerwahrscheinlichkeit) *Die Restblockfehlerwahrscheinlichkeit P_{Block} gibt an, mit welcher Wahrscheinlichkeit ein gesendetes Codewort nicht dem decodierten Codewort entspricht (falsche Decodierung und Decodierversagen). Entsprechend gibt die Restbitfehlerwahrscheinlichkeit P_{Bit} an, mit welcher Wahrscheinlichkeit ein gesendetes Informationsbit nicht dem decodierten Informationsbit entspricht.*

Zur Berechnung der Fehlerwahrscheinlichkeit müssen die drei Fälle, korrigiert, nicht korrigiert und falsch korrigiert unterschieden werden. Wie schon beschrieben, liegt eine Falschkorrektur dann vor, wenn $\mathbf{c}$ gesendet wurde und $\text{dist}(\mathbf{c} + \mathbf{f}, \mathbf{c}) > \text{dist}(\mathbf{c} + \mathbf{f}, \mathbf{b})$ ist, $\mathbf{c}, \mathbf{b} \in \mathcal{C}$, $\mathbf{f}$ Fehler, z. B. wenn $\mathbf{f} \in \mathcal{C}$, $\mathbf{f} \neq \mathbf{0}$.

Wir wollen nun im Falle des symmetrischen Binärkanals von Bild 1.2 und eines Codes $\mathcal{C}(n, k, d)$ für die drei Decodierprinzipien (Fehlererkennung, BMD und ML-Decodierung) die Restblockfehlerwahrscheinlichkeit bestimmen. Für die Decodierung über die halbe Mindestdistanz kann die Restfehlerwahrscheinlichkeit nicht angegeben werden, da sie vom Decodierverfahren abhängt. Ähnliches gilt für die s/s-MAP-Decodierung. Für den BSC ist die Wahrscheinlichkeit, daß bei der Übertragung von n Binärzeichen bestimmte t Zeichen fehlerhaft sind:

$$p(t) = p^t(1-p)^{n-t} \ .$$

Es gibt $\binom{n}{t}$ verschiedene Vektoren, in denen genau t Zeichen fehlerhaft sind. Die Wahrscheinlichkeit für t beliebige Fehler in n Stellen ist:

$$\binom{n}{t} \cdot p(t) = \binom{n}{t} p^t(1-p)^{n-t} \ .$$

BMD-Decodierverfahren: Es gilt:

$$P_{Block} = \sum_{j=e+1}^{n} \binom{n}{j} p^j (1-p)^{n-j} \ ,$$

denn ein BMD-Verfahren kann nur Fehler mit Gewicht kleiner gleich $e = \lfloor \frac{d-1}{2} \rfloor$ korrigieren. Praktische BMD-Verfahren können in bestimmten Fällen mehr Fehler korrigieren, d. h. P_{Block} ist sicher eine obere Schranke. P_{Block} kann auch anders ausgedrückt werden, nämlich:

$$P_{Block} = 1 - \sum_{j=0}^{e} \binom{n}{j} p^j (1-p)^{n-j} \ .$$

Beispiel 1.10 (Blockfehlerwahrscheinlichkeit) Ein Wiederholungscode der Länge $n = 3$ kann einen Fehler korrigieren. Damit gilt bei einem BSC mit Fehlerwahrscheinlichkeit p:

$$P_{Block} = 1 - \sum_{j=0}^{1} \binom{3}{j} p^j (1-p)^{3-j} = 1 - (1-p)^3 - 3p(1-p)^2 \ .$$

$\diamond$

Fehlererkennung: Es tritt genau dann ein Decodierfehler auf, wenn der Fehler ein Codewort ist. Sei W die Gewichtsverteilung des Codes, so gilt:

$$P_{FBlock} = \sum_{j=1}^{n} w_j p^j (1-p)^{n-j} \ .$$

Für $p = \frac{1}{2}$ geht dieser Wert über in

$$P_{FBlock} = \sum_{j=1}^{n} w_j \left(\frac{1}{2}\right)^n = \left(\frac{1}{2}\right)^n \cdot \sum_{j=1}^{n} w_j = \left(\frac{1}{2}\right)^n (2^k - 1) \approx \frac{1}{2^{n-k}} \ .$$

Anschaulich bedeutet dies: Werden zufällig Vektoren aus $\mathbb{F}_2^n$ ausgewählt, so bestimmt das Verhältnis von Codewörtern zu Vektoren im Raum die Wahrscheinlichkeit, daß ein ausgewählter Vektor ein Codewort ist. Es gilt insbesondere, daß $P_{FBlock} \leq \frac{1}{2^{n-k}}$ für $p \leq \frac{1}{2}$ ist.

Beispiel 1.11 (Fehlererkennung) Die Gewichtsverteilung des Parity-Check-Codes der Länge $n = 3$ ist in Beispiel 1.4 zu $W = (1, 0, 3, 0)$ angegeben. Damit errechnen wir:

$$P_{FBlock} = \sum_{j=1}^{3} w_j p^j (1-p)^{n-j} = 3p^2 (1-p) \ .$$

$\diamond$

Maximum-Likelihood-Decodierung (ML): P_{MBlock} berechnet sich hierbei zu:

$$P_{MBlock} = 1 - \sum_{j=0}^{n} \alpha_j \cdot p^j (1-p)^{n-j} \ , \quad \alpha_0 = 1 \ ,$$

wobei α_j die Anzahl der Cosetleader vom Gewicht j ist. Die α_j können nur für kurze Codes bestimmt werden und sind für „lange" Codes nicht bekannt. Außerdem ist für lange Codes kein praktikables ML-Decodierverfahren bekannt.

Beispiel 1.12 (Fehlerwahrscheinlichkeiten) Für einen Code mit den Parametern $(15, 7, 5)$ können wir die Werte ausrechnen und in einem Achsenkreuz über der Fehlerwahrscheinlichkeit p des BSC entsprechend Bild 1.4 auftragen. Der Code hat die Gewichtsverteilung

$$W(x) = 1 + 18x^5 + 30x^6 + 15x^7 + 15x^8 + 30x^9 + 18x^{10} + x^{15} \ .$$

Der rechte Teil des Bildes verwendet eine andere Skalierung der P_{Block}-Achse, um den Verlauf der Fehlerwahrscheinlichkeit bei Fehlererkennung zu verdeutlichen. $\diamond$

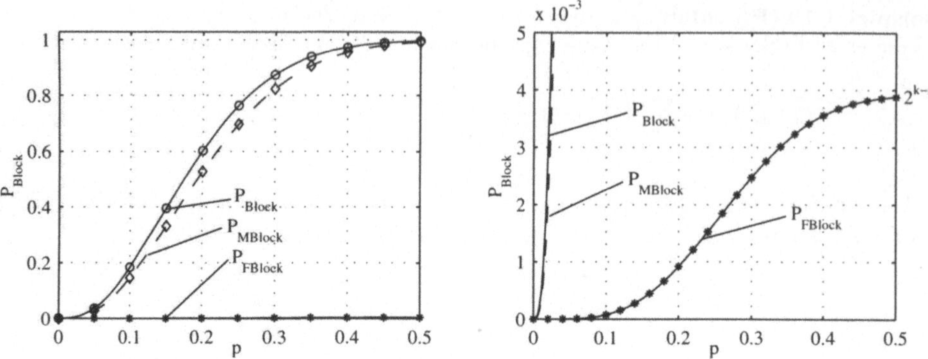

Bild 1.4: Vergleich der Fehlerwahrscheinlichkeiten bei Fehlererkennung, BMD- und ML-Decodierung.

1.5   Hamming-Codes

Definition 1.16 (Hamming-Code) *Die Prüfmatrix* **H** *eines Hamming-Codes besteht aus $2^h - 1$ Spalten, die genau alle Vektoren aus $\mathbb{F}_2^h$ – ohne den Nullvektor – sind.*

Satz 1.17 (Parameter des Hamming-Codes) *Die Parameter des Hamming-Codes sind:*

$$\begin{array}{rcl} \textit{Länge:} \quad n &=& 2^h - 1 \\ \textit{Dimension:} \quad k &=& n - h \\ \textit{Mindestdistanz:} \quad d &=& 3 \ . \end{array}$$

Beweis: Die Parameter n und k sind offensichtlich. Zwei beliebige Spalten sind linear unabhängig und es existieren drei Spalten, die linear abhängig sind. Damit ist die Mindestdistanz $d = 3$. $\qquad\square$

Wir wollen nun noch zeigen, daß Hamming-Codes perfekt sind, also Gleichheit bei der Hamming-Schranke, Satz 1.10, gilt.

Satz 1.18 (Hamming-Codes sind perfekt) *Alle einfehlerkorrigierenden Hamming-Codes gemäß Satz 1.17 sind perfekt.*

Beweis: Ein Hamming-Code hat die Parameter $n = 2^h - 1$, $k = n - h$, $e = 1 = \left\lfloor \frac{d-1}{2} \right\rfloor$. Eingesetzt in Satz 1.10:

$$\begin{array}{rcl} 2^k \left(1 + \binom{n}{1} \right) &=& 2^n \\ 1 + n &=& 2^{n-k} \\ 1 + 2^h - 1 &=& 2^h \ . \end{array}$$

Es gilt Gleichheit, d. h. alle Hamming-Codes sind perfekt. $\qquad\square$

Beispiel 1.13 (Hamming-Code und Decodierung) Wir wollen den Hamming-Code für $h = 3$ konstruieren. Die Prüfmatrix hat $n = 2^3 - 1 = 7$ Spalten und $n - k = h = 3$ Zeilen. Wir schreiben sie derart, daß die Spalte die Dualdarstellung der Spaltennummer ist, also

$$\mathbf{H} = \begin{pmatrix} 0 & 0 & 0 & 1 & 1 & 1 & 1 \\ 0 & 1 & 1 & 0 & 0 & 1 & 1 \\ 1 & 0 & 1 & 0 & 1 & 0 & 1 \end{pmatrix} \quad \mathbf{H} \cdot \mathbf{c}^T = \mathbf{0}, \mathbf{c} \in \mathcal{C}.$$

Damit die Mindestdistanz 3 ist, müssen beliebige 2 Spalten linear unabhängig sein. Dies ist erfüllt, da es keine zwei identischen Spalten gibt. Es müssen ferner 3 Spalten existieren, die linear abhängig sind, z. B. Spalte 1 + Spalte 2 + Spalte 3 = 0, d. h. $\mathbf{c} = (1110000)$ ist ein Codewort mit Minimalgewicht, denn:

$$\mathbf{H} \cdot \mathbf{c}^T = \begin{pmatrix} 0 \\ 0 \\ 1 \end{pmatrix} + \begin{pmatrix} 0 \\ 1 \\ 0 \end{pmatrix} + \begin{pmatrix} 0 \\ 1 \\ 1 \end{pmatrix} = \mathbf{0}.$$

Wir wollen nun annehmen, bei der Übertragung sei ein Fehler aufgetreten und es sei $\mathbf{r} = (1110010) = \mathbf{c} + \mathbf{f}$ mit $\mathbf{f} = (0000010)$ empfangen. Das Syndrom s errechnet sich zu:

$$\mathbf{H} \cdot \mathbf{r}^T = \begin{pmatrix} 0 \\ 0 \\ 1 \end{pmatrix} + \begin{pmatrix} 0 \\ 1 \\ 0 \end{pmatrix} + \begin{pmatrix} 0 \\ 1 \\ 1 \end{pmatrix} + \begin{pmatrix} 1 \\ 1 \\ 0 \end{pmatrix} = \begin{pmatrix} 1 \\ 1 \\ 0 \end{pmatrix} = \mathbf{s}^T = \mathbf{H} \cdot \mathbf{f}^T$$

(vergleiche Abschnitt 1.14). Die Decodiervorschrift lautet also: Das Syndrom ist die Dualzahl der Fehlerstelle. ◇

Der Hamming-Code von Beispiel 1.13 soll noch in systematischer Form dargestellt werden.

Beispiel 1.14 (Systematischer Hamming-Code) Durch entsprechende Linearkombination der Zeilen errechnet man die systematische Darstellung der Prüfmatrix des Hamming-Codes der Länge $n = 7$ zu:

$$\mathbf{H} = \left(\begin{array}{cccc|ccc} 0 & 1 & 1 & 1 & 1 & 0 & 0 \\ 1 & 0 & 1 & 1 & 0 & 1 & 0 \\ 1 & 1 & 0 & 1 & 0 & 0 & 1 \end{array} \right).$$

◇

1.6 Generatormatrix

Ist ein Informationsvektor $\mathbf{i} = (i_0, i_1, \dots, i_{k-1})$ gegeben, so interessiert man sich für den zugehörigen Codevektor $\mathbf{c} = (c_0, c_1, \dots, c_{n-1})$. Da ein linearer Code ein linearer (Vektor-) Raum ist, existiert eine Basis für diesen Raum. Wir können damit eine Matrix $\mathbf{G}$ konstruieren, deren Zeilen eine beliebige Basis des Raumes darstellen. Die Matrix $\mathbf{G}$ wird als Generatormatrix bezeichnet und es gilt:

$$\mathbf{c} = \mathbf{i} \cdot \mathbf{G}.$$

Mit der Generatormatrix kann man aus den Informationszeichen das zugehörige Codewort berechnen. Die Generatormatrix ist eine $(k \times n)$-Matrix. Alle Codewörter werden also durch Linearkombinationen der Zeilen der Generatormatrix gebildet.

Aus einer gegebenen Generatormatrix $\mathbf{G}$ kann man sich durch Vertauschen oder Addition von Zeilen weitere Generatormatrizen $\mathbf{G}'$ berechnen, die alle denselben Code erzeugen, die Abbildung von Informationsfolge zu Codefolge ist jedoch jeweils unterschiedlich. Vertauscht man die Spalten der Generatormatrix, so erhält man einen Code mit den selben Parametern, die Codeworte sind im allgemeinen jedoch unterschiedlich. Ein derartiger Code wird äquivalenter Code genannt (siehe hierzu Aufgabe 1.14).

Im speziellen Fall der systematischen Darstellung kann die Generatormatrix einfach aus der Prüfmatrix bestimmt werden. Es gilt nämlich $c_0 = i_0$, $c_1 = i_1$, ..., $c_{k-1} = i_{k-1}$ und damit:

$$\mathbf{H} \cdot \mathbf{c}^T = (\mathbf{A} \mid \mathbf{I}) \cdot \mathbf{c}^T = 0$$

$$\begin{pmatrix} c_k \\ \vdots \\ c_{n-1} \end{pmatrix} = -\mathbf{A} \cdot \begin{pmatrix} c_0 \\ \vdots \\ c_{k-1} \end{pmatrix} = -\mathbf{A} \cdot \begin{pmatrix} i_0 \\ \vdots \\ i_{k-1} \end{pmatrix}$$

$$\mathbf{c}^T = \left(\frac{\mathbf{I}'}{-\mathbf{A}} \right) \cdot \mathbf{i}^T$$

$$\mathbf{c} = \mathbf{i} \cdot (\mathbf{I}' \mid -\mathbf{A}^T) = \mathbf{i} \cdot \mathbf{G} \, .$$

$\mathbf{I}$ stellt dabei eine $((n-k) \times (n-k))$-Matrix dar, während $\mathbf{I}'$ eine Einheitsmatrix der Dimension $(k \times k)$ ist.

Beispiel 1.15 (Generatormatrix eines Hamming-Codes) Die Generatormatrix des Hamming-Codes von Beispiel 1.13 berechnet sich aus der Prüfmatrix:

$$\mathbf{H} = \left(\begin{array}{cccc|ccc} 0 & 1 & 1 & 1 & 1 & 0 & 0 \\ 1 & 0 & 1 & 1 & 0 & 1 & 0 \\ 1 & 1 & 0 & 1 & 0 & 0 & 1 \end{array} \right) = (\mathbf{A} \mid \mathbf{I})$$

$$\mathbf{G} = (\mathbf{I}' \mid -\mathbf{A}^T) = \left(\begin{array}{cccc|ccc} 1 & 0 & 0 & 0 & 0 & 1 & 1 \\ 0 & 1 & 0 & 0 & 1 & 0 & 1 \\ 0 & 0 & 1 & 0 & 1 & 1 & 0 \\ 0 & 0 & 0 & 1 & 1 & 1 & 1 \end{array} \right) \, .$$

$\diamond$

Um das Codewort $\mathbf{c} = (1110000)$ von Beispiel 1.13 zu erhalten, wählen wir als Information $\mathbf{i} = (1110)$

$$\mathbf{c} = \mathbf{i} \cdot \mathbf{G} = (1000011) + (0100101) + (0010110) = (1110000) \, .$$

Mit Hilfe der Generatormatrix können wir zeigen, daß gilt:

Satz 1.19 (Häufigkeit von 0 und 1 im linearen Code) *Betrachtet man alle Codeworte eines linearen Codes C, so nimmt jede Stelle c_i, $i = 0, \ldots, n-1$, gleich oft den Wert 0 und 1 an.*

Beweis: Sei G eine Generatormatrix des Codes C. Durch Addition von Zeilen der Generatormatrix ändern wir die Menge aller Codeworte nicht, nur die Zuordnung von Information zu Codewort. Damit können wir durch Addition von entsprechenden Zeilen die Generatormatrix auf eine Form bringen, in der die i-te Spalte nur eine einzige 1 enthält. Bei der Berechnung eines Codewortes wird das Symbol c_i genau dann 1 sein, wenn die Zeile, in der diese 1 steht, addiert wird. Dies ist jedoch genau dann der Fall, wenn die entsprechende Informationsstelle 1 ist. Die Informationsstelle ist aber genau in der Hälfte aller möglichen Informationsfolgen gleich 1. $\qquad\square$

1.7 Zyklische Codes

Eine zyklische Verschiebung eines Codewortes $\mathbf{c} = (c_0, c_1, \ldots, c_{n-1})$ um i Stellen ergibt den Vektor $(c_i, c_{i+1}, \ldots, c_{n-1}, c_0, \ldots, c_{i-1})$.

Definition 1.20 (Zyklischer Code) *Ein Code heißt zyklisch, wenn er linear ist und wenn jede zyklische Verschiebung eines Codewortes wiederum ein Codewort ergibt.*

Zyklische Codes können durch Polynome beschrieben werden und sind daher für praktische Anwendungen sehr interessant, da die Multiplikation und die Division von Polynomen als Schieberegisterschaltungen realisiert werden können (vergleiche Aufgabe 3.2). Wir werden später zyklische Codes mit Hilfe der Polynomschreibweise definieren.

1.8 Dualer Code

Die Generatormatrix eines Codes kann als Prüfmatrix eines anderen Codes betrachtet werden und umgekehrt. Man spricht von dualen Codes.

Definition 1.21 (Dualer Code) *Der Code $C^\perp$, dessen Generatormatrix $\mathbf{G}^\perp$ die Prüfmatrix $\mathbf{H}$ eines Codes C ist, wird als dualer Code $C^\perp$ des Codes C bezeichnet.*

Insbesondere gilt für das Skalarprodukt (Definition 1.4):

$$\mathbf{c} \in C, \ \mathbf{b} \in C^\perp \mid \langle \mathbf{c} \cdot \mathbf{b}^T \rangle = 0 \,.$$

Da jede (transponierte) Zeile der Prüfmatrix mit jeder Zeile der Generatormatrix multipliziert Null ergeben muß, gilt dies auch für alle Linearkombinationen von Zeilen.

Die Länge des dualen Codes $C^\perp$ ist gleich der des Codes C: $n^\perp = n$. Für dessen Dimension gilt $k^\perp = n - k$. Die Mindestdistanz von $C^\perp$ kann nicht durch eine einfache Beziehung beschrieben werden.

Beispiel 1.16 (Dualer Code) Die Generatormatrix $G^\perp$ und die Prüfmatrix $H^\perp$ des zum Hamming-Code von Beispiel 1.13 dualen Codes $C^\perp$ lauten:

$$G^\perp = H = \left(\begin{array}{cccc|ccc} 0 & 1 & 1 & 1 & 1 & 0 & 0 \\ 1 & 0 & 1 & 1 & 0 & 1 & 0 \\ 1 & 1 & 0 & 1 & 0 & 0 & 1 \end{array} \right) = (\, A \mid I \,) \, ,$$

$$H^\perp = G = \left(\begin{array}{cccc|ccc} 1 & 0 & 0 & 0 & 0 & 1 & 1 \\ 0 & 1 & 0 & 0 & 1 & 0 & 1 \\ 0 & 0 & 1 & 0 & 1 & 1 & 0 \\ 0 & 0 & 0 & 1 & 1 & 1 & 1 \end{array} \right) \, .$$

Das Skalarprodukt der ersten Zeile von H mit der zweiten Zeile von G ist:

$$0 \cdot 0 + 1 \cdot 1 + 1 \cdot 0 + 1 \cdot 0 + 1 \cdot 1 + 0 \cdot 0 + 0 \cdot 1 = 2 = 0 \quad \mathrm{mod}\ 2. \qquad \diamond$$

1.9　Erweiterung und Verkürzung von Codes

Die *Verkürzung* von Codes kann auf folgende zwei Arten durchgeführt werden:

i) Es werden in der Regel nur Codeworte ausgewählt, die an den ersten (oder letzten) Stellen Null sind. Praktisch bedeutet dies: Ein Teil der Information wird zu Null gesetzt, und der Code wird um die entsprechende Anzahl Stellen verkürzt. Hierbei bleibt die Mindestdistanz erhalten.

ii) Es werden bestimmte Stellen jedes Codewortes punktiert, d. h. gelöscht (der Wert kann 0 oder 1 sein). Bei der Punktierung ist die sich ergebende Mindestdistanz von den punktierten Stellen abhängig.

Beide Fälle der Verkürzung ergeben wieder einen linearen Code. Für zyklische Codes ist die Verkürzung in Abschnitt 4.3 definiert. Die Punktierung wird bei Faltungscodes häufig verwendet, um Codes bestimmter Raten zu erzeugen (vergleiche Abschnitt 8.1.10).

Beispiel 1.17 (Verkürzung von Codes) Benutzen wir die Generatormatrix G aus Beispiel 1.15. Um den Code zu verkürzen, wählen wir die ersten beiden Informationsstellen immer zu Null, d. h. die ersten beiden Codestellen werden auch immer Null sein, daher können sie weggelassen werden.
Um das Codewort von Beispiel 1.13 zu erhalten, wählen wir als Information $i = (0010)$:

$$c = i \cdot G = (0010110) \implies (10110) \, .$$

Damit haben wir einen um zwei Stellen verkürzten Code.
Bei der Punktierung streichen wir etwa die 3. Stelle bei allen Codeworten:

$$(0010110) \implies (000110) \, . \qquad \diamond$$

Zur *Erweiterung* eines Codes fügt man dem Code ein Symbol (0 oder 1) hinzu, damit sich gerades Gewicht ergibt. Dies ist selbstverständlich nur bei Codes sinnvoll, die Codeworte mit ungeradem Gewicht besitzen. Die ungerade Mindestdistanz steigt dann um 1.

Satz 1.22 (Prüfmatrix eines erweiterten Codes) *Sei* $\mathbf{H}$ *die* $((n - k \times n))$-*Prüfmatrix eines* (n, k, d)-*Codes, d ungerade, dann ergibt sich die* $((n - k + 1) \times (n + 1))$-*Prüfmatrix eines erweiterten Codes durch hinzufügen einer Alleinsenzeile und einer Spalte* $(100 \ldots 0)^T$. *Damit hat der erweiterte Code mit Prüfmatrix* $\mathbf{H}^{ex}$ *die Parameter* $(n + 1, k, d + 1)$:

$$\mathbf{H}^{ex} = \begin{pmatrix} 1 & 1 & \ldots & 1 & 1 \\ & & & & 0 \\ & & \mathbf{H} & & \vdots \\ & & & & 0 \end{pmatrix}.$$

Beweis: Die Länge und die Dimension ergeben sich durch die Matrix. Da der Code linear ist, gilt: Mindestdistanz = Minimalgewicht. Sei $\mathbf{c} \in \mathcal{C}$ ein Codewort mit $\mathrm{wt}(\mathbf{c}) = d$, dann hat das erweiterte Codewort $\mathbf{c}^{ex}$ das Gewicht $\mathrm{wt}(\mathbf{c}^{ex}) = d + 1$. $\qquad\square$

Beispiel 1.18 (Erweiterung von Codes) Dem Codewort aus Beispiel 1.17 wird eine 1 angehängt. D. h.

$$(0010110) \Longrightarrow (00101101).$$

Die entsprechende Prüfmatrix ergibt sich zu:

$$\mathbf{H} = \left(\begin{array}{cccc|cccc} 1 & 1 & 1 & 1 & 1 & 1 & 1 & 1 \\ 0 & 1 & 1 & 1 & 1 & 0 & 0 & 0 \\ 1 & 0 & 1 & 1 & 0 & 1 & 0 & 0 \\ 1 & 1 & 0 & 1 & 0 & 0 & 1 & 0 \end{array}\right).$$

$\diamond$

1.10 Kanalkapazität und Kanalcodiertheorem

Die Kanalkapazität gibt an, wieviel Information über einen gegebenen Kanal übertragen werden kann. Sie wurde im Jahre 1948 von C. E. Shannon in seiner grundlegenden Arbeit zur Informationstheorie [Sha48] definiert. Ein bemerkenswertes Ergebnis von Shannon ist das Kanalcodiertheorem, das beweist, daß mit Kanalcodierung die Restfehlerwahrscheinlichkeit beliebig klein gemacht werden kann, wenn ein Code mit der Coderate kleiner als die Kanalkapazität verwendet wird. Dieses Theorem sagt aus, daß durch die Verwendung von geeigneten Codes eine nahezu fehlerfreie Informationsübertragung erreicht werden kann. Leider basiert der Beweis auf Wahrscheinlichkeitsbetrachtungen und stellt daher keine Konstruktionsregeln für die zu verwendenden Codes bereit.

Daher bleibt es ein Problem der Kanalcodierung, Codes zu finden, die „leicht" zu codieren und zu decodieren sind und gleichzeitig eine möglichst große Coderate bei möglichst großer Mindestdistanz haben. Wir haben hierzu schon eine obere

Schranke – die Hamming-Schranke, Satz 1.10 – kennengelernt und werden in den Abschnitten 6.3 und 6.4 noch weitere Schranken herleiten.

Wir wollen im folgenden die Kanalkapazität und das Kanalcodiertheorem erläutern und dabei die informationstheoretischen Begriffe ohne ausführliche Herleitung angeben. Für eine detaillierte Beschreibung wird auf die gängigen Lehrbücher, z. B. [PeWe] oder [WoJa], verwiesen.

Selbstinformation: (*self-information*) Die Selbstinformation I eines Zeichens x, das mit der Wahrscheinlichkeit $p(x)$ auftritt, ist definiert zu:

$$I := \mathrm{ld}\,\frac{1}{p(x)}\,.$$

Mit ld wird der Logarithmus zur Basis 2 (*logarithmus dualis*) bezeichnet. Die Selbstinformation gibt den Informationsgehalt eines Zeichens an. Ein *sicheres* Zeichen, d. h. $p(x) = 1$, hat die Selbstinformation $I = 0$, und je unwahrscheinlicher ein Zeichen ist, desto größer seine Selbstinformation: $I \to \infty$ für $p(x) \to 0$.

Entropie: (*entropy*) Sei X eine Menge von Zeichen $x_i \in X$, die mit der Wahrscheinlichkeit $p(x_i)$ auftreten. Die Entropie $H(X)$ ist definiert als Mittelwert der Selbstinformation:

$$H(X) := \sum_i p(x_i) \cdot \mathrm{ld}\,\frac{1}{p(x_i)}\,.$$

Für gleichwahrscheinliche binäre Zeichen gilt: $p(0) = \frac{1}{2}$, $p(1) = \frac{1}{2}$, und damit ist die Entropie $H = \frac{1}{2}\,\mathrm{ld}\,2 + \frac{1}{2}\,\mathrm{ld}\,2 = 1$. Die Entropie wird maximal bei gleichwahrscheinlichen Zeichen.

Die bedingte Wahrscheinlichkeit $P(y_j \,|\, x_i)$ ist die Wahrscheinlichkeit für das Ereignis y_j, wenn das Ereignis x_i bekannt ist, und die Verbundwahrscheinlichkeit $P(x_i, y_j)$ ist die Wahrscheinlichkeit, daß x_i und y_j eintreten. Damit kann man entsprechend die Verbundentropie und die bedingte Entropie definieren:

$$H(Y \,|\, X) = \sum_i \sum_j P(x_i, y_j)\,\mathrm{ld}\,\frac{1}{P(y_j \,|\, x_i)}\,,$$

$$H(X \,|\, Y) = \sum_i \sum_j P(x_i, y_j)\,\mathrm{ld}\,\frac{1}{P(x_i \,|\, y_j)}\,,$$

$$H(X, Y) = H(Y) + H(X \,|\, Y) = H(X) + H(Y \,|\, X)\,.$$

Für statistische Unabhängigkeit, d. h. $P(x_i, y_j) = p(x_i) \cdot p(y_j)$, gilt:

$$H(X, Y) = H(X) + H(Y), \quad H(X \,|\, Y) = H(X), \quad H(Y \,|\, X) = H(Y)\,.$$

Die **Transinformation** (*mutual information*) $I(X \wedge Y)$ ist definiert durch:

$$I(X \wedge Y) = H(X) - H(X \,|\, Y) = H(Y) - H(Y \,|\, X)$$

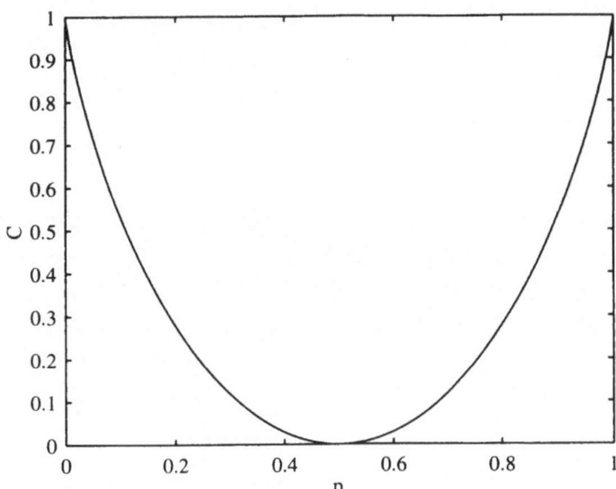

Bild 1.5: Kanalkapazität des symmetrischen Binärkanals.

Definition 1.23 (Kanalkapazität) *Die Kanalkapazität ist definiert als das Maximum der Transinformation I(X∧Y):*

$$C = \max_{p(x_i)} \{H(X) - H(X \mid Y)\} = \max_{p(x_i)} \{H(Y) - H(Y \mid X)\} \ .$$

Wir wollen im folgenden Beispiel die Kanalkapazität des symmetrischen Binärkanals berechnen.

Beispiel 1.19 (Kanalkapazität eines BSC) Für einen symmetrischen Binärkanal mit der Fehlerwahrscheinlichkeit p gilt:

$$P(1 \mid 1) = P(0 \mid 0) = 1 - p, \qquad P(1,1) = P(0,0) = \frac{1}{2}(1 - p),$$

$$P(1 \mid 0) = P(0 \mid 1) = p, \qquad P(0,1) = P(1,0) = \frac{1}{2}p \ .$$

Es folgt damit ($\max_{p(x_i)} \{H(Y)\} = 1$ bei gleichwahrscheinlichen Zeichen):

$$H(Y \mid X) = p \cdot \mathrm{ld} \ \frac{1}{p} + (1 - p) \cdot \mathrm{ld} \ \frac{1}{1 - p}.$$

Die Kanalkapazität C hängt nur vom Kanal ab und lautet für den BSC:

$$C(p) = 1 - H(p) = 1 - p \cdot \mathrm{ld} \ \frac{1}{p} - (1 - p) \cdot \mathrm{ld} \ \frac{1}{1 - p} \ .$$

In Bild 1.5 ist die Kanalkapazität C eines symmetrischen Binärkanals in Abhängigkeit der Fehlerwahrscheinlichkeit p dargestellt. $\diamond$

Das Kanalcodiertheorem sagt aus, daß die Restfehlerwahrscheinlichkeit durch geeignete Wahl eines Codes beliebig klein gemacht werden kann. Selbstverständlich ist die Kanalkapazität eine theoretische Grenze, die in der Praxis nur mit extrem hohem Aufwand erreicht werden kann.

Satz 1.24 (Kanalcodiertheorem) *Für jede reelle Zahl $\varepsilon > 0$ und jede Coderate R kleiner als die Kanalkapazität ($R < C$) existiert ein binärer Code C der Länge n und der Dimension k, $R = \frac{k}{n}$, n hinreichend groß, so daß die Restfehlerwahrscheinlichkeit nach der Decodierung kleiner als ε ist.*

Wir wollen keinen Beweis angeben, jedoch eine Überlegung: Wählt man die Codelänge n hinreichend groß, d. h. so groß, daß die Anzahl der Fehler in einem Codewort fast immer dem Erwartungswert entspricht, so kann man fast jedes Codewort korrigieren, sofern der Erwartungswert der Fehler kleiner als die Anzahl der korrigierbaren Fehler ist. Sind mehr Fehler als die korrigierbare Anzahl aufgetreten, so kann der Decodierer nicht korrekt korrigieren. Gelingt es, diese Zahlen durch Wahrscheinlichkeitsbetrachtungen abzuschätzen, so kann man den Beweis führen.

1.11   Zusammenfassung

Erste grundlegende Arbeiten zu Blockcodes stammen von M. J. E. Golay, [Gol49] 1949, und R. W. Hamming, [Ham50] 1950. Shannon waren die Hamming-Codes vor seiner Veröffentlichung zur Begründung der Informationstheorie [Sha48] bekannt. Die ersten Codekonstruktionen basierten u. a. auf kombinatorischen Überlegungen und Golay hat schon 1949 den einzigen perfekten, mehrfehlerkorrigierenden binären Code konstruiert, der existiert. Arbeiten zur Gruppenstruktur von Codes stammen u. a. von D. Slepian und wir werden seine Beschreibung in den folgenden Kapiteln nutzen.

Wir haben in diesem ersten Kapitel einige Grundbegriffe kennengelernt, um lineare Blockcodes und ihre Eigenschaften zu beschreiben. Die Fehlerkorrektureigenschaft hängt von der Mindestdistanz ab, die bei linearen Blockcodes gleich dem Minimalgewicht ist. Eine Folgerung daraus ist, daß für lineare Blockcodes die *Distanzverteilung* gleich der *Gewichtsverteilung* ist. Als Kanalmodell haben wir ein einfaches Modell, den symmetrischen Binärkanal, eingeführt, das vorläufig zur Kanalbeschreibung genügt. Zu einem der zentralen Probleme der Kanalcodierung, der Abschätzung der möglichen Parameter (Länge, Dimension und Mindestdistanz) eines Codes, wurde die Hamming-Schranke angegeben.

Die Beschreibung eines linearen Blockcodes durch Prüfmatrix **H** und Generatormatrix **G** wurde erläutert, und es wurden zwei einfache Codiervorschriften für den Parity-Check- (PC) und den Wiederholungscode (RP) angegeben. Wir haben zyklische Codes definiert und die Erweiterung bzw. Verkürzung von Codes eingeführt. Die Prüfmatrix **H** multipliziert mit dem empfangenen Vektor ergibt das Syndrom. Sind bei der Übertragung Fehler aufgetreten, so ist das Syndrom **s** ungleich **0**, falls der Fehler **f** kein Codewort ist.

Es können verschiedene Decodierprinzipien angewendet werden: Fehlererkennung, Maximum-Likelihood-Decodierung (ML), Begrenzte-Mindestdistanz-Decodierung (BMD), symbolweise MAP-Decodierung (s/s-MAP) und Decodierung über die halbe Mindestdistanz. Dabei ist im Falle eines BSC die sich ergebende Restblock-fehlerwahrscheinlichkeit berechenbar. Allerdings kann die Berechnung für *längere Codes* nur bei BMD durchgeführt werden, da die Gewichtsverteilung in der Regel nicht bekannt ist. Die Standard-Array-Decodierung stellt ein ML-Decodierverfahren dar, was für *längere Codes* nicht praktikabel ist.

Wir haben die informationstheoretischen Begriffe Entropie und Kanalkapazität beschrieben. Außerdem haben wir das Kanalcodiertheorem erläutert, das aussagt, daß die Restfehlerwahrscheinlichkeit nach der Decodierung beliebig klein gemacht werden kann, wenn ein Code mit der Rate kleiner als die Kanalkapazität verwendet wird.

Weitere Informationen bzw. andere Beschreibungsformen der elementaren Grund-begriffe der Codierungstheorie findet man auch in den einleitenden Kapiteln z. B. von [McWSl], [Lint], [HeQu], [Schu] und [Bla], sowie in den klassischen Büchern zur Codierungstheorie [ClCa] und [Gal].

Die Beschreibung von Codes mittels Prüf- und Generatormatrix ist zur Konstruktion von Codes nicht so gut geeignet. Deshalb wollen wir im nächsten Kapitel die notwendigen mathematischen Grundlagen angeben, um Codes mit Polynomen über endlichen Zahlenkörpern beschreiben zu können.

1.12 Übungsaufgaben

Aufgabe 1.1
Zeigen Sie, daß die Quersumme einer ganzen Zahl modulo 9 gleich der Zahl modulo 9 ist. Zeigen sie zunächst, daß gilt:

$$(a + b) \mod 9 = ((a \mod 9) + (b \mod 9)) \mod 9 \quad \text{und}$$
$$(a \cdot b) \mod 9 = ((a \mod 9) \cdot (b \mod 9)) \mod 9.$$

Aufgabe 1.2
Gegeben sei die Prüfmatrix $\mathbf{H}$ eines binären linearen Blockcodes $\mathcal{C}$ der Länge $n = 7$.

$$\mathbf{H} = \begin{pmatrix} 0 & 0 & 0 & 1 & 1 & 1 & 1 \\ 0 & 1 & 1 & 0 & 0 & 1 & 1 \\ 1 & 0 & 1 & 0 & 1 & 0 & 1 \end{pmatrix}$$

a) Ist $\mathbf{c}_1 \in \mathbb{F}_2^7$, $\mathbf{c}_1 = (0, 1, 0, 1, 0, 1, 0)$ ein Codewort des Codes $\mathcal{C}$?

b) Geben Sie die Parameter des Codes und die Coderate R an.

c) Sei $\mathbf{c}_2 = (1, 1, 0, 1, 1, 0, 1) \in \mathbb{F}_2^7$. Bestimmen Sie mindestens 3 mögliche Fehlervek-toren $\mathbf{f}$ derart, daß die Addition $\mathbf{c}_2 + \mathbf{f}$ ein Codewort von $\mathcal{C}$ ist.

d) Decodieren Sie $\mathbf{c}_3 = (0, 1, 1, 1, 0, 1, 0)$ bezüglich des Codes $\mathcal{C}$.

Aufgabe 1.3
a) Wieviele verschiedene Vektoren $\mathbf{h}$ enthält $\mathbb{F}_2^m$?

b) Mit allen Vektoren aus $\mathbb{F}_2^m$, die ungleich dem Nullvektor sind, kann eine Matrix gebildet werden, in der die Vektoren $\mathbf{h}^T$ die Spaltenvektoren darstellen. Diese Matrix ist die Prüfmatrix eines Hamming-Codes. Bestimmen Sie die Länge n, die Dimension k und die Coderate R eines Hamming-Codes in Abhängigkeit von m.

c) Führen Sie die Konstruktion für $m = 4$ durch. Wie viele Fehler kann dieser Code korrigieren?

Aufgabe 1.4

a) Berechnen Sie die Wahrscheinlichkeit $P_r(e)$, daß bei der Übertragung von n Bits über einen symmetrischen Binärkanal (BSC) mit der Fehlerwahrscheinlichkeit p genau e Zeichen fehlerhaft sind.

b) Welche Bedingung müssen n, e und p, ($e < \frac{n}{2}$), erfüllen, damit gilt:

$$P_r(e + 1) < P_r(e) \quad ?$$

Prüfen Sie die errechnete Bedingung für $n = 7$, $e = 1$ und $p = 10^{-1}$ nach.

Aufgabe 1.5

Berechnen Sie eine systematische Form der Prüfmatrix $\mathbf{H}$ und die dazugehörige Generatormatrix $\mathbf{G}$ des Hamming-Codes der Länge $n = 15$ derart, daß die 11 Informationszeichen unverändert an den *ersten* 11 Stellen jedes Codewortes stehen.

Aufgabe 1.6

Ein symmetrischer Binärkanal habe die Fehlerwahrscheinlichkeit p. Berechnen Sie den Erwartungswert $E(n)$ für die Anzahl der Fehler in einem Block von n Binärstellen. Hilfestellung: Die binomische Gleichung lautet

$$(x + y)^n = \sum_{i=0}^{n} \binom{n}{i} \cdot x^i \cdot y^{n-i}.$$

Aufgabe 1.7

a) Ein binärer Code $\mathcal{C}$ habe die Parameter $n = 15$, $k = 7$, $d = 5$. Ist die Hamming-Schranke erfüllt? Was sagt die rechte Seite minus der linken Seite der Hamming-Schranke aus? Wie groß ist der Wert für das Beispiel?

b) Kann ein Code mit den Parametern $n = 15$, $k = 7$ und $d = 7$ existieren?

c) Überprüfen Sie, ob es einen Code mit den Parametern $n = 23$, $k = 12$ und $d = 7$ geben kann.

Aufgabe 1.8

Berechnen Sie das Standard-Array für einen $(4, 1, 4)$-Code.

Aufgabe 1.9

Gegeben sei ein Code mit den vier Codeworten:

$$(0000), \ (0011), \ (1100), \ (1111).$$

Wir empfangen (1010) wissen aber, daß sich der Kanal während der Übertragung geändert hat. Das erste und vierte Symbol ist über einen BSC mit $p = 0.3$ übertragen worden und das zweite und dritte Symbol über einen BSC mit $p = 0.1$. Welche Entscheidung trifft ein MAP-Decodierer?

Aufgabe 1.10
Berechnen Sie die Blockfehlerwahrscheinlichkeiten eines $(23, 12, 7)$-Codes bei BMD-Decodierung für die Fehlerwahrscheinlichkeiten $p = 0.05$, $p = 0.02$, $p = 0.01$ und $p = 0.005$ eines symmetrischen Binärkanals.

Aufgabe 1.11
Berechnen Sie die Fehlerwahrscheinlichkeit bei Verwendung eines $(7, 4, 3)$-Hamming-Codes zur Fehlererkennung in Abhängigkeit von der Fehlerwahrscheinlichkeit p eines symmetrischen Binärkanals.

Aufgabe 1.12
Gegeben sei die Prüfmatrix eines $(7, 4, 3)$-Hamming-Codes

$$\mathbf{H} = \begin{pmatrix} 0 & 1 & 1 & 1 & 1 & 0 & 0 \\ 1 & 0 & 1 & 1 & 0 & 1 & 0 \\ 1 & 1 & 0 & 1 & 0 & 0 & 1 \end{pmatrix}.$$

a) Zeigen Sie, daß alle Elemente des Cosets eines beliebigen Vektors $\mathbf{b}$ auf dasselbe Syndrom führen.

b) Erstellen Sie eine Tabelle aller korrigierbaren Fehlermuster und der zugehörigen Syndrome.

c) Begründen Sie anhand dieser Tabelle, warum der Code nur Fehler vom Gewicht 1 korrigieren kann, jedoch Fehler vom Gewicht 2 erkennen kann.

Aufgabe 1.13
Gegeben seien die Codeworte (1111), (0011) und (0101) eines linearen zyklischen Codes. Bestimmen Sie alle noch fehlenden Codeworte und geben Sie die Codeparameter an.

Aufgabe 1.14
Die Abbildung von Informationsfolgen auf Codeworte kann auf unterschiedliche Weise durchgeführt werden. Gegeben sei der $(7, 4, 3)$-Hamming-Code.

a) Geben Sie eine Generatormatrix zur systematischen Codierung an.

b) Modifizieren Sie die Generatormatrix derart, daß die Information (1010) auf das Codewort (0101011) abgebildet wird.

c) Wieviel verschiedene Möglichkeiten gibt es prinzipiell, die 16 Informationsvektoren auf Codeworte abzubilden?

d) Das Vertauschen von Stellen des Codes heißt Permutation. Wieviel Permutationen sind möglich? Wieviel Möglichkeiten gibt es, genau zwei Stellen des Codes zu vertauschen?

2 Galois-Felder

„Die ganzen Zahlen hat der liebe Gott gemacht, alles andere ist Menschenwerk.“

Leopold Kronecker

Ein Zahlenkörper (*field*) ist eine Menge von Zahlen mit definierten Rechenregeln, die gewissen Axiomen genügen. Endliche Zahlenkörper können als Symbolalphabete benutzt werden. Des weiteren können durch Polynome über endlichen Körpern zyklische Codes beschrieben werden, die gewisse Vorteile aufweisen. Der Umgang mit Zahlenkörpern mit unendlich vielen Elementen (z. B. reelle oder komplexe Zahlen) ist hinlänglich bekannt und vertraut. Wir benötigen den Umgang mit Zahlenkörpern, die aus einer endlichen Menge von Zahlen bzw. Elementen bestehen. Endliche Zahlenkörper werden Galois-Felder genannt. Wir wollen in diesem Kapitel zunächst Zahlenringe beschreiben und dann Definitionen und Regeln für Galois-Felder angeben. Es werden drei mögliche Repräsentanten für Galois-Felder erläutert: die Primkörper, die Gaußkörper und die Erweiterungskörper.

2.1 Gruppe

Eine nichtleere Menge $\mathcal{A}$ von Elementen mit einer Verknüpfung $*$, heißt eine Gruppe, wenn die folgenden Axiome erfüllt sind:

I.   Abgeschlossenheit: $\forall_{a,b\in\mathcal{A}} : a * b \in \mathcal{A}$.
II. Assoziativität: $\forall_{a,b,c\in\mathcal{A}} : a * (b * c) = (a * b) * c$.
III. Existenz eines neutralen Elementes e: $\exists_{e\in\mathcal{A}} : \forall_{a\in\mathcal{A}} : a * e = a$.
IV. Inverses Element: $\forall_{a\in\mathcal{A}} : \exists_{b\in\mathcal{A}} : a * b = e$.

Gilt in einer Gruppe zusätzlich

$$\text{Kommutativität: } \forall_{a,b\in\mathcal{A}} : a * b = b * a \, ,$$

dann heißt sie kommutative oder auch abelsche Gruppe.

Beispiel 2.1 (Gruppe) Die Menge der Zahlen $\{0, 1, 2, 3\}$ ist bezüglich der Addition modulo 4 eine Gruppe. I: $(a + b) \mod 4 \in \{0, 1, 2, 3\}$, II: $(a + b) + c = a + (b + c) \mod 4$, III: $a + 0 = a$, IV: $a + (4 - a) = 4 = 0 \mod 4$. ◇

2.2 Ring, Körper

Ring: Ein Menge $\mathcal{A}$ mit zwei Verknüpfungen (der Addition $+$ und der Multiplikation $\cdot$) heißt ein *Ring* $\mathcal{R}$, wenn die folgenden Axiome gelten:

I. $\mathcal{A}$ ist eine abelsche Gruppe bezüglich der Addition.
II. Abgeschlossenheit bezüglich der Multiplikation: $\forall_{a,b \in \mathcal{A}} : a \cdot b \in \mathcal{A}$.
III. Assoziativität: $\forall_{a,b,c \in \mathcal{A}} : a \cdot (b \cdot c) = (a \cdot b) \cdot c$.
IV. Distributivität: $\forall_{a,b,c \in \mathcal{A}} : a \cdot (b + c) = a \cdot b + a \cdot c$.

Anmerkung: „$+$" und „$-$" sind allgemein als Verknüpfung zu verstehen. Wichtig ist die Verbindung dieser Verknüpfungen durch das Distributivgesetz.

Definition 2.1 (Restklassenring $\mathbb{Z}_m$) *Das Rechnen (Addieren, Multiplizieren) modulo m von ganzen Zahlen erfüllt alle Eigenschaften eines Ringes. Die Menge der Zahlen $\{0, 1, \ldots, m - 1\}$ bildet zusammen mit den Verknüpfungen $(+, \cdot)$ mod m den sogenannten Restklassenring $\mathbb{Z}_m = \{[0]_m, [1]_m, \ldots, [m - 1]_m\}$. Man sagt: Beim Rechnen* mod$m$ *bilden die Zahlen $m, 2m, 3m, \ldots$ die Restklasse $[0]_m$ und $\{0, 1, \ldots, m - 1\}$ heißen die Repräsentanten der Restklassen.*

Die Elemente von $\mathbb{Z}_m$ besitzen nicht notwendigerweise ein inverses Element bezüglich der Multiplikation, d. h.

$$ a \in \mathbb{Z}_m \quad \Longrightarrow \quad \exists a^{-1} \in \mathbb{Z}_m \quad \text{mit} \quad a^{-1} \cdot a = 1 \quad \text{mod } m $$

muß nicht für alle $a \in \mathbb{Z}_m$ erfüllt sein.

Satz 2.2 (Invertierbare Elemente) *Ein Element $a \in \mathbb{Z}_m$ ist genau dann invertierbar, wenn gilt:* $\text{ggT}(a, m) = 1$. *Die Menge der invertierbaren Elemente in $\mathbb{Z}_m$ bildet eine abelsche Gruppe bezüglich der Multiplikation.*

Beweis: siehe Seite 39. $\square$

Definition 2.3 (Eulersche Φ-Funktion) *Sei $m \in \mathbb{N}$, so ist die Eulersche Φ-Funktion definiert als die Anzahl der Zahlen i, $1 \le i < m$, für die* $\text{ggT}(i, m) = 1$ *ist:*

$$ \Phi(m) = |\{i \mid \text{ggT}(i, m) = 1\}|, \ 1 \le i < m. $$

Es gilt $\Phi(1) = 1$. ($|\cdot|$ bezeichnet die Kardinalität einer Menge.)

Damit ist $\Phi(m)$ also genau die Anzahl der invertierbaren Elemente des Ringes $\mathbb{Z}_m$.

Satz 2.4 (Eulersche Φ-Funktion einer Primzahl) *Sei p eine Primzahl, dann ist die Eulersche Φ-Funktion (Definition 2.3) gleich $\Phi(p) = p - 1$.*

Beweis: Eine Primzahl ist durch keine kleinere Zahl teilbar, d. h.

$$ \text{ggT}(i, p) = 1 \quad \text{für alle } 1 \le i < p . $$

$\square$

Satz 2.5 (Euler/Fermat-Theorem) *Sei* $m \in \mathbb{N}$, $a \in \mathbb{Z}_m$ *und* $\mathrm{ggT}(a, m) = 1$, *dann gilt:*

$$a^{\Phi(m)} = 1 \quad \mathrm{mod}\ m.$$

Beispiel 2.2 (Zahlenring) Betrachten wir $\mathbb{Z}_6$:

$1 \cdot 1 = 1 \quad \mathrm{mod}\ 6,$

$1 \cdot 2 = 2 \quad \mathrm{mod}\ 6, \quad 2 \cdot 2 = 4 \quad \mathrm{mod}\ 6,$

$1 \cdot 3 = 3 \quad \mathrm{mod}\ 6, \quad 2 \cdot 3 = 0 \quad \mathrm{mod}\ 6, \quad 3 \cdot 3 = 3 \quad \mathrm{mod}\ 6,$

$1 \cdot 4 = 4 \quad \mathrm{mod}\ 6, \quad 2 \cdot 4 = 2 \quad \mathrm{mod}\ 6, \quad 3 \cdot 4 = 0 \quad \mathrm{mod}\ 6, \quad 4 \cdot 4 = 4 \quad \mathrm{mod}\ 6,$

$1 \cdot 5 = 5 \quad \mathrm{mod}\ 6, \quad 2 \cdot 5 = 4 \quad \mathrm{mod}\ 6, \quad 3 \cdot 5 = 3 \quad \mathrm{mod}\ 6, \quad 4 \cdot 5 = 2 \quad \mathrm{mod}\ 6, \quad 5 \cdot 5 = 1 \quad \mathrm{mod}\ 6.$

Die Elemente 1 und 5 sind invertierbar, und die Elemente $2, 3, 4$ sind nicht invertierbar (0 ist nicht invertierbar):

$$\Phi(6) = 2, \quad 5^2 = 1 \quad \mathrm{mod}\ 6, \quad 1^2 = 1 \quad \mathrm{mod}\ 6. \qquad \diamond$$

Körper: Eine Menge $\mathcal{A}$ mit zwei Verknüpfungen $(+, \cdot)$ heißt ein *Körper*, wenn die folgenden Axiome gelten:

   I. $\mathcal{A}$ ist eine abelsche Gruppe bezüglich der Addition.

  II. $\mathcal{A}$ (ohne Nullelement) ist eine (abelsche) Gruppe bzgl. der Multiplikation.

III.   Distributivität: $\forall_{a,b,c \in \mathcal{A}} : a \cdot (b + c) = a \cdot b + a \cdot c.$

2.3   Primkörper

Definition 2.6 (Galois-Feld und Primkörper) *Ein Körper mit endlich vielen Elementen heißt Galois-Feld und wird mit GF bezeichnet. Sei* $p \in \mathbb{N}$ *eine Primzahl. Die Menge der Elemente* $\{0, 1, \ldots, p - 1\}$ *mit* $(+, \cdot)$ *mod* p *genügt den Axiomen eines Körpers und wird Primkörper genannt und mit* $GF(p)$ *bezeichnet.*

Wegen p Primzahl ist $\mathrm{ggT}(p, a) = 1 \ \forall a \in \mathbb{Z}_p \backslash \{0\}$. Gemäß Satz 2.2 ist $a \in \mathbb{Z}_p$ genau dann invertierbar, wenn $\mathrm{ggT}(p, a) = 1$ ist. Dann bildet die Menge der invertierbaren Elemente bezüglich der Multiplikation eine abelsche Gruppe. In Definition 1.1 ist das Rechnen modulo einer Zahl p angegeben. Wir wollen nun am Primkörper $GF(5)$ die Axiome überprüfen.

Beispiel 2.3 (Primkörper, $p = 5$) Der Primkörper $GF(5)$ besteht aus 5 Elementen, d. h. $\mathcal{A} = \{0, 1, 2, 3, 4\}$. Die Addition und die Multiplikation sollen in Ergebnistafeln dargestellt werden. Es gilt z. B.: $4 + 3 = 7 = 5 + 2 = 2 \quad \mathrm{mod}\ 5$, $2 \cdot 4 = 8 = 5 + 3 = 3 \quad \mathrm{mod}\ 5$.

$+$	0	1	2	3	4
0	0	1	2	3	4
1	1	2	3	4	0
2	2	3	4	0	1
3	3	4	0	1	2
4	4	0	1	2	3

$\cdot$	0	1	2	3	4
0	0	0	0	0	0
1	0	1	2	3	4
2	0	2	4	1	3
3	0	3	1	4	2
4	0	4	3	2	1

Die Menge muß eine abelsche Gruppe bezüglich der Addition sein. An der Ergebnistafel erkennt man, daß die Abgeschlossenheit erfüllt ist. Die Kommutativität folgt aus der Symmetrie zur Diagonalen. Die Assoziativität bezüglich der Addition ist erfüllt, denn $a + (b + c) = (a + b) + c$ gilt für alle ganzen Zahlen. Das inverse Element zu a ist $p - a = 5 - a$, da $a + p - a = p = 0$ mod p gilt. Die Menge muß eine abelsche Gruppe bezüglich der Multiplikation sein (ohne 0). Kommutativität und Abgeschlossenheit kann man wie bei der Addition aus der Ergebnistafel ablesen. Die Assoziativität bezüglich der Multiplikation ist erfüllt, denn $a \cdot (b \cdot c) = (a \cdot b) \cdot c$ gilt für alle ganzen Zahlen. Das neutrale Element ist $e = 1$. Das inverse Element zu 2 ist 3, wegen $2 \cdot 3 = 1$ mod 5, und umgekehrt wegen der Kommutativität. Das inverse Element zu 4 ist 4, denn $4 \cdot 4 = 1$ mod 5, d. h. 4 ist zu sich selbst invers.

Das letzte Axiom besagt, daß Distributivität gelten muß. Diese gilt für das Rechnen mit ganzen Zahlen.   ◇

Somit erfüllt $GF(5)$ alle Axiome eines Körpers. Den Primkörper $GF(2)$ haben wir schon im ersten Kapitel benutzt.

2.3.1   Primitives Element

Definition 2.7 (Primitives Element) *Eine Gruppe/Körper $GF(p)$ heißt zyklisch, wenn alle Elemente von $GF(p)\backslash\{0\}$ durch Potenzen eines Elementes erzeugt werden können. Es existiert ein Element $\alpha \in GF(p)$, dessen $p - 1$ Potenzen $\alpha^j, j = 1, \dots, p-1$, genau alle Elemente $a \neq 0$ des Galois-Feldes erzeugen. Dieses erzeugende Element α heißt primitives Element.*

Da ein Galois-Feld nur endlich viele Elemente $a \in GF(p)$ enthält, müssen sich die Elemente $a^i, i = 1, 2, 3, \dots$, modulo p zwangsläufig wiederholen, d. h. für ein i_r muß gelten: $a^{i_r} = a$ mod p. Für alle Elemente β gilt: $\beta^p = \beta$ mod p. Daraus folgt $\beta^{p-1} = 1$ mod p gemäß Satz 2.5 (es gilt $\Phi(p) = p - 1$). Für ein primitives Element α gilt, daß kein i_r, $0 < i_r < p - 1$, existiert, so daß $\alpha^{p-1} = 1$ gilt. Ist $a^{i_r} = a$ mod p, so ist $a^{i_r + j} = a^{1+j}$ mod p, was bedeutet, daß sich die Elemente in identischer Reihenfolge wiederholen.

Definition 2.8 (Ordnung einer Gruppe) *Die Anzahl der unterschiedlichen Elemente einer Gruppe ist gleich der Ordnung der Gruppe.*

Definition 2.9 (Ordnung eines Elements) *Die Ordnung eines Elementes $a \in GF(p)$, $a \neq 0$, ist der kleinste Exponent $r > 0$, so daß $a^r = 1$ mod p gilt. Für $r = p - 1$ ist a ein primitives Element.*

Man beachte, daß in einem Ring nicht für jedes Element a ein Exponent r existiert, für den $a^r = 1$ gilt. Für diese Elemente ist keine Ordnung definiert.

Beispiel 2.4 (Ordnung der Elemente) Betrachten wir $GF(5)$:

$$1^1 = 1 \mod 5, \quad 2^4 = 1 \mod 5, \quad 3^4 = 1 \mod 5, \quad 4^2 = 1 \mod 5.$$

Das Element 1 hat die Ordnung 1, das Element 4 hat die Ordnung 2, und die Elemente 2 und 3 haben die Ordnung 4.   ◇

Satz 2.10 (Existenz eines primitiven Elements) *(ohne Beweis) Jedes Galois-Feld besitzt mindestens ein primitives Element.*

Ist α ein primitives Element von $GF(p)$, dann sind auch alle α^j mit $\mathrm{ggT}(j, p-1) = 1$ primitive Elemente von $GF(p)$. Es gibt also $\Phi(p-1)$ primitive Elemente.

Satz 2.11 (Ordnungen sind Teiler von $p-1$) *Die Ordnungen der Elemente eines Galois-Feldes $GF(p)$ müssen Teiler von $p-1$ sein.*

Beweis: Ein Element b habe die Ordnung r, d. h. $b^r = 1 \mod p$. Gemäß Satz 2.10 und Definition 2.7 kann man jedes Element von $GF(p)$ als Potenz des primitiven Elementes α darstellen, d. h. $b = \alpha^l$. Nehmen wir an $r \nmid (p-1)$, so können wir schreiben

$$(p-1) = j \cdot r + i, \quad \text{Rest } 0 < i < r.$$

Mit dem Euler/Fermat-Theorem (Satz 2.5) gilt jedoch:

$$b^{p-1} = 1 = b^{j \cdot r + i} = (b^r)^j \cdot b^i = 1 \cdot b^i \neq 1,$$

da r gemäß Definition 2.9 die kleinste Zahl ist, für die $b^r = 1$ gilt, und $0 < i < r$ ist. $\square$

Beispiel 2.5 (Primitives Element) Das Element 2 ist ein primitives Element von $GF(5)$:

$$2^1 = 2, \ 2^2 = 4, \ 2^3 = 8 = 3, \ 2^4 = 16 = 1 \mod 5.$$

Das Element 3 ist ebenfalls ein primitives Element:

$$3^1 = 3, \ 3^2 = 9 = 4, \ 3^3 = 27 = 2, \ 3^4 = 81 = 1 \mod 5.$$

Das Element 4 hat die Ordnung 2 (2 ist Teiler von $4 = p-1$):

$$4^1 = 4, \ 4^2 = 16 = 1 \mod 5.$$

Man kann alle Elemente von $GF(5)$ entweder durch Potenzen von 2 oder 3 darstellen. Der Null wird formal der Exponent $-\infty$ zugeordnet. Um zwei Elemente zu multiplizieren, kann man die Exponenten modulo $p-1$ addieren. Etwa:

$$2 \cdot 4 = 8 = 3 = 2^1 \cdot 2^2 = 2^3 = 3 \mod 5.$$

Wir haben damit zwei mögliche Darstellungsformen der Elemente eines Primkörpers, die Darstellung mittels des Exponenten und die als Zahl. $\diamond$

2.3.2 Euklidischer Algorithmus

Ein wichtiger Algorithmus, sowohl für natürliche Zahlen wie auch für Galois-Felder, ist der im folgenden beschriebene Euklidische Algorithmus.

Satz 2.12 (Euklidischer Algorithmus) *Seien $a, b \neq 0$ zwei ganze Zahlen mit $a < b$, dann kann der größte gemeinsame Teiler von a und b, $\mathrm{ggT}(a,b)$, mit dem* *sogenannten Euklidischen Algorithmus berechnet werden, wobei eine ganzzahlige Division mit Rest durchgeführt wird:*

$$b = q_1 \cdot a + r_1$$
$$a = q_2 \cdot r_1 + r_2 \qquad\qquad \textit{mit} \;\; a = r_0, \; b = r_{-1} :$$
$$r_1 = q_3 \cdot r_2 + r_3 \qquad\qquad r_{j-1} = q_{j+1} \cdot r_j + r_{j+1}, \quad j = 0, \dots, l+1$$
$$\vdots$$
$$r_l = q_{l+2} \cdot r_{l+1} + 0$$

$$\mathrm{ggT}(a,b) = r_{l+1}, \qquad\qquad \textit{dabei gilt: } r_{j+1} < r_j \; .$$

Beweis: r_{l+1} teilt r_l, deshalb auch r_{l-1} ($r_{l-1} = q_{l+1} \cdot r_l + r_{l+1}$) und $r_{l-2}, \dots$, d. h. auch a und b. Andererseits gilt, würde $t \in \mathbb{N}$, $t > r_{l+1}$ die Zahlen a und b teilen, so würde t auch $r_1, r_2, \dots, r_{l+1}$ teilen, somit ist r_{l+1} der ggT. $\qquad\qquad\square$

Satz 2.13 (Euklidischer Algorithmus) *Für beliebige ganze Zahlen $a, b \neq 0$ existieren ganze Zahlen v_j und w_j, so daß jeder Rest r_j dargestellt werden kann durch*

$$r_j = a \cdot w_j + b \cdot v_j, \quad j = -1, 0, 1, \dots l+2.$$

Damit folgt speziell auch:

$$\mathrm{ggT}(a,b) = a \cdot w_{l+1} + b \cdot v_{l+1}.$$

Beweis: Die Werte v_j und w_j sind rekursiv berechenbar. Dabei beginnt man zweckmäßigerweise mit $b, a, r_1, \dots$:

$$
\begin{aligned}
b &= v_{-1}b &+& \;\; w_{-1}a \\
a &= v_0 b &+& \;\; w_0 a \\
r_1 &= v_1 b &+& \;\; w_1 a \\
&\;\;\;\vdots \\
r_j &= v_j b &+& \;\; w_j a \\
&\;\;\;\vdots \\
r_{l+2} &= v_{l+2}b &+& \;\; w_{l+2}a \;\; = 0 \; .
\end{aligned}
$$

Die Zahlen v_j und w_j ergeben sich durch:

$$
\begin{aligned}
v_{-1} &= 1 &\qquad\qquad w_{-1} &= 0 \\
v_0 &= 0 &\qquad\qquad w_0 &= 1 \\
v_1 &= v_{-1} - q_1 v_0 &\qquad\qquad w_1 &= w_{-1} - q_1 w_0 \\
\vdots \qquad & &\qquad\qquad \vdots \qquad & \\
v_j &= v_{j-2} - q_j v_{j-1} &\qquad\qquad w_j &= w_{j-2} - q_j w_{j-1} \; .
\end{aligned}
$$

$$\hfill\square$$

Jetzt können wir die Behauptung aus Satz 2.2 beweisen, daß ein Element aus $\mathbb{Z}_m$ invertierbar ist, wenn gilt: $\mathrm{ggT}(a, m) = 1$. Denn mit Satz 2.13 folgt, daß zwei Zahlen w und v existieren mit

$$v \cdot a + w \cdot m = 1 \quad \Longrightarrow \quad v \cdot a = 1 \mod m,$$

d. h. $a^{-1} = v \mod m$.

Beispiel 2.6 (Euklidischer Algorithmus) Wir berechnen $\mathrm{ggT}(30, 18)$:

$$
\begin{aligned}
30 : 18 &= 1 \quad \text{Rest } 12, \qquad 30 = 1 \cdot 18 + 12 \\
18 : 12 &= 1 \quad \text{Rest } 6, \qquad 18 = 1 \cdot 12 + 6 \\
12 : 6 &= 2 \quad \text{Rest } 0, \qquad 12 = 2 \cdot 6 + 0
\end{aligned}
$$

$$
\begin{aligned}
\mathrm{ggT}(30, 18) &= 6 \\
6 &= 1 \cdot 18 - 1 \cdot 12 \\
12 &= 1 \cdot 30 - 1 \cdot 18 \\
6 = 1 \cdot 18 - 1 \cdot (1 \cdot 30 - 1 \cdot 18) &= 2 \cdot 18 - 1 \cdot 30 .
\end{aligned}
$$
$\diamond$

Beispiel 2.7 (Euklidischer Algorithmus) Wir berechnen $\mathrm{ggT}(42, 24)$:

$$
\begin{aligned}
42 : 24 &= 1 \quad \text{Rest } 18, \qquad 42 = 1 \cdot 24 + 18 \\
24 : 18 &= 1 \quad \text{Rest } 6, \qquad 24 = 1 \cdot 18 + 6 \\
18 : 6 &= 3 \quad \text{Rest } 0, \qquad 18 = 3 \cdot 6 + 0
\end{aligned}
$$

$$\mathrm{ggT}(42, 24) = 6 .$$

Jetzt wollen wir jeden Rest, d. h. $18, 6$ und 0, durch die Zahlen 42 und 24 darstellen. Entsprechend der Rekursion für v_i und w_i berechnen wir zunächst diese Werte mit

$$q_1 = 1, \quad q_2 = 1 \quad \text{und} \quad q_3 = 3 :$$

$$
\begin{aligned}
v_{-1} &= 1 & w_{-1} &= 0 \\
v_0 &= 0 & w_0 &= 1 \\
v_1 &= v_{-1} - q_1 v_0 = 1 & w_1 &= w_{-1} - q_1 w_0 = -1 \\
v_2 &= v_0 - q_2 v_1 = -1 & w_2 &= w_0 - q_2 w_1 = 2 \\
v_3 &= v_1 - q_3 v_2 = 4 & w_3 &= w_1 - q_3 w_2 = -7.
\end{aligned}
$$

Damit ergibt sich:

$$
\begin{aligned}
42 &= 1 \cdot 42 - 0 \cdot 24 \\
24 &= 0 \cdot 42 + 1 \cdot 24 \\
18 &= 1 \cdot 42 - 1 \cdot 24 \\
6 &= -1 \cdot 42 + 2 \cdot 24 \\
0 &= 4 \cdot 42 - 7 \cdot 24 .
\end{aligned}
$$
$\diamond$

Eigenschaften des ggT: Die im folgenden beschriebenen Eigenschaften können bei Berechnungen und Analysen nützlich sein:

1) $\mathrm{ggT}(0, b) = b, \ b > 0$

2) $\mathrm{ggT}(a, b) = \mathrm{ggT}(a + i \cdot b, b), \ i \in \mathbb{Z}$

3) $\mathrm{ggT}(a, b) = v \cdot b + w \cdot a, \ v, w \in \mathbb{Z}$ \qquad Achtung: v, w sind nicht eindeutig!

4) $\mathrm{ggT}(a, b) = \mathrm{ggT}(a, c) = 1 \implies \mathrm{ggT}(a, b \cdot c) = 1$

5) \quad a) a, b gerade, $\ \mathrm{ggT}(a, b) = 2 \cdot \mathrm{ggT}\left(\frac{a}{2}, \frac{b}{2}\right)$

   \quad b) a gerade, b ungerade, $\ \mathrm{ggT}(a, b) = \mathrm{ggT}\left(\frac{a}{2}, b\right)$

   \quad c) a, b ungerade, $\ \mathrm{ggT}(a, b) = \mathrm{ggT}\left(\frac{a-b}{2}, b\right)$

6) $a \mid b \cdot c$ und $\mathrm{ggT}(a, b) = 1 \implies a \mid c \quad (a \mid c$ bedeutet a teilt c).

Beweis der Eigenschaften: Die Eigenschaften 1, 2, 5a und 5b sind plausibel. Eigenschaft 3 wurde gerade gezeigt. Im folgenden wollen wir noch die Eigenschaften 4, 5c und 6 plausibel machen.

zu 4: \quad Wenn a weder mit b noch mit c gemeinsame Faktoren hat, so hat es auch keine gemeinsamen Faktoren mit dem Produkt $b \cdot c$.

zu 5c: \quad Mit der Eigenschaft 2 können wir schreiben: $\mathrm{ggT}(a, b) = \mathrm{ggT}(a + b, b)$. Da $a + b$ gerade ist, gilt Eigenschaft 5b. Mit $\frac{1}{2}(a+b) = \frac{a-b}{2} + b$ und erneut mit Eigenschaft 2 folgt die Aussage.

zu 6: \quad Wir schreiben erneut $1 = vb + wa$. Multiplizieren wir mit c, so erhalten wir $c = vbc + wac$. Daraus folgt, daß a die Zahl c teilen muß. $\qquad\square$

Definition 2.14 (Teilerfremd, relativ prim) *Gilt für zwei Zahlen $a, b \neq 0$: $\mathrm{ggT}(a, b) = 1$, so sind a und b teilerfremd; man sagt auch: relativ prim.*

Existenz eines inversen Elementes: Jedes Element $\alpha < p$ ist gemäß der Definition einer Primzahl zu p teilerfremd, d. h. für alle $\alpha \in GF(p)$ gilt:

$$\mathrm{ggT}(\alpha, p) = 1 \ .$$

Mit Satz 2.13 folgt, daß zwei Zahlen a und b existieren, für die

$$a \cdot \alpha + b \cdot p = 1$$

ist. Anders ausgedrückt:

$$\begin{aligned}
a \cdot \alpha &= 1 \mod p \\
a &= \alpha^{-1} \ .
\end{aligned}$$

Damit haben wir gezeigt, daß für jeden Primkörper $GF(p)$ zu jedem Element $\alpha \neq 0$ ein eindeutiges inverses Element α^{-1} existiert.

2.3.3 Gaußkörper

In diesem Abschnitt wollen wir eine interessante Darstellung eines Primkörpers $GF(p)$ als Beispiel präsentieren, die auf Gaußzahlen aufbaut und die Theorie der Körper vertiefen soll. Eine Gaußzahl z ist eine komplexe Zahl, deren Real- und Imaginärteil ganze Zahlen sind [Hub94]:

$$\zeta = u + jv, \quad u, v \in \mathbb{Z} \text{ und } j = \sqrt{-1} \ .$$

Aus der Zahlentheorie ist bekannt, daß jede Primzahl p der Form $p = 4 \cdot a + 1$ (oder: $p = 1 \mod 4$) wie folgt ausgedrückt werden kann:

$$p = (u + jv)(u - jv) = u^2 + v^2 \ .$$

Die Zahl $\Pi = u + jv$ wird Gaußsche Primzahl genannt, und das Rechnen modulo Π ist definiert durch ($\Pi^* = u - jv$):

$$\zeta = w \mod \Pi = w - \left[\frac{w \cdot \Pi^*}{\Pi \cdot \Pi^*} \right] \cdot \Pi \ ,$$

wobei $[\cdot]$ das Runden zur nächstgelegenen Gaußzahl bedeutet. Weitere mögliche Gaußsche Primzahlen, die wir hier nicht betrachten wollen, sind: $1+j$, $-1-j$, $-1+j$, $1-j$ und die Zahlen l, $-l$, jl, $-jl$, wobei l eine Primzahl mit der Eigenschaft $l = 3 \mod 4$ ist.

Satz 2.15 (Gaußkörper $\mathbb{G}_\Pi$) *Sei $p = 4a + 1$, $a \in \mathbb{Z}$, eine Primzahl mit $p = (u + jv)(u - jv) = \Pi \cdot \Pi^*$, dann bilden die Gaußzahlen modulo Π gerechnet den Körper $\mathbb{G}_\Pi = \{0, \zeta_1, \zeta_2, \ldots, \zeta_{p-1}\}$. D. h. es gilt:*

$$\zeta_i = m + jl \mod \Pi, \quad m, l \in \mathbb{Z} \ .$$

Beweis: $GF(p)$ ist ein Körper. Jedes Element $m \in GF(p)$ kann auf ein Element $\zeta \in \mathbb{G}_\Pi$ umkehrbar eindeutig abgebildet werden durch

$$m \mod \Pi = \zeta = m - \left[\frac{m \cdot \Pi^*}{\Pi \cdot \Pi^*} \right] \cdot \Pi, \qquad m = (\zeta \cdot b \cdot \Pi^* + \zeta^* \cdot t \cdot \Pi) \mod p,$$

wobei für t und b gilt: $1 = t \cdot \Pi + b \cdot \Pi^*$. Weiterhin ist für alle $m_1, m_2 \in GF(p)$ und $\zeta_1, \zeta_2 \in \mathbb{G}_\Pi$

$$m_1 + m_2 \mod p \quad \longleftrightarrow \quad \zeta_1 + \zeta_2 \mod \Pi \ ,$$
$$m_1 \cdot m_2 \mod p \quad \longleftrightarrow \quad \zeta_1 \cdot \zeta_2 \mod \Pi \ .$$

Anmerkung:

$$\zeta_1 + \zeta_2 \mod \Pi = \zeta_1 + \zeta_2 - \left[\frac{(\zeta_1 + \zeta_2)\Pi^*}{\Pi \cdot \Pi^*} \right] \cdot \Pi \ ,$$

$$\zeta_1 \cdot \zeta_2 \mod \Pi = \zeta_1 \cdot \zeta_2 - \left[\frac{(\zeta_1 \cdot \zeta_2)\Pi^*}{\Pi \cdot \Pi^*} \right] \cdot \Pi \ . \qquad \square$$

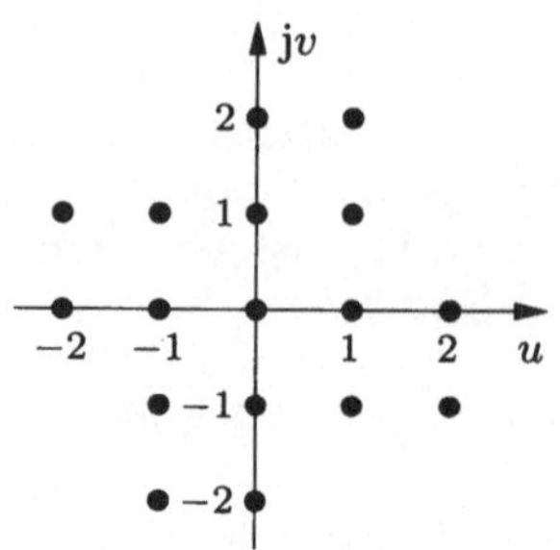

Bild 2.1: Gaußkörper $\mathbb{G}_{4+j}$.

Beispiel 2.8 (Gaußkörper $\mathbb{G}_{4+j}$) Die Primzahl $p = 17 = 1 \mod 4$ kann als $17 = (4 + j)(4 - j)$ dargestellt werden. Die Gaußzahl $13 + 11j$ ergibt $\mod \Pi = 4 + j$ gerechnet

$$
\begin{aligned}
13 + 11j - \left[\frac{(13 + 11j)(4 - j)}{(4 + j)(4 - j)}\right](4 + j) &= 13 + 11j - \left[\frac{63 + 31j}{17}\right](4 + j) \\
&= 13 + 11j - [3, 7 + 1, 8j](4 + j) \\
&= 13 + 11j - (4 + 2j)(4 + j) \\
&= 13 + 11j - (14 + 12j) = -1 - j.
\end{aligned}
$$

Rechnen wir die Zahlen 9 und 10 $\mod \Pi$, so erhalten wir:

$$
\begin{aligned}
9 \mod \Pi &= 9 - \left[\frac{9(4 - j)}{(4 + j)(4 - j)}\right](4 + j) = 9 - (2 - j)(4 + j) = 9 - (9 - 2j) = 2j, \\
10 \mod \Pi &= 1 + 2j.
\end{aligned}
$$

Die Zahlen $\{1, 2, \ldots, 16\} \mod \Pi$ gerechnet, ergeben $\mathbb{G}_\Pi = \{1, 2, -1 - j, -j, 1 - j, 2 - j, -1 - 2j, -2j, 2j, 1 + 2j, -2 + j, -1 + j, j, 1 + j, -2, -1\}$. Wir wollen noch überprüfen, ob für $9 \cdot 10 = 90 = 5 \mod 17$ auch entsprechend $2j(1 + 2j) = 1 - j \mod \Pi$ gilt. Wir errechnen:

$$
\begin{aligned}
2j(1 + 2j) - \left[\frac{2j(1 + 2j)(4 - j)}{(4 + j)(4 - j)}\right](4 + j) &= (-4 + 2j) - \left[-\frac{14}{17} + \frac{12}{17}j\right](4 + j) \\
&= -4 + 2j - (-1 + j)(4 + j) \\
&= (-4 + 2j) - (-5 + 3j) = 1 - j.
\end{aligned}
$$

Die Elemente des Körpers $\mathbb{G}_{4+j}$ sind in Bild 2.1 dargestellt. $\qquad\qquad \diamond$

2.4 Erweiterungskörper

Bisher sind wir nur in der Lage, eine sehr begrenzte Anzahl von Galois-Feldern, nämlich die Primkörper $GF(p)$, zu konstruieren. Wir wollen im folgenden die Erweiterung eines Primkörpers $GF(p)$ beschreiben und mit diesem allgemeineren Fall sehr viel flexibler bei der Konstruktion von Galois-Feldern werden. Bei der heutigen Technik werden vorwiegend Dualdarstellungen von Zahlen verwendet, allerdings können durch Primkörper die binären Stellen häufig nicht ausgenutzt werden (z. B. $p = 71$ benötigt 7 Stellen, $2^7 = 128$). In der Praxis werden deshalb fast immer Erweiterungen von $GF(2)$ verwendet, unter anderem, um die Dualdarstellung von Elementen eines Galois-Feldes besser auszunutzen.

Anmerkung: Eine ebenfalls übliche Schreibweise eines Restklassenringes $\mathbb{Z}_m$ ist $\mathbb{Z}/(m)$. Dabei stellt $\mathbb{Z}$ den Ring der ganzen Zahlen dar und $/(m)$ bedeutet das Rechnen $\bmod m$. Entsprechend wollen wir im folgenden den Ring $\mathbb{Z}_m[x]$ der Polynome mit Koeffizienten aus $\mathbb{Z}_m$ modulo Polynomen $p(x)$ betrachten, bzw. $\mathbb{Z}_m[x]/p(x)$. War $m = p$ eine Primzahl, so ergab sich ein Körper $GF(p)$, und entsprechend: Ist $p(x)$ ein primitives Polynom, so ist $GF(p)[x]/p(x)$ ein Erweiterungskörper.

2.4.1 Irreduzible Polynome

Definition 2.16 (Irreduzibles Polynom) *Ein Polynom $p(x)$ mit Koeffizienten aus $GF(p)$ ist irreduzibel bezüglich $GF(p)$, wenn es nicht als Produkt von Polynomen kleineren Grades, die ebenfalls Koeffizienten aus $GF(p)$ haben, dargestellt werden kann.*

Es genügt nicht, daß $p(x)$ keine Nullstellen aus $GF(p)$ hat um irreduzibel zu sein (dies ist notwendig, aber nicht hinreichend). Dies erklärt man sich folgendermaßen: Seien $p_1(x)$, $p_2(x)$ irreduzibel bzgl. $GF(p)$, dann hat $p(x) = p_1(x) \cdot p_2(x)$ keine Nullstellen aus $GF(p)$, ist aber nicht irreduzibel.

Beispiel 2.9 (Irreduzibles Polynom) Gegeben sei $p(x) = x^4 + x + 1$ mit Koeffizienten aus $GF(2)$. Um zu testen, ob $p(x)$ irreduzibel ist, können wir überprüfen, ob ein Polynom $f(x)$ mit $\operatorname{grad} f(x) < \operatorname{grad} p(x)$ existiert, das $p(x)$ ohne Rest teilt.
Hat $p(x)$ den Grad m, so existieren 2^m (allgemein p^m) Polynome $f(x)$ mit $\operatorname{grad} f(x) < m$ (einschließlich $f(x) = 0$); also $m = 4$, $p = 2 \Longrightarrow 16$ Polynome, nämlich:

$$0, 1, x, x^2, x^3, 1+x, \dots, 1+x+x^2+x^3.$$

Für alle $f(x) \neq 0, 1$ müssen wir nun überprüfen, ob sie $p(x)$ ohne Rest teilen ($\nmid$ bedeutet „teilt nicht").

$$\left.\begin{array}{rcll} x^i & \nmid & p(x) & i = 1, 2, 3 \\ (1 + x^i) & \nmid & p(x) & i = 1, 2, 3 \\ & \vdots & & \\ (1 + x + x^2 + x^3) & \nmid & p(x) & \end{array}\right\} \Longrightarrow p(x) \text{ ist irreduzibel bzgl. } GF(2).$$

$\diamond$

Satz 2.17 (Existenz eines inversen Polynoms) *Ist das Polynom $p(x)$ mit $\operatorname{grad} p(x) = m$ und den Koeffizienten $p_i \in GF(p)$ irreduzibel bezüglich $GF(p)$, so hat jedes der $p^m - 1$ (alle außer 0) Polynome $b(x)$ mit $\operatorname{grad} b(x) < m$ und den Koeffizienten $b_i \in GF(p)$ ein eindeutiges inverses Polynom $b^{-1}(x)$ modulo $p(x)$, d. h.*

$$b(x) \cdot b(x)^{-1} = 1 \mod p(x).$$

Beweis:

$$\forall_{b(x)} : b(x) \nmid p(x) \implies \mathrm{ggT}(b(x), p(x)) = 1 \ .$$

Mit dem Euklidischen Algorithmus kann man dies als

$$b(x) \cdot a(x) + c(x) \cdot p(x) = 1$$

darstellen, und damit folgt:

$$a(x) = b^{-1}(x) \quad \mathrm{mod}\, p(x) \ . \qquad\qquad \square$$

Beispiel 2.10 (Inverses Polynom) Sei $p(x) = x^4 + x + 1$, $p_i \in GF(2)$, so gilt:

$$
\begin{aligned}
p(x) &= 0 &&\mathrm{mod}\ p(x) \\
x^4 + x + 1 &= 0 &&\mathrm{mod}\ p(x) \\
x^4 + x &= 1 &&\mathrm{mod}\ p(x) \\
x \cdot (x^3 + 1) &= 1 &&\mathrm{mod}\ p(x)
\end{aligned}
$$

$$x^{-1} = 1 + x^3 \ .$$

Mit Hilfe des Euklidischen Algorithmus kann man zu jedem Polynom $b(x)$, für das gilt $\mathrm{grad}(b(x)) < 4$, $b_i \in GF(2)$, das inverse Polynom $b^{-1}(x)$ berechnen. $\diamond$

Zu jedem Polynom $p(x)$ (nicht notwendigerweise irreduzibel) mit Koeffizienten aus $GF(p)$ bilden alle Polynome mit kleinerem Grad zusammen mit der Addition und Multiplikation $\mathrm{mod}\, p(x)$ einen Ring. Genau dann, wenn $p(x)$ irreduzibel ist, ist dieser Ring sogar ein Körper, da gemäß Satz 2.17 jedes Polynom kleineren Grades ein Inverses besitzt. Dieser mit Hilfe von $p(x)$ konstruierte Erweiterungskörper hat $p^{\mathrm{grad}\, p(x)}$ Elemente und ist eine Darstellung von $GF(p^{\mathrm{grad}\, p(x)})$, den wir im folgenden Abschnitt genauer betrachten werden.

2.4.2   Primitive Polynome, Wurzeln

Definition 2.18 (Nullstellen, Wurzeln eines Polynoms) *Sei $p(x)$, $p_i \in GF(p)$, ein irreduzibles Polynom, so hat $p(x)$ gemäß Definition 2.16 keine Nullstellen aus $GF(p)$. Ein Element α aus einem Erweiterungskörper $GF(p^{\mathrm{grad}\, p(x)})$ heißt Wurzel oder Nullstelle von $p(x)$, wenn*

$$p(\alpha) = 0 \ .$$

Definition 2.19 (Erweiterungskörper) *Sei $p(x)$ irreduzibel über $GF(p)$ und $\alpha \notin GF(p)$ Nullstelle von $p(x)$ mit $\mathrm{grad}\, p(x) = m$, dann ist der Erweiterungkörper $GF(p^m)$ der kleinste Körper, der $GF(p)$ und α enthält.*

Anmerkung: $x^2 + 1 = 0$ hat keine Lösung $\in \mathbb{R}$, aber es können komplexe Zahlen $\mathbb{C}$ definiert werden und damit $j^2 + 1 = 0$, $j = \pm\sqrt{-1}$, $j \in \mathbb{C}$. Das bedeutet: j ist ein Element des Erweiterungskörpers.

Beispiel 2.11 (Nullstelle) Gemäß Beispiel 2.9 ist $p(x) = x^4 + x + 1$ irreduzibel über $GF(2)$. Wir definieren: α sei eine Wurzel (Nullstelle) von $p(x)$, d. h.

$$\alpha^4 + \alpha + 1 = 0 \ . \qquad\qquad \diamond$$

Definition 2.20 (Primitives Polynom) *Sei $p(x)$ ein irreduzibles Polynom, $\operatorname{grad} p(x) = m$, $p_i \in GF(p)$. Ein Element $\alpha \in GF(p^m)$ heißt primitives Element, wenn alle Potenzen von α $\mod p(\alpha)$! alle $p^m - 1$ Elemente (ohne Null) des Erweiterungskörpers erzeugen. Das Polynom $p(x)$ heißt primitiv, wenn es ein primitives Element α als Wurzel besitzt (vergleiche Definition 2.7).*

Elemente des Erweiterungskörpers: Ein Element eines Erweiterungskörpers $GF(p^m)$ wird damit definiert als die Nullstelle α des primitiven Polynoms $p(x)$, nämlich $p(\alpha) = 0$. Die Potenzen des Elementes α, modulo $p(\alpha)$ gerechnet, ergeben den Erweiterungskörper ohne $\{0\}$. Wir können die Elemente des Erweiterungskörpers auf zwei Arten darstellen:

Exponentendarstellung: Gemäß Definition 2.20 können wir jedes Element ungleich 0 des Erweiterungskörpers als Potenz des primitiven Elementes α darstellen. Dies nennt man *Exponentendarstellung*.

Komponentendarstellung: Wir können aber die Elemente des Erweiterungskörpers auch durch die Koeffizienten der Polynome $f(\alpha)$ darstellen. Dies nennt man *Komponentendarstellung*. Schreibt man die Polynome $f(\alpha)$ (entsprechend Definition 2.20) als

$$f_{m-1}x^{m-1} + f_{m-2}x^{m-2} + \cdots + f_0 \ ,$$

so sind die Polynome durch ihre Koeffizienten eindeutig bestimmt, und es genügt zu schreiben:

$$f_{m-1}f_{m-2}\cdots f_1 f_0 \ , \quad f_i \in GF(p) \ .$$

Die Schwierigkeit, das Element $00\ldots 0$ in der Exponentendarstellung zu beschreiben, wird häufig durch die Darstellung $\alpha^{-\infty}$ gelöst. Die Multiplikation führen wir durch die Addition modulo $p^m - 1$ der Exponenten aus. Die Addition dagegen wird als Addition der einzelnen Komponenten im Grundkörper $GF(p)$ durchgeführt (Vektoraddition). Die Multiplikation der Polynome wird modulo $p(\alpha)$ durchgeführt.

Als Beispiel werden wir mit dem primitiven Polynom $p(x)$ und dem primitiven Element α aus Beispiel 2.11 den Erweiterungskörper $GF(2^4)$ konstruieren.

Beispiel 2.12 (Galois-Feld $GF(2^4)$) Das Galois-Feld $GF(2^4)$ mit dem primitiven Polynom $p(x) = x^4 + x + 1$, $p_i \in GF(2)$ und dem primitiven Element α, $p(\alpha) = 0$, kann durch die Logarithmentafel in Tabelle 2.1 dargestellt werden.

Multiplikation: $\alpha^9 \cdot \alpha^7 = \alpha^{16 \bmod 15} = \alpha \quad (\alpha^{i \bmod 15})$

Addition: $\alpha^4 + \alpha^5 = 0011 \oplus 0110 = 0101 = \alpha^8$ ($\oplus$ bezeichnet die komponentenweise Addition im Grundkörper). $\qquad\qquad \diamond$

Tabelle 2.1: Galois-Feld $GF(2^4)$ (Logarithmentafel).

Exp.	Komponenten					Berechnung
$-\infty$				0	0000	
0				1	0001	
1			α		0010	
2		α^2			0100	
3	α^3				1000	
4			α	$+1$	0011	$\alpha^4 \ = \ \alpha + 1$
5		α^2	$+\alpha$		0110	$\alpha^5 \ = \ \alpha \cdot \alpha^4 \ = \ \alpha^2 + \alpha$
6	α^3	$+\alpha^2$			1100	$\alpha^6 \ = \ \alpha \cdot \alpha^5 \ = \ \alpha^3 + \alpha^2$
7	α^3		$+\alpha$	$+1$	1011	$\alpha^7 \ = \ \alpha \cdot \alpha^6 \ = \ \alpha^4 + \alpha^3 \ = \ \alpha^3 + \alpha + 1$
8		α^2		$+1$	0101	$\alpha^8 \ = \ \alpha \cdot \alpha^7 \ = \ \alpha^4 + \alpha^2 + \alpha \ = \ \alpha^2 + 1$
9	α^3		$+\alpha$		1010	$\alpha^9 \ = \ \alpha \cdot \alpha^8 \ = \ \alpha^3 + \alpha$
10		α^2	$+\alpha$	$+1$	0111	$\alpha^{10} \ = \ \alpha \cdot \alpha^9 \ = \ \alpha^4 + \alpha^2 \ = \ \alpha^2 + \alpha + 1$
11	α^3	$+\alpha^2$	$+\alpha$		1110	$\alpha^{11} \ = \ \alpha \cdot \alpha^{10} \ = \ \alpha^3 + \alpha^2 + \alpha$
12	α^3	$+\alpha^2$	$+\alpha$	$+1$	1111	$\alpha^{12} \ = \ \alpha \cdot \alpha^{11} \ = \ \alpha^3 + \alpha^2 + \alpha + 1$
13	α^3	$+\alpha^2$		$+1$	1101	$\alpha^{13} \ = \ \alpha \cdot \alpha^{12} \ = \ \alpha^3 + \alpha^2 + 1$
14	α^3			$+1$	1001	$\alpha^{14} \ = \ \alpha \cdot \alpha^{13} \ = \ \alpha^4 + \alpha^3 + \alpha \ = \ \alpha^3 + 1$
15				1	0001	$\alpha^{15} \ = \ \alpha \cdot \alpha^{14} \ = \ \alpha^4 + \alpha \ = \ 1$

Wir haben gesehen, daß man für die Komponenten eines Erweiterungskörpers $GF(p^m)$ ein primitives Polynom $p(x)$, $\mathrm{grad}\, p(x) = m$, $p_i \in GF(p)$, benötigt. Es ist daher nützlich zu wissen:

Satz 2.21 (Existenz eines primitiven Polynoms) *(ohne Beweis) Für jeden Körper $GF(p)$ und jede Zahl $m \in \mathbb{N}$ existiert mindestens ein primitives Polynom $p(x) = p_0 + p_1 x + \cdots + p_m x^m$, $p_i \in GF(p)$.*

Anmerkung: Bei der Suche nach primitiven Polynomen genügt es nicht, irreduzible Polynome zu suchen, denn:

Nicht jedes irreduzible Polynom ist ein primitives Polynom.

Es genügt ein Gegenbeispiel. $q(x) = x^4 + x^3 + x^2 + x + 1$ ist irreduzibel über $GF(2)$, aber nicht primitiv, denn es gilt beispielsweise:

$$q(\alpha) = 0 : \qquad \alpha^4 = \alpha^3 + \alpha^2 + \alpha + 1$$

$$\alpha^5 = \alpha \cdot \alpha^4 = \alpha^4 + \alpha^3 + \alpha^2 + \alpha = 1 = \alpha^0 \ .$$

Existieren verschiedene primitive Polynome, so ergeben sich damit äquivalente Erweiterungskörper, d. h. es genügt theoretisch *eines* zu kennen. Für die Praxis zeigt sich aber, daß verschiedene primitive Polynome sich unterschiedlich gut zur Realisierung in integrierten Schaltkreisen eignen. In Tabelle 2.2 sind primitive Polynome zur Konstruktion von Erweiterungskörpern $GF(2^m)$ für $m \leq 16$ angegeben.

Diese Art von Erweiterungskörpern wird wegen der Analogie $(e^{j \cdot \frac{2 \cdot \pi}{N}})^N = 1$ oft *Kreisteilungskörper* genannt. Im folgenden Abschnitt werden wir noch einige Eigenschaften von diesen Erweiterungskörpern untersuchen.

Tabelle 2.2: Primitive Polynome.

m	primitives Polynom $p(x)$	m	primitives Polynom $p(x)$
1	$x + 1$	9	$x^9 + x^4 + 1$
2	$x^2 + x + 1$	10	$x^{10} + x^3 + 1$
3	$x^3 + x + 1$	11	$x^{11} + x^2 + 1$
4	$x^4 + x + 1$	12	$x^{12} + x^7 + x^4 + x^3 + 1$
5	$x^5 + x^2 + 1$	13	$x^{13} + x^4 + x^3 + x + 1$
6	$x^6 + x + 1$	14	$x^{14} + x^8 + x^6 + x + 1$
7	$x^7 + x + 1$	15	$x^{15} + x + 1$
8	$x^8 + x^6 + x^5 + x^4 + 1$	16	$x^{16} + x^{12} + x^3 + x + 1$

2.4.3 Eigenschaften von Erweiterungskörpern

Die komplexen Zahlen sind ein Erweiterungskörper der reellen Zahlen. Betrachten wir die konjugiert komplexen Zahlen $-\mathrm{j}$, j, so erhalten wir damit:

$$(x - \mathrm{j}) \cdot (x + \mathrm{j}) = x^2 + 1 \ .$$

Das Produkt von zwei Polynomen mit konjugiert komplexen Wurzeln ($\in \mathbb{C}$) ergibt ein Polynom mit Koeffizienten aus $\mathbb{R}$ und nicht aus $\mathbb{C}$. Dazu analog gilt für Erweiterungskörper:

Satz 2.22 (Konjugiert komplexe Wurzeln) *Sei $p(x)$, $\operatorname{grad} p(x) = m$, $p_i \in GF(p)$, irreduzibel bezüglich $GF(p)$, und sei α eine Wurzel von $p(x)$, dann sind mit α auch*

$$\alpha^p, \alpha^{p^2}, \cdots, \alpha^{p^{m-1}}$$

Wurzeln von $p(x)$. Man nennt die Wurzeln konjugiert komplex.

Beweis: Siehe Beweis zu Satz 4.1. $\qquad\qquad\qquad\qquad\qquad\qquad\qquad\square$

Damit kann man $p(x)$ in Linearfaktoren zerlegen:

$$p(x) = (x - \alpha) \cdot (x - \alpha^p) \cdot \cdots \cdot (x - \alpha^{p^{m-1}}) \ .$$

Das Produkt von konjugiert komplexen Linearfaktoren (Elemente aus $GF(p^m)$) ergibt ein Polynom mit Koeffizienten aus $GF(p)$. In Primkörpern haben wir die Ordnung von Elementen $\alpha \in GF(p)$ definiert. Für Erweiterungskörper gilt entsprechend Definition 2.6:

Definition 2.23 (Ordnung eines Elements) *Sei $\beta \in GF(p^m)$ und n die kleinste Zahl, für die gilt: $\beta^n = 1$, so heißt n die Ordnung von β.*

Ist $n = p^m - 1$, so ist β ein primitives Element. Man nennt β auch häufig n-te primitive Einheitswurzel. Aus der Definition 2.23 folgt, daß alle β^i, $0 \leq i < n$, verschieden sind.

Satz 2.24 (Produkt von irreduziblen Polynomen) *(ohne Beweis)* $x^{p^m} - x$
ist das Produkt aller über $GF(p)$ *irreduziblen Polynome vom Grad* s, $s \mid m$, $1 \leq$
$s < m$.

Dieser Satz wird nach der Definition der Kreisteilungsklassen einsichtig. Aus Satz
2.24 folgt (vergleiche auch Satz 2.11):

$$\beta^{p^m - 1} = 1 \quad \text{für alle } \beta \in GF(p^m).$$

Satz 2.25 (Teiler der Ordnung) *Für die Ordnung* n *gemäß Definition 2.23*
muß gelten: $n \mid p^m - 1$. *Falls* n *darstellbar ist als*

$$n = p^s - 1 \, , \quad so \ gilt: \quad s \mid m \ .$$

Beweis: Für $n \nmid p^m - 1$ würde gelten:

$$p^m - 1 = x \cdot n + r, \quad 0 < r < n$$
$$\beta^{p^m - 1} = \beta^{x \cdot n} \cdot \beta^r \neq 1 \ .$$

Dies ist ein Widerspruch (vergleiche Satz 2.24).

Die zweite Behauptung ist: $p^s - 1 \mid p^m - 1$ genau dann, wenn gilt $s \mid m$:

$$m = x \cdot s + r, \ 0 \leq r < s \ .$$

Damit ergibt sich:

$$\frac{p^m - 1}{p^s - 1} = p^r \cdot \frac{p^{x \cdot s} - 1}{p^s - 1} \ + \ \frac{p^r - 1}{p^s - 1} \quad \text{und}$$

$$p^s - 1 \mid p^{x \cdot s} - 1, \quad \frac{p^r - 1}{p^s - 1} < 1 \ .$$

Da r eine ganze Zahl sein muß, läßt sich dies nur für $r = 0$ erfüllen.

Anmerkung: $p^s - 1 \mid p^{x \cdot s} - 1$ ergibt sich aus der Eigenschaft, daß ein Element β die
Ordnung $p^s - 1$ hat, d. h. $\beta^{p^s - 1} = 1$ gilt. Weiterhin können wir jedes Element als Potenz
des primitiven Elementes α darstellen, also $\beta = \alpha^a$. Da

$$\alpha^{p^{x s} - 1} = 1 = \beta^{p^s - 1} = \alpha^{a \cdot (p^s - 1)}$$

gilt, folgt: $p^s - 1 \mid p^{x \cdot s} - 1$. $\square$

Hat β die Ordnung n, so gilt: Der Erweiterungskörper $GF(p^s)$ ist der kleinste, der
β enthält. Man nennt $GF(p^s)$ Unterkörper und entsprechend $GF(p^m)$ Oberkörper
($\beta \in GF(p^s)$, $\beta \in GF(p^m)$). Dies bedeutet auch, daß $GF(p^m)$ alle Unterkörper
$GF(p^i)$ mit $i \mid m$, $1 \leq i \leq m$, enthält und, falls $l = \text{ggT}(s, m)$ ist, gilt:

$$GF(p^l) = GF(p^m) \ \cap \ GF(p^s).$$

Beispiel 2.13 (Unterkörper) Wählen wir $\alpha^5 \in GF(2^4)$ von Beispiel 2.12, so ist die
Ordnung n von $\beta = \alpha^5$ gemäß Definition 2.23 gleich 3, denn $n = p^s - 1 \mid p^m - 1$ (3 $\mid$ 15)
und $s \mid m$ (2 $\mid$ 4). Es ergibt sich ein Unterkörper $GF(2^2)$ mit 4 Elementen, nämlich:

$$-\infty, 0, 5, 10 \quad \text{in Exponentendarstellung oder}$$
$$0000, 0001, 0110, 0111 \quad \text{in Komponentendarstellung.} \qquad \diamond$$

2.5 Kreisteilungsklassen

Die Einführung der Kreisteilungsklassen dient dazu, die konjugiert komplexen Elemente eines Erweiterungskörpers (Komponentendarstellung) einfacher zu berechnen (vergleiche Satz 2.22). Die Kreisteilungsklassen werden wir benutzen, um in Kapitel 4 die Klasse der BCH-Codes zu beschreiben. Dabei ermöglicht der zugrundeliegende Abstraktionsgrad eine einfachere Beschreibung.

Definition 2.26 (Kreisteilungsklasse) *Die Kreisteilungsklassen K_i bezüglich einer Zahl $n = q^m - 1$ sind:*

$$K_i := \{i \cdot q^j \quad \bmod n, \ j = 0, 1, \dots, m-1\} \ ,$$

wobei i das kleinste Element der Menge K_i ist.

Man beachte, daß die Zahl q eine Primzahlpotenz sein kann, d. h. $q = p^l$, $l \geq 1$, p Primzahl. Des weiteren ist $GF(q)$ ein Unterkörper von $GF(q^m)$. Außerdem gilt diese Definition entsprechend auch für $n \mid q^m - 1$.

Die Kreisteilungsklassen K_i haben die folgenden Eigenschaften:

$$\begin{aligned}
|K_i| &\leq m \\
K_i \cap K_j &= \emptyset \quad \text{(leere Menge) für } i \neq j \\
K_0 &= \{0\} \\
\bigcup_i K_i &= \{0, 1, \dots, n-1\} \ .
\end{aligned}$$

Beispiel 2.14 (Kreisteilungsklasse) Wir bestimmen die Kreisteilungsklassen bezüglich der Zahl 15 (vergleiche Beispiel 2.13):

$$n = 15 = 2^4 - 1, \quad GF(2)$$

$$\begin{aligned}
K_0 &= \{0\} \ , & K_5 &= \{5, 10\} \ , \\
K_1 &= \{1, 2, 4, 8\} \ , & K_7 &= \{7, 11, 13, 14\} \ . \\
K_3 &= \{3, 6, 9, 12\} \ ,
\end{aligned}$$

$\diamond$

Wenn n eine Primzahl ist, sind alle Kreisteilungsklassen K_i, $i > 0$, gleich mächtig.

Anmerkung: Das Produkt $\prod_{j \in K_i}(x - \alpha^j)$ entspricht einem irreduziblen Polynom $m_i(x)$. Das Produkt aller irreduzibler Polynome (außer $x - \alpha^{-\infty}$) ergibt $x^n - 1$ entsprechend Satz 2.24, wobei statt p auch $q = p^l$ eingesetzt werden kann.

Definition 2.27 (Trace-Funktion) *Die Trace-Funktion ist eine Abbildung von Elementen $\beta \in GF(q^m)$ auf $GF(q)$, $q = p^l$, $l \geq 1$, p Primzahl. Sie ist definiert durch*

$$\mathrm{tr}(\beta) = \beta + \beta^q + \beta^{q^2} + \cdots + \beta^{q^{m-1}} = a \in GF(q).$$

Siehe auch Satz 2.22 und Satz 4.1.

Da wir ein Element β durch ein primitives Element α ausdrücken können, etwa $\beta = \alpha^i$, ist es möglich, die Trace-Funktion auch über die entsprechende Kreisteilungsklasse zu beschreiben:

$$\operatorname{tr}(\beta) = \sum_{j=0}^{m-1} \beta^{q^j} = \sum_{j \in K_i} \alpha^j .$$

Eine offensichtliche Eigenschaft der Trace-Funktion ist

$$\operatorname{tr}(\beta + \gamma) = \operatorname{tr}(\beta) + \operatorname{tr}(\gamma) .$$

Dagegen ist die Eigenschaft, daß das Ergebnis der Trace-Funktion aus dem Grundkörper $GF(q)$ ist, nicht offensichtlich und wird in Satz 4.1 bewiesen.

2.6   Quadratische Reste

Definition 2.28 (Quadratische Reste) *Sei p eine Primzahl, dann ist die Menge M_Q der quadratischen Reste:*

$$M_Q := \{ i^2 \mod p, \ i = 1, \ldots, p-1 \} .$$

Mit dieser Definition gilt:

$$|M_Q| = \frac{p-1}{2} .$$

Beispiel 2.15 (Quadratische Reste) Wir bestimmen die Menge M_Q der quadratischen Reste von $p = 17$:

$$
\begin{array}{rclclclcl}
1^2 & = & 1 & & & = & 16^2 & & \\
2^2 & = & 4 & & & = & 15^2 & & \\
3^2 & = & 9 & & & = & 14^2 & & \\
4^2 & = & 16 & & & = & 13^2 & & \\
5^2 & = & 25 & = & 8 & = & 12^2 & & \\
6^2 & = & 36 & = & 2 & = & 11^2 & & \\
7^2 & = & 49 & = & 15 & = & 10^2 & = & 100 \\
8^2 & = & 64 & = & 13 & = & 9^2 & = & 81
\end{array}
$$

$$M_Q = \{1, 2, 4, 8, 9, 13, 15, 16\}, \quad |M_Q| = \frac{17-1}{2} = 8 .$$

$\diamond$.

Die quadratischen Reste führen wir ein, um in Abschnitt 5.4 die Klasse der Quadratische-Reste-Codes zu definieren. Auch hier wird – wie bei den Kreisteilungsklassen – eine einfachere Beschreibung durch den höheren Abstraktionsgrad möglich.

2.7 Zusammenfassung

E. Galois hat am Vorabend eines Duells (mutmaßlich wegen einer Liebesaffaire) in einem Brief an einen Freund seine grundsätzlichen Überlegungen zur Galois-Theorie skizziert. Er kam bei diesem Duell (1832) ums Leben, im Alter von nur 20 Jahren. Seine Ideen bilden das Fundament der algebraischen Codierungstheorie.

Wir haben in diesem Kapitel Galois-Felder beschrieben und dabei einige Eigenschaften und Rechenregeln sowohl für Primkörper als auch für Erweiterungskörper kennengelernt. Es wurden hier nur die wichtigsten und die zur Anwendung notwendigen Eigenschaften von Galois-Feldern beschrieben; für weitergehende Studien wird auf [McWSl] und [Art] verwiesen (speziell zu quadratischen Resten findet man in [HeQu] weitere Eigenschaften).

Zunächst haben wir Gruppe, Ring und Körper definiert. Bei Zahlenringen gab die Eulersche Φ-Funktion die Anzahl der invertierbaren Elemente an. Weiterhin haben wir den Begriff der Ordnung eines Elementes und das primitive Element eingeführt mittels denen wir in Galois-Feldern, bzw. in Unterkörpern rechnen konnten. Wir haben irreduzible und primitive Polynome kennengelernt, um damit die Erweiterungskörper zu beschreiben. Ein Beispiel eines Körpers waren die Gaußzahlen modulo Π, einer Gaußschen Primzahl.

Bei der Anwendung von Codes werden fast ausschließlich die Erweiterungskörper $GF(2^m)$ verwendet, da man damit sowohl die Exponenten, als auch die Komponenten binär darstellen kann. Man speichert dabei zweckmäßigerweise die binäre Darstellung der Exponenten und der Komponenten ab. Die Addition zweier Elemente ist dann eine modulo-2-Addition der einzelnen Komponenten und die Multiplikation eine Dualzahl-Addition modulo $2^m - 1$ der Exponenten.

Weiterhin wurde in diesem Kapitel der Euklidische Algorithmus vorgestellt, der nicht nur sehr nützlich für theoretische Betrachtungen ist, sondern auch zur Decodierung verwendet werden kann. Er wird in Kapitel 3 nochmals in einer anderen Darstellung für Polynome abgeleitet werden. Der Euklidische Algorithmus wird benutzt, um den größten gemeinsamen Teiler von zwei Zahlen oder Polynomen zu berechnen. Falls der größte gemeinsame Teiler 1 ist, heißen die Zahlen oder Polynome teilerfremd oder relativ prim.

Zuletzt haben wir die Kreisteilungsklassen und die quadratischen Reste definiert. Die Kreisteilungsklassen werden wir benutzen, um in Kapitel 4 die BCH-Codes zu definieren, und entsprechend die quadratischen Reste, um in Kapitel 5.4 die Quadratische-Reste-Codes zu beschreiben.

Wir wollen folgende Notation im restlichen Teil des Buches verwenden: p stellt eine Primzahl dar und q eine Primzahlpotenz, d. h. $q = p^l$, $l \in \mathbb{N}$.

Die Reed-Solomon-Codes im nächsten Kapitel werden nur auf der Basis von Primkörpern beschrieben, damit das ungewohnte Rechnen in Erweiterungskörpern nicht das Verständnis der Theorie beeinträchtigt. Prinzipiell sind jedoch Prim- oder Erweiterungskörper gleichermaßen benutzbar.

2.8 Übungsaufgaben

Aufgabe 2.1
   a) Ist die Menge aller Vektoren $a \in \mathbb{F}_2^n$ eine Gruppe bezüglich der Addition   mod 2?

   b) Bezüglich welcher Operation, Addition oder Multiplikation, ist die Menge $\mathbb{Z}$ der ganzen Zahlen eine Gruppe?

Aufgabe 2.2
Gegeben sei die Menge $\mathcal{M} = \{a, b, c, d\}$ und die Additions- und Multiplikationstabelle für die Elemente von $\mathcal{M}$:

+	a	b	c	d
a	a	b	c	d
b	b	a	d	c
c	c	d	a	b
d	d	c	b	a

·	a	b	c	d
a	a	a	a	a
b	a	b	c	d
c	a	b	d	c
d	a	d	b	c

      Additionstabelle   Multiplikationstabelle

Ist die Menge $\mathcal{M}$ mit den definierten Verknüpfungen ein Körper?

Aufgabe 2.3
Gegeben seien die Mengen $\mathcal{M}_q$ mit $\mathcal{M}_q := \{0, 1, \ldots, q-1\}$ und die zwei Verknüpfungen:

   • Addition modulo q

   • Multiplikation modulo q.

Berechnen Sie die Verknüpfungstabellen für $q = 2, 3, 4, 5, 6$ und geben sie an für welche q sich ein Körper ergibt.

Aufgabe 2.4
Bestimmen Sie $\Phi(70)$ und $\Phi(288)$.

Aufgabe 2.5
Bestimmen Sie die Additions- und Multiplikationstafeln für $(\mathbb{Z}_4, +)$, $(\mathbb{Z}_4, \cdot)$, $(\mathbb{Z}_{11}, +)$, $(\mathbb{Z}_{11}, \cdot)$.

   a) Um welche algebraischen Strukturen handelt es sich jeweils?

   b) Welche Unterschiede bestehen speziell zwischen $(\mathbb{Z}_4 \setminus \{0\}, \cdot)$ und $(\mathbb{Z}_{11} \setminus \{0\}, \cdot)$?

   c) Welche algebraischen Strukturen ergeben sich für $(\mathbb{Z}_4, +, \cdot)$ und $(\mathbb{Z}_{11}, +, \cdot)$?

   d) Bestimmen Sie die Ordnung des Elements $p = 7$ in $(\mathbb{Z}_{11}, +, \cdot)$.

   e) Wieviel Elemente dieser Ordnung existieren in $(\mathbb{Z}_{11}, +, \cdot)$?

Aufgabe 2.6
Bestimmen Sie den ggT$(294, 816)$ mit dem Euklidischen Algorithmus. Zeigen Sie, daß jeder Rest als Kombination von 816 und 294 darstellbar ist.

Aufgabe 2.7
   a) Gegeben seien die Zahlen 1768 und 585:

      Bestimmen Sie den größten gemeinsamen Teiler ggT $(1768, 585)$.

b) Gegeben seien die Polynome

$$u(x) = x^{12} + x^{10} + x^7 + x^4 + x^3 + x^2 + x + 1$$
$$v(x) = x^{11} + x^9 + x^7 + x^6 + x^5 + x + 1$$

mit Koeffizienten aus $GF(2)$. Bestimmen Sie den größten gemeinsamen Teiler

$$\text{ggT}\left(u(x), v(x)\right) \ .$$

Aufgabe 2.8
Bestimmen Sie x, wenn gilt:

a) $6 \cdot x = 47 \mod 127$,

b) $7^x = 5 \mod 17$.

Aufgabe 2.9
Ist das Polynom $p(x) = 3 + 4x + 2x^2 + x^3$ mit Koeffizienten aus $GF(5)$ ein primitives Polynom?

Aufgabe 2.10
Berechnen Sie die Kreisteilungsklassen bezüglich $n = 3^4 - 1$.

Aufgabe 2.11
Bestimmen Sie den Erweiterungskörper $GF(3^2)$.

a) Geben Sie eine Additions- und Multiplikationstabelle an, in der die Elemente in Komponentendarstellung eingetragen sind. Hinweis: Verwenden Sie $x^2 + 2x + 2$ als primitives Polynom.

b) Welche Ordnung hat das Element 11?

c) Bestimmen Sie die Trace-Funktion der Elemente.

3 Reed-Solomon-Codes

Die Reed-Solomon-Codes (RS-Codes) sind eine bedeutende Klasse von Codes, die häufig in der Praxis verwendet werden. In diesem Kapitel wollen wir die RS-Codes genauer untersuchen. Dabei soll die Beschreibung mittels Transformationstechnik im Vordergrund stehen, die der „Ingenieur-Denkweise" am nächsten liegt. Zusätzlich werden wir um eine und zwei Stellen erweiterte RS-Codes definieren. Auch die *algebraische* Decodierung von RS-Codes ist ein Schwerpunkt in diesem Kapitel, da Ingenieure ja hauptsächlich das Problem der Decodierung lösen müssen. Die Lösung eines speziellen linearen Gleichungssystems ist der Kernpunkt der Decodierung. Hierzu werden wir zwei effiziente Verfahren untersuchen, den Euklidischen Algorithmus und den Berlekamp-Massey-Algorithmus.

Wir werden für die Beispiele als Galois-Feld einen Primkörper benutzen, aber alle angegebenen Überlegungen und Algorithmen sind unverändert auch für Erweiterungskörper gültig. Wenn nicht anders erwähnt, sind daher in diesem Kapitel keine Kenntnisse der Erweiterungskörper aus Abschnitt 2.4 vorausgesetzt. Wegen der optimalen binären Darstellungsmöglichkeit wird man jedoch in der Praxis Erweiterungskörper zur Basis 2 benutzen.

3.1 Definition von RS-Codes

Der folgende Satz ist aus der Algebra bekannt, er gilt auch für Galois-Felder.

Satz 3.1 (Fundamentalsatz der Algebra) *Ein Polynom* $A(x) = A_0 + A_1 x + A_2 x^2 + \cdots + A_{k-1} x^{k-1}$ *vom Grad* $k - 1$ $(A_{k-1} \neq 0)$ *mit Koeffizienten* $A_i \in GF(p)$ *hat höchstens* $k - 1$ *verschiedene Nullstellen* $\alpha_j \in GF(p)$.

Beweis: Ist $\alpha \in GF(p)$ eine Nullstelle von $A(x)$, so enthält $A(x)$ den Linearfaktor $(x - \alpha)$, d. h. $A(x) = (x - \alpha)A^*(x)$, wobei $\operatorname{grad} A(x) = \operatorname{grad}(A^*(x)) + 1$ gilt, usw. $\square$

Satz 3.2 (Werte von $A(x)$) *Gegeben seien* $n \leq p - 1$ *unterschiedliche Elemente ungleich* 0 $(\alpha_0, \alpha_1, \dots, \alpha_{n-1})$ *eines Galois-Feldes* $GF(p)$ *und ein Polynom* $A(x)$ *vom Grad* $k - 1 \leq n - d$ *mit Koeffizienten aus* $GF(p)$, *dann ist das Gewicht eines Vektors* $\mathbf{a} = (a_0, a_1, \dots, a_{n-1})$ *mit* $a_i = A(\alpha_i^{\ddot{}})$, $i = 0, 1, \dots, n - 1$, *größer gleich* d:

$$\operatorname{wt}(\mathbf{a}) \geq d \ .$$

Beweis: Gemäß Satz 3.1 hat $A(x)$ höchstens $k - 1$ Nullstellen, d. h. **a** hat mindestens $n - k + 1 \geq d$ von Null verschiedene Stellen. $\Box$

Damit können wir Vektoren mit Gewicht größer gleich einer vorgegebenen Zahl konstruieren, d. h. mit einem bestimmten Minimalgewicht und daher mit einer bestimmten Mindestdistanz (vergleiche Abschnitt 1.1).

Definition 3.3 (RS-Code) *Sei $\alpha \in GF(p)$ ein Element der Ordnung n, so ist ein RS-Code C der Länge n definiert durch die Menge der Polynome $A(x)$ vom Grad kleiner k: $A(x) = A_0 + A_1 x + A_2 x^2 + \cdots + A_{k-1} x^{k-1}$, $A_i \in GF(p)$, $k \leq n$. Die Codewörter $\mathbf{a} = (a_0, a_1, \ldots, a_{n-1})$ werden durch die Beziehung $a_i = A(\alpha^i)$ gebildet:*

$$C := \left\{ \mathbf{a} \mid a_i = A(\alpha^i), \ i = 0, 1, \ldots, n-1, \ \operatorname{grad} A(x) < k \right\} \ .$$

Die Mindestdistanz ist $d = n - k + 1$, und die Dimension des Codes ist k.

Für ein Element $\alpha \in GF(p)$ der Ordnung n gilt entsprechend Definition 2.9:

$$\alpha^n = 1 \mod p \ .$$

Ist α ein primitives Element, so ist $n = p-1$. Die Gleichung $x^n - 1 = 0$, gilt für alle Potenzen eines Elementes $\alpha \in GF(p)$ der Ordnung n, also für alle Elemente α^i, $i = 0, \ldots, n-1$. Damit hat das Polynom $x^n - 1$ genau n verschiedene Linearfaktoren $(x - \alpha^i)$ und kann als deren Produkt dargestellt werden, d. h.:

Satz 3.4 (Linearfaktoren von $x^n - 1$) *Sei $\alpha \in GF(p)$ ein Element der Ordnung n, so gilt:*

$$x^n - 1 = \prod_{i=0}^{n-1} (x - \alpha^i) \ .$$

Beachte: Für ein primitives Element α von $GF(p)$ gilt, daß $n = p - 1$ ist und daher:

$$\alpha^{p-1} = 1 = \alpha^0 \ .$$

Die Exponenten von α werden modulo $p-1$ gerechnet, die Elemente aber modulo p (entsprechend modulo n und modulo p bei Ordnung n).

Für alle Elemente, die man in Polynome einsetzen kann, gilt:

$$\alpha^n = 1 \ \longrightarrow \ x^n - 1 = 0 \ .$$

Man kann deshalb alle Polynome modulo $(x^n - 1)$ betrachten. Für ein Polynom vom Grad $> n-1$ bedeutet dies, daß die Koeffizienten an den Stellen $(i \cdot n + j)$, $i = 0, 1, \ldots$, zu dem Koeffizienten an der Stelle j des modulo gerechneten Polynoms addiert werden. Etwa $n = 6$:

$$1 + x^3 + x^{12} + x^{29} = 2 + x^3 + x^5 \mod (x^6 - 1) \ .$$

Eine Multiplikation mit $x^i \mod (x^n - 1)$ gerechnet, bedeutet eine zyklische Verschiebung der Polynomkoeffizienten um i Stellen.

Beispiel 3.1 (Reed-Solomon-Code) Mit $GF(7)$ wollen wir einen RS-Code konstruieren, der die Mindestdistanz $d = 5$ hat. Wir benötigen ein Element der Ordnung 6, also ein primitives Element von $GF(7)$, und Polynome $A(x)$ vom Grad $k - 1 \leq n - d = 1$, d. h. $k = 2$.

Zunächst prüfen wir nach, ob $\alpha = 5$ ein primitives Element von $GF(7)$ ist:

$$5^1 = 5, \ 5^2 = 25 = 4, \ 5^3 = 25 \cdot 5 = 4 \cdot 5 = 20 = 6 \ .$$

Wir könnten eigentlich hier abbrechen, denn 5 ist ein primitives Element, da gemäß Satz 2.11 die Ordnungen Teiler von $p - 1 = 6$ sein müssen, d. h. 2, 3 oder 6. Der Vollständigkeit halber:

$$5^4 = 30 = 2, \ 5^5 = 10 = 3, \ 5^6 = 15 = 1 \ .$$

Es sei nochmals darauf hingewiesen, daß die Exponenten $\mod (p - 1)$ zu rechnen sind, z. B.:

$$5^9 = 5^4 \cdot 5^5 = 2 \cdot 3 = 6 = 5^{9 \bmod 6} = 5^3 = 6$$
$$\neq 5^{9 \bmod 7} = 5^2 = 4 \ .$$

Die Codewörter **a** des RS-Codes erhalten wir durch die Vorschrift $a_i = A(\alpha^i)$, $A(x) = A_0 + A_1 x$ mit $A_0, A_1 \in GF(7)$. Es existieren $p^k = 7 \cdot 7 = 49$ verschiedene $A(x)$ und somit 49 Codewörter. Wir wollen eines davon berechnen. Wir wählen $A(x) = 5 + 3x$:

$$
\begin{aligned}
a_0 &= A(\alpha^0) = A(1) = 5 + \quad 3 = 1 \quad \bmod 7 \\
a_1 &= A(\alpha^1) = A(5) = 5 + 3 \cdot 5 = 6 \quad \bmod 7 \\
a_2 &= A(\alpha^2) = A(4) = 5 + 3 \cdot 4 = 3 \quad \bmod 7 \\
a_3 &= A(\alpha^3) = A(6) = 5 + 3 \cdot 6 = 2 \quad \bmod 7 \\
a_4 &= A(\alpha^4) = A(2) = 5 + 3 \cdot 2 = 4 \quad \bmod 7 \\
a_5 &= A(\alpha^5) = A(3) = 5 + 3 \cdot 3 = 0 \quad \bmod 7 \\
\implies \quad & \mathbf{a} = (1, 6, 3, 2, 4, 0) \ .
\end{aligned}
$$

$\diamond$

3.1.1 Diskrete Fourier-Transformation (DFT)

Nun stellt sich die Frage: Kann man aus **a** wieder $A(x)$ berechnen? Dazu definieren wir zunächst ein dem Vektor **a** zugehöriges Polynom $a(x) = a_0 + a_1 x + a_2 x^2 + \cdots + a_{n-1} x^{n-1}$. Wie wir im folgenden sehen werden, kann aus $a(x)$ wieder $A(x)$ berechnet werden. Die „Transformation" der Folge a_i in die Folge A_i zusammen mit der „Rücktransformation" ist in der Literatur unterschiedlich bezeichnet. In [McWSl] heißt sie Mattson-Solomon-Polynom, und in [Bla] wird sie als diskrete Fourier-Transformation bezeichnet.

Definition 3.5 (Diskrete Fourier-Transformation) *Sei $\alpha \in GF(p)$ ein Element der Ordnung n und $a(x)$ und $A(x)$ Polynome vom Grad $\leq n - 1$ mit Koeffizienten aus $GF(p)$, so ist die DFT definiert als (i bzw. j von 0 bis $n - 1$):*

$$\boxed{a_i = A(\alpha^i)}$$

$$\boxed{A_j = n^{-1} \cdot a(\alpha^{-j})}$$

$$a(x) \circ\!\!-\!\!\bullet A(x) \ .$$

Anmerkung: Im Falle von Erweiterungskörpern $GF(2^m)$ ist $n^{-1} = 1$, da im Grundkörper gerechnet wird ($(2^m - 1) \cdot 1 = 1 \mod 2$).

Ferner gilt für zwei Polynome $a(x)$ und $b(x)$:

Satz 3.6 (Faltungssatz) *Die Multiplikation zweier Polynome* $\mod (x^n - 1)$ *entspricht der zyklischen Faltung:*

$$a(x) \circ\!\!-\!\!\bullet A(x), \qquad b(x) \circ\!\!-\!\!\bullet B(x)$$

$$c_i = a_i \cdot b_i, \qquad c(x) \circ\!\!-\!\!\bullet C(x) = A(x) \cdot B(x) \mod (x^n - 1)$$

$$C_i = A_i \cdot B_i, \qquad C(x) \bullet\!\!-\!\!\circ c(x) = \frac{1}{n} \cdot a(x) \cdot b(x) \mod (x^n - 1) \ .$$

3.1.2 Generatorpolynom

Ein RS-Code der Länge n, der Dimension k und der Mindestdistanz $d = n - k + 1$ wird definiert durch alle (Informations-) Polynome $i(x)$ vom Grad $< k$. Die Codewörter werden durch Multiplikation mit dem Generatorpolynom berechnet:

$$a(x) = i(x) \cdot g(x), \quad \mathrm{grad}\, g(x) = n - k \ .$$

Jedes Codewort $a(x)$ muß somit durch $g(x)$ teilbar sein.

Ein RS-Code war andererseits definiert durch die Menge der Polynome $A(x)$ vom Grad $\leq k - 1$, d.h. $A_i = 0$ für $k \leq i \leq n - 1$. Entsprechend der Transformationsvorschrift von Definition 3.5 gilt:

$$A_i = n^{-1} \cdot a(\alpha^{-i}) = 0 \ \text{ für } k \leq i \leq n - 1 \ .$$

Das Codewort $a(x)$ muß daher an den Stellen α^{-i} für alle $i: \ k \leq i \leq n - 1$ Nullstellen besitzen, d.h. die Linearfaktoren $(x - \alpha^{-i})$ enthalten. Das Produkt dieser Linearfaktoren ist gerade das *Generatorpolynom* $g(x)$ vom Grad $n - k$:

$$g(x) = \prod_{i=k}^{n-1} (x - \alpha^{-i}) \ .$$

Dies bedeutet, daß der RS-Code zyklisch ist, denn für $c(x) \in \mathcal{C}$ gilt:

$$x \cdot c(x) = x \cdot i(x) \cdot g(x) = i'(x) \cdot g(x) \mod (x^n - 1) \in \mathcal{C}.$$

Beispiel 3.2 (Generatorpolynom) Das Generatorpolynom des RS-Codes von Beispiel 3.1 errechnet sich als ($\alpha = 5$: primitives Element von $GF(7)$): $A_i = 0$, $i = 2, 3, 4, 5$,

$$g(x) = \prod_{i=2}^{5} (x - \alpha^{-i})$$

$$= (x - \alpha^{-2})(x - \alpha^{-3})(x - \alpha^{-4})(x - \alpha^{-5}) \ \big|_{\mod 6 \ \textbf{(für Exp.)}}$$

$$= (x - \alpha^4)(x - \alpha^3)(x - \alpha^2)(x - \alpha)$$

$$= (x^2 - (\alpha^4 + \alpha^3)x + \alpha^7)(x^2 - (\alpha^2 + \alpha)x + \alpha^3)$$
$$= (x^2 - x + 5)(x^2 - 2x + 6)$$
$$= x^4 - x^3 + 5x^2 - 2x^3 + 2x^2 - 10x + 6x^2 - 6x + 30 \;\big|_{\bmod 7 \;\text{(für Koeff.)}}$$
$$g(x) = x^4 + 4x^3 + 6x^2 + 5x + 2 \,.$$

Das Codewort a von Beispiel 3.1 muß durch $g(x)$ teilbar sein, also $a(x) : g(x) = i(x)$:

$$
\begin{array}{rcl}
4x^4 + 2x^3 + 3x^2 + 6x + 1 & : \quad x^4 + 4x^3 + 6x^2 + 5x + 2 \; = & 4 \\
\underline{4x^4 + 2x^3 + 3x^2 + 6x + 1} & & \\
0 & &
\end{array}
$$

Also ist $a(x) = 4 \cdot g(x)$, $i(x) = 4 + 0 \cdot x$. ◇

3.1.3 Prüfpolynom

Das Prüfpolynom $h(x)$ wird abgeleitet durch die Beziehung

$$a(x) \cdot h(x) = 0 \quad \bmod (x^n - 1) \text{ für alle } a(x) \in \mathcal{C} \,.$$

Wendet man darauf die Korrespondenz von Definition 3.5 an, so ergibt sich:

$$A_i \cdot H_i = 0, \; i = 0, 1, \ldots n - 1, \qquad h(x) \;\circ\!\!-\!\!\bullet\; H(x).$$

H_i muß genau an den Stellen 0 sein, an denen A_i ungleich 0 ist, bzw. sein kann. Entsprechend den Überlegungen zum Generatorpolynom ist das Prüfpolynom $h(x)$ berechenbar durch:

$$h(x) = \prod_{i=0}^{k-1} (x - \alpha^{-i}) \,, \; \operatorname{grad} h(x) = k.$$

Da die Nullstellen von $g(x)$ und $h(x)$ disjunkt sind und alle möglichen α^i enthalten, gilt gemäß Satz 3.4:

$$g(x) \cdot h(x) = \prod_{i=0}^{n-1} (x - \alpha^{-i}) = x^n - 1.$$

Beispiel 3.3 (Prüfpolynom) Das Prüfpolynom $h(x)$ des RS-Codes von Beispiels 3.1 ist:

$$h(x) = \prod_{i=0}^{1} (x - \alpha^{-i}) = (x - \alpha^0)(x - \alpha^{-1}) = (x - 1)(x - 3) = x^2 + 3x + 3.$$

Für das Codewort $a(x) = 4x^4 + 2x^3 + 3x^2 + 6x + 1$ muß gelten:

$$a(x) \cdot h(x) = 0 \quad \bmod (x^6 - 1)$$

$$(4x^4 + 2x^3 + 3x^2 + 6x + 1) \cdot (x^2 + 3x + 3) =$$

$$
\begin{array}{rrrrrrr}
4x^6 + & 2x^5 + & 3x^4 + & 6x^3 + & x^2 & & \\
& 12x^5 + & 6x^4 + & 9x^3 + & 18x^2 + & 3x & \\
& & + 12x^4 + & 6x^3 + & 9x^2 + & 18x + & 3
\end{array}
$$

$$
\begin{array}{ccccccc}
\text{mod } 7: \ * & 14 & 21 & 21 & 28 & 21 & * \\
& = & = & = & = & = & \\
& 0 & 0 & 0 & 0 & 0 &
\end{array}
$$

$*\ x^6 = 1$, d. h. $4x^6 = 4x^0$ muß zu 3 addiert werden. $(4 + 3 = 7 = 0 \mod 7)$.   ◇

3.1.4   Codierung

Mit den bisher beschriebenen Möglichkeiten lassen sich 4 verschiedene Codiermethoden angeben. Zwei davon führen zu einer systematische Codierung, d. h. Informations- und Prüfzeichen sind getrennt. Alle Methoden liefern ein und denselben Code, aber es werden denselben k Informationszeichen unterschiedliche Codewörter zugeordnet.

Methode 1: (nicht-systematische Codierung) Die k Informationsstellen sind die Koeffizienten des Polynoms $A(x) = A_0 + A_1 x + \cdots + A_{k-1} x^{k-1}$; das Codewort $a(x)$ ergibt sich durch Rücktransformation.

Methode 2: (nicht-systematische Codierung) Die k Informationsstellen sind die Koeffizienten des Polynoms $i(x) = i_0 + i_1 x + \cdots + i_{k-1} x^{k-1}$; das Codewort $a(x)$ ergibt sich durch Multiplikation mit dem Generatorpolynom: $a(x) = i(x) \cdot g(x)$.

Methode 3: (systematische Codierung) Die k Informationsstellen sind die Koeffizienten $a_{n-k}, a_{n-k+1}, \ldots, a_{n-1}$; die $n - k$ Prüfstellen werden wie folgt berechnet:

$$
\left(a_{n-1} x^{n-1} + \cdots + a_{n-k} x^{n-k} \right) : g(x) = i(x) + rest(x)
$$
$$
a(x) = a_{n-1} x^{n-1} + \cdots + a_{n-k} x^{n-k} - rest(x).
$$

Methode 4: (systematische Codierung) Die k Informationsstellen sind die Koeffizienten $a_{n-k}, a_{n-k+1}, \ldots, a_{n-1}$; die $n - k$ Prüfstellen werden wie folgt berechnet:

$$
a_j = -\frac{1}{h_0} \cdot \sum_{i=1}^{k} a_{n-i+j} \cdot h_i, \ j = 0, 1, \ldots, n - k - 1 .
$$

Der Index $n - i + j$ ist dabei mod n zu rechnen, und $h(x)$ ist das Prüfpolynom.

Bei der Decodierung in Abschnitt 3.2 wird sich zeigen, daß es für die Berechnung eines Fehlers unerheblich ist, welche Methode zur Codierung verwendet wurde. Selbstverständlich ist aber die Information nur unter Kenntnis der Methode aus einem Codewort wieder bestimmbar. Prinzipiell gelten diese Methoden für alle zyklischen Codes. Die Symbolfehlerrate in den Informationssymbolen hängt von der Abbildung der Information auf die Codeworte ab.

3.1.5 Allgemeinere Definition

Sei α ein Element der Ordnung n. Multiplizieren wir die Stellen a_i eines Codewortes mit $\alpha^{ib}, b \in \mathbb{N}_0$, so erhalten wir einen anderen Code, der aber dieselbe Mindestdistanz hat, denn es gilt:

$$a_i \cdot \alpha^{ib} = 0 \iff a_i = 0.$$

Für $A(x) \bullet\!\!-\!\!\circ a(x)$ bedeutet dies:

$$a_i \cdot \alpha^{ib} \circ\!\!-\!\!\bullet x^b \cdot A(x) \quad \mathrm{mod}\ (x^n - 1),$$

also ein um b Stellen zyklisch verschobenes Polynom.
Sei $U(x) = x^b \cdot A(x) \ \mathrm{mod}\ (x^n - 1)$ so gilt:

$$A_i = U_{i+b} \ ,$$

d. h. die Stellen $A_i = 0$ sind zyklisch verschoben (der Index $i + b$ ist mod n zu rechnen).

Definition 3.7 (RS-Code) *Ein RS-Code der Dimension k, der Länge n und der Mindestdistanz $d = n - k + 1$ wird definiert durch $u(x) \circ\!\!-\!\!\bullet U(x)$ mit $U(x) = x^b \cdot A(x) \ \mathrm{mod}\ (x^n - 1)$ und $\mathrm{grad}\,A(x) < k$.*

$$\mathcal{C} := \{u(x) \mid u(x) \circ\!\!-\!\!\bullet U(x)\}$$

Sind bei einem RS-Code bei allen transformierten Codewörtern bestimmte $d - 1$ aufeinanderfolgende Stellen 0, dann ist die Mindestdistanz d. Dabei wird 0 und n gleichgesetzt, d. h. aufeinanderfolgend kann auch bedeuten:

$$n - i, n - i + 1, \ldots, n - 1, 0, 1, \ldots, j \ \ .$$

3.1.6 GRS-Codes und Erweiterung von RS-Codes

Die n unterschiedlichen Elemente, die wir mit einem Element aus $GF(p)$ der Ordnung n erzeugen können, sollen in beliebiger Reihenfolge sortiert werden. Seien $\alpha_0, \alpha_1, \ldots, \alpha_{n-1}$ solche n unterschiedlichen Elemente.

Satz 3.8 (GRS-Code) *Ein generalisierter RS-Code*

$$\mathcal{C}_{GRS} = \{a(x) \mid a_i = \beta_i \cdot A(\alpha_i), \ \beta_i \neq 0, \ i = 0, 1, \ldots, n - 1\} \ ,$$

wobei $\beta_i \in GF(p)$, $\beta_i \neq 0$, und $A(x) = A_0 + A_1 x + \cdots + A_{k-1} x^{k-1}$, $A_i \in GF(p)$, ist, hat die Länge n, die Dimension k und die Mindestdistanz $d = n - k + 1$.

Beweis: Gemäß Satz 3.1 hat $A(x)$ höchstens $k - 1$ Nullstellen, d. h. das Polynom $a(x)$ hat mindestens $n - k + 1 = d$ von Null verschiedene Stellen. Da die Faktoren $\beta_i \neq 0$ sind, ändern sie an dem Gewicht von $a(x)$ nichts. $\qquad\square$

Erweiterung von RS-Codes um eine Stelle

Es gibt RS-Codes $C(n,k,d)$ über $GF(p)$, die wie folgt um eine Stelle erweitert werden können:

Satz 3.9 (Einfach erweiterter RS-Code) *Es existieren RS-Codes $C(n,k,d)$ über $GF(p)$, $a(x) \in C$, die um eine Stelle a_n erweitert werden können:*

$$C_{erw} = \left\{ a_i,\ i = 0, 1, \dots, n-1,\ a_n = -\sum_{i=0}^{n-1} a_i = -a(x=1) \right\},$$

wobei $a(x) \circ\!\!-\!\!\bullet A(x) = A_0 + A_1 x + \cdots + A_{k-1} x^{k-1}$, $A_i \in GF(p)$, ist. Der Code besitzt die Länge $n+1$, die Dimension k und die Mindestdistanz $d = n - k + 2$:

$$C_{erw}(n+1, k, d+1) \ = \ C_{erw}(p, k, n-k+2) \ .$$

Beweis: Sei $a(x) \in C(n,k,d)$ ein Codewort mit minimalem Gewicht. Damit die Mindestdistanz des Codes C_{erw} gleich $d+1$ ist, muß $a_n \neq 0$ sein (Mindestdistanz = Minimalgewicht bei linearen Codes).

Es gilt $-a_n = a(x=1)$ und $a(x) = i(x) \cdot g(x)$. Damit muß für $a(x=1) = 0$ entweder $i(x=1) = 0$ oder $g(x=1) = 0$ sein oder beide.

Wir können den RS-Code gemäß Definition 3.7 so konstruieren, daß gilt: $g(x=1) \neq 0$. Falls $i(x=1)$ gleich 0 wäre, könnten wir aber schreiben: $i(x) = (x-1) \cdot \tilde{i}(x)$ und damit $a(x) = i(x) \cdot g(x) = \tilde{i}(x) \cdot (x-1) \cdot g(x)$. Sei das Generatorpolynom des erweiterten Codes definiert als: $\tilde{g}(x) = (x-1) \cdot g(x)$. Das Codepolynom $a(x)$ ist teilbar durch das neue Generatorpolynom $\tilde{g}(x)$. Damit gehört $a(x)$ zu einem Code mit einem Generatorpolynom, das den Faktor $(x-1)$ enthält, und kann somit nicht Gewicht d haben, was der Voraussetzung widerspricht. $\square$

Mit der Definition der DFT kann man die Stelle a_n auch definieren als $-n \cdot A(x = 0)$, denn $A_0 = n^{-1} \cdot a(x=1)$.

Die Erweiterung eines RS-Codes um eine Stelle führt zu einem nicht-zyklischen RS-Code. Das ergibt sich aus der Tatsache, daß der Faktor $(x-1)$ sowohl im Informationspolynom als auch im Generatorpolynom auftauchen kann.

Erweiterung von RS-Codes um zwei Stellen

Zu der folgenden Beschreibung werden die Kenntnisse von Erweiterungskörpern (Abschnitt 2.4) und von nicht-primitiven BCH-Codes (Abschnitt 4.2) vorausgesetzt.

Wir werden zunächst einen nicht-primitiven BCH-Code der Länge n über dem Grundkörper $GF(q)$ definieren. Dabei ist $q = p^m$, d. h. $GF(q)$ ist ein Prim- oder ein Erweiterungskörper. Sei $GF(q^l)$ ein Erweiterungskörper und $\beta \in GF(q^l)$ ein Element der Ordnung n. Die Kreisteilungsklassen sind definiert als

$$K_i = \{ i \cdot q^j \mod n,\ j = 0, 1, \dots, l-1 \}.$$

Das Generatorpolynom des Codes $\mathcal{C}(n,k,d)$ über $GF(q)$ ist definiert zu (Abschnitt 4.2):

$$g(x) = \prod_{i \in \mathcal{M}} (x - \beta^i), \quad \mathcal{M} = \bigcup K_i,$$

und die maximale Anzahl $d-1$ aufeinanderfolgender Nullstellen von $g(x)$ definiert die geplante Mindestdistanz d (*designed distance*). Für die Dimension k gilt: $k = n - |\mathcal{M}|$.

Ein zweifach erweiterter RS-Code hat die Parameter $\mathcal{C}_{erw^2}(n = q+1, k, d)$, d. h. wir wählen $n = q+1$, $l = 2$ und erhalten die speziellen Kreisteilungsklassen

$$K_i = \{i \cdot q^j \mod q+1, \ j = 0,1\}.$$

Man beachte, daß beim Rechnen mod $(q+1)$ gilt: $a \cdot q = q - a + 1 \mod (q+1)$. Bei einer Beschränkung auf gerade q folgt (dabei ist jeweils gezeigt, daß sich für $j = 2$ das gleiche Element wie für $j = 0$ ergibt):

$K_0 = \{0\}$

$K_1 = \{1, q\}$, denn $1 \cdot q^2 : 9q + 1) = q$ Rest $- q$, und $- q = 1 \mod (q+1)$

$K_2 = \{2, q-1\}$, denn $2q^2 : (q+1) = 2q$ Rest $- 2q$, und $- 2q = 2 \mod (q+1)$

$K_3 = \{3, q-2\}$, denn $3q^2 = 3 \mod (q+1)$

$$\vdots$$

Ein Code mit den Kreisteilungsklassen $\mathcal{M} = K_0 \cup K_1 \cup \ldots \cup K_t$ hat dann die geplante Mindestdistanz $d = 2t + 2$, da $2t + 1$ aufeinanderfolgende Zahlen in $\mathcal{M}$ vorkommen, nämlich $\mathcal{M} = \{q - t + 1, \ldots, q-1, q, 0, 1, 2, \ldots, t\}$, $|\mathcal{M}| = 2t + 1$. Außerdem hat ein Code mit den Kreisteilungsklassen $\mathcal{M} = \{K_{\frac{q}{2}}, K_{\frac{q}{2}-1}, \ldots, K_{\frac{q}{2}-t+1}\}$ die geplante Mindestdistanz $d = 2t + 1$ und $|\mathcal{M}| = 2t$. Für ungerade q läßt sich die Mindestdistanz durch ähnliche Überlegungen finden.

Für einen Faktor einer Kreisteilungsklasse des Generatorpolynoms errechnet man

$$\begin{aligned} m_i(x) &= \prod_{j \in K_i} (x - \alpha^j) = (x - \alpha^i)(x - \alpha^{q-i+1}) \\ &= (x - \alpha^i)(x - \alpha^{-i}) = x^2 - (\alpha^i + \alpha^{-i}) + 1 \,. \end{aligned}$$

Anmerkung: Das Element $(\alpha^i + \alpha^{-i})$ ist aufgrund der Trace-Funktion aus dem Grundkörper $GF(q)$. Das Produkt über alle möglichen $m_i(x)$ ergibt $x^n - 1$.

Damit haben wir den folgenden Satz bewiesen:

Satz 3.10 (Zweifach erweiterter RS-Code) *Es existieren für RS-Codes der Länge $n = 2^m - 1$ zweifach erweiterte zyklische Codes mit den Parametern*

$$\mathcal{C}_{erw^2}(2^m + 1, k, n - k + 3) \quad bzw. \quad \mathcal{C}_{erw^2}(n + 2, k, d + 2) \,.$$

Im Gegensatz zur einfachen Erweiterung von RS-Codes führt diese Methode der Erweiterung um zwei Stellen zu einem *zyklischen* RS-Code. Das folgende Beispiel aus [McWSl] soll veranschaulichen, wie solche zweifach erweiterten Codes konstruiert werden können.

Beispiel 3.4 (Zweifach erweiterter RS-Code) Wir wollen einen Code der Länge $n = 9$ mit dem Alphabet $GF(2^3)$ konstruieren. Dazu benutzen wir ein primitives Element $\eta \in GF(2^6)$, denn $2^6 - 1 = 63$, und $9 \mid 63$, und $7 \mid 63$. Das Element $\alpha = \eta^9$ hat Ordnung 7 und kann damit als primitives Element von $GF(2^3)$ benutzt werden. Dagegen ist das Element $\beta = \eta^7$ 9-te Einheitswurzel, d. h. β ist ein Element der Ordnung 9. Es gilt:

$$\alpha = \eta^9, \ \alpha^2 = \eta^{18}, \ \alpha^3 = \eta^{27}, \ \alpha^4 = \eta^{36}, \ \alpha^5 = \eta^{45}, \ \alpha^6 = \eta^{54}, \ \alpha^7 = \eta^{63} = 1 \ ,$$

und

$$\beta = \eta^7, \ \beta^9 = \eta^{63} = 1 \ .$$

Die Kreisteilungsklassen errechnen sich zu

$$K_i = \{i \cdot 8^j \mod 9, \ j = 0, 1\}, \quad i = 0, 1, 2, 3, 4.$$

Konkret ergeben sich die Werte:

$$K_0 = \{0\}, \ K_1 = \{1, 8\}, \ K_2 = \{2, 7\}, \ K_3 = \{3, 6\}, \ K_4 = \{4, 5\}.$$

Weiterhin gelten folgende Zusammenhänge:

$$\begin{aligned}
\beta + \beta^{-1} &= \eta^7 + \eta^{56} &= \alpha^5 \\
\beta^2 + \beta^{-2} &= \eta^{14} + \eta^{49} &= \alpha^3 \\
\beta^3 + \beta^{-3} &= \eta^{21} + \eta^{42} &= \alpha^0 \\
\beta^4 + \beta^{-4} &= \eta^{28} + \eta^{35} &= \alpha^6 \ .
\end{aligned}$$

Damit kann man $x^9 - 1$ mit Elementen aus $GF(2^3)$ faktorisieren, nämlich:

$$x^9 - 1 = (x - 1)(x^2 + x + 1)(x^2 + \alpha^3 x + 1)(x^2 + \alpha^5 x + 1)(x^2 + \alpha^6 x + 1) \ .$$

Das bedeutet, ein Polynom $x^{2^m+1} - 1$ hat nur die Nullstellen 1 und die Paare β^i, β^{-i} entsprechend den Kreisteilungsklassen, d. h. nur quadratische Faktoren.

Wir haben damit folgende Codes der Länge 9 konstruiert:

Code	Generatorpolynom $g(x)$
$\mathcal{C}(9, 7, 3)$	$x^2 + \alpha^6 x + 1$
$\mathcal{C}(9, 6, 4)$	$(x - 1)(x^2 + \alpha^5 x + 1)$
$\mathcal{C}(9, 5, 5)$	$(x^2 + x + 1)(x^2 + \alpha^6 x + 1)$
$\mathcal{C}(9, 4, 6)$	$(x - 1)(x^2 + \alpha^3 x + 1)(x^2 + \alpha^5 x + 1)$
$\mathcal{C}(9, 3, 7)$	$(x^2 + x + 1)(x^2 + \alpha^3 x + 1)(x^2 + \alpha^5 x + 1)$
$\mathcal{C}(9, 2, 8)$	$(x - 1)(x^2 + x + 1)(x^2 + \alpha^3 x + 1)(x^2 + \alpha^5 x + 1)$

$\diamond$

3.2 Algebraische Decodierung

In Bild 3.1 ist die prinzipielle Vorgehensweise der algebraischen Decodierung dargestellt. Nachfolgend werden wir die einzelnen Schritte genauer beschreiben. Dabei gehen wir von einem RS-Code aus, für dessen Codewörter $a(x)$ gilt:

$$a(x) \circ\!\!-\!\!\bullet A(x), \quad A_0 = A_1 = A_2 = \cdots = A_{d-2} = 0 \ .$$

Damit hat $A(x)$ genau $d-1$ aufeinanderfolgende Koeffizienten gleich 0, d. h. der RS-Code kann $\left\lfloor \frac{d-1}{2} \right\rfloor$ Fehler korrigieren.

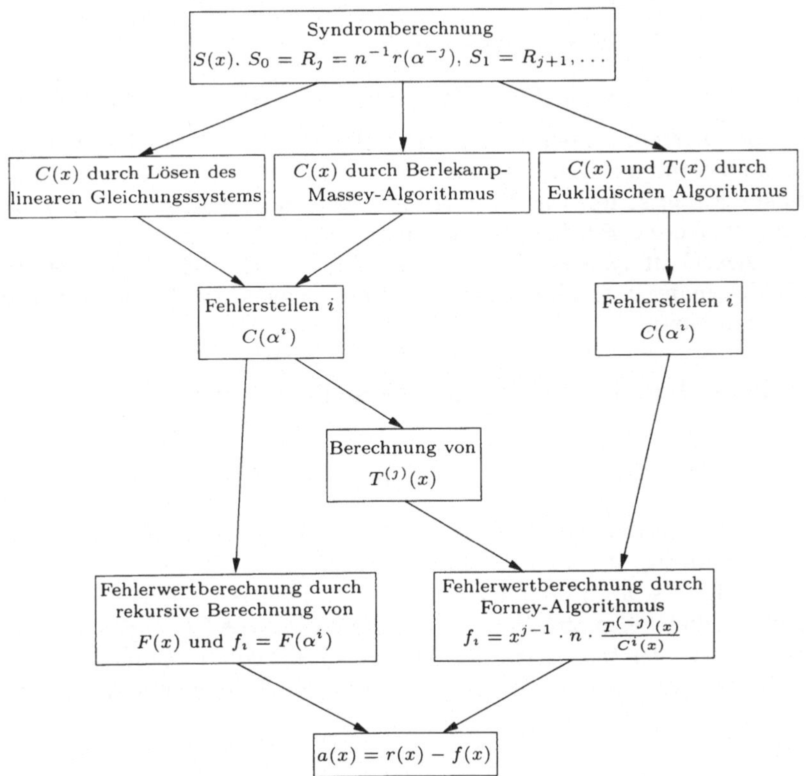

Bild 3.1: Übersicht zur algebraischen Decodierung.

Empfangen sei $r(x) = a(x) + f(x)$. Das Fehlerpolynom $f(x)$ beschreibt an jeder Fehlerstelle i einen Fehler $f_i \neq 0$. Wir wollen voraussetzen, daß nicht mehr als $\left\lfloor \frac{d-1}{2} \right\rfloor$ Fehler aufgetreten sind, d. h.

$$\mathrm{wt}(\mathbf{f}) \leq \left\lfloor \frac{d-1}{2} \right\rfloor \ .$$

Die Fehlerstellen können durch die Definition des sogenannten Trägers beschrieben werden:

$$\mathrm{supp}(\mathbf{f}) := \{i \mid f_i \neq 0\} \ .$$

Um festzustellen, ob $r(x)$ ein Codewort ist, transformiert man $r(x)$ und prüft, ob $R_0 = \cdots = R_{d-2} = 0$ gilt:

$$a(x) + f(x) = r(x) \circ\!\!\!-\!\!\!-\!\!\bullet\ R(x) = A(x) + F(x) \ .$$

Ist $f(x) = 0$, so ist $R(x) = A(x)$, und die Koeffizienten $R_0, \ldots, R_{d-2}$ sind gleich 0. Ist dagegen $f(x) \neq 0$, so gilt wegen $A_0 = \cdots = A_{d-2} = 0$:

$$R_i = F_i = S_i, \ i = 0, 1, \ldots, d - 2 \ .$$

$S(x) = S_0 + S_1 x + \cdots + S_{d-2} x^{d-2}$ heißt Syndrom und ist nur vom Fehler abhängig.

Falls der Code korrekt an den Kanal angepaßt wurde, gibt es einen Erwartungswert für eine bestimmte Anzahl an Fehlern, die auf jeden Fall kleiner als die halbe Mindestdistanz sein sollte. Das Problem ist nun, einen Fehler $f(x)$ mit möglichst wenigen Koeffizienten $\neq 0$ bzw. ein $\mathbf{f}$ mit möglichst kleinem Gewicht zu errechnen. Die Eigenschaft *kleines Gewicht* kann algebraisch nicht verwertet werden, deshalb bildet man sie folgendermaßen auf die Eigenschaft *kleiner Grad* ab, die man verwerten kann:

Fehlerstellenpolynom: Es wird ein Fehlerstellenpolynom $c(x)$ definiert mit der Eigenschaft

$$c_i = 0 \ \Longleftarrow \ f_i \neq 0, \quad \text{d. h.} \quad c_i \cdot f_i = 0 \ .$$

Die Koeffizienten von $c(x)$ sind an den Fehlerstellen gleich 0 und an den Nicht-Fehlerstellen beliebig, da dort die Koeffizienten von $f(x)$ gleich 0 sind. Damit ist eine ganze Klasse von Polynomen definiert. Aus dieser Klasse von Polynomen wählt man nun diejenigen aus, für die $\mathrm{grad}\, C(x)$, $c(x) \circ\!\!\!-\!\!\!-\!\!\bullet\ C(x)$, gleich der Anzahl der Nullstellen (Fehlerstellen) ist. Das bedeutet, man fordert zusätzlich $c_i \neq 0 \Longleftarrow f_i = 0$. Mit der Transformation von Definition 3.5 kann man $c(x)$ durch $C(x)$ darstellen als:

$$C(x) := \prod_{i \in \mathrm{supp}(\mathbf{f})} (x - \alpha^i). \tag{3.1}$$

Der Grad von $C(x)$ ist die Anzahl der Koeffizienten von $c(x)$, die gleich 0 sind, also die Anzahl der Fehlerstellen. Gelingt es ein $C(x)$ mit möglichst kleinem Grad zu berechnen, dann entsprechen die Fehlerstellen den Nullstellen von $C(x)$.

Es gilt:

$$c_i \cdot f_i = 0 \circ\!\!\!-\!\!\!-\!\!\bullet\ C(x) \cdot F(x) = 0 \quad \mathrm{mod}\ (x^n - 1) \ .$$

$a(x)$ gesendetes Codewort

$f(x)$ Fehler, $\times$ kennzeichnet eine fehlerhafte Stelle

$r(x) = a(x) + f(x)$ empfangenes Wort

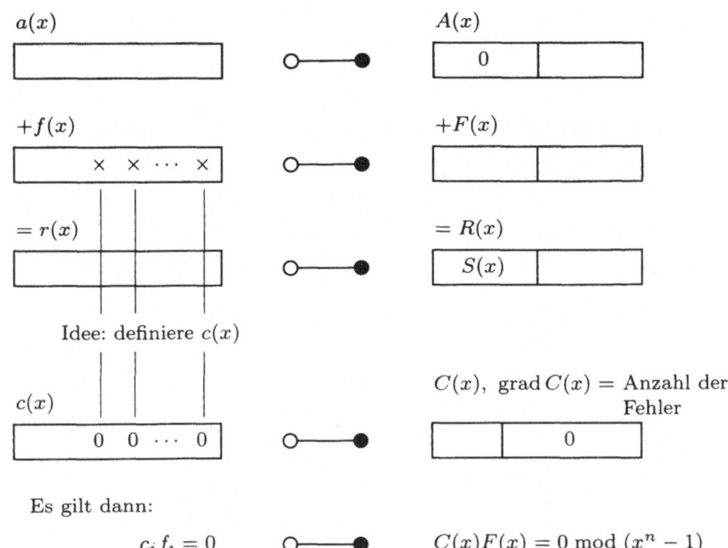

Das Fehlerstellenpolynom $C(x)$ mit möglichst kleinem Grad kann aus dem Syndrom $S(x)$ berechnet werden.

Bild 3.2: Idee der Fehlerkorrektur.

Sei $e \leq \lfloor \frac{d-1}{2} \rfloor$ die Anzahl der tatsächlich aufgetretenen Fehler, dann gilt für $C(x)$ gemäß Gleichung 3.1:

$$C(x) = C_0 + C_1 \cdot x^1 + \cdots + C_e \cdot x^e \, ,$$

also $\operatorname{grad} C(x) = e$. Man hat damit eigentlich $e+1$ Koeffizienten C_i, $i = 0, 1, \ldots, e$, zu bestimmen. Da man sich aber nur für die e Nullstellen des Polynoms interessiert, ist ein beliebiger Koeffizient frei wählbar. Bei der Gleichung 3.1 ist C_e zu 1 gewählt. Eine weitere, oft benutzte Festlegung ist die, daß C_0 zu 1 gewählt wird, dann ist $C(x)$ definiert zu:

$$C(x) := \prod_{i \in \operatorname{supp}(\mathbf{f})} (1 - \alpha^{-i} \cdot x) \, .$$

Es sei nochmals darauf hingewiesen, daß die Normierung von $C(x)$ nicht die Nullstellen des Polynoms verändert. Die Vorgehensweise bei der algebraischen Decodierung ist in Bild 3.2 schematisch dargestellt.

3.2.1 Schlüsselgleichung

Wir wollen verschiedene Methoden angeben, um $C(x)$ zu bestimmen. Zunächst nehmen wir an, es seien $t = \lfloor \frac{d-1}{2} \rfloor$ Fehler aufgetreten. Wir schreiben die Polynommultiplikation

$$C(x) \cdot F(x) = 0 \quad \mathrm{mod}\ (x^n - 1) \tag{3.2}$$

in Matrixdarstellung unter Berücksichtigung, daß das Syndrom $S(x)$ bekannt und folgendermaßen definiert ist:

$$F_i = S_i,\ i = 0, 1, \ldots, d - 2 \ .$$

Damit ergibt sich:

$$
\begin{array}{llllll}
& C_0 S_0 & + C_1 F_{n-1} & + C_2 F_{n-2} & + \ldots + C_t F_{n-t} & = 0 \\
& C_0 S_1 & + C_1 S_0 & + C_2 F_{n-1} & + \ldots + C_t F_{n-t+1} & = 0 \\
& \vdots & & & \vdots & \\
& C_0 S_{t-1} & + C_1 S_{t-2} & + C_2 S_{t-3} & + \ldots + C_t F_{n-1} & = 0 \\
* & C_0 S_t & + C_1 S_{t-1} & + C_2 S_{t-2} & + \ldots + C_t S_0 & = 0 \\
* & C_0 S_{t+1} & + C_1 S_t & + C_2 S_{t-1} & + \ldots + C_t S_1 & = 0 \\
* & \vdots & & & \vdots & \\
* & C_0 S_{2t-1} & + C_1 S_{2t-2} & + C_2 S_{2t-3} & + \ldots + C_t S_{t-1} & = 0 \\
& C_0 F_{2t} & + C_1 S_{2t-1} & + C_2 S_{2t-2} & + \ldots + C_t S_t & = 0 \\
& \vdots & & & \vdots & \\
& C_0 F_{n-1} & + C_1 F_{n-2} & + C_2 F_{n-3} & + \ldots + C_t F_{n-t-1} & = 0 \ .
\end{array}
\tag{3.3}
$$

Es gibt t Gleichungen, die mit $*$ in Gleichung 3.3 markiert sind, in denen nur bekannte Syndromkoeffizienten und t unbekannte Fehlerstellenpolynomkoeffizienten vorkommen (ein Koeffizient ist frei wählbar). Wegen t Gleichungen für t Unbekannte ist das lineare Gleichungssystem (LGS) im Prinzip lösbar. Aus dem Produkt $C(x) \cdot F(x) = 0 \ \mathrm{mod}\ (x^n - 1)$ wollen wir nun die Schlüsselgleichung ableiten.

Betrachten wir das Produkt $C(x) \cdot S(x)$:

$$
\begin{array}{rlllll}
0: & C_0 S_0 & & & & \\
1: & C_0 S_1 & + C_1 S_0 & & & \\
& \vdots & & & & \\
t-1: & C_0 S_{t-1} & + C_1 S_{t-2} & + \ldots & + C_{t-1} S_0 & \\
t: & C_0 S_t & + C_1 S_{t-1} & + C_2 S_{t-2} & + \ldots & + C_t S_0 \\
t+1: & C_0 S_{t+1} & + C_1 S_t & + C_2 S_{t-1} & + \ldots & + C_t S_1 \\
& \vdots & & & & \\
2t-1: & C_0 S_{2t-1} & + C_1 S_{2t-2} & + C_2 S_{2t-3} & + \ldots & + C_t S_{t-1} \\
2t: & & + C_1 S_{2t-1} & + C_2 S_{2t-2} & + \ldots & + C_t S_t \\
& \vdots & & & & \\
3t-1: & & & & & C_t S_{2t-1} \ .
\end{array}
\tag{3.4}
$$

Die Koeffizienten $0, 1, \ldots, t-1$ des Produkts $C(x) \cdot S(x)$ sind zur Bestimmung von $C(x)$ gemäß Gleichung 3.3 nicht relevant. Vor allem müssen sie nicht 0 sein, können aber 0 sein. Man setzt die Koeffizienten $0, 1, \ldots, t-1$ des Produkts $C(x) \cdot S(x)$ gleich $-T_0, -T_1, \ldots, -T_{t-1}$, oder anders dargestellt: $-T(x) = -T_0 - T_1 x - \ldots - T_{t-1} x^{t-1}$. Die Koeffizienten von $T(x)$ interessieren zunächst nicht.

Die Koeffizienten $2t, 2t+1, \ldots, 3t-1$ des Produkts $C(x) \cdot S(x)$ interessieren gemäß Gleichung 3.3 ebenfalls nicht. Diese Koeffizienten sind einfach zu eliminieren, nämlich indem das Produkt $C(x) \cdot S(x)$ modulo x^{2t} gerechnet[1] wird.

Damit ergibt sich die Schlüsselgleichung zu:

$$C(x) \cdot S(x) = -T(x) \mod x^{2t} . \tag{3.5}$$

In der Schlüsselgleichung ist damit der interessierende Teil des linearen Gleichungssystems 3.3 enthalten, nämlich:

$$0 = \sum_{i=0}^{t} C_i \cdot S_{j-i}, \qquad j = t, t+1, \ldots, 2t-1 .$$

Aus beiden Darstellungen kann damit $C(x)$ bestimmt werden.

Bei $e < t$ Fehlern: Nehmen wir nun an, es seien $t-1$ Fehler aufgetreten, d. h. $C_t = 0$. Setzt man dies in das lineare Gleichungssystem 3.3 ein, so bleiben $t-1$ Koeffizienten von $C(x)$ zu bestimmen (einer wird frei gewählt). Es gibt aber noch immer dieselben t Gleichungen (mit $*$ in 3.3 markiert), die nur bekannte Syndromkoeffizienten enthalten. Außerdem kommt eine weitere Gleichung hinzu, die nur bekannte Syndromkoeffizienten enthält, nämlich:

$$C_0 S_{t-1} + C_1 S_{t-2} + C_2 S_{t-3} + \cdots + C_{t-1} S_0 = 0 .$$

Diese Gleichung muß natürlich auch erfüllt sein. Dies bedeutet, daß das Gleichungssystem überbestimmt ist, denn man hat $t-1$ Unbekannte und $t+1$ Gleichungen.

In der Schlüsselgleichung 3.4 gibt es ebenfalls beim Koeffizienten $t-1$ eine weitere Gleichung, die erfüllt sein muß. Das bedeutet, daß gelten muß: $-T_{t-1} = 0$.

Ist nun eine beliebige Anzahl $e \leq t = \lfloor \frac{d-1}{2} \rfloor$ Fehler aufgetreten, benötigt man e von den t Gleichungen, um $C(x)$ zu bestimmen. Mit den berechneten Koeffizienten von $C(x)$ müssen aber alle Gleichungen, in denen nur C_i und S_i vorkommen, erfüllt sein. Das sind umso mehr Gleichungen, je kleiner e ist, nämlich $2t-e$. Der relevante

---

[1] Beim Rechnen mod $(x^n - 1)$ gilt, daß $x^{n+1} = x$ wird usw. Dagegen bedeutet mod x^{2t}, daß $x^{2t+i} = 0$, $i = 0, 1, \ldots$, ist.

Teil des Gleichungssystems 3.3 ergibt sich dann zu:

$$\begin{pmatrix} S_e & \cdots & S_1 & S_0 \\ S_{e+1} & \cdots & S_2 & S_1 \\ \vdots & & & \vdots \\ \vdots & & & \vdots \\ S_{2t-1} & \cdots & S_{2t-e} & S_{2t-e-1} \end{pmatrix} \cdot \begin{pmatrix} C_0 \\ C_1 \\ \vdots \\ C_{e-1} \\ 1 \end{pmatrix} = 0 . \tag{3.6}$$

Für die Schlüsselgleichung überlegt man sich, daß für $e \leq t$ Fehler immer gelten muß:

$$\operatorname{grad} T(x) < \operatorname{grad} C(x),$$

damit die Schlüsselgleichung dieselbe Lösung wie Gleichung 3.3 liefert.

Definition 3.11 (Schlüsselgleichung) *Das Fehlerstellenpolynom $C(x)$ kann aus der Schlüsselgleichung*

$$C(x) \cdot S(x) = -T(x) \quad \mod x^{2t} \quad \text{mit } \operatorname{grad} T(x) < \operatorname{grad} C(x)$$

berechnet werden. Der Grad von $C(x)$ entspricht der Anzahl der aufgetretenen Fehler.

Berechnung von $C(x)$ durch Lösen des LGS: Da man die Anzahl e der aufgetretenen Fehler nicht kennt, muß man e entweder durch Probieren bestimmen, d.h. man nimmt an $e = 1$, versucht das Gleichungssystem zu erfüllen, dann $e = 2$ usw. bis $e = t$. Falls die Annahme der Anzahl der aufgetretenen Fehler entspricht, sind alle Gleichungen erfüllt. Oder man setzt $e = t$ in Gleichung 3.6 ein, und der Rang der Matrix entspricht der Anzahl der aufgetretenen Fehler.

Für große e bzw. t ist der Rechenaufwand sehr groß. Die regelmäßige Struktur des Gleichungssystems läßt die Vermutung zu, daß es noch Verfahren mit weitaus geringerem Rechenaufwand gibt, um $C(x)$ mit möglichst kleinem Grad zu bestimmen.

Bevor wir ein Beispiel angeben, betrachten wir noch den Fall, daß ein RS-Code benutzt wird, bei dem $A_k = \ldots = A_{n-1} = 0$ ist für alle Codewörter $a(x)$. Dazu überlegt man sich, daß eine Multiplikation der Gleichung $C(x) \cdot F(x) \mod (x^n - 1)$ mit irgendeiner Potenz von x nur ein zyklisches Umsortieren der Gleichungen 3.3 bedeutet. Mit $S_0 = R_i = F_i$, $S_1 = R_{i+1} = F_{i+1}, \ldots, S_{d-2} = R_{d-2+i} = F_{d-2+i}$ als Koeffizienten von $S(x)$ ist Gleichung 3.4 nach wie vor gültig, $i \in \{0, 1, \ldots, n-1\}$. Bei der Schlüsselgleichung (Definition 3.11) muß nur das Syndrom eingesetzt werden, d.h. sie ist unabhängig davon, an welchen Stellen das Syndrom definiert ist.

Beispiel 3.5 (Lösen des LGS) Wir wollen annehmen, das Codewort a von Beispiel 3.1 sei gesendet worden und es sei ein Fehler $f(x) = 5x^4 + 3x$ aufgetreten. Mit $a(x) = 4x^4 + 2x^3 + 3x^2 + 6x + 1$ wird dann

$$r(x) = a(x) + f(x) = 2x^4 + 2x^3 + 3x^2 + 2x + 1$$

empfangen.

Wir kennen nur $r(x)$ und den RS-Code, und wir berechnen nun die Stellen, an denen ein transformiertes Codewort 0 sein muß ($\alpha = 5$ primitives Element):

$$
\begin{aligned}
S_0 = R_2 &= n^{-1} \cdot r(\alpha^{-2}) = 6 \cdot r(\alpha^4) \\
&= 6 \cdot (2 \cdot \alpha^{16} + 2\alpha^{12} + 3\alpha^8 + 2\alpha^4 + 1) \\
&= 6 \cdot (2 \cdot \alpha^4 + 2\alpha^0 + 3\alpha^2 + 2\alpha^4 + 1) \\
&= 6 \cdot (2 \cdot 2 + 2 \cdot 1 + 3 \cdot 4 + 2 \cdot 2 + 1) \\
&= 6 \cdot (4 + 2 + 12 + 4 + 1) = 6 \cdot 23 \\
&= 5 \quad \mathrm{mod}\ 7
\end{aligned}
$$

$$
\begin{aligned}
S_1 = R_3 &= 6 \cdot r(\alpha^3) = 6 \cdot (2 \cdot \alpha^{12} + 2\alpha^9 + 3\alpha^6 + 2\alpha^3 + 1) \\
&= 6 \cdot (2\alpha^0 + 2\alpha^3 + 3\alpha^0 + 2\alpha^3 + 1) \\
&= 6 \cdot (2 + 12 + 3 + 12 + 1) \\
&= 5 \quad \mathrm{mod}\ 7
\end{aligned}
$$

$$S_2 = R_4 = 3$$

$$S_3 = R_5 = 3$$

$$\implies \quad S(x) = 5 + 5x + 3x^2 + 3x^3 \ .$$

Wir wollen zunächst annehmen, es sei ein Fehler aufgetreten, $C_0 + x = C(x)$:

$$S_1 \cdot C_0 + S_0 = 0 = 5 \cdot C_0 + 5 = 0$$
$$\implies \quad C_0 = 6, \text{ denn } 5 \cdot 6 + 5 = 0 \quad \mathrm{mod}\ 7 \ .$$

$C(x) = 6 + x$ muß aber auch die Gleichungen

$$S_2 \cdot 6 + S_1 = 0 \quad \text{und} \quad S_3 \cdot 6 + S_2 = 0$$

erfüllen. Aber:

$$S_2 \cdot 6 + S_1 = 3 \cdot 6 + 5 = 2 \quad \mathrm{mod}\ 7.$$

Damit müssen wir 2 Fehler annehmen: $C(x) = C_0 + C_1 x + x^2$

$$
\begin{aligned}
S_2 \cdot C_0 \ +\ S_1 \cdot C_1 \ +\ S_0 \ &=\ 0 \\
S_3 \cdot C_0 \ +\ S_2 \cdot C_1 \ +\ S_1 \ &=\ 0
\end{aligned}
$$

$$
\left.
\begin{aligned}
3 \cdot C_0 \ +\ 5 \cdot C_1 \ +\ 5 \ &=\ 0 \\
3 \cdot C_0 \ +\ 3 \cdot C_1 \ +\ 5 \ &=\ 0
\end{aligned}
\right\}
\quad
\begin{aligned}
2 \cdot C_1 &= 0 \\
C_1 &= 0 \\
C_0 &= 3
\end{aligned}
$$

$$C(x) = 3 + x^2 \ .$$

Die Fehlerstellen sind die 2 Nullstellen von $C(x)$; wir probieren alle Elemente von $GF(7)$ durch:

$$
\begin{aligned}
0 : \quad &3 + 0 &=\ &3 \\
1 : \quad &3 + 1 &=\ &4 \\
2 : \quad &3 + 4 &=\ &0 \quad \mathrm{mod}\ 7 \implies \text{1. Nullstelle: } 2 = \alpha^4 \\
3 : \quad &3 + 9 &=\ &5 \quad \mathrm{mod}\ 7 \\
4 : \quad &3 + 16 &=\ &5 \quad \mathrm{mod}\ 7 \\
5 : \quad &3 + 25 &=\ &0 \quad \mathrm{mod}\ 7 \implies \text{2. Nullstelle: } 5 = \alpha^1 \\
6 : \quad &3 + 36 &=\ &4
\end{aligned}
$$

$$C(x) = (x - 2) \cdot (x - 5) = (x - \alpha^4) \cdot (x - \alpha^1) \ .$$

Die Fehler sind also an der 1. und 4. Stelle, d. h.

$$f(x) = f_4 x^4 + f_1 x \ .$$

Über f_4 und f_1 können wir noch keine Aussage machen (Fehlerwertberechnung in Abschnitt 3.2.4).   ◇

Bestimmung der Nullstellen von $C(x)$**:** Die Nullstellen von $C(x)$ werden durch probieren, d. h. einsetzen aller GF-Elemente (endlich viele) bestimmt. Diese Methode wird oft auch als *Chien-Search* bezeichnet.

Decodierversagen: Findet man nicht so viele Nullstellen, wie dem Grad des Fehlerstellenpolynoms $C(x)$ entspricht, so liegt ein Decodierversagen vor und es sind mehr als die Anzahl der korrigierbaren Fehler aufgetreten.

3.2.2 Berlekamp-Massey-Algorithmus

Der Berlekamp-Massey-Algorithmus (BMA) ist ein sehr effizientes Verfahren zur Berechnung von $C(x)$ mit kleinstem Grad, das die Schlüsselgleichung 3.5 löst. Oft wird auch formuliert, der Berlekamp-Massey-Algorithmus findet das kürzeste rückgekoppelte Schieberegister mit den Rückkoppelungsfaktoren C_i, das alle Syndromkoeffizienten erzeugt (zu Schieberegisterschaltungen siehe die Übungsaufgaben 3.1 und 3.2). Der Algorithmus geht iterativ vor, indem er mit einem $C(x)$ vom Grad 1 startet und dann gegebenenfalls den Grad von $C(x)$ erhöht. Dabei wird das neue $C(x)$ aus dem alten berechnet.

In Bild 3.3 ist ein Flußdiagramm des Berlekamp-Massey-Algorithmus angegeben, das verwendet werden kann, um die Schlüsselgleichung 3.5 zu lösen. Dies werden wir beweisen, indem wir zeigen, daß der Euklidische Algorithmus diese Gleichung löst (Abschnitt 3.2.3) und daß beide Algorithmen äquivalent sind (Abschnitt 3.2.5).

Beispiel 3.6 (Berlekamp-Massey-Algorithmus) Wir wollen noch einmal mit Hilfe des BMA das Fehlerstellenpolynom zum Syndrom $S(x) = 5 + 5x + 3x^2 + 3x^3$ von Beispiel 3.5 berechnen (siehe Tabelle 3.1). Damit sind die Fehler an den Stellen 1 und 4.   ◇

Da bei der Lösung des Berlekamp-Massey-Algorithmus immer $C_0 = 1$ ist, liefert er – bis auf einen konstanten Faktor – dasselbe Fehlerstellenpolynom wie die Lösung des linearen Gleichungssystems (LGS). Für die Lösungen gilt die Beziehung:

$$C_{LGS}(x) = C_{0,LGS} \cdot C_{BMA}(x) \ ,$$

was an den Nullstellen nichts ändert.

Der Berlekamp-Massey-Algorithmus ist ein sehr effizientes Verfahren zur Lösung der Schlüsselgleichung. Damit ist der Decodieraufwand gegenüber der Lösung des linearen Gleichungssystems wesentlich reduziert, so daß RS-Codes in der Praxis besser verwendet werden können. Wir wollen trotzdem noch ein weiteres Verfahren angeben, um die Schlüsselgleichung zu lösen.

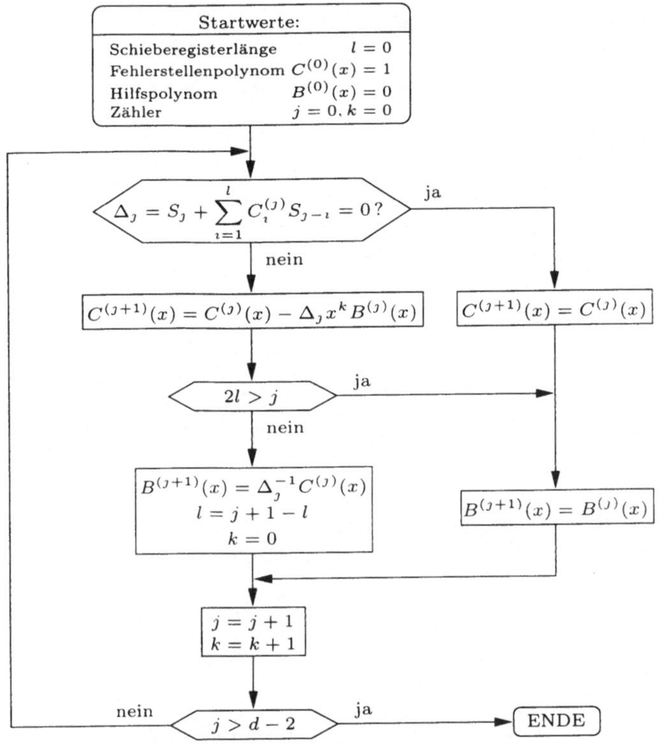

Bild 3.3: Berlekamp-Massey-Flußdiagramm.

Tabelle 3.1: Berechnung des Fehlerstellenpolynoms mit dem BMA (Beispiel 3.6).

j	k	l		Δ_j		$C^{(j+1)}(x)$	$2l > j$		$B^{(j+1)}(x)$
0	0	0	Δ_0	$=$	$S_0 = 5$	$C^{(1)} = 1 - 5x^0 \cdot 0 = 1$	nein	$B^{(1)} = 5^{-1} = 3$	
1	1	1	Δ_1	$=$	$S_1 + C_1^{(1)} S_0$	$C^{(2)} = 1 - 5x \cdot 3$	ja	$B^{(2)} = B^{(1)} = 3$	
				$=$	5	$= 1 + 6x$			
2	2	1	Δ_2	$=$	$S_2 + C_1^{(2)} S_1$	$C^{(3)} = C^{(2)} - \Delta_2 x^2 B^{(2)}$	nein	$B^{(3)} = 3(1 + 6x)$	
				$=$	$3 + 6 \cdot 5$	$= 1 + 6x - 5x^2 \cdot 3$		$= 3 + 4x$	
				$=$	5	$= 1 + 6x + 6x^2$			
3	1	2	Δ_3	$=$	$S_3 + C_1^{(3)} S_2$	$C^{(4)} = C^{(3)} - 2xB^{(3)}$	ja	$B^{(4)} = B^{(3)}$	
					$+C_2^{(3)} S_1$				
				$=$	$3 + 6 \cdot 3$	$= 1 + 6x + 6x^2$			
					$+6 \cdot 5$	$-2x(3 + 4x)$			
				$=$	2	$= 1 + 5x^2$			

3.2.3 Euklidischer Algorithmus

Der Euklidische Algorithmus ist in Satz 2.12 angegeben. Er berechnet den größten gemeinsamen Teiler von zwei Zahlen oder Polynomen. Wir wollen den Euklidischen Algorithmus aus Abschnitt 2.3.2 hier für Polynome und in einer modifizierten

Darstellung betrachten. Er berechnet

$$\mathrm{ggT}(a(x), b(x)), \ \text{mit} \ \mathrm{grad} \ a(x) < \mathrm{grad} \ b(x) \ .$$

Die Divisionskette

$$
\begin{aligned}
b(x) &= q_1(x) \cdot a(x) &+ r_1(x) \\
a(x) &= q_2(x) \cdot r_1(x) &+ r_2(x) \\
r_1(x) &= q_3(x) \cdot r_2(x) &+ r_3(x) \\
&\vdots
\end{aligned}
$$

wird durch

$$
\begin{pmatrix} r_{i-2}(x) \\ r_{i-1}(x) \end{pmatrix} = \begin{pmatrix} q_i(x) & 1 \\ 1 & 0 \end{pmatrix} \cdot \begin{pmatrix} r_{i-1}(x) \\ r_i(x) \end{pmatrix}, \quad i = 1, 2, \dots, \tag{3.7}
$$

beschrieben, wobei $a(x) = r_0(x)$ und $b(x) = r_{-1}(x)$ gesetzt wird. Auf die gleiche Weise wollen wir die Rekursion für die Polynome $v_j(x)$ und $w_j(x)$ repräsentieren mit der jeder Rest durch $a(x)$ und $b(x)$ dargestellt werden kann:

$$r_j(x) = v_j(x) \cdot b(x) + w_j(x) \cdot a(x) \ . \tag{3.8}$$

Durch die Beziehung

$$
\begin{pmatrix} w_i(x) & -w_{i-1}(x) \\ -v_i(x) & v_{i-1}(x) \end{pmatrix} = \begin{pmatrix} w_{i-1}(x) & -w_{i-2}(x) \\ -v_{i-1}(x) & v_{i-2}(x) \end{pmatrix} \cdot \begin{pmatrix} -q_i(x) & -1 \\ -1 & 0 \end{pmatrix} \tag{3.9}
$$

wird die rekursive Berechnung

$$
\begin{aligned}
v_{-1}(x) &= 1 & w_{-1}(x) &= 0 \\
v_0(x) &= 0 & w_0(x) &= 1 \\
v_1(x) &= v_{-1}(x) - q_1(x)v_0(x) & w_1(x) &= w_{-1}(x) - q_1(x)w_0(x) \\
&\vdots & &\vdots \\
v_j(x) &= v_{j-2}(x) - q_j(x)v_{j-1}(x) & w_j(x) &= w_{j-2}(x) - q_j(x)w_{j-1}(x)
\end{aligned}
$$

beschrieben. Mit den Rekursionsgleichungen 3.7 und 3.9 können wir elegant zeigen, daß jeder Rest durch Gleichung 3.8 darstellbar ist. Es gilt:

$$
\begin{pmatrix} w_i(x) & -w_{i-1}(x) \\ -v_i(x) & v_{i-1}(x) \end{pmatrix} = \tag{3.10}
$$

$$
= \begin{pmatrix} w_{i-1}(x) & -w_{i-2}(x) \\ -v_{i-1}(x) & v_{i-2}(x) \end{pmatrix} \cdot \begin{pmatrix} q_i(x) & 1 \\ 1 & 0 \end{pmatrix} \cdot (-1)
$$

$$
= \begin{pmatrix} w_{i-2}(x) & -w_{i-3}(x) \\ -v_{i-2}(x) & v_{i-3}(x) \end{pmatrix} \cdot \begin{pmatrix} q_{i-1}(x) & 1 \\ 1 & 0 \end{pmatrix} \cdot \begin{pmatrix} q_i(x) & 1 \\ 1 & 0 \end{pmatrix} \cdot (-1) \cdot (-1)
$$

$$= \begin{pmatrix} w_{i-3}(x) & -w_{i-4}(x) \\ -v_{i-3}(x) & v_{i-4}(x) \end{pmatrix} \cdot \begin{pmatrix} q_{i-2}(x) & 1 \\ 1 & 0 \end{pmatrix} \cdot \begin{pmatrix} q_{i-1}(x) & 1 \\ 1 & 0 \end{pmatrix} \cdot \begin{pmatrix} q_i(x) & 1 \\ 1 & 0 \end{pmatrix} \cdot (-1)^3$$

$$\vdots$$

$$= \begin{pmatrix} 1 & 0 \\ 0 & 1 \end{pmatrix} \cdot \begin{pmatrix} q_1(x) & 1 \\ 1 & 0 \end{pmatrix} \cdot \begin{pmatrix} q_2(x) & 1 \\ 1 & 0 \end{pmatrix} \cdots \begin{pmatrix} q_i(x) & 1 \\ 1 & 0 \end{pmatrix} \cdot (-1)^i .$$

Entsprechend kann die Gleichung 3.7 ausgedrückt werden:

$$\begin{pmatrix} r_{i-2}(x) \\ r_{i-1}(x) \end{pmatrix} = \begin{pmatrix} q_i(x) & 1 \\ 1 & 0 \end{pmatrix} \cdot \begin{pmatrix} r_{i-1}(x) \\ r_i(x) \end{pmatrix} \tag{3.11}$$

$$\begin{pmatrix} r_{i-3}(x) \\ r_{i-2}(x) \end{pmatrix} = \begin{pmatrix} q_{i-1}(x) & 1 \\ 1 & 0 \end{pmatrix} \cdot \begin{pmatrix} q_i(x) & 1 \\ 1 & 0 \end{pmatrix} \cdot \begin{pmatrix} r_{i-1}(x) \\ r_i(x) \end{pmatrix}$$

$$\begin{pmatrix} r_{i-4}(x) \\ r_{i-3}(x) \end{pmatrix} = \begin{pmatrix} q_{i-2}(x) & 1 \\ 1 & 0 \end{pmatrix} \cdot \begin{pmatrix} q_{i-1}(x) & 1 \\ 1 & 0 \end{pmatrix} \cdot \begin{pmatrix} q_i(x) & 1 \\ 1 & 0 \end{pmatrix} \cdot \begin{pmatrix} r_{i-1}(x) \\ r_i(x) \end{pmatrix}$$

$$\vdots$$

$$\begin{pmatrix} r_{-1}(x) \\ r_0(x) \end{pmatrix} = \begin{pmatrix} q_1(x) & 1 \\ 1 & 0 \end{pmatrix} \cdot \begin{pmatrix} q_2(x) & 1 \\ 1 & 0 \end{pmatrix} \cdots \begin{pmatrix} q_i(x) & 1 \\ 1 & 0 \end{pmatrix} \cdot \begin{pmatrix} r_{i-1}(x) \\ r_i(x) \end{pmatrix} .$$

Setzen wir 3.10 in 3.11 ein, so ergibt sich

$$\begin{pmatrix} r_{-1}(x) \\ r_0(x) \end{pmatrix} = (-1)^i \cdot \begin{pmatrix} w_i(x) & -w_{i-1}(x) \\ -v_i(x) & v_{i-1}(x) \end{pmatrix} \cdot \begin{pmatrix} r_{i-1}(x) \\ r_i(x) \end{pmatrix} . \tag{3.12}$$

Zur Inversion der Matrix in 3.12 benötigen wir die Determinante, die wir jedoch aus der rechten Seite der Gleichung 3.10 berechnen können, denn die Determinante von

$$\begin{vmatrix} q_i(x) & 1 \\ 1 & 0 \end{vmatrix} = -1,$$

d. h. die Determinante ist 1. Damit erhalten wir

$$\begin{pmatrix} r_{i-1}(x) \\ r_i(x) \end{pmatrix} = \begin{pmatrix} v_{i-1}(x) & w_{i-1}(x) \\ v_i(x) & w_i(x) \end{pmatrix} \cdot \begin{pmatrix} r_{-1}(x) \\ r_0(x) \end{pmatrix} .$$

Aus dieser Darstellung können wir einige Eigenschaften ableiten.

Eigenschaften der Polynome des Euklidischen Algorithmus

1) $v_i(x)$ und $w_i(x)$ sind relativ prim, $\mathrm{ggT}(v_i(x), w_i(x)) = 1$, d. h. es gilt:

$$\tau(x)v_i(x) + \delta(x)w_i(x) = 1 .$$

2) $\mathrm{grad}\, r_i(x) < \mathrm{grad}\, r_{i-1}(x) .$

3) $\operatorname{grad} w_i(x) < \operatorname{grad} r_{-1}(x)$.

4) $\operatorname{grad} r_i(x) < \operatorname{grad} r_{-1}(x) - \operatorname{grad} w_i(x)$.

5) Seien $\kappa(x)$ und $\lambda(x)$ relativ prim, und gelte $\operatorname{grad}(\kappa(x){\cdot}r_0(x)+\lambda(x){\cdot}r_{-1}(x)) < \operatorname{grad} r_{-1}(x) - \operatorname{grad}\kappa(x)$, dann gibt es einen skalaren Faktor c (aus $GF(p)$) und eine Zahl i für die gilt:

$$\kappa(x) = c \cdot w_i(x) \quad \text{und} \quad \lambda(x) = c \cdot v_i(x) \ .$$

Das bedeutet, daß die Polynome $w_i(x)$ und $v_i(x)$, die während der Lösung des Euklidischen Algorithmus auftreten, bis auf einen Faktor eindeutig sind.

Beweise zu den Eigenschaften

1) Betrachten wir Gleichung 3.10. Die Determinante der rechten Seite ist 1. Setzen wir dies gleich der formalen Determinante der linken Seite, so erhalten wir:

$$w_i(x) \cdot v_{i-1}(x) + w_{i-1}(x) \cdot v_i(x) = 1 \ .$$

Dies bedeutet gemäß dem Euklidischen Algorithmus, daß der ggT gleich 1 ist. $\qquad\square$

2) Diese Eigenschaft folgt direkt aus der Divisionsgleichung 3.7, denn der Grad des Restpolynoms ist kleiner als der Grad des Polynoms, durch das geteilt wird. $\qquad\square$

3 und 4) Der Grad des Polynoms $w_i(x)$ ist gleich dem Grad des Produkts der Polynome $q_1(x)$ bis $q_i(x)$:

$$\operatorname{grad} \ w_i(x) = \operatorname{grad}\left(\prod_{j=1}^{i} q_j(x)\right) = \sum_{j=1}^{i} \operatorname{grad} q_j(x) \ .$$

Multiplizieren wir $r_{i-1}(x)$ mit dem Polynom $w_i(x)$, so ergibt sich genau der Grad von $r_{-1}(x)$. Um dies zu verifizieren, kann man Gleichung 3.7 rekursiv anwenden. Man erhält:

$$\operatorname{grad} \ r_{i-2}(x) = \operatorname{grad} \ q_i(x) + \operatorname{grad} \ r_{i-1}(x) \ ,$$

oder anders formuliert

$$\operatorname{grad} r_{-1}(x) = \sum_{j=1}^{i} \operatorname{grad} q_j(x) + \operatorname{grad} r_{i-1}(x) \ .$$

Formen wir diese Gleichung um, so ergibt sich:

$$\operatorname{grad} w_i(x) = \sum_{j=1}^{i} \operatorname{grad} q_j(x) = \operatorname{grad} r_{-1}(x) - \operatorname{grad} r_{i-1}(x) < \operatorname{grad} r_{-1}(x) \ .$$

Genau dies ist die 4. Eigenschaft. $\qquad\square$

5) Diese Eigenschaft wollen wir nur für den Spezialfall beweisen, den wir hier später benötigen. Dazu treffen wir folgende Definitionen:

$$
\begin{aligned}
r_{-1}(x) &= x^{d-1} \\
r_0(x) &= S_0 + S_1 \cdot x + S_2 \cdot x^2 + \cdots + S_{d-2} \cdot x^{d-2} \\
r_i(x) &= r_0 + r_1 \cdot x + r_2 \cdot x^2 + \cdots + r_{d-e-2} \cdot x^{d-e-2} \\
w_i(x) &= w_0 + w_1 \cdot x + w_2 \cdot x^2 + \cdots + w_e \cdot x^e \\
v_i(x) &= v_0 + v_1 \cdot x + v_2 \cdot x^2 + \cdots + v_{e-1} \cdot x^{e-1} \ .
\end{aligned}
\tag{3.13}
$$

Aus Eigenschaft 3 und 4 wissen wir, daß der Grad von $r_i(x)$ höchstens $d-e-2$ sein kann, da er kleiner als $\operatorname{grad} r_{-1}(x) - \operatorname{grad} w_i(x) = d-1-e$ ist. Wir wollen nun die einzelnen Koeffizienten der Gleichung

$$r_i(x) = w_i(x) \cdot r_0(x) + v_i(x) \cdot r_{-1}(x)$$

genauer betrachten. Dazu dient die folgende Darstellung:

$$
\begin{array}{rl}
0: & w_0 S_0 \\
1: & w_0 S_1 \quad + w_1 S_0 \\
& \vdots \\
d-e-2: & w_0 S_{d-e-2} + w_1 S_{d-e-1} + \ldots \quad + w_e S_{d-2e-2} \\
d-e-1: & w_0 S_{d-e-1} + w_1 S_{d-e-2} + \ldots \quad + w_e S_{d-2e-1} = 0 \\
d-e: & w_0 S_{d-e} \ + w_1 S_{d-e-1} + \ldots \quad + w_e S_{d-2e} = 0 \\
& \vdots \\
d-2: & w_0 S_{d-2} \ + w_1 S_{d-3} \ + \ldots \quad + w_e S_{d-e-2} = 0 \\
d-1: & v_0 \quad + w_1 S_{d-2} + \ldots \quad + w_e S_{d-e-1} = 0 \\
d: & v_1 \quad + w_2 S_{d-2} + \ldots \quad + w_e S_{d-e} = 0 \\
d+1: & v_2 \quad + w_3 S_{d-2} + \ldots \quad + w_e S_{d-e+1} = 0 \\
& \vdots \\
d+e-4: & v_{e-3} \quad + w_{e-2} S_{d-2} + w_{e-1} S_{d-3} + w_e S_{d-4} = 0 \\
d+e-3: & v_{e-2} \quad + w_{e-1} S_{d-2} + w_e S_{d-3} = 0 \\
d+e-2: & v_{e-1} \quad + w_e S_{d-2} = 0.
\end{array}
\tag{3.14}
$$

Die e Zeilen von $d-e-1$ bis $d-2$ enthalten nur Koeffizienten von $w_i(x)$, und die e Zeilen von $d-1$ bis $d+e-2$ enthalten Koeffizienten von $w_i(x)$ und $v_i(x)$. Wir haben somit $2e$ Gleichungen für die $(e+1)+e$ Koeffizienten von $w_i(x)$ und $v_i(x)$. Ferner können die Koeffizienten von $v_i(x)$ rekursiv bestimmt werden, wenn $w_i(x)$ bekannt ist. Dazu kann die Rekursion

$$v_{e-i} = -\sum_{j=1}^{i} w_{e-j+1} S_{d-i-2+j}, \quad i = 1, 2, \ldots, e\,,
\tag{3.15}$$

verwendet werden, die aus den letzten e Zeilen der Gleichung 3.14 abgeleitet ist.

Nehmen wir nun an, es gäbe zwei weitere Polynome $\kappa(x)$ und $\lambda(x)$, die relativ prim sind und für die gilt

$$\kappa(x) \neq c \cdot w_i(x) \quad \text{und} \quad \lambda(x) \neq c \cdot v_i(x)\,.$$

Zur Erinnerung, es muß gelten: $\operatorname{grad}(\kappa(x) \cdot r_0(x) + \lambda(x) \cdot r_{-1}(x)) < \operatorname{grad} r_{-1}(x) - \operatorname{grad} \kappa(x)$. Aus Gleichung 3.14 sehen wir, daß es für die e Zeilen von $d-e-1$ bis $d-2$ dann zwei Lösungen geben müßte, nämlich $\kappa(x)$ und $w_i(x)$. Da wir wissen, daß die Lösung $w_i(x)$ existiert und nur ein Koeffizient von $w_i(x)$ frei gewählt werden kann, kann jede Lösung durch $c \cdot w_i(x)$ dargestellt werden. Somit können $\kappa(x) \neq c \cdot w_i(x)$ und $\lambda(x) \neq c \cdot v_i(x)$ keine Lösungen der Gleichung 3.14 sein. $\qquad \square$

Um den Euklidischen Algorithmus anzuwenden, modifizieren wir zunächst die Gleichung 3.2 folgendermaßen:

$$C(x) \cdot F(x) = 0 \mod (x^n - 1) = T(x) \cdot (x^n - 1),$$

mit

$$F(x) = S_0 + S_1 x + \cdots + S_{d-2} x^{d-2} + F_{d-1} x^{d-1} + \cdots + F_{n-1} x^{n-1} = S(x) + F^*(x).$$

Wir können schreiben:

$$C(x) \cdot F(x) = C(x) \cdot S(x) + C(x) \cdot F^*(x) = -T(x) + x^n T(x) \,.$$

Entsprechend den Überlegungen zur Schlüsselgleichung (Definition 3.11) muß gelten:

$$\operatorname{grad} T(x) \le e - 1, \ \operatorname{grad} C(x) = e \,.$$

Der Euklidische Algorithmus kann nun auf zwei Arten zur Lösung dieser Gleichung benutzt werden.

Euklidischer Algorithmus I (EAI):

$$\text{Initialisierung:} \quad r_0(x) = a(x) = S(x), \ r_{-1}(x) = b(x) = x^{d-1}, \ d \text{ ungerade}$$

$$\text{Abbruch:} \quad \operatorname{grad}(r_t) < \frac{d-1}{2} \text{ und } \operatorname{grad}(r_{t-1}) \ge \frac{d-1}{2}$$

$$\text{Ergebnis:} \quad -T^{\mathrm{I}}(x) = r_t(x), \ C(x) = w_t(x) \,.$$

Es gilt die Beziehung:

$$\overbrace{C(x) \cdot S(x)}^{\text{grad}=e+d-2} + \overbrace{C(x) \cdot F^*(x)}^{\text{Koeff.}\ge d-1} = -T(x) + x^n T(x) \,.$$

Die Differenz $C(x) \cdot F^*(x) - x^n T(x)$ hat Koeffizienten gleich 0 an den Stellen $0, 1, \ldots, d-2$, d. h. man kann sie darstellen als irgendein Polynom $(\ldots)$ mal x^{d-1}, da das Polynom nicht interessiert.

Wenden wir nun den Euklidischen Algorithmus an, um den ggT von x^{d-1} und $S(x)$ zu bestimmen, so können wir jeden Rest $r_t(x)$ darstellen als:

$$r_t(x) = v_t(x) x^{d-1} + w_t(x) \cdot S(x) \,.$$

Damit können wir schreiben:

$$\begin{aligned}
-T^{\mathrm{I}}(x) &= (\ldots) x^{d-1} &+& \quad C(x) \cdot S(x) \\
r_t(x) &= v_t(x) x^{d-1} &+& \quad w_t(x) \cdot S(x) \,,
\end{aligned}$$

wobei sich jeweils $(\ldots)$ und $v_t(x)$, $-T^{\mathrm{I}}(x)$ und $r_t(x)$ sowie $C(x)$ und $w_t(x)$ entsprechen. Sobald also $\operatorname{grad} r_t(x) < \frac{d-1}{2}$ ist, entspricht $r_t(x)$ gleich $-T^{\mathrm{I}}(x)$ und $C(x)$ gleich $w_t(x)$.

Unter der Annahme, daß weniger als $\lfloor \frac{d-1}{2} \rfloor$ Fehler aufgetreten sind, löst der Euklidische Algorithmus das Gleichungssystem 3.14 und berechnet das Fehlerstellenpolynom $C(x)$. Entsprechend Eigenschaft 5 ist die Lösung eindeutig.

Euklidischer Algorithmus II (EAII):

$$\begin{aligned}
\text{Voraussetzung:} \quad & \text{RS-Code mit } \tilde{a}(x),\ \text{grad}(\tilde{A}) < k,\ u(x) \text{ empfangen} \\
\text{Initialisierung:} \quad & r_0(x) = a(x) = U_{n-1}x^{n-1} + U_{n-2}x^{n-2} + \ldots, \\
& r_{-1}(x) = b(x) = x^n - 1 \\
\text{Abbruch:} \quad & \text{grad}(r_t) < n - \frac{d-1}{2} \text{ und } \text{grad}(r_{t-1}) \geq n - \frac{d-1}{2} \\
\text{Ergebnis:} \quad & -T^{\text{II}}(x) = v_t(x),\ C(x) = w_t(x)\ .
\end{aligned}$$

$F(x)$ hat Nullstellen an den Nicht-Fehlerstellen j, $C(x)$ hat Nullstellen an den Fehlerstellen i, und $x^n - 1$ hat Nullstellen an allen Stellen l. Das Produkt $\prod(\alpha^j - x)$ über alle Nicht-Fehlerstellen j ist der ggT von $F(x)$ und $x^n - 1$. Gleichzeitig kann man dieses Produkt aber auch darstellen als das Produkt $\prod(\alpha^l - x)$ über alle Stellen l dividiert durch das Produkt $\prod(\alpha^i - x)$ über alle Fehlerstellen i. Dies entspricht $x^n - 1$ dividiert durch $C(x)$.

Damit gilt:

$$\text{ggT}(F(x), x^n - 1) = \frac{x^n - 1}{C(x)}\ ,$$

oder anders ausgedrückt:

$$\begin{aligned}
(\sim) \quad &= \quad -T^{\text{II}}(x)(x^n - 1) \quad + \quad C(x) \cdot S(x)x^{n-d+1} \\
r_t(x) \quad &= \quad v_t(x)(x^n - 1) \quad + \quad w_t(x) \cdot S(x)x^{n-d+1}\ .
\end{aligned}$$

Es entsprechen sich jeweils $(\sim)$ und $r_t(x)$, $-T^{\text{II}}(x)$ und $v_t(x)$ sowie $C(x)$ und $w_t(x)$. Von $F(x)$ wird nur der bekannte Teil $S_{d-2} = F_{n-1} = U_{n-1}$, $S_{d-3} = F_{n-2} = U_{n-2}, \ldots$ benötigt und $u(x)$ empfangen.

Auch hier gilt, entsprechend dem EAI, daß wegen Eigenschaft 5 die gefundene Lösung eindeutig ist und damit $w_t(x)$ dem Fehlerstellenpolynom entspricht.

Beispiel 3.7 (Euklidischer Algorithmus) Wir wollen wieder das Syndrom $S(x) = 3x^3 + 3x^2 + 5x + 5$ von Beispiel 3.5 benutzen, um $C(x)$ mit dem EAI zu berechnen, bzw. $U(x) = 3x^5 + 3x^4 + 5x^3 + 5x^2 + \sim$ für den EAII.

Zunächst die Berechnung mit dem EAI:

$$a(x) = 3x^3 + 3x^2 + 5x + 5, \qquad b(x) = x^{d-1} = x^4$$

$$\begin{array}{llll}
b : a = & x^4 & : 3x^3 + 3x^2 + 5x + 5 = 5x + 2 \\
& \underline{-(x^4 + x^3 + 4x^2 + 4x)} & \\
& 6x^3 + 3x^2 + 3x & \\
& \underline{-(6x^3 + 6x^2 + 3x + 3)} & \\
& 4x^2 + 4 &
\end{array}$$

$$b = q_1 \cdot a + r_1, \qquad q_1 = 5x + 2, \qquad r_1 = 4x^2 + 4$$

$$
\begin{array}{l}
a : r_1 = \quad\;\; 3x^3 \;+\; 3x^2 \;+\; 5x \;\;+\; 5 \;\; : 4x^2 + 4 = 6x + 6 \\
\quad\quad\quad \underline{-\;(3x^3 \qquad\qquad +\; 3x)} \\
\quad\quad\quad\qquad\quad\;\; 3x^2 \;+\; 2x \;\;+\; 5 \\
\quad\quad\quad\qquad\quad \underline{-\;(3x^2 \qquad\quad +\; 3)} \\
\quad\quad\quad\qquad\qquad\quad\;\; 2x \;\;+\; 2
\end{array}
$$

$$a = q_2 \cdot r_1 + r_2, \qquad q_2 = 6x + 6, \qquad r_2 = 2x + 2 \ .$$

Abbruch, da $r_2(x) = 2x + 2$ vom Grad < 2 ist. Damit gilt:

$$-T^{\mathrm{I}}(x) = r_2(x) = 2x + 2, \; T^{\mathrm{I}}(x) = 5x + 5 \ .$$

Berechnung von $C^{\mathrm{I}}(x) = w_2(x)$:

$$
\begin{array}{rclclcl}
w_{-1} &=& 0 \\
w_0 &=& 1 \\
w_1 &=& w_{-1} - q_1 w_0 &=& -(5x + 2) \cdot 1 &=& 2x + 5 \\
w_2 &=& w_0 - q_2 w_1 &=& 1 - (6x + 6)(2x + 5) \\
&=& 1 - (5x^2 + 2) &=& 2x^2 + 6 &=& C^{\mathrm{I}}(x)
\end{array}
$$

$C^{\mathrm{I}}(x)$ ist also $6 \cdot C(x)$, mit $C(x)$ aus Beispiel 3.6, besitzt aber dieselben Nullstellen, d. h. die Stellen 2 und 4 sind Fehlerstellen. Sind $< \frac{d-1}{2}$ Fehler aufgetreten, so gilt allgemein, falls $C(x)$ mit dem BMA berechnet wurde:

$$C^{\mathrm{I}}(x) = const \cdot C(x) \ .$$

Berechnung mit dem EAII:

$$a(x) = 3x^5 + 3x^4 + 5x^3 + 5x^2 + \sim, \qquad b(x) = x^6 - 1$$

$$
\begin{array}{l}
b : a = \quad\;\; x^6 \;-\; \quad 1 \qquad\qquad\qquad : 3x^5 + 3x^4 + 5x^3 + 5x^2 + \sim = 5x + 2 \\
\quad\quad \underline{-\;(x^6 \;+\; \quad x^5 \;+\; 4x^4 \;+\; 4x^3 \;+\; 5x\cdot \sim)} \\
\quad\quad\qquad\quad 6x^5 \;+\; 3x^4 \;+\; 3x^3 \;+\; \sim \\
\quad\quad\qquad \underline{-\;(6x^5 \;+\; 6x^4 \;+\; 3x^3 \;+\; 3x^2 \qquad +\; 2\cdot \sim)} \\
\quad\quad\qquad\qquad\quad 4x^4 \qquad\qquad +\; \sim
\end{array}
$$

$$b = q_1 \cdot a + r_1, \qquad q_1 = 5x + 2, \qquad r_1 = 4x^4 + \sim$$

$$
\begin{array}{l}
a : r_1 = \quad\;\; 3x^5 \;+\; 3x^4 \;+\; 5x^3 \qquad +\; 5x^2 \quad +\; \sim \; : 4x^4 + \sim = 6x + 6 \\
\quad\quad\quad \underline{-\;(3x^5 \qquad\qquad +\; 6x\cdot \sim)} \\
\quad\quad\quad\qquad\quad\; 3x^4 \;+\; \sim \\
\quad\quad\quad\qquad \underline{-\;(3x^4 \qquad\qquad\quad +\; 6\cdot \sim)} \\
\quad\quad\quad\qquad\qquad\qquad \sim
\end{array}
$$

$$a = q_2 \cdot r_1 + r_2, \qquad q_2 = 6x + 6, \qquad r_2 = \sim \ .$$

Abbruch, da $r_2(x) = \sim$ **vom Grad** $< n - \frac{d-1}{2} = 6 - 2 = 4$; $C^{\mathrm{II}}(x) = 2x^2 + 6$, **da** q_1 **und** q_2 **wie beim EAI. Berechnung von** $T^{\mathrm{II}}(x)$:

$$
\begin{aligned}
v_{-1} &= 1 \\
v_0 &= 0 \\
v_1 &= v_{-1} - q_1 v_0 &&= 1 \\
v_2 &= v_0 - q_2 v_1 &&= -(6x+6)\cdot 1 &&= x+1 \ .
\end{aligned}
$$

Damit ist

$$
T^{\mathrm{II}}(x) = 6x + 6 \ .
$$

                ◇

3.2.4 Fehlerwertberechnung

Wir haben nun verschiedene Methoden kennengelert, um die Schlüsselgleichung

$$
C(x) \cdot S(x) = -T(x) \quad \mathrm{mod}\ x^{2t}, \quad t = \left\lfloor \frac{d-1}{2} \right\rfloor \ ,
$$

zu lösen. Dabei wurden die Koeffizienten $S_0, S_1, \ldots, S_{2t-1}$ zu den Stellen gewählt, die bei dem transformierten empfangenen Wort nur vom Fehler abhängen, d. h. die Stellen

$$
A_i = A_{i+1} = \cdots = A_{i+2t-1} = 0 \ \text{für alle}\ A(x) \bullet\!\!-\!\!\circ a(x) \in \mathcal{C}
$$

(vergleiche Abschnitt 3.1.5). Sei $f(x) \circ\!\!-\!\!\bullet F(x)$ der aufgetretene Fehler, so ist das Syndrom

$$
S(x) = S_0 + S_1 x + \cdots + S_{2t-1}x^{2t-1}, \ S_0 = F_i,\ S_1 = F_{i+1}, \ldots, S_{2t-1} = F_{i+2t-1} \ .
$$

Eine Ausnahme stellt nur die Berechnung von $C(x)$ mit dem Euklidischen Algorithmus II dar.

Wir kennen mit $C(x)$ die Fehlerstellen und damit im binären Fall auch den Fehlerwert, nämlich $C(\alpha^i) = 0 \Longrightarrow f_i = 1$. Im Falle eines nicht binären Codes müssen wir noch den Wert von $f_i \neq 0$ berechnen. Dies ist auf zwei verschiedene Arten möglich. Die erste Möglichkeit ist, $F(x)$ vollständig zu berechnen und dann die Fehlerwerte durch

$$
f_i = F(\alpha^i)
$$

zu bestimmen. Hierzu muß $F(x)$ aus der Beziehung

$$
C(x) \cdot F(x) = 0 \quad \mathrm{mod}\ (x^n - 1)
$$

rekursiv bestimmt werden. $C(x) \cdot F(x) = 0 \ \mathrm{mod}\ (x^n - 1)$ entspricht dem Gleichungssystem

$$
0 = \sum_{j=0}^{e} C_j \cdot F_{n-j+l}, \qquad l = 0, 1, \ldots, n-1 \ ,
$$

wobei $C(x) = C_0 + C_1 x + \cdots + C_e x^e$ und $S(x) = F_i + F_{i+1} x + \cdots + F_{i+2t-1} x^{2t-1}$ bekannt sind. Die restlichen Koeffizienten von $F(x)$ lassen sich dann rekursiv berechnen durch:

$$F_{2t+i+l} = -\frac{1}{C_0} \sum_{j=1}^{e} C_j \cdot F_{2t+i-j+l} \text{ für } l = 0, 1, \ldots, n-1-2t \ .$$

Nun ist $F(x)$ bekannt, und die Fehlerwerte f_i an den Fehlerstellen $C(\alpha^i) = 0$ können durch $f_i = F(\alpha^i)$ berechnet werden.

Die zweite Möglichkeit ist weit weniger aufwendig und wird als Forney-Algorithmus bezeichnet. Zur Herleitung definieren wir erst ein um l Stellen zyklisch verschobenes $F(x)$ zu:

$$F^{(l)}(x) = x^l \cdot F(x) \mod (x^n - 1)$$

derart, daß gilt:

$$F_0^{(l)} = S_0, F_1^{(l)} = S_1, \ldots, F_{2t-1}^{(l)} = S_{2t-1} \ .$$

Es ist nach wie vor die Beziehung

$$C(x) \cdot F^{(l)}(x) = 0 \mod (x^n - 1)$$

gültig, die wir anders formulieren wollen:

$$\begin{aligned} C(x) \cdot F^{(l)}(x) &= T^{(l)}(x) \cdot (x^n - 1) \\ &= -T^{(l)}(x) + x^n \cdot T^{(l)}(x) \end{aligned}$$

mit

$$\operatorname{grad} T^{(l)}(x) \le e - 1, \ \operatorname{grad} C(x) = e \ .$$

Damit gilt aber:

$$\begin{aligned} T_0^{(l)} &= -C_0 \cdot F_0^{(l)} &&= -C_0 \cdot S_0 \\ T_1^{(l)} &= -C_0 \cdot F_1^{(l)} - C_1 \cdot F_0^{(l)} &&= -C_0 \cdot S_1 - C_1 \cdot S_0 \\ T_2^{(l)} &= -C_0 \cdot S_2 - C_1 \cdot S_1 - C_2 \cdot S_0 \\ &\ \ \vdots \\ T_{e-1}^{(l)} &= -C_0 \cdot S_{e-1} - C_1 \cdot S_{e-2} - \ldots - C_{e-1} \cdot S_0 \ . \end{aligned}$$

$T^{(l)}(x)$ wird Fehlerwertpolynom genannt und ist durch Multiplikation vom Fehlerstellenpolynom $C(x)$ mit dem Syndrom $S(x)$ berechenbar. Wir berechnen nun f_i durch:

$$f_i = F(\alpha^i) = x^{-l} F^{(l)}(x) \Big|_{x=\alpha^i} = x^{-l} \cdot \frac{T^{(l)}(x)(x^n - 1)}{C(x)} \Big|_{x=\alpha^i} .$$

Mit $C(\alpha^i) = 0$ für Fehlerstellen und $x^n - 1 = 0$ für alle Elemente des Galois-Feldes folgt:

$$\frac{T^{(l)}(x)(x^n - 1)}{C(x)} \Bigg|_{x=\alpha^i} = \frac{\text{„0"}}{\text{„0"}}.$$

Nach der Regel von L'Hospital kann der Wert durch Ableiten von Zähler und Nenner bestimmt werden:

$$\begin{aligned}
(T^{(l)}(x) \cdot (x^n - 1))' &= T^{(l)\prime}(x)(x^n - 1) + T^{(l)}(x) \cdot n \cdot x^{n-1} \\
&= T^{(l)}(x) \cdot n \cdot x^{-1}, \ \forall \ \alpha^i \in GF(p).
\end{aligned}$$

Damit erhalten wir die Berechnungsvorschrift der Fehlerwerte f_i.

Fehlerwertberechnung:

$$f_i = x^{-l} \cdot n \cdot x^{-1} \frac{T^{(l)}(x)}{C'(x)} \Bigg|_{x=\alpha^i}.$$

Dabei ist l definiert durch:

$$l : \qquad F_0^{(l)} = S_0, F_1^{(l)} = S_1, \dots, F_{2t-1}^{(l)} = S_{2t-1},$$

also

$$F^{(l)}(x) = x^l \cdot F(x) \mod (x^n - 1) ,$$

und $T^{(l)}(x)$ ist definiert durch:

$$T_j^{(l)} = -\sum_{i=0}^{j} S_{j-i} \cdot C_i, \ j = 0, 1, \dots, e - 1, \quad \text{mit} \ \mathrm{grad}\, C(x) = e .$$

Bemerkungen:

- Beim EAII ist zur Fehlerwertberechnung $l = 0$ zu setzen und für das Fehlerwertpolynom gilt: $T^{(0)}(x) = T^{II}(x)$.

- Stellen die Zeichen $A_i, A_{i+1}, \dots, A_{i+k-1}$ die Informationszeichen der Codewörter $a(x) \circ\!\!-\!\!\bullet A(x)$ dar (Codiermethode 1 aus Abschnitt 3.1.4), so muß $F(x)$ vollständig bestimmt werden. Da $A(x) = R(x) - F(x)$ ist, muß auch $r(x) \circ\!\!-\!\!\bullet R(x)$, $r(x)$ empfangen, berechnet werden.

- Werden Erweiterungskörper $GF(2^m)$ verwendet, so ergibt sich $n = 2^m - 1$ und $n^{-1} = 1$. Eine weitere Vereinfachung ist, daß bei der Ableitung eines Polynoms mit Koeffizienten aus $GF(2^m)$ der Teil des Polynoms mit geraden Exponenten wegfällt und in dem Teil mit ungeraden Exponenten i einfach die Exponenten zu $i-1$ gesetzt werden (0 gerade). Beispielsweise mit α als primitives Element von $GF(2^m)$:

$$\begin{aligned}
C(x) &= \alpha^{i_0} + \alpha^{i_1}x + \alpha^{i_2}x^2 + \alpha^{i_3}x^3 \\
C'(x) &= \alpha^{i_1} + \alpha^{i_3}x^2 \ .
\end{aligned}$$

Beispiel 3.8 (Fehlerwertberechnung) Wir wollen nun die Fehlerwertberechnung zu dem empfangenen Wort von Beispiel 3.5 durchführen. Wir hatten aus dem Syndrom $S(x) = 5+5x+3x^2+3x^3$ mit $S_0 = F_2, \ldots, S_3 = F_5$ in Beispiel 3.7 mit dem BMA das Fehlerstellenpolynom $C(x) = 5x^2+1$ und in Beispiel 3.6 mit dem euklidischen Algorithmen EAI und EAII $C^{\mathrm{I}}(x) = C^{\mathrm{II}}(x) = 2x^2 + 6$ berechnet. Bei der Berechnung von $C(x)$ mit dem BMA müssen wir das Fehlerwertpolynom $T^{(-2)}(x)$ noch berechnen. Mit EAI hatten wir $T^{\mathrm{I}}(x) = 5x + 5$ und $T^{\mathrm{II}}(x) = 6x + 6$ berechnet. Es gilt:

$$\left.\begin{aligned}
T_0^{(-2)} &= -C_0 S_0 &= 2 \\
T_1^{(-2)} &= -C_0 S_1 - C_1 S_0 &= 2
\end{aligned}\right\} \implies T^{(-2)}(x) = 2x + 2 \ .$$

Wir wollen nun die Fehlerwerte f_1 und f_4 für die drei Fälle berechnen:

BMA: $\qquad C'(x) = 3x \qquad T^{(-2)}(x) = 2x + 2$

$$f_{1,4} = x^{2-1} \cdot n \cdot \left. \frac{T^{(-2)}(x)}{C'(x)} \right|_{\substack{x=5=\alpha^1 \\ x=2=\alpha^4}} = \begin{cases} 5 \cdot 6 \cdot \frac{5}{1} &= 3 \\ 2 \cdot 6 \cdot \frac{6}{6} &= 5 \end{cases}$$

EAI: $\qquad C^{\mathrm{I}'}(x) = 4x \qquad T^{\mathrm{I}(-2)}(x) = 5x + 5$

$$f_{1,4} = x \cdot n \cdot \left. \frac{T^{\mathrm{I}(-2)}(x)}{C'(x)} \right|_{\substack{x=5 \\ x=2}} = \begin{cases} 5 \cdot 6 \cdot \frac{2}{6} &= 3 \\ 2 \cdot 6 \cdot \frac{1}{1} &= 5 \end{cases}$$

EAII: $\qquad C^{\mathrm{II}'}(x) = 4x \qquad T^{\mathrm{II}}(x) = 6x + 6$

$$f_{1,4} = x^{-1} \cdot n \cdot \left. \frac{T^{\mathrm{II}}(x)}{C^{\mathrm{II}'}(x)} \right|_{\substack{x=5 \\ x=2}} = \begin{cases} \frac{1}{5} \cdot 6 \cdot \frac{1}{6} &= 3 \\ \frac{1}{2} \cdot 6 \cdot \frac{4}{1} &= 5 \ . \end{cases}$$

$\diamond$

3.2.5 Äquivalenz von Euklidischem und Berlekamp-Massey-Algorithmus

Wir zeigen entsprechend [Dorn87] und [Sor95], daß beide Algorithmen ineinander überführt werden können. Zunächst betrachten wir nochmals das Gleichungssystem 3.14 und interpretieren es invertiert, d. h. wir berechnen

$$x^e \cdot w_i\left(\frac{1}{x}\right) \cdot x^{d-2} \cdot r_0\left(\frac{1}{x}\right) + x^{e-1} \cdot v_i\left(\frac{1}{x}\right) \cdot x^{d-1} \cdot r_{-1}\left(\frac{1}{x}\right) \ ,$$

wobei die Invertierung folgendes bedeutet:

$$\begin{aligned}
w_i(x) &= w_0 + w_1 \cdot x + w_2 \cdot x^2 + \cdots + w_e \cdot x^e \\
x^e \cdot w_i(\tfrac{1}{x}) &= w_e + w_{e-1} \cdot x + w_{e-2} \cdot x^2 + \cdots + w_0 \cdot x^e \ .
\end{aligned}$$

Damit erhalten wir das Gleichungssystem:

$$
\begin{array}{rl}
d+e-2: & w_0 S_0 \\
d+e-3: & w_0 S_1 \qquad + w_1 S_0 \\
& \vdots \\
d-2e-2: & w_0 S_{d-e-2} + w_1 S_{d-e-1} + \cdots \qquad + w_e S_{d-2e-2} \\
d-2e-1: & w_0 S_{d-e-1} + w_1 S_{d-e-2} + \cdots \qquad + w_e S_{d-2e-1} = 0 \\
d-2e: & w_0 S_{d-e} \ + w_1 S_{d-e-1} + \cdots \qquad + w_e S_{d-2e} = 0 \\
& \vdots \\
e: & w_0 S_{d-2} \ + w_1 S_{d-3} \ + \cdots \qquad + w_e S_{d-e-2} = 0 \\
e-1: & v_0 \qquad + w_1 S_{d-2} \ + \cdots \qquad + w_e S_{d-e-1} = 0 \\
e-2: & v_1 \qquad + w_2 S_{d-2} \ + \cdots \qquad + w_e S_{d-e} = 0 \\
e-3: & v_2 \qquad + w_3 S_{d-2} \ + \cdots \qquad + w_e S_{d-e+1} = 0 \\
& \vdots \\
2: & v_{e-3} \qquad + w_{e-2} S_{d-2} + w_{e-1} S_{d-3} + w_e S_{d-4} = 0 \\
1: & v_{e-2} \qquad + w_{e-1} S_{d-2} + w_e S_{d-3} = 0 \\
0: & v_{e-1} \qquad + w_e S_{d-2} = 0.
\end{array}
\tag{3.16}
$$

Die Gleichungen der Zeilen 0 bis $d - 2e - 1$ können wie folgt interpretiert werden:

$$
x^e \cdot w_i\left(\frac{1}{x}\right) \cdot x^{d-2} \cdot S\left(\frac{1}{x}\right) = x^{e-1} \cdot v_i\left(\frac{1}{x}\right) \qquad \mathrm{mod}\ x^{2e+1}\ .
$$

Wendet man den BMA auf das invertierte Syndrom an, so sind die Zwischenergebnisse entsprechend die invertierten Polynome $w_i(x)$ und $v_i(x)$ des Euklidischen Algorithmus.

Bei der Abbruchbedingung ist $\operatorname{grad} r_i(x) < (d-1)/2$, d. h. $d - e - 2 < (d-1)/2$.

3.2.6 Auslöschungskorrektur

Stellen wir uns vor, daß wir von irgendeiner Instanz die Information bekommen, daß bestimmte Stellen des Codeworts falsch sind bzw. wir bekommen überhaupt keinen Wert für diese Stellen. Solche Stellen wollen wir als Auslöschung bezeichnen. Die Existenz von Auslöschungen wird in Kapitel 7 einsichtig werden.

Bei RS-Codes können Auslöschungen korrigiert werden, da man die fehlerhaften Stellen kennt und *nur* noch die Fehlerwerte berechnen muß. Die Auslöschungskorrektur kann folgendermaßen in das algebraische Decodierverfahren integriert werden:

Wir nehmen an, einige Stellen unseres empfangenen Vektors $r(x)$ seien Auslöschungen ($\otimes$). Um dies mathematisch korrekt beschreiben zu können, müssen wir zunächst die Multiplikation und die Addition von Galois-Feldelementen $\alpha^i \in GF(p)$ mit Auslöschungen definieren:

$$
\begin{aligned}
\alpha^i + \otimes &= \otimes \\
\alpha^i \cdot \otimes &= \begin{cases} 0 & \text{falls}\quad \alpha^i = 0 \\ \otimes & \text{falls}\quad \alpha^i \neq 0\ . \end{cases}
\end{aligned}
$$

Damit können wir unseren empfangenen Vektor $r(x)$ darstellen als

$$r(x) = a(x) + v(x) + f(x) \; ,$$

mit $a(x) \in \mathcal{C}$, $f(x)$ der Fehler und $v(x)$ die Auslöschungen, d. h. $v_i \in \{0, \otimes\}$. Wir definieren uns ein Polynom $b(x)$, dessen Koeffizienten b_i genau an den ausgelöschten Stellen gleich 0 sind und sonst beliebig (selbe Definition wie beim Fehlerstellenpolynom $c(x)$):

$$b(x) \circ\!\!-\!\!\bullet\; B(x) = \prod_{i:v_i=\otimes} (x - \alpha^i) \; .$$

Der Grad von $B(x)$ ist gleich der Anzahl der Auslöschungen. Damit gilt:

$$v_i = \otimes \;\Longrightarrow\; b_i = 0 \qquad \text{und} \qquad v_i = 0 \;\Longrightarrow\; b_i \neq 0 \; .$$

Multiplizieren wir die Koeffizienten von $r(x)$ mit denen von $b(x)$, so erhalten wir das Polynom $\tilde{r}(x)$ mit:

$$\tilde{r}_i = b_i \cdot r_i, \; i = 0, 1, \dots, n - 1 \; .$$

Die Koeffizienten von $\tilde{r}(x)$ sind alle aus dem Galois-Feld, und somit können wir die Transformation durchführen:

$$
\begin{array}{ccc}
\tilde{r}(x) & \circ\!\!-\!\!\bullet & \tilde{R}(x) \\
(a_i + f_i + v_i) \cdot b_i = (a_i + f_i) \cdot b_i & \circ\!\!-\!\!\bullet & (A(x) + F(x)) \cdot B(x) \; .
\end{array}
$$

Wir nehmen an, daß gilt: $\operatorname{grad} A(x) \leq n - d - 1$. Dann ist ersichtlich, daß bestimmte Koeffizienten des Syndroms $S(x)$ nicht mehr ausschließlich vom Fehler abhängen, sondern zusätzlich von dem Produkt $A(x) \cdot B(x)$. Da wir $A(x)$ nicht kennen, können wir die beeinflußten Syndromkoeffizienten nicht mehr zur Fehlerstellenberechnung verwenden. Dieser Sachverhalt ist in Bild 3.4 schematisch dargestellt. Quantitativ verkürzt jede ausgelöschte Stelle das Syndrom um einen Koeffizienten. Die Anzahl der Fehler e und der Auslöschungen t, die korrigiert werden können, ist bei gegebener Mindestdistanz d gleich:

$$2 \cdot e + t < d \; .$$

Mit dem verkürzten Syndrom kann nun mit dem Berlekamp-Massey-Algorithmus das Fehlerstellenpolynom $\tilde{C}(x)$ berechnet werden. Die Fehlerwertberechnung wird dann mit

$$C(x) = B(x) \cdot \tilde{C}(x)$$

durchgeführt. Das gesendete Codewort $a(x)$ berechnet sich dann zu:

$$a(x) = \tilde{r}(x) - f(x) - v(x).$$

Das bedeutet, daß man $\tilde{r}(x)$ explizit berechnen muß.

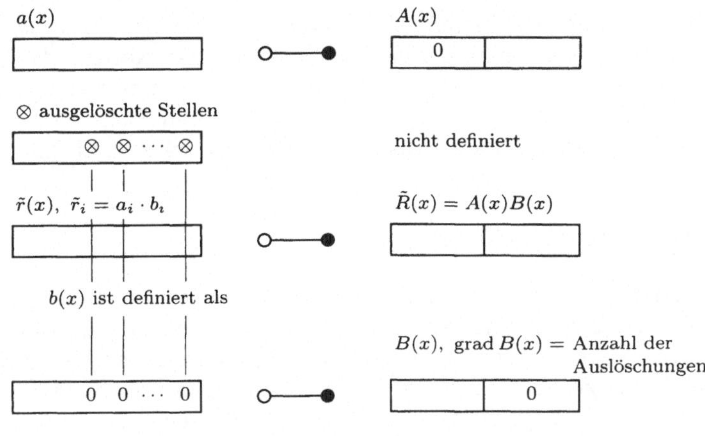

Bild 3.4: Auslöschungskorrektur.

Die oben beschriebene Methode ist zum Verständnis geeignet, um die Verhältnisse zwischen Fehlern und Auslöschungen darzustellen. Rechentechnisch ist die im folgenden beschriebene Vorgehensweise günstiger, bei der die ausgelöschten Stellen zu einem bestimmten, bekannten Wert gesetzt werden. Das bedeutet, man kennt die Fehlerstelle und muß *nur noch* das Galois-Feldelement berechnen, das man zu dem angenommenen Element addieren muß.

- Bestimme das Polynom $r^*(x)$ mit

$$r_i^* = \left\{ \begin{array}{ll} r_i & , \quad r_i \neq \otimes \\ 0 & , \quad r_i = \otimes \end{array} \right. ,$$

  d. h. die ausgelöschten Stellen in $r(x)$ werden zu Null (prinzipiell zu einem festen Galois-Feldelement) gesetzt.

- Berechne $C_\otimes(x)$ mit

$$C_\otimes(x) = \prod_{i:r_i=\otimes} (x - \alpha^i) \, .$$

- Berechne das Syndrom $S(x)$ als Teil von $R^*(x)$.

- Starte den Berlekamp-Massey-Algorithmus mit $C_\otimes(x)$.

Damit ist die Auslöschungskorrektur bei der algebraischen Decodierung beschrieben. Sie kann gegebenenfalls verwendet werden, um das Decodierergebnis zu verbessern. Speziell wird die Auslöschungskorrektur im Kapitel 9 benötigt, um verkettete Codes zu decodieren.

Selbstverständlich kann Auslöschungskorrektur auch bei den anderen Decodierverfahren, die wir in Kapitel 7 kennenlernen, eingesetzt werden. Dabei ist die Fragestellung immer: ein unbekanntes Zeichen an bekannter Stelle. Im binären Fall (etwa bei BCH-Codes) ist der Wert der ausgelöschten Stelle 0 oder 1. Hierzu wurde in [BZ95] untersucht, wann Auslöschungen im binären Fall Sinn machen.

3.3   Zusammenfassung

Die Klasse der RS-Codes wurden durch Reed und Solomon in [RS60] eingeführt. Ihre effiziente Decodierung mit dem BM-Algorithmus zur Lösung der Schlüsselgleichung wurde durch Massey in [Mas69] mit Schieberegistern beschrieben. Zu diesem Algorithmus gesellten sich weitere hinzu, etwa der Euklidische Algorithmus, der zuerst durch Sugiyama et al. in [SKHN75] angegeben wurde. Danach die Kettenbruchentwicklung (*continuous fractions*), welche äquivalent zum Euklidischen Algorithmus ist, siehe [WS79]. Später wurde die Äquivalenz der Algorithmen durch Dornstetter [Dorn87] gezeigt, und Sorger [Sor93] hat zusätzlich noch die Newton-Interpolation zur Lösung der Schlüsselgleichung definiert. Eine weitere Anwendung für den Euklidischen Algorithmus ist die Decodierung von Goppa-Codes in [Man77].

Wir haben in diesem Kapitel RS-Codes, ihre Generalisierung und ihre Erweiterung um eine oder zwei Stellen definiert. Zur Codierung haben wir 4 unterschiedliche Verfahren kennengelernt. Die algebraische Decodierung basiert auf der Idee ein Fehlerstellenpolynom zu definieren, das durch die Schlüsselgleichung berechnet werden kann. Dazu muß aus dem empfangenen Vektor das Syndrom durch Transformation berechnet werden. Aus diesem haben wir mit dem Euklidischen und dem BM-Algorithmus, die beide äquivalent sind, das Fehlerstellenpolynom $C(x)$ berechnet. Kennt man die Fehlerstellen, d. h. die Nullstellen von $C(x)$, so kann man die Fehlerwerte durch rekursive Berechnung von $F(x)$ und durch Rücktransformation berechnen. Effizienter ist jedoch, den Forney-Algorithmus zu benutzen, der eine direkte Berechnung der Fehlerwerte erlaubt. Wichtig dabei ist, zu beachten, an welchen Stellen im transformierten Bereich das Syndrom definiert ist.

Die Möglichkeiten der Decodierung wurden in Bild 3.1 zusammenfassend dargestellt. Falls jedoch die k Informationsstellen den k Koeffizienten von $A(x)$ •—○ $a(x)$ $\in \mathcal{C}$ entsprechen, so muß $R(x)$ berechnet werden und $A(x)$ ergibt sich als $A(x) = R(x) - F(x)$. Des weiteren haben wir noch die Auslöschungskorrektur beschrieben, die in späteren Kapiteln aufgegriffen werden wird.

Die Anwendungsbeispiele für RS-Codes sind vielfältig; einige davon sind:

Der Fehlerschutz der Musik-CDs [HTV82] basiert auf zwei RS-Codes, RS$(32, 28, 5)$ und RS$(28, 24, 5)$, die beide als verkürzte Codes aus dem $(255, 251, 5)$-RS-Code über $GF(2^8)$ konstruiert werden. Die serielle Anwendung von beiden Codes ergibt einen Gesamtcode der Rate $3/4$ ($\frac{28}{32} \cdot \frac{24}{28} = \frac{3}{4}$, siehe auch Kapitel 9). Dieser Code dient hauptsächlich dazu die Mängel bei Herstellung einer CD zu korrigieren, aber er korrigiert natürlich auch entstandene Kratzer auf der CD.

Der bekannte ESA/NASA-Standard zur Satelliten-Datenübertragung verwendet einen $(255, 223, 33)$-RS-Code [WHPH87].

Vor der Spezifikation des GSM-Mobilfunksystems gab es im Jahre 1985 einige Versuchssysteme und eines davon, CD 900, benutzte einen RS-Code der Länge 63 zur Fehlerkorrektur.

Im ETSI-Standard zu *Digital broadcasting systems for television, sound and data services* ist als einer von zwei Codes ein verkürzter RS-Code des $(255, 239, 17)$-Codes mit den Parametern $(204, 188, 17)$ vorgeschlagen, der 8 Symbolfehler korrigieren kann.

3.4 Übungsaufgaben

Aufgabe 3.1
Gegeben sei das Galois-Feld $GF(7)$ mit dem primitiven Element $\alpha = 5$.

a) Bestimmen Sie das Generatorpolynom $g(x)$ eines RS-Codes $\mathcal{C}$ der Länge $n = 6$, der einen Fehler korrigieren kann. Wählen Sie dabei die höchsten Koeffizienten im transformierten Bereich zu Null.

b) Bestimmen Sie das Prüfpolynom $h(x)$ mittels der Beziehung $h(x) \cdot g(x) = x^n - 1$.

c) Ist das Polynom $c(x) = 6 + 4x + 6x^2 + x^3$ ein Codewort von $\mathcal{C}$?

d) Entwerfen Sie die folgenden Codiererschaltungen für $\mathcal{C}$:

- Nichtsystematische Codierung durch Multiplikation mit dem Generatorpolynom.

- Systematische Codierung mit dem Generatorpolynom.

- Systematische Codierung mit dem Prüfpolynom.

Aufgabe 3.2
Geben Sie jeweils eine Schieberegisterschaltung an, die im Galois-Feld $GF(7)$:

a) ein Polynom mit $f(x) = 3 + x + 2x^2$ multipliziert,

b) modulo $f(x) = x^4 + 2x + 1$ rechnet.

Aufgabe 3.3
Gegeben sei das Galois-Feld $GF(7)$ mit dem primitiven Element $\alpha = 5$ und das Generatorpolynom $g(x) = x^2 + 5x + 6$ eines RS-Codes $\mathcal{C}$ der Länge $n = 6$. Sei $c(x) \in \mathcal{C}$ ein Codewort mit $c(x) = i(x) \cdot g(x)$. Ist $x^i \cdot c(x) \mod (x^n - 1)$, $i = 1, \ldots, 5$, ein Codewort?

Aufgabe 3.4
Gegeben sei ein RS-Code $\mathcal{C}$ der Länge $n = 6$ über dem Galois-Feld $GF(7)$. Das primitive Element sei $\alpha = 5$. Der Code kann zwei Fehler korrigieren.

a) Bestimmen Sie das Codewort $b \in \mathcal{C}$, $b \circ\!\!-\!\!\bullet B = (0, 0, 0, 0, 2, 5)$

- durch Rücktransformation,

- durch Anwendung des Faltungssatzes der DFT. Dabei sei bekannt: $A = (2, 5, 0, 0, 0, 0) \bullet\!\!-\!\!\circ a = (0, 6, 1, 4, 5, 3)$.

b) Das empfangene Wort $\mathbf{r}$ sei $\mathbf{r} = (3, 5, 3, 4, 3, 5)$.

Führen Sie die Decodierung durch, um das gesendete Codewort $\mathbf{c} \in \mathcal{C}$ zu ermitteln, unter der Annahme, daß $e \leq 2$ Fehler in $\mathbf{r}$ enthalten sind. Gehen Sie dabei nach folgendem Schema vor:

- Syndromberechnung

- Schlüsselgleichung

- Lösung der Schlüsselgleichung durch

    - Lineares Gleichungssystem
    - Berlekamp-Massey-Algorithmus
    - Euklidischen Algorithmus

- Fehlerstellenpolynom

- Fehlerstellenberechnung (Chien Search)

- Fehlerwertberechnung (Forney-Algorithmus)

Aufgabe 3.5

In dieser Aufgabe soll zunächst ein Erweiterungskörper $GF(2^4)$ gebildet werden, damit ein 3-fehlerkorrigierender RS-Code konstruiert werden und ein empfangenes Codewort mittels Berlekamp-Massey-Algorithmus decodiert werden kann.

a) Sei α eine Wurzel des primitiven Polynoms $x^4 + x^3 + 1$. Erstellen Sie eine Tabelle aller Potenzen von α (α^i, $i = 0, \ldots, n-1$; $n = 2^4 - 1$) in Komponentendarstellung (Logarithmentafel).

b) Berechnen Sie das Generatorpolynom $g(x)$, wobei gelten soll:

$$g(x) \circ\!\!-\!\!\bullet \sum_{i=0}^{8} G_i \cdot x^i \ .$$

c) Empfangen sei

$$r(x) = \alpha^6 + \alpha^2 \cdot x + \alpha^7 \cdot x^2 + \alpha^2 \cdot x^3 + \alpha^9 \cdot x^4 + \alpha^{12} \cdot x^5 + x^6 + \alpha^9 \cdot x^{11} \ .$$

Bestimmen Sie das gesendete Codewort $a(x)$ mittels algebraischer Decodierung; benutzen Sie zur Lösung der Schlüsselgleichung den Berlekamp-Massey-Algorithmus.

Aufgabe 3.6

Gegeben seien die Erweiterungskörper $GF(2^m)$. Damit werden zweifehlerkorrigierende RS-Codes der Länge $n = 2^m - 1$ konstruiert.

a) Wieviele binäre Informationsstellen enthält ein Codewort?

b) Wieviele binäre Fehler kann man korrigieren?

Aufgabe 3.7

a) Gegeben sei das Codewort $c(x) = \alpha^6 + \alpha^{11}x + \alpha^7 x^2 + \alpha^2 x^3 + x^4 + \alpha^{12}x^5 + x^6$ eines RS-Codes der Länge $n = 15$.

Bestimmen Sie das entsprechende Codewort des um eine Stelle erweiterten Codes.

b) Bestimmen Sie, ausgehend vom RS-Code der Länge $n = 15$, die Codeparameter und Generatorpolynome der um zwei Stellen erweiterten Codes.

Hinweis: Benutzen Sie die Logarithmentafel aus Aufgabe 3.5 für das Rechnen in $GF(2^4)$ bzw. Tabelle 3.2 für das Rechnen in $GF(2^8)$.

Tabelle 3.2: Logarithmentafel für $GF(2^8)$.

$GF(2^8)$, $\quad p(x) = x^8 + x^6 + x^5 + x^4 + 1$									
Exp.	Komp.	Exp.	Komp.	Exp.	Komp.	Exp.	Komp.	Exp.	Komp.
0	00000001	52	10011010	104	11101101	156	00101100	208	00001010
1	00000010	53	01000101	105	10101011	157	01011000	209	00010100
2	00000100	54	10001010	106	00100111	158	10110000	210	00101000
3	00001000	55	01100101	107	01001110	159	00010001	211	01010000
4	00010000	56	11001010	108	10011100	160	00100010	212	10100000
5	00100000	57	11100101	109	01001001	161	01000100	213	00110001
6	01000000	58	10111011	110	10010010	162	10001000	214	01100010
7	10000000	59	00000111	111	01010101	163	01100001	215	11000100
8	01110001	60	00001110	112	10101010	164	11000010	216	11111001
9	11100010	61	00011100	113	00100101	165	11110101	217	10000011
10	10110101	62	00111000	114	01001010	166	10011011	218	01110111
11	00011011	63	01110000	115	10010100	167	01000111	219	11101110
12	00110110	64	11100000	116	01011001	168	10001110	220	10101101
13	01101100	65	10110001	117	10110010	169	01101101	221	00101011
14	11011000	66	00010011	118	00010101	170	11011010	222	01010110
15	11000001	67	00100110	119	00101010	171	11000101	223	10101100
16	11110011	68	01001100	120	01010100	172	11111011	224	00101001
17	10010111	69	10011000	121	10101000	173	10000111	225	01010010
18	01011111	70	01000001	122	00100001	174	01111111	226	10100100
19	10111110	71	10000010	123	01000010	175	11111110	227	00111001
20	00001101	72	01110101	124	10000100	176	10001101	228	01110010
21	00011010	73	11101010	125	01111001	177	01101011	229	11100100
22	00110100	74	10100101	126	11110010	178	11010110	230	10111001
23	01101000	75	00111011	127	10010101	179	11011101	231	00000011
24	11010000	76	01110110	128	01011011	180	11001011	232	00000110
25	11010001	77	11101100	129	10110110	181	11100111	233	00001100
26	11010011	78	10101001	130	00011101	182	10111111	234	00011000
27	11010111	79	00100011	131	00111010	183	00001111	235	00110000
28	11011111	80	01000110	132	01110100	184	00011110	236	01100000
29	11001111	81	10001100	133	11101000	185	00111100	237	11000000
30	11101111	82	01101001	134	10100000	186	01111000	238	11110001
31	10101111	83	11010010	135	00110011	187	11110000	239	10010011
32	00101111	84	11010101	136	01100110	188	10010001	240	01010111
33	01011110	85	11011011	137	11001100	189	01010011	241	10101110
34	10111100	86	11000111	138	11101001	190	10100110	242	00101101
35	00001001	87	11111111	139	10100011	191	00111101	243	01011010
36	00010010	88	10001111	140	00110111	192	01111010	244	10110100
37	00100100	89	01101111	141	01101110	193	11110100	245	00011001
38	01001000	90	11011110	142	11011100	194	10011001	246	00110010
39	10010000	91	11001101	143	11001001	195	01000011	247	01100100
40	01010001	92	11101011	144	11100011	196	10000110	248	11001000
41	10100010	93	10100111	145	10110111	197	01111101	249	11100001
42	00110101	94	00111111	146	00011111	198	11111010	250	10110011
43	01101010	95	01111110	147	00111110	199	10000101	251	00010111
44	11010100	96	11111100	148	01111100	200	01111011	252	00101110
45	11011001	97	10001001	149	11111000	201	11110110	253	01011100
46	11000011	98	01100011	150	10000001	202	10011101	254	10111000
47	11110111	99	11000110	151	01110011	203	01001011		
48	10011111	100	11111101	152	11100110	204	10010110		
49	01001111	101	10001011	153	10111101	205	01011101		
50	10011110	102	01100111	154	00001011	206	10111010		
51	01001101	103	11001110	155	00010110	207	00000101		

4 BCH-Codes

Die binären BCH-Codes sind eine wichtige Klasse von zyklischen Codes. Im Vergleich zu RS-Codes sind Codes mit beliebigen Längen bei vorgegebenem Symbolalphabet konstruierbar. Wir werden zunächst die sogenannten primitiven BCH-Codes definieren und anschließend die nicht primitiven erläutern, zu denen auch der Golay-Code gehört. Außerdem werden wir die Erweiterung und die Verkürzung eines BCH-Codes erörtern, die prinzipiell für alle Codes benutzt werden kann. Die nicht-binären BCH-Codes werden beschrieben und der Zusammenhang mit RS-Codes angegeben. Wir werden auf die Decodierung von BCH-Codes eingehen und die Eigenschaften von BCH-Codes *sehr* großer Länge untersuchen.

4.1 Primitive BCH-Codes

Wir wollen im folgenden unterschiedliche Definitionen zur Konstruktion von primitiven BCH-Codes vorstellen.

4.1.1 Definition mit Kreisteilungsklassen

Zunächst wollen wir beweisen, daß ein Polynom, das als Wurzeln genau alle konjugiert komplexen Elemente eines Erweiterungskörpers hat, irreduzibel bezüglich des Grundkörpers ist und ausschließlich Koeffizienten aus dem Grundkörper besitzt.

Satz 4.1 (Irreduzible Polynome) *Sei K_i die Kreisteilungsklasse (Definition 2.26) bezüglich der Zahl $n = p^m - 1$ und α ein primitives Element von $GF(p^m)$, so gilt für das minimale Polynom $m_i(x)$:*

$$m_i(x) = \prod_{j \in K_i} \left(x - \alpha^j \right)$$

ist irreduzibel über $GF(p)$ und hat nur Koeffizienten aus $GF(p)$. $\big|$

Beweis: Zunächst bilden wir die p-te Potenz von m_i:

$$(m_i(x))^p = \prod_{j \in K_i} \left(x - \alpha^j \right)^p .$$

Dabei gilt:

$$(x - \alpha^l)^p = x^p - \binom{p}{1} \alpha^l x^{p-1} + \cdots - \cdots = x^p - \alpha^{pl} \,,$$

da $\binom{p}{i} = 0 \mod p$ ist.

Potenzieren wir α^i mit $p^l, l = 0, 1, 2, \ldots$, so durchlaufen wir die Elemente einer Kreisteilungsklasse, wie folgt:

$$\alpha^i \longrightarrow \alpha^{ip} \longrightarrow \alpha^{ip^2} \longrightarrow \cdots \longrightarrow \alpha^{ip^{m-1}} \longrightarrow \alpha^i \longrightarrow \alpha^{ip} \longrightarrow \cdots$$

Das bedeutet aber, es gilt auch:

$$\prod_{j \in K_i} (x - \alpha^j)^p = m_i(x^p).$$

Aus der Beziehung

$$(m_i(x))^p = m_i(x^p)$$

folgern wir, daß für die Koeffizienten des Polynoms $m_i(x)$ gelten muß:

$$(m_{ij})^p = m_{ij} \,,$$

was jedoch nur für $m_{ij} \in GF(p)$ erfüllbar ist. Da das Polynom $m_i(x)$ nur Linearfaktoren und damit Nullstellen aus $GF(p^m)$ besitzt und gemäß Konstruktion genau aus einer Kreisteilungsklasse entstanden ist, ist es auch irreduzibel. $\qquad\square$

Definition 4.2 (Primitiver BCH-Code) *Seien K_i die Kreisteilungsklassen der Zahl $n = 2^m - 1$ (Definition 2.26), sei α ein primitives Element von $GF(2^m)$ und sei $\mathcal{M}$ die Vereinigungsmenge von beliebig vielen Kreisteilungsklassen ($\mathcal{M} = K_{i_1} \cup K_{i_2} \ldots$). Ein primitiver BCH-Code hat die Länge $n = 2^m - 1$ und das Generatorpolynom*

$$g(x) := \prod_{i \in \mathcal{M}} (x - \alpha^i), \qquad g_i \in GF(2) \,.$$

Die geplante Mindestdistanz (designed distance) ist d, wenn $d - 1$ aufeinanderfolgende Zahlen in $\mathcal{M}$ existieren. Für die wirkliche Mindestdistanz δ gilt: $\delta \geq d$. Die Dimension ist: $k = n - |\mathcal{M}|$.

Das Generatorpolynom $g(x)$ hat gemäß Satz 4.1 nur binäre Koeffizienten. Damit die Suche nach $d - 1$ aufeinanderfolgenden Zahlen in $\mathcal{M}$ entfällt, werden wir zeigen, wie man durch geschicktes Anordnen der Kreisteilungsklassen die geplante Mindestdistanz direkt ablesen kann.

Satz 4.3 (Geplante Mindestdistanz) *Seien die Kreisteilungsklassen K_i sortiert, d. h.:*

$$K_{i_0}, K_{i_1}, \ldots, K_{i_s} \ mit \ i_0 = 0 < i_1 = 1 < i_2 < \cdots < i_s$$

(i_j ist die kleinste Zahl der Menge K_{i_j}), so ist die geplante Mindestdistanz $d = i_{s+1}$, wenn $\mathcal{M}$ die Vereinigungsmenge $\mathcal{M} = K_{i_1} \cup K_{i_2} \ldots \cup K_{i_s}$ ist, und $d = i_{s+1} + 1$ für $\mathcal{M}_0 = \mathcal{M} \cup K_0$.

Die Zahl i_{s+1} ist offensichtlich die kleinste Zahl, die noch nicht in $\mathcal{M}$ enthalten ist.

Beispiel 4.1 (Generatorpolynom eines BCH-Codes) Wir konstruieren einen zwei-fehlerkorrigierenden BCH-Code der Länge $n = 15 = 2^4 - 1$. Es können $\lfloor \frac{d-1}{2} \rfloor$ Fehler korrigiert werden, deshalb muß für die geplante Mindestdistanz d gelten: $d \geq 5$. Die Kreisteilungsklassen K_i haben wir in Beispiel 2.14 errechnet. Wählen wir $\mathcal{M} = K_1 \cup K_3$, so ist die geplante Mindestdistanz $d = 5$, da die Zahlen 1,2,3,4 enthalten sind:

$$\mathcal{M} = \{1, 2, 3, 4, 6, 8, 9, 12\} \ .$$

Die Dimension k ist somit:

$$k = 15 - |\mathcal{M}| = 15 - 8 = 7 \ .$$

Das Generatorpolynom $g(x)$ lautet:

$$
\begin{aligned}
g(x) &= \prod_{i \in \mathcal{M}} (x - \alpha^i) \\
&= (x - \alpha)(x - \alpha^2)(x - \alpha^3)(x - \alpha^4)(x - \alpha^6)(x - \alpha^8)(x - \alpha^9)(x - \alpha^{12}) \\
&= x^8 + g_7 x^7 + \cdots + g_1 x + g_0 \ .
\end{aligned}
$$

Zur Berechnung der Koeffizienten g_i von $g(x)$ wenden wir Satz 4.1 an. Damit besitzt ein Polynom $m_i(x)$ Koeffizienten aus $GF(2)$, wenn wir die konjugiert komplexen Wurzeln als Linearfaktoren benutzen; dies entspricht aber gerade den Elementen der Kreisteilungsklasse K_i. Mit dem primitiven Element α von Beispiel 2.12 berechnen wir zunächst $m_1(x)$:

$$
\begin{aligned}
m_1(x) &= (x - \alpha)(x - \alpha^2)(x - \alpha^4)(x - \alpha^8) \\
&= (x^2 - (\alpha + \alpha^2)x + \alpha \cdot \alpha^2) \cdot (x^2 - (\alpha^4 + \alpha^8)x + \alpha^4 \cdot \alpha^8) \\
&= x^4 - (\alpha + \alpha^2)x^3 + \alpha \cdot \alpha^2 \cdot x^2 - (\alpha^4 + \alpha^8)x^3 \\
&\quad + (\alpha + \alpha^2)(\alpha^4 + \alpha^8)x^2 - \alpha \cdot \alpha^2 \cdot (\alpha^4 + \alpha^8)x \\
&\quad + \alpha^4 \cdot \alpha^8 \cdot x^2 - (\alpha + \alpha^2) \cdot \alpha^4 \cdot \alpha^8 x + \alpha \alpha^2 \alpha^4 \alpha^8
\end{aligned}
$$

$$
\begin{aligned}
x^3: &\quad (\alpha + \alpha^2) + (\alpha^4 + \alpha^8) = \alpha^5 + \alpha^5 = 0 \\
x^2: &\quad \alpha \cdot \alpha^2 + (\alpha + \alpha^2)(\alpha^4 + \alpha^8) + \alpha^4 \cdot \alpha^8 = \alpha^3 + \alpha^5 \cdot \alpha^5 + \alpha^{12} = 0 \\
x : &\quad \alpha^3(\alpha^4 + \alpha^8) + \alpha^{12}(\alpha + \alpha^2) = \alpha^3 \cdot \alpha^5 + \alpha^{12} \cdot \alpha^5 \alpha^8 + \alpha^2 = 1 \\
x^0: &\quad \alpha \cdot \alpha^2 \cdot \alpha^4 \cdot \alpha^8 = \alpha^{15} = 1 \ .
\end{aligned}
$$

Das Polynom $m_1(x)$ ist also:

$$m_1(x) = x^4 + x + 1 \ .$$

Entsprechend:

$$m_3(x) = x^4 + x^3 + x^2 + x + 1 \ .$$

Das Generatorpolynom $g(x)$ lautet:

$$g(x) = m_1(x) \cdot m_3(x) = x^8 + x^7 + x^6 + x^4 + 1 \ . \qquad \diamond$$

4.1.2   Definition mit DFT

Die BCH-Codes können auch über die diskrete Fourier-Transformation (DFT), die
in Abschnitt 3.1.1 beschrieben ist, definiert werden.

Definition 4.4 (Primitiver BCH-Code mittels DFT) *Der primitive BCH-*
Code $\mathcal{C}$ der Länge $n = 2^m - 1$ und der geplanten Mindestdistanz d ist:

$$\mathcal{C} := \{a(x) \mid a(x) \circ\!\!-\!\!\bullet A(x),\ A_{n-1} = \cdots = A_{n-d+1} = 0,\ \forall_i:\ A_i^2 = A_{2i}\}$$

(vergleiche Definition 3.3 von RS-Codes). Die Bedingung $A_i^2 = A_{2i}$ garantiert
gemäß Satz 4.1 binäre Koeffizienten a_i. Die Dimension k kann durch Abzählen
der Möglichkeiten für die Wahl der Werte A_i ermittelt werden.

Die Koeffizienten A_i von $A(x)$ sind aus $GF(2^m)$ und die Koeffizienten von $a(x)$
sind aus $GF(2)$, d.h. $a_i \in GF(2)$. Dies gilt genau dann, wenn $A_i^2 = A_{2i}$ für alle i
ist. Dadurch findet ein Übergang von Symbolen aus $GF(2^m)$ nach Symbolen aus
$GF(2)$ statt. Man rechnet jedoch im $GF(2^m)$.

Beispiel 4.2 (BCH-Code durch DFT) Wir konstruieren denselben BCH-Code wie im
Beispiel 4.1.

$$\mathcal{A} = \boxed{\begin{array}{|c|c|c|c|c|c|c|c|c|c|c|c|c|c|c|} A_0 & A_1 & A_1^2 & 0 & A_1^4 & A_5 & 0 & 0 & A_1^8 & 0 & A_5^2 & 0 & 0 & 0 & 0 \end{array}}$$

$$\begin{array}{ccccccccccccccc} 0 & 1 & 2 & 3 & 4 & 5 & 6 & 7 & 8 & 9 & 10 & 11 & 12 & 13 & 14 \end{array}$$

Ein Koeffizient 0 an der Stelle 14 hat Koeffizienten 0 an den Stellen 13, 11 und 7 zur Folge,
ebenso wie ein Koeffizient 0 an der Stelle 12 zusätzlich Koeffizienten 0 an den Stellen 9, 6
und 3 nach sich zieht.

Es muß gelten $A_0 = A_0^2$; dies ist nur möglich für $A_0 \in GF(2)$. Für A_5 und A_{10} können wir
nur Elemente aus dem Unterkörper $GF(2^2)$ wählen (vergleiche Beispiel 2.13). Nur für A_1
hat man 16 Möglichkeiten. Damit errechnen wir die Dimension $k = \mathrm{ld}|\mathcal{C}|$ zu:

$$|\mathcal{C}| = \underset{\underset{A_0}{\uparrow}}{2} \cdot \underset{\underset{A_5}{\uparrow}}{4} \cdot \underset{\underset{A_1}{\uparrow}}{16} = 128,\ k = 7\ .$$

Das Generatorpolynom errechnet sich zu (DFT):

$$g(x) = (x - \alpha^{-3})(x - \alpha^{-6})(x - \alpha^{-7})(x - \alpha^{-9})(x - \alpha^{-11})(x - \alpha^{-12})\ \cdot$$
$$\cdot\ (x - \alpha^{-13})(x - \alpha^{-14})$$
$$= g(x)\ \text{(aus Beispiel 4.1)}\ .\hspace{4cm}\diamond$$

4.1.3   Eigenschaften von primitiven BCH-Codes

Wir können damit BCH-Codes der Länge $n = 2^m - 1$ konstruieren. Tabelle 4.1
zeigt die Parameter Dimension k und wirkliche Mindestdistanz δ für primitive
BCH-Codes mit den Längen $n = 7, 15, 31, 63, 127$ und 255.

Für die wirkliche Mindestdistanz gilt:

Tabelle 4.1: Parameter für primitive BCH-Codes.

n	k	δ	n	k	δ	n	k	δ	n	k	δ
7	4	3	127	120	3	255	247	3	255	91	51
15	11	3		113	5		239	5		87	53*
	7	5		106	7		231	7		79	55
	5	7		99	9		223	9		71	59*
31	26	3		92	11		215	11		63	61*
	21	5		85	13		207	13		55	63
	16	7		78	15		199	15		47	85
	11	11		71	19		191	17		45	87*
	6	15		64	21		187	19		37	91*
63	57	3		57	23		179	21*		29	95
	51	5		50	27		171	23		21	111
	45	7		43	31**		163	25*		13	119
	39	9		36	31		155	27		9	127
	36	11		29	43*		147	29*			
	30	13		22	47		139	31			
	24	15		15	55		131	37*			
	18	21		8	63		123	39*			
	16	23					115	43*			
	10	27					107	45*			
	7	31					99	47			

$^{**}\delta = d + 2$ * untere Schranke

Satz 4.5 (Wirkliche Mindestdistanz) *(ohne Beweis) Primitive BCH-Codes der Länge $n = 2^m - 1$ mit der geplanten Mindestdistanz $d = 2^h - 1$ haben die wirkliche Mindestdistanz $\delta = d$.*

Die zweifehlerkorrigierenden BCH-Codes zeichnen sich durch eine besondere Eigenschaft aus.

Definition 4.6 (Quasi-perfekter Code) *Ein l-fehlerkorrigierender Code ist quasi-perfekt, wenn aus jedem Vektor vom Gewicht $t \geq l + 1$ durch Addition eines Vektors vom Gewicht $t \leq l + 1$ ein Codewort gebildet werden kann.*

Anmerkung: Das bedeutet, ein quasi-perfekter l-fehlerkorrigierender Code besitzt keine „Cosetleader" mit Gewicht $t > l + 1$ (vergleiche Abschnitt 1.3).

Satz 4.7 (Quasi-perfekte BCH-Codes) *(ohne Beweis) Alle zweifehlerkorrigierenden primitiven BCH-Codes sind quasi-perfekt.*

Dies bedeutet, daß die Hamming-Schranke bei zweifehlerkorrigierenden primitiven BCH-Codes für „Kugeln" mit Radius 3 nicht mehr erfüllt ist. Man beachte, daß selbstverständlich auch für einen perfekten t-fehlerkorrigierenden Code die Hamming-Schranke für Radius $t + 1$ nicht mehr erfüllt ist.

Beispiel 4.3 (Quasi-perfekter BCH-Code) Für den Code von Beispiel 4.1 ergibt sich

die Hamming-Schranke zu:

$$2^7 \left(1 + \binom{15}{1} + \binom{15}{2}\right) \leq 2^{15}$$

$$1 + 15 + 15 \cdot 7 < 256 \ .$$

Aber:

$$2^7 \left(1 + \binom{15}{1} + \binom{15}{2} + \binom{15}{3}\right) > 2^{15}$$

$$1 + 15 + 15 \cdot 7 + 35 \cdot 13 > 256 \ . \qquad\qquad \diamond$$

4.1.4   Berechnung des Generatorpolynoms

Die Berechnung eines Generatorpolynoms kann aufgeteilt werden, indem man die zu den jeweiligen Kreisteilungsklassen K_i gehörigen irreduziblen Polynome $m_i(x)$ getrennt berechnet und damit dann das Generatorpolynom

$$g(x) = m_{i_1}(x) \cdot \ \cdots \ \cdot m_{i_s}(x)$$

bildet. In Tabelle 4.2[1] sind irreduzible Polynome aufgelistet (in Oktaldarstellung). Der mit Stern gekennzeichnete Eintrag in Tabelle 4.2 ist:

$$3 \qquad 1 \quad 2 \quad 7 \ .$$

Dies bedeutet: Die Kreisteilungsklasse K_3 bezüglich der Zahl $2^6 - 1 = 63$ besitzt das Polynom $m_3 \,\widehat{=}\, 127$ in Oktaldarstellung. Die Kreisteilungsklasse K_3 errechnet sich zu:

$$K_3 = \{3, 6, 12, 24, 48, 33\} \ .$$

und das zugehörige Polynom lautet:

$$
\begin{array}{ccccccccccc}
m_3(x) = \displaystyle\prod_{i \in K_3}(x - \alpha^i) & \widehat{=} & & 1 & & & 2 & & & 7 & \\
& \widehat{=} & 0 & 0 & 1 & 0 & 1 & 0 & 1 & 1 & 1 \\
& & & & \updownarrow & & \updownarrow & & \updownarrow & \updownarrow & \updownarrow \\
& = & & & x^6 + & & x^4 + & & x^2 & +x & +1
\end{array}
$$

Falls das zur Kreisteilungsklasse K_j gehörige Polynom $m_j(x)$ nicht in der Tabelle 4.2 aufgelistet ist, berechnet man aus

$$K_j = \{j \cdot 2^k \mod n, \ k = 0, \ldots m - 1\}$$

die Kreisteilungsklasse K_i mit

$$K_i = \{-j \cdot 2^k \mod n, \ k = 0, \ldots m - 1\}$$

---

[1] Die Tabelle ist ein Auszug aus der Tabelle in [PeWe, S. 476–492]

Tabelle 4.2: Irreduzible Polynome vom Grad ≤ 11.

Grad 2	1	7									
Grad 3	1	13									
Grad 4	1	23	3	37	5	07						
Grad 5	1	45	3	75	5	67						
Grad 6	1	103	* 3	127	5	147	7	111	9	015	11	155
	21	007										
Grad 7	1	211	3	217	5	235	7	367	9	277	11	325
	13	203	19	313	21	345						
Grad 8	1	435	3	567	5	763	7	551	9	675	11	747
	13	453	15	727	17	023	19	545	21	613	23	543
	25	433	27	477	37	537	43	703	45	471	51	037
	85	007										
Grad 9	1	1021	3	1131	5	1461	7	1231	9	1423	11	1055
	13	1167	15	1541	17	1333	19	1605	21	1027	23	1751
	25	1743	27	1617	29	1553	35	1401	37	1157	39	1715
	41	1563	43	1713	45	1175	51	1725	53	1225	55	1275
	73	0013	75	1773	77	1511	83	1425	85	1267		
Grad 10	1	2011	3	2017	5	2415	7	3771	9	2257	11	2065
	13	2157	15	2653	17	3515	19	2773	21	3753	23	2033
	25	2443	27	3573	29	2461	31	3043	33	0075	35	3023
	37	3543	39	2107	41	2745	43	2431	45	3061	47	3177
	49	3525	51	2547	53	2617	55	3453	57	3121	59	3417
	69	2701	71	3323	73	3507	75	2437	77	2413	83	3623
	85	2707	87	2311	89	2327	91	3265	93	3777	99	0067
	101	2055	103	3575	105	3607	107	3171	109	2047	147	2355
	149	3025	155	2251	165	0051	171	3315	173	3337	179	3211
	341	0007										
Grad 11	1	4005	3	4445	5	4215	7	4055	9	4015	11	7413
	13	4143	15	4563	17	4053	19	5023	21	5623	23	4757
	25	4577	27	6233	29	6673	31	7237	33	7335	35	4505
	37	5337	39	5263	41	5361	43	5171	45	6637	47	7173
	49	5711	51	5221	53	6307	55	6211	57	5747	59	4533
	61	4341	67	6711	69	6777	71	7715	73	6343	75	6227
	77	6263	79	5235	81	7431	83	6455	85	5247	87	5265
	89	5343	91	4767	93	5607	99	4603	101	6561	103	7107
	105	7041	107	4251	109	5675	111	4173	113	4707	115	7311
	117	5463	119	5755	137	6675	139	7655	141	5531	147	7243
	149	7621	151	7161	153	4731	155	4451	157	6557	163	7745
	165	7317	167	5205	169	4565	171	6765	173	7535	179	4653
	181	5411	183	5545	185	7565	199	6543	201	5613	203	6013
	205	7647	211	6507	213	6037	215	7363	217	7201	219	7273
	293	7723	299	4303	301	5007	307	7555	309	4261	331	6447
	333	5141	339	7461	341	5253						

und das Polynom $m_j(x)$ ergibt sich durch *Rückwärtslesen* von $m_i(x)$, d. h.

$$m_j(x) = x^{\operatorname{grad} m_i(x)} \cdot m_i\left(\frac{1}{x}\right) .$$

Beispiel 4.4 (Benutzung der Tabelle 4.2) Sei $n = 127 = 2^7 - 1$. Die Kreisteilungsklasse K_{15} ist:

$$K_{15} = \{15, 30, 60, 71, 99, 113, 120\} .$$

In Tabelle 4.2 ist m_{15} nicht enthalten. Wir berechnen $(\mathrm{mod}\,127)$: -15 = 112, -30 = 97, -60 = 67, -71 = 56, -99 = 28, -113 = 14, -120 = 7, d. h. dies entspricht der Kreisteilungsklasse

K_7. Aus der Tabelle 4.2 entnehmen wir:

$$m_7 \,\widehat{=}\, 367 \,\widehat{=}\, 011110111 = x^7 + x^6 + x^5 + x^4 + x^2 + x + 1 \ .$$

Rückwärtslesen:

$$m_{15} = x^7 + x^6 + x^5 + x^3 + x^2 + x + 1 \ .$$ ◇

4.2   Nicht-primitive BCH-Codes

Definition 4.8 (Nicht-primitiver BCH-Code) *Sei $\beta \in GF(2^m)$ ein Element der Ordnung $n < 2^m - 1$, seien K_i die Kreisteilungsklassen bzgl. n und sei $\mathcal{M}$ die Vereinigungsmenge von beliebig vielen Kreisteilungsklassen, so hat ein nicht-primitiver BCH-Code die Länge n und das Generatorpolynom*

$$g(x) := \prod_{i \in \mathcal{M}} (x - \beta^i) \ .$$

Die geplante Mindestdistanz ist d, falls $d - 1$ aufeinanderfolgende Zahlen in $\mathcal{M}$ existieren. Die wirkliche Mindestdistanz δ ist $\delta \geq d$.

Das meistbenutzte Beispiel für nicht-primitive BCH-Codes ist der perfekte Golay-Code $\mathcal{G}_{23}$.

Beispiel 4.5 (Golay-Code) Der Golay-Code $\mathcal{G}_{23}$ hat die Länge $n = 23$ und die Dimension $k = 12$. Wir benötigen ein Element der Ordnung 23. Gemäß Satz 2.23 muß gelten:

$$n \mid 2^m - 1 \ .$$

$23 \nmid 31$, $23 \nmid 63$, $23 \nmid 127$, $\ldots$, $23 \nmid 1023$, $23 \mid 2047$, $23 \cdot 89 = 2047$. D. h., das Element $\alpha^{89} \in GF(2^{11})$ hat die Ordnung 23. Bestimmen wir die Kreisteilungsklassen bzgl. 23, so erhalten wir:

$$K_1 = \{1, 2, 4, 8, 16, 9, 18, 13, 3, 6, 12\} \ .$$

Wir benötigen keine weitere Kreisteilungsklasse, da die Dimension $k = n - |K_1| = 23 - 11 = 12$ schon erreicht ist. Die geplante Mindestdistanz für $\mathcal{G}_{23}$ ist $d = 5$, da vier aufeinanderfolgende Zahlen in K_1 enthalten sind. Die wirkliche Mindestdistanz ist 7. Das Generatorpolynom $g(x)$ errechnet sich zu ($\beta = \alpha^{89} \in GF(2^{11})$):

$$g(x) = (x - \beta)(x - \beta^2)(x - \beta^3)(x - \beta^4)(x - \beta^6)(x - \beta^8)(x - \beta^9) \ \cdot$$
$$\cdot \, (x - \beta^{12})(x - \beta^{13})(x - \beta^{16})(x - \beta^{18}) \ .$$

Aus Tabelle 4.2 entnehmen wir $m_{89}(x) \,\widehat{=}\, 5343$:

$m_{89}(x)$	$\widehat{=}$		5			3			4			3	
	$\widehat{=}$	1	0	1	0	1	1	1	0	0	0	1	1
	$=$	$x^{11}+$		x^9+		x^7+	x^6+	x^5+				$x+$	1

Damit ist das Generatorpolynom von $\mathcal{G}_{23}$:

$$g(x) = x^{11} + x^9 + x^7 + x^6 + x^5 + x + 1 \ .$$ ◇

4.3 Verkürzte und erweiterte BCH-Codes

Verkürzte BCH-Codes

Definition 4.9 (Verkürzter BCH-Code) *Sei C ein BCH-Code der Länge n, der Dimension k, der geplanten Mindestdistanz d und dem Generatorpolynom $g(x)$ (Definitionen 4.2 und 4.4), also:*

$$C := \{i(x)g(x) \mid \operatorname{grad} i(x) < k\} \ .$$

Benutzt man nur Informationspolynome $i(x)$ mit $\operatorname{grad} i(x) < k^* < k$, so erhält man einen verkürzten BCH-Code C^* der Länge $n^* = n - (k - k^*)$, der Dimension k^* und der geplanten Mindestdistanz d.

Anders ausgedrückt bedeutet dies, wir benutzen nur eine Teilmenge des Codes, nämlich genau die Codewörter, die in den obersten $k - k^*$ Informationsstellen 0 sind. Das Verkürzen ist auch bei RS-Codes möglich. Eine weitere Methode, um einen Code zu verkürzen ist die Punktierung (*puncturing*). Dabei wird eine (oder mehrere) Koordinate(n) (Stelle(n)) eines Codeworts gestrichen. Im Gegensatz zum Verkürzen gemäß Definition 4.9 ändert sich dabei meistens die Mindestdistanz (sie wird kleiner). Dafür bleibt die Dimension k gleich. Sowohl die Punktierung als auch das Verkürzen ist prinzipiell bei allen Codes möglich. Beim Punktieren bleibt die Anzahl der Codewörter erhalten.

Damit können wir nun BCH-Codes nahezu beliebiger Länge konstruieren.

Erweiterte BCH-Codes

Definition 4.10 (Erweiterter BCH-Code) *Sei C ein binärer Code. Der erweiterte Code $\hat{C}$ hat die Länge $n + 1$, d. h. eine Stelle, die den Wert 0 oder 1 hat, wird derart hinzugefügt, daß alle Codewörter $\mathbf{a} \in \hat{C}$ gerades Gewicht haben.*

Die Erweiterung (*Extension*) eines Codes ist prinzipiell für jeden Code möglich. Ein erweiterter Code ist linear aber nicht mehr zyklisch! (Man beachte, daß jedoch die doppelte Erweiterung von RS-Codes (Abschnitt 3.1.6) zyklisch ist).

Satz 4.11 (Mindestdistanz des erweiterten Codes) *Ist die Mindestdistanz d eines Codes ungerade, so ist die Mindestdistanz $\hat{d}$ des erweiterten Codes $\hat{C}$:*

$$\hat{d} = d + 1 \ .$$

Beweis: $\operatorname{dist}(\hat{\mathbf{a}}, \hat{\mathbf{b}}) = \operatorname{wt}(\hat{\mathbf{a}} - \hat{\mathbf{b}})$. Die Mindestdistanz ist gleich dem Minimalgewicht und damit gilt: Sei $\mathbf{a} \in C, \operatorname{wt}(\mathbf{a}) = d \Longrightarrow \operatorname{wt}(\hat{\mathbf{a}}) = d + 1$. $\qquad\square$

Offensichtlich ist die Erweiterung eines geradgewichtigen Codes, d. h. eines Codes der nur Codewörter mit geradem Gewicht besitzt, sinnlos, da man im voraus weiß, welchen Wert die zugefügte Stelle hat. Eine Erweiterung eines Codes auf ungerades Gewicht ist unzulässig, da der sich ergebende Code nicht mehr linear ist:

$$\mathbf{0} \longrightarrow 00\ldots01, \quad (\mathbf{a} + \mathbf{a}) = \mathbf{0} \notin C, \quad \mathbf{a} \in C.$$

4.4 Nicht-binäre BCH-Codes und RS-Codes

4.4.1 Nicht-binäre BCH-Codes

Sowohl primitive, als auch nicht-primitive BCH-Codes können nicht-binär sein. Dazu modifiziert man die entsprechenden Definitionen, indem man statt $GF(2)$ einen Körper $GF(q)$ benutzt. Dabei kann q eine Primzahl p oder eine Primzahlpotenz p^l sein. Je nachdem, ob für die Ordnung n des Elements aus $GF(q^m)$ gilt: $n = q^m - 1$ oder $n < q^m - 1$, erhält man einen primitiven bzw. nicht-primitiven BCH-Code der Länge n über dem Alphabet $GF(q)$. Die Kreisteilungsklassen errechnen sich zu:

$$K_i = \{i \cdot q^j \mod n, \ j = 0, 1, \dots, m - 1\} \ .$$

Das Generatorpolynom, die Mindestdistanz und die Dimension ergeben sich analog zu den entsprechenden Definitionen. Ein zweifach erweiterter RS-Code kann entsprechend Abschnitt 3.1.6 als nicht-primitiver BCH-Code definiert werden.

4.4.2 Zusammenhang zwischen RS- und BCH-Codes

Häufig findet man sowohl die Aussage, daß die RS-Codes eine Untermenge von BCH-Codes sind, als auch diejenige, daß die BCH-Codes eine Untermenge von RS-Codes sind. Welche Aussage ist richtig? Die Antwort lautet: beide. Dies soll im folgenden erläutert werden.

Wir haben die BCH-Codes als Untermenge von RS-Codes beschrieben, indem wir ausgenutzt haben, daß gemäß Satz 4.1 ein Generatorpolynom nur Koeffizienten aus $GF(q)$ hat, wenn wir alle konjugiert komplexen Wurzeln aus $GF(q^m)$ benutzen. Anders ausgedrückt:

$$\text{BCH}(n \le q^m - 1, k = n - |\mathcal{M}|, d \le \delta) \text{ über } GF(q) \ \subset$$
$$\text{RS}(n \le q^m - 1, k, d = n - k + 1) \text{ über } GF(q^m) \, ,$$

denn wir wählen als Codeworte des BCH-Codes nur diejenigen aus, die nur Komponenten aus $GF(q)$ haben. Die Benutzung von mehr Nullstellen des Generatorpolynoms als für die Mindestdistanz notwendig sind bedingt, daß der BCH-Code nicht mehr die MDS-Eigenschaft hat.

Andererseits gilt: Limitieren wir bei einem BCH-Code mit den Parametern ($n \le q^m - 1, k, d$) über $GF(q)$ die Länge auf $n \le q - 1$, so erhalten wir einen RS-Code mit den Parametern ($n \le q - 1, k, d = n - k + 1$):

$$\text{RS} \quad \mathcal{C}(n \le q^m - 1, k, d = n - k + 1) \text{ über } GF(q^m)$$

$$\Downarrow \quad \text{Subfield-Subcode}$$

$$\text{BCH} \quad \mathcal{C}(n \le q^m - 1, k = n - |\mathcal{M}|, d \le \delta) \text{ über } GF(q)$$

$$\Downarrow \quad \text{Längenbeschränkung}$$

$$\text{RS} \quad \mathcal{C}(n \le q - 1, k, d = n - k + 1) \text{ über } GF(q) \ .$$

Beispiel 4.6 (Zusammenhang von RS- und BCH-Codes) Wir konstruieren einen $(n = 5^3 - 1 = 124, k = 100, d = 124 - 100 + 1 = 25)$-RS-Code über $GF(5^3)$. Der Subfield-Subcode ist ein $(n = 5^3 - 1, k = 66, d = 25)$-BCH-Code über dem $GF(5)$. Durch Längenbeschränkung erhalten wir einen $(n = 5 - 1 = 4, k < 4, d = n - k + 1)$-RS-Code, ebenfalls über $GF(5)$. $\diamond$

4.5 Asymptotisches Verhalten von BCH-Codes

BCH-Codes *sehr* großer Länge sind schlecht, d. h. es existieren – wenn man die Länge n gegen unendlich gehen läßt – keine BCH-Codes, deren Coderate $R = \frac{k}{n} > 0$ und gleichzeitig deren Verhältnis „Mindestdistanz zu Länge" $\frac{d}{n} > 0$ ist. Dies wird auch als *asymptotisch schlecht* bezeichnet. Diese Tatsache gilt nicht für „kurze" BCH-Codes bis zur Länge $\sim 2^{13}$, unter denen sich viele sehr gute Codes befinden. Außerdem bieten BCH-Codes die Eigenschaften: gute Decodierbarkeit, Konstruktion für nahezu beliebige Längen und gute Codierbarkeit. Daher werden BCH-Codes in der Praxis häufig verwendet.

Satz 4.12 (BCH-Codes sind asymptotisch schlecht) *Es existieren keine binären primitiven BCH-Codes, für die gilt:* $\frac{d}{n} > \varepsilon$ *und gleichzeitig* $\frac{k}{n} > \varepsilon$ *für* $n \to \infty$.

Beweis: Für einen vollständigen Beweis wird auf [McWSl], Theorem 13, S. 269, verwiesen. Wir müssen zeigen, daß für $n \longrightarrow \infty$ entweder d/n gegen 0 geht, falls k/n nicht gegen 0 geht, oder aber k/n gegen 0 geht, falls d/n nicht gegen 0 geht:

$$\text{(i)} \quad \text{aus } \frac{k}{n} > 0 \quad \text{folgt} \quad \frac{d}{n} \longrightarrow 0 \ ,$$

$$\text{(ii)} \quad \text{aus } \frac{d}{n} > 0 \quad \text{folgt} \quad \frac{k}{n} \longrightarrow 0 \ .$$

Wir werden nur den einfacheren Teil (i) zeigen. Für primitive BCH-Codes gilt:

$$k = n - |\mathcal{M}|, \quad |\mathcal{M}| \leq m \cdot (d - 1) \ .$$

Die Abschätzung $|\mathcal{M}| \leq m \cdot (d - 1)$ erhält man durch folgende Überlegung: Die Kreisteilungsklasse K_1 ergibt auf jeden Fall $d = 3$, da $\{1, 2\} \in K_1$. Die Erhöhung der Mindestdistanz ist sicher größer gleich 1, wenn man eine weitere Kreisteilungsklasse hinzunimmt. Somit ergibt sich die obere Schranke für $|\mathcal{M}|$, und wir erhalten:

$$k \geq n - m \cdot (d - 1) \ .$$

Aus „k/n geht nicht gegen 0" folgt:

$$1 - \frac{m \cdot (d - 1)}{n} > 0 \implies \frac{m \cdot (d - 1)}{n} < 1 \ ,$$

also

$$d < \frac{n}{m} + 1 \ .$$

Und damit:

$$\frac{d}{n} < \frac{1}{n} \left(\frac{n}{m} + 1 \right) = \frac{1}{m} + \frac{1}{n} \xrightarrow[n \to \infty]{} 0$$

mit $n = 2^m - 1$. $\qquad\qquad\qquad\qquad\qquad\qquad\qquad\qquad\qquad\qquad\qquad\qquad\square$

Die Abschätzung der Mindestdistanz durch Erhöhung um 1 pro Kreisteilungsklasse führt zu dem Ergebnis, daß die BCH-Codes asymptotisch schlecht sind. In [BJ74] wurden zyklische Codes konstruiert, die bessere Distanzeigenschaften bzw. bessere Distanzabschätzungen besitzen (vergleiche Abschnitt 9.2.6).

4.6 Decodierung von BCH-Codes

Das algebraische Decodierverfahren (mit Berlekamp-Massey- oder Euklidischem Algorithmus zur Lösung der Schlüsselgleichung), das in Abschnitt 3.2 erläutert wurde, kann auch zur Decodierung von BCH-Codes verwendet werden. Zusätzlich zu den $2t$ aufeinanderfolgenden *Nullen* im transformierten Bereich gibt es bei BCH-Codes noch *Nullen* an den konjugiert komplexen Stellen (vergleiche Beispiel 4.2). Diese *Nullen* können aber bei dem Decodierverfahren nicht verwendet werden, da diese entsprechend Abschnitt 4.1.2 abhängig sind. Bei der Decodierung von binären BCH-Codes entfällt die Fehlerwertberechnung, da jeder Fehlerwert gleich 1 ist.

Da man mit dem algebraischen Decodierverfahren nur die aufeinanderfolgenden *Nullen* ausnutzen kann, folgt, daß man damit nur Fehler vom Gewicht kleiner als die halbe geplante Mindestdistanz ($\lfloor \frac{d-1}{2} \rfloor$) decodieren kann, auch dann, wenn die wirkliche Mindestdistanz größer ist.

Für die Decodierung von BCH-Codes gelten folgende Aussagen:

- Für BCH-Codes ist die Decodierung identisch mit der für RS-Codes. Die Fehlerwertberechnung entfällt für binäre BCH-Codes.

- Die *Nullen* an den konjugiert komplexen Stellen von transformierten Codewörtern können nicht zur Decodierung verwendet werden.

- Für verkürzte (RS- und BCH-) Codes ändert sich die Decodierung nicht. Dies gilt nicht für die Punktierung eines Codes.

- Falls mehr als $\lfloor \frac{d-1}{2} \rfloor$ Fehler aufgetreten sind, kann durch die Verfahren ein $C(x)$ berechnet werden, dessen Grad größer ist als die Anzahl der Nullstellen von $C(x)$. In diesem Fall wird ein Decodierversagen erkannt.

4.7 Zusammenfassung

Die binären BCH-Codes wurden unabhängig voneinander durch Bose und Ray-Chaudhuri [BRC60b, BRC60a] und Hocquenghem [Hoc59] entdeckt. Ihre Decodierung wurde von Peterson [Pet60] beschrieben. Die nicht-binären BCH-Codes und ihre Decodierung veröffentlichten Gorenstein und Zierler in [GZ61]. Da die algebraische Decodierung für RS- und BCH-Codes angewendet werden kann, sind wichtige Arbeiten auch in der Zusammenfassung von Kapitel 3 (Abschnitt 3.3) angegeben.

Wir haben binäre, primitive BCH-Codes (d. h. Länge $n = 2^m - 1$) auf zwei Arten definiert. Zunächst mittels der Kreisteilungsklassen und anschließend mittels der DFT. Ein Codewort $a(x)$ eines binären BCH-Codes hat Koeffizienten aus $GF(2)$, und das transformierte Codewort $A(x)$ hat Koeffizienten aus $GF(2^m)$. Dabei mußten einige Einschränkungen gemacht werden, um die Bedingung $A_i^2 = A_{2i}$ zu erfüllen, was zur Folge hatte, daß einige Koeffizienten des transformierten Codeworts $A(x)$ aus Unterkörpern von $GF(2^m)$ sein konnten. Für die algebraische Decodierung kann zur Lösung der Schlüsselgleichung, wie bei RS-Codes, der BM- oder der Euklidische Algorithmus verwendet werden. Man muß damit – trotz eines binären Codes – im Galois-Feld $GF(2^m)$ rechnen. Die BCH-Codes können damit nur bis zur geplanten halben Mindestdistanz decodiert werden, auch wenn die wirkliche Mindestdistanz größer ist. Die Fehlerwertberechnung entfällt bei binären BCH-Codes, da der Fehlerwert immer nur 1 sein kann.

Zwei Eigenschaften von primitiven BCH-Codes wurden erläutert: Ist die geplante Mindestdistanz $d = 2^h - 1$, so ist sie gleich der wirklichen, und zweifehlerkorrigierende BCH-Codes sind quasi-perfekt. Bei quasi-perfekten Codes gilt, daß die Hamming-Schranke nicht mehr erfüllt ist, wenn man die Korrekturkugeln um eins vergrößert. Dies ist jedoch nicht hinreichend dafür, daß ein Code quasi-perfekt ist, denn dies gilt auch für dreifehlerkorrigierende BCH-Codes, die aber nicht quasi-perfekt sind.

Es wurde die Klasse der nicht-primitiven BCH-Codes definiert. Ein Beispiel dafür war der perfekte Golay-Code $\mathcal{G}_{23}$ [Gol49, Gol54]. Bei nicht-primitiven BCH-Codes ist die Länge $n < 2^m - 1$. Sie werden mit einem Element der Ordnung n konstruiert, d. h. einem nicht-primitiven Element des Körpers $GF(2^m)$. Das Element kann nämlich primitives Element eines Unterkörpers sein.

Weiterhin wurde die Verkürzung und die Erweiterung von Codes erläutert. Das Verkürzen eines Codes kann auch durch Punktierung durchgeführt werden, wobei allerdings die Distanzeigenschaften nur mit sehr viel Glück erhalten bleiben.

Die BCH-Codes, binäre und nicht-binäre, können als Subfield-Subcode von RS-Codes betrachtet werden. Andererseits können aber die RS-Codes auch als Untercodes nicht-binärer BCH-Codes über $GF(q)$ angesehen werden.

Die binären, zyklischen BCH-Codes haben ein breites Anwendungsgebiet in Form von sogenannten CRC-Codes (*cyclic redundancy check*), die hauptsächlich zur Fehlererkennung verwendet werden. Etwa ist für das ISDN-Protokoll LAPD der CRC-Code gemäß ITU-T Recommendation X.25 ein Code mit dem Generatorpolynom $g(x) = x^{16} + x^{12} + x^5 + 1$. Der gleiche Code wird u. a. im DAB-Standard für digitalen Hörrundfunk verwendet. Des weiteren werden im DAB-Standard die Codes mit den Generatorpolynomen $g(x) = x^{16} + x^{15} + x^2 + 1$ und $g(x) = x^8 + x^4 + x^3 + x^2 + 1$ zur Fehlererkennung verwendet. Im DECT (Digital Enhanced Cordless Telecommunications) System, dem ETSI-Standard zum digitalen schnurlosen Telefon, wird ebenfalls ein zyklischer binärer Code eingesetzt, um die Signalisierungsdaten zu schützen.

Der ETSI-Standard für GSM (Global System for Mobile Communications) verwendet zur Fehlererkennung in diversen Signalisierungen folgende zyklische binäre

Codes:

Im Synchronisierungskanal $g(x) = x^{10} + x^8 + x^6 + x^5 + x^4 + x^2 + 1$ und beim ersten Zugriff $g(x) = x^6 + x^5 + x^3 + x^2 + x^1 + 1$. Für alle Protokolle wird $g(x) = x^{40} + x^{26} + x^{23} + x^{17} + x^3 + 1$ benutzt. Dabei handelt es sich um einen Bündelfehler korrigierenden Fire-Code [LiCo, S. 261–267]. Außerdem wird zur Erkennung von Fehlern im Sprachkanal der Code mit dem Generatorpolynom $g(x) = x^3 + x + 1$ benutzt.

Im ERMES, dem ETSI-Standard des europäischen digitalen Funkrufdienstes, wird ein um eine Stelle verkürzter $(31, 20, 6)$-BCH-Code verwendet, dessen Generatorpolynom zusätzlich noch mit $x + 1$ multipliziert wird. Das bedeutet, der Code hat die Parameter $(30, 18, 6)$, und das Generatorpolynom $g(x) = x^{12} + x^{11} + x^9 + x^7 + x^6 + x^3 + x^2 + 1$ und wird zur Fehlererkennung und Fehlerkorrektur verwendet.

4.8 Übungsaufgaben

Aufgabe 4.1
Berechnen Sie das Generatorpolynom $g(x)$ des einfehlerkorrigierenden BCH-Codes der Länge 31. Benutzen Sie dabei die Kreisteilungsklasse K_1 und Tabelle 4.3 als Logarithmentafel.

Tabelle 4.3: Logarithmentafel für $GF(2^5)$.

$GF(2^5)$ mit $p(\alpha) = \alpha^5 + \alpha^2 + 1 = 0$							
Komp.	Exp.	Komp.	Exp.	Komp.	Exp.	Komp.	Exp.
00000	$-\infty$	00101	7	11111	15	11110	23
10000	0	10110	8	11011	16	01111	24
01000	1	01011	9	11001	17	10011	25
00100	2	10001	10	11000	18	11101	26
00010	3	11100	11	01100	19	11010	27
00001	4	01110	12	00110	20	01101	28
10100	5	00111	13	00011	21	10010	29
01010	6	10111	14	10101	22	01001	30

Aufgabe 4.2
Zeigen Sie, daß binäre, einfehlerkorrigierende primitive BCH-Codes der Länge $n = 2^m - 1$ Hamming-Codes sind.

Aufgabe 4.3
Bestimmen Sie die Dimensionen k_i der i-fehlerkorrigierenden BCH-Codes der Länge $n = 31$ für $i = 1, 2, 3, 5, 7$.

Aufgabe 4.4
Gegeben sei ein $(15, 7, 5)$-BCH-Code. Das zugehörige Generatorpolynom lautet $g(x) = x^8 + x^7 + x^6 + x^4 + 1$. Empfangen wird $r(x) = x^{10} + x^8 + x^6 + x^2 + 1 = c(x) + e(x)$. Berechnen Sie das gesendete Codewort $c(x)$ unter der Annahme, daß nicht mehr als zwei Fehler aufgetreten sind.

Hinweis: Benutzen Sie für das Rechnen in $GF(2^4)$ das primitive Polynom $p(x) = x^4 + x + 1$ bzw. die Logarithmentafel aus Beispiel 2.12.

5 Weitere Codeklassen

Neben den RS- und BCH-Codes gibt es weitere Codeklassen, die von praktischer und theoretischer Bedeutung sind. In diesem Kapitel sollen einige wichtige Klassen definiert und diskutiert werden. Als erstes werden die Codes erläutert, die im Zusammenhang mit der Übertragung mit orthogonalen bzw. biorthogonalen Signalen stehen. Dies sind Reed-Muller-Codes (RM-Codes) 1. Ordnung, Simplex-, Hamming-, Hadamard-Codes und Walsh-Sequenzen. Der enge Zusammenhang dieser Codes wird beschrieben. Außerdem ergeben sich binäre Pseudo-Zufallsfolgen u. a. aus dem Simplex-Code.

Danach werden die RM-Codes höherer Ordnung eingeführt, die zusätzlich in Kapitel 9 als verallgemeinert verkettete Codes beschrieben werden. Die binären Quadratische-Reste-(QR)-Codes gehören oft zu den besten bekannten Codes und sollen deshalb auch hier erörtert werden. Des weiteren werden wir noch die Definition *zyklisch* verallgemeinern und damit die Klassen der konsta- und negazyklischen Codes beschreiben. Damit können u. a. höherwertige Modulationsverfahren algebraisch betrachtet werden.

Anschließend wollen wir die binäre Repräsentation von q-nären Codes erörtern. Ein interessantes Beispiel sind die nichtlinearen Kerdock- und Preparata-Codes und der Nordstrom-Robinson-Code, die alle einer binären Interpretation von linearen Codes über dem Ring $\mathbb{Z}_4$ entsprechen.

5.1 Reed-Muller-Codes (1. Ordnung), Simplex-Codes und Walsh-Sequenzen

Zwischen Hamming-, Simplex-, RM-, Hadamard-Codes und Walsh-Sequenzen besteht ein enger Zusammenhang, der in Bild 5.1 schematisch dargestellt ist und in diesem Abschnitt näher erläutert wird. Ist nämlich eine Klasse gegeben, so kann jede andere durch einfache Operationen abgeleitet werden. Wir wollen zunächst die RM-Codes definieren.

Definition 5.1 (RM-Codes erster Ordnung) *Die Generatormatrix* $\mathbf{G}_\mathcal{R}$ *eines RM-Codes erster Ordnung besteht aus einer Matrix, die alle* 2^m *Vektoren aus* $\mathbb{F}_2^m$ *als Spalten enthält und zusätzlich einen Alleinsenvektor als erste Zeile. Der Code*

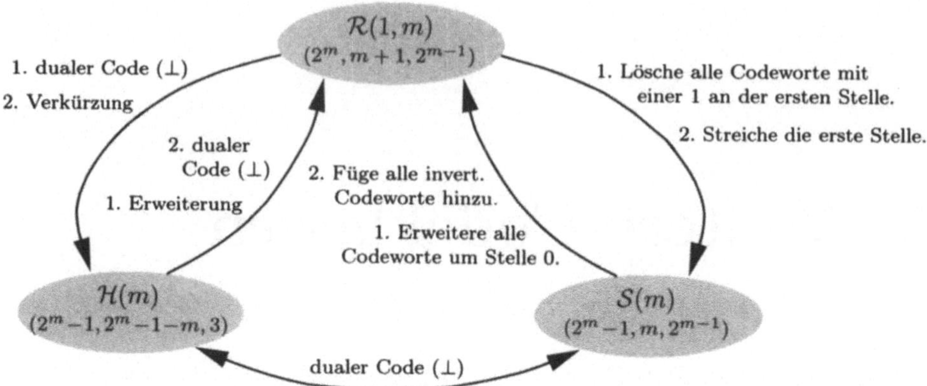

Bild 5.1: Zusammenhang zwischen Hamming-, Simplex- und Reed-Muller-Codes 1. Ordnung.

wird mit $\mathcal{R}(1,m)$ bezeichnet und hat die Länge $n = 2^m$, die Dimension $k = m+1$ und die Mindestdistanz $d = 2^{m-1}$. Somit ist $\mathcal{R}(1,m)$ ein binärer $(2^m, m+1, 2^{m-1})$-Code.

Die Generatormatrix ist eine $(k \times n)$-Matrix mit Rang k, da die $(k \times k)$-Einheitsmatrix enthalten ist. Gemäß ihrer Konstruktion gibt es offensichtlich 2^m Spalten und $m+1$ Zeilen. Zum Beweis der Mindestdistanz wird auf Satz 5.2 verwiesen.

Beispiel 5.1 (RM-Code erster Ordnung) Sei $m = 4$. Dann ergibt sich die Generatormatrix zu:

$$\mathbf{G}_{\mathcal{R}} = \begin{pmatrix} 1111 & 1111 & 1111 & 1111 \\ 0000 & 0000 & 1111 & 1111 \\ 0000 & 1111 & 0000 & 1111 \\ 0011 & 0011 & 0011 & 0011 \\ 0101 & 0101 & 0101 & 0101 \end{pmatrix}.$$

Der $\mathcal{R}(1,4)$ ist ein binärer $(16,5,8)$-Code.   ◇

Die RM-Codes können rekursiv berechnet werden, wie folgender Satz beschreibt.

Satz 5.2 (Rekursiver Aufbau von RM-Codes) *Ein RM-Code erster Ordnung der Länge $2n$ kann aus einem RM-Code erster Ordnung der Länge n wie folgt konstruiert werden:*

$$\mathcal{R}(1, m+1) = \{|\mathbf{a}|\mathbf{a} + \mathbf{b}|, \ \mathbf{a} \in \mathcal{R}(1,m), \ \mathbf{b} = (0 \ldots 0) \ oder \ (1 \ldots 1)\} \ .$$

Beweis: Beginnen wir mit $\mathcal{R}(1,2)$, d. h. einem $(4,3,2)$-Parity-Check(PC)-Code. Gemäß Konstruktion wählen wir eines der 8 Codeworte des PC-Codes und bilden

$$|\mathbf{a}|\mathbf{a}| \ oder \ |\mathbf{a}|\mathbf{a} + (1 \ldots 1)| \ .$$

Die Länge des neuen Codes ist offensichtlich $n = 2^3$ und die Dimension $k = 3 + 1 = 4$, da 3 Informationsstellen den Vektor **a** auswählen und eine Stelle benutzt wird, um zu entscheiden, ob **a** invertiert wird oder nicht.

Die Mindestdistanz ist $d = \min\{2 \cdot 2, 4\}$. Da der Code linear ist, kann man sich auf die Betrachtung des Minimalgewichts beschränken. Dies ist offensichtlich das Minimum aus zwei mal dem Minimalgewicht von **a** und dem Minimalgewicht, das sich ergibt, wenn **a** = **0** ist, d. h. $\mathrm{wt}((1\ldots 1))$.

Damit ist der neue Code der $\mathcal{R}(1,3)$, d. h. ein $(8,4,4)$-Code. Die Überlegungen können entsprechend für m und $m+1$ durchgeführt werden. Damit ist auch bewiesen, daß $\mathcal{R}(1,m)$ die Mindestdistanz 2^{m-1} hat. $\qquad\square$

Satz 5.3 (Gewichtsverteilung von $\mathcal{R}(1,m)$) *Die Gewichtsverteilung eines $\mathcal{R}(1,m)$-Codes gemäß Definition 1.7 ist:*

$$W(x) = 1 + (2^{m+1} - 2)x^{2^{m-1}} + x^{2^m} \,.$$

Beweis: Alle Codeworte außer $(0\ldots 0)$ und $(1\ldots 1)$ haben konstantes Gewicht. Dies folgt direkt aus der Rekursion von Satz 5.2. Gilt die Aussage für $\mathcal{R}(1,m)$, so gilt sie auch für $\mathcal{R}(1,m+1)$, denn sowohl

$$|\mathbf{a}|\mathbf{a}| \text{ als auch } |\mathbf{a}|\mathbf{a} + (1\ldots 1)|$$

haben doppeltes Gewicht, außer $(0\ldots 0)$ und $(1\ldots 1)$. $\qquad\square$

5.1.1   Reed-Muller- und Hamming-Code

Der duale Code (Definition 1.21) des $\mathcal{R}(1,m)$-Codes ist der erweiterte Hamming-Code (zur Erweiterung siehe Satz 1.22).

Der Hamming-Code $\mathcal{H}(m)$ (siehe Satz 1.17) hat die Parameter $(2^m - 1, 2^m - m - 1, 3)$. Sei $\mathbf{H}_{\mathcal{H}}(m)$ die $(n-k) \times n$ Prüfmatrix eines Hamming-Codes, dann ergibt sich die $(n-k) + 1 \times (n+1)$ Prüfmatrix des erweiterten Codes durch Hinzufügen einer Alleinsenzeile und einer Spalte $(100\ldots 0)^T$. Damit hat der erweiterte Hamming-Code $\mathcal{H}^{ex}(m)$ die Parameter $(2^m, 2^m - m - 1, 4)$. Offensichtlich ist damit die Prüfmatrix des erweiterten Hamming-Codes identisch mit der Generatormatrix des RM-Codes der Ordnung 1.

Beispiel 5.2 (Zusammenhang RM- und Hamming-Code) Wählen wir $m = 3$ und stellen die Generator- und Prüfmatrizen für die Codes der Länge 8 dar:

$$
\mathbf{G}_{\mathcal{R}} \quad \overset{\perp}{\Longleftrightarrow} \quad \mathbf{H}_{\mathcal{R}}^{ex} \quad \overset{ext.}{\Longleftrightarrow} \quad \mathbf{H}_{\mathcal{R}}
$$

$$
\begin{pmatrix} 1111 & 1111 \\ 0000 & 1111 \\ 0011 & 0011 \\ 0101 & 0101 \end{pmatrix}
\quad
\begin{pmatrix} 1111 & 1111 \\ 0001 & 1110 \\ 0110 & 0110 \\ 1010 & 1010 \end{pmatrix}
\quad
\begin{pmatrix} 000 & 1111 \\ 011 & 0011 \\ 101 & 0101 \end{pmatrix} \,.
$$

Dabei ist eine zyklische Verschiebung durchgeführt worden, um von $\mathbf{G}_{\mathcal{R}}$ zu $\mathbf{H}_{\mathcal{R}}^{ex}$ zu kommen, d. h. die Stelle $n - 1$ ist hier die Stelle 0, usw. Danach kann die erste Zeile und die letzte Spalte gestrichen werden, um $\mathbf{H}_{\mathcal{R}}$ zu erhalten. $\qquad\diamond$

5.1.2 Hamming- und Simplex-Code

Der duale Code (Definition 1.21) des binären Hamming-Codes ist der Simplex-Code.

Definition 5.4 (Simplex-Code) *Die Generatormatrix des Simplex-Codes $S(m)$ ist gleich der Prüfmatrix des Hamming-Codes. Damit hat der Code die Länge $n = 2^m - 1$, die Dimension $k = m$ und die Mindestdistanz $d = 2^{m-1}$. Außer dem Nullcodewort haben alle Codeworte gleiches Gewicht 2^{m-1}, das damit gleich der Mindestdistanz ist.*

Beispiel 5.3 (Simplex-Code) Die Generatormatrix des Simplex-$(7,3,4)$-Codes ist damit:

$$\mathbf{G}_{S(3)} = \begin{pmatrix} 000 & 1111 \\ 011 & 0011 \\ 101 & 0101 \end{pmatrix} .$$

$\diamond$

Orthogonale Walsh-Sequenzen: Erweitert man alle Codeworte des Simplex-Codes $S(m)$ um eine erste Stelle gleich Null und führt danach die Abbildung

$$\phi : \begin{cases} 0 \to 1, \\ 1 \to -1 \end{cases}$$

durch, so erhält man die sogenannten Walsh-Sequenzen $\mathcal{W}(m)$, d. h. 2^m Folgen der Länge 2^m. Seien $\mathbf{a}, \mathbf{b} \in S(m)$ und sei $\mathbf{x} = \phi(\mathbf{a})$ und $\mathbf{y} = \phi(\mathbf{b})$, d. h. $\mathbf{x}, \mathbf{y} \in \mathcal{W}(m)$, so bedeutet orthogonal:

$$\sum_{i=0}^{2^m-1} x_i \cdot y_i = 0 .$$

Beispiel 5.4 (Walsh-Sequenzen) Der Simplex-Code $S(2)$ hat die folgenden 4 Codeworte: (000), (011), (101), (110). Diese werden um eine erste Stelle 0 erweitert und die Abbildung $\phi : 0 \to 1, 1 \to -1$ wird durchgeführt:

$$
\begin{array}{ccc}
\begin{array}{ccc}
0 & 0 & 0 \\
0 & 1 & 1 \\
1 & 0 & 1 \\
1 & 1 & 0
\end{array}
\longrightarrow
\begin{array}{cccc}
0 & 0 & 0 & 0 \\
0 & 0 & 1 & 1 \\
0 & 1 & 0 & 1 \\
0 & 1 & 1 & 0
\end{array}
\longrightarrow
\begin{array}{cccc}
1 & 1 & 1 & 1 \\
1 & 1 & -1 & -1 \\
1 & -1 & 1 & -1 \\
1 & -1 & -1 & 1
\end{array}
\end{array} .
$$

Beliebige zwei Zeilen sind orthogonal zueinander, etwa für die zweite und die dritte Zeile ergibt sich:

$$\sum_{i=0}^{3} x_i \cdot y_i = 1 \cdot 1 + 1 \cdot (-1) + (-1) \cdot 1 + (-1) \cdot (-1) = 0 .$$

$\diamond$

Anmerkung: Man beachte den Unterschied zwischen den Definitionen von dual und orthogonal. Dual bedeutet, daß das Skalarprodukt (Definition 1.4) 0 ergibt,

$$\mathbf{a} \in \mathcal{C}, \ \mathbf{b} \in \mathcal{C}^\perp : \ \langle \mathbf{a}, \mathbf{b} \rangle = 0 .$$

Orthogonal ist für die Werte -1 und 1 definiert und bedeutet: Es gilt für $\mathbf{x}, \mathbf{y}$

$$\sum_{i=0}^{2^m-1} x_i \cdot y_i = 0 \ .$$

Dann gilt für $\mathbf{a} = \phi^{-1}(\mathbf{x})$ und $\mathbf{b} = \phi^{-1}(\mathbf{y})$:

$$\sum_{i=0}^{2^m-1} a_i + b_i = 0 \quad \mod 2 \ .$$

Aus $\mathbf{x}$ orthogonal zu $\mathbf{y}$ folgt jedoch nicht, daß $\langle \mathbf{a}, \mathbf{b} \rangle = 0$ ist, denn für $\mathbf{x} = (1, 1, -1, -1)$ orthogonal zu $\mathbf{y} = (1, -1, 1, -1)$ gilt $\langle \mathbf{a}, \mathbf{b} \rangle = \langle \phi^{-1}(\mathbf{x}), \phi^{-1}(\mathbf{y}) \rangle = \langle (0, 0, 1, 1), (0, 1, 0, 1) \rangle \neq 0$. Ebenfalls folgt aus $\langle \mathbf{a}, \mathbf{b} \rangle = \langle (1, 1, 1, 1), (1, 1, 1, 1) \rangle = 0$ nicht, daß $\mathbf{x}$ orthogonal zu $\mathbf{y}$ ist.

5.1.3 Simplex-Code und binäre Pseudo-Zufallsfolgen

$\mathcal{S}(m)$ wird oft auch als *maximal length feedback shift register code* bezeichnet, da seine Codeworte ($\neq 0$) gerade die Folgen mit maximaler Länge von Schieberegistern der Länge m darstellen (siehe auch [Gol]). Die Codeworte werden auch als m-Sequenzen oder Pseudo-Zufallsfolgen (*pseudo noise sequences*, PN) bezeichnet. Zunächst wollen wir definieren was zufälliges Aussehen ist. Dabei soll die Definition von Pseudo-Zufallsfolgen aus [Gol] verwendet werden. Dafür benötigen wir einige Definitionen und Notationen:

Definition 5.5 (Folge, Periode, Periodische Folge, j-Shift) *Sei* $\mathbf{c}_\infty$ *eine binäre Folge*

$$\mathbf{c}_\infty = \{c_0, c_1, c_2, \dots\} \ .$$

Die Periode n dieser Folge ist das kleinste n, für das gilt

$$c_i = c_{i+n} = c_{i+2n} = \cdots = c_{i+j \cdot n} = \dots, \quad i = 0, 1, \dots \ .$$

Alle Elemente mit Indizes derselben Restklasse modulo n müssen bei einer periodischen Folge gleich sein. Daher brauchen wir nur die Folge

$$\mathbf{c} = (c_0, c_1, c_2, \dots, c_{n-1})$$

betrachten. Ein zyklischer j-Shift dieser Folge sei definiert durch:

$$\mathbf{c}_k = (c_k, c_{k+1}, \dots, c_{n-1}, c_0, \dots, c_{k-1}) \ .$$

Definition 5.6 (i-Run) *Ein i-Run ist die Anzahl aufeinanderfolgender Symbole mit gleichem Wert zwischen zwei Symbolwechseln, d. h.*

$$c_{i-1} \neq c_i = c_{i+1} = \cdots = c_{i+j-1} \neq c_{i+j} \ .$$

Definition 5.7 (Periodische Autokorrelation) *Die periodische Autokorrelation einer Folge der Periode n wird hier wie folgt definiert:*

$$\varphi_{\mathbf{c}}(k) = \frac{n - 2 \cdot \mathrm{dist}(\mathbf{c}, \mathbf{c}_k)}{n} .$$

Damit gelten die folgenden Schranken

$$-1 \leq \varphi_{\mathbf{c}}(k) \leq 1 \quad speziell: \quad \varphi_{\mathbf{c}}(0) = \varphi_{\mathbf{c}}(n) = 1.$$

Wir können nun Golombs 3 Postulate für binäre Pseudo-Zufallsfolgen $\mathbf{c}$ der Periode n angeben.

Golombs Postulate

1. Die Anzahl der Nullen und Einsen einer Folge ist bei geradem n gleich und bei ungeradem n um eins unterschiedlich:

$$\mathrm{wt}(\mathbf{c}) = \begin{cases} \frac{n}{2} & \text{für } n \text{ gerade} \\[2mm] \frac{n \pm 1}{2} & \text{für } n \text{ ungerade} . \end{cases}$$

Zweck: Die Wahrscheinlichkeit für 0 und 1 sollte jeweils $1/2$ sein.

2. In einer Periode der Länge n soll gelten:

Die Hälfte (1/2) aller Runs sind 1-Runs (davon die Hälfte mit 0)

Ein Viertel (1/4) aller Runs sind 2-Runs (davon die Hälfte mit 0)

Ein Achtel (1/8) aller Runs sind 3-Runs (davon die Hälfte mit 0)

$$\vdots$$

$(1/2^i)$ aller Runs sind i-Runs (davon die Hälfte mit 0).

Zweck: Diese Verteilung gewährleistet, daß die Wahrscheinlichkeit für 0 und 1 nach einer Teilfolge von i Stellen gleich groß ist.

3. Die periodische Autokorrelation muß konstant sein. Der Wert wird im Beweis des folgenden Satzes berechnet:

$$\varphi_{\mathbf{c}}(k) = const, \quad 0 < k < n .$$

Zweck: Die Korrelation soll keine Aussage über die Periode der Folge zulassen, es sei denn man korreliert über Vielfache von n.

Satz 5.8 (Wert der Autokorrelation) *Sei $\mathbf{c}$ eine Folge der Periode n, die Golombs Postulaten genügt, dann gilt für $0 < k < n$:*

$$\varphi_{\mathbf{c}}(k) = \begin{cases} -\frac{1}{n-1} & \text{für } n \text{ gerade} \\[2mm] -\frac{1}{n} & \text{für } n \text{ ungerade} . \end{cases}$$

Beweis: Diesen Satz wollen wir mit einer Standardmethode aus der Kombinatorik beweisen, nämlich durch Abzählen auf zwei verschiedene Arten. Wir schreiben hierzu die Folge und alle $(n-1)$-Shifts davon als Zeilen einer Matrix:

$$
\begin{array}{cccccc}
\mathbf{c}: & c_0 & c_1 & \cdots & c_{n-1} & \\
\mathbf{c}_1: & c_1 & c_2 & \cdots & c_0 & s = n \cdot \varphi_\mathbf{c}(j) \\
& & \vdots & & & \\
\mathbf{c}_j: & c_j & c_{j+1} & \cdots & c_{j-1} & s = n \cdot \varphi_\mathbf{c}(j) \\
& & \vdots & & & \\
\mathbf{c}_{n-1}: & c_{n-1} & c_0 & \cdots & c_{n-2} & s = n \cdot \varphi_\mathbf{c}(j) \\
\hline
& s' & s' & & s' & \Sigma = n(n-1)\varphi_\mathbf{c}(j) \; .
\end{array}
$$

Für jede Zeile gilt, daß s die Anzahl der Übereinstimmungen minus der Anzahl der unterschiedlichen Stellen dieser Zeile zur ersten Zeile ist. Gemäß dem 3. Postulat ist dies genau $n \cdot \varphi_\mathbf{c}(j)$, denn die Anzahl der unterschiedlichen Stellen entspricht der Distanz von $\mathbf{c}$ und $\mathbf{c}_j$, und die Anzahl der übereinstimmenden Stellen ist dann $n - \text{dist}(\mathbf{c}, \mathbf{c}_j)$. Gemäß Definition der Autokorrelationsfunktion erhalten wir

$$
s = n - \text{dist}(\mathbf{c}, \mathbf{c}_j) \cdot \frac{n}{n} = n \cdot \varphi_\mathbf{c}(j) \; .
$$

Die Summe über alle Zeilen ergibt damit $\Sigma = n(n-1)\varphi_\mathbf{c}(j)$.

Wir nehmen an n sei gerade und zählen jetzt spaltenweise. Die Anzahl der Übereinstimmungen des ersten Elementes einer Spalte mit den restlichen Elementen der Spalte minus der Anzahl der unterschiedlichen Stellen für eine Spalte ergibt sich gemäß dem ersten Postulat (gleich viele 0 und 1) zu:

$$
s' = \frac{n}{2} - 1 - \frac{n}{2} = -1 \; .
$$

Die Summe über alle Spalten ist dann $-n$, was gleich Σ sein muß. Dies können wir nach $\varphi_\mathbf{c}(j)$ auflösen und erhalten die Behauptung. Entsprechend läßt sich dies für ungerade n durchführen. $\qquad\qquad\qquad\square$

Zyklische Beschreibung der PN-Folgen Der Hamming-Code kann zyklisch als primitiver BCH-Code beschrieben werden (vergleiche 4.2). Das bedeutet, der zyklische Simplex-Code hat als Generatorpolynom das Prüfpolynom des primitiven BCH-Codes der Länge $n = 2^m - 1$ mit der Mindestdistanz 3:

$$
g_S(x) = \frac{x^n - 1}{g_{BCH}(x)} = h_{BCH}(x)
$$

mit

$$
g_{BCH}(x) = \sum_{i=0}^{m-1} (x - \alpha^{2^i}), \quad \alpha \text{ primitives Element.}
$$

Oder mit Hilfe der Kreisteilungsklasse K_1 (vergleiche Definition 2.26) ausgedrückt:

$$
g_S(x) = \sum_{i \mid i \notin K_1} (x - \alpha^i), \quad \alpha \text{ primitives Element.}
$$

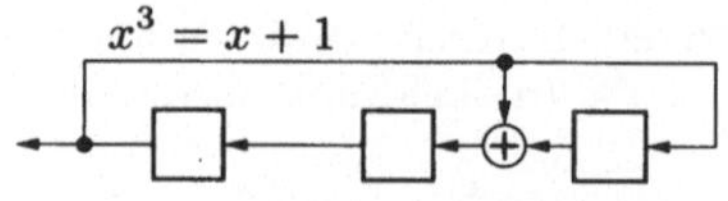

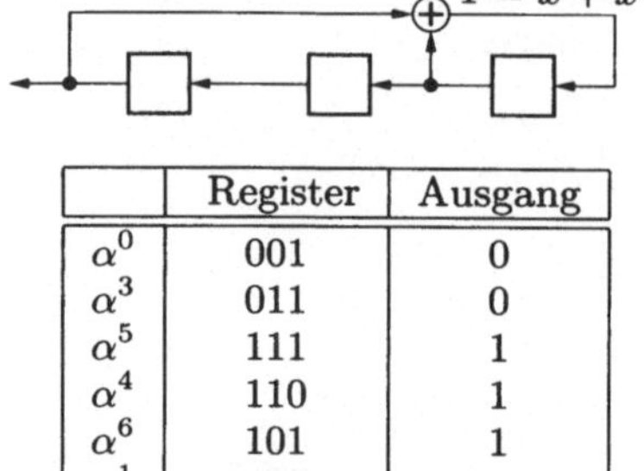

	Register	Ausgang			Register	Ausgang
α^0	001	0		α^0	001	0
α^3	011	0		α^1	010	0
α^5	111	1		α^2	100	1
α^4	110	1		α^3	011	0
α^6	101	1		α^4	110	1
α^1	010	0		α^5	111	1
α^2	100	1		α^6	101	1

Bild 5.2: Zwei diskrete LTI-Systeme, abgeleitet aus einem primitiven Polynom.

Das Prüfpolynom des Simplex-Codes, d. h. das Generatorpolynom des dualen BCH-Codes, ist ein irreduzibles Polynom (Definition 2.16). Ein solcher Code wird minimal genannt (siehe [McWSl, S. 219]).

Beispiel 5.5 (Simplex-Code) Das Generatorpolynom des $(7, 4, 3)$-BCH-Codes entnehmen wir Tabelle 4.2 zu 13, d. h. 001011, also

$$g_{BCH}(x) = x^3 + x + 1 \longrightarrow g_S(x) = x^7 - 1 : x^3 + x + 1 = x^4 + x^2 + x + 1 \ .$$

Damit können wir die 8 zyklischen Codeworte des Simplex-Codes $S(3)$ erzeugen:

$$\begin{array}{c}
0000000 \\
0010111 \\
0101110 \\
1011100 \\
0111001 \\
1110010 \\
1100101 \\
1001011
\end{array}$$

$\diamond$

Es besteht ein Zusammenhang zwischen dem Galoisfeld $GF(2^m)$ und PN-Folgen. Schreibt man die Komponentendarstellung aller $2^m - 1$ Elemente (außer dem Nullelement) in eine Matrix, so stellt jede Spalte eine PN-Folge dar. Vergleiche hierzu Beispiel 2.12. Dies bedeutet, daß man eine PN-Folge der Länge $n = 2^m - 1$ durch ein Schieberegister erzeugen kann, dessen Rückkoppelungsanschlüsse einem primitiven Polynom entsprechen. Diese Interpretation erlaubt sofort die Aussage, daß dabei der längste auftretende Run die Länge m haben kann. Es tritt genau ein m-Run mit Einsen auf, nicht jedoch einer mit Nullen.

Beispiel 5.6 (PN-Folge und Galoisfeld) Das primitive Polynom $p(x) = x^3 + x + 1$ gibt die Rückkopplungskoeffizienten der beiden diskreten LTI-Systeme in Bild 5.2 vor.

Nach Initialisierung des Registers erzeugen beide Systeme alle Elemente (außer dem Nullelement) von $GF(2^3)$, wie sie auch als Potenzen von α^i, $i = 0, \ldots, 6$, berechnet werden können. Des weiteren kann in beiden Systemen am Ausgang (bzw. in den Registerzellen) eine PN-Folge der Länge 7 abgegriffen werden.

$\diamond$

5.1.4 Reed-Muller- und Simplex-Code

Die Codeworte des Simplex-Codes $S(m) = (2^m - 1, m, 2^{m-1})$ erhält man, indem man aus allen 2^{m+1} Codeworten des RM-Codes $\mathcal{R}(1, m) = (2^m, m + 1, 2^{m-1})$ diejenigen auswählt, die an der ersten Stelle eine 0 haben und diese Stelle streicht. Gemäß Satz 1.19 haben bei einem linearen Code genau die Hälfte aller Codeworte an der ersten Stelle eine 0. Damit sinkt die Dimension und die Länge jeweils um Eins.

Umgekehrt gelangt man zu den 2^{m+1} Codeworten des RM-Codes, indem man alle 2^m Codeworte des Simplex-Codes um eine 0 erweitert sowie den Alleinsenvektor und alle Additionen des Alleinsenvektors mit den 2^m Codeworten (invertierten Codeworte) hinzufügt.

Beispiel 5.7 (Zusammenhang RM- und Simplex-Code) Die 4 Codeworte des Simplex-Codes $S(2)$ werden im folgenden um eine 0 erweitert. Danach wird diese Menge um die invertierten Codeworte erweitert:

$$
\begin{matrix}
0 & 0 & 0 \\
0 & 1 & 1 \\
1 & 0 & 1 \\
1 & 1 & 0
\end{matrix}
\longrightarrow
\begin{matrix}
0 & 0 & 0 & 0 \\
0 & 0 & 1 & 1 \\
0 & 1 & 0 & 1 \\
0 & 1 & 1 & 0
\end{matrix}
\longrightarrow
\begin{matrix}
0 & 0 & 0 & 0 \\
0 & 0 & 1 & 1 \\
0 & 1 & 0 & 1 \\
0 & 1 & 1 & 0
\end{matrix}
\ \text{und inv.}\
\begin{matrix}
1 & 1 & 1 & 1 \\
1 & 1 & 0 & 0 \\
1 & 0 & 1 & 0 \\
1 & 0 & 0 & 1.
\end{matrix}
$$

Das Ergebnis sind die 8 Codeworte des RM-Codes $\mathcal{R}(1, 2)$, der ein Parity-Check-Code ist. ◇

Führt man bei den 2^m um 0 erweiterten Codeworten des Simplex-Codes die Abbildung ϕ durch, so erhält man eine Menge orthogonaler Sequenzen, wie in Abschnitt 5.1.2 gezeigt. Fügt man zur Menge der orthogonalen Sequenzen die Menge der dazu invertierten Sequenzen hinzu, so erhält man die Menge der biorthogonalen Sequenzen. Entsprechend der oben beschriebenen Konstruktion des RM-Codes aus dem Simplex-Code, ist die Menge der biorthogonalen Sequenzen äquivalent zur Menge der mit ϕ abgebildeten Codeworte des RM-Codes. Damit entsprechen biorthogonale Sequenzen den RM-Codes der Ordnung 1.

Beispiel 5.8 (Zusammenhang biorthogonaler Sequenzen und RM-Code) Bildet man die Codeworte des $\mathcal{R}(1, 2)$ aus Beispiel 5.7 mit ϕ ab, so erhält man die biorthogonalen Sequenzen der Länge 4.

$$
\begin{matrix}
0 & 0 & 0 & 0 \\
0 & 0 & 1 & 1 \\
0 & 1 & 0 & 1 \\
0 & 1 & 1 & 0
\end{matrix}
\ \text{inv.}\
\begin{matrix}
1 & 1 & 1 & 1 \\
1 & 1 & 0 & 0 \\
1 & 0 & 1 & 0 \\
1 & 0 & 0 & 1
\end{matrix}
\longrightarrow
\begin{matrix}
1 & 1 & 1 & 1 \\
1 & 1 & -1 & -1 \\
1 & -1 & 1 & -1 \\
1 & -1 & -1 & 1
\end{matrix}
\ \text{inv.}\
\begin{matrix}
-1 & -1 & -1 & -1 \\
-1 & -1 & 1 & 1 \\
-1 & 1 & -1 & 1 \\
-1 & 1 & 1 & -1.
\end{matrix}
$$
◇

Das Skalarprodukt (Korrelation) von biorthogonalen Sequenzen kann die folgenden Werte annehmen

$$
\sum_{i=0}^{n-1} x_i \cdot y_i = \begin{cases} 0 & \text{für } \mathbf{x} \neq \mathbf{y}, \mathbf{x} \neq -\mathbf{y} \\ +n & \text{für } \mathbf{x} = \mathbf{y} \\ -n & \text{für } \mathbf{x} = -\mathbf{y}. \end{cases}
$$

Diese Tatsache wird zur Datenübertragung ausgenutzt. Eine Korrelation mit der orthogonalen Menge (2^m) erlaubt so die Übertragung von $m + 1$ Bits. Die Folge kann mit m Bits numeriert werden, und das Vorzeichen beinhaltet ein weiteres Bit.

Hadamard-Matrizen

Definition 5.9 (Hadamard-Matrix) *Eine Hadamard-Matrix* $\mathbf{H}_n$ *der Ordnung* n *ist eine* $(n \times n)$*-Matrix mit Elementen* 1 *und* -1 *für die gilt:*

$$\mathbf{H} \cdot \mathbf{H}^T = n \cdot \mathbf{I}, \quad \mathbf{I}\text{: } Einheitsmatrix .$$

Die Hadamard-Matrizen der Ordnung $n = 2^m$ können wie folgt konstruiert werden:

$$\mathbf{H}_{2n} = \begin{pmatrix} \mathbf{H}_n & \mathbf{H}_n \\ \mathbf{H}_n & -\mathbf{H}_n \end{pmatrix}, \quad \mathbf{H}_1 = (1) .$$

Diese Matrizen heißen auch Sylvester-Matrizen. Deren Konstruktion ist identisch der von RM-Codes erster Ordnung (vergleiche Satz 5.2). Die Zeilen der Matrix entsprechen den um Null erweiterten Codeworten des Simplex-Codes und stellen damit eine Menge orthogonaler Sequenzen dar. Es gilt der entsprechende Zusammenhang zu den Simplex-, Hamming- und RM-Codes erster Ordnung.

Beispiel 5.9 (Hadamard-Matrizen der Ordnung 2, 4 und 8) Wir wollen die Hadamard-Matrix der Ordnung 2 benutzen, um die der Ordnung 4 zu konstruieren. Dabei soll 1 als $+$ und -1 als $-$ bezeichnet werden:

$$\mathbf{H}_2 = \begin{pmatrix} + & + \\ + & - \end{pmatrix} \implies \mathbf{H}_4 = \begin{pmatrix} \mathbf{H}_2 & \mathbf{H}_2 \\ \mathbf{H}_2 & -\mathbf{H}_2 \end{pmatrix} = \left(\begin{array}{cc|cc} + & + & + & + \\ + & - & + & - \\ \hline + & + & - & - \\ + & - & - & + \end{array} \right) .$$

Entsprechend ergibt sich $\mathbf{H}_8$ zu:

$$\mathbf{H}_8 = \begin{pmatrix} \mathbf{H}_4 & \mathbf{H}_4 \\ \mathbf{H}_4 & -\mathbf{H}_4 \end{pmatrix} = \left(\begin{array}{cccc|cccc} + & + & + & + & + & + & + & + \\ + & - & + & - & + & - & + & - \\ + & + & - & - & + & + & - & - \\ + & - & - & + & + & - & - & + \\ \hline + & + & + & + & - & - & - & - \\ + & - & + & - & - & + & - & + \\ + & + & - & - & - & - & + & + \\ + & - & - & + & - & + & + & - \end{array} \right) .$$

$\diamond$

Anmerkung: Es ist bekannt, daß Hadamard-Matrizen nicht existieren können falls $4 \nmid n$ gilt (Ausnahme $n = 2$). Ein ungelöstes Problem ist, ob sie für alle Werte $n = 4 \cdot i$, $i \in \mathbb{N}$, existieren.

5.2 Reed-Muller-Codes höherer Ordnung

Das Konstruktionsprinzip der RM-Codes der Ordnung 1 kann auf höhere Ordnungen erweitert werden. Man erhält dadurch die Klasse der binären RM-Codes. Dazu benötigen wir die Definition der Booleschen Funktionen, die wir durch das folgende Beispiel aus [McWSl] veranschaulichen wollen.

Beispiel 5.10 (Boolesche Funktionen) Die Booleschen Funktionen der Ordnung $0, 1,$ $\ldots, m$ lassen sich am einfachsten durch ein Beispiel definieren. Für $m = 4$ lauten sie wie folgt:

$$
\begin{array}{rcllll}
\mathbf{1} &=& 1111 & 1111 & 1111 & 1111 \\
v_4 &=& 0000 & 0000 & 1111 & 1111 \\
v_3 &=& 0000 & 1111 & 0000 & 1111 \\
v_2 &=& 0011 & 0011 & 0011 & 0011 \\
v_1 &=& 0101 & 0101 & 0101 & 0101 \\
v_3 \cdot v_4 &=& 0000 & 0000 & 0000 & 1111 \\
v_2 \cdot v_4 &=& 0000 & 0000 & 0011 & 0011 \\
v_1 \cdot v_4 &=& 0000 & 0000 & 0101 & 0101 \\
v_2 \cdot v_3 &=& 0000 & 0011 & 0000 & 0011 \\
v_1 \cdot v_3 &=& 0000 & 0101 & 0000 & 0101 \\
v_1 \cdot v_2 &=& 0001 & 0001 & 0001 & 0001 \\
v_2 \cdot v_3 \cdot v_4 &=& 0000 & 0000 & 0000 & 0011 \\
v_1 \cdot v_3 \cdot v_4 &=& 0000 & 0000 & 0000 & 0101 \\
v_1 \cdot v_2 \cdot v_4 &=& 0000 & 0000 & 0001 & 0001 \\
v_1 \cdot v_2 \cdot v_3 &=& 0000 & 0001 & 0000 & 0001 \\
v_1 \cdot v_2 \cdot v_3 \cdot v_4 &=& 0000 & 0000 & 0000 & 0001 \quad .
\end{array}
$$

Dabei hat $\mathbf{1}$ die Ordnung 0 sowie v_1, v_2, v_3, v_4 die Ordnung 1, alle möglichen unterschiedlichen Produkte von zwei Vektoren die Ordnung 2, usw. Letztlich hat $v_1 \cdot v_2 \cdot v_3 \cdot v_4$ die Ordnung 4. $\diamond$

Definition 5.10 (RM-Code) *Die Generatormatrix* $\mathbf{G}_\mathcal{R}$ *eines RM-Codes* $\mathcal{R}(r, m)$ *der Ordnung* r *besteht aus der Matrix der Booleschen Funktionen der Ordnung* $0, 1 \ldots, r$. *Der Code hat die Länge* $n = 2^m$, *die Dimension* $k = 1 + \binom{m}{1} + \binom{m}{2} + \cdots + \binom{m}{r}$ *und die Mindestdistanz* $d = 2^{m-r}$. *Somit ist* $\mathcal{R}(r, m)$ *ein binärer* $(2^m, k, 2^{m-r})$-*Code.*

Die Generatormatrix ist eine $(k \times n)$-Matrix. Gemäß ihrer Konstruktion gibt es offensichtlich 2^m Spalten und k Zeilen. Zum Beweis der Mindestdistanz wird auf Satz 5.11 verwiesen.

Beispiel 5.11 ($(16, 11, 4)$-RM-Code) Der $\mathcal{R}(2, 4)$ ist ein binärer $(16, 11, 4)$-Code mit der Generatormatrix

$$
\mathbf{G} = \begin{pmatrix}
1111 & 1111 & 1111 & 1111 \\
0000 & 0000 & 1111 & 1111 \\
0000 & 1111 & 0000 & 1111 \\
0011 & 0011 & 0011 & 0011 \\
0101 & 0101 & 0101 & 0101 \\
0000 & 0000 & 0000 & 1111 \\
0000 & 0000 & 0011 & 0011 \\
0000 & 0000 & 0101 & 0101 \\
0000 & 0011 & 0000 & 0011 \\
0000 & 0101 & 0000 & 0101 \\
0001 & 0001 & 0001 & 0001
\end{pmatrix} \quad .
$$

$\diamond$

Eine Methode, um aus gegebenen Codes einen neuen Code zu konstruieren, stellt die sogenannte $|\mathbf{u}|\mathbf{u} + \mathbf{v}|$-Konstruktion dar. Diese Konstruktion geht auf Plotkin [Plo60] aus dem Jahre 1959 zurück. Die RM-Codes können damit rekursiv berechnet werden.

Satz 5.11 ($|\mathbf{u}|\mathbf{u} + \mathbf{v}|$-Konstruktion) *Ein RM-Code der Ordnung $r + 1$ und der Länge $2n = 2 \cdot 2^m$ kann aus RM-Codes der Ordnungen r und $r + 1$ der Länge $n = 2^m$ wie folgt konstruiert werden:*

$$\mathcal{R}(r + 1, m + 1) = \{|\mathbf{u}|\mathbf{u} + \mathbf{v}| : \mathbf{u} \in \mathcal{R}(r + 1, m), \mathbf{v} \in \mathcal{R}(r, m)\} \ .$$

Beweis: Wir wollen die sogenannte $|\mathbf{u}|\mathbf{u} + \mathbf{v}|$-Konstruktion allgemeiner betrachten und zunächst zeigen, daß der konstruierte Code im Falle von RM-Codes $\mathcal{R}(r + 1, m)$ und $\mathcal{R}(r, m)$ identische Parameter besitzt, wie der RM-Code $\mathcal{R}(r + 1, m + 1)$. Seien

$$\mathcal{C}_u(n, k_u, d_u) \quad \text{und} \quad \mathcal{C}_v(n, k_v, d_v)$$

zwei binäre Codes. Der Code

$$\mathcal{C} := \{|\mathbf{u}|\mathbf{u} + \mathbf{v}| : \mathbf{u} \in \mathcal{C}_u, \mathbf{v} \in \mathcal{C}_v\}$$

hat die Länge $2n$ und die Dimension $k = k_u + k_v$. Für die Mindestdistanz gilt:

$$\text{dist}(\mathcal{C}) = \min\{2d_u, d_v\}.$$

Betrachten wir zwei unterschiedliche Codewörter $\mathbf{a} \neq \mathbf{b}$ aus $\mathcal{C}$

$$\mathbf{a} = |\mathbf{u}|\mathbf{u} + \mathbf{v}| \quad \text{und} \quad \mathbf{b} = |\mathbf{u}'|\mathbf{u}' + \mathbf{v}'|.$$

1.Fall $\mathbf{v} = \mathbf{v}'$:

$$\text{dist}(\mathbf{a}, \mathbf{b}) = 2\,\text{dist}(\mathbf{u}, \mathbf{u}') \geq 2 \cdot d_u.$$

2.Fall $\mathbf{v} \neq \mathbf{v}'$:

$$
\begin{aligned}
\text{dist}(\mathbf{a}, \mathbf{b}) &= \text{dist}(\mathbf{u}, \mathbf{u}') + \text{dist}(\mathbf{u} + \mathbf{v}, \mathbf{u}' + \mathbf{v}') \\
&= \text{wt}(\mathbf{u} - \mathbf{u}') + \text{wt}(\mathbf{u} - \mathbf{u}' + \mathbf{v} - \mathbf{v}') \\
&\geq \text{wt}(\mathbf{u} - \mathbf{u}') - \text{wt}(\mathbf{u} - \mathbf{u}') + \text{wt}(\mathbf{v} - \mathbf{v}') = \text{wt}(\mathbf{v} - \mathbf{v}') \\
&\geq d_v \ .
\end{aligned}
$$

Auf RM Codes angewendet:

$$\mathcal{C}_u = \mathcal{R}(r + 1, m), \ \mathcal{C}_v = \mathcal{R}(r, m), \ \mathcal{C} = \mathcal{R}(r + 1, m + 1)$$

$$d_u = 2^{m-r-1}, \ d_v = 2^{m-r} \implies d = 2^{m-r} \ .$$

Die Länge ist offensichtlich $2 \cdot 2^m = 2^{m+1}$. Für die Dimension gilt:

$$\binom{m + 1}{r + 1} = \binom{m}{r + 1} + \binom{m}{r}$$

und somit $k = k_u + k_v$.

Die Parameter entsprechen somit denen des RM-Codes $\mathcal{R}(r+1, m+1)$. Daß dieser Code identisch mit dem RM-Code ist, folgt aus der Tatsache, daß die Generatormatrix eines doppelt langen RM-Codes aus der eines RM-Codes wie folgt aufgebaut werden kann:

$$\mathbf{G}_{|u|u+v|} = \begin{pmatrix} \mathbf{G_u} & \mathbf{G_u} \\ \mathbf{0} & \mathbf{G_v} \end{pmatrix} .$$

Somit sind sowohl $\mathbf{u}$ als auch $\mathbf{u} + \mathbf{v}$ sowie $|\mathbf{u}|\mathbf{u} + \mathbf{v}|$ RM-Codeworte. $\qquad\square$

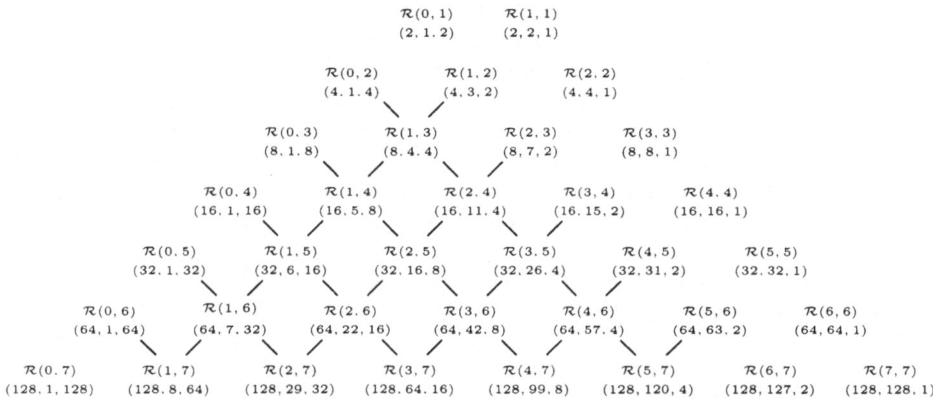

Bild 5.3: Baumstruktur der RM-Codes.

Die Möglichkeit der rekursiven Berechnung von RM-Codes erlaubt eine Beschreibung als verketteter Code (vergleiche Abschnitt 9.5). Damit ergeben sich auch effiziente Decodieralgorithmen. Die Konstruktion von RM-Codes kann als Baum entsprechend Bild 5.3 angeben werden.

Satz 5.12 (Dualer RM-Code) *(Ohne Beweis) Der duale Code eines RM-Codes ist ebenfalls ein RM-Code, es gilt:*

$$\mathcal{R}^{\perp}(r, m) = \mathcal{R}(m - r - 1, m) .$$

Die Klasse der RM-Codes kann auf viele unterschiedliche Arten beschrieben werden. Wir haben uns hier auf die über Boolesche Funktionen und die der rekursiven Berechnung beschränkt. Für weitere Beschreibungsformen sei auf [McWSl], [WLK$^+$94] und [For88b] verwiesen.

5.3 q-wertige Hamming-Codes

In diesem Abschnitt wollen wir q-wertige Hamming-Codes, entsprechend den binären in Abschnitt 1.5, definieren. Dabei ist q die Potenz einer Primzahl. Wir benötigen eine Prüfmatrix, die paarweise linear unabhängige Spalten hat, die aus $GF(q)^h$ sind, d.h. $\mathbf{h}_i = (h_0^i, h_1^i, \ldots, h_{h-1}^i)^T$ mit $h_j^i \in GF(q)$.

Definition 5.13 (q-wertige Hamming-Codes) *Gegeben sei $GF(q)$ und eine ganze Zahl $h \geq 1$. Die Matrix aus $n = (q^h - 1)/(q - 1)$ paarweise linear unabhängigen Spalten aus $GF(q)^h$ ist die Prüfmatrix eines $(n, n - h, 3)$ Hamming-Codes über $GF(q)$.*

Die Zahl $q^h - 1$ ist durch $q - 1$ teilbar, denn es gilt:

$$(q - 1) \cdot (q^{h-1} + q^{h-2} + \cdots + 1) = q^h - 1.$$

Die Anzahl der möglichen linear unabhängigen Spalten und damit die maximale Länge ist $n = (q^h - 1)/(q - 1)$, denn es gibt $q^h - 1$ von Null verschiedene Vektoren in $GF(q)^h$. Jedoch können aus einem Vektor $\mathbf{a} \in GF(q)^h$ durch Multiplikation mit den $q - 1$ von Null verschiedenen Elementen aus $GF(q)$ genau $q - 1$ linear abhängige Vektoren erzeugt werden. Die Dimension $k = n - h$ ergibt sich durch den Rang h der Prüfmatrix. Die Mindestdistanz ist $d = 3$, bedingt durch die Konstruktion der Prüfmatrix (paarweise linear unabhängige Spalten, d. h. $d \geq 3$) und der Tatsache, daß der Code gemäß des folgenden Satzes perfekt ist ($d \leq 3$).

Satz 5.14 (q-wertige Hamming-Codes sind perfekt) *Gegeben sei $GF(q)$ und eine ganze Zahl $h \geq 1$. q-wertige $(n, n - h, 3)$-Hamming-Codes über $GF(q)$ sind perfekt.*

Beweis: Die Hamming-Schranke ist mit Gleichheit erfüllt, denn es gilt:

$$q^{n-h} \cdot \sum_{i=0}^{1} \binom{n}{i} \cdot (q - 1)^i = q^{n-h} \cdot (1 + n \cdot (q - 1)) = q^n \ . \tag{5.1}$$

$\square$

Beispiel 5.12 (q-wertiger Hamming-Code) Es sei $q = 5$ und $h = 2$. Damit errechnet sich die maximale Länge zu $n = (5^2 - 1)/(5 - 1) = 6$. Eine mögliche Prüfmatrix ist

$$\mathbf{H} = \begin{pmatrix} 0 & 1 & 1 & 1 & 1 & 1 \\ 1 & 0 & 1 & 2 & 3 & 4 \end{pmatrix} \ .$$

Die Dimension ist 4, und die Mindestdistanz ist 3, denn:

- Beliebige zwei Spalten sind linear unabhängig.

- Es existieren drei Spalten, die linear abhängig sind, etwa

$$\begin{pmatrix} 0 \\ 1 \end{pmatrix} + \begin{pmatrix} 1 \\ 0 \end{pmatrix} + 4 \cdot \begin{pmatrix} 1 \\ 1 \end{pmatrix} = \begin{pmatrix} 5 \\ 5 \end{pmatrix} = \begin{pmatrix} 0 \\ 0 \end{pmatrix} \quad \text{mod } 5 \ .$$

$\diamond$

Konstruktion als nicht-primitiver BCH-Code: BCH-Codes können entsprechend Kapitel 4, Abschnitt 4.4.2, als Subfield-Subcodes über $GF(q^x)$ definiert werden, d. h. die Koeffizienten der Codeworte stammen aus $GF(q \geq 2)$. Dazu benötigen wir ein Element der Ordnung n in $GF(q^x)$. Wählen wir n zu $n = (q^h - 1)/(q - 1)$, dann folgt $n \mid (q^h - 1)$. Dies bedeutet, daß in $GF(q^x)$ ein Element der Ordnung $n = (q^h - 1)/(q - 1)$ existiert.

Berechnen wir die Kreisteilungsklasse

$$K_1 = \{1, q, q^2, \ldots, q^{h-1}\} \mod n .$$

Es gilt: $q^h = n \cdot (q-1) + 1 = 1 \mod n$. Dadurch hat das Generatorpolynom den Grad h und somit der Code die Dimension $k = n - h$. Bleibt noch die Mindestdistanz. Stellen wir mit Hilfe der h zyklischen Verschiebungen des Prüfpolynoms $h(x) = x^n - 1 : g(x)$ eine Prüfmatrix $\mathbf{H}$ auf, so sind darin beliebige 2 Spalten linear unabhängig, d. h. der Code hat die Mindestdistanz $d \geq 3$. Aber die Hamming-Schranke ist gemäß Gleichung 5.1 mit Gleichheit erfüllt und daher muß $d \leq 3$ sein, konsequenterweise ist $d = 3$. Damit haben wir den folgenden Satz bewiesen:

Satz 5.15 (q-wertiger Hamming-Code als nicht-primitiver BCH-Code)
Sei $\alpha \in GF(q^h)$, $h \geq 1$, ein Element der Ordnung $n = (q^h - 1)/(q-1)$. Der Code mit dem Generatorpolynom

$$g(x) = (x - \alpha) \cdot (x - \alpha^q) \cdot (x - \alpha^{q^2}) \cdot \cdots \cdot (x - \alpha^{q^{h-1}})$$

ist ein perfekter $(n, n - h, 3)$-Hamming-Codes über $GF(q)$.

Beispiel 5.13 (q-wertiger Hamming-Code als nicht-primitiver BCH-Code)
Wählen wir die Parameter von Beispiel 5.12, so erhalten wir

$$n = (5^2 - 1)/(5 - 1) = 24/4 = 6.$$

Ein primitives Polynom über $GF(5)$ vom Grad 2 ist $p(x) = 2 + x + x^2$. Die Kreisteilungsklassen sind

$$K_i = \{i \cdot q^j \mod n, \ j = 0, 1, \ldots, h - 1\}$$

$$K_0 = \{0\} \qquad K_2 = \{2, 4\}$$
$$K_1 = \{1, 5\} \qquad K_3 = \{3\} .$$

Die Kreisteilungsklasse K_1 führt zu einem Code mit der geplanten Mindestdistanz $d = 2$, da sie keine aufeinanderfolgenden Nullstellen aufweist. Nehmen wir die Kreisteilungsklasse K_0 hinzu ($K_0 \cup K_1 = \{0, 1, 5\}$), so kann damit ein Code mit der geplanten Mindestdistanz $d = 4$ konstruiert werden. Dies ist jedoch identisch mit dem Streichen aller Codeworte ungeraden Gewichts aus dem Code, der nur über K_1 definiert ist und führt zu einer Distanzerhöhung um 1 falls die Mindestdistanz vorher ungerade war. Somit hatte der ursprüngliche Code eine tatsächliche Mindestdistanz $\delta = 3$. ◇

Beispiel 5.14 (5-wertiger Hamming-Code der Länge 31) Wählen wir $q = 5$ und $h = 3$, so erhalten wir die Länge

$$n = \frac{5^3 - 1}{5 - 1} = 5^2 + 5 + 1 = 31 ,$$

d. h. einen $(31, 31 - 3 = 28, 3)$-Code. Die Kreisteilungsklassen sind

$$K_i = \{i \cdot q^j \mod n, \ j = 0, 1, \ldots, h - 1\}$$

$$K_0 = \{0\}, \qquad K_4 = \{4, 20, 7\}, \qquad K_{12} = \{12, 29, 21\},$$
$$K_1 = \{1, 5, 25\}, \qquad K_6 = \{6, 30, 26\}, \qquad K_{16} = \{16, 18, 28\},$$
$$K_2 = \{2, 10, 19\}, \qquad K_8 = \{8, 9, 14\}, \qquad K_{17} = \{17, 23, 22\},$$
$$K_3 = \{3, 15, 13\}, \qquad K_{11} = \{11, 24, 27\} \ .$$

Bei Verwendung von K_8 zur Berechnung des Generatorpolynoms ergibt sich die geplante Mindestdistanz $d = 3$.   ◇

5.4 Quadratische-Reste-Codes

Die Quadratische-Reste-Codes (QR-Codes) gehören mit zu den besten bekannten Codes. Wir wollen hier nur die binären QR-Codes beschreiben, die folgendermaßen definiert sind:

Definition 5.16 (QR-Code) *Sei $p = 8m \pm 1$ eine Primzahl, sei $\mathcal{M}_Q$ die Menge der quadratischen Reste bezüglich p (Abschnitt 2.6) und sei α ein Element der Ordnung p aus $GF(2^l)$ (Definition 2.23), so hat ein QR-Code das Generatorpolynom:*

$$g(x) := \prod_{i \in \mathcal{M}_Q} (x - \alpha^i) \ .$$

Satz 5.17 (Parameter des QR-Codes) *Die Länge eines QR-Codes ist $n = p$, die Dimension k ist: $k = \frac{p+1}{2}$, und für die Mindestdistanz d gilt: $d^2 \geq p$ für $p = 8m + 1$ und $d^2 - d + 1 > p$ für $p = 8m - 1$.*

QR-Codes sind also zyklische Codes. Benutzt man zur Definition des Generatorpolynoms die Komplementmenge der quadratischen Reste $\overline{\mathcal{M}_Q}$ mit:

$$\overline{\mathcal{M}_Q} := \{i \mid i \notin M_Q, \ i = 1, 2, \ldots, p-1\} \ ,$$

so erhält man damit einen äquivalenten QR-Code mit dem Generatorpolynom:

$$\overline{g(x)} := \prod_{i \in \overline{\mathcal{M}_Q}} (x - \alpha^i) \ .$$

Es gilt

$$g(x) \cdot \overline{g(x)} \cdot (x - 1) = x^p - 1.$$

Ebenso wie bei BCH-Codes kann man den Faktor $(x - 1)$ bei der Definition des Generatorpolynoms hinzurechnen, d. h. man verwendet $g(x) \cdot (x - 1)$ bzw. $\overline{g(x)} \cdot (x - 1)$ als Generatorpolynome. Das bedeutet, daß man aus dem Code, der durch $g(x)$ bzw. $\overline{g(x)}$ definiert ist, nur die geradgewichtigen Codewörter auswählt. Man kann einen QR-Code – ebenso wie bei BCH-Codes – auch erweitern oder verkürzen (Abschnitt 4.3).

Beispiel 5.15 (Golay-Code) Der Golay-Code $\mathcal{G}_{23}$ von Beispiel 4.5 ist ein QR-Code, $23 = 3 \cdot 8 - 1$, und 23 ist eine Primzahl:

$$M_Q = \{1, 4, 9, 16, 2, 13, 3, 18, 12, 8, 6\} \ .$$

Die Menge $\mathcal{M}_Q$ der quadratischen Reste ist identisch der Kreisteilungsklasse K_1 aus Beispiel 4.5. Die Dimension k ist $k = \frac{p+1}{2} = 12$. Für die Mindestdistanz gilt:

$$d^2 - d + 1 \geq p = 23 \implies d \geq 6.$$

Das Element der Ordnung p errechnet sich ebenfalls wie in Beispiel 4.5 zu $\alpha^{89} \in GF(2^{11})$. Damit erhält man auch dasselbe Generatorpolynom:

$$g(x) = x^{11} + x^9 + x^7 + x^6 + x^5 + x + 1 \ .$$

Berechnen wir noch das Generatorpolynom $\overline{g(x)}$ des äquivalenten Codes:

$$\begin{aligned}
\overline{g(x)} &= (x^{23} - 1) : ((x - 1) \cdot g(x)) \\
&= (x^{23} - 1) : x^{12} + x^{11} + x^{10} + x^9 + x^8 + x^5 + x^2 + 1 \\
&= x^{11} + x^{10} + x^6 + x^5 + x^4 + x^2 + 1 \ .
\end{aligned}$$

Das Generatorpolynom $\overline{g(x)}$ ist $g(x)$ *rückwärtsgelesen* (vergleiche Abschnitt 4.1.4), d. h. $\overline{g(x)}$ entspricht $m_{1958}(x)$ wegen $-89 = 1958 \mod (2^{11} - 1)$. $\diamond$

QR-Codes können mit dem algebraischen Decodierverfahren aus Kapitel 3 nicht bis zur halben Mindestdistanz decodiert werden. Wir werden jedoch in Kapitel 7 Decodierverfahren kennenlernen, die geeignet sind, um QR-Codes bis zur halben wirklichen Mindestdistanz und darüber hinaus zu korrigieren.

QR-Codes können ebenfalls erweitert werden. Die Erweiterung des Golay-Codes $\mathcal{G}_{23}$ um eine Stelle ergibt den Golay-Code $\mathcal{G}_{24}$ mit der Länge $n = 24$, der Dimension $k = 12$ und der Mindestdistanz $d = 8$. Dieser Code ist zwar nicht perfekt, hat aber derart herausragende Symmetrieeigenschaften, daß er in vielen Bereichen Bedeutung erlangt hat, u. a. in der Signaltheorie, um Modulationssignale optimal im Raum zu verteilen ([CoSl]).

5.5 Konsta- und negazyklische Codes

Konstazyklische Codes sind eine Verallgemeinerung der bereits beschriebenen zyklischen Codes. Wir wollen zunächst noch einmal die bekannten Eigenschaften der zyklischen Codes auflisten.

Die Menge aller Polynome mit Koeffizienten aus $GF(q)$ vom Grad $< n$ stellt den Ring $\mathcal{R} = GF(q)[x]/(x^n - 1)$ dar, d. h. die Menge aller Polynome wird modulo $x^n - 1$ betrachtet. Damit sind die Codeworte der zyklischen RS- und BCH-Codes Elemente des Ringes $\mathcal{R}$ mit der primitiven Länge $n = q^m - 1$. Entsprechend Abschnitt 4.4.2 können wir folgende Interpretation verwenden: Für RS-Codes ist $q = p^s$ und $m = 1$, und für BCH-Codes gilt $q = p$ und $m > 1$. Die Multiplikation in $\mathcal{R}$ wird modulo $(x^n - 1)$ durchgeführt, d. h. $x^n = 1$. Eine zyklische Verschiebung eines Codewortes $c(x)$ in ein anderes Codewort $c^*(x)$ ergibt sich wie folgt:

$$\begin{aligned} c^*(x) &= x(c_0 + c_1 x + \cdots + c_{n-1} x^{n-1}) \\ &= c_0 x + \cdots + c_{n-2} x^{n-1} + c_{n-1} x^n \\ &= c_{n-1} + c_0 x + \cdots + c_{n-2} x^{n-1} . \end{aligned}$$

Für jedes $\beta \in GF(q^m)\backslash\{0\}$ gilt $\beta^n = 1 \mod q^m$. Die Nullstellen des Polynoms $x^n - 1$ sind genau alle Elemente des Körpers $GF(q^m)$ ungleich 0. Das Polynom $x^n - 1$ ist das Produkt minimaler Polynome mit Koeffizienten aus $GF(q)$, wobei für $m = 1$ die minimalen Polynome Linearfaktoren sind, d. h. mit der Form $(x - \alpha)$ Das Generatorpolynom des zyklischen Codes ist ein Produkt aus minimalen Polynomen und somit ein Teiler des Polynoms $x^n - 1$.

Die Codeworte eines konstazyklischen Codes sind Elemente des polynomialen Ringes $GF(q)[x]/(x^N - \xi)$. Dabei ist N ein Teiler von $q^m - 1$ und $\xi \in GF(q)\backslash\{0\}$ ein Element der Ordnung $r = \frac{q-1}{N}$. Damit gilt $x^N \equiv \xi$ und eine konstazyklische Verschiebung eines Codewortes $c(x)$ in ein anderes Codewort $c^*(x)$ ergibt sich durch:

$$\begin{aligned} c^*(x) &= x(c_0 + c_1 x + \cdots + c_{N-1} x^{N-1}) \\ &= c_0 x + \cdots + c_{N-2} x^{N-1} + c_{N-1} x^N \\ &= \xi c_{N-1} + c_0 x + \cdots + c_{N-2} x^{N-1} . \end{aligned}$$

Ist α ein primitives Element in $GF(q^m)$, und $\xi = \alpha^{bN}$, dann ist

$$\mathcal{N} = \{\alpha^{b+ir} \mid i \in \{0, \dots, N-1\}\}$$

die Menge der Nullstellen des Polynoms $(x^N - \xi)$, das sich wiederum als Produkt minimaler Polynome mit Nullstellen aus $\mathcal{N}$ darstellen läßt. Ein Generatorpolynom eines konstazyklischen Codes ist auch hier ein Produkt solcher minimaler Polynome und somit Teiler des Polynoms $(x^N - \xi)$.

Ein konstazyklischer Code wird für $\xi = -1$ negazyklischer Code genannt. Wir wollen im folgenden durch zwei Beispiele die obigen Definitionen veranschaulichen.

Beispiel 5.16 (Negazyklischer Code) Es sei $p > 2$ eine Primzahl, dann ist $GF(p)$ isomorph zu dem modularen Ring $\mathbb{Z}_p = \{ \frac{-(p-1)}{2}, \dots, 0, \dots, \frac{(p-1)}{2} \}$. Die Länge eines negazyklischen Codes ist $N = \frac{q-1}{2}$. Das entsprechende Element $\xi = \alpha^N \equiv -1$ hat dann die Ordnung 2 und die Nullstellen des Polynoms $x^N + 1$ sind alle Elemente der Form α^{1+2i}, $i = 0, \dots N - 1$. Z. B. ist für $q = p = 11$ das Polynom

$$g(x) = (x - \alpha)(x - \alpha^3)(x - \alpha^5)$$

das Generatorpolynom eines negazyklischen Codes $\mathcal{C}(5, 2, 4)$, dessen Mindestdistanz bei Verwendung der Lee-Metrik $d_L = 8$ ist (vergleiche Abschnitt A.1 zur Metrik). Die wesentliche Eigenschaft dieser Codes ist, daß sie bezüglich der Lee-Metrik algebraisch decodiert werden können. Wird als Übertragungsverfahren q-PSK Modulation verwendet, so kann ein Code und Modulation gemeinsam algebraisch decodiert werden. $\diamond$

Beispiel 5.17 (Konstazyklischer Code) Über dem Symbolalphabet $GF(2^4)$ kann ein konstazyklischer Code der Länge $N = \frac{2^4 - 1}{5} = 3$ konstruiert werden. Die Ordnung des entsprechenden Elements ξ muß dann gleich 5 sein, also z. B. $\xi = \alpha^3$. Die Nullstellen des Polynoms $x^3 + \alpha^3$ sind alle Elemente der Form α^{1+5i}, $i = 0, \dots 2$. Z. B. ist

$$g(x) = (x - \alpha)(x - \alpha^6)$$

das Generatorpolynom eines konstazyklischen Codes $\mathcal{C}(3, 1, 3)$ über $GF(2^4)$. Eine interessante Eigenschaft der konstazyklischen Codes über $GF(p^s)$ ist, daß ihr Abbild in $GF(p)$ einem Untercode eines gekürzten BCH-Codes über $GF(p)$ entspricht, dessen Hamming-Distanz größer als die des konstazyklischen Codes sein kann. Das binäre Abbild des konstazyklischen Codes $\mathcal{C}(3, 1, 3)$ in diesem Beispiel ist ein gekürzter BCH-Code $\mathcal{C}(12, 4, 5)$.   ◇

Es existieren damit zahllose Möglichkeiten, konstazyklische Codes und deren negazyklische Spezialfälle zu konstruieren, auf die wir hier nicht näher eingehen wollen. Für eine weitergehende Darstellung sei auf [Ber] verwiesen.

5.6 Codes durch binäre Interpretation von $q = 2^m$ und $\mathbb{Z}_4$

Die binäre Interpretation von Codes über $GF(q = 2^m)$ stellt eine interessante Möglichkeit zur Konstruktion von binären Codes dar. Insbesondere wurden in [VB91] RS-Codes über $GF(2^m)$ binär interpretiert und in [Nec91], [HKC$^+$94] und [CMKH96] bekannte nichtlineare binäre Codes, nämlich Nordstrom-Robinson-, Preparata- und Kerdock-Codes, durch binäre Interpretation von linearen Codes über dem Ring $\mathbb{Z}_4$ beschrieben. Dieses Prinzip soll in diesem Abschnitt erläutert werden, da unter der Vielzahl an denkbaren Codes noch einige „Schätze" verborgen sein könnten.

Galois-Ring: Analog der Erweiterungskörper mit Primzahlen definiert man sich mittels Polynomen vom Grad m mit Koeffizienten aus $\mathbb{Z}_a$ einen Galois-Ring $\mathbb{Z}_a^m$. Speziell gilt für $\mathbb{Z}_4$ [HKC$^+$94], daß für jedes primitive Polynom $p(x)$ mit Koeffizienten aus $GF(2)$ vom Grad m (das $GF(2^m)$ erzeugt) ein primitives Polynom $p_4(x)$ existiert, das mit $p(x)$ wie folgt berechnet werden kann: Sei $p(x)$ dargestellt als $p(x) = x \cdot u(x) - v(x)$, wobei $u(x)$ gerade Potenzen und $v(x)$ ungerade Potenzen enthält. Es gilt: $p_4(x^2) = \pm(u^2(x) - v^2(x))$, $p_4(x) = p(x) \mod 2$. Damit kann man ein Element durch $p_4(\zeta) = 0$ und $\zeta \in \mathbb{Z}_4^m$ definieren, das die Ordnung $n = 2^m - 1$ hat.

Beispiel 5.18 (Galois-Ring) Das Polynom $p(x) = x^3 + x + 1$ ist ein primitives Polynom, das $GF(2^3)$ erzeugt. $u(x) = 1$ und $v(x) = x^3 + x$. Damit ist

$$u^2(x) = 1,$$
$$v^2(x) = x^6 + 2x^4 + x^2,$$
$$p_4(x^2) = -x^6 - 2x^4 - x^2 + 1,$$
$$p_4(x) = x^3 + 2x^2 + x - 1,$$

$p(\zeta) = 0$ und ζ hat die Ordnung 7 (7 | 63, $63 = 4^3 - 1$). $\diamond$

Wir wissen, daß gilt: $p_4(x) \mid (x^n - 1)$ und definieren

$$g^{rez}(x) = (x^n - 1) : (p_4(x) \cdot (x - 1)) \text{ mit Grad } n - m - 1$$

und das zugehörige reziproke Polynom

$$g(x) = \left(4 - g^{rez}_{n-m-1}\right) + \left(4 - g^{rez}_{n-m-2}\right) x + \cdots + \left(4 - g^{rez}_0\right) x^{n-m-1}.$$

Definition 5.18 (Zyklische Codes über $\mathbb{Z}_4$) *Wählen wir die Generatorpolynome $g(x)$ und $p_4(x)$, so erhalten wir zueinander duale Codes der Länge $2^m - 1$ über $\mathbb{Z}_4$, die wir mit C_K und C_P bezeichnen wollen. Die Anzahl der Codeworte ist 4^{m+1} bzw. 4^{n-m}.*

Abbildung von $\mathbb{Z}_4$ nach $GF(2^2)$: Für die Abbildung von $\mathbb{Z}_4$ nach $GF(2^2)$ soll folgende Tabelle benutzt werden. Damit können wir die binäre Interpretation der Codes aus Definition 5.18 angeben.

$\mathbb{Z}_4$	$GF(2^2)$
0	00
1	01
2	11
3	10

Beispiel 5.19 (Nordstrom-Robinson-Code) Für $m = 3$ erweitern wir den Code C_K aus Definition 5.18 um eine Prüfstelle aus $\mathbb{Z}_4$ und bilden die Stellen des Codes entsprechend der vorangegangenen Tabelle ab. Der sich ergebende binäre Code ist nichtlinear, hat die Länge 16, $4^4 = 256$ Codeworte und die Mindestdistanz 6.

Er enthält mehr Codeworte als der entsprechende lineare Code der Länge 16 und der Mindestdistanz 6. Interessant ist, daß wir auch den Code C_P aus Definition 5.18 hätten wählen können, um ebenfalls den Nordstrom-Robinson-Code zu erhalten. $\diamond$

Beispiel 5.20 (Kerdock-Code) Für $m \geq 3$, $n = 2^m - 1$, erweitern wir den Code C_K aus Definition 5.18 um eine Prüfstelle aus $\mathbb{Z}_4$. Die binäre Interpretation der $n+1$ Codestellen ergibt den binären Kerdock-Code mit:

$$\text{Länge:} \quad 2n + 2 = 2^{m+1} ,$$
$$\text{Anzahl der Codeworte:} \quad 4^{m+1} ,$$
$$\text{Mindestdistanz:} \quad 2^m - 2^{\frac{m-1}{2}} , \ m \text{ ungerade.}$$

Für gerades $m \geq 2$ ergibt die binäre Interpretation gleiche Länge, gleiche Anzahl der Codeworte und eine Mindestdistanz $d = 2^m - 2^{m/2}$. Allerdings sind diese Codes von untergeordnetem Interesse, da 2-fehlerkorrigierende BCH-Codes bessere Parameter aufweisen. Anmerkung: $m = 3$ führt zum Nordstrom-Robinson-Code aus Beispiel 5.19. $\diamond$

Beispiel 5.21 (Preparata-Code) Für $m \geq 3$, $n = 2^m - 1$, erweitern wir den Code $\mathcal{C}_P$ aus Definition 5.18 um eine Prüfstelle aus $\mathbb{Z}_4$. Die binäre Interpretation der $n+1$ Codestellen ergibt den nicht-binären Preparata-Code mit:

$$\text{Länge:} \quad 2n + 2 = 2^{m+1} \,,$$
$$\text{Anzahl der Codeworte:} \quad 4^{n-m} \,,$$
$$\text{Mindestdistanz:} \quad 6. \qquad \diamond$$

Eine binäre Interpretation kann Vorteile bei der Decodierung bieten, da die einzelnen Bits als Fehler betrachtet werden können und nicht nur die ganzen Symbole. Insbesondere kann die binäre Mindestdistanz auch größer sein als die Symbol-Mindestdistanz. Für weitergehende Studien wird auf [VB91] und [HKC$^+$94] verwiesen.

5.7 Zusammenfassung

Dieses Kapitel wurde gegenüber der 1. Auflage wesentlich erweitert.

Die Klasse der RM-Codes wurde in [Reed54, Mul54] definiert, und Plotkins $|\mathbf{u}|\mathbf{u} + \mathbf{v}|$-Konstruktion [Plo60], mit der die Klasse rekursiv konstruiert werden kann, stammt aus dem Jahre 1951. Zu RM-Codes sind bis heute zahllose Veröffentlichungen erschienen, die sowohl unterschiedliche Interpretationen ihrer Konstruktion angeben, als auch unterschiedliche Decodiermethoden beschreiben. Interessant ist, daß die Hamming-Codes [Ham50], die seit Beginn der Informationstheorie (vor dem Jahre 1950) bekannt sind, heute immer noch eine bedeutende Rolle spielen.

Die QR-Codes wurden durch Assmus und Mattson in einer Reihe von Veröffentlichungen intensiv untersucht, u. a. in [AM63] aus dem Jahre 1963 (für weitere Literaturstellen sei auf [McWSl] oder [HeQu] verwiesen).

Die Verallgemeinerung der zyklischen Codes, d. h. die Klassen der konsta- und negazyklischen Codes, sind in [Ber] beschrieben. Die ersten Arbeiten, die den Ring $\mathbb{Z}_4$ binär interpretieren, gehen auf Nechaev [Nec91] aus dem Jahre 1985 zurück. Weitere Arbeiten sind von Hammons et al. [HKC$^+$94], Helleseth und Calderbank [CMKH96], Kolev [Kol96] und Nechaev und Kuzmin [NK96].

In diesem Abschnitt wurden einige Codeklassen definiert und untersucht. Zunächst haben wir den Zusammenhang zwischen RM-, Simplex-, Hadamard-, Hamming-Codes einerseits und den orthogonalen Walsh-Hadamard-Sequenzen, biorthogonalen Sequenzen und Pseudo-Zufallsfolgen andererseits hergestellt. Dieser Zusammenhang erlaubt eine einfache Berechnung und Konstruktion der Sequenzen und Codes. Wir haben die q-wertigen Hamming-Codes definiert und sie als BCH-Codes interpretiert. Die RM-Codes werden wir in Kapitel 9 als verallgemeinert verkettete Codes beschreiben und daraus einen sehr effizienten Decodieralgorithmus ableiten.

Die Klasse der binären QR-Codes sind recht gute Codes, die leider algebraisch nur sehr unzureichend decodiert werden können. Deshalb werden wir in Kapitel 7 einen

Decodieralgorithmus beschreiben, der diese Codes über die halbe Mindestdistanz hinaus decodieren kann.

Das Konzept zyklischer Codes wurde verallgemeinert und damit die Klassen der konsta- und negazyklischen Codes eingeführt. Diese Definitionen stellen eine interessante Erweiterung algebraischer Codes dar. Für weitergehende Informationen dazu sei auf Berlekamp [Ber] verwiesen. Des weiteren haben wir die binären nicht-linearen Kerdock- und Preparata-Codes und den Nordstrom-Robinson-Code als lineare Codes über dem Zahlenring $\mathbb{Z}_4$ beschrieben. Die möglichen algebraischen Methoden, neue Codes zu konstruieren, konnten hier nicht vollständig beschrieben werden. Es existieren noch weitere Codeklassen (etwa die *Double-Circulant-Codes*, um nur ein Beispiel zu nennen), die alle zu beschreiben den Rahmen des Buches sprengen würde. Einige Codeklassen könnten jedoch ungeahnte Möglichkeiten eröffnen.

Zur Datenübertragung vom Satelliten *Mariner 9* wurde zu Beginn der siebziger Jahre ein Reed-Muller-Code erster Ordnung der Länge 32 verwendet. Damit gehören RM-Codes zu den ersten, praktisch eingesetzten Codes (siehe hierzu auch [Mas92], wo J. Massey u. a. eine Anekdote der ersten beiden Codes zur Satellitenübertragung schildert).

Beim GPS (*Global Positioning System*) werden PN-Sequenzen für verschiedene Zwecke verwendet. Zum einen eine kurze Sequenz für die öffentlich verfügbare Entfernungsmessung durch Korrelation. Zum anderen eine sehr lange geheime Sequenz, die nur für militärische Zwecke genutzt werden kann, da die Sequenz so lang ist, daß sie sich erst nach über einer Woche wiederholt. Die öffentliche PN-Sequenz wird entweder durch das primitive Polynom $x^{10} + x^3 + 1$ oder durch $x^{10} + x^9 + x^8 + x^6 + x^3 + x^2 + 1$ erzeugt. Die nicht-öffentliche Sequenz entsteht durch eine Verknüpfung von vier primitiven Polynomen vom Grad 12 [Kap].

5.8 Übungsaufgaben

Aufgabe 5.1
Der binäre QR-Code der Länge $n = 31$ soll gemäß folgender Fragestellungen untersucht werden:

a) Geben Sie die quadratischen Reste der Zahl $31 = 4 \cdot 8 - 1$ an.

b) Welche Mindestdistanz hat der QR-Code der Länge 31?

c) Wieviele Fehler kann man mit dem algebraischen Decodierverfahren BMA beim QR-Code der Länge 31 decodieren?

Aufgabe 5.2
Konstruieren Sie eine Hadamard-Matrix der Ordnung 12.
Bilden Sie zunächst eine Matrix, die alle zyklischen Verschiebungen der Legendre-Folge $L_{11} = (+ - + + + - - - + - -)$ enthält. Erweitern Sie anschließend diese Matrix in geeigneter Weise.

Aufgabe 5.3
Gegeben sei der Reed-Muller-Code $\mathcal{R}(0,2)$.
Bestimmen Sie die Cosets dieses Codes derart, daß ein Reed-Muller-Code $\mathcal{R}(1,2)$ gebildet wird. Die Cosetleader bilden einen weiteren linearen Code. Geben Sie die Parameter dieses Codes an.

Aufgabe 5.4
Gegeben sei die Generatormatrix

$$
\mathbf{G} = \begin{pmatrix}
1 & 0 & 0 & 0 & 4 & 1 \\
0 & 1 & 0 & 0 & 4 & 2 \\
0 & 0 & 1 & 0 & 4 & 4 \\
0 & 0 & 0 & 1 & 4 & 3
\end{pmatrix}
$$

eines 5-wertigen Hamming-Codes. Empfangen wurde der Vektor $\mathbf{r} = (1\ 4\ 2\ 1\ 1\ 4)$.
Decodieren Sie $\mathbf{r}$ unter der Voraussetzung, daß nicht mehr als eine Stelle fehlerhaft ist.

Aufgabe 5.5
Für die binäre Übertragung über einen bündelfehlergestörten Kanal soll ein Code festgelegt werden. Es ist bekannt, daß sich die Bündelfehler über maximal 20 Bits erstrecken. Weiter ist bekannt, daß nach Auftreten eines Bündelfehlers mindestens 500 Bits fehlerfrei übertragen werden. Zur Auswahl stehen ein BCH-Code der Länge 127, ein BCH-Code der Länge 255 und ein (binär interpretierter) RS-Code der Länge 31.
Legen Sie jeweils den günstigsten Parametersatz fest. Es sollen alle auftretenden Bündelfehler korrigiert werden können. Vergleichen Sie anschließend die Coderaten.

Aufgabe 5.6
Überprüfen Sie, ob es sich in den folgenden 3 Fällen um Codeworte eines Simplex-Codes der Länge 15 handeln kann:

   a) $(1\ 1\ 1\ 1\ 0\ 1\ 0\ 1\ 1\ 0\ 0\ 1\ 0\ 0\ 0)$

   b) $(1\ 1\ 1\ 1\ 1\ 0\ 0\ 1\ 1\ 0\ 0\ 1\ 0\ 0\ 0)$

   c) $(1\ 1\ 1\ 1\ 0\ 1\ 0\ 1\ 1\ 0\ 0\ 1\ 1\ 0\ 0)$

Aufgabe 5.7
Wieviele Codeworte hat der Reed-Muller-Code $\mathcal{R}(5,8)$?

Aufgabe 5.8
Gegeben sei die Hadamard-Matrix

$$
\mathbf{H_8} = \begin{pmatrix}
+ & + & + & + & + & + & + & + \\
+ & - & + & - & + & - & + & - \\
+ & + & - & - & + & + & - & - \\
+ & - & - & + & + & - & - & + \\
+ & + & + & + & - & - & - & - \\
+ & - & + & - & - & + & - & + \\
+ & + & - & - & - & - & + & + \\
+ & - & - & + & - & + & + & -
\end{pmatrix},
$$

sowie der Empfangsvektor $\mathbf{h} = (+\ -\ -\ +\ +\ -\ +\ +)$.
Ermitteln Sie die wahrscheinlichst gesendete Zeile von $\mathbf{H_8}$.

6 Eigenschaften von Block-codes und Trellisdarstellung

In diesem Kapitel sollen einige allgemeine Eigenschaften von Codes beschrieben werden, die für alle Codes gelten, nicht nur für die Klassen, die wir bis jetzt kennengelernt haben. Eine allgemeine Eigenschaft haben wir auch schon erläutert, nämlich die Hamming-Schranke. Wir werden nun zunächst den zu einem Code dualen Code definieren und die Gewichtsverteilung der Codewörter eines Codes untersuchen. Danach erörtern wir eine bestimmte Abbildung (Automorphismus) von Codewörtern, die wir im nächsten Kapitel benötigen, um Decodierverfahren zu beschreiben. Nachdem wir die Gilbert-Varshamov-Schranke hergeleitet haben, beschreiben wir noch die Eigenschaften (*maximum distance separable*, MDS), die speziell RS-Codes besitzen.

Die Blockcodes können auch als Trellis (Netzdiagramm) dargestellt werden. Wir wollen die Definition eines Trellis für lineare Blockcodes angeben, seine Eigenschaften untersuchen und dann das minimale Trellis definieren und Konstruktionsmethoden dafür ableiten. Daraus ergeben sich weitere interessante Eigenschaften des minimalen Trellis bzw. von linearen Blockcodes, die wir dann beschreiben werden.

6.1 Dualer Code und MacWilliams-Identität

Der duale Code wurde bereits in Abschnitt 1.8 eingeführt und die Definition soll im folgenden für zyklische Codes wiederholt werden.

Definition 6.1 (Dualer Code) *Sei C ein zyklischer Code der Länge n mit Codewörtern $a(x)$, $a_i \in GF(q^m)$. Zu jedem Code C existiert ein dualer Code $C^\perp$ mit Codeworten $b(x)$, $b_i \in GF(q^m)$, für die gilt:*

$$C^\perp := \{b(x) \mid \forall_{a(x) \in C} \ a(x) \cdot b(x) = 0 \mod (x^n - 1)\} \ .$$

Offensichtlich ist ein Prüfpolynom $h(x)$ (Prüfmatrix $\mathbf{H}$, siehe Abschnitt 1.2) eines Codes das Generatorpolynom (Generatormatrix $\mathbf{G}$) des dualen Codes, denn es gilt:

$$g(x) \cdot h(x) = x^n - 1 = 0 \mod (x^n - 1) \ ,$$

also auch:

$$(i(x) \cdot g(x)) \cdot (j(x) \cdot h(x)) = (i(x) \cdot j(x)) \cdot (g(x) \cdot h(x)) = 0 \quad \mathrm{mod}\ (x^n - 1) \,,$$

dabei ist $i(x)$ das Informationspolynom von $\mathcal{C}$ und $j(x)$ das von $\mathcal{C}^\perp$.

Anmerkung zur Änderung der Darstellungsform: Wenn eine Generatormatrix aus einem Generatorpolynom $g(x) = g_0 + g_1 x + \ldots + g_{n-k} x^{n-k}$ konstruiert wird, ergibt sich:

$$
\mathbf{G} = \begin{pmatrix}
g_0 & g_1 & \cdots & g_{n-k} & 0 & \cdots & 0 \\
0 & g_0 & g_1 & \cdots & g_{n-k} & 0 & \cdots \\
\vdots & & \ddots & \ddots & & \ddots & \\
0 & \cdots & 0 & g_0 & g_1 & \cdots & g_{n-k}
\end{pmatrix} .
$$

Die zugehörige Prüfmatrix, die aus dem Prüfpolynom $h(x) = h_0 + h_1 x + \ldots + h_k x^k$ gebildet wird, lautet:

$$
\mathbf{H} = \begin{pmatrix}
h_k & h_{k-1} & \cdots & h_0 & 0 & \cdots & 0 \\
0 & h_k & h_{k-1} & \cdots & h_0 & 0 & \cdots \\
\vdots & & \ddots & \ddots & & \ddots & \\
0 & \cdots & 0 & h_k & h_{k-1} & \cdots & h_0
\end{pmatrix} .
$$

Das bedeutet, daß das Generatorpolynom des dualen Codes, um eine passende Darstellung in Matrixdarstellung zu erhalten, lauten müßte:

$$g^\perp(x) = x^k \cdot h\left(\frac{1}{x}\right) \,.$$

Bleibt man jedoch bei der Polynomdarstellung, kann man $h(x)$ als Generatorpolynom des dualen Codes verwenden. Die Polynome $h(x)$ und $g^\perp(x)$ stellen äquivalente Generatorpolynome des dualen Codes dar, d. h. sie definieren denselben Code.

Die Dimension von dualen Codes ist:

$$k^\perp = n - k \,.$$

Für die Mindestdistanz $d^\perp$ gilt:

RS-Codes: $d^\perp = n - d + 2$, wegen

$$
\begin{array}{rcl}
g(x) \circ\!\!-\!\!\bullet\, G(x) &=& \boxed{ \quad \big|\quad 0 } \\[2mm]
h(x) \circ\!\!-\!\!\bullet\, H(x) &=& \boxed{ 0 \quad \big|\quad }
\end{array} .
$$

BCH-Codes: $d^\perp$ kann im allgemeinen nicht analytisch bestimmt werden. Die geplante Mindestdistanz des dualen Codes erhält man durch Abzählen der aufeinanderfolgenden Zahlen in $\overline{\mathcal{M}}$ (siehe Abschnitt 4.1.1).

QR-Codes: Für QR-Codes ist das Polynom $\overline{g(x)}(x-1)$ das Generatorpolynom des zu einem mit Generatorpolynom $g(x)$ dualen Codes (vergleiche Abschnitt 5.4). Wegen dieser Äquivalenz von $g(x)$ und $\overline{g(x)}$ folgt $d^\perp = d + 1$, falls d ungerade ist. Durch den Faktor $(x-1)$ wählt man die geradgewichtigen Codewörter aus.

Im transformierten Bereich ergibt sich für $a(x) \in \mathcal{C}$ und $b(x) \in \mathcal{C}^\perp$:

$$a(x) \cdot b(x) = 0 \quad \mathrm{mod}\ (x^n - 1) \ \circ\!\!\!-\!\!\!\bullet\ A_i \cdot B_i = 0 \quad \mathrm{mod}\ q,\ i = 0, \dots, n-1 \ .$$

Die Definition 6.1 gilt für zyklische Codes. Für nicht-zyklische Codes lautet sie folgendermaßen:

$$\mathcal{C}^\perp := \left\{ \mathbf{b} \in GF(q)^n \,\Big|\, \bigvee_{\mathbf{a} \in \mathcal{C}} : \sum_{i=0}^{n-1} a_i \cdot b_i = 0 \quad \mathrm{mod}\ q \right\} \ .$$

Beispiel 6.1 (Dualer Code) Gegeben sei ein Code $\mathcal{C}$ der Länge $n = 3$, der Mindestdistanz $d = 2$ und der Dimension $k = 2$. Die Codewörter von $\mathcal{C}$ lauten:

$$\mathcal{C} = \{(0,0,0),\ (0,1,1),\ (1,0,1),\ (1,1,0)\} \ .$$

Der duale Code $\mathcal{C}^\perp$ hat die Dimension $k^\perp = n - k = 1$, d.h. er besitzt zwei Codewörter:

$$\mathcal{C}^\perp = \{(0,0,0),\ (1,1,1)\} \ .$$

Die Mindestdistanz von $\mathcal{C}^\perp$ ist: $d^\perp = 3$. Das Generatorpolynom von $\mathcal{C}$ lautet $g(x) = 1 + x$, und das Prüfpolynom $h(x)$ errechnet man durch:

$$(x^3 - 1) : (x + 1) = x^2 + x + 1 \ .$$

Dies ist das Generatorpolynom des dualen Codes $\mathcal{C}^\perp$. $\hfill \diamond$

MacWilliams-Identität

Definition 6.2 (Gewichtsverteilung) *Die Gewichtsverteilung eines Codes $\mathcal{C}$ wird dargestellt durch ein Polynom*

$$W_\mathcal{C}(x, y) = w_0 x^n + w_1 y x^{n-1} + w_2 y^2 x^{n-2} + \cdots + w_n y^n \ ,$$

wobei der Koeffizient w_i angibt, wieviele Codewörter mit (Hamming-) Gewicht i in $\mathcal{C}$ existieren. Der Exponent von x zählt die Nullen, der von y die Einsen bzw. die Elemente ungleich Null eines Codewortes von $\mathcal{C}$.

Hat z.B. ein Code $\mathcal{C}$ die Mindestdistanz d, so ist

$$w_1 = w_2 = \cdots = w_{d-1} = 0 \ .$$

Offensichtlich ist $w_0 = 1$.

Beispiel 6.2 (Gewichtsverteilung) Der Code $\mathcal{C} = \{(0,0,0),\ (0,1,1),\ (1,0,1),\ (1,1,0)\}$
von Beispiel 6.1 hat die Gewichtsverteilung:

$$W_{\mathcal{C}}(x,y) = x^3 + 3xy^2$$

und der duale Code $\mathcal{C}^\perp = \{(0,0,0),\ (1,1,1)\}$:

$$W_{\mathcal{C}^\perp}(x,y) = x^3 + y^3 \ . \qquad\qquad\qquad \diamond$$

Die Kenntnis der Gewichtsverteilung ermöglicht z. B. beim symmetrischen Binärkanal eine exakte Berechnung der Restfehlerwahrscheinlichkeit P_{FBlock}, wenn man
einen Code $\mathcal{C}$ nur verwendet, um aufgetretene Fehler zu erkennen. Ein Decodierfehler tritt nämlich nur dann auf, wenn der Fehler ein Codewort ist. Mit p als
Fehlerwahrscheinlichkeit des BSC errechnet man

$$P_{FBlock} = \sum_{i=d}^{n} w_i \cdot p^i (1-p)^{n-i}, \quad (\text{vergleiche Abschnitt 1.4}).$$

Dabei ist d die Mindestdistanz und n die Länge des verwendeten Codes.

Für kurze Codes läßt sich die Gewichtsverteilung durch Abzählen bestimmen.
Für lange Codes ist sie nur in einigen wenigen Fällen bekannt, u. a. auch für RS-
Codes [Bla]. Es gibt kein generelles Verfahren, um die Gewichtsverteilung eines
binären Codes zu berechnen. Nehmen wir aber an, wir hätten die Gewichtsverteilung eines binären Codes, dann kann damit die Gewichtsverteilung des dualen
Codes berechnet werden. Dies genau leistet die MacWilliams-Identität. Sie verknüpft die Gewichtsverteilung eines Codes $\mathcal{C}$ mit der des dualen Codes $\mathcal{C}^\perp$.

Satz 6.3 (MacWilliams-Identität) *Die MacWilliams-Identität für binäre lineare Codes lautet:*

$$W_{\mathcal{C}^\perp}(x,y) = \frac{1}{|\mathcal{C}|} W_{\mathcal{C}}(x+y, x-y) \ .$$

Beweis: Der Beweis lehnt sich an die Herleitung der MacWilliams-Identität für binäre
lineare Codes in [CW80] an.

Sei $\mathbf{a} = (a_0, \dots, a_{n-1}) \in \mathbb{F}_2^n$ ein binärer Vektor mit dem Hamming-Gewicht $\mathrm{wt}(\mathbf{a}) = t$.
Nehmen wir an, wir würden zufällig binäre Vektoren der Länge n erzeugen, indem wir
jedes Bit mit der Wahrscheinlichkeit ε zu 1 wählen. Die Wahrscheinlichkeit, daß wir
genau den Vektor $\mathbf{a}$ erzeugen, ist dann:

$$P(\mathbf{a}) = \varepsilon^t \cdot (1-\varepsilon)^{n-t} \ .$$

Nehmen wir weiterhin an, wir hätten einen binären linearen Code $\mathcal{C}(n,k,d)$, z. B. definiert
durch seine Prüfmatrix $\mathbf{H}$. Die Gewichtsverteilung unseres Codes sei $W(y) = \sum_{i=0}^{n} w_i y^i$.
Wir definieren das Syndrom $\mathbf{s}(\mathbf{a})$, wie üblich, durch

$$\mathbf{s}(\mathbf{a}) = \mathbf{H} \cdot \mathbf{a}^T \ .$$

Die Idee des Beweises ist, die Wahrscheinlichkeit $P(E)$ des Ereignisses $E : \mathbf{s}(\mathbf{a}) = \mathbf{0}$ auf
zwei Arten zu berechnen.

1. Art:

Für $s(\mathbf{a}) = \mathbf{0}$ muß $\mathbf{a} \in \mathcal{C}$ gelten und damit:

$$P(E) = \sum_{\substack{\mathrm{wt}(\mathbf{a})=t, \\ \mathbf{a} \in \mathcal{C}}} \varepsilon^t \cdot (1-\varepsilon)^{n-t} = \sum_{i=0}^{n} w_t \cdot \varepsilon^t \cdot (1-\varepsilon)^{n-t} \ .$$

Benutzen wir die Gewichtsverteilung $W(y)$ von $\mathcal{C}$, so können wir schreiben:

$$P(E) = (1-\varepsilon)^n \cdot W\left(\frac{\varepsilon}{1-\varepsilon}\right) \ .$$

2. Art:

Sei $\mathbf{H}^*$ eine Matrix, deren Zeilen genau alle 2^{n-k} Codewörter des zu $\mathcal{C}$ dualen Codes $\mathcal{C}^\perp$ sind. Gemäß der Definition des dualen Codes in Abschnitt 6.1 ist das Syndrom $\mathbf{s}^*(\mathbf{a})$, definiert durch

$$\mathbf{s}^*(\mathbf{a}) = \mathbf{H}^* \cdot \mathbf{a}^T \ ,$$

genau dann gleich $\mathbf{0}$, wenn $\mathbf{a} \in \mathcal{C}$. Weiterhin ist das Gewicht für $\mathbf{s}^*(\mathbf{a})$ entweder gleich $\mathbf{0}$ oder genau gleich 2^{n-k-1}, was sich aus den folgenden Überlegungen ergibt:

$\mathbf{H}^*$ kann man sich konstruieren, indem man alle Linearkombinationen der Zeilen der Matrix $\mathbf{H}$ bildet. Damit kann man ebenfalls $\mathbf{s}^*(\mathbf{a})$ aus $\mathbf{s}(\mathbf{a})$ durch entsprechende Addition $(\mathrm{mod}\,2)$ der Koordinaten s_i von $\mathbf{s}(\mathbf{a})$ konstruieren. Da alle Linearkombinationen gebildet werden, entspricht dies der Potenzmenge von $\mathbf{s}(\mathbf{a}) = (s_0, \dots, s_{n-1})$.

Sei $s_i \neq 0$, so ist die Potenzmenge von s_i gleich: $\{(0,1)\}$. Nehmen wir ein beliebiges s_j hinzu, so ist die Potenzmenge von s_i, s_j gleich: $\{(0,1),(0,1)\}$ für $s_j = 0$, und $\{(0,1),(1,0)\}$ für $s_j = 1$, usw. Die Potenzmenge enthält also jeweils zur Hälfte Nullen und Einsen.

Sei $\hat{E}_j$ das Ereignis, daß $s_j^* = 1$ ist. Damit können wir $P(E)$ (die Wahrscheinlichkeit, daß $\mathbf{s}(\mathbf{a}) = \mathbf{0}$ ist) schreiben als:

$$P(E) = 1 - P\left(\hat{E}_1 \cup \hat{E}_2 \cup \dots \cup \hat{E}_{2^{n-k}}\right) \ .$$

Die Wahrscheinlichkeit der Vereinigung sich nicht gegenseitig ausschließender Ereignisse läßt sich berechnen, da wir wissen, daß entweder kein $s_j^* = 1$ ist oder genau 2^{n-k-1} gleich 1 sind. Die Summe

$$\sum_{j=1}^{2^{n-k}} P(\hat{E}_j)$$

ist also gleich 2^{n-k-1} mal der Wahrscheinlichkeit eines Syndroms ungleich Null, d. h.

$$P(E) = 1 - \frac{1}{2^{n-k-1}} \cdot \sum_{j=1}^{2^{n-k}} P(\hat{E}_j) \ .$$

Wir müssen noch $P(\hat{E}_j)$ berechnen. Die Multiplikation der j-ten Zeile der Matrix $\mathbf{H}^*$ mit $\mathbf{a}$ ist genau dann Eins, wenn eine ungerade Anzahl von Einsen in $\mathbf{a}$ an den Stellen steht, an denen die j-te Zeile der Matrix $\mathbf{H}^*$ Eins ist. Sei t_j das Gewicht der j-ten Zeile der Matrix $\mathbf{H}^*$, dann gilt:

$$P(\hat{E}_j) = \sum_{\substack{k=0,\\ k \text{ ungerade}}}^{t_j} \binom{t_j}{k} \varepsilon^k (1-\varepsilon)^{t_j-k} \, .$$

Mit der Beziehung

$$\sum_{\substack{l=0,\\ l \text{ ungerade}}}^{L} \binom{L}{l} a^l b^{L-l} = \frac{1}{2}\left((a+b)^L - (a-b)^L \right)$$

ergibt sich $P(\hat{E}_j)$ zu

$$P(\hat{E}_j) = \frac{1}{2} - \frac{1}{2} \cdot (1-2\varepsilon)^{t_j} \, .$$

Damit erhalten wir $P(E)$, nämlich:

$$
\begin{aligned}
P(E) &= 1 - \frac{1}{2^{n-k-1}} \cdot \sum_{j=1}^{2^{n-k}} \left(\frac{1}{2} - \frac{1}{2}(1-2\varepsilon)^{t_j} \right) \\
&= 1 - \frac{1}{2^{n-k}} \left(\sum_{j=1}^{2^{n-k}} 1 - \sum_{j=1}^{2^{n-k}} (1-2\varepsilon)^{t_j} \right) \\
&= \frac{1}{2^{n-k}} \sum_{i=0}^{n} w_i^{\perp} (1-2\varepsilon)^i \, .
\end{aligned}
$$

Dabei ist $W_{\mathcal{C}^\perp}(y) = \sum_{i=0}^{n} w_i^{\perp} y^i$ die Gewichtsverteilung des dualen Codes.
Setzt man die Ergebnisse beider Herleitungen gleich, so erhält man die MacWilliams-Identität, also:

$$(1-\varepsilon)^n \cdot W \left(\frac{\varepsilon}{1-\varepsilon} \right) = \frac{1}{2^{n-k}} \sum_{i=0}^{n} w_i^{\perp} (1-2\varepsilon)^i \, .$$

Mit den Substitutionen $x = 1$ und $y = 1 - 2\varepsilon$ erhält man die im Satz 6.3 verwendete Darstellung.   □

Beispiel 6.3 (MacWilliams-Identität) Der Code aus Beispiel 6.1 lautet:

$$\mathcal{C} = \{(0,0,0),\ (0,1,1),\ (1,0,1),\ (0,1,1)\} \, ,$$

und seine Gewichtsverteilung (Beispiel 6.2) ist:

$$W_C = x^3 + 3xy^2 \, .$$

Für die Gewichtsverteilung des dualen Codes folgt:

$$
\begin{aligned}
W_{\mathcal{C}^\perp}(x,y) &= \frac{1}{|\mathcal{C}|} W_C(x+y, x-y) = \frac{1}{4}\left((x+y)^3 + 3(x+y)(x-y)^2 \right) \\
&= \frac{1}{4}(x^3 + 3x^2 y + 3xy^2 + y^3 + 3(x^3 - x^2 y - xy^2 + y^3)) \\
&= \frac{1}{4}(4x^3 + 4y^3) = x^3 + y^3 \, .
\end{aligned}
$$

Eine entsprechende Beziehung gilt für nicht-binäre Codes.   ◇

Satz 6.4 (MacWilliams-Identität für nicht-binäre Codes) *(ohne Beweis)*
Die MacWilliams-Identität für nicht-binäre Codes lautet $(GF(q))$:

$$W_{\mathcal{C}^\perp}(x,y) = \frac{1}{|\mathcal{C}|} W_{\mathcal{C}}(x + (q-1)y, x - y) \ .$$

6.2 Automorphismus

Definition 6.5 (Automorphismus) *Ein Automorphismus ϕ ist eine Permutation der Koordinaten eines Codes, und damit eine lineare Abbildung des Codes auf sich selbst:*

$$\phi(\mathcal{C}) = \mathcal{C}, \quad \phi(\mathbf{a}_1 + \mathbf{a}_2) = \phi(\mathbf{a}_1) + \phi(\mathbf{a}_2), \quad \mathbf{a}_1, \mathbf{a}_2 \in \mathcal{C} \ .$$

Bei einem zyklischen Code ist das zyklische Verschieben ein Automorphismus. Bei BCH- und RS-Codes ist auch das Quadrieren ein Automorphismus, denn

$$(i(x) \cdot g(x))^2 \mod (x^n - 1) = (i^2(x) \cdot g(x))g(x) \mod (x^n - 1)$$

ist offensichtlich wieder ein Codewort. Es gilt:

$$a(x)^{2^m} = a(x) \mod (x^n - 1) \ .$$

Bei QR-Codes gilt für $a(x) \in \mathcal{C}$ $(\mod(x^p - 1))$:

$$a(x^i) \in \mathcal{C}, \quad i \in \mathcal{M}_Q \ .$$

Beispiel 6.4 (Automorphismus) Das Generatorpolynom von $\mathcal{G}_{23}$ lautet:

$$g(x) = x^{11} + x^9 + x^7 + x^6 + x^5 + x + 1 \ .$$

Das Polynom $g(x^{13})$ müßte ein Codewort sein, da $13 \in \mathcal{M}_Q$ ist und damit ein Automorphismus von $\mathcal{G}_{23}$:

$$\begin{aligned}
g(x^{13}) &= x^{143} + x^{117} + x^{91} + x^{78} + x^{65} + x^{13} + 1 \\
&= x^5 + x^2 + x^{22} + x^9 + x^{19} + x^{13} + 1 \ .
\end{aligned}$$

Um zu testen, ob $g(x^{13})$ ein Codewort ist, teilen wir durch das Generatorpolynom $g(x)$ und erhalten:

$$(x^{22} + x^{19} + x^{13} + x^9 + x^5 + x^2 + 1) : (x^{11} + x^9 + x^7 + x^6 + x^5 + x + 1)$$
$$= x^{11} + x^9 + x^8 + x + 1 \ ,$$

d. h. $g(x^{13})$ ist ein Codewort. ◇

6.3 Gilbert-Varshamov-Schranke

Die Hamming-Schranke ist eine obere Schranke bezüglich der Parameter eines Codes mit bestimmter Mindestdistanz. Die Gilbert-Varshamov-Schranke ist dagegen eine untere Schranke, die aussagt, daß „gute" Codes existieren, d. h. Codes, die bei gegebenem n und k große Mindestdistanz d besitzen. Selbstverständlich gibt es „schlechte" Codes, die die Gilbert-Varshamov-Schranke nicht erfüllen. Sie kann – wie die Hamming-Schranke – auch für den nicht-binären Fall formuliert werden, wenn die Zeichen aus $GF(q)$ sind.

Eigentlich existieren zwei Schranken, die jeweils von Gilbert und Varshamov unabhängig voneinander gefunden wurden. Wie im Beitrag von T. Ericson in [EEI$^+$89] ausführlich beschrieben ist, handelt es sich dabei um leicht unterschiedliche Ansätze derselben Idee, die jedoch zu verschiedenen Grenzen führen. Diese Tatsache wird in den meisten Büchern zur Codierungstheorie nicht erwähnt.

Wir wollen im folgenden nur die Beweisführung von Varshamov angeben.

Satz 6.6 (Varshamov-Schranke) *Es existiert ein binärer linearer Code der Länge n, der Dimension k und der Mindestdistanz d, für den gilt:*

$$2^k \geq \frac{2^{n-1}}{\sum_{i=0}^{d-2} \binom{n-1}{i}} \ .$$

Beweis: Ein binärer Code der Länge n hat die Mindestdistanz d, wenn beliebige $d-1$ Spalten der Prüfmatrix $\mathbf{H}$ linear unabhängig sind und d Spalten existieren, die linear abhängig sind. Denn $\mathbf{H} \cdot \mathbf{c}^T = \mathbf{0}$ genau dann, wenn $\mathbf{c}$ ein Codewort ist.

Konstruiert man sich eine Prüfmatrix $\mathbf{H}$ ($n-k$ Zeilen und n Spalten) derart, daß keine $d-1$ Spalten linear abhängig sind, so kann man dies folgendermaßen tun: Die erste Spalte kann ein beliebiger binärer Vektor der Länge $n-k$ sein. Seien j Spalten gewählt, so daß beliebige $d-1$ Spalten linear unabhängig sind. Eine $(d-1)$-te Spalte wird aus $d-2$ Spalten konstruiert, d. h. es gibt höchstens

$$\binom{j}{1} + \cdots + \binom{j}{d-2}$$

verschiedene Linearkombinationen, Falls diese Zahl kleiner als $2^{n-k} - 1$ ist, existiert eine weitere Spalte, die man hinzufügen kann. Es muß also gelten:

$$1 + \binom{j}{1} + \cdots + \binom{j}{d-2} < 2^{n-k} \ .$$

Dann kann man eine weitere Spalte hinzufügen derart, daß $d-1$ Spalten linear unabhängig sind und hat dadurch eine Matrix mit $n-k$ Zeilen und $j+1 = n$ Spalten. Wenn wir den Code so gut wie möglich machen wollen, müssen wir bei gegebenem n und d den Wert $n-k$ so klein wie möglich machen, d. h.

$$2^{n-k-1} < \sum_{i=0}^{d-2} \binom{n-1}{i} \ .$$

Und daraus folgt die Behauptung. $\square$

Satz 6.7 (Varshamov-Schranke für nicht-binäre Codes) *(ohne Beweis) Die Varshamov-Schranke für nicht-binäre Codes über $GF(q)$ lautet:*

$$q^k \geq \frac{q^{n-1}}{\sum_{i=0}^{d-2} \binom{n-1}{i}(q-1)^i} \ .$$

Wir wollen im Vergleich dazu die Gilbert-Schranke angeben:

Satz 6.8 (Gilbert-Schranke) *(ohne Beweis) Die Gilbert-Schranke für nicht-binäre Codes über $GF(q)$ lautet:*

$$q^k \geq \frac{q^n}{\sum_{i=0}^{d-1} \binom{n}{i}(q-1)^i} \ .$$

Ein Vergleich der beiden Schranken ergibt, daß die Varshamov-Schranke immer größer als die Gilbert-Schranke ist.

Beispiel 6.5 (Varshamov-Schranke) Der Hamming-Code der Länge $n = 15$ hat die Dimension $k = 11$ und die Mindestdistanz $d = 3$. Wir setzen diese Parameter in die Varshamov-Schranke (Satz 6.6) ein und erhalten:

$$\binom{14}{0} + \binom{14}{1} < 2^{15-11} \ , \quad 1 + 14 < 2^4 = 16 \ .$$

◇

6.4 Singleton-Schranke (MDS)

Satz 6.9 (Singleton-Schranke) *Für einen Code der Länge n, Dimension k und Mindestdistanz d gilt:*

$$n - k \geq d - 1.$$

Beweis: $n - k$ ist die maximale Anzahl linear unabhängiger Spalten in der Prüfmatrix **H**. □

Definition 6.10 (Maximum Distance Separabel) *Ein Code heißt MDS, wenn gilt:*

$$n - k = d - 1.$$

Ein MDS-Code erfüllt die Singleton-Schranke mit Gleichheit. Der duale Code eines MDS-Codes ist auch MDS.

Satz 6.11 (Binäre MDS-Codes) *Die einzigen binären MDS-Codes sind die trivialen: der Wiederholungscode ($k = 1$, $d = n$), der Parity-Check-Code ($k = n - 1$, $d = 2$) und der Code ohne Redundanz ($k = n$, $d = 1$).*

Beweis: Für MDS-Codes gilt: $n - k = d - 1$. Setzen wir dies in die Varshamov-Schranke (Satz 6.6) ein, so erhalten wir:

$$\sum_{i=0}^{d-2} \binom{n-1}{i} < 2^{d-1} = \sum_{i=0}^{d-2} \binom{d-1}{i} + 1 \leq \sum_{i=0}^{d-2} \binom{d-1+k}{i}$$

$$2 < d < n, \ k \geq 1 \, ,$$

denn es gilt:

$$\binom{l}{m} < \binom{l+1}{m} , \ l \geq m \, .$$

Das bedeutet, die Varshamov-Schranke zeigt die Behauptung, daß $n - k < d - 1$ sein muß. $\qquad\square$

Die RS-Codes besitzen die MDS-Eigenschaft. Daraus folgt: Kennt man beliebige k Stellen des Codewortes, so kann man daraus die restlichen $n - k$ Stellen berechnen. Die (Hamming-) Gewichtsverteilung von MDS-Codes und damit auch von RS-Codes kann berechnet werden.

6.5   Reiger-Schranke (Bündelfehlerkorrektur)

In der Praxis existieren Systeme, bei denen die Fehler gebündelt auftreten, d. h. ein Bereich der Länge t eines Codewortes beinhaltet die Fehler und der Rest ist fehlerfrei. Man spricht von einem Bündelfehler der Länge t. Hierzu werden wir in Abschnitt 7.1.3 ein Kanalmodell definieren und in Abschnitt 9.2.4 spezielle Codes zur Decodierung von Bündelfehlern konstruieren.

In diesem Abschnitt wollen wir jedoch eine Schranke für die Bündelfehlerkorrektur von Blockcodes ableiten. Angenommen, alle Fehler liegen innerhalb von t Stellen eines Codewortes: Wie viele Redundanzstellen benötigt man bei einem linearen Blockcode mindestens, um prinzipiell alle Bündelfehler der Länge $\leq t$ korrigieren zu können? Diese Frage beantwortet die Reiger-Schranke[1].

Satz 6.12 (Reiger-Schranke) *Ein linearer Blockcode, der einen Bündelfehler der Länge t korrigieren kann, benötigt mindestens $n - k \geq 2t$ Redundanzstellen.*

Beweis: Wir betrachten zwei Bündelfehler der Länge t, die addiert einen Bündelfehler der Länge $2t$ ergeben. Würden beide Bündelfehler in demselben Coset (siehe Seite 17) liegen, wären sie nicht korrigierbar und ihre Summe wäre ein Codewort. Daher kann ein Bündelfehler der Länge $2t$ kein Codewort sein, d. h. ein Codewort mit $2t$ aufeinanderfolgenden Stellen $\neq 0$ und sonst $= 0$ darf nicht existieren. Deshalb müssen alle Vektoren, die außer an gegebenen $2t$ Stellen Null sind, in verschiedenen Cosets liegen; andernfalls könnte man zwei solche Vektoren aus demselben Coset zu einem Codewort addieren, das außer an $2t$ aufeinanderfolgenden Stellen Null ist. Es muß daher mindestens q^{2t} verschiedene Cosets geben. Da die Anzahl der Cosets q^{n-k} ist, muß gelten $n - k \geq 2t$.

$\qquad\square$

---

[1] Wegen eines Druckfehlers in einem Standard-Lehrbuch findet man diese Schranke meistens unter dem Namen Rieger-Schranke

6.6 Asymptotische Schranken

Wir wollen in diesem Abschnitt angeben, welche Werte die Coderate R eines Codes haben muß, damit das Kanalcodiertheorem von Abschnitt 1.10 erfüllt ist. Wir betrachten dabei nur den Fall eines BSC (siehe Bild 1.2). Für $n \to \infty$ ist der Erwartungswert für die Anzahl der Fehler beim BSC mit der Fehlerwahrscheinlichkeit p in einem Codewort der Länge n gleich $n \cdot p$. Dieser Wert muß kleiner sein als die Anzahl der korrigierbaren Fehler, d. h.

$$n \cdot p \leq \left\lfloor \frac{d-1}{2} \right\rfloor \longrightarrow \frac{d}{n} \approx 2 \cdot p \ .$$

Es gilt: (ohne Beweis)

$$\sum_{i=0}^{n \cdot p} \binom{n}{i} \leq 2^{nH(p)} \ ,$$

dabei ist $H(p)$ die binäre Entropie (siehe Abschnitt 1.10):

$$H(p) = -p \operatorname{ld} p - (1-p) \operatorname{ld}(1-p) \ .$$

Für $n \to \infty$ und $0 \leq p \leq \frac{1}{2}$ gilt damit:

$$\sum_{i=0}^{n \cdot p} \binom{n}{i} = 2^{nH(p)} \ .$$

Für die einzelnen Schranken erhalten wir dann die folgenden Abschätzungen:

Singleton-Schranke: (obere Schranke)

$$n - k \geq d - 1 \quad \text{oder} \quad 1 - \frac{k}{n} \geq \frac{d}{n} - \frac{1}{n}.$$

Für $n \to \infty$ gilt:

$$R \leq 1 - 2p \ .$$

Hamming-Schranke: (obere Schranke)

$$\sum_{i=0}^{t} \binom{n}{i} < 2^{n-k} \ .$$

Für $n \to \infty$ gilt:

$$R \leq 1 - p \operatorname{ld} \frac{1}{p} - (1-p) \operatorname{ld} \frac{1}{(1-p)} = 1 - H(p).$$

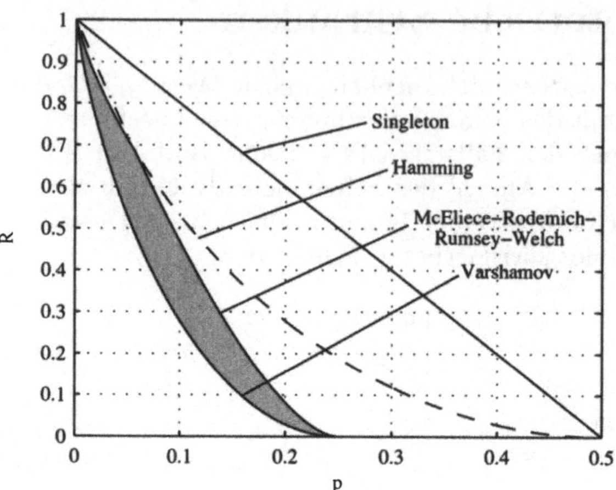

Bild 6.1: Asymptotische obere und untere Schranken.

Dies entspricht der Kanalkapazität.

McEliece-Rodemich-Rumsey-Welch-Schranke: (obere Schranke)
Diese Schranke [MRRW77] stellt die beste bekannte obere Schranke dar und soll
nur asymptotisch, d. h. für $n \to \infty$, angegeben werden:

$$R \leq H\left(\frac{1}{2} - \sqrt{2p \cdot (1 - 2p)}\right) \, .$$

Varshamov-Schranke: (untere Schranke)

$$\sum_{i=0}^{d-2} \binom{n-1}{i} \geq 2^{n-k-1} \, .$$

Für $n \to \infty$ gilt:

$$R \geq 1 - 2p \, \mathrm{ld} \, \frac{1}{2p} - (1 - 2p) \, \mathrm{ld} \, \frac{1}{(1 - 2p)} = 1 - H(2p).$$

In Bild 6.1 sind alle angegebenen asymptotischen Schranken eingetragen. Es existieren gute Codes, die oberhalb der Varshamov-Schranke und notwendigerweise
unterhalb aller oberen Schranken liegen (im grau hinterlegten Bereich).

6.7 Minimales Trellis von linearen Blockcodes

In diesem Abschnitt wollen wir Blockcodes mittels eines Trellisses (*Netzdiagramm*) beschreiben. Ein Vorteil dieser Beschreibung ist die mögliche Maximum-Likelihood-Decodierung durch den Viterbi-Algorithmus, der in Abschnitt 7.3.4 bzw. 7.4.2 erläutert wird. Der Nachteil ist eine mit der Länge exponentiell anwachsende Komplexität, die eine Verwendung nur für relativ kurze Codes möglich macht. Die Decodierung mit dem Viterbi-Algorithmus erfordert Additionen und Vergleichsoperationen. Um die Komplexität der Decodierung zu minimieren, müssen wir ein Trellis benutzen, mit dem die Decodierkomplexität möglichst gering ist. Wir werden zunächst ein minimales Trellis definieren und dann in Abschnitt 6.7.3 seine Eigenschaften herleiten. Wir zeigen, daß es ein *eindeutiges* minimales Trellis für einen gegebenen linearen Code gibt. Eine mögliche Konstruktion eines minimalen Trellisses auf der Basis der Prüfmatrix eines Codes wird in Abschnitt 6.7.1 beschrieben und eine weitere Konstruktion, mittels Generatormatrix, in Abschnitt 6.7.2.

Definition 6.13 (Codetrellis) *Ein Trellis $T = (\mathcal{V}, \mathcal{E})$ der Länge n ist ein ge*richteter Graph *mit einer Menge $\mathcal{V}$ von* Knoten *(Ecke, vertex, node) und einer Menge $\mathcal{E}$ von* Zweigen *(Kante, branch, edge, link).*

Die Menge $\mathcal{V}$ kann in $n + 1$ Untermengen aufgeteilt werden, dabei wird t als Tiefe bezeichnet:

$$\mathcal{V} = \bigcup_{t=0}^{n} \mathcal{V}_t \ .$$

Ein Zweig e führt von einem Knoten der Tiefe t zu einem Knoten der Tiefe $t + 1$. Jeder Zweig e wird mit einem Symbol $c(e)$ aus dem Alphabet $GF(q)$ numeriert. Im speziellen beinhalten die Knotenmengen der Tiefe $t = 0$ und $t = n$ jeweils nur einen Knoten, $\mathcal{V}_0 = \{\boldsymbol{\vartheta}_A\}$, $\mathcal{V}_n = \{\boldsymbol{\vartheta}_B\}$. Das bedeutet, $\boldsymbol{\vartheta}_A$ ist der Anfangsknoten eines Trellisses und $\boldsymbol{\vartheta}_B$ der Endknoten.

Ein Pfad im Trellis ist eine Folge von Zweigen $\mathbf{e} = (e_1, e_2, \ldots, e_m)$, die von einem Knoten $\boldsymbol{\vartheta}$ zu einem Knoten $\boldsymbol{\vartheta}'$ führt. Jeder Pfad $\mathbf{e}$ entspricht einem Vektor $\mathbf{c}(\mathbf{e}) = (c(e_1), \ldots, c(e_m)) \in GF(q)^m$, der aus den Symbolen der jeweiligen Zweige zusammengesetzt wird.

Sei $\mathcal{C}(n, k, d)$ ein linearer Blockcode der Länge n über dem Alphabet $GF(q)$ mit $M = q^k$ Codeworten $\{\mathbf{c}_1, \mathbf{c}_2, \ldots, \mathbf{c}_M\}$. Ein Trellis $T(\mathcal{C})$ wird *Codetrellis* des Codes $\mathcal{C}$ genannt, wenn für jeden Pfad $\mathbf{e}$ von $\boldsymbol{\vartheta}_A$ nach $\boldsymbol{\vartheta}_B$ der Vektor $\mathbf{c}(\mathbf{e})$ zum Code $\mathcal{C}$ gehört, und wenn für jedes Codewort $\mathbf{c} \in \mathcal{C}$ mindestens ein Pfad $\mathbf{e}$ von $\boldsymbol{\vartheta}_A$ nach $\boldsymbol{\vartheta}_B$ existiert, so daß $\mathbf{c}(\mathbf{e}) = \mathbf{c}$ gilt. Für einen Code $\mathcal{C}$ existieren damit mehrere mögliche Trellisdarstellungen.

Eine wichtige Eigenschaft eines Codetrellisses ist, daß jeder Zweig des Trellisses zu einem Pfad von $\boldsymbol{\vartheta}_A$ nach $\boldsymbol{\vartheta}_B$ gehören muß. Des weiteren können wir ohne Beschränkung der Allgemeinheit annehmen, daß es keine parallelen Zweige mit identischer Nummer gibt. Das sogenannte triviale Trellis eines Codes wird durch das folgende Beispiel eingeführt.

Beispiel 6.6 (Triviales Trellis eines (3, 2, 2)-Codes) Gegeben sei der Parity-Check-Code

$$C(3, 2, 2) = \{(000), (011), (110), (101)\}.$$

Das sogenannte triviale Trellis erhält man, wenn man jedem Codewort einen separaten Pfad zuordnet. Dies ist in Bild 6.2 dargestellt. Das Trellis hat $|\mathcal{V}| = 10$ Knoten und $|\mathcal{E}| = 12$ Zweige.

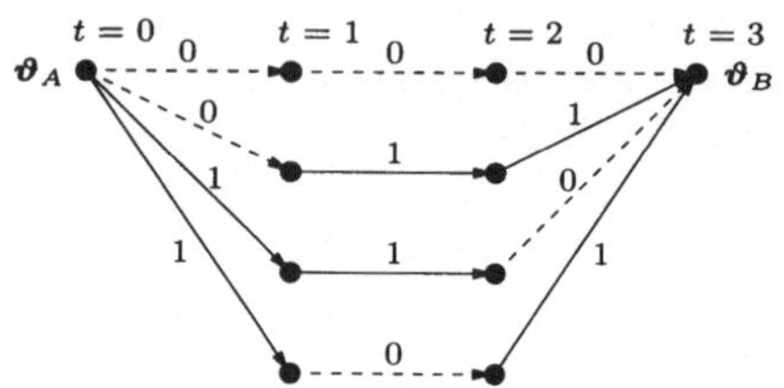

Bild 6.2: Triviales Trellis des $(3, 2, 2)$-Codes.

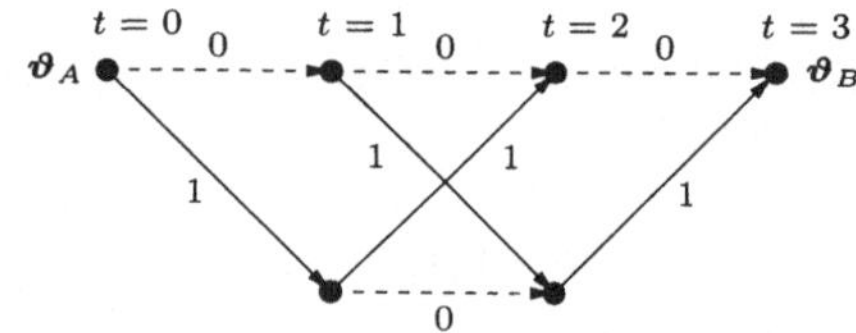

Bild 6.3: Minimales Trellis des $(3, 2, 2)$-Codes.

Ein anderes mögliches Trellis dieses Codes zeigt Bild 6.3. Dieses hat $|\mathcal{V}| = 6$ Knoten und $|\mathcal{E}| = 8$ Zweige. Wir werden später zeigen, daß dieses Trellis minimal ist, d. h. daß es kein anderes Trellis mit weniger Knoten und Zweigen für diesen Code gibt (siehe Definition 6.14).

$\diamond$

Definition 6.14 (Minimales Trellis) *Das minimale Trellis eines Codes $C(n, k, d)$ ist definiert als ein Trellis mit minimaler Knotenanzahl $|\mathcal{V}|$.*

Der Viterbi-Algorithmus erfordert $|\mathcal{E}|$ Additionen und $|\mathcal{E}| - |\mathcal{V}| + 1$ Vergleiche. Der Wert $Z(T) = |\mathcal{E}| - |\mathcal{V}| + 1$ wird zyklomatische Zahl eines Graphen T genannt. Synonym kann auch $Z(\mathbf{H})$, $\mathbf{H}$ Prüfmatrix, verwendet werden. Um die Komplexität der Decodierung mit dem Viterbi-Algorithmus zu minimieren, müssen wir ein Codetrellis benutzen, das eine minimale Anzahl $|\mathcal{E}|$ von Zweigen und eine minimale zyklomatische Zahl $Z(T)$ hat. Es ist nicht offensichtlich, ob dabei $|\mathcal{V}|$ minimal sein muß. Warum ist aber das minimale Trellis über die minimale Anzahl der Knoten $|\mathcal{V}|$ definiert?

Diese Frage werden wir in Abschnitt 6.7.3 beantworten, indem wir zeigen, daß das minimale Trellis eines linearen Codes nicht nur minimales $|\mathcal{V}|$, sondern gleichzeitig auch minimales $|\mathcal{E}|$ und minimales $Z(T) = |\mathcal{E}| - |\mathcal{V}| + 1$ hat.

6.7.1 Konstruktion mit Hilfe der Prüfmatrix

Sei $\mathbf{H} = (\mathbf{h}_1, \mathbf{h}_2, \ldots, \mathbf{h}_n)$ die Prüfmatrix eines Codes $\mathcal{C}$, wobei $\mathbf{h}_i$ die i-te Spalte der Matrix $\mathbf{H}$ ist. Zur Erinnerung: Jedes Codewort $\mathbf{c} \in \mathcal{C}$ erfüllt die Prüfgleichung

$$c_1 \mathbf{h}_1 + \cdots + c_n \mathbf{h}_n = \mathbf{0} \ . \tag{6.1}$$

In der Tiefe t kann man $\mathbf{c}$ in ein Vorderteil (*head*) $\mathbf{c}_t^A = \mathbf{a}$ und ein Endteil (*tail*) $\mathbf{c}_t^B = \mathbf{b}$ trennen, d. h. $\mathbf{c} = (\mathbf{a}|\mathbf{b})$:

$$\mathbf{c} = (c_1, c_2, \ldots, c_n) = (\mathbf{c}_t^A | \mathbf{c}_t^B) = (\mathbf{a}|\mathbf{b}) = (\{c_1, \ldots, c_t\} | \{c_{t+1}, \ldots, c_n\}) \ .$$

Entsprechend wird $\mathbf{H} = (\mathbf{H}_t^A | \mathbf{H}_t^B)$ aufgeteilt.

Syndromtrellis: Wir numerieren die Knoten eines Trellisses mit $\boldsymbol{\sigma}_t(\mathbf{c})$, definiert durch:

$$\forall_{\mathbf{c} \in \mathcal{C}} : \boldsymbol{\sigma}_t(\mathbf{c}) = c_1 \mathbf{h}_1 + \cdots + c_t \mathbf{h}_t = \mathbf{c}_t^A (\mathbf{H}_t^A)^T, \quad t = 1, 2, \ldots, n-1. \tag{6.2}$$

D. h., die Anzahl der Knoten $|\mathcal{V}_t|$ der Tiefe t ist gleich der Anzahl von Vektoren $\boldsymbol{\sigma}_t(\mathbf{c})$, die sich als *Teil-Syndrome* entsprechend Gleichung 6.2 ergeben. Offensichtlich muß man alle möglichen Codeworte betrachten. Dies kann entsprechend dem folgenden Beispiel durchgeführt werden.

Beispiel 6.7 (Syndromtrellis) Ein $(5, 3, 2)$-Code sei durch die Prüfmatrix

$$\mathbf{H} = \begin{pmatrix} 1 & 1 & 0 & 1 & 0 \\ 0 & 1 & 1 & 0 & 1 \end{pmatrix} \tag{6.3}$$

gegeben. In der Tiefe $t = 0$ besitzt das Trellis nur einen Knoten $\boldsymbol{\sigma}_0(\mathbf{0})$. Dies ist ein $(n-k)$-Tupel der nur aus Nullen besteht. Für jedes $t = 0, 1, \ldots, n-1$ kann man alle Knoten $\mathcal{V}_{t+1}$ der Tiefe $t + 1$ aus den Knoten $\mathcal{V}_t$ erhalten durch:

$$\boldsymbol{\sigma}_{t+1} = \boldsymbol{\sigma}_t + \alpha \cdot \mathbf{h}_{t+1}, \quad \forall \alpha \in GF(q), \quad \forall \boldsymbol{\sigma}_t \in \mathcal{V}_t \ . \tag{6.4}$$

Der Knoten $\boldsymbol{\sigma}_t$ ist mit $\boldsymbol{\sigma}_{t+1}$ durch einen Zweig verbunden, der mit α numeriert wird. Für die Matrix (Gleichung 6.3) erhalten wir das Trellis in Bild 6.4.

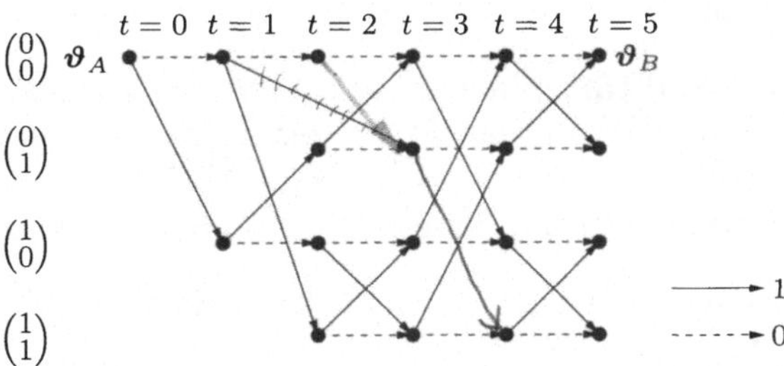

Bild 6.4: Trellis für einen binären $(5, 3, 2)$-Code vor der Minimierung.

Aus den Beziehungen 6.1 und 6.2 folgt, daß $\boldsymbol{\sigma}_n(\mathbf{c}) = \mathbf{0}$ $\forall \mathbf{c} \in \mathcal{C}$ sein muß, denn jedes Codewort $\mathbf{c}$ im Trellis stellt einen Pfad von ϑ_A nach ϑ_B dar. Jeder Knoten, der keinen Pfad nach ϑ_B hat, wird entfernt, d. h. alle Zweige ebenfalls, die zu diesen gelöschten Knoten führen. Dadurch erhalten wir das gesuchte Syndromtrellis (Bild 6.5) des Codes. $\diamond$

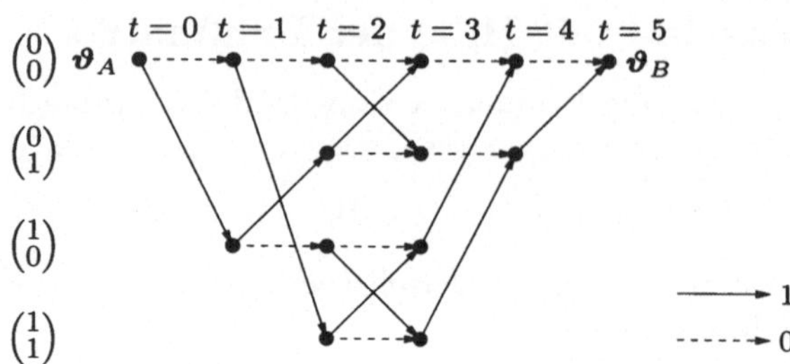

Bild 6.5: Syndromtrellis des $(5, 3, 2)$-Codes.

Das Syndromtrellis eines Codes ist eindeutig.

Aus der Konstruktion des Trellisses kann man eine obere Schranke, die sogenannte Wolf-Schranke, ableiten. Sie besagt, daß die Anzahl der Knoten $|\mathcal{V}_t|$ einer bestimmten Tiefe t in einem minimalen Trellis eines linearen (n, k, d)-Codes nicht größer sein kann als die Anzahl der möglichen Syndrome (q^{n-k}) oder die Anzahl der möglichen Codeworte (q^k), wie im trivialen Trellis. Es existieren Codes, die weniger Knoten in einer bestimmten Tiefe besitzen. Damit ergibt sich die Wolf-Schranke:

$$|\mathcal{V}_t| \;\leq\; q^{\min\{k, n-k\}}. \tag{6.5}$$

Satz 6.15 (Syndromtrellis) *Das Syndromtrellis eines linearen Codes ist minimal.*

Um diesen Satz zu beweisen, benötigen wir das folgende Lemma. Die Menge $\mathcal{B}_t(\mathbf{a})$ sei die Menge aller möglicher Endteile $\mathbf{b} \in \mathcal{B}_t(\mathbf{a})$ eines vorderen Teiles $\mathbf{a}$, so daß $(\mathbf{a}|\mathbf{b}) \in \mathcal{C}$ ist, d. h.

$$\mathcal{B}_t(\mathbf{a}) = \left\{ \mathbf{c}_t^B \;\middle|\; \mathbf{c} = (\mathbf{c}_t^A | \mathbf{c}_t^B) \in \mathcal{C}, \; \mathbf{c}_t^A = \mathbf{a} \right\}.$$

Entsprechend sei die Menge $\mathcal{A}_t(\mathbf{b})$ definiert als die Menge aller möglicher vorderen Teile eines Endteiles $\mathbf{b}$.

Lemma 6.16 (Separabilität) *Seien $\mathbf{a}$ und $\tilde{\mathbf{a}}$ zwei unterschiedliche vordere Teile eines linearen Codes $\mathcal{C}$. Die Mengen $\mathcal{B}_t(\mathbf{a})$ und $\mathcal{B}_t(\tilde{\mathbf{a}})$ sind entweder identisch, dann gilt $\sigma_t(\mathbf{a}) = \sigma_t(\tilde{\mathbf{a}})$ oder disjunkt, d. h. ihre Schnittmenge ist leer und es gilt: $\sigma_t(\mathbf{a}) \neq \sigma_t(\tilde{\mathbf{a}})$. Entsprechendes gilt für die Mengen $\mathcal{A}_t(\mathbf{b})$ und $\mathcal{A}_t(\tilde{\mathbf{b}})$.*

Beweis: Sei $\mathcal{C}_t^B$ ein Code der Länge $n - t$ mit der Prüfmatrix $\mathbf{H}_t^B$. Dann gilt wegen $\mathbf{H} \cdot (\mathbf{a}|\mathbf{b})^T = (\mathbf{a}|\mathbf{b}) \cdot \mathbf{H}^T = \mathbf{0}$:

$$\mathcal{B}_t(\mathbf{a}) = \left\{ \mathbf{b} \;\middle|\; \mathbf{b} \cdot \left(\mathbf{H}_t^B\right)^T = -\mathbf{a} \cdot \left(\mathbf{H}_t^A\right)^T \right\}.$$

Daher ist $\mathcal{B}_t(\mathbf{a})$ ein Coset (siehe Abschnitt 1.3) des Codes $\mathcal{C}_t^B$. Zwei Cosets $\mathcal{B}_t(\mathbf{a})$ und $\mathcal{B}_t(\tilde{\mathbf{a}})$ sind entweder identisch, dann gilt $\mathbf{a} \cdot \left(\mathbf{H}_t^A\right)^T = \tilde{\mathbf{a}} \, \left(\mathbf{H}_t^A\right)^T$, d. h. $\sigma_t(\mathbf{a}) = \sigma_t(\tilde{\mathbf{a}})$, oder sie sind disjunkt, dann gilt $\sigma_t(\mathbf{a}) \neq \sigma_t(\tilde{\mathbf{a}})$. $\qquad\square$

Beweis von Satz 6.15: Bei gegebener Tiefe t sei M_t die Anzahl der unterschiedlichen Mengen $\mathcal{B}_t(\mathbf{a})$ entsprechend Lemma 6.16. Bei Tiefe t sei $|\tilde{\mathcal{V}}_t|$ die Anzahl der Knoten eines minimalen Trellisses. Zwei Codeworte $\mathbf{c}$ und $\tilde{\mathbf{c}}$ mit disjunkten Endteilmengen, d. h. $\mathcal{B}_t(\mathbf{c}_t^A) \cap \mathcal{B}_t(\tilde{\mathbf{c}}_t^A) = \emptyset$, können keinen gemeinsamen Knoten in der Tiefe t besitzen, da sie gemäß Lemma 6.16 vollständig disjunkt sind. Damit gilt: $|\tilde{\mathcal{V}}_t| \geq M_t$. Aber das Syndromtrellis hat aufgrund seiner Konstruktion in der Tiefe t genau M_t Knoten, d. h. es gilt $|\tilde{\mathcal{V}}_t| \leq M_t$. Daraus folgt, daß $|\tilde{\mathcal{V}}_t| = M_t$. Das Syndromtrellis ist somit minimal. $\quad\square$

Die Anzahl $|\mathcal{V}_t|$ der Knoten der Tiefe t kann entsprechend dem folgenden Satz berechnet werden.

Satz 6.17 (Anzahl $|\mathcal{V}_t|$ der Knoten der Tiefe t) *Gegeben sei ein linearer Code $\mathcal{C}$ mit der Prüfmatrix $\mathbf{H}$. Die Anzahl $|\mathcal{V}_t|$ der Knoten in der Tiefe t eines minimalen Trellisses ist*

$$|\mathcal{V}_t| = q^{Z(\mathbf{H}_t^A) + Z(\mathbf{H}_t^B) - Z(\mathbf{H})} \ . \tag{6.6}$$

Beweis: Sei $\mathcal{C}_t^A$ ein Code der Länge t mit der Prüfmatrix $\mathbf{H}_t^A$ und entsprechend $\mathcal{C}_t^B$ ein Code der Länge $n - t$ mit Prüfmatrix $\mathbf{H}_t^B$. Das Syndromtrellis ist ein minimales Trellis. Aus Gleichung 6.1 und 6.2 folgt, daß ein Codewort $\mathbf{c} = (\mathbf{a}|\mathbf{b})$ genau dann und nur dann durch einen bestimmten Knoten ϑ in der Tiefe t führt, wenn $\mathbf{a}\left(\mathbf{H}_t^A\right)^T = \boldsymbol{\sigma}$ und $\mathbf{b}\left(\mathbf{H}_t^B\right)^T = -\boldsymbol{\sigma}$ gilt. Dies ist gleichbedeutend damit, daß $\mathbf{a}$ aus einem Coset von $\mathcal{C}_t^A$ und $\mathbf{b}$ aus einem Coset von $\mathcal{C}_t^B$ ist. Somit ist die Anzahl der Codeworte, die durch ϑ führt, gleich $|\mathcal{C}_t^A| \cdot |\mathcal{C}_t^B|$. Aus $|\mathcal{C}_t^A| \cdot |\mathcal{C}_t^B| \cdot |\mathcal{V}_t| = |\mathcal{C}|$ folgt die Behauptung 6.6. $\quad\square$

6.7.2 Konstruktion mit Hilfe der Generatormatrix

Die Konstruktion eines minimalen Trellisses mittels der Generatormatrix $\mathbf{G}$ eines linearen Codes basiert auf der Idee, die Summe von Codes zu betrachten. Dies führt zu dem sogenannten *Shannon-Produkt* von Trellissen.

Definition 6.18 (Code als Summe von Codes) *Gegeben seien die zwei linearen Codes $\mathcal{C}$ und $\hat{\mathcal{C}}$. Der Code $\mathcal{C} + \hat{\mathcal{C}}$ ist die Menge aller möglichen Summen $\mathbf{c} + \hat{\mathbf{c}}$ von Codeworten $\mathbf{c} \in \mathcal{C}$ und $\hat{\mathbf{c}} \in \hat{\mathcal{C}}$:*

$$\mathcal{C} + \hat{\mathcal{C}} = \left\{ \mathbf{c} + \hat{\mathbf{c}} \mid \mathbf{c} \in \mathcal{C}, \hat{\mathbf{c}} \in \hat{\mathcal{C}} \right\}.$$

Mit dieser Definition können wir einen Code $\mathcal{C}$ als Summe von Zeilencodes beschreiben. Sei

$$\mathbf{G} = \begin{pmatrix} \mathbf{g}_1 \\ \vdots \\ \mathbf{g}_k \end{pmatrix}$$

eine Generatormatrix des Codes $\mathcal{C}$, und sei $\mathcal{C}_i$ ein Code, der durch eine Zeile $\mathbf{g}_i$ der Generatormatrix $\mathbf{G}$ erzeugt wird, d. h. $\mathbf{G}_i = (\mathbf{g}_i)$. Dann gilt offensichtlich:

$$\mathcal{C} = \mathcal{C}_1 + \mathcal{C}_2 + \cdots + \mathcal{C}_k.$$

Definition 6.19 (Shannon-Produkt) *Gegeben seien die Trellisse T und $\hat{T}$ der Länge n. Das Shannon-Produkt $T * \hat{T}$ ist ein Trellis, das in der Tiefe t aus $|\mathcal{V}_t| \cdot |\hat{\mathcal{V}}_t|$ Knoten besteht. Diese werden mit den Paaren $(\vartheta, \hat{\vartheta})$, $\vartheta \in \mathcal{V}_t$, $\hat{\vartheta} \in \hat{\mathcal{V}}_t$, numeriert. Zwei Knoten $(u, \hat{u})$ und $(v, \hat{v})$ in aufeinanderfolgenden Tiefen $u \in \mathcal{V}_{t-1}$, $\hat{u} \in \hat{\mathcal{V}}_{t-1}$, $v \in \mathcal{V}_t$, $\hat{v} \in \hat{\mathcal{V}}_t$, sind genau dann durch einen Zweig mit der Bezeichung*

$$\alpha(u,v) + \beta(\hat{u}, \hat{v})$$

verbunden, wenn das Trellis T einen Zweig (u,v) mit der Nummer $\alpha(u,v)$ besitzt und $\hat{T}$ einen Zweig $(\hat{u}, \hat{v})$ mit der Nummer $\beta(\hat{u}, \hat{v})$ (vergleiche Bild 6.6).

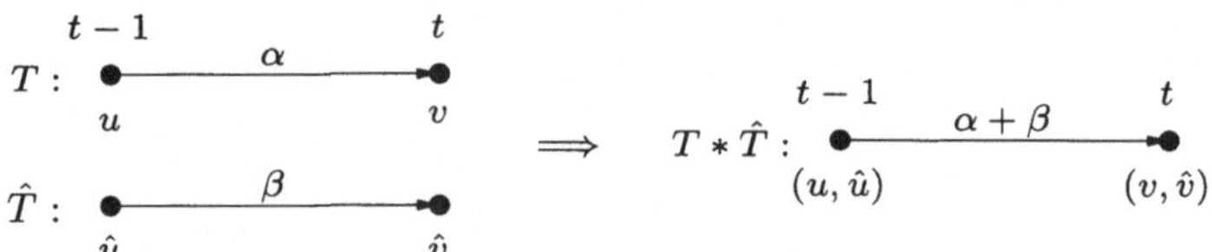

Bild 6.6: Das Shannon-Produkt.

In Bild 6.7 sind mehrere Beispiele des Shannon-Produkts dargestellt.

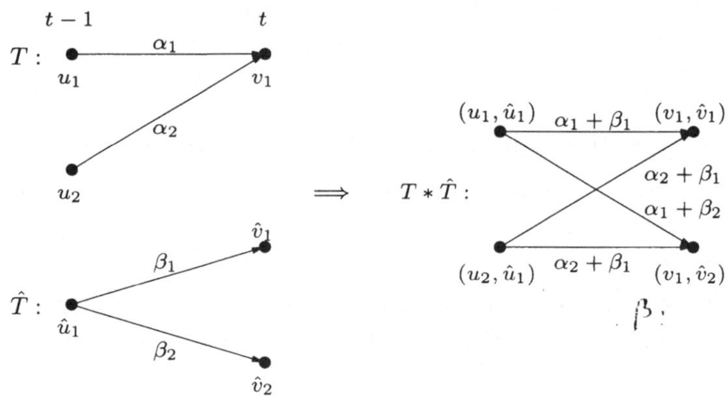

Bild 6.7: Das Shannon-Produkt (Beispiele).

Satz 6.20 (Codetrellis durch das Shannon-Produkt) *Sei T ein Trellis des Codes $\mathcal{C}$ und $\hat{T}$ ein Trellis des Codes $\hat{\mathcal{C}}$. Das Shannon-Produkt $T * \hat{T}$ ist ein Trellis des Codes $\mathcal{C} + \hat{\mathcal{C}}$.*

Der Beweis folgt aus der Tatsache, daß ein direkter Zusammenhang zwischen den Codeworten $\mathbf{c} + \hat{\mathbf{c}}$ und den Pfaden im Trellis $T * \hat{T}$ besteht.

Beispiel 6.8 (Shannon-Produkt und minimales Trellis) Gegeben sei die Generatormatrix eines binären Codes durch:

$$\mathbf{G} = \begin{pmatrix} 1 & 1 & 0 \\ 0 & 1 & 1 \end{pmatrix} = \begin{pmatrix} \mathbf{g}_1 \\ \mathbf{g}_2 \end{pmatrix} \ .$$

$T(\mathbf{g}_i)$ bezeichne das minimale Trellis des Codes, der mit $\mathbf{G} = (\mathbf{g}_i)$ generiert wird. Die Trellisse $T(\mathbf{g}_1)$ und $T(\mathbf{g}_2)$ sind in Bild 6.8 dargestellt.

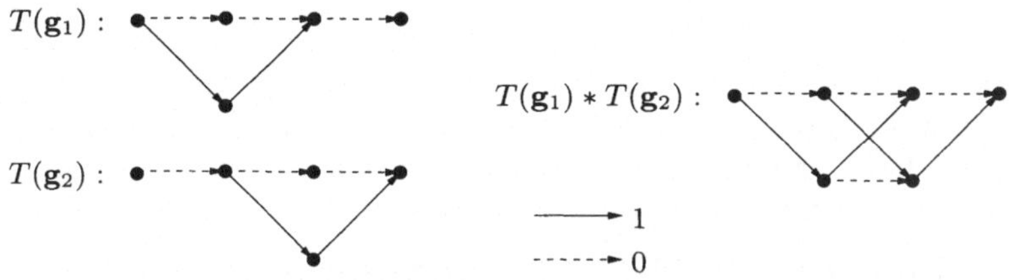

Bild 6.8: Zu Beispiel 6.8.

Ein Trellis $T(\mathcal{C})$ des Codes $\mathcal{C}$ kann aus dem Shannon-Produkt $T(\mathcal{C}) = T(\mathbf{g}_1) * T(\mathbf{g}_2)$ konstruiert werden. Das Trellis ist in diesem Fall minimal.   ◇

Das folgende Beispiel zeigt, daß das Trellis $T(\mathcal{C}) = T(\mathcal{C}_1) * T(\mathcal{C}_2)$ nicht immer ein minimales Trellis von $\mathcal{C}_1 + \mathcal{C}_2$ ist, selbst wenn die Trellisse $T(\mathcal{C}_i)$, $i = 1, 2$, minimal sind.

Beispiel 6.9 (Shannon-Produkt und nicht-minimales Trellis) Nun soll eine andere Generatormatrix des gleichen Codes von Beispiel 6.8 betrachtet werden, nämlich

$$\mathbf{G} = \begin{pmatrix} 1 & 0 & 1 \\ 0 & 1 & 1 \end{pmatrix} = \begin{pmatrix} \mathbf{g}_1 \\ \mathbf{g}_2 \end{pmatrix} .$$

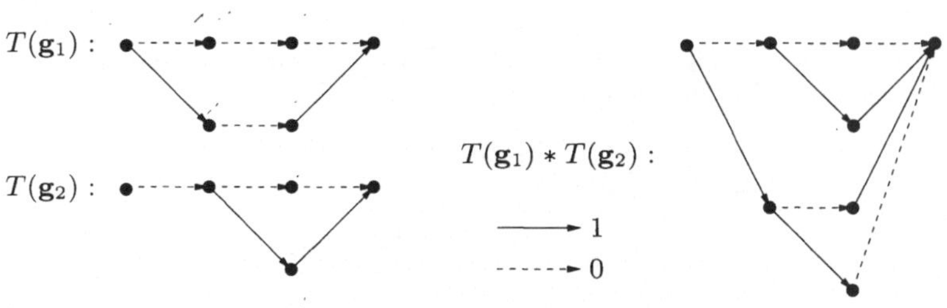

Bild 6.9: Zu Beispiel 6.9.

Wir erhalten ein Trellis entsprechend Bild 6.9. Offensichtlich ist dieses Trellis nicht minimal.   ◇

Welche Bedingungen muß eine Generatormatrix erfüllen, um durch das Shannon-Produkt $T(\mathbf{g}_1) * \cdots * T(\mathbf{g}_k)$ ein minimales Trellis zu erhalten? Diese Frage wollen wir im folgenden klären. Wir benötigen dazu zunächst einige Notationen.

Die *Einflußlänge* eines Vektors $\mathbf{g}$ ist der Bereich zwischen der ersten Koordinate i und der letzten Koordinate j, die ungleich Null sind. Dies soll mit $\mathrm{EL}(\mathbf{g}) = [i, j]$ bezeichnet werden. Z. B. ist $\mathrm{EL}\big((0, 1, 0, 1, 0, 0)\big) = [2, 4]$. Weiterhin bezeichne $\mathrm{L}(\mathbf{g}) = i$ die linke Koordinate und $\mathrm{R}(\mathbf{g}) = j$ die rechte. Man sagt: Der Vektor $\mathbf{g}$ ist *t-aktiv* für die Tiefen $t = i, \ldots, j - 1$.

LR-Eigenschaft: Eine Menge von Vektoren $\{\mathbf{g}_1,\dots,\mathbf{g}_k\}$ hat die sogenannte Links-Rechts-(LR)-Eigenschaft, wenn für alle $i \neq j$ gilt:

$$L(g_i) \neq L(g_j) \quad \text{und} \quad R(g_i) \neq R(g_j) \, .$$

Entsprechend besitzt eine Matrix $\mathbf{G}$ die LR-Eigenschaft, wenn die Menge ihrer Zeilenvektoren die LR-Eigenschaft besitzt. Die Matrix $\mathbf{G}$ aus Beispiel 6.8 besitzt die LR-Eigenschaft, während die Matrix $\mathbf{G}$ aus Beispiel 6.9 diese Eigenschaft nicht besitzt. Eine Matrix mit LR-Eigenschaft wird auch *trellisorientiert* genannt.

Satz 6.21 (Minimales Trellis durch das Shannon-Produkt) *Gegeben sei eine Generatormatrix des Codes $\mathcal{C}$ durch*

$$\mathbf{G} = \begin{pmatrix} \mathbf{g}_1 \\ \vdots \\ \mathbf{g}_k \end{pmatrix} \, .$$

Jede Zeile $\mathbf{g}_i$, $i = 1,\dots,k$ der Generatormatrix $\mathbf{G}$ ergebe ein minimales Trellis $T(\mathbf{g}_i)$. Das Shannon-Produkt $T = T(\mathbf{g}_1) * \cdots * T(\mathbf{g}_k)$ ergibt genau dann ein minimales Trellis des Codes $\mathcal{C}$, wenn $\mathbf{G}$ die LR-Eigenschaft besitzt.

Beweis: Das Trellis $T(\mathbf{g}_i)$ besitzt q Knoten in der Tiefe t, wenn $\mathbf{g}_i$ t-aktiv ist, sonst einen Knoten. Das Trellis $T = T(\mathbf{g}_1) * \cdots * T(\mathbf{g}_k)$ besitzt aufgrund der Konstruktion $|\mathcal{V}_t| = q^s$ Knoten in der Tiefe t, wobei s die Anzahl der t-aktiven Zeilenvektoren der Generatormatrix $\mathbf{G}$ sind. Nun soll gezeigt werden, daß $|\mathcal{V}_t| = q^s$ mit Gleichung 6.6 genau dann und nur dann übereinstimmt, wenn $\mathbf{G}$ eine LR-Matrix ist. Dies bedeutet, das Trellis T ist minimal.

Die Matrix $\mathbf{G} = (\mathbf{g}_1,\dots,\mathbf{g}_k)^T$ besitze die LR-Eigenschaft. Es können entsprechend Bild 6.10 die folgenden Teilmengen definiert werden:

$$\begin{aligned} \mathcal{A} &= \{\mathbf{g}_i \in \mathbf{G} \mid \mathrm{EL}\,(\mathbf{g}_i) \in [1,t]\}, \\ \mathcal{B} &= \{\mathbf{g}_i \in \mathbf{G} \mid \mathrm{EL}\,(\mathbf{g}_i) \in [t+1,n]\}, \\ \mathcal{S} &= \mathcal{G} \setminus \mathcal{A} \setminus \mathcal{B}, \quad \mathcal{G} = \{\mathbf{g}_i \in \mathbf{G}\} \, . \end{aligned} \qquad (6.7)$$

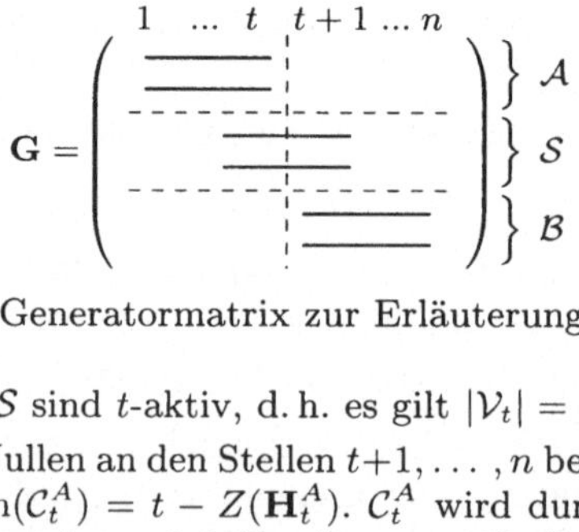

Bild 6.10: Generatormatrix zur Erläuterung der Mengen.

Nur Zeilen der Teilmenge $\mathcal{S}$ sind t-aktiv, d. h. es gilt $|\mathcal{V}_t| = q^{|\mathcal{S}|}$.

Die Codeworte von $\mathcal{C}$, die Nullen an den Stellen $t+1,\dots,n$ besitzen, bilden den Untercode $\mathcal{C}_t^A$ mit der Dimension $\dim(\mathcal{C}_t^A) = t - Z(\mathbf{H}_t^A)$. $\mathcal{C}_t^A$ wird durch alle Zeilen der Menge $\mathcal{A}$ erzeugt. Dafür genügt es zu zeigen, daß für alle $\mathbf{g}_{i_j} \in \mathbf{G}$ gilt

$$\mathbf{c} = \alpha_1 \mathbf{g}_{i_1} + \cdots + \alpha_m \mathbf{g}_{i_m} \in \mathcal{C}_t^A \iff \mathbf{g}_{i_j} \in \mathcal{A}, \quad j = 1,\dots,m, \quad m \leq k. \qquad (6.8)$$

$\Rightarrow$ Zuerst soll angenommen werden, daß es in $\mathbf{g}_{i_1}, \dots, \mathbf{g}_{i_m}$ Zeilen gibt, die nicht aus $\mathcal{A}$ sind. Weiterhin soll es darin $\mathbf{g}_e$ geben, die einen maximalen rechten Index $\mathrm{R}(\mathbf{g}_e) > t$ haben, da $\mathbf{g}_e \notin \mathcal{A}$. Weil $\mathbf{G}$ die LR-Eigenschaft hat, besitzt das Codewort $\mathbf{c}$ aus Gleichung 6.8 keine Nullen an Position $\mathrm{R}(\mathbf{g}_e) > t$, $c_{\mathrm{R}(\mathbf{g}_e)} \neq 0$, d. h. $\mathbf{c} \notin \mathcal{C}_t^A$. Der Widerspruch beweist Beziehung 6.8. Nun zeigen wir, daß $|\mathcal{A}| = \dim(\mathcal{C}_t^A) = t - Z(\mathbf{H}_t^A)$ gilt. Mit

$$|\mathcal{B}| = \dim(\mathcal{C}_t^B) = n - t - Z(\mathbf{H}_t^B)$$

erhalten wir

$$\begin{aligned} |\mathcal{S}| &= |\mathcal{G}| - |\mathcal{A}| - |\mathcal{B}| \\ &= k - t + Z(\mathbf{H}_t^A) - n + t + Z(\mathbf{H}_t^B) \\ &= Z(\mathbf{H}_t^A) + Z(\mathbf{H}_t^B) - Z(\mathbf{H}). \end{aligned}$$

Somit erfüllt $|\mathcal{V}_t|$ Gleichung 6.6 und T ist minimal.

$\Leftarrow$ Das Trellis T sei minimal und $\mathbf{G}$ sei keine LR-Matrix. Ohne Beschränkung der Allgemeinheit soll $\mathrm{L}(\mathbf{g}_i) = \mathrm{L}(\mathbf{g}_j)$ und $\mathrm{R}(\mathbf{g}_i) < \mathrm{R}(\mathbf{g}_j)$ sein. Wird die Zeile $\mathbf{g}_j$ in der Generatormatrix $\mathbf{G}$ durch $\mathbf{g}_j + \mathbf{g}_i$ ersetzt, erhalten wir $\mathbf{G}'$. Das Trellis $T(\mathbf{G}')$ hat weniger als $|\mathcal{V}'_t|$ Knoten in der Tiefe $\mathrm{L}(\mathbf{g}_i)$. Die Konstruktion beweist $\Leftarrow$. $\quad\square$

In den Beispielen 6.8 und 6.9 wurde gezeigt, daß die LR-Matrix $\mathbf{G}$ von Beispiel 6.8 das minimale Trellis ergibt. Die Matrix $\mathbf{G}$ aus Beispiel 6.9 ergab hingegen nicht das minimale Trellis. Die LR-Matrix kann jedoch aus jeder Generatormatrix mit Hilfe von Algorithmus 6.1 konstruiert werden.

Algorithmus 6.1: Der LR-Algorithmus.

Solange die LR-Eigenschaft nicht erfüllt ist
    finde ein Paar (i, j), so daß
        $(\mathrm{L}(\mathbf{g}_i) = \mathrm{L}(\mathbf{g}_j) \quad \text{und} \quad \mathrm{R}(\mathbf{g}_i) \geq \mathrm{R}(\mathbf{g}_j))$
        oder
        $(\mathrm{R}(\mathbf{g}_i) = \mathrm{R}(\mathbf{g}_j) \quad \text{und} \quad \mathrm{L}(\mathbf{g}_i) \leq \mathrm{L}(\mathbf{g}_j))$
    $\mathbf{g}_i = \mathbf{g}_j + \mathbf{g}_i$

Beispiel 6.10 (Konstruktion einer LR-Matrix) Es soll der $(5, 3, 2)$-Code von Beispiel 6.7 betrachtet werden. Dieser Code hat die Parity-Check-Matrix

$$\mathbf{H} = \begin{pmatrix} 1 & 1 & 0 & 1 & 0 \\ 0 & 1 & 1 & 0 & 1 \end{pmatrix}.$$

Eine mögliche Generatormatrix des Codes lautet:

$$\mathbf{G} = \begin{pmatrix} 1 & 0 & 0 & 1 & 0 \\ 0 & 1 & 0 & 1 & 1 \\ 0 & 0 & 1 & 0 & 1 \end{pmatrix}.$$

Diese Matrix besitzt nicht die LR-Eigenschaft. Nun wird der LR-Algorithmus auf **G** angewendet. Nach dem ersten Schritt erhalten wir

$$\mathbf{G}_1 = \begin{pmatrix} 1 & 0 & 0 & 1 & 0 \\ 0 & 1 & 1 & 1 & 0 \\ 0 & 0 & 1 & 0 & 1 \end{pmatrix}.$$

Nach dem zweiten Schritt ergibt sich eine LR-Generatormatrix

$$\mathbf{G}_{LR} = \begin{pmatrix} 1 & 1 & 1 & 0 & 0 \\ 0 & 1 & 1 & 1 & 0 \\ 0 & 0 & 1 & 0 & 1 \end{pmatrix} = \begin{pmatrix} \mathbf{g}_1 \\ \mathbf{g}_2 \\ \mathbf{g}_3 \end{pmatrix}.$$

Satz 6.21 besagt, daß das minimale Trellis des Codes als das Shannon-Produkt von

$$T(\mathcal{C}) = T(\mathbf{g}_1) * T(\mathbf{g}_2) * T(\mathbf{g}_3)$$

errechnet werden kann (vergleiche Bilder 6.11 und 6.12). Man erkennt, daß die minimalen

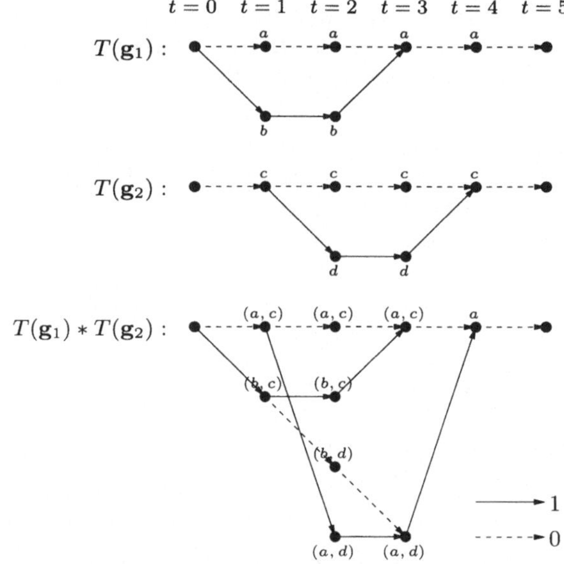

Bild 6.11: Erster Schritt zur Berechnung eines minimalen Trellisses für den $(5, 3, 2)$-Code aus Beispiel 6.10.

Trellisse des $(5, 3, 2)$-Codes in diesem Beispiel und aus Bild 6.5 übereinstimmen.   ◇

6.7.3   Eigenschaften eines minimalen Trellisses

Nun sollen einige Eigenschaften eines Codetrellisses betrachtet werden. Da die Menge der Endteile eines linearen Codes separierbar ist (vergleiche Lemma 6.16) können nur Codeworte **c**, die gemeinsame Endteile (oder gemeinsame Zustände

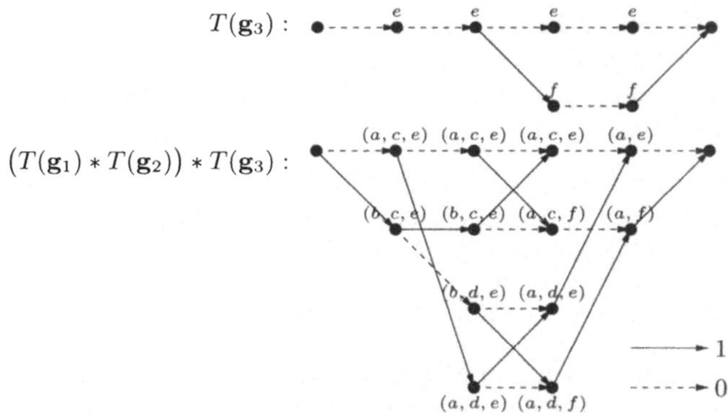

Bild 6.12: Minimales Trellis, erhalten aus dem $(5, 3, 2)$-Code aus Beispiel 6.10.

$\sigma(\mathbf{c})$) haben, durch einen gemeinsamen Knoten führen. Wir bezeichnen $\sigma(\mathbf{c})$ *als Zustand des Knotens* ϑ, d. h. $\sigma(\vartheta) \mathrel{\hat{=}} \sigma(\mathbf{c})$. Der Zustand $\sigma(\mathbf{c})$ kann unter Verwendung des vorderen Teils $\mathbf{c}_t^A$ oder des Endteils $\mathbf{c}_t^B$ berechnet werden.

Zwei Knoten ϑ_1 und ϑ_2 in der Tiefe t eines Codetrellisses $T(\mathcal{C})$ werden *äquivalent* genannt, wenn $\sigma(\vartheta_1) = \sigma(\vartheta_2)$ gilt. Zwei äquivalente Knoten können zusammengefaßt werden und das entstandene Trellis beschreibt denselben Code. Wenn die Knoten ϑ_1 und ϑ_2 zusammengefaßt werden, müssen alle Zweige, die mit ϑ_1 und ϑ_2 verbunden sind, nun mit dem gemeinsamen Knoten ϑ verbunden werden (gegebenenfalls werden parallele Zweige gelöscht).

Ein Codetrellis, das keine äquivalenten Knoten besitzt, wird *kanonisch* genannt. Somit ist ein kanonisches Trellis eines linearen Codes so aufgebaut, daß alle Codeworte $\mathbf{c}$ mit dem Zustand $\sigma_t(\mathbf{c})$ in der Tiefe t durch einen gemeinsamen Knoten führen. Darum ist ein kanonisches Trellis eines linearen Codes eindeutig und isomorph zum Syndromtrellis. Ein Trellis ist isomorph zu einem anderen, wenn er aus diesem nur durch Umordnung der Knoten erzeugt werden kann.

Offensichtlich kann ein kanonisches Trellis eines linearen Codes aus jedem anderen Codetrellis durch Zusammenfassen von äquivalenten Knoten konstruiert werden. Das kanonische Trellis hat minimale Knotenanzahl $|\mathcal{V}|$. Die Umkehrung gilt auch, d. h. ein Trellis mit minimalen $|\mathcal{V}|$ ist kanonisch (ohne Beweis).

Satz 6.22 (Kanonisches Trellis) *Ein Codetrellis eines linearen Codes ist genau dann minimal, wenn es kanonisch ist.*

Eine Folgerung daraus ist, daß das Syndromtrellis minimal ist, da es kanonisch ist. Alle kanonischen Trellisse eines gegebenen linearen Codes sind isomorph. Mit Satz 6.22 erhalten wir:

Satz 6.23 (Eindeutigkeit des minimalen Trellisses) *Alle minimalen Trellisse eines linearen Codes sind isomorph.*

Im folgenden wollen wir zeigen, daß das minimale Trellis eines linearen Codes nicht nur die kleinste Knotenanzahl $|\mathcal{V}|$ sondern auch die kleinste Zweiganzahl $|\mathcal{E}|$ und die kleinste zyklomatische Zahl $Z(T) = |\mathcal{E}| - |\mathcal{V}| + 1$ hat. Somit ist die Komplexität der Decodierung eines Codes in minimaler Trellisdarstellung mit dem Viterbi-Algorithmus minimal.

Satz 6.24 (Minimale zyklomatische Zahl) *Sei $\tilde{T} = (\tilde{\mathcal{V}}, \tilde{\mathcal{E}})$ ein minimales (kanonisches) Trellis eines linearen Codes C und $T = (\mathcal{V}, \mathcal{E})$ ein nicht-minimales Trellis des Codes C. Dann gelten die folgenden Ungleichungen:*

$$\text{i) } |\tilde{\mathcal{V}}| < |\mathcal{V}|, \quad \text{ii) } |\tilde{\mathcal{E}}| < |\mathcal{E}| \quad und \quad \text{iii) } Z(\tilde{T}) \leq Z(T).$$

Bevor wir den Satz beweisen, benötigen wir noch einige Zwischenergebnisse. Die Knoten $\vartheta', \vartheta'' \in \mathcal{V}_t$ in der Tiefe t werden *gleichbenachbart* genannt, wenn sie mit einem Knoten in der Tiefe $t - 1$ oder $t + 1$ durch Zweige e' und e'' verbunden sind, die die gleichen Nummern $\mathbf{c}(e') = \mathbf{c}(e'')$ haben. Offensichtlich können gleichbenachbarte Knoten zusammengefaßt werden. Wir wollen im folgenden beweisen, daß ein Trellis, das gleichbenachbarte Knoten enthält, nicht kanonisch sein kann.

Bild 6.13: Gleichbenachbarte Knoten (Lemma 6.25).

Lemma 6.25 (Gleichbenachbarte Knoten) *Ein Trellis eines linearen Codes ist genau dann minimal (kanonisch), wenn es keine gleichbenachbarten Knoten hat.*

Beweis: Es genügt zu zeigen, daß jedes nicht-kanonische Trellis gleichbenachbarte Knoten hat.

$T(C)$ sei ein nicht-kanonisches (nicht-minimales) Trellis eines linearen Codes. $\mathcal{L}(\vartheta)$ sei die Menge aller vorderen Teile derjenigen Codeworte aus $T(C)$, die den Knoten ϑ beinhalten. $\mathcal{R}(\vartheta)$ bezeichne die entsprechenden Endteile. Es existieren mindestens zwei Knoten $\vartheta_1, \vartheta_2 \in \mathcal{V}_t$ für die gilt: $\sigma(\vartheta_1) = \sigma(\vartheta_2) = \sigma$. Die Menge der Knoten der Tiefe t, die den Zustand σ haben, sollen mit $\vartheta_1, \ldots, \vartheta_l \in \mathcal{V}_t$ bezeichnet werden. Diese Menge besitzt die folgende Eigenschaft: Es existieren darin zwei Knoten ϑ' und ϑ'', für die

i)   entweder ein Codewort existiert, dessen vorderer Teil sowohl ϑ' als auch ϑ'' enthält,

ii)   oder es existiert ein Codewort, dessen Endteil ϑ' und ϑ'' enthält.

Ansonsten wären die Mengen $\mathcal{L}(\vartheta_1), \ldots, \mathcal{L}(\vartheta_l)$ (wie auch $\mathcal{R}(\vartheta_1), \ldots, \mathcal{R}(\vartheta_l)$) paarweise disjunkt, d. h.:

$$\mathcal{L}(\vartheta_i) \cap \mathcal{L}(\vartheta_j) = \emptyset, \quad \forall i \neq j, \tag{6.9}$$

$$\mathcal{R}(\vartheta_i) \cap \mathcal{R}(\vartheta_j) = \emptyset, \quad \forall i \neq j. \tag{6.10}$$

Werden die gleichbenachbarten Knoten $\vartheta_1, \ldots, \vartheta_l$ zusammengefaßt, erhalten wir ein Codetrellis $T'(\mathcal{C})$, der u. a. die Codeworte $\mathcal{S} = \{\mathcal{L}(\vartheta_1), \mathcal{R}(\vartheta_2)\}$ enthält. Diese Codeworte haben in der Tiefe t den Zustand σ, daher mußten sie im Trellis $T(\mathcal{C})$ einige der Knoten $\vartheta_1, \ldots, \vartheta_l$ beinhalten.

Aber aus 6.9 und 6.10 folgt, daß alle vorderen Teile der Codeworte in der Tiefe t ($\mathcal{L}(\vartheta_1)$) nur den Knoten ϑ_1 beinhalten, und daß die entsprechenden Endteile ($\mathcal{R}(\vartheta_2)$) nur den Knoten ϑ_2 beinhalten. Deshalb besitzt $T(\mathcal{C})$ keine Codeworte aus der Menge $\mathcal{S}$. Dieser Widerspruch beweist die Eigenschaft.

Nehmen wir jedoch an, dasselbe Codewort beinhalte die Knoten ϑ' und ϑ'', dann gibt es zwei Pfade $\mathbf{e}'$ und $\mathbf{e}''$ mit diesen Knoten, und es gilt: $\mathbf{c}(\mathbf{e}') = \mathbf{c}(\mathbf{e}'')$. Dies aber bedeutet, daß zwei Knoten nach einer Verzweigung von $\mathbf{e}'$ und $\mathbf{e}''$ gleichbenachbart sind. $\qquad\square$

Beweis von Satz 6.24: Zum Beweis stellen wir uns ein Verfahren vor, das in jedem Schritt ein Paar gleichbenachbarter Knoten eines Trellisses (solange solche vorhanden sind) vereinigt und damit ein neues Trellis konstruiert. Falls keine gleichbenachbarten Knoten mehr vorhanden sind, ist das Trellis gemäß Lemma 6.25 minimal. Da aber $T(\mathcal{V}, \mathcal{E})$ als nicht-minimal vorausgesetzt wurde, gibt es mindestens ein Paar gleichbenachbarter Knoten. Für jeden Schritt unseres Verfahrens gilt daher:

- Die Anzahl der Knoten verringert sich um 1, d. h. i) ist korrekt.

- Die Anzahl der Zweige verringert sich um mindestens 1 (> 1 kann z. B. auftreten, wenn parallele Übergänge vorhanden sind), d. h. ii) ist korrekt.

- Die zyklomatische Zahl bleibt damit gleich oder verringert sich, d. h. iii) ist korrekt.

$\qquad\qquad\qquad\qquad\qquad\qquad\qquad\qquad\qquad\qquad\qquad\qquad\qquad\qquad\qquad\qquad\quad\square$

In [LBB96] wurde gezeigt, daß der folgende Algorithmus aus einem beliebigen Trellis ein minimales Trellis erzeugt. Beispiel 6.11 veranschaulicht diesen Algorithmus.

Algorithmus 6.2: Algorithmus zur Erzeugung eines minimalen Trellisses.

Gegeben sei ein beliebiges Trellis T eines Codes $\mathcal{C}(n, k, d)$.

- Vereinige für $t = 1, \ldots, n - 1$ alle gleichbenachbarten Knoten der Tiefe t, d. h. deren Zweige von Knoten der Tiefe $t - 1$ aus gleiche Symbole besitzen.

- Vereinige für $t = n - 1, \ldots, 1$ alle gleichbenachbarten Knoten der Tiefe t, d. h. deren Zweige von Knoten der Tiefe $t + 1$ aus gleiche Symbole besitzen.

- Das konstruierte Trellis ist minimal.

Beispiel 6.11 (Algorithmus zur Erzeugung eines minimalen Trellisses) Sechs Codewörter des $(4, 3, 2)$-Parity-Check-Codes werden ausgehend von der trivialen Trellisdarstellung mit dem Algorithmus schrittweise in ein minimales Trellis überführt, siehe Bild 6.14 und 6.15. $\qquad\qquad\qquad\qquad\qquad\qquad\qquad\qquad\qquad\qquad\qquad\qquad\qquad\qquad\qquad\quad\diamond$

Die folgenden Definitionen eines minimalen Trellisses sind gleichwertig:

> Ein minimales Trellis besitzt minimales $|\mathcal{V}|$,
> ein minimales Trellis besitzt minimales $|\mathcal{E}|$, und
> ein minimales Trellis ist kanonisch.

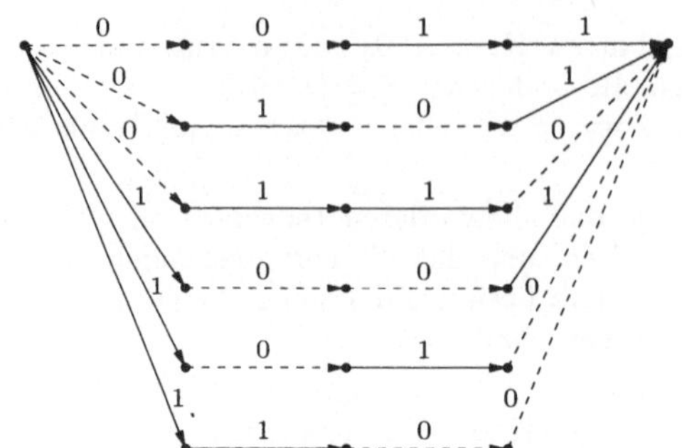

Bild 6.14: Triviales Trellis.

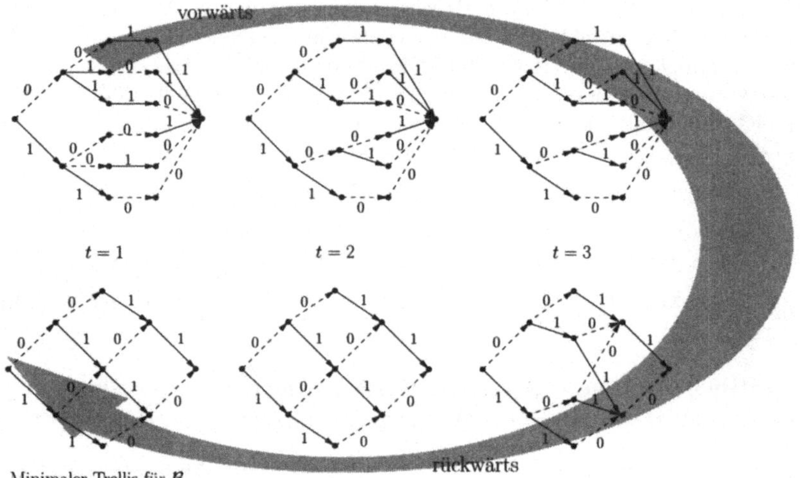

Bild 6.15: (zu Beispiel 6.11) Schrittweise Erzeugung des minimalen Trellisses aus
dem ursprünglich trivialen Trellis durch Verschmelzen von Zweigen.

Einige bisher beschriebene Ergebnisse können u. a. auf nichtlineare Codes und auf
Gruppen-Codes verallgemeinert werden. Dazu definieren wir zunächst *separierbare*
Codes.

Definition 6.26 (Separierbarer Code) *Ein Code heißt* separierbar, *wenn die
Endteile dieses Codes bezüglich der Tiefen* $t = 0, 1, \ldots, n-1$ *separierbar sind, d. h.
die Endteile, die zu zwei unterschiedlichen vorderen Teilen gehören, sind entweder
identisch oder disjunkt.*

Lemma 6.16 gilt damit auch für separierbare Codes. Weiterhin sind auch Satz 6.22,
Satz 6.23, Satz 6.24 und Lemma 6.25 auf separierbare Codes anwendbar. Deshalb
hat ein separierbarer Codes ein eindeutiges minimales Trellis (ausgenommen Iso-
morphismen) mit minimaler Anzahl von Knoten und Zweigen.

Die Decodierung eines separierbaren Codes mit dem Viterbi-Algorithmus hat minimale Komplexität, wenn das minimale Codetrellis verwendet wird.

Zur Separierbarkeit weiterer Codeklassen: Alle linearen Codes sind separierbar (Lemma 6.16). Des weiteren sind alle Gruppen-Codes separierbar. Ein Gruppen-Code ist dabei wie folgt definiert: Ein Alphabet Q sei eine additive Gruppe (auch nichtlinear) und die Codeworte eines Codes C stellen eine Gruppe (Abschnitt 2.1, Seite 33) bezüglich der komponentenweisen Addition der Codeworte dar. Eine allgemeinere Definition ergibt sich, wenn jede i-te Komponente eines Codewortes aus einem Alphabet Q_i ist. Es kann gezeigt werden, daß Lemma 6.16 auch für Gruppen-Codes gilt, die damit ebenfalls separierbar sind. Weiterhin ist bekannt [SMH96], daß einige nichtlineare Codes auch separierbar sind. Im speziellen handelt es sich dabei um die Hadamard-Codes (Abschnitt 5.1.4, Seite 116), die Levenshtein-Codes [McWSl], die Delsarte-Goethals-Codes, die Kerdock-Codes und den Nordstrom-Robinson-Code (siehe z. B. [McWSl]).

Anmerkung: Wir haben in diesem Abschnitt Codes betrachtet, deren Stellen gegeben waren, d. h. wir haben die Reihenfolge der Codewortpositionen als konstant betrachtet. Die Permutation der Spalten der Generator- oder Parity-Check-Matrix des Codes C führt auf einen äquivalenten Code $\tilde{C}$. Die Anzahl der Knoten $|\tilde{\mathcal{V}}|$ in dem minimalen Trellis von $\tilde{C}$ kann kleiner oder größer als $|\mathcal{V}|$ sein. Dabei können sich $|\tilde{\mathcal{V}}|$ und $|\mathcal{V}|$ um mehrere Zehnerpotenzen unterscheiden. Ein selbst für lineare Codes ungelöstes Problem besteht darin, die Permutation zu finden, die auf ein minimales Trellis mit minimalem $|\tilde{\mathcal{V}}|$ führt, das wir als optimales Trellis bezeichnen wollen. Neben vollständiger Suche gibt es eine Reihe von Algorithmen zur Lösung des Problems, die unterschiedliche Komplexität besitzen, jedoch nicht garantiert eine optimale Permutation finden. Einige Verfahren sind in [EBMS96] untersucht.

Die Klasse der RM-Codes in Standard-Bitdarstellung [KTFL93] besitzt bereits ein optimales Trellis. Daraus folgt, daß auch für einige BCH-Codes gute Permutationen existieren, da diese als verkürzte RM-Codes betrachtet werden können (vergleiche Seite 315).

6.8 Zusammenfassung

In diesem Kapitel haben wir einige allgemeine Eigenschaften von Codes dargestellt. Zunächst haben wir den zu einem Code C dualen Code $C^\perp$ definiert. Dabei ergab sich, daß die Prüfmatrix von C gerade der Generatormatrix von $C^\perp$ entspricht. Damit ergibt ein Codewort multipliziert mit einem Codewort des dualen Codes Null. Diese Eigenschaft werden wir im nächsten Kapitel benutzen, um mit Codewörtern des dualen Codes $C^\perp$ Decodierverfahren zu definieren.

Wir haben die Gewichtsverteilung eines Codes C definiert und die MacWilliams-Identität, die im Jahre 1962 veröffentlicht wurde, angegeben. Der Beweis folgt der Arbeit [CW80]. Mit der MacWilliams-Identität kann man aus der Gewichtsverteilung eines Codes C die Gewichtsverteilung des dualen Codes $C^\perp$ berechnen. Ferner haben wir den Automorphismus kennengelernt, der, auf ein Codewort angewendet, die Koordinaten derart permutiert, daß sich wieder ein Codewort ergibt.

Anschließend haben wir neben der Hamming-Schranke [Ham50] aus dem Jahre 1950, die bereits in Kapitel 1 auf Seite 12 eingeführt wurde, noch weitere Schranken vorgestellt. Wir haben die Gilbert- und die Varshamov-Schranke angegeben, die häufig als eine Schranke bezeichnet werden. Varshamov hat seine Arbeit [Var57] im Jahre 1957 veröffentlicht und Gilbert 1952 [Gil52]. Es handelt sich um untere Schranken, die aussagen, daß gute Codes existieren. Die Varshamov-Schranke ist etwas enger und sagt aus, daß *lineare* Codes existieren, die diese Schranke erreichen.

Danach haben wir die Singleton-Schranke angegeben, die aus dem Jahre 1964 stammt [Sin64]. Erfüllt ein Code die Singleton-Schranke mit Gleichheit, so hat der Code die Eigenschaft *Maximum-Distance-Separable* (MDS). Diese Eigenschaft hatte überraschende Konsequenzen. Zum einen ist die (Hamming-) Gewichtsverteilung für MDS-Codes berechenbar, zum anderen ist ein Codewort durch beliebige k Stellen eindeutig bestimmt. Wir haben gezeigt, daß, abgesehen von den trivialen Codes, keine binären MDS-Codes existieren. Singleton scheint der erste gewesen zu sein, der sich explizit mit MDS-Codes beschäftigt hat. Eine Verallgemeinerung der Singleton-Schranke für andere Metriken und einen einfachen Beweis für nichtlineare Codes findet man in [BS96]. Des weiteren haben wir zur Bündelfehlerkorrektur die Reiger-Schranke eingeführt.

Danach haben wir noch alle bisher kennengelernten Schranken und die McEliece-Rodemich-Rumsey-Welch-Schranke asymptotisch dargestellt. Für die Varshamov-Schranke ergab sich die Entropie-Funktion, d. h. es können gute Codes existieren. Aus der Hamming-Schranke ergab sich die Kanalkapazität.

Wir haben lineare Blockcodes durch ein Trellis beschrieben, das minimale Trellis definiert und Methoden seiner Konstruktion angegeben. Es wurde bewiesen, daß das Syndromtrellis minimal ist, und daß die trellisorientierte Generatormatrix ebenfalls ein minimales Trellis ergibt. Ferner wurde gezeigt, daß ein minimales Trellis sowohl minimale Knotenanzahl $|\mathcal{V}|$ als auch minimale Zweiganzahl $|\mathcal{E}|$ sowie eine minimale zyklomatische Zahl $Z(T) = |\mathcal{E}| - |\mathcal{V}| + 1$ aufweist. Die Decodierung eines Blockcodes kann mit Hilfe des Trellisses erfolgen (vergleiche Kapitel 7).

Es sei nochmals erwähnt, daß für eine feste Reihenfolge der Stellen des Codes ein minimales Trellis konstruiert werden kann. Permutiert man die Stellen, so kann man erneut ein minimales Trellis mit gegebenenfalls wesentlich geringerer Komplexität erhalten. Unter allen Permutationen existieren solche, bei denen das minimale Trellis eine minimale Knotenanzahl besitzt. Dieses wird als optimales Trellis bezeichnet. Dazu werden derzeit noch Forschungsarbeiten durchgeführt. Einige Algorithmen und Überlegungen hierzu findet man u. a. in [Ksc96] und [EBMS96].

Die Geschichte der Theorie über das minimale Trellis von Blockcodes ist recht jung. Die Beschreibung von Blockcodes mittels Trellis geht zurück auf das Jahr 1974. Bahl, Cocke, Jelinek und Raviv [BCJR74], Wolf [Wolf78] und Massey [Mas78] haben diese Beschreibung eingeführt. Erst 1988 lebte das Interesse an dieser Darstellung wieder auf, bedingt durch die Arbeiten von Forney [For88b] und Muder [Mud88], die die Definition eines minimalen Trellisses eingeführt haben. Erst im Jahre 1993 wurde durch Zyablov, Sidorenko [ZS94] und Kot, Leung [KL93] bewiesen, daß die Trellisdefinitionen von Bahl et al. [BCJR74], Wolf [Wolf78] und Massey [Mas78] für lineare Codes minimal sind.

Die Benutzung einer *trellisorientierten* Generatormatrix wurde auch in [For88b] durch Forney vorgeschlagen. Kschischang, Sorokine [KS95] und Sidorenko et al. [SMH96] haben dann das Shannon-Produkt eingeführt, um das Trellis eines Blockcodes zu konstruieren. Die Theorie zu trellisorientierten Generatormatrizen sowie die Methoden, dadurch ein minimales Trellis zu erhalten, wurde von McEliece in [McE96] beschrieben. Des weiteren wird darin bewiesen, daß das minimale Trellis eines linearen Blockcodes minimales $|\mathcal{E}|$ besitzt. Daß das minimale Trellis zudem minimales $|\mathcal{E}| - |\mathcal{V}| + 1$ besitzt, wurde dann sowohl in [KS95], als auch in [Sid97] bzw. [SMH97] bewiesen. Die Theorie zum minimalen Trellis wurde in den Arbeiten [FT93, Ksc96, KS95, Sid97, SMH97] und [VK96] auf Gruppen-Codes und separierbare Codes erweitert. Weitere Ergebnisse findet man in [DRS93] und [Sid96].

6.9 Übungsaufgaben

Aufgabe 6.1
Zeigen Sie, daß der Viterbi-Decodieralgorithmus[2] angewendet auf ein Codetrellis $T = (\mathcal{V}, \mathcal{E})$ $|\mathcal{E}|$ Additionen und $|\mathcal{E}| - |\mathcal{V}| + 1$ binäre Vergleiche erfordert.

Aufgabe 6.2
Wählen Sie eine Prüfmatrix $\mathbf{H}$ und eine Generatormatrix $\mathbf{G}$ und

a) konstruieren Sie das Syndromtrellis;

b) konstruieren Sie das minimale Trellis unter Benutzung der Generatormatrix des Codes.

Aufgabe 6.3
Geben Sie ein Beispiel für einen Code an, für den bezüglich der Anzahl der Knoten $|\mathcal{V}_t|$ in der Tiefe t eines minimalen Trellisses

$$|\mathcal{V}_t| < 2^{\min\{k, n-k\}} \quad \forall t$$

gilt.

Aufgabe 6.4
$T(\mathcal{C})$ sei das minimale Trellis eines linearen Codes $\mathcal{C}$, und $T(\mathcal{C}^\perp) = (\mathcal{V}^\perp, \mathcal{E}^\perp)$ sei das minimale Trellis des dualen Codes $\mathcal{C}^\perp$. Zeigen Sie, daß gilt

$$|\mathcal{V}_t| = |\mathcal{V}_t^\perp|.$$

---

[2]Der Viterbi-Algorithmus wird in Kapitel 7 eingeführt

Aufgabe 6.5

Gegeben sei ein binärer linearer (n, k)-Code $\mathcal{C}$. Betrachten Sie die 2^{n-k} Cosets des Codes $\mathcal{C}_1 = \mathcal{C}, \mathcal{C}_2, \ldots, \mathcal{C}_{2^{n-k}}$. Schlagen Sie eine Verallgemeinerung des Viterbi-Algorithmus vor, die es erlaubt, für ein empfangenes Wort $\mathbf{y}$ das Wort mit geringster Hamming-Distanz zu $\mathbf{y}$ aus $\mathcal{C}_1 = \mathcal{C}, \mathcal{C}_2, \ldots, \mathcal{C}_{2^{n-k}}$ gleichzeitig zu finden (gleichzeitige ML-Decodierung von Cosets).

Aufgabe 6.6

Stellen Sie mit Hilfe einer Generatormatrix ein minimales Trellis eines $(8, 4)$-Reed-Muller-Codes auf, wobei jeweils 2 aufeinanderfolgende Symbole einen Zweig bezeichnen sollen.

7 Decodierung von Blockcodes

In diesem Kapitel werden wir die Decodierung von *binären* Blockcodes erörtern. Dazu benötigen wir zusätzliche Kanalmodelle, die wir in Abschnitt 7.1 definieren werden. Eine für die Decodierung wesentliche Beziehung zwischen (Code-)Vektoren ist ihr Abstand. Daher werden wir Distanzmaße oder Metriken einführen, die es erlauben, den Abstand von Vektoren zu messen. Explizit werden die Hamming-Metrik und die euklidische Metrik definiert. Im Anhang A sind neben der formalen mathematischen Definition einer Metrik noch die Lee-, Mannheim-, Manhattan- und die kombinatorische Metrik beschrieben. Welche Metrik zur Decodierung verwendet wird, ist dabei u. a. abhängig vom betrachteten Kanalmodell.

In Abschnitt 7.2 werden allgemein die fundamentalen Decodierprinzipien *Maximum-Likelihood-* (*ML-*) und *Maximum-a-posteriori-* (*MAP-*) Decodierung vorgestellt. Anschließend werden diese Decodierprinzipien auf den Fall binärer Symbole übertragen. Dabei ist die *Zuverlässigkeit* einer Entscheidung von zentraler Bedeutung für die Decodierung. In der Praxis hat man i. a. von den Verfahren zur Signalschätzung Zuverlässigkeitsinformation zur Verfügung. Der Begriff der Zuverlässigkeit wird anhand einiger Beispiele erläutert. Danach werden die Decodierregeln für die Maximum-Likelihood-Decodierung mit und ohne Zuverlässigkeitsinformation hergeleitet. Die Maximum-a-posteriori-Decodierung wird nur unter Berücksichtigung von Zuverlässigkeitsinformation betrachtet. Ein Nachteil dieser Decodierprinzipien ist die exponentiell ansteigende Decodierkomplexität. Daher wird in Abschnitt 7.2.3 über den Satz von Evseev gezeigt, daß näherungsweise ML-Decodierung bei wesentlich geringerer Komplexität möglich ist. In Abschnitt 7.2.4 wird beschrieben, was es aus Systemsicht bedeutet, Redundanz zu verwenden. Wir werden den Codiergewinn definieren, sowohl unter Berücksichtigung der aufgewendeten Sendeenergie, als auch der Netto-Datenrate (Informationsdatenrate).

Die eigentlichen Decodieralgorithmen sind in drei Abschnitte gegliedert. In Abschnitt 7.3 werden Decodierverfahren ohne Zuverlässigkeitsinformation beschrieben, die wir als *Hard-Decision*-Decodierung bezeichnen wollen. Entsprechend werden dann in Abschnitt 7.4 die Decodierverfahren, die Zuverlässigkeitsinformation verwenden, *Soft-Decision*-Decodierung genannt. In Abschnitt 7.5 wird die Decodierung als Optimierungsproblem formuliert und mit den dort üblichen Algorithmen gelöst (es handelt sich hierbei auch um Soft-Decision-Decodierung).

Zur Hard-Decision-Decodierung: Neben dem algebraischen Decodierverfahren mit Berlekamp-Massey- oder Euklidischem Algorithmus zur Lösung der Schlüsselgleichung (Abschnitt 3.2.1) existieren noch weitere Decodierverfahren, deren Notwendigkeit unter anderem dadurch begründet werden kann, daß man QR-Codes nur bis zur halben geplanten bzw. BCH-Mindestdistanz decodieren kann. Auch die Geschwindigkeit der Decodierung und ihre Komplexität ist ein Entscheidungsgrund für andere Verfahren als die algebraische Decodierung. Es ist eine Erfahrungstatsache, daß die Berechnung des Syndroms, das über die DFT definiert ist, einen großen Teil der Decodierzeit in Anspruch nimmt. Wir werden die *Permutationsdecodierung* erörtern und als deren Spezialfall das sogenannte *error trapping*. Nach der Methode der *covering polynomials*, einer Modifikation des error trappings, werden wir noch die Mehrheits-Decodierung (*majority-logic decoding*) erläutern. Ein Spezialfall davon ist der Algorithmus DA, der in der Lage ist auch bestimmte Fehler mit Gewicht größer als die halbe Mindestdistanz zu decodieren.

Zur Soft-Decision-Decodierung: Hier werden wir zwei Grundkonzepte unterscheiden, nämlich die Decodierung basierend auf *Codesymbolen*, sowie die Decodierung basierend auf *Codeworten*. Als Beispiele für die symbolweise Decodierung werden wir den *Bahl-Cocke-Jelinek-Raviv- (BCJR-) Algorithmus* zur MAP-Decodierung basierend auf einem Trellisdiagramm, die *gewichtete Mehrheitsdecodierung* oder *APP-Decodierung* (APP, *a posteriori probability*) nach Massey und die *iterative APP-Decodierung* als deren Verallgemeinerung vorstellen. Diese Verfahren liefern neben der harten Decodierentscheidung auch noch eine Zuverlässigkeitsinformation über diese Entscheidung, was für die Decodierung verketteter Codes von großer Bedeutung ist.

Die meisten Decodieralgorithmen basierend auf Codeworten können als Listen-Decodierung beschrieben werden. Im trivialen Fall enthält diese Liste alle Codeworte, aus der das am wahrscheinlichsten gesendete ausgewählt wird. Für die Hard-Decision-Decodierung wurde dies bereits in Kapitel 1 als Standard-Array-Decodierung eingeführt. Eine wesentlich kompaktere Darstellung des Codes ist die durch ein minimales Trellis. Das bekannteste Verfahren zur Maximum-Likelihood-Decodierung basierend auf einem Trellisdiagramm ist dabei der *Viterbi-Algorithmus*, der in Abschnitt 7.4.2 vorgestellt wird. Aufwandsgünstigere Verfahren verwenden eine unvollständige Liste, die nicht mehr in jedem Fall, aber mit hoher Wahrscheinlichkeit, das ML-Codewort, d. h. das am wahrscheinlichsten gesendete Codewort, enthält. Dabei wird aus dem Empfangswort eine Liste von Varianten erzeugt, die dann decodiert werden. Entscheidend ist dabei, wie und nach welchem Kriterium die Liste erzeugt wird. Wir werden dazu unterschiedliche Algorithmen beschreiben, wie etwa: *Generalized-Minimum-Distance*-Decodierung (GMD-Decodierung), Generalized-Wagner-Decodierung, die Algorithmen von Chase und Kaneko, sowie die Konzepte der *ordered statistics*, die von Fossorier und Lin entwickelt wurden. Ein weiteres Soft-Decision-Decodierverfahren speziell für Reed-Muller-Codes findet man in Abschnitt 9.5.

In Abschnitt 7.5 wird die Decodierung von Codes als Optimierungsproblem formuliert, und die bekannten Verfahren wie der *Simplex-Algorithmus*, das *Branch-and-Bound-* und das *Gradienten-Verfahren* werden auf ihre Verwendbarkeit zur Decodierung untersucht. Es werden sich dabei zahlreiche Parallelen zu den Listen-Decodierverfahren ergeben.

7.1 Kanalmodelle und Metriken

Zur Konzeptionierung von digitalen Übertragungssystemen werden Modelle benötigt, die alle wesentlichen Komponenten des Systems hinreichend gut beschreiben. Anhand eines Systemmodells können dann durch Simulation die Parameter der einzelnen Komponenten entsprechend den Anforderungen an das System optimiert werden. Bild 7.1 zeigt ein vereinfachtes Schema einer digitalen Übertragungsstrecke. Der Informationsvektor **i** wird vom Codierer in ein Codewort **c** abgebildet. In diesem Kapitel beschränken wir uns dabei auf Blockcodes der Länge n, Dimension k und Mindestdistanz d. Die Codesymbole werden vom Modulator in Signale **x** abgebildet. Dann erfolgt die Übertragung der Signale über den Kanal. Unter einem Kanal verstehen wir dabei das physikalische Medium, das verwendet wird, um ein Signal vom Sender zum Empfänger zu übertragen, d. h. der freie Raum, ein Kupferkabel, etc. Das Sendesignal wird bei der Übertragung über einen beliebigen Kanal zufällig gestört. Diese gestörten Signale **y** gelangen zum Empfänger und werden dort demoduliert bzw. detektiert.

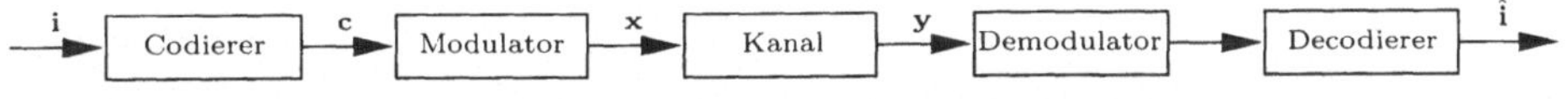

Bild 7.1: Senden von binären Symbolen.

Bei der Modellierung einer digitalen Übertragungsstrecke ist das *Kanalmodell*, das reale Kanäle, wie z. B. Satellit-Erdstation, Schiff-Heimathafen, Mobil-Feststation, Telefonleitung zwischen Modems, usw. nachbildet, sehr wichtig. Die Modulation und Codierung bzw. Demodulation und Decodierung müssen so gewählt werden, daß sie den Kanal entsprechend den Anforderungen an das System möglichst effizient nutzen. Es werden mathematische Modelle verwendet, die die Störungen auf dem Kanal möglichst getreu nachbilden. Hat man ein Modell gefunden, das eine Übertragungssituation hinreichend gut beschreibt, so ist man durch Simulation verschiedener Modulations- und Kanalcodierungsschemata in der Lage, dasjenige zu bestimmen, das die Anforderungen an das Übertragungssystem am besten erfüllt.

Im folgenden werden wir die für die Analyse von Decodierverfahren gebräuchlichsten Kanalmodelle beschreiben.

Bei *gedächtnisfreien Kanälen* sind die Störungen im Kanal unabhängig von der Vergangenheit. Dazu wollen wir das Modell des q-nären symmetrischen Kanals und das Modell des Kanals mit additivem weißen Gaußschen Rauschen (AWGN) sowie seine Erweiterung auf einen zeitvarianten Fading-Kanal beschreiben. Sowohl das AWGN-Kanalmodell als auch das Modell des q-nären symmetrischen Kanals werden häufig für die Decodierung mit Zuverlässigkeitsinformation benutzt. Ein Beispiel für ein *gedächtnisbehaftetes Kanalmodell* ist das Gilbert-Elliot-Modell. Es wird zur Nachbildung eines Kanals mit Bündelstörungen verwendet.

7.1.1 q-närer symmetrischer Kanal

Das Kanalmodell des q-nären symmetrischen Kanals ist charakterisiert durch die q Eingangssymbole $\alpha_j \in GF(q)$, die übertragen werden sollen, die Q Ausgangssymbole y_i und die entsprechenden Kanalübergangswahrscheinlichkeiten $P(y_i \mid \alpha_j)$, $i \in [1, Q]$, $j \in [1, q]$. Symmetrisch bedeutet, daß die Wahrscheinlichkeit einer korrekten Übertragung für alle Zeichen gleich groß ist. Ebenfalls ist die Fehlerwahrscheinlichkeit für alle Zeichen gleich groß. Bild 7.2 zeigt das Kanalmodell, das im wesentlichen eine Erweiterung des BSC nach Bild 1.2 darstellt.

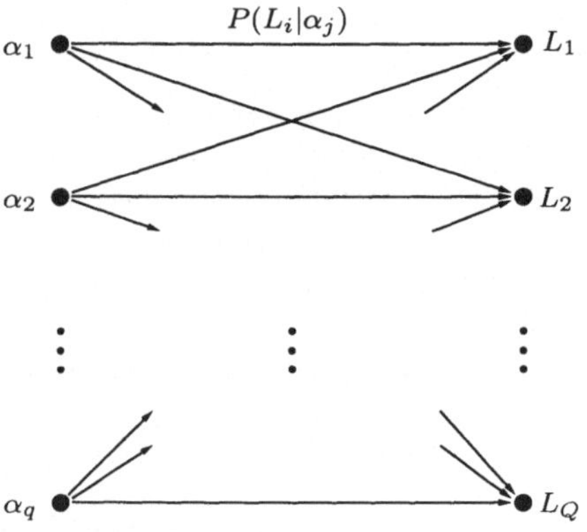

Bild 7.2: q-närer symmetrischer Kanal.

Wir wollen zwei Fälle unterscheiden:

Im ersten Fall sei das Alphabet der zu übertragenden Zeichen α_j gleich dem der empfangenen Zeichen y_i ($q = Q$). Der Empfänger übergibt dem Decodierer also nur Zeichen aus dem für den Code zulässigen Alphabet. Mit diesem Modell werden Kanäle beschrieben, bei denen keine Zuverlässigkeitsinformation aus der Signalschätzung verwendet wird, d. h. ein empfangenes Symbol kann nur korrekt oder falsch sein.

Im zweiten Fall ist das Alphabet des Empfängers größer als das des Senders ($q < Q$). So wird z. B. häufig das Alphabet des Empfängers um ein Symbol, die Auslöschung ($\otimes$), erweitert. Die Auslöschungskorrektur wurde ja bereits in Abschnitt 3.2.6 erläutert. Durch ein erweitertes Alphabet des Empfängers kann auch Zuverlässigkeitsinformation (siehe Abschnitt 7.2.2) in das Kanalmodell integriert werden, was die Decodierfähigkeit erheblich verbessert.

7.1.2 Additives weißes Gaußsches Rauschen (AWGN)

Zur Beschreibung von kontinuierlichen, zeitinvarianten Kanälen wird das AWGN-Modell (*additive white Gaussian noise*) verwendet. Es stellt das weitaus wichtigste Kanalmodell zum Vergleich von Codierverfahren dar. Ein klassisches Beispiel für den AWGN-Kanal ist die Weltraumkommunikation (*deep space communication*).

Zur Anwendung des kontinuierlichen Kanalmodells ist zunächst der Übergang von den diskreten Zahlenräumen (der Galoisfelder) auf reelle Zahlenräume nötig. Mit Hilfe der Signalraumdarstellung [Kam] werden den unterschiedlichen Codesymbolen Punkte in einem ein- oder mehrdimensionalen reellen Raum ($\mathbb{R}^n$) zugeordnet.

Die Kanalstörung besteht aus der additiven Überlagerung von mittelwertfreiem, weißem, normalverteiltem (Gaußschem) Rauschen der Varianz $\sigma^2 = N_0/2$, wobei N_0 die einseitige spektrale Rauschleistungsdichte darstellt. Die Störungen sind dabei von Symbol zu Symbol unkorreliert, so daß zur vollständigen Beschreibung die Wahrscheinlichkeitsdichte ausreicht.

Im Falle eines additiven weißen Gaußschen Rauschkanals wird also der Sendevektor **x** durch einen additiven Zufallsprozeß **n** gestört. Das empfangene Signal ist somit:

$$y_i = x_i + n_i, \quad i \in [1, n] \, .$$

Die Wahrscheinlichkeitsdichtefunktion der Zufallsvariablen n_i ist in Bild 7.3 für ein festes Signal-Rauschleistungsverhältnis dargestellt.

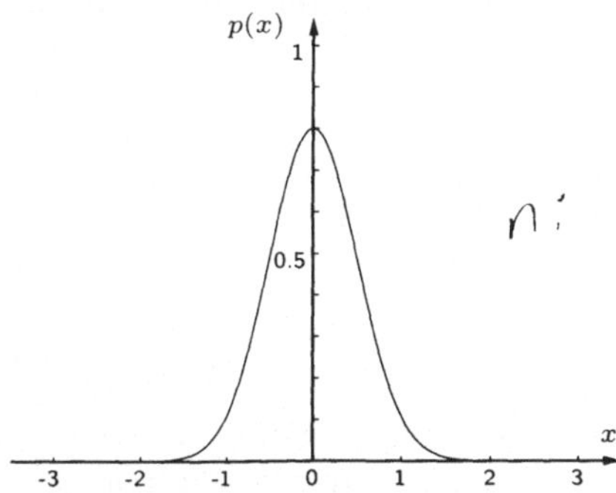

Bild 7.3: Gaußverteilte Wahrscheinlichkeitsdichte.

Es sei E_s die mittlere Energie pro empfangenem Zeichen und N_0 die einseitige Rauschleistungsdichte des Zufallsprozesses **n**. Dann nennt man $\frac{E_s}{N_0}$ das empfangene Signal-Rauschleistungsverhältnis. Das Rauschen ist also gaußverteilt mit der Varianz $\sigma^2 = \frac{N_0}{2E_s}$ und dem Mittelwert 0.

Der AWGN-Kanal ist gedächtnislos und vollständig durch seine Übergangswahrscheinlichkeitsdichte

$$p(\mathbf{y} \mid \mathbf{x}) = \prod_{l=1}^{n} p(y_l \mid x_l), \quad p(y_l \mid x_l) = \frac{1}{\sqrt{2\pi\sigma^2}} \cdot \exp\left(-\frac{(y_l \pm \sqrt{E_s}x_l)^2}{2\sigma^2}\right) \quad (7.1)$$

beschrieben. Der Erwartungswert $\pm\sqrt{E_s}$ für den Signalanteil wird üblicherweise auf ± 1 normiert.

7.1.3 Zeitvariante Kanäle

Kanäle, die ihre Eigenschaften wie Bitfehlerrate oder Signal-Rauschleistungsverhältnis während der Übertragung mit der Zeit verändern, bezeichnet man als zeitvariant. Ein Beispiel hierfür sind Mobilfunkkanäle. Die exakte Beschreibung ist dabei recht schwierig und aufwendig und hängt von vielen Parametern ab. Für die Kanalcodierung begnügt man sich daher mit stark vereinfachten Modellen, die nur noch die wesentlichen Merkmale beschreiben. Das ist zum einen die Verteilung der Empfangsamplitude und zum anderen deren zeitliche Korrelation, d. h. die Art des Gedächtnisses des Kanals. Anhand der Beschreibung der Amplitudenverteilung lassen sich die Modelle wieder in kontinuierliche, z. B. den Rayleigh-Kanal, und diskrete Modelle, z. B. das Gilbert-Elliot-Modell, einteilen.

Rayleigh-Kanal

Der Rayleigh-Kanal stellt einen AWGN-Kanal mit zeitlich variierender Signalamplitude dar:

$$y_i = a_i \cdot x_i + n_i \; .$$

Zu der additiven Rauschstörung n_i kommt die multiplikative Störung a_i hinzu, die rayleigh-verteilt ist:

$$f_a(a) = 2\,a\,e^{-a^2}, \quad a > 0 \; .$$

Damit ergibt sich die Kanalbeschreibung zu:

$$f(\mathbf{y}\,|\,a,\mathbf{x}) = \frac{1}{\sqrt{\pi\,N_0}}\,\exp\left(-\frac{(\mathbf{y}-a\,\mathbf{x})^2}{N_0}\right) , \tag{7.2}$$

wobei hier die bedingte Übergangswahrscheinlichkeitsdichte von zwei Parametern, dem Sendesignal $\mathbf{x}$ und der Kanalamplitude a, abhängt. Aufgrund der Zeitvarianz wird der Rayleigh-Kanal über das *mittlere* Signal-Rauschleistungsverhältnis ($\overline{E_s}/N_0$ bzw. $\overline{E_b}/N_0$) charakterisiert. Da die mittlere Energie $E\{a^2\}$ des Rayleigh-Prozesses auf eins normiert ist, ergibt sich das mittlere $\overline{E_s}/N_0$ bzw. $\overline{E_b}/N_0$ nach der gleichen Definition wie beim AWGN-Kanal.

Bezüglich der Bitfehlerrate sind Kanäle mit variierender Amplitude, wie der Rayleigh-Kanal, bei gleichem mittleren Signal-Rauschleistungsverhältnis stets schlechter als ein Kanal mit konstanter Amplitude. Der Grund liegt darin, daß bei zeitvarianten Kanälen die schlechten Abschnitte maßgeblich die Bitfehlerrate bestimmen.

Verwendet man den Rayleigh-Kanal als Modell für den Mobilfunk, so sind aufeinanderfolgende Kanalamplituden a_i korreliert, wobei man in der Regel ein Jakes-Leistungsdichtespektrum annimmt [Kam]. Um Codierverfahren unabhängig von der Geschwindigkeit der Kanaländerungen (Breite des Jakes-Spektrums) und dem verwendeten Interleaver testen zu können, verwendet man in Simulationen mitunter auch einen Rayleigh-Prozeß mit *unkorrelierten* Werten a_i. In diesem Falle spricht man vom *optimal interleavten Rayleigh-Kanal* (vergleiche zu Interleaving Abschnitt 8.4.4).

Bei der Decodierung ist zu unterscheiden, ob die Kanalamplitude a_i dem Empfänger bekannt ist oder nicht. Bei Kenntnis dieser *Kanalzustandsinformation* (*channel state information*, CSI) kann diese bei der Decodierung zur Verbesserung des Ergebnisses miteinbezogen werden.

Gilbert-Elliot-Modell

Das Gilbert-Elliot-Modell beschreibt Bündelfehler dadurch, daß der Kanal zwei Zustände annehmen kann, einen guten und einen schlechten, mit G und B in Bild 7.4 bezeichnet. Der gute Zustand (G) stellt einen BSC mit geringer Bitfehler-

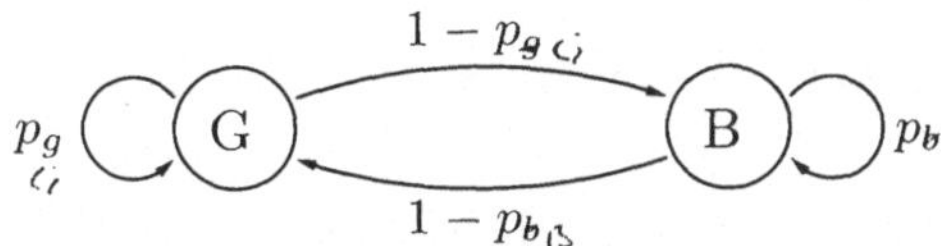

Bild 7.4: Gilbert-Elliot-Modell.

wahrscheinlichkeit p_g und der schlechte (B) einen mit hoher Bitfehlerwahrscheinlichkeit p_b dar, in dem dann sehr viele Fehler dicht hintereinander, d.h. Bündelfehler, auftreten. Mit der Wahrscheinlichkeit p_G bleibt der Kanal im guten Zustand, und mit $1 - p_G$ wechselt er vom guten in den schlechten (Bild 7.4). Die Wahrscheinlichkeit, daß sich der Kanal im guten Zustand befindet sei p_{good}, und $p_{bad} = 1 - p_{good}$ sei die Wahrscheinlichkeit, daß er sich im schlechten Zustand befindet. Damit ergibt sich:

$$p_{good} = p_{good} \cdot p_G + p_{bad} \cdot (1 - p_B) = \frac{1 - p_B}{2 - p_G - p_B}.$$

Für die mittlere Bitfehlerrate des Kanals errechnet man:

$$p_{bit} = p_{good} \cdot p_g + (1 - p_{good}) \cdot p_b = \frac{p_g(1 - p_B) + p_b(1 - p_G)}{2 - p_G - p_B}.$$

Es ist bekannt, daß dieser Kanal mit Gedächtnis eine größere Kapazität besitzt [Gil52], d.h., daß es Codes gibt, die mit weniger Redundanz die gleiche Restbitfehlerwahrscheinlichkeit erzielen wie über einen gedächtnislosen Kanal mit gleicher mittlerer Restbitfehlerwahrscheinlichkeit (siehe z.B. [Bre97]).

7.1.4 Hamming- und euklidische Metrik

Ein wichtiges Kriterium für die Decodierung ist die zugrundeliegende *Metrik*. Eine Metrik ist ganz allgemein ein Maß für die Entfernung (den Abstand) zwischen

Elementen einer Menge. Bei der Decodierung ist diese Menge gegeben durch die Empfangsvektoren, d. h. im folgenden werden zur Decodierung Metriken verwendet, die den Abstand zwischen einem Codewort und einem beliebigen anderen Vektor aus dem Empfangsalphabet beschreiben. Die formale Definition der Metrik ist im Anhang A gegeben. An dieser Stelle werden lediglich die Metriken eingeführt, die für die in diesem Abschnitt beschriebenen Decodierverfahren für binäre Blockcodes relevant sind, nämlich die Hamming-Metrik und die euklidische Metrik. Weitere Metriken, wie z. B. Lee-, Manhattan- und Mannheim-Metrik, die kombinatorische Metrik und die translatorisch- bzw. zyklisch-kombinatorische Metrik und ihre Anwendungen werden ebenfalls in Anhang A beschrieben.

Die **Hamming-Metrik** haben wir schon in Kapitel 1 eingeführt. Wir wollen sie hier jedoch nochmals formal definieren. Sie ist besonders geeignet für den binären Fall, d. h. bei Verwendung von Elementen aus $GF(2)$ bzw. Vektoren aus $\mathbb{F}_2^n$ mit Komponenten aus $GF(2)$. Im nichtbinären Fall (etwa $GF(2^m)$) kann man mit Hilfe der Hamming-Metrik nur zwischen *Fehler* und *Nichtfehler* unterscheiden, selbst wenn nur eines der m Bits falsch ist.

Seien x und y zwei Symbole des Alphabets $GF(q)$, so ist die Hamming-Metrik wie folgt definiert:

$$d_H(x,y) = \begin{cases} 0, & x = y \\ 1, & x \neq y \end{cases}.$$

Die Hamming-Distanz zweier Vektoren $\mathbf{x}$, $\mathbf{y}$ ist die Anzahl der unterschiedlichen Stellen von $\mathbf{x}$ und $\mathbf{y}$:

$$d_H(\mathbf{x},\mathbf{y}) = \sum_{j=1}^{n} d_H(x_j, y_j) = w_H(\mathbf{x} - \mathbf{y}). \tag{7.3}$$

Das Hamming-Gewicht oder die Hamming-Norm eines Vektors $\mathbf{x}$ gibt die Anzahl der von Null verschiedenen Stellen von $\mathbf{x}$ an:

$$w_H(\mathbf{x}) = \sum_{j=1}^{n} d_H(x_j, 0) = d_H(\mathbf{x}, \mathbf{0}).$$

Die **euklidische Metrik** ist für $x, y \in \mathbb{R}$ definiert zu:

$$d_E(x,y) = \sqrt{(x-y)^2}.$$

Für den n-dimensionalen Fall ergibt sich die euklidische Distanz zu:

$$d_E(\mathbf{x},\mathbf{y}) = \sqrt{(x_1 - y_1)^2 + \cdots + (x_n - y_n)^2}. \tag{7.4}$$

Die euklidische Metrik ist geeignet für Signale bzw. wenn jedes Symbol eines Codewortes als Signal beschrieben wird. Für die Norm $\|\mathbf{x}\|$ von $\mathbf{x}$ gilt:

$$w_E(\mathbf{x}) = \|\mathbf{x}\| = d_E(\mathbf{x}, \mathbf{0}).$$

Anmerkung: Man beachte folgende Eigenschaft der euklidischen Metrik:

$$d_E(\mathbf{x}, \mathbf{y}) = \sqrt{(x_1 - y_1)^2 + \cdots + (x_n - y_n)^2} \neq \sqrt{(x_1 - y_1)^2} + \cdots + \sqrt{(x_n - y_n)^2} \ .$$

Diese Eigenschaft kann zu Problemen führen, wenn z. B. der zweidimensionale Raum als Verkettung von zwei eindimensionalen beschrieben werden soll. Daher benutzt man bei der Verkettung von Codes häufig die quadratische euklidische Distanz, bei der dieses Problem nicht auftritt (vergleiche hierzu Kapitel 10). Jedoch ist die quadratische euklidische Distanz keine Metrik, da die Dreiecksungleichung nicht erfüllt ist (siehe Anhang A).

Wie bereits erwähnt, sind weitere Metriken wie Lee-, Mannheim-, Manhattan-, kombinatorische Metrik, etc. im Anhang A erläutert.

7.2 Decodierprinzipien, Zuverlässigkeit, Komplexität und Codiergewinn

7.2.1 Decodierprinzipien

Was bedeutet optimale Decodierung?
Diese Frage läßt sich nicht generell beantworten. Je nach den Anforderungen an ein Übertragungssystem, wird die Antwort sehr unterschiedlich ausfallen. Prinzipiell kann man jedoch zwei fundamentale Decodierprinzipien unterscheiden:

Maximum-Likelihood-Decodierung (ML) ist das Konzept eines optimalen Decodierers für Codeworte. Die Codewortfehlerwahrscheinlichkeit ergibt sich zu (vergleiche auch Abschnitt 1.4):

$$P_{Block} = \sum_{\mathbf{y}} P(\hat{\mathbf{x}} \neq \mathbf{x} \,|\, \mathbf{y}) \, P(\mathbf{y}) \ . \tag{7.5}$$

Da $P(\mathbf{y})$ unabhängig von der Decodierung ist, ist die Minimierung von P_{Block} äquivalent zur Minimierung von $P(\hat{\mathbf{x}} \neq \mathbf{x} \,|\, \mathbf{y})$ oder zur Maximierung von $P(\hat{\mathbf{x}} = \mathbf{x} \,|\, \mathbf{y})$. Damit erhält man das ML-Codewort zu:

$$\mathbf{x}_{opt} = \arg \left(\max_{\mathbf{x} \in \mathcal{C}} P(\mathbf{x} \,|\, \mathbf{y}) \right) \ , \tag{7.6}$$

wobei $\arg(f(\kappa))$ das Argument κ einer beliebigen Funktion $f(\kappa)$ ist.

Ein ML-Decodierer bestimmt also das am wahrscheinlichsten gesendete Codewort. Entsprechend Gleichung 7.5 führt dieses Decodierprinzip auf die *minimale Codewortfehlerwahrscheinlichkeit.*

Symbolweise Maximum-a-posteriori-Decodierung (s/s-MAP) stellt das Konzept eines optimalen Decodierers für Codesymbole dar. Die Fehlerwahrscheinlichkeit eines Codesymbols in Position i ist:

$$P_{Bit} = P(\hat{x}_i \neq x_i \,|\, \mathbf{y}) = 1 - P(\hat{x}_i = x_i \,|\, \mathbf{y})$$

$$= 1 - \sum_{\mathbf{x} \in \mathcal{C}} P(\mathbf{y} \,|\, \mathbf{x})\, \delta_{\hat{x}_i x_i}\, \frac{P(\mathbf{x})}{P(\mathbf{y})}\,, \qquad (7.7)$$

wobei δ_{kl} die Kronecker-Funktion bezeichnet. Die Minimierung von $P(\hat{x}_i \neq x_i \,|\, \mathbf{y})$ ist demnach äquivalent zur Maximierung von $P(\hat{x}_i = x_m \,|\, \mathbf{y})$, d. h. der Bestimmung der *Maximum-a-posteriori*-Wahrscheinlichkeit der Position i. Damit erhält man das MAP-Codesymbol in Position i zu:

$$x_{i,opt} = \arg\left(\max_{s \in GF(q)} \{P(x_i = s \,|\, \mathbf{y})\} \right)\,. \qquad (7.8)$$

Ist ein Empfangsvektor $\mathbf{y}$ gegeben, wird also für jede Position i das am wahrscheinlichsten gesendete Codesymbol bestimmt. Entsprechend Gleichung 7.7 führt dieses Decodierprinzip auf *minimale Codesymbolfehlerwahrscheinlichkeit*.

Anmerkung: Im Falle einer nichtsystematischen Codierung muß das Ergebnis der symbolweisen MAP-Decodierung aller n Stellen nicht notwendigerweise ein Codewort sein. Das Ergebnis der MAP-Decodierung ist lediglich für jede einzelne Stelle des Empfangsvektors die optimale Entscheidung, nicht aber für alle n Stellen gemeinsam als Codewort. Es kann also ein Decodierversagen vorliegen, falls kein gültiges Codewort erreicht wurde. In diesem Fall kann die Information nicht berechnet werden. Anders im Falle einer systematischen Codierung. Hier entscheidet man nur die k Informationsstellen und diese bestimmen damit auch das entsprechende Codewort (somit kann in diesem Fall kein Decodierversagen auftreten). Allerdings ist dieses Codewort nicht notwendigerweise identisch mit dem Soft-Decision-Maximum-Likelihood (SDML)-Codewort.

Die Interpretation obiger Decodierprinzipien wird im nächsten Abschnitt für die Übertragung binärer Symbole genauer diskutiert.

7.2.2　Zuverlässigkeit und Decodierprinzipien für die binäre Übertragung

Wir wollen zur Erläuterung des Begriffes *Zuverlässigkeitsinformation* den einfachen Fall annehmen, daß binäre Symbole über einen AWGN-Kanal (siehe Abschnitt 7.1.2) übertragen werden. Der Fall höherwertiger Symbolalphabete ist aus dem binären entsprechend ableitbar.

Wir nehmen an, zur Modulation wird binäre Phasenumtastung (*binary phase shift keying*, BPSK [Kam]) verwendet, d. h. die Codesymbole $c_i \in \{0,1\}$ werden in Modulationssymbole $x_i \in \{+1, -1\}$ abgebildet, entsprechend der Vorschrift:

$$x_i = (-1)^{c_i}, \; i \in [1, n]\,.$$

Die Bezeichnungen **c** und **x** werden im folgenden synonym verwendet. Nach der Übertragung über den AWGN-Kanal erhalten wir entsprechend Gleichung 7.1 folgende (im Bild 7.5 dargestellte) Verteilung für die Empfangssymbole y_i:

$$p(y_i \mid x_i = \pm 1) = \frac{1}{\sqrt{2\pi\sigma^2}} \cdot e^{-\frac{(y_i \mp 1)^2}{2\sigma^2}} \; . \tag{7.9}$$

Wir nehmen an, die y_i-Achse in Bild 7.5 ist in Intervalle der Breite Δy_i eingeteilt, da in praktischen Anwendungen sehr häufig nur mit quantisierten Werten gerechnet wird.

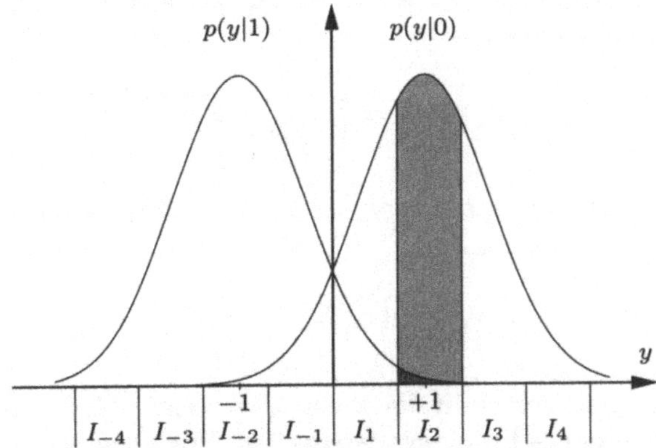

Bild 7.5: Wahrscheinlichkeitsdichtefunktion für y_i.

Nehmen wir weiter an, daß ein empfangener Wert y_i im Intervall I_2 (Bild 7.5) liege, so ist die Wahrscheinlichkeit, daß dieser Wert durch eine gesendete $+1$ empfangen wurde:

$$\int_{I_2} p(y_i \mid x_i = +1) dy_i \; \mathrel{\widehat{=}} \; \text{hellgraue Fläche in Bild 7.5} \; ,$$

bzw. daß er durch eine gesendete -1 entstanden ist:

$$\int_{I_2} p(y_i \mid x_i = -1) dy \; \mathrel{\widehat{=}} \; \text{dunkelgraue Fläche in Bild 7.5} \; .$$

Liegt also ein empfangener Wert y_i im Intervall I_2, so ist eine gesendete $+1$ viel wahrscheinlicher als eine gesendete -1. Da obige Integrationen über das gleiche Intervall I_2 erfolgen, gilt ebenso, daß $p(y_i \mid x_i = +1)$ groß ist im Vergleich zu $p(y_i \mid x_i = -1)$. Um ein Maß für die *Zuverlässigkeit* eines Empfangswertes zu erhalten, genügt es den Betrag von y_i zu betrachten, da nach Gleichung 7.9 gilt: $\ln\left(\frac{p(y_i \mid x_i = +1)}{p(y_i \mid x_i = -1)}\right) \sim \text{sign}(y_i) \cdot |y_i|$. Der Betrag von y_i kann also als Zuverlässigkeitsinformation interpretiert werden, während das Vorzeichen von y_i der Entscheidung (*Hard-Decision*) entspricht. Gelingt es, diese zusätzliche Information in ein

Decodierverfahren zu integrieren, so spricht man von *Soft-Decision*-Decodierung, wodurch sich die Decodierfähigkeit erheblich verbessert.

Neben der Kanalübergangswahrscheinlichkeitsdichte verfügen wir aber noch über weitere Informationen über das Empfangssymbol y_i, mittels derer wir seine Zuverlässigkeit präzisieren können. Die zu übertragenden Bits stammen aus einer gedächtnislosen Quelle. Diese liefert mit einer bestimmten Wahrscheinlichkeit, der A-priori-Wahrscheinlichkeit P_a, eine 0, sonst eine 1. Des weiteren wissen wir, daß eine Folge von Sendesymbolen auf die Menge der Codeworte unseres Kanalcodes beschränkt ist. Somit hat man nach dem Kanal die A-posteriori-Wahrscheinlichkeit $P(\mathbf{x} \,|\, \mathbf{y})$ beobachtet. Mit Hilfe der Regel von Bayes läßt sich diese A-posteriori-Wahrscheinlichkeit schreiben als:

$$P(\mathbf{x} \,|\, \mathbf{y}) = \frac{p(\mathbf{y} \,|\, \mathbf{x}) \cdot P_a(\mathbf{x})}{p(\mathbf{y})} \ . \qquad (7.10)$$

Entsprechend Gleichung 7.8 erhält man die MAP-Wahrscheinlichkeit für Position i zu:

$$\max_{s \in \{+1, -1\}} \{ P(x_i = s \,|\, \mathbf{y}) \} \ .$$

Die MAP-Wahrscheinlichkeit stellt die optimale Zuverlässigkeitsinformation für eine bestimmte Position i des Empfangsvektors dar. Für höherwertige Modulationen ist diese Ableitung in Abschnitt 10.2.4 beschrieben.

L-Werte für den BSC und AWGN-Kanal

In vielen Fällen ist es nützlich, anstatt der obigen Wahrscheinlichkeiten ihr Log-Likelihood-Verhältnis zu betrachten (im folgenden kurz „L-Wert" genannt). Um Berechnungen mit logarithmischen Wahrscheinlichkeitsverhältnissen zu erleichtern, ist im Anhang B die Log-Likelihood-Algebra nach Hagenauer [HOP96] formal beschrieben. An dieser Stelle werden lediglich die Log-Likelihood-Wahrscheinlichkeitsverhältnisse für den BSC sowie für den AWGN-Kanal berechnet.

Die Wahrscheinlichkeit für das (Informations-) Symbol x_i vor der Übertragung ist durch die A-priori-Wahrscheinlichkeit $P_a(x_i)$ gegeben. Das Log-Likelihood-Verhältnis $L_a(x_i)$ der binären Variablen x_i ist dann:

$$L_a(x_i) = \ln\left(\frac{P_a(x_i = +1)}{P_a(x_i = -1)} \right) . \qquad (7.11)$$

Das a-posteriori Log-Likelihood-Verhältnis erhält man nach der Regel von Bayes zu:

$$L(\hat{x}_i) := L(x_i, y_i) = L(x_i \,|\, y_i) = \ln\left(\frac{P(x_i = +1 \,|\, y_i)}{P(x_i = -1 \,|\, y_i)} \right)$$

$$= \ln\left(\frac{p(y_i \mid x_i = +1)}{p(y_i \mid x_i = -1)}\right) + \ln\left(\frac{P_a(x_i = +1)}{P_a(x_i = -1)}\right)$$

$$= L(y_i \mid x_i) + L_a(x_i) \ .$$

Das Vorzeichen von $L(x_i \mid y_i)$ entspricht der harten Entscheidung und der Betrag $|L(x_i \mid y_i)|$ der Zuverlässigkeit dieser Entscheidung. Der Wert $L(y_i \mid x_i)$ ist dabei abhängig vom zugrundeliegenden Kanalmodell.

- Symmetrischer Binärkanal (BSC):

$$\text{Mit } c_i \in \{0,1\} \text{ gilt:} \quad L(y_i \mid c_i) = \begin{cases} +\ln\dfrac{1-p}{p} & \text{für } y_i = 0 \\[2ex] -\ln\dfrac{1-p}{p} & \text{für } y_i = 1 \ . \end{cases}$$

- AWGN-Kanal und BPSK-Modulation:

  Nach Gleichung 7.1 gilt:

$$L(y_i \mid x_i) = \ln\left(\frac{p(y_i \mid x_i = +1)}{p(y_i \mid x_i = -1)}\right) = \frac{2}{\sigma^2} \cdot y_i = L_{ch} \cdot y_i$$

  mit $\sigma^2 = N_0/2$ und N_0 als einseitiger Rauschleistungsdichte. Der Term L_{ch} ist ein konstanter Faktor, der nur vom Signal-Rauschleistungsverhältnis abhängt.

- Zeitvarianter Kanal:

  Der Term L_{ch} wird mit einem Amplitudenfaktor a_i multipliziert [HOP96]:

$$L(y_i \mid x_i) = a_i \cdot \frac{2}{\sigma^2} \cdot y_i = a_i \cdot L_{ch} \cdot y_i \ .$$

Maximum-Likelihood-Decodierung für binäre Übertragung

Entsprechend Abschnitt 7.2.1 bedeutet Maximum-Likelihood-Decodierung die Bestimmung des am wahrscheinlichsten gesendeten Codewortes. Im folgenden wird dieses Prinzip für die Übertragung von binären Symbolen über einen BSC sowie einen AWGN-Kanal detailliert angegeben.

Hard-Decision-Maximum-Likelihood-Decodierung (HDML): Es sei der Empfangsvektor $\mathbf{r} \in GF(2)^n$ gegeben. Für einen BSC mit der Fehlerwahrscheinlichkeit p ist die Wahrscheinlichkeit, daß sich $\mathbf{r}$ von dem gesendeten Codewort $\mathbf{c}$ in genau $t = d_H(\mathbf{r}, \mathbf{c})$ Stellen unterscheidet, gegeben zu:

$$P(\mathbf{r} \mid \mathbf{c}) = p^t(1-p)^{n-t} \ .$$

Die Anwendung des Logarithmus, der streng monoton wachsend ist, auf eine zu
maximierende Größe verschiebt das Maximum nicht,

$$\ln P(\mathbf{r}\,|\,\mathbf{c}) = -t \cdot \ln \frac{1-p}{p} + n \cdot \ln(1-p)\,.$$

Daraus folgt: Ein Maximieren der Likelihoodfunktion ist gleichbedeutend mit der
Minimierung der Hamming-Distanz zwischen der empfangenen Folge $\mathbf{r}$ (bzw. $\mathbf{y}^H$)
und einem zulässigen Codevektor $\mathbf{c}$. Aus diesem Grund wird ein ML-Decodierer
für einen BSC auch als *Minimum-Distance*-Decodierer bezeichnet.

Soft-Decision-Maximum-Likelihood-Decodierung (SDML): Es wird erneut BPSK-Übertragung über einen AWGN-Kanal betrachtet. Des weiteren wird
angenommen, daß alle Codeworte gleichwahrscheinlich sind. Nach der Regel von
Bayes und nach Abschnitt 7.2.2 ist dann die Maximierung von $P(\mathbf{x}\,|\,\mathbf{y})$ nach Glei-
chung 7.6 äquivalent zur Maximierung von $p(\mathbf{y}\,|\,\mathbf{x})$. Da der AWGN-Kanal gedächt-
nislos ist, gilt:

$$p(\mathbf{y}\,|\,\mathbf{x}) = \prod_{l=1}^{n} p(y_l\,|\,x_l)\,.$$

Unter Berücksichtigung der Gleichungen 7.1 und 7.6 erhält man das SDML-Codewort zu:

$$\mathbf{x}_{opt} = \arg\left(\max_{\mathbf{x}\in\mathcal{C}}\left\{\left(2\pi\sigma^2\right)^{-\frac{n}{2}}\cdot\exp\left(-\frac{1}{2\sigma^2}\sum_{l=1}^{n}(x_l-y_l)^2\right)\right\}\right)$$

$$= \arg\left(\min_{\mathbf{x}\in\mathcal{C}}\left\{d_E^2(\mathbf{x},\mathbf{y})\right\}\right), \tag{7.12}$$

wobei $d_E^2(\mathbf{x},\mathbf{y}) = \sum_{l=1}^{n}|x_l-y_l|^2$ die *quadratische euklidische Distanz* zwischen
dem Codewort $\mathbf{x}$ und dem Empfangsvektor $\mathbf{y}$ ist. Folglich hat das SDML-Codewort
minimale quadratische euklidische Distanz zum Empfangsvektor. Daraus können
wir auch andere Betrachtungsweisen ableiten.

Für die quadratische euklidische Distanz zwischen einem Codewort $\mathbf{x}$ und dem
Empfangsvektor $\mathbf{y}$ gilt:

$$d_E^2(\mathbf{x},\mathbf{y}) = \sum_{l=1}^{n} x_l^2 - 2\cdot\sum_{l=1}^{n} x_l y_l + \sum_{l=1}^{n} y_l^2 = n + const - 2\cdot\sum_{l=1}^{n} x_l y_l\,. \tag{7.13}$$

Daraus folgt, daß die Minimierung der quadratischen euklidischen Distanz gleich
der Maximierung des Skalarproduktes von $\mathbf{x}$ und $\mathbf{y}$ ist. Eine weitere Sichtweise
ergibt sich, wenn man das Skalarprodukt wie folgt schreibt:

$$\sum_{l=1}^{n} x_l y_l = \sum_{l=1}^{n} |y_l| - 2\cdot\sum_{l:x_l\neq y_l^H} |y_l|\,. \tag{7.14}$$

Damit minimiert ein SDML-Decodierer die Summe der Zuverlässigkeiten $|y_l|$ an
den zu korrigierenden Stellen.

Symbolweise MAP-Decodierung für BPSK-Übertragung über einen AWGN-Kanal

Entsprechend Abschnitt 7.2.1 bedeutet symbolweise MAP-Decodierung die Bestimmung des am wahrscheinlichsten gesendeten Codesymbols. Im Falle eines AWGN-Kanals kann die MAP-Wahrscheinlichkeit wie folgt berechnet werden. Wir partitionieren den Code $\mathcal{C}$ bezüglich Position i,

$$\mathcal{C} = \mathcal{C}_i^{(+1)} \cup \mathcal{C}_i^{(-1)} \,, \quad \mathcal{C}_i^{(+1)} \cap \mathcal{C}_i^{(-1)} = \emptyset \,, \quad \mathcal{C}_i^{(\pm 1)} = \{ \mathbf{x} \in \mathcal{C} \,|\, x_i = \pm 1 \} \,,$$

und erhalten die MAP-Wahrscheinlichkeit für Position i in Form eines Log-Likelihood-Verhältnisses zu (siehe auch Anhang B):

$$L(\hat{x}_i) = L(x_i, y_i) = \ln \left(\frac{P(x_i = +1 \,|\, \mathbf{y})}{P(x_i = -1 \,|\, \mathbf{y})} \right) = \ln \left(\frac{\displaystyle \sum_{\mathbf{x} \in \mathcal{C}_i^{(+1)}} \prod_{l=1}^{n} p(y_l \,|\, x_l) \cdot P_a(x_l)}{\displaystyle \sum_{\mathbf{x} \in \mathcal{C}_i^{(-1)}} \prod_{l=1}^{n} p(y_l \,|\, x_l) \cdot P_a(x_l)} \right)$$

$$= \ln \left(\frac{\displaystyle \sum_{\mathbf{x} \in \mathcal{C}_i^{(+1)}} \prod_{l=1}^{n} p(x_l, y_l)}{\displaystyle \sum_{\mathbf{x} \in \mathcal{C}_i^{(-1)}} \prod_{l=1}^{n} p(x_l, y_l)} \right) \,. \tag{7.15}$$

Man beachte, daß weiterhin gilt: $P(x_i = +1 \,|\, y_i) + P(x_i = -1 \,|\, y_i) = 1$. Damit erhält man nach einigen Umformungen:

$$P(x_i = \pm 1 \,|\, y_i) = \frac{e^{-\frac{1}{2} \cdot L(x_i, y_i)}}{1 + e^{-L(x_i, y_i)}} \cdot e^{\frac{1}{2} \cdot L(x_i, y_i) \cdot x_i} \,.$$

Gleichung 7.15 kann in drei voneinander unabhängige Terme zerlegt werden:

$$L(\hat{x}_i) = \ln \left(\frac{p(y_i \,|\, x_i = +1) \cdot P_a(x_i = +1) \cdot \displaystyle \sum_{\mathbf{x} \in \mathcal{C}_i^{(+1)}} \prod_{\substack{l=1 \\ l \neq i}}^{n} p(x_l, y_l)}{p(y_i \,|\, x_i = -1) \cdot P_a(x_i = -1) \cdot \displaystyle \sum_{\mathbf{x} \in \mathcal{C}_i^{(-1)}} \prod_{\substack{l=1 \\ l \neq i}}^{n} p(x_l, y_l)} \right) \tag{7.16}$$

$$= \ln \left(\frac{p(y_i \,|\, x_i = +1)}{p(y_i \,|\, x_i = -1)} \right) + \ln \left(\frac{P_a(x_i = +1)}{P_a(x_i = -1)} \right) + \ln \left(\frac{\displaystyle \sum_{\mathbf{x} \in \mathcal{C}_i^{(+1)}} \prod_{\substack{l=1 \\ l \neq i}}^{n} p(x_l, y_l)}{\displaystyle \sum_{\mathbf{x} \in \mathcal{C}_i^{(-1)}} \prod_{\substack{l=1 \\ l \neq i}}^{n} p(x_l, y_l)} \right)$$

Die drei Summanden dieser Gleichung können wir folgendermaßen interpretieren:

$$\text{Kanal-L-Wert:} \quad L_{ch} \cdot y_i = \ln\left(\frac{p(y_i \mid x_i = +1)}{p(y_i \mid x_i = -1)}\right) = \frac{2}{\sigma^2} \cdot y_i, \qquad (7.17)$$

$$\text{A-priori-L-Wert:} \quad L_a(x_i) = \ln\left(\frac{P_a(x_i = +1)}{P_a(x_i = -1)}\right), \qquad (7.18)$$

$$\text{Extrinsic-L-Wert:} \quad L_{ext,i}\left(\mathcal{C}\right) = \ln\left(\frac{\displaystyle\sum_{\mathbf{x}\in\mathcal{C}_i^{(+1)}} \prod_{\substack{l=1\\l\neq i}}^{n} p(x_l, y_l)}{\displaystyle\sum_{\mathbf{x}\in\mathcal{C}_i^{(-1)}} \prod_{\substack{l=1\\l\neq i}}^{n} p(x_l, y_l)}\right)$$

$$= \ln\left(\frac{\displaystyle\sum_{\mathbf{x}\in\mathcal{C}_i^{(+1)}} \prod_{\substack{l=1\\l\neq i}}^{n} e^{\frac{1}{2}\cdot L(x_l,y_l)\cdot x_l}}{\displaystyle\sum_{\mathbf{x}\in\mathcal{C}_i^{(-1)}} \prod_{\substack{l=1\\l\neq i}}^{n} e^{\frac{1}{2}\cdot L(x_l,y_l)\cdot x_l}}\right). \qquad (7.19)$$

Der Extrinsic-L-Wert $L_{ext,i}$ ist der Teil der Zuverlässigkeit der Stelle i aus Sicht der anderen Stellen.

Im Jahr 1976 berechneten Hartmann und Rudolph [HR76] die MAP-Wahrscheinlichkeit einer Position i mittels des dualen Codes durch diskrete Fourier-Transformation von Gleichung 7.15. Hagenauer, et al. [HOP96] interpretierten dieses Resultat als einen Intrinsic-Anteil und einen Extrinsic-Anteil und erhielten für letzteren:

$$L_{ext,i}\left(\mathcal{C}^{\perp}\right) = \ln\left(\frac{\displaystyle\sum_{\mathbf{b}\in\mathcal{C}^{\perp}} \prod_{\substack{l=1\\l\neq i}}^{n} \tanh\left(\frac{L(x_l,y_l)}{2}\right)^{b_l}}{\displaystyle\sum_{\mathbf{b}\in\mathcal{C}^{\perp}} (-1)^{b_i} \prod_{\substack{l=1\\l\neq i}}^{n} \tanh\left(\frac{L(x_l,y_l)}{2}\right)^{b_l}}\right). \qquad (7.20)$$

Die symbolweise MAP-Decodierung bietet inhärent zwei interessante Möglichkeiten:

- Nach der symbolweisen MAP-Decodierung hat man nicht nur den entschiedenen Wert eines Symboles zur Verfügung, sondern auch die Zuverlässigkeit dieser Entscheidung. Diese Soft-Output-Decodierung führt in verketteten Codierungsschemata, in denen diese Soft-Output-Information als Eingangsinformation eines folgenden Decodierers verwendet wird, zu einer deutlichen Verbesserung des Decodierergebnisses.

- Eine weitere mögliche Anwendung der Soft-Output-Decodierung ist die symbolweise iterative Decodierung. Ein Beispiel dafür wird in Abschnitt 7.4.1 gegeben.

Die Decodierkomplexität der SDML- sowie der symbolweisen MAP-Decodierung steigt exponentiell mit der Dimension des Codes. Deshalb sind die für die Praxis wichtigen Fragen: Kann man suboptimale realistische Decodierverfahren finden? Wieviel verliert man bezüglich der Bitfehlerrate?

Ein bemerkenswertes Ergebnis dazu wollen wir im folgenden Abschnitt beschreiben, das als Motivation dienen soll, einerseits, für die unterschiedlichen Verfahren zur Decodierung von Blockcodes, und andererseits dafür, noch weiter nach Algorithmen zu forschen.

7.2.3 Decodierkomplexität und der Satz von Evseev

Wir setzen eine binäre Übertragung über einen BSC voraus, $\mathbf{c} \in \mathcal{C}$ sei gesendet und $\mathbf{r} = \mathbf{c} + \mathbf{e}$ empfangen, $\mathbf{e}$ ist der Fehlervektor. Eine ML-Decodierung wird entsprechend 7.2.2 erreicht, wenn man einen Fehler $\mathbf{f}$ mit kleinstem Gewicht findet, so daß gilt: $\mathbf{r} + \mathbf{f} \in \mathcal{C}$. Das bedeutet, ein denkbarer Algorithmus zur ML-Decodierung ist das Probieren aller möglichen Fehlervektoren; zuerst $\mathbf{f} = 0$, dann alle $\binom{n}{1}$ Fehler vom Gewicht 1, dann alle $\binom{n}{2}$ Fehler vom Gewicht 2, usw. Die Frage ist: Bis zu welchem Fehlergewicht t müssen wir probieren, um ML- oder eine genügend gute Decodierung zu erhalten? Eine erdenkliche Antwort wird in der Arbeit von Evseev [Evs83] aus dem Jahre 1983 gegeben.

Wir definieren die Menge $\mathcal{V}_t$ als die Vektoren innerhalb einer Kugel um ein Codewort mit Radius t, entsprechend der Hamming-Schranke 1.1.2. Es gilt:

$$|\mathcal{V}_t| = \sum_{i=0}^{t} \binom{n}{i} \, .$$

Sei d_{VG} die Varshamov-Gilbert-Mindestdistanz eines linearen (n, k, d)-Codes, die mittels der Schranke (siehe Abschnitt 6.3) definiert wird:

$$d_{VG} : \quad \sum_{i=0}^{d_{VG}-1} \binom{n}{i} \geq \frac{2^n}{2^k} = 2^{n(1-R)} \, .$$

d_{VG} ist die kleinste ganze Zahl, für die die Summe größer ist als $2^{n(1-R)}$. Das bedeutet, $\mathcal{V}_{d_{VG}}$ ist die Menge der Vektoren innerhalb einer Kugel mit Radius d_{VG}, die aus $|\mathcal{V}_{d_{VG}}| = \sum_{i=0}^{d_{VG}} \binom{n}{i}$ Vektoren besteht.

Ein denkbarer suboptimaler Decodieralgorithmus $\Psi(\mathcal{C})$ für einen binären Code $\mathcal{C}$ bei empfangenem Vektor $\mathbf{r}$ sei wie folgt definiert:

Algorithmus 7.1: Algorithmus $\Psi(\mathcal{C})$.

Teste für alle $\mathbf{f} \in \mathcal{V}_{d_{VG}} : \quad \mathbf{r} + \mathbf{f} \in \mathcal{C}$?

Ergebnis: 1. Decodierversagen.

        2. $\mathbf{r} + \mathbf{f} \in \mathcal{C} \implies$ Entscheidung[a]: $\hat{\mathbf{c}} = \mathbf{r} + \mathbf{f}$.

---

[a]Falls mehrere Lösungen existieren, wird die mit kleinstem Gewicht ausgewählt.

Dieser Algorithmus bildet die Grundlage für den Satz von Evseev.

Satz 7.1 (Evseev) *Gegeben sei ein binärer Code $C(n, k, d)$, der mit dem Algorithmus $\Psi(C)$ decodiert wird. Die sich ergebende Restblockfehlerwahrscheinlichkeit (Decodierversagen eingeschlossen) sei P_Ψ. Die Restblockfehlerwahrscheinlichkeit bei ML-Decodierung sei P_{ML}, dann gilt:*

$$P_\Psi \leq 2 \cdot P_{ML} \ .$$

Die wesentliche Aussage des Satzes von Evseev ist, daß man bei nur näherungsweiser ML-Decodierung erheblich an Decodieraufwand einspart. In [Evs83] wurde gezeigt, daß für große Längen n die Anzahl der Vektoren, die getestet werden müssen, $\sim 2^{n(1-R)}$ ist. Weiterhin wissen wir von der Wolf-Schranke (siehe etwa [Dum96]), daß die Komplexität von ML-Decodierung im Trellis [Wolf78] mit $2^{n \cdot \min\{R,(1-R)\}}$ abgeschätzt werden kann. Jedoch erlaubt der Satz 7.1 Algorithmen mit geringerer Komplexität zu konstruieren, wie u. a. in [Kro89] und [Dum96] beschrieben. Wir wollen im folgenden als Beispiel ein Verfahren aus [Evs83] beschreiben, dessen Komplexität geringer, nämlich $2^{n \cdot R \cdot (1-R)}$, ist.

Zur Vereinfachung der Beschreibung nehmen wir einen $C(n = l \cdot k, k, d)$-Code an, und beliebige k aufeinanderfolgende Stellen bestimmen ein Codewort (z. B. bei einem zyklischen Code). Der Empfangsvektor $\mathbf{r}$ kann in l Teilvektoren der Länge k aufgeteilt werden, d. h. $\mathbf{r} = (\mathbf{r}_1, \mathbf{r}_2, \ldots, \mathbf{r}_l)$. Gemäß Satz 7.1 müssen wir alle möglichen Fehler bis zum Gewicht d_{VG} testen, um eine Blockfehlerrate kleiner oder gleich der doppelten ML-Blockfehlerrate zu erreichen. Das sogenannte Dirichlet-Prinzip sagt jedoch aus, daß wenn d_{VG} Fehler in l Kästen verteilt werden, es mindestens einen Kasten (d. h. Teilvektor der Länge k) gibt, in dem $\leq d_{VG}/l$ Fehler sind. Dies bedeutet, daß wir in jedem der l Teilvektoren der Länge k nur bis zu d_{VG}/l Fehler testen müssen. Da k Stellen ein Codewort bestimmen, können wir die Decodierung wie folgt durchführen:

$$\mathbf{r}_i + \mathbf{f}_i \implies \hat{\mathbf{c}}, \quad \text{dist}(\mathbf{r}, \hat{\mathbf{c}}) \ , \quad i = 1, \ldots, l \ .$$

Dabei ist die Tatsache ausgenutzt, daß nur diejenigen getesteten Fehler relevant sind, die zu einem Codewort führen, da nur diese als potentielle Lösung in Frage kommen. Die Komplexität ist bei dem beschriebenen Verfahren gleich

$$l \cdot |\mathcal{V}_{d_{VG}/l}| = \frac{1}{R} \cdot |\mathcal{V}_{d_{VG}/l}| \approx 2^{n \cdot R \cdot (1-R)} \ .$$

Damit haben wir den folgenden Satz bewiesen:

Satz 7.2 (Evseev-Algorithmus) *Die Decodierkomplexität des Algorithmus $\Psi(C)$ geht asymptotisch für $n \to \infty$ gegen $2^{n \cdot R \cdot (1-R)}$ und die Blockfehlerrate (inklusive Decodierversagen) ist kleiner oder gleich der doppelten ML-Blockfehlerrate.*

Dieser Satz und der entsprechende Algorithmus stellen die Grundlage dar für eine Reihe von Algorithmen zur näherungsweisen ML-Decodierung mit geringer Komplexität. Einige Varianten sind u. a. in [Kro89] und [Dum96] zu finden.

Anmerkung: Der Evseev-Algorithmus wurde hier vorweggenommen, um zu motivieren, daß eine näherungsweise ML-Decodierung nicht unmöglich ist. Er gehört zu der Klasse der Listendecodieralgorithmen, die später in diesem Kapitel diskutiert werden.

7.2.4 Codiergewinn

Die Verwendung eines Codes der Rate $R = k/n$ hat zwei Konsequenzen. Erstens müssen mehr Symbole übertragen werden (n statt k) und zweitens muß mehr Energie aufgewendet werden ($n \cdot E$ statt $k \cdot E$, wenn E die Energie eines Symboles ist).

Um Codierverfahren unterschiedlicher Rate gerecht miteinander vergleichen zu können, gibt man die Signalenergie in Form von Energie pro Informationsbit E_b (anstelle von Energie pro Sendesymbol E_s) an.

Durch die Normierung[1] auf die Energie E_b eines Informationsbits ist gewährleistet, daß für die Übertragung einer Nachricht gegebener Länge, unabhängig von der Rate des verwendeten Codes, stets gleichviel Energie aufgewendet wird, was einen fairen Vergleich ermöglicht. Es gilt:

$$k \cdot E_b = n \cdot E_s \quad \Longrightarrow \quad E_b = E_s/R \ .$$

Die Verwendung eines Codes verschlechtert zunächst die Symbolfehlerrate am Empfänger, da weniger Energie E_s pro Symbol aufgewendet wird. Nach dem Decodierer hat man jedoch in der Regel eine kleinere Bitfehlerrate als bei uncodierter Übertragung, d. h. die Symbolfehlerrate ist kleiner als diejenige beim Empfänger, wenn entsprechend mehr Energie E_b pro Informationssymbol aufgewendet wird. Die Verbesserung bezeichnet man als Codiergewinn, wie in Bild 7.6 dargestellt.

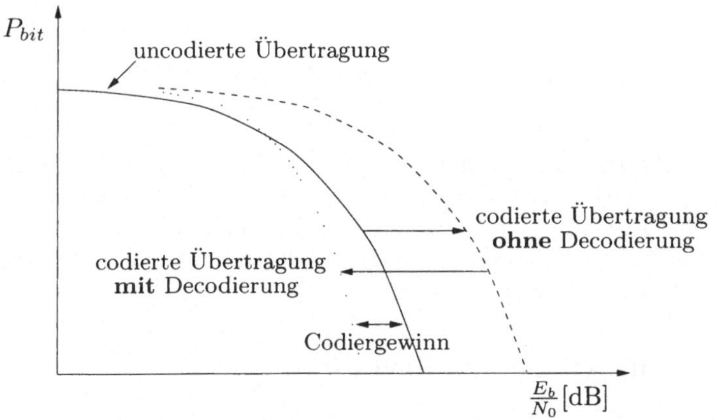

Bild 7.6: Veranschaulichung des Codiergewinns.

---

[1] Auch zum Vergleich von Modulationsarten mit unterschiedlichem Alphabet ist eine Energienormierung pro Informationsbit notwendig.

Will man die Informationsdatenrate konstant halten, so gibt es zwei Möglichkeiten:

Höhere Übertragungsdatenrate: Dieser Fall scheidet in der Regel aus, da er größeren Bandbreitenbedarf bedeutet.

Größeres Modulationsalphabet: Wenn man statt 1 bit/Symbol 2 bit/Symbol überträgt, kann man einen Code der Rate $R = 1/2$ verwenden, ohne daß sich die Informationsdatenrate oder die notwendige Bandbreite ändert.

Auch hier verschlechtert die Verwendung eines Codes zunächst die Übertragungssituation, da ein größeres Modulationsalphabet verwendet werden muß (siehe z. B. [Kam]). Nach der Decodierung jedoch ergibt sich insgesamt eine Verbesserung, d. h. ein Codiergewinn entsprechend der Energiebetrachtung (Bild 7.6).

7.3   Decodierverfahren ohne Zuverlässigkeitsinformation

Die Decodierverfahren, die keine Zuverlässigkeitsinformation benutzen, nennt man Hard-Decision-Decodierverfahren (*hard decision decoding*). Dazu zählt die in Kapitel 3 beschriebene algebraische Decodierung. Wir setzen hier binäre Codes und eine Übertragung über den symmetrischen Binärkanal (*binary symmetric channel*, BSC) aus Bild 1.2 voraus. Eine gesendete 0 wird mit der Wahrscheinlichkeit p bei der Übertragung in eine 1 verfälscht und mit der Wahrscheinlichkeit $1 - p$ korrekt übertragen und umgekehrt. Dies entspricht auch einem AWGN-Kanal, bei dem man die zusätzliche Information über die Zuverlässigkeit der einzelnen Stellen nicht benutzt, d. h. entsprechend Bild 7.5 verwendet man nur $y > 0$ bzw. $y < 0$. Der Zusammenhang mit dem BSC bezüglich der Fehlerwahrscheinlichkeit ist:

$$p = \int_0^\infty p(y \mid -1)\,dy = \int_{-\infty}^0 p(y \mid +1)\,dy.$$

Ein Codewort $\mathbf{c}$ wird gesendet und der Vektor $\mathbf{r}$ empfangen. Das Decodierproblem ist, aus dem empfangen Vektor $\mathbf{r}$ den Fehler $\mathbf{f}$ oder das gesendete Codewort $\mathbf{c}$ zu berechnen. Das Ergebnis der Decodierung sei $\hat{\mathbf{c}}$. Falls $\hat{\mathbf{c}} = \mathbf{c}$ ist, wurde korrekt decodiert, falls $\hat{\mathbf{c}} \neq \mathbf{c}$ ist, wurde falsch decodiert, und falls keine Lösung gefunden wurde liegt Decodierversagen vor.

7.3.1   Permutationsdecodierung

Um bei einem Code $\mathcal{C}$ mit der Mindestdistanz d bis zur halben Mindestdistanz zu korrigieren, benötigt man bei der Permutationsdecodierung eine Menge von Automorphismen ϕ_j, $j = 1, \ldots, J$ (siehe Abschnitt 6.2), die beliebige $t \le e = \lfloor \frac{d-1}{2} \rfloor$ Stellen eines Codewortes auf die Redundanzstellen abbilden (permutieren).

Um das Prinzip zu erläutern, nehmen wir an ϕ_i sei eine Permutation, die alle aufgetretenen Fehler eines bestimmten Fehlermusters auf die Redundanzstellen abbildet. Berechnen wir nun aus den Informationsstellen des mit ϕ_i permutierten empfangenen Wortes $\mathbf{r}$ durch erneutes Codieren das Codewort $\hat{\mathbf{c}}$, so gilt:

$$\mathrm{wt}(\phi_i^{-1}(\hat{\mathbf{c}}) + \mathbf{r}) \leq e .$$

Um die Permutationsdecodierung als Algorithmus zu beschreiben, können wir ohne Beschränkung der Allgemeinheit annehmen, die Prüfmatrix $\mathbf{H}$ des Codes habe die Form $\mathbf{H} = (\mathbf{I} \mid \mathbf{A})$, ($\mathbf{I}$ ist die Einheitsmatrix). Die Matrixform wird gewählt, da man mit der Permutationsdecodierung auch Codes decodieren kann, die nicht zyklisch sind. Wir wollen zur Permutationsdecodierung den folgenden Satz beweisen, der aussagt: Ist der Informationsteil fehlerfrei, so ist das Syndrom vom Gewicht gleich dem Gewicht des Fehlers.

Satz 7.3 (Permutationsdecodierung) *Sei* $\mathbf{r} = \mathbf{c} + \mathbf{f}$ *empfangen,* $\mathrm{wt}(\mathbf{f}) \leq e$, *so gilt mit mit* $\mathbf{s} = \mathbf{H} \cdot \mathbf{r}^T$:

$$\mathrm{wt}(\mathbf{s}) \leq e \quad \textit{und} \quad \mathrm{wt}(\mathbf{s}) = \mathrm{wt}(\mathbf{f}),$$

wenn die Informationssymbole $r_{n-k}, r_{n-k+1}, \ldots, r_{n-1}$ *fehlerfrei sind. Die Koordinaten des Fehlers* $\mathbf{f}$ *sind dann:*

$$f_1 = s_1, \quad f_2 = s_2, \quad \ldots, \quad f_{n-k} = s_{n-k} .$$

Beweis: Falls $f_i = 0$, $i = n - k + 1, \ldots, n$ gilt:

$$\mathbf{s} = (\mathbf{I} \mid \mathbf{A}) \cdot \mathbf{f}^T = (f_1, f_2, \ldots, f_{n-k})^T$$

und damit auch $\mathrm{wt}(\mathbf{s}) \leq e$. $\qquad\qquad\square$

Algorithmus 7.2 beschreibt eine mögliche Realisierung für einen Permutationsdecodierer, die im folgenden Beispiel zur Decodierung eines Hamming-Codes verwendet wird.

Beispiel 7.1 (Permutationsdecodierung) Sei $\mathcal{C}$ der Hamming-Code der Länge $n = 7$, d. h. die Codewörter haben die Form:

$$\underbrace{c_0 c_1 c_2}_{\text{Redundanz}} \mid \underbrace{c_3 c_4 c_5 c_6}_{\text{Information}}$$

Die Menge der Abbildungen $\phi_i(\mathbf{c})$ sei:

$$\phi_1(\mathbf{c}) = \mathbf{c} , \quad \phi_2(\mathbf{c}) = x^3 \cdot \mathbf{c} , \quad \phi_3(\mathbf{c}) = x^6 \cdot \mathbf{c} .$$

Damit ergeben sich also explizit die folgenden Permutationen:

	Redundanz	Information
$\phi_1(\mathbf{c})$:	$c_0 c_1 c_2$	$c_3 c_4 c_5 c_6$
$\phi_2(\mathbf{c})$:	$c_4 c_5 c_6$	$c_0 c_1 c_2 c_3$
$\phi_3(\mathbf{c})$:	$c_1 c_2 c_3$	$c_4 c_5 c_6 c_0$

Es ist ersichtlich, daß jede beliebige Stelle durch eine der drei Permutationen auf eine Redundanzstelle abgebildet werden kann. Somit kann ein Fehler korrigiert werden. $\qquad\diamond$

Algorithmus 7.2: Permutationsdecodierung.

Gegeben sei ein Code $\mathcal{C}$ mit der Mindestdistanz d und der Prüfmatrix $\mathbf{H} = (\mathbf{I} \mid \mathbf{A})$ und eine Menge von Automorphismen ϕ_j, $j = 1, \dots, J$, die beliebige $t \le e = \lfloor \frac{d-1}{2} \rfloor$ Stellen des Codes auf die Redundanzstellen abbilden. Empfangen sei $\mathbf{r} = \mathbf{c} + \mathbf{f}$.

Schritt 1: $\mathbf{x} = \mathbf{r}$, $i = 1$

Schritt 2: Falls $\mathrm{wt}(\mathbf{H} \cdot (\phi_i(\mathbf{x}))^T) \le e$,

$$\mathbf{s} = \mathbf{H} \cdot (\phi_i(\mathbf{x}))^T$$

  dann Schritt 4.

Schritt 3: $i := i + 1$, $(i > J$: erfolgloser Abbruch$)$ Schritt 2.

Schritt 4: Decodiere $\mathbf{r}$ als

$$\phi_i^{-1}(\phi_i(\mathbf{x}) - (s_1, s_2, \dots, s_{n-k}, 0, 0, \dots, 0)) \ .$$

Error Trapping, Covering Polynomials: Werden als Permutationen nur zyklische Verschiebungen verwendet, so nennt man das Decodierverfahren *error trapping*. Selbstverständlich ist dies nur bei zyklischen Codes möglich und offensichtlich müssen im aufgetretenen Fehler k aufeinanderfolgende fehlerfreie Stellen sein. Eine erste Abschätzung ergibt, daß damit nur Fehler vom Gewicht $t \le \lfloor \frac{n-1}{k} \rfloor$ korrigiert werden können, wenn die t Fehler beliebig im Fehlervektor verteilt sein können. Dieses Verfahren ist aber geeignet, um Bündelfehler zu korrigieren (siehe Abschnitt 7.1.3 und Abschnitt 6.5).

Mit der Decodiermethode der *covering polynomials* kann man im allgemeinen mehr Fehler korrigieren als bei dem *error trapping*. Bei dieser Methode wird das *error trapping* folgendermaßen modifiziert:

Sei $f(x)$ der Fehler, $r(x) = c(x) + f(x)$ empfangen, $h(x)$ das Prüfpolynom und $g(x)$ das Generatorpolynom mit $h(x) \cdot g(x) = x^n - 1$. Wir wählen eine Menge von Polynomen $Q_0(x) = 0$, $Q_1(x), \dots$, $Q_J(x)$ derart, daß für jeden Fehler $f(x)$ mit Gewicht $t \le e$ ein Polynom $Q_j(x)$ existiert, das in den Informationsstellen mit irgendeiner zyklischen Verschiebung von $f(x)$ übereinstimmt. Sei $q_j(x) = h(x) \cdot Q_j(x) \mod (x^n - 1)$ und $s(x) = h(x) \cdot r(x) = h(x) \cdot f(x) \mod (x^n - 1)$, so sind die Informationstellen korrekt falls gilt:

$$\mathrm{wt}(s(x) + q_j(x)) \le e - \mathrm{wt}(Q_j(x)).$$

Der Fehler wird also dadurch gefunden, daß das empfangene Polynom $r(x)$ solange zyklisch verschoben wird (entspricht dem zyklischen Verschieben des Fehlers), bis für irgendeine zyklische Verschiebung $x^i \cdot r(x)$ gilt:

$$\mathrm{wt}(s^i(x) + q_j(x)) \le e - \mathrm{wt}(Q_j(x)) \quad j = 0, \dots, J \ ,$$

dann wird $r(x)$ decodiert als

$$\hat{c}(x) = x^{n-i}(x^i r(x) + Q_j(x) + s(x) + q_j(x)) \ .$$

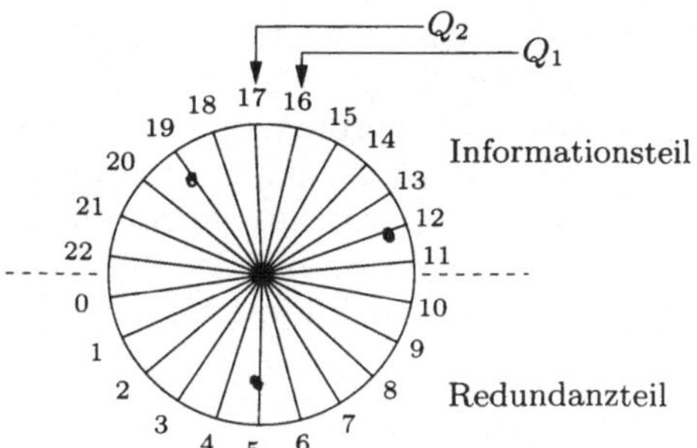

Bild 7.7: Decodierung des Golay-Codes.

Falls $t \leq e$ Fehler aufgetreten sind, gilt $\hat{c}(x) = c(x)$.

Plausibilitätsbetrachtung: Wir nehmen an, alle $t \leq e$ Fehler sind im Redundanzteil, d. h. $Q_0(x)$ stimmt mit dem aufgetretenen Fehler im Informationsteil überein. Damit gilt:

$$q_0(x) = 0, \quad s(x) = h(x) \cdot f(x)$$

und $\mathrm{wt}(s(x)) \leq e$ folgt entsprechend Satz 7.3. $\qquad\qquad\square$

Beispiel 7.2 (Covering Polynomials [McWSl]) Mit den Polynomen $Q_0(x) = 0$, $Q_1(x) = x^{16}$, $Q_2(x) = x^{17}$ kann man alle Fehler vom Gewicht $t \leq 3$ beim Golay-Code $\mathcal{G}_{23}$ korrigieren.

Nehmen wir an, die Stellen 0–10 seien die Redundanz- und 11–22 die Informationsstellen. Die Informationsstellen der Polynome Q_j sind alle 0 für Q_0, 16 für Q_1 und 17 für Q_2. Die zyklischen Verschiebungen des Fehlers stellen wir durch ein drehbares Rad dar, wobei der obere Teil immer die *Informationsstellen* des zyklisch verschobenen Fehlers darstellt (Bild 7.7).

Man überlegt sich, daß es mindestens eine zyklische Verschiebung eines Fehlers vom Gewicht $t \leq 3$ gibt, welche mit dem Informationsteil eines der Polynome Q_0, Q_1, Q_2 übereinstimmt. Man kann also drei beliebige Stellen auf dem Rad markieren und durch drehen erreichen, daß der obere Teil dem von Q_0, Q_1 oder Q_2 entspricht und der untere vollständig im Redundanzteil liegt. $\qquad\qquad\diamond$

7.3.2 Mehrheitsdecodierung (*majority logic decoding*)

Man unterscheidet zwischen 1-Schritt- und Mehrschritt-Mehrheitsdecodierung.

1-Schritt-Mehrheitsdecodierung: Der duale Code (siehe Abschnitt 6.1) kann zur Decodierung von Blockcodes verwendet werden. Dazu betrachte man einen binären Code $\mathcal{C}$ und den zugehörigen dualen Code $\mathcal{C}^{\perp}$. Entsprechend Definition 1.4 gilt für das Skalarprodukt von $\mathbf{c} \in \mathcal{C}, \mathbf{b} \in \mathcal{C}^{\perp}$:

$$\langle \mathbf{c}, \mathbf{b} \rangle = \sum_{i=1}^{n} c_i \cdot b_i = 0 \bmod 2 \ . \tag{7.21}$$

Wir nennen einen Vektor $\mathbf{b} \in \mathcal{C}^{\perp}$ einen Prüfvektor und das Skalarprodukt mit $\mathbf{b}$ Prüfsumme $s(\mathbf{b})$. Wählen wir eine Menge $\mathcal{M}_J$ von J Vektoren aus den Codewörtern von $\mathcal{C}^{\perp}$, so können wir damit überprüfen, ob ein empfangenes Wort $\mathbf{r} = \mathbf{c} + \mathbf{f}$ ein Codewort aus $\mathcal{C}$ ist, denn unter der Annahme, daß diese Vektoren den dualen Code aufspannen (d. h. Rang $n - k$ besitzen), müssen alle Skalarprodukte Null ergeben (dies entspricht der Multiplikation mit der Prüfmatrix $\mathbf{H}$). Somit gilt mit $s(\mathbf{b}) = \langle \mathbf{r}, \mathbf{b} \rangle$ für den Wertebereich der Summe aller durch $\mathcal{M}_J$ möglichen Prüfsummen

$$\sum_{\mathbf{b} \in \mathcal{M}_J} s(\mathbf{b}) \in [0, J] \ .$$

Die Mehrheitsdecodierung basiert nun auf der Überlegung, daß die Mehrheit der Prüfsummen eine fehlerhafte Stelle mittels einer 1 anzeigt.

Definition 7.4 (Mehrheitsentscheidung) *Gegeben sei eine Menge von Prüfvektoren $\mathcal{M}_J$ des linearen binären Codes C, die den dualen Code $\mathcal{C}^{\perp}$ aufspannen, sowie ein Empfangsvektor $\mathbf{r} \in GF(2)^n$. Dann ist eine Mehrheitsdecodierung einer Position $i \in [1, n]$ definiert durch:*

$$\hat{c}_i = \begin{cases} r_i \oplus 1, & \textit{falls} \ \sum_{\mathbf{b} \in \mathcal{M}_J} \langle \mathbf{r}, \mathbf{b} \rangle \bmod 2 > \left\lfloor \dfrac{J}{2} \right\rfloor \\ r_i, & \textit{sonst.} \end{cases} \tag{7.22}$$

Die Anzahl der mit Mehrheitsdecodierung korrigierbaren Fehler hängt entscheidend von den *kombinatorischen* Eigenschaften der Menge $\mathcal{M}_J$ ab. Besonders geeignet für die 1-Schritt-Mehrheitsdecodierung sind dabei die *orthogonalen* Prüfvektoren.

Definition 7.5 (Orthogonale Prüfvektoren) *Eine Menge $\mathcal{M}_J$ von Prüfvektoren $\mathbf{b}_j \in \mathcal{C}^{\perp}$, $j = 1, \ldots, J$, heißt orthogonal zu einer Stelle i, falls gilt:*
Position i ist in jedem Vektor $\mathbf{b}_j$, $j = 1, \ldots, J$, enthalten (das bedeutet gleich 1) und alle weiteren Stellen $l \neq i$, $l = 1, \ldots, n$, sind in höchstens einem $\mathbf{b}_j$, $j = 1, \ldots, J$, enthalten (gleich 1).

Die Anzahl der mit 1-Schritt-Mehrheitsdecodierung basierend auf orthogonalen Prüfvektoren korrigierbaren Fehler ist durch folgenden Satz gegeben.

Satz 7.6 (Mehrheitsdecodierung mit orthogonalen Prüfvektoren) *Seien J Vektoren $\mathbf{b}_j$ orthogonal zur Stelle i und sei $\mathbf{f}$ der aufgetretene Fehler, $\mathrm{wt}(\mathbf{f}) \leq \left\lfloor \frac{J}{2} \right\rfloor$, so ist der Wert des Fehlers der Stelle i gleich dem Wert der Mehrheit der J Skalarprodukte $\langle \mathbf{b}_j, \mathbf{f} \rangle$.*

Beweis: Die Stelle i sei korrekt, d. h. $f_i = 0$, dann gibt es mindestens $\left\lfloor \frac{J}{2} \right\rfloor$ Gleichungen (Skalarprodukte), die den Wert 0 ergeben, da jede Fehlerstelle höchstens eine Gleichung beeinflussen kann. Sei die Stelle i fehlerhaft, d. h. $f_i = 1$, dann beeinflußt diese Stelle alle J Gleichungen und die restlichen Fehler können höchstens $\left\lfloor \frac{J}{2} \right\rfloor - 1$ Gleichungen beeinflussen. $\qquad\square$

Es können somit umsomehr Fehler korrigiert werden, je mehr orthogonale Prüfvektoren existieren. Aber die Anzahl dieser Prüfvektoren ist entsprechend dem folgenden Satz begrenzt.

Satz 7.7 (Anzahl orthogonaler Prüfvektoren) *Es können höchstens* $\left\lfloor \frac{n-1}{d^\perp - 1} \right\rfloor$ *Vektoren* $\mathbf{b}_j \in \mathcal{C}^\perp$, $\mathrm{wt}(b_j) = d^\perp$ *existieren, die Definition 7.5 erfüllen.*

Beweis: Wählt man eine Stelle i, so hat man noch $n - 1$ Stellen, aus denen man jeweils $d^\perp - 1$ verschiedene auswählen kann. Keine Stelle – außer i – darf doppelt gewählt werden. $\qquad\square$

Für zyklische Codes braucht man nur eine Menge von Prüfvektoren, die orthogonal zu einer Stelle sind. Für die anderen Stellen ergibt sich die Menge einfach durch zyklisches Verschieben. Dieses Decodierverfahren wird dann auch häufig *Meggit-Decodierung* genannt.

Mehrschritt-Mehrheitsdecodierung: Das Verfahren zur Mehrheitsdecodierung kann erweitert werden. Man definiert eine Menge von Vektoren, die orthogonal zu einer Menge von Stellen sind. Analog dem beschriebenen Gedankengang kann man dann entscheiden, ob die Menge der Stellen fehlerfrei ist. Hat man die fehlerbehafteten Mengen gefunden, so kann man diese wiederum in Teilmengen aufteilen, die man überprüfen kann, ob sie fehlerfrei sind, usw. Diese Decodiermethode wird Mehrschritt-Mehrheitsdecodierung genannt und am folgenden Beispiel erklärt.

Beispiel 7.3 (Mehrheitsdecodierung) Gegeben sei der Hamming-Code der Länge $n = 7$, Dimension $k = 4$ und Mindestdistanz $d = 3$. Der duale Code $\mathcal{C}^\perp$ hat die Mindestdistanz $d^\perp = 4$ und die Dimension $k^\perp = n - k = 3$. Gemäß Satz 7.7 gibt es damit höchstens $\left\lfloor \frac{7-1}{4-1} \right\rfloor = 2$ Prüfpolynome, die orthogonal zu einer Stelle sind. Die Prüfmatrix $\mathbf{H}$ sei:

$$\mathbf{H} = \begin{pmatrix} 1 & 1 & 1 & 0 & 1 & 0 & 0 \\ 0 & 1 & 1 & 1 & 0 & 1 & 0 \\ 0 & 0 & 1 & 1 & 1 & 0 & 1 \end{pmatrix} \,\hat{=}\, \begin{pmatrix} \mathbf{h}_1 \\ \mathbf{h}_2 \\ \mathbf{h}_3 \end{pmatrix} ,$$

und damit lauten alle Codewörter des dualen Codes (außer dem Codewort 0):

$$\mathbf{h}_1 = 1110100, \quad \mathbf{h}_2 = 0111010, \quad \mathbf{h}_3 = 0011101, \quad \mathbf{h}_4 = 1001110, \quad \mathbf{h}_5 = 0100111,$$
$$\mathbf{h}_6 = 1010011, \quad \mathbf{h}_7 = 1101001,$$

mit $\mathbf{h}_4 = \mathbf{h}_1 + \mathbf{h}_2$, $\mathbf{h}_5 = \mathbf{h}_2 + \mathbf{h}_3$, $\mathbf{h}_6 = \mathbf{h}_1 + \mathbf{h}_2 + \mathbf{h}_3$ und $\mathbf{h}_7 = \mathbf{h}_1 + \mathbf{h}_3$.

Wir finden keine zwei Prüfvektoren $\mathbf{h}_i$, h_j, die orthogonal zur Stelle 0 sind, d. h. da dieser Code zyklisch ist, gibt es keine zwei Prüfvektoren orthogonal zu irgendeiner Stelle i. Wir werden aber eine 2-Schritt-Mehrheitsdecodierung durchführen:

- $\mathbf{h}_1$ und $\mathbf{h}_7$ sind orthogonal zu den Stellen 0 und 1.

- $\mathbf{h}_1$ und $\mathbf{h}_6$ sind orthogonal zu den Stellen 0 und 2.

d. h. wir können entscheiden ob die Stellen 0 und 1 und/oder die Stellen 0 und 2 fehlerhaft sind; sind beide Mengen, $\{0, 1\}$ und $\{0, 2\}$, fehlerhaft, so ist die Stelle 0 fehlerhaft. $\qquad\diamond$

7.3.3   DA-Algorithmus

Wir wollen in diesem Abschnitt ein Decodierverfahren (DA) beschreiben, das in der Lage ist, binäre Codes aus allen Klassen, die wir bisher kennengelernt haben, zu decodieren und das außerdem bestimmte Fehler vom Gewicht größer als die halbe Mindestdistanz decodieren kann.

Sei $C(n,k,d)$ ein binärer Code und $C^\perp(n, n - k, d^\perp)$ der dazu duale Code, so definieren wir die Menge der Decodiervektoren als:

$$\mathcal{B} := \{\mathbf{b} \mid \mathbf{b} \in C^\perp, \mathrm{wt}(\mathbf{b}) = d^\perp\} \,.$$

Es gilt damit: $\langle \mathbf{c}, \mathbf{b} \rangle = 0$, $\mathbf{c} \in C$, $\mathbf{b} \in \mathcal{B} \subseteq C^\perp$. Weiterhin definieren wir das Syndromgewicht eines Vektors $\mathbf{r} = \mathbf{c} + \mathbf{f}$ zu

$$\mathrm{WT}(\mathcal{B}, \mathbf{r}) = 0 + \mathrm{WT}(\mathcal{B}, \mathbf{f}) = \sum_{\mathbf{b} \in \mathcal{B}} \langle \mathbf{b}, \mathbf{f} \rangle.$$

Das Decodierverfahren beruht auf der Beobachtung, daß in der Regel für zwei verschiedene Fehler $\mathbf{f}_1$, $\mathbf{f}_2$, mit $\mathrm{wt}(\mathbf{f}_1) < \mathrm{wt}(\mathbf{f}_2)$ gilt:

$$\mathrm{WT}(\mathcal{B}, \mathbf{f}_1) < \mathrm{WT}(\mathcal{B}, \mathbf{f}_2) \,.$$

Der entsprechende Algorithmus 7.3 beschreibt eine mögliche Decodierung, die auf dieser Beobachtung beruht.

Algorithmus 7.3: Algorithmus DA.

Schritt 1: $\mathbf{v} = \mathbf{r}$,   ($\mathbf{r} = \mathbf{c} + \mathbf{f}$ empfangen).
       Berechne $X = \mathrm{WT}(\mathcal{B}, \mathbf{v})$.

Schritt 2: Falls $X = 0$ dann Schritt 6.

Schritt 3: Berechne $\varepsilon_i = \mathrm{WT}(\mathcal{B}, \mathbf{v} + \mathbf{e}_i)$, $i = 1, 2, \ldots, n$,
       $\mathbf{e}_i$: i-ter Einheitsvektor.

Schritt 4: Suche $j \in \{1, 2, \ldots, n\}$ mit $\varepsilon_j = \min_{i=1,2,\ldots,n}\{\varepsilon_i\}$.

Schritt 5: $\mathbf{v} = \mathbf{v} + \mathbf{e}_j$, $X = \varepsilon_j$ Schritt 2.

Schritt 6: Decodiere $\mathbf{r}$ als $\mathbf{v}$.

Wir wollen nun anhand einer Plausibilitätsbetrachtung die Decodierfähigkeit des Verfahrens erklären:

Sei $\mathcal{Y}_l := \{\mathbf{f} \mid \mathrm{wt}(\mathbf{f}) = l\}$ die Menge aller Fehler vom Gewicht l, so können wir die Ergebnisse der Skalarprodukte mit einem Vektor $\mathbf{b} \in \mathcal{B}$ abzählen. Dies gelingt, da alle Vektoren vom Gewicht l verwendet werden. Es ergibt sich:

$$\sum_{\mathbf{f} \in \mathcal{Y}_l} \langle \mathbf{f}, \mathbf{b} \rangle = \binom{d^\perp}{1} \cdot \binom{n - d^\perp}{l - 1} + \binom{d^\perp}{3} \cdot \binom{n - d^\perp}{l - 3} + \cdots + q$$

$$q = \begin{cases} \dbinom{d^\perp}{l} \cdot \dbinom{n-d^\perp}{1}, & l \text{ ungerade} \\[2ex] \dbinom{d^\perp}{l-1} \cdot \dbinom{n-d^\perp}{c1}, & l \text{ gerade.} \end{cases}$$

Im Mittel wird dann pro Fehler mit Gewicht l

$$\beta(n,l,d^\perp) = \frac{1}{\binom{n}{l}} \cdot \sum_{\mathbf{f}_j \in \mathcal{Y}_l} \langle \mathbf{f}, \mathbf{b} \rangle$$

als Beitrag zum Syndromgewicht erreicht, d. h. wir können das durchschnittliche Syndromgewicht für $|\mathcal{B}|$ Vektoren berechnen zu:

$$\mathrm{WD}(\mathcal{B}, l) = |\mathcal{B}| \cdot \beta(n,l,d^\perp) \,.$$

WD steigt mit l bei den meisten Codes an und zwar auch noch für $l > \lfloor \frac{d-1}{2} \rfloor$, was ein Hinweis darauf ist, daß man mit dem Verfahren decodieren kann. Eine notwendige und hinreichende Bedingung, daß man mit DA alle Fehler bis zu einem bestimmten Gewicht decodieren kann, ist die folgende:

Satz 7.8 (Korrekturfähigkeit von DA) *Mit dem angegebenen Decodierverfahren können alle Fehler* $\mathbf{f}$ *vom Gewicht* $t \leq l$ *korrigiert werden, wenn gilt:*

$$\bigvee_{\mathrm{wt}(\mathbf{f}) \leq l} \ \exists_{i \in \mathrm{supp}(\mathbf{f})} : \mathrm{WT}(\mathcal{B}, \mathbf{f} + \mathbf{e}_i) < \min_{j \notin \mathrm{supp}(\mathbf{f})} \mathrm{WT}(\mathcal{B}, \mathbf{f} + \mathbf{e}_j) \,.$$

Es ist in der Regel nur für kurze Codes möglich, die notwendige und hinreichende Bedingung von Satz 7.8 nachzuprüfen. Man ist also auf die Plausibilitätsbetrachtung angewiesen: Wir können jedoch noch eine weitere Eigenschaft des Verfahrens angeben.

Satz 7.9 (Eigenschaft von DA) *Sei* ϕ *ein Automorphismus von* $\mathcal{C}^\perp$, *dann kann mit dem Decodierverfahren* $\mathbf{f}$ *und* $\phi(\mathbf{f})$ *decodiert werden, falls das Minimum in Schritt 4 eindeutig ist.*

Beweis:

$$\mathrm{WT}(\mathcal{B}, \mathbf{f}) = \sum_{\mathbf{b} \in \mathcal{B}} \langle \mathbf{b}, \mathbf{f} \rangle = \sum_{\mathbf{b} \in \mathcal{B}} \langle \phi(\mathbf{b}), \phi(\mathbf{f}) \rangle = \sum_{\mathbf{b}' \in \phi(\mathcal{B})} \langle \mathbf{b}', \phi(\mathbf{f}) \rangle = \mathrm{WT}(\mathcal{B}, \phi(\mathbf{f})) \,.$$

Der Automorphismus ϕ ist gemäß Definition 6.5 gewichtserhaltend, d. h. es gilt: $\phi(\mathcal{B}) = \mathcal{B}$.
$$\square$$

Da QR-Codes eine relativ große Automorphismengruppe besitzen, sind sie zur Decodierung mit diesem Verfahren besonders geeignet. Wir wollen im folgenden ein Beispiel für die Decodierung mit dem Verfahren angeben. Es werden die QR-Codes der Länge 113 und 79 betrachtet. Für beide Codes existiert bisher kein realistisches Decodierverfahren. Die Ergebnisse sind in Bild 7.8 graphisch dargestellt. Die

Restblockfehlerwahrscheinlichkeit ist über der Bitfehlerwahrscheinlichkeit p des BSC aufgetragen. Die Vergleichskurven stellen die Ergebnisse dar, die ein BMD-Decodierverfahren liefern würde, wenn man damit einen QR-Code der Länge 79 und einen der Länge 113 decodieren würde. Man beachte, daß man mit einem algebraischen Decodierer nur bis zur geplanten halben Mindestdistanz decodieren kann.

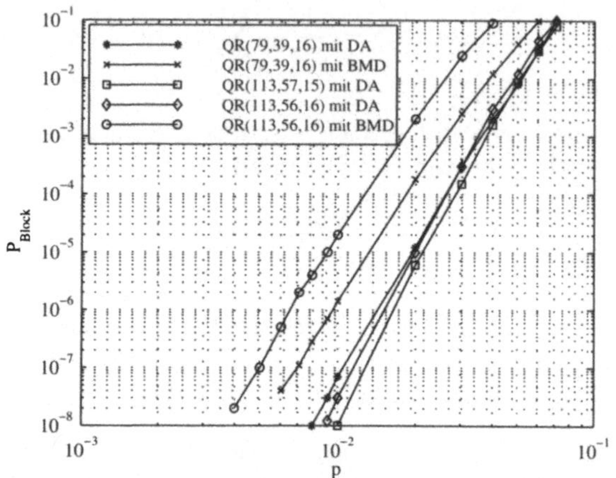

Bild 7.8: Decodierung mit DA.

Weiterführende Untersuchungen und Beispiele zu diesem Verfahren findet man in [Boss87a]. Die Golay-Codes $\mathcal{G}_{23}$ und $\mathcal{G}_{24}$ können mit diesem Verfahren bis zur halben wirklichen Mindestdistanz decodiert werden.

Anmerkung: Der Algorithmus DA kann auch als *Step-by-Step*-Decodierer (Prange [Pra59]) aufgefaßt werden. Dieses Konzept beruht auf einer Indikatorfunktion $I(\mathbf{r})$, die im Empfangsvektor $\mathbf{r}$ die Anzahl der Fehler bestimmen kann, solange diese kleiner oder gleich t ist. Außerdem muß $I(\mathbf{r})$ $t+1$ Fehler in $\mathbf{r}$ erkennen können. Damit kann man für jede Position mittels der Indikatorfunktion überprüfen, ob sie fehlerhaft ist oder nicht und $\leq t$ Fehler korrigieren. Denn addiert man eine 1 zu einer fehlerhaften Stelle, zeigt die Indikatorfunktion einen Fehler weniger an; entsprechend einen Fehler mehr bei Addition zu einer korrekten Stelle. In [DN92] wird ein Step-by-Step-Decodierer für eine spezielle Codeklasse beschrieben.

7.3.4 Hard-Decision-Maximum-Likelihood-Decodierung – Viterbi-Algorithmus

Entsprechend Kapitel 6 kann jeder Blockcode mittels eines Trellisses $T = (\mathcal{V}, \mathcal{E})$ dargestellt werden. Diese Trellisdarstellung kann zur Decodierung mit dem Viterbi-Algorithmus[2] [For73] ausgenutzt werden, die eine ML-Decodierung darstellt. Dabei

---

[2]Der Viterbi-Algorithmus wird nochmals in Abschnitt 8.4 für Faltungscodes beschrieben.

ist es für das Decodierergebnis unerheblich, ob ein beliebiges Codetrellis (Definition 6.13) oder ein minimales Trellis (Definition 6.14) verwendet wird.

Viterbi-Algorithmus (Hard-Decision): Es sei $c \in C \subset GF(2)^n$ gesendet und $r = c + f$ empfangen. Alle Codeworte dieses Codes seien in einem beliebigen Codetrellis T (siehe Abschnitt 6.7) dargestellt. Der Algorithmus nutzt die Tatsache aus, daß alle möglichen Codeworte einem Pfad durch das Trellis von Knoten ϑ_A nach ϑ_B entsprechen. Damit kann man alle Codeworte des Codes mit dem Empfangsvektor vergleichen, indem man vom Knoten ϑ_A beginnt und die Distanz zum Empfangsvektor für die Tiefen $i = 1, 2, \ldots, n$, berechnet. Gelangt man dabei an einen Knoten, an dem zwei Pfade ankommen, so gehören zu diesen beiden unterschiedlichen Vorderteilen eine identische Menge von Endteilen (vergleiche Abschnitt 6.7.1). Ist einer dieser Endteile Bestandteil des am Schluß ausgewählten ML-Codewortes, so wird man sicher zu diesem Endteil dasjenige Vorderteil von den beiden benutzen, das die kleinere Distanz zum Empfangsvektor aufweist. Dies bedeutet, man wählt bis zu diesem Knoten das beste Vorderteil aus, welches als *Survivor* bezeichnet wird. Die Konsequenz ist, daß man sich zu jedem Knoten nur eine Pfad, den Survivor, für $i = 1, 2, \ldots, n$, merken muß. Dieses Prinzip wollen wir im folgenden formal beschreiben.

Jeder Zweig in T beginnend an einem Knoten $\vartheta \in \mathcal{V}_{i-1}$, der an einem Knoten $\vartheta' \in \mathcal{V}_i$ endet, ist mit einem Symbol $c(e) \in \{0, 1\}$ gekennzeichnet. Zusätzlich wird dem Zweig e eine Zweigmetrik $\Lambda(e) = d_H(c(e), r_i)$ zugeordnet. Jeder Zweig e ist somit durch ein 4-Tupel $e = (\vartheta \in \mathcal{V}_{i-1}, c(e), \Lambda(e), \vartheta' \in \mathcal{V}_i)$ beschrieben. Den Anfangsknoten bzw. Endknoten eines Zweiges e erhält man mittels den Funktionen $\vartheta = i(e)$, $\vartheta' = f(e)$. Weiter sei $\mathcal{E}_i$ die Menge aller Zweige mit Anfangsknoten in der Tiefe $i - 1$ und Endknoten in der Tiefe i, d. h.

$$\mathcal{E}_i = \{e \mid i(e) = \vartheta \in \mathcal{V}_{i-1}, \ c(e), \ \Lambda(e) = d_H(c(e), r_i), \ f(e) = \vartheta' \in \mathcal{V}_i\}.$$

Zudem wird jedem Knoten ϑ' eine Knotenmetrik $\alpha(\vartheta') = \alpha(f(e))$ zugeordnet, die aus der Summe von $\alpha(i(e))$ und der Metrik des Zweiges besteht. Damit kann der Viterbi-Algorithmus (Algorithmus 7.4) zur HDML-Decodierung im Codetrellis T formuliert werden.

Algorithmus 7.4: Hard-Decision-Viterbi-Algorithmus.

Initialisierung: $i = 1$, $\alpha(\vartheta_A) = 0$.

Schritt 1: Bilde $\quad \forall e \in \mathcal{E}_i : \quad \alpha(f(e)) = \alpha(i(e)) + \Lambda(e)$.

Schritt 2: Endet mehr als ein Pfad in $\vartheta' \in \mathcal{V}_i$, wähle den Pfad mit dem minimalen $\alpha(f(e))$ als *Survivor* und ordne diesem Knoten diese Metrik zu (sind die Metrikwerte aller ankommenden Pfade gleich groß, so wird ein Survivor zufällig ausgewählt).

$i := i + 1$, falls $i \leq n$ Schritt 1, sonst Schritt 3 .

Schritt 3: Wähle als decodierte Codefolge $\hat{x}$ diejenige aus, die dem Survivorpfad im Endknoten ϑ_B entspricht.

Jedem der Knoten wird also durch den Viterbi-Algorithmus genau ein Metrikwert $\alpha(f(e))$ zugeordnet, der der maximalen Anzahl der übereinstimmenden Bits zwischen dem empfangenen Vektor **r** und allen möglichen Codevektoren **c** bis zu diesem Knoten entspricht. Der Survivor des Endknotens hat die meisten Übereinstimmungen mit dem empfangenen Vektor **r** und repräsentiert somit das Codewort aus $\mathcal{C}$ (oder eines der Codeworte, da es mehrere mit gleicher Distanz zu **r** geben kann) mit der kleinsten Hamming-Distanz, was einer ML-Decodierung entspricht.

Beispiel 7.4 (Viterbi-Decodierung des $(7, 4, 3)$-Hamming-Codes) Bild 7.9 zeigt ein minimales Trellis des $(7, 4, 3)$-Hamming-Codes. Die Vektoren **c**, **f** und **r** entsprechen dem gesendete Codewort, dem Fehler und dem empfangenen Vektor. Die Zahlen (l) an den Knoten stellen die Metrikwerte Λ_i^l dar. Um die Metrikwerte der Tiefe $i + 1$ zu berechnen wurde die Metrik des Survivors der Tiefe i benutzt.

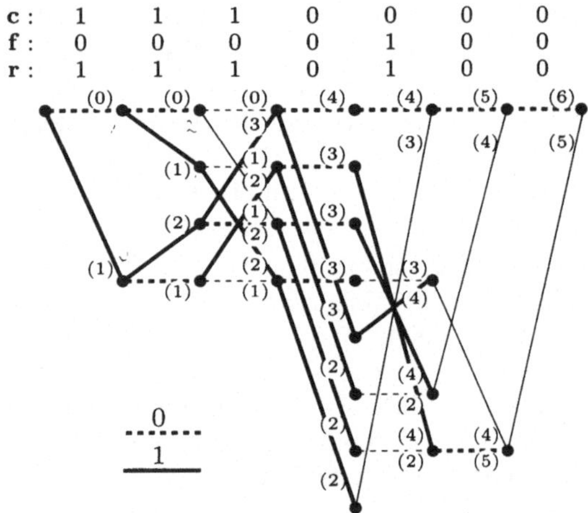

Bild 7.9: Viterbi-Decodierung des $(7, 4, 3)$-Hamming-Codes.

Anmerkung: Da der Code perfekt ist, stellt auch die BMD- eine ML-Decodierung ohne Zuverlässigkeitsinformation (*hard-decision*) dar.   ◇

Leider kann der Viterbi-Algorithmus nur auf relativ kurze Codes, bzw. Codes kleiner Dimension angewendet werden, da das Trellis sonst zu komplex wird.

7.4 Decodierverfahren mit Zuverlässigkeitsinformation

Als fundamentale Decodierprinzipien sind in Abschnitt 7.2.1 die Minimierung der Codewortfehlerwahrscheinlichkeit (SDML-Decodierung) einerseits, und die Minimierung der Codesymbolfehlerwahrscheinlichkeit (MAP-Decodierung) andererseits, eingeführt worden. Für den Fall der Übertragung binärer Symbole über einen AWGN-Kanal wurden zudem die entsprechenden Zielfunktionen hergeleitet. In diesem Abschnitt werden nun Algorithmen zur *effizienten Berechnung* dieser

Zielfunktionen (Gleichungen 7.12, 7.13, 7.14 und 7.15) vorgestellt. Um eine möglichst kleine Restfehlerwahrscheinlichkeit zu erreichen, müssen sehr lange Codes verwendet werden. Allerdings ist für die optimale Decodierung eine exponentielle Komplexität erforderlich. Daher ist ein Grundproblem der Decodierung der Abgleich der Leistungsfähigkeit eines Algorithmus gegenüber der dazu erforderlichen Komplexität. Denn was nutzt eine exponentiell abfallende Restfehlerwahrscheinlichkeit, wenn dafür eine exponentiell ansteigende Komplexität erforderlich ist, d. h., die Berechnung nicht in realistischer Zeit durchgeführt werden kann? Daher ist ein Ziel der Forschung auf diesem Gebiet die Entwicklung von Decodieralgorithmen, die zwar suboptimal sind, aber dafür realistische Komplexität bei möglichst guter Restfehlerrate aufweisen.

Wir werden im folgenden sowohl Repräsentanten optimaler als auch suboptimaler Decodieralgorithmen für binäre Blockcodes vorstellen. Dabei werden wir die Decodieralgorithmen in zwei Klassen einteilen, je nachdem ob die Decodierung basierend auf *Codesymbolen* oder auf *Codeworten* erfolgt. Zunächst werden in Abschnitt 7.4.1 drei Repräsentanten der *Decodierung basierend auf Codesymbolen* behandelt, bei denen jedes Element des Empfangsvektors einzeln decodiert wird. Das Optimum stellt die MAP-Decodierung dar, da diese auf die minimale Codesymbolfehlerwahrscheinlichkeit führt. Als Beispiel für einen MAP-Decodieralgorithmus wird der Bahl-Cocke-Jelinek-Raviv (BCJR) Algorithmus beschrieben. Die gewichtete Mehrheitsdecodierung ist ein suboptimales symbolweises Decodierverfahren und kann als Approximation der MAP-Decodierung interpretiert werden. Die iterative symbolweise Decodierung oder auch iterative A-posteriori-Probability- (APP) Decodierung kann als Verallgemeinerung der gewichteten Mehrheitsdecodierung angesehen werden und zählt ebenfalls zu den suboptimalen Verfahren. Allerdings konvergiert die iterative Decodierung in fast allen Fällen in Codeworte, so daß sie nicht als Approximation der MAP-Decodierung aufgefaßt werden kann. Sie liefert vielmehr eine suboptimale SDML-Decodierung. Nichtsdestoweniger erfolgt die Decodierung über Codesymbole.

Bei der hier betrachteten *Decodierung basierend auf Codeworten* wird als Zielfunktion die Minimierung der quadratischen euklidischen Distanz verwendet. Folglich entspricht die optimale Decodierung einer SDML-Decodierung. Derartige Decodierverfahren können generell als *Listendecodierung* interpretiert werden, d. h. die Decodierung erfolgt über eine Liste von Codeworten. Wie eine solche Liste ausgewählt wird, ist charakteristisch für das jeweilige Verfahren. Im trivialen Fall besteht diese Liste aus allen Codeworten des Codes. Als Beispiel hierfür wird in Abschnitt 7.4.2 der Viterbi-Algorithmus nach Abschnitt 7.3.4 entsprechend modifiziert. Effizientere Methoden verwenden eine, nicht von vorneherein vollständige, Liste. Vielmehr wird versucht, das SDML-Codewort zu finden, ohne daß alle Codeworte betrachtet werden müssen, was allerdings für ungünstige Fälle nicht ausgeschlossen werden kann. Der Vorteil besteht dann darin, daß im Mittel weniger Codeworte untersucht werden müssen. Der in Abschnitt 7.4.3 vorgestellte Kaneko-Algorithmus ist ein Beispiel hierfür. Ausgangspunkt für die Herleitung des Kaneko-Algorithmus bilden suboptimale Verfahren, die nur in bestimmten Fällen das SDML-Codewort berechnen können. Dazu gehören der Generalized-Minimum-

Distance (GMD) Decodieralgorithmus, die Algorithmen von Chase oder auch die Decodierung basierend auf *ordered statistics*. In Abschnitt 7.4.4 werden wir dann zeigen, daß gleichwertige Algorithmen auch für die Decodierung über den dualen Code existieren. Dazu gehören der verallgemeinerte Wagner-Algorithmus, der zu den SDML-Decodierverfahren gehört, und wiederum die Decodierung basierend auf *ordered statistics*. Bild 7.10 zeigt eine Übersicht der im folgenden behandelten Algorithmen.

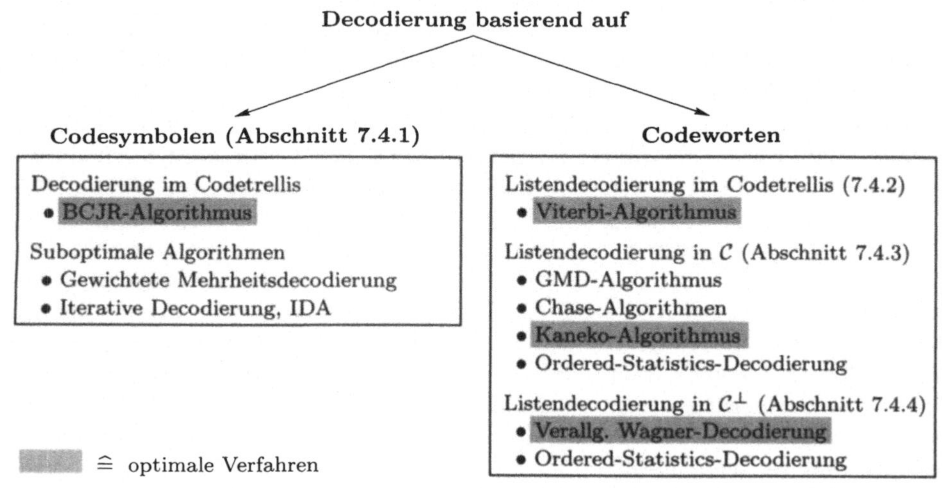

Bild 7.10: Übersicht der Decodieralgorithmen.

7.4.1 Symbolweise Soft-Decision-Decodierung

Entsprechend Bild 7.10 werden wir in diesem Abschnitt optimale wie auch suboptimale symbolweise Decodieralgorithmen vorstellen. Als optimale symbolweise Decodierung ist bereits in Abschnitt 7.2.2 die MAP-Decodierung beschrieben worden. Da zur Berechnung der MAP-Wahrscheinlichkeit einer Position i jeweils alle Codeworte des Codes bzw. dualen Codes berücksichtigt werden müssen, ist eine direkte Auswertung der Gleichungen 7.16 bzw. 7.20 derzeit nur für Codes mit $\min\{k, n-k\} \lesssim 10$ praktikabel. Andererseits ist in Abschnitt 6.7 gezeigt worden, daß jeder Code in einem Trellisdiagramm repräsentiert werden kann. Dabei entspricht das minimale Trellis der kompaktesten Form, die auch für die Berechnung der MAP-Wahrscheinlichkeit verwendet werden kann. Damit ist die MAP-Decodierung derzeit für Codes mit $\min\{k, n-k\} \lesssim 16$ praktikabel.

BCJR-Algorithmus

Bereits im Jahr 1974 haben Bahl, Cocke, Jelinek und Raviv [BCJR74] einen Algorithmus zur effizienten Berechnung der MAP-Wahrscheinlichkeit nach Gleichung 7.15 basierend auf einem Trellisdiagramm vorgeschlagen. Um diese Methode zu beschreiben, müssen wir zunächst noch einige Notationen einführen.

Gegeben sei entsprechend Abschnitt 6.7 ein Codetrellis T für den Code $\mathcal{C}$. Jeder Zweig in T, beginnend an einem Knoten $\vartheta \in \mathcal{V}_{i-1}$, der an einem Knoten $\vartheta' \in \mathcal{V}_i$ endet, ist mit einem Symbol $x(e) \in \{+1, -1\}$ gekennzeichnet. Zusätzlich wird dem Zweig e eine Zweigmetrik $\Lambda(e)$ zugeordnet, die später explizit benannt wird. Jeder Zweig e ist somit wie in Abschnitt 7.3.4 durch ein 4-Tupel beschrieben:

$$e = (\vartheta \in \mathcal{V}_{i-1}, x(e), \Lambda(e), \vartheta' \in \mathcal{V}_i) \, .$$

Den Anfangsknoten bzw. Endknoten eines Zweiges e erhält man durch die Funktionen

$$\vartheta = i(e), \quad \vartheta' = f(e) \, .$$

Weiterhin wird die Menge aller Zweige, die im Knoten ϑ enden, mit $\mathcal{E}_{in}(\vartheta)$ bezeichnet. Analog ist $\mathcal{E}_{out}(\vartheta)$ die Menge aller Zweige, die im Knoten ϑ beginnt. Die Menge aller Zweige, die in der Tiefe i mit $x(e) = +1$ gekennzeichnet sind, sei $\mathcal{E}_i^{(+1)}$; entsprechend ist $\mathcal{E}_i^{(-1)}$ definiert.

Nach Gleichung 7.16 ergab sich die MAP-Wahrscheinlichkeit in Position i in Form eines Log-Likelihood-Verhältnisses zu:

$$L(\hat{x}_i) = L_a(x_i) + L_{ch} \cdot y_i + L_{ext,i}(\mathcal{C})$$

$$= L_a(x_i) + L_{ch} \cdot y_i + \ln \left(\frac{\displaystyle\sum_{\mathbf{x} \in \mathcal{C}_i^{(+1)}} \prod_{\substack{l=1 \\ l \neq i}}^{n} e^{\frac{1}{2} \cdot L(x_l, y_l) \cdot x_l}}{\displaystyle\sum_{\mathbf{x} \in \mathcal{C}_i^{(-1)}} \prod_{\substack{l=1 \\ l \neq i}}^{n} e^{\frac{1}{2} \cdot L(x_l, y_l) \cdot x_l}} \right) \, .$$

Da der A-priori-L-Wert sowie der Kanal-L-Wert gegeben sind, muß lediglich der Extrinsic-L-Wert $L_{ext,i}$ berechnet werden.

Zur Berechnung von $L_{ext,i}$ in einem Trellisdiagramm nehmen wir zunächst an, das Trellisdiagramm für $\mathcal{C}$ besitzt zwischen den Knoten der Tiefe $i - 1$ und i lediglich einen einzigen Zweig e mit $x(e) = +1$, wie in Bild 7.11 verdeutlicht. Alle

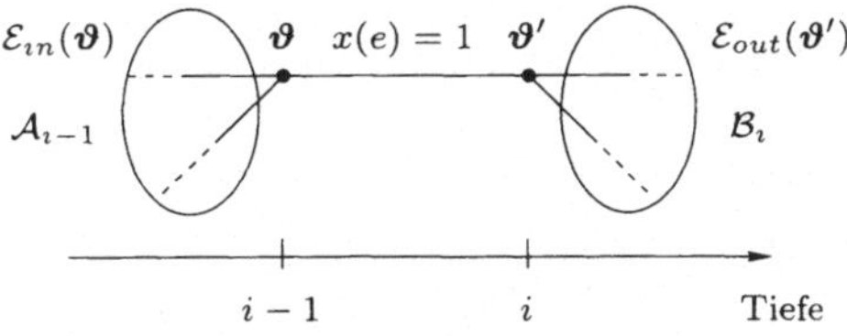

Bild 7.11: Zur Berechnung von $L_{ext,i}$.

Codeworte mit Position $i = +1$ lassen sich dann wie folgt schreiben:

$$\mathbf{x} = (\mathbf{x}_{i-1}, +1, \mathbf{x}_{i+1}) \in \mathcal{C}_i^{(+1)}, \quad \mathbf{x}_{i-1} \in \mathcal{A}_{i-1}, \quad \mathbf{x}_{i+1} \in \mathcal{B}_i,$$

wobei $\mathcal{A}_{i-1}$ die zum Knoten ϑ gehörende Menge der Vorderteile und $\mathcal{B}_i$ die zum Knoten ϑ' gehörende Menge der Endteile darstellt (siehe auch Abschnitt 6.7). Für obigen Spezialfall läßt sich dann der Zähler des Extrinsic-L-Wertes schreiben als:

$$\sum_{\mathbf{x} \in \mathcal{C}_i^{(+1)}} \prod_{l=1, l \neq i}^{n} e^{\frac{1}{2} \cdot L(x_l, y_l) \cdot x_l} =$$

$$\sum_{\mathbf{x}_{i-1} \in \mathcal{A}_{i-1}} \prod_{l=1}^{i-1} e^{\frac{1}{2} \cdot L(x_l, y_l) \cdot x_l} \cdot \sum_{\mathbf{x}_{i+1} \in \mathcal{B}_i} \prod_{l=i+1}^{n} e^{\frac{1}{2} \cdot L(x_l, y_l) \cdot x_l} = \alpha(i(e)) \cdot \beta(f(e)) \ .$$

Die Knotenmetrik $\alpha(i(e))$ ist dem Anfangsknoten des Zweiges e zugeordnet und entsprechend $\beta(f(e))$ dem Endknoten.

Im allgemeinen existieren natürlich mehrere Zweige mit $x(e) = +1$, für die dann die entsprechenden Knotenmetriken α bzw. β berechnet und anschließend aufsummiert werden müssen. Analog wird für Zweige mit $x(e) = -1$ vorgegangen.

Sei $\Lambda(e) = e^{\frac{1}{2} L(x_l, y_l) x_l}$ die Zweigmetrik für einen Zweig, der einen Knoten der Tiefe $l - 1$ mit einem Knoten der Tiefe l verbindet, dann können die Extrinsic-L-Werte an Positionen $i \in [1, n]$ wie folgt bestimmt werden:

In einer Vorwärtsrekursion berechnet man für $\vartheta \in \mathcal{V}_l, l \in [1, n-1]$, die Knotenmetriken

$$\alpha(\vartheta) = \sum_{e \in \mathcal{E}_{in}(\vartheta)} \Lambda(e) \cdot \alpha(i(e)) \ , \tag{7.23}$$

und in einer Rückwärtsrekursion berechnet man für $\vartheta' \in \mathcal{V}_l, l \in [n-1, 1]$ die Knotenmetriken

$$\beta(\vartheta') = \sum_{e \in \mathcal{E}_{out}(\vartheta')} \Lambda(e) \cdot \beta(f(e)) \ , \tag{7.24}$$

mit $\alpha(\vartheta_A) = \alpha(\vartheta_B) = \beta(\vartheta_A) = \beta(\vartheta_B) = 1$.

Die Extrinsic-L-Werte für $i \in [1, n]$ ergeben sich dann zu:

$$L_{ext,i}(\mathcal{C}) = \ln \left(\frac{\displaystyle\sum_{e \in \mathcal{E}_i^{(+1)}} \alpha(i(e)) \cdot \beta(f(e))}{\displaystyle\sum_{e \in \mathcal{E}_i^{(-1)}} \alpha(i(e)) \cdot \beta(f(e))} \right) \ . \tag{7.25}$$

Ersetzt man in den Gleichungen 7.23 bzw. 7.24 die Zweigmetrik durch $\Lambda(e) = \tanh(L(x_l, y_l)/2)$, so läßt sich $L_{ext,i}$ auch in einem Trellis, der den dualen Code repräsentiert, gemäß Gleichung 7.20 berechnen und man erhält:

$$L_{ext,i}\left(\mathcal{C}^{\perp}\right) = \ln\left(\frac{\sum\limits_{e\in\mathcal{E}_i^{(+1)}}\alpha(i(e))\cdot\beta(f(e)) + \sum\limits_{e\in\mathcal{E}_i^{(-1)}}\alpha(i(e))\cdot\beta(f(e))}{\sum\limits_{e\in\mathcal{E}_i^{(+1)}}\alpha(i(e))\cdot\beta(f(e)) - \sum\limits_{e\in\mathcal{E}_i^{(-1)}}\alpha(i(e))\cdot\beta(f(e))}\right). \quad (7.26)$$

Vergleiche hierzu auch Abschnitt 8.5.1, in dem der BCJR-Algorithmus für Faltungscodes beschrieben ist.

Anmerkung: Die symbolweise MAP-Decodierung ist eine *Soft-Output*-Decodierung, d. h. es wird neben der harten Decodierentscheidung auch eine Zuverlässigkeitsinformation über diese Entscheidung berechnet. Dies ist insbesondere bei der Decodierung von verketteten Codes von Bedeutung, in denen diese Zuverlässigkeitsinformation von der folgenden Decodierstufe als Soft-Input benötigt wird.

Gewichtete Mehrheitsdecodierung (*threshold decoding*)

Im Jahr 1963 wurde von Massey [Mas] die 1-Schritt-Mehrheitsdecodierung basierend auf orthogonalen Prüfvektoren (siehe Abschnitt 7.3.2) durch Berücksichtigung von symbolweiser Zuverlässigkeitsinformation auf die sogenannte *gewichtete* Mehrheitsdecodierung (oder auch *threshold decoding, a posteriori probability (APP) decoding*) erweitert.

Der Empfangsvektor nach Übertragung über einen AWGN-Kanal sei $\mathbf{y} = \mathbf{x} + \mathbf{n}$. Für einen Prüfvektor $\mathbf{b} \in \mathcal{C}^{\perp}$ des linearen binären Codes $\mathcal{C}$ ist das Syndrom $s(\mathbf{b})$ gegeben zu:

$$s(\mathbf{b}) = \langle\mathbf{y}^H, \mathbf{b}\rangle = \sum_{l=1}^{n} y_l^H \cdot b_l = \sum_{l\in\mathrm{supp}(\mathbf{b})} y_l^H \bmod 2 \in \{0,1\}.$$

Ersetzt man den Hard-Decision-Wert y_l^H durch $\mathrm{sign}(y_l)$, erhält man als äquivalenten Ausdruck:

$$s(\mathbf{b}) = \prod_{l\in\mathrm{supp}(\mathbf{b})} \mathrm{sign}(y_l) \in \{+1,-1\}.$$

Man beachte, daß $s(\mathbf{b})$ genau dann gleich $+1$ (-1) ist, wenn sich in den durch den Träger von $\mathbf{b}$ indizierten Koordinaten l eine gerade (ungerade) Anzahl von -1-en befindet. Um nun ein Zuverlässigkeitsmaß für diese beiden Ereignisse zu erhalten, muß die entsprechende APP-Wahrscheinlichkeit bestimmt werden. Nehmen wir an, daß der duale Code nur das Nullcodewort und den Vektor $\mathbf{b}$ enthält, so ergibt Gleichung 7.20 die MAP-Wahrscheinlichkeit für obige Ereignisse in Form eines Log-Likelihood-Verhältnisses zu:

$$L(s(\mathbf{b})) = \ln\frac{P_{even}}{P_{odd}} = \ln\left(\frac{1 + \prod\limits_{l\in\mathrm{supp}(\mathbf{b})}\tanh\left(\frac{L(x_l,y_l)}{2}\right)}{1 - \prod\limits_{l\in\mathrm{supp}(\mathbf{b})}\tanh\left(\frac{L(x_l,y_l)}{2}\right)}\right). \quad (7.27)$$

Der Wert $L(s(\mathbf{b}))$ ist eine reelle Zahl, deren Vorzeichen die harte Entscheidung liefert, während der Betrag ein Maß für die Zuverlässigkeit dieser Entscheidung darstellt. Bei gegebenem Prüfvektor $\mathbf{b}_i$ wird folgende Notation verwendet:

$$s_i = L^H(s(\mathbf{b}_i)) = \begin{cases} 0, & L(s(\mathbf{b}_i)) \geq 0 \\ 1, & \text{sonst,} \end{cases} \qquad \text{und} \qquad w_i = |L(s(\mathbf{b}_i))| \,.$$

Für eine Menge $\mathcal{M}_J$ von Prüfvektoren, die bezüglich Position i orthogonal sind (Definition 7.5 auf Seite 184), sind die Empfangssymbole zur Berechnung der L-Werte nach Gleichung 7.27 statistisch unabhängig. Daher können „Syndrom-L-Werte" nach Gleichung 7.27, die auf orthogonalen Prüfvektoren basieren, aufsummiert werden. Entsprechend Abschnitt 7.3.2 kann somit für $\mathcal{M}_J$ eine *gewichtete* Mehrheitsentscheidung definiert werden zu:

$$\hat{c}_i = \begin{cases} r_i, & \sum_{l=1}^{J} w_l s_l < \tfrac{1}{2} \sum_{l=1}^{J} w_l \\ r_i \oplus 1, & \text{sonst,} \end{cases} \tag{7.28}$$

wobei r_i die Hard-Decision des Empfangswertes y_i ist.

Anmerkung: Ersetzt man die Menge $\mathcal{M}_J$ durch den gesamten Code bzw. dualen Code und berechnet die L-Werte nach Gleichung 7.19 bzw. 7.20, so erhält man die MAP-Entscheidung für Position i. Daher kann die gewichtete Mehrheitsdecodierung für Position i basierend auf orthogonalen Prüfvektoren als Näherung der entsprechenden MAP-Wahrscheinlichkeit angesehen werden. Die Berechnung dieser Näherung ist wesentlich weniger komplex, da nur ein sehr kleiner Teil des gesamten dualen Codes verwendet wird. Allerdings ist die erzielte Restbitfehlerwahrscheinlichkeit i. a. deutlich schlechter als für MAP-Decodierung. Identisch sind beide Decodierverfahren im Fall von Parity-Check-Codes bzw. Wiederholungscodes [LBB98].

Symbolweise iterative Decodierung

Die symbolweise iterative Decodierung basiert auf Algorithmen, die sowohl Zuverlässigkeitsinformation als Eingabe (*soft input*) verwenden, wie auch Zuverlässigkeitsinformation über das Decodierergebnis (*soft output*) liefern. Dies ermöglicht eine wiederholte (iterative) Decodierung desselben Empfangsvektors. In der ersten Iteration verwendet der Decoder dabei nur die Kanalzuverlässigkeitsinformation und berechnet eine neue Zuverlässigkeitsinformation für die einzelnen Empfangssymbole. Dabei wird angenommen, daß diese neue Zuverlässigkeitsinformation einer Extrinsic-Information entspricht, d. h. unabhängig von dem jeweils betrachteten Symbol ist. Die iterative Decodierung wird solange fortgesetzt, bis die maximal erlaubte Anzahl von Iterationen überschritten oder ein bestimmtes Stop-Kriterium erfüllt ist. Zur symbolweisen iterativen Decodierung kann dann Algorithmus 7.5 verwendet werden. Man beachte, daß das Decodierergebnis $\hat{\mathbf{r}}$ nicht notwendigerweise ein Codewort sein muß. Bild 7.12 veranschaulicht das Prinzip eines symbolweisen iterativen Decodierers.

Algorithmus 7.5: Allgemeine Definition eines iterativen Decodieralgorithmus.

Initialisierung: • Setze $\hat{y}_i^{(0)} = L_{ch} y_i$, $L_{ext,i}^{(0)} = 0$, $i \in [1, n]$, Iterations-Index $j = 0$.

• Definiere die maximale Anzahl an Iterationen Θ.

Schritt 1: Falls gilt: ((Stop-Kriterium nicht erfüllt) und $(j < \Theta)$)

$$\text{berechne:} \quad L_{ext,i}^{(j)}, \ i = 1, \dots, n \ .$$

$$\text{addiere:} \quad \hat{y}_i^{(j+1)} = \hat{y}_i^{(j)} + L_{ext,i}^{(j)}, \ i = 1, \dots, n \ .$$

$$j := j + 1, \text{ Schritt 1.}$$

Schritt 2: $\hat{\mathbf{r}} = \hat{\mathbf{y}}^{(j),H}$ (Hard-Decision von $\hat{\mathbf{y}}^{(j)}$), stop.

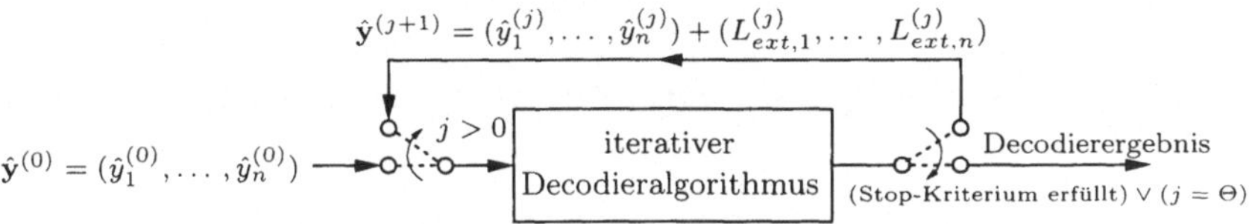

$$\hat{\mathbf{y}}^{(j+1)} = (\hat{y}_1^{(j)}, \dots, \hat{y}_n^{(j)}) + (L_{ext,1}^{(j)}, \dots, L_{ext,n}^{(j)})$$

$$\hat{\mathbf{y}}^{(0)} = (\hat{y}_1^{(0)}, \dots, \hat{y}_n^{(0)})$$

Bild 7.12: Symbolweiser iterativer Decodierer.

Daß ein solcher Decodieralgorithmus in der Lage ist, Fehler zu korrigieren, kann durch folgende Überlegung plausibel gemacht werden.

Betrachten wir zunächst eine fehlerhafte Koordinate i, d. h. $\text{sign}(y_i)$ ist nicht korrekt. Diese Koordinate kann korrigiert werden, wenn $\text{sign}(\hat{y}_i^{(0)}) = -\text{sign}(L_{ext,i}^{(0)})$, und zwar in einem Iterationsschritt, wenn gilt $|L_{ext,i}^{(0)}| > |\hat{y}_i^{(0)}|$. Der Fehler wird dann korrigiert, wenn in irgendeinem Iterationsschritt das Vorzeichen von $\hat{y}_i^{(j)}$ gekippt wird. Umgekehrt gilt für eine richtig empfangene Koordinate i, daß das Vorzeichnen von $\hat{y}_i^{(j)}$ richtig bleibt, solange für Iterationen $l \geq j$, $L_{ext,i}^{(l)}$ nicht das Vorzeichen von $\hat{y}_i^{(l)}$ ändert. Das folgende Beispiel verdeutlicht dieses Prinzip.

Beispiel 7.5 (Iterative Decodierung) Gegeben sei der $(3, 2, 2)$-Parity-Check Code. Es wird angenommen, daß $\mathbf{x} = (1, 1, 1)$ gesendet und $\hat{\mathbf{y}}^{(0)} = (0.6, -0.5, 0.8)$ empfangen wurde. Offensichtlich ist die Hard-Decision des Empfangsvektors, $\hat{y}^{(0),H}) = (0, 1, 0)$, kein Codewort. Die Extrinsic-Information wird nun wie folgt berechnet:

$$L_{ext,1}^{(i)} = \hat{y}_2^{(i)} \cdot \hat{y}_3^{(i)}, \qquad L_{ext,2}^{(i)} = \hat{y}_1^{(i)} \cdot \hat{y}_3^{(i)}, \qquad L_{ext,3}^{(i)} = \hat{y}_1^{(i)} \cdot \hat{y}_2^{(i)} \ .$$

Damit erhält man nach der ersten Iteration

$$\hat{\mathbf{y}}^{(1)} = \hat{\mathbf{y}}^{(0)} + \mathbf{L}^{(0)} = (0.6, -0.5, 0.8) + (-0.4, 0.48, -0.3) = (0.2, -0.02, 0.5) \ .$$

Man erkennt, daß Position 2 weiterhin fehlerhaft ist und sich zugleich die Zuverlässigkeit der Positionen 1 und 3 verringert hat. Andererseits haben die Positionen 1 und 3 die Zuverlässigkeit von Position 2 „verbessert". Die nächste Iteration liefert

$$\hat{\mathbf{y}}^{(2)} = \hat{\mathbf{y}}^{(1)} + \mathbf{L}^{(1)} = (0.2, -0.02, 0.5) + (-0.01, 0.1, -0.004) = (0.19, 0.08, 0.504) \ .$$

Nun gilt $\hat{\mathbf{y}}^{(2),H} = (0,0,0)$, d.h. die iterative Decodierung hat den Fehler in Position 2 korrigiert und das gesendete Codewort gefunden. Weitere Iterationen verändern das Codewort nicht, wie in Satz 7.10 gezeigt wird. $\diamond$

Das Schlüsselelement der symbolweisen iterativen Decodierung ist die Bestimmung von Extrinsic-Information mit *korrektem Vorzeichen*. Bezüglich des Vorzeichens ist die MAP-Entscheidung und damit ebenso das Vorzeichen der aus ihr ableitbaren Extrinsic-Information optimal. Dieser Sachverhalt wird bei der Decodierung der sogenannten Turbo-Codes (Abschnitt 9.3.5) ausgenutzt. Allerdings ist die Berechnung der optimalen MAP-Entscheidung i. a. zu aufwendig, so daß für die iterative Decodierung eine Näherung der optimalen Extrinsic-Information nach den Gleichungen 7.19 bzw. 7.20 erforderlich ist, die zumindest folgende Anforderung erfüllt:

Für eine geeignete Menge $\mathcal{B}_i \subset \mathcal{C}^\perp$ von Prüfvektoren für Position i muß in möglichst vielen Fällen gelten

$$\text{sign}(L_{ext,i}(\mathcal{B}_i)) = \text{sign}(L_{ext,i}(\mathcal{C}^\perp)) \,. \tag{7.29}$$

Zusätzlich muß eine solche Approximation den Rechenaufwand auf praktikable Werte reduzieren und sollte auf eine Vielzahl von Codeklassen anwendbar sein. Die Anforderung nach Gleichung 7.29 stellt sicher, daß die Addition von $L_{ext,i}(\mathcal{B}_i)$ die Zuverlässigkeit dieser Position immer dann verbessert, wenn dies auch mit $L_{ext,i}(\mathcal{C}^\perp)$ der Fall gewesen wäre. Welcher Absolutbetrag der Extrinsic-Information optimal für die symbolweise iterative Decodierung ist, ist ein noch ungelöstes Problem. Es kann aber gezeigt werden [LBB98], daß die iterative APP-Decodierung als Verallgemeinerung der gewichteten Mehrheitsdecodierung interpretiert werden kann. Nach [LBB98] und [BH86] impliziert dies, daß vor allem *minimalgewichtige* Prüfvektoren für eine Näherung der MAP-Wahrscheinlichkeit geeignet sind (vergleiche auch Algorithmus DA aus Abschnitt 7.3.3). Es sei $\mathcal{B}_i$ die Menge der *minimalgewichtigen* Prüfvektoren für eine Position i, $\mathcal{B}_i = \{\mathbf{b} \,|\, i \in \text{supp}(\mathbf{b}), \forall \mathbf{b} \in \mathcal{B}\}$, und $\mathcal{I}_i(\mathbf{b})$ die Menge der Koordinaten, an denen $\mathbf{b}$ eine Eins besitzt, außer der Koordinate i selber, d. h. $\mathcal{I}_i(\mathbf{b}) = \{l \,|\, l \in \text{supp}(\mathbf{b}) \wedge l \neq i\}$, dann ist in vielen Fällen die Extrinsic-Information, berechnet durch

$$L_{ext,i}(\mathcal{B}_i) = \sum_{\mathbf{b} \in \mathcal{B}_i} \prod_{l \in \mathcal{I}_i(\mathbf{b})} \tanh(y_l) \,, \tag{7.30}$$

eine Näherung von $L_{ext,i}(\mathcal{C}^\perp)$, die die obigen Anforderungen für die iterative Decodierung erfüllt. Damit erhalten wir den iterativen Decodieralgorithmus 7.6.
Man beachte, daß $\hat{\mathbf{r}}$ nicht notwendigerweise ein Codewort sein muß. Die Wahl des Stop-Kriteriums basiert auf folgendem Satz.

Satz 7.10 (Stop-Kriterium) *Es sei $\hat{\mathbf{c}} \in \mathcal{C}$ die harte Entscheidung von $\hat{\mathbf{y}}^{(j)}$ in Iteration j. Dann gilt für alle folgenden Iterationen $l > j$, daß deren harte Entscheidung ebenfalls gleich $\hat{\mathbf{c}}$ ist.*

Algorithmus 7.6: Symbolweiser iterativer Decodieralgorithmus (IDA).

Initialisierung: • Setzte $\hat{y}_i^{(0)} = y_i$, $L_{ext,i}^{(0)} = 0, i = 1, \ldots, n$, Iterationsindex $j = 0$.

• Definiere die maximale Anzahl von Iterationen Θ.

Schritt 1: falls $(\hat{\mathbf{y}}^{(j),H} \notin C)$ und $(j < \Theta))$

(a) für $i = 1, \ldots, n$ berechne: $L_{ext,i}^{(j)}(\mathcal{B}_i) = \sum_{\mathbf{b} \in \mathcal{B}_i} \prod_{l \in \mathcal{I}_i(\mathbf{b})} \tanh(\hat{y}_l^{(j)})$.

(b) für $i = 1, 2, \ldots, n$ addiere: $\hat{y}_i^{(j+1)} = \hat{y}_i^{(j)} + L_{ext,i}^{(j)}$.

(c) $j := j + 1$, Schritt 1.

Schritt 2: $\hat{\mathbf{r}} = \hat{\mathbf{y}}^{(j),H}$, stop.

Beweis: Da $\hat{\mathbf{c}} \in C$ ist, gilt $\hat{\mathbf{c}} \cdot \mathbf{b} = 0 \bmod 2$ für alle $\mathbf{b} \in \mathcal{B}_i$, $i \in [1, n]$. Für die Notation $b_i \in \{+1, -1\}$ kann man dies schreiben als $\mathrm{sign}(\hat{y}_i^{(j)}) = \mathrm{sign}(L_{ext,i}^{(j)}(\mathbf{b}))$, für alle $\mathbf{b} \in \mathcal{B}_i$, $i \in [1, n]$. Dies impliziert

$$\mathrm{sign}(\hat{y}_i^{(j)}) = \mathrm{sign}(L_{ext,i}^{(j)}(\mathcal{B}_i)), \; i \in [1, n]. \tag{7.31}$$

Gemäß Schritt (b) addiert man $\hat{y}_i^{(j+1)} = \hat{y}_i^{(j)} + L_{ext,i}^{(j)}$, $i \in [1, n]$, und somit folgt nach Gleichung 7.31, daß für $i \in [1, n]$ gilt:

$$\mathrm{sign}(\hat{y}_i^{(j+1)}) = \mathrm{sign}(\hat{y}_i^{(j)}).$$

Folglich gilt $\hat{\mathbf{y}}^{(j+1),H} = \hat{\mathbf{c}}$, und offensichtlich $\hat{\mathbf{y}}^{(l),H} = \hat{\mathbf{c}}$, $l > j + 1$. $\qquad\Box$

Anmerkungen:

- IDA kann als iterativer APP-Decodieralgorithmus verstanden werden, der eine Verallgemeinerung der Algorithmen von Gallager [Gal62] und Battail et al. [BDG79] darstellt.

- Die erste Iteration des IDA kann als Approximation der optimalen MAP-Entscheidung für jede Position interpretiert werden.

- Nach der ersten Iteration bestehen statistische Abhängigkeiten zwischen berechneten A-posteriori-Werten, so daß eine iterative Decodierung nur heuristisch motiviert ist.

- Man beachte, daß IDA hauptsächlich in Codeworte konvergiert. Es konnten aber auch Punkte klassifiziert werden, für die keine Konvergenz in Codeworte gegeben ist [LBB98]. Allerdings ist die Auftrittswahrscheinlichkeit dieser Punkte sehr klein. Somit liefert IDA in den meisten Fällen eine *suboptimale Sequenzschätzung*.

- Eine weitergehende Analyse des IDA hinsichtlich der Wahl der Prüfvektoren, Konvergenz sowie einer effizienten Implementierung findet man in [Luc97].

Beispiel 7.6 (Simulationsergebnisse und Komplexität für IDA) In Bild 7.13 ist
die Bitfehlerwahrscheinlichkeit für MAP-Decodierung und iterative Decodierung (IDA) für
den $(15, 7, 5)$-BCH-Code bzw. $(31, 21, 5)$-BCH-Code dargestellt. Man erkennt, daß mit IDA
für diese Codes nahezu die optimale Bitfehlerwahrscheinlichkeit erzielt wird. Aus Bild 7.14 ist
zu erkennen, daß man mit der iterativen Decodierung des $(273, 191, 18)$-Codes im Vergleich
zu „klassischer" 1-Schritt-Mehrheitsdecodierung einen Gewinn von $2.2\,$dB bei $P_{Bit} = 10^{-3}$
erreicht. Weiterhin ist das Ergebnis der SDML-Decodierung eines Faltungscodes der Rate

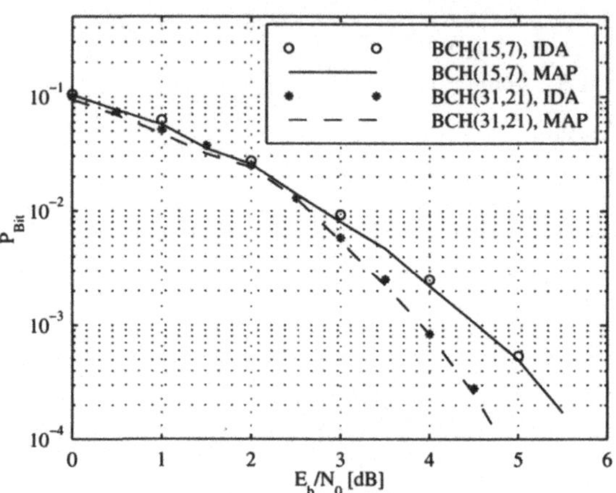

Bild 7.13: Vergleich von MAP-Decodierung und IDA für den $(15, 7)$-BCH- und den
$(31, 21)$-BCH-Code.

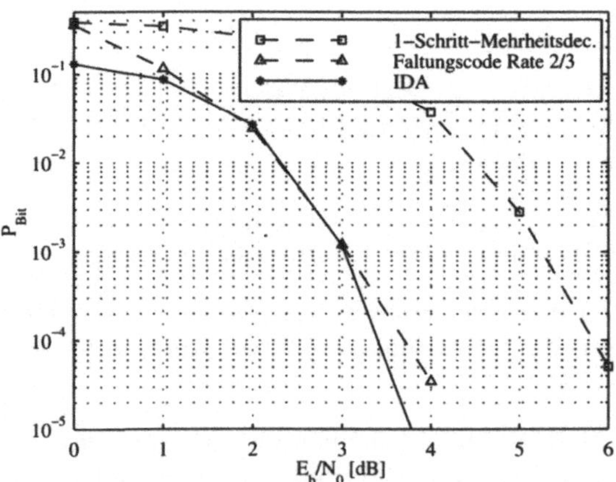

Bild 7.14: Decodierung des $(273, 191, 18)$-Code mit IDA im Vergleich zur Viterbi-
Decodierung eines Faltungscodes der Rate $2/3$.

2/3 gezeigt (Abschnitt 8.1), der durch Punktierung des Faltungscodes der Rate 1/2 mit den
Generatorpolynomen $g_1 = 561$ und $g_2 = 753$ und der Gesamteinflußlänge $\nu = 9$ konstruiert
wurde. Man beachte, daß die Decodierkomplexität für den Faltungscode und IDA in diesem

Fall annähernd gleich sind. Obwohl der $(273, 191, 18)$-Code nur suboptimal decodiert wird, erzielt man ab $E_b/N_0 = 3\,\mathrm{dB}$ ein besseres Ergebnis. ◇

7.4.2 Listendecodierung im Codetrellis – Viterbi-Algorithmus

Im Gegensatz zu den vorangegangenen Verfahren wird bei der Soft-Decision-Decodierung basierend auf Codeworten die Zuverlässigkeitsinformation nicht für ein Symbol, sondern für ein Codewort berechnet. Die Zielfunktion ist die quadratische euklidische Distanz, die es zu minimieren gilt. Die im folgenden beschriebenen Algorithmen lassen sich als *Listendecodierung* interpretieren. Im trivialen Fall wird aus der vollständigen Liste aller Codeworte dasjenige ausgewählt, das die geringste euklidische Distanz zum Empfangsvektor besitzt. Ein solches Vorgehen ist nur bei Codes kleiner Dimension praktikabel. Ähnlich wie bei der symbolweisen Decodierung können aber auch hier Trellisdiagramme gemäß Abschnitt 6.7 zur kompakten Repräsentation des gesamten Codes (d. h. der vollständigen Liste) und damit zur effizienten Berechnung des SDML-Codewortes verwendet werden. Bekanntestes Beispiel hierfür ist der im Viterbi-Algorithmus, der bereits in Abschnitt 7.3.4 zur Hard-Decision-Maximum-Likelihood-Decodierung verwendet wurde. Einzige Änderung für eine SDML-Decodierung bildet die Berücksichtigung von Zuverlässigkeitsinformation, die im folgenden beschrieben werden soll.

Nach der Übertragung des Codewortes $\mathbf{x}$ über einen AWGN-Kanal wird $\mathbf{y} = \mathbf{x} + \mathbf{n}$ empfangen. Weiterhin sei ein Codetrellis T für den Code $\mathcal{C}$ gegeben. Wir verwenden erneut die bei der Beschreibung des BCJR- und des Hard-Decision-Viterbi-Algorithmus eingeführte Notation, mit dem Unterschied, daß als Zweigmetrik $\Lambda(e) = y_l$ verwendet wird. Jeder Zweig e ist somit wiederum durch ein 4-Tupel $e = (\vartheta \in \mathcal{V}_{i-1}, x(e), \Lambda(e), \vartheta' \in \mathcal{V}_i)$ beschrieben. Weiterhin sei $\mathcal{E}_i$ die Menge aller Zweige mit Anfangsknoten in der Tiefe $i - 1$ und Endknoten in der Tiefe i, d. h.

$$\mathcal{E}_i = \{e \mid i(e) = \vartheta \in \mathcal{V}_{i-1}, x(e), \Lambda(e) = y_i, f(e) = \vartheta' \in \mathcal{V}_i\} \, .$$

Nun kann der Viterbi-Algorithmus 7.7 zur SDML-Decodierung im Codetrellis T formuliert werden.

Algorithmus 7.7: Soft-Input Viterbi-Algorithmus.

Initialisierung: $i = 1$, $\alpha(\vartheta_A) = 0$.

Schritt 1: Bilde $\quad \forall e \in \mathcal{E}_i : \quad \alpha(f(e)) = \alpha(i(e)) + \Lambda(e) \cdot x(e) \, .$

Schritt 2: Endet mehr als ein Pfad in $\vartheta' \in \mathcal{V}_i$, wähle den Pfad mit dem maximalen $\alpha(f(e))$ als *Survivor* und ordne diesem Knoten diese Metrik zu (sind die Metrikwerte aller ankommenden Pfade gleich groß, so wird ein Survivor zufällig ausgewählt).

$i := i + 1$, falls $i \leq n$ Schritt 1, sonst Schritt 3

Schritt 3: Wähle als decodierte Codefolge $\hat{\mathbf{x}}$ diejenige aus, die dem Survivorpfad im Endknoten ϑ_B entspricht.

Beispiel 7.7 (Viterbi-Decodierung des $(7,4,3)$-Codes (Soft-Decision)) Bild 7.15
zeigt ein minimales Trellis des $(7,4,3)$-Hamming-Codes und die Vektoren c, f und y. Die
Zahlen (l) an den Knoten stellen die entsprechenden Metrikwerte Λ_i^l dar. Um die Metrikwerte
der Tiefe $i+1$ zu berechnen, wurde die Survivor-Metrik der Tiefe i benutzt.

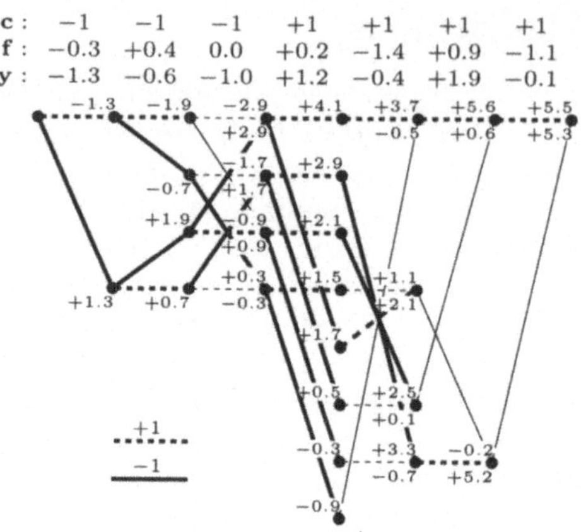

Bild 7.15: Minimales Trellis für den $(7,4,3)$-Hamming-Code.

Anmerkung: Im Hard-Decision-Fall wären zwei Fehler aufgetreten, die nicht decodiert werden
können.   ◇

Auch hier gilt, daß der Viterbi-Algorithmus nur auf relativ kurze Codes, bzw.
Codes kleiner Dimension angewendet werden kann, da das Trellis sonst zu komplex
wird. Jedoch liegt der Unterschied in der Komplexität zwischen Hard-Decision-
und Soft-Decision-Decodierung nur in der Berechnung der Metrik eines Zweiges.

Eine Erweiterung des Viterbi-Algorithmus auf ein Listendecodierverfahren, das
neben der besten Entscheidung auch noch die L nächstbesten Entscheidungen
liefert, wird in Abschnitt 8.4.5 auf Seite 297 beschrieben.

7.4.3   Listendecodierung im Coderaum $\mathcal{C}$

Da die Komplexität der SDML-Decodierung im Codetrellis exponentiell mit der
Dimension des Codes anwächst, benötigt man suboptimale Listendecodierverfahren, die bei moderater Komplexität eine möglichst gute Restblockfehlerrate aufweisen. Diese Verfahren basieren auf einer unvollständigen Liste, die aber mit
möglichst großer Wahrscheinlichkeit das SDML-Codewort enthalten soll. Damit
stellen sich an dieser Stelle zwei grundlegende Fragen:

1. Der Raum aller möglichen Empfangsvektoren ist $\mathbb{R}^n$. Existieren für einen
   gegebenen Empfangsvektor Regionen in $\mathbb{R}^n$, in denen das SDML-Codewort
   lokalisiert werden kann, ohne daß eine vollständige Suche zu seiner Bestimmung notwendig ist?

2. Kann man weiterhin garantieren, daß ein noch zu definierender Listendecodieralgorithmus Ψ das SDML-Codewort innerhalb dieser Regionen auch mit Sicherheit findet?

Formal ist man also an einer Bedingung Ξ zwischen dem SDML-Codewort und dem Empfangsvektor interessiert, die für den Listenalgorithmus Ψ folgendes sicherstellt:

Falls die Bedingung Ξ von einem Codewort erfüllt wird, dann ist sichergestellt, daß

- es sich um das SDML-Codewort handelt,

- die Bedingung Ξ von keinem anderen Codewort erfüllt werden kann und

- es vom Algorithmus Ψ gefunden wird.

Eine derartige Bedingung Ξ wollen wir als SDML-Akzeptanzkriterium bezeichnen. Diese Fragestellungen wurden erstmals im Jahre 1966 von Forney untersucht. Er hat mit der sogenannten *Generalized-Minimum-Distance*-Decodierung ein Konzept vorgeschlagen, das obige Anforderungen für einen Algorithmus Ψ und eine dazugehörige Bedingung Ξ erfüllt. Dieses Konzept und mögliche Erweiterungen werden wir im folgenden vorstellten.

Generalized-Minimum-Distance (GMD) Decodierung

Gegeben sei ein binärer (n, k, d)-Blockcode $\mathcal{C}$. Es sei $\mathbf{y}$ der Empfangsvektor nach der Übertragung des Codewortes $\mathbf{x}$ über einen AWGN-Kanal. Weiterhin ist $\mathbf{y}^H = \mathbf{r}$ der entsprechende Hard-Decision-Empfangsvektor. Der Zusammenhang zwischen der Hamming-Distanz und der quadratischen euklidischen Distanz zwischen $\mathbf{r}$ und einem Codewort $\mathbf{x}$ ist:

$$d_E^2(\mathbf{r}, \mathbf{x}) \;=\; 4 \cdot d_H(\mathbf{r}, \mathbf{x}) \, .$$

Da der Code $\mathcal{C}$ die Mindestdistanz d hat, gibt es höchstens ein Codewort $\mathbf{x}_{opt}$, für das gilt:

$$d_H(\mathbf{r}, \mathbf{x}_{opt}) \;\leq\; \left\lfloor \frac{d-1}{2} \right\rfloor \qquad \Longleftrightarrow \qquad d_E^2(\mathbf{r}, \mathbf{x}_{opt}) \;\leq\; 2 \cdot (d-1) \, . \tag{7.32}$$

Wählt man nun für den Algorithmus Ψ einen algebraischen Auslöschungsdecodierer, der t zufällige Fehler und ρ Auslöschungen korrigieren kann, vorausgesetzt daß $2t + \rho < d$ gilt, so findet dieser Algorithmus das Codewort $\mathbf{x}_{opt}$ genau dann, wenn Gleichung 7.32 erfüllt ist. Nimmt man nun an, daß die Empfangswerte wie folgt normiert wurden:

$$\tilde{y}_i = \begin{cases} +1, & y_i > +1 \\ y_i, & |y_i| \leq 1 \\ -1, & y_i < -1 \, . \end{cases}$$

Dann kann man für die Ungleichung 7.32 schreiben

$$d_E^2(\tilde{\mathbf{y}}, \mathbf{x}_{opt}) \le n + n - 2 \cdot \langle \tilde{\mathbf{y}}, \mathbf{x}_{opt} \rangle \le 2 \cdot (d - 1) \,,$$

und man erhält schließlich Forneys SDML-Akzeptanzkriterium.

Satz 7.11 (SDML-Akzeptanzkriterium nach Forney) *Für einen Code $\mathcal{C}$ mit Mindestdistanz d sowie einen normierten Empfangsvektor $\tilde{\mathbf{y}}$, $|\tilde{y}_i| \le 1$, $i \in [1, n]$, existiert höchstens ein Codewort $\mathbf{x}_{opt}$, für das gilt:*

$$\Xi_{Forney} : \qquad \langle \tilde{\mathbf{y}}, \mathbf{x}_{opt} \rangle > n - d \,, \tag{7.33}$$

und dieses Codewort wird von einem algebraischen Auslöschungsdecodierer mit Sicherheit gefunden.

Anmerkungen: Forneys Akzeptanzkriterium kann wie folgt interpretiert werden:

- Die Codeworte $\mathbf{x} \in \mathcal{C}$ bilden die Eckpunkte eines Hyperwürfels, der durch $2n$ Hyperebenen $x_i = \pm 1, i \in [1, n]$, begrenzt wird. Der normierte Empfangsvektor kann an beliebiger Stelle in diesem Hyperwürfel liegen.

- Ξ_{Forney} charakterisiert Regionen innerhalb dieses Hyperwürfels, in denen für einen Empfangsvektor $\tilde{\mathbf{y}}$ das SDML-Codewort mit einem algebraischen Decodieralgorithmus mit Sicherheit gefunden wird. Dabei definiert $\langle \mathbf{x}, \tilde{\mathbf{y}} \rangle = n - d$ eine Entscheidungshyperebene, die den Entscheidungsraum von $\mathbf{x}$ von anderen Bereichen des Hyperwürfels trennt.

- Es gilt jedoch, *daß die durch Ξ_{Forney} definierten Entscheidungsräume der Codeworte im allgemeinen nicht den gesamten Hyperwürfel überdecken.* Daher werden Empfangsvektoren, die nicht in einen solchen Entscheidungsraum fallen, nicht notwendigerweise zum SDML-Codewort decodiert.

Aus der letzten Anmerkung ergibt sich die Notwendigkeit, daß außer dem Empfangsvektor noch modifizierte Versionen dieses Vektors mit Ψ decodiert werden müssen, weil für die alleinige Decodierung von $\tilde{\mathbf{y}}^H$ die Wahrscheinlichkeit zu groß ist, daß entweder Decodierversagen auftritt oder das gefundene Codewort die Akzeptanzbedingung Ξ_{Forney} nicht erfüllt. Dies wird im folgenden dadurch erreicht, daß die unzuverlässigsten Positionen des Empfangsvektors zu Auslöschungen erklärt werden.

Zur Definition eines Listendecodierverfahrens basierend auf Satz 7.11 wird angenommen, daß die Symbole von $\tilde{\mathbf{y}}$ nach steigenden Zuverlässigkeiten geordnet sind, d. h. $|\tilde{y}_i| \le |\tilde{y}_j| \; \forall \; i < j$ (entsprechend Bild 7.16). Diese Annahme stellt keine Einschränkung dar, da sie stets durch Umnumerierung erreicht werden kann.

Somit erhalten wir als Listendecodierverfahren den GMD-Algorithmus 7.8. Dabei sei Ψ ein algebraischer Decodierer, der t zufällige Fehler und ρ Auslöschungen korrigieren kann, solange $2t + \rho < d$ gilt.

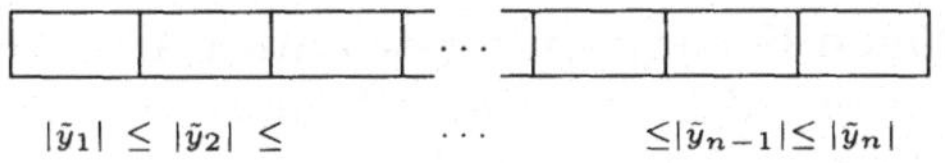

Bild 7.16: Anordnung der Symbole von $\tilde{y}$ nach ihrer Zuverlässigkeit.

Algorithmus 7.8: Generalized-Minimum-Distance Decodieralgorithmus.

Initialisierung: $\rho = 0$.

Schritt 1: Decodiere $\tilde{y}$ mit Ψ zu $\hat{x}$. Liegt Decodierversagen vor, Schritt 3.

Schritt 2: Für $\langle \hat{x}, \tilde{y} \rangle > n - d$, Ausgabe von $\hat{x} = x_{opt}$ als SDML-Codewort, **stop**.

Schritt 3: Setzte $\rho := \rho + 2$.
Für $\rho \geq d$, Schritt 4.
Für $\rho < d$, definiere die ersten ρ Positionenvon $\tilde{y}$ als Auslöschungen, Schritt 1.

Schritt 4: Decodierversagen.

SDML-Akzeptanzkriterien für Listendecodierverfahren

Offensichtlich erhält man nun eine verbesserte GMD-Decodierung, wenn ein Akzeptanzkriterium gefunden wird, dessen von den Entscheidungsräumen überdeckte Fläche innerhalb des Hyperwürfels größer ist als bei Forneys Kriterium. Auf diese Weise wird die Anzahl der Empfangsvektoren, die nicht notwendigerweise zum SDML-Codewort decodiert werden, verringert. Im folgenden wollen wir derartige Erweiterungen von Forneys Akzeptanzkriterium angegeben. Um sie miteinander vergleichen zu können, werden wir folgende Notation einführen: Der Empfangsvektor sei y und seine Koordinaten seien, wie in Bild 7.16, nach ihrer Zuverlässigkeit sortiert. Für das Codewort x sowie den Vektor y wird die Menge der Fehlerstellen $\mathcal{E}(x, y)$ definiert durch:

$$\mathcal{E}(x, y) := \{i \mid \text{sign}(x_i) \neq \text{sign}(y_i), \ i \in [1, n]\} \tag{7.34}$$

Weiter beschreibt die Menge $\mathcal{T}(x, y)$ die $d - |\mathcal{E}|$ unzuverlässigsten Positionen, für die $\text{sign}(y_i) = \text{sign}(x_i)$ gilt,

$$\mathcal{T}(x, y) := \{i \mid \text{sign}(x_i) = \text{sign}(y_i)\}. \tag{7.35}$$

Mittels der Menge $\mathcal{E}(x, y)$ wird nun die *gewichtete Hamming-Distanz* definiert.

Definition 7.12 (Gewichtete Hamming-Distanz) *Die gewichtete Hamming-Distanz zwischen zwei Vektoren* x *und* y *ist definiert als:*

$$\beta(x, y) := \sum_{i \in \mathcal{E}(x.y)} |y_i|. \tag{7.36}$$

Den Zusammenhang zwischen SDML-Decodierung und der gewichteten Hamming-Distanz beschreibt der folgende Satz:

Satz 7.13 (SDML-Decodierung und gewichtete Hamming-Distanz) *Soft-Decision-Maximum-Likelihood-Decodierung ist äquivalent zur Minimierung der gewichteten Hamming-Distanz, d. h.*

$$\mathbf{x}_{opt} = \arg\left(\max_{\mathbf{x}\in\mathcal{C}} p(\mathbf{y}\,|\,\mathbf{x})\right) = \arg\left(\min_{\mathbf{x}\in\mathcal{C}} \beta(\mathbf{y},\mathbf{x})\right).$$

Beweis: Nach Gleichung 7.13 ist die Minimierung der quadratischen euklidischen Distanz zwischen einem Codewort $\mathbf{x}$ und einem Vektor $\mathbf{y}$ gleichbedeutend mit der Maximierung ihres Skalarproduktes. Für dieses Skalarprodukt kann man nach Gleichung 7.14 schreiben:

$$\langle\mathbf{x},\mathbf{y}\rangle = \sum_{i=1}^{n}|y_i| - 2\cdot\sum_{i\in\mathcal{E}(\mathbf{x},\mathbf{y})}|y_i| = \sum_{i=1}^{n}|y_i| - 2\cdot\beta(\mathbf{x},\mathbf{y}).$$

Da die Summe über den Betrag aller empfangenen Symbole konstant ist, ist die Maximierung des Skalarproduktes gleich der Minimierung der gewichteten Hamming-Distanz.

$$\square$$

Angenommen, es sei $\beta(\mathbf{x},\mathbf{y})$ für ein beliebiges Codewort $\mathbf{x}$ bekannt, dann ist man an dem kleinsten Wert von $\beta(\mathbf{x}',\mathbf{y})$ für alle $\mathbf{x}' \neq \mathbf{x}$ interessiert. Denn gilt $\beta(\mathbf{x},\mathbf{y}) < \min_{\mathbf{x}'\neq\mathbf{x}}\beta(\mathbf{x}',\mathbf{y})$, dann ist $\mathbf{x} = \mathbf{x}_{opt}$ das SDML-Codewort. Da nun zur Bestimmung von $\min_{\mathbf{x}'\neq\mathbf{x}}\beta(\mathbf{x}',\mathbf{y})$ alle verbleibenden Codeworte des Codes herangezogen werden müssen, versucht man eine möglichst dichte *untere Schranke* $T_s \leq \min_{\mathbf{x}'\neq\mathbf{x}_{opt}}\beta(\mathbf{x}',\mathbf{y})$ für diesen Wert zu finden. Dann folgt aus $\beta(\mathbf{x},\mathbf{y}) < T_s$, daß $\mathbf{x} = \mathbf{x}_{opt}$ das SDML-Codewort ist.

Zur Ableitung einer unteren Schranke wird angenommen, daß weniger als d Fehler aufgetreten sind und somit das Codewort $\mathbf{x}_0$ durch Decodierung von $\mathbf{y}$ mit Ψ gefunden wurde. Basierend auf $\mathbf{x}_0$ soll nun für einen Konkurrenz-Vektor $\mathbf{v}$ mit $d_H(\mathbf{x}_0,\mathbf{v}) = d$ eine untere Schranke T_s für $\min_{\mathbf{x}'\neq\mathbf{x}_0}\beta(\mathbf{x}',\mathbf{y})$ bestimmt werden.

Ausgangspunkt zur Bestimmung von $\mathbf{v}$ ist ein Vektor $\mathbf{q} = \mathbf{y}^H$. Es gilt $\beta(\mathbf{q},\mathbf{y}) = 0$ und $d_H(\mathbf{q},\mathbf{x}_0) = |\mathcal{E}(\mathbf{x}_0,\mathbf{y})| < d$. Dies bedeutet, daß zwar $\beta(\mathbf{q},\mathbf{y})$ minimal ist, aber $\mathbf{q}$ keinen Konkurrenz-Vektor darstellt, da $\mathbf{q}$ kein Codewort sein kann. Es müssen also noch $d - |\mathcal{E}(\mathbf{x}_0,\mathbf{y})|$ Positionen in $\mathbf{q}$ unterschiedlich zu $\mathbf{x}_0$ gewählt werden. Positionen, die zur Menge $\mathcal{E}(\mathbf{x}_0,\mathbf{y})$ gehören, kommen dabei nicht in Frage, da für diese $d_H(\mathbf{q},\mathbf{x}_0)$ konstant bleibt, während $\beta(\mathbf{q},\mathbf{y})$ anwächst. Damit verbleiben nur die Positionen der Menge $\mathcal{T}(\mathbf{x}_0,\mathbf{y})$, weil diese genau die $d - |\mathcal{E}(\mathbf{x}_0,\mathbf{y})|$ Positionen umfaßt, die zu einem Konkurrenz-Vektor im Abstand d führen und zudem die geringsten Beitrag zu $\beta(\mathbf{q},\mathbf{y})$ aufweisen. Für den so gebildeten Konkurrenz-Vektor $\mathbf{v} = \mathbf{q}$ gilt

$$\beta(\mathbf{v},\mathbf{y}) = \sum_{i\in\mathcal{E}(\mathbf{v}.\mathbf{y})}|y_i| = \sum_{i\in\mathcal{T}(\mathbf{x}_0.\mathbf{y})}|y_i| = T_s \geq \sum_{i\in\mathcal{E}(\mathbf{x}_0,\mathbf{y})}|y_i| = \beta(\mathbf{x}_0,\mathbf{y}).$$

Ist nun die gewichtete Hamming-Distanz zwischen $\mathbf{x}_0$ und $\mathbf{y}$ kleiner als diejenige zwischen $\mathbf{v}$ und $\mathbf{y}$, dann ist $\mathbf{x}_0 = \mathbf{x}_{opt}$ das SDML-Codewort. Dieses Prinzip wurde unabhängig voneinander von Enns [Enns87] und Taipale und Pursley [TP91] vorgeschlagen. In [TP91] ist folgender Satz bewiesen:

Satz 7.14 (SDML-Akzeptanzkriterium nach Taipale/Pursley) *Für einen Code C mit Mindestdistanz d und einen Empfangsvektor $\mathbf{y}$ existiert höchstens ein Codewort $\mathbf{x}_{opt}$, für das gilt:*

$$\Xi_{TP}: \qquad \beta(\mathbf{x}_{opt}, \mathbf{y}) < T_s = \sum_{i \in \mathcal{T}(\mathbf{x}_0, \mathbf{y})} |y_i|, \qquad (7.37)$$

und dieses Codewort wird von einem algebraischen Auslöschungsdecodierer Ψ mit Sicherheit gefunden.

Anmerkungen:

- Für das Kriterium von Taipale und Pursley ist keine Normierung der Empfangswerte notwendig.

- Forneys SDML-Akzeptanzkriterium kann wie folgt geschrieben werden:

$$\beta(\mathbf{x}_0, \tilde{\mathbf{y}}) + \sum_{i \notin (\mathcal{E} \cup \mathcal{T})} (1 - |\tilde{y}_i|) < \sum_{i \in \mathcal{T}} |\tilde{y}_i|. \qquad (7.38)$$

Offensichtlich ist das Kriterium von Taipale/Pursley weniger restriktiv, d. h. die Entscheidungsräume der einzelnen Codeworte sind größer als bei Forney oder mit anderen Worten, die untere Schranke für $\min_{\mathbf{x}' \neq \mathbf{x}_0} \beta(\mathbf{x}', \mathbf{y})$ liegt dichter. Damit ist aber auch die Anzahl der Empfangsvektoren, für die das SDML-Codewort identifiziert und mit GMD-Decodierung sicher gefunden wird, größer. Folglich wird eine bessere Blockfehlerrate erzielt.

Die Berechnung der unteren Schranke für $\min_{\mathbf{x}' \neq \mathbf{x}_0} \beta(\mathbf{x}', \mathbf{y})$ nach Forney bzw. Taipale/Pursley basiert jeweils auf der Kenntnis eines einzigen Codewortes $\mathbf{x}_0$ und seiner gewichteten Hamming-Distanz zu $\mathbf{y}$. Eine verbesserte untere Schranke erhält man, wenn man $\min_{\mathbf{x}' \neq \mathbf{x}_0} \beta(\mathbf{x}', \mathbf{y})$ auf Basis von *zwei* Codeworten berechnet. Dieses Konzept wurde erstmalig von Kaneko et al. [KNIH94] veröffentlicht und von Kasami et al. verallgemeinert. Auf die Ableitung des Kriteriums wird verzichtet. Es wird lediglich das Ergebnis angegeben und die erzielte Verbesserung veranschaulicht. Dabei wird auch die Restriktion, daß weniger als d Fehler aufgetreten seien, aufgehoben. Kasami et al. haben folgenden Satz bewiesen [KKT$^+$96]:

Satz 7.15 (SDML-Akzeptanzkriterium nach Kasami et al.) *Gegeben seien zwei Codeworte $\tilde{\mathbf{x}}$ und $\mathbf{x}$ eines binären Blockcodes C mit Mindestdistanz d. Der Empfangsvektor sei $\mathbf{y}$, $|y_i| \leq 1$, $i \in [1, n]$. Die Anzahl der Fehler der jeweiligen Codeworte sei $n(\tilde{\mathbf{x}}) = |\mathcal{E}(\tilde{\mathbf{x}}, \mathbf{y})|$ und $n(\mathbf{x}) = |\mathcal{E}(\mathbf{x}, \mathbf{y})|$. Des weiteren sei $t_{Kan} = d - \lfloor \frac{n(\tilde{\mathbf{x}}) + n(\mathbf{x})}{2} \rfloor$. Dann existiert höchstens ein Codewort $\mathbf{x}_{opt}$, für das gilt:*

$$\Xi_{Kasami}: \qquad \beta(\mathbf{x}_{opt}, \mathbf{y}) < \sum_{i=1}^{t_{Kan}} |y_i|. \qquad (7.39)$$

Anmerkungen:

- Angenommen, ein Empfangsvektor kann mit einem algebraischen Decodieralgorithmus zum Codewort $\tilde{\mathbf{x}} = \mathbf{x}_0$ decodiert werden. Man erkennt aus Gleichung 7.39, daß dies die bestmögliche Wahl für $\tilde{\mathbf{x}}$ ist, da dann $n(\tilde{\mathbf{x}})$ minimal
  ist. In diesem Fall entspricht das Kriterium von Kasami et al. dem Kriterium
  nach Kaneko et al.

- Ist nur ein Codewort $\mathbf{x}$ gegeben, z. B. wenn der Empfangsvektor nicht zum
  Codewort $\mathbf{x}_0$ decodiert werden konnte, dann gilt $\tilde{\mathbf{x}} = \mathbf{x}$ und damit $n(\tilde{\mathbf{x}}) =
  n(\mathbf{x})$. In diesem Fall erhält man das Kriterium nach Taipale/Pursley.

- War dagegen der Decodierversuch erfolgreich, so gilt $n(\mathbf{x}_0) < n(\mathbf{x})$, $\forall\, n(\mathbf{x}_0) \neq
  n(\mathbf{x})$, und die Anzahl der Summanden in Gleichung 7.39 nimmt für $t_{Kan} \geq 2$
  zu. In diesem Fall ist der Entscheidungsraum größer als beim Taipale/Purs-
  ley-Kriterium (siehe auch Bild 7.17).

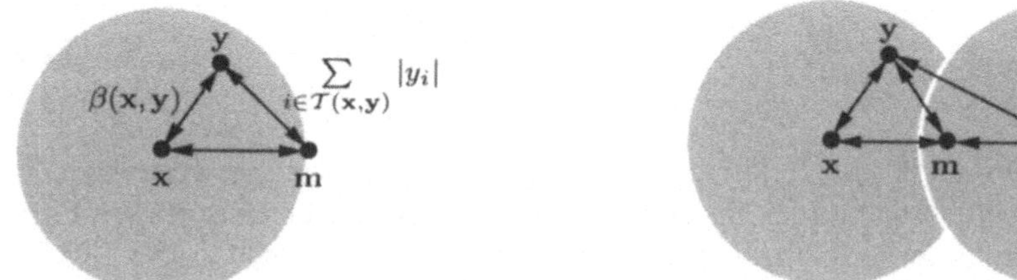

Bild 7.17: Vergleich der Entscheidungsräume für das Taipale/Pursley-Kriterium
(links) und das Kriterium nach Kasami et al. (rechts).

- Das Akzeptanzkriterium von Kasami et al. kann natürlich auch im GMD-
  Algorithmus eingesetzt werden. Allerdings kann in diesem Fall *nicht* garantiert werden, daß bei erfülltem Kasami-Kriterium das SDML-Codewort
  mit dem GMD-Algorithmus gefunden wird. Eine entsprechende Modifikation
  stellt der später besprochene Kaneko-Algorithmus dar.

Beispiel 7.8 (SDML-Akzeptanzkriterien) Geben sein ein $(7,4,3)$-Code. Die Menge
$\mathcal{I} = \{1,2,3,4,5,6,7\}$ beschreibt die möglichen Koordinaten. Der (sortierte) Empfangsvektor
sei $\mathbf{y} = (0.1, 0.3, 0.4, 0.9, 1.1, -1.4, 1.7)$. Die harte Entscheidung des Empfangsvektors ist
folglich $\mathbf{y}^H = (0,0,0,0,0,1,0)$. Das Ergebnis der algebraischen Decodierung von $\mathbf{y}^H$ ist das
Codewort $\mathbf{x}_0 = (0,\ldots,0)$ als Decodierergebnis. Mittels obiger Akzeptanzkriterien wird nun
überprüft, ob $\mathbf{x}_0$ das SDML-Codewort ist.

Taipale/Pursley-Kriterium: Man erhält die Mengen $\mathcal{E}(\mathbf{x}_0, \mathbf{y}) = \{6\}$, $\mathcal{T}(\mathbf{x}_0, \mathbf{y}) = \{1,2\}$. Der
Konkurrenz-Vektor im Abstand d zu $\mathbf{x}_0$ ist also $\mathbf{v} = (1,1,0,0,0,0,0)$. Man beachte, daß
$\mathbf{v} \notin \mathcal{C}$. Somit gilt

$$\beta(\mathbf{x}_0, \mathbf{y}) = \sum_{i \in \mathcal{E}(\mathbf{x}_0,\mathbf{y})} = 1.4 \not< 0.4 = \sum_{i \in \mathcal{T}(\mathbf{x}_0,\mathbf{y})} |y_i| = \sum_{i \in \mathcal{E}(\mathbf{v},\mathbf{y})} |y_i| \,.$$

Das Taipale/Pursley-Kriterium versagt also, d. h. es kann keine Aussage darüber getroffen
werden, ob $\mathbf{x}_0$ das SDML-Codewort ist oder nicht.

Im Verlauf der weiteren Decodierung sei zudem das Codewort $\mathbf{x}_1 = (0,1,1,0,0,1,0)$ gefunden worden. Für dieses gilt $\mathcal{E}(\mathbf{x}_1,\mathbf{y}) = \{2,3\}$ und $\mathcal{T}(\mathbf{x}_1,\mathbf{y}) = \{1\}$ und damit

$$\beta(\mathbf{x}_1,\mathbf{y}) = \sum_{i\in\mathcal{E}(\mathbf{x}_1,\mathbf{y})} = 0.7 \not< 0.1 = \sum_{i\in\mathcal{T}(\mathbf{x}_1,\mathbf{y})} |y_i|\,.$$

Damit ist zwar $\mathbf{x}_1$ wahrscheinlicher als $\mathbf{x}_0$, da ersteres Codewort eine kleinere gewichtete Hamming-Distanz zu $\mathbf{y}$ aufweist, aber das Taipale/Pursley-Kriterium versagt abermals. Es kann also wieder keine Aussage darüber getroffen werden, ob $\mathbf{x}_1$ tatsächlich das SDML-Codewort ist oder nicht.

Kasami-Kriterium: Für das Codewort $\mathbf{x}_0$ sind beide Kriterien identisch. Für $\mathbf{x}_1$ ergibt sich jedoch folgende Situation. Es ist wiederum $\mathcal{E}(\mathbf{x}_1,\mathbf{y}) = \{2,3\}$. Es gilt weiterhin $n(\mathbf{x}_0) = 1, n(\mathbf{x}_1) = 2$. Damit ist die Kardinalität der Menge $\mathcal{T}(\mathbf{x}_1,\mathbf{y})$ gegeben zu $d - \lfloor \frac{n(\mathbf{x}_0)+n(\mathbf{x}_1)}{2} \rfloor = 2$. Explizit gilt $\mathcal{T}_{Kan}(\mathbf{x}_1,\mathbf{y}) = \{1,4\}$. Man erhält schließlich

$$\beta(\mathbf{x}_1,\mathbf{y}) = 0.7 < 1.0 = \sum_{i\in\mathcal{T}_{Kan}(\mathbf{x}_1,\mathbf{y})} |y_i|\,.$$

Das Kriterium nach Kasami et al. war somit in der Lage $\mathbf{x}_1$ als das SDML-Codewort basierend auf $\mathbf{x}_0$ *und* $\mathbf{x}_1$ zu identifizieren. $\diamond$

Chase-Algorithmen

Die Algorithmen von Chase [Cha72] gehören ebenfalls zu den suboptimalen Listendecodierverfahren, die auf einem algebraischen Decodieralgorithmus Ψ basieren. Ausgangspunkt für die Decodierung ist – wie beim GMD-Algorithmus – ein gemäß seiner Zuverlässigkeiten sortierter Empfangsvektor $\mathbf{y}$ (siehe Bild 7.16). Im Gegensatz zum GMD-Decodieralgorithmus werden nun Varianten des Empfangsvektors nicht durch Auslöschung sondern durch „Kippen" bestimmter Positionen generiert. Dazu wird eine Menge $\mathcal{T}$ von sogenannten *Testmustern* erzeugt. Es handelt sich dabei um binäre Vektoren $\mathbf{v} \in GF(2)^n$, die auf den Hard-Decision Empfangsvektor $\mathbf{y}^H = \mathbf{r} \in \mathbb{F}_n^2$ modulo 2 aufaddiert werden. Die so veränderten Empfangsvektoren werden mit Ψ decodiert, und man erhält eine Liste von möglichen Decodierergebnissen. Verwendet man also beispielsweise alle Testmuster bis zum Hamming-Gewicht i, so werden alle Codeworte mit Hamming-Distanz $t + i$ zum Empfangswort decodiert, wobei $t = \lfloor \frac{d}{2} \rfloor$ ist. Aus der so entstandenen Liste von Test-Codeworten wird dasjenige als Decodierergebnis ausgegeben, das die geringste euklidische Distanz zum Empfangsvektor aufweist. Ist die Liste leer, so liegt Decodierversagen vor. Je mehr Testmuster verwendet werden, umso mehr Fehler lassen sich korrigieren. Gleichzeitig nimmt aber auch die Komplexität zu. Die Testmuster sollten demnach so gewählt werden, daß sie möglichst wahrscheinlichen Fehlermustern entsprechen. Daher bietet es sich an, die Fehler an den unzuverlässigen Stellen anzunehmen.

Für die Berechnung der Testmuster schlägt Chase drei unterschiedliche Varianten vor.

Variante 1: Die Menge der Testmuster $\mathcal{T}$ ist gegeben durch alle binären Vektoren vom Gewicht $\leq \lfloor \frac{d}{2} \rfloor$, d.h. $|\mathcal{T}| = \sum_{i=0}^{\lfloor \frac{d}{2} \rfloor} \binom{n}{i}$.

Variante 2: Die Menge der Testmuster $\mathcal{T}$ ist gegeben durch alle binären Vektoren, die an Positionen $1 \leq i \leq \lfloor \frac{d}{2} \rfloor$ eine beliebige Kombination aus „0" und „1" aufweisen, an allen übrigen Stellen jedoch gleich „0" sind, d. h. $|\mathcal{T}| = 2^{\lfloor \frac{d}{2} \rfloor}$.

Variante 3: Die Menge der Testmuster $\mathcal{T}$ wird analog zum GMD-Algorithmus gewählt, d. h. die Testmuster $\mathbf{v}_i \in \mathcal{T}$ besitzen in Positionen $i, i = 0, 2, \ldots, d - 1$, falls d gerade bzw. $i = 1, 3, \ldots, d - 1$, falls d ungerade, eine „1", d. h. $|\mathcal{T}| = \lfloor \frac{d}{4} \rfloor$.

Für alle drei Varianten kann eine Decodierung mit dem Algorithmus 7.9 durchgeführt werden. Entsprechende Simulationsergebnisse sind in Bild 7.21 dargestellt.

Algorithmus 7.9: Chase-Decodieralgorithmen.

Initialisierung: Berechne die Menge der Test-Vektoren $\mathcal{T}$ gemäß einer der Varianten 1–3.
Es sei $\tilde{\mathbf{x}}$ das Decodierergebnis.
Es sei $i = 0$, $\mathcal{L} = \emptyset$ und $\max = 0$.

Schritt 1: Decodiere $\hat{\mathbf{r}} = \mathbf{r} \oplus \mathbf{v}_i, \mathbf{v}_i \in \mathcal{T}$, mit Ψ zu $\hat{\mathbf{x}}$.
Liegt Decodierversagen vor, dann Schritt 3.

Schritt 2: Gilt $\langle \hat{\mathbf{r}}, \mathbf{y} \rangle > \max$, dann $\max = \langle \hat{\mathbf{r}}, \mathbf{y} \rangle$ und $\mathcal{L} = \{\hat{\mathbf{x}}\}$.

Schritt 3: Falls $i < |\mathcal{T}|$, setze $i = i + 1$, sonst Schritt 4.

Schritt 4: Bestimme das Decodierergebnis gemäß $\tilde{\mathbf{x}} = \begin{cases} \hat{\mathbf{x}}, & \text{falls } \mathcal{L} \neq \emptyset \\ \mathbf{r}, & \text{sonst} . \end{cases}$

Anmerkungen:

- Der Chase-1-Algorithmus (Variante 1) liefert die beste Restfehlerwahrscheinlichkeit, da er alle Codeworte im Abstand $t + \lfloor \frac{d}{2} \rfloor$ decodiert. Jedoch besitzt er eine sehr hohe Komplexität. Insgesamt werden $\binom{n}{0} + \binom{n}{1} + \cdots + \binom{n}{\lfloor \frac{d}{2} \rfloor}$ Testmuster verwendet, womit ebensoviele algebraische Decodierungen notwendig sind. Damit ist Algorithmus 1 für große n und $t > 1$ praktisch nicht mehr anwendbar.

- Beim Chase-2-Algorithmus (Variante 2) wird eine Teilmenge der Testmuster des Algorithmus 1 verwendet, weshalb auch nur eine Teilmenge der Codeworte, die beim Algorithmus 1 berechnet wurden, gefunden werden. Die nicht mehr verwendeten Testmuster entsprechen aber Fehlern an zuverlässigen Stellen, also unwahrscheinlichen Fehlern. Deshalb verschlechtern sich im allgemeinen die Decodierergebnisse im Vergleich zu Algorithmus 1 auch nur geringfügig. Gleichzeitig hat sich jedoch der Decodieraufwand durch die Einschränkung der Testmuster auf $2^{\lfloor \frac{d}{2} \rfloor}$ algebraische Decodierungen verringert.

- Der Chase-3-Algorithmus (Variante 3) ist zwar am wenigsten komplex, jedoch ist seine Restfehlerwahrscheinlichkeit deutlich höher als bei den anderen beiden Varianten. Andererseits ist der Algorithmus 3 aber immer noch besser als der GMD-Algorithmus, da durch die Auslöschungskorrektur nur eine Teilmenge der Codeworte des Algorithmus gefunden wird.

- In der Originalversion der Chase-Algorithmen wird kein SDML-Akzeptanzkriterium verwendet. Allerdings ist der Einsatz eines solchen Kriteriums sinnvoll, da mitunter viele unnötige Decodierversuche eingespart werden können, falls das Kriterium schon früh das SDML-Codewort identifiziert hat.

Kaneko-Algorithmus

Chase hat in seinen Algorithmen drei in ihrer Komplexität unterschiedliche Varianten vorgeschlagen, nach denen die Menge der Testmuster berechnet wird. Die Kardinalität dieser Menge ist dabei unabhängig vom jeweiligen Empfangsvektor konstant. Dieses Konzept läßt sich nun dadurch verbessern, daß man die Anzahl der verwendeten Testmuster in Abhängigkeit vom jeweiligen Empfangsvektor berechnet. Eine solche Vorgehensweise wurde 1995 von Kaneko et al. [KNIH94] vorgeschlagen. Der so abgeänderte Algorithmus stellt eine Erweiterung der Chase-Algorithmen zu einem SDML-Decodierverfahren dar. Man beachte, daß im ungünstigsten Fall *alle* Codeworte zur Bestimmung des SDML-Codewortes untersucht werden müssen.

Im folgenden wollen wir eine adaptive Berechnung der Testmuster beschreiben, die eine SDML-Decodierung garantieren.

Adaptive Berechnung der Testmuster: Die Algorithmen von Chase sind keine SDML-Decodieralgorithmen, weil nicht sichergestellt ist, daß nach Anwendung aller Testmuster das SDML-Codewort gefunden wird. Es ist offensichtlich, daß man immer eine SDML-Entscheidung treffen könnte, wenn man mit genügend vielen Testmustern arbeitet. Im trivialen Fall würden alle 2^n möglichen Testmuster verwendet, was dann in jedem Fall auf das SDML-Codewort führt. Dies ist selbstverständlich kein sinnvolles Konzept. Es stellt sich nun also die Frage, ob es eine Möglichkeit gibt, die Anzahl der zur SDML-Decodierung *notwendigen* Testmuster in Abhängigkeit vom jeweiligen Empfangsvektor vorab zu bestimmen. Kaneko et al. haben eine Lösung für diese Frage angegeben.

Der betrachtete Decodieralgorithmus Ψ sei wiederum ein algebraischer Decodieralgorithmus, der $t = \lfloor \frac{d-1}{2} \rfloor$ Fehler korrigieren kann. Die Koordinaten des Empfangsvektors $\mathbf{y}$ seien, wie in den vorangegangenen Abschnitten nach ihrer Zuverlässigkeit sortiert, d. h. $|y_i| \leq absy_j \; \forall \; i < j$ (Bild 7.16). Weiter sei $\mathbf{y}^H = \mathbf{r} \in GF(2)^n$.

War es bei Chase noch zweckmäßig die Testmuster nach ihrem Hamming-Gewicht zu unterteilen, so werden sie jetzt nach Mengen $\mathcal{T}_r$ differenziert, die sämtliche Bitmuster enthalten, die in den ersten r Koordinaten eine beliebige Kombination aus Nullen und Einsen besitzen und an den Stellen $r + 1, r + 2, \ldots, n$ Null sind, d. h.

$$\mathcal{T}_r = \{\mathbf{v} = (v_1, \ldots, v_n) \in GF(2)^n \mid (v_1, \ldots, v_r, 0, \ldots, 0), v_i \in \{0, 1\}, i \in [1, r]\} \ .$$

Weiterhin sei $\mathcal{L}_r$ die Menge aller Codeworte, die bei Verwendung aller Testmuster aus $\mathcal{T}_r$ gefunden werden. Folglich gilt:

$$\mathcal{T}_r \subset \mathcal{T}_{r+1}, \quad \text{und} \quad \mathcal{L}_r \subseteq \mathcal{L}_{r+1}.$$

Ziel ist es nun die Zahl r und damit die Menge $\mathcal{T}_r$ so zu bestimmen, daß das SDML-Codewort in $\mathcal{L}_r$ enthalten ist, und gleichzeitig sollte die Kardinalität von $\mathcal{T}_r$ möglichst klein sein.

Nehmen wir an, daß $\mathbf{x}$ und $\mathbf{v}, \mathbf{v} \in \mathcal{T}_r$, sich an höchstens $t = \lfloor \frac{d-1}{2} \rfloor$ Stellen unterscheiden, so kann $\hat{\mathbf{r}} = \mathbf{x} \oplus \mathbf{v}$ mit Ψ decodiert werden, d. h. Ψ ordnet dem Vektor $\hat{\mathbf{r}}$ das Codewort $\mathbf{x}$ zu.

Andererseits gilt, wenn $\mathbf{v} \in \mathcal{T}_r$ so gewählt wird, daß sich $\mathbf{x}$ und $\mathbf{x} \oplus \mathbf{v}$ an den Positionen $1, 2, \ldots, r$ nicht unterscheiden, dann ordnet Ψ dem Vektor $\hat{\mathbf{r}}$ das Codewort $\mathbf{x}$ zu, solange sie an nicht mehr als t Stellen innerhalb der Positionen $r+1, \ldots, n$ voneinander abweichen. Ist letztere Bedingung nicht erfüllt, so wird Ψ mit den Mustern aus $\mathcal{T}_r$ das Codewort $\mathbf{x}$ nicht finden können.

Damit enthält die Liste $\mathcal{L}_r$ alle Codeworte, die sich von $\mathbf{r}$ an höchstens t Stellen innerhalb der Positionen $r+1, r+2, \ldots n$ unterscheiden. Die Stellen $1, 2, \ldots, r$ sind beliebig (siehe Bild 7.18). Entsprechend enthält die Liste $\mathcal{L}_{r+1}$ alle Codeworte, die

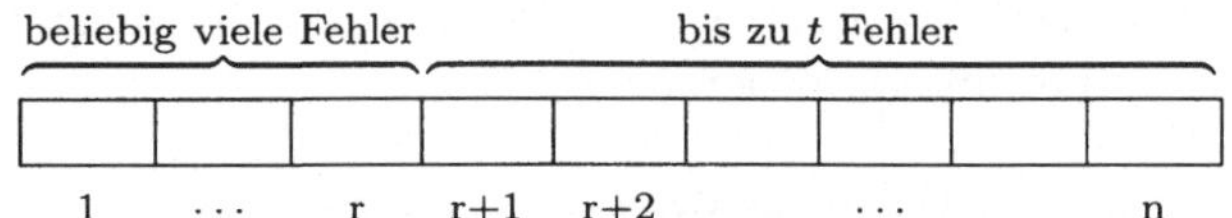

Bild 7.18: Struktur der Codeworte in $\mathcal{L}_r$.

sich von $\mathbf{r}$ an höchstens t Stellen innerhalb der Positionen $r+2, r+3, \ldots, n$ unterscheiden. Die Stellen $1, 2, \ldots, r+1$ sind beliebig (siehe Bild 7.19). Die Codeworte,

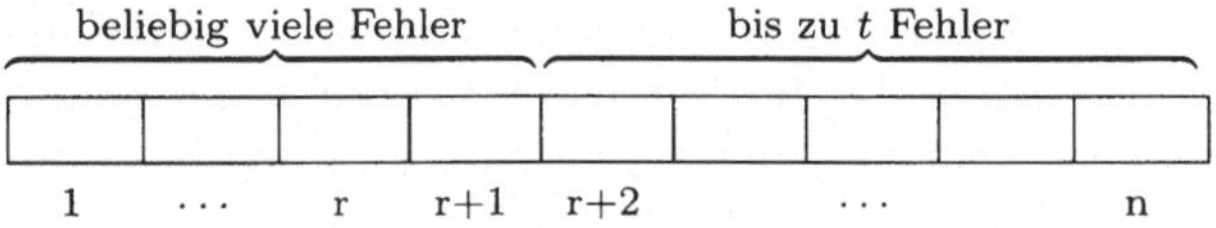

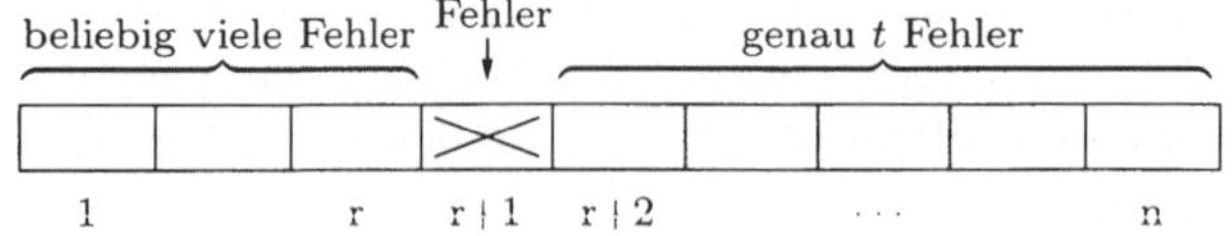

Bild 7.19: Struktur der Codeworte in $\mathcal{L}_{r+1}$.

die zusätzlich gefunden werden, wenn man statt $\mathcal{T}_r$ die Menge $\mathcal{T}_{r+1}$ als Testmuster verwendet, entsprechen der Menge $\mathcal{L}_{r+1} \setminus \mathcal{L}_r$, deren Struktur in Bild 7.20 veranschaulicht ist. Somit gilt für alle Codeworte $\mathbf{x} \in \mathcal{L}_{r+1} \setminus \mathcal{L}_r$:

Bild 7.20: Struktur der Codeworte in $\mathcal{L}_{r+1} \setminus \mathcal{L}_r$.

$$\beta(\mathbf{x},\mathbf{y}) \geq \sum_{i=r+1}^{r+1+t} |y_i| \, . \tag{7.40}$$

Sei $\hat{\mathbf{x}}$ das Codewort mit der kleinsten gewichteten Hamming-Distanz, welches mit den Testmustern aus $\mathcal{T}_r$ gefunden wurde, und gilt $\beta(\hat{\mathbf{x}},\mathbf{y}) < \sum_{i=r+1}^{r+1+t}|y_i|$, so kann mit den zusätzlichen Testmustern aus $\mathcal{T}_{r+1}$ kein Codewort $\mathbf{x}'$ mehr gefunden werden, für das $\beta(\mathbf{x}',\mathbf{y}) < \beta(\hat{\mathbf{x}},\mathbf{y})$ gilt. Also ist $\hat{\mathbf{x}} = \mathbf{x}_{opt}$ das SDML-Codewort. Ist hingegen $\beta(\hat{\mathbf{x}},\mathbf{y}) \geq \sum_{i=r+1}^{r+1+t}|y_i|$, besteht noch die Möglichkeit, daß mit den zusätzlichen Testmustern aus $\mathcal{T}_{r+1}$ ein Codewort $\mathbf{x}'$ gefunden wird, für das $\beta(\mathbf{x}',\mathbf{y}) \leq \beta(\hat{\mathbf{x}},\mathbf{y})$ gilt.

Der Index r der Menge $\mathcal{T}_r$, mit der auf jeden Fall das SDML-Codewort gefunden wird, berechnet sich somit als die kleinste Zahl r für die gilt:

$$\beta(\hat{\mathbf{x}},\mathbf{y}) < \sum_{i=r+1}^{r+1+t} |y_i| \tag{7.41}$$

Wird ein neues Codewort $\mathbf{x}$ mit $\beta(\mathbf{x},\mathbf{y}) < \beta(\hat{\mathbf{x}},\mathbf{y})$ decodiert, so kann r erneut mit der kleineren gewichteten Hamming-Distanz berechnet werden, wobei sich eventuell ein kleinerer Wert für r ergibt. In diesem Fall verringert sich die Anzahl der notwendigen Testmuster.

Angenommen, man hat die Codeworte $\mathbf{x}_0$ und $\mathbf{x}$ gefunden. Dann sei $n(\mathbf{x}_0) = |\mathcal{E}(\mathbf{x}_0,\mathbf{y})|$, $n(\mathbf{x}) = |\mathcal{E}(\mathbf{x},\mathbf{y})|$. Dann weiß man, daß alle Codeworte $\mathbf{x}'$ noch mindestens $d - \lfloor \frac{n(\mathbf{x}_0)+n(\mathbf{x})}{2} \rfloor$ Fehler besitzen müssen. Bei obiger Abschätzung der notwendigen Testmuster wurden aber genau $t + 1$ Fehler angenommen. Somit hat das *bestmögliche* Codewort in $\mathcal{L}_{j+1} \setminus \mathcal{L}_j$ nicht nur $t + 1$ Fehler an den Stellen $j, j+1, \ldots, j+t+1$, sondern noch $l = d - \lfloor \frac{n(\mathbf{x}_0)+n(\mathbf{x})}{2} \rfloor - (t+1)$ Fehler an den unzuverlässigsten Stellen aus $T(\mathbf{x},\mathbf{y})$. Damit ist das SDML-Codewort auf jeden Fall in der Menge $\mathcal{L}_r$ enthalten, wobei r die kleinste Zahl ist, welche die Ungleichung

$$\beta(\mathbf{x},\mathbf{y}) < \sum_{i=1}^{l} |y_i| + \sum_{i=r+1}^{r+t+1} |y_i| \tag{7.42}$$

erfüllt. Diese Erweiterung von Gleichung 7.41 führt nur in bestimmten Fällen zu einer Verringerung von r. Es gilt nämlich die Dreiecksungleichung

$$d_H(\mathbf{x}_0,\mathbf{y}^H) + d_H(\mathbf{x},\mathbf{y}^H) \geq d_H(\mathbf{x}_0,\mathbf{x}) \geq d, \quad \mathbf{x}_0 \neq \mathbf{x} \, .$$

Also ist $n(\mathbf{x}_0) + n(\mathbf{x}) \geq d$ und

$$d - \left\lfloor \frac{n(\mathbf{x}_0) + n(\mathbf{x})}{2} \right\rfloor - (t+1) \leq d - t - t - 1 = \begin{cases} 0, & \text{falls } d \text{ ungerade} \\ 1, & \text{falls } d \text{ gerade.} \end{cases}$$

Somit liefert die erste Summe bei ungeradzahligem d keinen Beitrag ungleich 0. Lediglich bei der Berechnung von r nach erfolgreicher BMD-Decodierung von $\mathbf{y}^H$, wenn also $n(\mathbf{x}) = n(\mathbf{x}_0)$ gilt, ergibt sich ein Beitrag. Dieser ist aber umso kleiner, je größer t ist.

Dieses Verfahren garantiert, daß nach 2^r Decodierversuchen das SDML-Codewort mit Sicherheit gefunden wird. Auch hier ist ebenfalls die Anwendung eines SDML-Akzeptanzkriteriums sinnvoll, um überflüssige Decodierversuche zu verhindern. Dieses wurde bereits in Gleichung 7.39 angegeben und Algorithmus 7.10 beschreibt die Decodierung.

Algorithmus 7.10: Decodieralgorithmus nach Kaneko et al.

Initialisierung: Setzte $r = n$, $i = 0$, $\beta(\mathbf{x}', \mathbf{y}) = \infty$.

Schritt 1: Falls gilt: $(i \leq 2^r - 1)$

    (a) Decodiere $\mathbf{y}^H \oplus \mathbf{v}_i, \mathbf{v}_i \in \mathcal{T}_r$, mit Ψ zu $\mathbf{x}$.
        Bei Decodierversagen $\rightarrow$ Schritt (c).

    (b) Gilt $\beta(\mathbf{x}, \mathbf{y}) < \beta(\mathbf{x}', \mathbf{y})$

        • Setze $\mathbf{x}' = \mathbf{x}$.

        • Erfüllt $\mathbf{x}$ das Kriterium Ξ_{Kasami} , $\mathbf{x}_{opt} = \mathbf{x}$, **stop**.

        • Aktualisiere r gemäß Gleichung 7.42.

    (c) $i := i + 1$, Schritt 1.

Schritt 2: $\mathbf{x}_{opt} = \mathbf{x}'$.

Das Ziel der beschriebenen Verfahren ist es, die Decodierfähigkeit eines algebraischen Decodierers unter Verwendung von Zuverlässigkeitsinformation über die halbe Mindestdistanz hinaus zu erweitern. Dazu werden bei Fehlern vom Gewicht größer als die halbe Mindestdistanz unzuverlässige Stellen ausgelöscht oder gekippt.

Bild 7.21 zeigt einen Vergleich der bisher beschriebenen Decodieralgorithmen am Beispiel des $(15, 7, 5)$-BCH-Codes. Man erkennt, daß der GMD-Algorithmus keine wesentliche Verbesserung gegenüber der BMD-Decodierung erzielt. Dagegen erreicht der Chase-3-Algorithmus bis auf $0.5\,\mathrm{dB}$ die SDML-Kurve.

Listendecodierung basierend auf *ordered statistics*

Im Jahr 1995 haben Fossorier und Lin [FL95] ein neues Konzept für die Soft-Decision-Decodierung von Blockcodes vorgeschlagen. Es kann als Verallgemeinerung der bisher vorgestellten Listendecodieralgorithmen angesehen werden. Im folgenden wollen wir dieses Konzept vorstellen. Eine detaillierte Darstellung findet man in [FL95, FL96]. Die Grundidee dieser Decodierung beruht auf der Beobachtung, daß Fehler in den zuverlässigen Koordinaten eines Empfangsvektors unwahrscheinlicher sind als in den unzuverlässigen. Das Konzept von GMD- bzw. Chase-Algorithmen, das Testmuster für die unzuverlässigsten aus n Koordinaten benutzt, wird gewissermaßen invertiert, indem hier Testmuster für die besten k

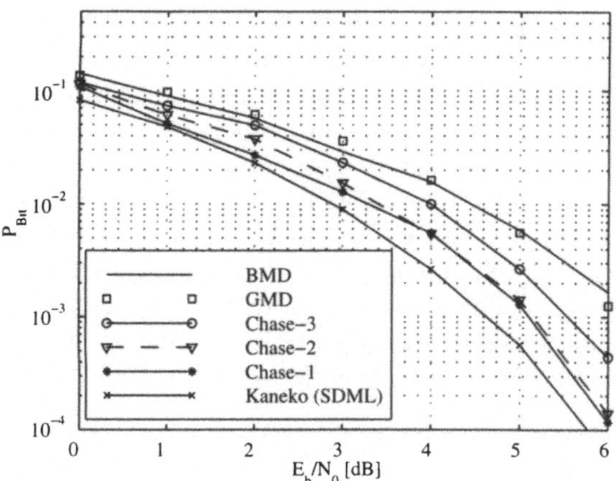

Bild 7.21: Vergleich von GMD-, Chase- und Kaneko-Algorithmus für den $(15, 7, 5)$-BCH-Code.

Informationsstellen verwendet und die verbleibenden $n - k$ Stellen neu berechnet werden.

Gegeben sei ein Blockcode $\mathcal{C}$ und seine Generatormatrix $\mathbf{G}$. Ausgangspunkt der Decodierung ist der Empfangsvektor $\mathbf{y}$, der durch die Permutation Φ_1 entsprechend der Zuverlässigkeit seiner Koordinaten wie folgt sortiert wird:

$$\bar{\mathbf{y}} = (\bar{y}_1, \dots, \bar{y}_n) = \Phi_1(\mathbf{y}), \quad |\bar{y}_1| \geq \cdots \geq |\bar{y}_n| \,. \tag{7.43}$$

Der Vektor $\bar{\mathbf{y}}$ besteht also aus n Zufallsvariablen, deren Absolutbetrag der Ordnungsrelation „$\geq$" genügen. Die i-te Koordinate dieses Vektors bezeichnet man als die i-te geordnete Statistik [BaCo]. Im Gegensatz zu den bisher vorgestellten Decodieralgorithmen wird nun (bei Bedarf) mittels einer zweiten Permutation Φ_2 der Vektor $\mathbf{z}$ so bestimmt, daß in Positionen $1, \dots, k$ diejenigen linear unabhängigen Koordinaten liegen, die die größte Zuverlässigkeit besitzen:

$$\mathbf{z} = (z_1, \dots, z_k, z_{k+1}, \dots, z_n) = (\mathbf{z}_A | \mathbf{z}_B) = \Phi_2(\bar{\mathbf{y}}) = \Phi_2(\Phi_1(\mathbf{y}))$$
$$\text{mit} \quad |z_1| \geq \cdots \geq |z_k| \,\wedge\, |z_{k+1}| \geq \cdots \geq |z_n| \,. \tag{7.44}$$

Man nennt die ersten k Koordinaten von $\mathbf{z}$ die zuverlässigste Basis (*most reliable basis*, MRB). Obige Permutationen lassen die Eigenschaften des Codes unverändert, d. h. $\Phi_2(\Phi_1(\mathbf{G}))$ erzeugt einen zu $\mathcal{C}$ äquivalenten Code. Durch elementare Zeilenoperationen kann man $\Phi_2(\Phi_1(\mathbf{G}))$ in systematische Form überführen, $\mathbf{G}_{MRB} = (\mathbf{I}_k | \mathbf{A}_{n-k})$, d. h. die ersten k Koordinaten von $\mathbf{z}$ können als Informationsteil zur Berechnung der Codeworte benutzt werden. Offensichtlich enthält die MRB wesentlich weniger Fehler an Informationsstellen als die entsprechenden Positionen der Empfangssequenz. Nimmt man nun einmal die k zuverlässigsten, linear unabhängigen Symbole als fehlerfreie Informationssymbole an und berechnet das Codewort $\mathbf{z}_0 = \mathbf{z}_A^{\mathbf{H}} \cdot \mathbf{G}_{MRB}$, dann ist das geschätzte Decodierergebnis eines einfachen Decodieralgorithmus $\hat{\mathbf{x}} = \Phi_2^{-1}(\Phi_1^{-1}(\mathbf{z}_0))$ (vergleiche hierzu auch Permutationsdecodierung in Abschnitt 7.3.1). In [FL95] ist gezeigt, daß eine solche Decodierung bereits eine bessere Restfehlerwahrscheinlichkeit erzielt als Bounded-Minimum-Distance Decodierung. Diese Decodierung wird im folgenden *Decodierung der Ordnung* 0 (*order-0 decoding*) genannt. Eine verbesserte Decodierung erhält man nun dadurch, daß auch mögliche Fehler in Informationsstellen berücksichtigt werden. Ähnlich wie bei vorangegangenen Algorithmen wird eine Menge von Testcodeworten dadurch erzeugt, daß sukzessive die Positionen der MRB gekippt und die entsprechenden Codeworte durch Matrizenmultiplikation gebildet werden. Damit definiert Algorithmus 7.11 für $1 \leq l \leq k$ die Ordered-Statistics-Decodierung oder auch die *Decodierung der Ordnung* l (*order-l reprocessing*).

Algorithmus 7.11: Decodierung der Ordnung l.

Initialisierung: Berechne $\mathbf{G}_{MRB}$ sowie $\mathbf{z}_0$ und setze $\hat{\mathbf{z}} = \mathbf{z}_0$.

Schritt 1: Falls gilt: $1 \leq i \leq l$

- Berechne die Menge der Testmuster $\mathcal{T}_i = \{\mathbf{v} \in \mathbb{F}_2^k \mid \mathrm{wt}(\mathbf{v}) = i\}$.

- Bestimme aus der Menge der Testcodeworte

$$\mathcal{L}_i = \{(\mathbf{z}_A \oplus \mathbf{v}) \cdot \mathbf{G}_{LRB} \mid \mathbf{v} \in \mathcal{E}_i\}$$

  dasjenige Codewort $\bar{\mathbf{z}}$, das die geringste euklidische Distanz zu $\mathbf{z}$ besitzt.

- Gilt $d_E(\bar{\mathbf{z}}, \mathbf{z}) < d_E(\hat{\mathbf{z}}, \mathbf{z})$, setze $\hat{\mathbf{z}} = \bar{\mathbf{z}}$, Schritt 1:

Schritt 2: $\hat{\mathbf{c}} = \Phi_1^{-1}(\Phi_2^{-1}(\hat{\mathbf{z}}))$.

Anmerkungen:

- In [FL95] ist gezeigt, daß order-l reprocessing ausgehend von $\mathbf{z}_0$ im Vergleich zu den bisher vorgestellten Decodierverfahren zu einer drastischen Verkleinerung des Suchraumes führt, in dem das SDML-Codewort (mit hoher Wahrscheinlichkeit) gefunden wird. Dies führt auf einen Listendecodieralgorithmus, der bei geringer bis moderater Komplexität quasi optimale Decodierung erzielt.

- Basierend auf *ordered statistics* kann für einen gegebenen Code die nach jeder Decodierstufe (order-l reprocessing) zu erreichende Restfehlerwahrscheinlichkeit theoretisch abgeschätzt und damit die Anzahl der zum Erreichen einer geforderten Restfehlerwahrscheinlichkeit benötigten Decodierstufen berechnet werden. Dabei führt natürlich die Bestimmung aller 2^k möglichen Änderungen der MRB zu einer vollständigen Liste und somit zur SDML Decodierung. Da aber die MRB nur vergleichsweise wenige Fehler in den Informationsstellen aufweist, müssen nur wenige Testcodeworte durch Kippen von Positionen innerhalb der MRB gebildet werden, um das SDML Codewort (mit hoher Wahrscheinlichkeit) zu finden.

- In [FL95] ist speziell für order-l reprocessing ein SDML-Akzeptanzkriterium hergeleitet. In [FL96] sind zudem drei Modifikationen des order-l reprocessing angegeben, die zu einer deutlichen Komplexitätsverringerung bei nahezu gleicher Restfehlerwahrscheinlichkeit führen.

- Für die Ordered-Statistics-Decodierung ist kein algebraischer Decodieralgorithmus notwendig. Allerdings ist in [FL97] gezeigt, daß eine Kombination der Decodierung der Ordnung l mit einem algebraischen Decodieralgorithmus zu sehr guten Restfehlerwahrscheinlichkeiten bei verringerter Komplexität führt, da für diesen Fall ein SDML-Akzeptanzkriterium hergeleitet wurde, das als Verallgemeinerung des Kasami-Kriteriums interpretiert werden kann.

Bild 7.22 veranschaulicht für den $(64, 42, 8)$-Reed-Muller-Code, daß bereits bei der Decodierung der Ordnung 2 annähernd die SDML-Kurve erreicht wird.

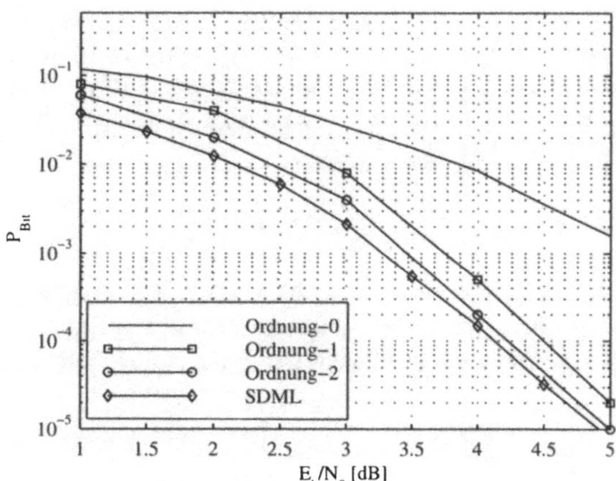

Bild 7.22: Vergleich von Decodierung der Ordnungen 0, 1 und 2 mit SDML für den $(64, 42, 8)$-RM-Code.

7.4.4 Listendecodierung im Coderaum $\mathcal{C}^{\perp}$

Ziel der im vorangegangenen Abschnitt vorgestellten Listendecodierverfahren war die Bestimmung des am wahrscheinlichsten gesendeten Codewortes. Dabei arbeiten diese Algorithmen ausschließlich im Coderaum $\mathcal{C}$. Listendecodierung kann jedoch auch im dualen Raum $\mathcal{C}^{\perp}$ durchgeführt werden. Dies wollen wir im folgenden beschreiben.

Es sei $\mathbf{c}$ bzw. $\mathbf{x}$ das gesendete Codewort und $\mathbf{y}$ der zugehörige Empfangsvektor. Betrachtet man nur harte Entscheidungen, so gilt $\mathbf{y}^H = \mathbf{c} \oplus \mathbf{f}$. Die Prüfmatrix des

Codes $\mathcal{C}$ sei $\mathbf{H} = (\mathbf{h}_1^T, \ldots, \mathbf{h}_n^T)$, dann berechnet sich das Syndrom $\mathbf{s}$ zu

$$\mathbf{s} = \mathbf{y}^H \cdot \mathbf{H}^T = (\mathbf{c} \oplus \mathbf{f}) \cdot \mathbf{H}^T = \mathbf{f} \cdot \mathbf{H}^T = \sum_{i \in \text{supp}(\mathbf{f})} \mathbf{h}_i^T \bmod 2 . \tag{7.45}$$

Folglich muß ein Fehlervektor $\mathbf{f}$ dasselbe Syndrom wie $\mathbf{y}^H$ erzeugen, damit die Addition beider Vektoren ein Codewort ergibt, also

$$\mathbf{c} = \mathbf{y}^H \oplus \mathbf{f}, \quad \text{falls} \quad \mathbf{y}^H \cdot \mathbf{H}^T = \mathbf{f} \cdot \mathbf{H}^T .$$

Satz 7.16 (Äquivalenz von Coset und Syndrom) *Alle Vektoren eines Cosets erzeugen dasselbe Syndrom nach Gleichung 7.45.*

Da verschiedene Cosets disjunkt sind, erzeugen ihre Vektoren ein unterschiedliches Syndrom. Da ein Coset genau 2^k Vektoren enthält, existieren folglich ebensoviele Fehlervektoren, deren Addition zu $\mathbf{y}^H$ die 2^k Codeworte des Codes erzeugen. Hard-Decision-Maximum-Likelihood-Decodierung ist dann gleichbedeutend mit der Suche nach dem Fehler mit dem kleinsten Hamming-Gewicht. Dies wurde bereits in Kapitel 1 als Standard-Array-Decodierung eingeführt. Für die Soft-Decision-Maximum-Likelihood-Decodierung läßt sich nun die Suche nach dem am wahrscheinlichsten gesendeten Codewort $\mathbf{c}_{opt}$ umformulieren als die Suche nach dem wahrscheinlichsten *Fehlervektor* $\mathbf{f}_{opt}$, denn

$$\mathbf{c}_{opt} = \mathbf{y}^H \oplus \mathbf{f}_{opt} .$$

Die Äquivalenz beider Ansätze zeigt sich auch dadurch, daß über die Menge der Fehlerstellen $\mathcal{E}(\mathbf{x}, \mathbf{y})$ (Gleichung 7.34) zwischen einem Codewort $\mathbf{x}$ und dem Empfangsvektor $\mathbf{y}$ der entsprechende Fehlervektor $\mathbf{f}$ wie folgt definiert ist:

$$\mathbf{f} := (f_1, \ldots, f_n), \quad \text{mit } f_i = \begin{cases} 1, & \text{falls } i \in \mathcal{E}(\mathbf{x}, \mathbf{y}) \\ 0, & \text{sonst.} \end{cases} \tag{7.46}$$

Folglich gilt für die gewichtete Hamming-Distanz

$$\beta(\mathbf{x}, \mathbf{y}) = \sum_{i \in \mathcal{E}(\mathbf{x}, \mathbf{y})} |y_i| = \sum_{i \in \text{supp}(\mathbf{f})} |y_i| = \beta(\mathbf{f}) .$$

Es sei $\mathcal{C}_\mathbf{s}$ das zum Syndrom $\mathbf{s} = \mathbf{y}^H \cdot \mathbf{H}^T$ gehörende Coset, dann ist der wahrscheinlichste Fehlervektor gegeben durch

$$\mathbf{f}_{opt} = \arg \left(\min_{\mathbf{f} \in \mathcal{C}_\mathbf{s}} \beta(\mathbf{f}) \right) = \arg \left(\min_{\mathbf{f} \in \mathcal{C}_\mathbf{s}} \sum_{i \in \text{supp}(\mathbf{f})} |y_i| \right) . \tag{7.47}$$

Die Berechnung des Syndroms $\mathbf{s}$ kann man gemäß Gleichung 7.45 so interpretieren, daß der Träger des Fehlervektors solche Spalten der Prüfmatrix auswählt, deren

---

Algorithmus 7.12: Verallgemeinerte Wagner-Decodierung.

Initialisierung: Berechne $s = y^H \cdot H^T$.

Schritt 1: Für $s = 0$, setze $f_{opt} = 0$, Schritt 3

Schritt 2: Bestimme eine Menge von linear unabhängigen Spalten in H derart, daß deren Summe das Syndrom s ergibt und daß für den dazugehörigen Fehlervektor f_{opt} die gewichtete Hamming-Distanz minimal ist.

Schritt 3: Bilde $c_{opt} = y^H \oplus f_{opt}$.

Summe das Syndrom ergibt. Dabei kann man sich auf linear unabhängige Spalten beschränken.

Basierend auf diesen Überlegungen kann der SDML-Decodieralgorithmus 7.12 formuliert werden, der in [SB89] als *verallgemeinerte Wagner-Decodierung* (*generalized Wagner decoding*) publiziert wurde.

In [Sny91] und [LBT93] sind effiziente Implementierungen für die verallgemeinerte Wagner-Decodierung vorgeschlagen, die den wahrscheinlichsten Fehlervektor aus einer reduzierten Anzahl von Fehlervektoren berechnen. Allerdings wächst der Aufwand immer noch exponentiell mit $\min\{k, n-k\}$. Daher ist man auch bei der Listendecodierung im dualen Code auf suboptimale Algorithmen angewiesen, die eine geringe Decodierkomplexität bei guter Restfehlerwahrscheinlichkeit aufweisen. Aufgrund der Äquivalenz zur Listendecodierung im Coderaum $\mathcal{C}$ können die dort erläuterten Konzepte prinzipiell übernommen werden. Allerdings muß beachtet werden, daß im dualen Raum keine algebraische Decodierung existiert.

Als Beispiel für eine suboptimale Listendecodierung im dualen Code wollen wir die entsprechend abgeänderte Ordered-Statistics-Decodierung vorstellen. Ausgangspunkt für eine Ordered-Statistics-Decodierung im dualen Coderaum ist nun nicht mehr die Generatormatrix des Codes $\mathcal{C}$, sondern die Prüfmatrix H. Der Empfangsvektor y wird wiederum durch eine Permutation Φ_1 entsprechend der Zuverlässigkeit seiner Koordinaten sortiert. Da die Prüfmatrix den Rang $n-k$ hat, wird nun mittels der Permutation Φ_2 der Vektor $\Phi_1(y)$ so permutiert, daß in den Positionen $k+1, \ldots, n$ diejenigen linear unabhängigen Positionen liegen, die die *geringste* Zuverlässigkeit besitzen,

$$z = (z_A | z_B) = \Phi_2(\Phi_1(y)) = (z_1, \ldots, z_k, z_{k+1}, \ldots, z_n)$$
$$\text{mit } |z_1| \geq \cdots \geq |z_k| \ \wedge \ |z_{k+1}| \geq \cdots \geq |z_n| \, .$$

Dabei nennt man nun z_B die *unzuverlässigste Basis* (*least reliable basis*, LRB). $H_{LRB} = \Phi_2(\Phi_1(H)) = (A_k \,|\, I_{n-k})$ ist die entsprechend permutierte und systematisierte Prüfmatrix. Man beachte, daß man analog zur Generatormatrix G_{MRB} die ersten k Spalten der Prüfmatrix H_{LRB} als Informationsteil und die restlichen Spalten als Redundanzteil auffassen kann.

Im Coderaum $\mathcal{C}$ wurde eine Liste von Testcodeworten basierend auf der MRB erzeugt. Im Unterschied dazu wird im dualen Coderaum mittels der LRB eine Liste von Fehlervektoren generiert, mit deren Hilfe dann die Testcodeworte berechnet werden. Wie oben erwähnt, muß ein solcher Fehlervektor das gleiche Syndrom erzeugen wie die harte Entscheidung des permutierten Empfangsvektors. Man erhält das Syndrom zu:

$$\mathbf{s} = (s_1, \ldots, s_{n-k}) = \mathbf{z}^H \mathbf{H}_{LRB}^T \cdot$$

Damit ist der Fehlervektor $\mathbf{f}_0 = (0, \ldots, 0, s_1, \ldots, s_{n-k}) \in GF(2)^n$ die Lösung von $\mathbf{f} \cdot \mathbf{H}^T = \mathbf{s} \bmod 2$. Bildet man nun das Codewort $\mathbf{z}_0 = \mathbf{z}^H \oplus \mathbf{f}_0$ sowie $\hat{\mathbf{x}} = \Phi_2^{-1}(\Phi_1^{-1}(\mathbf{z}_0))$, so ist damit die Decodierung der Ordnung 0 im dualen Code definiert. Diese beruht nun ebenfalls wieder auf der Annahme, daß die zuverlässigen Symbole fehlerfrei sind. Analog zur Decodierung im Coderaum $\mathcal{C}$ erhält man eine verbesserte Decodierung durch Berücksichtigung von Fehlerstellen an diesen zuverlässigen Positionen. Dabei ist es jedoch im Gegensatz zur Decodierung im Coderaum $\mathcal{C}$ nicht ausreichend nur die entsprechenden Positionen in $\mathbf{f}$ zu Eins zu setzen, sondern es muß zudem sichergestellt werden, daß der Fehlervektor $\mathbf{f}$ das Syndrom $\mathbf{s}$ erzeugt. Für $1 \leq l \leq k$ ist in [FLS97] der Decodieralgorithmus 7.13 vorgeschlagen.

Algorithmus 7.13: Decodierung der Ordnung l im dualen Code.

Initialisierung: Berechne $\mathbf{H}_{LRB}$ sowie $\mathbf{z}_0$ und setze $\hat{\mathbf{z}} = \mathbf{z}_0$.

Schritt 1: Falls gilt: $1 \leq i \leq l$

- Berechne die Menge der Fehlervektoren
  $\mathcal{F}_i = \{\mathbf{f} = (\mathbf{f}_k | \mathbf{f}_{n-k}) \in GF(2)^n \mid \mathrm{wt}(\mathbf{f}_k) = i \,\wedge\, \mathbf{f} \cdot \mathbf{H}^T = \mathbf{s} \bmod 2\}$.
- Berechne aus der Menge der Testcodeworte $\mathcal{L}_i = \{\mathbf{z}^H \oplus \mathbf{f} \mid \mathbf{f} \in \mathcal{F}_i\}$ dasjenige Codewort $\bar{\mathbf{z}}$, das die geringste euklidische Distanz zu $\mathbf{z}$ besitzt.
- Gilt $d_E(\bar{\mathbf{z}}, \mathbf{z}) < d_E(\hat{\mathbf{z}}, \mathbf{z})$, setze $\hat{\mathbf{z}} = \bar{\mathbf{z}}$.

Schritt 2: $\hat{\mathbf{c}} = \Phi_1^{-1}(\Phi_2^{-1}(\hat{\mathbf{z}}))$.

Anmerkungen:

- Für obigen Decodieralgorithmus sind in [FLS97] spezielle SDML-Akzeptanzkriterien hergeleitet, die für einige Codes eine sehr effiziente und nahezu optimale Decodierung erlauben. Außerdem wird dort ein hybrider Decodieralgorithmus, der sowohl die MRB als auch die LRB verwendet, hergeleitet.

- Man beachte, daß das Prinzip der Decodierung der Ordnung l im dualen Code die Decodieralgorithmen in [Dor74], [Omu70] und [BBLK97] als Spezialfälle beinhaltet.

7.5 Decodierung als Optimierungsproblem

In diesem Abschnitt wird die Soft-Decision-Decodierung als *Optimierungsproblem* betrachtet. Wir wollen dabei der Vorgehensweise in [BBLK97] folgen. Es wird gezeigt, daß Algorithmen aus der Optimierungstheorie grundsätzlich zur Soft-Decision-Decodierung verwendet werden können.

Zielfunktion der Optimierung (Decodierung) ist die Minimierung der quadratischen euklidischen Distanz. Nach Gleichung 7.13 ist dies äquivalent zur Maximierung des Innenproduktes zwischen einem Codewort $\mathbf{x}$ und der Empfangssequenz $\mathbf{y}$:

$$\max_{\mathbf{x}} \left\{ \langle \mathbf{x}, \mathbf{y} \rangle \right\}, \quad \mathbf{x} \in \mathcal{C} \Leftrightarrow \mathbf{c}\mathbf{H}^T = \mathbf{0} \bmod 2 \,. \tag{7.48}$$

Ein verwandtes Optimierungsproblem, das durch den *Simplex*-Algorithmus (siehe [NeWo]) gelöst wird, ist das folgende:

> Bestimme einen Vektor $\mathbf{z}$, der die Zielfunktion $F(\mathbf{z}) = \langle \mathbf{c}, \mathbf{z} \rangle$ unter der Nebenbedingung $\mathbf{z}\mathbf{A} = \mathbf{b}$, $\mathbf{z} \in \mathbb{R}_+^n$, minimiert, wobei $\mathbf{A}$ eine $(n \times m)$-Matrix mit $m < n$ ist.

Vergleicht man diese Aufgabenstellung mit der Decodieraufgabe (Gleichung 7.48), so sind beide identisch, bis auf die Modulo-Rechnung und die Forderung nach einer ganzzahligen Lösung im Falle der Decodieraufgabe (man beachte, daß die Lösung eines Minimierungsproblems durch einen Vorzeichenwechsel in die Lösung eines Maximierungsproblems überführt werden kann).

Die Idee des Simplex-Algorithmus ist: Setze $n - \text{Rang}(\mathbf{A})$ Koordinaten in $\mathbf{z}$ zu Null und löse $\mathbf{z}\mathbf{A} = \mathbf{b}$ mit den verbleibenden Koordinaten. Die zu Null gesetzten Koordinaten werden *Basisvariablen* genannt, die anderen entsprechend *Nicht-Basisvariablen*. Es wird nun genau dann eine Basisvariable mit einer Nicht-Basisvariable vertauscht, wenn dadurch die Lösung $\mathbf{z}'$ von $\mathbf{z}'\mathbf{A} = \mathbf{b}$ die Zielfunktion verbessert, d. h. $F(\mathbf{z}') < F(\mathbf{z})$. Dieser Austausch wird solange wiederholt, bis keine Verbesserung mehr möglich ist. Man beachte, daß die durch den Simplex-Algorithmus gefundene Lösung das *globale* Optimum darstellt.

Ein dem Simplex-Algorithmus sehr ähnlicher Algorithmus, der die Modulo-Rechnung ebenso wie die Forderung nach einer ganzzahligen Lösung berücksichtigt, ist die in Abschnitt 7.4.4 vorgestellte Ordered-Statistics-Decodierung im dualen Code. Daher wird dieser Algorithmus an dieser Stelle wiederholt, um die Verwandschaft zum Simplex-Algorithmus herauszustellen.

Es sei $\mathbf{c}$ bzw. $\mathbf{x}$ das gesendete Codewort. Der zugehörige Empfangsvektor sei $\mathbf{y}$ und dessen harte Entscheidung sei $\mathbf{r}$. Die Prüfmatrix des Codes $\mathcal{C}$ sei $\mathbf{H}$. Mit $\mathbf{r} = \mathbf{c} \oplus \mathbf{f}$ erhalten wir das Syndrom zu $\mathbf{s} = \mathbf{f} \cdot \mathbf{H}^T \bmod 2$. Nach Satz 7.13 ist eine zu Gleichung 7.48 äquivalente Zielfunktion die Minimierung der gewichteten Hamming-Distanz $\sum_{l \in \text{supp}(\mathbf{f})} |y_l|$, $\mathbf{f} \cdot \mathbf{H}^T = \mathbf{s}$. Für die Ordered-Statistics-Decodierung nehmen wir nun an, daß die Koordinaten des Empfangsvektors $\mathbf{y}$ so sortiert sind, daß in den Positionen $k + 1, \ldots, n$ diejenigen Positionen liegen, die die *geringste* Zuverlässigkeit besitzen und deren entsprechende Spalten in der Prüfmatrix linear unabhängig sind. Die zugehörige Prüfmatrix hat die Form $\mathbf{H} = (\mathbf{A}_k | \mathbf{I}_{n-k})$, wobei $\mathbf{A}_k$ eine $((n-k) \times k)$-Matrix und $\mathbf{I}_{n-k}$ eine $((n-k) \times (n-k))$-Einheitsmatrix ist.

Die Koordinaten $n - k, \ldots, n$ können in Analogie zum Simplex-Algorithmus als Basisvariablen interpretiert werden. Die Ordered-Statistics-Decodierung der Ordnung 1 berechnet nun den Vektor $\mathbf{f}'$ derart, daß alle Nicht-Basisvariablen $e'_1 \ldots e'_k$ gleich Null sind mit Ausnahme von $e'_m = 1$, $1 \le m \le k$. Die Basisvariablen werden anschließend so berechnet, daß $\mathbf{f}'\mathbf{H}^T = \mathbf{s}$ gilt. Nach Berechnung aller möglichen Vektoren $\mathbf{f}'$ wird überprüft, ob eine Variante einen Gewinn in der Zielfunktion erzielt, d. h. $\sum_{l \in \mathrm{supp}(\mathbf{f}')} |y_l| < \sum_{l \in \mathrm{supp}(\mathbf{f})} |y_l|$. Man beachte, daß mindestens eine Basisvariable mit $e'_l = 0$, $e_l = 1$, $k + 1 \le l \le n$, existiert, weil ansonsten keine Verbesserung der Zielfunktion möglich ist. Existieren mehrere Varianten, die die Zielfunktion verbessern, so wird diejenige, die den größten Gewinn erzielt, ausgewählt. Anschließend werden in $\mathbf{f}'$ und $\mathbf{y}$ die l-te Koordinate gegen die m-te Koordinate ausgetauscht. Ebenfalls wird in der Prüfmatrix die l-te Spalte und die m-te Spalte vertauscht und wieder in die Form $\mathbf{H} = (\mathbf{A}'_k | \mathbf{I}_{n-k})$ gebracht. Anschließend wird $\mathbf{f}$ durch $\mathbf{f}'$ ersetzt. Diese Suche wird fortgesetzt, bis keine weitere Verbesserung der Zielfunktion mehr möglich ist.

Aufgrund der Modulo-Rechnung bzw. der durch $\mathbf{f} \cdot \mathbf{H}^T = \mathbf{s} \bmod 2$ gegebenen Nicht-Linearität der Decodieraufgabe, findet die Ordered-Statistics-Decodierung nicht immer das globale Optimum. Nichtsdestoweniger zeigt dieses Beispiel, daß Verfahren aus der klassischen Optimierungstheorie nach entsprechender Anpassung zur Decodierung verwendet werden können. Im folgenden wird dies verdeutlicht, indem der Simplex-Algorithmus derart in ein klassisches Optimierungsverfahren integriert wird, daß ein SDML-Decodieralgorithmus entsteht.

Zunächst wird die Modulo-Rechnung und die damit verbundene Nicht-Linearität der Decodieraufgabe aufgelöst, indem $\mathbf{c}\mathbf{H}^T = \mathbf{0} \bmod 2$ ersetzt wird durch $\frac{1}{2}\mathbf{c}\mathbf{H}^T - \mathbf{q} = 0$, wobei $\mathbf{q}$ ein Vektor mit ganzzahligen Koordinaten der Länge $n - k$ ist. Die Restriktion, daß die Koordinaten von $\mathbf{c}$ Element von $GF(2)$ sein müssen, läßt sich auch schreiben als $\mathbf{c} + \mathbf{r} = \mathbf{1}_n$, wobei $\mathbf{1}_n$ der All-Einsen-Vektor der Länge n und $\mathbf{r} = \mathbf{y}^H$ die Hard-Decision des Empfangsvektors $\mathbf{y}$ ist. Dabei sind sowohl c_j als auch r_j nicht-negativ, wie für den Simplex-Algorithmus gefordert. Mit $\mathbf{z} = (\mathbf{c}, \mathbf{q}, \mathbf{r})$ und

$$\mathbf{A} = \left(\begin{array}{c|c|c} -\frac{1}{2}\mathbf{H} & \mathbf{I}_{n-k} & \mathbf{0} \\ \hline \mathbf{I}_n & \mathbf{0} & \mathbf{I}_n \end{array} \right)$$

können beide Restriktionen zusammengefaßt werden in $\mathbf{z}\mathbf{A}^T = (\mathbf{0}_{n-k}, \mathbf{1}_n)$, wobei $\mathbf{I}_n$, $\mathbf{I}_{n-k}$ n- bzw. $(n-k)$-dimensionale Einheitsmatrizen und $\mathbf{0}_{n-k}$ der Null-Vektor der Länge $n - k$ ist. Die Zielfunktion ist dann gegeben zu:

$$\min_{\mathbf{z}} \left\{ F(\mathbf{z}) = (y_0, \ldots, y_{n-1}, 0, \ldots, 0)\mathbf{z}^r \right\}. \tag{7.49}$$

Gleichung 7.49 repräsentiert ein klassisches ganzzahliges Optimierungsproblem, das beispielsweise mit Verzweigungsalgorithmen [NeWo] (*branch and bound*) gelöst werden kann. Das Flußdiagramm eines Verzweigungsalgorithmus ist in Bild 7.23 dargestellt.

Dabei wird das Optimierungsproblem zunächst ohne Berücksichtigung der Ganzzahligkeit gelöst. Ist die gefundene Lösung $\mathbf{z}'$ nicht ganzzahlig in allen Koordinaten,

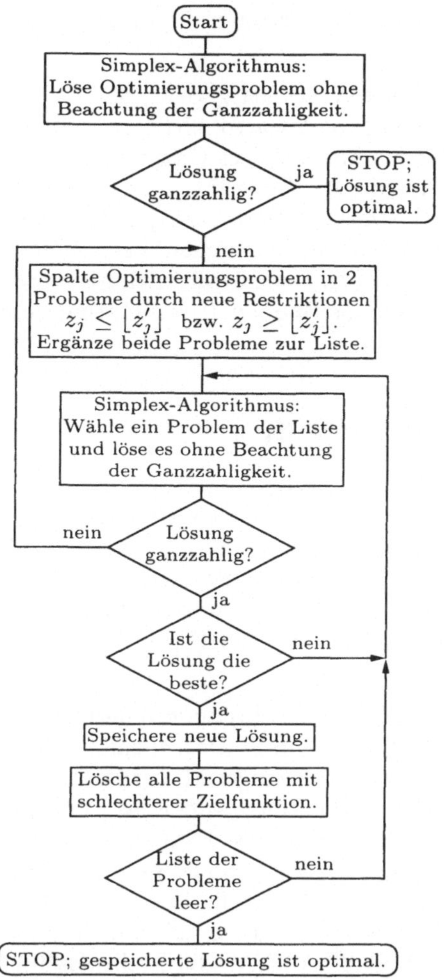

Bild 7.23: Flußdiagramm eines Verzweigungsalgorithmus.

so wird das Optimierungsproblem in zwei unabhängige Teilprobleme aufgespalten. Die Restriktion $z_j \leq \lfloor z'_j \rfloor$ stellt das erste Teilproblem und $z_j \geq \lfloor z'_j \rfloor$ das zweite Teilproblem dar. Dabei kann z'_j ein beliebiges der nicht-ganzzahligen Elemente von $\mathbf{z}'$ sein. Anschließend werden beide Teilprobleme zur Liste der ungelösten Probleme hinzugefügt. Wenn eine ganzzahlige Lösung gefunden wird, so hat man eine obere Schranke für das globale Optimum der Zielfunktion gefunden. Teilprobleme, deren (eventuell nicht-ganzzahlige) Lösung diese obere Schranke überschreitet, werden aus der Liste gestrichen.

Diese Vorgehensweise findet offensichtlich immer das globale Optimum. Allerdings kann der Aufwand in ungünstigen Fällen sehr hoch sein. Eine Analyse der Deco-

dierkomplexität sowie effiziente Varianten dieses Verzweigungsalgorithmus findet
man in [BBLK97].

Zusammenfassend hat dieser Abschnitt gezeigt, daß die Anpassung des Simplex-
Algorithmus, der zur Lösung von linearen, nicht-ganzzahligen Optimierungsaufga-
ben verwendet wird, auf ein ganzzahliges Optimierungsproblem auf die Ordered-
Statistics-Decodierung im dualen Code führt. Im Gegensatz zum Simplex-Algorithmus ist die Ordered-Statistics-Decodierung allerdings suboptimal. Des weiteren wurde basierend auf einem klassischen Verzweigungsverfahren sowie dem
Simplex-Algorithmus ein SDML-Decodieralgorithmus hergeleitet. Diese Beispiele
zeigen, daß die Decodierung als Spezialfall von Optimierungsproblemen interpretiert werden kann.

7.6 Zusammenfassung

Das Problem der Soft-Decision-Decodierung von Blockcodes wurde zunächst durch
die Arbeiten von Gallager [Gal62] (*low-density parity-check codes*) und Massey
[Mas] (*threshold decoding*) behandelt, die inzwischen wieder durch die iterative
Decodierung hoch aktuell sind. Heute ist man aufgrund der Verfügbarkeit von
leistungsfähigen Rechnern in der Lage, die Qualität dieser Ideen zu beurteilen.
Aus der gleichen Zeit stammt Forneys GMD-Algorithmus [For66b], der inzwischen
erheblich verbessert wurde.

In den siebziger Jahren sind dann zur Listendecodierung die Algorithmen von Weldon [Wel71], Chase [Cha72] und Dorsch [Dor74] entstanden, wobei der Weldon- als
Spezialfall des Chase-Algorithmus aufgefaßt werden kann. Alle drei sind Vorläu-
fer der Ordered-Statistics-Decodierung, wobei der Dorsch-Algorithmus im dualen
Code arbeitet. Die optimale symbolweise MAP-Decodierung wurde durch Bahl et
al. [BCJR74] und Hartmann und Rudolph [HR76] eingeführt. Des weiteren haben
Battail et al. in ihrer Arbeit [BDG79] die Ideen von Massey erneut aufgegriffen
und damit einen weiteren Schritt in Richtung iterativer Decodierung getan. Neben Bahl et al. hat auch Wolf [Wolf78] die Trellisbeschreibung von Blockcodes
ausgenutzt, allerdings nicht zur MAP-, sondern zur SDML-Decodierung mit dem
Viterbi-Algorithmus. Ein anderer erwähnenswerter graphentheoretischer Ansatz
ist die SDML-Decodierung durch den sogenannten Dijkstra-Algorithmus [HHC93].

Zu Beginn der achtziger Jahre hat Evseev [Evs83] gezeigt, daß die Komplexität
bei näherungsweiser ML-Decodierung von Blockcodes wesentlich reduziert werden kann. Als eine Näherung der MAP-Decodierung kann das Verfahren von Bossert [BH86] betrachtet werden, das eine erhebliche Komplexitätsreduktion bewirkt.
Weitere Arbeiten zur Soft-Decision-Decodierung und SDML-Akzeptanzkriterien
stammen z. B. von Enns [Enns87], Krouk [Kro89] und Snyders und Be'ery [BS86].

In den letzten Jahren sind Verfahren zur Soft-Decision-Decodierung entstanden,
die einige Konzepte sowohl vervollständigt als auch generalisiert haben. Zunächst
die Arbeiten von Fossorier und Lin [FL95] zur Ordered-Statistics-Decodierung im
Coderaum und im Raum des dualen Codes. Dann die Arbeiten zur iterativen

Decodierung von Hagenauer et al. [HOP96] und Lucas et al. [LBB96, LBBG96]. In [KNIH94] haben Kaneko et al. den Chase-Algorithmus auf ein ML-Decodierverfahren verallgemeinert. Wie die Soft-Decodierung als Optimierungsproblem behandelt werden kann, wurde durch Breitbach et al. in [BBLK97] untersucht.

In diesem Kapitel haben wir die Decodierung von Blockcodes beschrieben. Dabei haben wir zunächst Kanalmodelle kennengelernt, wie etwa den q-nären symmetrischen Kanal, den Gaußschen Kanal und das Gilbert-Elliot-Modell, das geeignet ist Bündelfehler zu beschreiben. Danach haben wir die Metrik eingeführt, um ein Abstandsmaß zur Verfügung zu haben. Dabei war für unsere Zwecke die Hamming- und die euklidische Metrik ausreichend. Die L-Werte beschreiben schließlich die Zuverlässigkeit einer Entscheidung.

Einige Aspekte zur Komplexität und zum Codiergewinn vervollständigen die vorbereitenden Abschnitte. Danach folgen die Verfahren, die keine Zuverlässigkeitsinformation benutzen. Zur Permutationsdecodierung wird eine Menge von Automorphismen mit bestimmten Eigenschaften verwendet, und zur Methode der *covering polynomials* eine Menge von Polynomen mit bestimmten Eigenschaften. Die Einschritt- bzw. Mehrschritt-Mehrheitsdecodierung benötigt eine Menge von Prüfvektoren – Codewörter aus dem dualen Code –, die orthogonal zu einer Stelle bzw. Menge von Stellen des Codes sind. Der Spezialfall der Permutationsdecodierung, das *error trapping*, war geeignet, um Bündelfehler zu korrigieren, dagegen ungeeignet, um Fehler zu korrigieren, die beliebig verteilt sein dürfen. Der DA-Algorithmus ist in der Lage, auch bestimmte Fehler mit Gewicht größer als die halbe Mindestdistanz zu korrigieren.

Weiterhin wurde in diesem Kapitel die Decodierung mit Zuverlässigkeitsinformation erläutert (Soft-Decision). Die Präsentation dieser Verfahren haben wir wie folgt strukturiert: Codeworte oder Codesymbole, und optimal oder nicht optimal. Zusätzlich haben wir das Prinzip der Listendecodierung zur vereinheitlichten Darstellung vieler bekannter Algorithmen benutzt. Eine Übersicht der behandelten Algorithmen zeigt Bild 7.10.

Abschließend haben wir noch den Zusammenhang der Optimierungalgorithmen und der Decodierung erläutert. Dabei wurde auf den Simplex-Algorithmus und die Verzweigungsverfahren eingegangen.

7.7 Übungsaufgaben

Aufgabe 7.1
Die Standard-Array-Decodierung ist ein Maximum-Likelihood-Decodierverfahren.

   a) Erstellen Sie ein Standard-Array für den Wiederholungscode der Länge 4.

   b) Wieviele Vektoren würde das Standard-Array für den Hamming-Code der Länge 7 enthalten? Geben Sie alle *Cosetleader* an.

Aufgabe 7.2

    a) Entwerfen Sie einen Permutationsdecodierer für den zyklischen einfehlerkorrigierenden Hamming-Code ($n = 15$, $k = 11$) mit dem Generatorpolynom $g(x) = x^4 + x + 1$.

    b) Decodieren Sie das empfangene Polynom $r(x) = 1 + x + x^7 + x^9 + x^{12}$.

Aufgabe 7.3

Kann der Golay-Code $\mathcal{G}_{23}$ durch Einschritt-Mehrheitsdecodierung bis zur halben Mindestdistanz decodiert werden?

Aufgabe 7.4

Gegeben sei ein zweifehlerkorrigierender RS-Code $\mathcal{C}$ der Länge $n = 15$.

    a) Wieviele Fehler und/oder Auslöschungen kann man korrigieren, wenn zwei Redundanzzeichen nicht gesendet werden?

    b) Verkürzen Sie den Code auf die Länge $n^* = 8$ und entwerfen Sie einen Permutationsdecodierer für $\mathcal{C}^*$.

Aufgabe 7.5

Gegeben sei ein zweifehlerkorrigierender BCH-Code der Länge $n = 15$ und den Parametern $k = 7$, $d = 5$. Die Menge $\mathcal{B}$ der Decodiervektoren sind alle zyklischen Verschiebungen des Polynoms $b(x)$. Decodieren Sie mit dem Decodierverfahren (DA) für binäre lineare Codes den empfangenen Vektor $r(x)$. Es sei:

$$b(x) = x^7 + x^{11} + x^{13} + x^{14} \quad \text{und} \quad r(x) = x^5 + x^{10} \ .$$

8 Faltungscodes

Faltungscodes (*convolutional codes*) sind neben Blockcodes die zweite große Gruppe von Codes zur Fehlerkorrektur. Faltungscodes gehen ebenfalls aus einer linearen Abbildung einer Menge von Informationswörtern auf eine Menge von Codewörtern hervor. Konzeptionell sind Informations- und Codewörter dabei unendlich lang und werden deshalb meist als Informations- und Codesequenzen bezeichnet. Die Existenz eines Maximum-Likelihood-Decodierverfahrens, welches mit realisierbarem Aufwand durchgeführt werden kann, ist der Grund für den weit verbreiteten Einsatz von Faltungscodes. Eine wichtige Rolle spielt dabei auch die Möglichkeit, daß bei der Decodierung von Faltungscodes auf sehr einfache Weise sowohl Soft-Input verwendet, als auch Soft-Output erzeugt werden kann.

Zunächst werden wir im Abschnitt 8.1 auf elementare Grundlagen eingehen. Unter anderem werden unterschiedliche Beschreibungsformen von Faltungscodes vorgestellt. Betrachten wir die Erzeugung eines Codewortes, so geschieht dies mit Hilfe eines zeit- und wertdiskreten (digitalen) linearen zeitinvarianten (LTI) Systems: dem Faltungscodierer. Dessen systemtheoretische Beschreibung führt zur Generatormatrix, also der Impulsantwort der Schaltung im Zeitbereich, bzw. der Systemfunktion im Bildbereich. Damit erhalten wir die mathematische Beschreibung einer konkreten Zuordnungsvorschrift von Informations- und Codewörtern. Da ein digitales LTI-System endlich viele Zustände besitzt, kann dieses auch in Form eines Graphen beschrieben werden: dem Zustandsdiagramm. Von diesem wird über den Codebaum das sogenannte Trellis abgeleitet, ebenfalls eine Darstellung in Form eines Graphen, allerdings mit einer speziellen Struktur. Das Trellis bildet die Grundlage bei der ML- und MAP-Decodierung von Faltungscodes.
Am Ende des ersten Abschnitts werden wir noch auf die Punktierung von Faltungscodes eingehen. Dabei handelt es sich um ein Verfahren, welches einerseits eine große Flexibilität in der Wahl der Rate eines Faltungscodes, als auch den Entwurf von Systemen mit mehrstufigem Fehlerschutz (*unequal error protection*) ermöglicht.

Im Abschnitt 8.2 werden einige Aspekte der algebraischen Beschreibung vorgestellt. Dabei wird deutlich, daß zwischen den folgenden Begriffen sorgfältig unterschieden werden muß:

- *Code:* Die Menge aller Codesequenzen, die mit einer linearen Abbildungsvorschrift erzeugt werden können.

- *Generatormatrix:* Eine Zuordnungsvorschrift zur Abbildung von Informations- auf Codesequenz. Eine gegebene Abbildung kann durch unterschiedliche Zuordnungsvorschriften realisiert werden.

- *Codierer:* Die Realisierung einer Generatormatrix als digitales LTI-System.

Entsprechend wird streng zwischen Codeeigenschaften, Eigenschaften der Generatormatrix und Form der Realisierung einer Generatormatrix unterschieden. So kann zum Beispiel ein Faltungscode von verschiedenen Generatormatrizen erzeugt werden. Darunter befinden sich unter anderem systematische und katastrophale Generatormatrizen. Somit ist Systematik und Katastrophalität eine Eigenschaft der Generatormatrix und nicht des Codes.

Im Abschnitt 8.3 werden die wichtigsten Distanzmaße für Faltungscodes bzw. für deren Generatormatrizen vorgestellt.

Die Decodierung von Faltungscodes mit dem Viterbi-Algorithmus (VA) werden wir in Abschnitt 8.4 vorstellen. Dabei spielt die Darstellung des Codes in Trellisstruktur eine entscheidende Rolle. Des weiteren werden wir den sogenannten Soft-Output-Viterbi-Algorithmus (SOVA) beschreiben, welcher am Ausgang zusätzlich Zuverlässigkeitsinformation bzgl. der getroffenen Entscheidungen ausgibt.

Im Abschnitt 8.5 stellen wir zwei Symbol-by-Symbol-MAP-Algorithmen vor, den BCJR-Algorithmus und den sogenannten Max-Log-MAP-Algorithmus. Diese liefern ebenfalls Zuverlässigkeitsinformationen am Ausgang und kommen deshalb bevorzugt in verketteten und iterativen Systemen zum Einsatz. Auch diese Art der Decodierung basiert im wesentlichen auf der Trellisdarstellung des Codes.

Einen, im Vergleich zu den beiden vorherigen Abschnitten, völlig unterschiedlichen Ansatz besprechen wir im Abschnitt 8.6: die sequentielle Decodierung, die nicht im Trellis sondern im Codebaum durchgeführt wird. Dazu werden wir den Fano- und ZJ-Algorithmus vorstellen.

Im Abschnitt 8.7 werden wir ein Verfahren diskutieren, das es ermöglicht mit Hilfe der Theorie von Blockcodes eine spezielle Klasse von Faltungscodes zu konstruieren: (Partial)-Unit-Memory Codes. Für diese (P)UM Codes kann ein BMD-Decodierverfahren angegeben werden.

Im Abschnitt 8.8 sind einige Tabellen guter Faltungscodes zu finden.

8.1   Grundlagen von Faltungscodes

Eine binäre Informationssequenz $\mathbf{u}$ wird in Blöcke $\mathbf{u}_i$ zu k Bits unterteilt, und jeder Informationsblock wird durch den Codierer auf einen Codeblock $\mathbf{v}_i$, bestehend aus n Bit abgebildet. Dabei hängt der i-te Codeblock $\mathbf{v}_i$ nicht nur vom i-ten Informationsblock $\mathbf{u}_i$ ab, sondern zusätzlich von m vorherigen Informationsblöcken, d. h. der Codierer hat die *Gedächtnisordnung* (*memory*) m. Oft wird m auch als

Gedächtnis des Codierers bezeichnet.

$$\mathbf{u} = \mathbf{u}_0, \mathbf{u}_1, \mathbf{u}_2, \ldots \quad \longrightarrow \quad \mathbf{v} = \mathbf{v}_0, \mathbf{v}_1, \mathbf{v}_2, \ldots, \tag{8.1}$$

$$\text{mit } \mathbf{v}_t = \text{fkt}\,(\mathbf{u}_{t-m}, \ldots, \mathbf{u}_t) \text{ und } \mathbf{u}_t \in GF(2)^k, \ \mathbf{v}_t \in GF(2)^n. \tag{8.2}$$

Der entsprechende Faltungscode mit der Coderate $R = k/n$ ist die Menge aller möglichen Sequenzen, die mit einem $(n, k, [m])$-Faltungscodierer generiert werden kann und wird mit $\mathcal{C}(n, k, [m])$ bezeichnet.

8.1.1 Codierung durch sequentielle Schaltkreise

Der Codierer kann als *sequentieller Schaltkreis* mit k Eingängen, n Ausgängen und einer Anzahl von Speicherelementen realisiert werden. Hierzu folgen drei Beispiele:

Beispiel 8.1 (Faltungscodierer eines $\mathcal{C}(2, 1, [2])$-Codes) Bild 8.1 zeigt einen $(2, 1, [2])$-Codierer, der aus einem Schieberegister der Länge $m = 2$, aus $n = 2$ linearen Verknüpfun-

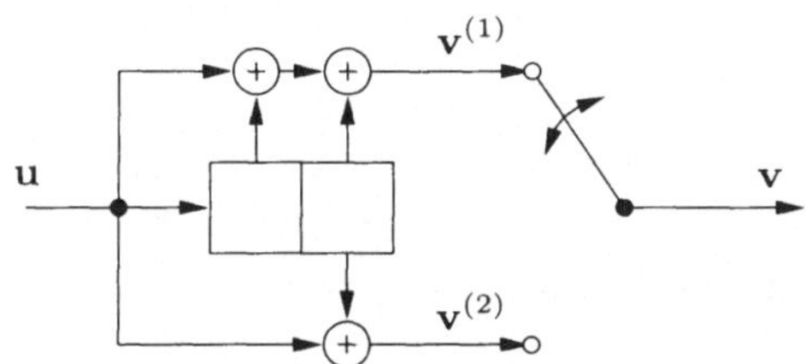

Bild 8.1: Generierung eines $\mathcal{C}(2, 1, [2])$-Faltungscodes.

gen der Gedächtnisinhalte des Schieberegisters und dem aktuellen Eingangssymbol besteht. Die Informationsfolge $\mathbf{u} = (\mathbf{u}_0, \mathbf{u}_1, \mathbf{u}_2, \ldots)$ wird bitweise ($k = 1$) in den Codierer geschoben, das bedeutet im Zeittakt t das Bit u_t. Es ergeben sich die $n = 2$ Ausgangssequenzen

$$\mathbf{v}^{(1)} = (v_0^{(1)}, v_1^{(1)}, v_2^{(1)}, \ldots) \quad \text{und} \quad \mathbf{v}^{(2)} = (v_0^{(2)}, v_1^{(2)}, v_2^{(2)}, \ldots),$$

aus welchen die Codesequenz

$$\mathbf{v} = ((v_0^{(1)} v_0^{(2)}), (v_1^{(1)} v_1^{(2)}), (v_2^{(1)} v_2^{(2)}), \ldots) = (\mathbf{v}_0, \mathbf{v}_1, \mathbf{v}_2, \ldots)$$

gebildet wird. $\diamond$

Beispiel 8.2 (Faltungscodierer eines $\mathcal{C}(2, 1, [3])$-Codes) Bild 8.2 zeigt einen Codierer eines $\mathcal{C}(2, 1, [3])$-Codes. Die Gedächtnisordnung ist hier $m = 3$. $\diamond$

Im dritten Beispiel wollen wir einen Codierer für $k > 1$ betrachten, d. h. es wird pro Zeittakt t mehr als ein Bit in den Codierer geschoben.

Beispiel 8.3 (Faltungscodierer eines $\mathcal{C}(3, 2, [1])$-Codes) In Bild 8.3 ist ein Codierer eines $\mathcal{C}(3, 2, [1])$-Codes zu sehen. Die Informationssequenz $\mathbf{u}$ wird in Blöcke zu je $k = 2$ Bit aufgeteilt und in zwei parallelen Eingangssequenzen in den Codierer geschoben. Es ist zweckmäßig, die folgende Notation zu verwenden:

$$\mathbf{u}^{(1)} = (u_0^{(1)}, u_1^{(1)}, u_2^{(1)}, \ldots) \text{ und } \mathbf{u}^{(2)} = (u_0^{(2)}, u_1^{(2)}, u_2^{(2)}, \ldots).$$

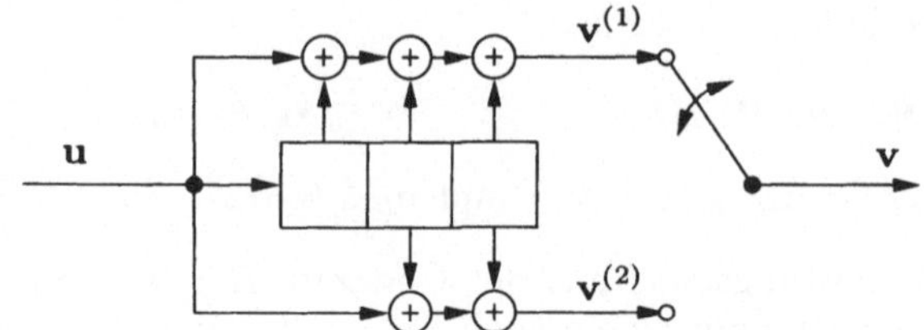

Bild 8.2: Generierung eines $\mathcal{C}(2,1,[3])$-Faltungscodes.

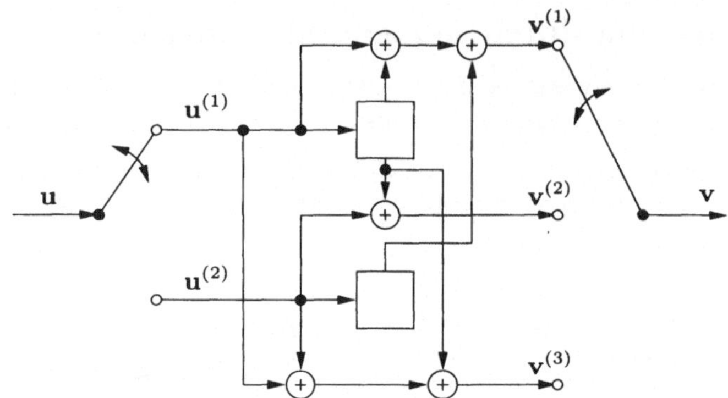

Bild 8.3: Generierung eines $\mathcal{C}(3,2,[1])$-Faltungscodes.

Damit lautet die Informationssequenz

$$\mathbf{u} = ((u_0^{(1)}\, u_0^{(2)}),\ (u_1^{(1)}\, u_1^{(2)}),\ \dots) = (\mathbf{u}_0,\, \mathbf{u}_1,\, \mathbf{u}_2,\, \dots)$$

mit $\mathbf{u}_i = (u_i^{(1)}\, u_i^{(2)})$. Jede der beiden Eingangssequenzen $\mathbf{u}^{(i)}$ wird in ein Register der Länge $m = 1$ geschoben. $\diamond$

Ist ein Schaltkreis vorgegeben, so ist der Code definiert als die Menge aller Codesequenzen, die sich bei Eingabe aller möglichen Informationssequenzen ergibt. Sowohl Informations- als auch Codesequenzen werden dabei als unendlich lang angenommen. Dieses Annahme gilt für alle weiteren theoretischen Betrachtungen. Bei praktischen Anwendungen werden in der Regel endliche Codesequenzen benötigt, was wir in Abschnitt 8.1.7 beschreiben werden.

Für die *Initialisierung* der Speicherelemente des Codierers besteht die Konvention, daß diese zu Beginn der Codierung zu Null gesetzt sind.

8.1.2   Impulsantwort und Faltung

Systemtheoretisch lassen sich die in den Beispielen 8.1–8.3 vorgestellten Codierer als *lineare zeitinvariante* (LTI-) Systeme beschreiben (siehe z. B. [BoFr]). Allgemein kann jeder Faltungscodierer, wie in Bild 8.4 dargestellt, als zeitdiskretes LTI-System mit k-dimensionalem Eingang und n-dimensionalem Ausgang beschrieben werden.

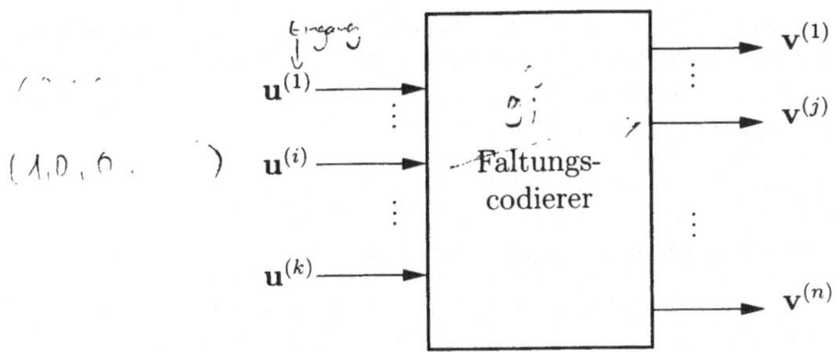

Bild 8.4: Faltungscodierer als LTI-System.

Die j-te der n Ausgangsfolgen $\mathbf{v}^{(j)}$ erhält man durch Faltung der Eingangssequenzen mit der jeweiligen *Impulsantwort* des Systems:

$$\mathbf{v}^{(j)} = \mathbf{u}^{(1)} * \mathbf{g}_1^{(j)} + \mathbf{u}^{(2)} * \mathbf{g}_2^{(j)} + \cdots + \mathbf{u}^{(k)} * \mathbf{g}_k^{(j)} = \sum_{i=1}^{k} \mathbf{u}^{(i)} * \mathbf{g}_i^{(j)}. \tag{8.3}$$

Daher stammt auch der Name *Faltungs*code. Die Impulsantwort $\mathbf{g}_i^{(j)}$ des i-ten Eingangs auf den j-ten Ausgang ergibt sich am j-ten Ausgang durch Anregung des Codierers mit dem diskreten Impuls $(1, 0, 0, \dots)$ am i-ten Eingang. An allen übrigen Eingängen liegt dabei die Nullsequenz $(0, 0, 0, \dots)$ an. Die Impulsantworten werden oft auch *Generatorsequenzen* des Codierers genannt.

Beispiel 8.4 (Codesequenzen durch Faltung) Zunächst betrachten wir den Fall $k = 1$. Für den Codierer in Bild 8.1 ergeben sich die zwei Impulsantworten bzw. Generatorsequenzen zu: $\mathbf{g}^{(1)} = (1, 1, 1, 0, \dots)$ und $\mathbf{g}^{(2)} = (1, 0, 1, 0, \dots)$. Entsprechend erhält man für den Codierer in Bild 8.2 die Impulsantworten: $\mathbf{g}^{(1)} = (1, 1, 1, 1)$ und $\mathbf{g}^{(2)} = (1, 0, 1, 1)$. Beide Generatorsequenzen $\mathbf{g}^{(1)}$ und $\mathbf{g}^{(2)}$ sind konzeptionell unendlich lang, jedoch wird hier und bei weiteren Betrachtungen nur der von Null verschiedene erste Teil der Sequenz betrachtet. Die Codiergleichungen für beide Codierer lauten:

$$\mathbf{v}^{(1)} = \mathbf{u} * \mathbf{g}^{(1)} \text{ und } \mathbf{v}^{(2)} = \mathbf{u} * \mathbf{g}^{(2)}.$$

Die Informationssequenz $\mathbf{u} = (1, 0, 1, 1, 1, 0, 0, \dots)$ wird vom Faltungscodierer in Bild 8.2 auf die beiden Ausgangssequenzen

$$\mathbf{v}^{(1)} = (1, 0, 1, 1, 1, 0, 0, \dots) * (1, 1, 1, 1) = (1, 1, 0, 1, 1, 1, 0, 1, 0, 0, \dots)$$

$$\mathbf{v}^{(2)} = (1, 0, 1, 1, 1, 0, 0, \dots) * (1, 0, 1, 1) = (1, 0, 0, 0, 0, 0, 0, 1, 0, 0, \dots)$$

abgebildet, die wiederum die Codesequenz

$$\mathbf{v} = (11, 10, 00, 10, 10, 10, 00, 11, 00, 00, \dots)$$

ergeben. Konkret bedeutet dabei die diskrete Faltung eine Multiplikation, wobei die Komponenten modulo 2 gerechnet werden:

$$
\begin{array}{r}
1\ \ 0\ \ 1\ \ 1\ \ 1\ *\ 1\ \ 0\ \ 1\ \ 1\ = 1\,0\,0\,0\,0\,0\,0\,1 \quad \mathrm{mod}\ 2 \\
\hline
1\ \ 0\ \ 1\ \ 1\ \ 1 \\
+\quad 1\ \ 0\ \ 1\ \ 1\ \ 1 \\
+\quad\quad 1\ \ 0\ \ 1\ \ 1\ \ 1 \\
\hline
=\ 1\ \ 0\ \ 2\ \ 2\ \ 2\ \ 2\ \ 2\ \ 1
\end{array}
$$

$\diamond$

Beispiel 8.5 (Generatorsequenzen des $(3, 2, [1])$-Faltungscodierers) Analog zu dem vorherigen Beispiel können auch für den Codierer aus Bild 8.3 Generatorsequenzen definiert werden. Für jede der beiden Eingangssequenzen ($k = 2$) existieren drei Generatorsequenzen ($n = 3$), d. h. für jeden Ausgang eine Sequenz,

$$\mathbf{g}_i^{(j)} = (g_{i,0}^{(j)}, g_{i,1}^{(j)}, \ldots, g_{i,m}^{(j)}) \text{ für } i \in [1, 2] \text{ und } j \in [1, 3].$$

Konkret ergeben sich für diesen Codierer die Generatorsequenzen:

$$\mathbf{g}_1^{(1)} = (1\,1), \quad \mathbf{g}_1^{(2)} = (0\,1), \quad \mathbf{g}_1^{(3)} = (1\,1)$$
$$\mathbf{g}_2^{(1)} = (0\,1), \quad \mathbf{g}_2^{(2)} = (1\,0), \quad \mathbf{g}_2^{(3)} = (1\,0).$$

Die Codiergleichungen ergeben sich zu:

$$\mathbf{v}^{(1)} = \mathbf{u}^{(1)} * \mathbf{g}_1^{(1)} + \mathbf{u}^{(2)} * \mathbf{g}_2^{(1)}$$
$$\mathbf{v}^{(2)} = \mathbf{u}^{(1)} * \mathbf{g}_1^{(2)} + \mathbf{u}^{(2)} * \mathbf{g}_2^{(2)}$$
$$\mathbf{v}^{(3)} = \mathbf{u}^{(1)} * \mathbf{g}_1^{(3)} + \mathbf{u}^{(2)} * \mathbf{g}_2^{(3)}.$$

$\diamond$

8.1.3 Einflußlänge, Gedächtnisordnung und Gesamteinflußlänge

Die drei bisher vorgestellten Faltungscodierer sind FIR- (*finite impulse response*) Systeme, d. h. alle Generatorsequenzen haben endliche Länge. Die maximale Länge $m + 1$ bestimmt die Gedächtnisordnung m des Codierers.

medskip Für den Fall $k = 1$ werden im Codierer m Bit gespeichert. Die Gedächtnisordnung m entspricht damit der Anzahl der Speicherelemente im Codierer, weshalb m auch oft als Gedächtnis des Codierers bezeichnet wird. Für den Fall $k > 1$ ist diese Bezeichnung etwas irreführend.

Einflußlänge: Betrachten wir zunächst nur den i-ten Eingang, dann werden ν_i der hier einlaufenden Bits im Codierer gespeichert. Die zugehörigen Generatorsequenzen $\mathbf{g}_i^{(j)}$, $j \in [1, n]$, haben die maximale Länge $\nu_i + 1$. Deshalb wird ν_i auch als *Einflußlänge* (*constraint length*) der i-ten Eingangssequenz bezeichnet. Die Einflußlängen verschiedener Eingangssequenzen müssen nicht gleich groß sein, daher sollten die folgenden Definitionen benutzt werden.

Gedächtnisordnung: Die Gedächtnisordnung (*memory*) m des Codierers ist

$$m = \max_i \nu_i \tag{8.4}$$

und entspricht damit der größten aller k Einflußlängen.

Gesamteinflußlänge: Die Anzahl der Speicherelemente ν eines Codierers ist

$$\nu = \sum_{i=1}^{k} \nu_i$$

und wird als *Gesamteinflußlänge* (*overall constraint length*) bezeichnet.

Der Begriff Gedächtnis eines Codierers wird oft zweideutig verwendet: entweder als die Anzahl der Speicherelemente, also die Gesamteinflußlänge ν, oder aber als die Anzahl der Informationsblöcke von denen ein Codeblock abhängt, also die Gedächtnisordnung m. Für $k = 1$ ist die Gesamteinflußlänge gleich der Gedächtnisordnung ($\nu = m$) und die Unterscheidung braucht nicht gemacht werden. Für $k > 1$ sollte man jedoch die exakten Bezeichnungen verwenden. Deshalb soll ab jetzt die neue Notation $\mathcal{C}(n, k, [\nu])$ anstelle von $\mathcal{C}(n, k, [m])$ benutzt werden.

Beispiel 8.6 (Einflußlängen ν_i des $(4, 3, [\nu = 3])$-Faltungscodierers) Der $(4, 3,$ $[\nu = 3])$-Codierer[1] aus Bild 8.5 ist aus $k = 3$ Schieberegistern unterschiedlicher Länge aufgebaut.

Die Einflußlänge der ersten Eingangssequenz $\mathbf{u}^{(1)}$ ist $\nu_1 = 0$ (damit ist kein Schieberegister für diese Eingangssequenz nötig!), die Einflußlänge der zweiten Eingangssequenz $\mathbf{u}^{(2)}$ ist $\nu_2 = 1$

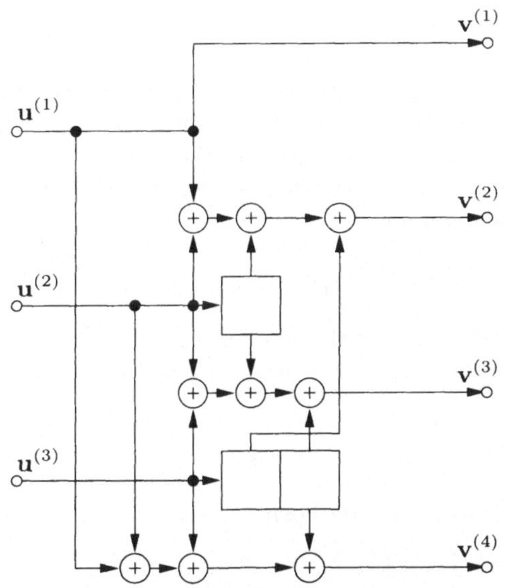

Bild 8.5: Generierung eines $\mathcal{C}(4, 3, [\nu = 3])$-Faltungscodes.

und die der dritten Eingangssequenz $\mathbf{u}^{(3)}$ ist $\nu_3 = 2$. Die Gedächtnisordnung des Codierers ist gegeben durch dessen längstes Schieberegister und ist damit $m = 2$. Die Gesamteinflußlänge ist $\nu = 3$ und entspricht der Anzahl der Gedächtniselemente des Codierers. $\diamond$

Prinzipiell können Faltungscodes auch IIR- (*infinite impulse response*) Systeme sein, die eine unendlich lange Impulsantwort besitzen. Diese werden wir in Abschnitt 8.1.8 betrachten.

---

[1]Das Aufteilen der Informationssequenz $\mathbf{u}$ in k parallele Eingangssequenzen $\mathbf{u}^{(i)}$, $i \in [1, k]$, und die Erzeugung der seriellen Ausgabe der Codesequenz $\mathbf{v}$ aus den n parallelen Codesequenzen $\mathbf{v}^{(j)}$, $j \in [1, n]$, wird in dieser und allen folgenden Darstellungen weggelassen.

8.1.4 Generatormatrix im Zeitbereich

Anstelle der Faltung kann man die Codiergleichungen auch durch eine Matrixmultiplikation beschreiben. Hierzu werden die Generatorsequenzen geeignet in einer halbunendlichen Matrix $\mathbf{G}$ angeordnet, die *Generatormatrix* genannt wird. Bei Betrachtung der bisherigen Beispiele bildet ein $(n, k, [\nu])$-Faltungscodierer eine Informationssequenz, die in Blöcke zu k Bit sortiert ist,

$$\mathbf{u} = (\mathbf{u}_0, \mathbf{u}_1, \mathbf{u}_2, \dots, \mathbf{u}_t, \dots), \quad \text{mit } \mathbf{u}_t = (u_t^{(1)}, u_t^{(2)}, \dots, u_t^{(k)}) \in GF(2)^k,$$

auf eine Codesequenz aus Blöcken von n Bit ab:

$$\mathbf{v} = (\mathbf{v}_0, \mathbf{v}_1, \mathbf{v}_2, \dots, \mathbf{v}_t, \dots), \quad \text{mit } \mathbf{v}_t = (v_t^{(1)}, v_t^{(2)}, \dots, v_t^{(n)}) \in GF(2)^n.$$

Man kann sich auch die Informationssequenz in k parallele Eingangssequenzen aufgeteilt denken, d. h.:

$$\mathbf{u}^{(i)} = (u_0^{(i)}, u_1^{(i)}, u_2^{(i)}, \dots), \quad i \in [1, k].$$

Jede dieser k Sequenzen läuft in ein Schieberegister. Diese können im allgemeinen unterschiedlich lang sein. Die Gedächtnisordnung m des Faltungscodierers entspricht der Anzahl der Speicherelemente des längsten Schieberegisters. Ausgehend von den aktuellen Bits der Eingangssequenzen und den Registerinhalten werden mittels linearer Schaltungslogik n parallele Ausgangssequenzen,

$$\mathbf{v}^{(j)} = (v_0^{(j)}, v_1^{(j)}, v_2^{(j)}, \dots), \quad j \in [1, n],$$

generiert, deren serielle Ausgabe die Codesequenz ergibt. Die Abbildung von Informations- auf Codesequenz, kann durch eine Multiplikation mit der Generatormatrix definiert werden:

$$\mathbf{v} = \mathbf{u}\,\mathbf{G}.$$

Dabei hat die Generatormatrix die Form

$$\mathbf{G} = \begin{pmatrix} \mathbf{G}_0 & \mathbf{G}_1 & \mathbf{G}_2 & \dots & \mathbf{G}_m & & & \\ & \mathbf{G}_0 & \mathbf{G}_1 & \dots & \mathbf{G}_{m-1} & \mathbf{G}_m & & \\ & & \mathbf{G}_0 & \dots & \mathbf{G}_{m-2} & \mathbf{G}_{m-1} & \mathbf{G}_m & \\ & & & \ddots & & & & \ddots \end{pmatrix},$$

mit den $(k \times n)$-dimensionalen Untermatrizen $\mathbf{G}_l$,

$$\mathbf{G}_l = \begin{pmatrix} g_{1,l}^{(1)} & g_{1,l}^{(2)} & \cdots & g_{1,l}^{(n)} \\ g_{2,l}^{(1)} & g_{2,l}^{(2)} & \cdots & g_{2,l}^{(n)} \\ \vdots & \vdots & & \vdots \\ g_{k,l}^{(1)} & g_{k,l}^{(2)} & \cdots & g_{k,l}^{(n)} \end{pmatrix}, \quad \text{für} \quad l \in [0, m].$$

Die Elemente $g_{i,l}^{(j)}$, für $i \in [1, k]$ und $j \in [1, n]$, ergeben sich aus den Impulsantworten (Gleichung 8.3) des i-ten Eingangs auf den j-ten Ausgang

$$\mathbf{g}_i^{(j)} = (g_{i,0}^{(j)}, g_{i,1}^{(j)}, \dots, g_{i,l}^{(j)}, \dots, g_{i,m}^{(j)}).$$

Beispiel 8.7 (Generatormatrix eines $(2, 1, [3])$-Codierers) Für den Codierer von Bild 8.2 sind die Generatorsequenzen $\mathbf{g}^{(1)} = (1, 1, 1, 1)$ und $\mathbf{g}^{(2)} = (1, 0, 1, 1)$. Diese werden wie folgt in eine Matrix geschrieben:

$$\mathbf{G} = \begin{pmatrix} g_0^{(1)} g_0^{(2)} & g_1^{(1)} g_1^{(2)} & g_2^{(1)} g_2^{(2)} & \cdots & g_m^{(1)} g_m^{(2)} & & \\ & g_0^{(1)} g_0^{(2)} & g_1^{(1)} g_1^{(2)} & \cdots & g_{m-1}^{(1)} g_{m-1}^{(2)} & g_m^{(1)} g_m^{(2)} & \\ & & g_0^{(1)} g_0^{(2)} & \cdots & g_{m-2}^{(1)} g_{m-2}^{(2)} & g_{m-1}^{(1)} g_{m-1}^{(2)} & g_m^{(1)} g_m^{(2)} \\ & & & \ddots & & & \ddots \end{pmatrix}.$$

d. h., die Codierung der Informationssequenz $\mathbf{u} = (1, 0, 1, 1, 1, 0, \dots)$ ergibt in Analogie zu Beispiel 8.4 die Codesequenz:

$$\begin{aligned} \mathbf{v} &= \mathbf{u}\,\mathbf{G} \\ &= (1, 0, 1, 1, 1, 0, \dots) \begin{pmatrix} 11 & 10 & 11 & 11 & & & \\ & 11 & 10 & 11 & 11 & & \\ & & 11 & 10 & 11 & 11 & \\ & & & 11 & 10 & 11 & 11 \\ & & & & 11 & 10 & 11 & 11 \end{pmatrix} \\ &= (11, 10, 00, 10, 10, 10, 00, 11, \dots). \end{aligned} \qquad \diamond$$

Beispiel 8.8 (Generatormatrix eines $(3, 2, [2])$-Codierers) Hier soll der $(3, 2, [2])$-Faltungscodierer aus Bild 8.3 betrachtet werden. Die Informationssequenz $\mathbf{u}$ wird in Blöcken zu je $k = 2$ Bit in den Codierer geschoben. Die so einlaufenden Informationsblöcke werden dann in zwei parallele Eingangssequenzen aufgeteilt:

$$\mathbf{u}^{(1)} = (u_0^{(1)}, u_1^{(1)}, u_2^{(1)}, \dots) \text{ und } \mathbf{u}^{(2)} = (u_0^{(2)}, u_1^{(2)}, u_2^{(2)}, \dots).$$

Damit läßt sich die Informationssequenz schreiben als:

$$\mathbf{u} = (u_0^{(1)} u_0^{(2)}, u_1^{(1)} u_1^{(2)}, \dots) = (\mathbf{u}_0, \mathbf{u}_1, \mathbf{u}_2, \dots), \text{ mit } \mathbf{u}_i = (u_i^{(1)} u_i^{(2)}).$$

Jede der beiden Eingangsequenzen $\mathbf{u}^{(i)}$ läuft in ein Schieberegister der Länge $m = 1$. Analog zu den vorherigen Beispielen können auch hier Generatorsequenzen definiert werden. Für jede der beiden Eingangsequenzen existieren drei Generatorsequenzen, für jede Ausgangssequenz eine, d. h.:

$$\mathbf{g}_i^{(j)} = (g_{i,0}^{(j)}, g_{i,1}^{(j)}, \dots, g_{i,m}^{(j)}), \text{ für } i \in [1, k] \text{ und } j \in [1, n].$$

Aus Beispiel 8.5 wissen wir, daß gilt:

$$\mathbf{g}_1^{(1)} = (1\,1), \quad \mathbf{g}_1^{(2)} = (0\,1), \quad \mathbf{g}_1^{(3)} = (1\,1)$$
$$\mathbf{g}_2^{(1)} = (0\,1), \quad \mathbf{g}_2^{(2)} = (1\,0), \quad \mathbf{g}_2^{(3)} = (1\,0).$$

Analog zum vorherigen Beispiel sollen die Codiergleichungen auch hier in Matrixschreibweise angegeben werden. Allgemein ist die Generatormatrix eines $(3, 2, [\nu])$-Codierers gegeben durch

$$\mathbf{G} = \begin{pmatrix}
g_{1,0}^{(1)}\,g_{1,0}^{(2)}\,g_{1,0}^{(3)} & g_{1,1}^{(1)}\,g_{1,1}^{(2)}\,g_{1,1}^{(3)} & \cdots & g_{1,m}^{(1)}\,g_{1,m}^{(2)}\,g_{1,m}^{(3)} & & \\
g_{2,0}^{(1)}\,g_{2,0}^{(2)}\,g_{2,0}^{(3)} & g_{2,1}^{(1)}\,g_{2,1}^{(2)}\,g_{2,1}^{(3)} & \cdots & g_{2,m}^{(1)}\,g_{2,m}^{(2)}\,g_{2,m}^{(3)} & & \\
& g_{1,0}^{(1)}\,g_{1,0}^{(2)}\,g_{1,0}^{(3)} & \cdots & g_{1,m-1}^{(1)}\,g_{1,m-1}^{(2)}\,g_{1,m-1}^{(3)} & g_{1,m}^{(1)}\,g_{1,m}^{(2)}\,g_{1,m}^{(3)} \\
& g_{2,0}^{(1)}\,g_{2,0}^{(2)}\,g_{2,0}^{(3)} & \cdots & g_{2,m-1}^{(1)}\,g_{2,m-1}^{(2)}\,g_{2,m-1}^{(3)} & g_{2,m}^{(1)}\,g_{2,m}^{(2)}\,g_{2,m}^{(3)} \\
& & \ddots & & & \ddots
\end{pmatrix}.$$

Die beiden ersten Zeilen wiederholen sich jeweils um drei Stellen nach rechts verschoben. Für den von uns betrachteten Codierer gilt damit

$$\mathbf{G} = \begin{pmatrix}
101 & 111 & & & & \\
011 & 100 & & & & \\
& 101 & 111 & & & \\
& 011 & 100 & & & \\
& & 101 & 111 & & \\
& & 011 & 100 & & \\
& & & \ddots & & \ddots
\end{pmatrix}$$

$\diamond$

Allgemein kann das Vorgehen zur mathematischen Beschreibung der in den Bildern 8.1–8.3 und 8.5 gegebenen Faltungscodierer in folgende Schritte zusammengefaßt werden:

- Bestimmung der Generatorsequenzen $\mathbf{g}_i^{(j)}$ anhand des Faltungscodierers.

- Die Generatorsequenzen bilden die $(k \times n)$-Generatoruntermatrizen $\mathbf{G}_i$, $i \in [0, m]$. Die Teilmatrizen bestimmen dann die Generatormatrix.

8.1.5 Zustandsdiagramm, Codebaum und Trellis

Bisher haben wir zur Darstellung eines Faltungscodierers sequentielle Schaltkreise mit linearer Logik verwendet. Alternativ zu dieser realisationsbezogenen Darstellung, kann ein Faltungscodierer, bzw. die von diesem erzeugten Codesequenzen, auch mittels *Graphen* beschrieben werden, von denen wir drei im folgenden vorstellen wollen.

Zustandsdiagramm: Ein Faltungscodierer besitzt eine endliche Anzahl ν an Gedächtniselementen und damit auch eine endliche Anzahl 2^ν an Gedächtniszuständen σ. Somit kann ein Codierer auch als endlicher *Zustandsautomat* aufgefaßt werden: Die Ausgabe eines Codeblocks $\mathbf{v}_t$ zum Zeitpunkt t erfolgt in Abhängigkeit des Gedächtniszustandes σ_t und des Informationsblocks $\mathbf{u}_t$. Zum nachfolgenden Zeitpunkt $t+1$ befindet sich der Codierer im Zustand σ_{t+1}. Mit jeder Zustandsänderung $\sigma_t \rightarrow \sigma_{t+1}$ ist die Eingabe eines Informationsblocks und die Ausgabe eines Codeblocks verbunden.

Zeichnet man nun einen Graphen, dessen Knoten den möglichen Zuständen des betrachteten Faltungscodierers entsprechen, und beschriftet alle möglichen Zustandsübergänge mit den entsprechenden Ein- und Ausgaben ($\mathbf{u}_t$ / $\mathbf{v}_t$), dann erhält man das Zustandsdiagramm (*state diagram*) des Faltungscodierers, wie folgendes Beispiel veranschaulicht.

Beispiel 8.9 (Zustandsdiagramm) Der $(2,1,[2])$-Faltungscodierer mit $\nu = m = 2$ Gedächtniselementen aus dem Beispiel 8.1 und 8.4 führt zu dem in Bild 8.6 dargestellten Zustandsdiagramm. Der Codierer hat $2^\nu = 4$ Gedächtniszustände $\sigma \in \{(00),\ (10),\ (01),\ (11)\}$.

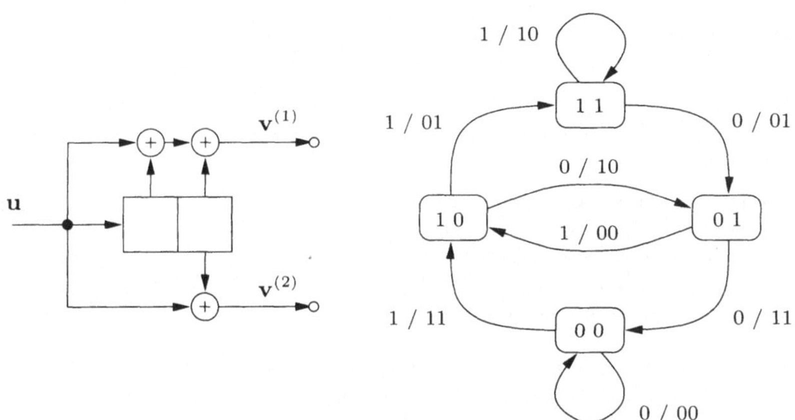

Bild 8.6: Zustandsdiagramm des $(2,1,[2])$ Faltungscodierers.

Betrachten wir z. B. den Zustandsübergang $(10) \rightarrow (01)$, der mit $0 / 10$ beschriftet ist, d. h. der entsprechende Informationblock ist $\mathbf{u}_t = (0)$ und der ausgegebene Codeblock ist $\mathbf{v}_t = (10)$. Da der Gedächtnisinhalt durch ein Eingabebit beispielsweise nicht von Zustand (00) nach Zustand (11) springen kann, gibt es Zustände zwischen denen kein Zustandsübergang existiert. $\diamond$

Anmerkung: Es existieren Faltungscodierer deren Zustandsdiagramm mehrere parallele Übergänge aufweist. Dies trifft u. a. zu für $k > 1$ und einer oder mehrerer Einflußlängen $\nu_i = 0$ der k Eingangssequenzen.

Es besteht ein Zusammenhang zwischen Codesequenz und Zustandssequenz, der mit Hilfe von Gleichung 8.2 wie folgt dargestellt werden kann:

$$\mathbf{v}_t = \mathrm{fkt}\,(\mathbf{u}_{t-m}, \dots, \mathbf{u}_t) = \mathrm{fkt}\,(\sigma_t, \mathbf{u}_t)\,. \tag{8.5}$$

Dies bedeutet, daß der Zustand eines Codierers die Abhängigkeit von den m vorherigen Informationsblöcken beinhaltet. Da an jedem der k Eingänge des Codierers entsprechend der Einflußlänge ν_i Bits gespeichert werden, ist der Zustand des Codierers als ν-Tupel dieser k Gedächtnisinhalte darstellbar:

$$\mathbf{s}_t = (\, (u^{(1)}_{t-1} \cdots u^{(1)}_{t-\nu_1}),\ (u^{(2)}_{t-1} \cdots u^{(2)}_{t-\nu_2}),\ \ldots,\ (u^{(k)}_{t-1} \cdots u^{(k)}_{t-\nu_k})\,). \tag{8.6}$$

Diesen Vektor aus ν Bits interpretieren wir als binäre Darstellung einer Dezimalzahl und können so jeden Zustand eindeutig mit einer Zahl $\sigma \in \{0, 2^\nu - 1\}$ beschreiben. Als *Zustandssequenz* (*state sequence*) bezeichnet man die Sequenz

$$S = (\sigma_0, \sigma_1, \sigma_2, \ldots, \sigma_t, \ldots),$$

wobei die Initialisierung des Codierers gemäß Konvention $\sigma_0 = 0$ ist. Jede Codesequenz entspricht genau einer Zustandssequenz, falls keine parallelen Übergänge im Zustandsdiagramm existieren.

Codebaum: Ein Faltungscode ist die Menge aller Codesequenzen bzw. Codewörter, die mit einem Faltungscodierer erzeugt werden können. Diese Codewörter sollen nun als Graph in Form eines *Baumdiagramms* (*tree diagram*) entsprechend dem folgenden Beispiel dargestellt werden. Das Baumdiagramm wird dann als *Codebaum* bezeichnet.

Beispiel 8.10 (Codebaum) Der in Bild 8.6 dargestellte $(2, 1, [2])$-Faltungscodierer erzeugt den in Bild 8.7 dargestellten Codebaum. Zweige nach oben entsprechen einem Informationsbit 0, die Zweigen nach unten einer 1. Betrachtet man z. B. die Informationssequenz $\mathbf{u} = (1, 0, 1, 1, \cdots)$ so ergibt sich die Codesequenz $\mathbf{v} = (11, 10, 00, 01, \cdots)$. Diese entspricht dem im Codebaum hervorgehobenen Pfad.   ◇

Im Gegensatz zum Zustandsdiagramm besitzt der Codebaum eine zeitliche Struktur. Zu jedem Zeitpunkt t, der auch Eindringtiefe genannt wird, besteht der Baum aus 2^{kt} Knoten. Die mit t exponentiell anwachsende Komplexität des Codebaums macht diese Art der Darstellung unpraktikabel.

Eine genaue Betrachtung des Codebaums ergibt, daß er aus, sich periodisch wiederholenden Teilbäumen, zusammengesetzt ist. Jedem Knoten im Baum kann ein Zustand σ_t zugeordnet werden. Dieser Zustand ist gemäß Gleichung 8.6 definiert und ergibt sich eindeutig aus dem Pfad, der zu dem betrachteten Knoten führt. Mit derart beschrifteten Knoten ist erkennenbar, daß von gleichen Zuständen immer die gleichen Zweige abgehen. Diese Übergänge von Knoten mit gleichen Zuständen können für Eindringtiefen $t > m$ zusammengefaßt werden, und man gelangt zum sogenannten *Trellis* (*Netzdiagramm*).

Trellis: Analog zum Codebaum sind auch im Trellis alle Codesequenzen eines Faltungscodes als Pfade enthalten. Hier teilen sich die einzelnen Codesequenzen jedoch Knoten mit gleichen Zuständen. Damit erhält man nach anfänglichem exponentiellen Anwachsen einen Graphen mit einer konstanten Anzahl an 2^ν Knoten zu jedem Zeitpunkt $t \geq m$. Diese Art der Darstellung wird vor allem bei der ML-Decodierung von Faltungscodes durch den Viterbi-Algorithmus benutzt (vergleiche Abschnitt 8.4).

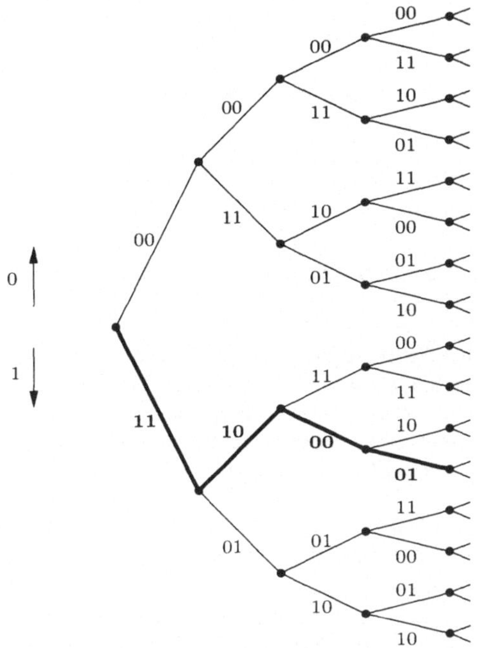

Bild 8.7: Codebaum des $\mathcal{C}(2,1,[2])$-Faltungscodes.

Beispiel 8.11 (Trellis) Der Faltungscodierer aus Bild 8.6 hat das im Bild 8.8 dargestellte Trellis. Alle Knoten mit gleichem Zustand sind in einer Ebene angeordnet. Dabei ist es üblich Knoten im Nullzustand in die oberste Ebene zu legen. Die gemäß Gleichung 8.6 aus ν Bits bestehenden Zustände können auch als binäre Zahlen interpretiert werden. Jeder Zustand entspricht somit einer ganzen Zahl $\sigma \in \{0, 1, 2, \dots, 2^{\nu} - 1\}$.

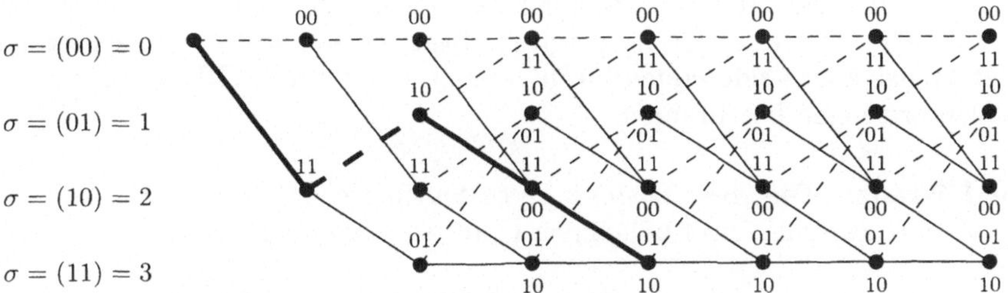

Bild 8.8: Trellis des $(2, 1, [2])$-Faltungscodierers.

Des weiteren ist jeder Zweig mit dem ihm entsprechenden Codeblock beschriftet. Um eine übersichtliche Darstellung zu erhalten, wurde die Beschriftung in Bild 8.8 am rechten Ende der Zweige vorgenommen. Gestrichelte Zweige entsprechen einem vom Informationsbit 0 ausgelösten Zustandsübergang (durchgezogenen Zweige entsprechen einem Informationsbit 1). Wie im Codebaum Bild 8.7 ist die Codesequenz $\mathbf{v} = (11, 10, 00, 01, \dots)$ mit dickeren Übergängen gekennzeichnet.

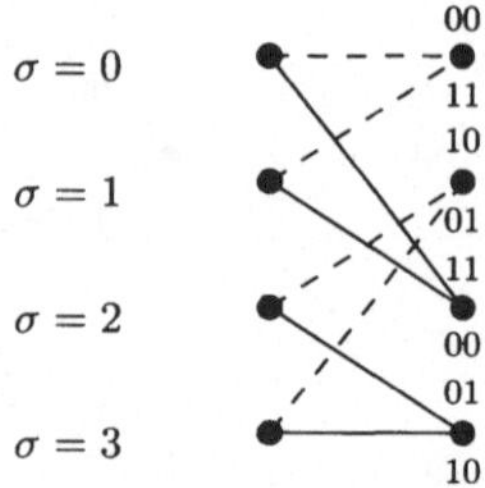

Bild 8.9: Teiltrellis des $(2, 1, [2])$-Faltungscodierers.

Das in Bild 8.9 dargestellte Teiltrellis zeigt die Struktur des Trellis nach dem „Einschwingen". Betrachten wir Gleichung 8.5 gemeinsam mit diesem Teiltrellis, so ergibt sich: Der Knoten enthält jeweils die Information aus der Vergangenheit, also den Zustand σ_t des Codierers, während die von ihm ausgehenden Übergänge den aktuellen Informationsbits entsprechen. Die Beschriftung der Zweige ergibt dann das zugeordnete Codewort.   ◇

Alle drei in diesem Abschnitt besprochenen Darstellungsformen eines Faltungscodierers sind Graphen, bestehend aus beschrifteten Zweigen und Knoten. Diese Darstellungsweise gibt einerseits Einblick in die Struktur von Faltungscodes und ermöglicht andererseits die Anwendung einer Vielzahl von Methoden und Verfahren aus der Graphentheorie auf Faltungscodes. Eine mögliche Anwendung wollen wir im folgenden Abschnitt vorstellen.

8.1.6   Freie Distanz und Distanzfunktion

Die Beschreibung der Distanzverhältnisse erweist sich bei Faltungscodes, im Vergleich zu Blockcodes, als wesentlich aufwendiger. Das Problem ist die Definition geeigneter Distanzmaße, denn ein Faltungscode besteht aus unendlich vielen und unendlich langen Codesequenzen. Deshalb ist es nicht möglich, wie bei linearen Blockcodes, die gesamten Distanzeigenschaften in Form einer Distanzverteilung (bzw. Gewichtsverteilung) zu beschreiben. Statt dessen werden wir Untermengen aus der Menge aller Codesequenzen definieren und dann die Distanzeigenschaften dieser Untermengen beschreiben.

Freie Distanz: Die *freie Distanz* eines Faltungscodes ist die minimale Hamming-Distanz zwischen zwei beliebigen Codesequenzen des Codes:

$$d_f = \min_{\mathbf{v}' \neq \mathbf{v}''} \operatorname{dist}(\mathbf{v}', \mathbf{v}''),$$

mit $\mathbf{v}', \mathbf{v}'' \in \mathcal{C}$. Aufgrund der Linearität gilt auch bei Faltungscodes

$$d_f = \min_{\mathbf{v} \neq \mathbf{0}} \operatorname{wt}(\mathbf{v}) \tag{8.7}$$

mit $\mathbf{v} \in \mathcal{C}$. Die freie Distanz ist eine Codeeigenschaft, hängt also nicht von der Abbildung der Informations- auf die Codesequenz ab.

Die Berechnung der freien Distanz nach Gleichung 8.7 erscheint schwierig, da unendlich viele Codesequenzen existieren. Betrachtet man allerdings das Zustandsdiagramm des Codes, so kann die freie Distanz relativ einfach abgelesen werden. Dies wollen wir anhand eines Beispiels zeigen.

Beispiel 8.12 (Freie Distanz des $\mathcal{C}(2,1,[2])$-Faltungscodes) Bild 8.10 zeigt eine modifizierte Version des bereits im Beispiel 8.9 vorgestellten Zustandsdiagramms des $(2,1,[2])$-Faltungscodierers. Übergänge sind dabei mit einem Operator W beschriftet, dessen Potenz dem Hamming-Gewicht des zum entsprechenden Übergang gehörenden Codeblocks entspricht. Alle möglichen Codesequenzen des Codes starten definitionsgemäß zum Zeit-

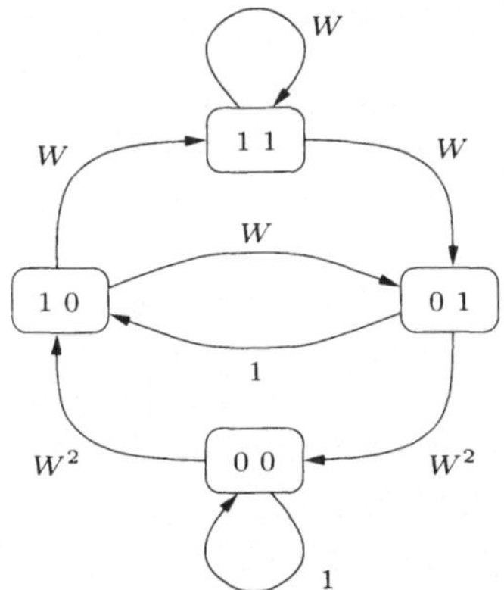

Bild 8.10: Modifiziertes Zustandsdiagramm des $(2,1,[2])$ Faltungscodierers.

punkt $t = 0$ im Zustand $\sigma_0 = (00)$ und durchlaufen eine beliebige Sequenz von Zuständen $S = (\sigma_0, \sigma_1, \dots)$. Multipliziert man die Beschriftung aller durchlaufenen Übergänge, dann ergibt die Potenz von W das Hamming-Gewicht der entsprechenden Codesequenz.

Um die Gleichung 8.7 auszuwerten, kann nun die Zahl der zur Berechnung notwendigen Codesequenzen eingeschränkt werden:

- Es müssen nur solche Codesequenzen betrachtet werden, die zum Zeitpunkt $t = 0$ den Nullzustand verlassen. Alle anderen Codesequenzen sind dann nur zeitverzögerte Versionen.

- Um nur Codesequenzen mit endlichem Gewicht zu betrachten, müssen diese wieder im Nullzustand enden. Zustandsdiagramme mit Nullschleifen, außer der vom Nullzustand auf den Nullzustand, werden wir im Abschnitt 8.1.9 besprechen und deshalb hier ausschließen.

- Des weiteren können Codesequenzen ausgeschlossen werden, die den Nullzustand mehrmals verlassen, denn dann existiert immer eine andere Codesequenz mit kleinerem Gewicht.

- Alle Codesequenzen die sich nach $t > 2^m$ Zustandsübergängen nicht im Nullzustand befinden können ebenfalls ausgeschlossen werden. Diese müssen mindestens einen Zustand $\sigma \neq 0$ zweimal durchlaufen und bilden damit eine Schleife im Zustandsdiagramm. Dann existiert immer eine andere Codesequenz mit kleinerem Gewicht.

Die freie Distanz dieses $\mathcal{C}(2,1,[2])$-Codes ergibt sich also aus der Betrachtung aller Codesequenzen die zum Zeitpunkt $t = 0$ den Nullzustand verlassen und spätesten nach $t = 4$ zum erstenmal wieder in den Nullzustand übergehen. Betrachtet man Bild 8.10, dann erfüllen nur die beiden folgenden Zustandssequenzen diese Einschränkungen:

$$S_1 \;=\; (\,(00),(10),(01),(00),(00),\dots\,) \quad \text{und}$$
$$S_2 \;=\; (\,(00),(10),(11),(01),(00),(00),\dots\,).$$

Es gibt keine parallelen Zustandsübergänge, und somit existieren auch nur zwei Codesequenzen mit diesen Zustandssequenzen. Die Multiplikation der Beschriftung durchlaufener Übergänge ergibt $W^5 = W^2 \cdot W^1 \cdot W^2$ und $W^6 = W^2 \cdot W^1 \cdot W^1 \cdot W^2$ für S_1 bzw. S_2. Damit ist die freie Distanz des betrachteten Codes $d_f = 5$. $\qquad\qquad\diamond$

Die freie Distanz ist eines der wichtigsten Distanzmaße für Faltungscodes. Deshalb erfolgt die Klassifizierung von Faltungscodes in der Regel anhand ihrer Rate R, der Gesamteinflußlänge ν und ihrer freien Distanz d_f (vergleiche Abschnitt 8.8).

Distanzfunktion: Es existieren weitere Distanzeigenschaften eines Faltungscodes, nämlich die sogenannte *Distanzfunktion* bzw. die *erweiterte Distanzfunktion*. Zunächst wollen wir anhand zweier Beispiele die Berechnung dieser Funktionen erläutern und danach deren Interpretationsmöglichkeiten besprechen.

Analog zum obigen Beispiel 8.12 liegt der Berechnung der Distanzfunktionen eine Untermenge aus der Menge aller möglichen Codesequenzen zugrunde. Diese Untermenge besitzt die Eigenschaft, daß der Nullzustand zum Zeitpunkt $t = 0$ verlassen wird, und die Zustandssequenz nach erneutem Erreichen des Nullzustands im Nullzustand bleibt. Es werden also alle Codesequenzen betrachtet, deren Zustandssequenzen folgenden Verlauf besitzen

$$S = (0, \sigma_1, \sigma_2, \dots, \sigma_{l-1}, 0, 0, \dots), \qquad\qquad (8.8)$$

mit $\sigma_t \neq 0$ für $t \in [1, l-1]$, wobei immer $l > m$ gilt, da der Nullzustand frühestens nach $m + 1$ Übergängen erreicht werden kann.

Beispiel 8.13 (Distanzfunktion) Zur Berechnung der Distanzfunktion verwendet man ein aus der Signalflußtheorie bekanntes Verfahren. Dazu wird das im Beispiel 8.12 vorgestellte Zustandsdiagramm (Bild 8.10) im Nullzustand aufgeschnitten. Das sich so ergebende Signalflußdiagramm ist in Bild 8.11 dargestellt. Den linken Knoten betrachtet man als Quelle und den rechten als Senke.

Weist man den zwischen Quelle und Senke liegenden Knoten die Hilfsvariablen ξ_i für $i \in [1,3]$ zu, dann lassen sich folgende Gleichungen aufstellen

$$
\begin{aligned}
\xi_1 &= 1 \cdot \xi_3 + W^2 \qquad &&\text{und}\quad T(W) = W^2 \cdot \xi_3.\\
\xi_2 &= W \cdot \xi_1 + W \cdot \xi_2\\
\xi_3 &= W \cdot \xi_1 + W \cdot \xi_2
\end{aligned}
$$

Das entsprechende ξ_i ergibt sich durch Addition aller auf einen Knoten gerichteter Zweige, wobei die Gewichtung der Zweige mit der Hilfsvariablen multipliziert wird, von der der Zweig

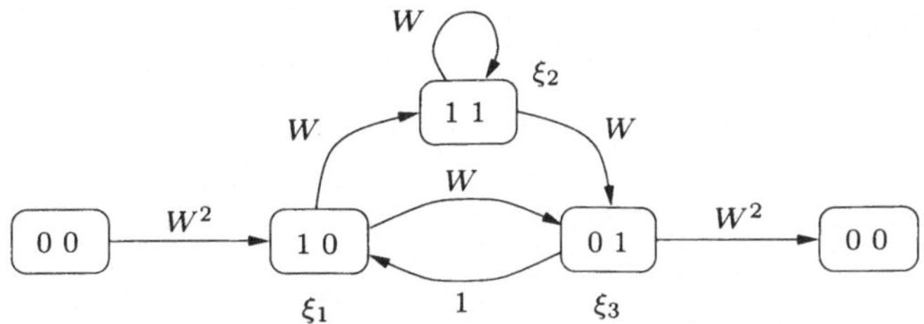

Bild 8.11: Signalflußdiagramm des $(2, 1, [2])$ Faltungscodierers.

ausgeht. Das entsprechende lineare Gleichungssystem lautet in Matrixschreibweise:

$$\begin{pmatrix} 1 & 0 & -1 \\ -W & 1-W & 0 \\ -W & -W & 1 \end{pmatrix} \begin{pmatrix} \xi_1 \\ \xi_2 \\ \xi_3 \end{pmatrix} = \begin{pmatrix} W^2 \\ 0 \\ 0 \end{pmatrix}.$$

Die Lösung dieses Gleichungssystems, in $T(W) = W^2 \cdot \xi_3$ eingesetzt, ergibt die geschlossene Form der Distanzfunktion:

$$T(W) = \frac{W^5}{1 - 2W} = W^5 + 2W^6 + \ldots + 2^j W^{j+5} + \ldots .$$

Diese kann nach positiven Potenzen von W in eine Reihe entwickelt werden, von deren Koeffizienten wir direkt die Anzahl der Codesequenzen eines bestimmten Gewichts ablesen können. So existieren z. B. eine Codesequenz mit Gewicht 5, zwei mit Gewicht 6 und allgemein 2^j mit Gewicht $j + 5$.

Der Grad des ersten Glieds dieser Reihe entspricht der freien Distanz des Codes. Wie schon in Beispiel 8.12 berechnet, ergibt sich $d_f = 5$. ◇

Beispiel 8.14 (Erweiterte Distanzfunktion) Oft sind zusätzliche Informationen erwünscht, wie etwa: Welche Gewichtsverteilung besitzen Codesequenzen einer bestimmten Länge? Dabei bedeutet „Länge" die Anzahl der Zustandsübergänge, bevor die Sequenz wieder in den Nullzustand übergeht. Das in Bild 8.12 dargestellte erweiterte Signalflußdiagramm entspricht dem in Bild 8.11, allerdings mit veränderter Beschriftung der Übergänge. Der zusätzliche Operator L ist zum Zählen der Zustandsübergänge, und die Potenz von H erfaßt das Hamming-Gewicht des zu einem Übergang gehörenden Informationsblocks. Stellt man,

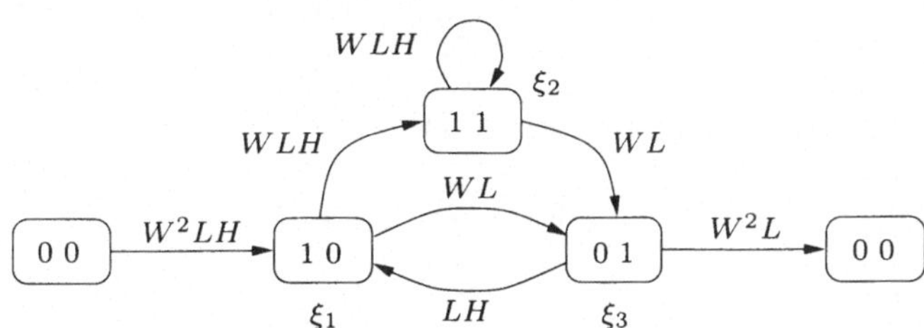

Bild 8.12: Erweitertes Signalflußdiagramm eines $(2, 1, [2])$-Faltungscodierers.

analog zum vorigen Beispiel, das entsprechende lineare Gleichungssystem auf und löst dieses, erhält man die geschlossene Form der erweiterten Distanzfunktion:

$$T(W, H, L) = \frac{W^5 H L^3}{1 - WH(1 + L)L}.$$

Wir können verschiedene Reihenentwicklungen durchführen, z. B. ergibt die Reihenentwicklung nach W:

$$T(W, H, L) = L^3 H\, W^5 + L^4(1 + L)H^2\, W^6 + \cdots + L^{3+j}(1 + L)^j H^{j+1}\, W^{5+j} + \cdots.$$

Betrachtet man den Koeffizient $H^2 L^4 + H^2 L^5$ bei W^6, so ergibt die erweiterte Distanzfunktion, daß es zwei Codesequenzen mit Gewicht 6 gibt, beide gehen aus einer Informationssequenz mit Gewicht 2 hervor, wobei eine davon die Länge 4 und die andere die Länge 5 hat, usw. ◇

Generell ist die erweiterte Distanzfunktion in Form einer Reihe in drei Variablen darstellbar:

$$T(W, H, L) = \sum_w \sum_h \sum_l N(l, h, w)\, L^l H^h W^w. \tag{8.9}$$

Die Koeffizienten $N(l, h, w)$ dieser Reihe geben dann die Anzahl der Codesequenzen mit Hamming-Gewicht w, Informationsgewicht h und der Länge l an. Die Länge ist dabei die Anzahl der Zustandsübergänge bevor die Codesequenz wieder in den Nullzustand läuft. Es ist zu beachten, daß die hier getroffenen Aussagen für die Untermenge gemäß Gleichung 8.8 gelten.

Gleichung 8.9 kann nun unterschiedlich interpretiert bzw. ausgewertet werden:

- Die Distanzfunktion ergibt sich als Spezialfall

$$T(W, 1, 1) = T(W) = \sum_w N(w)W^w, \tag{8.10}$$

wobei $N(w)$ die Anzahl von Codesequenzen mit Gewicht w ist. $N(w)$ wird auch als *Distanzspektrum* (*distance spectrum*) des Faltungscodes bezeichnet. Dabei handelt es sich um eine Codeeigenschaft. Aus dem Distanzspektrum erhält man die freie Distanz des Codes zu:

$$d_f = \min_{w, N(w) \neq 0} N(w)$$

- Die Gewichtsverteilung aller Pfade der Länge l

$$A_l(W) = \sum_w N(l, w)W^w \tag{8.11}$$

erhält man aus

$$T(W, 1, L) = \sum_l \sum_w N(l, w)\, W^w L^l = \sum_l A_l(W)\, L^l.$$

Die Distanzfunktion bzw. auch die erweiterte Distanzfunktion eines Faltungscodes besitzen vor allem konzeptionellen Wert. Ihre Bedeutung ist aus praktischer Sicht aufgrund des mit der Gedächtnislänge ν des Faltungscodierers exponentiell ansteigenden Aufwands zur Berechnung sehr begrenzt. Prinzipiell muß ein $((2^\nu - 1) \times (2^\nu - 1))$-dimensionales lineares Gleichungssystem gelöst werden. In Abschnitt 8.3 werden wir weitere Distanzmaße von Faltungscodes ableiten.

8.1.7 Terminierung, Truncation und Tail-Biting

Die Codesequenzen eines Faltungscodes sind unendlich lang. In praktischen Anwendungen werden fast ausschließlich Codesequenzen mit endlicher Länge verwendet. Dazu verwendet man *Terminierung*, *Truncation* oder *Tail-Biting*. Diese Methoden werden wir im folgenden erläutern.

Terminierung: Um einen Faltungscode zu terminieren, wird die Informationssequenz so ergänzt, daß die Speicherelemente im Codierer am Ende der Eingangssequenz alle mit Null belegt sind und somit das Gedächtnis des Codierers dem initialisierten Nullzustand entspricht. Im Falle eines Codierers mit Gedächtnisordnung m, der als FIR-System beschreibbar ist, werden der Informationssequenz endlicher Länge $k \cdot m$ Nullen angehängt. Die Rate eines terminierten Faltungscodes verringert sich im Vergleich zum ursprünglichen Code um den sogenannten *Fractional-Rate-Loss* $L/(L + m)$, und man erhält

$$R_T = \frac{kL}{n(L + m)} = R\,\frac{L}{L + m},$$

wobei L der Anzahl codierter Informationsblöcke entspricht. Ist L genügend groß, kann $R_T \approx R$ angenommen werden.

Die terminierten Codesequenzen ergeben sich aus

$$\mathbf{v}_{[L+m]} = \mathbf{u}_{[L]}\,\mathbf{G}^r_{[L]},$$

wobei die Generatormatrix nach der L-ten Zeile (r steht für *row*) abgeschnitten ist:

$$\mathbf{G}^r_{[L]} = \begin{pmatrix} \mathbf{G}_0 & \mathbf{G}_1 & \ldots & \mathbf{G}_m & & \\ & \mathbf{G}_0 & \mathbf{G}_1 & \ldots & \mathbf{G}_m & \\ & & \ddots & & & \ddots \\ & & \mathbf{G}_0 & \mathbf{G}_1 & \ldots & \mathbf{G}_m \end{pmatrix}. \tag{8.12}$$

Anmerkung: Als *rekursiv* werden Faltungscodierer bezeichnet, die als IIR-Systeme darstellbar sind (vergleiche Abschnitt 8.1.8). Müssen rekursive Codierer terminiert werden, dann ist dies ebenfalls mittels $k \cdot m$ Terminierungsbits möglich. Allerdings hängen die Terminierungssequenzen hier vom jeweiligen Zustand des Codierers ab und werden üblicherweise in Tabellen gespeichert. Da die Terminierungssequenzen von Null verschieden sind, erhöht sich die Anzahl der Zeilen in der Generatormatrix um $k \cdot m$, die Anzahl der Spalten bleibt gleich.

Beispiel 8.15 (Terminierung) Wird der in Beispiel 8.1 vorgestellte Codierer des $\mathcal{C}(2,1,[2])$-Faltungscodes mit Rate $R = 1/2$ nach $L = 8$ Informationsblöcken terminiert, so erhalten wir aus der halbunendlichen Codiermatrix $\mathbf{G}$ die (8×20)-dimensionale Generatormatrix

$$\mathbf{G}_{[8]}^{r} = \begin{pmatrix} 11 & 10 & 11 & & & & & & & \\ & 11 & 10 & 11 & & & & & & \\ & & 11 & 10 & 11 & & & & & \\ & & & 11 & 10 & 11 & & & & \\ & & & & 11 & 10 & 11 & & & \\ & & & & & 11 & 10 & 11 & & \\ & & & & & & 11 & 10 & 11 & \\ & & & & & & & 11 & 10 & 11 \end{pmatrix}.$$

Der Fractional-Rate-Loss beträgt $L/(L+m) = 0.8$, und die Rate des terminierten Faltungscodes ist $R_T = 0.4 < 0.5$. ◇

Truncation: Eine zweite Möglichkeit endliche Codesequenzen zu erhalten, besteht darin die Ausgabe des Codierers für $t > L$ einfach zu beenden, unabhängig davon in welchem Zustand sich dieser befindet. Obwohl also noch Codeblöcke $\mathbf{v}_t \neq \mathbf{0}$ für $t \geq L$ existieren, wird die Codesequenz nach L Codeblöcken abgeschnitten, d. h. für den letzten codierten Informationsblock $\mathbf{u}_{L-1}$ wird noch der entsprechende Codeblock $\mathbf{v}_{L-1}$ ausgegeben, alle weiteren jedoch nicht mehr. Dadurch kommt es zu keinem Ratenverlust, wie dies bei der Terminierung der Fall war.

Nach Diskussion der Decodierung von Faltungscodes (Abschnitt 8.4-8.6) wird allerdings klar werden, daß bei diesem Verfahren die am Ende eines Blockes übertragenen Informationsbits einen wesentlich schlechteren Schutz vor Fehlern aufweisen.

Die abgeschnittenen Codesequenzen ergeben sich aus

$$\mathbf{v}_{[L]} = \mathbf{u}_{[L]}\,\mathbf{G}_{[L]}^{c},$$

wobei die Generatormatrix nach der L-ten Spalte (c steht für *column*) abgeschnitten ist:

$$\mathbf{G}_{[L]}^{c} = \begin{pmatrix} \mathbf{G}_0 & \mathbf{G}_1 & \cdots & \mathbf{G}_m & & & \\ & \mathbf{G}_0 & \mathbf{G}_1 & \cdots & \mathbf{G}_m & & \\ & & \ddots & & & \ddots & \\ & & & \mathbf{G}_0 & & & \mathbf{G}_m \\ & & & & \ddots & & \vdots \\ & & & & & \mathbf{G}_0 & \mathbf{G}_1 \\ & & & & & & \mathbf{G}_0 \end{pmatrix}. \tag{8.13}$$

Beispiel 8.16 (Truncation) Analog zum vorigen Beispiel soll derselbe $\mathcal{C}(2,1,[2])$-Code nun nach $L = 8$ Informationsblöcken abgeschnitten werden. Somit erhält man die (8×16)-

dimensionale Generatormatrix

$$\mathbf{G}^c_{[8]} = \begin{pmatrix} 11 & 10 & 11 & & & & & \\ & 11 & 10 & 11 & & & & \\ & & 11 & 10 & 11 & & & \\ & & & 11 & 10 & 11 & & \\ & & & & 11 & 10 & 11 & \\ & & & & & 11 & 10 & 11 \\ & & & & & & 11 & 10 \\ & & & & & & & 11 \end{pmatrix}.$$

Eine Plausibilitätserklärung für den geringeren Schutz des zuletzt übertragenen Informationsbits u_7: Dieses beeinflußt nur den Codeblock $\mathbf{v}_7$, während z. B. das Informationsbit u_0 zu Beginn der Informationsfolge zusätzlich zum entsprechenden Codeblock $\mathbf{v}_0$ zwei weitere Codeblocks $\mathbf{v}_1$ und $\mathbf{v}_2$ beeinflußt, entsprechend der Einflußlänge $\nu_1 = 2$ (Abschnitt 8.1.3). Tritt ein Bitfehler im Codeblock $\mathbf{v}_7$ auf, so kann dies bereits zu einem Fehler bei der Decodierung von u_7 führen. Wie wir in Beispiel 8.12 gezeigt haben, ist die freie Distanz des nicht abgebrochenen Codes $d_f = 5$. Somit kann dieser immer $e = \lfloor (d_f - 1)/2 \rfloor = 2$ Fehler korrigieren, während beim abgeschnittenen Code schon ein Bitfehler im letzten Codeblock zu einem Decodierfehler führen kann. $\diamond$

Tail-Biting: Eine dritte Möglichkeit, um endliche Codesequenzen mittels Faltungscodierung zu erhalten, ist das sogenannte Tail-Biting. Die Grundidee ist, daß der Faltungscodierer bereits in dem Zustand startet, in dem er nach der Eingabe von L Informationsblöcken später gestoppt wird. Dies setzt die Kenntnis der gesamten Informationssequenz $\mathbf{u}_{[L]}$ vor Beginn der Codierung voraus. Damit kann der Endzustand des Codierers berechnet und dieser zur Initialisierung verwendet werden. So ist ein gleichmäßiger Schutz aller Informationsbits des gesamten Blocks möglich. Der so erzeugte Code ist ein sogenannter quasi-zyklischer Blockcode.

Die Codiergleichungen in Matrixschreibweise lauten

$$\mathbf{v}_{[L]} = \mathbf{u}_{[L]} \, \tilde{\mathbf{G}}^c_{[L]},$$

wobei die Generatormatrix nach der L-ten Spalte abgeschnitten und geeignet ergänzt werden muß:

$$\tilde{\mathbf{G}}^c_{[L]} = \begin{pmatrix} \mathbf{G}_0 & \mathbf{G}_1 & \cdots & & \mathbf{G}_m & & \\ & \mathbf{G}_0 & \mathbf{G}_1 & & \cdots & \mathbf{G}_m & \\ & & \ddots & & & & \ddots \\ & & & & \mathbf{G}_0 & & & \mathbf{G}_m \\ \mathbf{G}_m & & & & & \ddots & & \vdots \\ \vdots & & \ddots & & & & \mathbf{G}_0 & \mathbf{G}_1 \\ \mathbf{G}_1 & \cdots & \mathbf{G}_m & & & & & \mathbf{G}_0 \end{pmatrix}.$$

Die in den letzten $k \cdot m$ Zeilen abgeschnittenen Untermatrizen werden entsprechend am Zeilenanfang ergänzt.

Beispiel 8.17 (Tail-Biting) Analog zu den obigen Beispielen wird der $\mathcal{C}(2,1,[2])$-Code nach $L = 8$ abgebrochen. Die entsprechende Codiermatrix ergibt sich zu

$$
\tilde{\mathbf{G}}^c_{[8]} = \begin{pmatrix}
11 & 10 & 11 & & & & & \\
 & 11 & 10 & 11 & & & & \\
 & & 11 & 10 & 11 & & & \\
 & & & 11 & 10 & 11 & & \\
 & & & & 11 & 10 & 11 & \\
 & & & & & 11 & 10 & 11 \\
11 & & & & & & 11 & 10 \\
10 & 11 & & & & & & 11
\end{pmatrix}.
$$

Wie zu sehen ist, beeinflussen die letzten beiden Informationsbits bereits die zuerst erzeugten Codebits. Anhand des Faltungscodierers in Bild 8.1 erkennt man, daß diese Codiermatrix durch einen entsprechend vorinitialisierten Faltungscodierer realisiert werden kann. Der Startzustand ergibt sich hier aus $\mathbf{u}_6$ und $\mathbf{u}_7$. $\diamond$

Zusammenhang von Block- und Faltungscodes: In den hier vorgestellten Verfahren einen Faltungscode mit Codesequenzen endlicher Länge zu erzeugen, ist auch der Dualismus zwischen Block- und Faltungscodes zu erkennen:

- Ein Faltungcode bildet analog zu Blockcodes Informationsblöcke der Länge k auf Codeblöcke der Länge n ab. Dabei besitzt diese lineare Abbildung Gedächtnis, denn der Codeblock hängt von m vorherigen Informationsblöcken ab. Bei dieser Betrachtungsweise sind Blockcodes ein Spezialfall von Faltungscodes, nämlich Faltungscodes ohne Gedächtnis.

- Andererseits haben Faltungscodes in praktischen Anwendungen Codesequenzen endlicher Länge. Betrachtet man die endliche Generatormatrix des so entstandenen Codes im Zeitbereich, dann hat diese eine ganz spezielle Struktur. Da die Generatormatrix eines Blockcodes entsprechender Dimension aber im allgemeinen keine bestimmte Form besitzten muß, können Faltungscodes endlicher Länge als ein Spezialfall von Blockcodes betrachtet werden.

8.1.8   Generatormatrix im transformierten Bereich

In der Systemtheorie können zeitdiskrete LTI-Systeme und daher auch Faltungscodes durch *Differenzengleichungen* beschrieben werden. Wie in Gleichung 8.3 dargestellt, erhalten wir die j-te Ausgangssequenz $\mathbf{v}^{(j)} = (v_0^{(j)}, v_1^{(j)}, \dots)$ aus der Faltung der k Eingangssequenzen $\mathbf{u}^{(i)}$ mit den entsprechenden Impulsantworten $\mathbf{g}_i^{(j)}$ des Codierers:

$$
\mathbf{v}^{(j)} = \mathbf{u}^{(1)} * \mathbf{g}_1^{(j)} + \mathbf{u}^{(2)} * \mathbf{g}_2^{(j)} + \cdots + \mathbf{u}^{(k)} * \mathbf{g}_k^{(j)} = \sum_{i=1}^{k} \mathbf{u}^{(i)} * \mathbf{g}_i^{(j)}. \tag{8.14}
$$

Die den Codiergleichungen zugrundeliegenden Differenzengleichungen lauten

$$v_t^{(j)} = \sum_{i=1}^{k} \sum_{l=0}^{m} u_{t-l}^{(i)} g_{i.l}^{(j)} = \sum_{i=1}^{k} (u_t^{(i)} g_{i.0}^{(j)} + u_{t-1}^{(i)} g_{i.1}^{(j)} + \cdots + u_{t-m}^{(i)} g_{i,m}^{(j)}). \qquad (8.15)$$

Diese können wir mit der $\mathcal{Z}$-Transformation [BoFr] in den *Bildbereich* (oft auch *Frequenzbereich*) transformieren. Die $\mathcal{Z}$-Transformierte $\mathcal{Z}\{\mathbf{x}\} = \sum_{t=0}^{+\infty} x_t z^{-t}$ einer Folge $\mathbf{x} = (x_0, x_1, x_2, \dots)$ ist definiert als $X(z)$. Für die Beschreibung von Faltungscodes ist es üblich den *Verzögerungsoperator (delay operator)* $D = z^{-1}$ einzuführen und wir erhalten $X(D) = \sum_{t=0}^{+\infty} x_t D^t$. Die Eingangs- und Ausgangssequenzen sind damit im Bildbereich gegeben durch:

$$\mathbf{u}^{(i)} \quad \circ\!\!-\!\!\bullet \quad U_i(D) = \sum_{t=0}^{+\infty} u_t^{(i)} D^t$$

$$\mathbf{v}^{(j)} \quad \circ\!\!-\!\!\bullet \quad V_j(D) = \sum_{t=0}^{+\infty} v_t^{(j)} D^t.$$

Übertragungsfunktion: Entsprechend der Systemtheorie werden die transformierten Impulsantworten *Übertragungsfunktionen* genannt:

$$\mathbf{g}_i^{(j)} \quad \circ\!\!-\!\!\bullet \quad G_{ij}(D) = \sum_{t=0}^{+\infty} g_{i,t}^{(j)} D^t. \qquad (8.16)$$

Des weiteren benutzt man den Faltungsatz der $\mathcal{Z}$-Transformation $\mathcal{Z}\{\mathbf{x} * \mathbf{y}\} = X(D) \cdot Y(D)$, um die Faltung in Gleichung 8.14 im transformierten Bereich in eine Multiplikation zu überführen,

$$V_j(D) = \sum_{i=1}^{k} U_i(D) \cdot G_{ij}(D), \qquad (8.17)$$

bzw. die Differenzengleichungen 8.15 zu lösen.

Beispiel 8.18 (Übertragungsfunktionen eines $(2, 1, [3])$-Codierers) Zunächst wollen wir einen Codierer mit $k = 1$, nämlich den in Bild 8.2 dargestellten $(2, 1, [3])$-Codierer, betrachten. Dessen Generatorsequenzen sind

$$\mathbf{g}_1^{(1)} = (1, 1, 1, 1) \quad \text{und} \quad \mathbf{g}_1^{(2)} = (1, 0, 1, 1).$$

Die entsprechenden Transformierten sind:

$$G_{11}(D) = 1 + D + D^2 + D^3 \quad \text{und} \quad G_{12}(D) = 1 + D^2 + D^3.$$

Die entsprechenden Differenzengleichungen lauten:

$$v_t^{(1)} = u_t + u_{t-1} + u_{t-2} + u_{t-3} \text{ und } v_t^{(2)} = u_t + u_{t-2} + u_{t-3}.$$

Aus den Differenzengleichungen können wir direkt die Transformierten ableiten

$$\begin{aligned}
V_1(D) &= \sum_{t=0}^{+\infty}(u_t + u_{t-1} + u_{t-2} + u_{t-3})\,D^t \\[2mm]
&= \sum_{t=0}^{+\infty}u_t D^t + \sum_{t=0}^{+\infty}u_{t-1}D^t + \sum_{t=0}^{+\infty}u_{t-2}D^t + \sum_{t=0}^{+\infty}u_{t-3}D^t \\[2mm]
&= \sum_{t=0}^{+\infty}u_t D^t + D\sum_{t=0}^{+\infty}u_t D^t + D^2\sum_{t=0}^{+\infty}u_t D^t + D^3\sum_{t=0}^{+\infty}u_t D^t \\[2mm]
&= U_1(D)(1 + D + D^2 + D^3) \\[2mm]
&= U_1(D)G_{11}(D).
\end{aligned}$$

Es gilt für die Informationsbits $u_t = 0$ mit $t < 0$.   ◇

Generatormatrix: Faßt man die k Eingangs- und die n Ausgangssequenzen im transformierten Bereich in einen Vektor zusammen,

$$\begin{aligned}
\mathbf{U}(D) &= (U_1(D),\dots,U_k(D)) \\
\mathbf{V}(D) &= (V_1(D), V_2(D),\dots,V_n(D)),
\end{aligned}$$

dann lautet Gleichung 8.17 in Matrixschreibweise

$$\mathbf{V}(D) = \mathbf{U}(D)\mathbf{G}(D)$$

mit den Matrixelementen $G_{ij}(D)$ aus Gleichung 8.16. Die Matrix $\mathbf{G}(D)$ ist die Generatormatrix im Bildbereich.

Beispiel 8.19 (Generatormatrix eines $(3,2,[2])$-Codierers) Die Generatorsequenzen $g_i^{(j)}$ des $(3,2,[2])$-Codierers (Beispiel 8.5, Bild 8.3) ergeben die Generatorpolynome $G_{ij}(D)$ im transformierten Bereich. Diese sind, in Analogie zur Betrachtung im Zeitbereich, die Übertragungsfunktion der i-ten Eingangssequenz $U_i(D)$ auf den j-ten Ausgang $V_j(D)$. Die Transformierten der Generatorsequenzen im Bildbereich ergeben sich zu:

$$\begin{aligned}
G_{11}(D) &= 1 + D, & G_{12}(D) &= D, & G_{13}(D) &= 1 + D, \\
G_{21}(D) &= D, & G_{22}(D) &= 1, & G_{23}(D) &= 1.
\end{aligned}$$

Diese Generatorpolynome lassen sich nun in der $(k \times n)$-Generatormatrix darstellen:

$$\begin{aligned}
\mathbf{G}(D) &= \begin{pmatrix} 1+D & D & 1+D \\ D & 1 & 1 \end{pmatrix} \\[3mm]
&= \begin{pmatrix} 1 & 0 & 1 \\ 0 & 1 & 1 \end{pmatrix} + \begin{pmatrix} 1 & 1 & 1 \\ 1 & 0 & 0 \end{pmatrix} D \\[3mm]
&= \mathbf{G}_0 + \mathbf{G}_1 D,
\end{aligned}$$

wobei aus der letzten Gleichung der Zusammenhang mit den im Zeitbereich definierten Untermatrizen $\mathbf{G}_0$ und $\mathbf{G}_1$ (vergleiche Beispiel 8.8) zu erkennen ist.   ◇

Alle bisherigen Betrachtungen waren auf FIR-Systeme bezogen. Nun können wir mit Hilfe der Darstellung im transformierten Bereich auch IIR-Systeme beschreiben, die durch eine unendlich lange Impulsantwort gekennzeichnet sind. Dazu betrachten wir zunächst ein Beispiel.

Beispiel 8.20 (IIR-System) In Bild 8.13 ist ein IIR-System dargestellt. Wendet man die Methodik der Impulsantwort zur Beschreibung dieses Codierers an, so ist das Problem eine unendlich lange Impulsantwort:

$$\mathbf{g}_1^{(1)} = (1)$$
$$\mathbf{g}_1^{(2)} = (1, 1, 1, 0, 1, 1, 0, 1, 1, 0, \dots).$$

Obwohl der Codierer nur endlich viele Gedächtniselemente $\nu_1 = 2$ besitzt, ist die zweite Generatorsequenz unendlich lang. Dies ist auf die rekursive Struktur des Codierers zurückzuführen: So wird eine Linearkombination der Gedächtnisinhalte des Codierers an dessen Eingang rückgekoppelt.

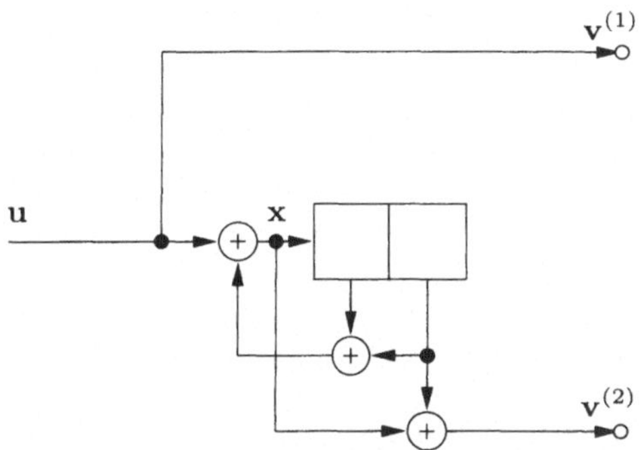

Bild 8.13: Rekursiver $(2, 1, [2])$-Faltungscodierer.

Um die Betrachtung im transformierten Bereich durchzuführen, beschreiben wir den Codierer zunächst mittels Differenzengleichungen:

$$v_t^{(1)} = u_t^{(1)}$$
$$v_t^{(2)} + v_{t-1}^{(2)} + v_{t-2}^{(2)} = u_t^{(1)} + u_{t-2}^{(1)}.$$

Die zweite Gleichung ergibt sich durch das Einführen der Hilfsvariablen x, d. h. aus $x_t = u_t + x_{t-1} + x_{t-2}$ und $v_t^{(2)} = x_t + x_{t-2}$. Wenden wir nun die $\mathcal{Z}$-Transformation auf diese Gleichung an, dann ergibt sich:

$$\sum_{t=0}^{+\infty} v_t^{(2)} D^t + \sum_{t=0}^{+\infty} v_{t-1}^{(2)} D^t + \sum_{t=0}^{+\infty} v_{t-2}^{(2)} D^t = \sum_{t=0}^{+\infty} u_t^{(1)} D^t + \sum_{t=0}^{+\infty} u_{t-2}^{(1)} D^t$$

$$V_2(D) + D V_2(D) + D^2 V_2(D) = U_1(D) + D^2 U_1(D).$$

Die im Zeitbereich nur rekursiv lösbare Differenzengleichung ist also im Bildbereich in eine polynomiale Gleichung in D übergegangen und es ergibt sich die Übertragungsfunktion:

$$V_2(D) = \frac{1 + D^2}{1 + D + D^2} U_1(D) = G_{12}(D) U_1(D).$$

Berücksichtigt man die Übertragungsfunktion der Eingangssequenz auf den ersten Ausgang,
$V^{(1)}(D) = U_1(D)$ also $G_{11}(D) = 1$, erhält man die Generatormatrix des Faltungscodierers

$$\mathbf{G}(D) \;=\; \begin{pmatrix} 1 & \frac{1+D^2}{1+D+D^2} \end{pmatrix}.$$

Zur Kontrolle kann die Impulsantwort durch $G_{12}(D) = \mathcal{Z}^{-1}(\mathbf{g}_1^{(2)})$, die inverse Abbildung der
Übertragungsfunktion, berechnet werden. Dies geschieht durch formale Reihenentwicklung in
ansteigenden Potenzen von D

$$g_{1,l}^{(2)} = \left. \frac{\partial^l G_{12}(D)}{\partial D^l} \right|_{D=0},$$

und man erhält die Impulsantwort $g_1^{(2)} = (1\,110\,110\,110\ldots)$, wie schon zu Beginn des Beispiels. Die Berechnung dieser Reihenentwicklung kann als einfache Polynomdivision realisiert
werden! $\diamond$

Systeme mit Rückkopplung sind aufgrund ihrer unendlich langen Impulsantworten
sehr ungünstig im Zeitbereich zu beschreiben. Stellt man zunächst die Differenzengleichungen des Systems auf und transformiert diese, erhält man eine Beschreibung
der Übertragungsfunktionen durch gebrochen-rationale Funktionen in D. Auf diese Weise läßt sich die Abbildung von Informations- auf Codesequenz für beliebige
lineare Systeme, also FIR- und IIR-Systeme, im transformierten Bereich durch
eine Matrixmultiplikation darstellen:

$$\mathbf{v}(D) = \mathbf{u}(D)\,\mathbf{G}(D).$$

Die Generatormatrix $\mathbf{G}(D)$ ergibt sich dann zu:

$$\mathbf{G}(D) \;=\; \begin{pmatrix} G_{1,1}(D) & G_{1,2}(D) & \ldots & G_{1,n}(D) \\ G_{2,1}(D) & G_{2,2}(D) & \ldots & G_{2,n}(D) \\ \vdots & \vdots & & \vdots \\ G_{k,1}(D) & G_{k,2}(D) & \ldots & G_{k,n}(D) \end{pmatrix},$$

wobei die Matrixelemente $G_{ij}(D)$ die Übertragungsfunktionen des i-ten Eingangs
auf den j-ten Ausgang beschreiben. Diese sind im allgemeinen gebrochen-rationale
Funktionen

$$G_{ij}(D) = \frac{p_0 + p_1 D + \cdots + p_m D^m}{1 + q_1 D + \cdots + q_m D^m}.$$

Tabelle 8.1 zeigt eine Zusammenfassung der Beschreibung im Bild- und Zeitbereich.

8.1.9 Systematische und katastrophale Generatormatrizen

Die Generatormatrix $\mathbf{G}(D)$ eines Faltungscodierers beschreibt die Abbildung von
Informations- auf Codesequenzen. Wir werden in Abschnitt 8.2 u. a. die algebraischen Eigenschaften von Generatormatrizen behandeln, dennoch sollen bereits hier
zwei wichtige Typen von Generatormatrizen vorgestellt werden.

Tabelle 8.1: Zusammenfassung: Bild- und Zeitbereich.

$\mathbf{u} \circ\!\!-\!\!\bullet \mathbf{u}(D)$	
i-te Eingangssequenz $$\mathbf{u}^{(i)} = (u_0^{(i)}, u_1^{(i)}, u_2^{(i)}, \dots), \text{ für } i \in [1, k]$$	*i*-te Eingangssequenz $$U_i(D) = u_0^{(i)} + u_1^{(i)}D + u_2^{(i)}D^2 + \dots,$$ für $i \in [1, k]$
Informationssequenz $$\mathbf{u} = ((u_0^{(1)}, \dots, u_0^{(k)}), (u_1^{(1)}, \dots, u_1^{(k)}), \dots)$$	Informationssequenz $$\mathbf{u}(D) = (U_1(D), U_2(D), \dots, U_k(D))$$

$\mathbf{v} \circ\!\!-\!\!\bullet \mathbf{v}(D)$	
j-te Ausgangssequenz $$\mathbf{v}^{(j)} = (v_0^{(j)}, v_1^{(j)}, v_2^{(j)}, \dots), \text{ für}$$ $j \in [1, n]$	*j*-te Ausgangssequenz $$V_j(D) = v_0^{(j)} + v_1^{(j)}D + v_2^{(j)}D^2 + \dots,$$ für $j \in [1, n]$
Codesequenz $$\mathbf{v} = ((v_0^{(1)}, \dots, v_0^{(n)}), (v_1^{(1)}, \dots, v_1^{(n)}), \dots)$$	Codesequenz $$\mathbf{v}(D) = (V_1(D), V_2(D), \dots, V_n(D))$$

$\mathbf{G} \circ\!\!-\!\!\bullet \mathbf{G}(D)$	
Generatormatrix für FIR-Systeme $$\mathbf{G} = \begin{pmatrix} \mathbf{G}_0 & \dots & \mathbf{G}_m & \\ & \mathbf{G}_0 & \dots & \mathbf{G}_m \\ & & \ddots & & \ddots \end{pmatrix},$$ mit den $(k \times n)$-dimensionalen Untermatrizen $\mathbf{G}_l$ für $l \in [0, m]$	Generatormatrix für FIR-Systeme $$\mathbf{G}(D) = \mathbf{G}_0 + \mathbf{G}_1 D + \dots + \mathbf{G}_m D^m$$

$\mathbf{G} \circ\!\!-\!\!\bullet \mathbf{G}(D)$	
Generatormatrix für IIR-Systeme $$\mathbf{G} = \begin{pmatrix} \mathbf{G}_0 & \mathbf{G}_1 & \dots & \\ & \mathbf{G}_0 & \mathbf{G}_1 & \dots \\ & & \ddots \end{pmatrix},$$ mit den $(k \times n)$-dimensionalen Untermatrizen $\mathbf{G}_l = \partial/\partial D^l \, \mathbf{G}(D)\big|_{D=0}$ für $l \in [0, +\infty[$	Generatormatrix für IIR-Systeme $$\mathbf{G}(D) = \begin{pmatrix} G_{1,1}(D) & \dots & G_{1,n}(D) \\ \vdots & & \vdots \\ G_{k,1}(D) & \dots & G_{k,n}(D) \end{pmatrix},$$ mit $$G_{ij}(D) = \frac{p_0 + p_1 D + \dots + p_m D^m}{1 + q_1 D + \dots + q_m D^m}$$

Systematische Generatormatrix: Ebenso wie bei Blockcodes kann auch bei Faltungscodes die Informationssequenz unverändert ein Teil der Codesequenz sein, und der entsprechende Codierer heißt dann *systematisch*:

$$\mathbf{u}(D) = (U_1(D), U_2(D), \dots, U_k(D)) \rightarrow$$
$$\mathbf{v}(D) = (U_1(D), U_2(D), \dots, U_k(D), V_{k+1}(D) \dots, V_n(D)). \qquad (8.18)$$

Eine Generatormatrix, die eine systematische Zuordnung von Informations- auf Codesequenz erfüllt, besitzt die folgende Form:

$$\mathbf{G}(D) = \begin{pmatrix} 1 & & & & G_{1,k+1}(D) & \cdots & G_{1,n} \\ & 1 & & & \vdots & & \vdots \\ & & \ddots & & & & \\ & & & 1 & G_{k,k+1}(D) & & G_{k,n}(D) \end{pmatrix}$$
$$= (\mathbf{I}_k \mid \mathbf{R}(D)), \qquad (8.19)$$

wobei $\mathbf{I}_k$ eine $(k \times k)$-Einheitsmatrix und $\mathbf{R}(D)$ eine $(k \times (n-k))$-Matrix mit gebrochen-rationalen Elementen ist. Systematische Codierer können sowohl FIR- als auch IIR-Systeme sein. Selbstverständlich müssen die Eingangssequenzen nicht, wie in Gleichung 8.18 gezeigt, den ersten k Ausgangssequenzen entsprechen, es sind alle Permutationen erlaubt. Entsprechend verändert sich dann auch die Generatormatrix 8.19.

Beispiel 8.21 (Systematischer Codierer) Der in Bild 8.13 dargestellte Faltungscodierer ist systematisch.   ◇

Katastrophale Generatormatrix: Eine weitere Klasse von Generatormatrizen sind *katastrophale* Generatormatrizen. Diese müssen unter allen Umständen vermieden werden, da sie eine Abbildung von Informationssequenzen mit unendlichem Hamming-Gewicht auf Codesequenzen mit endlichem Hamming-Gewicht durchführen. Damit können durch eine endliche Anzahl an Übertragungsfehlern unendlich viele Fehler in der decodierten Informationssequenz entstehen.

Methoden, um eine Generatormatrix auf Katastrophalität zu testen, werden wir in Abschnitt 8.2.6 erörtern. Des weiteren existiert eine Vielzahl spezieller Generatormatrizen, deren Nicht-Katastrophalität immer gewährleistet ist, z. B. sind systematische Generatormatrizen nie katastrophal.

Eine notwendige und hinreichende Bedingung, daß eine Generatormatrix katastrophal ist, ist eine Schleife im Zustandsdiagramm des Codierers, die die Nullfolge als Ausgabe besitzt, wobei die Schleife $0_t \xrightarrow{\mathbf{u}_t=0} 0_{t+1}$ im Nullzustand nicht berücksichtigt wird. Dabei ist Schleife allgemeiner zu verstehen, d. h., eine Schleife ist ein geschlossener Pfad im Zustandsdiagramm, möglicherweise über mehrere Zustände.

Beispiel 8.22 (Katastrophaler Codierer) Der in Bild 8.14 dargestellte Faltungscodierer ist katastrophal. Betrachtet man den Zustandsübergang $(111) \rightarrow (111)$, dann ist der entsprechende Codeblock (00). Damit hat dieser Codierer eine Nullschleife im Zustandsdiagramm und ist katastrophal.   ◇

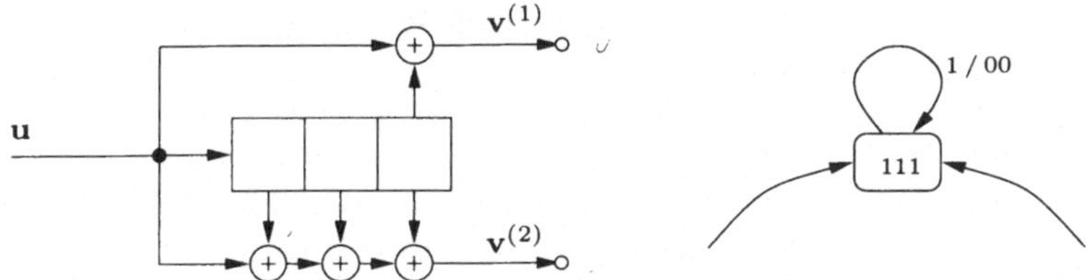

Bild 8.14: Katastrophaler Codierer.

Die Existenz einer Nullschleife im Zustandsdiagramm ist zwar eine sehr anschauliche Bedingung für Katastrophalität, hat aber unter praktischen Gesichtspunkten eine untergeordnete Bedeutung, da andere effektive Verfahren zur Bestimmung der Katastrophalität einer Codiermatrix existieren, die wir später beschreiben werden.

8.1.10 Punktierte Faltungscodes

Die Menge der punktierten Faltungscodes (*punctured convolutional codes*) ist eine Untermenge der Menge aller Faltungscodes. Bevor wir die Anwendungen und Vorzüge dieser Art von Codes besprechen, werden wir zunächst das Verfahren beschreiben.

Muttercode, Streichmuster und punktierter Code: Punktierte Faltungscodes werden von sogenannten Muttercodes abgeleitet. Dies geschieht durch periodisches Streichen (punktieren) bestimmter Codebits in der Codesequenz des Muttercodes:

$$\mathcal{C}_m(n_m, k_m, [\nu_m]) \quad \xrightarrow{\; \mathcal{S}(p.w) \;} \quad \mathcal{C}_p(n_p, k_p, [\nu_p]). \tag{8.20}$$

Das Muster $\mathcal{S}$, mit welchem gestrichen wird (*deletion map*), ist dabei durch seine Periodizität p und der Anzahl $p - w$ der pro Periode punktierten Bits charakterisiert. Der Parameter w entspricht also der Anzahl nicht-punktierter Bits pro Periode. Damit ist die Rate des punktierten Codes

$$R_p = \frac{p}{w} R_m. \tag{8.21}$$

Diese ist immer größer als die des Muttercodes und muß immer kleiner als eins sein. Somit gilt:

$$R_m \le R_p \le 1.$$

Abhängig von der Rate des Muttercodes und der gewünschten Rate des punktierten Codes sind verschiedene Darstellungsmöglichkeiten für das Streichmuster denkbar.

Muttercodes der Rate $R_m = 1/n_m$ und Punktierungsmatrix: Werden punktierte Faltungscodes der Rate $R_p = k_p/n_p$ von einem Muttercode der Rate $R_m = 1/n_m$ abgeleitet, kann das Streichmuster $\mathcal{S}(p, w)$ als $(n_m \times k_p)$-dimensionale Punktierungsmatrix $\mathbf{P}$ dargestellt werden, deren Matrixelemente $p_{ij} \in \{0, 1\}$ sind. Eine „0" bedeutet das Entfernen eines Bits und eine „1", daß die Stelle in der punktierten Sequenz erhalten bleibt. Die Anzahl der Einsen in der Punktierungsmatrix $w = \sum_{i,j} p_{ij} = n_p$ ergibt sich aus den Gleichungen 8.20 und 8.21 und der Periodizität $p = k_p \cdot n_m$ mit der punktiert wird.

Beispiel 8.23 (Punktierung von Faltungscodes) Der Codierer aus Bild 8.1 mit der Generatormatrix $\mathbf{G}(D) = (1 + D + D^2 \quad 1 + D^2)$ wird zur Codierung eines Muttercodes $\mathcal{C}_m$ der Rate $R_m = 1/2$ mit Gedächtnisordnung $m_m = 2$ verwendet. Zur Erzeugung eines auf die Rate $R_p = (n_p - 1)/n_p = 6/7$ punktierten Codes soll die (2×6)-dimensionale Punktierungsmatrix

$$\mathbf{P} = \begin{pmatrix} 1 & 0 & 0 & 0 & 0 & 1 \\ 1 & 1 & 1 & 1 & 1 & 0 \end{pmatrix}$$

verwendet werden. Der Faltungscodierer des Muttercodes generiert zu jedem Zeitpunkt t einen Codeblock $\mathbf{v}_t = (v_t^{(1)} \, v_t^{(2)})$ aus 2 Codebits, von denen die $(t \bmod 6)$-te Spalte der zyklisch durchlaufenen Punktierungsmatrix angibt, welche dieser beiden Bits gestrichen werden. So ergibt sich die punktierte Codesequenz wie folgt:

$$\mathbf{v}_m = ((v_0^{(1)} v_0^{(2)}), (v_1^{(1)} v_1^{(2)}), (v_2^{(1)} v_2^{(2)}), (v_3^{(1)} v_3^{(2)}), (v_4^{(1)} v_4^{(2)}), \dots)$$

$$\mathbf{v}_p = ((v_0^{(1)} v_0^{(2)} v_1^{(2)} v_2^{(2)} v_3^{(2)} v_4^{(2)} v_5^{(1)}), (v_6^{(1)} v_6^{(2)} v_7^{(2)} \dots), \dots).$$

Der punktierte Code hat also, wie oben zu sehen ist, die Codeblocklänge $n_p = 7$. Danach wiederholt sich das durch die Punktierungsmatrix festgelegte Streichmuster. ◇

Ein punktierter Code fester Rate kann natürlich von völlig unterschiedlichen Muttercodes abgeleitet werden. Des weiteren existieren für einen Muttercode unterschiedliche Permutationen des Streichmusters.

Gute punktierte Codes: Gute punktierte Codes werden üblicherweise mittels computergestützter Suche ermittelt. Mit der Bezeichnung „gut" sind dabei solche Codes $\mathcal{C}_p(n_p, k_p, [\nu_p])$ gemeint, die unter allen anderen punktierten Codes gleicher Rate $R_p = k_p/n_p$ und gleicher Gesamteinflußlänge ν_p die größte freie Distanz d_f besitzen.

Da bei Raten $R_p \to 1$ sehr viele Codes dieselbe freie Distanz haben, wird als zusätzliches Kriterium die Anzahl der existierenden Pfade mit freier Distanz bzw. deren Informationsgewicht verwendet.

Betrachtet man die erweiterte Distanzfunktion in Gleichung 8.9, so ergibt sich das *Informationsgewicht* $I(w)$ der Pfade mit Codegewicht w aus

$$\frac{\partial}{\partial H} T(W, H, L = 1)\bigg|_{H=1} = \sum_w I(w) W^w.$$

8.1 Grundlagen von Faltungscodes

Das Informationsgewicht aller Pfade mit Hamming-Gewicht gleich der freien Distanz ist somit $I(d_f)$. Unter Informationsgewicht versteht man das Hamming-Gewicht der zu einer Codesequenz gehörenden Informationssequenz.

Wie das Informationsgewicht zur Berechnung einer oberen Schranken der Bitfehlerrate des entsprechenden Codes verwendet werden kann, zeigen wir im Abschnitt 8.4.3 auf Seite 293 in Gleichung 8.46.

Anmerkung: Zur praktischen Berechnung des Wertes $I(d_f)$ wird nicht die erweiterte Distanzfunktion, sondern das Trellis des Muttercodes verwendet. Um nun einen punktierten Code mit größtmöglicher freier Distanz d_f und kleinstmöglichem Informationsgewicht $I(d_f)$ zu finden, werden zunächst die besten bekannten Codes als Muttercodes gewählt. Dies begründet sich darin, daß die Distanzeigenschaften eines punktierten Codes nie besser sein können als die des Muttercodes. Dann werden alle möglichen punktierten Codes fester Rate untersucht, die sich durch ein Streichmuster $S(p, w)$ einer bestimmten Periodizität ergeben. Da die Kombination aus Generatormatrix des Muttercodes und Punktierung zu einem katastrophalen Codierer führen kann, muß zuerst auf Katastrophalität geprüft werden. Ist die Nicht-Katastrophalität sichergestellt, wird die freie Distanz und das entsprechende Informationsgewicht bestimmt.

Beispiel 8.24 (Generatormatrix eines punktierten Faltungscodes) Die Untersuchung auf Katastrophalität des Codierers wird anhand eines Tests durchgeführt, für den die Generatormatrix des Codierers benötigt wird (vergleiche Abschnitt 8.2.6). In diesem Beispiel werden wir die Generatormatrix des punktierten Codes der Rate $R_p = 6/7$ berechnen, den wir in Beispiel 8.23 beschrieben haben. Die Generatormatrix des Muttercodes $\mathcal{C}(2, 1, [2])$ im Zeitbereich lautet

$$
\mathbf{G} = \begin{pmatrix}
11 & 10 & 11 & 11 & & \\
& 11 & 10 & 11 & 11 & \\
& & \ddots & & & \ddots &
\end{pmatrix}.
$$

Betrachtet man die Matrixmultiplikation $\mathbf{v} = \mathbf{uG}$, dann ergibt sich das l-te Codebit der Codesequenz $\mathbf{v}$ aus der Multiplikation der Informationssequenz $\mathbf{u}$ mit der l-ten Spalte der Generatormatrix. Wird das l-te Codebit entfernt, kann also auch alternativ die entsprechende Spalte der Generatormatrix des Muttercodes gestrichen werden.

```
11 01 01 01 01 10 | 11 01 01 01 01 10 | 11 10 10 10
─────────────────────────────────────────────────────
11 10 11
   11 10 11
      11 10 11
         11 10 11
            11 10 | 11
               11 | 10 11
                  | 11 10 11
                  |    11 10 11
                  |       11 10 11
                  |          11 10 11
                  |             11 10 | 11
                  |                11 | 10 11
                  |                   | 11 10 11
                  |                   |    11 10 11
                  |                   |        ·.    ·.
```

In der obersten Zeile ist die zyklisch wiederholte Punktierungsmatrix $\mathbf{P}$ dargestellt, darunter ist die Generatormatrix des Muttercodes. Spalten, die nicht gestrichen werden, sind durch fetten Druck gekennzeichnet. Damit erhält man die Generatormatrix des punktierten Codes

$$
\mathbf{G}_p = \begin{pmatrix}
1 & 1 & 0 & 1 & & & & & & \\
& & 1 & 0 & 1 & & & & & \\
& & & 1 & 0 & 1 & & & & \\
& & & & 1 & 0 & 1 & & & \\
& & & & & 1 & 1 & 1 & 1 & \\
& & & & & & 1 & 1 & 0 & 1 \\
& & & & & & & 1 & 1 & 0 & 1 \\
& & & & & & & & 1 & 0 & 1 \\
& & & & & & & & & \ddots & & \ddots
\end{pmatrix},
$$

welche aus den beiden (6×7)-dimensionalen Untermatrizen

$$
\mathbf{G}_0 = \begin{pmatrix}
1 & 1 & 0 & 1 & 0 & 0 & 0 \\
0 & 0 & 1 & 0 & 1 & 0 & 0 \\
0 & 0 & 0 & 1 & 0 & 1 & 0 \\
0 & 0 & 0 & 0 & 1 & 0 & 1 \\
0 & 0 & 0 & 0 & 0 & 1 & 1 \\
0 & 0 & 0 & 0 & 0 & 0 & 1
\end{pmatrix}
\quad \text{und} \quad
\mathbf{G}_1 = \begin{pmatrix}
0 & 0 & 0 & 0 & 0 & 0 & 0 \\
0 & 0 & 0 & 0 & 0 & 0 & 0 \\
0 & 0 & 0 & 0 & 0 & 0 & 0 \\
0 & 0 & 0 & 0 & 0 & 0 & 0 \\
1 & 1 & 0 & 0 & 0 & 0 & 0 \\
1 & 0 & 1 & 0 & 0 & 0 & 0
\end{pmatrix}
$$

aufgebaut ist. Die Generatormatrix im Bildbereich ist dann $\mathbf{G}(D) = \mathbf{G}_0 + D\mathbf{G}_1$. Der punktierte Code hat die Gedächtnisordnung $m_p = 1$. Diese ist kleiner als die des Muttercodes. Dagegen ist die Gesamteinflußlänge $\nu_m = \nu_p = 2$ gleich geblieben. $\qquad\qquad \diamond$

Allgemein gilt der Zusammenhang $\nu_p \leq \nu_m$, wobei erfahrungsgemäß für alle guten punktierte Codes Gleichheit angenommen werden kann.

Die Gründe für die Einführung von punktierten Codes sind:

- Die Möglichkeit, hochratige punktierte Codes mit der Decodierkomplexität, des niederratigen Muttercodes zu decodieren. Wie wir später in Abschnitt 8.4 sehen werden, nimmt die Decodierkomplexität der Viterbi-Decodierung mit anwachsender Rate des Faltungscodes stark zu.

- Die Konstruktion neuer Faltungscodes, basierend auf bereits bekannten Codes mit guten Distanzeigenschaften. Dies ist um so wichtiger, da es im Gegensatz zu Blockcodes keine Verfahren zur Konstruktion guter Faltungscodes gibt.

Die Anwendungsbereiche von punktierten Faltungscodes sind beispielsweise:

- Der Einsatz extrem hochratiger Codes in verketteten Codeschematas (vergleiche Kapitel 9).

- Flexibler Fehlerschutz bei unverändertem Decodierer durch die Klasse der sogenannten RCPC-Codes (*rate compatible punctured convolutional codes*).

Punktierte Faltungscodes sind von großer praktischer Relevanz und kommen in vielen Bereichen zum Einsatz. Tabellen, bzw. Referenzen auf die besten bekannten punktierten Codes sind in Abschnitt 8.8 zu finden.

Anmerkung: Prinzipiell ist jetzt die Viterbi-Decodierung von Faltungscodes verständlich, d. h., ein Leser, der zunächst nicht an der algebraischen Struktur und den Distanzmaßen interessiert ist, kann mit Abschnitt 8.4 Seite 283 fortfahren.

8.2 Algebraische Beschreibung

Im vorherigen Abschnitt haben wir die wesentlichen Begriffe und Eigenschaften von Faltungscodes eingeführt. In diesem Abschnitt wollen wir diese mathematisch ableiten und beweisen. Wir betrachten hierbei nur Codes mit unendlich langen Codesequenzen. Dabei werden wir uns an die Notation von [JZ97] halten, wo auch weitergehende Aussagen getroffen werden. Wir wollen uns jedoch hier auf das Notwendigste beschränken, um in die algebraische Beschreibung einzuführen. Es wird gezeigt, wie äquivalente Generatormatrizen erzeugt werden können. Ferner werden die wichtigsten Vertreter, nämlich die systematischen und katastrophalen Generatormatrizen, Basisgeneratormatrizen und minimale Basisgeneratormatrizen diskutiert. Des weiteren wird die Prüfmatrix eines Codes und der duale Code beschrieben.

8.2.1 Code, Generatormatrix und Codierer

Hier wollen wir drei Definitionen angeben, die klar zwischen Code, Generatormatrix und deren Realisierung als Codierer trennen.

Definition 8.1 (Faltungscode) *Die Menge aller Codesequenzen, die aus einer linearen Abbildungsvorschrift hervorgeht, werden als Faltungscodes bezeichnet.*

In dieser Definition wird bewußt der Begriff Informationssequenz vermieden. Natürlich werden Informations- auf Codesequenzen abgebildet, aber genau diese Zuordnung zwischen beiden spielt bei der Definition des Codes keine Rolle. Als Code betrachtet man nur die Menge aller möglichen *Codewörter* $\mathbf{V}(D) = (V_1(D), V_2(D), \dots, V_n(D))$, wie die Codesequenzen auch genannt werden. Ein Faltungscode besteht also aus unendlich vielen Codewörtern.

Definition 8.2 (Generatormatrix) *Eine $(k \times n)$-dimensionale Matrix $\mathbf{G}(D)$ vom Rang k, wobei die Matrixelemente $G_{ij}(D)$ gebrochen-rationale Funktionen sind, bezeichnet man als Generatormatrix.*

Die Generatormatrix $\mathbf{G}(D)$ legt die Zuordnung zwischen *Informationswörtern* (Informationssequenzen) $\mathbf{U}(D) = (U_1(D), U_2(D), \dots, U_k(D))$ und den Codewörtern $\mathbf{V}(D)$ fest. Es handelt sich um eine konkrete Zuordnungsvorschrift einer linearen Abbildung. Da diese Abbildung umkehrbar sein soll, muß $\mathbf{G}(D)$ vollen Rang haben.

Definition 8.3 (Faltungscodierer) *Ein Faltungscodierer der Rate $R = k/n$ ist die Realisierung einer $(k \times n)$-dimensionale Generatormatrix $\mathbf{G}(D)$ als sequentieller linearer Schaltkreis.*

Diese Definition macht keinerlei konstruktive Aussagen bezüglich der konkreten Realisierung des Codierers. Es sind beliebige Schaltungsentwürfe aus Speicherelementen mit linearer Schaltungslogik denkbar. Eine Generatormatrix kann also mit unterschiedlichen Codierern realisiert werden.

Im weiteren wird streng zwischen diesen drei Begriffen unterschieden. Jede Aussage bezieht sich damit entweder auf eine Eigenschaft des Codes, eine Eigenschaft der Generatormatrix oder eine Eigenschaft des Codierers.

8.2.2 Faltungscodierer in Steuer- und Beobachterentwurf

Die Elemente $G_{ij}(D)$ einer Generatormatrix $\mathbf{G}(D)$ sind i. a. gebrochen-rationale Übertragungsfunktionen. Wir wollen uns dabei auf realisierbare beschränken, die wie folgt definiert sind:

Realisierbare Übertragungsfunktion: Eine gebrochen-rationale Übertragungsfunktion $H(D) = P(D)/Q(D)$ besteht aus dem Zählerpolynom $P(D) = \sum_{i=0}^{m} p_i D^i$ und dem Nennerpolynom $Q(D) = \sum_{i=0}^{m} q_i D^i$ mit $p_i, q_i \in \{0, 1\}$. Gilt $q_0 = 1$, so wird $H(D)$ realisierbar genannt, und das Nennerpolynom $Q(D)$ heißt *verzögerungsfrei*. Es gilt $Y(D) = X(D)H(D)$ mit

$$H(D) = \frac{p_0 + p_1 D + \cdots + p_m D^m}{1 + q_1 D + \cdots + q_m D^m}. \tag{8.22}$$

Aus der Systemtheorie sind generell zwei wichtige Schaltungen einer realisierbaren Übertragungsfunktion bekannt. Dies sind der *Steuerentwurf* (*controller canonical form*) und der *Beobachterentwurf* (*observer canonical form*).

Steuerentwurf: In Bild 8.15 ist die Realisierung der Übertragungsfunktion aus Gleichung 8.22 im Steuerentwurf zu sehen. Die Eingangssequenz $X(D)$ läuft in ein Schieberegister der Länge m. Die Beschaltung des Schieberegisters entspricht den Koeffizienten des Zähler- und Nennerpolynoms der Übertragungsfunktion $H(D)$.

Beobachterentwurf: In Bild 8.16 ist die Realisierung der Übertragungsfunktion aus Gleichung 8.22 im Beobachterentwurf zu sehen. Die einzelnen Speicherelemente sind hier nicht in einem Schieberegister angeordnet. Die Berechnung der Übertragungsfunktion $H(D)$ anhand dieser Schaltung erfolgt in zwei Schritten. Zunächst erhalten wir direkt aus dem Schaltungsaufbau $Y(D) = X(D)(p_0 + p_1 D + \cdots + p_m D^m) + Y(D)(q_1 D + \cdots + q_m D^m)$. Durch Umformung dieser Beziehung ergibt sich die Übertragungsfunktion aus Gleichung 8.22.

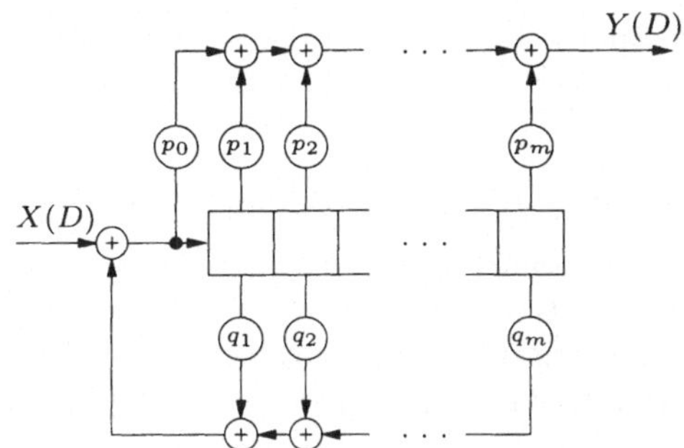

Bild 8.15: Steuerentwurf einer realisierbaren Übertragungsfunktion.

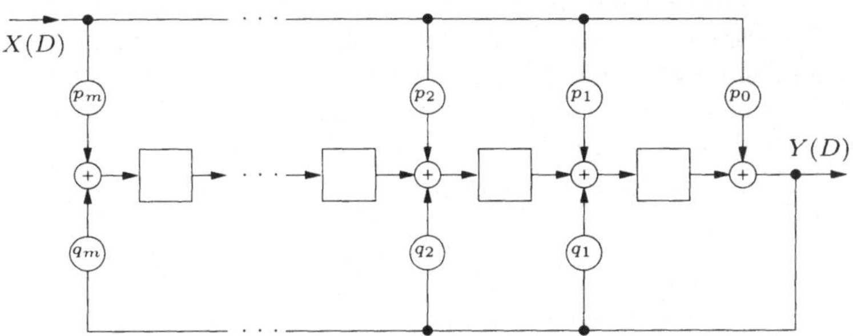

Bild 8.16: Beobachterentwurf einer realisierbaren Übertragungsfunktion.

Realisierungsformen einer Generatormatrix: Analog zum Konzept des Steuer- bzw. Beobachterentwurfs einer realisierbaren Übertragungsfunktion kann nun auch eine Generatormatrix mittels dieser beiden Formen realisiert werden. Dabei muß $\mathbf{G}(D)$ realisierbar sein, d. h. alle Elemente $G_{ij}(D) = P_{ij}(D)/Q_{ij}(D)$ sind realisierbare Übertragungsfunktionen. Dann kann das folgende Konzept zum Schaltungsentwurf angewandt werden:

- Generatormatrix im Steuerentwurf: Alle k Eingangssequenzen $U_i(D)$, für $i \in [1, k]$, werden unabhängig voneinander betrachtet, d. h. jede dieser Sequenzen läuft in ein eigenes Schieberegister (vergleiche Bild 8.15). Die Rückkopplung des i-ten Schieberegisters erhalten wir aus dem kleinsten gemeinsamen Vielfachen (kgV) der entsprechenden Nennerpolynome

$$Q_i(D) = \text{kgV}(Q_{i1}(D), Q_{i2}(D), \ldots, Q_{in}(D)).$$

Erweitert man die k Übertragungsfunktionen $G_{ij}(D)$ der i-ten Zeile auf $\tilde{G}_{ij}(D) = \tilde{P}_{ij}(D)/Q_i(D)$, für $j \in [1, n]$, dann erhalten wir die Beschaltung der Schieberegister im „Vorwärtszweig". Jedes der k Schieberegister besitzt also für jede der n Ausgangssequenzen genau eine Beschaltung.

- Generatormatrix im Beobachterentwurf: Jede einzelne der n Ausgangssequenzen $V_j(D)$, für $j \in [1, n]$, besitzt eine von den anderen Ausgangssequenzen unabhängige Speichereinheit (vergleiche Bild 8.16). Die Beschaltung der Speicherelemente dieser Speichereinheit im „Rückwärtszweig" erhalten wir aus

$$Q_j(D) = \text{kgV}(Q_{1j}(D), Q_{2j}(D), \ldots, Q_{kj}(D)).$$

Analog zum Steuerentwurf erweitern wir die n Übertragungsfunktionen $G_{ij}(D)$ der j-ten Spalte auf $\tilde{G}_{ij}(D) = \tilde{P}_{ij}(D)/Q_j(D)$, für $i \in [1, k]$, und erhalten die Beschaltung der Speicherelemente im „Vorwärtszweig". Jede der n Speichereinheiten besitzt also für jede der k Eingangssequenzen genau eine Beschaltung.

Faltungscodierer können natürlich auch in beliebiger Form entworfen werden. Es existieren u. a. Verfahren zur Realisierung eines Codierers mit der kleinstmöglichen Anzahl an Speicherelementen bei gegebener Generatormatrix. Solche Minimierungstechniken sind vor allem bei der Realisierung sehr großen Schaltungen wichtig. Wir sind allerdings an strukturellen Eigenschaften interessiert und werden uns auf den Steuer- und Beobachterentwurf beschränken.

Beispiel 8.25 (Steuer- und Beobachterentwurf [JZ97]) Die Generatormatrix mit gebrochen-rationalen Elementen,

$$\mathbf{G}(D) = \begin{pmatrix} \frac{1}{1+D+D^2} & \frac{D}{1+D^3} & \frac{1}{1+D^3} \\ \frac{D^2}{1+D^3} & \frac{1}{1+D^3} & \frac{1}{1+D} \end{pmatrix},$$

ist in den Bildern 8.17 und 8.18 jeweils im Steuerentwurf und im Beobachterentwurf dargestellt. Der Steuerentwurf besteht aus $k = 2$ Schieberegistern, deren Rückkopplungen

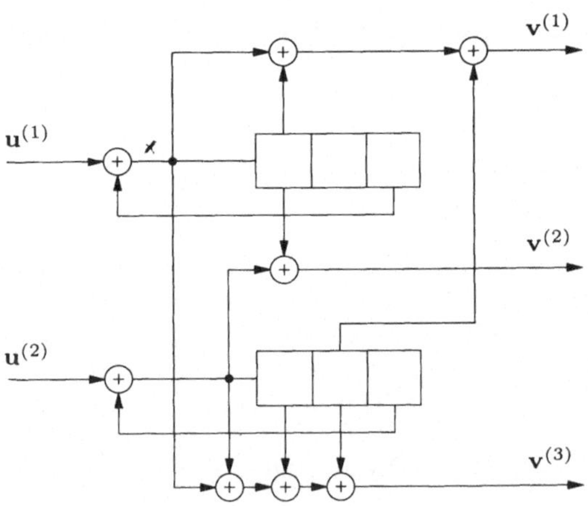

Bild 8.17: Steuerentwurf eines Faltungscodierers der Rate $R = 2/3$.

$Q_1(D) = Q_2(D) = 1 + D^3$ sind. Die Beschaltung der beiden Register im Vorwärtszweig ist jeweils auf der Ebene der Ausgangssequenzen zusammengefaßt. Der Beobachterentwurf besteht aus $n = 3$ Speichereinheiten. Auch deren Rückkopplungen sind alle gleich $Q_1(D) = Q_2(D) = Q_3(D) = 1 + D^3$. Die Beschaltung in den Vorwärtszweigen erhält man wie oben beschrieben. $\diamond$

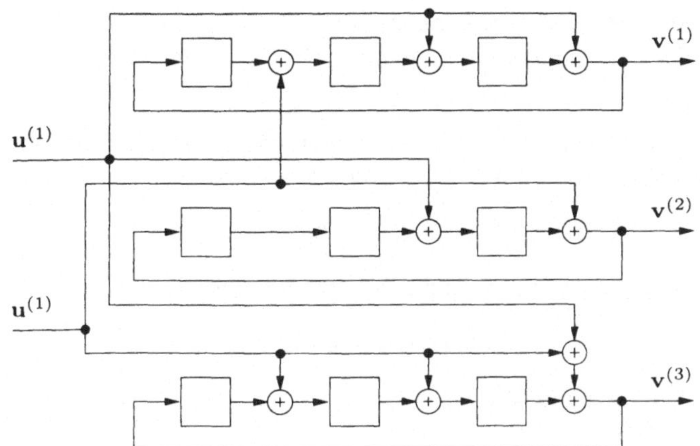

Bild 8.18: Beobachterentwurf eines Faltungscodierers der Rate $R = 2/3$.

8.2.3 Äquivalente Generatormatrizen

Eine Generatormatrix kann durch unterschiedliche Faltungscodierer realisiert werden. Analog dazu kann ein Faltungscode mit unterschiedlichen Generatormatrizen erzeugt werden.

Definition 8.4 (Äquivalente Generatormatrizen) *Zwei Generatormatrizen* $\mathbf{G}(D)$ *und* $\mathbf{G}'(D)$ *werden als äquivalent bezeichnet, wenn beide denselben Code erzeugen.*

Satz 8.5 (Äquivalente Generatormatrizen) *Zwei Generatormatrizen* $\mathbf{G}(D)$ *und* $\mathbf{G}'(D)$ *sind äquivalent, wenn eine* $(k \times k)$-*dimensionale Scrambler-Matrix* $\mathbf{T}(D)$ *existiert, so daß gilt:*

$$\mathbf{G}'(D) = \mathbf{T}(D)\,\mathbf{G}(D),$$

wobei die Determinante $\det(\mathbf{T}(D)) \neq 0$ *ist. Damit hat auch die äquivalente Generatormatrix* $\mathbf{G}'(D)$ *vollen Rang hat.*

Beweis: Nach Definition 8.4 müssen beide Generatormatrizen denselben Code generieren, also die gleiche Menge an Codewörtern erzeugen. Das gleiche Codewort

$$\mathbf{V}(D) \;=\; \mathbf{U}(D)\,\mathbf{G}'(D) = \underbrace{\mathbf{U}(D)\,\mathbf{T}(D)}_{\mathbf{U}'(D)}\,\mathbf{G}(D)$$

$$=\; \mathbf{U}'(D)\,\mathbf{G}(D)$$

kann sowohl mit $\mathbf{G}'(D)$ als auch mit $\mathbf{G}(D)$ erzeugt werden. Da $\mathbf{T}(D)$ nicht singulär ist, kann also immer ein Paar von Informationswörtern gefunden werden, so daß gilt: $\mathbf{U}'(D) = \mathbf{U}(D)\,\mathbf{T}(D)$. Beide erzeugen dasselbe Codewort. $\square$

Die Menge der äquivalenten Generatormatrizen eines Faltungscodes enthält eine Untermenge, die Menge der polynomialen Generatormatrizen die als FIR-System realisiert werden können und die somit von besonderem Interesse sind.

Satz 8.6 (Polynomiale Generatormatrix) *Jede gebrochen-rationale Generatormatrix besitzt eine äquivalente polynomiale Generatormatrix.*

Beweis: Allgemein ist $\mathbf{G}(D) = (G_{ij}(D))$ mit $G_{ij}(D) = P_{ij}(D)/Q_{ij}(D)$ für $i \in [1, k]$ und $j \in [1, n]$ eine Matrix, deren Elemente gebrochen-rationale Funktionen in D sind. Das kleinste gemeinsame Vielfache der Nennerpolynome

$$T(D) = \text{kgV}\,(Q_{11}(D), \dots, Q_{ij}(D), \dots, Q_{kn}(D))$$

kann zur Berechnung einer äquivalenten Generatormatrix verwendet werden:

$$\mathbf{G}'(D) = \mathbf{T}(D)\,\mathbf{G}(D).$$

Die Scrambler-Matrix ergibt sich aus $\mathbf{T}(D) = T(D)\mathbf{I}_k$. Die Elemente $G'_{ij}(D)$ lassen sich damit so kürzen, daß alle polynomial sind. $\qquad\square$

Alle weiteren Untersuchungen werden sich ausschließlich auf polynomiale Generatormatrizen beziehen, mit Ausnahme der Diskussion systematischer Generatormatrizen.

Die in Abschnitt 8.1.3 anhand der Generatorsequenzen eines nicht-rekursiven Faltungscodierers vorgestellten Einflußlängen können nun allgemein als Eigenschaften der Generatormatrix definiert werden.

Definition 8.7 (Gedächtnis) *Sei $\mathbf{G}(D)$ eine polynomiale $(k \times n)$-dimensionale Generatormatrix, dann bezeichnet man*

$$\nu_i = \max_{1 \leq j \leq n} \{\deg G_{ij}(D)\}, \tag{8.23}$$

als deren i-te Einflußlänge (constraint length). Die Gedächtnisordnung (memory) der Generatormatrix ist definiert als

$$m = \max_{1 \leq i \leq k} \{\nu_i\},$$

und die Gesamteinflußlänge (overall constraint length) ist gegeben durch:

$$\nu = \sum_{i=1}^{k} \nu_i.$$

Anmerkung: Die Definition von Einflußlängen für gebrochen-rationale Generatormatrizen ist ebenfalls möglich, soll aber hier nicht eingeführt werden, da die dazu notwendigen Grundlagen wesentlich umfangreicher sind.

Beispiel 8.26 (Äquivalente polynomiale Generatormatrix) Wir wollen hier die in Bild 8.17 und 8.18 dargestellten Realisierungen des Faltungscodierers der Rate $R = 2/3$ mit einer äquivalenten polynomialen Generatormatrix beschreiben und eine Realisierung im Steuerentwurf angeben.

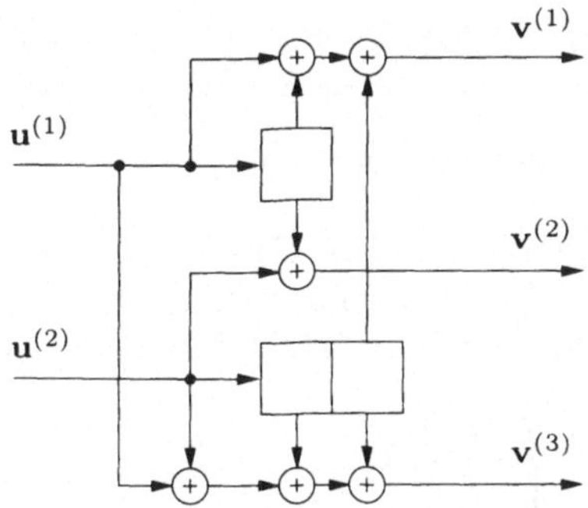

Bild 8.19: Faltungscodierer der Rate $R = 2/3$.

Die zugrundeliegende gebrochen-rationale Generatormatrix ist

$$\mathbf{G}(D) = \begin{pmatrix} \frac{1}{1+D+D^2} & \frac{D}{1+D^3} & \frac{1}{1+D^3} \\ \frac{D^2}{1+D^3} & \frac{1}{1+D^3} & \frac{1}{1+D} \end{pmatrix}.$$

Eine äquivalente, polynomiale Generatormatrix erhält man durch die Multiplikation des kleinsten gemeinsamen Vielfachen aller im Nenner auftretenden Polynome,

$$T(D) = \mathrm{kgV}\left(1 + D + D^2, 1 + D^3, 1 + D\right) = 1 + D^3,$$

mit der gebrochen-rationalen Generatormatrix

$$\mathbf{G}'(D) = (1 + D^3) \begin{pmatrix} \frac{1}{1+D+D^2} & \frac{D}{1+D^3} & \frac{1}{1+D^3} \\ \frac{D^2}{1+D^3} & \frac{1}{1+D^3} & \frac{1}{1+D} \end{pmatrix} = \begin{pmatrix} 1 + D & D & 1 \\ D^2 & 1 & 1 + D + D^2 \end{pmatrix}.$$

Eine Realisierung dieser Generatormatrix im Steuerentwurf ist in Bild 8.19 gegeben. $\quad\diamond$

8.2.4 Smith-Form einer Generatormatrix

Gemäß Definition 8.2 besitzt eine $(k \times n)$-dimensionale Generatormatrix $\mathbf{G}(D)$ immer vollen Rang. Damit existiert immer eine rechte Inverse $\mathbf{G}^{-1}(D)$, die eine $(n \times k)$-dimensionale Matrix ist. Die zu $\mathbf{V}(D) = \mathbf{U}(D)\mathbf{G}(D)$ *inverse Abbildung* ist $\mathbf{U}(D) = \mathbf{V}(D)\mathbf{G}^{-1}(D)$. Es gilt:

$$\mathbf{I}_k = \mathbf{G}(D)\mathbf{G}^{-1}(D),$$

wobei $\mathbf{I}_k$ die $(k \times k)$-dimensionale Einheitsmatrix ist.

Zur Berechnung der rechten Inversen $\mathbf{G}^{-1}(D)$ verwenden wir ein aus der linearen Algebra bekanntes Verfahren, das die Generatormatrix in der sogenannten *Smith-Form* darstellt.

Satz 8.8 (Smith-Form) *Sei* $\mathbf{G}(D)$ *eine polynomiale* $(k \times n)$*-dimensionale Generatormatrix, dann kann sie in folgender Form dargestellt werden:*

$$\mathbf{G}(D) = \mathbf{A}(D)\,\mathbf{\Gamma}(D)\mathbf{B}(D), \tag{8.24}$$

wobei $\mathbf{A}(D)$ *eine* $(k \times k)$*-Matrix und* $\mathbf{B}(D)$ *eine* $(n \times n)$*-Matrix ist, die beide Determinante 1 besitzen, d. h. Scramblermatrizen sind. Die* $(k \times n)$*-Matrix* $\mathbf{\Gamma}(D)$ *wird als Smith-Form der Generatormatrix* $\mathbf{G}(D)$ *bezeichnet und hat die Diagonalform*

$$\mathbf{\Gamma}(D) \;=\; \begin{pmatrix} \gamma_1(D) & & & \\ & \ddots & & \\ & & \gamma_k(D) & 0 & \dots & 0 \end{pmatrix}. \tag{8.25}$$

Die Diagonalelemente $\gamma_i(D)$, $1 \leq i \leq k$, *heißen invariante Faktoren von* $\mathbf{G}(D)$. *Für diese gilt folgender Zusammenhang:*

$$\gamma_i(D) \;\mid\; \gamma_{i+1}(D), \tag{8.26}$$

für $i = 1, 2, \dots, k - 1$. *d. h., das erste Diagonalelement teilt alle anderen, usw. Des weiteren gilt für den größten gemeinsamen Teiler* $\Delta_i(D)$ *der Determinanten aller* $(i \times i)$*-dimensionalen Untermatrizen von* $\mathbf{G}(D)$

$$\Delta_i(D) = \gamma_1(D) \cdot \,\dots\, \cdot \gamma_{i-1}(D) \cdot \gamma_i(D). \tag{8.27}$$

Beweis: Der Beweis dieses Satzes ist ein konstruktiver Beweis, d. h., es wird ein Algorithmus zur Berechnung der Smith-Form beschrieben und anhand des Algorithmus gleichzeitig die Gültigkeit der in den Gleichungen 8.24–8.27 dargestellten Zusammenhänge gezeigt. Da jedoch selbst eine einfache Beschreibung des Algorithmus relativ umfangreich ist, wollen wir an dieser Stelle auf [JZ97] oder [McE97] verweisen.   □

Die Smith-Form spielt eine zentrale Rolle in der Diskussion der strukturellen Eigenschaften der Generatormatrizen. Mit Gleichung 8.24 und 8.25 lautet die rechte Inverse der Generatormatrix:

$$\mathbf{G}^{-1}(D) = \mathbf{B}^{-1}(D)\mathbf{\Gamma}^{-1}(D)\mathbf{A}^{-1}(D), \tag{8.28}$$

wobei die $(n \times k)$-Matrix $\mathbf{\Gamma}^{-1}(D)$ definiert ist zu:

$$\mathbf{\Gamma}^{-1}(D) \;=\; \begin{pmatrix} \gamma_1^{-1}(D) & & & \\ & \ddots & & \\ & & & \gamma_k^{-1}(D) \\ 0 & \dots & & 0 \\ \vdots & & & \vdots \\ 0 & \dots & & 0 \end{pmatrix}. \tag{8.29}$$

Die Inversen der quadratischen Scramblermatrizen $\mathbf{A}^{-1}(D)$ und $\mathbf{B}^{-1}(D)$ existieren, da sowohl $\mathbf{A}(D)$ als auch $\mathbf{B}(D)$ die Determinante 1 besitzen.

Beispiel 8.27 (Smith-Form [JZ97]) Die polynomiale Generatormatrix

$$\mathbf{G}(D) = \begin{pmatrix} 1+D & D & 1 \\ D+D^2+D^3+D^4 & 1+D+D^2+D^3+D^4 & 1+D+D^2 \end{pmatrix}$$

hat die Smith-Form $\mathbf{G}(D) = \mathbf{A}(D)\mathbf{\Gamma}(D)\mathbf{B}(D)$, mit

$$\mathbf{A}(D) \;=\; \begin{pmatrix} 1 & 0 \\ 1+D+D^2 & 1 \end{pmatrix}$$

$$\mathbf{\Gamma}(D) \;=\; \begin{pmatrix} 1 & 0 & 0 \\ 0 & 1+D & 0 \end{pmatrix}$$

$$\mathbf{B}(D) \;=\; \begin{pmatrix} 1+D & D & 1 \\ 1+D^2+D^3 & 1+D+D^2+D^3 & 0 \\ D+D^2 & 1+D+D^2 & 0 \end{pmatrix}.$$

Die invarianten Faktoren sind also $\gamma_1 = 1$ und $\gamma_2 = 1 + D$. Für die rechte Inverse erhalten wir mit Gleichung 8.28 und 8.29:

$$\mathbf{G}^{-1}(D) = \frac{1}{1+D} \begin{pmatrix} 1+D^2+D^4 & 1+D+D^2 \\ D+D^4 & D+D^2 \\ D^3+D^4 & 1+D^2 \end{pmatrix}. \qquad \diamond$$

8.2.5 Basisgeneratormatrix

Die Menge der äquivalenten polynomialen Generatormatrizen eines Faltungscodes kann bezüglich ihrer Gesamteinflußlänge ν untersucht werden. Ziel ist es Generatormatrizen mit der kleinstmöglichen Gesamteinflußlänge zu finden. Dies führt zur geringsten Zustandskomplexität im Trellis, welches bei der Decodierung ein Maß für die Decodierkomplexität ist (vergleiche Abschnitt 8.4 und 8.5).

Zunächst betrachten wir polynomiale Generatormatrizen $\mathbf{G}(D)$, die eine polynomiale rechte Inverse $\mathbf{G}^{-1}(D)$ besitzen.

Definition 8.9 (Basisgeneratormatrix und minimale Basisgeneratormatrix) *Eine polynomiale Generatormatrix deren invariante Faktoren $\gamma_i(D)$, für $i \in [1, k]$, alle Eins sind, wird Basisgeneratormatrix $\mathbf{G}_b(D)$ genannt.*

Da die Determinanten der Scramblermatrizen aus der Smith-Form $\det(\mathbf{A}(D)) = 1$ und $\det(\mathbf{B}(D)) = 1$ sind, und für die k invarianten Faktoren einer Basisgeneratormatrix $\gamma_i = 1$ für $i \in [1, k]$ gilt, sind alle drei Inversen $\mathbf{B}^{-1}(D)$, $\mathbf{\Gamma}^{-1}(D)$ und $\mathbf{A}^{-1}(D)$ in Gleichung 8.28 polynomial und damit auch deren Multiplikation. Jede Basisgeneratormatrix $\mathbf{G}_b(D)$ besitzt damit eine polynomiale rechte Inverse.

Betrachten wir die Smith-Form (Gleichung 8.24) einer beliebigen polynomialen Generatormatrix $\mathbf{G}(D)$, so erhalten wir eine zu dieser Matrix äquivalente Basisgeneratormatrix $\mathbf{G}_b(D)$ aus den ersten k Zeilen der Scrambler-Matrix $\mathbf{B}(D)$:

$$\mathbf{G}(D) = \mathbf{A}(D)\mathbf{\Gamma}(D)\mathbf{B}(D) =$$

$$= \mathbf{A}(D) \begin{pmatrix} \gamma_1(D) & & \\ & \ddots & \\ & & \gamma_k(D) \end{pmatrix} \underbrace{\begin{pmatrix} 1 & & \\ & \ddots & \\ & & 1 \; 0 \; \cdots \; 0 \end{pmatrix}}_{\mathbf{G}_b(D)} \mathbf{B}(D)$$

$$= \mathbf{T}(D)\mathbf{G}_b(D).$$

In der Menge aller äquivalenten Basisgeneratormatrizen befinden sich diejenigen Generatormatrizen mit minimaler Gesamteinflußlänge.

Definition 8.10 (Minimale Basisgeneratormatrix) *Eine Basisgeneratormatrix* $\mathbf{G}_b(D)$, *deren Gesamteinflußlänge minimal unter allen äquivalenten Basisgeneratormatrizen ist, wird als minimale Basisgeneratormatrix* $\mathbf{G}_{mb}(D)$ *bezeichnet.*

Ausgehend von einer Basisgeneratormatrix $\mathbf{G}_b(D)$ können wir eine dazu äquivalente minimale Basisgeneratormatrix $\mathbf{G}_{mb}(D)$ berechnen. Dazu definiert man zunächst die Matrix $[\mathbf{G}(D)]_h$ mit den Elementen $[G_{ij}(D)]_h$, die entweder 0 oder 1 sind. Eine 1 wird an der Stelle ij eingetragen, wenn der Grad von $G_{ij}(D)$ gleich der i-ten Einflußlänge (Gleichung 8.23) ist. Falls der Grad kleiner ist, wird eine 0 eingetragen. Eine Basisgeneratormatrix ist genau dann minimal, wenn $[\mathbf{G}_b(D)]_h$ vollen Rang hat. Ist dies nicht der Fall, dann kann durch eine Reihe von elementaren Zeilenoperationen eine äquivalente minimale Basisgeneratormatrix aus $\mathbf{G}_b(D)$ berechnet werden, wie folgendes Beispiel zeigt.

Beispiel 8.28 (Minimale Basisgeneratormatrix [JZ97]) Die polynomiale Generatormatrix $\mathbf{G}(D)$ aus Beispiel 8.27 wurde, wie bereits gezeigt, in Smith-Form zerlegt, wobei

$$\mathbf{B}(D) = \begin{pmatrix} 1+D & D & 1 \\ 1+D^2+D^3 & 1+D+D^2+D^3 & 0 \\ D+D^2 & 1+D+D^2 & 0 \end{pmatrix}$$

war. Aus den ersten k Zeilen dieser Matrix erhalten wir eine äquivalente Basisgeneratormatrix

$$\mathbf{G}_b(D) = \begin{pmatrix} 1+D & D & 1 \\ 1+D^2+D^3 & 1+D+D^2+D^3 & 0 \end{pmatrix}.$$

Damit ergibt sich die Matrix

$$[\mathbf{G}_b(D)]_h = \begin{pmatrix} 1 & 1 & 0 \\ 1 & 1 & 0 \end{pmatrix},$$

deren Zeilen linear abhängig sind. Damit hat $[\mathbf{G}_b(D)]_h$ nicht vollen Rang. Addiert man jedoch die mit $1+D+D^2$ multiplizierte erste Zeile zur zweiten, dann erhält man die äquivalente Matrix

$$\mathbf{G}_{mb}(D) = \begin{pmatrix} 1+D & D & 1 \\ D^2 & 1 & 1+D+D^2 \end{pmatrix},$$

mit

$$[\mathbf{G}_b(D)]_h = \begin{pmatrix} 1 & 1 & 0 \\ 1 & 0 & 1 \end{pmatrix}.$$

die vollen Rang, $\mathrm{Rang}([\mathbf{G}_{mb}(D)]_h) = 2$, hat und damit minimal ist. Eine Realisation dieser Generatormatrix im Steuerentwurf ist in Bild 8.19 dargestellt. ◇

Die Realisierung einer minimalen Basisgeneratormatrix im Steuerentwurf führt zu einem Faltungscodierer mit der kleinsten Anzahl an Gedächtniselementen unter allen möglichen Codierern des betrachteten Faltungscodes. Ein Codierer mit dieser Eigenschaft wird auch *minimal* genannt.

Anmerkung: Es existieren noch andere minimale Codierer, allerdings sind diese dann in einer beliebigen Form realisiert. Generatormatrizen, die sich mit einem minimalen Codierer realisieren lassen, nennt man *kanonisch*, und diese können i. a. auch gebrochen-rational sein. Es existieren also auch kanonische Codierer mit Rückkopplung (IIR-System).

8.2.6 Katastrophale Generatormatrizen

In der Menge aller äquivalenten polynomialen Generatormatrizen gibt es katastrophale Generatormatrizen. Diese müssen unter allen Umständen vermieden werden.

Definition 8.11 (Katastrophale Generatormatrizen) *Eine Generatormatrix* $\mathbf{G}(D)$ *ist katastrophal, wenn eine Informationssequenz mit unendlichem Gewicht auf eine Codesequenz mit endlichem Gewicht abgebildet wird.*

Beispiel 8.29 (Katastrophale Generatormatrix) Die polynomiale Generatormatrix $\mathbf{G}(D)$ aus Beispiel 8.27 ist katastrophal. Um dies zu zeigen, betrachten wir die inverse Abbildung $\mathbf{G}^{-1}(D)$ und zeigen, daß eine Codesequenz mit endlichem Gewicht auf eine Informationssequenz mit unendlichem Gewicht abgebildet wird.

Betrachten wir die in Beispiel 8.28 berechnete minimale Basisgeneratormatrix $\mathbf{G}_{mb}(D)$ des Codes, so wird beispielsweise das Informationswort $\mathbf{U}(D) = (0, 1)$ mit dem Hamming-Gewicht $\mathrm{wt}(\mathbf{U}(D)) = 1$ auf das Codewort $\mathbf{V}(D) = (D^2, 1, 1 + D + D^2)$ mit dem Hamming-Gewicht $\mathrm{wt}(\mathbf{V}(D)) = 5$ abgebildet. Die Begriffe Informations- und Codewort sind gleichbedeutend zu Informations- und Codesequenz verwendet. Andererseits kann dieses Codewort auch durch eine äquivalente Generatormatrix erzeugt worden sein. Hierzu verwenden wir als Rückabbildung die rechte Inverse aus Beispiel 8.27:

$$\begin{aligned}
\mathbf{U}(D) &= \mathbf{V}(D)\,\mathbf{G}^{-1}(D) \\
&= \frac{1}{1+D}\,(D + D^2 + D^3,\ 1) \\
&= (D + D^3 + D^4 + D^5 + D^6 + \dots, \\
&\qquad 1 + D + D^2 + D^3 + D^4 + D^5 + D^6 + \dots)
\end{aligned}$$

Die Informationssequenzen ergeben sich aus der geschlossenen Form durch eine formale Reihenentwicklung nach positiven Potenzen von D. Es wird also eine Informationssequenz mit unendlichem Gewicht auf eine Codesequenz mit endlichem Gewicht abgebildet. Eine endliche Anzahl an Übertragungsfehlern kann so zu unendlich vielen Fehlern in der geschätzten Informationssequenz führen. ◇

Folgender Satz ermöglicht es eine Generatormatrix auf Katastrophalität zu testen:

Satz 8.12 (Test auf Katastrophalität von Massey-Sain) *Eine polynomiale Generatormatrix* $\mathbf{G}(D)$ *ist genau dann nicht-katastrophal, wenn gilt* $\Delta_k(D) = D^s$, $s \geq 0$, *wobei* Δ_k *der größte gemeinsame Teiler der Determinanten aller* $(k \times k)$-*dimensionalen Untermatrizen von* $\mathbf{G}(D)$ *ist.*

Beweis: Der größte gemeinsame Teiler Δ_k der Determinanten aller $(k \times k)$-dimensionalen Untermatrizen einer Generatormatrix $\mathbf{G}(D)$ entspricht nach Satz 8.8 (Gleichung 8.27) dem Produkt der Invarianten $\gamma_1 \cdot \gamma_2 \cdot \ldots \cdot \gamma_k$ der Generatormatrix. Aufgrund ihrer Reihenentwicklung kennzeichnen die Nennerpolynome $1/\Delta_k$ der Inversen $\boldsymbol{\Gamma}^{-1}(D)$ mit einem Faktor der Form $D^s \cdot (1 + D^r + \ldots)$ eine katastrophale Generatormatrix. $\qquad\Box$

Eine unmittelbare Folge des obigen Satzes ist, daß alle Basisgeneratormatrizen nicht-katastrophal sind und somit auch alle minimalen Basisgeneratormatrizen. Da die invarianten Faktoren γ_i für $i \in [1, k]$ alle eins sind, besitzen diese Matrizen eine polynomiale rechte Inverse oder dazu äquivalent gilt $\Delta_k = 1$. Generell sind alle Generatormatrizen mit polynomialer rechten Inversen nicht-katastrophal, da dann bei der Rückabbildung keine endlichen Codewörter auf unendliche Informationswörter abgebildet werden können.

Beispiel 8.30 (Test auf Katastrophalität) Wie oben bereits gezeigt, ist die polynomiale Generatormatrix aus Beispiel 8.27 katastrophal. Der Test auf Katastrophalität gemäß Satz 8.12 für die drei Determinanten d_1, d_2 und d_3 der (2×2)-dimensionalen Untermatrizen von $\mathbf{G}(D)$ ergibt

$$d_1 = \begin{vmatrix} 1 + D & D \\ D + D^2 + D^3 + D^4 & 1 + D + D^2 + D^3 + D^4 \end{vmatrix}$$

$$= 1 + D^2 + D^3 + D^4 = (1 + D + D^3)(1 + D),$$

$$d_2 = \begin{vmatrix} D & 1 \\ 1 + D + D^2 + D^3 + D^4 & 1 + D + D^2 \end{vmatrix}$$

$$= 1 + D^4 = (1 + D)^4 \quad \text{und}$$

$$d_3 = \begin{vmatrix} 1 + D & 1 \\ D + D^2 + D^3 + D^4 & 1 + D + D^2 \end{vmatrix}$$

$$= 1 + D + D^2 + D^4 = (1 + D^2 + D^3)(1 + D).$$

Der größte gemeinsame Teiler ist $\Delta_2 = \text{ggT}(d_1, d_2, d_3) = 1 + D \neq D^s$ und dies zeigt damit die Katastrophalität der Generatormatrix an.

Betrachten wir die Smith-Form dieser Generatormatrix in Beispiel 8.27, so ergibt das Produkt der invarianten Faktoren $\Delta_2 = \gamma_1 \cdot \gamma_2 = 1 + D$. Dieser Term taucht als Nennerpolynom zunächst in $\boldsymbol{\Gamma}^{-1}(D)$ und dann auch wieder in der rechten Inversen der Generatormatrix auf. Somit werden Codewörter mit endlichem Gewicht auf Informationswörter mit unendlichem Gewicht abgebildet. $\qquad\Diamond$

Beispiel 8.31 (Basisgeneratormatrizen und Katastrophalität) Der in Bild 8.14 dargestellte Faltungscodierer der Rate $R = 1/2$ mit der Generatormatrix

$$\mathbf{G}(D) = \begin{pmatrix} 1 + D^3 & 1 + D + D^2 + D^3 \end{pmatrix}$$

ist katastrophal, wie bereits in Beispiel 8.22 anhand einer Nullschleife im Zustandsdiagramm des Codierers gezeigt wurde. Alternativ dazu erhalten wir mit obigem Test

$$\begin{aligned}\Delta_1 &= \text{ggT}(1 + D^3, 1 + D + D^2 + D^3)\\ &= \text{ggT}((1 + D + D^2)(1 + D), (1 + D)^3) = 1 + D.\end{aligned}$$

Klammert man diesen Faktor aus, so ergibt sich dann mit $\mathbf{T}(D) = 1/(1 + D)$ die äquivalente Generatormatrix

$$\mathbf{G}'(D) = \begin{pmatrix} 1 + D + D^2 & 1 + D^2 \end{pmatrix}.$$

Eine Realisation von $\mathbf{G}'(D)$ im Steuerentwurf ist in Bild 8.1 dargestellt. Diese ist nicht-katastrophal, denn $\Delta_1 = 1$. Des weiteren gilt $\gamma_1 = 1$ und $\text{Rang}([\mathbf{G}(D)]_h) = 1$. Somit ist $\mathbf{G}'(D)$ eine minimale Basisgeneratormatrix. $\diamond$

Katastrophalität ist eine Eigenschaft der Generatormatrix und nicht des Faltungscodes. Jeder Faltungscode besitzt sowohl katastrophale als auch nicht-katastrophale Generatormatrizen. Ein katastrophaler Faltungscode existiert nicht!

8.2.7 Systematische Generatormatrizen

Hier werden wir zeigen, daß jeder Faltungscode systematisch codiert werden kann und eine systematische Generatormatrix aus einer gegebenen Generatormatrix berechenbar ist.

Definition 8.13 (Systematische Generatormatrizen) *Die Generatormatrix eines Faltungscodes der Rate $R = k/n$ wird systematisch genannt, wenn alle k Informationssequenzen $U_i(D)$ unverändert in den n Codesequenzen $V_j(D)$ auftreten.*

Beispiel 8.32 (Systematische Generatormatrix) Betrachtet man die minimale Basisgeneratormatrix

$$\mathbf{G}_{mb}(D) = \begin{pmatrix} 1 + D + D^2 & 1 + D^2 \end{pmatrix}$$

aus Beispiel 8.31, dann erhält man eine äquivalente systematische Generatormatrix

$$\mathbf{G}_{sys}(D) = \frac{1}{1 + D + D^2} \cdot \mathbf{G}_{mb}(D) = \begin{pmatrix} 1 & \frac{1+D^2}{1+D+D^2} \end{pmatrix}.$$

Der Faltungscodierer im Steuerentwurf zu dieser Generatormatrix ist in Bild 8.13 angegeben. $\diamond$

Im allgemeinen benötigt man für die Berechnung einer systematischen Generatormatrix eine Basisgeneratormatrix $\mathbf{G}_b(D)$ des Codes. Diese hat eine $(k \times k)$-dimensionale invertierbare Untermatrix $\mathbf{T}^{-1}(D)$ mit einer verzögerungsfreien polynomialen Determinanten, d.h. $\det\left(\mathbf{T}^{-1}(D)\right)\big|_{D=0} = 1$. Gegebenenfalls durch Vertauschen der Spalten kann für einen *äquivalenten Code* erreicht werden, daß

$$\mathbf{G}_{sys}(D) = \mathbf{T}(D)\,\mathbf{G}_b(D) = \begin{pmatrix} \mathbf{I}_k & \mathbf{R}(D) \end{pmatrix}.$$

Anmerkung: Die Menge aller äquivalenten Faltungscodes erhält man durch Permutation der n Ausgangssequenzen $V_j(D)$ in der Codesequenz $\mathbf{V} = (V_1(D), V_2(D), \ldots, V_n(D))$.

Beispiel 8.33 (Systematische Generatormatrix [JZ97]) Die ersten zwei Spalten der minimalen Basisgeneratormatrix aus Beispiel 8.28,

$$\mathbf{T}^{-1}(D) = \begin{pmatrix} 1+D & D \\ D^2 & 1 \end{pmatrix}$$

hat die verzögerungsfreie Determinante $\det(\mathbf{T}^{-1}(D)) = 1 + D + D^3$. Somit erhält man die systematische Generatormatrix

$$\begin{aligned}
\mathbf{G}_{sys}(D) \;&=\; \mathbf{T}(D)\,\mathbf{G}_{mb}(D) \\[2mm]
&=\; \frac{1}{1+D+D^3} \begin{pmatrix} 1 & D \\ D^2 & 1+D \end{pmatrix} \begin{pmatrix} 1+D & D & 1 \\ D^2 & 1 & 1+D+D^2 \end{pmatrix} \\[2mm]
&=\; \begin{pmatrix} 1 & 0 & \frac{1+D+D^2+D^3}{1+D+D^3} \\ 0 & 1 & \frac{1+D^2+D^3}{1+D+D^3} \end{pmatrix}.
\end{aligned}$$

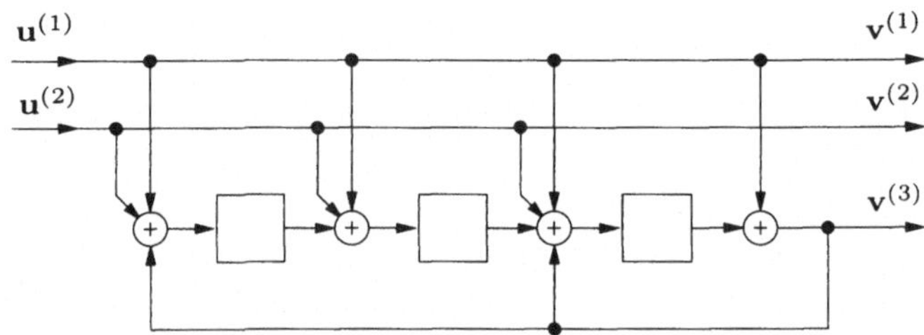

Bild 8.20: Systematischer Faltungscodierer mit $R = 2/3$.

Die Realisierung dieser systematischen Generatormatrix im Steuerentwurf führt zu einem Faltungscodierer mit zwei Schieberegistern, die jeweils drei Speicherelemente lang sind. Die in Bild 8.20 dargestellte Realisation im Beobachterentwurf benötigt hingegen insgesamt nur drei Speicherelemente. Ebensoviele wie die Realisation der entsprechenden äquivalenten minimalen Basisgeneratormatrix im Steuerentwurf (Bild 8.19).   ◇

Zu systematischen Generatormatrizen:

- Jede systematische Generatormatrix kann durch einen minimalen Codierer realisiert werden, der allerdings nicht notwendigerweise Steuer- oder Beobachterform besitzt.

- Eine systematische Generatormatrix ist nicht-katastrophal und besitzt immer eine polynomiale rechte Inverse.

- Jeder Faltungscode besitzt eine systematische Generatormatrix, deren Elemente polynomial sein können, aber in der Regel gebrochen-rational sind. Eine gleichzeitig polynomiale und systematische Generatormatrix stellen eine starke Einschränkung dar, so daß sich damit im allgemeinen nur Codes mit „schlechteren" Distanzeigenschaften ergeben.

8.2.8 Prüfmatrix und dualer Code

Analog zu Blockcodes kann auch für Faltungscodes eine *Prüfmatrix* und damit ein *dualer Code* definiert werden.

Definition 8.14 (Prüfmatrix) *Gilt für jedes Codewort* $\mathbf{V}(D)$ *eines Faltungscodes* $\mathcal{C}$ *der Rate* $R = k/n$

$$\mathbf{V}(D)\,\mathbf{H}^T(D) = \mathbf{0},$$

dann heißt die $(n \times (n-k))$*-dimensionale Matrix* $\mathbf{H}^T(D)$ *Prüfmatrix oder Syndromformer des Faltungscodes. Die Elemente* $H_{ij}^T(D)$ *für* $i \in [1,n]$ *und* $j \in [1,n-k]$ *sind im allgemeinen realisierbare gebrochen-rationale Übertragungsfunktionen.*

Da die Zeilen der Generatormatrix auch Codewörter des Codes sind, folgt unmittelbar aus dieser Definition:

$$\mathbf{G}(D)\,\mathbf{H}^T(D) = \mathbf{0}.$$

Zur Berechnung einer Prüfmatrix kann die Smith-Form einer polynomialen Generatormatrix des Codes, $\mathbf{G}(D) = \mathbf{A}(D)\mathbf{\Gamma}(D)\mathbf{B}(D)$, verwendet werden. Betrachten wir die $(n \times n)$-dimensionale rechte Inverse der Scrambler-Matrix

$$\mathbf{B}(D) = \left(\begin{array}{c} \mathbf{G}_b(D) \\ (\mathbf{H}^{-1}(D))^T \end{array} \right),$$

so erhalten wir:

$$\mathbf{B}^{-1}(D) = \left(\begin{array}{cc} \mathbf{G}_b^{-1}(D) & \mathbf{H}^T(D) \end{array} \right).$$

Wie bereits im Abschnitt 8.2.5 gezeigt, sind die ersten k Zeilen von $\mathbf{B}(D)$ eine zu $\mathbf{G}(D)$ äquivalente Basisgeneratormatrix $\mathbf{G}(D) = \mathbf{T}(D)\mathbf{G}_b(D)$. Betrachtet man

$$\begin{aligned}
\mathbf{I}_n &= \mathbf{B}(D)\mathbf{B}^{-1}(D) = \\
&= \left(\begin{array}{cc} \mathbf{G}_b(D)\mathbf{G}_b^{-1}(D) & \mathbf{G}_b(D)\mathbf{H}^T(D) \\ (\mathbf{H}^{-1}(D))^T\,\mathbf{G}_b^{-1}(D) & (\mathbf{H}^{-1}(D))^T\,\mathbf{H}^T(D) \end{array} \right) = \left(\begin{array}{cc} \mathbf{I}_k & \mathbf{0} \\ \mathbf{0} & \mathbf{I}_{n-k} \end{array} \right),
\end{aligned}$$

so erkennt man, daß aus den letzten $n-k$ Zeilen der Scrambler-Matrix $\mathbf{B}(D)$ eine Prüfmatrix für $\mathbf{G}_b(D)$ berechnet werden kann. Diese ist dann auch eine Prüfmatrix für die ursprüngliche Generatormatrix: $\mathbf{G}(D)\mathbf{H}^T(D) = \mathbf{T}(D)\mathbf{G}_b(D)\mathbf{H}^T(D) = \mathbf{0}$.

Verwendet man nun die $((n-k) \times n)$-dimensionale Prüfmatrix $\mathbf{H}(D)$ zur Codierung eines Codes der Rate $R = (n-k)/n$, dann sind die transponierten Codewörter $\mathbf{V}^T(D) = (\mathbf{U}(D)\mathbf{H}(D))^T$ des so erzeugten Faltungscodes orthogonal zu den Codewörtern $\mathbf{V}'(D) = \mathbf{U}'(D)\mathbf{G}(D)$ des ursprünglichen Codes:

$$\begin{aligned}
\mathbf{V}'(D)\,\mathbf{V}^T(D) &= \mathbf{U}'(D)\mathbf{G}(D)\,(\mathbf{U}(D)\mathbf{H}(D))^T \\
&= \mathbf{U}'(D)\,\mathbf{G}(D)\mathbf{H}^T(D)\,\mathbf{U}^T(D) = \mathbf{0}.
\end{aligned}$$

Definition 8.15 (Dualer Code) *Der duale Code $C^\perp$ der Rate $R^\perp = (n-k)/n$ eines Faltungscodes C der Rate $R = k/n$ ist die Menge aller Codesequenzen, die mit der transponierten Prüfmatrix $\mathbf{H}(D)$ des Codes C erzeugt werden kann.*

Beispiel 8.34 (Prüfmatrix) Die Generatormatrix des in Bild 8.17 dargestellten Faltungscodierers wurde in Beispiel 8.27 in Smith-Form dargestellt. Die Scrambler-Matrix $\mathbf{B}(D)$ ergab sich zu:

$$\mathbf{B}(D) = \begin{pmatrix} 1+D & D & 1 \\ 1+D^2+D^3 & 1+D+D^2+D^3 & 0 \\ D+D^2 & 1+D+D^2 & 0 \end{pmatrix}.$$

Invertiert man diese, so erhält man:

$$\mathbf{B}^{-1}(D) = \begin{pmatrix} 0 & 1+D+D^2 & 1+D+D^2+D^3 \\ 0 & D+D^2 & 1+D^2+D^3 \\ 1 & 1+D^2 & 1+D+D^3 \end{pmatrix},$$

und die Prüfmatrix ist:

$$\mathbf{H}^T(D) = \begin{pmatrix} 1+D+D^2+D^3 \\ 1+D^2+D^3 \\ 1+D+D^3 \end{pmatrix}. \qquad\qquad \diamond$$

Es kann gezeigt werden, daß die Gesamteinflußlänge einer minimalen Basisgeneratormatrix $\mathbf{G}_{mb}(D)$ eines Faltungscodes C und die Gesamteinflußlänge einer ebenfalls minimalen Basisgeneratormatrix $\mathbf{H}_{mb}(D)$ des dualen Codes $C^\perp$ gleich sind. Dieser Zusammenhang wird später bei der Abschätzung der ML-Decodierkomplexität eines Faltungscodes benutzt werden.

8.3 Distanzmaße

Generell existieren zwei unterschiedliche Arten von Distanzmaßen, die entweder Eigenschaft des Codes oder Eigenschaft der Generatormatrix, d. h. des Codierers sind. Dies wurde bereits im Abschnitt 8.1.6 deutlich: Die Distanzfunktion ist eine Eigenschaft des Codes, während die erweiterte Distanzfunktion eine Eigenschaft der Generatormatrix ist.

Die Definitionen und die Berechnung aller hier vorgestellten Distanzmaße haben eines gemeinsam: Zunächst wird eine Untermenge aus der Menge aller möglichen Codesequenzen definiert. Dies geschieht durch die Einschränkung der zur Codierung verwendeten Informationssequenzen. Die Distanzen in dieser Untermenge können dann, aufgrund der Linearität von Faltungscodes, aus der Gewichtsverteilung der entsprechenden Codesequenzen bzw. der Gewichtsverteilung von Segmenten dieser Codesequenzen berechnet werden.

8.3.1 Spalten- und Zeilendistanz

Die Spaltendistanz (*column distance*) und Zeilendistanz (*row distance*) wurden in [Cos69] eingeführt. Aus der Spaltendistanz lassen sich eine Reihe weiterer Distanzmaße ableiten: die *minimale Distanz*, das *Distanzprofil* und die freie Distanz.

Spaltendistanz: Die Spaltendistanz ist eine Eigenschaft der Generatormatrix und nicht des Codes. Sie ist wie folgt definiert:

Definition 8.16 (Spaltendistanz) *Die Spaltendistanz d_j^c der Ordnung j einer Generatormatrix $\mathbf{G}(D)$ ist die minimale Hamming-Distanz der ersten $j+1$ Codeblöcke zweier Codewörter $\mathbf{v}_{[j+1]} = (\mathbf{v}_0, \mathbf{v}_1, \ldots, \mathbf{v}_j)$ und $\mathbf{v}'_{[j+1]} = (\mathbf{v}'_0, \mathbf{v}'_1, \ldots, \mathbf{v}'_j)$, wobei sich die beiden zur Codierung verwendeten Informationssequenzen $\mathbf{u}_{[j+1]} = (\mathbf{u}_0, \mathbf{u}_1, \ldots, \mathbf{u}_j)$ und $\mathbf{u}'_{[j+1]} = (\mathbf{u}'_0, \mathbf{u}'_1, \ldots, \mathbf{u}'_j)$ im ersten Informationsblock unterscheiden, also $\mathbf{u}_0 \neq \mathbf{u}'_0$ gilt.*

Die Spaltendistanz ist aufgrund der Linearität von Faltungscodes gleich dem Minimum der Hamming-Gewichte aller Sequenzen $\mathbf{v}_{[j+1]}$,

$$d_j^c = \min_{\mathbf{u}_0 \neq \mathbf{0}} \mathrm{wt}(\mathbf{v}_{[j+1]}),$$

wobei $\mathbf{v}_{[j+1]} = (\mathbf{v}_0, \mathbf{v}_1, \ldots, \mathbf{v}_j)$ die ersten $j+1$ Codeblöcke aller möglichen Codesequenzen mit $\mathbf{u}_0 \neq \mathbf{0}$ sind. Es werden also nicht Codesequenzen betrachtet, sondern Segmente von Codesequenzen. Betrachten wir nun die halbunendliche Generatormatrix $\mathbf{G}$ des Codes (vergleiche Tabelle 8.1), so erhalten wir

$$d_j^c = \min_{\mathbf{u}_0 \neq \mathbf{0}} \mathrm{wt}(\mathbf{u}_{[j+1]} \mathbf{G}_{[j+1]}^c),$$

mit der $(k(j+1) \times n(j+1))$-dimensionalen Generatormatrix

$$\mathbf{G}_{[j+1]}^c = \begin{pmatrix} \mathbf{G}_0 & \mathbf{G}_1 & \cdots & \mathbf{G}_j \\ & \mathbf{G}_0 & & \mathbf{G}_{j-1} \\ & & \ddots & \vdots \\ & & & \mathbf{G}_0 \end{pmatrix}.$$

Ist die Generatormatrix $\mathbf{G}(D)$ des Codes polynomial, dann entspricht $\mathbf{G}_{[j+1]}^c$ der im Abschnitt 8.1.7 für Truncation in Gleichung 8.13 definierten Generatormatrix und es gilt $\mathbf{G}_j = 0$ für $j > m$.

Nun werden wir zwei weitere Distanzmaße aus der Spaltendistanz ableiten:

Definition 8.17 (Distanzprofil) *Die ersten $m+1$ Werte der Spaltendistanz $\mathbf{d} = (d_0^c, d_1^c, \ldots, d_m^c)$ einer gegebenen Generatormatrix $\mathbf{G}(D)$ mit Gedächtnisordnung m bezeichnet man als das Distanzprofil dieser Generatormatrix.*

Ein schnelles Anwachsen des Distanzprofils ist vor allem bei der sequentiellen Decodierung (Abschnitt 8.6) wichtig.

Definition 8.18 (Minimale Distanz) *Als minimale Distanz d_m bezeichnet man die Spaltendistanz der m-ten Ordnung d_m^c einer gegebenen Generatormatrix $\mathbf{G}(D)$ mit Gedächtnisordnung m.*

Man beachte, daß die minimale Distanz der Generatormatrix eines Faltungscodes mit der minimalen Distanz eines Blockcodes nur den Namen gemeinsam hat!

Betrachten wir das Zustandsdiagramm der Generatormatrix $\mathbf{G}(D)$, dann verlassen die der Berechnung von d_j^c zugrundeliegenden Pfade der Länge $j + 1$ zum Zeitpunkt $t = 0$ den Nullzustand $\sigma_0 = 0$ und befinden sich nach $j + 1$ Zustandsübergängen in einem beliebigen Zustand $\sigma_{j+1} \in (0, 1, \ldots, 2^\nu - 1)$. Damit sind die für $j = 0$ betrachteten Pfade ein Teil der für $j = 1$ betrachteten Pfade, usw. D. h., alle für die Ordnung j betrachteten Pfade entsprechen den um einen weiteren Zustandsübergang verlängerten Pfaden, die für die Berechnung der Spaltendistanz der Ordnung $j - 1$ betrachtet wurden. Somit ist die Spaltendistanz eine mit j monoton ansteigende Funktion, und es gilt:

$$d_0^c \leq d_1^c \leq \cdots \leq d_j^c \leq \cdots \leq d_\infty^c, \tag{8.30}$$

wobei ein endlicher Grenzwert d_∞^c für $j \to \infty$ existiert. Anschaulich wird dies durch die Nullschleife im Nullzustand des Zustandsdiagramms. Da jeder Pfad der Länge $2^\nu + 1$ mindestens eine Schleife im Zustandsdiagramm durchläuft, ist der Pfad mit minimalem Hamming-Gewicht spätestens nach $j \geq 2^\nu$ in eine Nullschleife gelaufen und bleibt dort.

Zeilendistanz: Auch die Zeilendistanz ist eine Eigenschaft der Generatormatrix und nicht des Codes. Sie ist folgendermaßen definiert:

Definition 8.19 (Zeilendistanz) *Die Zeilendistanz d_j^r der Ordnung j einer Generatormatrix $\mathbf{G}(D)$ mit Gedächtnisordnung m ist die minimale Hamming-Distanz der $j+m+1$ Codeblöcke zweier Codewörter $\mathbf{v}_{[j+m+1]} = (\mathbf{v}_0, \mathbf{v}_1, \ldots, \mathbf{v}_{j+m})$ und $\mathbf{v}'_{[j+m+1]} = (\mathbf{v}'_0, \mathbf{v}'_1, \ldots, \mathbf{v}'_{j+m})$, wobei sich die beiden zur Codierung verwendeten Informationssequenzen $\mathbf{u}_{[j+m+1]} = (\mathbf{u}_0, \mathbf{u}_1, \ldots, \mathbf{u}_{j+m})$ und $\mathbf{u}'_{[j+m+1]} = (\mathbf{u}'_0, \mathbf{u}'_1, \ldots, \mathbf{u}'_{j+m})$ mit $(\mathbf{u}_{j+1}, \ldots, \mathbf{u}_{j+m}) = (\mathbf{u}'_{j+1}, \ldots, \mathbf{u}'_{j+m})$ mindestens im ersten der $j + 1$ Informationsblöcke unterscheiden.*

Anschaulich ist d_j^r die minimale Distanz zwischen allen Pfaden im Trellis der Generatormatrix, die im Nullzustand auseinander laufen und zum Zeitpunkt $j+m+1$ durch den gleichen Zustand gehen, welcher nicht unbedingt der Nullzustand sein muß.

Analog zur Spaltendistanz kann auch die Zeilendistanz als Minimum der Hamming-Gewichte aller Sequenzen $\mathbf{v}_{[j+m+1]}$ berechnet werden,

$$d_j^r = \min_{\mathbf{u}_0 \neq \mathbf{0}} \ \mathrm{wt}(\mathbf{v}_{[j+m+1]}),$$

wobei $\mathbf{v}_{[j+m+1]} = (\mathbf{v}_0, \ldots, \mathbf{v}_j, \ldots, \mathbf{v}_{j+m})$ terminierte Codesequenzen der Länge $j + m + 1$ sind (Abschnitt 8.1.7). So erhalten wir

$$d_j^r = \min_{\mathbf{u}_0 \neq \mathbf{0}} \ \mathrm{wt}(\mathbf{u}_{[j+1]} \mathbf{G}_{[j+1]}^r),$$

mit der Informationssequenz $\mathbf{u}_{[j+1]} = (\mathbf{u}_0, \ldots, \mathbf{u}_j, \mathbf{u}_{j+1}, \ldots, \mathbf{u}_{j+m})$, wobei $(\mathbf{u}_{j+1}, \ldots, \mathbf{u}_{j+m})$ der Terminierungssequenz entspricht. Die $(k \cdot (j+1) \times n \cdot (j+m+1))$-dimensionale Generatormatrix $\mathbf{G}^r_{[j+1]}$ ist gegeben durch

$$\mathbf{G}^r_{[j+1]} = \begin{pmatrix} \mathbf{G}_0 & \mathbf{G}_1 & \cdots & \mathbf{G}_j & \cdots & \mathbf{G}_{j+m} \\ & \mathbf{G}_0 & & & & \mathbf{G}_{j+m-1} \\ & & \ddots & & & \vdots \\ & & & \mathbf{G}_0 & \cdots & \mathbf{G}_m \end{pmatrix}.$$

Ist die Generatormatrix $\mathbf{G}(D)$ des Codes polynomial, dann entspricht $\mathbf{G}^r_{[j+1]}$ der im Abschnitt 8.1.7 für Terminierung in Gleichung 8.12 definierten Generatormatrix und es gilt $\mathbf{G}_j = \mathbf{0}$ für $j > m$.

Betrachten wir nun in Analogie zur Spaltendistanz das Zustandsdiagramm der Generatormatrix $\mathbf{G}(D)$, dann verlassen die der Berechnung der Zeilendistanz d^r_j zugrundeliegenden Pfade der Länge $j+m+1$ zum Zeitpunkt $t = 0$ den Nullzustand $\sigma_0 = 0$ und befinden sich nach $j+m+1$ Zustandsübergängen wieder im Nullzustand $\sigma_{j+m+1} = 0$. Da dieser gegebenenfalls auch schon vorher erreicht werden kann, und die darauf folgenden Übergänge dann in der dortigen Nullschleife bleiben können, sind die betrachteten Pfade für d^r_{j-1} eine Teilmenge der zur Berechnung von d^r_j betrachteten. Damit ist die Zeilendistanz eine monoton mit j fallende Funktion, und es gilt:

$$d^r_0 \geq d^r_1 \geq \cdots \geq d^r_j \geq \cdots \geq d^r_\infty, \tag{8.31}$$

wobei für den Grenzwert $j \to \infty$ gilt: $d^r_\infty \geq 0$. Da jeder Pfad der Länge $2^\nu + 1$ mindestens eine Schleife im Zustandsdiagramm durchläuft, ist der Pfad mit minimalem Hamming-Gewicht spätestens nach $j \geq 2^\nu$ wieder im Nullzustand und bleibt in diesem.

Die zur Berechnung der Spaltendistanz d^c_∞ betrachteten Pfade im Zustandsdiagramm laufen vom Nullzustand in diejenige Nullschleife, die bzgl. dem Hamming-Gewicht der dazu benötigten Zustandsübergängen „am nächsten" liegt. Andererseits ist die Zeilendistanz d^r_∞ das minimale Hamming-Gewicht aller Pfade im Zustandsdiagramm vom Null- in den Nullzustand und damit in die dortige Nullschleife. Mit der Anzahl von $m + 1$ Zustandsübergängen kann jedoch jeder beliebige andere Knoten ebenfalls erreicht werden. Es gilt $d^r_\infty \geq d^c_0$ und wir erhalten mit den Gleichungen 8.30 und 8.31:

$$d^c_0 \leq d^c_1 \leq \cdots \leq d^c_j \leq \cdots \leq d^c_\infty \leq d^r_\infty \leq \cdots \leq d^r_j \leq \cdots \leq d^r_0.$$

Satz 8.20 (Grenzwert der Zeilen- und Spaltendistanz) *Ist $\mathbf{G}(D)$ eine nicht-katastrophale Generatormatrix, dann gilt für die Grenzwerte der Zeilen- und Spaltendistanz*

$$d^c_\infty = d^r_\infty.$$

Beweis: Bei der Herleitung von Gleichung 8.30 wurde gezeigt, daß der mit d_∞^c verbundene Pfad in eine Nullschleife des Zustandsdiagramms läuft und dort bleibt. Für eine nicht-katastrophale Generatormatrix existiert nur eine Nullschleife, nämlich die vom Null- auf den Nullzustand. Damit ist d_∞^c das minimale Hamming-Gewicht eines Pfades aus dem Nullzustand in den Nullzustand und entspricht, wie bei der Herleitung von Gleichung 8.31 gezeigt wurde, der Zeilendistanz d_∞^r.   □

Freie Distanz: Die freie Distanz ist, wie bereits in Abschnitt 8.1.6 erwähnt, eine Eigenschaft des Codes. Es folgt die formale Definition:

Definition 8.21 (Freie Distanz) *Die freie Distanz d_f eines Faltungscodes C der Rate $R = k/n$ ist definiert als die minimale Distanz zweier beliebiger Codewörter,*

$$d_f = \min_{\mathbf{v} \neq \mathbf{v}'} \ \mathrm{dist}(\mathbf{v}, \mathbf{v}'),$$

des betrachteten Codes.

Auch hier kann aufgrund der Linearität das Problem der Berechnung von Distanzen auf die Berechnung von Hamming-Gewichten abgebildet werden. Konkret muß eine beliebige Generatormatrix des Codes zugrundeliegen. Alle äquivalenten Generatormatrizen dieses Codes führen zum selben Ergebnis.

Satz 8.22 (Zeilen-, Spaltendistanz und freie Distanz) *Ist $\mathbf{G}(D)$ eine nicht-katastrophale Generatormatrix, dann gilt für die Grenzwerte der Zeilen- und Spaltendistanz:*

$$d_\infty^c = d_\infty^r = d_f. \tag{8.32}$$

Beweis: Eine mögliche Berechnung der freien Distanz wurde in Beispiel 8.12 anhand des Zustandsdiagramms vorgestellt. Es empfiehlt sich dieses Beispiel, unter Berücksichtigung der obigen Beschreibung von Spalten- und Zeilendistanz im Zustandsdiagramm, nochmals zu studieren. Damit läßt sich die Gültigkeit von Gleichung 8.32 zeigen.   □

Beispiel 8.35 (Zeilen- und Spaltendistanz) Bild 8.21 zeigt die Spalten- und Zeilendistanz der Generatormatrix $\mathbf{G}(D) = \left(\ 1 + D + D^2 + D^3 \quad 1 + D^2 + D^3 \ \right)$ eines Faltungscodes der Rate $R = 1/2$ mit $m = 3$. Ein Codierer dieser Generatormatrix im Steuerentwurf ist in Bild 8.2 angegeben.   ◇

8.3.2   Erweiterte Distanzmaße

Die im vorigen Abschnitt definierten traditionellen Distanzmaße ermöglichen in vielen Fällen keine ausreichende Beschreibung der Distanzeigenschaften von Faltungscodes bzw. deren Generatormatrizen. Aus diesem Grund wurden sogenannte erweiterte Distanzmaße eingeführt, die sich mit der Länge der betrachteten Codesequenz ändern.

Allen hier vorgestellten Distanzmaßen liegt dasselbe Prinzip zugrunde: Es werden Segmente von Codesequenzen betrachtet, wobei die Menge der betrachteten Codesequenzen eine Untermenge des Codes darstellt. Die Definition dieser Untermenge

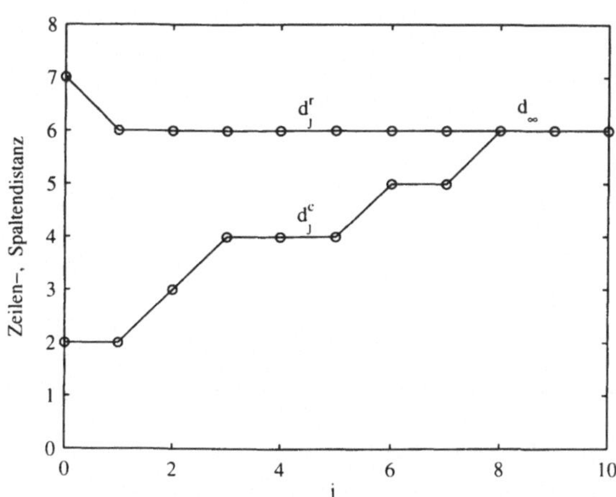

Bild 8.21: Zeilen- und Spaltendistanz.

erfolgt durch Einschränkung möglicher Zustandssequenzen. Deshalb lassen sich die betrachteten Segmente besonders gut im Trellis der Generatormatrix veranschaulichen und auch praktisch bestimmen. Das entsprechende Distanzmaß ist dann das minimale Hamming-Gewicht dieser Segmente. Des weiteren sind alle hier vorgestellten erweiterten Distanzen Eigenschaften der Generatormatrix. Hier werden wir ausschließlich polynomiale Generatormatrizen betrachten.

Erweiterte Spaltendistanz: Die *erweiterte Spaltendistanz* (*extended column distance*) d_j^{ec} ist das minimale Hamming-Gewicht der Segmente $\mathbf{v}_{[j+1]} = (\mathbf{v}_0, \mathbf{v}_1, \ldots, \mathbf{v}_j)$ der Länge $j+1$, wobei die Menge der betrachteten Codeworte $\mathbf{v}$ anhand der erlaubten Zustandssequenzen $S = (\sigma_0, \sigma_1, \ldots, \sigma_t, \ldots, \sigma_j, \sigma_{j+1})$ mit $\sigma_0 = 0$ und $\sigma_t \neq 0$ für $1 \leq t \leq j$ definiert ist. D. h. es werden nur solche Codesegmente $\mathbf{v}_{[j+1]}$ betrachtet, die im Trellis den Nullzustand zum Zeitpunkt $t = 0$ verlassen und in den darauf folgenden j Zustandsübergängen den Nullzustand nicht durchlaufen. Der Zustand σ_{j+1} nach dem $(j + 1)$-ten Informationsblock $\mathbf{v}_j$ ist dann beliebig und beinhaltet auch den Nullzustand.

Definition 8.23 (Erweiterte Spaltendistanz) *Gegeben sei die Generatormatrix* $\mathbf{G}$ *mit Gesamteinflußlänge* ν *eines Faltungscodes* C *der Rate* $R = k/n$. *Dann ist die erweiterte Spaltendistanz der Ordnung* j

$$d_j^{ec} = \min_{\substack{\mathbf{u}_0 \neq 0 \\ \sigma_0=0.\sigma_t \neq 0.0 < t \leq j}} \left\{ \mathrm{wt}\left((\mathbf{u}_0, \mathbf{u}_1, \ldots, \mathbf{u}_j)\, \mathbf{G}_{[j+1]}^c \right) \right\},$$

wobei

$$\mathbf{G}^c_{[j+1]} = \begin{pmatrix} \mathbf{G}_0 & \mathbf{G}_1 & \cdots & \mathbf{G}_m & & & \\ & \mathbf{G}_0 & \mathbf{G}_1 & \cdots & \mathbf{G}_m & & \\ & & \ddots & \ddots & & \ddots & \\ & & & \mathbf{G}_0 & \mathbf{G}_1 & \cdots & \mathbf{G}_m \\ & & & & \mathbf{G}_0 & \cdots & \mathbf{G}_{m-1} \\ & & & & & \ddots & \vdots \\ & & & & & & \mathbf{G}_0 \end{pmatrix}$$

die $(\,k(j+1) \times n(j+1)\,)$-dimensionale abgeschnittene Generatormatrix ist.

Ebenso wie die Spaltendistanz d_j^c ist auch die erweiterte Spaltendistanz d_j^{ec} eine mit j monoton steigende Funktion. Da im Falle nicht-katastrophaler Generatormatrizen – und nur diese betrachten wir – der Nullzustand und damit auch die entsprechende Nullschleife erst nach j Übergängen zugelassen ist, existiert für die erweiterte Spaltendistanz kein Grenzwert für $j \to \infty$.

Erweiterte Zeilendistanz: Die *erweiterte Zeilendistanz (extended row distance)* ist ein wichtiges Distanzmaß einer Generatormatrix. Dies wird im nächsten Abschnitt 8.4 deutlich werden. Die zur Definition der Codesegmente verwendeten Zustandssequenz $S = (\sigma_0, \sigma_1, \ldots, \sigma_t, \ldots, \sigma_j, \sigma_{j+1}, \ldots, \sigma_{j+1+m})$ startet und endet im Nullzustand, es gilt $\sigma_0 = 0$ und $\sigma_{j+1+m} = 0$. Zusätzlich sind die Zustandsübergänge $\sigma_t \neq 0$ für $1 \leq t \leq j$.

Definition 8.24 (Erweiterte Zeilendistanz) *Gegeben sei die Generatormatrix* $\mathbf{G}$ *mit Gesamteinflußlänge ν eines Faltungscode C der Rate $R = k/n$. Dann ist die erweiterte Zeilendistanz der Ordnung j*

$$d_j^{er} = \min_{\substack{\mathbf{u}_0 \neq 0.\mathbf{u}_j \neq 0 \\ \sigma_0 = 0.\sigma_t \neq 0.0 < t \leq j}} \left\{ \mathrm{wt}\left((\mathbf{u}_0, \mathbf{u}_1, \ldots, \mathbf{u}_j)\, \mathbf{G}^r_{[j+1]} \right) \right\},$$

wobei

$$\mathbf{G}^r_{[j+1]} = \begin{pmatrix} \mathbf{G}_0 & \mathbf{G}_1 & \cdots & \mathbf{G}_m & & \\ & \mathbf{G}_0 & \mathbf{G}_1 & \cdots & \mathbf{G}_m & \\ & & \ddots & \ddots & & \ddots \\ & & & \mathbf{G}_0 & \mathbf{G}_1 & \cdots & \mathbf{G}_m \end{pmatrix}$$

eine $(\,k(j+1) \times n(j+1+m)\,)$-dimensionale abgeschnittene Generatormatrix ist.

Erweiterte Segmentdistanz: Die *erweiterte Segmentdistanz (extended segment distance)* ist durch die Zustandssequenzen $S = (\sigma_0, \sigma_1, \ldots, \sigma_m, \sigma_{m+1}, \ldots, \sigma_{j+1+m})$ mit $\sigma_0 = 0$ definiert. Die Zustände σ_m und σ_{j+m+1} können alle beliebigen Werte annehmen. Die Zustände dazwischen sind alle ungleich dem Nullzustand.

Definition 8.25 (Erweiterte Segmentdistanz) *Gegeben sei die Generatormatrix* **G** *mit Gesamteinflußlänge ν eines Faltungscodes C der Rate $R = k/n$. Dann ist die erweiterte Segmentdistanz der Ordnung j*

$$d_j^{er} = \min_{\sigma_t \neq 0, m < t \leq j-m} \left\{ \mathrm{wt}\left((\mathbf{u}_0, \mathbf{u}_1, \dots, \mathbf{u}_{j+m})\, \mathbf{G}_{[j+1]}^s \right) \right\},$$

wobei

$$\mathbf{G}_{[j+1]}^s = \begin{pmatrix} \mathbf{G}_m & & & & \\ \mathbf{G}_{m-1} & \mathbf{G}_m & & & \\ \vdots & \mathbf{G}_{m-1} & \ddots & & \\ \mathbf{G}_0 & \vdots & & \ddots & \mathbf{G}_m \\ & \mathbf{G}_0 & & \cdots & \mathbf{G}_{m-1} \\ & & \ddots & & \vdots \\ & & & & \mathbf{G}_0 \end{pmatrix}$$

eine $(\,k(j+1+m) \times n(j+1)\,)$-dimensionale abgeschnittene Generatormatrix ist.

Die in den Definitionen 8.23–8.25 eingeführten Generatormatrizen $\mathbf{G}_{[j+1]}^c$, $\mathbf{G}_{[j+1]}^r$ und $\mathbf{G}_{[j+1]}^s$ sind abgeschnittene Versionen der halbunendlichen Generatormatrix **G** im Zeitbereich. In Bild 8.22 ist dies graphisch veranschaulicht.

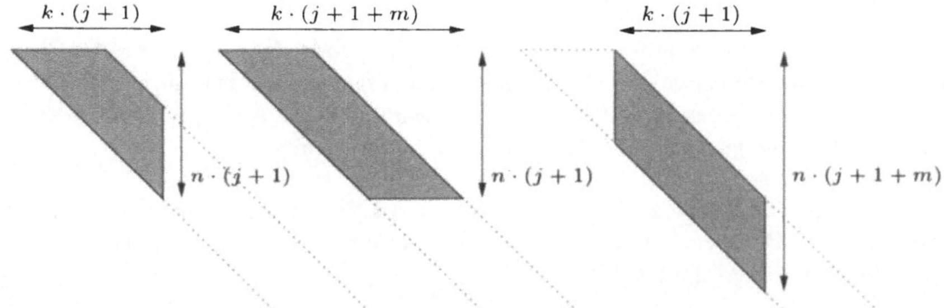

Bild 8.22: Graphische Veranschaulichung der abgeschnittenen Generatormatrizen aus den Definitionen der erweiterten Distanzmaße: (von links) $\mathbf{G}_{[j+1]}^{ec}$, $\mathbf{G}_{[j+1]}^r$ und $\mathbf{G}_{[j+1]}^s$.

Beispiel 8.36 (Berechnung der erweiterten Distanzmaße) Zur Berechnung der erweiterten Distanzen könnten direkt die in den Definitionen gegebenen Gleichungen verwendet werden. Allerdings nimmt dabei der Aufwand zur Berechnung exponentiell mit j zu. Der Viterbi-Algorithmus, den wir im nächsten Abschnitt beschreiben werden, ist ein geeignetes Verfahren die erweiterten Distanzmaße zu berechnen. Dazu muß die Menge der Codesegmente, deren minimales Gewicht berechnet werden soll, im Trellis dargestellt werden. In Bild 8.23 sind die Codesegmente jeweils für die erweiterte Zeilen-, Spalten- und Segmentdistanz für $j = 5$ im Trellis dargestellt. Die zugrundeliegende Generatormatrix ist $\mathbf{G}(D) = (\,1 + D + D^2 \quad 1 + D^2\,)$. Dies ist, wie in Beispiel 8.32 gezeigt wurde, eine mi-

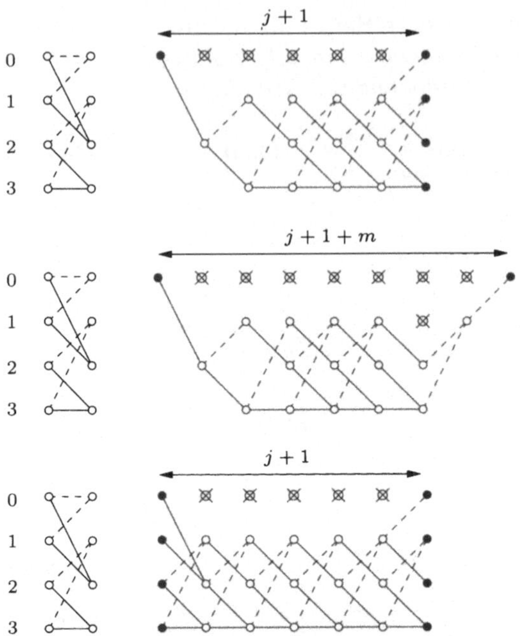

Bild 8.23: Darstellung der Berechnung von erweiterten Distanzmaßen im Trellis: (von oben) Spalten-, Zeilen- und Segmentdistanz.

nimale Basisgeneratormatrix mit $m = 2$. Jeweils links neben dem Trellis ist das Teiltrellis dargestellt, aus welchem ein vollständiges Codetrellis aufgebaut werden kann (Beispiel 8.11). Die Zustände sind als Kreise gekennzeichnet: Schwarz sind die Anfangs- und Endzustände der Codesegmente, die gestrichenen Zustände sind nicht erlaubt.   ◇

Beispiel 8.37 (Erweiterte Zeilen-, Spalten- und Segmentdistanz) Die erweiterten Distanzmaße der in Beispiel 8.35 vorgestellten Generatormatrix $\mathbf{G}(D)$ des Codes $\mathcal{C}$ der Rate $R = 1/2$ sind in Bild 8.24 dargestellt.   ◇

Aktive Distanzen: Die erweiterten Distanzen können auch in einer modifizierten Form definiert werden und heißen dann *aktive* Distanzen. Der Unterschied besteht darin: Die erlaubten Zustandssequenzen dürfen auch den Nullzustand durchlaufen, allerdings keine zwei aufeinanderfolgenden Nullzustände. Da alle praktisch relevanten Faltungscodes bzw. deren Generatormatrizen ein schnelles Ansteigen des Distanzprofils besitzen und für gegebene Parameter n, k, ν größtmögliche freie Distanz besitzen, sind aktive und erweiterte Distanzen für diese Codes gleich groß.

Der wesentliche Vorteil der Definition aktiver Distanzen wird erst bei der Berechnung von Schranken für diese Distanzmaße deutlich. So gilt dann z. B. für die aktive Zeilendistanz die Schwarzsche Ungleichung, welche eine Reihe von Beweisführungen wesentlich vereinfacht.

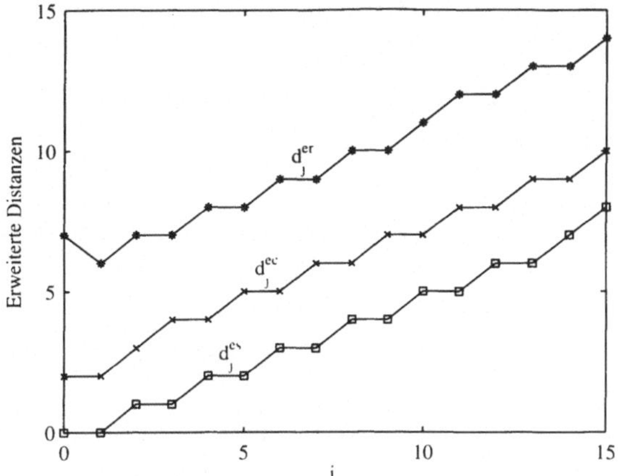

Bild 8.24: Erweiterte Zeilen-, Spalten- und Segmentdistanz.

8.4 Maximum-Likelihood (Viterbi-) Decodierung

In diesem Abschnitt werden wir die auf Sequenzschätzung basierende Decodierung
von Faltungscodes behandeln. Wir wollen das zugrundeliegende Übertragungssystem kurz wiederholen (vergleiche Abschnitt 7, Bild 7.1 auf Seite 163): Die binäre
Informationsfolge $\mathbf{u}$ wird mit einem Faltungscodierer auf die Codesequenz $\mathbf{v}$ codiert. Diese wird dann mit einem BPSK-Modulator auf die Sendefolge $\mathbf{x} = 1 - 2 \cdot \mathbf{v}$
abgebildet, d. h. $\{0, 1\} \rightarrow \{-1, +1\}$ wobei $0 \rightarrow +1$ und $1 \rightarrow -1$ gilt. Kanalmodelle können der BSC, der AWGN- und der AWGN-Kanal mit Fading sein. Die
Sequenz $\mathbf{y}$ wird empfangen und mit dem Viterbi-Decodierer demoduliert und decodiert, d. h. es wird keine Trennung dieser Blöcke durchgeführt. Die Sequenzen $\mathbf{x}$
und $\mathbf{y}$ bestehen dabei, ebenso wie $\mathbf{v}$, aus Blöcken der Länge n.

Ziel der Sequenzschätzung ist es diejenige Codesequenz $\mathbf{x}_{opt}$ zu finden, für wel-
che die A-posteriori-Wahrscheinlichkeit $P(\mathbf{x} \,|\, \mathbf{y})$ maximiert wird (vergleiche Glei-
chung 7.5): $\mathbf{x}_{opt} = \arg\,(\max_{\mathbf{x} \in \mathcal{C}} P(\mathbf{x} \,|\, \mathbf{y}))$. Wendet man auf diese Gleichung die
Regel von Bayes $P(\mathbf{x})P(\mathbf{y} \,|\, \mathbf{x}) = P(\mathbf{y})P(\mathbf{x} \,|\, \mathbf{y})$ an und vernachlässigt den konstan-
ten Faktor $P(\mathbf{y})$, dann erhält man:

$$\mathbf{x}_{opt} = \arg\left(\max_{\mathbf{x} \in \mathcal{C}} (P(\mathbf{x})P(\mathbf{y} \,|\, \mathbf{x}))\right), \tag{8.33}$$

wobei $P(\mathbf{x})$ die A-priori-Wahrscheinlichkeit der Sequenz $\mathbf{x}$ ist. Sind alle Sequenzen $\mathbf{x} \in \mathcal{C}$ gleichwahrscheinlich, dann ist $P(\mathbf{x})$ konstant und kann vernachlässigt
werden:

$$\mathbf{x}_{opt} = \arg\left(\max_{\mathbf{x} \in \mathcal{C}} P(\mathbf{y} \,|\, \mathbf{x})\right). \tag{8.34}$$

Diese Annahme wird allerdings häufig auch dann gemacht, wenn $P(\mathbf{x})$ unbekannt
ist. Bei diesen auf Sequenzschätzung basierenden Verfahren handelt es sich um

MAP-Decodierung, Gleichungen 8.33, und um ML-Decodierung, Gleichungen 8.34. Wir werden allerdings auch den ersten Fall als ML-Decodierung – unter Verwendung von A-priori-Wahrscheinlichkeiten – bezeichnen. Damit bleibt der Begriff MAP-Decodierung dem im nächsten Abschnitt beschriebenen Symbol-by-Symbol Decodierverfahren vorbehalten.

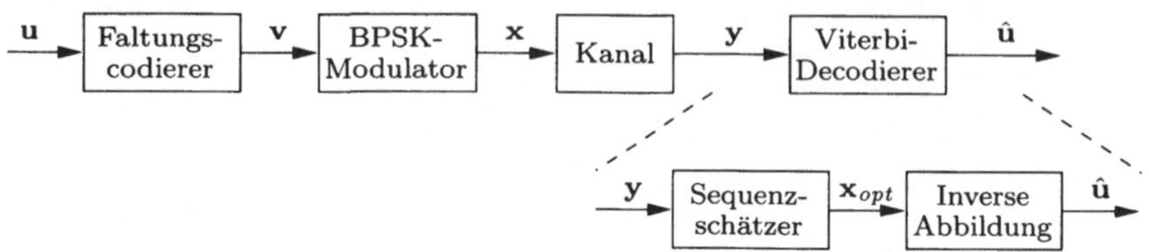

Bild 8.25: Viterbi-Decodierung: zugrunde liegendes Übertragungssystem.

Generell ist bei ML-Decodierung von Faltungscodes die konzeptionelle Unterteilung des Decodierers, wie in Bild 8.25 zu sehen, in ein Modul zur Sequenzschätzung und in ein Modul zur Durchführung der inversen Abbildung möglich. Dabei ist die inverse Abbildung unabhängig von der Sequenzschätzung. Auch an dieser Stelle können also Eigenschaften der Generatormatrix und Eigenschaften des Codes unterschieden werden: Da jede der äquivalenten Generatormatrizen eines Faltungscodes die gleiche Menge an Codesequenzen erzeugt und die Sequenzschätzung bei ML-Decodierung immer bzgl. dieser Menge stattfindet, ist deren Ergebnis als eine Eigenschaft des Codes zu interpretieren. Die inverse Abbildung hingegen ist offensichtlich eine Eigenschaft der Generatormatrix. In diesem Abschnitt werden wir uns, mit dem Problem der Sequenzschätzung beschäftigen. Die Eigenschaften der inversen Abbildung wurden bereits im Abschnitt 8.2 behandelt und sie sind bei der Ermittlung der Bitfehlerrate von Bedeutung, da je nach Abbildung der selbe Fehler der Sequenzschätzung zu unterschiedlich vielen Bitfehlern in der Informationssequenz führen kann.

8.4.1 Metrik

Um ein Verfahren zur Berechnung der Gleichung 8.33 und 8.34 zu beschreiben, stehen wir zunächst vor dem Problem prinzipiell unendlich langer Codewörter $\mathbf{x} = (\mathbf{x}_0, \mathbf{x}_1, \dots)$. Dies kann jedoch durch eine schrittweise Berechnung gelöst werden. Dazu betrachtet man die endliche Sequenz $\mathbf{x}_{[t]} = (\mathbf{x}_0, \mathbf{x}_1, \dots, \mathbf{x}_{t-1})$ der Länge t und den aktuellen Codeblock $\mathbf{x}_t$. Als *Metrik* (vergleiche Abschnitt 7.1.4) einer Codesequenz $\mathbf{x}$ zum Zeitpunkt $t + 1$ bezeichnet man die Summe aus der Metrik des vorherigen Zeitpunkts t und der Teilmetrik des t-ten Zustandsübergangs:

$$\Lambda_{t+1}^{\mathbf{x}} = \Lambda_t^{\mathbf{x}} + \lambda_t^{\mathbf{x}}, \tag{8.35}$$

mit $\Lambda_0^{\mathbf{x}} = 0$. Die *Teilmetrik* ist allgemein gegeben durch:

$$\lambda_t^{\mathbf{x}} = c_1 \left(\ln P(\mathbf{x}_t) + \ln P(\mathbf{y}_t \,|\, \mathbf{x}_t) \right) + c_2. \tag{8.36}$$

Die Metrik einer Codesequenz $\mathbf{x}$ ergibt sich also aus der Summe aller Teilmetriken $\Lambda^{\mathbf{x}} = \sum_t \lambda_t^{\mathbf{x}}$. Da die Logarithmierung und die Addition bzw. Multiplikation von Konstanten keinen Einfluß auf die Maximierung in Gleichung 8.33 haben, erhalten wir:

$$\mathbf{x}_{opt} = \arg\left(\max_{\mathbf{x}\in C} \Lambda^{\mathbf{x}}\right). \tag{8.37}$$

Grundsätzlich wird bei der hier vorgestellten Berechnung eine gedächtnislose Informationsquelle und ein Kanal ohne Gedächtnis angenommen. Des weiteren sei angemerkt, daß der Begriff Metrik im streng mathematischen Sinn hier nicht korrekt ist (vergleiche Anhang A). Allerdings ist dessen Verwendung im obigen Zusammenhang durchaus üblich.

Die Berechnung der Teilmetriken erfolgt mit Hilfe der L-Werte (vergleiche Anhang B) und wir erhalten für Gleichung 8.36

$$\lambda_t^{\mathbf{x}} = \sum_{j=1}^{n} L(y_t^{(j)} \mid x_t^{(j)}) \cdot x_t^{(j)} + \sum_{i=1}^{k} L(u_t^{(i)}) \cdot (1 - 2 \cdot u_t^{(i)}), \tag{8.38}$$

wobei für die L-Werte der A-priori-Wahrscheinlichkeit und des Kanals gilt:

$$L(u_t^{(i)}) \quad = \quad \ln \frac{P(u_t^{(i)} = 0)}{P(u_t^{(i)} = 1)} \tag{8.39}$$

$$L(y_t^{(j)} \mid x_t^{(j)}) \quad = \quad \ln \frac{P(y_t^{(j)} \mid x_t^{(j)} = +1)}{P(y_t^{(j)} \mid x_t^{(j)} = -1)} = L_{ch} y_t^{(j)}, \tag{8.40}$$

mit

$$L_{ch} \quad = \quad \ln \frac{1-p}{p} \quad \text{(BSC)}$$

$$L_{ch} \quad = \quad \frac{4E_s}{N_0} \quad \text{(AWGN Kanal)} \tag{8.41}$$

$$L_{ch} \quad = \quad a_t^{(j)} \frac{4E_s}{N_0} \quad \text{(AWGN Kanal mit Fading)}.$$

Dabei sind p die Bitfehlerrate des BSC, E_s die Signalenergie, N_0 die Rauschleistung des AWGN- und $a_t^{(j)}$ der Dämpfungsfaktor des AWGN-Kanals mit Fading. Man beachte, daß sich der Dämpfungsfaktor $a_t^{(j)}$ im Laufe der Übertragung ändern und damit für jedes Codebit $x_t^{(j)}$ unterschiedlich sein kann. Mit diesen Werten kann nun die Metrikberechnung für die ML-Decodierung unter Berücksichtigung der A-priori-Wahrscheinlichkeit durchgeführt werden. Die Herleitung der Gleichungen 8.38–8.41 ist umfangreich und wird hier nicht explizit durchgeführt.

Ohne Berücksichtigung der A-priori-Wahrscheinlichkeit und für zeitinvariante Kanäle (BSC und AWGN-Kanal) vereinfacht sich Gleichung 8.38 zu:

$$\lambda_t^{\mathbf{x}} = \sum_{j=1}^{n} y_t^{(j)} \cdot x_t^{(j)}. \tag{8.42}$$

In diesem Falle können konstante Faktoren vernachlässigt werden, da diese das Ergebnis der Maximierung in Gleichung 8.34 nicht beeinflussen.

Betrachten wir nun den Spezialfall der Hard-Decision-Decodierung: Die Maximierung in Gleichung 8.37 wird durch die Addition mit 1 und der Multiplikation mit 1/2 von Gleichung 8.42 nicht beeinflußt. Des weiteren nehmen wir einen BSC als Kanalmodell an. Sind nun das Bit der empfangenen Sequenz $y_t^{(j)}$ und das der betrachteten Codesequenz $x_t^{(j)}$ gleich bzw. verschieden, dann ergibt sich

$$\frac{1}{2}\left(1 - y_t^{(j)} \cdot x_t^{(j)}\right) = \begin{cases} +1 & \text{für } y_t^{(j)} = x_t^{(j)} \\ 0 & \text{für } y_t^{(j)} \neq x_t^{(j)}. \end{cases}$$

Die so definierte Metrik $\Lambda^{\mathbf{x}}$ einer Codesequenz $\mathbf{x}$ entspricht also der Anzahl der Stellen an denen diese mit der empfangenen Sequenz übereinstimmt. Damit ist die geschätzte Codesequenz $\mathbf{x}_{opt}$ diejenige unter allen Codesequenzen mit der kleinsten Hammingdistanz $\text{dist}(\mathbf{x}_{opt}, \mathbf{y}) = \min_{\mathbf{x} \in \mathcal{C}}\{\text{dist}(\mathbf{x}, \mathbf{y})\}$ zur empfangenen Sequenz $\mathbf{y}$. Die so definierte Metrik entspricht dann auch im mathematischen Sinne den Axiomen einer Metrik (vergleiche Anhang A).

8.4.2 Viterbi-Algorithmus

Der Viterbi-Algorithmus wurde bereits in den Abschnitten 7.3.4 und 7.4.2 für Hard- und Soft-Decision ML-Decodierung von Blockcodes beschrieben. Wir wollen ihn im folgenden mit speziellem Bezug zu Faltungscodes wiederholen.

Die Berechnung von $\mathbf{x}_{opt}$ nach Gleichung 8.33 erfolgt durch Maximierung der Metrik $\Lambda^{\mathbf{x}}$. Betrachtet man den Codebaum eines Faltungscodierers, dann ist eine mögliche (aber unrealistische) Methode die schrittweise Berechnung der Metriken $\Lambda_t^{\mathbf{x}}$ aller möglichen Codesequenzen $\mathbf{x}_{[t]}$ an den 2^{kt} Knoten der Eindringtiefe t im Codebaum. Dies führt jedoch zu einer mit t exponentiell anwachsenden Anzahl der Codesequenzen und damit auch der Metriken.

Wie jedoch schon im Abschnitt 8.1.5 bei der Einführung des Trellis gezeigt wurde, wiederholt sich die Struktur des Codebaums und Knoten mit gleichem Zustand können zusammengefaßt werden. Dies führt zu einer wesentlichen Vereinfachung bei der ML-Decodierung: Laufen mehrere Codesequenzen zur Eindringtiefe $t > m$ durch denselben Knoten σ_t, dann muß nur diejenige Codesequenz mit der größten Metrik für weitere Berechnungen betrachtet werden. Diese wird *Survivor* genannt. Alle anderen können bei der Maximierung der Metrik zu späteren Zeitpunkten vernachlässigt werden. Dies kann wie folgt begründet werden: Läuft der Pfad $\mathbf{x}_{opt}$ durch einen bestimmten Knoten σ_t im Trellis, dann wird bei der Maximierung über alle alternativen Pfade durch diesen Knoten immer derjenige mit der maximalen Metrik Λ_t^{σ} auch zur maximalen Gesamtmetrik $\Lambda^{\mathbf{x}_{opt}}$ führen. Da das Trellis zu jedem Zeitpunkt $t \geq m$ aus 2^{ν} Knoten besteht, müssen also nur soviele Survivor-Pfade gespeichert werden wie Knoten existieren.

Jedem der 2^{ν} Zustände $\sigma_t \in [0, \ldots, 2^{\nu}-1]$ zum Zeitpunkt $t \geq m$ ist eine Metrik Λ_t^{σ} zugeordnet. Diese und die Teilmetrik $\lambda_t^{\sigma'\sigma}$ aller 2^k möglichen Übergänge $\sigma_t' \to \sigma_{t+1}$

bestimmen dann die Metriken Λ_{t+1}^{σ} der Zustände σ_{t+1}:

$$\Lambda_{t+1}^{\sigma} = \max_{\sigma'} \left(\Lambda_t^{\sigma'} + \lambda_t^{\sigma'\sigma} \right) \text{ für } \sigma \in [0, 2^{\nu} - 1],$$

wobei ν die Gesamteinflußlänge und m die Gedächtnisordnung der zum Aufbau des Trellis verwendeten Generatormatrix sind. In jedem Zustand σ_{t+1} enden daher 2^k Übergänge. Für diese Übergänge ergibt sich eine Teilmetrik, welche zur alten Metrik des entsprechenden Startzustandes σ_t' addiert, die neue Metrik ergibt.

Hier tritt ein scheinbarer Widerspruch auf. Einerseits ist die Sequenzschätzung bei ML-Decodierung von Faltungscodes unabhängig von der Wahl der Generatormatrix und andererseits wird das Trellis, in welchem die Decodierung statt findet, anhand der Generatormatrix aufgebaut (vergleiche Abschnitt 8.1.5). Da jedoch jeder Trellis äquivalenter Generatormatrizen alle Codesequenzen des Codes als mögliche Pfade enthält, kann zur Sequenzschätzung immer das Trellis mit der geringsten Komplexität verwendet werden. Da diese offensichtlich von der Anzahl der Zustände abhängt, empfiehlt es sich, das Trellis einer minimalen Basisgeneratormatrix zur Sequenzschätzung zu verwenden.

Beispiel 8.38 (Viterbi-Decodierung) Wir wollen anhand einer fehlerbehafteten Empfangssequenz die Decodierung mittels Viterbi-Algorithmus beschreiben. Die terminierte Informationssequenz $\mathbf{u}_{[l]}$ wird mit der Generatormatrix $\mathbf{G}(D) = \left(\begin{array}{cc} 1 + D + D^2 & 1 + D^2 \end{array} \right)$ eines Codes der Rate $R = 1/2$ auf die Codesequenz $\mathbf{v}_{[l+m]}$ abgebildet und über einen BSC übertragen. Die Decodierung findet im Trellis statt. Dieses besitzt zu jedem Zeitpunkt $m \leq t \leq l$ vier Zustände σ_t. Es werden also zu jedem Zeitpunkt vier Metriken Λ_t^{σ} mit $\sigma \in [0, 3]$ berechnet. Wie in Bild 8.26 veranschaulicht ergibt sich z. B. die Metrik Λ_{t+1}^2 des Zustands $\sigma_{t+1} = 2$ zum Zeitpunkt $t + 1$ aus den Metriken Λ_t^0 des Zustands $\sigma_t = 0$ und Λ_t^1 des Zustands $\sigma_t = 1$ zum Zeitpunkt t und den entsprechenden Teilmetriken. So ist z. λ_t^{02} die Teilmetrik des Zustandsübergangs $0_t \rightarrow 2_{t+1}$. Die Metrikberechnung wird für jeden Zustand des Zeitpunkts in gleicher Weise durchgeführt.

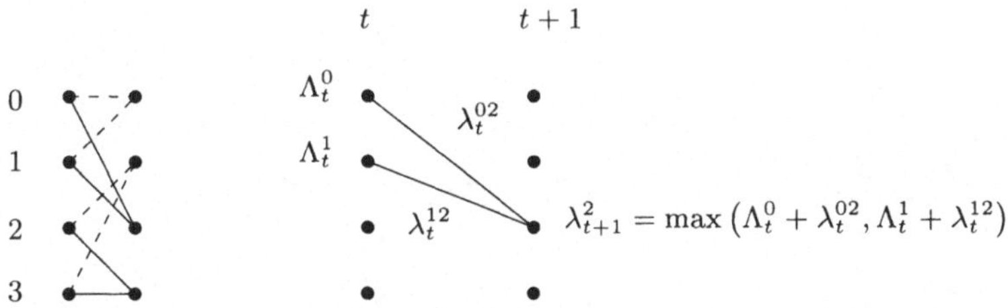

Bild 8.26: Metrikberechnung für Viterbi-Decodierung im Trellis.

Es wird die terminierte Informationssequenz $\mathbf{u}_{[l]}$ der Länge $l = 4$ codiert und übertragen. In der empfangenen Sequenz $\mathbf{y}_{[4+2]}$ sind an den beiden gekennzeichneten Stellen Übertragungsfehler aufgetreten.

$$\begin{array}{llllllll}
\mathbf{u}_{[4+2]} = & (1 & 0 & 1 & 1 & 0 & 0) \\
\mathbf{v}_{[4+2]} = & (11 & 10 & 00 & 01 & 01 & 11) \\
\mathbf{y}_{[4+2]} = & (\mathbf{10} & 10 & 00 & \mathbf{00} & 01 & 11)
\end{array}$$

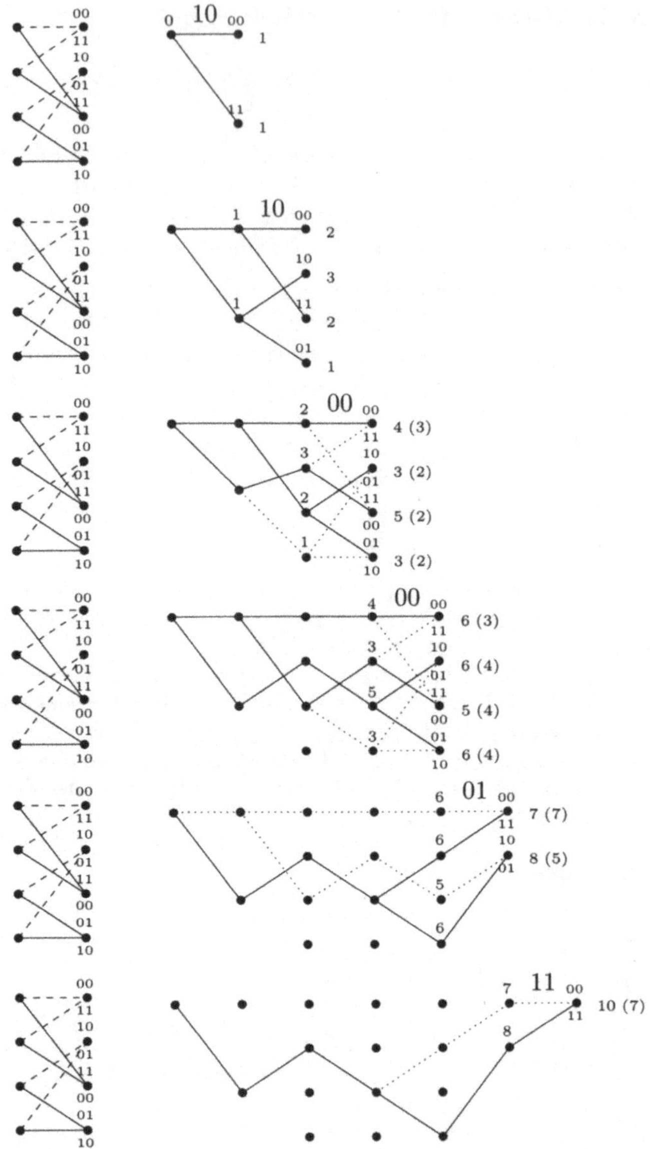

Bild 8.27: Schritte der Viterbi-Decodierung eines terminierten Faltungscodes.

Die Viterbi-Decodierung erfolgt in den sechs, im Bild 8.27 dargestellten, Schritten. Die Metrik soll hier der Anzahl der Stellen entsprechen, in welchen die empfangene und die betrachtete Codesequenz übereinstimmen. Der wahrscheinlichste Pfad durch das Trellis ist dann der mit der größten Metrik. Wir haben die gewohnte binäre Darstellung der Sequenzen beibehalten. Die betrachteten Sequenzen bestehen aus sechs Blöcken, d. h. es werden insgesamt auch sechs Schritte notwendig um die entsprechenden Teilmetriken zu berechnen. Diese sind in Bild 8.27 dargestellt.

Schritt 1: Betrachten wir zunächst den ersten Schritt, also den 0-ten Übergang im Trellis: Da sich das Trellis hier noch in der Aufbauphase befindet, sind nur zwei Zustandsübergänge möglich, nämlich $0 \rightarrow 0$ und $0 \rightarrow 2$. Diese Zustandsübergänge sind mit den entsprechenden Codeblöcken (00) und (11) beschriftet. Die Metrik $\Lambda_0^0 = 0$ (mit dieser ist die Wurzel des Trellis beschriftet) ist definitionsgemäß Null. Zusätzlich ist der 0-te Übergang mit dem empfangenen Block (10) beschriftet. Damit ergeben sich aus dem Vergleich der den Zustandsübergängen entsprechenden Codeblöcken und dem empfangenen Block die beiden Metriken $\Lambda_1^0 = 1$ und $\Lambda_1^2 = 1$.

Schritt 2: Auch im zweiten Schritt werden anhand der Metriken $\Lambda_1^0 = 1$ und $\Lambda_1^2 = 1$ und den entsprechenden Teilmetriken die Metriken $\Lambda_2^0 = 2$, $\Lambda_2^1 = 3$, $\Lambda_2^2 = 2$ und $\Lambda_2^3 = 1$ berechnet. Die Teilmetriken ergeben sich wieder aus den Übereinstimmungen der Bits der empfangenen Sequenz (10) und den entsprechenden Codeblöcken (00), (10), (11) und (01).

Schritt 3: Im dritten Schritt ist das Trellis voll aufgebaut und es treffen jeweils zwei Übergänge in jedem Zustand zusammen. Wie in Bild 8.26 besprochen, wird nun für jeden dieser Zustände eine neue Metrik Λ_3^g berechnet. Betrachten wir z. B. den Zustand $\sigma_3 = 0$: Dessen Metrik ergibt sich aus $\Lambda_3^0 = \max(4, 3) = 4$, wobei für die Metrik der beiden an diesem Knoten zusammenlaufenden Pfade gilt $\Lambda_2^0 + \lambda_2^{00} = 2 + 2 = 4$ und $\Lambda_2^1 + \lambda_2^{10} = 3 + 0 = 3$. Pfade, die wegfallen, sind mit punktierten und die Survivors mit durchgezogenen Linien gezeichnet.

Schritt 4: Der vierte Schritt erfolgt analog zum dritten.

Schritt 5: Im fünften Schritt ergibt sich eine Besonderheit am Zustand $\sigma_5 = 0$. Hier treffen zwei Pfade mit derselben Metrik aufeinander. In solchen Fällen kann einer von beiden zufällig als Survivor aufgewählt werden, da beide gleich wahrscheinlich sind. Des weiteren nimmt aufgrund der Terminierung der Sequenz die Anzahl der Zustände ab.

Schritt 6: Im sechsten Schritt ist aufgrund der Terminierung nur noch der Nullzustand im Trellis möglich. Auf diese Weise erhalten wir nur noch einen Survivor, eben den im Nullzustand, und die Decodierung ist beendet.

Verfolgen wir nun den Survivor zurück, so erhalten wir die ursprünglich gesendete Codesequenz $\mathbf{v}_{[4+2]}$ als geschätzte Codesequenz $\hat{\mathbf{v}}_{[4+2]}$. Die aufgetretenen Fehler wurden korrigiert. Auch die inverse Abbildung von Code- auf Informationssequenz kann hier im Trellis erfolgen und wir erhalten die gesendete Informationssequenz $\hat{\mathbf{u}}_{[4]} = \mathbf{u}_{[4]}$. ◇

Dieses Beispiel hat die Funktionsweise des Viterbi-Algorithmus für terminierte Codesequenzen verdeutlicht.

Betrachten wir nun unendlich lange Codesequenzen, dann existiert kein terminierter Endzustand im Trellis, sondern alle 2^ν Survivor der entsprechenden Zustände σ_t zum Zeitpunkt $t \geq m$ müssen gespeichert werden. Entscheidungen werden inhärent dadurch getroffen, daß alle Survivor mit einem gemeinsamen Teilstück beginnen. Da dies jedoch erst nach sehr vielen Übergängen geschehen kann, und der verfügbare Speicher in Anwendungen endlich groß ist, müssen manchmal auch Entscheidungen ausgegeben werden, obwohl die Survivorpfade noch nicht zu einem gemeinsamen Anfangsstück verschmolzen sind. Eine Faustregel für die notwendige Speicherlänge der Survivorpfade ist $10 \cdot m$ bei „guten" Kanälen und $100 \cdot m$ bei „schlechten" Kanälen. Generell sollte jedoch durch geeignete Terminierung und der Wahl von Speicherlänge gleich Blocklänge diese Situation vermieden werden.

Muß eine Entscheidung für einen Informationsblock ausgegeben werden, obwohl
die Survivor aller Zustände noch nicht verschmolzen sind, so gibt es zwei Strategi-
en: Entweder wird derjenige Informationsblock des Survivors mit größter Metrik
genommen, oder derjenige mit dem die Mehrheit aller Survivor übereinstimmt.

Beispiel 8.39 (Bitfehlerwahrscheinlichkeit) Im Abschnitt 8.8 sind in der Tabelle 8.10
auf Seite 319 einige gute Faltungscodes der Rate $R = 1/2$ gegeben. Wie in Beispiel 8.52
auf Seite 318 gezeigt wird, kann jeder Faltungscode mit n oktalen Zahlen $(O_G^{(1)}, \ldots, O_G^{(n)})$
beschrieben werden.

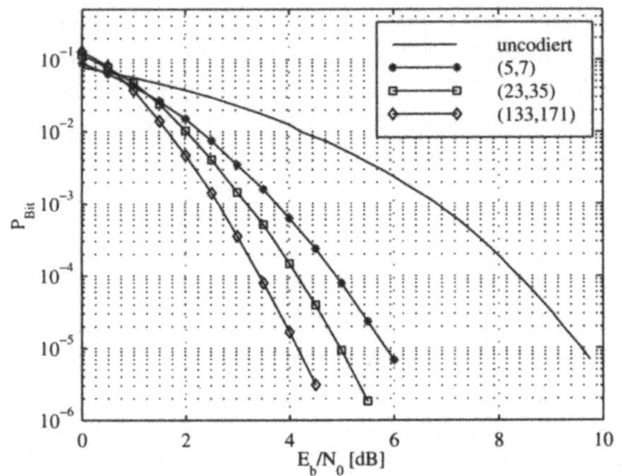

Bild 8.28: Bitfehlerwahrscheinlichkeit von drei Faltungscodes der Rate $R = 1/2$
und der Gesamteinflußlänge $\nu \in \{2, 4, 6\}$ bei Übertragung über einen
AWGN-Kanal.

In Bild 8.28 sind die Bitfehlerraten der drei Faltungscodes $(5, 7)$, $(23, 35)$ und $(133, 171)$ bei
Übertragung über einen AWGN-Kanal zu sehen. Aufgrund der mit der Gesamteinflußlänge ν
des Codes ansteigenden freien Distanz d_f ist auch ein asymptotisch besseres Korrekturver-
halten von Codes mit größerer freier Distanz zu beobachten.   ◇

Anmerkung: Der Viterbi-Algorithmus kann bei einer Vielzahl von Problemen
angewandt werden. Die Bedingung ist allerdings die Darstellung des gegebenen
Problems in Trellisform. Dabei ist unter Trellis hier nicht das eines Faltungscodes,
sondern ganz allgemein ein Graph in Trellisstruktur gemeint. Betrachten wir z. B.
die Berechnung der erweiterten Distanzen (Abschnitt 8.3.2), dann kann dieses
Problem (vergleiche Beispiel 8.36 auf Seite 281) im Trellis dargestellt und mit
Hilfe des Viterbi-Algorithmus gelöst werden.

8.4.3   Schranken zur Decodierfähigkeit

In folgendem werden wir den Zusammenhang zwischen den Distanzmaßen und der
Korrekturfähigkeit eines Faltungscodes aufzeigen. Dazu ist es zunächst wichtig ein

geeignetes Maß zur Beschreibung möglicher Decodierfehler zu finden. Die Definition einer Codewortfehlerwahrscheinlichkeit P_{Block}, wie dies im Falle von Blockcodes üblich ist, stellt sich für Faltungscodes als unbrauchbar heraus: Betrachten wir die oben beschriebene Viterbi-Decodierung im Trellis des Codes, dann geht die Wahrscheinlichkeit eines fehlerhaft decodierten Codesegments und damit P_{Block} für unendliche Codesequenzen gegen eins. Dennoch kann in diesem Fall durchaus ein zufriedenstellender Schutz der Information vorliegen. Diese Überlegung führt zur Definition von *Fehlerbündeln*.

Fehlerbündel: Ein Fehlerbündel ist ein Segment der geschätzten Codesequenz, das vom korrekten Pfad im Trellis abweicht, einen anderen Pfad durch das Trellis nimmt und schließlich wieder mit den korrekten Pfad zusammentrifft. Das Ereignis eines Fehlerbündels, das zum Zeitpunkt t im Trellis startet und die Länge l besitzt, bezeichnen wir mit $\mathcal{F}_t(l)$. Unser Ziel ist es, eine obere Schranke für die Wahrscheinlichkeit $P(\mathcal{F}_t(l)) = P_{\mathcal{F}_t}(l)$ eines solchen Fehlerbündels unabhängig vom Zeitpunkt t anzugeben.

Zunächst können wir aufgrund der Linearität von Faltungscodes ohne Einschränkung der Allgemeinheit die Nullsequenz als korrekten Pfad im Trellis annehmen. Ein Fehlerbündel entspricht damit einem Pfad, der die Nullsequenz zum Zeitpunkt t verläßt und nach l Zustandsübergängen zum Zeitpunkt $t+l$ wieder in den Nullzustand geht. Des weiteren kann ein Fehlerbündel nur zu solchen Zeitpunkten t beginnen, an welchen der korrekte und der geschätzte Pfad übereinstimmen, d. h. vorherige Fehlerbündel müssen bereits beendet sein. Dann allerdings befindet sich der betrachtete stochastische Prozeß in einem Zustand der äquivalent zum Anfangszustand ist und die Wahrscheinlichkeit eines Fehlerbündels $P_{\mathcal{F}}(l)$ zum Zeitpunkt $t = 0$ ist eine obere Schranke für $P_{\mathcal{F}_t}(l)$ mit $t > 0$.

Beispiel 8.40 (Fehlerbündel) Betrachten wir das Trellis des Codes der Rate $R = 1/2$ mit der Generatormatrix $\begin{pmatrix} 1 + D + D^2 & 1 + D^2 \end{pmatrix}$, dann ist ein mögliches fehlerhaft decodiertes Segment $\mathbf{v}_{[6]} = (11, 01, 01, 00, 10, 11)$ der Länge $l = 6$ in Bild 8.29 dargestellt. Nehmen wir den BSC als zugrundeliegendes Kanalmodell an, dann haben der korrekte und der fehlerhafte Pfad in diesem Bereich die Hammingdistanz $w = \text{wt}\left(\mathbf{v}_{[6]}\right) = 7$.

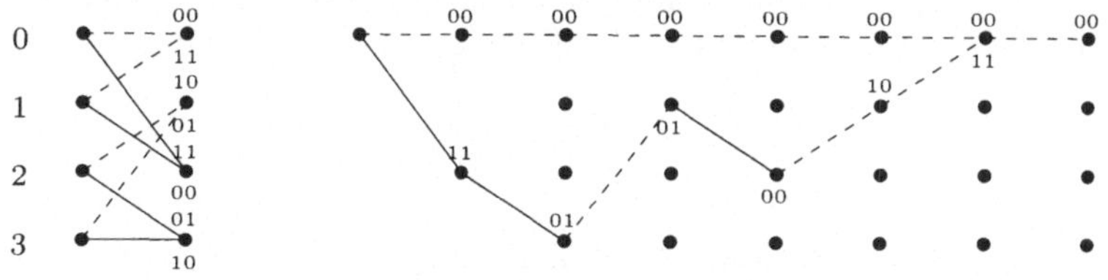

Bild 8.29: Decodierung eines fehlerhafte Segments.

Sind nun $e > \lfloor (w - 1)/2 \rfloor = 3$ Bitfehler an den entsprechenden 7 Positionen aufgetreten, dann kommt es zu einem Decodierfehler. Ein mögliches Fehlermuster, welches zu einem Decodierfehler führt, ist z. B. $\mathbf{e}_{[6]} = (01, 00, 01, 00, 10, 11)$. Es tritt mit der Wahrscheinlichkeit $P(\mathbf{e}_{[6]}) = (1 - p)^7 \cdot p^5$ auf, wobei p die Bitfehlerrate des Kanals ist. $\diamond$

Wahrscheinlichkeit eines Fehlerbündels: In Abhängigkeit vom Gewicht eines möglichen fehlerhaften Codesegments $\mathbf{v}_{[l]}$ mit Hamminggewicht $w = \mathrm{wt}(\mathbf{v}_{[l]})$ kann allgemein eine obere Schranke für die Wahrscheinlichkeit eines entsprechenden Decodierfehlers angegeben werden. Dazu müssen zunächst

$$e > \lfloor (w-1)/2 \rfloor$$

Bitfehler an den entsprechenden Stellen der Sequenz auftreten. Betrachtet man nur diese Stellen, dann ist die Wahrscheinlichkeit

$$p_w = \begin{cases} \displaystyle\sum_{e=(w+1)/2}^{w} \binom{w}{e} p^e (1-w)^{w-e} & \text{für } w \text{ ungerade} \\[2ex] \frac{1}{2}\binom{w}{w/2} p^{w/2}(1-p)^{w/2} + \displaystyle\sum_{e=w/2+1}^{w} \binom{w}{e} p^e (1-p)^{w-e} & \text{für } w \text{ gerade} \end{cases}$$

$$\tag{8.43}$$

eine obere Schranke, daß es bezüglich des betrachteten Codesegments $\mathbf{v}_{[l]}$ zu einem Decodierfehler kommt, d. h. es ist sichergestellt, daß es mit p_w zur Decodierung eines fehlerhaften Segments kommt, wobei aber nicht notwendigerweise auf das betrachtete Segment decodiert wird.

Die in Gleichung 8.43 beschriebene Wahrscheinlichkeit p_w kann durch die obere Schranke

$$p_w < \left(2\sqrt{p(1-p)} \right)^w \tag{8.44}$$

ersetzt werden. Dies wird im folgenden eine kompakte Darstellung weiterer Ergebnisse ermöglichen.

Union-Bound: Wir können eine obere Schranke für die Wahrscheinlichkeit der fehlerhaften Decodierung eines bestimmten Codesegments angeben. Dies kann nun für jedes mögliche Codesegment $\mathbf{v}_{[l]}$ durchgeführt werden. Da die derart bestimmten Ereignisse $\mathcal{E}_i$ nicht exklusiv sind, verwenden wir die sogenannte *Union-Bound* $P(\cup_i \mathcal{E}_i) \le \sum_i P(\mathcal{E}_i)$, um eine obere Schranke für die Wahrscheinlichkeit eines Fehlerbündels der Länge l herzuleiten. Mit $P(\mathcal{E}_w) = p_w$ gilt dann

$$P_{\mathcal{F}}(l) \le \sum_w N(l,w) \cdot p_w,$$

wobei $N(l,w)$ die Koeffizienten der in Gleichung 8.11 definierten Gewichtsverteilung $A_l(W)$ sind. Mit Hilfe der erweiterten Distanzfunktion kann also die Anzahl $N(l,w)$ aller Pfade mit Gewicht w und Länge l berechnet werden, die als mögliche Decodierfehler in Frage kommen. Summieren wir über alle möglichen Längen

$$P_{\mathcal{F}} \le \sum_l P_{\mathcal{F}}(l),$$

dann erhält man eine obere Schranke für die Wahrscheinlichkeit, daß es an einem beliebigen Zustand im Trellis zu einem Fehlerereignis kommt, unabhängig von der Länge des Fehlers, die sogenannte *First-Event-Probability*. Damit erhalten wir

$$P_{\mathcal{F}} \le \sum_{w}^{\infty} N(w) \cdot p_w = T(W)\Big|_{W=2\sqrt{p(1-p)}}, \qquad (8.45)$$

wobei $N(w)$ das Distanzspektrum (vergleiche Gleichung 8.10) des Codes ist und $T(W)$ die in Abschnitt 8.1.6 definierte Distanzfunktion des Codes. Diese sehr kompakte Schranke der First-Event-Probability wird auch *Viterbi-Bound* genannt. Während bei guten Kanälen, d.h. mit kleiner Bitfehlerrate, diese Schranke fast mit den erzielbaren Werte übereinstimmt, ergibt sich bei schlechten Kanälen doch ein recht großer Unterschied.

Anhand der oben hergeleiteten Schranke läßt sich auch eine obere Schranke für die Bitfehlerwahrscheinlichkeit P_{Bit} berechnen. In Abhängigkeit der Wahrscheinlichkeit p_w erhalten wir (ohne Herleitung):

$$P_{Bit} \quad < \quad \frac{1}{k} \sum_{w} I(w) \cdot p_w = \frac{1}{k} \left.\frac{\partial\, T(W, H, L = 1)}{\partial H}\right|_{\substack{W=2\sqrt{p(1-p)} \\ H=1}}, \qquad (8.46)$$

wobei $T(W, H, L)$ die erweiterte Distanzfunktion aus Gleichung 8.9 auf Seite 244 ist, und für p_w die Näherung aus Gleichung 8.44 verwendet wurde. Der Term $I(w)$ wird als Informationsgewicht bezeichnet und ergibt sich aus der erweiterten Distanzfunktion durch $\partial T(W, H, L = 1)/\partial H|_{H=1} = \sum_{w} I(w)W^w$.

Außerdem können alle hier getroffenen Aussagen auf AWGN-Kanäle erweitert werden. In diesem Fall erhält man analog zur Gleichung 8.43 und 8.44 (ohne Herleitung)

$$p_w = \mathrm{erfc}\left(\sqrt{2R\frac{E_b}{N_0}\, w}\right) < e^{-R\frac{E_b}{N_0}\, w},$$

mit der komplementären Error-Funktion $\mathrm{erfc}(z) = 1/\sqrt{2\pi} \int_z^{+\infty} e^{-\eta^2/2}\, d\eta$. Damit können die in den Gleichungen 8.45 und 8.46 gegebenen Schranken auch auf AWGN-Kanäle erweitert werden.

Beispiel 8.41 (Näherung für Bitfehlerwahrscheinlichkeit) Eine gute Näherung für die Bitfehlerwahrscheinlichkeit P_{Bit} erhält man, wenn wir die in Gleichung 8.46 gegebene Reihe nach den ersten Gliedern abbrechen. Dann muß die erweiterte Distanzfunktion nicht im geschlossener Form berechnet werden, sondern nur die ersten Koeffizienten der entsprechenden Reihenentwicklung. Diese Berechnung kann auf sehr viel effizientere Weise durchgeführt werden. Mit diesem Vorgehen erhält man zwar keine obere Schranke mehr, aber für praktische Anwendungen eine ausreichend gute Abschätzung.

In Bild 8.30 sind die Näherungen und die simulierten Bitfehlerkurven für den $(5, 7)$- und $(133, 171)$-Code zu sehen. In beiden Kurven wurde die Reihe nach vier Termen, also für $w = d_f + 3$ abgebrochen. $\diamond$

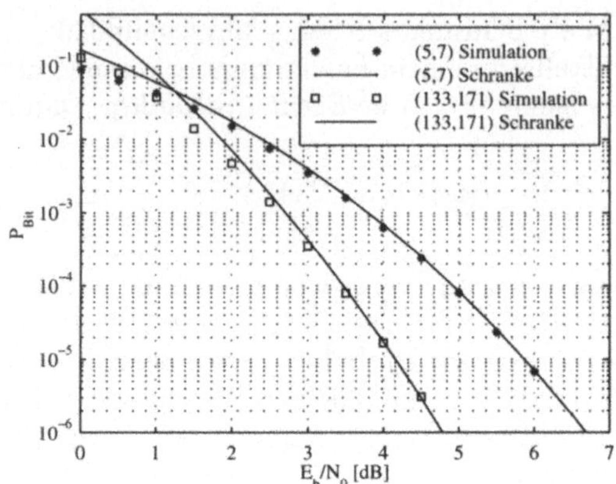

Bild 8.30: Näherung der Bitfehlerwahrscheinlichkeit.

8.4.4 Interleaving

Der im vorherigen Abschnitt beschriebene Viterbi-Algorithmus und die Betrachtung zu Fehlerbündeln zeigen, daß Faltungscodes gut statistisch unabhängige Einzelfehler korrigieren können, wie sie etwa beim BSC oder dem AWGN-Kanal auftreten. Liegt ein Kanal vor, der Bündelfehler erzeugt, wie sie z. B. mit dem Gilbert-Elliot-Modell aus Abschnitt 7.1.3 beschrieben werden können, so stellt dies einen für die Decodierung ungünstigen Fall dar. Eine Methode um aus den Bündelfehlern Einzelfehler zu erhalten, ist eine Permutation der Stellen zu verwenden, die *Interleaving* genannt wird.

Prinzipiell können wir einen Interleaver als einen Code der Rate $R = 1$ definieren, der einen stochastischen Prozeß, welcher Bündelfehler generiert, auf einen Prozeß abbildet, der unabhängige Einzelfehler erzeugt. Für ein gegebenes System einen geeigneten Interleaver zu finden ist eine nicht-triviale Aufgabe. Zunächst muß der stochastische Prozeß am Eingang des Interleavers beschrieben werden. Dazu sind Kenntnisse über die Eigenschaften des zugrundeliegenden Kanalmodells notwendig, womit es möglich ist die Größe des Interleaving-Bereichs anzugeben. Dabei muß ein Abtausch (*trade off*) stattfinden zwischen der vom Interleaving verursachten Verzögerung und dem Mittelungseffekt, der durch Interleaving eintritt. Anschließend muß eine geeignete Permutation gefunden werden.

In vielen Fällen wird ein Blockinterleaver verwendet. Dieser schreibt die Eingangssequenz zeilenweise in eine Matrix ein und liest die Ausgangssequenz spaltenweise aus. Es sind aber beliebige andere Interleaver-Konstruktionen denkbar!

8.4.5 Soft-Output-Viterbi-Algorithmus (SOVA)

Der Viterbi-Algorithmus in der bisher beschriebenen Form liefert „hart" entschiedene Werte am Ausgang. Oftmals ist es jedoch wünschenswert eine Information über die Zuverlässigkeit der getroffenen Entscheidungen zu haben. Dies kann mit Hilfe eines *Soft-Output-Viterbi-Algorithmus* oder kurz SOVA erreicht werden.

Um eine Aussage über die Zuverlässigkeit einer getroffenen Entscheidung machen zu können, müssen wir mögliche Alternativen betrachten. Wie in Gleichung 8.33 und 8.34 dargestellt, wird über die Wahrscheinlichkeit $P(\mathbf{x})P(\mathbf{y}\,|\,\mathbf{x})$ aller Codesequenzen $\mathbf{x}$ und damit über alle Pfade im Trellis in Abhängigkeit der empfangenen Sequenz $\mathbf{y}$ maximiert. Betrachten wir die Berechnung der Metrik bzw. der Teilmetriken (vergleiche Gleichungen 8.35–8.38) im Trellis, dann gilt:

$$P(\mathbf{x})P(\mathbf{y}\,|\,\mathbf{x}) \sim e^{\Lambda^{\mathbf{x}}/2}$$

bzw. für ein Segment der Codesequenz $\mathbf{x}_{[t]}$ der Länge t gilt:

$$P(\mathbf{x}_{[t]})P(\mathbf{y}_{[t]}\,|\,\mathbf{x}_{[t]}) \sim e^{\Lambda_t^{\mathbf{x}}/2}.$$

Der Faktor $1/2$ ist auf die Wahl der multiplikativen Konstanten $c_1 = 2$ bei der Berechnung der Teilmetrik $\lambda_t^{\mathbf{x}}$ in Gleichung 8.36 zurückzuführen. Der nach der ML-Decodierung entschiedene Pfad $\mathbf{x}_{opt}$ ist die am wahrscheinlichsten gesendete Codesequenz. Mögliche Alternativen zu dieser Entscheidung werden bei der Decodierung zu jedem Zeitpunkt $t > m$ dadurch verworfen, daß an jedem Zustand σ_t nur der Survivor weiterverfolgt wird.

Nehmen wir einen Faltungscode der Rate $R = 1/n$ an, dann sind an dieser Entscheidung zwei Pfade betroffen. In Abhängigkeit der Metriken $\Lambda_t^{\mathbf{x}}$ des Survivors $\mathbf{x}_{[t]}$ und $\Lambda_t^{\mathbf{x}'}$ des verworfenen Pfades $\mathbf{x}_{[t]}'$ kann die Wahrscheinlichkeit für eine fehlerhafte Entscheidung berechnet werden:

$$\frac{P(\mathbf{x}_{[t]}')P(\mathbf{y}_{[t]}\,|\,\mathbf{x}_{[t]}')}{P(\mathbf{x}_{[t]}')P(\mathbf{y}_{[t]}\,|\,\mathbf{x}_{[t]}') + P(\mathbf{x}_{[t]})P(\mathbf{y}_{[t]}\,|\,\mathbf{x}_{[t]})}$$

$$= \frac{e^{\Lambda_t^{\mathbf{x}'}/2}}{e^{\Lambda_t^{\mathbf{x}'}/2} + e^{\Lambda_t^{\mathbf{x}}/2}} = \frac{1}{1 + e^{(\Lambda_t^{\mathbf{x}}-\Lambda_t^{\mathbf{x}'})/2}} = \frac{1}{1 + e^{\Delta_t^{\sigma}}},$$

wobei die Differenz der Metriken von Survivor und verworfenem Pfad am Zustand σ_t zum Zeitpunkt t

$$\Delta_t^{\sigma} = (\Lambda_t^{\mathbf{x}} - \Lambda_t^{\mathbf{x}'})/2$$

ist. Die mit jeder dieser Entscheidungen verbundenen Fehlerwahrscheinlichkeit läßt sich nun angeben als:

$$p_f(\Delta_t^{\sigma}) = \frac{1}{1 + e^{\Delta_t^{\sigma}}}$$

Mit dieser Wahrscheinlichkeit wird also am Zustand σ_t eine fehlerhafte Entscheidung getroffen und der korrekte Pfad verworfen. Basierend auf der Wahrscheinlichkeit $p_f(\Delta_t^{\sigma})$ wird im folgenden die Zuverlässigkeit einzelner Bits der geschätzten Informationssequenz berechnet. Betrachten wir zunächst ein Beispiel:

Beispiel 8.42 (SOVA) In Bild 8.31 ist ein Ausschnitt aus dem Prozeß der Viterbi-Decodierung dargestellt. Wie bereits erwähnt, wird zu jedem Zeitpunkt t für jeden Zustand σ_t ein Survivor bestimmt. Von diesem Prozeß ist in Bild 8.31 nur die Berechnung des Survivors am Zustand $\sigma_{11} = 1$ zu sehen und die beiden in diesen Zustand laufenden Pfade $\mathbf{x}_{[11]}$ und $\mathbf{x}'_{[11]}$. Sei Δ_{11}^1 die Metrikdifferenz dieser beiden Pfade, dann wird also mit der Wahrscheinlichkeit $p_f(\Delta_{11}^1)$ an dieser Stelle eine fehlerhafte Entscheidung getroffen.

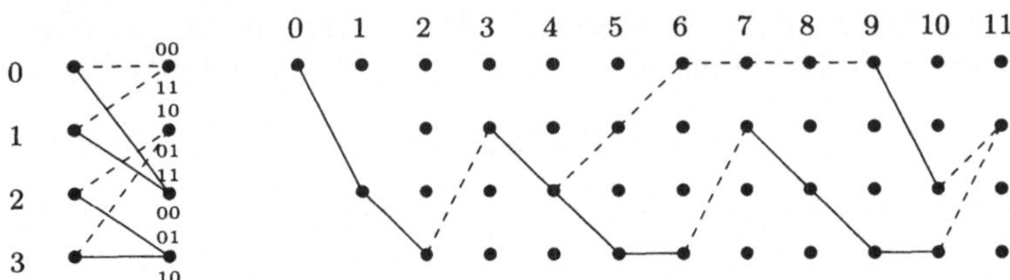

Bild 8.31: Iterative Berechnung der Zuverlässigkeit am Ausgang des Viterbi-Decodierers.

Nehmen wir an, der Pfad $\mathbf{x}_{opt}$ läuft (wie sich gegebenenfalls erst später herausstellt) durch diesen Zustand, dann ist von der hier getroffenen Entscheidung nur ein Teil der geschätzten Informationssequenz betroffen. Betrachten wir diese (gestrichelte Übergänge entsprechen einem Informationsbit 0 und durchgezogene Übergänge einer 1), so ergibt sich:

$$\begin{aligned}
\mathbf{u}_{[11]} &= (1 \quad 1 \quad 0 \quad 1 \quad 1 \quad 1 \quad 0 \quad 1 \quad 1 \quad 1 \quad 0) \\
\mathbf{u}'_{[11]} &= (1 \quad 1 \quad 0 \quad 1 \quad 0 \quad 0 \quad 0 \quad 0 \quad 0 \quad 1 \quad 0)
\end{aligned}$$

Damit sind von der am Zustand 1_{11} getroffenen Entscheidung nur Informationsbits u_t im Bereich $4 \leq t \leq 8$ betroffen. Einerseits sind beide Pfade in den ersten vier Übergänge gleich und es gilt $u_i = u'_i$ für $i \in \{0,3\}$, andererseits sind die letzten $m = 2$ Informationbits $u_i = u'_i$ für $i \in \{9, 10\}$ der beiden Codesequenzen $\mathbf{x}_{[11]}$ und $\mathbf{x}'_{[11]}$ ebenfalls gleich. Ansonsten würden sich die beiden Codesequenzen nicht im gleichen Zustand treffen! Betrachtet man nun den fehlerhaften Bereich, dann müssen sich die beiden Informationssequenzen darin nicht unbedingt unterscheiden, so ist $u_6 = u'_6$, aber $u_i \neq u'_i$ für $i \in \{4, 5, 7, 8\}$. $\diamond$

Wie dieses Beispiel zeigt, sind von einer Entscheidung am Zustand σ_{t+1} die e Informationsbits

$$u_i \neq u'_i, \quad i \in \{i_1, \dots, i_e\}$$

des Survivors betroffen. Die entsprechenden Stellen müssen anhand der jeweiligen Informationssequenz des Survivors und des verworfenen Pfades ermittelt werden. Damit kann die Wahrscheinlichkeit $p_{t+1}^\sigma(i)$ für ein fehlerhaft entschiedenes Bit u_i berechnet werden.

$$p_{t+1}^\sigma(i) = \begin{cases} p_t^{\sigma'}(i) \cdot (1 - p_f(\Delta_t^\sigma)) + (1 - p_t^{\sigma'}(i)) \cdot p_f(\Delta_t^\sigma) & i \in \{i_1, \dots, i_e\} \\ p_t^{\sigma'}(i) & \text{sonst,} \end{cases}$$

$$\tag{8.47}$$

wobei $p_t^{\sigma'}(i)$ die Wahrscheinlichkeit eines fehlerhaften Bits aus vorhergehenden Entscheidungen ist, die zu dem betrachteten Survivor führten. Dabei ist zu beachten, daß σ'_t der Zustand des Survivors zum vorherigen Zustand ist. Gleichung 8.47 kann folgendermaßen interpretiert werden:

- Unterscheiden sich die Informationsbits von Survivor und verworfenem Pfad nicht, so wird deren Fehlerwahrscheinlichkeit nicht von der getroffenen Entscheidung beeinflußt.

- Sind die entsprechenden Informationsbits von der Entscheidung betroffen, dann wird deren Fehlerwahrscheinlichkeit beeinflußt und wir erhalten zwei Terme: Der *erste* Term ist die Wahrscheinlichkeit einer korrekten Entscheidung $(1 - p_f(\Delta_t^\sigma))$ multipliziert mit der Wahrscheinlichkeit $p_t^{\sigma'}(i)$, daß es bereits bei vorhergehenden Entscheidungen für den Survivor zu Fehlern gekommen ist. Der *zweite* Term geht von einer fehlerhaften Entscheidung aus und die entsprechende Wahrscheinlichkeit $p_f(\Delta_t^\sigma)$ wird mit der Wahrscheinlichkeit $(1 - p_t^{\sigma'}(i))$ multipliziert, daß das Bit in vorhergehenden Entscheidungen richtig entschieden wurde.

Diese Prozedur muß nun zu jedem Zeitpunkt $t > m$ und für jeden Zustand σ_t durchgeführt werden. Verschmelzen alle Survivor, oder am Ende einer Blocklänge bei terminierten Faltungscodes kann aus den so berechneten Fehlerwahrscheinlichkeiten $p(i)$ die Zuverlässigkeit für das geschätzte Bit $\hat{u}_i$ berechnet werden, und man erhält:

$$L(\hat{u}_i) = \ln \frac{1 - p(i)}{p(i)}.$$

Alternativ zur Berechnung über Wahrscheinlichkeiten, kann diese Zuverlässigkeit auch direkt während der Durchführung des Viterbi-Algorithmus berechnet werden. Dies geschieht durch Modifikation von Gleichung 8.47, d. h. anstatt der Wahrscheinlichkeit einer fehlerhaften Entscheidung $p_t^\sigma(i)$ berechnen wir unter Verwendung der L-Algebra (vergleiche Anhang B) die entsprechende Zuverlässigkeit mit:

$$L_{t+1}^\sigma(i) = \begin{cases} \ln \dfrac{1 + e^{L_t^{\sigma'}(i) + \Delta_t^\sigma}}{e^{\Delta_t^\sigma} + e^{L_t^{\sigma'}(i)}} & \text{für } i \in \{i_1, \dots, i_e\} \\ L_t^{\sigma'}(i) & \text{sonst.} \end{cases}$$

Verwendet man die in der L-Algebra übliche Näherung

$$L_{t+1}^\sigma(i) = \begin{cases} \min\{L_t^{\sigma'}(i), \Delta_t^\sigma\} & i \in \{i_1, \dots, i_e\} \\ L_t^{\sigma'}(i) & \text{sonst,} \end{cases}$$

dann erhalten wir eine Berechnungsvorschrift, die sich aufgrund der geringen Komplexität für eine Realisierung des SOVA besonders gut eignet.

Listendecodierung: Betrachten wir jetzt die Metrikdifferenzen $\Delta_t^{\mathbf{x}_{opt}}$ an allen Zustandsübergängen des decodierten Pfades $\mathbf{x}_{opt} = \mathbf{x}_{1st}$. Bei der kleinsten dieser Differenzen $\Delta_{min} = \min_t \Delta_t^{\mathbf{x}_{opt}}$ handelt es sich um die unzuverlässigste Entscheidung, auf der die Wahl der decodierten Sequenz beruht. Somit erhalten wir mit dem an dieser Stelle verworfenen Pfad eine Codesequenz $\mathbf{x}_{2nd}$, die nach der decodierten Sequenz $\mathbf{x}_{1st}$ die zweitwahrscheinlichste Codesequenz bei gegebener empfangener Sequenz $\mathbf{y}$ ist.

Will man nun den drittwahrscheinlichsten Pfad $\mathbf{x}_{3rd}$ berechnen, dann muß zusätzlich der zweitwahrscheinlichste Pfad $\mathbf{x}_{2nd}$, berücksichtigt werden. Dazu wird die minimale Metrikdifferenz Δ_{min}, die bei der Decodierung zum Verwerfen des Pfades geführt hat, auf die Metrikdifferenzen des entsprechenden Teilstücks addiert. Das Minimum der auf diese Weise entstandenen Menge an Metrikdifferenzen kennzeichnet nun den drittwahrscheinlichsten Pfad. Diese Berechnung kann rekursiv durchgeführt werden, und wir erhalten eine Liste der L wahrscheinlichsten Codesequenzen. Diese Liste $(\mathbf{x}_{1st}, \mathbf{x}_{2nd}, \dots, \mathbf{x}_{Lth})$ kann nun bei verschiedenen Decodierverfahren eingesetzt werden (siehe [ZPS93]).

8.5   Maximum-a-posteriori-Decodierung (MAP)

Die Soft-Output-Decodierung ist in den letzten Jahren in den Mittelpunkt gerückt, bedingt durch die Kombination von Quellen- und Kanalcodierung und durch die Decodierung von verketteten Codes. Dabei kann unter Code sowohl Modulation als auch Entzerrung verstanden werden (siehe Kapitel 10). Im ersten Fall wird die Zuverlässigkeitsinformation zur Fehlerverdeckung verwendet. Z. B. werden unzuverlässige Sprachblöcke nicht berücksichtigt, die unangenehme „Knack"-Geräusche hervorrufen würden. Im zweiten Fall dient die Soft-Output-Decodierung des inneren Decodierers als Soft-Input-Information des äußeren Decodierers.

Im vorigen Abschnitt haben wir eine Modifikation des Viterbi-Algorithmus, den SOVA, erläutert, der zur Soft-Output-Decodierung verwendet werden kann. In diesem Abschnitt werden wir den MAP-Decodierer behandeln, der sowohl Soft-Input-Werte verarbeitet, als auch Soft-Output-Information liefert. Der Algorithmus minimiert die Symbolfehlerwahrscheinlichkeit und berechnet zusätzlich die Zuverlässigkeit der Entscheidung eines Symbols. Des weiteren wird eine Vereinfachung, der sogenannte Max-Log-MAP-Algorithmus behandelt.

8.5.1   BCJR-Algorithmus

Im Gegensatz zur Schätzung der Gesamtsequenz mit dem Viterbi-Algorithmus, wird im folgenden ein Verfahren vorgestellt, das eine Schätzung eines einzelnen Symbols durchführt, unter Berücksichtigung der gesamten empfangenen Sequenz. Dazu wird der *symbol-by-symbol*-MAP-Algorithmus gemäß [BCJR74] für die Trellisdarstellung eines Codes (Block- oder Faltungscodes) verwendet, den wir im Prinzip schon in Abschnitt 7.4.1 eingeführt haben. Im folgenden wollen wir den BCJR-Algorithmus für binäre Faltungscodes wiederholen. Generell kann die Beschreibung des BCJR-Algorithmus auf der Basis von Wahrscheinlichkeiten oder mit Log-Likelihood-Werten erfolgen. Während wir bei Blockcodes die L-Werte verwendet haben, wollen wir im folgenden Wahrscheinlichkeiten benutzen. Zur

Vereinfachung betrachten wir nur terminierte Faltungscodes der Rate $1/n$. Außerdem wird in [Rie98] gezeigt, wie ein Faltungscode über seinen dualen Code MAP-decodiert werden kann. Wir setzen den Empfangsvektor **y** bei BPSK-Modulation und einem AWGN-Kanal entsprechend Abschnitt 7.1.2 voraus.

Der Zustand des Codierers zum Zeitpunkt t sei $\sigma_t \in \{0, 1, \ldots, 2^\nu - 1\}$. Das Informationsbit u_t korrespondiert mit dem Zustandsübergang zwischen den Tiefen $t-1$ und t. Mit Hilfe des BCJR-Algorithmus soll die A-posteriori-Wahrscheinlichkeit (*a posteriori probability*, APP) für jedes einzelne Informationsbit u_t berechnet werden. Als Zuverlässigkeitsinformation entsprechend Abschnitt 7.2.2 kann der Logarithmus des Verhältnisses der APP benutzt werden. Man dividiert dabei die APP eines Informationsbits $u_t = 0$ durch die mit $u_t = 1$. D. h. es ergibt sich:

$$L(\hat{u}_t) \;\; = \;\; \ln \frac{\displaystyle\sum_{\sigma_{t-1}, \sigma_t} \alpha_{t-1}(\sigma_{t-1}) \cdot \gamma_0(y_t, \sigma_{t-1}, \sigma_t) \cdot \beta_t(\sigma_t)}{\displaystyle\sum_{\sigma_{t-1}, \sigma_t} \alpha_{t-1}(\sigma_{t-1}) \cdot \gamma_1(y_t, \sigma_{t-1}, \sigma_t) \cdot \beta_t(\sigma_t)} \; . \tag{8.48}$$

Die Parameter werden im folgenden erläutert: Die Vorwärts-Rekursionswerte sind

$$\alpha_t(\sigma_t) \;\; = \;\; \sum_{\sigma_{t-1}, i=0,1} \alpha_{t-1}(\sigma_{t-1}) \cdot \gamma_i(y_t, \sigma_{t-1}, \sigma_t) \; ; \tag{8.49}$$

$$\alpha_0(\sigma_0) \;\; = \;\; \begin{cases} 1 & \text{für } \sigma_0 = 0 \\ 0 & \text{sonst} \end{cases}$$

und die Rückwärts-Rekursionswerte

$$\beta_t(\sigma_t) \;\; = \;\; \sum_{\sigma_{t+1}, i=0,1} \gamma_i(y_{t+1}, \sigma_t, \sigma_{t+1}) \cdot \beta_{t+1}(\sigma_{t+1}) \; ; \tag{8.50}$$

$$\beta_l(\sigma_l) \;\; = \;\; \begin{cases} 1 & \text{für } \sigma_l = 0 \\ 0 & \text{sonst} \end{cases} \; .$$

Die Zweig-Übergangs-Wahrscheinlichkeiten sind gegeben durch:

$$\gamma_i(y_t, \sigma_{t-1}, \sigma_t) = q(u_t = i | \sigma_t, \sigma_{t-1}) \cdot p(y_t | u_t = i, \sigma_t, \sigma_{t-1}) \cdot P_a(\sigma_t | \sigma_{t-1}) \; .$$

Der Wert von $q(u_t = i | \sigma_t, \sigma_{t-1})$ ist entweder 1 oder 0, je nachdem, ob ein Übergang mit Informationsbit i vom Zustand σ_{t-1} zum Zustand σ_t existiert oder nicht. Dies bedeutet, daß die Funktion $q(\cdot)$ aus einem voll-vermaschten Trellis die im Codetrellis existierenden Zweige auswählt (eine andere Möglichkeit ist, direkt im Codetrellis zu arbeiten, siehe Abschnitt 7.4.1). Der Term $P_a(\sigma_t | \sigma_{t-1})$ ist die A-priori-Wahrscheinlichkeit für das Bit u_t (im Falle gleichwahrscheinlicher Bits ist diese gleich 0.5).

Diese Beschreibungsform des BCJR-Algorithmus ist ausschließlich für terminierte Faltungscodes der Blocklänge l verwendbar. Die Implementierung erfolgt auf Basis des Trellisdiagramms, entsprechend dem folgenden Beispiel.

Beispiel 8.43 (BCJR-Algorithmus) Für das folgende Beispiel wird ein Code mit den Parametern $k = 1$, $n = 3$ und Gesamteinflußlänge $\nu = 2$ verwendet. Die drei Generatorpolynome lauten $g_1^{(1)} = (1,0,0)$, $g_1^{(2)} = (1,0,1)$, $g_2^{(3)} = (1,1,1)$ bzw. in oktaler Form $(4,5,7)$. Es sollen drei Informationsbits übertragen werden. Um am Ende in den Nullzustand zu gelangen, werden zwei Terminierungsbits angehängt, so daß die Größe des Informationsblocks l insgesamt 5 ist. Da der Code die Rate $R = 1/3$ besitzt, resultieren daraus $l = 5$ Codesymbole mit insgesamt 15 Codebits. Bild 8.32 zeigt das zugehörige Trellisdiagramm. Der Pfad, der der

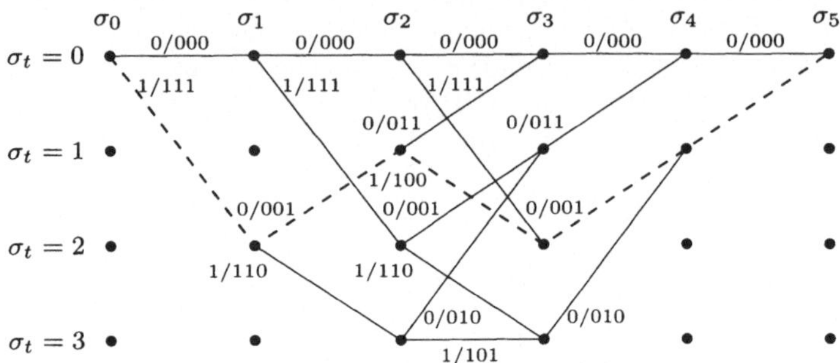

Bild 8.32: Trellisdiagramm eines Codes mit Rate $R = 1/3$, $\nu = 2$ und Blocklänge $l = 5$. Die Zweige (Trellisübergänge) sind mit den korrespondierenden Codebits bzw. Informationsbit bezeichnet.

angenommenen Codebitfolge entspricht, ist darin gestrichelt eingezeichnet. Die Informations- und Codebits sind an den Zweigen eingetragen.

Tabelle 8.2: Informationsfolge **u**, Codefolge **v** und Empfangswerte **y**.

	$t = 0$	$t = 1$	$t = 2$	$t = 3$	$t = 4$
$\mathbf{u}_t$	1	0	1	0	0
$\mathbf{v}_t$	1 1 1	0 0 1	1 0 0	0 0 1	0 1 1
$\mathbf{y}_t^T$	-1.024 -0.169 $+0.111$	$+0.241$ -0.825 -1.044	-2.143 $+0.796$ $+0.560$	-0.260 $+1.101$ -0.006	$+0.266$ $+0.244$ -0.632

Betrachtet wird eine BPSK-Übertragung über einen AWGN-Kanal mit der Abbildung $0 \to 1$ und $1 \to -1$. In Tabelle 8.2 sind die Informationsbits **u**, die zugehörigen Codebits **v** und die empfangenen Werte **y** aufgeführt. Dabei wurde ein Signal-Rauschleistungsverhältnis von $-4\,\mathrm{dB}$ zugrundegelegt. Zur Vereinfachung wird angenommen, daß Nullen und Einsen gleiche Auftrittswahrscheinlichkeit besitzen, d. h. es steht keine A-priori-Information zur Verfügung, bzw. ist jeweils gleich 1/2.

Um bei großen Blocklängen ein Unterschreiten des zulässigen Zahlenbereichs zu verhindern, werden zu jedem Zeitschritt t die akkumulierten Wahrscheinlichkeitswerte $\alpha_t(\sigma_t)$ und $\beta_t(\sigma_t)$ normiert, so daß gilt: $\sum_{\sigma_t} \alpha(\sigma_t) = 1$ bzw. $\sum_{\sigma_t} \beta(\sigma_t) = 1$. Damit kann der Faktor in Gleichung 7.1 vernachlässigt werden und führt für unser Beispiel zu den in Tabelle 8.3 aufgelisteten (skalierten) Übergangswahrscheinlichkeitswerten. Die skalierten Vorwärts- und Rückwärtswahrscheinlichkeitswerte gemäß den Gleichungen 8.50 und 8.51 sind in den Tabellen 8.4 und 8.5 aufgeführt. Damit ergeben sich gemäß Gleichung 8.48 die Zuverlässigkeitswerte $L(\hat{u}_t)$ für die geschätzten Bits $\hat{u}_t$ zu $(-3.650, 2.877, -5.679, 1.0, 1.0)$.   ◇

Tabelle 8.3: Skalierte Übergangswahrscheinlichkeitswerte aller Zustandsübergänge $\gamma_i(y_t, \sigma_{t-1}, \sigma_t)$.

$\gamma_i(y_t, \sigma_{t-1}, \sigma_t)$	$t = 1$	$t = 2$	$t = 3$	$t = 4$	$t = 5$
$\sigma_0 \to \sigma_0$	0.083	0.040	0.018	0.354	0.223
$\sigma_1 \to \sigma_0$	0.000	0.000	0.002	0.062	0.413
$\sigma_2 \to \sigma_1$	0.000	0.211	0.007	0.357	0.000
$\sigma_3 \to \sigma_1$	0.000	0.000	0.005	0.061	0.000
$\sigma_0 \to \sigma_2$	0.464	0.535	0.062	0.000	0.000
$\sigma_1 \to \sigma_2$	0.000	0.000	0.542	0.000	0.000
$\sigma_2 \to \sigma_3$	0.000	0.101	0.152	0.000	0.000
$\sigma_3 \to \sigma_3$	0.000	0.000	0.222	0.000	0.000

Tabelle 8.4: Akkumulierte Wahrscheinlichkeitswerte $\alpha_t(\sigma_t)$ der Vorwärtsrekursion.

$\alpha_t(\sigma_t)$	$t = 0$	$t = 1$	$t = 2$	$t = 3$	$t = 4$	$t = 5$
$\sigma_t = 0$	1.000	0.152	0.017	0.004	0.006	1.000
$\sigma_t = 1$	0.000	0.000	0.508	0.008	0.994	0.000
$\sigma_t = 2$	0.000	0.848	0.230	0.747	0.000	0.000
$\sigma_t = 3$	0.000	0.000	0.244	0.241	0.000	0.000

Anmerkung: In Abschnitt 9.3.4 wird bei der verallgemeinerten Verkettung von Faltungscodes eine Variante des MAP-Algorithmus verwendet, ebenfalls in Abschnitt 10.3.4 zur Soft-Output-Demodulation.

8.5.2 Max-Log-MAP-Algorithmus

In [RVH95] wird eine Vereinfachung des MAP-Algorithmus beschrieben, die wir im folgenden erläutern wollen.

Im Gegensatz zum MAP-Algorithmus wird beim Max-Log-MAP-Algorithmus nur der „wahrscheinlichste" (in einem Zustand) ankommende Pfad bei der Berechnung der Vorwärts- und Rückwärtsrekursionswerte berücksichtigt. Zur Bestimmung der Zuverlässigkeiten $L(\hat{u}_t)$ werden lediglich die „wahrscheinlichsten" Pfade berücksichtigt, die zum Zeitpunkt t mit dem zu schätzenden Bit $\hat{u}_t = 0$ und $\hat{u}_t = 1$ korrespondieren. Dies ist gleichbedeutend mit der Ersetzung der Summation in den Gleichungen 8.48, 8.50 und 8.51 durch Maximum-Bildung. Dadurch ergeben

Tabelle 8.5: Akkumulierte Wahrscheinlichkeitswerte $\beta_t(\sigma_t)$ der Rückwärtsrekursion.

$\beta_t(\sigma_t)$	$t = 0$	$t = 1$	$t = 2$	$t = 3$	$t = 4$	$t = 5$
$\sigma_t = 0$	1.000	0.127	0.106	0.297	0.351	1.000
$\sigma_t = 1$	0.000	0.000	0.798	0.052	0.649	0.000
$\sigma_t = 2$	0.000	0.873	0.039	0.556	0.000	0.000
$\sigma_t = 3$	0.000	0.000	0.057	0.095	0.000	0.000

sich die folgenden Formeln:

$$L(\hat{u}_t) \;=\; \ln \frac{\max\limits_{\sigma_t,\sigma_{t-1}} \alpha_{t-1}(\sigma_{t-1}) \cdot \gamma_0(y_t,\sigma_{t-1},\sigma_t) \cdot \beta_t(\sigma_t)}{\max\limits_{\sigma_t,\sigma_{t-1}} \alpha_{t-1}(\sigma_{t-1}) \cdot \gamma_1(y_t,\sigma_{t-1},\sigma_t) \cdot \beta_t(\sigma_t)}, \tag{8.51}$$

Vorwärts-Rekursionswerte:

$$\alpha_t(\sigma_t) = \max\limits_{\sigma_{t-1},i=0,1} \alpha_{t-1}(\sigma_{t-1}) \cdot \gamma_i(y_t,\sigma_{t-1},\sigma_t); \tag{8.52}$$

$$\alpha_0(\sigma_0) = \begin{cases} 1 & \text{für } \sigma_0 = 0 \\ 0 & \text{sonst} \end{cases} \tag{8.53}$$

Rückwärts-Rekursionswerte:

$$\beta_t(\sigma_t) = \max\limits_{\sigma_{t+1},i=0,1} \gamma_i(y_{t+1},\sigma_t,\sigma_{t+1}) \cdot \beta_{t+1}(\sigma_{t+1}); $$

$$\beta_l(\sigma_l) = \begin{cases} 1 & \text{für } \sigma_l = 0 \\ 0 & \text{sonst} \end{cases}. \tag{8.54}$$

Beispiel 8.44 (Max-Log-MAP-Algorithmus) In dem Beispiel betrachten wir die in Beispiel 8.43 gesendete Informations-/Codesequenz sowie vom AWGN-Kanal empfangene Folge **y** (siehe Tabelle 8.2). Das Signal-Rauschleistungsverhältnis beträgt ebenfalls $-4\,$dB.

Da nur die Pfade mit maximaler Wahrscheinlichkeit berücksichtigt werden, kann die Maximierung der Wahrscheinlichkeiten durch eine Minimierung der euklidischen Distanzen ersetzt werden. Dabei kann die Multiplikation der Wahrscheinlichkeiten in den Gleichungen 8.53, 8.53 und 8.54 auf eine Addition der Distanzwerte reduziert werden. In Tabelle 8.6 sind die quadratischen euklidischen Distanzen $\gamma_i^*(y_t,\sigma_{t-1},\sigma_t)$ aller Trellisübergänge aufgelistet. Die Vorwärts-

Tabelle 8.6: Quadratische euklidische Distanz aller Zustandsübergänge.

$\gamma_i^*(y_t,\sigma_{t-1},\sigma_t)$	$t=1$	$t=2$	$t=3$	$t=4$	$t=5$
$\sigma_0 \to \sigma_0$	6.252	8.084	10.11	2.609	3.772
$\sigma_1 \to \sigma_0$	∞	∞	15.54	6.989	2.223
$\sigma_2 \to \sigma_1$	∞	3.908	12.35	2.585	∞
$\sigma_3 \to \sigma_1$	∞	∞	13.30	7.013	∞
$\sigma_0 \to \sigma_2$	1.927	1.572	6.967	∞	∞
$\sigma_1 \to \sigma_2$	∞	∞	1.541	∞	∞
$\sigma_2 \to \sigma_3$	∞	5.749	4.726	∞	∞
$\sigma_3 \to \sigma_3$	∞	∞	3.781	∞	∞

und Rückwärtsrekursionswerte sind in den Tabellen 8.7 und 8.8 aufgeführt. Damit ergeben sich die Zuverlässigkeitswerte $L(\hat{u}_t)$ zu $(-9.603, 8.509, -15.57, \infty, \infty)$.   ◇

Simulationsergebnisse: Für die folgenden Simulationen wurden zwei Faltungscodes in Serie wie in [IIH89] verwendet, die äußerer und innerer Faltungscode genannt werden (vergleiche Kapitel 9). Beide Codes besitzen die Rate $R = 1/2$

Tabelle 8.7: Akkumulierte Vorwärtsrekursionswerte $\alpha_t(\sigma_t)$ bezüglich der quadratischen euklidischen Distanz.

$\alpha_t(\sigma_t)$	$t = 0$	$t = 1$	$t = 2$	$t = 3$	$t = 4$	$t = 5$
$\sigma_t = 0$	0.000	4.325	8.502	14.00	14.02	0.000
$\sigma_t = 1$	∞	∞	0.000	12.80	0.000	∞
$\sigma_t = 2$	∞	0.000	1.990	0.000	∞	∞
$\sigma_t = 3$	∞	∞	1.841	4.081	∞	∞

Tabelle 8.8: Akkumulierte Rückwärtsrekursionswerte $\beta_t(\sigma_t)$ bezüglich der quadratischen euklidischen Distanz.

$\beta_t(\sigma_t)$	$t = 0$	$t = 1$	$t = 2$	$t = 3$	$t = 4$	$t = 5$
$\sigma_t = 0$	0.000	5.278	5.426	1.573	1.549	0.000
$\sigma_t = 1$	∞	∞	0.000	5.953	0.000	∞
$\sigma_t = 2$	∞	0.000	7.613	0.000	∞	∞
$\sigma_t = 3$	∞	∞	6.668	4.428	∞	∞

und identische Generatorpolynome $(15, 17)$ (in oktaler Form). Der äußere Code wurde gemäß Tabelle 8.15 auf Rate $R = 2/3$ punktiert und im Rate-1/2-Muttercodetrellis mit dem Viterbi-Algorithmus decodiert. Der innere Code wurde soft-in und soft-out decodiert. Dabei wurde der BCJR-Algorithmus, der Max-Log-MAP-Algorithmus und der in Abschnitt 8.4.5 vorgestellte SOVA eingesetzt. Zwischen innerer und äußerer Stufe wurde Blockinterleaving verwendet. Es wurde die BPSK-Modulation verwendet und additives weißes Gaußsches Rauschen betrachtet.

Die simulierten Bitfehlerraten sind in Bild 8.33 dargestellt. Es ist zu sehen, daß die

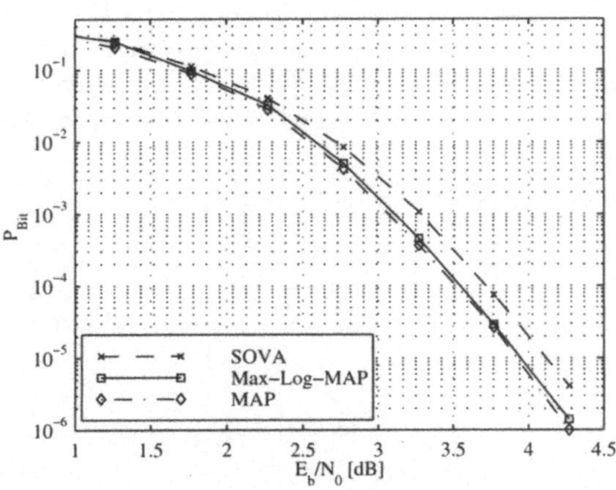

Bild 8.33: Vergleich der Soft-Output-Decodieralgorithmen MAP, Max-Log-MAP und SOVA bei BPSK-Übertragung im AWGN-Kanal.

suboptimalen Algorithmen, Max-Log-MAP und SOVA, in dem betrachteten System nur eine geringfügig schlechtere Decodierfähigkeit im Vergleich zum optimalen BCJR-Algorithmus aufweisen. Deutlicher wird die Diskrepanz bei Verwendung von iterativer Decodierung (Algorithmus 7.5).

8.6 Sequentielle Decodierung

Im Gegensatz zur Viterbi-Decodierung, bei welcher 2^ν (ν ist die Gesamteinfluß-länge) Survivor betrachtet werden, wird bei der sequentiellen Decodierung prinzipiell immer nur eine Codesequenz bearbeitet. Dies reduziert den zur Decodierung notwendigen Speicherbedarf erheblich. Sequentielle Decodierer sind derzeit bis zu Gesamteinflußlängen der Größenordnung $\nu \approx 100$ realisierbar. Allerdings ist dabei die Decodierzeit von der Anzahl der aufgetretenen Fehler abhängig, d. h. es besteht kein konstanter Verarbeitungsaufwand wie bei der Viterbi-Decodierung. So ist die Decodierkomplexität bei guten Kanälen relativ gering und steigt für schlechte Kanäle stark an. Da der Entwurf eines Systeme gewöhnlicherweise unter Berücksichtigung des ungünstigsten Falls (*worst case*) erfolgt, kann sich diese Eigenschaft als entscheidender Nachteil erweisen.

Die sequentielle Decodierung läßt sich am besten mit der Darstellung des Codes im Codebaum erklären (siehe Abschnitt 8.1.5 auf Seite 238). Zunächst werden wir aber eine geeignete Metrik herleiten.

8.6.1 Fano-Metrik

Die im Abschnitt 8.4.1 für die Viterbi-Decodierung vorgestellte Metrik $\Lambda^\mathbf{x}$ wurde für den Vergleich von Sequenzen gleicher Länge definiert. Der sequentiellen Decodierung liegt jedoch ein anderes Prinzip zugrunde. Hier werden Pfade unterschiedlicher Länge miteinander verglichen. Entsprechend muß auch eine Metrik definiert werden, die dies berücksichtigt. Sei $\mathbf{x}_{[t]}$ die gesendete Codesequenz und $\mathbf{y}_{[t]}$ die empfangene Sequenz. Betrachten wir nun alle Sequenzen

$$\mathbf{x}_{[q]} \;=\; (\mathbf{x}_0,\dots,\mathbf{x}_l,\dots,\mathbf{x}_{q-1}) \quad \text{mit } \mathbf{x}_l = (x_l^{(1)}, x_l^{(2)},\dots,x_l^{(k)}) \qquad (8.55)$$

$$\mathbf{y}_{[q]} \;=\; (\mathbf{y}_0,\dots,\mathbf{y}_l,\dots,\mathbf{y}_{q-1}) \quad \text{mit } \mathbf{y}_l = (y_l^{(1)}, y_l^{(2)},\dots,y_l^{(n)}) \qquad (8.56)$$

der Längen $q \leq t$, dann sind wir an der am wahrscheinlichsten gesendeten Codesequenz

$$\max_{\mathbf{x}_{[q]}\in\mathcal{C}.q\in[1.t]} \frac{P(\mathbf{x}_{[q]}) \cdot P(\mathbf{y}_{[q]} \mid \mathbf{x}_{[q]})}{P(\mathbf{y}_{[q]})} \qquad (8.57)$$

interessiert. Dazu definiert man die *Fano-Metrik*

$$\Lambda^{\mathbf{x}_{[q]}} = \log_2 \frac{P(\mathbf{x}_{[q]}) \cdot P(\mathbf{y}_{[q]} \mid \mathbf{x}_{[q]})}{P(\mathbf{y}_{[q]})}. \qquad (8.58)$$

Geht man nun von einer gedächtnislosen Informationsquelle aus, d. h. $P(u_l^{(i)} = 0) = P(u_l^{(i)} = 1) = 1/2$ für $l \in [1, t]$ und $j \in [1, k]$, erhält man für die A-priori-Wahrscheinlichkeit einer Codesequenz $\mathbf{x}_{[q]}$ der Länge q

$$P(\mathbf{x}_{[q]}) = \prod_{l=0}^{q-1} P(\mathbf{x}_l) = \prod_{l=0}^{q-1} \prod_{i=1}^{k} P(u_l^{(i)}) = \left(\frac{1}{2}\right)^{q \cdot k} = 2^{-R \cdot n \cdot q}. \tag{8.59}$$

Entsprechend erhält man für einen gedächtnislosen, zeitinvarianten Kanal

$$P(\mathbf{y}_{[q]} \mid \mathbf{x}_{[q]}) = \prod_{l=0}^{q-1} P(\mathbf{y}_l \mid \mathbf{x}_l) = \prod_{l=0}^{q-1} \prod_{j=1}^{n} P(y_l^{(j)} \mid x_l^{(j)}). \tag{8.60}$$

Setzen wir Gleichung 8.60 und 8.59 in 8.58 ein, so erhalten wir:

$$\Lambda^{\mathbf{x}_{[q]}} = \sum_{l=0}^{q-1} \sum_{j=1}^{n} \lambda_{l.j} \tag{8.61}$$

mit der sogenannten Bitmetrik

$$\lambda_{l.j} = \log_2 \frac{P(y_l^{(j)} \mid x_l^{(j)})}{P(y_l^{(j)})} - R. \tag{8.62}$$

Wie die folgenden Beispiele zeigen, ist diese Metrik sowohl für Hard- als auch für Soft-Decision-Decodierung verwendbar.

Beispiel 8.45 (Bitmetrik für einen symmetrischen Binärkanal) Es gilt $P(y_l^{(j)} = +1) = P(y_l^{(j)} = -1) = 1/2$ und

$$P(y_l^{(j)} \mid x_l^{(j)}) = \begin{cases} (1-p) & \text{für } y_l^{(j)} = x_l^{(j)} \\ p & \text{für } y_l^{(j)} \neq x_l^{(j)} \end{cases}$$

Damit ergibt sich für einen Rate $R = 1/2$ Code und der Bitfehlerwahrscheinlichkeit $p = 2^{-5}$ die Bitmetrik $\lambda_{l.j}$ zu:

$$\lambda_{l.j} = \begin{cases} \log_2\left(2(1-p)\right) - R & \approx \quad 0.45 \quad \rightarrow \quad 1 & \text{für } y_l^{(j)} = x_l^{(j)} \\ \log_2(2p) - R & \approx \quad -4.5 \quad \rightarrow \quad -10 & \text{für } y_l^{(j)} \neq x_l^{(j)}, \end{cases}$$

wobei für praktische Anwendungen in der Regel auf ganze Zahlen normierte Metrikwerte verwendet werden. $\diamond$

Beispiel 8.46 (Wahrscheinlichkeiten für einen AWGN-Kanal) Die y-Achse sei entsprechend Bild 7.5 in Intervalle I_j der Breite Δr eingeteilt:

$$r_i \in I_j : \quad j \cdot \Delta r < r_i < (j+1) \cdot \Delta r \,.$$

Die Wahrscheinlichkeit, daß der empfangene Wert r_i im Intervall I_j liegt unter der Bedingung, daß $x_i = \pm 1$ gesendet wurde, ist:

$$P(r_i \in I_j | x_i = \pm 1) = 0.5 \cdot \mathrm{erfc}\left(\frac{\mp 1 + j \cdot \Delta r}{\sqrt{2} \cdot \sigma}\right) - 0.5 \cdot \mathrm{erfc}\left(\frac{\mp 1 + (j+1) \cdot \Delta r}{\sqrt{2} \cdot \sigma}\right) .$$

Die Wahrscheinlichkeit, daß r_i im Intervall I_j liegt, ist:

$$P(r_i \in I_j) = 0.5 \cdot P\left(r_i \in I_j | x_i = 1\right) + 0.5 \cdot P\left(r_i \in I_j | x_i = -1\right) .$$

Damit kann entsprechend Beispiel 8.45 die Bitmetrik berechnet werden.   ◇

8.6.2 Zigangirov-Jelinek (ZJ)-Decodierer

Ein sequentieller Decodier-Algorithmus wurde von Zigangirov (1966) und Jelinek (1969) vorgeschlagen. Der Decodierer wird deshalb als ZJ-Decodierer bezeichnet. Er benutzt einen Stapel (*stack*), in dem die Pfade nach ihrer Metrik geordnet stehen, wobei der Pfad mit der größten Metrik ganz oben steht. Deshalb ist dieser Decodierer auch unter dem Namen Stack-Decodierer bekannt. Ein Decodierschritt besteht darin, den obersten Pfad zu entnehmen, um alle nachfolgenden Zweige vom Endknoten dieses Pfades zu berechnen und wieder in den Stapel einzusortieren.

Beispiel 8.47 (ZJ-Decodierer) Zur Veranschaulichung ist in Bild 8.34 die Vorgehensweise des Decodierers angegeben. In der empfangenen Sequenz $y_{[4+2]}$ sind an den beiden gekennzeichneten Stellen Übertragungsfehler aufgetreten.

$$\begin{aligned}
\mathbf{v}_{[4+2]} &= (11 \quad 10 \quad 00 \quad 01 \quad 01 \quad 11) \\
\mathbf{y}_{[4+2]} &= (10 \quad 10 \quad 01 \quad 01 \quad 01 \quad 11)
\end{aligned}$$

Als Metrik wird die im Beispiel 8.45 für den BSC hergeleitete Bitmetrik benutzt. Haben zwei Pfade dieselbe Metrik, wird der auf 0 endende Pfad über dem auf 1 endenden Pfad einsortiert.

     ◇

Bei der Realisierung eines ZJ-Decodierers muß sowohl die Stapellänge als auch die Pfadlänge begrenzt werden. Der Pfadspeicher jedes Stapelelements wird als Schieberegister festgelegter Länge realisiert. Dabei kann es vorkommen, daß wegen dem limitierten Speicher der korrekte Pfad nicht mehr berücksichtigt wird. Das Einsortieren der berechneten Pfade in den unter Umständen sehr großen Stapel erfordert einen großen Rechenaufwand. In der Praxis werden deshalb oft Fächer von Pfaden gleicher Metrik eingeführt, um den Rechenaufwand zu verkleinern.

Durch Änderung der Metrik kann der ZJ-Decodierer auch vorhandene Zuverlässigkeitsinformation integrieren (siehe Beispiel 8.46).

8.6.3 Fano-Decodierer

Ein weiterer sequentieller Decodieralgorithmus ist der Fano-Decodierer. Er speichert nur einen Pfad und läuft auf den Pfaden des Codebaumes (Bild 8.7) so vor und zurück, daß die Metrik des aktuellen Pfades einen Metrikschwellwert T nicht

0	-9	00 : -18
1	-9	01 : -18

1	-9	10 : -7
00	-18	11 : -29
01	-18	

10	-7	100 : -16
00	-18	101 : -16
01	-18	
11	-29	

100	-16	1000 : -25
101	-16	1001 : -25
00	-18	
01	-18	
11	-29	

101	-16	1010 : -36
00	-18	1011 : -14
01	-18	
1000	-25	
1001	-25	
11	-29	

1011	-14	10110 : -12
00	-18	10111 : -34
01	-18	
1000	-25	
1001	-25	
11	-29	
1010	-36	

10110	-12	101100 : -10
00	-18	101101 : -38
01	-18	
1000	-25	
1001	-25	
11	-29	
10111	-34	
1010	-36	

101100	-10	...
00	-18	
01	-18	
1000	-25	
1001	-25	
11	-29	
10111	-34	
1010	-36	
101101	-38	

Bild 8.34: Vorgehensweise des ZJ-Decodierers.

unterschreitet. Der Metrikschwellwert T ist eine variable Größe, die vom Decodierer laufend neu berechnet wird. Bild 8.9 zeigt die Regeln, die der Fano-Decodierer benutzt, um die Schwelle zu berechnen und um seitwärts (S), rückwärts (R), oder vorwärts (V) zu gehen. Einem Pfad mit der Eindringtiefe t in den Codebaum wird die Metrik Λ_t zugeordnet. Die Anfangswerte für die Metrik sind $\Lambda_{-1} = -\infty$, $\Lambda_0 = 0$. Der Fano-Decodierer erhöht oder erniedrigt bei Bedarf die Schwelle um den Wert Δ. Die Schwellenänderung Δ muß in Simulationen optimiert werden, um die Anzahl der Bewegungen im Codebaum und damit die Anzahl von erfor-

Tabelle 8.9: Regeln für den Fano-Decodierer.

Letzte Bewegung	Bedingung	Schwellenänderung	Bewegung
V oder S	$\Lambda_{t-1} < T + \Delta, \Lambda_t \geq T$	$+\Delta$ wenn möglich[*]	$V^{\dagger}$
V oder S	$\Lambda_{t-1} \geq T + \Delta, \Lambda_t \geq T$	keine	$V^{\dagger}$
V oder S	$\Lambda_t < T$	keine	S oder $R^{\ddagger}$
R	$\Lambda_{t-1} < T$	$-\Delta$	$V^{\dagger}$
R	$\Lambda_{t-1} \geq T$	keine	S oder $R^{\ddagger}$

[*]Addiere $j \cdot \Delta$ zur Schwelle, falls j die Gleichung $\Lambda_t - \Delta < T + j\Delta \leq \Lambda_t$ erfüllt.

[†]Bewegung vorwärts zum ersten der 2^k folgenden Knoten.

[‡]Bewegung seitwärts. Falls letzter der 2^k Knoten $\Rightarrow$ Bewegung rückwärts.

derlichen Rechenoperationen zu minimieren. Der Decodierer merkt sich zusätzlich für jeden Knoten, wieviele der abgehenden Zweige er schon ausprobiert hat. Ein Beispiel für den Fano-Decodierer wird in Aufgabe 8.2 behandelt.

Der Pfadspeicher für den Fano-Decodierer kann zwar sehr groß gemacht werden, da nur ein Pfad gespeichert wird, muß aber begrenzt werden, um die resultierende Zeitverzögerung zu verringern. Für schlechte Kanäle steigt die Anzahl der Decodierschritte pro decodiertem Zeichen sehr stark an, dagegen ist die Decodierung bei guten Kanälen sehr effektiv.

8.7 (Partial-) Unit-Memory-Codes, (P)UM-Codes

In diesem Abschnitt werden wir die Darstellung von Faltungscodes als Unit-Memory-Codes (UM-Codes) bzw. Partial-Unit-Memory-Codes (PUM-Codes) vorstellen. Diese geht auf Lee [Lee76] zurück. Dabei handelt es sich um Faltungscodes $\mathcal{C}(k, n, [\nu])$ mit Gedächtnisordnung $m = 1$. Für die Gesamteinflußlänge gilt $\nu \leq k$. Bei Gleichheit sprechen wir von UM-, ansonsten von PUM-Codes. Wir werden ein Verfahren zur Konstruktion solcher (P)UM-Codes vorstellen, wobei aus der Theorie der Blockcodes bekannte algebraische Konstruktionsmethoden verwendet werden. Diese (P)UM-Codes sind dann i. a. nicht binär und besitzen üblicherweise eine sehr große Gesamteinflußlänge ν. Wegen der hohen Zustandskomplexität im Viterbi-Trellis (im q-nären Fall ist die Anzahl der Zustände q^{ν}) ist eine ML-Decodierung dieser Codes zu aufwendig. Wir werden jedoch einen Algorithmus zur BMD-Decodierung dieser (P)UM-Codes beschreiben. Dabei können prinzipiell alle in Kapitel 7 beschriebenen Decodieralgorithmen für Blockcodes benutzt werden.

8.7.1 Definition von (P)UM-Codes

Betrachten wir zunächst die Informationsfolge **i**, die jetzt nicht notwendigerweise binär sein muß. Deshalb haben wir hier auch die Bezeichnung **i** anstelle von **u** verwendet. Es gilt:

$$\mathbf{i} = (\mathbf{i}_0, \mathbf{i}_1, \dots, \mathbf{i}_t, \dots) \quad \text{mit } \mathbf{i}_t = (i_t^{(1)}, i_t^{(2)}, \dots, i_t^{(k_0)}), \tag{8.63}$$

wobei $i_t^{(i)} \in GF(q)$ für $i \in [1, k_0]$. Entsprechend bezeichnen wir die Codesequenz mit $\mathbf{c}$ anstelle von $\mathbf{v}$:

$$\mathbf{c} = (\mathbf{c}_0, \mathbf{c}_1, \dots, \mathbf{c}_t, \dots) \quad \text{mit } \mathbf{c}_t = (c_t^{(1)}, c_t^{(2)}, \dots, c_t^{(n)}), \qquad (8.64)$$

wobei $c_t^{(j)} \in GF(q)$ für $j \in [1, n]$. Ein UM-Code ist ein Faltungscode, bei dem ein Codeblock der Codefolge nur vom letzten und dem aktuellen Informationsblock abhängt. Für die entsprechende Abbildung gilt also $\mathbf{c}_t = \mathrm{fkt}(\mathbf{i}_{t-1}, \mathbf{i}_t)$.

Definition 8.26 (Unit-Memory-Code) *Seien* $\mathbf{G}_a$ *und* $\mathbf{G}_b$ *zwei* $(k_0 \times n)$-*Matrizen mit Rang* k_0 *und Matrixelementen aus* $GF(q)$. *Ein* $UM(n, k_0)$-*Code ist definiert durch:*

$$\mathbf{c}_t = \mathbf{i}_t \cdot \mathbf{G}_a + \mathbf{i}_{t-1} \cdot \mathbf{G}_b, \qquad (8.65)$$

mit $\mathbf{i}_{-1} = \mathbf{0}$, *wobei* $\mathbf{i}_t \in GF(q)^{k_0}$ *und* $\mathbf{c}_t \in GF(q)^n$ *gilt.*

Hat die Matrix $\mathbf{G}_b$ nicht vollen Rang, so ergibt sich ein sogenannter Partial-Unit-Memory-Code.

Definition 8.27 (Partial-Unit-Memory-Code) *Seien* $\mathbf{G}_a$ *und* $\mathbf{G}_b$ *zwei* $(k_0 \times n)$-*Matrizen mit Rang* k_0 *und* $k_1 < k_0$ *mit Matrixelementen aus* $GF(q)$. *Ein* $PUM(n, k_0|k_1)$-*Code ist definiert durch:*

$$\mathbf{c}_t = \mathbf{i}_t \cdot \mathbf{G}_a + \mathbf{i}_{t-1} \cdot \mathbf{G}_b,$$

wobei für die beiden Generatormatrizen

$$\mathbf{G}_a = \begin{pmatrix} \mathbf{G}_{00} \\ \mathbf{G}_{01} \end{pmatrix} \quad \text{und} \quad \mathbf{G}_b = \begin{pmatrix} \mathbf{G}_{10} \\ 0 \end{pmatrix} \qquad (8.66)$$

gilt. Die Teilmatrizen $\mathbf{G}_{00}$ *und* $\mathbf{G}_{10}$ *sind* $(k_1 \times n)$-*dimensional,* $\mathbf{G}_{01}$ *ist* $((k_0 - k_1) \times n)$-*dimensional. Dabei gilt für den Rang der Teilmatrizen* $\mathrm{Rang}(\mathbf{G}_{00}) = \mathrm{Rang}(\mathbf{G}_{10}) = k_1$ *und* $\mathrm{Rang}(\mathbf{G}_{01}) = k_0 - k_1$.

Mit dieser Definition ergibt sich die Berechnung eines Codewortblocks zu:

$$\begin{aligned} \mathbf{c}_t = \mathbf{i}_t \cdot \mathbf{G}_a + \mathbf{i}_{t-1} \cdot \mathbf{G}_b &= (\mathbf{i}_t, \mathbf{i}_{t-1}) \cdot \begin{pmatrix} \mathbf{G}_a \\ \mathbf{G}_b \end{pmatrix} \\[2mm] &= (\mathbf{i}_{t.0}, \mathbf{i}_{t.1}, \mathbf{i}_{t-1.0}) \cdot \begin{pmatrix} \mathbf{G}_{00} \\ \mathbf{G}_{01} \\ \mathbf{G}_{10} \end{pmatrix} \end{aligned} \qquad (8.67)$$

mit $\mathbf{i}_t = (\mathbf{i}_{t.0}|\mathbf{i}_{t.1}) = (i_t^{(0)}, \dots, i_t^{(k_1-1)}|i_t^{(k_1)}, \dots, i_t^{(k_0-1)})$, d.h. $\mathbf{i}_{t.0} \in GF(q)^{k_1}$ und $\mathbf{i}_{t.1} \in GF(q)^{k_0-k_1}$. Bevor wir die Verbindung zu Blockcodes herstellen, wollen wir noch zeigen, daß jeder Faltungscode als (P)UM-Code dargestellt werden kann.

Satz 8.28 (Faltungscode als UM-Code) *Jeder Faltungscode kann als PUM-oder als UM-Code dargestellt werden.*

Beweis: Gemäß der Codierung eines Faltungscodes mit der Rate $\hat{k}/\hat{n}$ und Gedächtnisordnung m in Gleichung 8.4, ergibt sich eine Codefolge $\mathbf{v}$ durch die Multiplikation der Informationsfolge $\mathbf{u} = (\mathbf{u}_0, \mathbf{u}_1, \mathbf{u}_2, \dots)$ mit der halbunendlichen Generatormatrix $\hat{\mathbf{G}}$, d. h. $\mathbf{v} = \mathbf{u} \cdot \hat{\mathbf{G}}$. Die Generatormatrix besitzt dabei folgende Form:

$$\hat{\mathbf{G}} = \begin{pmatrix} \hat{\mathbf{G}}_0 & \hat{\mathbf{G}}_1 & \cdots & \hat{\mathbf{G}}_m & 0 & 0 & 0 & \cdots \\ 0 & \hat{\mathbf{G}}_0 & \hat{\mathbf{G}}_1 & \cdots & \hat{\mathbf{G}}_m & 0 & 0 & \cdots \\ 0 & 0 & \hat{\mathbf{G}}_0 & \hat{\mathbf{G}}_1 & \cdots & \hat{\mathbf{G}}_m & 0 & \cdots \\ \vdots & \vdots & \ddots & \vdots & & & \vdots & \end{pmatrix} .$$

Offensichtlich existiert immer die Möglichkeit, die beiden Matrizen $\mathbf{G}_a$ und $\mathbf{G}_b$ eines (P)UM-Codes wie folgt zu wählen:

$$\mathbf{G}_a = \begin{pmatrix} \hat{\mathbf{G}}_0 & \hat{\mathbf{G}}_1 & \cdots & \hat{\mathbf{G}}_{m-1} \\ 0 & \hat{\mathbf{G}}_0 & \cdots & \hat{\mathbf{G}}_{m-2} \\ \vdots & \vdots & \ddots & \vdots \\ 0 & 0 & 0 & \hat{\mathbf{G}}_0 \end{pmatrix} \quad \text{und} \quad \mathbf{G}_b = \begin{pmatrix} \hat{\mathbf{G}}_m & 0 & \cdots & 0 \\ \hat{\mathbf{G}}_{m-1} & \hat{\mathbf{G}}_m & \cdots & 0 \\ \vdots & \vdots & \ddots & 0 \\ \hat{\mathbf{G}}_1 & \hat{\mathbf{G}}_2 & \cdots & \hat{\mathbf{G}}_m \end{pmatrix} .$$

Bei dieser Wahl gilt für Informations- und Codebock:

$$\mathbf{c}_t = (c_t^{(1)}, c_t^{(2)}, \dots, c_t^{(m \cdot \hat{n})}) \quad \text{und} \quad \mathbf{i}_t = (i_t^{(1)}, i_t^{(2)}, \dots, i_t^{(\hat{k} \cdot m)}) .$$

Selbstverständlich gibt es zahllose weitere Möglichkeiten, indem man $n > m \cdot \hat{n}$ wählt. $\square$

Blockcodes in einem (P)UM-Code: Wir interpretieren die Codesequenz $\mathbf{c}$ als Addition einer Folge von Codeworten $\mathbf{a}_t = \mathbf{i}_t \cdot \mathbf{G}_a$ eines Blockcodes $\mathcal{C}_a$ mit einer Folge von Codeworten $\mathbf{b}_t = \mathbf{i}_t \cdot \mathbf{G}_b$ eines Blockcodes $\mathcal{C}_b$. Es gelte:

$$\begin{aligned} \mathbf{c}_0 &= \mathbf{a}_0 \\ \mathbf{c}_1 &= \mathbf{a}_1 + \mathbf{b}_0 \\ &\vdots \\ \mathbf{c}_t &= \mathbf{a}_t + \mathbf{b}_{t-1} \\ &\vdots \end{aligned}$$

Der Codeblock $\mathbf{c}_t$ kann dann entweder als Codewort des Codes $\mathcal{C}_\alpha$ mit der Generatormatrix $\mathbf{G}_\alpha = (\mathbf{G}_a^T \ \mathbf{G}_b^T)^T$ interpretiert werden, oder als Addition zweier Blockcodewörter der Codes $\mathcal{C}_a$ und $\mathcal{C}_b$. Nehmen wir an, es sind Informationsblöcke bekannt, so ergeben sich die folgenden Aussagen:

i) $\mathbf{i}_{t-1}$ bekannt:

Damit kann man aus dem Codewort $\mathbf{c}_t$ das Codewort $\mathbf{a}_t$ berechnen,

$$\mathbf{c}_t - \mathbf{i}_{t-1} \cdot \mathbf{G}_b = \mathbf{a}_t \in \mathcal{C}_a , \tag{8.68}$$

und man könnte bezüglich des Codes $\mathcal{C}_a$ decodieren.

ii) $\mathbf{i}_t$ bekannt:

Damit kann man aus dem Codewort $\mathbf{c}_t$ das Codewort $\mathbf{b}_t$ berechnen,

$$\mathbf{c}_t - \mathbf{i}_t \cdot \mathbf{G}_a = \mathbf{b}_t \in \mathcal{C}_b , \tag{8.69}$$

und man könnte bezüglich des Codes $\mathcal{C}_b$ decodieren.

Diese Tatsache werden wir bei der BMD-Decodierung in Abschnitt 8.7.5 ausnutzen. Prinzipiell könnte man damit einen auf L Blöcke terminierten (P)UM-Code rekursiv decodieren, da $\mathbf{i}_{-1} = \mathbf{0}$ und $\mathbf{i}_L = \mathbf{0}$ gilt. Das bedeutet, vorwärts betrachtet ist jeweils $\mathbf{i}_{t-1}$, $t \in [-1, L-1]$ bekannt und von hinten nach vorne betrachtet $\mathbf{i}_t$, $t \in [L, 0]$. Diese Art der Decodierung ist jedoch noch nicht untersucht worden.

8.7.2 Trellis von (P)UM-Codes

Eine weitere Darstellungsmöglichkeit von (P)UM-Codes ist das Trellis. Dabei stellen die Zustandsübergänge genau die Codeblöcke $\mathbf{c}_t$ dar. Demnach besteht ein Trellis eines UM-Codes aus q^{k_0} Zuständen σ_t zu jedem Zeitpunkt $t > 0$. Jeden Zustand verlassen q^{k_0} Pfade, von denen genau einer zu jedem der q^{k_0} Folgezuständen führt. Dagegen besteht ein Trellis eines PUM-Codes aus q^{k_1} Zuständen in jeder Tiefe, und zwischen zwei aufeinanderfolgenden Zuständen existieren $q^{k_0 - k_1}$ parallele Übergänge.

Beispiel 8.48 (Trellis der Codes PUM(3, 2|1) und UM(3, 2)) Bild 8.35 zeigt den prinzipiellen Aufbau eines Trellis eines UM(3, 2)-Code. Er besitzt $2^{k_0} = 4$ Zustände, und jeder Zustand der Tiefe t ist mit allen Zuständen der benachbarten Tiefen verbunden.

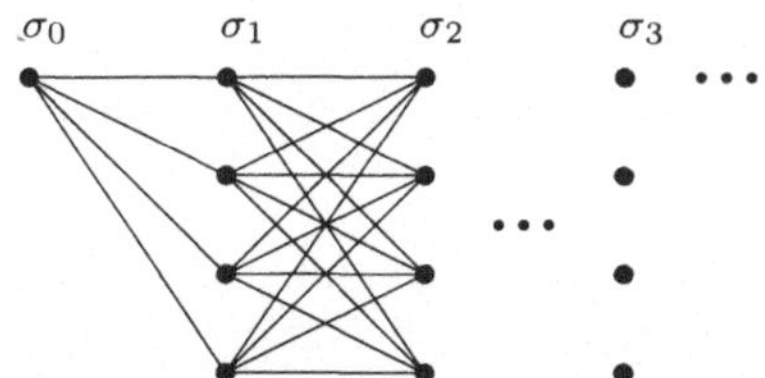

Bild 8.35: Trellis des UM(3, 2)-Codes.

Ein Trellis für den PUM(3, 2|1) ist in Bild 8.36 dargestellt. Dieser besitzt $2^{k_1} = 2$ Zustände und jeweils $2^{k_0 - k_1} = 2$ parallele Übergänge. Im Bild sind außerdem die Distanzmaße

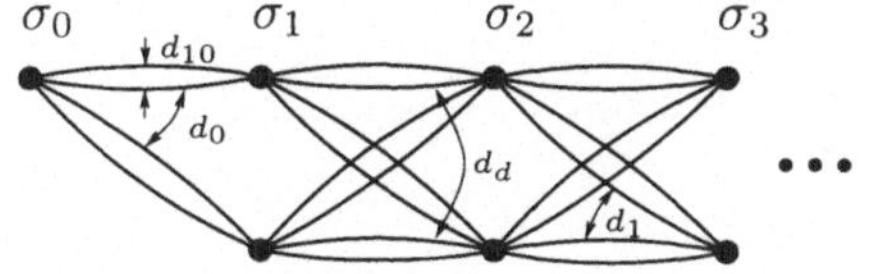

Bild 8.36: Trellis des PUM(3, 2|1)-Codes.

eingetragen, die wir im nächsten Abschnitt erläutern werden.　　　　　　　　　◇

Es ist offensichtlich, daß diese Darstellung von (P)UM-Codes für $q > 2$ und große k_0 bzw. $k_0 - k_1$ zu einem sehr komplexen Trellis führt. Damit ist die eine ML-Decodierung mit dem Viterbi-Algorithmus sehr aufwendig. Wir werden deshalb in Abschnitt 8.7.5 einen Algorithmus zur BMD-Decodierung angeben.

8.7.3 Distanzmaße bei (P)UM-Codes

Die erweiterten Distanzmaße für Faltungscodes wurden ursprünglich für (P)UM-Codes [TJ83] eingeführt. Wir wollen hier die Distanzmaße einheitlich darstellen und daher die Definitionen für Faltungscodes aus Abschnitt 8.3 für (P)UM-Codes übernehmen. Dazu definieren wir im Falle eines PUM-Codes die folgenden zunächst die folgenden Blockcodes anhand ihrer Generatormatrizen und deren minimale Distanzen:

$$
\begin{aligned}
d_0 &= \mathrm{dist}(\mathcal{C}_a) && \text{mit } \mathcal{C}_0 = \mathcal{C}_a : \mathbf{G}_0 = \mathbf{G}_a = \left(\mathbf{G}_{00}^T\ \mathbf{G}_{01}^T\right)^T \\
d_1 &= \mathrm{dist}(\mathcal{C}_1) && \text{mit } \mathcal{C}_1 \quad\;\; : \mathbf{G}_1 = \left(\mathbf{G}_{01}^T\ \mathbf{G}_{10}^T\right)^T \\
d_{01} &= \mathrm{dist}(\mathcal{C}_{01}) && \text{mit } \mathcal{C}_{01} \quad\; : \mathbf{G}_{01} = \mathbf{G}_{01} \\
d_\alpha &= \mathrm{dist}(\mathcal{C}_\alpha) && \text{mit } \mathcal{C}_\alpha \quad\;\; : \mathbf{G}_\alpha = \left(\mathbf{G}_{00}^T\ \mathbf{G}_{01}^T\ \mathbf{G}_{10}^T\right)^T
\end{aligned}
\tag{8.70}
$$

Für UM-Codes ergeben sich die entsprechenden Definitionen. Im Trellis können die Distanzmaße gemäß Bild 8.36 wie folgt interpretiert werden:

1. d_{01} ist die Mindestdistanz zwischen den $q^{k_0 - k_1}$ parallelen Zweigen.

2. d_0 ist die Mindestdistanz zwischen allen Codeblöcken, die denselben Startzustand besitzen.

3. d_1 ist die Mindestdistanz zwischen allen Codeblöcken, die in denselben Endzustand münden.

4. d_α ist die Mindestdistanz zwischen allen Codeblöcken, die weder gleichen Start-, noch gleichen Endzustand besitzen.

Erweiterte Zeilen-, Spalten- und Segmentdistanz: Die erweiterten Distanzen wurden in Abschnitt 8.3 für Faltungscodes definiert. Für (P)UM-Codes können wir nun eine untere Schranke für diese angeben:

- Geschätzte erweiterte Zeilendistanz d_j^{er}:

$$
\begin{aligned}
d_1^{er} &= d_{01} \\
d_j^{er} &\geq d_0 + (j-2)d_\alpha + d_1, \qquad j > 1.
\end{aligned}
\tag{8.71}
$$

- Geschätzte erweiterte Spaltendistanz d_j^{ec}:

$$
d_j^{ec} \geq d_0 + (j-1)d_\alpha, \qquad j \geq 1.
\tag{8.72}
$$

- Rückwärtige geschätzte erweiterte Spaltendistanz d_j^{rec}:

$$d_j^{rec} = d_1 + (j-1)d_\alpha, \qquad j \geq 1. \tag{8.73}$$

- Geschätzte erweiterte Segmentdistanz d_j^{es}:

$$d_j^{es} \geq j \cdot d_\alpha, \qquad j \geq 1. \tag{8.74}$$

Mit diesen unteren Schranken der erweiterten Distanzen kann die Fehlerkorrektureigenschaft von (P)UM-Codes beurteilt, und die Qualität von konstruierten Codes analysiert werden.

8.7.4 Konstruktion von (P)UM-Codes

Bei der Konstruktion von (P)UM-Codes aus Blockcodes wählt man einen bekannten Blockcode für $\mathcal{C}_\alpha$. Dieser wird dann derart in drei Teile aufgeteilt, daß die Distanzen d_1, d_0, d_{01} der entsprechenden Teilcodes die maximal möglichen Werte annehmen. Im allgemeinen ist die Bestimmung dieser optimalen Dreiteilung nicht einfach berechenbar. Die im folgenden vorgestellten Konstruktionen basieren darauf, daß die Distanzmaße der ihnen zugrundeliegenden Blockcodes und deren Untercodes bekannt sind.

(P)UM-Codes auf der Basis von RS-Codes: Einen auf RS-Codes basierenden (P)UM-Code der Länge n, Dimension k_0 und Gesamteinflußlänge k_1 wollen wir im folgenden als RSPUM($n, k_0 \mid k_1$) bezeichnen. Er wird wie folgt konstruiert:

1. Wähle für $\mathbf{G}_{00}$ die Generatormatrix eines RS-Codes der Länge n, für dessen transformierte Codeworte gilt: $C_j = 0$, für $j = k_1, k_1 + 1, \ldots, n - 1$.

2. Wähle für $\mathbf{G}_{10}$ die Generatormatrix eines RS-Codes der Länge n, für dessen transformierte Codeworte gilt: $C_j = 0$, für $j = 0, \ldots, k_0 - 1$ und $j = k_0 + k_1, k_0 + k_1 + 1, \ldots, n - 1$.

3. Wähle für $\mathbf{G}_{01}$ die Generatormatrix eines RS-Codes der Länge n, für dessen transformierte Codeworte gilt : $C_j = 0$, für $j = 0, \ldots, k_1 - 1$ und $j = k_0, k_0 + 1, \ldots, n - 1$.

Die Distanzen der Untercodes sind dann:

$$\begin{aligned}
d_{01} &= n - (k_0 - k_1) + 1, \\
d_0 &= n - k_0 + 1, \\
d_1 &= n - k_0 + 1, \\
d_\alpha &= n - (k_0 + k_1) + 1.
\end{aligned}$$

Für die freie Distanz des (P)UM Codes gilt dann folgende Abschätzung:

PUM-Code: $d_f \geq n - (k_0 - k_1) + 1$;   UM Code: $d_f \geq 2 \cdot (n - k_0 + 1)$.

Beispiel 8.49 ((P)UM-Codes auf der Basis von RS-Codes) Wir benutzen RS-Codes der Länge 7 über $GF(2^3)$. Die entsprechenden Generatorpolynome des PUM-Codes lauten wie folgt:

$$g_{00}(x) = (x - \alpha^2) \cdot (x - \alpha^3) \cdot (x - \alpha^4) \cdot (x - \alpha^5) \cdot (x - \alpha^6),$$
$$g_{01}(x) = (x - \alpha^0) \cdot (x - \alpha^1) \cdot (x - \alpha^4) \cdot (x - \alpha^5) \cdot (x - \alpha^6),$$
$$g_{10}(x) = (x - \alpha^0) \cdot (x - \alpha^1) \cdot (x - \alpha^2) \cdot (x - \alpha^3) \cdot (x - \alpha^6).$$

Das Informationspolynom $i_t(x)$ wird aufgespalten in $i_t^{(0)}(x)$ und $i_t^{(1)}(x)$, also $i_t(x) = i_{t,0} + i_{t,1}x + i_{t,2}x^2 + i_{t,3}x^3 = i_t^{(0)}(x) + i_t^{(1)}(x) = i_{t,0}^{(0)} + i_{t,1}^{(0)}x + i_{t,0}^{(1)}x^2 + i_{t,1}^{(1)}x^3$. Damit lautet die Codiervorschrift:

$$c_t(x) = i_t^{(0)}(x) \cdot g_{00}(x) + i_t^{(1)}(x) \cdot g_{01}(x) + i_{t-1}^{(0)}(x) \cdot g_{10}(x) = a_t^{(0)}(x) + a_t^{(1)}(x) + b_t(x) \,,$$

wobei $i_t^{(0)}(x)$ und $i_t^{(1)}(x)$ den Grad 2 haben. Man beachte, daß aufgrund der Konstruktion aus einem gegeben $c_t(x)$, alle Codeworte $(a_t^{(0)}(x), a_t^{(1)}(x)$ und $b_t(x))$ explizit berechnet werden können; siehe hierzu auch Beispiel 9.33 und Bild 9.27 in Abschnitt 9.3.1. Der PUM-Code hat die Parameter $k = 4$ und $k_1 = 2$ sowie die Distanzen

$$d_f \geq n - (k - k_1) + 1 = 7 - (4 - 2) + 1 = 6 \quad \text{und}$$
$$d_\alpha \geq n - (k + k_1) + 1 = 7 - (4 + 2) + 1 = 2 \,. \qquad\qquad \diamond$$

(P)UM-Codes auf der Basis von BCH-Codes: Die transformierten Codeworte eines BCH-Codes enthalten nicht nur eine zusammenhängende Sequenz von Stellen gleich Null, sondern zu jeder Nullstelle noch alle konjugierten komplexen Stellen, entsprechend der Kreisteilungsklasse (Abschnitt 4.1.1). Das Problem bei der Konstruktion eines (P)UM-Codes aus BCH-Codes ist daher, die Generatorpolynome des Codes $\mathcal{C}_\alpha$ und seiner Untercodes so zu bestimmen, daß in den entsprechenden transformierten Stellen möglichst viele zusammenhängende Stellen gleich Null existieren.

1. Bilde einen BCH-Code der Länge n mit der Distanz d_α durch Nullsetzen von $d_\alpha - 1$ aufeinanderfolgende Stellen und ihrer konjugiert komplexen im transformierten Bereich.

2. Teile die Informationsstellen dieses Codes so auf die Codes $\mathcal{C}_0, \mathcal{C}_{10}$ und $\mathcal{C}_1$ auf, daß die freie Distanz d_f maximiert wird.

Aufgrund der Abhängigkeiten der zueinander konjugierten komplexen Codesymbole, läßt sich kein geschlossener Ausdruck für die freie Distanz des entstehenden Codes angeben.

Beispiel 8.50 ((P)UM-Codes auf der Basis von BCH-Codes) Wir wollen PUM-Codes auf der Basis von BCH-Codes der Länge 15 konstruieren (siehe [DS92]). Entsprechend Abschnitt 4.1.1, Beispiel 4.1, seien die irreduziblen Polynome $m_i(x)$ der zugehörigen Kreisteilungsklassen K_i

$$m_0(x), m_1(x), m_3(x), m_5(x) \text{ und } m_7(x)$$

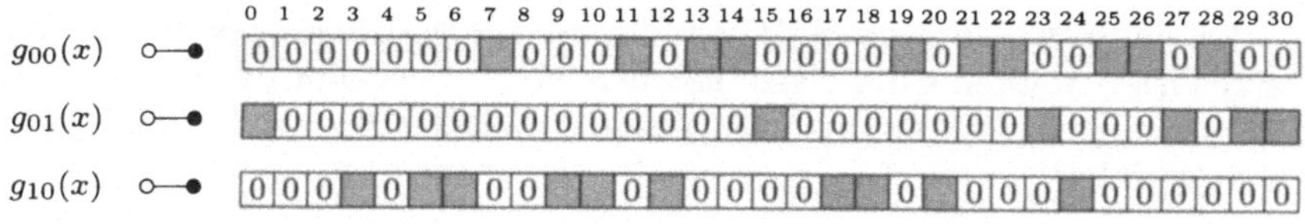

$$g_{00}(x) \quad \circ\!\!-\!\!\bullet$$
$$g_{01}(x) \quad \circ\!\!-\!\!\bullet$$
$$g_{10}(x) \quad \circ\!\!-\!\!\bullet$$

Bild 8.37: Transformierte der Generatorpolynome der RM-Codes.

gegeben. Wir wählen die Generatorpolynome des PUM-Codes zu:

$$
\begin{aligned}
g_{00}(x) &= m_0(x) \cdot m_1(x) \cdot m_5(x) \cdot m_7(x) \\
g_{01}(x) &= m_0(x) \cdot m_3(x) \cdot m_7(x) \\
g_{10}(x) &= m_0(x) \cdot m_1(x) \cdot m_3(x) \cdot m_5(x) \,.
\end{aligned}
$$

Der konstruierte PUM-Code ist $\mathcal{C}(n = 15, k = 10 | k_1 = 4)$ mit der freien Distanz $d_f = 6$. Siehe hierzu auch Beispiel 9.34 in Abschnitt 9.3.1 und Bild 8.37. $\diamond$

(P)UM-Codes auf der Basis von RM-Codes: RM-Codes können als verlängerte BCH-Codes interpretiert werden. Entsprechend konstruiert man (P)UM-Codes, die auf RM-Codes basieren, indem man zunächst BCH-Untercodes nach der oben beschriebenen Methode bestimmt und dann jeden der Teilcodes um eine Codestelle erweitert. Die Distanz der resultierenden RM-Codes ist dann um eins größer als die Distanz der BCH-Codes aus denen sie hervorgegangen sind.

Beispiel 8.51 ((P)UM-Codes auf der Basis von RM-Codes) Wir bestimmen zunächst die Generatorpolynome von BCH-Codes der Länge 31 entsprechend Bild 8.37.

$$
\begin{aligned}
g_{00}(x) &= m_0(x) \cdot m_1(x) \cdot m_3(x) \cdot m_5(x) \cdot m_{15}(x) \\
g_{01}(x) &= m_1(x) \cdot m_3(x) \cdot m_5(x) \cdot m_7(x) \cdot m_{11}(x) \\
g_{10}(x) &= m_0(x) \cdot m_1(x) \cdot m_7(x) \cdot m_{11}(x) \cdot m_{15}(x) \,.
\end{aligned}
$$

Anschließend verlängern wir jeden dieser Subcodes um ein Paritätsbit. Die resultierenden neuen Codes sind dann durch die Generatormatrizen $\mathbf{G}_{00}$, $\mathbf{G}_{01}$ und $\mathbf{G}_{10}$ bestimmt. $\mathbf{G}_{01}$ definiert einen $\mathcal{R}(1,5)$-Code, $\mathbf{G}_0 = \begin{pmatrix} \mathbf{G}_{00} \\ \mathbf{G}_{01} \end{pmatrix}$ einen $\mathcal{R}(2,5)$-Code, und $\mathbf{G}_\alpha = \begin{pmatrix} \mathbf{G}_{00} \\ \mathbf{G}_{01} \\ \mathbf{G}_{10} \end{pmatrix}$ definiert einen $\mathcal{R}(3,5)$-Code. Der resultierende PUM-Code besitzt die Parameter $n = 32$, $k = 16$, $k_1 = 10$, $d_\alpha = 4$ und $d_f = 16$. Diese Konstruktion kann nach [Jus93] für beliebige Längen $n = 2^m$ mit ungeradem m angewendet werden. $\diamond$

Diese und weitere Konstruktionsmethoden kann man in [Det94, DS93] und [DS92] finden. Speziell für PUM-Codes basierend auf RM-Codes werden in [ZP91] und [Mau95] einige Konstruktionen vorgeschlagen.

8.7.5 BMD-Decodierung

Die ML-Decodierung von Faltungscodes wurde in Abschnitt 8.4 erläutert und ist, wie schon erwähnt, wegen der exponentiell anwachsenden Decodierkomplexität in der Regel nicht für (P)UM-Codes anwendbar. In [Jus93] und [Det94] wurde gezeigt, daß ein Hard-Decision BMD-Decodierer für (P)UM-Codes durch folgende Schritte realisiert werden kann. Dazu nehmen wir an, daß ein Codewort **c** eines auf L Blöcke terminierten (P)UM-Codes gesendet und der Vektor **r** (*hard decision*) empfangen wurde.

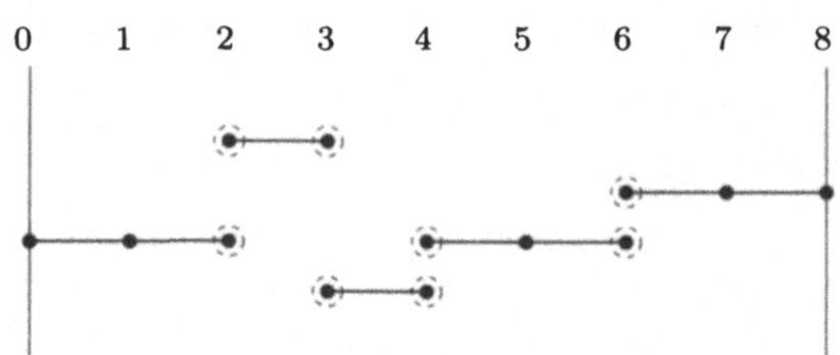

Bild 8.38: Schritt 1: Decodierung gemäß C_α.

Schritt 1: Decodiere jeden Block $\mathbf{r}_t, t = [0, L-1]$, gemäß dem Code C_α. Dabei werden die Blöcke zunächst als unabhängig voneinander betrachtet. Das Ergebnis der Decodierung sei $\hat{\mathbf{c}}_t, t = [0, L-1]$. Man beachte, daß im fehlerfreien Fall der Anfangszustand von $\hat{\mathbf{c}}_t$ dem Endzustand von $\hat{\mathbf{c}}_{t-1}$ entspricht und außerdem der Endzustand von $\hat{\mathbf{c}}_t$ dem Anfangszustand von $\hat{\mathbf{c}}_{t+1}$. Ein mögliches Ergebnis einer Decodierung bei aufgetretenen Fehlern ist schematisch in Bild 8.38 dargestellt. Drei Endzustände stimmen mit drei Startzuständen überein. Ergeben sich in Tiefe t mehrere Zustände, so kann man schließen, daß Blöcke falsch decodiert wurden, nicht jedoch welche.

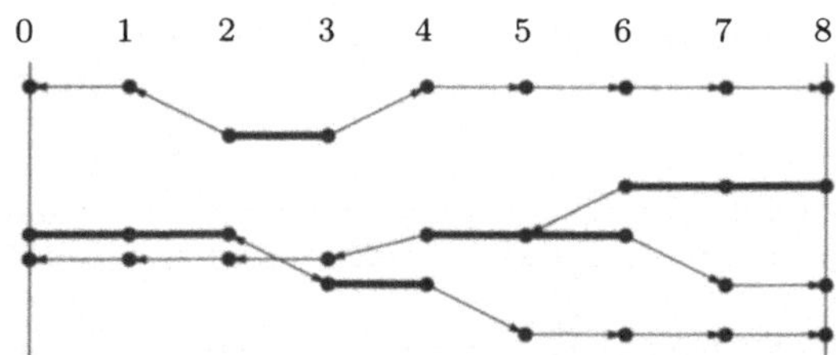

Bild 8.39: Schritt 2: Vorwärtsdecodierung (C_0) und Rückwärtsdecodierung (C_1).

Schritt 2: Von jedem Endzustand von $\hat{\mathbf{c}}_t$ aus, der nicht gleich dem Anfangszustand von $\hat{\mathbf{c}}_{t+1}$ ist, decodiere $\mathbf{r}_{t+i}$, $i = 1, 2, \ldots$, gemäß Code C_0 (Gleichung 8.69). Dies wird solange durchgeführt, bis ein Zustand erreicht wird, der schon in Schritt 1 decodiert wurde. Danach wird entsprechend rückwärts decodiert, d. h. von jedem Anfangszustand von $\hat{\mathbf{c}}_t$ aus, der nicht gleich dem Endzustand von $\hat{\mathbf{c}}_{t+1}$ ist, decodiere $\mathbf{r}_{t-i}$, $i = 1, 2, \ldots$, gemäß Code C_1 (Gleichung 8.68). Auch dies wird solange durchgeführt, bis ein Zustand erreicht wird, der schon in Schritt 1 decodiert wurde. Dies bedeutet, daß die Vorwärtsdecodierung gemäß des Codes C_0 und die Rückwärtsdecodierung gemäß C_1 durchgeführt wird, die beide i. a. bessere Distanzen besitzen als der Code C_α. Dies ist schematisch in Bild 8.39 dargestellt.

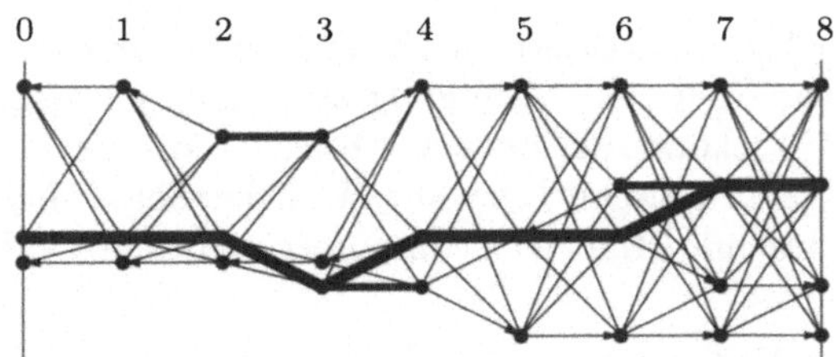

Bild 8.40: Schritt 3: ML-Decodierung im reduzierten Trellis.

Schritt 3: Hier wird zunächst aus allen Knoten, die durch Schritt 1 und Schritt 2 entstanden sind, ein vollständiger Graph aufgebaut, d. h. alle Knoten werden miteinander verbunden. Nun wird in dem so konstruierten Trellis der Viterbi-Algorithmus durchgeführt und damit der beste Pfad dieses reduzierten Trellisses ausgewählt. Dies ist in Bild 8.40 veranschaulicht.

U. a. in [Det94] ist bewiesen, daß dieses Hard-Decision-BMD-Decodierverfahren alle Fehler $\mathbf{e} = (\mathbf{e}_0, e_1, \ldots \mathbf{e}_{L-1})$ korrigieren kann, solange für deren Gewicht gilt:

$$\sum_{t=j}^{j+l-1} \mathrm{wt}(\mathbf{e}_t) < d^{er}(l)/2.$$

Die BMD-Decodierung ermöglicht Codes zu decodieren, die wegen der Komplexität keinesfalls mit einem Viterbi-Algorithmus decodierbar wären. Man kann das Verfahren in die Klasse der Listendecodierer (Abschnitt 7.4.2) einordnen. Betrachtet man einen Faltungscodes als (P)UM-Code und wendet darauf die BMD-Decodierung an, so ist das Ergebnis in der Regel sehr schlecht im Vergleich zu ML-Decodierung. Der Grund hierfür ist die in der Regel dabei sehr kleine Distanz d_α.

Zur Verwendung von Soft-Decision-Decodierverfahren für die beteiligten Blockcodes existieren noch keine Veröffentlichungen. Es ist damit ein ungelöstes Problem, welche Ergebnisse die Ersetzung der Hard-Decision-Decodierung von $\mathcal{C}_\alpha, \mathcal{C}_0$ und $\mathcal{C}_1$ durch eine Soft-Decision-MAP-Decodierung liefern würde.

8.8   Tabellen guter Codes

Hier wollen wir einige Tabellen mit guten Faltungscodes vorstellen. Dabei handelt es sich um keine vollständige Auflistung aller guten bekannten Faltungscodes, sondern nur um eine sehr begrenzte Auswahl. Diese wurde so getroffen, daß einerseits einige taber gebräuchlichsten Codes vorgestellt werden und dem Leser für den praktischen Gebrauch zur Verfügung stehen, als auch, um die Notation vorzustellen, welche für diese Codetabellen verwendet wird. Vollständige Codetabellen sind in den später zitierten Veröffentlichen zu finden.

Im Gegensatz zu Blockcodes existiert für Faltungscodes kein konstruktives Verfahren, um Klassen guter Codes zur Verfügung zu stellen. Einzige Ausnahme bildet hierbei die (P)UM-Codekonstruktion aus Abschnitt 8.7. (P)UM-Codes besitzen jedoch derzeit geringe praktische Relevanz. Üblicherweise sind alle anderen bekannten Faltungscodes mit Hilfe von computergestützten Codesuchen ermittelt worden.

Die Tabellierung von Faltungscodes $\mathcal{C}(n, k, [\nu])$ erfolgt stets nach Rate $R = k/n$ und Gesamteinflußlänge ν sortiert und durch Angabe einer minimalen Basisgeneratormatrix $\mathbf{G}_{mb}(D)$ des Codes. Diese $(k \times n)$-dimensionalen Matrix stellen wir mit n oktalen Zahlen $O_G^{(j)}$ mit $j \in [1, n]$ dar. Dazu folgendes Beispiel:

Beispiel 8.52 (Darstellung von Faltungscodes durch Oktalzahlen) Die minimale Basisgeneratormatrix $\mathbf{G}(D)$ kann folgendermaßen dargestellt werden:

$$\mathbf{G}(D) = \begin{pmatrix} 1+D & D & 1 \\ D+D^2 & 1 & 1+D^2 \end{pmatrix} =$$

$$= \begin{pmatrix} 1 & 0 & 1 \\ 0 & 1 & 1 \end{pmatrix} + D \begin{pmatrix} 1 & 1 & 0 \\ 1 & 0 & 0 \end{pmatrix} + D^2 \begin{pmatrix} 0 & 0 & 0 \\ 1 & 0 & 1 \end{pmatrix}$$

$$= \mathbf{G}_0 + D\mathbf{G}_1 + D^2\mathbf{G}_2$$

Führt man nun die folgende Matrix ein,

$$\hat{\mathbf{G}} \;=\; \begin{pmatrix} \mathbf{G}_0 \\ \mathbf{G}_1 \\ \mathbf{G}_2 \end{pmatrix}^T = \begin{pmatrix} 1 & 0 & 1 & 1 & 0 & 1 \\ 0 & 1 & 1 & 0 & 0 & 0 \\ 1 & 1 & 0 & 0 & 0 & 1 \end{pmatrix} = \begin{pmatrix} (55)_8 \\ (30)_8 \\ (61)_8 \end{pmatrix},$$

dann kann diese $(2 \times n)$-dimensionale Generatormatrix $\mathbf{G}(D)$ mittels den drei oktalen Nummern $(41, 30, 75)$ dargestellt werden, wobei gegebenenfalls mit Nullen von links ergänzt wird.

◇

Unter guten Faltungscodes versteht man solche, die unter allen Codes gleicher Rate $R = k/n$ und gleicher Gesamteinflußlänge ν die besten Distanzeigenschaften besitzen. Dazu betrachten wir die Distanzfunktion

$$T(W) \;=\; \sum_{w=d_f}^{+\infty} N(w)W^w$$

$$= \; N(d_f) \cdot W^{d_f} + N(d_f + 1) \cdot W^{d_f+1} + N(d_f + 2) \cdot W^{d_f+2} + \cdots$$

bzw. das Distanzspektrum $N(w)$ mit $w \in [d_f, +\infty[$ des Codes (siehe Gleichung 8.10 auf Seite 244 im Abschnitt 8.1.6). Der beste Code hat demnach die maximale freie Distanz d_f. Existieren mehrere Codes mit gleicher freie Distanz, so wird derjenige mit dem kleineren Wert $N(d_f)$ ausgewählt. Sind die beiden Codes auch in diesem Term identisch, werden schrittweise höhere Terme $N(w)$ betrachtet. Codes mit dieser Eigenschaft werden als Optimum-Free-Distance (OFD)-Codes bezeichnet. Diese sind die asymptotisch besten Codes gegebener Rate und Gesamteinflußlänge bei Verwendung von ML- und MAP-Decodierung.

Tabelle 8.10: Einige OFD-Faltungscodes der Rate $R = 1/n$ mit $n \in [2,4]$ (aus [Pal95]).

R	m	$O_G^{(1)}$	$O_G^{(2)}$	$O_G^{(3)}$	$O_G^{(4)}$	d_f
1/2	2	5	7			5
	3	15	17			6
	4	23	35			7
	5	53	75			8
	6	133	171			10
	7	247	371			10
	8	561	753			12
1/3	2	5	7	7		8
	3	13	15	17		10
	4	25	33	37		12
	5	47	53	75		13
	6	133	145	175		15
	7	225	331	367		16
	8	557	663	711		18
1/4	2	5	7	7	7	10
	3	13	15	15	17	13
	4	25	27	33	37	16
	5	53	67	71	75	18
	6	135	135	147	163	20
	7	235	275	313	357	22
	8	463	535	733	745	24

Alternativ dazu kann die Optimierung auch bzgl. des Distanzprofils (siehe Definition 8.17 auf Seite 275 im Abschnitt 8.3.1) erfolgen und man erhält die Optimum-Distance-Profile (ODP)-Codes. Diese sind bei dem Einsatz von sequentiellen Decodierverfahren den OFD-Codes vorzuziehen.

Einige OFD-Codes der Rate $R = 1/n$ (Tabelle 8.10):
Eine umfangreichere Liste von OFD-Codes der Rate $R = 1/n$ ist in [Pal95] zu finden. Beim Einsatz von ML- und MAP-Decodierung beschränkt die im Trellis des Codes mit ν exponentiell anwachsende Zustandskomplexität die Auswahl auf solche Codes mit kleiner Gesamteinflußlänge: typisch sind $\nu \in [2,8]$, wobei technisch allerdings auch größere Werte realisierbar sind. In den meisten Anwendungen kommen derzeit die in der Tabelle 8.10 dargestellten Codes der Rate $R = 1/n$ mit $n \in [2,4]$ zum Einsatz.

Einige OFD-Codes der Rate $R = k/n$ (Tabelle 8.11):
Üblicherweise werden Faltungscodes der Rate $R = k/n$ für $k > 1$ durch Punktierung eines Muttercodes der Rate $R = 1/n$ erzeugt (siehe Abschnitt 8.1.10 auf Seite 255). Damit lassen sich in den meisten Fällen sehr gute Distanzeigenschaften erzielen. Des weiteren ist die Decodierung im Trellis des Muttercodes, insbesondere bei sehr hochratigen punktierten Codes, weniger aufwendig als im Trellis des hochratigen Codes. Dennoch werden wir in Tabelle 8.11 einige Codes der Rate

Tabelle 8.11: Einige OFD-Codes der Rate $R = 2/3$ und $R = 3/4$ (aus [LiCo]).

R	m	ν	$O_G^{(1)}$	$O_G^{(2)}$	$O_G^{(3)}$	$O_G^{(4)}$	d_f
2/3	1	2	13	6	16		3
	2	3	41	30	75		4
	2	4	56	23	65		5
	3	5	245	150	375		6
	3	6	266	171	367		7
3/4	1	3	400	630	521	701	4
	2	5	442	270	141	763	5
	2	6	472	215	113	764	6

$R = k/n$ angeben, die nicht aus der Punktierung eines Muttercodes hervorgehen. Ausführlichere Tabellen sind in [LiCo] zu finden.

Einige niederratige OFD-Codes mit $m = 4$ (Tabelle 8.12):
Niederratige Faltungscodes der Rate $R = 1/n$ werden mit n Generatorpolynomen erzeugt. Dabei handelt es sich meist um die gleichen Polynome, die auch schon bei den entsprechenden höheren Raten zu guten Codes führten. Ausführliche Tabellen sind in [Pal95] zu finden.

Tabelle 8.12: Niederratige OFD-Codes mit Gedächtnisordnung $m = 4$ (aus [Pal95]).

R	$O_G^{(1)}$	$O_G^{(2)}$	$O_G^{(3)}$	$O_G^{(4)}$	$O_G^{(5)}$	$O_G^{(6)}$	$O_G^{(7)}$	$O_G^{(8)}$	$O_G^{(9)}$	$O_G^{(10)}$	d_f
1/5	25	27	33	35	37						20
1/6	25	27	33	35	35	37					24
1/7	25	27	27	33	35	35	37				28
1/8	25	25	27	33	33	35	37	37			32
1/9	25	25	27	33	33	35	35	37	37		36
1/10	25	25	25	33	33	33	35	37	37	37	40

Berechnungsvorschrift für OFD-Codes der Rate $R = 1/n$ mit Gedächtnisordnung $m = 2$ und $m = 3$ (Tabelle 8.13):
Für diese beiden Fälle kann für die Generatorpolynome eine allgemeine Berechnungsvorschrift angegeben werden.

Tabelle 8.13: Allgemeine Berechnungsvorschrift für OFD-Codes mit $m \in [2,3]$ (aus [Pal95]).

Rate R	$O_G^{(1)}$	$O_G^{(2)}$	$O_G^{(3)}$	d_f
$1/3n$	5^n	7^{2n}		$8n$
$1/(3n+1)$	5^{n+1}	7^{2n}		$8n+2$
$1/(3n+2)$	5^{n+1}	7^{2n+1}		$8n+5$
$1/3n$	13^n	15^n	17^n	$10n$
$1/(3n+1)$	13^n	15^{n+1}	17^n	$10n+3$
$1/(3n+2)$	13^n	15^{n+1}	17^{n+1}	$10n+6$

Einige OFD-Codes mit polynomialen systematischen Generatormatrizen (Tabelle 8.14):
Selbstverständlich können alle bisher vorgestellten Codes auch systematisch codiert werden. Jedoch sind die entsprechenden Generatormatrizen i. a. gebrochenrational (siehe Abschnitt 8.2.7 auf Seite 271). Die hier vorgestellten Codes haben zwar schlechtere Distanzeigenschaften als andere gute Codes mit gleicher Rate und Gesamteinflußlänge, besitzen allerdings eine polynomiale systematische Generatormatrix. Ausführliche Tabellen solche Codes sind in [JZ97] zu finden.

Tabelle 8.14: Systematische Faltungscodes der Rate $R = 1/2$ (aus [JZ97]).

m	$O_G^{(2)}$	d_f
1	3	3
2	7	4
3	15	4
4	35	5
5	73	6
6	153	6
7	153	6
8	715	7

Beispiel für die Tabellierung von punktierten Codes (Tabelle 8.15):
Eine bedeutende Rolle bei praktischen Anwendungen spielen punktierte Faltungscodes und die Klasse der RCPC-Codes (*rate compatible punctured convolutional*

Tabelle 8.15: Einige punktierte Codes (aus [Lee94]).

Muttercode			punktierter Code		
m	$O_G^{(1)}$	$O_G^{(2)}$	Punktierungsmatrix	Rate R	d_f
2	5	7	$\begin{pmatrix} 1 & 0 \\ 1 & 1 \end{pmatrix}$	2/3	3
	5	7	$\begin{pmatrix} 1 & 1 & 0 \\ 1 & 0 & 1 \end{pmatrix}$	3/4	3
	5	7	$\begin{pmatrix} 1 & 0 & 0 & 1 \\ 1 & 1 & 1 & 0 \end{pmatrix}$	4/5	2
	5	7	$\begin{pmatrix} 0 & 0 & 0 & 0 & 1 \\ 1 & 1 & 1 & 1 & 1 \end{pmatrix}$	5/6	2
3	15	17	$\begin{pmatrix} 1 & 1 \\ 0 & 1 \end{pmatrix}$	2/3	4
	15	17	$\begin{pmatrix} 0 & 1 & 1 \\ 1 & 1 & 0 \end{pmatrix}$	3/4	4
	15	17	$\begin{pmatrix} 1 & 1 & 1 & 0 \\ 1 & 0 & 0 & 1 \end{pmatrix}$	4/5	3
	15	17	$\begin{pmatrix} 1 & 0 & 0 & 1 & 0 \\ 0 & 1 & 1 & 1 & 1 \end{pmatrix}$	5/6	3
6	133	171	$\begin{pmatrix} 1 & 1 \\ 1 & 0 \end{pmatrix}$	2/3	6
	133	171	$\begin{pmatrix} 1 & 1 & 0 \\ 1 & 0 & 1 \end{pmatrix}$	3/4	5
	133	171	$\begin{pmatrix} 1 & 1 & 1 & 1 \\ 1 & 0 & 0 & 0 \end{pmatrix}$	4/5	4
	133	171	$\begin{pmatrix} 1 & 1 & 1 & 1 & 1 \\ 1 & 0 & 0 & 0 & 0 \end{pmatrix}$	5/6	3

codes) [Hag88]. Die RCPC-Codes stellen eine Menge von punktierten Codes mit gleicher Periodizität der Punktierungsmatrix dar. Dabei kann jeder höherratige Code aus jedem niederratigeren durch Punktierung erzeugt werden. Im folgenden werden wir ein Beispiel angeben, wie solche Codes tabelliert werden. Weitere Schemata sind in [Lee94] zu finden.

8.9 Zusammenfassung

Faltungscodes wurden erstmals durch Elias [Eli55] im Jahre 1955 beschrieben. In [WoRe] wurde dann ein sequentielles Decodierverfahren vorgeschlagen, um Faltungscodes effizient zu decodieren. Im Jahre 1963 hat Massey in [Mas] eine suboptimale Schwellwertdecodierung (*threshold decoding*) für Faltungscodes eingeführt, deren Vorteil ein höchst einfacher Algorithmus war. Im selben Jahr beschrieb Fano in [Fano63] eine neue Variante der sequentiellen Decodierung, die unter dem Namen Fano-Algorithmus bekannt wurde. Ein weiterer Algorithmus zur sequentiellen Decodierung wurde im Jahre 1966 von Zigangirov [Zig66] und später, im Jahre 1969, von Jelinek [Jel69] veröffentlicht. Dieser ist unter dem Namen Stack-Algorithmus bekannt und wir haben ihn als ZJ-Algorithmus bezeichnet. Damit war der Weg für praktische Anwendungen von Faltungscodes zur digitalen Datenübertragung geöffnet.

Ein weiterer Decodieralgorithmus wurde im Jahre 1967 von Viterbi [Vit67] veröffentlicht. Durch Forney wurde später gezeigt ([For73], [For74]), daß dieser Algorithmus eine Maximum-Likelihood-Decodierung von Faltungscodes durchführt.

Sowohl sequentielle wie auch Viterbi-Decodierung liefern eine Hard-Decision, also ein entschiedenes Symbol und keine Zuverlässigkeit für die Entscheidung. Dies stellt u. a. bei Codeverkettung eine große Einschränkung dar. Der im Jahre 1974 von Bahl, Cocke, Jelinek und Raviv vorgeschlagene BCJR-Algorithmus [BCJR74] besitzt diese Einschränkung nicht. Er liefert für jedes Symbol die Maximum-a-posteriori-Wahrscheinlichkeit. Im Jahre 1989 hat Hagenauer einen modifizierten Viterbi-Algorithmus, den sogenannten SOVA [Hag90] vorgeschlagen, der ebenfalls in der Lage ist zusätzlich zu den entschiedenen Symbolen, ein Maß für deren Zuverlässigkeit zu berechnen.

Faltungscodes finden in vielen Systemen Anwendung. Um nur ein Beispiel zu nennen, werden im Europäischen Mobilfunkstandard GSM die beiden Faltungscodes $(1 + D^3 + D^4, 1 + D + D^3 + D^4)$ mit der Rate 1/2 und $(1 + D^2 + D^4, 1 + D + D^3 + D^4, 1 + D + D^2 + D^3 + D^4)$ mit der Rate 1/3 verwendet. Hierbei ist jeweils die Gesamteinflußlänge gleich der Gedächtnisordnung ($m = \nu = 4$).

In diesem Kapitel haben wir zunächst die elementaren Begriffe und Definitionen zu Faltungscodes angegeben. Dabei haben wir unterschieden zwischen Code, Generatormatrix und Codierer. Wir haben die Betrachtung als LTI-System beschrieben und die Darstellung als FIR- und IIR-System erläutert. Eine wichtige Klassifikation war die in systematische und katastrophale Generatormatrizen. Des weiteren haben wir die Darstellungsformen Trellis, Codebaum und Zustandsdiagramm er-örtert und daraus einige Distanzmaße abgeleitet.

Im zweiten Abschnitt haben wir dann die algebraische Beschreibung von Faltungs-codes dargestellt. Hierbei wurden einige Begriffe aus dem ersten Abschnitt prä-zisiert und formal hergeleitet. Zusätzlich wurden die Basisgeneratormatrix und die minimale Basisgeneratormatrix definiert, die gewissermaßen eine normierte Darstellung der äquivalenten Generatormatrizen darstellt, nämlich die mit der ge-ringsten Zustandskomplexität. Auch konnte hier die Prüfmatrix und der duale Faltungscode eingeführt werden. Dieser Abschnitt basiert im wesentlichen auf der Arbeit [JW93] von Johannesson und Wan bzw. auf der Vorveröffentlichung des Buches [JZ97].

Nach einem Abschnitt zu den Distanzmaßen haben wir den Viterbi-Algorithmus zur ML-Decodierung von Faltungscodes beschrieben. Dieser gehört mit zu den bekanntesten Algorithmen und kann für viele Zwecke verwendet werden, u. a. zur Entzerrung von Mehrwegekanälen. Da jedoch zunehmend nicht nur eine Symbol-entscheidung, sondern auch deren Zuverlässigkeit praktische Bedeutung erlangt, werden andere Algorithmen benötigt. Dazu haben wir den SOVA und den BCJR-Algorithmus beschrieben, die beide in der Lage sind, neben der Symbolentschei-dung ein Maß für die Zuverlässigkeit dieser Entscheidung zu berechnen. Eine gute Näherung des BCJR-Algorithmus stellt der Max-Log-Algorithmus dar, der weni-ger komplex ist und deshalb für einen praktischen Einsatz geeignet ist.

Die sequentielle Decodierung hat die Eigenschaft, daß der Decodieraufwand vom Signal-Rauschverhältnis des Kanals abhängt. Je weniger gestört ein Kanal ist, desto weniger Aufwand benötigt die Decodierung. Obwohl dies ein interessanter Aspekt für praktische Anwendungen ist, sind sequentielle Decodierverfahren nicht sehr verbreitet, auch wenn mit dem Fano- oder ZJ-Algorithmus Faltungscodes mit wesentlich größerer Gesamteinflußlänge decodiert werden können.

Bei (P)UM-Codes können Methoden von Blockcodes verwendet werden, um Fal-tungscodes mit festgelegten Distanzeigenschaften zu konstruieren. Leider ist dann keine ML- sondern nur noch eine BMD-Decodierung praktikabel, was eine Ein-schränkung darstellt.

In Abschnitt 8.8 haben wir noch Tabellen guter Faltungscodes aufgelistet, die für den praktischen Gebrauch gedacht sind. In manchen Fällen werden Codes mit bestimmten Raten benötigt, die durch die Methode der Punktierung aus guten Faltungscodes erzeugt werden können. Einige Tabellen hierzu sind ebenfalls auf-gelistet und weitere Literaturstellen sind in [Lar73, Joh75]

8.10 Übungsaufgaben

Aufgabe 8.1

Gegeben sei der folgende Faltungscodierer:

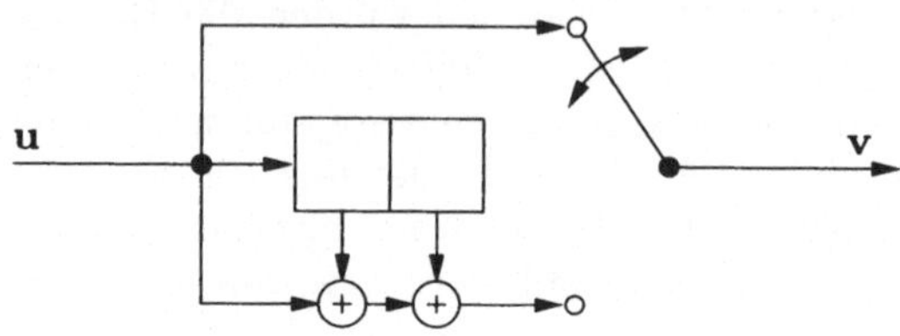

a) Geben Sie das Zustandsdiagramm des Codierers an.

b) Ermitteln Sie die freie Distanz d_f.

c) Geben Sie das Trellisdiagramm des Codierers an.

d) Eine empfangene Folge sei (11 00 10 01 01 00 00 ...). Ermitteln Sie die gesendete Folge mit Hilfe des Viterbi-Algorithmus.

Aufgabe 8.2

Gegeben sei der folgende Faltungscodierer:

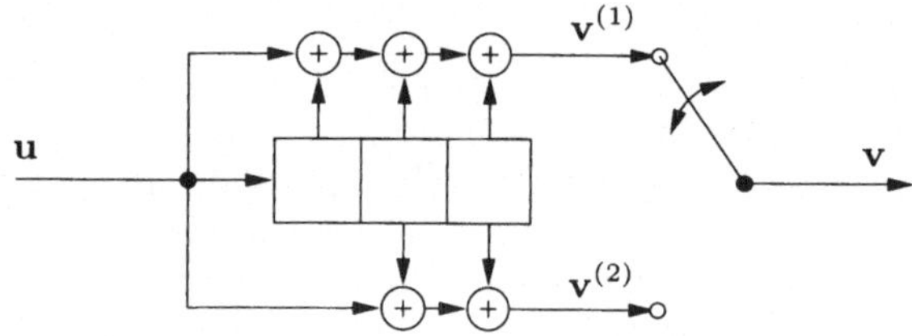

Eine empfangene Folge sei 10 10 11 11 ....

Geben Sie anhand eines Codebaums und einer Tabelle die Schritte an, die ein Fano-Decodierer durchführt, um die gesendete Codefolge zu ermitteln. Wählen Sie $\Delta = 6$. Die Bitfehlerwahrscheinlichkeit des Kanals beträgt $p = 0.1$.

9 Verallgemeinerte Codeverkettung

Die Verkettung von Codes wurde bereits im Jahre 1966 durch Forney [For66a] untersucht. Er betrachtete den sogenannten *inneren Code* zusammen mit dem Kanal als einen *Superkanal* für einen weiteren Code, der *äußerer Code* heißt.

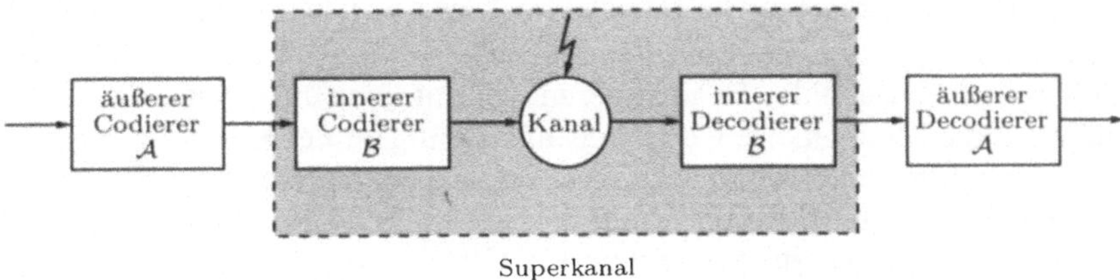

Bild 9.1: Verkettung nach Forney.

In seiner Arbeit hat Forney schon drei wesentliche Vorteile der Codeverkettung deutlich gemacht, die auch Vorteile der verallgemeinerten Codeverkettung sind, nämlich:

- *Sehr lange* Codes können durch die Verkettung von wesentlich kürzeren Codes konstruiert werden.

- Bei verketteten Codes können gleichzeitig Bündelfehler und unabhängige Einzelfehler korrigiert werden.

- Die Komplexität der Decodierung ist im Vergleich zur Decodierung des Gesamtcode geringer, da mehrere kurze Codes zu decodieren sind.

Leider ist das Problem der Soft-Decision-Decodierung von verketteten Codes noch nicht zufriedenstellend gelöst. Einige Jahre später, 1974, haben Blokh und Zyablov das Konzept der verallgemeinerten Codeverkettung veröffentlicht [BZ74], das wir in diesem Kapitel ausführlich beschreiben wollen. Sie betrachten dabei den inneren und den äußeren Code – im Gegensatz zu Forney – als *einen* Code. Beide Betrachtungsweisen sind in den Bildern 9.1 und 9.2 veranschaulicht. Man erkennt,

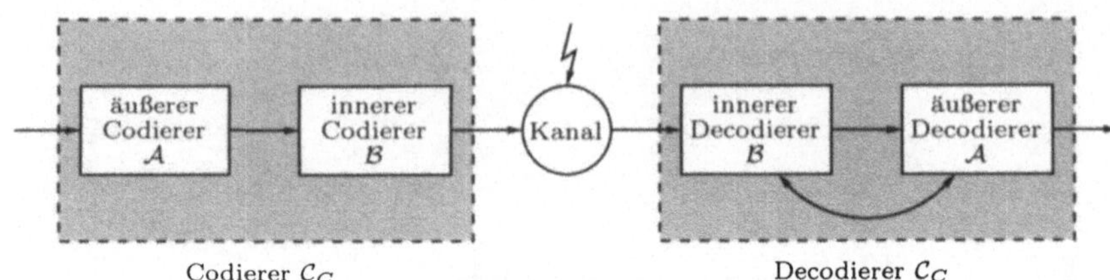

Bild 9.2: Verkettung nach Blokh-Zyablov.

daß es sich um den gleichen Aufbau handelt, jedoch werden durch die geänderte Betrachtungsweise neue Möglichkeiten eröffnet.

Die Betrachtungsweise nach Blokh-Zyablov erlaubt das Konzept der verallgemeinerten Verkettung von Codes, das inzwischen Einzug in viele Verfahren zur Nachrichtenübertragung gehalten hat. Basierend auf dem gleichen inneren Code und mehreren äußeren Codes lassen sich durch verallgemeinerte Verkettung Codes mit besseren Parametern konstruieren. Zu der schon erwähnten, vorteilhaften Eigenschaft, daß verallgemeinert verkettete Codes – wir wollen sie im folgenden kurz GC-Codes nennen (*generalized concatenated codes*) – in der Lage sind, gleichzeitig Bündelfehler und Einzelfehler zu korrigieren, kommt noch eine weitere Eigenschaft hinzu, nämlich die Möglichkeit, Codes mit mehrstufigem Fehlerschutz, sogenannte UEP-Codes (*unequal error protection codes*), zu konstruieren (vergleiche hierzu auch den Abschnitt 8.1.10, Punktierung von Faltungscodes). Codes mit mehrstufigem Fehlerschutz rücken zunehmend in den Mittelpunkt der Kanalcodierung, da die zu übertragende Information etwa bei Sprache oder Musik verschiedene Wichtigkeit besitzt (z. B. *least significant* und *most significant bit*). Bemerkenswert ist, daß auch bei diesen Codes die Korrektureigenschaften erhalten bleiben. Das bedeutet, Bündelfehler und Einzelfehler können gleichzeitig korrigiert werden. Weiterhin bleibt das Decodierverfahren gleich und zusätzlich werden auch hier relativ lange Codes mittels mehrerer kurzer Codes konstruiert.

Es wird sich zeigen, daß bei verallgemeinerter Codeverkettung im Vergleich zu herkömmlicher Verkettung gilt:

- Bei gleicher Mindestdistanz hat der GC-Code mehr Codeworte, d. h. der GC-Code besitzt eine größere Coderate.

- Bei gleich vielen Codeworten, d. h. bei gleicher Coderate, besitzt der GC-Code eine größere Mindestdistanz.

Weiterhin läßt sich das Prinzip der *codierten Modulation* als Spezialfall der verallgemeinerten Codeverkettung auffassen, wobei das Modulationsverfahren als innerer Code betrachtet wird. Damit hat man sowohl eine elegante Beschreibung von codierter Modulation als auch Decodierverfahren dafür. Codierte Modulation werden wir im nächsten Kapitel gesondert untersuchen, da es einen wichtigen Spezialfall darstellt.

Die Hard-Decision-Decodierung von verketteten Codes bis zur halben Mindestdistanz war lange Zeit nicht zufriedenstellend gelöst. Decodiert man zunächst den inneren und dann den äußeren Code, so kann man zeigen, daß man damit nicht bis zur halben Mindestdistanz des GC-Codes korrigieren kann. Wir werden jedoch einen Decodieralgorithmus für GC-Codes beschreiben, mit dem verkettete Codes bis zur halben Mindestdistanz decodiert werden können. Dabei kann der Decodieralgorithmus unverändert für Codes mit mehrstufigem Fehlerschutz (UEP-Codes) verwendet werden. Außerdem können Bündelfehler und Einzelfehler gleichzeitig korrigiert werden.

Wir wollen in diesem Kapitel einige Verfahren, Methoden und Eigenschaften beschreiben, um GC-Codes für spezielle Anwendungen in der Praxis konstruieren zu können.

Vorgehensweise: Zunächst wollen wir die Idee der verallgemeinerten Codeverkettung an einigen Beispielen beschreiben und den Unterschied zur *herkömmlichen* Verkettung herausarbeiten, da eine allgemein gültige Notation sehr komplex ist und mehr verwirrt, als daß sie dieses mächtige Konzept vermittelt. Danach werden wir GC-Codes definieren.

Mit den beiden Codeklassen (Block- und Faltungscodes) ergeben sich vier unterschiedliche Möglichkeiten der Verkettung, je nachdem welche Klasse wir als innere und äußere Codes wählen. Die ersten GC-Codes basierten auf Blockcodes als innere und äußere Codes. Diese Konstruktion ist bisher am besten untersucht, und die Ergebnisse sollen zunächst im Abschnitt 9.2 angegeben werden. Im folgenden Abschnitt 9.3 werden wir dann den weniger gut untersuchten Fall von GC-Codes erläutern, wenn sowohl die inneren wie auch die äußeren Codes Faltungscodes sind. Hierzu können wir auf aktuelle Ergebnisse [BDS96a] aus dem Jahr 1996 zurückgreifen. Außerdem hat die Verkettung von Faltungscodes durch die Veröffentlichung [BGT93] der sogenannten Turbo-Codes im Jahre 1993, mit denen im Falle des AWGN-Kanals nahezu die Kanalkapazität erreicht werden konnte, einen enormen Aufschwung erlebt. Wir werden zeigen, daß es sich bei dieser Konstruktion um eine *herkömmliche* Verkettung handelt und daß lediglich das Konzept der iterativen Decodierung den Gewinn bringt. Schließlich beschreibt Abschnitt 9.4 die GC-Codes mit gemischten Codeklassen. Obwohl einige Standards in diese Kategorie fallen, sind hier noch viele Fragen offen.

In Abschnitt 9.2 werden wir auf die Konstruktion und auf unterschiedliche Varianten von GC-Codes eingehen. Speziell werden wir in Abschnitt 9.2.3 einige mögliche Modifikationen der Parameter beschreiben. Ein bekanntes Prinzip, das bei Bündelfehlern angewendet wird, ist das sogenannte Interleaving [WHPH87]. In Abschnitt 9.2.3 wollen wir dieses Prinzip den GC-Codes gegenüberstellen. Schließlich wird die Konstruktion von Codes zum mehrstufigen Schutz eines Informationsblocks im Abschnitt 9.2.5 untersucht. Des weiteren werden wir zyklische Codes als GC-Codes beschreiben und auch das interessante Konzept von GC-Codes durch Codierung des Syndroms beschreiben, das zu einer Klasse von Codes mit wenig Redundanz und spezieller Fehlerkorrektureigenschaft führt.

Abschnitt 9.2.4 beschreibt ein Decodierverfahren für GC-Codes, das bis zur halben Mindestdistanz decodieren kann. Dabei wird zunächst das Verfahren von Blokh und Zyablov aus [BZ74] erläutert. Anschließend wollen wir eine Modifikation dieses Algorithmus untersuchen, die sowohl die Decodiereigenschaften verbessert als auch gleichzeitig die Komplexität der Decodierung reduziert. Die Modifikation erlaubt es unter anderem, beliebige Decodiermethoden zu verwenden, wie z. B. Decodierverfahren, die zusätzlich Zuverlässigkeitsinformation benutzen (*soft decision decoding*) oder sogar ML-Decodierung.

Die Decodierung von GC-Codes ist für die Praxis ein Schlüsselproblem. Deshalb werden in diesem Kapitel Decodierverfahren angegeben und deren Leistungsfähigkeit untersucht. Oft kann die Leistungsfähigkeit der Verfahren zwar durch einfache Schranken abgeschätzt werden, für eine exakte Aussage sind allerdings Simulationen notwendig. Eine wichtige Erkenntnis für die Anwendung soll in Abschnitt 9.2.4 erläutert werden, nämlich, daß es bei GC-Codes zwei unterschiedliche Konstruktionsprinzipien gibt. Ein mögliches Konstruktionsprinzip optimiert die Mindestdistanz eines GC-Codes. Es wurde bei fast allen bisherigen Veröffentlichungen zu verketteten Codes angenommen, daß dies auch gleichbedeutend mit der Minimierung der Fehlerwahrscheinlichkeit nach der Decodierung ist. Dies trifft nicht zu. Eine Optimierung der Fehlerwahrscheinlichkeit nach der Decodierung führt in fast allen Fällen zu anderen Codes als eine Optimierung der Mindestdistanz.

Für die verallgemeinerte Verkettung von Faltungscodes ist das zentrale Problem die Partitionierung. Auf diese werden wir in Abschnitt 9.3.3 eingehen und anschließend die Konstruktion von GC-Codes untersuchen.

Nach dem Abschnitt 9.4 zur verallgemeinerten Verkettung mit Block- und Faltungscodes gemischt, werden wir noch eine natürliche Erweiterung des Konzeptes von GC-Codes, die Mehrfachverkettung in Abschnitt 9.5, untersuchen. Dies bedeutet, daß der innere Code schon ein GC-Code ist. Ein interessantes Beispiel hierfür ist die Klasse der binären Reed-Muller-Codes, die als mehrfach verallgemeinert verkettete Codes (*generalized multiple concatenated*, GMC) beschrieben werden können.

Als Konsequenz der Beschreibung von RM-Codes als mehrfach verallgemeinert verkettete Codes ergibt sich ein Decodierverfahren (GMC-Algorithmus), das eine sehr geringe Komplexität aufweist und sehr einfach Zuverlässigkeitsinformation benutzen kann. Außerdem wollen wir eine Erweiterung des GMC-Algorithmus einführen, die auf dem Konzept der Listendecodierung basiert.

9.1 Einführende Beispiele

> *„Lang ist der Weg durch Lehren, kurz und erfolgreich durch Beispiel."*
>
> *Seneca*

In diesem Abschnitt wird das Konzept der verallgemeinerten Verkettung an Beispielen mit einfachen Codes erklärt. Wir verketten erst die Codes $\mathcal{B}$ und $\mathcal{A}$ her-

kömmlich gemäß Forney (Bild 9.1) und anschließend verallgemeinert gemäß Blokh-Zyablov (Bild 9.2).

Beispiel 9.1 (Herkömmliche Verkettung) Wir verwenden zur Verkettung als inneren Code einen Parity-Check-Code[1] $\mathcal{B}(2; 4, 3, 2)$ der Länge 4 und als äußeren Code einen Wiederholungscode $\mathcal{A}(2^3; 8, 1, 8)$ über dem Alphabet $GF(2^3)$ der Länge 8 (siehe jeweils Beispiel 1.2 und 1.3). Dazu werden 3 Informationsbits (i_0, i_1, i_2) zuerst mit dem äußeren Code $\mathcal{A}$ zu $\mathbf{a} = (a_0, a_1, \dots, a_7)$ codiert. Danach wird jede Stelle a_i, $i = 0, \dots, 7$, des Codewortes a mit dem inneren Code $\mathcal{B}$ codiert, d. h. wir erhalten 8 Codeworte des inneren Codes. Dies ist in Bild 9.3 schematisch dargestellt.

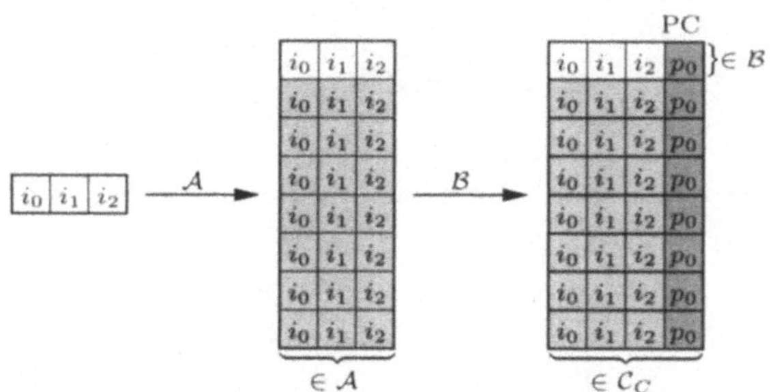

Bild 9.3: Beispiel für herkömmliche Verkettung (systematisch).

Das Codewort des verketteten Codes $\mathcal{C}_C$ besteht aus einer (8×4)-Matrix, deren Zeilen Codeworte des Parity-Check-Codes $\mathcal{B}$ sind. Damit ist die Länge des Codes $n = 4 \cdot 8 = 32$ und seine Dimension ist $k = 3$, da wir offensichtlich 3 Informationszeichen codiert haben. Für die Mindestdistanz gilt $d = d_a \cdot d_b = 2 \cdot 8 = 16$. Der verkettete Code hat die Parameter

$$\mathcal{C}_C(2; 32, 3, 16).$$ ◇

Im folgenden Beispiel wollen wir mit denselben Codes einen verallgemeinert verketteten Code konstruieren.

Beispiel 9.2 (Verallgemeinert verketteter Code) Der innere Code ist der gleiche binäre PC-Code der Länge $n = 4$, der jetzt $\mathcal{B}^{(1)}$ heißen soll. Diesen Code wollen wir derart in vier Untercodes mit je zwei Codeworten aufteilen (*partitionieren*), daß die Mindestdistanz in den Untercodes maximal ist. Im folgenden sind alle 8 möglichen Codewörter des Codes $\mathcal{B}^{(1)}(2; 4, 3, 2)$ aufgelistet:

$$(0000), \quad (0011), \quad (0101), \quad (0110),$$
$$(1001), \quad (1010), \quad (1100), \quad (1111) .$$

Die vier Untercodes mit maximaler Mindestdistanz ergeben sich zu:

$$\begin{aligned}
\mathcal{B}_0^{(2)}(2; 4, 1, 4) &= \{ (0000), (1111) \} \\
\mathcal{B}_1^{(2)}(2; 4, 1, 4) &= \{ (0011), (1100) \} \\
\mathcal{B}_2^{(2)}(2; 4, 1, 4) &= \{ (0101), (1010) \} \\
\mathcal{B}_3^{(2)}(2; 4, 1, 4) &= \{ (0110), (1001) \} .
\end{aligned}$$

---

[1]Die gewohnte Notation für Codes $\mathcal{B}(n, k, d)$ wird im folgenden durch $\mathcal{B}(q; n, k, d)$ ersetzt, um nicht-binäre Codes unterscheiden zu können. Der Parameter q bezeichnet das Alphabet des Codes.

Wir können nun ein Codewort des PC-Codes $\mathcal{B}^{(1)}$ eindeutig bestimmen, wenn wir die Nummer des Untercodes $(0, 1, 2, 3)$ und die Nummer des Codewortes im Untercode $(0, 1)$ kennen. Dies bedeutet, um diese Partitionierung zu numerieren, benötigen wir zwei Zahlen, nämlich:

$$a^{(1)} \in GF(2)^2 \quad \text{und} \quad a^{(2)} \in GF(2).$$

Die beiden Zahlen $a^{(1)} = (10)_2 \,\widehat{=}\, (2)_{10}$ und $a^{(2)} = 1$ würden im Beispiel das Codewort $\mathcal{B}^{(3)}_{2_{10},1} = \mathcal{B}^{(3)}_{10,1} = (1010)$ numerieren. In Bild 9.4 ist die Partitionierung nochmals schematisch dargestellt.

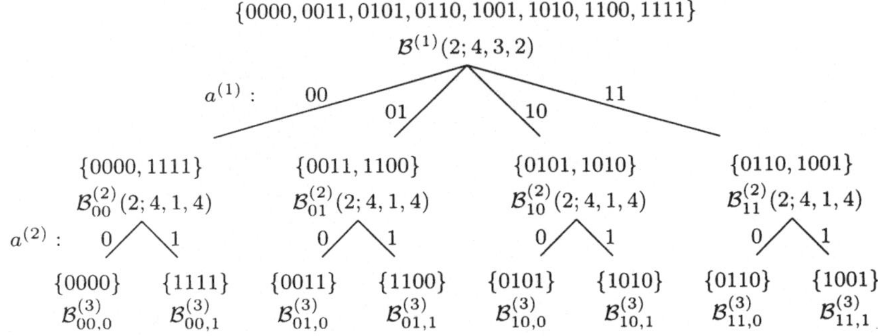

Bild 9.4: Partitionierung des Codes $\mathcal{B}^{(1)}(2; 4, 3, 2)$.

Die Idee ist nun, die Numerierung der Partitionierung mit je einem äußeren Code zu schützen. Benutzen wir als äußere Codes einen Wiederholungscode $\mathcal{A}(2^2; 8, 1, 8)$ und einen erweiterten Hamming-Code (siehe Abschnitt 1.9) $\mathcal{A}_H(2; 8, 4, 4)$, so wird die Codierung von 6 Informationsbits wie folgt durchgeführt:

Zwei Informationsbits (i_0, i_1) codieren wir mit dem Code $\mathcal{A}$ zu dem Codewort $\mathbf{a}^{(1)} = (a_0^{(1)}, a_1^{(1)}, a_2^{(1)}, a_3^{(1)}, a_4^{(1)}, a_5^{(1)}, a_6^{(1)}, a_7^{(1)})$, $a_i^{(1)} \in GF(2)^2$. Die restlichen vier Informationsbits (i_2, i_3, i_4, i_5) codieren wir mit dem Code $\mathcal{A}_H$ zu dem Codewort $\mathbf{a}^{(2)} = (a_0^{(2)}, a_1^{(2)}, a_2^{(2)}, a_3^{(2)}, a_4^{(2)}, a_5^{(2)}, a_6^{(2)}, a_7^{(2)})$. Damit haben wir die zwei äußeren Codeworte $\mathbf{a}^{(1)}$ und $\mathbf{a}^{(2)}$. Jede Stelle des Codewortes $\mathbf{a}^{(1)}$ wählt einen Untercode von $\mathcal{B}^{(1)}$ aus, nämlich $\mathcal{B}^{(2)}_{a_i^{(1)}}$, $i = 0, \dots, 7$, und jede Stelle des Codewortes $\mathbf{a}^{(2)}$ wählt ein Codewort des Untercodes $\mathcal{B}^{(2)}_{a_i^{(1)}}$ aus, nämlich $\mathcal{B}^{(3)}_{a_i^{(1)}, a_i^{(2)}} \in \mathcal{B}^{(1)}$, $i = 0, \dots, 7$:

$$a_i^{(1)}, a_i^{(2)} \implies \mathcal{B}^{(3)}_{a_i^{(1)}, a_i^{(2)}} \in \mathcal{B}^{(1)}.$$

Somit ergibt sich ebenfalls eine (8×4)-Matrix, deren Zeilen Codeworte des Parity-Check-Codes $\mathcal{B}^{(1)}$ sind. Der Unterschied zu Beispiel 9.1 ist, daß wir hier 6 Informationsbits codiert haben. Bild 9.5 zeigt eine schematische Darstellung der Codierung.

Der verallgemeinert verkettete Code $\mathcal{C}_{GC}$ hat damit die Länge $n = 4 \cdot 8 = 32$ und die Dimension ist $k = 6$, da wir offensichtlich 6 Informationszeichen codiert haben. Für die Mindestdistanz überlegen wir uns, daß wir die erste Entscheidung, welchem Untercode eine empfangene Zeile zuzuordnen ist, mit der Mindestdistanz von $\mathcal{B}^{(1)}$ treffen müssen, d. h. mit der Distanz 2. Diese Numerierung ist jedoch mit der Distanz 8 des äußeren Codes $\mathcal{A}$ geschützt. Damit gilt $d = 2 \cdot 8 = 16$. Hat man sich für einen Untercode entschieden, so

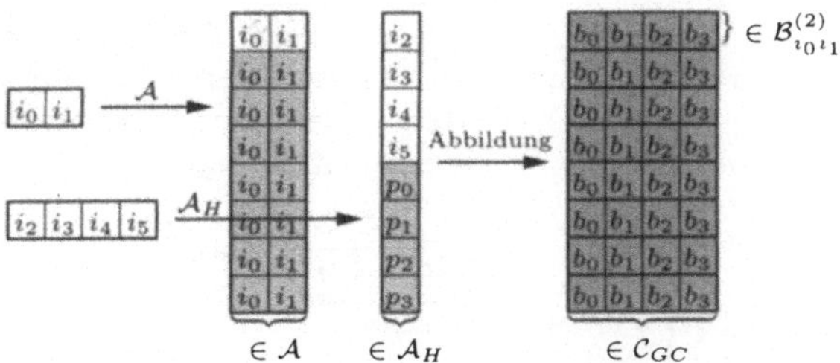

Bild 9.5: Beispiel für verallgemeinerte Verkettung.

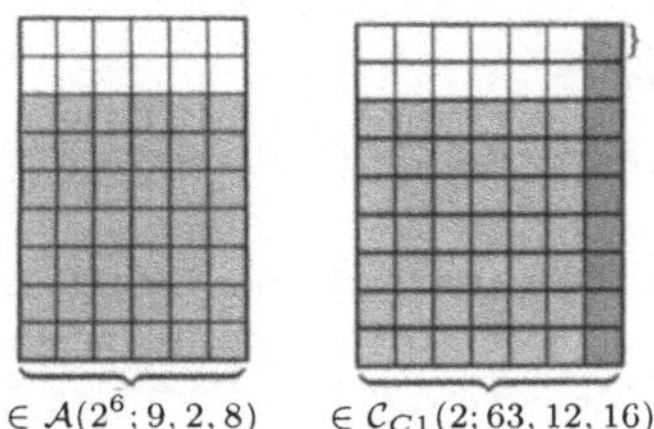

$\in \mathcal{A}(2^6; 9, 2, 8)$ $\in \mathcal{C}_{C1}(2; 63, 12, 16)$

Bild 9.6: Herkömmliche Verkettung mit einem äußeren Code.

steht für die Entscheidung des Codewortes im Untercode die Distanz 4 zur Verfügung. Die acht Entscheidungen sind durch einen äußeren Code der Distanz 4 geschützt. Damit gilt $d = 4 \cdot 4 = 16$. Wir werden zeigen, daß gilt:

$$d \geq \min\{2 \cdot 8, 4 \cdot 4\} \ .$$

Der GC-Code hat die Parameter

$$\mathcal{C}_{GC}(2; 32, 6, 16).$$

Wir haben einen Code konstruiert, der bei gleicher Mindestdistanz 8 mal so viele Codeworte besitzt.

Anmerkung: Dieser Code ist ein Reed-Muller-Code erster Ordnung (siehe Abschnitt 5.1). Wir werden Reed-Muller-Codes in Abschnitt 9.5 als verallgemeinert verkettete Codes beschreiben. Die Decodierung dieses Codes ist mit der Beschreibung als GC-Code besonders einfach. ◇

Als nächstes Beispiel untersuchen wir eine Konstruktion mit einem inneren PC-Code und äußeren RS-Codes.

Beispiel 9.3 (Interleaving und GC-Code) Gegeben sei der binäre Parity-Check-Code $\mathcal{B}(2; 7, 6, 2)$. Eine *herkömmliche* Verkettung mit dem verkürzten RS-Code $\mathcal{A}(2^6; 9, 2, 8)$ ergibt den Code $\mathcal{C}_{C1}(2; 63, 12, 16)$. Zur Codierung werden die 12 Informationsbits als zwei Elemente aus $GF(2^6)$ aufgefaßt und daraus das entsprechende Codewort des RS-Codes berechnet. Danach wird jede Stelle des RS-Codewortes als die 6 Informationsbits des Codes $\mathcal{B}$ betrachtet und ein Paritätsbit berechnet. Dies ist in Bild 9.6 dargestellt.

Eine weitere Möglichkeit der *herkömmlichen* Verkettung ist, zwei äußere Reed-Solomon-Codes $\mathcal{A}^{(1)}(2^3; 9, 2, 8)$ zu verwenden. Es handelt sich dabei um einen zweifach erweiterten RS-Code (vergleiche Abschnitt 3.1.6, Sätze 3.9 und 3.10). Zur Codierung werden je 6 Informationsbits mit dem Code $\mathcal{A}^{(1)}$ zu den Codeworten a und a' codiert. Die entsprechenden Stellen der Codeworte (a_i und a_i') sind die 6 Informationsstellen des inneren Codes $\mathcal{B}$. Die Codierung ist in Bild 9.7 schematisch dargestellt. Der verkettete Code hat die Parameter $\mathcal{C}_{C2}(2; 63, 12, 16)$. Dies kann als Interleaving von zwei RS-Codes interpretiert werden.

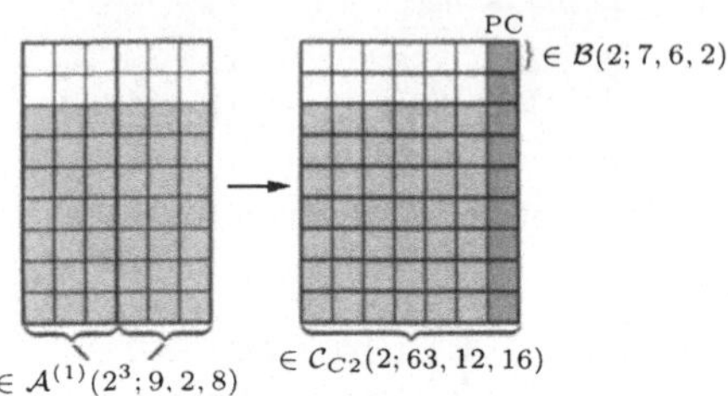

Bild 9.7: Herkömmliche Verkettung mit zwei äußeren Codes.

Um einen GC-Code zu konstruieren, benutzten wir die Tatsache, daß wir den PC-Code $\mathcal{B}^{(1)}(2; 7, 6, 2)$ in 8 Codes $\mathcal{B}_i^{(2)}(2; 7, 3, 4)$, $i = 0, \ldots, 7$, partitionieren können (siehe Bild 9.8). Es handelt sich dabei um Cosets des geradgewichtigen Hamming-Codes. Die Numerierung der Partitionierung wird wieder mit je einem äußeren Code geschützt. Die äußeren Codes sind zwei RS-Codes, nämlich $\mathcal{A}^{(1)}(2^3; 9, 2, 8)$ und $\mathcal{A}^{(2)}(2^3; 9, 6, 4)$.

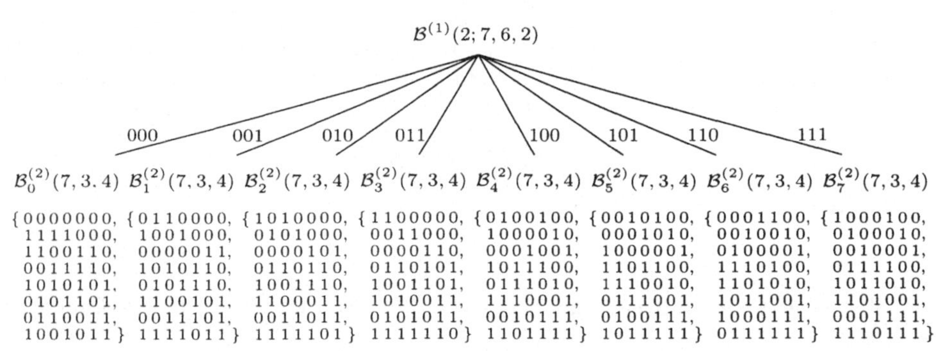

Bild 9.8: Partitionierung des inneren Codes.

Bild 9.9 zeigt schematisch die Codierung von 24 Informationsbits: 6 Informationsbits werden mit dem Code $\mathcal{A}^{(1)}$ zu dem Codewort $\mathbf{a}^{(1)} = (a_0^{(1)}, a_1^{(1)}, \ldots, a_8^{(1)})$ codiert. Die restlichen 18 Informationsbits werden mit dem Code $\mathcal{A}^{(2)}$ zu dem Codewort $\mathbf{a}^{(2)} = (a_0^{(2)}, a_1^{(2)}, \ldots, a_8^{(2)})$ codiert. Jede Stelle des Codewortes $\mathbf{a}^{(1)}$ wählt einen Untercode von $\mathcal{B}^{(1)}$ aus, nämlich $\mathcal{B}_{a_i^{(1)}}^{(2)}$, $i = 0, \ldots, 7$, und jede Stelle des Codewortes $\mathbf{a}^{(2)}$ wählt ein Codewort des Untercodes $\mathcal{B}_{a_i^{(1)}}^{(2)}$ aus, nämlich $\mathcal{B}_{a_i^{(1)}, a_i^{(2)}}^{(3)} \in \mathcal{B}^{(1)}$, $i = 0, \ldots, 7$:

$$a_i^{(1)}, a_i^{(2)} \implies \mathcal{B}_{a_i^{(1)}, a_i^{(2)}}^{(3)} \in \mathcal{B}^{(1)}.$$

Ein Codewort besteht aus $n = 7 \cdot 9 = 63$ Bits. Die Dimension des Codes ist $k = 24$ und für die Mindestdistanz gilt $d = \min\{2 \cdot 8, 4 \cdot 4\} = 16$. Die Parameter des GC-Codes sind damit: $\mathcal{C}_{GC}(2; 63, 24, 16)$.

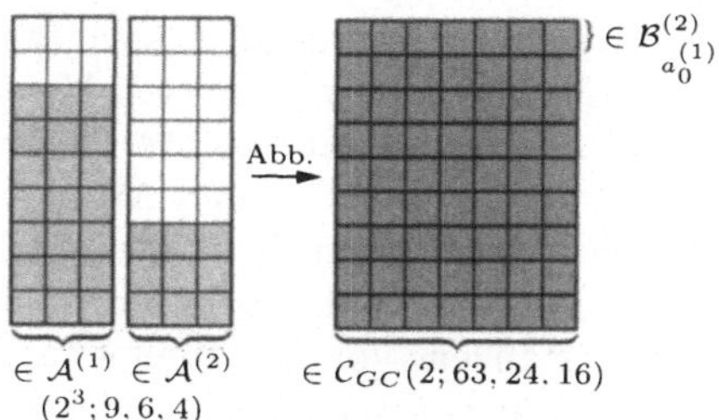

Bild 9.9: GC-Code.

Ein Vergleich der Parameter ergibt, daß der GC-Code bei gleicher Mindestdistanz 4096 mal mehr Codeworte hat als die beiden anderen Konstruktionen:

$$\mathcal{C}_{C1}(2; 63, 12, 16), \quad \mathcal{C}_{C2}(2; 63, 12, 16) \quad \text{und} \quad \mathcal{C}_{GC}(2; 63, 24, 16).$$

Man beachte, daß der Code $\mathcal{C}_{GC}(2; 63, 24.\,16)$ bessere Parameter als der entsprechende BCH-Code besitzt (vergleiche Tabelle 4.1 auf Seite 97). ◇

Als weiteres Beispiel soll ein Code der Länge 180 konstruiert werden, der gemäß Anhang A in [McWSl] mit zu den besten bekannten Codes gehört.

Beispiel 9.4 (GC-Code) Der innere Code ist ein $\mathcal{B}(2; 6, 6, 1)$-Code, d. h. eigentlich kein Code. Verketten wir diesen mit dem RS-Code $\mathcal{A}(2^6; 30, 1, 30)$, so erhalten wir den Code $\mathcal{C}_C(2; 180, 6, 30)$. Der Code $\mathcal{C}_C$ ist die binäre Interpretation eines RS-Codes (vergleiche Abschnitt 5.6). Offensichtlich können mehr als 14 binäre Fehler korrigiert werden, wenn diese auf ≤ 14 Symbole verteilt sind.

Um einen GC-Code zu konstruieren, partitionieren wir den inneren Code $\mathcal{B}^{(1)}(2; 6, 6, 1)$ in zwei Codes $\mathcal{B}^{(2)}_i(2; 6, 5, 2)$, $i = 0, 1$. Als äußere Codes verwenden wir den binären Wiederholungscode $\mathcal{A}^{(1)}(2; 30, 1, 30)$ und den RS-Code $\mathcal{A}^{(2)}(2^5; 30, 16, 15)$. Eine Stelle des Codes $\mathcal{A}^{(1)}$ wählt den Untercode, und die entsprechende Stelle des Codes $\mathcal{A}^{(2)}$ das Codewort im Untercode. Der sich ergebende GC-Code hat die Parameter $\mathcal{C}_{GC}(2; 180, 81, 30)$. ◇

Die Beispiele haben gezeigt, daß GC-Codes wesentlich bessere Parameter aufweisen als entsprechende *herkömmliche* Verkettungen. Wir können durch Verwendung von verallgemeinerter anstatt herkömmlicher Verkettung entweder: Bei gleicher Mindestdistanz einen Code mit mehr Codeworten, d. h. einen Code mit größerer Coderate, erzeugen. Oder bei gleich vielen Codeworten, d. h. bei gleicher Coderate, einen Code mit größerer Mindestdistanz erzeugen. Die Beispiele sollten auch das wesentliche Grundprinzip erläutern, nämlich die Partitionierung des inneren Codes in Untercodes mit größerer Mindestdistanz und die geeignete Verwendung von äußeren Codes.

Anmerkungen zum Konzept der verallgemeinerten Verkettung:
Das Konzept setzt keine linearen Codes voraus, sondern kann ganz allgemein mit Mengen von Vektoren in metrischen Räumen definiert werden. Dabei muß die innere Metrik nicht notwendigerweise gleich der äußeren Metrik sein. Entscheidend ist die Partitionierung der Menge der inneren Vektoren in geeignete Untermengen, die

gemäß der inneren Metrik eine größere Mindestdistanz aufweisen als die ursprüngliche Menge. Die Numerierung wird dann mit äußeren Mengen von Vektoren mit einer Mindestdistanz entsprechenden der äußeren Metrik geschützt. Das Ergebnis ist eine Menge von Vektoren (der GC-Code), deren Anzahl dem Produkt der Anzahl der Vektoren der äußeren Mengen entspricht. Die Mindestdistanz ergibt sich gemäß der inneren Metrik als das Minimum aus dem Produkt der entsprechenden inneren und äußeren Mindestdistanzen. Von den zahllosen möglichen Spezialfällen dieser Konstruktion interessieren uns ausschließlich Codekonstruktionen zur zuverlässigen Datenübertragung, d. h. vornehmlich wird die Hamming-, die euklidische und die Lee-Metrik verwendet. Zur Vertiefung sollen deshalb einige Spezialfälle in den folgenden Abschnitten genauer untersucht werden: Blockcodes als innere und äußere Codes, Faltungscodes als innere und äußere Codes und Blockcodes als innere und Faltungscodes als äußere Codes bzw. umgekehrt. Weiterhin wird in einem separaten Kapitel noch der wichtige Fall der codierten Modulation erörtert, wobei die Modulation als innerer Code äquivalent zu Block- oder Faltungscodes sein kann und euklidische Metrik verwendet wird.

9.2 GC-Codes mit Blockcodes

Dieser Abschnitt ist wie folgt aufgebaut: Zunächst definieren wir GC-Codes allgemein und erörtern danach die Möglichkeiten der Partitionierung des inneren Codes. Nach der Diskussion einiger praktischer Gesichtspunkte beschäftigen wir uns mit der Decodierung von GC-Codes. Anschließend beschreiben wir die Spezialfälle von UEP- und zyklischen GC-Codes. Eine mögliche verbesserte Decodierung durch die Betrachtung von zyklischen Codes als GC-Codes ist noch nicht untersucht und damit ein ungelöstes Problem. Am Ende wollen wir noch auf die Konstruktion von GC-Codes durch erneute Codierung des Syndroms eingehen.

Notation: Um die verallgemeinerte Verkettung auch für nichtlineare Komponentencodes beschreiben zu können, benötigen wir eine neue Notation für Codes: Ein Code $\mathcal{B}$ der Länge n über dem Alphabet $GF(q)$ mit M Codewörtern und der Mindestdistanz d wird beschrieben durch:

$$\mathcal{B}(q; n, M, d) \subseteq GF(q)^n \ .$$

Für lineare Codes gilt: $M = q^k$. Die bisherige Notation ($\mathcal{B}(q; n, k, d)$) (bzw. auch ($\mathcal{B}(n, k, d)$) für $q = 2$) wird parallel dazu weiter verwendet. Eine Verwechslung ist in der Regel nicht möglich, da meist $M > n$ gilt. Falls die Notation nicht eindeutig ist, wird explizit darauf hingewiesen.

9.2.1 Definition von GC-Codes

Die Idee der verallgemeinerten Codeverkettung basiert auf der Partitionierung eines Codes in Untercodes. Die Numerierung dieser Partitionierung wird durch äußere Codes geschützt. Um GC-Codes allgemeiner zu definieren, benötigen wir zunächst eine Definition einer Partitionierung.

Gegeben sei eine Partitionierung der Ordnung s eines Codes $\mathcal{B}^{(1)}(q; n_b, M_b^{(1)}, d_b^{(1)})$, wobei $M_b^{(j)}$ die Anzahl der Codeworte des Codes angibt, wie folgt:

$$\mathcal{B}^{(1)} = \bigcup_{i_1=1}^{\nu_1} \mathcal{B}_{i_1}^{(2)}$$

$$\mathcal{B}_{i_1}^{(2)} = \bigcup_{i_2=1}^{\nu_2} \mathcal{B}_{i_1.i_2}^{(3)}$$

$$\vdots$$

$$\mathcal{B}_{i_1.i_2.\ldots.i_{s-1}}^{(s)} = \bigcup_{i_s=1}^{\nu_s} \mathcal{B}_{i_1.i_2.\ldots.i_s}^{(s+1)} \; .$$

Dabei numeriert i_1 die Untercodes $\mathcal{B}_{i_1}^{(2)}$ des Codes $\mathcal{B}^{(1)}$, und i_2 numeriert die Untercodes $\mathcal{B}_{i_1.i_2}^{(3)}$ des Codes $\mathcal{B}_{i_1}^{(2)}$, usw. Schließlich numeriert i_s das Codewort $\mathcal{B}_{i_1.i_2.\ldots.i_s}^{(s+1)}$ in dem Untercode $\mathcal{B}_{i_1.i_2.\ldots.i_{s-1}}^{(s)}$. Die Codes $\mathcal{B}_{i_1.i_2.\ldots.i_{j-1}}^{(j)}(q; n_b, M_b^{(j)}, d_b^{(j)})$, $j = 1, \ldots, s$, heißen innere Codes. Die Mindestdistanzen $d_b^{(j)}$, $j = 1, \ldots, s$, seien bekannt. Das bedeutet, ein Codewort $\mathbf{b} \in \mathcal{B}^{(1)}$ wird durch die Numerierung $i_1, i_2, \ldots, i_s$ eindeutig bestimmt, d. h. $\mathcal{B}_{i_1.i_2.\ldots.i_s}^{(s+1)} = \mathbf{b}$ stellt ein Codewort dar. Die grundsätzliche Idee von verallgemeinerter Codeverkettung ist nun, eine Menge von Symbolen $a_1^{(i)}, a_2^{(i)}, \ldots, a_{k_i}^{(i)}$ durch sogenannte äußere Codes $A^{(i)}(q^{\mu_i}; n_a, M_a^{(i)}, d_a^{(i)})$ zu schützen. Wir wollen annehmen, daß das Alphabet des entsprechenden äußeren Codes genau alle ν_i Untercodes der i-ten Partitionierung numeriert, d. h.

$$\nu_i = q^{\mu_i}, \quad \text{Codesymbole: } a_j^{(i)} \in GF(q)^{\mu_i} \; .$$

Für lineare Codes gilt bezüglich der Anzahl der jeweiligen Informationssymbole (Dimension) $k_a^{(i)}$ und die Größe $M_a^{(i)}$ des äußeren Codes $(q^{\mu_i})^{k_a^{(i)}} = M_a^{(i)}$; wir wollen hier annehmen, daß die entsprechenden Zahlen geeignet sind.

Anmerkung zur Notation: Prinzipiell können wir den Informationsteil eines inneren Codes $a_j^{(i)} \in GF(q)^{\mu_i}$ als Vektor betrachten, d. h. $\mathbf{a}_j^{(i)}$ schreiben, oder aber als Element von $GF(q)^{\mu_i}$, d. h. $a_j^{(i)}$ schreiben. Im folgenden werden wir hauptsächlich (nicht immer) die Notation $a_j^{(i)}$ verwenden.

Wir ordnen die s Codewörter $(a_1^{(i)}, a_2^{(i)}, \ldots, a_{n_a}^{(i)})$, $i = 1, 2, \ldots, s$, von s äußeren Codes als Spalten einer Matrix an. Die Information ist in den s äußeren Codes codiert:

$$\begin{pmatrix} a_1^{(1)} & a_1^{(2)} & \cdots & a_1^{(s)} \\ a_2^{(1)} & a_2^{(2)} & \cdots & a_2^{(s)} \\ \vdots & \vdots & \ddots & \vdots \\ a_{n_a}^{(1)} & a_{n_a}^{(2)} & \cdots & a_{n_a}^{(s)} \end{pmatrix} \; . \tag{9.1}$$

Die Matrixelemente $a_j^{(i)} \in GF(q)^{\mu_i}$, $j = 1, 2, \ldots, n_a$, $i = 1, 2, \ldots, s$, stellen eine Matrix mit n_a Zeilen dar. Jede Zeile hat die Form

$$\left(a_j^{(1)}, a_j^{(2)}, a_j^{(3)}, \ldots, a_j^{(s)} \right) \ .$$

Durch jede Zeile wird entsprechend der Partitionierung eindeutig ein Codewort des Codes $\mathcal{B}^{(1)}$ bestimmt. Führen wir diese Abbildung für alle Zeilen durch, so erhalten wir ein Codewort des GC-Codes $\mathcal{C}_{GC}$. Es ist eine $(n_a \times n_b)$-Matrix mit Elementen aus $GF(q)$. Insbesondere ist jede Zeile ein Codewort des Codes $\mathcal{B}^{(1)}$:

$$\begin{pmatrix} c_{11} & c_{12} & \cdots & c_{1,n_b} \\ c_{21} & c_{22} & \cdots & c_{2,n_b} \\ \vdots & \vdots & \ddots & \vdots \\ c_{n_a,1} & c_{n_a,2} & \cdots & c_{n_a,n_b} \end{pmatrix} \ . \tag{9.2}$$

Damit können wir nun die GC-Codes formal einführen.

Satz 9.1 (GC-Code) *Ein GC-Code $\mathcal{C}_{GC}(q; n, M, d)$ besteht aus s äußeren Codes $\mathcal{A}^{(i)}(q^{\mu_i}; n_a, M_a^{(i)}, d_a^{(i)})$ und einer Partitionierung der Ordnung s des inneren Codes $\mathcal{B}^{(1)}(q; n_b, M_b^{(1)}, d_b^{(1)})$. $\mathcal{C}_{GC}$ ist ein Code über dem Alphabet q und hat die Länge*

$$n = n_a \cdot n_b, \ \text{die Anzahl von Codeworten } M = \prod_{i=1}^{s} M_a^{(i)} \ \text{und die Mindestdistanz}$$

$$d \geq \min_{i=1,\ldots,s} \left\{ d_b^{(i)} \cdot d_a^{(i)} \right\} \ .$$

Beweis: Die Länge $n = n_a \cdot n_b$ und die Anzahl der Codeworte M sind offensichtlich. Wir wollen deshalb nur die Mindestdistanz beweisen.

Seien $\mathbf{c} \neq \mathbf{c}'$ zwei Codewörter eines GC-Codes. Die Matrizen (Gleichung 9.1) für diese zwei Codeworte müssen sich mindestens in einer Spalte unterscheiden, z. B. i. Da aber $\mathcal{A}^{(i)}$ die Mindestdistanz $d_a^{(i)}$ hat, unterscheiden sich die Matrizen entsprechend Gleichung 9.2 der Codewörter $\mathbf{c}$ und $\mathbf{c}'$ in mindestens $d_a^{(i)}$ Zeilen. Unterschiedliche Zeilen sind aber jeweils in mindestens $d_b^{(i)}$ Zeichen verschieden, da sie durch unterschiedliche $\mathbf{a}^{(i)}$ entstanden sind. Damit erhalten wir die Abschätzung der Mindestdistanz eines GC-Codes (vergleiche auch [Zin76]). $\qquad\square$

In vielen Fällen ist die wirkliche Mindestdistanz eines GC-Codes größer und nicht bekannt.

Anmerkung: Das Alphabet $GF(q)^{\mu_i}$ aus dem die Symbole $a_j^{(i)}$ des entsprechenden äußeren Codes sind, muß an die Partitionierung angepaßt sein. Es gibt hierbei drei Fälle: Die Anzahl der Elemente des Alphabets ist größer, kleiner oder gleich der Anzahl der Untercodes,

$$q^{\mu_i} \begin{cases} > \nu_i \\ < \nu_i \\ = \nu_i \end{cases} \ .$$

Sollen alle Symbole des Alphabets einem Code bzw. einem Codewort entsprechen, muß $q^{\mu_i} \leq \nu_i = \frac{M_b^{(i)}}{M_b^{(i-1)}}$ gelten. Dabei wird vorausgesetzt, daß alle $M_b^{(i)}$ gleich groß sind, was nicht notwendigerweise erfüllt sein muß. Ist aber q^{μ_i} kleiner als ν_i, bedeutet dies, daß nicht alle Untercodes zur Konstruktion des GC-Codes benutzt werden. Dies entspricht dem Fall, daß nicht alle Codewörter von $\mathcal{B}^{(1)}$ benutzt werden.

Es soll nochmals erwähnt werden, daß das Konzept der verallgemeinerten Verkettung nicht auf Blockcodes als innere und äußere Codes beschränkt ist. Vielmehr muß für die Partitionierung nur gewährleistet sein, daß eine beliebige Metrik (vergleiche Abschnitt 7.1 bzw. Anhang A) in den Untercodes größer wird; dann kann das Konzept angewendet werden. Die Codes können auch nichtlinear oder als Menge von Punkten mit einer Metrik definiert sein, wie etwa bei der codierten Modulation in Kapitel 10. Verständlicherweise kann man dieses allgemeine Konzept nicht in einer einzigen Definition unterbringen.

9.2.2 Zur Partitionierung von Blockcodes

In diesem Abschnitt werden mögliche Methoden der Partitionierung von Blockcodes angegeben und einige Aspekte zu deren Eigenschaften abgeleitet. Eine Konstruktion ist notwendig, da längere Codes nicht mehr durch Auflistung aller Codeworte partitioniert werden können.

Wir wollen nun die Partitionierung genauer untersuchen und uns dabei auf eine Partitionierung erster Ordnung ($s = 1$) beschränken, da eine Partitionierung höherer Ordnung durch mehrfache Anwendung konstruiert werden kann.

Definition 9.2 (Partitionierung) *Sei $\mathcal{B}^{(1)}$ ein Code, also eine Menge von M Vektoren eines n-dimensionalen Raumes. Die Mindestdistanz der Vektoren $\mathbf{b} \in \mathcal{B}^{(1)}$ sei $d^{(1)}$. Eine Unterteilung der Menge $\mathcal{B}^{(1)}$ in ν disjunkte Untermengen (Untercodes) $\mathcal{B}_i^{(2)}$ derart, daß gilt:*

$$\mathcal{B}^{(1)} = \bigcup_{i=1}^{\nu} \mathcal{B}_i^{(2)}$$

heißt Partitionierung von $\mathcal{B}^{(1)}$. Jede Untermenge stellt wiederum einen Code $\mathcal{B}_i^{(2)}$ dar und für dessen Mindestdistanz $d_i^{(2)}$ gilt: $d_i^{(2)} \geq d^{(1)}$, $i = 1, 2, \ldots, \nu$. Die Mindestdistanz der Untercodes wird definiert als das Minimum der Mindestdistanzen der einzelnen Untercodes:

$$d^{(2)} = \min_{i=1,\ldots,\nu} \left\{ d_i^{(2)} \right\} .$$

Offensichtlich gibt es mehrere Möglichkeiten, einen Code zu partitionieren. Für die Konstruktion von GC-Codes ist es wichtig, daß von allen Möglichkeiten diejenige gewählt wird, bei der die minimale Mindestdistanz der Untercodes maximal ist.

Eine Variante, um einen Code $\mathcal{B}^{(1)}(q; n, M^{(1)}, d^{(1)}) \subseteq GF(q)^n$ zu partitionieren, ist, die Codewörter von $\mathcal{B}^{(1)}$ durch Probieren in Untermengen aufzuteilen. Das bedeutet, daß Definition 9.2 direkt angewendet wird. Dies soll im folgenden Methode 1 genannt werden und ist sicher nur auf Codes anwendbar, bei denen die Anzahl der Codewörter relativ klein ist.

Methode 1:   Gegeben sei ein Code $\mathcal{B}^{(1)}(q; n, M^{(1)}, d^{(1)}) \subseteq GF(q)^n$. Eine Partitionierung von $\mathcal{B}^{(1)}$ in ν Untercodes $\mathcal{B}_i^{(2)}(q; n, M_i^{(2)}, d_i^{(2)})$, $i = 1, 2, \ldots, \nu$, wird erreicht, wenn man die Codeworte derart sortiert, daß gilt:

$$\mathcal{B}^{(1)} = \bigcup_{i=1}^{\nu} \mathcal{B}_i^{(2)} \ .$$

Damit ist für jedes $\mathbf{b} \in \mathcal{B}^{(1)}$ der Untercode $\mathcal{B}_i^{(2)}$, zu dem $\mathbf{b}$ gehört, eindeutig bestimmt und es gilt:

$$M^{(1)} = \sum_{i=1}^{\nu} M_i^{(2)} \ .$$

Um die gewählte Partitionierung zu numerieren, werden nun jedem Codewort $\mathbf{b} \in \mathcal{B}^{(1)}$ zwei Symbole $a^{(1)} \in GF(q)^{\mu_1}$ und $a^{(2)} \in GF(q)^{\mu_2}$ zugeordnet. Dabei numeriert $a^{(1)}$ den Untercode $\mathcal{B}_i^{(2)}$ zu dem das Codewort $\mathbf{b}$ gehört, und $a^{(2)}$ numeriert das Codewort innerhalb des Untercodes $\mathcal{B}_i^{(2)}$.

Es gibt ν Untercodes, die mit den Zahlen $0, 1, \ldots, \nu - 1$ zur Basis q numeriert werden. Damit ergeben sich 3 Möglichkeiten:

- Für $q^{\mu_1} < \nu$ kann nicht jedem Untercode eine Nummer $a^{(1)}$ zugeordnet werden, da es mehr Untercodes als Nummern gibt. Analog gilt: Für $q^{\mu_2} < M_i^{(2)}$ kann nicht jedem Codewort innerhalb des Untercodes eine Nummer $a^{(2)}$ zugeordnet werden.

- Für $q^{\mu_1} > \nu$ wird nicht jede Nummer $a^{(1)}$ ausgenützt, da es weniger Untercodes als Zahlen gibt. Analog gilt: Für $q^{\mu_2} > M_i^{(2)}$ repräsentiert nicht jede Nummer $a^{(2)}$ ein Codewort des Untercodes.

- Für $q^{\mu_1} = \nu$ ist jedem Untercode genau eine Nummer $a^{(1)}$ zugeordnet, analog für $q^{\mu_2} = M_i^{(2)}$.

Fordern wir, daß jedes $a_i \in GF(q)^{\mu_i}$ zulässig ist, dann muß gelten:

$$q^{\mu_1} \leq \nu \qquad \text{und} \qquad q^{\mu_2} \leq \max_{i=1,\ldots,q^{\mu_1}} \left\{ M_i^{(2)} \right\}.$$

Damit wird eine Partitionierung durch die folgende Abbildung beschrieben:

$$\begin{aligned}
\left(a^{(1)}, a^{(2)}\right) &\iff \mathbf{b} \in \mathcal{B}^{(1)} \\
a^{(1)} &\iff i : \mathcal{B}_i^{(2)} \\
a^{(2)} &\iff \mathbf{b} \in \mathcal{B}_i^{(2)} .
\end{aligned} \tag{9.3}$$

Im allgemeinen benötigt man bei der Methode 1 sowohl für die Partitionierung Tabellen als auch für die Abbildung zwischen $a^{(1)}$, $a^{(2)}$ und den Codewörtern. Selbstverständlich kann $\mathcal{B}_i^{(2)}$ erneut aufgeteilt werden, um eine Partitionierung höherer Ordnung zu erhalten. Bei der Benutzung von *längeren* Codes bedarf es Konstruktionsmethoden für die Partitionierung. Bei linearen Codes ist dies möglich und soll im folgenden näher erläutert werden.

Lineare Codes

Ziel ist es, aus einem gegebenen Codewort die Nummer des Untercodes berechnen zu können, zu dem das Codewort gehört. Im allgemeinen wird eine solche Berechnung nicht mehr optimal im Sinne von maximaler Mindestdistanz in den Untercodes sein, aber diese Berechnungsmethoden sind notwendig, um lange Codes überhaupt partitionieren zu können.

Methode 2: Gegeben seien zwei lineare Codes, für die gilt:

$$\mathcal{B}^{(2)}\left(q; n, k^{(2)}, d^{(2)}\right) \subset \mathcal{B}^{(1)}\left(q; n, k^{(1)}, d^{(1)}\right) .$$

Ferner sei $k^{(1)} = m + k^{(2)}$, $m > 0$ und $d^{(2)} > d^{(1)}$. Der Code $\mathcal{B}^{(2)}$ kann nun folgendermaßen zur Partitionierung des Codes $\mathcal{B}^{(1)}$ benutzt werden, damit gilt:

$$\mathcal{B}^{(1)} = \bigcup_{i=1}^{\nu=q^m} \mathcal{B}_i^{(2)},$$

wobei

$$\mathcal{B}_i^{(2)} = \left\{\mathbf{v}_i + \mathcal{B}^{(2)}\right\}, \qquad \mathbf{v}_i \in GF(q)^n, \qquad i = 1, \dots, \nu .$$

Die Menge $\left\{\mathbf{v}_i + \mathcal{B}^{(2)}\right\}$ heißt *Coset* von $\mathcal{B}^{(2)}$ (vergleiche Abschnitt 1.3 und Aufgabe 7.1).

Damit erhält man die Konstruktionsregel für die Partitionierung des Codes $\mathcal{B}^{(1)}$ wie folgt:
Wähle aus der Menge aller Cosets des Codes $\mathcal{B}^{(2)}$ diejenigen ν Cosets aus, deren Vereinigung den Code $\mathcal{B}^{(1)}$ ergibt.

Anmerkung: Die somit konstruierten Untercodes haben alle dieselbe Mächtigkeit, aber die Codes $\mathcal{B}_i^{(2)}$ sind damit nichtlineare Codes mit Ausnahme desjenigen mit $\mathbf{v}_i = 0$. Sie sind nichtlinear, da das Nullwort nicht enthalten ist.

Die Symbole $a^{(1)}$, $a^{(2)}$ zur Numerierung sind in diesem Falle:

$$a^{(1)} \in GF(q)^m \quad \text{und} \quad a^{(2)} \in GF(q)^{k^{(2)}} \ .$$

Die Berechnungsvorschrift für eine Partitionierung lautet:
Sei $\mathbf{b} \in \mathcal{B}^{(1)}$ ein Codewort, dann errechnet sich die Nummer des Untercodes $\mathcal{B}_i^{(2)}$, in dem das Codewort $\mathbf{b}$ enthalten ist, dadurch, daß $\mathbf{b}$ gemäß $\mathcal{B}^{(2)}$ decodiert wird. Der Fehler ist der Restklassenführer, und dieser ist mit der Nummer verknüpft. Im allgemeinen ist dies jedoch nur möglich, falls für $\mathcal{B}^{(2)}$ ein ML-Decodierer existiert (siehe Abschnitt 1.3). Falls für $\mathcal{B}^{(2)}$ nur BMD-Decodierung zur Verfügung steht, läßt sich diese Berechnung nicht immer durchführen, da ν nicht notwendigerweise kleiner ist als die Anzahl der korrigierbaren Fehlermuster. Diese Tatsache soll an dem folgenden Beispiel erläutert werden.

Beispiel 9.5 (Partitionierung durch Decodierung) Seien

$$\mathcal{B}^{(2)}(2; 15, 6, 6) \subset \mathcal{B}^{(1)}(2; 15, 14, 2)$$

zwei BCH-Codes. Damit müssen wir $2^8 = 256$ verschiedene Restklassen des Codes $\mathcal{B}^{(2)}$ unterscheiden können, wenn wir $\mathbf{b} \in \mathcal{B}^{(1)}(2; 15, 14, 2)$ mit einem Decodierer für den Code $\mathcal{B}^{(2)}$ decodieren. Für einen BMD-Decodierer gilt aber, daß nur Fehler vom Gewicht kleiner als die halbe Mindestdistanz decodiert werden können. Da die Mindestdistanz des Code $\mathcal{B}^{(2)}(2; 15, 6, 6)$ gleich 6 ist, können nur Fehler vom Gewicht kleiner gleich zwei decodiert werden. Also:

$$\binom{15}{0} + \binom{15}{1} + \binom{15}{2} = 1 + 15 + 15 \cdot 7 = 16 + 105 = 121 < 256.$$

$\diamond$

Methode 2 für zyklische Codes im transformierten Bereich: Die Beschreibung im transformierten Bereich (siehe Abschnitt 3.1.1) kann ausschließlich für zyklische Codes verwendet werden. Die Notation für Codewörter ist $b(x)$ und für deren Transformation $B(x)$.

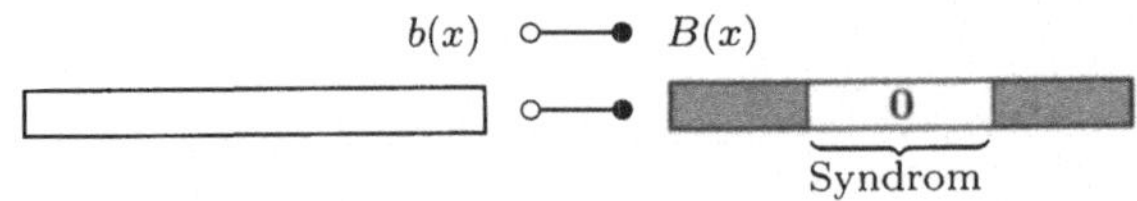

Das Syndrom ist gleich Null für alle Codeworte und ungleich Null, falls $b(x)$ kein Codewort ist. Schreibt man das Codewort $b^{(1)}(x)$ als Codewort von beiden Codes in symbolischer Form, d. h. $b^{(1)}(x) \in \mathcal{B}^{(1)}$ und $b^{(2)}(x) \in \mathcal{B}^{(2)}$, so erkennt man an der nachfolgenden Skizze, daß ein Codewort von $\mathcal{B}^{(1)}$ ein Syndrom ergeben kann, das ungleich Null ist, wenn man es als Codewort von $\mathcal{B}^{(2)}$ betrachtet.

Addiert man nun ein beliebiges Codewort von $\mathcal{B}^{(2)}$, so bleibt das Syndrom unverändert. Anders ausgedrückt: Es gibt eine Zuordnung der Restklassenführer $\mathbf{v}_i$ der Restklassen $\{\mathbf{b}^{(2)} + \mathbf{v}_i \mid \mathbf{b}^{(2)} \in \mathcal{B}^{(2)}\}$ und dem Syndrom.

$$\boxed{\;\;0\;\;\;\;\rule{2cm}{0.4cm}\;\;\;\;0\;\;} \bullet\!\!-\!\!-\!\!\circ \quad \mathbf{v}_i : \{\mathbf{b}^{(2)} + \mathbf{v}_i \mid \mathbf{b}^{(2)} \in \mathcal{B}^{(2)}\}$$

Syndrom

Im folgenden wird eine weitere Methode zur Partitionierung von linearen Codes angegeben.

Methode 3:   Gegeben sei

$$\mathcal{B}^{(2)}(q; n, k^{(2)}, d^{(2)}) \subset \mathcal{B}^{(1)}(q; n, k^{(1)}, d^{(1)})$$

mit $k^{(2)} + m = k^{(1)}$, $m > 0$, $d^{(2)} > d^{(1)}$. Seien $\mathbf{G}^{(1)}$ und $\mathbf{G}^{(2)}$ die Generatormatrizen der Codes $\mathcal{B}^{(1)}$ und $\mathcal{B}^{(2)}$ in systematischer Form. Wir berechnen nun:

$$
\begin{array}{rcllll}
\mathbf{b}^{(2)} &=& a^{(2)} \cdot \mathbf{G}^{(2)} \in \mathcal{B}^{(2)} & \text{mit} & a^{(2)} \in GF(q)^{k^{(2)}} \\
\text{und} \quad \mathbf{b}^{(1)} &=& (0|a^{(1)}) \cdot \mathbf{G}^{(1)} \in \mathcal{B}^{(1)} & \text{mit} & a^{(1)} \in GF(q)^{m} \;.
\end{array}
$$

Dabei sei $(0|\mathbf{a}^{(1)}) \in GF(q)^{k^{(1)}}$ ein Vektor, zusammengesetzt aus $k^{(2)}$ Nullen und dem Vektor $\mathbf{a}^{(1)}$.

Wegen $\mathcal{B}^{(2)} \subset \mathcal{B}^{(1)}$ gilt für die Summe: $\mathbf{b} = \mathbf{b}^{(2)} + \mathbf{b}^{(1)} \in \mathcal{B}^{(1)}$, d. h. die Summe ist ein Codewort des Codes $\mathcal{B}^{(1)}$. Außerdem hat der Vektor $(a^{(2)}, a^{(1)})$ dieselbe Länge wie der Informationsteil des Codes $\mathcal{B}^{(1)}$.

Ist ein Codewort $\mathbf{b} \in \mathcal{B}^{(1)}$ gegeben, so kann der Informationsteil berechnet werden. Er hat die Form $(\mathbf{a}^{(2)}|\tilde{\mathbf{a}}^{(1)})$. Das heißt, wir kennen $\mathbf{a}^{(2)}$ und außerdem ist $\mathbf{b} - \mathbf{a}^{(2)} \cdot \mathbf{G}^{(2)}$ wieder ein Codewort von $\mathcal{B}^{(1)}$ mit dem Informationsteil $(0|\mathbf{a}^{(1)})$. Im Falle einer systematischen Codierung (siehe Abschnitt 3.1.4) bleibt $\mathbf{a}^{(2)}$ in $\mathbf{b} \in \mathcal{B}^{(1)}$ unverändert.

Die Partitionierung mittels Methode 3 ist bei linearen Codes sicher zu bevorzugen, da die Partitionierung *berechenbar* ist und damit Codes beliebiger Länge verwendet werden können.

Beispiel 9.6 (Partitionierung durch Codierung) Für zyklische Codes können wir das Generatorpolynom statt der Generatormatrix verwenden.

Gegeben seien der Parity-Check-Code $\mathcal{B}^{(1)}(2; 7, 2^6, 2)$ mit dem Generator Polynom $g_1(x)$ und der Simplex-Code $\mathcal{B}^{(2)}(2; 7, 2^3, 4)$ mit $g_2(x)$. Es gilt: $\mathcal{B}^{(2)} \subset \mathcal{B}^{(1)}$, und somit $g_2(x) = \Delta(x) \cdot g_1(x)$. Wir können daher die Methode 3 benutzen, um den Parity-Check-Code $\mathcal{B}^{(1)}$ zu partitionieren.

Die Vektoren $\mathbf{a}^{(1)} \in GF(2)^3$ und $\mathbf{a}^{(2)} \in GF(2)^3$ seien repräsentiert durch die beiden Polynome $a_i(x) = b_{0,i} + b_{1,i} \cdot x + b_{2,i} \cdot x^2$, $i = 1, 2$. Dann gilt:

$$b(x) = a_2(x) \cdot g_2(x) + x^3 \cdot a_1(x) \cdot g_1(x) \in \mathcal{B}^{(1)} \;.$$

Für ein gegebenes Codewort $b(x)$ können wir damit $\mathbf{a}^{(1)}$ und $\mathbf{a}^{(2)}$ wie folgt berechnen:

$$\begin{aligned} b(x) : g_1(x) &= \big(a_2(x) \cdot g_1(x) \cdot \Delta(x) + x^3 \cdot a_1(x) \cdot g_1(x)\big) : g_1(x) \\ &= a_2(x) \cdot \Delta(x) + x^3 \cdot a_1(x) \\ &= w(x) \, . \end{aligned}$$

Die Koeffizienten w_0, w_1, w_2 bestimmen rekursiv $a_2(x)$ mittels drei Gleichungen aus der Beziehung $x^3 \cdot a_1(x) = w(x) - a_2(x) \cdot \Delta(x)$. ◇

Bei der Konstruktion von GC-Codes ist es notwendig, flexibel in der Wahl der Parameter μ_1 und μ_2 zu sein ($\mathbf{a}^{(1)} \in GF(q)^{\mu_1}$ und $\mathbf{a}^{(2)} \in GF(q)^{\mu_2}$). Hierbei kann das Prinzip der Codeverkürzung benutzt werden. Bevor wir hierzu den Satz 9.3 beweisen, wollen wir drei Beispiele dazu untersuchen.

Beispiel 9.7 (Partitionierung verkürzter Codes) Wir wollen eine Partitionierung mit der Numerierung $\mathbf{a}^{(2)} \in GF(2)^3$ und $\mathbf{a}^{(1)} \in GF(2)^6$ konstruieren. Wir benutzen dazu den BCH-Code $\mathcal{C}^{(1)}(2; 31, 2^{10}, 12)$. Der BCH-Code $\mathcal{C}^{(2)}(2; 31, 2^5, 16)$ ist ein Untercode des BCH-Codes $\mathcal{C}^{(1)}$. Für die Generatorpolynome $g_1(x)$ und $g_2(x)$ der beiden Codes gilt $g_2(x) = \Delta(x) \cdot g_1(x)$. Zunächst verkürzen wir beide Codes indem wir 3 statt 5 bzw. 9 statt 10 Informationssymbole benutzen, d. h.:

$$\mathcal{B}^{(2)}(2; 29, 2^3, 16) \quad \text{und} \quad \mathcal{B}^{(1)}(2; 30, 2^9, 12) \, .$$

Nun wenden wir Methode 3 an, damit gilt:

$$b(x) = a_2(x) \cdot g_2(x) + x^3 \cdot a_1(x) \cdot g_1(x) \in \mathcal{B}^{(1)} \, .$$

Dabei sind $a_1(x)$ und $a_2(x)$ die entsprechenden Polynome von $\mathbf{a}^{(1)}$ und $\mathbf{a}^{(2)}$. Für ein Codewort $b(x)$ können wir nun sowohl $\mathbf{a}^{(1)}$ als auch $\mathbf{a}^{(2)}$ entsprechend Beispiel 9.6 berechnen. ◇

Beispiel 9.8 (Partitionierung in Codes unterschiedlicher Länge) In diesem Beispiel wollen wir eine Partitionierung mit der Numerierung $\mathbf{a}^{(1)} \in GF(2)^8$ und $\mathbf{a}^{(2)} \in GF(2)^8$ berechnen. Hierzu wollen wir den BCH-Code $\mathcal{C}^{(1)}(2; 31, 2^{16}, 7)$ benutzen. Ein Untercode von $\mathcal{C}^{(1)}$ ist der BCH-Code $\mathcal{C}^{(2)}(2; 31, 2^{10}, 12)$. Die entsprechenden Generatorpolynome sind $g_1(x)$ und $g_2(x)$, mit $g_2(x) = \Delta(x) \cdot g_1(x)$. Durch Verkürzen erhalten wir

$$\mathcal{B}^{(2)}(2; 29, 2^8, 12) \quad \text{und} \quad \mathcal{B}^{(1)}(2; 31, 2^{16}, 7) \, .$$

Die Partitionierung kann nun entsprechend Beispiel 9.7 berechnet werden. ◇

Beispiel 9.9 (5-fache Partitionierung) Wir wollen die Methode 3 verwenden, um den BCH-Code $\mathcal{B}^{(1)}(2; 31, 2^{25}, 4)$ 5-fach zu partitionieren. Die Numerierung soll mit $\mathbf{a}^{(i)} \in GF(2)^5$ durchgeführt werden. Dabei benutzen wir die folgenden BCH-Codes:

$$\begin{aligned} \mathcal{B}^{(5)}(2; 31, 5, 16) \quad &\subset \quad \mathcal{B}^{(4)}(2; 31, 10, 12) \quad \subset \quad \mathcal{B}^{(3)}(2; 31, 15, 8) \\ &\subset \quad \mathcal{B}^{(2)}(2; 31, 20, 6) \quad \subset \quad \mathcal{B}^{(1)}(2; 31, 25, 4) \, . \end{aligned}$$

Sei systematische Codierung vorausgesetzt, dann ergibt sich ein Codewort $\mathbf{b}^{(1)} \in \mathcal{B}^{(1)}$ wie folgt:

$$\mathbf{b}^{(1)} = \mathbf{v}_1 + \mathbf{v}_2 + \mathbf{v}_3 + \mathbf{v}_4 + \mathbf{v}_5 \in \mathcal{B}^{(1)} \ .$$

Das Wort $\mathbf{a}^{(5)}$ ist unverändert im Codewort $\mathbf{b}^{(1)}$ enthalten. Für jedes gegebene $\mathbf{b}^{(1)}$ können alle $\mathbf{a}^{(i)}$, $i = 1, 2, \ldots, 5$, berechnet werden. $\diamond$

Die vorangegangenen Beispiele lassen sich durch den folgenden Satz verallgemeinern:

Satz 9.3 (Konstruierbarkeit der Partitionierung) *Gegeben sei* $\mathcal{B}^{(2)}(q; n, k^{(2)}, d^{(2)}) \subset \mathcal{B}^{(1)}(q; n, k^{(1)}, d^{(1)})$, *mit* $k^{(2)} + m = k^{(1)}$, $d^{(2)} > d^{(1)}$. *Mit Methode 3 kann eine Partitionierung für die Alphabete* $\mathbf{a}^{(1)} \in GF(q)^{\mu_1}$ *und* $\mathbf{a}^{(2)} \in GF(q)^{\mu_2}$ *konstruiert werden, wenn gilt:*

$$\mu_2 \leq k^{(2)} \quad und \quad \mu_1 \leq m + (k^{(2)} - \mu_2) \ .$$

Beweis: $\mathbf{G}^{(2)}$ sei die Generatormatrix von $\mathcal{B}^{(2)}$. Sei $\mathbf{a}^{(2)} \in GF(q)^{\mu_2}$, $\mathbf{a}^{(1)} \in GF(q)^{\mu_1}$, dann gilt $\mathbf{a}^{(2)} \cdot \mathbf{G}^{(2)} = \mathbf{b}^{(2)} \in \mathcal{B}^{(2)}$. Für $\mu_2 < k^{(2)}$ ist dies ein Codewort eines verkürzten Codes. Um nun das Codewort $\mathbf{b}^{(1)} \in \mathcal{B}^{(1)}$ zu konstruieren, bilden wir $(\mathbf{0}|\mathbf{a}^{(1)}) \in GF(q)^{k^{(1)}}$ mit $\mathbf{0} \in GF(q)^{\mu_1}$. Damit gilt: $\mathbf{a}^{(1)} \in GF(q)^{k^{(1)} - \mu_2}$ und $k^{(1)} = k^{(2)} + m$. $\qquad\square$

Anmerkung: Falls $\mu_1 + \mu_2 < k^{(1)}$ ist, können wir beide Codes $\mathcal{B}^{(1)}$ und $\mathcal{B}^{(2)}$ verkürzen. Außerdem können die Codes $\mathcal{B}^{(1)}$ und $\mathcal{B}^{(2)}$ bereits verkürzte Codes sein.

Als nützlich für die später beschriebene Decodierung wird sich die folgende Eigenschaft von Methode 3 erweisen. Sie besagt, daß zwei unterschiedliche Codeworte eines Codes, die nicht in demselben Untercode sind, sich in ihrer Nummer ($\mathbf{a}^{(1)}$) unterscheiden müssen.

Satz 9.4 (Eindeutigkeit der Partitionierung) *Gegeben sei eine Partitionierung des Codes* $\mathcal{B}^{(1)}$ *mittels Methode 3. Es gilt:*

$$\mathcal{B}^{(2)}(q; n, k^{(2)}, d^{(2)}) \subset \mathcal{B}^{(1)}(q; n, k^{(1)}, d^{(1)}) \ .$$

Das Codewort $\mathbf{b}$ *sei definiert durch* $(\mathbf{a}^{(1)}, \mathbf{a}^{(2)})$, *und* $\hat{\mathbf{b}}$ *durch* $(\hat{\mathbf{a}}^{(1)}, \hat{\mathbf{a}}^{(2)})$. *Außerdem gelte* $\mathbf{b} \neq \hat{\mathbf{b}}$. *Für jedes* $\mathbf{v} = \mathbf{b} - \hat{\mathbf{b}} \in \mathcal{B}^{(1)}$, $\mathbf{v} \neq \mathbf{0}$ *und* $\mathbf{v} \notin \mathcal{B}^{(2)}$ *gilt:* $\hat{\mathbf{a}}^{(1)} \neq \mathbf{a}^{(1)}$.

Beweis: $\mathbf{G}^{(1)}$ und $\mathbf{G}^{(2)}$ seien die Generatormatrizen der beiden Codes. Da beide Codes linear sind, können wir annehmen $\mathbf{a}^{(1)} = \mathbf{a}^{(2)} = \mathbf{0}$. Damit gilt:

$$\mathbf{v} = \mathbf{0} - \hat{\mathbf{a}}^{(2)} \cdot \mathbf{G}^{(2)} - (\mathbf{0}|\hat{\mathbf{a}}^{(1)}) \cdot \mathbf{G}^{(1)} \ .$$

Da $\mathbf{v} \notin \mathcal{B}^{(2)}$ ist, folgern wir, daß $\hat{\mathbf{a}}^{(1)} \neq \mathbf{0}$ gelten muß. $\qquad\qquad\square$

9.2.3　Codekonstruktionen

Wir wollen zunächst Beispiele von Partitionierungen aus dem vorherigen Abschnitt benutzen, um einige Konstruktionen für GC-Codes zu beschreiben. Zum Vergleich soll zuvor *herkömmliche* Codeverkettung betrachtet werden, d. h. ohne Partitionierung des inneren Codes (siehe hierzu Beispiel 9.20 aus Abschnitt 9.2.4).

Beispiel 9.10 (Verkettung von QR- und RS-Codes) Der QR-Code $\mathcal{B}^{(1)}(2; 17, 8, 6)$ sei der innere und der RS-Code $\mathcal{A}^{(1)}(2^8; 255, 223, 33)$ sei der äußere Code (Der RS-Code ist der Standardcode in der Satellitenkommunikation, siehe [WHPH87]). Die Zahlen $\mathbf{a}^{(1)} \in GF(2)^8$ numerieren die Codewörter des Codes $\mathcal{B}^{(1)}$ (man kann sie als Informationsteil ansehen). Der verkettete Code hat die Länge $n_a \cdot n_b = 255 \cdot 17 = 4335$, die Anzahl der Informationszeichen aus $GF(2)$ ist $223 \cdot 8 = 1784$, und für die Mindestdistanz gilt: $d \geq 6 \cdot 33 = 198$. Wir konstruieren mit den gleichen Codes einen GC-Code, indem wir zusätzlich den inneren Code $\mathcal{B}^{(1)}(2; 17, 16, 2)$, d. h. einen Parity-Check-Code, und als äußeren Code einen Wiederholungscode $\mathcal{A}^{(1)}(2^8; 255, 1, 255)$ benutzen. Die Partitionierung sei wieder mittels Methode 3 durchgeführt. Das heißt, wir haben die Codes $\mathcal{C}_C$ und $\mathcal{C}_{GC}$ mit den Parametern

$$\mathcal{C}_C(2; 4335, 1784, 198) \quad \text{und} \quad \mathcal{C}_{GC}(2; 4335, 1792, 198)$$

konstruiert. Der GC-Code hat bei gleicher Mindestdistanz 64 mal mehr Codeworte. $\qquad\diamond$

Im folgenden wollen wir einen GC-Code mit einer Partitionierung höherer Ordnung konstruieren.

Beispiel 9.11 (Verkettung von BCH- und RS-Codes) In Beispiel 9.9 haben wir eine Partitionierung 5. Ordnung des BCH-Codes $\mathcal{B}^{(1)}(2; 31, 2^{25}, 4)$ angegeben. Wir hatten dort die Numerierung $\mathbf{a}^{(i)} \in GF(2)^5$, $i = 1, 2, \ldots, 5$, gewählt. Das bedeutet, daß wir 5 äußere Codes über dem Alphabet $GF(2)^5$ brauchen.

Entsprechend Abschnitt 9.2.2 haben die BCH-Codes die folgenden Mindestdistanzen:

$$\mathcal{B}^{(i)}(2; 31, 2^{5(6-i)}, d_b^{(i)}), \quad i = 1, 2, \ldots, 5 \ ,$$

$$d_b^{(1)} = 4, \quad d_b^{(2)} = 6, \quad d_b^{(3)} = 8, \quad d_b^{(4)} = 12, \quad d_b^{(5)} = 16 \ .$$

Wollen wir einen GC-Code mit der Mindestdistanz $d \geq 96$ konstruieren, so benötigen wir wegen

$$d \geq \min_{i=1,\ldots,5} \left\{ d_b^{(i)} \cdot d_a^{(i)} \right\}$$

äußere Codes mit den folgenden Mindestdistanzen:

$$d_a^{(1)} = 24, \quad d_a^{(2)} = 16, \quad d_a^{(3)} = 12, \quad d_a^{(4)} = 8, \quad d_a^{(5)} = 6 \ .$$

Als äußere Codes können wir die folgenden RS-Codes wählen:

$$\mathcal{A}^{(i)}(2^5; 31, k_a^{(i)} = 31 - d_a^{(i)} + 1, d_a^{(i)}), \quad i = 1, 2, \ldots, 5 .$$

Der GC-Code hat dann die Parameter

Länge:	$n = n_a \cdot n_b = 31^2 = 961$,
Mächtigkeit:	$M = \prod_{i=1}^{5} M_a^{(i)} = 2^{470}$,
Mindestdistanz:	$d \geq 96$.

$$\mathcal{C}_{GC}(2; 961, 2^{470}, 96) . \qquad \diamond$$

Modifikationen von Rate, Länge und Mindestdistanz von GC-Codes

Wie schon in Abschnitt 8.1.10 erwähnt, gibt es Anwendungen der Kanalcodierung, bei denen Codes verschiedener Raten verwendet werden, um die Codierung einem sich ändernden Kanal anzupassen. Im folgenden wollen wir mögliche Modifikationen von GC-Codes untersuchen, um Codes verschiedener Raten und Mindestdistanzen aus einem gegebenen GC-Code erzeugen zu können. Dazu werden wir nur die Erweiterung und die Verkürzung von Codes benutzen (siehe Abschnitt 4.3).

Ist eine Partitionierung der Ordnung s eines Codes $\mathcal{B}^{(1)}(q; n_b, M_b^{(1)}, d_b^{(1)})$ gegeben, dann sind damit offensichtlich auch Partitionierungen kleinerer Ordnungen $(s-j)$, $j = 0, 1, \ldots, s-1$, definiert. Mit anderen Worten, jede zusammenhängende $(s-j)$-Teilmenge der Numerierung der Partitionierung der Ordnung s ist wiederum eine mögliche Numerierung. Die Teilmengen

$$\left(a^{(j_0)}, a^{(j_0+1)}, \ldots, a^{(j_0+s-j-1)}\right), \quad j_0 = 1, 2, \ldots, j, \qquad (9.4)$$

mit $a^{(i)} \in GF(q)^{\mu_i}$ sind gültige Numerierungen von Partitionierungen der Ordnung $s - j$.

Die Mindestdistanzen der inneren und äußeren Codes des GC-Codes mit der Partitionierung der Ordnung s sind bekannt, nämlich:

für die inneren Codes $\quad d_b^{(1)}, d_b^{(2)}, \ldots, d_b^{(s)} \quad$ und

für die äußeren Codes $\quad d_a^{(1)}, d_a^{(2)}, \ldots, d_a^{(s)}$.

Für den GC-Code, der durch die Wahl einer Untermenge $j_0, j_0+1, \ldots, j_0+s-j-1$, definiert wird, ist damit die Mindestdistanz und die Mächtigkeit, und somit auch die Coderate bestimmt.

Eine weitere Modifikation besteht darin, den inneren Code $\mathcal{B}^{(1)}$ um $\mu_{s-j+1} + \cdots + \mu_s$ Stellen zu kürzen. Das bedeutet, wir haben $j_0 = 1$ in der Gleichung 9.4 gewählt. Wir benutzen die Numerierung

$$\mathbf{a}^{(1)}, \mathbf{a}^{(2)}, \ldots, \mathbf{a}^{(s-j)},$$

um eine Partitionierung gemäß Methode 3 aus Abschnitt 9.2.2 der Ordnung $(s-j)$ zu numerieren. Es ist ersichtlich, daß die Codewörter $\mathbf{b}^{(1)}$ aus dem verkürzten Code $\mathcal{B}^{(1)}$ stammen. Wählen wir jetzt die äußeren Codes

$$\mathcal{A}^{(1)}, \mathcal{A}^{(2)}, \ldots, \mathcal{A}^{(s-j)},$$

dann ergibt sich ein GC-Code $\mathcal{C}'$ mit derselben Mindestdistanz wie $\mathcal{C}$, der Länge $n' = n_a \cdot (n_b - (\mu_{s-j+1} + \cdots + \mu_s))$ und der Mächtigkeit $M' = \prod_{i=1}^{s-j} M_a^{(i)}$.

Bemerkenswert bei dieser Möglichkeit ist, daß sich die benutzen Codes nicht geändert haben. Man kann also alle Codierer und Decodierer unverändert benutzen.

Im folgenden wollen wir die Mindestdistanz modifizieren, wiederum ohne die benutzten Codes zu ändern. Hierzu nehmen wir an, daß alle $\mathbf{a}^{(i)}$, $i = 1, 2, \ldots, s$, aus demselben Alphabet entstammen. Wir wählen $j_0 > 1$ in Gleichung 9.4, benutzen aber die äußeren Codes

$$\mathcal{A}^{(1)}, \mathcal{A}^{(2)}, \ldots, \mathcal{A}^{(s-j)},$$

um die Numerierung

$$\mathbf{a}^{(j_0)}, \mathbf{a}^{(j_0+1)}, \ldots, \mathbf{a}^{(j_0+s-j-1)}, \quad j_0 > 1,$$

gegen Fehler zu schützen.

Wir haben damit einen GC-Code $\mathcal{C}'$ konstruiert, der eine größere Mindestdistanz als $\mathcal{C}$ hat, da $d_b^{(i)}$ mit i größer wird. Deshalb gilt die Beziehung:

$$d' \geq \min_{i=1,\ldots,s-j} \{d_b^{(i+j_0-1)} \cdot d_a^{(i)}\} > d \,.$$

Die Länge bleibt bei dieser Modifikation unverändert $(n' = n)$, und die Mächtigkeit ist $M' = \prod_{i=1}^{s-j} M_a^{(i)}$.

Ein GC-Code kann auch dadurch modifiziert werden, indem man alle äußeren Codes um dieselbe Anzahl von Stellen verkürzt bzw. erweitert. Bei der Verkürzung der äußeren Codes ergibt sich ein GC-Code $\mathcal{C}'$ derselben Mindestdistanz, kleinerer Länge und kleinerer Mächtigkeit. Bei der Erweiterung (um eine Stelle) ergibt sich ein GC-Code $\mathcal{C}'$ mit gleicher Mächtigkeit, aber größerer Mindestdistanz und Länge. Derselbe Effekt ergibt sich, wenn der innere Code um eine Stelle erweitert wird.

Es existieren viele weitere Varianten wenn wir zusätzlich andere äußere Codes zulassen, d.h. die Menge der Codes $\mathcal{A}^{(i)}, i = 1, 2, \ldots, s$, vergrößern, um für die unterschiedlichen Modifikationen ≤ 5 davon auszuwählen. Dies ist bei RS-Codes als äußere Codes sehr naheliegend, da bei dieser Codeklasse wegen der Eigenschaft MDS nicht nur sehr einfach die Mächtigkeit verändert werden kann, sondern auch die Decodierer für Codes mit verschiedener Mindestdistanz sehr ähnlich sind.

Verständlicherweise konnten wir nicht auf alle möglichen Modifikationen eingehen, deren Notwendigkeit maßgeblich durch die Randbedingungen bestimmt wird, unter denen ein GC-Code eingesetzt werden soll. Sie werden verwendet, um einen Code für eine schon vorgegebene Anzahl von Informations- und Codezeichen maßzuschneidern. Ein weiteres Beispiel soll das Gesagte vertiefen.

Beispiel 9.12 (Modifikation eines GC-Codes) Aus Beispiel 9.9 kennen wir eine Partitionierung der Ordnung 5 des BCH-Codes $\mathcal{B}^{(1)}(2; 31, 2^{25}, 4)$. Damit haben wir in Beispiel 9.11 den GC-Code

$$\mathcal{C}(2; 961, 2^{470}, 96)$$

konstruiert. Diesen Code wollen wir nun modifizieren.

Zunächst, indem wir den inneren Code um 10 Stellen verkürzen. Außerdem benutzen wir die Numerierung $\mathbf{a}^{(i)} \in GF(2)^5$, $i = 1, 2, 3$, mit den 3 äußeren Codes

$$\mathcal{A}^{(i)}(2^5; 31, k_a^{(i)} = 31 - d_a^{(i)} + 1, d_a^{(i)}), \quad i = 1, 2, 3.$$

Diese haben die Mindestdistanzen:

$$d_a^{(1)} = 24, \quad d_a^{(2)} = 16, \quad d_a^{(3)} = 12 \ .$$

Jetzt benutzen wir Methode 3 von Abschnitt 9.2.2, um den inneren Code zu partitionieren. Damit erhalten wir den GC-Code $\mathcal{C}'$

$$\mathcal{C}'(2; 651, 2^{220}, 96) \ .$$

Nun wollen wir die Mindestdistanz verändern. Hierzu verwenden wir die Numerierung $\mathbf{a}^{(i)} \in GF(2)^5$, $i = 3, 4, 5$, aber die gleichen 3 äußeren Codes

$$\mathcal{A}^{(i)}(2^5; 31, k_a^{(i)} = 31 - d_a^{(i)} + 1, d_a^{(i)}), \quad i = 1, 2, 3 \ ,$$

und erhalten einen GC-Code

$$\mathcal{C}'(2; 961, 2^{220}, 192) \ .$$

Die Länge und die Mächtigkeit von $\mathcal{C}'$ sind offensichtlich. Wir haben für die inneren Codes die Mindestdistanzen $d_b^{(3)} = 8$, $d_b^{(4)} = 12$ und $d_b^{(5)} = 16$ benutzt. Damit können wir die Mindestdistanz des GC-Codes $\mathcal{C}'$ abschätzen durch:

$$d' \geq \min\{8 \cdot 24, 12 \cdot 16, 16 \cdot 12\} = 192 \ . \qquad \diamond$$

Vergleich von Codeverkettungen

Treten bei einem Nachrichtenübertragungssystem vornehmlich Bündelfehler auf, etwa im Mobilfunk, so wird *Interleaving* eingesetzt, um die Bündelfehler in Einzelfehler umzuwandeln (siehe Abschnitt 8.4.4). Für Faltungscodes ist Interleaving die einzige Möglichkeit, um die Korrektureigenschaften im Falle von Bündelfehlern zu verbessern. Bei Blockcodes müssen wir differenziertere Aussagen machen. Eigentlich ist nur wichtig, *genügend gute* Stellen zu haben, mit denen man die *schlechten* Stellen korrigieren kann. Das wird durch die Verwendung *sehr langer* Blockcodes erreicht. Andererseits wird bei der Codeverkettung der Effekt ausgenutzt, daß ein Bündelfehler einige Codewörter des inneren Codes vollständig verfälscht, andere innere Codewörter aber dafür fehlerfrei sind. Das bedeutet, im Falle von Codeverkettung sind Bündelfehler sogar von Vorteil (siehe auch Abschnitt 9.2.4).

Eine sehr häufig vorgeschlagene Methode für Codes im Falle von Bündelfehlern ist die folgende, siehe z. B. [DC87, HEK87, KL87] und [KTL86]. Ein linearer innerer Code $\mathcal{B}(q; n_b, k_b, d_b)$ wird mit einem linearen äußeren Code $\mathcal{A}(q^\mu; n_a, k_a, d_a)$ verkettet. Die Parameter sollten den folgenden Bedingungen genügen:

$$u \cdot k_b = 0 \mod n_a \quad \text{und} \quad \mu \cdot n_a = 0 \mod u .$$

Die Codierung erfolgt in zwei Schritten. Zunächst werden die $\mu \cdot k_a$ Informationszeichen aus $GF(q)$ mit dem äußeren Code $\mathcal{A}$ codiert und das Codewort in einer $(u \times k_b)$-Matrix dargestellt. Die Elemente der Matrix sind also aus $GF(q)$. Nun wird im zweiten Schritt jede Zeile mit dem inneren Code $\mathcal{B}$ codiert. Ein Codewort ist damit eine $(u \times n_b)$-Matrix, wobei jede Zeile ein Codewort des inneren Codes $\mathcal{B}$ ist.

Üblicherweise wird vorgeschlagen, Interleaving der Tiefe u zu verwenden (siehe [Bla, S. 116]). Damit erhalten wir u Codewörter des äußeren Codes $\mathcal{A}$ in einer Matrix mit Elementen $a_i^{(j)} \in GF(q)^\mu$:

$$\begin{pmatrix} a_1^{(1)} & a_1^{(2)} & \dots & a_1^{(u)} \\ a_2^{(1)} & a_2^{(2)} & \dots & a_2^{(u)} \\ \vdots & \vdots & \ddots & \vdots \\ a_{n_a}^{(1)} & a_{n_a}^{(2)} & \dots & a_{n_a}^{(u)} \end{pmatrix} . \tag{9.5}$$

Eine solche Matrix kennen wir aber schon. Sie hat dieselbe Form wie diejenige, die wir in Gleichung 9.1 für GC-Codes konstruiert haben.

Der Unterschied zu GC-Codes ist nun auch offensichtlich: Es wird hier keine Partitionierung des inneren Codes benutzt. Das hat die folgenden Konsequenzen: Wenn wir die Mindestdistanz konstant halten, hat ein GC-Code eine größere Coderate als der oben konstruierte Code. Wenn wir die Coderate konstant halten, hat der GC-Code eine größere Mindestdistanz.

Wie groß ist der Gewinn, den wir mit einem GC-Code gegenüber einem gespreizten Code erzielen können?
Wir bezeichnen einen gespreizten Code mit $\mathcal{C}_u$. Er habe die Länge $n_u = n_a \cdot n_b$, die Mächtigkeit $M_u = (q^\mu)^{u \cdot k_a}$ und die Mindestdistanz $d_u \geq d_a \cdot d_b$ (entsprechend Satz 9.1 zu GC-Codes). Der folgende Satz gibt eine Abschätzung des Gewinns bei Benutzung von GC-Codes anstatt des Codes $\mathcal{C}_u$ an, wenn die Mindestdistanz konstant gehalten wird.

Satz 9.5 (Verbesserung der Coderate) *Seien R_a und R_b die Coderaten des inneren BCH-Codes $\mathcal{B}$ und der u äußeren RS-Codes $\mathcal{A}$, mit denen der Code $\mathcal{C}_u$ konstruiert wurde. ΔR ist die Differenz der Coderate eines Codes $\mathcal{C}_u$ und eines GC-Codes gleicher Mindestdistanz und gleicher Länge n. Dann gilt die Beziehung:*

$$\frac{d_a}{n} \left(u - 2 + \frac{1}{2^{u-1}} \right) \leq \Delta R < (1 - R_a) R_b .$$

Beweis: Die linke Ungleichung ergibt sich durch die Annahme, daß sich die Mindestdistanz bei einer Partitionierung um mindestens 2 pro Untercode erhöht. Damit ergibt sich die Anzahl der zusätzlichen Informationszeichen des äußeren Codes $\mathcal{A}^{(i)}$ zu $d_a - d_a/2^{i-1}$. Die Zunahme der Coderate ist also mindestens

$$\frac{1}{n} \cdot \sum_{i=2}^{u} d_a - \frac{d_a}{2^{i-1}} = \frac{d_a}{n}\left(u - 2 + \frac{1}{2^{u-1}}\right) \;.$$

Die rechte Ungleichung erhält man aus der trivialen Beziehung $R_{GC} < R_b$ durch Subtraktion von $R_a \cdot R_b$. $\qquad\qquad\square$

Die Interpretation des Satzes 9.5 ist, daß der erzielbare Gewinn mit GC-Codes klein ist, wenn der gespreizte Code aus einem inneren Code mit kleiner und einem äußeren Code mit großer Coderate erzeugt wurde. Wir wollen diesen Sachverhalt noch an einem Beispiel erläutern.

Beispiel 9.13 (Verbesserung der Coderate) Wir wählen ein Beispiel aus [HEK87]. Dort wurde die Verkettung von RS- und BCH-Codes für Satellitenkanäle mit Nebensprechen untersucht. In dieser Veröffentlichung wird ausdrücklich darauf hingewiesen, daß wegen den ausgeprägten Bündelstörungen nur verkettete Codes benutzt werden können. Es wurde unter anderem ein BCH-Code $\mathcal{B}(2; 31, 21, 5)$ als innerer Code verkettet mit einem äußeren RS-Code $\mathcal{A}(2^5; 31, 23, 9)$. Dadurch wurde ein Code $\mathcal{C}_u$ mit der Coderate $R_a \cdot R_b = 0.5$ und der Mindestdistanz 45 erzeugt.

Wir wollen nun diese Parameter mit denen von möglichen GC-Codes vergleichen. Zunächst halten wir die Mindestdistanz konstant. Die Partitionierung des BCH-Codes $\mathcal{B}^{(1)}(2; 31, 20, 6)$ ergibt (siehe Beispiel 9.9):

$$\mathcal{B}^{(4)}(2; 31, 5, 16) \subset \mathcal{B}^{(3)}(2; 31, 10, 12) \subset \mathcal{B}^{(2)}(2; 31, 15, 8) \subset \mathcal{B}^{(1)}(2; 31, 20, 6)$$

mit der Numerierung

$$\mathbf{a}^{(i)} \in GF(2)^5, \; i = 1, 2, 3, 4 \;.$$

Dabei haben wir auf ein Informationsbit des inneren Codes verzichtet. Vergleiche hierzu die Methode 3 aus Abschnitt 9.2.2. Als äußere Codes wählen wir RS-Codes der Länge 31 mit den Mindestdistanzen

$$d_a^{(1)} = 8, \quad d_a^{(2)} = 6, \quad d_a^{(3)} = 4, \quad d_a^{(4)} = 3.$$

Wir haben einen GC-Code mit der Mindestdistanz 48 und der Coderate 0.56 konstruiert. Der Unterschied in der Coderate ist also $\Delta R = 0.06$. Aus Satz 9.5 erhalten wir die Abschätzung

$$0.02 \leq 0.06 < 0.17 \;.$$

Die Zahl 0.06 scheint klein, aber man beachte, daß die Anzahl der zusätzlichen Informationsbits pro Codewort $0.06 \cdot 961 \approx 57$ ist, d. h. 2^{57} mal so viele Codeworte.

Einen weiteren möglichen GC-Code konstruieren wir wie folgt: Wir partitionieren den BCH-Code $\mathcal{B}^{(1)}(2; 31, 30, 2)$ in 5 Untercodes (Ordnung 6). Wir benutzen als äußere Codes erneut RS-Codes der Länge 31 und erhalten einen GC-Code mit der Mindestdistanz 48 und der Rate 0.666.

Weiterhin haben wir in unserem Beispiel 9.9 einen GC-Code mit der Mindestdistanz 96 und der Rate 0.49 konstruiert. $\qquad\qquad\diamond$

9.2.4   Decodierung von GC-Codes

Die Decodierung von verallgemeinert verketteten Codes erfolgt in mehreren Stufen, wobei die Anzahl dieser Stufen der Partitionierungsordnung des inneren Codes bzw. der Anzahl der äußeren Codes entspricht. In jeder Decodierstufe i wird das empfangene Wort zuerst zeilenweise bezüglich des Untercodes $\mathcal{B}^{(i)}$ decodiert. Anschließend erfolgt eine Decodierung bezüglich des zugehörigen äußeren Codes $\mathcal{A}^{(i)}$, wodurch das Coset von $\mathcal{B}^{(i+1)}$ für den folgenden Decodierschritt festgelegt wird. Dieses Prinzip soll zunächst an einem konkreten Beispiel plausibel gemacht werden.

Beispiel 9.14 (Decodierung von verallgemeinert verketteten Codes) Ein Codewort des GC-Codes aus Beispiel 9.2 wird bei der Übertragung verfälscht. Es sind sieben Fehler aufgetreten (im Bild 9.10 nach der Übertragung grau markiert).

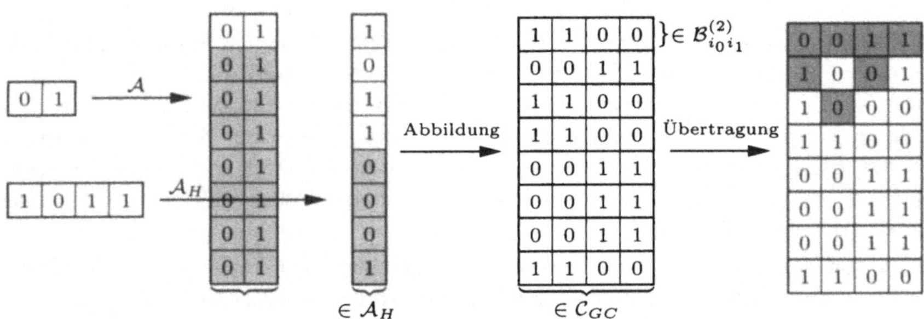

Bild 9.10: Codierung und Übertragung des GC-Codes aus Beispiel 9.2.

Die Decodierung erfolgt in zwei Stufen (entsprechend Bild 9.11): Zuerst wird das empfangene Wort bezüglich $\mathcal{B}^{(1)}$ decodiert und eine Rückabbildung mit Hilfe des Partitionierungsschemas aus Bild 9.4 durchgeführt. Das Decodierergebnis des Codewortes aus $\mathcal{A}^{(1)}$ legt dann den Untercode $\mathcal{B}^{(2)}$ fest, der für eine erneute Decodierung des empfangenen Wortes zugrunde gelegt wird. Da $\mathcal{B}^{(2)}$ eine größere Mindestdistanz als $\mathcal{B}^{(1)}$ aufweist, kann in dieser Stufe der Fehler in der dritten Zeile des Codewortes korrigiert werden. Zum Abschluß wird noch das Codewort aus $\mathcal{A}^{(2)}$ decodiert. In diesem Beispiel konnten alle sieben aufgetretenen Fehler korrigiert werden, was der halben Mindestdistanz des verketteten Codes entspricht:

$$\left\lfloor \frac{16-1}{2} \right\rfloor = 7.$$

$\diamond$

Wir wollen in diesem Abschnitt eine Modifikation des Decodieralgorithmus nach Blokh-Zyablov für GC-Codes angeben, die aus zwei verschiedenen Algorithmen besteht. Einen Algorithmus für den ersten Schritt der Decodierung, der GCD-1 genannt werden soll, und einen zweiten für alle weiteren Decodierschritte, der GCD-i heißen soll. Der Algorithmus GCD-1 ist eine Verallgemeinerung des Algorithmus aus [Zin81], der dort für alle s Schritte benutzt wird. Diese Modifikation ist notwendig, wenn man Decodierer für die inneren Codes einsetzen will, die auch Fehler vom Gewicht größer als die halbe Mindestdistanz decodieren können (etwa ML-Decodierer oder Decodierer, die Zuverlässigkeitsinformation benutzen können). Die getrennte Behandlung der Folgeschritte mittels GCD-i bietet

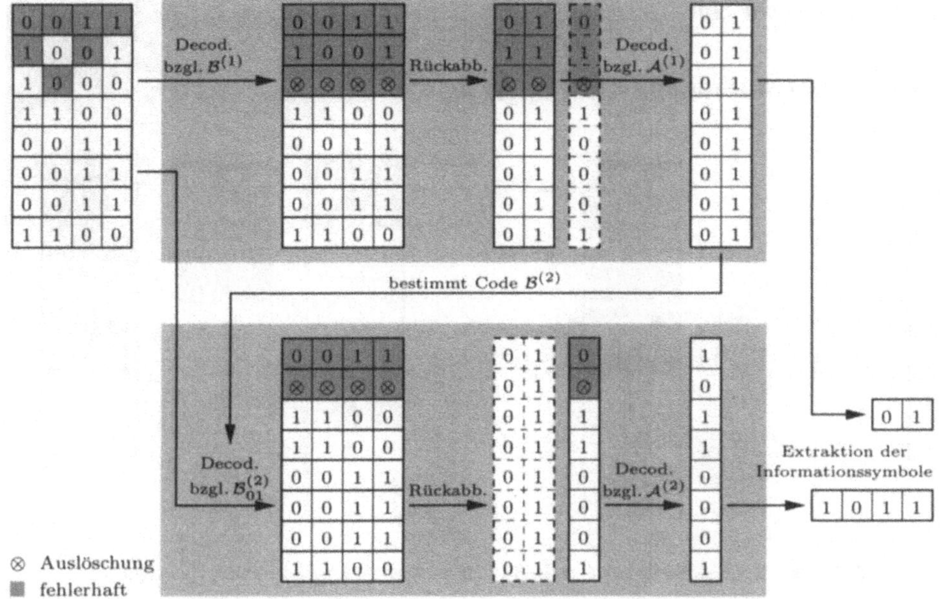

Bild 9.11: Decodierung mit dem GCD-Algorithmus.

die Möglichkeit, Informationen aus dem vorhergehenden Schritt bei der Decodierung zu berücksichtigen. Wir werden zeigen, daß die Einführung von GCD-i, im Vergleich zu den vorher beschriebenen Decodieralgorithmen, eine Erhöhung der Decodierkapazität bei gleichzeitiger Verringerung der Komplexität liefert.

Wir wollen uns bei den Erläuterungen in diesem Kapitel auf lineare innere und äußere Codes über endlichen Körpern beschränken. Die Modifikationen, die im Falle von nichtlinearen Codes oder Codes über Räumen mit anderer als der Hamming-Metrik notwendig sind, ergeben sich unmittelbar.

Zunächst soll die Notation, die wir im folgenden benutzen, angegeben bzw. wiederholt werden.

Der Code $\mathcal{C}(q; n, M, d)$ sei ein GC-Code basierend auf einer Partitionierung der Ordnung s eines inneren Codes $\mathcal{B}^{(1)}(q; n_b, k_b^{(1)}, d_b^{(1)})$ und den äußeren Codes $\mathcal{A}^{(i)}(q; n_a, k_a^{(i)}, d_a^{(i)})$, $i = 1, 2, \ldots, s$, wie in Abschnitt 9.2.1 beschrieben. Ein Codewort $\mathbf{c} \in \mathcal{C}$ besteht aus n_a Codewörtern der Länge n_b des inneren Codes, d. h. $\mathbf{b}_j^{(1)} \in \mathcal{B}^{(1)}$, $j = 1, 2, \ldots, n_a$.

Ein Codewort $\mathbf{c}$ wird über einen q-nären symmetrischen Kanal (siehe Bild 7.2) übertragen. Dabei wird jede Zeile $\mathbf{b}_j^{(1)}$ der Matrix $\mathbf{c}$ durch den Kanalfehler $\mathbf{e}_j \in GF(q)^{n_b}$ verfälscht. Die empfangenen Zeilen sind dann $\mathbf{r}_j = \mathbf{b}_j^{(1)} + \mathbf{e}_j$, $j = 1, 2, \ldots, n_a$. Die Fehlervektoren $\mathbf{e}_j$ werden im folgenden Kanalfehler genannt. Das Symbol $\otimes$ kennzeichnet eine Auslöschung.

Damit können wir nun den Decodieralgorithmus für den ersten Schritt beschreiben.

GCD-1: Decodierer für den ersten Schritt

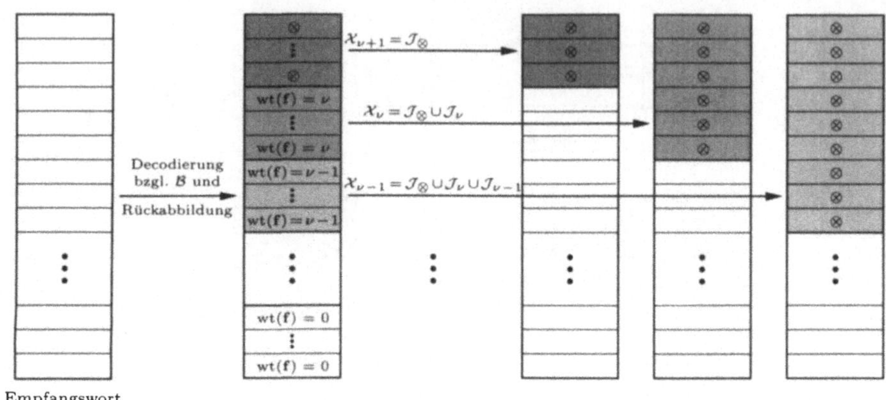

Bild 9.12: Auslöschungskorrektur im ersten Decodierschritt beim GCD.

In jedem Decodierschritt wird nach der Decodierung des inneren Codes eine Auslöschungskorrektur (siehe Abschnitt 3.2.6) des äußeren Codes vorgenommen. Dies erfolgt ganz ähnlich wie bei dem in Abschnitt 7.4.3 beschriebenen GMD-Verfahren. Der äußere Code wird also wiederholt decodiert, wobei jedesmal mehr unzuverlässige Symbole als Auslöschung gesetzt werden (siehe Bild 9.12). Der Abbruch erfolgt, wenn die Anzahl der geschätzten Fehler das Korrekturvermögen nicht mehr übersteigt. Wird ein HD-Decodierer für den inneren Code verwendet, so stellt die Anzahl der im inneren Codewort korrigierten Symbole die Zuverlässigkeit des zugehörigen Symbols des äußeren Codes dar. Deshalb werden die Decodierergebnisse des inneren Decoders im folgenden in entsprechende Mengen eingeteilt. Selbstverständlich kann hier auch das Konzept des MAP-Decodierers (Abschnitt 7.2.2) eingesetzt werden, um entsprechende Zuverlässigkeitswerte zu erhalten.

Jede empfangene Zeile $\mathbf{r}_j^{(1)} = \mathbf{b}_j^{(1)} + \mathbf{e}_j$, $j = 1, 2, \ldots, n_a$, muß im ersten Schritt mit einem Decodierer für den inneren Code $\mathcal{B}^{(1)}$ decodiert werden. Das Ergebnis dieser Decodierung sei

$$\hat{\mathbf{b}}_j^{(1)} = \left\{ \begin{array}{l} \mathbf{b}_j^{(1)} + \mathbf{e}_j - \mathbf{f}_j \\ \otimes \end{array} \right. . \tag{9.6}$$

Eine Auslöschung ergibt sich z. B. dann, wenn der Decodierer keine Lösung finden kann.

Aus jedem $\hat{\mathbf{b}}_j^{(1)} \neq \otimes$ kann nun eindeutig ein Zeichen $\hat{a}_j^{(1)}$ aus dem Alphabet $GF(q)^{\mu_1}$ des ersten äußeren Codes $\mathcal{A}^{(1)}$ bestimmt werden. Wird das Zeichen $a_j^{(1)}$

übertragen, können folgende Decodierergebnisse $\hat{a}_j^{(1)}$ auftreten:

$$\hat{a}_j^{(1)} = \begin{cases} a_j^{(1)} & \text{falls} \quad \mathbf{f}_j = \mathbf{e}_j & \text{(korrekte Decodierung)} \\ \neq a_j^{(1)} & \text{falls} \quad \mathbf{f}_j \neq \mathbf{e}_j & \text{(Decodierfehler)} \\ \otimes & \text{falls} \quad \hat{\mathbf{b}}_j = \otimes & \text{(Decodierversagen)} . \end{cases} \tag{9.7}$$

Wir wollen nun die Resultate der Decodierung, abhängig von der Anzahl der im inneren Decoder korrigierten Stellen, in verschiedene Mengen $\mathcal{J}_w$ enteilen.

Definition 9.6 (Korrigierte Stellen) *Die n_a Zeilen des GC-Codes, die der innere Decodierer $\mathcal{B}^{(1)}$ an w Stellen korrigiert hat, werden in Mengen $\mathcal{J}_w$ zusammengefaßt. Die Menge $\mathcal{J}_\otimes$ enthält alle Zeilen, bei denen ein Decodierversagen aufgetreten ist:*

$$\mathcal{J}_w := \{l \mid \text{wt}(\mathbf{f}_l) = w, \quad l = 1, 2, \ldots, n_a\}, \quad w = 0, 1, 2, \ldots, \nu$$
$$\mathcal{J}_\otimes := \{l \mid \hat{\mathbf{a}}_l = \otimes, \quad l = 1, 2, \ldots, n_a\} .$$

Ein wesentlicher Unterschied zu der Definition in [Zin81] besteht darin, daß die Zahl ν nicht beschränkt ist. Die Zahl ν hängt nämlich vom Decodierer ab und ist im Falle eines ML-Decodierers größer als die halbe Mindestdistanz.

Wir wollen nun noch die vom inneren Decodierer falsch decodierten Zeilen in der Menge $\mathcal{E}$ zusammenfassen:

$$\mathcal{E} := \left\{l \mid \mathbf{f}_l \neq \mathbf{e}_l, \hat{\mathbf{a}}_l^{(1)} \neq \otimes , \quad l = 1, 2, \ldots, n_a\right\} . \tag{9.8}$$

Die Menge $\mathcal{J}_w$ kann Zeilen beinhalten, deren korrigierte Stellen genau den Kanalfehlern entsprechen (korrekte Decodierung). Sie kann aber auch Zeilen beinhalten, die Decodierfehler sind. Wir wollen die Anzahl der falsch decodierten Zeilen, d. h. der Decodierfehler in der Menge $\mathcal{J}_w$, mit t_w bezeichnen und mit s_w die Anzahl der korrekten Decodierungen. Formal ausgedrückt lautet dies:

$$\begin{aligned} t_w &:= |\mathcal{J}_w \cap \mathcal{E}| \\ s_w &:= |\mathcal{J}_w| - t_w \end{aligned} \qquad w = 0, 1, \ldots, \nu . \tag{9.9}$$

Wir werden häufig Vereinigungsmengen der Mengen $\mathcal{J}_i$ benötigen. Wir wollen diese Vereinigungsmengen folgendermaßen definieren:

$$\mathcal{X}_j := \mathcal{J}_\otimes \cup \left(\bigcup_{i=j}^{\nu} \mathcal{J}_i\right), \quad j = \nu, \nu - 1, \ldots, 0 . \tag{9.10}$$

Schließlich definieren wir noch die Zahl v, die die Menge $\mathcal{X}_v$ festlegt, deren Mächtigkeit gerade noch kleiner als die Mindestdistanz des äußeren Codes ist:

$$v : |\mathcal{X}_v| < d_a^{(1)}, \quad |\mathcal{X}_{v-1}| \geq d_a^{(1)} . \tag{9.11}$$

Wir können die Gewichte der Kanalfehler, die den Elementen einer Menge $\mathcal{J}_w$ entsprechen, angeben bzw. abschätzen. Das Gewicht ist genau gleich w, wenn das Element nicht gleichzeitig der Menge $\mathcal{E}$ angehört, und sonst größer gleich $d_b^{(1)} - w$. Also:

$$\bigvee_{j \in \mathcal{J}_w} : \begin{cases} \mathrm{wt}(\mathbf{e}_j) \geq \frac{d_b^{(1)}}{2}\,, & j \in \mathcal{J}_{\otimes} \\ \mathrm{wt}(\mathbf{e}_j) \geq \max\left\{ d_b^{(1)} - w, \frac{d_b^{(1)}}{2} \right\}, & j \in \mathcal{E} \\ \mathrm{wt}(\mathbf{e}_j) = w\,, & j \notin \mathcal{E} \end{cases} \tag{9.12}$$

Algorithmus 9.1 listet die notwendigen Schritte für GCD-1 auf. Es bleibt noch zu zeigen, daß dieser Algorithmus einen GC-Code bis zur halben Mindestdistanz korrigieren kann. Dazu benötigen wir einige Abschätzungen der Anzahl der Kanalfehler.

Anmerkung: Prinzipiell können die Folgeschritte ebenfalls mit diesem Algorithmus durchgeführt werden. Das bedeutet für Leser, die nur am Verständnis der Decodierung interessiert sind, daß der folgende Beweis und die Modifikationen für die weiteren Schritte (Algorithmus GCD-i) überschlagen werden und auf Seite 361 fortgefahren werden kann.

Wir wollen zwei Abschätzungen für die Anzahl der Kanalfehler aus den Mengen $\mathcal{J}_w$ aus Definition 9.6 herleiten. Die erste Abschätzung in Satz 9.7 ist eine untere Schranke, die die Anzahl der Kanalfehler von zwei Elementen aus derselben oder verschiedenen Mengen $\mathcal{J}_i$ abschätzt. Die zweite Abschätzung in Satz 9.8 stellt ebenfalls eine untere Schranke dar, die die Anzahl der Kanalfehler innerhalb einer Menge $\mathcal{J}_i$ abschätzt.

Satz 9.7 (Kanalfehler in zwei Zeilen) *Sei* $m \in \mathcal{J}_w$, $j \in \mathcal{J}_l$ *und* $m \in \mathcal{E}$, $j \notin \mathcal{E}$, *dann gilt für die Gewichte der Kanalfehler:*

$$\bigvee_{l \geq w} : \qquad \mathrm{wt}(\mathbf{e}_m) + \mathrm{wt}(\mathbf{e}_j) \geq d_b^{(1)}\,.$$

Beweis: Aus Gleichung 9.12 wissen wir, daß gilt: $\mathrm{wt}(\mathbf{e}_m) \geq d_b^{(1)} - w$, $\quad \mathrm{wt}(\mathbf{e}_j) = l$. Daraus ergibt sich direkt: $\mathrm{wt}(\mathbf{e}_m) + \mathrm{wt}(\mathbf{e}_j) \geq d_b^{(1)} - w + l \geq d_b^{(1)}$ für $l \geq w$. $\qquad \square$

Satz 9.8 (Kanalfehler in der Menge $\mathcal{J}_w$) *Die Anzahl der Kanalfehler in einer Menge* $\mathcal{J}_w$ *kann mittels der Parameter* s_w *und* t_w *abgeschätzt werden:*

$$\bigvee_{w \in \{0,\dots,\nu\}} : \quad \sum_{j \in \mathcal{J}_w} \mathrm{wt}(\mathbf{e}_j) \geq \begin{cases} |\mathcal{J}_w| \frac{d_b^{(1)}}{2} & \text{für} \quad s_w \leq t_w \\ t_w d_b^{(1)} + (s_w - t_w) w & \text{für} \quad s_w > t_w\,. \end{cases}$$

Beweis: Zunächst schätzen wir den einem Element entsprechenden Kanalfehler ab. Dabei ist der Fall zu berücksichtigen, daß ein Decodierer verwendet wird, der auch Fehler vom Gewicht größer als die halbe Mindestdistanz decodieren kann. Wir erhalten:

$$\bigvee_{j \in \mathcal{J}_w} : \quad \begin{cases} \mathrm{wt}(\mathbf{e}_j) & \geq & \max\left\{ \frac{d_b^{(1)}}{2}, d_b^{(1)} - w \right\} & \text{für} \quad j \in \mathcal{E} \\ \mathrm{wt}(\mathbf{e}_j) & = & w & \text{für} \quad j \notin \mathcal{E}\,. \end{cases}$$

Algorithmus 9.1: Der Decodieralgorithmus GCD-1.

Empfangen: $\mathbf{r}_j$, $j = 1, 2, \ldots, n_a$

Ergebnis des inneren Decodierers für $r_j = \left\{ \begin{array}{l} \hat{\mathbf{b}}_j \\ \otimes \end{array} \right.$

Bestimme: $\hat{\mathbf{b}}_j \neq \otimes \longrightarrow \hat{\mathbf{a}}_j$, $j = 1, 2, \ldots, n_a$ (Gl. 9.7)

v (Gl. 9.11)

$\mathcal{J}_w$, $w = 0, 1, 2, \ldots, \nu$ und $\mathcal{J}_\otimes$ (Def. 9.6)

$\mathcal{X}_j$, $j = \nu, \nu - 1, \ldots, v$ (Gl. 9.10)

Initialisierung: $j = \nu + 1$, $X = \infty$

Schritt 1: Falls $j < v$ dann Schritt 5

Schritt 2: $\mathbf{z}_i = \left\{ \begin{array}{ll} \hat{\mathbf{a}}_i^{(1)}, & i \notin \mathcal{X}_j \\ \otimes, & i \in \mathcal{X}_j \end{array} \right.$ $i = 1, 2, \ldots, n_a$

Schritt 3: decodiere $(\mathbf{z}_1, \mathbf{z}_2, \ldots, \mathbf{z}_{n_a})$ mit dem Decodierer für den Code $\mathcal{A}^{(1)}$ zu $(\tilde{\mathbf{a}}_1, \tilde{\mathbf{a}}_2, \ldots, \tilde{\mathbf{a}}_{n_a})$

Schritt 4: Die Menge $\mathcal{T}_j$ der Zeilen, die der äußere Code korrigiert (verändert), ist

$$\mathcal{T}_j := \{l \mid \hat{\mathbf{a}}_l \neq \tilde{\mathbf{a}}_l, \hat{\mathbf{a}}_l \neq \otimes, \quad l = 1, 2, \ldots, n_a \}.$$

Bei Decodierversagen des äußeren Codes: $j = j - 1$, Schritt 1

Abschätzung der Anzahl der Fehler Γ_j: $\displaystyle \Gamma_j := \sum_{i=1}^{n_a} \gamma_i,$

$$\text{mit: } \gamma_l = \left\{ \begin{array}{ll} \frac{d_b^{(1)}}{2}, & l \in \mathcal{J}_\otimes \\ w, & l \in \mathcal{J}_w \backslash \mathcal{T}_j \quad, w = 0, 1, \ldots, \nu \\ \max\left\{ d_b^{(1)} - w, \frac{d_b^{(1)}}{2} \right\}, & l \in \mathcal{J}_w \cap \mathcal{T}_j \end{array} \right.$$

Falls $\Gamma_j < X$ dann $X = \Gamma_j$, $\mathbf{a}^* = \tilde{\mathbf{a}}$, $\mathcal{L} = \mathcal{T}_j$

Abbruch, falls die doppelte Anzahl der Fehler plus Auslöschungen kleiner als $\left\lfloor \frac{d_a \cdot d_b}{2} \right\rfloor$ ist:

Falls $X < \dfrac{d_b^{(1)}}{2} \cdot \left(d_a^{(1)} - |\mathcal{J}_\otimes| \right)$ dann Schritt 5

$j := j - 1$, Schritt 1

Schritt 5: Die Decodierentscheidung ist $\mathbf{a}^*$ (X und $\mathcal{L}$ werden für die weitere Decodierung benötigt). Es kann Decodierversagen auftreten.

Aus Satz 9.7 folgt die Beziehung

$$\mathrm{wt}(\mathbf{e}_j) + \mathrm{wt}(\mathbf{e}_l) \geq d_b^{(1)} \qquad \text{für} \quad l, j \in \mathcal{J}_w, l \in \mathcal{E}, j \notin \mathcal{E} . \tag{9.13}$$

Falls $s_w \leq t_w$ ist, gibt es s_w Paare auf die Gleichung 9.13 angewendet werden kann. Die restlichen $t_w - s_w$ Elemente entsprechen Decodierfehlern, und das Gewicht der Kanalfehler ist daher mindestens gleich der halben Mindestdistanz des inneren Codes. Falls aber $s_w > t_w$ ist, gibt es t_w Paare auf die Gleichung 9.13 angewendet werden kann. Hier entsprechen dann die restlichen $t_w - s_w$ Elemente korrekten Decodierungen, und das

Gewicht der Kanalfehler ist folglich gleich w. Also ergibt sich:

$$s_w \leq t_w : \qquad \sum_{j \in \mathcal{J}_w} \text{wt}(\mathbf{e}_j) \geq s_w d_b^{(1)} + (t_w - s_w)\frac{d_b^{(1)}}{2} = |\mathcal{J}_w|\frac{d_b^{(1)}}{2}$$

$$s_w > t_w : \qquad \sum_{j \in \mathcal{J}_w} \text{wt}(\mathbf{e}_j) \geq t_w d_b^{(1)} + (s_w - t_w)w \ . \qquad\qquad \square$$

Um nun zu beweisen, daß der Algorithmus GCD-1 aus Bild 9.1 alle Fehler mit Gewicht kleiner als die halbe Mindestdistanz korrigieren kann, wollen wir im wesentlichen den Weg wählen, der in [Zin81] angegeben ist. Wir beweisen zuerst, daß jeder korrigierbare Fehler korrekt decodiert werden kann, und dann, daß es keine verschiedenen Γ_j (d. h. verschiedene Fehlergewichte bei einer Decodierung) geben kann, die beide kleiner als $\frac{1}{2} \cdot d_a^{(1)} \cdot d_b^{(1)}$ sind.

Satz 9.9 (Korrekturfähigkeit von GCD-1) *Falls weniger als die halbe Mindestdistanz Fehler aufgetreten sind, dann kann der äußere Code in irgendeinem Schritt in GCD-1 den Fehler korrigieren. Wenn gilt*

$$\sum_{i=1}^{n_a} \text{wt}(\mathbf{e}_i) < \frac{d_a^{(1)} \cdot d_b^{(1)}}{2},$$

dann gibt es ein $j \in \{v, v+1, \ldots, \nu+1\}$, für das gilt:

$$2 \cdot \left(|\mathcal{E}| - \sum_{i=j}^{\nu} t_i \right) + |\mathcal{X}_j| < d_a^{(1)}.$$

Dabei sind die Mengen $\mathcal{X}_j$ und $\mathcal{E}$ und die Zahl t_i in den Gleichungen 9.8, 9.9 und 9.10 definiert. $|\mathcal{E}| - \sum_{i=j}^{\nu} t_i$ ist die Anzahl der Fehler, die nicht als Auslöschungen deklariert wurden.

Beweis: Wir nehmen an, es gelte das Gegenteil, nämlich, daß für alle j gilt:

$$2 \cdot \left(|\mathcal{E}| - \sum_{i=j}^{\nu} t_i \right) + |\mathcal{X}_j| \geq d_a^{(1)}.$$

Mit der Beziehung $|\mathcal{X}_j| = \sum_{i=j}^{\nu}(s_i + t_i)$ erhalten wir

$$2 \cdot |\mathcal{E}| + \sum_{i=j}^{\nu}(s_i - t_i) \geq d_a^{(1)} - |\mathcal{J}_\otimes| \ ,$$

was dasselbe ist wie:

$$2 \cdot \sum_{i=0}^{j-1} t_i + \sum_{i=j}^{\nu}(t_i + s_i) \geq d_a^{(1)} - |\mathcal{J}_\otimes| = d_a \ .$$

Die Abschätzung für die Kanalfehler ergibt:

$$\sum_{i=0}^{\nu} \sum_{j \in \mathcal{J}_i} \mathrm{wt}(\mathbf{e}_j) \geq \sum_{i=0}^{\nu} t_i \cdot (d_b^{(1)} - i) + \sum_{i=1}^{\nu} s_i \cdot i \; ,$$

dabei sind diejenigen, die nicht korrigierbar waren nicht mitgezählt. Der Index der rechten Summe kann bei 1 starten, da bei $i = 0$ mit 0 multipliziert wird.

Wir wollen nun die Zahlen s_i und t_i anders darstellen:

$$t_i = \sum_{l=i}^{\nu} t_l - \sum_{l=i+1}^{\nu} t_l \qquad \text{und} \qquad s_i = \sum_{l=i}^{\nu} s_l - \sum_{l=i+1}^{\nu} s_l \; .$$

Dies setzen wir in die Abschätzung ein und erhalten:

$$\sum_{i=0}^{\nu} \sum_{j \in \mathcal{J}_i} \mathrm{wt}(\mathbf{e}_j) \geq \sum_{i=0}^{\nu} \left(\sum_{l=i}^{\nu} t_l - \sum_{l=i+1}^{\nu} t_l \right) (d_b^{(1)} - i) + \sum_{i=1}^{\nu} \left(\sum_{l=i}^{\nu} s_l - \sum_{l=i+1}^{\nu} s_l \right) i \; .$$

Nach Umrechnung ergibt sich:

$$\sum_{i=0}^{\nu} \sum_{j \in \mathcal{J}_i} \mathrm{wt}(\mathbf{e}_j) \geq \sum_{i=0}^{\nu} \left(2 \cdot \sum_{l=0}^{j-1} t_l + \sum_{l=j}^{\nu} (t_l + s_l) \right) \; .$$

Für die rechte Seite benutzen wir jetzt die Voraussetzung und erhalten

$$\sum_{i=0}^{\nu} \sum_{j \in \mathcal{J}_i} \mathrm{wt}(\mathbf{e}_j) \geq \frac{d_a \cdot d_b^{(1)}}{2}$$

oder

$$\sum_{i=1}^{n_a} \mathrm{wt}(\mathbf{e}_i) \geq \sum_{i=0}^{\nu} \sum_{j \in \mathcal{J}_i} \mathrm{wt}(\mathbf{e}_j) + |\mathcal{J}_\otimes| \frac{d_b^{(1)}}{2} \geq \frac{d_a \cdot d_b^{(1)}}{2} + |\mathcal{J}_\otimes| \frac{d_b^{(1)}}{2} = \frac{d_a^{(1)} \cdot d_b^{(1)}}{2} \; ,$$

und dies ist ein Widerspruch zur Voraussetzung. $\square$

Satz 9.10 (Eindeutigkeit der Lösung von GCD-1) *Falls* $\Gamma_j \neq \Gamma_{j'}$ *für* $j \neq j'$ *und* $\Gamma_j < \frac{d_a^{(1)} \cdot d_b^{(1)}}{2}$ *ist, dann ist* $\Gamma_{j'} > \frac{d_a^{(1)} \cdot d_b^{(1)}}{2}$.

Beweis: Wir betrachten die unterschiedlichen Fälle:

1) $l \in \mathcal{J}_\otimes$: dann gilt $\gamma_l = \gamma_l' = \frac{d_b^{(1)}}{2}$;

2) $l \in \mathcal{T}_j \cap \mathcal{J}_w$ und $l \notin \mathcal{T}_{j'} \cap \mathcal{J}_w$: dann gilt $\gamma_l = d_b^{(1)} - w,\ \gamma_l' = w$;

3) $l \notin \mathcal{T}_j \cap \mathcal{J}_w$ und $l \in \mathcal{T}_{j'} \cap \mathcal{J}_w$: dann gilt $\gamma_l = w,\ \gamma_l' = d_b^{(1)} - w$;

4) $l \notin \mathcal{T}_j \cap \mathcal{J}_w$ und $l \notin \mathcal{T}_{j'} \cap \mathcal{J}_w$: dann gilt $\gamma_l = \gamma_l' = w$.

Für die Fälle 1) bis 3) gilt $\gamma_l + \gamma_l' \geq d_b^{(1)}$. Mit der Beziehung $|\mathcal{T}_j \cap \mathcal{T}_{j'}| \geq d_a^{(1)} - |\mathcal{J}_\otimes|$ erhalten wir

$$\Gamma_j + \Gamma_{j'} = \sum_{l=1}^{n_a} \gamma_l + \gamma_{l'} \geq \left(d_a^{(1)} - |\mathcal{J}_\otimes| \right) d_b^{(1)} + |\mathcal{J}_\otimes| d_b^{(1)} = d_a^{(1)} \cdot d_b^{(1)} \; .$$

$\square$

Mit den Sätzen 9.9 und 9.10 haben wir nun bewiesen, daß GCD-1 alle Kanalfehler mit Gewicht kleiner als die halbe Mindestdistanz decodiert. Aber GCD-1 korrigiert auch viele Fehlermuster mit größerem Gewicht, z. B. im Falle von Bündelfehlern.

In den Algorithmen aus den Arbeiten [Zin81] und [Eri86] wird $\nu = d_b^{(1)}/2$ gesetzt. Das bedeutet, falls der Decodierer für den inneren Code eine Zeile mit einem Fehler größer als die halbe Mindestdistanz korrekt korrigiert, wird diese Zeile als Decodierversagen betrachtet. Offensichtlich bedeutet dies eine Einschränkung der Decodierfähigkeit. Der Algorithmus in [Zin81] deckt eine Untermenge der Fälle ab, die durch den Algorithmus GCD-1 korrigiert werden. Da nämlich ν aus Definition 9.6 größer oder gleich $d_b^{(1)}/2$ ist, gibt es einen Schritt $j = d_b^{(1)}/2$ von dem ab GCD-1 exakt gleich dem anderen Algorithmus ist.

GCD-i: Decodierer für die folgenden Schritte

Von dem ersten oder dem vorhergehenden Decodierschritt kennen wir die Mengen $\mathcal{J}_\otimes$, $\mathcal{J}_w$, $w = 0, 1, \ldots \nu$, und außerdem die Menge $\mathcal{L}$, die aus allen Zeilennummern besteht, bei denen ein Decodierfehler des inneren Decodierers durch den äußeren Decodierer festgestellt wurde. Vor dem nächsten Schritt bestimmen wir nun aus den Zeichen $\mathbf{a}^{(i)} = (a_1^{(i)}, a_2^{(i)}, \ldots, a_{n_a}^{(i)})$ mittels jedem $a_j^{(i)}$ den entsprechenden Untercode des inneren Codes, gemäß dessen wir nun die empfangenen Zeilen $\mathbf{r}_j^{(i)}$ decodieren. Diesen Vorgang haben wir in Abschnitt 9.2.2 beschrieben. Wir müssen jedoch nicht jede Zeile neu decodieren, wie wir im folgenden erläutern werden.

Jede Zeile, die Element der Menge $\mathcal{L}$ ist, entspricht einem Decodierfehler des vorhergehenden inneren Decodierers. Es gibt nun Fälle, bei denen man einen Decodierfehler des inneren Decodierers vorhersagen kann, nämlich:

Satz 9.11 (Decodierfähigkeit von $\mathcal{B}^{(i)}$) *Sei $d_b^{(i)} = d_b^{(i-1)} + \Delta$ die Mindestdistanz des Codes $\mathcal{B}^{(i)}$. Dann kann die Decodierung der Zeilen $\mathbf{r}_j^{(i)}$ zu einem Decodierfehler führen, wenn die folgenden Bedingungen gelten:*

$$j \in \mathcal{J}_w \cap \mathcal{L}, \ w < d_b^{(i)} - \Delta - \frac{d_b^{(i)} - 1}{2} \ .$$

Beweis: Von der Decodierung im vorhergehenden Schritt wissen wir:

$$\bigvee_{j \in \mathcal{J}_w \cap \mathcal{L}} : \quad \mathrm{wt}(\mathbf{e}_j) \geq \max\left\{ d_b^{(i-1)} - w, \frac{d_b^{(i-1)}}{2} \right\} \ .$$

Somit kann in diesem Schritt nur dann sicher eine korrekte Decodierung des inneren Decodierers erfolgen, wenn $d_b^{(i-1)} - w \leq \left\lfloor \frac{d_b^{(i)} - 1}{2} \right\rfloor$ ist. Daraus folgt direkt:

$$w \geq d_b^{(i)} - \Delta - \left\lfloor \frac{d_b^{(i)} - 1}{2} \right\rfloor \ . \qquad \square$$

Die Aussage von Satz 9.11 hat zwei Konsequenzen für die Decodierung:

1. Zeilen, bei denen eine Decodierung des inneren Decodierers gemäß Satz 9.11 voraussagbar zu einem Decodierfehler führen kann, sollten als Auslöschung deklariert werden.

2. Das Decodierergebnis des Folgeschritts sollte die Prädiktion gemäß Satz 9.11 erfüllen, ansonsten sollte die entsprechende Zeile als Auslöschung deklariert werden.

Eine Zeile kann falsch decodiert worden sein, aber das Zeichen des entsprechenden äußeren Codes kann trotzdem korrekt sein, d. h. ein Decodierfehler des inneren Codes wird durch den äußeren Decodierer nicht erkannt. Deshalb könnte man wie in [Zin81] annehmen, daß jede Zeile in diesem Schritt durch den Decodierer des entsprechenden Untercodes neu decodiert werden müßte. Im folgenden Satz werden wir zeigen, daß nur die Zeilen, in denen ein Decodierfehler des vorhergehenden inneren Decodierers durch den äußeren Decodierer entdeckt wurde, decodiert werden müssen.

Satz 9.12 (Identische Lösungen gemäß $\mathcal{B}^{(i)}$ und $\mathcal{B}^{(i-1)}$) *Sei $\mathcal{L}$ die Menge der durch den äußeren Decodierer entdeckten Decodierfehler der inneren Decodierer. Die Ergebnisse der inneren Decodierer der Codes $\mathcal{B}^{(i-1)}$ des vorangegangenen Schrittes seien $\mathbf{f}_j$, $j = 1, 2, \ldots, n_a$. Die Decodierer der inneren Codes $\mathcal{B}^{(i)}$ werden dann als Decodierergebnis $\mathbf{h}_j$, $j = 1, 2, \ldots, n_a$, liefern. Dabei gilt:*

$$j \notin \mathcal{L} \quad \Longrightarrow \quad \mathbf{h}_j = \mathbf{f}_j \,, \qquad und \qquad j \in \mathcal{L} \quad \Longrightarrow \quad \mathbf{h}_j \neq \mathbf{f}_j \,.$$

Beweis: Gemäß Satz 9.4 gilt, falls $\mathbf{f}_j$ ein durch den äußeren Decodierer nicht entdeckter Decodierfehler des Kanalfehlers $\mathbf{e}_j$ ist, dann gilt $\mathbf{e}_j - \mathbf{f}_j \in \mathcal{B}^{(2)}$, wobei $\mathcal{B}^{(2)} \subset \mathcal{B}^{(1)}$.
Für $j \in \mathcal{L}$ gilt: $\mathbf{e}_j - \mathbf{f}_j \in \mathcal{B}^{(1)}$, aber $\mathbf{e}_j - \mathbf{f}_j \notin \mathcal{B}^{(2)}$ und $\mathbf{e}_j - \mathbf{h}_j \in \mathcal{B}^{(2)}$, damit $\mathbf{h}_j \neq \mathbf{f}_j$.
Für $j \notin \mathcal{L}$ gilt: entweder $\mathbf{e}_j = \mathbf{f}_j = \mathbf{h}_j$ oder $\mathbf{e}_j - \mathbf{f}_j \in \mathcal{B}^{(1)}$.
Für den Fall $j \notin \mathcal{L}$ war die Decodierung entweder korrekt, oder der Decodierer des Codes $\mathcal{B}^{(1)}$ hat gemäß des Codes $\mathcal{B}^{(2)}$ decodiert. Damit gilt $\mathbf{h}_j = \mathbf{f}_j$. $\qquad\square$

Mit Satz 9.12 haben wir also gezeigt, daß im i-ten Schritt nur diejenigen Zeilen mit dem entsprechenden inneren Decodierer decodiert werden müssen, die Elemente der Menge $\mathcal{L}$ sind. Zusätzlich natürlich die Decodierversagen aus dem vorherigen Schritt. Das bedeutet, daß höchstens $d_a^{(i-1)}$ Zeilen im Schritt i decodiert werden müssen.

Falls die verwendeten inneren Decodierer über die halbe Mindestdistanz decodieren können, müssen wir Satz 9.11 modifizieren. Entsprechend der Decodierer von $\mathcal{B}^{(i-1)}$ und denen des Untercodes $\mathcal{B}^{(i)}$ definieren wir:

$$\lambda = d_b^{(i-1)} - \left\lfloor \frac{d_b^{(i)}}{2} \right\rfloor - \text{Konstante} \,.$$

Für ein BMD-Decodierverfahren ist die Konstante gleich Null.

Algorithmus 9.2 zeigt die für GCD-i notwendigen Schritte. Dabei sind die Ergebnisse des vorangegangenen Schrittes mit $\mathcal{J}'_\otimes$, $\mathcal{J}'_w$, $w = 0, 1, \ldots, \nu'$, und $\mathcal{L}'$ bezeichnet. Die Bestimmung der entsprechenden Untercodes ist nicht explizit angegeben.

Aber wir rufen uns in Erinnerung, daß nicht alle Zeilen mit den Decodierern für die inneren Codes decodiert werden müssen.

Algorithmus 9.2: Der Decodieralgorithmus GCD-i.

Decodiere: $\mathbf{r}_j,\ j \in \{\mathcal{J}_\otimes' \cup \{\mathcal{J}_w' \cap \mathcal{L}'\} \mid w \geq \lambda\} = \mathcal{M}$

                das Resultat ist $\mathbf{f}_j$ oder $\otimes$ und ν

Bestimme: $\mathcal{J}_w = \mathcal{J}_w' \setminus \{\mathcal{J}_w' \cap \mathcal{M}\}$

                $\mathcal{J}_\otimes = \{j \in \{\mathcal{J}_w' \cap \mathcal{L}',\ w < \lambda\}\}$

vom Decodieren: für $j \in \mathcal{M}$

                $\mathcal{J}_w = \mathcal{J}_w \cup \left\{j,\ \mathrm{wt}(\mathbf{f}_j) = w \geq d_b^{(i-1)} - v,\ v : j \in \mathcal{J}_v'\right\}$

                $\mathcal{J}_\otimes = \mathcal{J}_\otimes \cup \left\{j,\ \mathbf{r}_j \to \otimes,\ \mathrm{wt}(\mathbf{f}_j) = w < d_b^{(i-1)} - v,\ v : j \in \mathcal{J}_v'\right\}$

Initialisierung: $j = \nu + 1,\ X = n_a \cdot d_b^{(i)},\ \mathcal{X}_{\nu+1} = \{\ \}$

Schritt 1: Falls $j < v$ dann Schritt 5

Schritt 2: $\mathbf{z}_j = \begin{cases} \hat{\mathbf{a}}_j^{(i)}, & j \notin \mathcal{X}_j \\ \otimes, & j \in \mathcal{X}_j \end{cases},\ j = 1, 2, \ldots, n_a$

Schritt 3: decodiere $(\mathbf{z}_1, \mathbf{z}_2, \ldots, \mathbf{z}_{n_a})$ mit dem Decodierer für den Code $\mathcal{A}^{(i)}$ zu $(\tilde{\mathbf{a}}_1, \tilde{\mathbf{a}}_2, \ldots, \tilde{\mathbf{a}}_{n_a})$

Schritt 4: $\mathcal{T}_j := \{l \mid \hat{\mathbf{a}}_l \neq \tilde{\mathbf{a}}_l, \hat{\mathbf{a}}_l \neq \otimes, l = 1, 2, \ldots, n_a\}$

                Abschätzung der Anzahl der Fehler Γ_j: $\Gamma_j := \sum_{i=1}^{n_a} \gamma_i$,

                wobei: $\gamma_l = \begin{cases} w, & l \notin \mathcal{J}_w \cap \mathcal{T}_j \\ \max\left\{d_b^{(i)} - w, \frac{d_b^{(i)}}{2}\right\} & l \in \mathcal{J}_w \cap \mathcal{T}_j \end{cases},\ w = 0, 1, \ldots, \nu$

                Falls $\Gamma_j < X$ dann $X = \Gamma_j$, $\mathbf{a}^* = \tilde{\mathbf{a}}$, $\mathcal{L} = \mathcal{T}_j$

                Falls $X < \dfrac{d_b^{(i)}}{2}\left(d_a^{(i)} - |\mathcal{J}_\otimes|\right)$ dann Schritt 5 sonst $j := j - 1$, Schritt 1

Schritt 5: Die Decodierentscheidung ist $\mathbf{a}^*$, X, $\mathcal{L}$

Die expliziten Unterschiede zwischen dem Algorithmus GCD-i und dem in [Zin81] sind: Im i-ten Schritt werden weniger als $d_a^{(i-1)}$ Zeilen decodiert, was die Komplexität erheblich reduziert. Außerdem können Decodierfehler vorausgesagt und sofort als Auslöschungen behandelt werden, was die Decodierqualität verbessert.

Satz 9.13 (Decodierung über die halbe Mindestdistanz) *Kanalfehler vom Gewicht größer als die halbe Mindestdistanz können mit dem Algorithmus GCD-i im Schritt i genau dann korrigiert werden, wenn die Menge*

$$\{\mathcal{L}' \cap \mathcal{J}_w',\ w < \lambda\},\quad \lambda \leq d_b^{(i-1)} - \left\lfloor \frac{d_b^{(i)} - 1}{2} \right\rfloor,$$

nicht leer ist.

Beweis: Sei $\xi = |\{\mathcal{L}' \cap \mathcal{J}_w',\ w < \lambda\}|$ die Mächtigkeit der Schnittmenge der entdeckten Decodierfehler und der Menge der korrigierten Fehler vom Gewicht w. Mit den Distanzen des inneren Codes $d_b^{(i)}$ und des äußeren Codes $d_a^{(i)}$ können alle Kanalfehler mit Gewicht kleiner als $\frac{1}{2}\big(d_b^{(i)} \cdot d_a^{(i)}\big)$ decodiert werden. Die Anzahl der Kanalfehler aufgrund der ξ Auslöschungen ist aber mindestens:

$$\sum_{j \in \mathcal{J}_w' \cap \mathcal{L}', w < \lambda} \mathrm{wt}(e_j) \geq \sum_{j \in \mathcal{J}_w' \cap \mathcal{L}', w < \lambda} \max\{d_b^{(i)} - w, d_b^{(i)}/2\} \ .$$

Da aber $\lambda \leq d_b^{(i-1)} - \left\lfloor \frac{d_b^{(i)}-1}{2} \right\rfloor$ ist, erhalten wir:

$$\frac{d_a^{(i)} \cdot d_b^{(i)}}{2} - 1 + \sum_{j \in \mathcal{J}_u' \cap \mathcal{L}', w < \lambda} d_b^{(i)} - w \geq \frac{d_a^{(i)} \cdot d_b^{(i)}}{2} \ . \qquad \square$$

Beispiel 9.15 (Decodierung über die halbe Mindestdistanz) Ein einfaches Beispiel soll den Fall verdeutlichen, wenn ein Fehlermuster mit GCD-i korrigiert werden kann, obwohl das Fehlergewicht größer als die halbe Mindestdistanz ist. Dazu nehmen wir an, daß im ersten Schritt korrekt korrigiert wurde und die folgenden Kanalfehler aufgetreten sind: $d_a^{(2)} - 1$ Fehler mit Gewicht $d_b^{(1)} - x > \left\lfloor \frac{d_b^{(2)}-1}{2} \right\rfloor$. Alle Kanalfehler seien durch Fehler mit Gewicht x decodiert worden. Außerdem seien noch $d_a^{(1)} - d_a^{(2)}$ Fehler mit Gewicht $x + d_b^{(2)} - d_b^{(1)}$ aufgetreten. Im ersten Schritt wird sicher richtig korrigiert, da weniger als $d_a^{(1)}$ fehlerhafte Zeilen vorhanden sind. GCD-i korrigiert auch weiterhin korrekt, da alle korrigierten Fehler vom ersten Schritt als Auslöschungen im zweiten Schritt erklärt werden. Dagegen kann der Algorithmus aus [Zin81] nicht korrigieren, wenn einer der $d_a^{(1)} - d_a^{(2)}$ Fehler vom Gewicht $x + d_b^{(2)} - d_b^{(1)}$ größer oder gleich dem Minimum aller Decodierversuche der $d_a^{(2)} - 1$ Fehler vom Gewicht $d_b^{(1)} - x$ ist, die alle Decodierfehler erzeugen. $\diamond$

Bündelfehler und Einzelfehler

Wir wissen nun, daß bei GC-Codes Bündelfehler und Einzelfehler korrigiert werden können, und zwar sehr häufig auch dann, wenn das Gewicht des aufgetretenen Fehlers größer als die halbe Mindestdistanz ist. Eine genaue Analyse der Korrigierbarkeit von Bündel- und Einzelfehlern aufgrund der Parameter eines GC-Codes ist schwierig. Im folgenden wollen wir die wichtigsten bekannten Sätze und Ergebnisse zu dem Thema der Korrigierbarkeit von Bündel- und Einzelfehlern bei GC-Codes angeben. Dies soll aber nicht darüber hinwegtäuschen, daß Simulationen leider noch das geeignetere Mittel zur Beurteilung entsprechender GC-Codes sind.

Zunächst wollen wir die beiden wichtigsten Sätze aus der Arbeit [ZZ79b] zitieren, und zwar ohne Beweis.

Im ersten Satz wird abgeschätzt, wie lang ein einziges Fehlerbündel sein darf, unter der Annahme, daß sonst keine weiteren Fehler aufgetreten sind.

Satz 9.14 (Korrektur eines Bündelfehlers) *GCD kann im i-ten Schritt jedes Fehlerbündel der Länge*

$$\beta^{(i)} = \begin{cases} \frac{n_b}{2}(d_a^{(i)} - 3) + d_b^{(i)} + \left\lfloor \frac{d_b^{(i)}-1}{2} \right\rfloor, & d_a^{(i)} \ \textit{ungerade} \\[2ex] \frac{n_b}{2}(d_a^{(i)} - 4) + 2d_b^{(i)} - 1, & d_a^{(i)} \ \textit{gerade} \end{cases}$$

korrigieren. Damit ist die Korrekturfähigkeit eines einzelnen Fehlerbündels im Falle eines GC-Codes mit einer Partitionierung der Ordnung s des inneren Codes:

$$\beta = \min_{i=1,\dots,s} \{\beta^{(i)}\} \, .$$

Die Korrekturfähigkeit eines einzelnen Fehlerbündels hängt also von der kleinsten Mindestdistanz $d_a^{(s)}$ des äußeren Codes ab. Vergrößert man diese, so erhöht sich die Korrekturfähigkeit.

Für den Fall von Fehlerbündeln und unabhängigen Einzelfehlern wird in [ZZ79b] der folgende Satz bewiesen.

Satz 9.15 (Korrektur mehrerer Bündelfehler) *Mit GCD können ν Fehlerbündel der Länge β_j, $j = 1, 2, \dots, \nu$, und zusätzlich t Einzelfehler korrigiert werden, wenn gilt:*

$$\beta_j \le (z_j - 1)n_b + d_b^{(1)} \quad \text{und} \quad 2t < \min_{i=1,2,\dots,s} \left\{ (d_a^{(i)} - 2\kappa)d_b^{(i)} \right\} \, ,$$

wobei

$$\sum_{j=1}^{\nu} z_j = \kappa \le \min_{i=1,2,\dots,s} \left\{ \frac{d_a^{(i)} - 1}{2} \right\} \, .$$

Es soll noch einmal darauf hingewiesen werden, daß der Algorithmus für die Korrektur von Fehlerbündeln und Einzelfehlern nicht verändert werden muß.

Beispiel 9.16 (Bündelfehlerkorrektur des $\mathcal{C}_{GC}(2; 1024, 455, 128)$) In der Arbeit [ZZ79b] wird das folgende, sehr beeindruckende Ergebnis angegeben:
Der innere Code ist ein binärer Parity-Check-Code der Länge 8, $\mathcal{B}^{(1)}(2; 8, 7, 2)$, und der äußere Code ist ein erweiterter RS-Code $\mathcal{A}^{(1)}(2^7; 128, 65, 64)$. Damit hat der GC-Code die Parameter $\mathcal{C}(2; 1024, 455, 128)$. Dieser GC-Code hat die folgenden Korrektureigenschaften:

- alle einzelnen Fehlerbündel bis zur Länge 243,
- zwei Fehlerbündel mit den Längen $\beta_1 \le 90$ und $\beta_2 \le 50$ und zusätzlich alle Einzelfehler mit Gewicht ≤ 25,
- vier Fehlerbündel der Länge ≤ 50 und zusätzlich alle Einzelfehler mit Gewicht ≤ 7

und viele weitere Fehlermuster.   ◇

Komplexität der Decodierung

Die Komplexität der Decodierung eines Blockcodes hängt von dessen Länge und von dessen Mindestdistanz ab. Für einen GC-Code $\mathcal{C}(q; n, M, d)$, basierend auf einer Partitionierung der Ordnung s des inneren Codes $\mathcal{B}^{(1)}$ der Länge n_b und auf s äußeren Codes $\mathcal{A}^{(i)}, i = 1, 2, \dots, s$, der Länge n_a, ist die Länge $n = n_a \cdot n_b$ und die Mindestdistanz $d \ge \min_{i=1\dots s} \{d_a^{(i)} d_b^{(i)}\}$. Die Decodierkomplexität von GC-Codes hängt von der Decodierkomplexität der inneren und äußeren Codes ab. Obwohl also s äußere Codes decodiert werden müssen, ist sowohl deren Länge um den Faktor n_b kleiner, als auch deren Mindestdistanz um den Faktor $d_b^{(i)}$ kleiner. Für die s inneren Codes gilt entsprechend der Faktor n_a bei der Länge und der Faktor $d_a^{(i)}$ bei der Mindestdistanz. Außerdem kann in kleineren Feldern gerechnet werden, da in der Regel die Länge des Codes auch das Feld bestimmt, in dem zu rechnen ist. Des weiteren haben wir in Abschnitt 9.2.4 gezeigt, daß im i-ten Schritt höchstens $d_a^{(i-1)}$ Codewörter des inneren Codes $\mathcal{B}_{i_1,\dots,i_{i-1}}^{(i)}$ decodiert werden müssen. Das bedeutet eine erhebliche Reduzierung der Decodierkomplexität, da die Mindestdistanzen $d_b^{(i)}$ mit i ansteigen, und mit der Mindestdistanz nimmt ja auch die Decodierkomplexität zu.

Leider kann keine allgemeingültige Komplexitätsanalyse von GC-Codes angegeben werden, da die Decodierkomplexität von den verwendeten Decodierern für die beteiligten Codes abhängt. Wir wissen aber, daß extrem lange, nichtverkettete Codes bisher keine Anwendung finden.

Weitere Beispiele guter GC-Codes sind in [Zin76] beschrieben, wo mit sehr einfachen inneren Codes bis zur Länge 16 GC-Codes bis zur Länge 200 konstruiert wurden, die mit zu den besten bekannten Codes in der Tabelle [McWSl, S. 675] gehören. Dabei können die inneren Codes über Tabellen decodiert werden. Dies garantiert dann sowohl eine ML-Decodierung der inneren Codes als auch eine geringe Komplexität und eine einfache Implementierung.

Um ein Gefühl für die Komplexität zu erhalten, wollen wir einen GC-Code aus [Zin76] mit einem Blockcode gleicher Länge vergleichen.

Beispiel 9.17 (Decodierkomplexität) Wir wollen den erweiterten QR-Code QR$(2; 72, 36, 12)$ mit dem GC-Code $\mathcal{C}(2; 72, 41, 12)$ vergleichen. Der GC-Code ist konstruiert aus den inneren Codes

$$\mathcal{B}^{(1)}(2; 8, 7, 2), \quad \mathcal{B}^{(2)}(2; 8, 4, 4) \quad \text{und} \quad \mathcal{B}^{(3)}(2; 8, 1, 8) \, ,$$

d. h. einem Parity-Check-Code, einem Hamming-Code und einem Wiederholungscode. Die verwendeten äußeren Codes sind

$$\mathcal{A}^{(1)}(2^3; 9, 4, 6), \quad \mathcal{A}^{(2)}(2^3; 9, 7, 3) \quad \text{und} \quad \mathcal{A}^{(3)}(2; 9, 8, 2) \, ,$$

d. h. zwei erweiterte RS-Codes und ein Parity-Check-Code. Die Parameter des GC-Codes sind damit $n = 9 \cdot 8 = 72$, $d \geq \min\{12, 12, 16\}$ und $k = 3 \cdot 4 + 3 \cdot 7 + 8 = 41$.

Die Decodierung des GC-Codes muß als einfach bezeichnet werden, da die Decodierung der beteiligten Codes sehr einfach ist. Für den QR-Code sind dagegen kaum praktikable Decodierverfahren bekannt. Ein mögliches ist in Abschnitt 7.3.3 beschrieben (siehe auch [Boss87b]). Außerdem hat der QR-Code um den Faktor $2^5 = 32$ weniger Codewörter. ◇

Leistungsfähigkeit des Algorithmus GCD

Üblicherweise kann für Blockcodes die Fehlerwahrscheinlichkeit nach der Decodierung analytisch berechnet werden, wie wir es im Abschnitt 1.4 beschrieben haben. Aber für GC-Codes trifft diese Aussage nicht zu, unter anderem wegen der Tatsache, daß es mit GC-Codes möglich ist, auch viele Fehlermuster mit Gewicht

größer als die halbe Mindestdistanz zu korrigieren (siehe unter anderem 9.2.4).
Die exakte Fehlerwahrscheinlichkeit nach der Decodierung kann nur mittels Simu-
lation bestimmt werden. In diesem Abschnitt wollen wir einige Anmerkungen und
Abschätzungen zur Fehlerwahrscheinlichkeit bei GC-Codes angeben.

Zunächst wollen wir einige Blockfehlerwahrscheinlichkeiten definieren.

- P_{GCD}: Die Blockfehlerwahrscheinlichkeit nach der Decodierung eines GC-
  Codes mit dem Algorithmus GCD.

- P_{ND}: Die Blockfehlerwahrscheinlichkeit nach der Decodierung des inneren
  und des äußeren Codes mit einem BMD-Decodierer.

- P_{SD}: Die Blockfehlerwahrscheinlichkeit nach der Decodierung des inneren
  Codes mit einem Soft-Decision-Decodierverfahren und des äußeren Codes
  mit einem BMD-Decodierer. P_{SD} entspricht also P_{ND} mit dem Unterschied,
  daß hier der innere Code unter Benutzung von Zuverlässigkeitsinformation
  decodiert wird.

- P_{BMD}: Die Blockfehlerwahrscheinlichkeit nach der Decodierung mit einem
  fiktiven BMD-Decodierer für den Gesamtcode. Man beachte, daß P_{ND} kleiner
  als P_{BMD} sein kann.

Anmerkung: Bei der Decodierung des inneren und des äußeren Codes mit einem BMD-Decodierer wird der innere Code zusammen mit dem Kanal als ein Superkanal betrachtet. D. h., die Blockfehlerwahrscheinlichkeit nach der Decodierung
des inneren Codes entspricht dann der Symbolfehlerwahrscheinlichkeit des Superkanals. Dabei ist allerdings nur die Decodierung von Fehlern bis zu einem Viertel
der Mindestdistanz garantiert. Bei GC-Codes mit einer mehrfachen Partitionierung können wir die Blockfehlerwahrscheinlichkeit $P_{ND}^{(i)}$ für jedes Paar von innerem
und äußerem Code, $\mathcal{B}^{(i)}$ und $\mathcal{A}^{(i)}$, berechnen. Anschließend kann dann die Blockfehlerwahrscheinlichkeit bei einem GC-Code mit der Beziehung $P_{ND} \leq \sum P_{ND}^{(i)}$
abgeschätzt werden.

Der Algorithmus GCD garantiert mindestens die Decodierung bis zur halben Mindestdistanz eines GC-Codes, und deshalb gilt sicher $P_{GCD} \leq P_{BMD}$. Weiterhin ist
das Verfahren, den inneren und den äußeren Code mit einem BMD-Decodierer zu
decodieren, eine Teilmenge von GCD, weshalb sicher auch $P_{GCD} \leq P_{ND}$ erfüllt ist.
Somit gilt auch im Falle eines Decodierverfahrens, das Zuverlässigkeitsinformation
benutzt, $P_{GCD} \leq P_{SD}$. Damit haben wir den folgenden Satz bewiesen:

Satz 9.16 (Abschätzung der Blockfehlerwahrscheinlichkeit) *Für die Blockfehlerwahrscheinlichkeit P_{GCD} nach der Decodierung eines GC-Codes mit GCD
gilt:*

$$P_{GCD} < \min\{P_{BMD}, P_{ND}, P_{SD}\} \ .$$

Anzumerken ist, daß die Schranke für die Blockfehlerwahrscheinlichkeit gemäß Satz 9.16 bei gegebenem Kanal berechnet werden kann.

Bei der Konstruktion von GC-Codes können wir zwei unterschiedliche Kriterien anwenden, erstens die Mindestdistanz des GC-Codes zu optimieren und zweitens die Fehlerwahrscheinlichkeit nach der Decodierung zu minimieren. Beides führt nicht notwendigerweise zum gleichen GC-Code.

Optimierung der Mindestdistanz: Hier wird bei der Konstruktion des GC-Codes eine möglichst große Mindestdistanz d angestrebt, d. h. die Paare $d_a^{(i)} \cdot d_b^{(i)}$ sollten möglichst gleich groß gewählt werden. Dieser Fall ist bei allen bisherigen Veröffentlichungen zu GC-Codes implizit gewählt worden.

Optimierung der Fehlerwahrscheinlichkeit nach der Decodierung: Hier wird ein GC-Code derart konstruiert, daß die Fehlerwahrscheinlichkeit nach der Decodierung möglichst klein wird, was in fast allen Fällen zu einem UEP-Code führt (vergleiche Abschnitt 9.2.5), d. h., die Produkte $d_a^{(i)} \cdot d_b^{(i)}$ fallen mit steigendem i. Dies ist auch plausibel, da im Falle von Partitionierungen höherer Ordnung die Mindestdistanzen $d_b^{(i)}$ ansteigen und ab einer gewissen Mindestdistanz die inneren Codes allein eigentlich ausreichend sind, um die Information bei gegebenem Kanal ausreichend zu schützen. Es gibt also eine Zahl i_0, ab der die Decodiereigenschaften, d. h. die entsprechenden Mindestdistanzen $d_b^{(i)}$ für $i > i_0$ der inneren Codes, schon zufriedenstellende Fehlerwahrscheinlichkeiten liefern, obwohl das Produkt $d_a^{(i)} \cdot d_b^{(i)}$ für $i > i_0$ kleiner sein kann als das für $i \leq i_0$.

Für die Anwendung ist die Optimierung der Fehlerwahrscheinlichkeit nach der Decodierung vorzuziehen (vergleiche hierzu Beispiel 10.9).

Wir wollen nun in den folgenden zwei Abschnitten die Decodierung der inneren Codes mit und ohne Zuverlässigkeitsinformation anhand einiger Beispiele untersuchen.

Decodierung ohne Zuverlässigkeitsinformation

In diesem Abschnitt wollen wir einige Beispiele von Anwendungen des Satzes 9.16 bei der Decodierung der inneren Codes ohne Zuverlässigkeitsinformation angeben. Dabei setzen wir binäre innere Codes und einen BSC (symmetrischen Binärkanal) mit der Bitfehlerwahrscheinlichkeit p voraus. Die Berechnung der Fehlerwahrscheinlichkeiten ist im Abschnitt 1.4 beschrieben.

Beispiel 9.18 (Abschätzung der Fehlerwahrscheinlichkeit 1) In diesem Beispiel konstruieren wir einen GC-Code basierend auf einer Partitionierung der Ordnung 2. Als äußere Codes benutzen wir zwei RS-Codes, nämlich $\mathcal{A}^{(1)}(2^8; 255, 223, 33)$, d. h. den Standardcode für Satellitenübertragung (siehe [WHPH87]), und $\mathcal{A}^{(2)}(2^8; 255, 236, 20)$. Wir haben also zweimal 8 Bits, um die Partitionierung der Ordnung 2 zu numerieren. Der verkürzte $BCH(2; 29, 8, 12)$-Code ist ein Untercode des $BCH(2; 31, 16, 7)$-Codes. Wir benutzen Methode 3 zur Partitionierung. Zur Wiederholung:

Die zwei Codewörter des äußeren Codes $\mathbf{a}^{(1)} = (a_1^{(1)}, a_2^{(1)}, \dots, a_{n_a}^{(1)}) \in \mathcal{A}^{(1)}$ und $\mathbf{a}^{(2)} = (a_1^{(2)}, a_2^{(2)}, \dots, a_{n_a}^{(2)}) \in \mathcal{A}^{(2)}$ bestimmen durch jedes Paar $a_j^{(1)}$, $a_j^{(2)}$ ein Codewort des inneren Codes $\mathcal{B}^{(1)}$ wie folgt: $a_j^{(2)}$ bestimmt das Codewort $\mathbf{b}_j^{(2)} \in \mathcal{B}^{(2)}$, und die direkte Summe $(\mathbf{0} \mid a_j^{(1)})$ bestimmt das Codewort $\mathbf{b}_j^{(1)} \in \mathcal{B}^{(1)}$. Für die Summe gilt: $\mathbf{b}_j = \mathbf{b}_j^{(1)} + \mathbf{b}_j^{(2)} \in \mathcal{B}^{(1)}$. Der entstandene GC-Code hat die Coderate $R = 0.46$ und die Mindestdistanz 231, da gilt: $d \geq \min\{231, 240\}$, d. h. $\mathcal{C}(2; 7905, 3672, 231)$.

Wir können nun die verschiedenen Blockfehlerwahrscheinlichkeiten gemäß Satz 9.16 abschätzen, wobei P_{sym} die Symbolfehlerwahrscheinlichkeit bezeichnet, also die Fehlerwahrscheinlichkeit des Superkanals. Für einen BSC mit Fehlerwahrscheinlichkeit $p = 10^{-2}$ ergeben sich durch Simulation die Symbolfehlerraten, aus denen dann die Blockfehlerraten berechnet werden können:

$$P_{ND}: \quad \begin{array}{rcl} P_{BMD} &=& 5 \cdot 10^{-5} \\ P_{sym}^{(1)} &=& 2.5 \cdot 10^{-4} \\ P_{sym}^{(2)} &=& 6 \cdot 10^{-7} \end{array} \quad \begin{array}{l} \\ \Longrightarrow \quad P_{Block}^{(1)} < 10^{-34} \\ \Longrightarrow \quad P_{Block}^{(2)} \approx 0 \ . \end{array}$$

Daraus folgt: $P_{GCD} < 10^{-34}$ für $p = 10^{-2}$. Da $P_{Block}^{(2)} \approx 0$ ist, kann ein äußerer Code mit geringerer Distanz verwendet werden.

Ersetzen wir den Code $\mathcal{A}^{(2)}(2^8; 255, 236, 20)$ durch den Code $\mathcal{A}^{(2)}(2^8; 255, 243, 13)$, so ändert sich die Schranke nicht. Dagegen wird die Coderate größer, und für die Mindestdistanz gilt: $d \geq \min\{231, 156\}$. Der sich ergebende GC-Code mit Rate $R = 0.47$ hat die Parameter

$$\mathcal{C}(2; 7905, 3728, 156) \ . \hspace{4cm} \diamond$$

Beispiel 9.19 (Abschätzung der Fehlerwahrscheinlichkeit 2) In diesem Beispiel konstruieren wir einen GC-Code mit einer Partitionierung der Ordnung 5, dabei benutzen wir die Methode 3 (siehe Abschnitt 9.2.2 und Beispiel 9.11).

Die inneren Codes sind BCH-Codes der Länge 31:

$$\mathcal{B}^{(1)}(2; 31, 25, 4) \subset \mathcal{B}^{(2)}(2; 31, 20, 6) \subset \mathcal{B}^{(3)}(2; 31, 15, 8)$$
$$\subset \mathcal{B}^{(4)}(2; 31, 10, 12) \subset \mathcal{B}^{(5)}(2; 31, 5, 16) \ .$$

Als äußere Codes wählen wir die RS-Codes:

$$\mathcal{A}^{(1)}(2^5; 31, 8, 24), \ \mathcal{A}^{(2)}(2^5; 31, 16, 16), \ \mathcal{A}^{(3)}(2^5; 31, 20, 12),$$
$$\mathcal{A}^{(4)}(2^5; 31, 24, 8), \ \mathcal{A}^{(5)}(2^5; 31, 26, 6) \ .$$

Damit ergibt sich der GC-Code $\mathcal{C}(2; 961, 470, 96)$.
Berechnen wir die Blockfehlerwahrscheinlichkeiten P_{BMD} und P_{ND}, so gilt $P_{BMD} < P_{ND}$. Einige Werte für die Blockfehlerwahrscheinlichkeit P_{BMD} sind:

$$\begin{array}{rcll} P_{BMD} &=& 4.6 \cdot 10^{-19} & \text{für} \quad p = 1 \cdot 10^{-2} \ , \\ P_{BMD} &=& 1.5 \cdot 10^{-8} & \text{für} \quad p = 2 \cdot 10^{-2} \ , \\ P_{BMD} &=& 5.5 \cdot 10^{-4} & \text{für} \quad p = 3 \cdot 10^{-2} \ . \end{array} \hspace{2cm} \diamond$$

In diesem Beispiel wurde der GC-Code so konstruiert, daß die Mindestdistanz optimal ist, denn alle Produkte $d_a^{(i)} \cdot d_b^{(i)} = 96$, $i = 1, 2, \dots, 5$, sind gleich. Aber es ist leicht zu sehen, daß dies nicht optimal im Sinne der Blockfehlerwahrscheinlichkeit nach der Decodierung ist, denn allein mit dem inneren Code $\mathcal{B}^{(5)}(2; 31, 5, 16)$

erhält man eine Fehlerwahrscheinlichkeit $P_{Block} = 1.3 \cdot 10^{-7}$ bei einer Kanalfehlerwahrscheinlichkeit von $p = 2 \cdot 10^{-2}$. Daraus folgt, daß für den äußeren Code schon ein einfehlerkorrigierender RS-Code ausreichend ist, obwohl dann das 5-te Paar nur die Mindestdistanz 48 hat.

Beispiel 9.20 (Abschätzung der Fehlerwahrscheinlichkeit 3) Gegeben sei der GC-Code $\mathcal{C}(2; 4335, 1792, 198)$ aus Beispiel 9.10. Die inneren Codes sind $\mathcal{B}^{(1)}(2; 17, 16, 2)$ und $\mathcal{B}^{(2)}(2; 17, 8, 6)$, d. h. ein Parity-Check-Code und ein QR-Code (siehe [Boss87b]). Als äußere Codes werden ein Wiederholungscode $\mathcal{A}^{(1)}(2^8; 255, 1, 255)$ und der Reed-Solomon-Code $\mathcal{A}^{(2)}(2^8; 255, 223, 33)$ verwendet.

Für ein fiktives BMD-Decodierverfahren für diesen Code berechnen wir:

$$
\begin{array}{rclll}
P_{BMD} & = & 10^{-1} & \text{für} & p = 2 \cdot 10^{-2}, \\
P_{BMD} & = & 2.2 \cdot 10^{-13} & \text{für} & p = 10^{-2},
\end{array}
$$

während

$$
\begin{array}{rclll}
P_{ND} & = & 10^{-15} & \text{für} & p = 2 \cdot 10^{-2}, \\
P_{ND} & = & 10^{-29} & \text{für} & p = 10^{-2}.
\end{array}
$$

$\diamond$

Bei einer geringfügigen Verbesserung der Symbolfehlerwahrscheinlichkeit des Superkanals ergibt sich eine erhebliche Verbesserung der Fehlerwahrscheinlichkeit P_{ND} und somit auch für die Decodierung mit GCD. Die Symbolfehlerwahrscheinlichkeit des Superkanals kann verbessert werden, wenn man einen Decodierer benutzt, der über die halbe Mindestdistanz decodieren kann, etwa das Decodierverfahren aus Abschnitt 7.3.3 oder ein ML-Decodierverfahren. Die folgenden zwei Beispiele verdeutlichen dies.

Beispiel 9.21 (Abschätzung der Fehlerwahrscheinlichkeit 4) Wir betrachten den GC-Code aus Beispiel 9.18. In [Boss87a, S. 36] ist der Unterschied der Blockfehlerwahrscheinlichkeit bei Einsatz eines BMD-Decodierverfahrens bzw. des Algorithmus aus Abschnitt 7.3.3 für beide innere Codes angegeben. Mögliche Werte sind die folgenden: Ist die Symbolfehlerwahrscheinlichkeit des Superkanals $5 \cdot 10^{-2}$ bei dem BMD-Decodierverfahren, so ist sie $3 \cdot 10^{-2}$ bei Benutzung des anderen Decodieralgorithmus. Damit ergibt sich aber eine Verbesserung der Fehlerwahrscheinlichkeit P_{ND} aus Beispiel 9.18 um den Faktor 50. Die Verbesserung bei dem zweiten inneren Code ist noch größer. $\diamond$

Beispiel 9.22 (Abschätzung der Fehlerwahrscheinlichkeit 5) Wir wollen annehmen, ein innerer Code sei der BCH-$(2; 63, 30, 13)$-Code. Die Blockfehlerwahrscheinlichkeit nach der Decodierung mit dem Algorithmus aus Abschnitt 7.3.3 bei einem BSC mit Kanalfehlerwahrscheinlichkeit $p = 3 \cdot 10^{-2}$ ist gleich $P_{Block} = 3.5 \cdot 10^{-3}$, für ein BMD-Decodierverfahren dagegen $P_{Block} = 6 \cdot 10^{-4}$. Nehmen wir als äußeren Code den RS-Code $\mathcal{A}(2^7; 127, 115, 11)$, so verbessert sich die Fehlerwahrscheinlichkeit P_{ND} um den Faktor 10^5, nämlich von $P_{ND} = 3 \cdot 10^{-7}$ im Falle eines BMD-Decodierers auf $P_{ND} = 2.5 \cdot 10^{-12}$ für den anderen Algorithmus. $\diamond$

In den Arbeiten [Boss87a] und [Boss87b] sind zahlreiche Beispiele für die Hard-Decision-Decodierung von BCH-, QR- und RM-Codes mit dem Algorithmus aus Abschnitt 7.3.3 angegeben. In den meisten Fällen wird damit eine wesentliche Verbesserung der Blockfehlerwahrscheinlichkeit nach der Decodierung erreicht, die für GC-Codes ausgenutzt werden kann. Falls zusätzlich Soft-Decision-Information zur Verfügung steht, ist die mögliche Verbesserung natürlich wesentlich größer.

Decodierung mit Zuverlässigkeitsinformation

Es ist allgemein bekannt, daß die Benutzung von Zuverlässigkeitsinformation die Decodierfähigkeit eines Decodierers erheblich verbessert. Im vorangegangenen Abschnitt haben wir gezeigt, daß sich schon bei einer geringfügigen Verbesserung der Blockfehlerwahrscheinlichkeit des inneren Codes eine erhebliche Verbesserung der des GC-Codes ergibt. Bei GC-Codes können ja mehrere verschiedene innere Codes verwendet werden, die dann auch mit mehreren unterschiedlichen Decodierverfahren decodiert werden können. Für Blockcodes existieren verschiedene Möglichkeiten, Zuverlässigkeitsinformation zu verwenden, die in Kapitel 7 beschrieben sind. Weiterhin gibt es bei relativ kurzen Codes bzw. bei kleiner Mindestdistanz die Möglichkeit der ML-Decodierung mit Zuverlässigkeitsinformation.

Eine weitere Möglichkeit, die Zuverlässigkeitsinformation zu benutzen, bietet der Decodieralgorithmus aus Abschnitt 7.3.3. Wir wollen nun von den Beispielen für Soft-Decision-Decodierung von QR-, RM- und BCH-Codes mit diesem Algorithmus aus [LBB96] einige Beispiele ableiten.

Wir wollen keine Simulationsbeispiele untersuchen, sondern den Satz 9.16 benutzen, um die Fehlerwahrscheinlichkeiten P_{GCD} im Falle der Decodierung des inneren Codes mit Zuverlässigkeitsinformation abzuschätzen.

Beispiel 9.23 (Abschätzung bei Soft-Decision 1) Wir betrachten als innere bzw. äußere Codes die Paare $\mathcal{B}^{(i)}(2; 31, 15, 7)$ und $\mathcal{A}^{(i)}(2^5; 31, 16, 16)$. In einem AWGN-Kanal verbessert der Algorithmus innerhalb eines gängigen Bereichs des Signal-Rausch-Verhältnisses die Restblockfehlerwahrscheinlichkeit um einen Faktor > 10 (siehe [LBB96]). Ist z. B. die Bitfehlerwahrscheinlichkeit des Kanals $p = 2 \cdot 10^{-2}$ (entspricht AWGN-Kanal bei einem Signal-Rauschleistungsverhältnis von $1.86\,\mathrm{dB}$), so ergibt sich:

$$p = 4 \cdot 10^{-2} \quad \overset{\text{hard}}{\Longrightarrow} \quad P_{sym} \approx 3.4 \cdot 10^{-2} \quad \overset{\text{äußerer}}{\Longrightarrow} \quad P_{Block} \approx 7 \cdot 10^{-6}$$

$$p = 4 \cdot 10^{-2} \quad \overset{\text{soft}}{\Longrightarrow} \quad P_{sym} < 2 \cdot 10^{-3} \quad \overset{\text{äußerer}}{\Longrightarrow} \quad P_{Block} < 2 \cdot 10^{-15} . \qquad \diamond$$

Beispiel 9.24 (Abschätzung bei Soft-Decision 2) Betrachten wir als inneren Code den BCH-Code $\mathcal{B}^{(i)}(2; 63, 24, 15)$ und als äußeren Code den RS-Code $\mathcal{A}^{(i)}(2^8; 255, 223, 33)$. Wenn der Algorithmus aus Abschnitt 7.3.3 zur Decodierung mit Zuverlässigkeitsinformation benutzt wird, verkleinert dies die Fehlerwahrscheinlichkeit des inneren Codes um den Faktor ≈ 100 (siehe [LBB96]). Wiederum sei die Bitfehlerwahrscheinlichkeit des Kanals $p = 4 \cdot 10^{-2}$, so ergibt sich:

$$p = 4 \cdot 10^{-2} \quad \overset{\text{hard}}{\Longrightarrow} \quad P_{sym} \leq 4 \cdot 10^{-3} \quad \overset{\text{äußerer}}{\Longrightarrow} \quad P_{Block} < 1 \cdot 10^{-15}$$

$$p = 4 \cdot 10^{-2} \quad \overset{\text{soft}}{\Longrightarrow} \quad P_{sym} \leq 5 \cdot 10^{-5} \quad \overset{\text{äußerer}}{\Longrightarrow} \quad P_{Block} \approx 1 \cdot 10^{-47} . \qquad \diamond$$

9.2.5   UEP-Codes mit mehrstufigem Fehlerschutz

Codes mit mehrstufigem Fehlerschutz (*unequal error protection codes*, UEP-Code) gewinnen zunehmend an Bedeutung, da es zahlreiche Anwendungen gibt mit unterschiedlicher Wichtigkeit der zu übertragenden Information. Quellencodierung und Kanalcodierung bilden eine Liaison, deren Ergebnis ein optimiertes Gesamtsystem ist, bei dem die Wichtigkeit von Information von der Quellencodierung mitgeliefert wird [Hag95]. Von der Kanalcodierung wird dann die Information durch Codes mit mehrstufigem Fehlerschutz entsprechend geschützt. Dies wurde z. B. durch Punktierung von Faltungscodes in Abschnitt 8.1.10 erreicht.

Die Kanalcodierung berücksichtigt sowohl die Quellencodierung als auch die Modulation im Sinne der codierten Modulation, die im nächsten Kapitel behandelt wird.

UEP-Codes zeichnen sich dadurch aus, daß verschiedene Informationsteile durch verschiedene Mindestdistanzen geschützt sind. Treten etwa t Fehler auf, so ist nur für die Informationsteile, die gegen t und mehr Fehler geschützt sind, garantiert, daß die Fehler korrigiert werden können, und zwar unabhängig davon, was in den anderen Informationsteilen passiert.

Definition 9.17 (UEP-Codes) *Ein GC-Code, der so konstruiert ist, daß das Produkt der Mindestdistanzen mit steigendem i kleiner wird, d. h.*

$$d_a^{(i)} \cdot d_b^{(i)} \; \text{wird kleiner, wenn } i \text{ wächst,}$$

ist ein UEP-Code. Die Information, die mit dem äußeren Code $\mathcal{A}^{(i)}$ codiert ist, ist dann mit der Mindestdistanz $d_a^{(i)} \cdot d_b^{(i)}$ geschützt.

Auf die Decodierung von UEP-Codes brauchen wir nicht gesondert eingehen, da sie sich nicht von der Decodierung von GC-Codes unterscheidet, die in Abschnitt 9.2.4 beschrieben ist. Dort wird auch offensichtlich, warum das Produkt der Mindestdistanzen fallen muß. Bemerkenswert ist, daß die Decodierung eines *normalen* GC-Codes sich immer so verhält, als ob man einen UEP-Code korrigiert (vergleiche hierzu Abschnitt 9.2.4).

9.2.6 Zyklische Codes als GC-Codes

Es ist bekannt, daß jeder zyklische Code als GC-Code beschrieben werden kann. Diese interessante Eigenschaft wurde leider bisher noch nicht zur Decodierung von zyklischen Codes ausgenutzt.

Einführende Beispiele

Die beiden folgenden Beispiele zur Verkettung zyklischer Codes sind aus [Jen96] entnommen.

Beispiel 9.25 (Verketteter zyklischer Code) Gegeben sei ein zweifach erweiterter zyklischer RS-Code $\mathcal{A}(2^3; 9, 6, 4)$ (siehe Abschnitt 3.1.6) als äußerer Code und ein zyklischer Simplex-Code $\mathcal{B}(2; 7, 3, 4)$ als innerer Code. Ein Code, dessen Prüfpolynom $h(y) = (y^n - 1) : g(y)$ irreduzibel ist, heißt *minimal*. Offensichtlich ist der Code $\mathcal{B}$ minimal. Wir wollen ihn wie folgt betrachten:

Sei $\beta \in GF(2^3)$ eine Nullstelle des irreduziblen Polynoms $h(y) = (y^7 - 1) : g(y)$. Dann gilt bei einem minimalen zyklischen Code folgender Zusammenhang (Isomorphismus):

$$\gamma = b(\beta), \ b(y) \in \mathcal{B} \iff \psi(\gamma): \ b(y) = \sum_{j=0}^{6} b_j y^j, \ b_j = \mathrm{tr}(\beta^{-j} \cdot \gamma) \ ,$$

d. h. jedes der 2^3 Codewörter b aus $\mathcal{B}$ wird eineindeutig durch $b(\beta)$ auf ein Element $\gamma \in GF(2)^3$ abgebildet. Dabei ist $\mathrm{tr}(\beta^{-j} \cdot \gamma)$ die Trace-Funktion aus Definition 2.27. Mit dem primitiven Polynom $y^3 + y + 1$ errechnen wir:

$$\beta^0 = 001, \ \beta^1 = 010, \ \beta^2 = 100, \ \beta^3 = 011, \ \beta^4 = 110, \ \beta^5 = 111, \ \beta^6 = 101.$$

Das Generatorpolynom ergibt sich zu (mit $K_3 = \{3, 6, 12 = 5 \mod 7\}$):

$$g(y) = (y - 1)(y - \beta^3)(y - \beta^6)(y - \beta^5) = (y - 1)(y^3 + y^2 + 1) = y^4 + y^2 + y + 1 \ .$$

Ein mögliches Codewort mit dem Informationspolynom $i(y) = y^2 + 1$ ist $b(y) = i(y) \cdot g(y) = y^6 + y^3 + y + 1$. Damit ist:

$$\gamma = b(\beta) = \beta^6 + \beta^3 + \beta^1 + \beta^0 = 101 + 011 + 010 + 001 = 101 = \beta^6 \ .$$

Mit der Trace-Funktion können wir die Codestellen wieder berechnen, z. B. die Stellen 2 und 3:

$$b_2 = \mathrm{tr}(\gamma \cdot \beta^{-2}) = \mathrm{tr}(\beta^6 \cdot \beta^{-2}) = \mathrm{tr}(\beta^4) = \beta^4 + (\beta^4)^2 + (\beta^4)^4 = \beta^4 + \beta + \beta^2 \ = 0 \ ,$$

$$b_3 = \mathrm{tr}(\gamma \cdot \beta^{-3}) = \mathrm{tr}(\beta^6 \cdot \beta^{-3}) = \mathrm{tr}(\beta^3) = \beta^3 + (\beta^3)^2 + (\beta^3)^4 = \beta^3 + \beta^6 + \beta^5 = 1 \ .$$

Eine wichtige Eigenschaft ist, daß eine zyklische Verschiebung $v(y) = y \cdot b(y)$ von $b(y)$ einer Multiplikation von γ mit β entspricht, d. h. $v_i = \mathrm{tr}(\beta^{-i} \cdot \gamma \cdot \beta)$.

Das Generatorpolynom des äußeren Codes $\mathcal{A}(2^3; 9, 6, 4)$ ist mit $\eta \in GF(2^6)$ als primitives Element und $\alpha = \eta^7$ als Element der Ordnung 9 aus den Kreisteilungsklassen $K_0 = \{0\}$ und $K_1 = \{1, 8\}$:

$$g(x) = \prod_{i \in \{0,1,8\}} (x - \alpha^i) = \prod_{i \in \{0,1,8\}} (x - \eta^{7 \cdot i}) = x^3 + \eta^9 x^2 + \eta^9 x + 1 \ .$$

Der verkettete Code $\mathcal{C}_C$ mit der Länge 63 und der Dimension 18 ergibt sich als binäre (9×7)-Matrix, wobei jede Zeile ein Codewort aus $\mathcal{B}$ ist. Da wir hier das Galois-Feld entsprechend gewählt haben, können wir ein Codewort aus $\mathcal{C}_C$ auch anders ausdrücken. Sei $a(x) = a_0 + a_1 x + a_2 x^2 + \cdots + a_8 x^8 \in \mathcal{A}$ und jede Stelle a_i sei mit dem Code $\mathcal{B}$ codiert:

$$b_i(y) = \psi(a_i) = \sum_{j=0}^{6} b_{i,j} y^j, \quad b_{i,j} = \mathrm{tr}(\beta^{-j} \cdot a_i) \ ,$$

$$\text{oder:} \quad b_i(y) = y^k g(y), \quad a_i = \beta^k \ .$$

Damit läßt sich jedes Codewort von $\mathcal{C}_C$ als Polynom der beiden Variablen x und y darstellen:

$$c(x, y) = \sum_{i=0}^{8} \psi(a_i) x^i = \psi(a_0) + \psi(a_1) x + \cdots + \psi(a_8) x^8 = \sum_{i=0}^{8} \sum_{j=0}^{6} b_{i,j} y^j x^i \ .$$

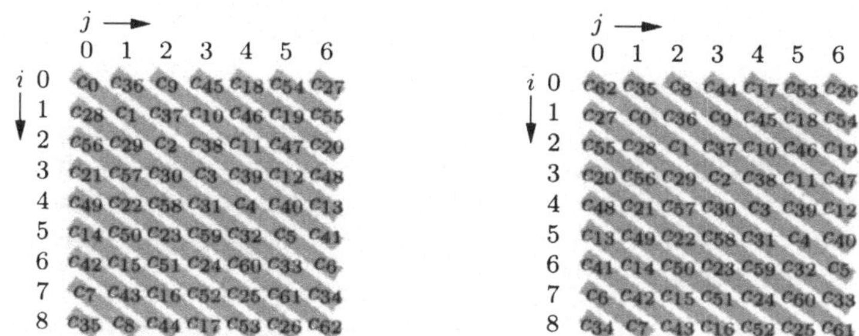

Bild 9.13: Matrixdarstellung eines Codewortes des verketteten Codes und dessen zyklische Verschiebung.

Da die Längen von innerem und äußerem Code relativ prim sind, kann man nach dem Chinesischen Restesatz [McWSl, Ch. 10, Th. 5] für jedes Paar (i, j), $0 \leq i \leq 8$, $0 \leq j \leq 6$, ein ℓ finden, für das $\ell = i \mod 9$ und gleichzeitig $\ell = j \mod 7$ gilt (siehe Bild 9.13). Hiermit ist es möglich, ein Codewort des verketteten Codes aus der Polynomdarstellung in zwei Variablen x und y in ein Polynom einer Variablen $z = x \cdot y$ zu transformieren:

$$c(x, y) \quad \Longleftrightarrow \quad c(z) = \sum_{\ell=0}^{9 \cdot 7 - 1} c_\ell z^\ell = (c_0, c_1, \ldots c_{62}) \ .$$

Die Koeffizienten c_ℓ sind in der Matrixdarstellung aus Bild 9.13 in aufsteigender Reihenfolge auf der sogenannten verlängerten Hauptdiagonalen zu finden. Ein um eine Stelle zyklisch verschobenes Codewort des verketteten Codes, wie in Bild 9.13 ebenfalls gezeigt, ist in der Darstellung als Polynom der Variablen x und y dann:

$$z \cdot c(z) \mod (z^{63} - 1) = \left((x \cdot y \cdot c(x, y) \mod (x^9 - 1)) \right) \mod (y^7 - 1)$$
$$= \psi(\beta a_8) + \psi(\beta a_0)x + \cdots + \psi(\beta a_7)x^8 \ .$$

Dies entspricht dem Polynom $\beta(a_8 + a_0 x + \cdots + a_7 x^8)$, und da der äußere Code linear und zyklisch ist, handelt es sich dabei wieder um ein Codewort von $\mathcal{A}$. Damit ist plausibel, daß der verkettete Code $\mathcal{C}_C$ ebenfalls ein zyklischer Code ist, und wir können den Code somit über ein Generatorpolynom beschreiben.

Sei $\eta \in GF(2^6)$ ein primitives Element, $\beta = \eta^9$ ein Element der Ordnung 7 und $\alpha = \eta^7$ ein Element der Ordnung 9. Die Nullstellen des Prüfpolynoms des verketteten Codes ergeben sich aus dem Produkt der Nullstellen der Prüfpolynome von innerem und äußerem Code, wobei jeweils nur ein Element der Kreisteilungsklassen der Komponentencodes berücksichtigt werden muß, um die zugehörige Kreisteilungsklasse im verketteten Code festzulegen:

$$\beta \cdot \alpha^2 = \eta^9 \cdot \eta^{14} = \eta^{23}, \quad 23 \in K_{23} = \{23, 29, 43, 46, 53, 58\},$$
$$\beta \cdot \alpha^3 = \eta^9 \cdot \eta^{21} = \eta^{30}, \quad 30 \in K_{15} = \{15, 30, 39, 51, 57, 60\},$$
$$\beta \cdot \alpha^4 = \eta^9 \cdot \eta^{28} = \eta^{37}, \quad 37 \in K_{11} = \{11, 22, 25, 37, 44, 50\}.$$

Das Generatorpolynom des verketteten Codes $\mathcal{C}_C$ kann anschließend über diese Kreisteilungsklassen von $GF(2^6)$ bestimmt werden (primitives Polynom: $z^6 + z + 1$):

$$h(z) = \prod_{\ell \in K_{11} \cup K_{15} \cup K_{23}} (z - \eta^\ell), \qquad g(z) = \frac{z^{63} - 1}{h(z)} \ ,$$

$$g(z) = z^{45} + z^{44} + z^{42} + z^{40} + z^{38} + z^{37} + z^{35} + z^{33} + z^{31} + z^{29} + z^{28} +$$
$$+ z^{26} + z^{24} + z^{22} + z^{20} + z^{19} + z^{18} + z^9 + z^8 + z^6 + z^4 + z^2 + z + 1 .$$

Dieser Code hat eine geplante Mindestdistanz (BCH-Bound) von $d = 14$. Eine Abschätzung der Mindestdistanz über die Komponentencodes der Verkettung ergibt jedoch $d \geq d_a \cdot d_b = 4 \cdot 4 = 16$, und dies ist in diesem Fall auch die wahre Mindestdistanz. Der resultierende einfach verkettete Code hat die Parameter $\mathcal{C}_C(63, 18, 16)$. Allerdings gibt es einen BCH-Code mit besserer Mindestdistanz: BCH$(63, 18, 21)$.   ◇

Im vorherigen Beispiel haben wir gezeigt, wie man aus zyklischen Codes einen zyklischen verketteten Code konstruieren kann. Durch entsprechende Verknüpfung von solchen Codes kann ein zyklischer GC-Code mit sehr guten Parametern konstruiert werden, wie das folgende Beispiel demonstriert.

Beispiel 9.26 (Zyklischer GC-Code) Betrachten wir die beiden inneren Simplex-Codes $\mathcal{B}^{(1)}(2; 7, 3, 4)$ und $\mathcal{B}^{(2)}(2; 7, 3, 4)$, die sich durch ihr Generatorpolynom unterscheiden. Das Generatorpolynom von $\mathcal{B}^{(1)}$ sei $g_1(x) = (x - 1)(x - \beta^3)(x - \beta^6)(x - \beta^5)$ und das von $\mathcal{B}^{(2)}$ $g_2(x) = (x - 1)(x - \beta^1)(x - \beta^2)(x - \beta^4)$.

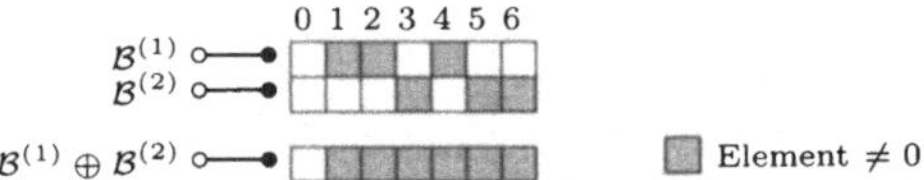

Bild 9.14: Direkte Addition der Codes $\mathcal{B}^{(1)}$ und $\mathcal{B}^{(2)}$ und Darstellung im transformierten Bereich.

Die Addition eines Codewortes aus $\mathcal{B}^{(1)}$ zu einem aus $\mathcal{B}^{(2)}$ sei c (siehe hierzu Definition 6.18). Die Transformierte jedes möglichen c muß entsprechend Bild 9.14 eine Nullstelle bei $\beta^0 = 1$ besitzen. Die Menge aller Codeworte, deren Transformierte eine Nullstelle bei 1 haben, ist ein Parity-Check-Code. Damit kann der Parity-Check-Code als innerer Code aufgefaßt werden, der in die Simplex-Codes partitioniert wird. Die äußeren Codes sind zwei RS-Codes, nämlich $\mathcal{A}^{(1)}(2^3; 9, 2, 8)$ und $\mathcal{A}^{(2)}(2^3; 9, 6, 4)$. Wir codieren nun 6 Informationsbits in $\mathcal{A}^{(1)}$ und 18 in $\mathcal{A}^{(2)}$. Dann codieren wir die einzelnen Symbole des Codewortes von $\mathcal{A}^{(1)}$ mit dem inneren Code $\mathcal{B}^{(1)}$ und erhalten den Code $\mathcal{C}_C^{(1)}(2; 63, 6, 32)$. Entsprechend codieren wir die einzelnen Symbole des Codewortes von $\mathcal{A}^{(2)}$ mit dem inneren Code $\mathcal{B}^{(2)}$ und erhalten den Code $\mathcal{C}_C^{(2)}(2; 63, 18, 16)$. Jeder Code stellt einen zyklischen Code dar, und die Codeworte können als Matrizen repräsentiert werden, deren 9 Zeilen jeweils Codeworte der Simplex-Codes $\mathcal{B}^{(1)}$ und $\mathcal{B}^{(2)}$ sind. Die Addition beider Matrizen ergibt eine Matrix, deren 9 Zeilen Codeworte des PC-Codes (entsprechend Bild 9.14) sind. Der Code ist zyklisch, da die Addition zweier zyklischer Codes zyklisch ist. Der verallgemeinert verkettete Code hat die Parameter $n = 63$, $k = 6 + 18 = 24$ und $d = \min\{d(\mathcal{A}^{(1)}) \cdot d(\mathcal{B}^{(1)} \oplus \mathcal{B}^{(2)}), d(\mathcal{A}^{(2)}) \cdot d(\mathcal{B}^{(2)})\} = \min\{8 \cdot 2, 4 \cdot 4\} = 16$, was hier auch der wahren Mindestdistanz entspricht. Die BCH-Bound eines (63,24)-Codes ergibt dagegen lediglich eine Mindestdistanz von $d = 15$.

Für die Decodierung überlegt man sich, daß man zunächst jede der 9 Zeilen bezüglich des PC-Codes korrigiert. Danach wird der äußere Code $\mathcal{A}^{(1)}$ decodiert und das Codewort $\mathcal{C}_C^{(1)}$ berechnet. Nach Subtraktion dieses Codewortes können wir jede der 9 Zeilen erneut bezüglich des Simplex-Codes $\mathcal{B}^{(2)}$ decodieren und danach den Code $\mathcal{A}^{(2)}$.   ◇

Dieses Beispiel aus [Jen96] ist Grundlage für viele Codes mit den besten bekannten Parametern (siehe [BJ74], [Jen85] und [Jen92]).

Definition von zyklischen GC-Codes

Entsprechend Beispiel 9.25 ergibt die Verkettung eines binären minimalen Codes und eines zyklischen Codes wiederum einen zyklischen Code. Dieses Ergebnis drückt der folgende Satz aus:

Satz 9.18 (Zyklischer verketteter Code [BJ74]) *Sei* $\mathcal{B}(2; n_a, k_b, d_b)$, n_a *ungerade, ein minimaler binärer zyklischer Code, und sei* $\mathcal{A}(2^{k_b}; n_a, k_a, d_a)$ *ein zyklischer Code. Dann ist der verkettete Code*

$$\mathcal{C}_C(2; n_a \cdot n_b, k_a \cdot k_b, \geq d_a \cdot d_b)$$

ein zyklischer Code, wenn $\mathrm{ggT}(n_a, n_b) = 1$ *ist. Die Nullstellen des Prüfpolynoms von* $\mathcal{C}_C$ *sind* $(\beta \cdot \alpha_j)^{2^i}$, *wobei* $\beta, \beta^2, \ldots, \beta^{2^{k-1}}$ *die Nichtnullstellen des inneren Codes sind und* $\alpha_1, \alpha_2, \ldots, \alpha_{k_a}$ *die des äußeren Codes.*

Damit können wir entsprechend Beispiel 9.26 durch die direkte Summe einfach verketteter Codes GC-Codes konstruieren.

Satz 9.19 (Zyklischer GC-Code [Jen96]) *Sei* $\mathrm{ggT}(n_a, n_b) = 1$, *dann ist jeder zyklische Code der Länge* $n = n_a \cdot n_b$ *die direkte Summe binärer zyklischer verketteter Codes, die aus einem inneren minimalen zyklischen binären Code und äußeren zyklischen Codes konstruiert sind.*

Beispiel 9.27 (Zyklischer GC-Code der Länge 255) Wir wollen einen binären zyklischen Code der Länge 255 konstruieren. Als innere Codes dienen binäre minimale BCH-Codes mit $n = 15$. Bild 9.15 zeigt die entsprechenden Kreisteilungsklassen des $GF(2^4)$. Mit den Kreisteilungsklassen K_7, K_5 und K_3, die die Nullstellen der jeweiligen Prüfpolyno-

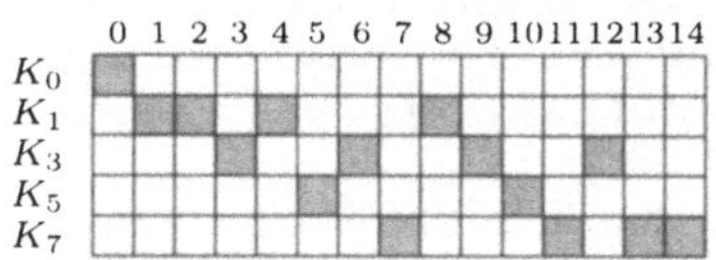

Bild 9.15: Die Kreisteilungsklassen zur Konstruktion aller minimalen binären Codes der Länge 15.

me bestimmen, ergeben sich die inneren minimalen Codes $\mathcal{B}^{(1)}(15, 4, 8)$, $\mathcal{B}^{(2)}(15, 2, 10)$ und $\mathcal{B}^{(3)}(15, 4, 6)$. Die zugehörigen äußeren Codes werden wie folgt gewählt: $\mathcal{A}^{(1)}(2^4; 17, 10, 8)$, $\mathcal{A}^{(2)}(2^2; 17, 4, 12)$ und $\mathcal{A}^{(3)}(2^4; 17, 2, 16)$. $\mathcal{A}^{(1)}$ und $\mathcal{A}^{(3)}$ sind, genauso wie in Beispiel 9.26, zweifach erweiterte RS-Codes.

$\mathcal{A}^{(2)}$ dagegen ist ein nicht-binärer BCH-Code mit Symbolen aus dem $GF(2^2)$ (vergleiche hierzu Abschnitt 4.4.1). Mit $\alpha \in GF(2^8)$ als Element der Ordnung 15 läßt sich ein Code der Länge $n = \frac{2^8 - 1}{15} = 17$ konstruieren. Die weiteren Parameter dieses Codes können über die Kreisteilungsklassen ermittelt werden ($q = 2^2 = 4$, $m = 8$):

$$K_i = \{i \cdot q^j \bmod n, \ j = 0, 1, \ldots, m - 1\} = \{i \cdot 4^j \bmod 17, \ j = 0, 1, \ldots, 7\} \ .$$

Wählen wir die Kreisteilungsklasse $K_6 = \{6, 7, 10, 11\}$ als Nullstellen des Prüfpolynoms, so folgt $k = 4$ und die geplante Mindestdistanz $d = 12$.

Die Mindestdistanz der verallgemeinert verketteten Codes läßt sich zu $d \geq \min\{d(\mathcal{A}^{(1)}) \cdot d(\mathcal{B}^{(1)}), d(\mathcal{A}^{(2)}) \cdot d(\mathcal{B}^{(1)} \oplus \mathcal{B}^{(2)}), d(\mathcal{A}^{(3)}) \cdot d(\mathcal{B}^{(1)} \oplus \mathcal{B}^{(2)} \oplus \mathcal{B}^{(3)})\} = \min\{8 \cdot 8, 12 \cdot 6, 16 \cdot 4\} = 64$ abschätzen. Der verkettete Code $\mathcal{C}_{GC}(255, 56, 64)$ hat damit bessere Parameter als ein vergleichbarer primitiver $(255, 55, 63)$-BCH-Code.   ◇

Beispiel 9.28 (Zyklischer GC-Code der Länge 1023) Als weiteres Beispiel soll ein zyklischer GC-Code mit den minimalen inneren Codes aus Bild 9.16 $\mathcal{B}^{(1)}(31, 5, 16)$ (K_{15}),

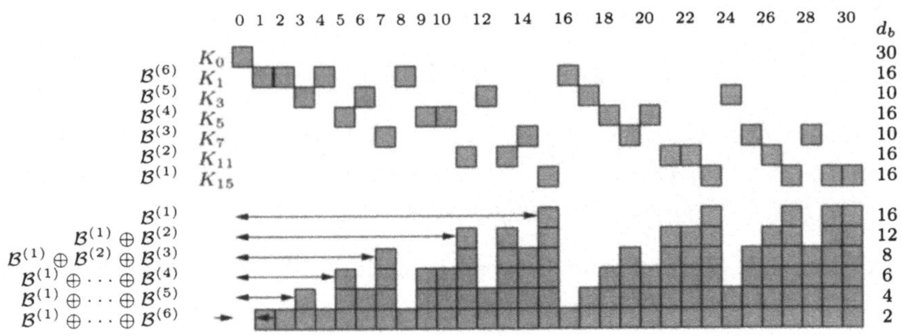

☐ Nicht-Nullstelle des transformierten Codeworts und Nullstelle des Prüfpolynoms

Bild 9.16: Minimale binäre Codes der Länge 31 und mögliche Kombinationen durch direkte Addition abgeleitet aus den Kreisteilungsklassen für $GF(2^5)$.

$\mathcal{B}^{(2)}(31, 5, 16)$ (K_{11}) und $\mathcal{B}^{(3)}(31, 5, 10)$ (K_7) sowie den äußeren Codes $\mathcal{A}^{(1)}(2^5; 33, 18, 16)$, $\mathcal{A}^{(2)}(2^5; 33, 12, 22)$ und $\mathcal{A}^{(3)}(2^5; 33, 2, 32)$ konstruiert werden. Im Vergleich zum primitiven $(1023, 153, 251)$-BCH-Code hat der GC-Code $\mathcal{C}_{GC}(1023, 160, 256)$ bessere Parameter. Nimmt man jedoch zur Erhöhung der Rate einen weiteren minimalen inneren Code $\mathcal{B}^{(4)}(31, 5, 16)$ (K_5) hinzu, so ergibt sich mit den äußeren Codes $\mathcal{A}^{(1)}(2^5; 33, 22, 12)$, $\mathcal{A}^{(2)}(2^5; 33, 18, 16)$, $\mathcal{A}^{(3)}(2^5; 33, 12, 24)$ und $\mathcal{A}^{(4)}(2^5; 33, 2, 32)$ ein GC-Code $\mathcal{C}_{GC}(1023, 270, 192)$, der im Vergleich zum $(1023, 278, 205)$-BCH-Code schlechtere Parameter aufweist.   ◇

Am letzten Beispiel wurde deutlich, daß für niederratige Codes die Abschätzung der Mindestdistanz über die verallgemeinert verkettete Struktur eines zyklischen Codes im Vergleich zur BCH-Bound zu besseren Ergebnissen führt. Außerdem eröffnet die Interpretation von langen Codes als verallgemeinerte Verkettung wesentlich kürzerer Codes die Möglichkeit, Soft-Decodierverfahren für diesen Code anzuwenden.

Jensen hat in [Jen92] gezeigt, daß jeder zyklische Code als GC-Code dargestellt werden kann. Somit können statt der zyklischen die nicht-zyklischen Codes betrachtet werden, die aus den gleichen inneren und äußeren Codes konstruiert sind, da sich die Decodereigenschaften nicht ändern.

9.2.7 GC-Codes durch Codierung des Syndroms

Nehmen wir an, ein Fehler auf dem Kanal bewirkt, daß in einem Codewort, das hier einer Matrix entsprechen soll, Bitfehler nur in einem rechteckigen Gebiet der Größe $b_1 \times b_2$ Bits auftreten. Dies kann als zweidimensionaler Bündelfehler interpretiert

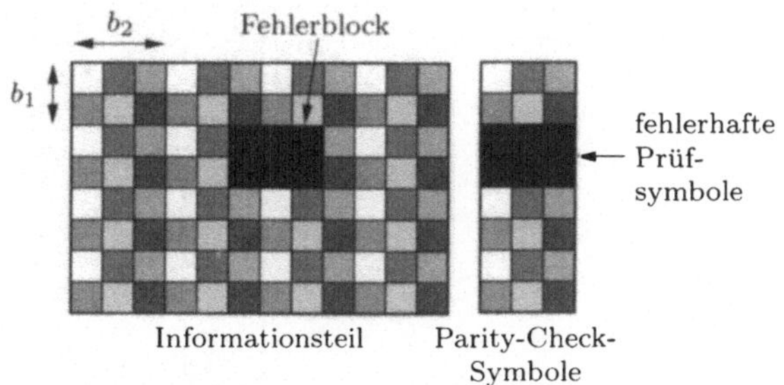

Bild 9.17: Parity-Check-Symbole auf der Empfängerseite.

werden. Gemäß Gilbert [Gil60] ist die Kapazität eines Bündelfehlerkanals größer als die eines Kanals der unabhängige Fehler erzeugt, d. h. es muß möglich sein, mit einem Code mit größerer Rate zu übertragen. Wir wollen annehmen, daß die Prüfsymbole, gemäß Bild 9.17, nicht übertragen worden sind, sondern nach der Übertragung im Empfänger berechnet wurden. Dabei stellen die unterschiedlichen Grautöne verschiedene interleavte binäre Parity-Check-Codes dar. Auffallend ist, daß die meisten Prüfsymbole korrekt berechnet worden sind, und es stellt sich die Frage: Warum sollte man diese Prüfbits überhaupt übertragen? Im folgenden wollen wir eine Codekonstruktion beschreiben, die diese Frage dadurch löst, daß nur ein geringer Teil der Prüfbits übertragen werden muß, was die Anzahl der notwendigen Redundanzbits zur Korrektur eines zweidimensionalen Bündelfehlers erheblich reduziert.

Das Konzept der Codierung von Prüfbits: Wir beschreiben eine mögliche Codekonstruktion aus [BBZS98], die in der Lage ist einen zweidimensionalen Bündelfehler der Größe $b_1 \times b_2$ zu korrigieren (ein Bündelfehler mit $b_1 = 1$ entspricht dann dem eindimensionalen Fall). Wir schreiben die Informationsbits in eine binäre $(n_1 \times n_2)$-Matrix, wobei, wie in Bild 9.18 dargestellt, ein Gebiet in der oberen rechten und der unteren linken Ecke zunächst zu Null gesetzt wird, d. h. wir können dort keine Informationsbits eintragen. Die Gebiete, die zu Null gesetzt werden, sind jeweils rechts oben $2b_1$ Zeilen und b_2 Spalten und links unten b_1 Zeilen und $2b_2$ Spalten, d. h. wir können in die $(n_1 \times n_2)$-Matrix $n_1 \cdot n_2 - 2b_1 \cdot b_2 - b_1 \cdot 2b_2 = n_1 n_2 - 4b_1 b_2$ Informationsbits eintragen. Wir berechnen ein Codewort in drei Schritten wie folgt:

Schritt 1: Jede Zeile von $i = 2b_1, \ldots, n_1 - 1$ wird mit b_2 interleavten Parity-Check-Codes codiert, d. h.

$$p_{im} = \sum_{\substack{j = m, m+b_2, \ldots \\ j < n_2}} c_{ij}, \quad i = 2b_1, \ldots, n_1 - 1 \,, \tag{9.14}$$

und die Prüfbits werden gemäß Bild 9.18 in eine $((n_1 - 2b_1) times b_2)$-Matrix geschrieben.

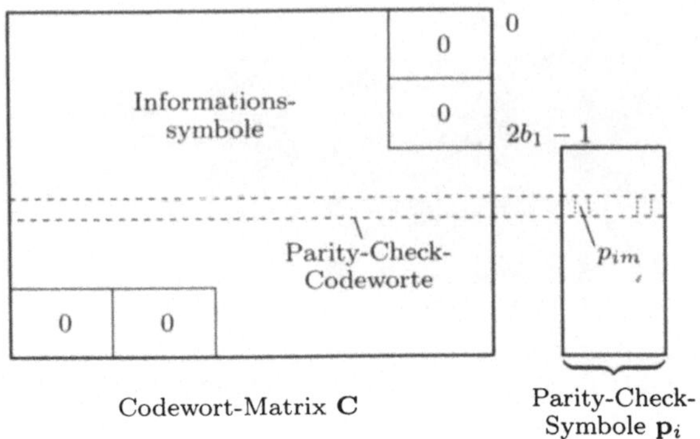

Bild 9.18: Erster Codierschritt in Zeilenrichtung.

Schritt 2: Die so konstruierte $((n_1 - 2b_1) \times b_2)$-Matrix stellt die Informationssymbole eines $(2^{b_2}; n_1, n_1 - 2b_1, d = 2b_1 + 1)$-RS-Codes dar. Damit ergibt sich, bedingt durch die maximale Länge der RS-Codes, die Einschränkung $n_2 \leq 2^{b_2} + 1$. Bei systematischer Codierung ergibt sich ein RS-Codewort, wie in Bild 9.19 gezeigt.

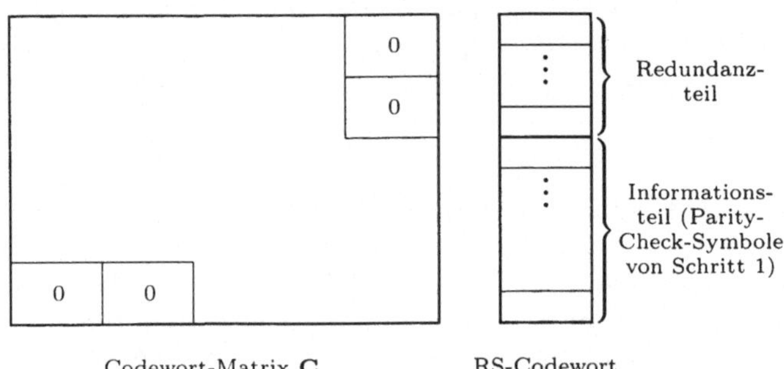

Bild 9.19: Zweiter Codierschritt, RS-Codewort.

Schritt 3: Jetzt werden die rechten oberen Stellen, die zuvor zu Null gesetzt waren derart ergänzt, daß sie gemeinsam mit den entsprechenden RS-Codesymbolen und den Informationsbits, wie in Schritt 1, genau b_2 interleavten PC-Codewörtern entsprechen. Anders ausgedrückt entspricht jede der Zeilen 0 bis $n_1 - b_2$ (inklusive den RS-Codeteil) genau b_2 interleavten PC-Codes.

Ausgehend von der ursprünglichen Matrix in Bild 9.18 werden nun die Schritte 1–3 entsprechend für die Spalten durchgeführt, um die Nullen in der unteren linken Ecke der Matrix zu ersetzen. Hier gilt die Einschränkung: $n_2 \leq 2^{b_2} + 1$.

Nach der Codierung habe wir eine $(n_1 \times n_2)$-Matrix, ein Zeilen-RS-Codewort $(2^{b_1}; n_1, n_1 - 2b_1, 2b_1 + 1)$ und ein Spalten-RS-Codewort $(2^{b_2}; n_2, n_2 - 2b_2, 2b_2 + 1)$. Wir übertragen jedoch nur die $(n_1 \times n_2)$-Matrix als Codewort des Codes $C(n_1 \cdot$

$n_2, n_1 n_2 - 4b_1 b_2, d_T = 3$). Die Mindestdistanz $d_T = 3$ entspricht der Korrektur eines Bündelfehlers $b_1 \times b_2$ in kombinatorischer Metrik (siehe Anhang A).

Satz 9.20 (Korrekturfähigkeit des Codes $\mathcal{C}$) *Jeder zweidimensionale Bündelfehler der Größe $b_1 \times b_2$ kann mit dem Code $\mathcal{C}$ korrigiert werden.*

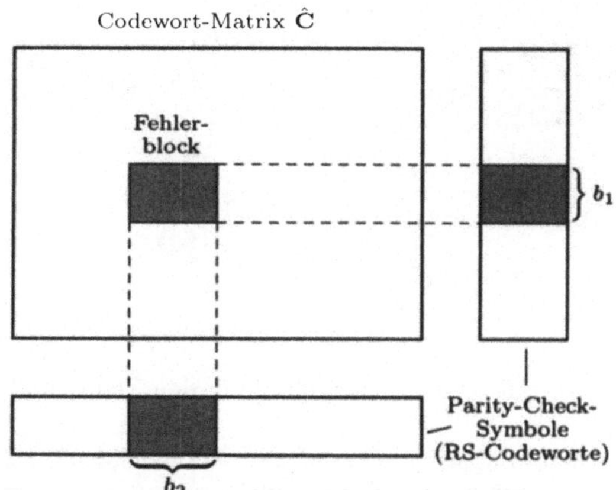

Bild 9.20: Fehlerhafte Parity-Check-Symbole durch einen zweidimensionalen Bündelfehler.

Beweis: Wir nehmen an, daß ein Bündelfehler der Größe $b_1 \times b_2$ bei der Übertragung der $(n_1 \times n_2)$-Matrix aufgetreten ist. Zunächst berechnen wir, wie in Bild 9.20 veranschaulicht, die Paritätsbits der b_2 interleavten PC-Codes der Zeilen und der b_1 interleavten PC-Codes der Spalten. Die Matrizen rechts und unterhalb der Codematrix müssen im fehlerfreien Fall gültige RS-Codewörter der Codes $(2^{b_1}; n_1, n_1 - 2b_1, 2b_1 + 1)$ und $(2^{b_2}; n_2, n_2 - 2b_2, 2b_2 + 1)$ sein. Wie aus Bild 9.20 ersichtlich, können durch den $(b_1 \times b_2)$-Fehlerblock höchstens b_1 Symbole des Zeilen- und b_2 Symbole des Spalten-RS-Codes fehlerhaft sein. Gemäß der Mindestdistanzen beider Codes können die Fehler korrigiert werden. Damit sind Fehlerorte und Fehlerwerte in Zeilen und Spalten bekannt und können in der $(n_1 \times n_2)$-Matrix korrigiert werden. Falls der Bündelfehler entsprechend Bild 9.18 in der rechten oberen bzw. linken unteren Ecke liegt, muß er nicht korrigiert werden. $\qquad\square$

Zur Veranschaulichung wollen wir im folgenden ein konkretes Beispiel berechnen.

Beispiel 9.29 (Code zur Korrektur eines (4×4)-Bündelfehlers) Wir wollen einen $(2; 150, 96, d_T = 3)$-Code konstruieren, der einen (4×4)-Bündelfehler korrigieren kann. Dazu schreiben wir die Information entsprechend Bild 9.21 in eine (10×15)-Matrix. Die grau hinterlegten Bereiche in der unteren linken und oberen rechten Ecke enthalten keine Information, sondern werden zunächst mit Nullen aufgefüllt. Zuerst wird in Zeilenrichtung codiert. Man beginnt mit der Berechnung von jeweils $b_2 = 4$ Prüfsymbolen für die Zeilen $2b_1 = 8$ bis $n_1 - 1 = 9$ nach Gleichung 9.14 und notiert das Ergebnis rechts neben dem Codewort. Eine dieser Prüfgleichungen ist in Bild 9.21 mit eingerahmten Kästchen markiert. Die Prüfsymbole jeder Zeile können im nächsten Schritt mit Hilfe der Logarithmentafel in Tabelle 9.1 als binäre Repräsentation von Symbolen aus dem $GF(2^4)$ betrachtet werden

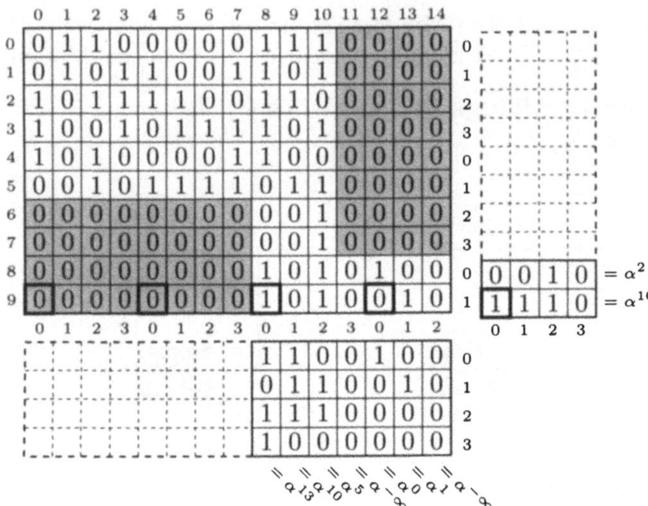

Bild 9.21: Berechnung der Prüfsymbole in den Zeilen und Spalten.

Tabelle 9.1: Logarithmentafel des Galois-Feldes $GF(2^4)$.

$\alpha^{-\infty}$	0000	α^3	0001	α^7	1101	α^{11}	0111
α^0	1000	α^4	1100	α^8	1010	α^{12}	1111
α^1	0100	α^5	0110	α^9	0101	α^{13}	1011
α^2	0010	α^6	0011	α^{10}	1110	α^{14}	1001

(die Komponentendarstellung ist hier im Vergleich zu Beispiel 2.12 gespiegelt). Die Symbole in den Zeilen 8 und 9, α^2 und α^{10}, sind Informationssymbole eines verkürzten RS-Codes. Systematische Codierung mit dem Generatorpolynom $1 + \alpha^6 x + \alpha x^2 + \alpha^{10} x^3 + x^4 + \alpha^3 x^5 + \alpha^2 x^6 + x^7 + \alpha^2 x^8$ liefert das Codewort $\alpha^{13} + \alpha^5 x + \alpha^{-\infty} x^2 + \alpha^{12} x^3 + \alpha^8 x^4 + \alpha^{10} x^5 + \alpha^{12} x^6 + \alpha^9 x^7 + \alpha^2 x^8 + \alpha^{10} x^9$. Die Redundanzsymbole des RS-Codewortes werden ebenfalls binär interpretiert. Nun können die Bits in der oberen rechten Ecke des Codewortes (graue Fläche) so gewählt werden, daß die Prüfgleichungen auch für die Zeilen 0–7 erfüllt sind (siehe Bild 9.22).

Die Berechnung der Prüfsymbole für die Spalten erfolgt ganz analog. Es ist jedoch zu beachten, daß die neu berechneten Redundanzsymbole für die rechte obere Ecke des Codewortes hierbei noch nicht berücksichtigt werden. Die Symbole, die sich aus den Spalten 8–14 ergeben haben, dienen als Information für den gleichen RS-Code wie bei der Codierung der Zeilen. Das fertig codierte Codewort ist in Bild 9.22 dargestellt.

Bei der Übertragung des Codewortes ist ein Bündelfehler aufgetreten. Die fehlerhaften Bits sind in Bild 9.23 grau markiert. Die Berechnung der Prüfsymbole auf der Empfängerseite führt damit ebenfalls zu Fehlern in den beiden binär interpretierten RS-Codeworten. Diese Fehler können jedoch alle bei der Decodierung von horizontalem bzw. vertikalem RS-Codewort erkannt werden. Mit diesem Wissen ist es möglich, sämtliche Fehler im übertragenen Codewort zu korrigieren. Beispielsweise wird für Zeile 5 statt α^8 das Symbol α^{10} decodiert. Es ist also ein einzelner Bitfehler in dieser Zeile aufgetreten, und aus dem Interleaving-Schema der Prüfgleichungen folgt, daß dieser Fehler einer der Spalten 1, 5, 9 oder 13 zugeordnet

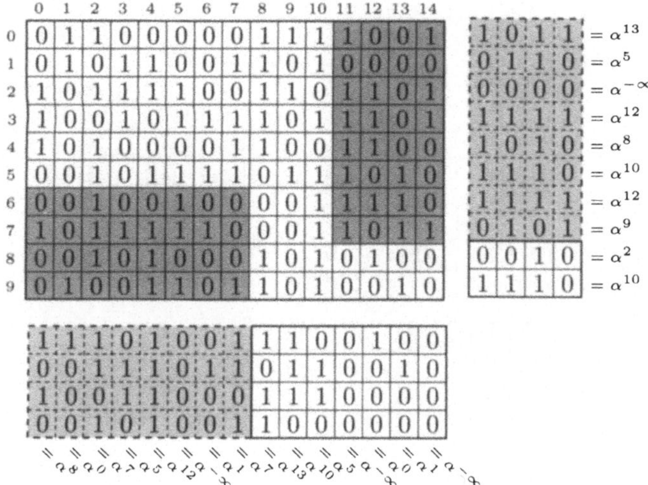

Bild 9.22: Codewort nach abgeschlossener Codierung.

werden kann. Da der vertikale Komponentencode lediglich in Spalte 5 einen Fehler detektiert hat, kann dieser Fehler eindeutig der Position $(5,5)$ zugeschrieben werden. Die Fehler an den Positionen $(6,8)$ und $(8,8)$ können auf die gleiche Weise korrigiert werden. Die noch verbleibenden Fehler an den Stellen $(6,5)$, $(7,6)$, und $(8,7)$ sind an Redundanzstellen des Codewortes aufgetreten und nicht durch einen horizontalen Parity-Check-Code erfaßt. Da die Informationssymbole der Codematrix nun jedoch fehlerfrei sind, können die Fehler leicht durch eine erneute Bestimmung der Redundanzbits bestimmt werden, falls dies nötig sein sollte. $\diamond$

Die beschriebene Konstruktion kann noch verbessert werden. Zur Korrektur von $(b_1 \times b_2)$-Bündelfehlern werden dann nur $3b_1b_2$ Redundanzstellen benötigt. Dieses Ergebnis und weitere Untersuchungen zu dieser Art der Codekonstruktion findet man in [Bre97]. In [BS96] wurde gezeigt, daß die Singleton-Schranke $\geq 2b_1b_2$ Redundanzstellen zur Korrektur von $(b_1 \times b_2)$-Bündelfehlern ergibt.

Wir wollen nun das beschriebene Konzept erweitern und verallgemeinert verkettete Codes damit konstruieren, die wir lediglich an zwei Beispielen beschreiben wollen. Es läßt sich zeigen, daß diese Konstruktion über die Prüfmatrix des inneren Codes äquivalent ist zur geläufigeren Beschreibung über die Generatormatrix, wie sie in Abschnitt 9.2 zur Einführung der verallgemeinerten Verkettung verwendet wurde. Ein Vorteil der neuen Betrachtungsweise ist neben der systematischen Codierung die Möglichkeit, durch das Abgrenzen von Fehlerstrukturen Abschätzungen für die Restfehlerwahrscheinlichkeiten durchführen zu können.

Beispiel 9.30 (Systematischer GC-Code 1) Es wird ein $(49,34)$-Array-Code konstruiert, der in drei Spalten der Codematrix $\mathbf{W}$ jeweils maximal einen Fehler korrigieren kann.

Die Codewörter werden als (7×7)-Matrix beschrieben (siehe Bild 9.24). Die Darstellung von $\mathbf{W}$ ist systematisch: Informationssymbole (weiß im Bild) und Redundanzsymbole (grau) sind

	0	1	2	3	4	5	6	7	8	9	10	11	12	13	14						
0	0	1	1	0	0	0	0	0	1	1	1	1	0	0	1	1	0	1	1	$= \alpha^{13}$
1	0	1	0	1	1	0	0	1	1	0	1	0	0	0	0	0	1	1	0	$= \alpha^{5}$
2	1	0	1	1	1	1	0	0	1	1	0	1	1	0	1	0	0	0	0	$= \alpha^{-\infty}$
3	1	0	0	1	0	1	1	1	1	0	1	1	1	0	1	1	1	1	1	$= \alpha^{12}$
4	1	0	1	0	0	0	0	1	1	0	0	1	1	0	0	1	0	1	0	$= \alpha^{8}$
5	0	0	1	0	1	0	1	1	0	1	1	1	0	1	0	1	0	1	0	$= \alpha^{8}$
6	0	0	1	0	0	0	0	0	1	0	1	1	1	1	0	0	1	1	1	$= \alpha^{11}$
7	1	0	1	1	1	1	0	0	0	0	1	1	0	1	1	0	1	0	1	$= \alpha^{9}$
8	0	0	1	0	1	0	0	1	0	0	1	0	1	0	0	1	0	1	0	$= \alpha^{8}$
9	0	1	0	0	1	1	0	1	1	0	1	0	0	1	0	1	1	1	0	$= \alpha^{10}$

1	1	1	0	1	0	0	0	0	1	0	0	1	0	0
0	0	1	1	1	1	1	1	0	1	1	0	0	1	0
1	0	0	1	1	1	0	0	0	1	1	0	0	0	0
0	0	1	0	1	0	1	1	1	0	0	0	0	0	0

$$= \alpha^8\ \alpha^8\ \alpha^0\ \alpha^7\ \alpha^5\ \alpha^{12}\ \alpha^5\ \alpha^9\ \alpha^9\ \alpha^9\ \alpha^3\ \alpha^{10}\ \alpha^5\ \alpha^{-\infty}\ \alpha^0\ \alpha^7\ \alpha^{-\infty}$$

Bild 9.23: Empfangene Matrix mit einem Bündelfehler und fehlerhaften Prüfsymbolen.

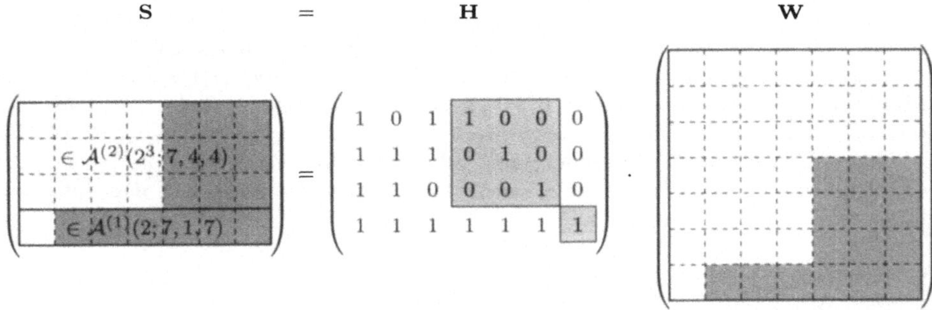

Bild 9.24: Syndromgleichung der verketteten Code-Konstruktion.

getrennt. Der Code $\mathcal{B}^{(1)}(7,6,2)$ (Parity-Check-Code) wird mit $\mathcal{B}^{(2)}(7,3,4)$ (Simplex-Code) partitioniert und bestimmt die Prüfmatrix $\mathbf{H}$. $\mathbf{H}$ wird wie folgt errechnet:

- Die unterste Zeile von $\mathbf{H}$ ist der Prüfvektor des Parity-Check-Codes in systematischer Darstellung (die systematische Form ergibt sich hier zwangsläufig).

- Die drei ersten Zeilen werden ebenfalls in systematischer Darstellung zur Prüfmatrix für den BCH$(7,3,4)$-Code ergänzt (siehe Bild 9.24).

Zur Codierung eines gültigen Codewortes wird zunächst der Informationsteil von $\mathbf{W}$ mit den Informationssymbolen gefüllt. Anschließend werden die Redundanzsymbole so bestimmt, daß die Syndrommatrix $\mathbf{S} = \mathbf{H} \cdot \mathbf{W}$ aus gültigen Codeworten der Codes $\mathcal{A}^{(1)}(2; 7, 1, 7)$ (Wiederholungscode) und $\mathcal{A}^{(2)}(2^3; 7, 4, 4)$ (RS-Code) in systematischer Darstellung besteht. Die genaue Vorgehensweise wird nachfolgend beschrieben:

Über das Gleichungssystem $\mathbf{S} = \mathbf{H} \cdot \mathbf{W}$ (siehe Bild 9.25) werden als erstes diejenigen Symbole der Syndrommatrix $\mathbf{S}$ berechnet, die den Informationsteilen der Codes $\mathcal{A}^{(i)}$ entsprechen.

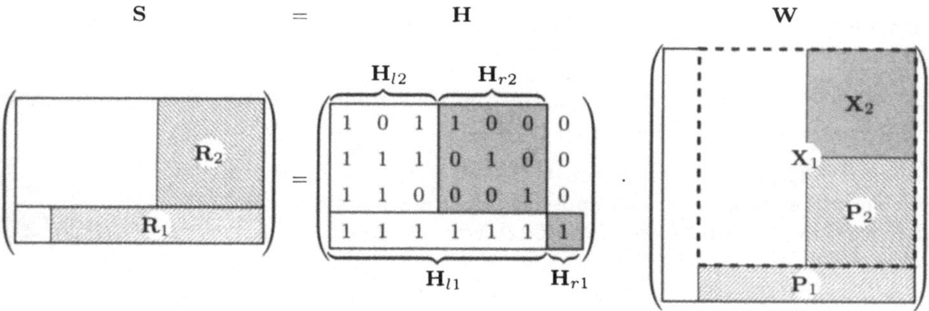

Bild 9.25: Systematische Codierung des verketteten Codes.

Aufgrund der besonderen Form der Prüfmatrix $\mathbf{H}$ kann dies ohne Kenntnis der Redundanzsymbole der Codematrix $\mathbf{W}$ erfolgen. Anschließend können mit Hilfe der Codiervorschriften (Generatormatrizen) der Codes $\mathcal{A}^{(1)}$ und $\mathcal{A}^{(2)}$ die Redundanzteile $\mathbf{R}_1$ und $\mathbf{R}_2$ bestimmt werden. Die Syndrommatrix $\mathbf{S}$ setzt sich nun aus Codeworten der Codes $\mathcal{A}^{(i)}$ zusammen. Die gesuchten Redundanzsymbole einer Codematrix $\mathbf{W}$ werden dann aus dem Gleichungssystem $\mathbf{S} = \mathbf{H} \cdot \mathbf{W}$ (siehe Bild 9.25) berechnet:

$$\mathbf{R}_2 = (\mathbf{H}_{l2}|\mathbf{H}_{r2}) \begin{pmatrix} \mathbf{X}_2 \\ \mathbf{P}_2 \end{pmatrix} = \mathbf{H}_{l2}\mathbf{X}_2 + \underbrace{\mathbf{H}_{r2}}_{=\mathbf{I}} \mathbf{P}_2 \implies \mathbf{P}_2 = \mathbf{R}_2 + \mathbf{H}_{l2}\mathbf{X}_2,$$

$$\mathbf{R}_1 = (\mathbf{H}_{l1}|\mathbf{H}_{r1}) \begin{pmatrix} \mathbf{X}_1 \\ \mathbf{P}_1 \end{pmatrix} = \mathbf{H}_{l1}\mathbf{X}_1 + \underbrace{\mathbf{H}_{r1}}_{=\mathbf{I}} \mathbf{P}_1 \implies \mathbf{P}_1 = \mathbf{R}_1 + \mathbf{H}_{l1}\mathbf{X}_1.$$

Zur Decodierung wird aus der empfangenen Codematrix $\widetilde{\mathbf{W}}$ zunächst die Syndrommatrix $\widetilde{\mathbf{S}} = \mathbf{H} \cdot \widetilde{\mathbf{W}}$ berechnet. Jedes Symbol der letzten Zeile von $\widetilde{\mathbf{S}}$ ist das Syndrom einer Spalte von $\widetilde{\mathbf{W}}$ bezüglich $\mathcal{B}^{(1)}$, in unserem Beispiel ein Parity-Check-Code. Der PC-Code hat die Mindestdistanz $d = 2$, deshalb kann damit lediglich eine ungerade Anzahl von Fehlern in der jeweiligen Spalte erkannt werden. Ist in einer Spalte der Codematrix genau *ein* Fehler aufgetreten, so wird dadurch die letzte Zeile der Syndrommatrix an dieser Stelle verfälscht. Da diese Zeile ein Codewort von $\mathcal{A}^{(1)}$ (Wiederholungscode) ist, können bei einer Länge von sieben Bit bis zu drei Spalten, in denen je ein Fehler aufgetreten ist, entdeckt werden. Die Information über die fehlerhaften Spalten wird im nächsten Schritt genutzt, um mit den übrigen drei Zeilen der Syndrommatrix, die ein Codewort von $\mathcal{A}^{(2)}$ repräsentieren, eine Auslöschungskorrektur (siehe 3.2.6) durchzuführen.

Sind bei der Übertragung nicht mehr als drei Fehler in verschiedenen Spalten der Codematrix aufgetreten, so ist die korrigierte Syndrommatrix fehlerfrei. Jede Spalte der Syndrommatrix entspricht dem Syndrom der jeweiligen Spalte der Codematrix bezüglich des Codes $\mathcal{B}^{(2)}(7,3,4)$. Bei einer Mindestdistanz von $d = 4$ kann damit genau ein Fehler korrigiert werden. Da die Spalten von $\mathbf{W}$ in der Regel keine Codeworte von $\mathcal{B}^{(2)}$ sind und folglich das zugehörige Syndrom $\neq \mathbf{0}$ ist, muß die Decodierung in dem Coset erfolgen, das dieses Syndrom aufweist. Das Decodierproblem kann durch Addition eines beliebigen Vektors aus diesem Coset in die übliche Form transformiert werden:

$$\mathbf{s} = \mathbf{H}\mathbf{x}^T \implies \mathbf{0} = \mathbf{H}(\mathbf{x} + \mathbf{a})^T, \forall\{\mathbf{a} \mid \mathbf{s} = \mathbf{H}\mathbf{a}^T\}.$$

Nach erfolgter Decodierung muß die Transformation wieder rückgängig gemacht werden, um
den gesuchten Vektor zu erhalten.   ◇

Das Konstruktionsprinzip soll nachfolgend an einem weiteren Beispiel illustriert
werden, das [GJZ97] entnommen wurde.

Beispiel 9.31 (Systematischer GC-Code 2) Der Code wurde entwickelt, um die
Bitfehlerrate einer bestehenden optischen Übertragungsstrecke von 10^{-4} auf etwa 10^{-10}
zu reduzieren. Die Größe der Codewörter war mit 19440 Bit festgelegt. Die Prüfmatrix

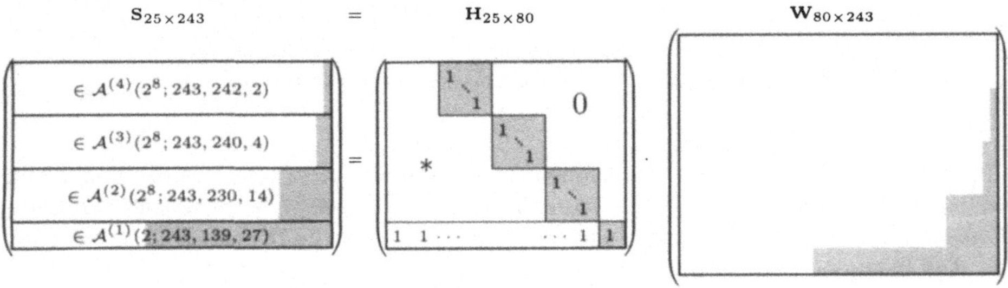

Bild 9.26: Syndromgleichung der verketteten Code-Konstruktion (schematisch).

wird über einen $(80, 55, 8)$-Code (verkürzter $\text{BCH}(255, 230, 8)$-Code) und die Partitionie-
rung $\mathcal{B}^{(1)}(80, 79, 2) \supset \mathcal{B}^{(2)}(80, 71, 4) \supset \mathcal{B}^{(3)}(80, 63, 6) \supset \mathcal{B}^{(4)}(80, 55, 8)$ gebildet. Die Syndrommatrix setzt sich aus Codeworten der Codes $\mathcal{A}^{(1)}(2; 243, 139, 27)$, $\mathcal{A}^{(2)}(2^8; 243, 230, 14)$,
$\mathcal{A}^{(3)}(2^8; 243, 240, 4)$ und $\mathcal{A}^{(4)}(2^8; 243, 242, 2)$ zusammen.

Bei der Decodierung wird nach dem gleichen Prinzip, wie in Beispiel 9.30 erklärt, vorgegangen.
Code $\mathcal{A}^{(1)}$ dient zur Lokalisierung der Spalten mit einer ungeraden Anzahl von Fehlern.
Beim Decodieren von $\mathcal{A}^{(2)}$ werden die Syndrome der Spalten mit Einzelfehlern korrigiert und
Spalten mit zwei Fehlern aufgedeckt. Mit den untersten neun Spalten der Syndrommatrix und
Code $\mathcal{B}^{(2)}$ können die Einzelfehler in den Spalten der Codematrix korrigiert werden. Falls es
sich um eine Spalte mit drei Fehlern handelt, was zu diesem Zeitpunkt noch nicht erkennbar
ist, wird eine falsche Korrektur durchgeführt, die jedoch im letzten Schritt mit dem stärksten
Code $\mathcal{B}^{(4)}$ wieder berichtigt werden kann.

Anschließend können acht weitere Zeilen der Syndrommatrix (Code $\mathcal{A}^{(3)}$) berechnet werden.
Die 17 letzten Zeilen von S enthalten nun keine Fehler mehr, die von Einzelfehlern stammen.
$\mathcal{A}^{(3)}$ dient zur Korrektur des Syndroms bei zwei Fehlern pro Spalte und um 3-er Fehler zu
lokalisieren, die dann letztlich mit Hilfe der Codes $\mathcal{A}^{(4)}$ und $\mathcal{B}^{(4)}$ korrigiert werden können.

Sei t_i die Anzahl der Spalten einer Codematrix mit i Fehlern, dann kann bei der Wahl der
Codeparameter wie oben angegeben die Codematrix richtig korrigiert werden, wenn gilt:

$$t_1 \leq 13 - 2t_2 - t_3, \quad t_2 \leq 3 - 2t_3, \quad t_3 \leq 1 \quad \text{und} \quad t_i = 0, \; i \geq 4 \,.$$

Mit diesen Korrekturfähigkeiten kann der Code die Fehlerwahrscheinlichkeit eines BSC von
$1 \cdot 10^{-4}$ auf unter $1.2 \cdot 10^{-10}$ reduzieren. Die Rate des Codes ist 0.988.   ◇

9.3   GC-Codes mit Faltungscodes

Um GC-Codes mit Faltungscodes zu konstruieren, muß zunächst deren Partitionierung beschrieben werden. Danach soll eine GC-Codekonstruktion, die auf einem

einzigen Faltungscode als inneren und äußeren Code basiert, und deren Decodierung beschrieben werden. Die Möglichkeit Faltungscodes zu partitionieren, wird im Kapitel 10 ausgenutzt, um Modulationsarten mit Gedächtnis als Trellis zu beschreiben und damit codierte Modulation mit sehr guten Distanzeigenschaften zu konstruieren.

9.3.1 Partitionierung von (P)UM-Codes

Wir wollen zunächst die Partitionierung von Faltungscodes auf die Partitionierung von Blockcodes zurückführen, indem wir die (P)UM-Code-Beschreibung verwenden. Dies war im übrigen auch der erste Ansatz (siehe [ZySha]), um GC-Codes mit inneren Faltungscodes zu konstruieren.

In Abschnitt 8.7 haben wir (P)UM-Codes eingeführt und in Abschnitt 8.7.4 mögliche Konstruktionsmethoden auf der Basis von BCH-, RS- und RM-Codes dafür beschrieben. Jeder Faltungscode kann als (P)UM-Code dargestellt werden, und die Codierung erfolgt durch

$$\mathbf{c}_t = \mathbf{i}_t \mathbf{G}_a + \mathbf{i}_{t-1} \mathbf{G}_b, \quad \mathbf{i}_{-1} = \mathbf{0} \ . \tag{9.15}$$

Jedes $\mathbf{c}_t$ ist ein Codewort des Blockcodes $\mathcal{C}_\alpha$ (siehe Abschnitt 8.7.1). Für eine mögliche Partitionierung benötigt man einen Untercode von $\mathcal{C}_\alpha$. Dies ist gleichbedeutend mit Untercodes von $\mathcal{C}_0$ und/oder $\mathcal{C}_1$. Dieser Sachverhalt soll an den folgenden vier Beispielen veranschaulicht werden.

Beispiel 9.32 (Partitionierung durch Generatormatrizen von (P)UM-Codes)
Dieses Beispiel stammt aus [ZySha]. Die Generatormatrizen $\mathbf{G}_a$ und $\mathbf{G}_b$ eines UM-Codes $(n = 6, k = 4)$ seien

$$\mathbf{G}_a = \begin{pmatrix} 1 & 0 & 1 & 1 & 1 & 0 \\ 0 & 1 & 1 & 1 & 0 & 1 \\ 1 & 0 & 1 & 0 & 1 & 1 \\ 0 & 1 & 1 & 1 & 1 & 0 \end{pmatrix}, \quad \mathbf{G}_b = \begin{pmatrix} 1 & 1 & 1 & 1 & 1 & 1 \\ 0 & 0 & 0 & 1 & 1 & 1 \\ 1 & 0 & 0 & 1 & 1 & 0 \\ 0 & 1 & 1 & 1 & 1 & 0 \end{pmatrix} .$$

Dieser UM-Code hat die freie Distanz $d_f = 5$.
Ein PUM-Code $(n = 6, k_0 = 4 | k_1 = 2)$ mit der freien Distanz $d_f = 4$ habe die folgenden Generatormatrizen:

$$\mathbf{G}_a = \begin{pmatrix} 1 & 0 & 1 & 1 & 1 & 0 \\ 0 & 1 & 1 & 1 & 0 & 1 \\ 1 & 0 & 1 & 0 & 1 & 1 \\ 0 & 1 & 1 & 1 & 1 & 0 \end{pmatrix}, \quad \mathbf{G}_b = \begin{pmatrix} 1 & 1 & 1 & 1 & 1 & 1 \\ 0 & 0 & 0 & 1 & 1 & 1 \\ 0 & 0 & 0 & 0 & 0 & 0 \\ 0 & 0 & 0 & 0 & 0 & 0 \end{pmatrix} .$$

Beide Codes, der UM- und der PUM-Code, haben als Untercodes den $\mathcal{B}^{(2)}(n = 6, k = 2)$ UM-Code mit den Generatormatrizen

$$\mathbf{G}_a^{(2)} = \begin{pmatrix} 1 & 0 & 1 & 1 & 1 & 0 \\ 0 & 1 & 1 & 1 & 0 & 1 \end{pmatrix}, \quad \mathbf{G}_b^{(2)} = \begin{pmatrix} 1 & 1 & 1 & 1 & 1 & 1 \\ 0 & 0 & 0 & 1 & 1 & 1 \end{pmatrix} .$$

Man überzeugt sich, daß der Untercode die freie Distanz $d_f^{(2)} = 7$ hat. Entsprechend der GC-Konstruktion haben wir damit eine Partitionierung des UM- und des PUM-Codes in jeweils 2^2 Untercodes mit größerer freier Distanz erreicht. Wir werden in Abschnitt 9.4.1 bei der Verkettung von inneren Faltungs- mit äußeren Blockcodes nochmals auf dieses Beispiel zurückkommen.   ◇

Wenn die (P)UM-Codes aus RS- bzw. BCH-Codes konstruiert sind, kann eine Partitionierung errechnet werden, indem geeignete Untercodes der RS- bzw. BCH-Codes gewählt werden.

Beispiel 9.33 (Partitionierung von (P)UM-Codes mit RS-Codes) Die folgenden Codes haben wir teilweise schon in Beispiel 8.49 behandelt. Wir benutzen RS-Codes der Länge 7 über $GF(2^3)$ und die entsprechenden Generatorpolynome des PUM-Codes wie folgt:

$$\begin{aligned}
g_{00}(x) &= (x-\alpha^2)\cdot(x-\alpha^3)\cdot(x-\alpha^4)\cdot(x-\alpha^5)\cdot(x-\alpha^6) \\
g_{01}(x) &= (x-\alpha^0)\cdot(x-\alpha^1)\cdot(x-\alpha^4)\cdot(x-\alpha^5)\cdot(x-\alpha^6) \\
g_{10}(x) &= (x-\alpha^0)\cdot(x-\alpha^1)\cdot(x-\alpha^2)\cdot(x-\alpha^3)\cdot(x-\alpha^6)\,.
\end{aligned}$$

Das Informationspolynom $i_t(x)$ wird aufgespalten in $i_t^{(0)}(x)$ und $i_t^{(1)}(x)$, also $i_t(x) = i_{t,0} + i_{t,1}x + i_{t,2}x^2 + i_{t,3}x^3 = i_t^{(0)}(x) + i_t^{(1)}(x) = i_{t,0}^{(0)} + i_{t,1}^{(0)}x + i_{t,0}^{(1)}x^2 + i_{t,1}^{(1)}x^3$. Damit lautet die Codiervorschrift:

$$c_t(x) = i_t^{(0)}(x)\cdot g_{00}(x) + i_t^{(1)}(x)\cdot g_{01}(x) + i_{t-1}^{(0)}(x)\cdot g_{10}(x) = a_t^{(0)}(x) + a_t^{(1)}(x) + b_t(x)\,,$$

wobei $i_t^{(0)}(x)$ den Grad 2 hat und $i_t^{(1)}(x)$ ebenfalls. Man beachte, daß aufgrund der Konstruktion aus einem gegeben $c_t(x)$, alle Codeworte $(a_t^{(0)}(x), a_t^{(1)}(x)$ und $b_t(x))$ explizit berechnet werden können; siehe Bild 9.27 und gegebenenfalls Abschnitt 8.7.4. Der PUM-Code hat die Parameter $k = 4$ und $k_1 = 2$ sowie die Distanzen

$$\begin{aligned}
d_f &\geq n - (k-k_1) + 1 = 7 - (4-2) + 1 = 6 \quad \text{und} \\
d_\alpha &\geq n - (k+k_1) + 1 = 7 - (4+2) + 1 = 2\,.
\end{aligned}$$

Ein möglicher Untercode ergibt sich zu:

$$\begin{aligned}
g_{00}^{sub}(x) &= (x-\alpha^1)\cdot(x-\alpha^2)\cdot(x-\alpha^3)\cdot(x-\alpha^4)\cdot(x-\alpha^5)\cdot(x-\alpha^6) \\
g_{01}^{sub}(x) &= (x-\alpha^0)\cdot(x-\alpha^3)\cdot(x-\alpha^4)\cdot(x-\alpha^5)\cdot(x-\alpha^6) \\
g_{10}^{sub}(x) &= (x-\alpha^0)\cdot(x-\alpha^1)\cdot(x-\alpha^2)\cdot(x-\alpha^4)\cdot(x-\alpha^5)\cdot(x-\alpha^6)\,.
\end{aligned}$$

Dieser Untercode hat die Parameter $k = 3$ und $k_1 = 1$ sowie die Distanzen

$$\begin{aligned}
d_f &\geq n - (k-k_1) + 1 = 7 - (3-1) + 1 = 6 \quad \text{und} \\
d_\alpha &\geq n - (k+k_1) + 1 = 7 - (3+1) + 1 = 4\,.
\end{aligned}$$

Der PUM-Code $\mathcal{B}^{(1)}(2^3; n = 7, k = 4|k_1 = 2)$ wird damit in die 2^3 Untercodes $\mathcal{B}_i^{(2)}(2^3; n = 7, k = 3|k_1 = 1)$, $i \in GF(2^3)$, partitioniert. Die Untercodes $\mathcal{B}_i^{(2)}$ haben die gleiche freie Distanz wie der Ausgangscode, d. h. man hat durch die Partitionierung keinen Distanzgewinn bezüglich der freien Distanz erreicht, obwohl der Code $\mathcal{C}_\alpha^{sub}$ mit dem Generatorpolynom g_α^{sub} entsprechend Bild 9.27 eine größere Mindestdistanz hat. Diese Partitionierung ist somit ungeeignet, um GC-Codes zu konstruieren.

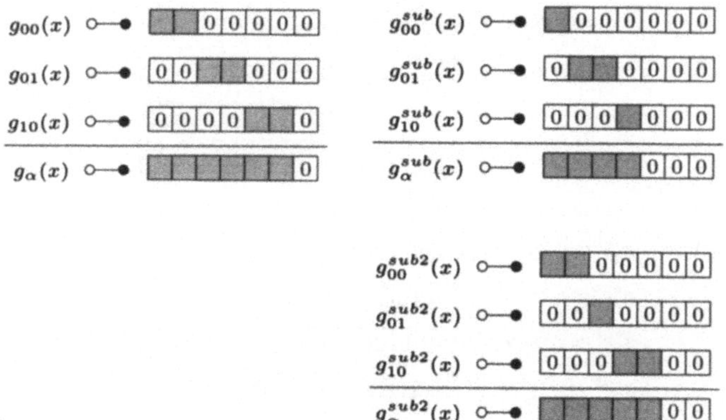

Bild 9.27: Transformierte der Generatorpolynome der RS-Codes.

Ein anderer möglicher Untercode ergibt sich zu:

$$
\begin{aligned}
g_{00}^{sub2}(x) &= (x-\alpha^2)\cdot(x-\alpha^3)\cdot(x-\alpha^4)\cdot(x-\alpha^5)\cdot(x-\alpha^6) \\
g_{01}^{sub2}(x) &= (x-\alpha^0)\cdot(x-\alpha^1)\cdot(x-\alpha^3)\cdot(x-\alpha^4)\cdot(x-\alpha^5)\cdot(x-\alpha^6) \\
g_{10}^{sub2}(x) &= (x-\alpha^0)\cdot(x-\alpha^1)\cdot(x-\alpha^2)\cdot(x-\alpha^5)\cdot(x-\alpha^6).
\end{aligned}
$$

Dieser Untercode hat die Parameter $k=3$ und $k_1=2$ sowie die Distanzen

$$
\begin{aligned}
d_f &\geq n-(k-k_1)+1 = 7-(3-2)+1 = 7 \quad \text{und} \\
d_\alpha &\geq n-(k+k_1)+1 = 7-(3+2)+1 = 3.
\end{aligned}
$$

In diesem Falle hat man hat einen Distanzgewinn bezüglich der freien Distanz erreicht, und die Partitionierung ist für eine GC-Codekonstruktion geeignet. ◇

Beispiel 9.34 (Partitionierung von (P)UM-Codes mit BCH-Codes) Der PUM-Code aus Beispiel 8.50 war $\mathcal{B}^{(1)}(n=15, k=10|k_1=4)$ mit der freien Distanz $d_f=6$ und hatte die Generatorpolynome

$$
\begin{aligned}
g_{00}(x) &= m_0(x)\cdot m_1(x)\cdot m_5(x)\cdot m_7(x) \\
g_{01}(x) &= m_0(x)\cdot m_3(x)\cdot m_7(x) \\
g_{10}(x) &= m_0(x)\cdot m_1(x)\cdot m_3(x)\cdot m_5(x).
\end{aligned}
$$

Ein möglicher Untercode habe die Generatorpolynome

$$
\begin{aligned}
g_{00}(x) &= m_0(x)\cdot m_1(x)\cdot m_5(x)\cdot m_7(x) \\
g_{01}(x) &= m_0(x)\cdot m_1(x)\cdot m_3(x)\cdot m_5(x) \\
g_{10}(x) &= m_0(x)\cdot m_1(x)\cdot m_3(x)\cdot m_5(x)
\end{aligned}
$$

und ist somit einer der 2^2 Untercodes $\mathcal{B}_i^{(2)}(n=15, k=8|k_1=4)$ mit der freien Distanz $d_f=8$. In Bild 9.28 sind die Transformierten der jeweiligen Generatorpolynome der konstruierten Codes dargestellt. ◇

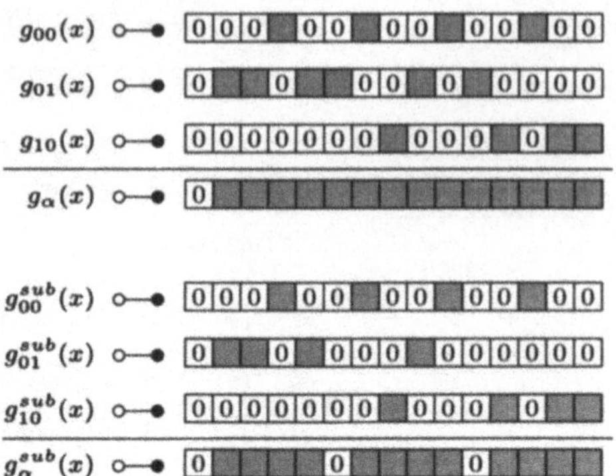

Bild 9.28: Transformierte der Generatorpolynome der BCH-Codes.

Beispiel 9.35 (Partitionierung von (P)UM-Codes mit RM-Codes) Wir betrachten die Codes aus Beispiel 8.51 und bestimmen zunächst die Generatorpolynome von BCH-Codes der Länge 31 nach dem gleichen Prinzip wie in Beispiel 9.34:

$$
\begin{aligned}
g_{00}(x) &= m_0(x) \cdot m_1(x) \cdot m_3(x) \cdot m_5(x) \cdot m_{15}(x) \\
g_{01}(x) &= m_1(x) \cdot m_3(x) \cdot m_5(x) \cdot m_7(x) \cdot m_{11}(x) \\
g_{10}(x) &= m_0(x) \cdot m_1(x) \cdot m_7(x) \cdot m_{11}(x) \cdot m_{15}(x) .
\end{aligned}
$$

Analog zu Beispiel 9.34 können wir nun einen möglichen Untercode konstruieren, indem wir in der obigen Konstruktion $g_{01}(x)$ durch $g_{01}^{sub}(x) = m_1(x) \cdot m_3(x) \cdot m_5(x) \cdot m_7(x) \cdot m_{11}(x) \cdot m_{15}(x)$ ersetzen. Die Parameter des Untercodes sind dann $n = 32$, $k = 11$, $k_1 = 10$, $d_\alpha = 4$ und $d_f = 16$. Die freie Distanz d_f des Untercodes ist hier nicht größer als die des ursprünglichen Codes. Durch die Partitionierung hat die Distanz zwischen parallelen Zweigen im Trellis von $d_{01} = 16$ auf $d_{01}^{sub} = 32$ zugenommen. Jedoch existieren im Untercode Pfade der Länge 2 mit Gewicht $d_f^{sub} = 16$. ◇

An den Beispielen sollte das Prinzip klar geworden sein, so daß auf eine allgemeine theoretische Beschreibung verzichtet werden kann, zumal wir im folgenden Abschnitt eine allgemeinere Methode zur Partitionierung herleiten werden. Dennoch wird die hier beschriebene Methode nochmals in Abschnitt 9.4.1 benötigt, um GC-Codes mit inneren (P)UM- und äußeren RS-Codes zu konstruieren.

9.3.2 Einführende Beispiele zur Partitionierung durch das Trellis

Im ersten Abschnitt haben wir erörtert, daß (P)UM-Codes anhand der darin enthaltenen Blockcodes partitioniert werden können. Am Beispiel des bekannten Faltungscodes der Rate 1/2 aus [Vit71] (siehe Beispiel 8.1) mit den Generatorsequenzen (oktal) $g^{(1)} = 7$ und $g^{(2)} = 5$ wollen wir die möglichen Partitionierungen genauer untersuchen. Wir folgen dabei der Vorgehensweise in [BDS97]. Die Basis ist dabei das Trellis des Codes gemäß Bild 9.29.

Das Trellis kann durch die Eingabe-Bits beschrieben werden, d. h. ein Knoten durch $\sigma_t = (u_{t-1}, u_t)$ und ein Zweig durch $\gamma_t = (u_{t-2}, u_{t-1}, u_t)$, d. h. zwei Bits

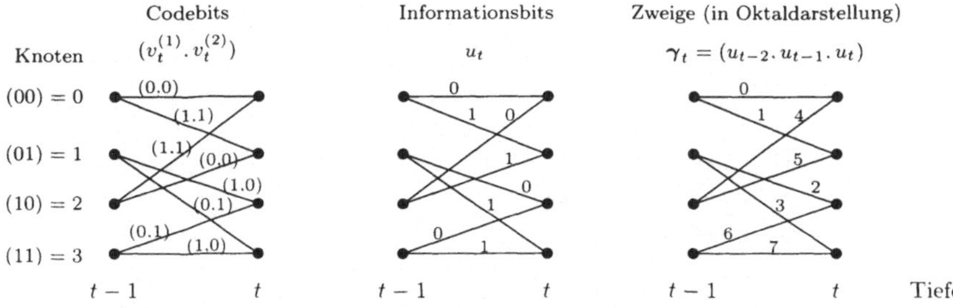

Bild 9.29: Abbildung der Code-/Eingabe-Bits am Trellis.

für den Knoten, in dem er beginnt und ein Bit für die entsprechende Eingabe 0 oder 1. In einer Tiefe existieren $2^\nu = 4$ Knoten, und zwei Zweige enden in und verlassen jeden Knoten.

Beispiel 9.36 (Partitionierung 2. Ordnung ohne Scrambler) Unser Beispielcode kann als UM-Code[2] $\mathcal{B}^{(1)}(n = 4, k^{(1)} = 2, d^{(1)} = 5)$ betrachtet werden und hat die Generatormatrizen

$$\mathbf{G}_0 = \begin{pmatrix} 1 & 1 & 1 & 0 \\ 0 & 0 & 1 & 1 \end{pmatrix} \quad \text{und} \quad \mathbf{G}_1 = \begin{pmatrix} 1 & 1 & 0 & 0 \\ 1 & 0 & 1 & 1 \end{pmatrix}.$$

Um eine Partitionierung zu erreichen, macht es Sinn, entsprechend der UM-Darstellung die Eingabebits u_t in Gruppen zu zwei Bit zusammenzufassen. Wir wollen zusätzlich noch die Numerierungsbits $(z_\tau^{(1)}, z_\tau^{(2)})$ der Partitionierung einführen, und es gelte hier:

$$u_{t-1} = z_\tau^{(1)} \text{ und } u_t = z_\tau^{(2)}.$$

Dies bedeutet, wir haben damit die Numerierung der Tiefe geändert, denn, wird im *herkömmlichen* Trellis nach Bild 9.29 die Nummer t um $k^{(1)}$ erhöht, so entspricht dies einer Erhöhung der Nummer τ um 1.

Bild 9.30 zeigt die Partitionierung, die erreicht wird, wenn man alle Numerierungsbits $z_\tau^{(1)}$, $\tau = 0, 1, \dots$, zu 0 wählt. Gezeigt ist der jeweilige Untercode mit dem entsprechenden Bit gleich 0. Im linken Teil des Bildes sind alle möglichen Pfade eingezeichnet, während im rechten Teil neben dem Nullpfad nur die Pfade mit der freien Distanz angegeben sind. Die gestrichelt umrandeten Knoten entsprechen den Knoten des UM-Code-Trellisses. Die Pfade $\mathbf{p}_1$ und $\mathbf{p}_2$ haben Gewicht 5. Offensichtlich ist die freie Distanz im Untercode $\mathcal{B}^{(2)}(n = 4, k^{(2)} = 1, d^{(2)} = 5)$ gleich der des Codes $\mathcal{B}^{(1)}$, d.h. $d^{(1)} = d^{(2)} = 5$, da der Pfad $\mathbf{p}_2$ ein Codewort des Untercodes bleibt. Das bedeutet, daß durch die Partitionierung keine Distanzerhöhung erreicht wurde und diese somit ungeeignet zur GC-Codekonstruktion ist. $\diamond$

Das Beispiel hat gezeigt, daß die direkte Partitionierung des Codes durch die Betrachtung als UM-Code nicht notwendigerweise geeignet ist. Deshalb wollen wir im folgenden einen äquivalenten Faltungscodierer konstruieren, d.h. die Menge der Codefolgen ist identisch, unterschiedlich ist lediglich die Zuordnung von Informationsfolgen zu Codefolgen, also die Codiervorschrift (siehe Abschnitt 8.2.3 zu äquivalenten Codiermatrizen).

---

[2]Zur Vereinfachung wird auf die Indizes der Untercodes verzichtet, sofern dies eindeutig ist.

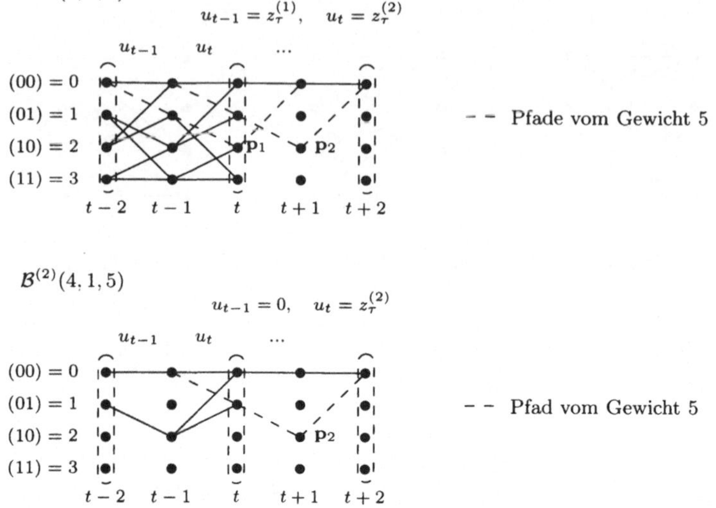

Bild 9.30: Trellisse der Partitionierung 2. Ordnung ohne Scrambler.

Beispiel 9.37 (Partitionierung 2. Ordnung mit Blockscrambler) Betrachten wir in Bild 9.31 das oberen Trellis, so ist eine Partitionierung des Codes $\mathcal{B}^{(1)}(n = 4, k^{(1)} = 2, d^{(1)} = 5)$ dann günstig, wenn im Untercode $\mathcal{B}^{(2)}$ möglichst die Pfade mit kleinem Gewicht nicht enthalten sind. Das bedeutet, die Pfade im rechten Teil sollen punktiert (im Sinne von gelöscht) werden. Dies kann erreicht werden, indem wir in den Tiefen $t = 2\tau$, $\tau = 1, 2, \ldots$, genau diejenigen Knoten nicht zulassen, die zu Pfaden mit kleinem Gewicht gehören. Diese sollten im Untercode nicht vorkommen. Wählen wir die Knoten $\sigma_t \in \{1, 2\}$, so werden die Pfade p_1 und p_2 entsprechend Bild 9.31 punktiert.

Formal können wir dies schreiben, indem wir die erlaubten Knoten der Tiefe $t = 2\tau$, $\tau > 0$, berechnen durch:

$$\mathcal{V}_t = \left\{ \sigma_t \; : \; \sigma_t = (u_{t-1}, u_t) = \left(0, z_\tau^{(2)}\right) \mathbf{M}; \quad z_\tau^{(2)} \in \{0, 1\} \right\} = \{0, 3\} \; .$$

mit dem Scrambler und dem inversen Scrambler

$$\mathbf{M} = \mathbf{M}^{-1} = \begin{pmatrix} 1 & 0 \\ 1 & 1 \end{pmatrix} \; .$$

Man überzeugt sich, daß der Untercode $\mathcal{B}^{(2)}(n = 4, k^{(2)} = 1, d^{(2)} = 6)$ die freie Distanz $d^{(2)} = 6$ besitzt. Partitionieren wir wie in Beispiel 9.36 mit den Numerierungsbits $(z_\tau^{(1)}, z_\tau^{(2)})$, so werden durch den Scrambler offensichtlich dem Bit $z_\tau^{(1)} = 0$ die Knoten $\sigma_t \in \{0, 3\}$ zugewiesen und dem Bit $z_\tau^{(1)} = 1$ die Knoten $\sigma_t \in \{1, 2\}$.

Dies kann auch anders interpretiert werden, nämlich aus den Codiermatrizen

$$\mathbf{G}_0 = \begin{pmatrix} 1 & 1 & 1 & 0 \\ 0 & 0 & 1 & 1 \end{pmatrix} \quad \text{und} \quad \mathbf{G}_1 = \begin{pmatrix} 1 & 1 & 0 & 0 \\ 1 & 0 & 1 & 1 \end{pmatrix}$$

werden mittels dem Scrambler die äquivalenten Codiermatrizen

$$\mathbf{G}_0' = \mathbf{M}\mathbf{G}_0 = \begin{pmatrix} 1 & 1 & 1 & 0 \\ 1 & 1 & 0 & 1 \end{pmatrix} \quad \text{und} \quad \mathbf{G}_1' = \mathbf{M}\mathbf{G}_1 = \begin{pmatrix} 1 & 1 & 0 & 0 \\ 0 & 1 & 1 & 1 \end{pmatrix}$$

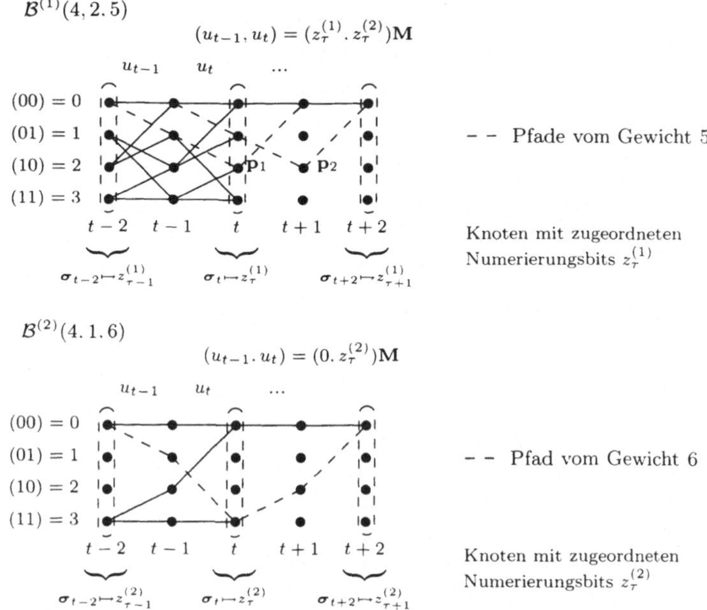

Bild 9.31: Trellisse einer Partitionierung 2. Ordnung mit Blockscrambler.

erzeugt.

Zur Wiederholung: (siehe auch Abschnitt 8.2.3) Für jede Codiermatrix $\mathbf{G}_j$ existiert eine Menge äquivalenter Codiermatrizen $\mathbf{G}'_j$, die den gleichen Code erzeugen und die mittels Scramblermatrizen $\mathbf{M}$ ($|\mathbf{M}| = 1$) berechnet werden können:

$$\mathbf{G}'_j = \mathbf{M}\mathbf{G}_j, \quad j = 0, 1.$$

Die $(k \times k)$-Matrix $\mathbf{M}$ ist invertierbar und $\mathbf{M}^{-1}$ heißt inverse Scramblermatrix. Der durch die modifizierten Generatormatrizen erzeugte Code ist identisch, lediglich die Abbildung zwischen Informationsfolge und Codefolge ist unterschiedlich. Partitionieren wir also wie in Beispiel 9.36 mit den Numerierungsbits $(z_T^{(1)}, z_T^{(2)})$, erhalten wir Untercodes mit größerer freien Distanz ($d^{(1)} = 5$ und $d^{(2)} = 6$), die zur GC-Codekonstruktion geeignet sind. ◇

Die Konsequenz aus diesem Beispiel ist, daß wir die geeigneten Codiermatrizen eines Codes finden müssen, um eine optimale Partitionierung eines inneren Faltungscodes zu erhalten. Im folgenden Beispiel wollen wir die Partitionierung weiter verbessern, indem wir Scrambler mit Gedächtnis zulassen.

Beispiel 9.38 (Partitionierung 3. Ordnung mit einem Faltungsscrambler) Die Grundidee ist hier wiederum, durch die Partitionierung diejenigen Pfade im Untercode auszuschließen, die geringes Gewicht haben, um die Mindestdistanz im Untercode möglichst groß zu machen. Im Gegensatz zum vorherigen Beispiel betrachten wir hier jedoch nicht die Knoten sondern die Zweige des Trellisses, entsprechend Bild 9.32. Da wir eine Partitionierung der Ordnung 3 erreichen wollen, benötigen wir drei Numerierungsbits $(z_T^{(1)}, z_T^{(2)}, z_T^{(3)})$ und entsprechend Bild 9.32 wird jeder Zweig genau durch drei Bits numeriert. Wir betrachten die Tiefen $t = 3\tau$ und entsprechend dem Bild ordnen wir den Bits $z_\tau^{(1)}$ die Zweige γ_{t-2}, den Bits $z_\tau^{(2)}$ die Zweige γ_{t-1} und $z_\tau^{(3)}$ die Zweige γ_t zu.

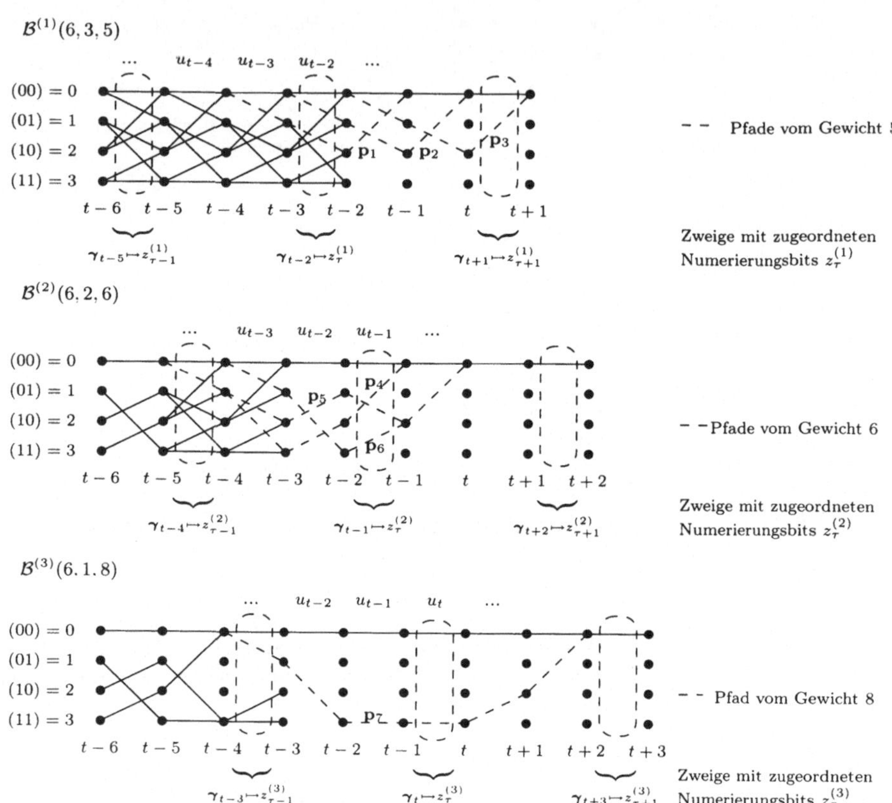

Bild 9.32: Trellisse der Untercodes für die Partitionierung 3. Ordnung.

Auch hier überlegen wir uns für eine günstige Partitionierung, welche Zweige wir punktieren, um eine möglichst große freie Distanz im Untercode zu erhalten. Durch genaues Hinsehen erkennen wir, daß die Zweige $\gamma_{t-2} \in \{1,2,4\}$ des Codes $\mathcal{B}^{(1)}$ punktiert werden sollten, um die Pfade p1, p2 und p3 zu entfernen. Also sollten die Numerierungsbits $z_\tau^{(1)} = 0$ die Zweige $\gamma_{t-2} \in \{0,3,5,6\}$ bezeichnen und $z_\tau^{(1)} = 1$ die Zweige $\gamma_{t-2} \in \{1,2,4,7\}$.

Um den Code $\mathcal{B}^{(2)}$ zu partitionieren, sollten die Pfade p4, p5 und p6 mit Gewicht 6 punktiert werden, was bedeutet, daß die Zweige $\gamma_{t-1} \in \{1,6\}$ gelöscht werden sollten. Dies kann erreicht werden, wenn die Numerierungsbits $z_\tau^{(2)} = 0$ den Zweigen $\gamma_{t-1} \in \{0,3,4,7\}$ entspricht und konsequenterweise $z_\tau^{(2)} = 1$ den Zweigen $\gamma_{t-1} \in \{1,2,5,6\}$.

Damit hat der Code $\mathcal{B}^{(3)}$ die freie Distanz $d^{(3)} = 8$, da der Pfad p7 mit Gewicht 8 nicht gelöscht wird. Die dritten Numerierungsbits $z_\tau^{(3)}$ müssen nun die entsprechende Codefolgen auswählen, respektive $z_\tau^{(3)} = 0$ die Zweige $\gamma_t \in \{0,3,4,7\}$ und $z_\tau^{(3)} = 1$ die Zweige $\gamma_t \in \{1,2,5,6\}$.

Auch hier können wir wieder formal einen Scrambler berechnen, der unsere überlegte Abbildung in Untercodes leistet. Seien $\mathbf{x}^{(j)} = (x_1^{(j)}, x_2^{(j)}, x_3^{(j)})^T$, $j = 1, 2, 3$ drei Spaltenvektoren, dann ergeben sich aus den obigen Überlegungen die folgenden drei Bedingungen für die Abbildung der Informationsbits (u_{t-2}, u_{t-1}, u_t) (entspricht einem Zweig im Trellis) auf die drei Numerierungsbits $(z_\tau^{(1)}, z_\tau^{(2)}, z_\tau^{(3)})$:

$$(z_\tau^{(1)}, z_\tau^{(2)}, z_\tau^{(3)}) \cdot \mathbf{M} = \boldsymbol{\gamma} \implies (z_\tau^{(1)}, z_\tau^{(2)}, z_\tau^{(3)}) = \boldsymbol{\gamma} \cdot \mathbf{M}^{-1} = \boldsymbol{\gamma} \cdot \mathbf{X}$$

Für die inverse Scramblermatrix $\mathbf{X}$ können wir damit das folgende Gleichungssystem aufstellen:

$$\{\mathbf{x}^{(1)} \mid \forall_{\boldsymbol{\gamma}_{t-2} \in \{1,2,4\}} \quad \boldsymbol{\gamma}_{t-2} \mathbf{x}^{(1)} = z_\tau^{(1)} \neq 0\} \quad \Rightarrow \quad \mathbf{x}^{(1)} = (111)^T$$

$$\{\mathbf{x}^{(2)} \mid \forall_{\boldsymbol{\gamma}_{t-1} \in \{1,6\}} \quad \boldsymbol{\gamma}_{t-1} \mathbf{x}^{(2)} = z_\tau^{(2)} \neq 0\} \quad \Rightarrow \quad \mathbf{x}^{(2)} = (011)^T$$

$$\{\mathbf{x}^{(3)} \mid \forall_{\boldsymbol{\gamma}_t \in \{1,2,5,6\}} \quad \boldsymbol{\gamma}_t \mathbf{x}^{(3)} = z_\tau^{(3)} \neq 0\} \quad \Rightarrow \quad \mathbf{x}^{(3)} = (011)^T.$$

Man beachte, daß die Abbildung der Numerierungsbits auf die Zweige bzw. Informationsbits durch die Beziehung

$$z_\tau^{(j)} = \boldsymbol{\gamma}_{t-3+j} \cdot \mathbf{x}^{(j)}, \quad t = 3\tau, \ \tau = 1, 2, \dots .$$

gegeben ist. Ausgeschrieben ergibt sich also:

$$z_\tau^{(1)} = (u_{t-4}, u_{t-3}, u_{t-2}) \cdot (111)^T$$
$$z_\tau^{(2)} = (u_{t-3}, u_{t-2}, u_{t-1}) \cdot (011)^T$$
$$z_\tau^{(3)} = (u_{t-2}, u_{t-1}, u_t) \cdot (011)^T.$$

Wir haben damit die inverse Scramblermatrix berechnet und können diese mit den Matrizen

$$\mathbf{X}_0 = \begin{pmatrix} x_3^{(1)} & x_2^{(2)} & x_1^{(3)} \\ 0 & x_3^{(2)} & x_2^{(3)} \\ 0 & 0 & x_3^{(3)} \end{pmatrix} \quad \text{und} \quad \mathbf{X}_1 = \begin{pmatrix} 0 & 0 & 0 \\ x_1^{(1)} & 0 & 0 \\ x_2^{(1)} & x_1^{(2)} & 0 \end{pmatrix},$$

bzw. in der Transformationsschreibweise aus Abschnitt 8.1.8 wie folgt angeben:

$$\mathbf{M}^{-1}(D) = \mathbf{X}_0 + D\mathbf{X}_1 = \begin{pmatrix} 1 & 1 & 0 \\ D & 1 & 1 \\ D & 0 & 1 \end{pmatrix}.$$

Man beachte, daß dieser inverse Scrambler Gedächtnis besitzt und daher auch als Faltungsscrambler bezeichnet werden kann. Eine Matrixinversion liefert den Scrambler

$$\mathbf{M}(D) = \begin{pmatrix} 1 & 1 & 1 \\ 0 & 1 & 1 \\ D & D & 1+D \end{pmatrix}.$$

Damit kann man nun einen äquivalenten Codierer berechnen, wenn man die Codiermatrix des Codes zunächst in Operatorschreibweise darstellt,

$$\mathbf{G}(D) = \mathbf{G}_0 + D \cdot \mathbf{G}_1 = \begin{pmatrix} 1 & 1 & 1 & 0 & 1 & 1 \\ D & D & 1 & 1 & 1 & 0 \\ D & 0 & D & D & 1 & 1 \end{pmatrix},$$

und dann mit dem Scrambler multipliziert:

$$\mathbf{G}'(D) = \mathbf{M}(D) \cdot \mathbf{G}(D) = \begin{pmatrix} 1 & 1+D & D & 1+D & 1 & 0 \\ 0 & D & 1+D & 1+D & 0 & 1 \\ 0 & 1+D^2 & D+D^2 & D^2 & 1+D & 1 \end{pmatrix}.$$

Wir haben damit eine Partitionierung 3. Ordnung unseres Codes $\mathcal{B}^{(1)}$ abgeleitet mit den freien Distanzen $d^{(1)} = 5$, $d^{(2)} = 6$ und $d^{(3)} = 8$. ◇

Können wir durch Verwendung eines Faltungsscramblers auch die Partitionierung 2. Ordnung verbessern? Das folgende Beispiel beantwortet diese Frage mit ja.

Beispiel 9.39 (Partitionierung 2. Ordnung mit Faltungsscrambler) Betrachten wir den Scrambler

$$\mathbf{M}(D) = \begin{pmatrix} 0 & 1 \\ 1 & D \end{pmatrix} \quad \text{bzw.} \quad \mathbf{M}^{-1}(D) = \begin{pmatrix} D & 1 \\ 1 & 0 \end{pmatrix}.$$

Entsprechend dem vorherigen Beispiel können wir den inversen Scrambler mittels zweier Spaltenvektoren $\mathbf{x}^{(1)}$ und $\mathbf{x}^{(2)}$ schreiben:

$$\mathbf{M}^{-1}(D) = \mathbf{X}_0 + \mathbf{X}_1 \cdot D \quad \text{mit} \quad \begin{pmatrix} \mathbf{X}_0 \\ \mathbf{X}_1 \end{pmatrix} = \left(\mathbf{x}^{(1)}, \mathbf{x}^{(2)} \right) = \begin{pmatrix} 1 & 0 \\ 0 & 0 \\ 0 & 1 \\ 1 & 0 \end{pmatrix}.$$

Gemäß dem linken Trellis in Bild 9.33 benötigen wir Zweige, die 4 Eingabebits entsprechen:

$$\boldsymbol{\gamma}_t = (u_{t-3}, u_{t-2}, u_{t-1}, u_t) \quad \text{und} \quad z_\tau^{(1)} = \boldsymbol{\gamma}_t \mathbf{x}^{(1)}, \ z_\tau^{(2)} = \boldsymbol{\gamma}_t \mathbf{x}^{(2)}, \ t = 2\tau, \ \tau > 0 .$$

Dies wird erreicht, da wir 8 statt 4 Knoten verwenden, und somit ein Knoten der Tiefe $t-1$ durch $\boldsymbol{\sigma}_{t-1} = (u_{t-3}, u_{t-2}, u_{t-1})$ definiert wird. Konsequenterweise ergibt sich ein Zweig als $\boldsymbol{\gamma}_t = (\boldsymbol{\sigma}_{t-1}, u_t) = (u_{t-3}, u_{t-2}, u_{t-1}, u_t)$.

Es existieren noch zwei weitere Möglichkeiten der Trellisdarstellung, um diese Abbildung zu erreichen, die jeweils in das mittlere und rechte Trellis in Bild 9.33 gezeichnet sind. Das mittlere Trellis stellt ein zeitvariantes Trellis dar, das in ungeraden Tiefen ($t = 2\tau - 1$) 8 (sonst 4) Knoten besitzt. Das rechte Trellis benutzt die UM-Darstellung und betrachtet zwei aufeinanderfolgende Zweige der Tiefe $t-1$ und t als einen verlängerten Zweig, der durch $\boldsymbol{\gamma}_{t,2} = (u_{t-3}, u_{t-2}, u_{t-1}, u_t)$ bezeichnet werden soll. Dieses Konzept der verlängerten Zweige wird im nächsten Beispiel nochmals verwendet.

Unabhängig von der Interpretation im Trellis ergibt sich die folgende äquivalente Generatormatrix:

$$\mathbf{G}'(D) = \mathbf{M}(D) \cdot \mathbf{G}(D) = \begin{pmatrix} D & 0 & 1+D & 1+D \\ 1+D+D^2 & 1+D & 1+D+D^2 & D+D^2 \end{pmatrix}.$$

Die freie Distanz des Untercodes $\mathcal{B}^{(2)}$ ist $d^{(2)} = 8$. ◇

Im folgenden Beispiel wollen wir noch eine Partitionierung 4. Ordnung ableiten.

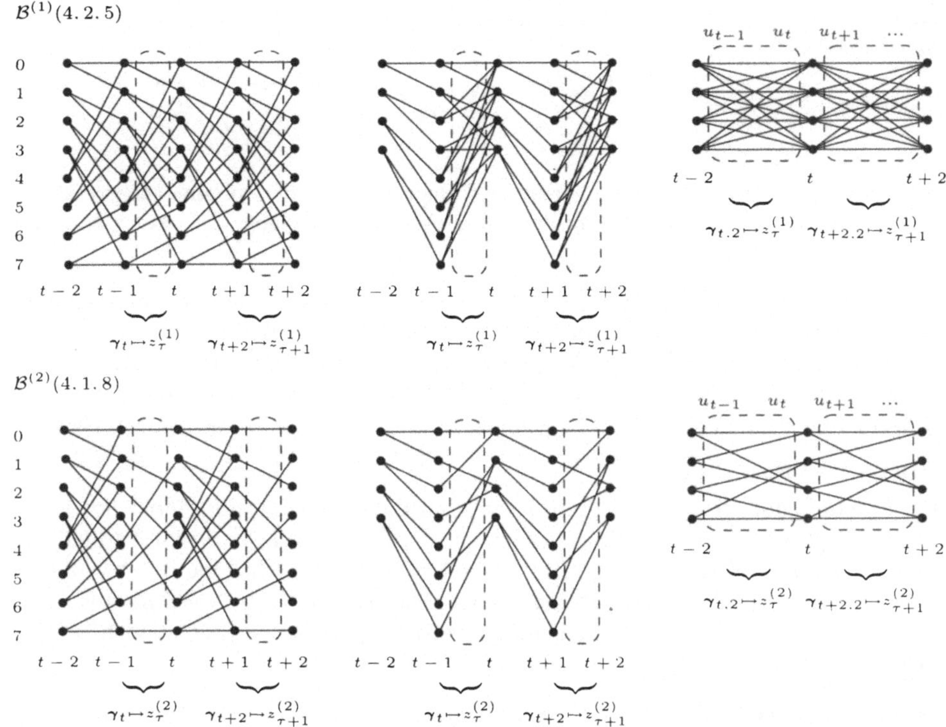

Bild 9.33: Trellisse der Untercodes für die drei Darstellungen.

Beispiel 9.40 (Partitionierung 4. Ordnung durch verlängerte Zweige) Betrachten wir zwei aufeinanderfolgende Zweige γ_{t-1} und γ_t als einen verlängerten Zweig $\gamma_{t.2} = (u_{t-3}, u_{t-2}, u_{t-1}, u_t)$, so können wir diesen 4 Bits entsprechend dem vorherigen Beispiel die Numerierungsbits zuordnen. Bild 9.34 zeigt die verlängerten Zweige. Wir löschen auch hier wieder in den 4 Schritten der Partitionierung diejenigen verlängerten Zweige $\gamma_{t.2}, \gamma_{t+4.2}, \gamma_{t+8.2}, \ldots$, die zu Pfaden mit kleinem Gewicht gehören.
Damit erhalten wir eine Partitionierung 4. Ordnung:

$$\mathcal{B}^{(4)}(8,1,10) \subset \mathcal{B}^{(3)}(8,2,6) \subset \mathcal{B}^{(2)}(8,3,6) \subset \mathcal{B}^{(1)}(8,4,5).$$

Die zugehörigen Scrambler errechnen sich zu:

$$\mathbf{M} = \begin{pmatrix} 0 & 1 & 0 & 0 \\ 1 & 1 & 0 & 0 \\ 0 & 1 & 1 & 0 \\ 1 & 0 & 0 & 1 \end{pmatrix} \quad \text{bzw.} \quad \mathbf{M}^{-1} = \begin{pmatrix} 1 & 1 & 0 & 0 \\ 1 & 0 & 0 & 0 \\ 1 & 0 & 1 & 0 \\ 1 & 1 & 0 & 1 \end{pmatrix}.$$

Hierfür betrachten wir den Code $\mathcal{B}^{(1)}$ als PUM-Code ($n = 8, k^{(1)} = 4, d^{(1)} = 5$) und erhalten die (4×8)-Codiermatrizen als:

$$\mathbf{G}_0 = \begin{pmatrix} 1 & 1 & 1 & 0 & 1 & 1 & 0 & 0 \\ 0 & 0 & 1 & 1 & 1 & 0 & 1 & 1 \\ 0 & 0 & 0 & 0 & 1 & 1 & 1 & 0 \\ 0 & 0 & 0 & 0 & 0 & 0 & 1 & 1 \end{pmatrix} \quad \text{und} \quad \mathbf{G}_1 = \begin{pmatrix} 0 & 0 & 0 & 0 & 0 & 0 & 0 & 0 \\ 0 & 0 & 0 & 0 & 0 & 0 & 0 & 0 \\ 1 & 1 & 0 & 0 & 0 & 0 & 0 & 0 \\ 1 & 0 & 1 & 1 & 0 & 0 & 0 & 0 \end{pmatrix}.$$

Daraus berechnen wir durch Multiplikation mit dem Scrambler die Codiermatrix des äquivalenten Codierers zu:

$$\mathbf{G'_0} = \begin{pmatrix} 0 & 0 & 1 & 1 & 1 & 0 & 1 & 0 \\ 1 & 1 & 0 & 1 & 0 & 1 & 1 & 1 \\ 0 & 0 & 1 & 1 & 0 & 1 & 0 & 1 \\ 1 & 1 & 1 & 0 & 1 & 1 & 1 & 1 \end{pmatrix} \quad \text{und} \quad \mathbf{G'_1} = \begin{pmatrix} 0 & 0 & 0 & 0 & 0 & 0 & 0 & 0 \\ 0 & 0 & 0 & 0 & 0 & 0 & 0 & 0 \\ 1 & 1 & 0 & 0 & 0 & 0 & 0 & 0 \\ 1 & 0 & 1 & 1 & 0 & 0 & 0 & 0 \end{pmatrix}.$$

Anmerkung: In [BDS97] wurde gezeigt, daß diese Konstruktion zu einer höheren Decodierkomplexität führt, allerdings wird dort auch eine Partitionierung 4. Ordnung ohne eine solche Erhöhung beschrieben.											◇

In Tabelle 9.2 sind die Ergebnisse aus den ersten vier Beispielen zusammengefaßt. Das Fehlergewicht c_w ist dabei definiert als die Anzahl der Pfade mit Gewicht w, die zu einem festen Zeitpunkt vom Nullpfad des äquivalenten Codierers ausgehen, multipliziert mit der gemittelten Anzahl an Informationsbits gleich 1. In unserem Fall entsprechen für einen Untercode $\mathcal{B}^{(i)}_{\mathbf{z}^{(1)},\dots,\mathbf{z}^{(i-1)}}$ die Informationsbits der Numerierung $\mathbf{z}^{(i)}$.

Man erkennt, daß die Partitionierung ein und desselben Faltungscodes auf unterschiedlich gute Art durchgeführt werden kann. Als Maß für die Qualität dient hier die freie Distanz, aber es ist ein ungelöstes Problem, ob nicht eine der erweiterten Distanzen aus Abschnitt 8.3 geeigneter ist. Das Konzept der verlängerten Zweige kann selbstverständlich dazu benutzt werden, Partitionierungen noch höherer Ordnung abzuleiten.

Tabelle 9.2: Fehlergewicht der Numerierungen der Untercodes für Codeworte mit Gewicht w.

Gewicht w	Fehlergewicht c_w für Distanz w								
	Beispiel 9.36		Beispiel 9.37		Beispiel 9.39		Beispiel 9.38		
	$\mathcal{B}^{(1)}$	$\mathcal{B}^{(2)}$	$\mathcal{B}^{(1)}$	$\mathcal{B}^{(2)}$	$\mathcal{B}^{(1)}$	$\mathcal{B}^{(2)}$	$\mathcal{B}^{(1)}$	$\mathcal{B}^{(2)}$	$\mathcal{B}^{(3)}$
5	1	1	2	-	2	-	3	-	-
6	4	2	6	1	8	-	6	4	-
7	12	3	16	0	20	-	14	0	-
8	32	4	40	2	46	2	32	14	1
9	80	5	96	0	104	0	72	0	0
10	192	6	224	3	234	4	160	48	2
11	448	7	512	0	528	0	352	0	0
12	1024	8	1152	4	1184	8	768	156	3
$\vdots$									

9.3.3   Partitionierung von Faltungscodes

Wir haben im vorherigen Abschnitt gezeigt, daß die Qualität einer Partitionierung eines Codes von dem verwendeten Codierer abhängig ist. Die prinzipiellen Möglichkeiten der Partitionierung von Faltungscodes wurden an Beispielen demonstriert. Wir wollen dies für Faltungscodes der Rate $1/n$ verallgemeinern (eine Erweiterung auf Rate k/n ist möglich).

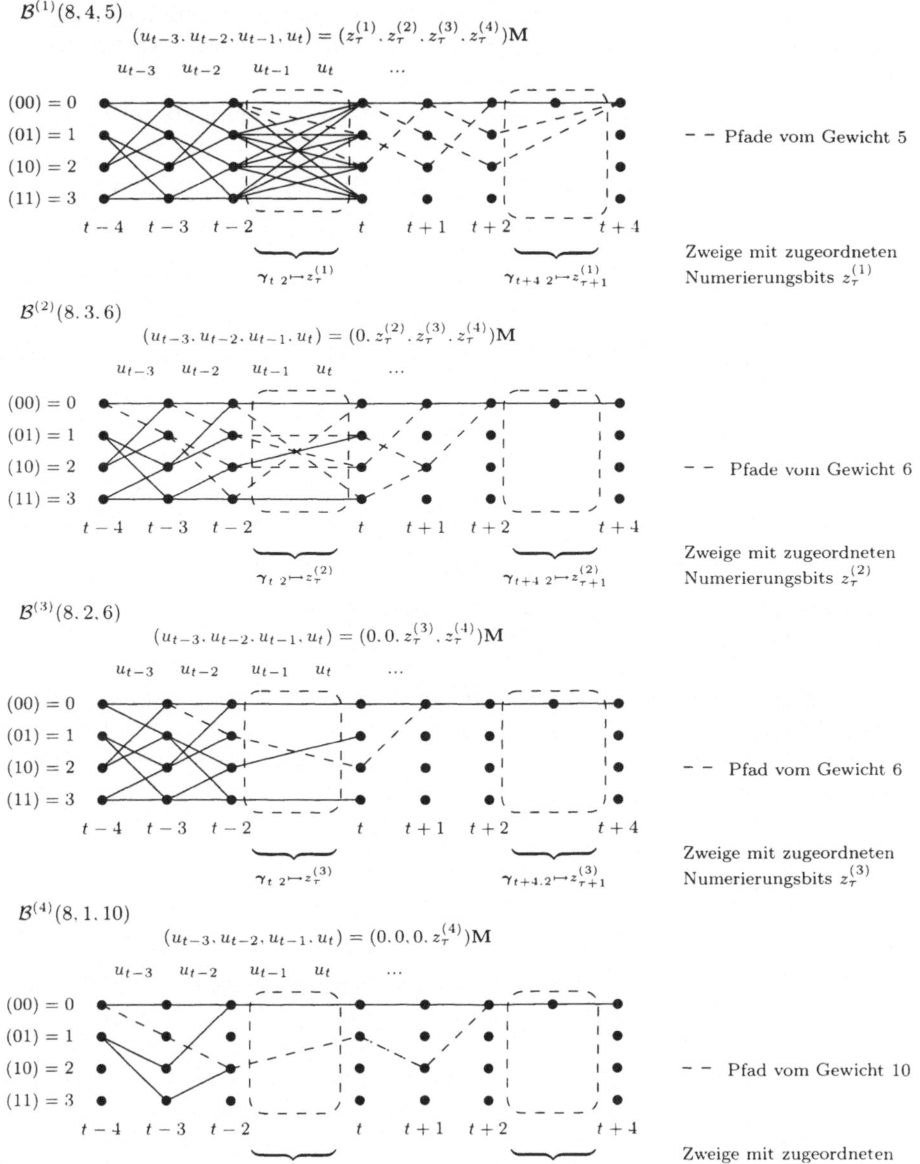

Bild 9.34: Trellisse der Untercodes für die Partitionierung 4. Ordnung.

Wir wollen im folgenden die wichtigsten Punkte aus [BDS97] darstellen, insbesondere den Algorithmus mit dem die Scrambler bei gegebenem Faltungscode berechenbar sind, um eine Partitionierung der Ordnung s zu erreichen. Unser Ziel ist

dabei, einen für die Partitionierung optimalen äquivalenten Codierer zu finden.
Dies kann gemäß Abschnitt 9.3.3 durch Konstruktion eines geeigneten Scramblers
erfolgen.

Gegeben sei ein Faltungscode $\mathcal{C}$ der Rate $1/n$ mit Gesamteinflußlänge ν und der
freien Distanz d.

Die binäre Informationsfolge $\mathbf{i} = (i_1, i_2, \dots, i_t, \dots)$ wird auf s sogenannte Numerierungsfolgen $\mathbf{z}^{(j)} = (z_1^{(j)}, z_2^{(j)}, \dots, z_\tau^{(j)}, \dots)$, $j = 1, 2, \dots, s$, der Partitionierung
abgebildet:

$$z_\tau^{(j)} = i_{s(\tau-1)+j}, \quad \tau = 1, 2, \dots .$$

Die Partitionierung der Ordnung s wird dann mittels dieser Numerierung gemäß
Bild 9.35 durchgeführt.

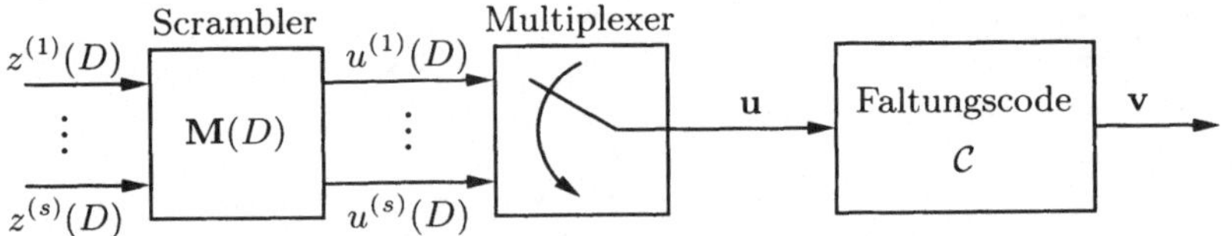

Bild 9.35: Äquivalenter Codierer des Faltungscodes $\mathcal{C}$ für eine Partitionierung der
Ordnung s.

Zur Codierung werden die Numerierungsfolgen durch den Scrambler $(s \times s)$-Matrix
und den Multiplexer auf die Eingangsfolge $\mathbf{u} = (u_1, u_2, \dots, u_t, \dots)$ abgebildet, die
dann mit der Generatormatrix des Faltungscodes in das Codewort $\mathbf{v}$ codiert wird.
Wir erhalten eine Partitionierung

$$\mathcal{B}^{(s)}_{\mathbf{z}^{(1)}, \mathbf{z}^{(2)}, \dots, \mathbf{z}^{(s-1)}} \subset \cdots \subset \mathcal{B}^{(2)}_{\mathbf{z}^{(1)}} \subset \mathcal{B}^{(1)}.$$

Dabei ist ein Untercode $B^{(j)}_{\mathbf{z}^{(1)}, \mathbf{z}^{(2)}, \dots, \mathbf{z}^{(j-1)}}$ definiert als die Menge der Codewörter
von $\mathcal{C}$, für die gilt:

- $\mathbf{z}^{(1)}, \mathbf{z}^{(2)}, \dots, \mathbf{z}^{(j-1)}$ sind durch die Numerierung vorgegeben, und

- $\mathbf{z}^{(j)}, \mathbf{z}^{(j+1)}, \dots, \mathbf{z}^{(s)}$ sind beliebige Folgen.

Der Code $\mathcal{B}^{(1)}$ ist der Code $\mathcal{C}$ selbst. Für die freien Distanzen der Untercodes gilt:
$d = d^{(1)} \leq d^{(2)} \leq \cdots \leq d^{(j)} \leq \cdots \leq d^{(s)}$, wobei d die freie Distanz von $\mathcal{C}$ ist.
In Transformationsschreibweise erhalten wir für die Numerierungen

$$\mathbf{z}(D) = (z^{(1)}(D), z^{(2)}(D), \dots, z^{(s)}(D)),$$

$$\text{mit } z^{(j)}(D) = z_1^{(j)} + z_2^{(j)} D + z_3^{(j)} D^2 + \cdots .$$

und entsprechend für den Ausgang des Scramblers

$$\mathbf{u}(D) = (u^{(1)}(D), u^{(2)}(D), \dots, u^{(s)}(D)),$$

$$\text{mit } u^{(j)}(D) = u_j + u_{s+j} D + u_{2s+j} D^2 + \cdots .$$

Es gilt:

$$\mathbf{u}(D) = \mathbf{z}(D) \cdot \mathbf{M}(D) \text{ und entsprechend } \mathbf{z}(D) = \mathbf{u}(D) \cdot \mathbf{M}^{-1}(D) \ . \tag{9.16}$$

Wir setzen voraus, daß eine rechtsinverse Matrix $\mathbf{M}^{-1}(D)$ existiert und daß $\mathbf{M}(D)$ realisierbar ist. Falls $\mathbf{M}(D) = \mathbf{M}$ gilt, nennen wir diese *Blockscrambler* und sonst *Faltungsscrambler*. Die Codiermatrix des äquivalenten Faltungscodes berechnet sich wie folgt:

$$\mathbf{G}'(D) = \mathbf{M}(D) \cdot \mathbf{G}(D) \,,$$

wobei $\mathbf{G}(D)$ die $(s \times sn)$-Generatormatrix des Faltungscodes $\mathcal{C}$ ist, die ein kleineres Gedächtnis besitzt (siehe hierzu auch Abschnitt 8.7.4 über UM-Codedarstellung). In [BDS97] wurde bewiesen, daß für einen nicht-katastrophalen Codierer des Originalcodes auch der äquivalente Codierer und alle Codierer der Untercodes nicht-katastrophal sind, sofern der inverse Scrambler polynomial ist.

Wir haben in den vorangegangenen Beispielen gesehen, daß unter bestimmten Bedingungen die Untercodes durch das Trellis des zu partitionierenden Codes dargestellt werden können, indem entweder Knoten oder Zweige entfernt werden und wir haben dies als Knoten- bzw. Zweigpunktierung bezeichnet. Der Algorithmus 9.3 berechnet den inversen Scrambler $\mathbf{M}^{-1}(D)$.

Bei Codes der Rate $1/n$ besitzt ein Trellis in jeder Tiefe 2^ν Knoten und zwei Zweige enden in und verlassen jeden Knoten. Die Knoten der Tiefe t

$$\boldsymbol{\sigma}_t = (u_{t-\nu+1}, \dots , u_t)$$

können durch ν Eingabe-Bits beschrieben werden; entsprechend Zweige durch

$$\boldsymbol{\gamma}_t = (\boldsymbol{\sigma}_{t-1}, u_t) = (u_{t-\nu}, \dots , u_t).$$

Jedes Codewort ist ein möglicher Pfad $\mathbf{p} = (\mathbf{p}_1, \dots , \mathbf{p}_t \dots)$ im Trellis des entsprechenden Codes und kann äquivalent als eine Folge von Knoten $(\boldsymbol{\sigma}_1, \dots , \boldsymbol{\sigma}_t, \dots)$ bzw. Zweigen $(\boldsymbol{\gamma}_1, \dots , \boldsymbol{\gamma}_t, \dots)$ beschrieben werden.

Bei Knotenpunktierung beschreiben wir einen Pfad durch Knoten, bei Zweigpunktierung durch Zweige. Dazu benutzen wir folgende Notation des inversen Scramblers. Ein inverser Scrambler $\mathbf{M}^{-1}(D)$ besteht aus s Spalten $\mathbf{m}_j^{-1}(D)$, $j = 1, 2, \dots , s$. Weiterhin sei

$$\mathbf{M}^{-1}(D) = \sum_{l=0}^{q} \mathbf{X}_l D^l$$

mit binären $(s \times s)$-Untermatrizen $\mathbf{X}_l$, wobei q der maximale Grad der Polynome des inversen Scramblers ist. Damit schreiben wir die Matrix

$$\mathbf{X} = \begin{pmatrix} \mathbf{X}_q \\ \vdots \\ \mathbf{X}_1 \\ \mathbf{X}_0 \end{pmatrix} = (\hat{\mathbf{x}}^{(1)}, \dots , \hat{\mathbf{x}}^{(j)}, \dots , \hat{\mathbf{x}}^{(s)})$$

mit s Spalten der Länge $s \cdot q$. Jede Spalte muß der folgenden Bedingung genügen:

$$\hat{\mathbf{x}}^{(j)} = (\mathbf{0}|\mathbf{x}^{(j)}|\ \overbrace{\mathbf{0}}^{\Delta^{(j)}\ \text{Nullen}}\ )^T, \quad 0 \leq \Delta^{(j)} < s.$$

$\Delta^{(j)}$ wird als Verschiebung der j-ten Spalte bezeichnet. Der Teilvektor $\mathbf{x}^{(j)}$ enthält alle Stellen der Spalte, die ungleich Null sind. Für Knotenpunktierung hat dieser Teilvektor die Länge ν bzw. bei Zweigpunktierung $\nu + 1$. Daraus folgt $q = \lceil \nu/s \rceil$. Dies definiert eine Zuordnung von

$$(\mathbf{x}^{(j)}, \Delta^{(j)}) \Longrightarrow \hat{\mathbf{x}}^{(j)} \Longleftrightarrow \mathbf{m}_j^{(-1)}(D).$$

Anmerkung: Die ersten und/oder letzten Stellen von $\mathbf{x}^{(j)}$ können auch Nullen enthalten. Eine Zuordnung zwischen dem Numerierungsbit $z_\tau^{(j)}$ und einem Knoten bzw. Zweig ergibt sich dann zu:

$$z_\tau^{(j)} = \mathbf{P}_{s\tau - \Delta^{(j)}} \mathbf{x}^{(j)} = \begin{cases} \boldsymbol{\sigma}_{s\tau - \Delta^{(j)}} \mathbf{x}^{(j)} & \text{bei Knotenpunktierung} \\ \boldsymbol{\gamma}_{s\tau - \Delta^{(j)}} \mathbf{x}^{(j)} & \text{bei Zweigpunktierung.} \end{cases} \quad (9.17)$$

Satz 9.21 (Pfadpunktierung) *Ein Codewort des Codes $\mathcal{C}$ ist bei gegebenen Spalten $\mathbf{m}_i^{-1}(D)$, d. h. $\mathbf{x}^{(i)}$ und $\Delta^{(i)}$, $i < j$, nicht in dem Untercode $\mathcal{B}^{(j)}_{\mathbf{z}^{(1)}.\mathbf{z}^{(2)},\dots,\mathbf{z}^{(j-1)}}$ enthalten, sofern für den dem Codewort entsprechenden Pfad $\mathbf{p} = (\mathbf{p}_1, \mathbf{p}_2, \dots, \mathbf{p}_t, \dots)$ gilt:*

$$\exists z_\tau^{(i)} : \quad z_\tau^{(i)} \neq \mathbf{P}_{s\tau - \Delta^{(i)}} \mathbf{x}^{(i)} \quad i < j \ und\ \tau > 0.$$

Beweis: Gemäß Gleichung 9.17 ergibt sich die Zuordnung zwischen dem Pfad $\mathbf{p}$ eines Codewortes und den entsprechenden Numerierungsfolgen $\mathbf{z}^{(i)}$, $i \in \{1, 2, \dots, s\}$. Nach der Definition eines Untercodes muß immer $z_\tau^{(i)} = \mathbf{P}_{s\tau - \Delta^{(i)}} \mathbf{x}^{(i)}$ für $i < j$ und $\tau > 0$ gelten. Daraus folgt unmittelbar der Satz. $\qquad\qquad\square$

Wenn man die Spalten des inversen Scramblers berechnet (siehe etwa Beispiel 9.38), so existieren unterschiedliche Strategien für die Spaltenwahl, was in der Regel zu unterschiedlichen Scramblern führt, d. h. es existiert keine eindeutige Wahl. Wir werden im folgenden Algorithmus zwei Kriterien anwenden:

1) Die freie Distanz im Untercode soll so groß wie möglich sein.

2) Die Anzahl der Bitfehler, bei falscher Decodierung mit dem Viterbi-Algorithmus soll minimal sein. Bei Pfaden mit gleichem Gewicht, punktieren wir diejenigen, die einen größeren Beitrag zur Bitfehlerrate liefern.

Algorithmus 9.3 ist eine Möglichkeit, eine Scramblermatrix $\mathbf{M}(D)$ unter Beachtung dieser Kriterien zu berechnen.

Anmerkung: Für $|\mathbf{M}^{-1}(D)| = 1$ erhält man einen realisierbaren nicht-rekursiven Codierer, ansonsten einen realisierbaren rekursiven Codierer.

Algorithmus 9.3: Algorithmus zur Berechnung einer Scramblermatrix $\mathbf{M}(D)$.

Eingabe: Ordnung s der Partitionierung, Codetrellis von $\mathcal{C}$.

Initialisierung: $j = 1$.

Schritt 1: Sei $\mathcal{E}_{d_H}$ die Menge aller Pfade, die Codewörtern mit Hamming-Gewicht
$d_H = d^{(j)}$ des Untercodes $\mathcal{B}^{(j)}$ entsprechen.
Setze $\eta = 1$.

Schritt 2: Gegeben sind alle Spalten $\mathbf{m}_i^{-1}(D)$, $i = 1, 2, \ldots, j - 1$. Bestimme alle Lösungen
für η zusätzliche Spalten $\mathbf{m}_{j+l}^{-1}(D)$, $0 \leq l < \eta$, gemäß Satz 9.21, so daß alle
Pfade in $\mathcal{E}_{d_H}$ gelöscht sind.
Wenn keine Lösung existiert, dann setze $\eta := \eta + 1$. $\Rightarrow$ Schritt 2.

Schritt 3: Falls mehrere Lösungen existieren, wähle diejenigen aus, für die die freie Distanz
des Untercodes $\mathcal{B}^{(j+\eta)}$ maximiert wird.

Schritt 4: Falls wiederum mehrere Lösungen existieren, wähle diejenige aus, bei der die
Fehlergewichte $c_{d(j+l)}^{(j+l)}$ aufsteigend minimiert werden, d. h.
$$c_{d(j)}^{(j)} \geq \cdots \geq c_{d(j+l)}^{(j+l)} \geq \cdots \geq c_{d(j+\eta-1)}^{(j+\eta-1)}, \quad 0 \leq l < \eta.$$

Schritt 5: $j := j + \eta$.
Wenn gilt $(j \leq s)$ $\Rightarrow$ Schritt 1.

Schritt 6: Wähle, wenn möglich, eine inverse Scramblermatrix mit Determinante der Form
$|\mathbf{M}^{-1}(D)| = 1 + \cdots$.
Berechne $\mathbf{M}(D) = \left(\mathbf{M}^{-1}(D)\right)^{-1}$.

Ausgabe: $\mathbf{M}(D)$, $\mathbf{M}^{-1}(D)$, $d^{(j)}$ und $c_{d(j)}^{(j)}$, $j = 1, 2, \ldots, s$.

Mit Algorithmus 9.3 kann nun ein beliebiger Faltungscode partitioniert werden
und dann mit geeigneten äußeren Codes ein GC-Code konstruiert werden. Die
Ergebnisse können auch auf Faltungscodes mit beliebigen Raten oder über nicht-
binäre Alphabete verallgemeinert werden. Für Trellisse mit längeren Zweigen sei
auf [BDS97] verwiesen.

9.3.4 Konstruktion und Decodierung eines GC-Codes

In diesem Abschnitt wollen wir einen GC-Code [BDS96a] auf der Basis eines ein-
zigen Faltungscodes konstruieren, nämlich dem Faltungscode des ESA/NASA-
Satelliten-Standards, der von dem *Consultative Committee for Space Data Systems* (CCSDS) [WHPH87] vorgeschlagen wurde. Dieser Code $\mathcal{C}$ hat die Rate $1/2$,
Gesamteinflußlänge $\nu = 6$ und die Generatorsequenzen (oktal) $g^{(0)} = 133$ und
$g^{(1)} = 171$. Wir werden eine Partitionierung 6. Ordnung mit Blockscrambler für
Knotenpunktierung dieses Codes ableiten und als äußere Codes punktierte Versionen desselben Codes benutzen (siehe Abschnitt 8.1.10). Damit kann ein Gewinn
von ca. 1 dB gegenüber dem ESA/NASA-Standard erreicht werden. Dieser stellt
eine herkömmliche Verkettung dieses Faltungscodes als inneren Code mit einem
äußeren RS-Code dar.

Konstruktion des inneren Codes

Zunächst leiten wir die Partitionierung des inneren Codes entsprechend den vorangehenden Abschnitten ab und schreiben dazu den Code als UM-Code

$$\mathcal{B}^{(1)}(n = 12, k^{(1)} = 6, d^{(1)} = 10) \,,$$

wobei $d^{(1)}$ die freie Distanz darstellt. Die Codiermatrizen sind

$$\mathbf{G}_0 = \begin{pmatrix} 1 & 1 & 0 & 1 & 1 & 1 & 1 & 1 & 0 & 0 & 1 & 0 \\ 0 & 0 & 1 & 1 & 0 & 1 & 1 & 1 & 1 & 1 & 0 & 0 \\ 0 & 0 & 0 & 0 & 1 & 1 & 0 & 1 & 1 & 1 & 1 & 1 \\ 0 & 0 & 0 & 0 & 0 & 0 & 1 & 1 & 0 & 1 & 1 & 1 \\ 0 & 0 & 0 & 0 & 0 & 0 & 0 & 0 & 1 & 1 & 0 & 1 \\ 0 & 0 & 0 & 0 & 0 & 0 & 0 & 0 & 0 & 0 & 1 & 1 \end{pmatrix} \quad \text{und} \quad \mathbf{G}_1 = \begin{pmatrix} 1 & 1 & 0 & 0 & 0 & 0 & 0 & 0 & 0 & 0 & 0 & 0 \\ 1 & 0 & 1 & 1 & 0 & 0 & 0 & 0 & 0 & 0 & 0 & 0 \\ 0 & 0 & 1 & 0 & 1 & 1 & 0 & 0 & 0 & 0 & 0 & 0 \\ 1 & 1 & 0 & 0 & 1 & 0 & 1 & 1 & 0 & 0 & 0 & 0 \\ 1 & 1 & 1 & 1 & 0 & 0 & 1 & 0 & 1 & 1 & 0 & 0 \\ 0 & 1 & 1 & 1 & 1 & 1 & 0 & 0 & 1 & 0 & 1 & 1 \end{pmatrix} \,.$$

Entsprechend dem Algorithmus in Abschnitt 9.3.3 berechnen wir die Spalten des inversen Blockscramblers zu:

$$\mathbf{m}_1^{-1} = (0\,0\,1\,0\,0\,0)^T, \quad \mathbf{m}_2^{-1} = (1\,0\,0\,0\,1\,0)^T, \quad \mathbf{m}_3^{-1} = (0\,1\,0\,1\,0\,1)^T,$$
$$\mathbf{m}_4^{-1} = (0\,0\,0\,1\,0\,1)^T, \quad \mathbf{m}_5^{-1} = (0\,0\,0\,0\,0\,1)^T, \quad \mathbf{m}_6^{-1} = (0\,0\,0\,0\,1\,0)^T.$$

Man beachte, daß die ersten drei Spalten $\mathbf{m}_1^{-1}, \mathbf{m}_2^{-1}$ und $\mathbf{m}_3^{-1}$ benötigt werden, um alle Pfade mit Gewicht 10 zu punktieren. Des weiteren werden durch die Spalten $\mathbf{m}_4^{-1}$ und $\mathbf{m}_5^{-1}$ alle Pfade mit Gewicht 12 und 14 punktiert. Die Inversion liefert den Blockscrambler

$$\mathbf{M} = \begin{pmatrix} 0 & 0 & 1 & 0 & 0 & 0 \\ 1 & 0 & 0 & 0 & 0 & 0 \\ 0 & 1 & 0 & 0 & 0 & 0 \\ 0 & 1 & 0 & 1 & 0 & 0 \\ 0 & 0 & 0 & 1 & 0 & 1 \\ 1 & 0 & 0 & 0 & 1 & 0 \end{pmatrix} \,,$$

und damit erhält man die äquivalenten Codiermatrizen zu:

$$\mathbf{G}_0' = \begin{pmatrix} 0 & 0 & 0 & 0 & 1 & 1 & 0 & 1 & 1 & 1 & 1 & 1 \\ 1 & 1 & 0 & 1 & 1 & 1 & 1 & 1 & 0 & 0 & 1 & 0 \\ 0 & 0 & 1 & 1 & 0 & 1 & 1 & 1 & 1 & 1 & 0 & 0 \\ 0 & 0 & 1 & 1 & 0 & 1 & 0 & 0 & 1 & 0 & 1 & 1 \\ 0 & 0 & 0 & 0 & 0 & 0 & 1 & 1 & 0 & 1 & 0 & 0 \\ 1 & 1 & 0 & 1 & 1 & 1 & 1 & 1 & 1 & 1 & 1 & 1 \end{pmatrix} \quad \text{und} \quad \mathbf{G}_1' = \begin{pmatrix} 0 & 0 & 1 & 0 & 1 & 1 & 0 & 0 & 0 & 0 & 0 & 0 \\ 1 & 1 & 0 & 0 & 0 & 0 & 0 & 0 & 0 & 0 & 0 & 0 \\ 1 & 0 & 1 & 1 & 0 & 0 & 0 & 0 & 0 & 0 & 0 & 0 \\ 0 & 1 & 1 & 1 & 1 & 0 & 1 & 1 & 0 & 0 & 0 & 0 \\ 1 & 0 & 1 & 1 & 0 & 1 & 1 & 1 & 1 & 0 & 1 & 1 \\ 0 & 0 & 1 & 1 & 0 & 0 & 1 & 0 & 1 & 1 & 0 & 0 \end{pmatrix} \,.$$

Man erhält die Codiermatrizen der linearen Untercodes $\mathcal{B}'^{(i)}$, indem man die ersten $i - 1$ Zeilen der äquivalenten Codiermatrizen $\mathbf{G}_0'$ und $\mathbf{G}_1'$ streicht. Explizit haben wir die folgende Partitionierung erreicht:

$$\mathcal{B}'^{(6)}(12, 1, 16) \subset \mathcal{B}'^{(5)}(12, 2, 12) \subset \mathcal{B}'^{(4)}(12, 3, 12) \subset$$
$$\subset \mathcal{B}'^{(3)}(12, 4, 10) \subset \mathcal{B}'^{(2)}(12, 5, 10) \subset \mathcal{B}'^{(1)}(12, 6, 10).$$

Falls wir auf dieselbe Art den Originalcode ($\mathbf{G}_0$ und $\mathbf{G}_1$) partitionieren, erhalten wir keinen Distanzgewinn in den Untercodes. Dieser Sachverhalt ist in Tabelle 9.3

Tabelle 9.3: Freie Distanzen und Anzahl der minimalgewichtigen Pfade.

	Untercodes basierend auf den originalen Codiermatrizen						Untercodes basierend auf den äquivalenten Codiermatrizen					
	$\mathcal{B}^{(1)}$	$\mathcal{B}^{(2)}$	$\mathcal{B}^{(3)}$	$\mathcal{B}^{(4)}$	$\mathcal{B}^{(5)}$	$\mathcal{B}^{(6)}$	$\mathcal{B}'^{(1)}$	$\mathcal{B}'^{(2)}$	$\mathcal{B}'^{(3)}$	$\mathcal{B}'^{(4)}$	$\mathcal{B}'^{(5)}$	$\mathcal{B}'^{(6)}$
Freie Dist. $d^{(i)}$	10	10	10	10	10	10	10	10	10	12	12	16
Anzahl $a_{d^{(i)}}$	34	17	9	3	2	1	34	23	9	6	2	1

veranschaulicht. Dabei ist zusätzlich die Anzahl der Pfade mit der entsprechenden freien Distanz für jeden Untercode eingetragen.

Die Bilder 9.36 und 9.37 zeigen deutlich den erreichten Gewinn in der Bitfehlerrate für die entsprechenden Untercodes bei einem Gaußkanal und BPSK-Modulation.

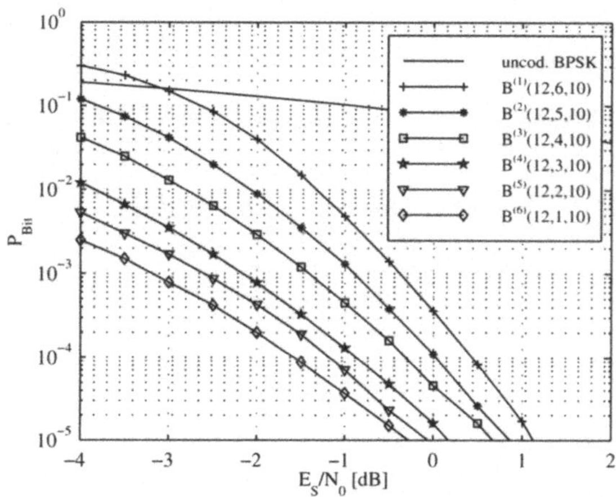

Bild 9.36: Bitfehlerraten für die Viterbi-Decodierung des Originalcodierers.

Äußere Codes und Interleaving

Als äußere Codes $\mathcal{A}^{(i)}$ werden durch Punktierung des ESA/NASA-Standard-Faltungscodes erhaltene Codes verwendet. In [WHPH87] sind solche Codes mit den Raten zwischen 1/2 und 16/17 angegeben. In Tabelle 9.4 sind die verwendeten äußeren Codes aufgelistet. Da der Code $\mathcal{B}'^{(6)}$ schon eine so geringe Bitfehlerrate aufweist, ist $\mathcal{A}^{(6)}$ ein $(n, n, 1)$ Code, d.h. uncodiert. Als äußerer Code $\mathcal{A}^{(5)}$ wurde ein punktierter Code der Rate 19/20 per Computersimulation aus dem Code $\mathcal{B}'^{(1)}$ errechnet.

Anmerkung: U.a. in [Hole88] sind punktierte Faltungscodes mit 64 Zuständen aufgelistet, die bessere Parameter besitzen, als die hier gewählten. Aber die Idee hier ist, daß ein einziger Code die Basis für den gesamten GC-Code darstellt. Der auf der Basis des ESA/NASA-Standardcodes konstruierte GC-Code $\mathcal{H}$ hat die Rate $R_{\mathcal{H}} \approx 0.416$.

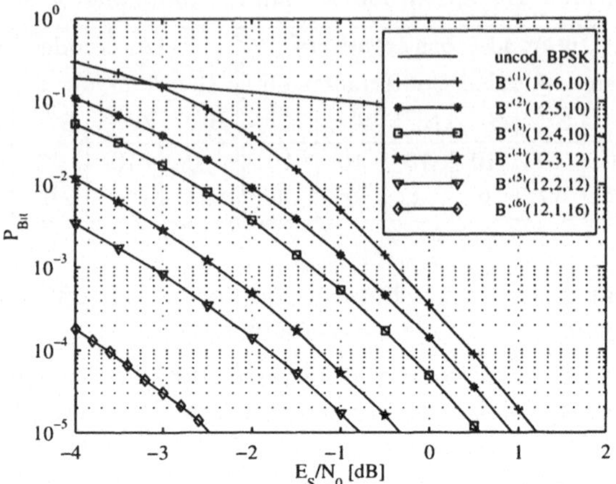

Bild 9.37: Bitfehlerraten für die Viterbi-Decodierung des äquivalenten Codierers.

Tabelle 9.4: Punktierte äußere Codes abgeleitet vom ESA/NASA-Faltungscode.

Code	Rate R	Spektrum		Punktierungsmatrix (oktal)
		Freie Distanz d_A	Fehlergewicht c_{d_A}	
$A^{(1)}$	1/2	10	36	1 / 1
$A^{(2)}$	3/4	5	42	6 / 5
$A^{(3)}$	6/7	3	5	72 / 45
$A^{(4)}$	16/17	3	393	152205 / 125572
$A^{(5)}$	19/20	3	991	1773425 / 1004352
$A^{(6)}$	1/1 (uncodiert)	–	–	–

Um eine Fehlerfortpflanzung (siehe etwa [WH93a]) von einem Schritt zum nächsten zu vermeiden, verwenden wir Interleaver $I^{(i)}$ entsprechend Bild 9.38. Es handelt sich dabei um rechteckige Blockinterleaver mit unterschiedlicher Zeilen- und Spaltenzahl. Die äußeren Faltungscodes sind alle auf die Länge n_A terminiert. Um die entsprechenden Werte anzupassen, definieren wir quasi-rechteckige Interleaver, wie in Bild 9.39 gezeigt. Der jeweilige Interleaver $I^{(i)}$ besteht aus $I_r^{(i)}$ Zeilen, $I_c^{(i)}$ Spalten und einer teilweise gefüllten letzten Spalte, derart, daß gilt:

$$n_A = I_c^{(i)} \cdot I_r^{(i)} + \Delta I^{(i)}.$$

Die Bits werden spaltenweise in den Interleaver geschrieben und zeilenweise ausgelesen. Um den inneren Code zu terminieren, werden 6 Tailbits benötigt, d. h. bei jedem Interleaver ein Bit. Die Parameter der verwendeten Interleaver sind in Tabelle 9.5 aufgelistet. Die Gesamtlänge des Codes ist damit $n_{\mathcal{H}} = n_B \cdot (n_A + 1) = 49164$. Der GC-Code $\mathcal{H}$ hat die freie Distanz $d_{\mathcal{H}} \geq 16$, die durch die letzte Stufe, d. h. durch den Untercode $\mathcal{B}'^{(6)}$ mit der freien Distanz 16, bestimmt wird.

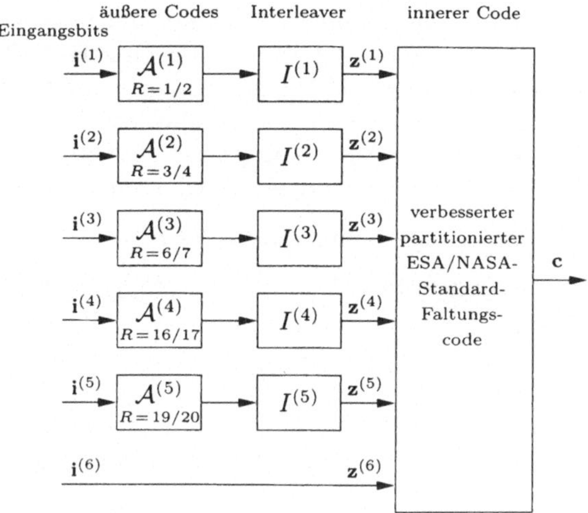

Bild 9.38: Codierung des GC-Codes.

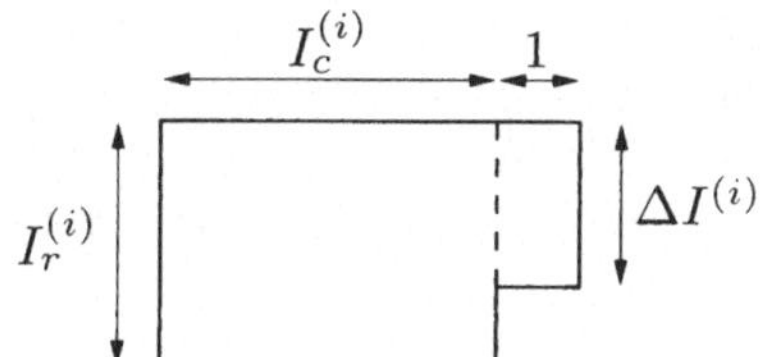

Bild 9.39: Quasi-rechteckiger Blockinterleaver $I^{(i)}$.

Decodierung und Simulationsergebnisse

Die Decodierung eines GC-Codes wird entsprechend Abschnitt 9.2.4 durchgeführt (dieses Decodierprinzip wird oft auch als *multistage decoding* bezeichnet). Im ersten Schritt wird die Numerierungsfolge $\hat{\mathbf{z}}^{(1)}$ durch einen Decodierer für den Code $\mathcal{B}'^{(1)}$ bestimmt. Diese Folge wird dem Decodierer für den äußeren Code $\mathcal{A}^{(1)}$ übergeben. Der Decodierer bestimmt die Folge $\tilde{\mathbf{z}}^{(1)}$ und die Informationsfolge $\tilde{\mathbf{i}}^{(1)}$. Im zweiten Schritt wird die Folge $\tilde{\mathbf{z}}^{(1)}$ dazu benutzt, um mit dem inneren Decodierer den Code $\mathcal{B}'^{(2)}_{\tilde{\mathbf{z}}^{(1)}}$ zu decodieren. Das Ergebnis $\hat{\mathbf{z}}^{(2)}$ wird dann mit dem zweiten äußeren Code $\mathcal{A}^{(2)}$ decodiert. Die weiteren Schritte erfolgen entsprechend.

Tabelle 9.5: Parameter der Interleaver.

	$I^{(1)}$	$I^{(2)}$	$I^{(3)}$	$I^{(4)}$	$I^{(5)}$
I_r	64	65	66	67	68
I_c	64	63	62	61	60
ΔI	0	1	4	9	16

Anmerkung: Die iterative Decodierung (Abschnitt 7.4.1) zwischen inneren und äußeren Codes könnte hier angewendet werden (siehe z. B. [WH93a]). Wie man einen GC-Code optimal decodiert ist ein noch ungelöstes Problem. Des wegen wollen wir uns hier auf den Fall beschränken, daß die Decodierer der inneren Codes Zuverlässigkeitswerte ausgeben (*soft output decoding*), die Decodierer der äußeren Codes allerdings nur binäre Werte (*hard output decoding*).

Betrachten wir die Decodierung des inneren Codes $\mathcal{B}'^{(i)}_{\tilde{\mathbf{z}}^{(1)},\ldots,\tilde{\mathbf{z}}^{(i-1)}}$ im i-ten Schritt. Die geschätzte Numerierungsfolge $\hat{\mathbf{z}}^{(i)} = (\hat{z}_1^{(i)},\ldots,\hat{z}_\tau^{(i)},\ldots)$ wird nach Gleichung 9.17 bestimmt durch

$$\hat{z}_\tau^{(i)} = \hat{\boldsymbol{\sigma}}_{t_0}\mathbf{m}_i^{-1} , \tag{9.18}$$

wobei $\hat{\boldsymbol{\sigma}}_{t_0}$ dem geschätzten Knoten der Tiefe $t_0 = s \cdot \tau$ entspricht. Die Menge der zu betrachtenden Knoten ist für $i \in [1, s]$ durch die Beziehung

$$\Omega_{t_0}^{(i)} = \left\{ \boldsymbol{\sigma} : \ \boldsymbol{\sigma}\mathbf{M}^{-1} = (\tilde{z}_\tau^{(1)},\ldots,\tilde{z}_\tau^{(i-1)},\xi^{(i)},\ldots,\xi^{(s)}) \right\}$$

gegeben, wobei $\xi^{(i)},\ldots,\xi^{(s)}$ beliebige Werte $\{0,1\}$ annehmen kann.

Im Falle von Hard-Decision-Output-Decodierung des inneren Codes kann ein Viterbi-Algorithmus verwendet werden, bei dem nur die Knoten $\Omega_{t_0}^{(i)}$ der entsprechenden Tiefe betrachtet werden. Für die Soft-Decision-Output-Decodierung werden entsprechend Abschnitt 7.2.2 die L-Werte als Metrik verwendet:

$$\lambda_\tau^{(i)} = \ln \frac{P(\hat{z}_\tau^{(i)} = 0)}{P(\hat{z}_\tau^{(i)} = 1)}, \tag{9.19}$$

wobei $P(\hat{z}_\tau^{(i)} = 1)$ und $P(\hat{z}_\tau^{(i)} = 0)$ die entsprechenden Wahrscheinlichkeiten dafür sind, daß das Bit $\hat{z}_\tau^{(i)}$ gleich 0 bzw. 1 ist. Wie in Abschnitt 8.4.3 bzw. 8.5 beschrieben, existieren einige Algorithmen für diese Decodierung; u. a. der SOVA [HH89] und der s/s-MAP-Algorithmus aus [BCJR74]. Wir wollen hier einen modifizierten s/s-MAP-Algorithmus verwenden, den wir deshalb im folgenden beschreiben wollen. Sei

$$\Omega_{t_0}^{(i)}(0) = \left\{ \boldsymbol{\sigma} : \ \boldsymbol{\sigma}\mathbf{M}^{-1} = (\tilde{z}_\tau^{(1)},\ldots,\tilde{z}_\tau^{(i-1)},0,\xi^{(i+1)},\ldots,\xi^{(s)}) \right\}$$

$$\Omega_{t_0}^{(i)}(1) = \left\{ \boldsymbol{\sigma} : \ \boldsymbol{\sigma}\mathbf{M}^{-1} = (\tilde{z}_\tau^{(1)},\ldots,\tilde{z}_\tau^{(i-1)},1,\xi^{(i+1)},\ldots,\xi^{(s)}) \right\}, \quad 1 \leq i \leq s,$$

mit beliebigen $\xi^{(i+1)},\ldots,\xi^{(s)} \in \{0,1\}$. Des weiteren sei $\mathbf{p}_t(\boldsymbol{\sigma})$ die Wahrscheinlichkeit, daß der gesendete Pfad durch den Knoten $\boldsymbol{\sigma}$ in der Tiefe t geht, unter der Bedingung der empfangenen Folge. Dann können wir die L-Werte gemäß Gleichung 9.19 schreiben als

$$\lambda_\tau^{(i)} = \ln \left(\frac{\sum_{\boldsymbol{\sigma} \in \Omega_{t_0}^{(i)}(0)} \mathbf{p}_{t_0}(\boldsymbol{\sigma})}{\sum_{\boldsymbol{\sigma} \in \Omega_{t_0}^{(i)}(1)} \mathbf{p}_{t_0}(\boldsymbol{\sigma})} \right) \quad \text{mit} \quad t_0 = s\tau. \tag{9.20}$$

Die Codeworte (Pfade) beginnen bei der Tiefe 0 und enden bei Tiefe t_e im Nullknoten. Entsprechend dem Algorithmus aus [BCJR74] kann die Berechnung der Wahrscheinlichkeit $\mathbf{p}_t(\boldsymbol{\sigma})$ folgendermaßen durchgeführt werden:

$$\mathbf{p}_t(\boldsymbol{\sigma}) = \alpha_t(\boldsymbol{\sigma}) \cdot \beta_t(\boldsymbol{\sigma}) \; . \tag{9.21}$$

Dabei bezeichnen $\alpha_t(\boldsymbol{\sigma})$ und $\beta_t(\boldsymbol{\sigma})$ die Wahrscheinlichkeiten, daß der gesendete Pfad in der Tiefe t durch den Knoten $\boldsymbol{\sigma}$ verläuft, unter der Voraussetzung der empfangenen Folge von 0 bis t bzw. von t bis t_e. Nun benötigen wir noch die Übergangswahrscheinlichkeit $\gamma_t(\boldsymbol{\sigma}', \boldsymbol{\sigma})$ von Knoten $\boldsymbol{\sigma}'_{t-1}$ nach $\boldsymbol{\sigma}_t$. Die Wahrscheinlichkeiten $\alpha_t(\boldsymbol{\sigma})$ und $\beta_t(\boldsymbol{\sigma})$ können rekursiv berechnet werden durch:

$$\alpha_t(\boldsymbol{\sigma}) = \begin{cases} 0 & : \quad t = s\tau, \; \boldsymbol{\sigma} \notin \Omega^{(i)}_{t_0=s\tau} \\ \sum_{\boldsymbol{\sigma}'} \alpha_{t-1}(\boldsymbol{\sigma}') \cdot \gamma_t(\boldsymbol{\sigma}', \boldsymbol{\sigma}) & : \quad \text{sonst} \end{cases} \tag{9.22}$$

mit den Werten $\alpha_0(\mathbf{0}) = 1$ und $\alpha_0(\boldsymbol{\sigma}) = 0$ für $\boldsymbol{\sigma} \neq \mathbf{0}$. Entsprechend erhalten wir:

$$\beta_t(\boldsymbol{\sigma}) = \begin{cases} 0 & : \quad t = s\tau, \; \boldsymbol{\sigma} \notin \Omega^{(i)}_{t_0=s\tau} \\ \sum_{\boldsymbol{\sigma}'} \beta_{t+1}(\boldsymbol{\sigma}') \cdot \gamma_{t+1}(\boldsymbol{\sigma}', \boldsymbol{\sigma}) & : \quad \text{sonst} \end{cases} \tag{9.23}$$

mit $\beta_{t_e}(\mathbf{0}) = 1$ und $\beta_{t_e}(\boldsymbol{\sigma}) = 0$ für $\boldsymbol{\sigma} \neq \mathbf{0}$.

Bisher haben wir alle Berechnungen durch Summation von Wahrscheinlichkeiten durchgeführt. Ersetzen wir in den Gleichungen 9.20, 9.22 und 9.23 die Summation durch eine Maximierung, so wird die Komplexität geringer und die Gleichungen 9.22 und 9.23 gehen in die des Viterbi-Algorithmus über. Mit dieser Änderung können wir demnach die Metrikberechnungen mit dem Viterbi-Algorithmus durchführen, indem wir einmal bei der Tiefe 0 und dann erneut bei der Tiefe t_e beginnen. Man beachte, daß hier jedoch die Vergangenheit der Pfade nicht gespeichert werden muß. Dies entspricht dem Max-Log-MAP-Algorithmus aus Abschnitt 8.5.2.

Zur Decodierung des GC-Codes $\mathcal{H}$ wurden die inneren Codes auf zwei Arten decodiert. Zunächst mit dem s/s-MAP-Algorithmus aus [BCJR74] und dann mit dem Max-Log-MAP-Algorithmus. Wie Bild 9.40 zeigt, waren bei der Bitfehlerrate 10^{-5} die entsprechenden Werte $E_b/N_0 = 1.55\,\mathrm{dB}$ bzw. $E_b/N_0 = 1.6\,\mathrm{dB}$, d. h. es tritt eine Differenz von $0.05\,\mathrm{dB}$ auf. Zum Vergleich wurde auch noch eine Hard-Output-Decodierung des inneren Codes durchgeführt und eine herkömmliche Verkettung zweier Faltungscodes $\mathcal{C}$ mit einem (64×64)-Block-Interleaver. Gegenüber der herkömmlichen Verkettung bringt der GC-Code $\mathcal{H}$ einen Gewinn von $2.2\,\mathrm{dB}$.

9.3.5 Turbo-Codes und ungelöste Probleme

Wie schon erwähnt, hat im Jahre 1993 eine herkömmliche Verkettung von Faltungscodes [BGT93] mit sehr großem Interleaver durch sehr kleine Restbitfehlerraten für Aufsehen gesorgt. Die Autoren gaben ihrem Schema den Namen Turbo-Codes, und seither sind zahllose Veröffentlichungen dazu erschienen

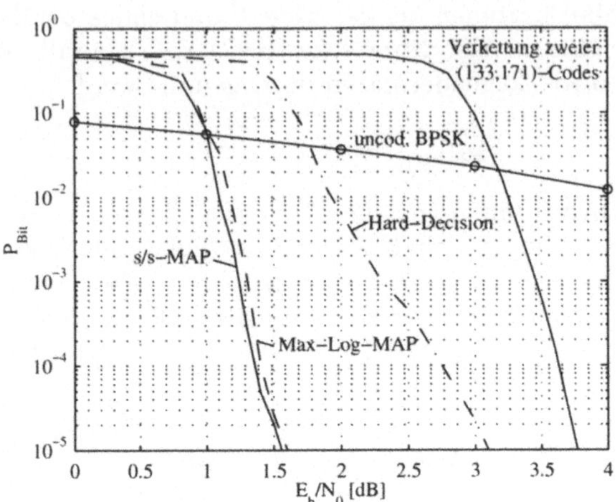

Bild 9.40: Bitfehlerraten der (verallgemeinert) verketteten Codes.

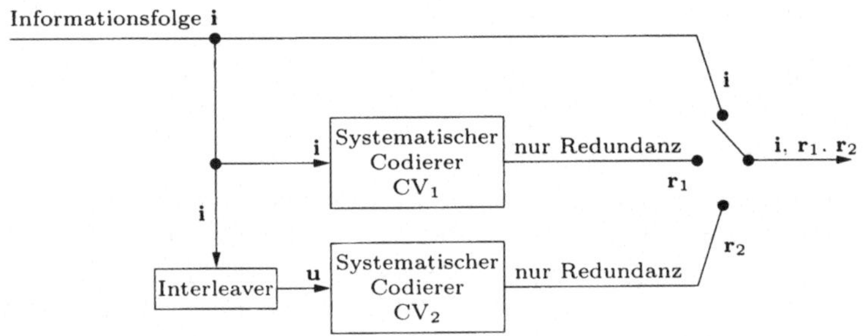

Bild 9.41: Codierschema für Turbo-Codes.

[RS95, BM96, RW95, WH95] und viele andere. Hauptsächlich handelt es sich dabei um Arbeiten zur iterativen Decodierung mittels s/s-MAP-Algorithmen entsprechend Abschnitt 7.4.1. Bild 9.41 zeigt schematisch die Codierung eines Turbo-Codes. Veranschaulicht man sich diese Art der Verkettung an Blockcodes, so erkennt man, daß es sich dabei um „schlechte" Codes handelt. Wie in Bild 9.42 dargestellt, ist die garantierte Mindestdistanz des verketteten Codes d nur bei kleinen Mindestdistanzen der Komponentencodes d_1 und d_2 annähernd so gut wie für Produktcodes.

Die Arbeiten zu den Turbo-Codes haben dann auch dieses Phänomen der schlechten Mindestdistanz gezeigt, das sich durch ein „Abknicken" der Bitfehlerratenkurve bei Werten zwischen 10^{-4} und 10^{-8} hin zu der asymptotisch erwarteten Bitfehlerrate zeigt. Es ist bekannt, daß die Bitfehlerrate bei sehr gutem SNR einzig von der Mindestdistanz des Codes bestimmt wird. Dieses Abknicken wurde inzwischen auch in [Svi95] bzw. [BM96] theoretisch abgeleitet. Es blieb und bleibt ein rätselhaftes Phänomen, warum diese schlechten Codes (aus Sicht der Mindestdistanz) bei kleinem SNR durch die iterative Decodierung so hervorragend decodiert wer-

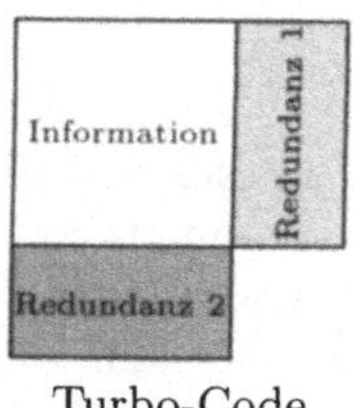

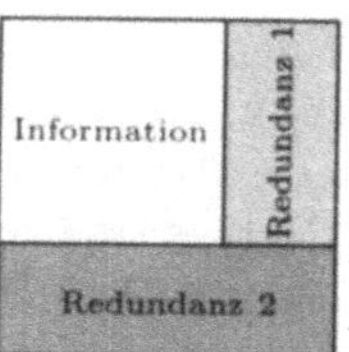

Turbo-Code
$d = d_1 + d_2 - 1$

Produktcode
$d = d_1 \cdot d_2$

Bild 9.42: Resultierende Distanz bei serieller und paralleler Verkettung.

den können.

Die Decodierung wird entsprechend Abschnitt 7.4.1 durch s/s-MAP-Algorithmen durchgeführt, die zunächst den einen Komponentencode decodieren und damit die empfangenen Werte der Informationssymbole entsprechend modifizieren. Danach wird der zweite Komponentencode decodiert und wieder die Werte der Information modifiziert, usw. Prinzipiell besteht jedoch kein Unterschied zu der iterativen Decodierung, die wir in Abschnitt 7.4.1 beschrieben haben. Es gibt jedoch zahlreiche Varianten, wie und wann die empfangenen Werte der Informationsstellen modifiziert werden und ob die empfangenen Werte der Redundanzstellen ebenfalls modifiziert werden oder nicht. Des weiteren gibt es Varianten zu der Anzahl der Iterationen und zu den verwendeten Faltungscodes.

Dies führt uns zu dem ersten ungelösten Problem, das sowohl für Turbo-Codes, Produktcodes, GC-Codes, ja für lange Codes generell existiert, nämlich die Decodierung bei kleinem SNR. Da es sich in der Regel bei verketteten Codes um sehr lange Codes handelt, kann keine ML-Decodierung durchgeführt werden. Darüber hinaus ist nicht einmal bekannt, ob eine ML-Decodierung in diesem Fall sinnvoll ist, oder ob nicht eine s/s-MAP-Decodierung bessere Ergebnisse liefert, geschweige denn wie weit entfernt man noch von einer ML-Decodierung ist.

Speziell für eine iterative Decodierung ist für fast alle Fälle ungeklärt, ob und wohin die Iterationen konvergieren. Und für GC-Codes kommt zusätzlich das Problem hinzu, daß nicht nur zwischen innerem und äußerem Code, sondern auch noch zwischen den Stufen der Paare von inneren und äußeren Codes iteriert werden kann. Somit ist auch die Decodierung von GC-Codes, die auf Faltungscodes basieren, ein ungelöstes Problem.

Für die Codekonstruktion ist eine ungelöste Frage welchen Code ein verwendeter Interleaver verkettet mit einem Code ergibt. Des weiteren eröffnet die Partitionierung von Faltungscodes so viele Möglichkeiten von Codekonstruktionen, unter denen sich noch „Juwelen" befinden könnten.

9.4 GC-Codes mit Block- und Faltungscodes

Bisher haben wir GC-Codes erörtert, bei denen innere und äußere Codes jeweils nur Block- oder nur Faltungscodes waren. Selbstverständlich lassen sich auch GC-

Codes konstruieren, bei denen der innere Code ein Block- oder Faltungscode ist, und die äußeren Codes aus der jeweils anderen Codeklasse sind, oder auch gemischt. Leider existieren recht wenige Veröffentlichungen zu diesem Fall, oder anders ausgedrückt, es sind recht wenige konkrete Konstruktionen untersucht worden und damit bekannt. Jedoch ist die Anzahl der Möglichkeiten solche GC-Codes zu konstruieren derart groß, daß wir sie sicher hier nicht alle darstellen können. Deshalb wollen wir uns auf wenige Spezialfälle beschränken, die jedoch das Prinzip verdeutlichen, mit dem sich dann jeder neuartige GC-Codes ausdenken kann.

9.4.1   Innere Faltungs- und äußere Blockcodes

Dieser Fall hat in Form einer herkömmlichen Verkettung einen prominenten Vertreter, nämlich den ESA/NASA-Standard zur Satellitenkommunikation [WHPH87]. Dabei wird als innerer Code der Faltungscode $\mathcal{B}^{(1)}$, den wir in Abschnitt 9.3.4 beschrieben haben, und als äußerer Code ein RS-Code $(255, 223, 33)$ über $GF(2^8)$ benutzt. Mit der im vorherigen Abschnitt beschriebenen Partitionierung des inneren Codes $\mathcal{B}^{(1)}$ und entsprechenden äußeren RS-Codes könnte ein GC-Code konstruiert werden, der bei gleicher Mindestdistanz eine größere Coderate oder bei gleicher Coderate eine größere Mindestdistanz besitzt. Leider ist ein solcher GC-Code bisher noch nicht analysiert worden.

In [ZySha] sind zahlreiche Codes mit inneren (P)UM-Codes (also Faltungscodes) und äußeren RS-Codes konstruiert worden, und einige von ihnen wollen wir im folgenden beschreiben. Dabei werden wir immer eine herkömmliche Verkettung $\mathcal{C}_C$ mit einer GC-Konstruktion $\mathcal{C}_{GC}$ gleicher Rate vergleichen, mit dem zu erwartenden Ergebnis, daß der GC-Code eine wesentlich größere Mindestdistanz besitzt.

Herkömmlich verketteter Code $\mathcal{C}_C$:   Eine binäre Informationsfolge **i** wird gemäß Bild 9.43 in eine Matrix $\mathbf{M_i}$ geschrieben, die aus $I_C \cdot \kappa$ Zeilen und k_a Spalten besteht. Jede der I_C $(\kappa \times k_a)$-Teilmatrizen stellt die Informationssymbole des äußeren RS-Codes $\mathcal{A}(n_a = 2^\kappa - 1, k_a, d_a)$ über dem Alphabet $GF(2^\kappa)$ dar. Wir codieren diese I_C Matrizen zu I_C Codeworten $(\mathbf{a}_1, \mathbf{a}_2, \dots, \mathbf{a}_{I_C})$ des Codes $\mathcal{A}$ und erhalten die Matrix $\mathbf{M_a}$.

Als inneren Code verwenden wir einen (P)UM-Code $\mathcal{B}(n_b, k_b | k_b^1, d_b)$ (d_b ist die freie Distanz), wobei gelten soll, daß $\mu_C = \kappa / k_b$ ganzzahlig ist. Damit codieren wir die Matrix $\mathbf{M_a}$, indem wir die erste Spalte der Matrix mit $\mathcal{B}$ codieren, danach die zweite Spalte bis zur n_a-ten Spalte.

Der so konstruierte Code $\mathcal{C}_C$ hat die Eigenschaft, daß der Faltungscode ein Gedächtnis aufeinanderfolgender Blöcke bewirkt. In der Praxis kann man durch einfügen von 0-Symbolen diese Abhängigkeit unterbrechen, was einer Terminierung des Faltungscodes entspricht, sich aber auf die Coderate auswirkt. Für die Coderate R_C, die Länge n_C und die Dimension k_C des Codes $\mathcal{C}_C$ erhalten wir

$$n_C = I_C \cdot \mu_C \cdot n_a \cdot n_b, \quad k_C = I_C \cdot \mu_C \cdot k_a \cdot k_b, \quad R_C = \frac{k_C}{n_C} = \frac{k_a \cdot k_b}{n_a \cdot n_b} = R_a \cdot R_b .$$

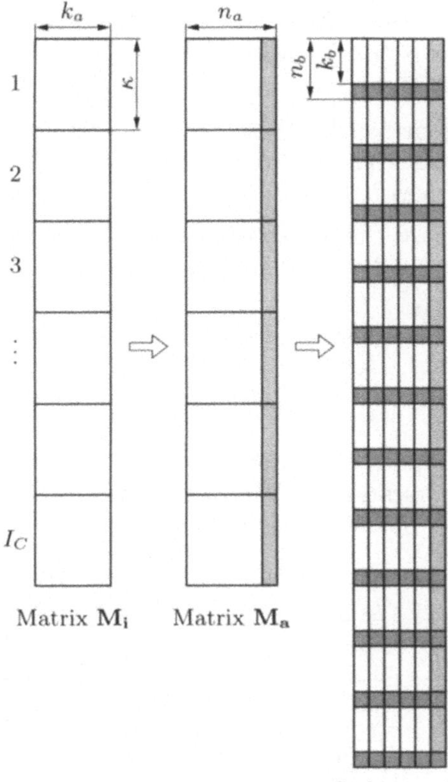

Matrix $\mathbf{M_i}$ Matrix $\mathbf{M_a}$

Codewort $\mathcal{C}_C$

Bild 9.43: Einfache Verkettung von RS-Codes und PUM-Codes.

In [ZySha] bzw. [ZS87] wurde für die Mindestdistanz d_C bewiesen, daß gilt:

$$d_C \geq \min\{d_a \cdot d_b, \omega \cdot \mu_C \cdot I_C \cdot d_a\}, \quad \mu_C = \kappa/k_b, \quad I_C \text{ Interleavertiefe.}$$

Der Parameter ω ist der Mittelwert des Gewichts einer Schleife im Zustandsdiagramm des inneren (P)UM-Codes, wie er in Abschnitt 9.3.1 definiert ist (siehe auch [TJ83]). Der herkömmlich verkettete Code ist damit:

$$\mathcal{C}_C(2; n_C = I_C\mu_C n_a n_b, \; k_C = I_C\mu_C k_a k_b, \; d_C \geq \min\{d_a d_b, \; \omega\mu_C I_C d_a\}) \ .$$

Verallgemeinert verketteter Code $\mathcal{C}_{GC}$:   Hier wird eine binäre Informationsfolge $\mathbf{i}$ gemäß Bild 9.44 in eine Matrix $\mathbf{M_i}$ geschrieben, die aus s unterschiedlichen $(\kappa \times k_a^{(i)})$-Matrizen, $i = 1, 2, \ldots, s$, besteht. Insgesamt hat die Matrix $I_{GC} \cdot \kappa$ binäre Zeilen, und die Anzahl der Spalten ist variabel mit dem Wert $k_a^{(i)}$ entsprechend Bild 9.44. Konsequenterweise muß die Ordnung s die Interleavertiefe I_{GC} teilen. Jede der I_{GC} $(\kappa \times k_a^{(i)})$-Teilmatrizen, $i = 1, 2, \ldots, s$, stellt die Informationssymbole der äußeren RS-Codes $\mathcal{A}^{(i)}(n_a = 2^\kappa - 1, k_a^{(i)}, d_a^{(i)})$ über dem Alphabet $GF(2^\kappa)$ dar. Man beachte, daß es jeweils I_{GC}/s äußere Codes $\mathcal{A}^{(i)}$ gibt. Wir codieren diese I_{GC} Matrizen zu I_{GC}/s Codeworten $(\mathbf{a}_1^{(i)}, \mathbf{a}_2^{(i)}, \ldots \mathbf{a}_{I_{GC}/s}^{(i)})$, $i = 1, 2, \ldots, s$, der Codes $\mathcal{A}^{(i)}$ und erhalten die Matrix $\mathbf{M_a}$. Diese ist eine binäre $(\kappa \cdot I_{GC} \times n_a)$-Matrix, bei der entsprechend Bild 9.44 die Zeilen umsortiert werden. Als inneren Code verwenden wir einen (P)UM-Code $\mathcal{B}^{(1)}(n_b, k_b^{(1)}|k_b^{(1),1}, d_b^{(1)})$, wobei gelten soll, daß $\mu_{GC} = \kappa/k_b^{(1)}$ ganzzahlig ist. Des weiteren kann der Code $\mathcal{B}^{(1)}$ derart in Untercodes partitioniert werden (vergleiche Abschnitt 9.3.3), daß gilt:

$$\mathcal{B}^{(i)}(n_b, k_b^{(i)}|k_b^{(i),1}, d_b^{(i)}), \quad i = 1, 2, \ldots, s,$$

$$\text{mit} \quad k_b^{(j)} = \frac{k_b^{(1)} \cdot (s - j + 1)}{s}, \quad j = 2, 3, \ldots, s.$$

Damit codieren wir die Matrix $\mathbf{M_a'}$, indem wir die erste Spalte der Matrix mit gemäß der Abbildungsvorschrift der Partitionierung des inneren Codes $\mathcal{B}^{(1)}$ codieren, danach die zweite Spalte bis zur n_a-ten Spalte. Der so konstruierte binäre

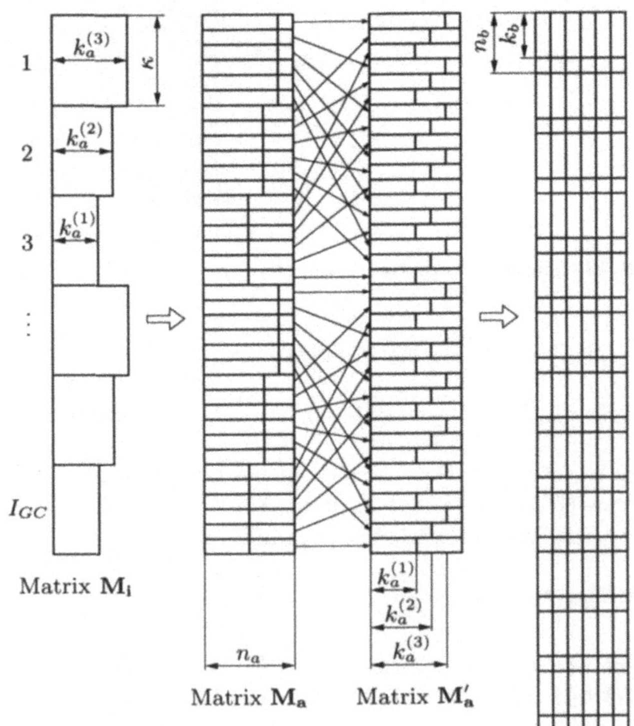

Bild 9.44: Verallgemeinerte Verkettung von RS-Codes und PUM-Codes.

GC-Code $\mathcal{C}_{GC}$ hat die folgenden Parameter:

$$\text{Länge:} \qquad n_{GC} = I_{GC} \cdot \mu_{GC} \cdot n_a \cdot n_b,$$

$$\text{Dimension:} \qquad k_{GC} = \frac{I_{GC}}{s} \cdot \mu_{GC} \cdot k_b^{(1)} \cdot \sum_{i=1}^{s} k_a^{(i)},$$

$$\text{Coderate:} \qquad R_{GC} = \frac{k_{GC}}{n_{GC}} = \frac{k_b^{(1)}}{n_b} \cdot \frac{1}{n_a} \cdot \sum_{i=1}^{s} k_a^{(i)},$$

$$\text{Mindestdistanz:} \qquad d_{GC} \geq \min_{i=1,\ldots,s} \{d_a^{(i)} \cdot d_b^{(i)}, \omega^{(i)} \cdot \mu_{GC} \cdot I_{GC} \cdot d_a^{(i)}\} \ .$$

Der Beweis für die Mindestdistanz folgt direkt aus dem Beweis für d_C und der Betrachtung der einzelnen Paare $\mathcal{A}^{(i)}$ und $\mathcal{B}^{(i)}$ [ZS87]. Auch hier ist der Parameter $\omega^{(i)}$ der Mittelwert des Gewichts einer Schleife im Zustandsdiagramm der inneren (P)UM-Codes $\mathcal{B}^{(i)}$.

Anmerkung: Bei Verwendung von n_a identischen Codierern können mit dieser Konstruktion theoretisch auch unendlich lange (P)UM-Codes als innere Codes benutzt werden.

Wir wollen nun vier konkrete Codes der obigen Konstruktion berechnen, wobei zwei davon herkömmlich verkettet und zwei GC-Codes sind. Grundlage bilden der UM($n = 6, k = 4, d = 5$)- und der PUM($n = 6, k = 4|k^{(1)} = 2, d = 4$)-Code aus Beispiel 9.32 und deren dort hergeleitete Partitionierung. Die oberen Schranken der freien Distanzen für diese beiden Codes sind 6 für UM und 4 für PUM, und für den UM($n = 6, k = 2, d = 7$)-Untercode der beiden Codes hat die Schranke den Wert 8 (siehe [HS73]). Des weiteren haben diese Codes die Parameter $\omega_{UM}^{(1)} = 3/4$, $\omega_{PUM}^{(1)} = 1$ und $\omega_{(P)UM}^{(2)} = 2$.

Beispiel 9.41 ((GC)-Codes der Länge 360) Als äußere Codes wollen wir RS-Codes über $GF(2^4)$ der Länge 15 verwenden. Betrachten wir eine herkömmliche Verkettung mit dem Code UM($n = 6, k = 4, d = 5$) und mit einem RS-Code $\mathcal{A}(2^4; 15, 11, 5)$, indem wir $I_C = 4$ und $\mu_C = \kappa/k_b = 4/4 = 1$ wählen, d. h. die Matrix $\mathbf{M_i}$ ist eine binäre (16×11)-Matrix. Je vier Zeilen bilden die 11 Informationssymbole des äußeren Codes $\mathcal{A}$. Nach dieser Codierung erhalten wir eine binäre (16×15)-Matrix, die wir mit dem inneren UM-Codes spaltenweise codieren. Die damit errechnete binäre (24×15)-Matrix stellt ein Codewort des Codes $\mathcal{C}_C$ mit den Parametern

$$n_C = I_C \cdot \mu_C \cdot n_a \cdot n_b = 4 \cdot 1 \cdot 15 \cdot 6 = 360 \ ,$$
$$k_C = I_C \cdot \mu_C \cdot k_a \cdot k_b = 4 \cdot 1 \cdot 11 \cdot 4 = 176 \ ,$$
$$d_C \geq \min\{d_a \cdot d_b, \omega \cdot \mu_C \cdot I_C \cdot d_a\}) = \min\{5 \cdot 5, (3/4) \cdot 1 \cdot 4 \cdot 5\} = 15$$

dar. Tauschen wir den inneren Code gegen den PUM($n = 6, k = 4|k^{(1)} = 2, d = 4$)-Code aus, so erhalten wir

$$\mathcal{C}_C'(2; n_C = 360, k_C = 176, d_C \geq \min\{d_a d_b, \omega \mu_C I_C d_a\} = \min\{5 \cdot 4, 1 \cdot 1 \cdot 4 \cdot 5\} = 20) \ .$$

Jetzt konstruieren wir durch die Verwendung der möglichen Partitionierung des UM- bzw. PUM-Codes die entsprechenden GC-Codes.

Tabelle 9.6: Parameter der Codes aus Beispiel 9.41 (herkömmliche Verkettung).

n_C	R_C	d_C	μ_C	I_C	$\mathcal{B}$	$\mathcal{A}(n_a, k_a, d_a)$
360	0.4889	15	1	4	UM	$(2^4; 15, 11, 5)$
360	0.4889	20	1	4	PUM	$(2^4; 15, 11, 5)$
2016	0.5	66	2	2	UM	$(2^8; 84, 63, 22)$
2016	0.5	88	2	2	PUM	$(2^8; 84, 63, 22)$
6120	0.4994	195	2	2	UM	$(2^8; 255, 191, 65)$
6120	0.4994	260	2	2	PUM	$(2^8; 255, 191, 65)$

Zunächst sei der innere Code der UM$(n = 6, k = 4, d = 5)$-Code, der in 2^2 UM$(n = 6, k = 2, d = 7)$-Untercodes partitioniert wird. Wie in Bild 9.44 dargestellt, schreiben wir die 176 Informationsbits in eine $(\kappa = 4 \times k_a^{(2)} = 13)$-Matrix, dann in eine $(\kappa = 4 \times k_a^{(1)} = 9)$-Matrix, danach erneut in eine $(\kappa = 4 \times k_a^{(2)} = 13)$-Matrix und zum Schluß in eine $(\kappa = 4 \times k_a^{(1)} = 9)$-Matrix. Danach werden diese Teilmatrizen mit den äußeren Codes $\mathcal{A}^{(1)}(2^4; 15, 9, 7)$ und $\mathcal{A}^{(2)}(2^4; 15, 13, 3)$ codiert. Die (16×15)-Matrix wird umsortiert, indem wir die ersten zwei Zeilen kopieren, dann die 5. und 6. Zeile, dann die 3. und 4., usw. Zur Codierung mit dem inneren Code gehen wir entsprechend der Abbildung der Partitionierung wie folgt vor: Das 3. und 4. Bit der ersten Spalte der umsortierten Matrix bestimmen den Untercode und das 1. und 2. Bit das Codewort im Untercode, usw. Der konstruierte Code $\mathcal{C}_{GC}$ hat die Parameter

$$n_{GC} = I_{GC} \cdot \mu_{GC} \cdot n_a \cdot n_b = 4 \cdot 1 \cdot 15 \cdot 6 = 360 \;,$$

$$k_{GC} = I_{GC}/s \cdot \mu_{GC} \cdot k_b^{(1)} \cdot \sum_{i=1}^{s} k_a^{(i)} = 4/2 \cdot 1 \cdot 4 \cdot (9 + 13) = 176 \;,$$

$$d_{GC} \geq \min_{i=1,2} \{d_a^{(i)} \cdot d_b^{(i)}, \omega^{(i)} \cdot \mu_{GC} \cdot I_{GC} \cdot d_a^{(i)}\}$$

$$= \min\{7 \cdot 5, 3 \cdot 7, 3/4 \cdot 1 \cdot 4 \cdot 7, 2 \cdot 1 \cdot 4 \cdot 3\} = 21 \;.$$

Tauschen wir wieder den UM-Code gegen den PUM$(n = 6, k = 4 | k^{(1)} = 2, d = 4)$-Code aus, der ebenfalls den UM$(n = 6, k = 2, d = 7)$-Code als Untercode besitzt, und benutzen die äußeren Codes $\mathcal{A}^{(1)}(2^4; 15, 10, 6)$ und $\mathcal{A}^{(2)}(2^4; 15, 12, 4)$, so erhalten wir den Code $\mathcal{C}'_{GC}$ mit

$$n_{GC} = 4 \cdot 1 \cdot 15 \cdot 6 = 360 \;,$$

$$k_{GC} = 4/2 \cdot 1 \cdot 4 \cdot (9 + 13) = 176,$$

$$d_{GC} \geq \min_{i=1,2} \{d_a^{(i)} \cdot d_b^{(i)}, \omega^{(i)} \cdot \mu_{GC} \cdot I_{GC} \cdot d_a^{(i)}\}$$

$$= \min\{6 \cdot 4, 4 \cdot 7, 1 \cdot 1 \cdot 4 \cdot 6, 2 \cdot 1 \cdot 4 \cdot 4\} = 24 \;. \qquad \diamond$$

Die Ergebnisse des Beispiels sind in den Tabellen 9.6 und 9.7 zusammengefaßt; gemeinsam mit weiteren Codes der Längen 2016 und 6120 mit deren entsprechenden Parametern. Die Konstruktion erfolgt analog dem Beispiel mit denselben inneren Codes. Man beachte den erheblichen Gewinn in der Mindestdistanz bei gleicher Rate zwischen herkömmlicher und verallgemeinerter Verkettung.

Zur Übung kann mit dem inneren PUM$(n = 6, k = 4 | k^{(1)} = 2, d = 4)$-Code mit der Partitionierung von Beispiel 9.32 ein $(2; 600, 240, 44)$-GC-Code konstruiert werden, indem zwei verkürzte RS-Code der Länge 255 verwendet werden.

Tabelle 9.7: Parameter der Codes aus Beispiel 9.41 (verallgemeinerte Verkettung).

n_{GC}	R_{GC}	d_{GC}	μ_{GC}	s	I_{GC}	$\mathcal{B}$	$\mathcal{A}^{(1)}(n_a, k_a^{(1)}, d_a^{(1)})$	$\mathcal{A}^{(2)}(n_a, k_a^{(2)}, d_a^{(2)})$
360	0.4889	21	1	2	4	UM	$(2^4; 15, 9, 7)$	$(2^4; 15, 13, 3)$
360	0.4889	24	1	2	4	PUM	$(2^4; 15, 10, 6)$	$(2^4; 15, 12, 4)$
2016	0.5	91	2	2	2	UM	$(2^8; 84, 54, 31)$	$(2^8; 84, 72, 13)$
2016	0.5	112	2	2	2	PUM	$(2^8; 84, 57, 28)$	$(2^8; 84, 69, 16)$
6120	0.4994	273	2	2	2	UM	$(2^8; 255, 165, 91)$	$(2^8; 255, 217, 39)$
6120	0.4994	329	2	2	2	PUM	$(2^8; 255, 173, 83)$	$(2^8; 255, 209, 47)$

9.4.2 Innere Block- und äußere Faltungscodes

Für diesen Fall sind wenig Ergebnisse bekannt, vor allem für GC-Codes. Wir wollen in diesem Abschnitt zwei Beispiele betrachten, wobei eines ein GC-Code darstellt.

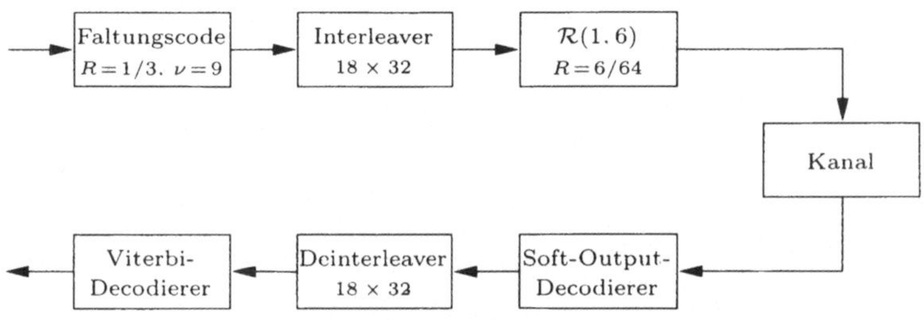

Bild 9.45: Original IS-95-Schema.

Ein bedeutendes Beispiel für herkömmliche Verkettung stellen einige *Direct--Sequence Code-Division-Multiple-Access-* (DS-CDMA) Systeme dar (siehe z. B. [Kam, Pro]). Wir können ein DS-CDMA-System als Verkettung eines inneren Blockcodes (in der Regel ein RM-Code erster Ordnung entsprechend Abschnitt 5.1) als Spreizsequenz und eines äußeren Faltungscodes betrachten. Allgemein werden durch einen Blockcode k Bits auf n Bits gespreizt. Eine Matched-Filter-Bank, mit der die Korrelation für die entsprechenden Sequenzen durchgeführt wird, können wir als eine ML-Decodierung interpretieren, bei der alle möglichen Codesequenzen mit der empfangen Sequenz verglichen werden.

Wir wollen im folgenden ein Beispiel betrachten, das die Codekonstruktion des US-Mobilfunkstandards IS-95 modifiziert und dadurch eine Verbesserung der Restbitfehlerrate erreicht. Das Beispiel stammt aus der Arbeit [FB96].

Beispiel 9.42 (Mobilfunkstandard IS-95) Wir wollen hier den Originalcode des IS-95-Standards für die Übertragung von der Mobil- zur Basisstation (Bild 9.45) mit einem verketteten Code vergleichen, den wir leicht modifiziert haben, indem wir entsprechend Bild 9.46 die Rate des inneren Codes verkleinern und die des äußeren vergrößern. Die Gesamtrate bleibt dabei konstant. Als inneren Code wählen wir einen UM-Code, der auf dem RM-Code basiert (siehe Abschnitt 8.7.4). Während der IS-95-Code die Mindestdistanz $d_{IS} = 14 \cdot 32 = 448$ besitzt, ist $d_{UM} = 16 \cdot 32 = 512$. Bild 9.47 zeigt die Simulationergebnisse, bei denen eine

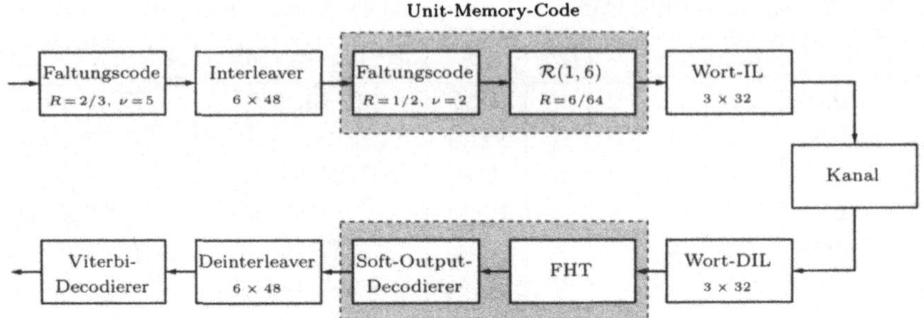

Bild 9.46: Modifiziertes IS-95-Schema.

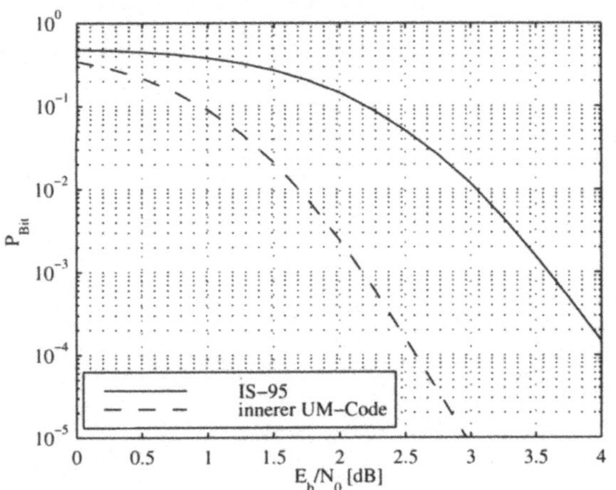

Bild 9.47: Bitfehlerrate bei kohärenter Detektion.

kohärente Detektion angenommen wurde. Man erkennt einen Gewinn von 1.4 dB bei einer Restbitfehlerrate von 10^{-3}. In [FB96] ist auch eine inkohärente Detektion angegeben, wobei der Gewinn dann auf ca. 1 dB zurückgeht. Beide Konstruktionen weisen etwa die gleiche Decodierkomplexität auf.   ◇

Das zweite Beispiel betrachtet die RM-Konstruktion (Abschnitt 9.5) mit Faltungscodes. Es handelt sich hier um einen GC-Code, der in der Vorveröffentlichung [Che97] beschrieben ist.

Beispiel 9.43 (|u|u + v|-Konstruktion mit Faltungscodes) Betrachten wir den binären Blockcode $\mathcal{B}^{(1)}(2, 2, 1)$ als inneren Code. Eine Partitionierung liefert die beiden Untercodes $\mathcal{B}_i^{(2)}(2, 1, 2)$, $i = 0, 1$, deren Mindestdistanz doppelt so groß ist wie die von $\mathcal{B}^{(1)}$. Damit können wir zwei äußere Faltungscodes verwenden, deren freie Distanz sich um den Faktor zwei unterscheidet. Nehmen wir an, der erste Faltungscode $\mathcal{A}^{(1)}$ habe die freie Distanz d_f und der zweite $d_f/2$, so erhalten wir einen GC-Code mit der freien Distanz d_f. In [Che97] sind einige Konstruktionen angegeben.   ◇

Der Fall innerer Blockcode und äußerer Faltungscode tritt häufiger bei codierter Modulation in Kapitel 10 auf.

9.5 Mehrfachverkettung und Reed-Muller-Codes

Wir werden Reed-Muller-Codes (RM-Codes), die wir in Abschnitt 5.1 eingeführt haben, hier als verallgemeinerte, mehrfach verkettete Codes beschreiben.

Zur Wiederholung: Ein RM-Code $\mathcal{R}(r, m)$ ist ein binärer Code der Länge $n = 2^m$, der Dimension $k = 1 + \binom{m}{1} + \binom{m}{2} + \cdots + \binom{m}{r}$ und der Mindestdistanz $d = 2^{m-r}$. Der zu $\mathcal{R}(r, m)$ duale Code ist der RM-Code $\mathcal{R}(m - r - 1, m)$.

Wir wollen im folgenden die Konstruktion von RM-Codes als verallgemeinert verkettete Codes angeben. Der innere Code sei ein binärer Blockcode der Länge 2, der Dimension 2 und der Mindestdistanz 1, d. h., der Code besteht aus allen binären Vektoren der Länge 2:

$$\mathcal{B}^{(1)}(n_b = 2, k_b^{(1)} = 2, d_b^{(1)} = 1) = \{(0,0), (1,1), (1,0), (0,1)\} \ .$$

Der Code $\mathcal{B}^{(1)}$ kann in die Untercodes $\mathcal{B}_{a^{(1)}}^{(2)}$ mit der Mindestdistanz 2 partitioniert werden:

$$\mathcal{B}^{(1)} = \bigcup_{a^{(1)}=0}^{1} \mathcal{B}_{a^{(1)}}^{(2)}(n_b = 2, k_b^{(2)} = 1, d_b^{(2)} = 2) \ .$$

Dabei ist: $\mathcal{B}_0^{(2)} = \{(0,0), (1,1)\}$ und $\mathcal{B}_1^{(2)} = \{(1,0), (0,1)\}$. Die Codewörter ergeben sich zu:

$$\mathbf{b}_{00} = (0,0), \ \mathbf{b}_{01} = (1,1), \ \mathbf{b}_{10} = (1,0), \ \mathbf{b}_{11} = (0,1) \ . \tag{9.24}$$

Alle Numerierungen der Partitionierung sind binär:

$$(a^{(1)}, a^{(2)}) \iff \mathbf{b} \in \mathcal{B}^{(1)} \ . \tag{9.25}$$

Wir bilden nun eine $(n_a \times 2)$-Matrix:

$$\begin{pmatrix} a_1^{(1)} & a_1^{(2)} \\ a_2^{(1)} & a_2^{(2)} \\ \vdots & \vdots \\ a_{n_a}^{(1)} & a_{n_a}^{(2)} \end{pmatrix} \ .$$

Die erste Spalte ist ein Codewort des ersten äußeren Codes $\mathcal{A}^{(1)}(n_a, k_a^{(1)}, d_a^{(1)})$, und die zweite Spalte ist ein Codewort des zweiten äußeren Codes $\mathcal{A}^{(2)}(n_a, k_a^{(2)}, d_a^{(2)})$. Jede Zeile $(a_j^{(1)}.a_j^{(2)})$ numeriert ein Codewort des inneren Codes $\mathcal{B}^{(1)}$. Nach der entsprechenden Abbildung ergibt sich ein Codewort des GC-Codes $\mathcal{C}(2; n_c, k_c, d_c)$, d. h. eine Matrix aus n_a Codewörtern des inneren Codes:

$$\begin{pmatrix} \mathbf{b}_1 \\ \mathbf{b}_2 \\ \vdots \\ \mathbf{b}_{n_a} \end{pmatrix} = \begin{pmatrix} b_{11} & b_{12} \\ b_{21} & b_{22} \\ \vdots & \vdots \\ b_{n_a 1} & b_{n_a 2} \end{pmatrix} \ . \tag{9.26}$$

Es gilt: Für die Länge $n_c = 2n_a$, für die Dimension $k_c = k_a^{(1)} + k_a^{(2)}$ und für die Mindestdistanz $d_c \geq \min\{d_a^{(1)} \cdot d_b^{(1)}, d_a^{(2)} \cdot d_b^{(2)}\}$.

Satz 9.22 (RM-Code als GC-Code) *Wählt man als inneren Code $\mathcal{B}^{(1)}(n_b = 2, k_b^{(1)}, d_b^{(1)})$ und als äußere Codes die RM-Codes $\mathcal{A}^{(1)} = \mathcal{R}(r, m)$, $\mathcal{A}^{(2)} = \mathcal{R}(r + 1, m)$ der Länge $n_a = 2^m$, so ist der konstruierte GC-Code $\mathcal{C}(2; n_c, k_c, d_c)$ der RM-Code $\mathcal{R}(r + 1, m + 1)$.*

Beweis: Die Abbildung durch die Gleichungen 9.24 und 9.25 kann als

$$\mathbf{b}_{a^{(1)}a^{(2)}} = (\mathbf{a}^{(1)} \oplus \mathbf{a}^{(2)}, \mathbf{a}^{(2)}) \tag{9.27}$$

geschrieben werden, wobei $\oplus$ die Addition modulo 2 bezeichnet. Nun ordnen wir die Elemente des Codewortes aus Gleichung 9.26 als Vektor der Länge $2n_a$ folgendermaßen an:

$$\mathbf{c} = (b_{12}, b_{22}, \dots, b_{n_a2}, b_{11}, b_{21}, \dots, b_{n_a1}) . \tag{9.28}$$

Die Beziehung 9.27 in Gleichung 9.28 eingesetzt ergibt:

$$\mathbf{c} = \left(a_1^{(2)}, a_2^{(2)}, \dots, a_{n_a}^{(2)}, a_1^{(1)} \oplus a_1^{(2)}, a_2^{(1)} \oplus a_2^{(2)}, \dots, a_{n_a}^{(1)} \oplus a_{n_a}^{(2)}\right) .$$

Diese Darstellung ist identisch zu Theorem 2, Kapitel 13, aus [McWSl], das die $|\mathbf{u}|\mathbf{u} \oplus \mathbf{v}|$-Konstruktion von RM-Codes beschreibt und im folgenden angegeben ist:

$$\mathcal{R}(r + 1, m + 1) = \{|\mathbf{u}|\mathbf{u} \oplus \mathbf{v}| : \mathbf{u} \in \mathcal{R}(r + 1, m), \mathbf{v} \in \mathcal{R}(r, m)\}.$$

Damit ist der GC-Code der RM-Code $\mathcal{R}(r + 1, m + 1)$.   □

Mit dieser Methode kann damit der RM-Code $\mathcal{R}(r + 1, m + 1)$ wie folgt konstruiert werden:

$$\mathbf{c} = (\mathbf{b}_1, \mathbf{b}_2, \dots, \mathbf{b}_{n_a}) = \left(a_1^{(1)} \oplus a_1^{(2)}, a_1^{(2)}, a_2^{(1)} \oplus a_2^{(2)}, a_2^{(2)}, \dots, a_{n_a}^{(1)} \oplus a_{n_a}^{(2)}, a_{n_a}^{(2)}\right) .$$

Die äußeren Codes $\mathcal{A}^{(1)}$ und $\mathcal{A}^{(2)}$ können auch als GC-Codes betrachtet werden. Damit läßt sich die oben beschriebene Codekonstruktion sukzessive anwenden. Ausgehend von dem RM-Code $\mathcal{R}(0, \tilde{m}), 1 \leq \tilde{m} < m$, einem Wiederholungscode, und dem RM-Code $\mathcal{R}(\tilde{m} - 1, \tilde{m}), 1 \leq \tilde{m} < m$, einem Parity-Check-Code, als mögliche äußere Codes sowie dem inneren Code $\mathcal{B}^{(1)}(2; 2, 2, 1)$ kann somit jeder RM-Code $\mathcal{R}(r, m)$ auf diese Weise konstruiert werden. Diese Tatsache ist in Bild 9.48 veranschaulicht und zeigt, daß ein beliebiger RM-Code auf die Verkettung von Wiederholungscodes und Parity-Check-Codes zurückgeführt werden kann. Dies werden wir bei der Decodierung verwenden.

9.5.1   GMC, Decodieralgorithmus für RM-Codes

Wir wollen im folgenden ein Decodierverfahren [SB95] angeben, das die Tatsache ausnutzt, daß RM-Codes als GC-Codes beschrieben werden können. Des weiteren wollen wir dazu eine naheliegende Erweiterung als Listendecodierverfahren erörtern, mit dem die Decodierergebnisse wesentlich verbessert werden. Die Grundidee

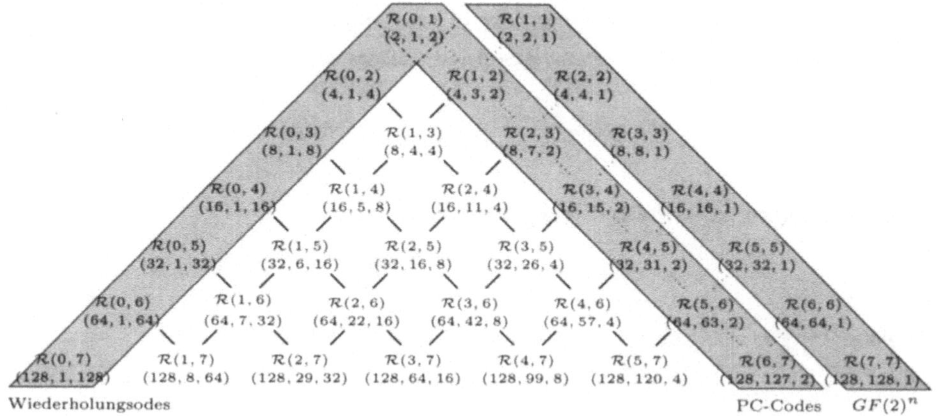

Bild 9.48: Struktur von RM-Codes.

der Decodierung basiert auf dem Algorithmus für GC-Codes, der in Abschnitt 9.2.4 erläutert ist. Hier werden allerdings, sowohl für die inneren als auch für die äußeren Codes, Decodierverfahren verwendet, die entsprechend Abschnitt 7.2.2 Zuverlässigkeitsinformation benutzen. Die Decodierung von RM-Codes wird auf die Decodierung von Wiederholungs- und Parity-Check-Codes zurückgeführt, und diese können ML decodiert werden.

Wir wollen entsprechend Abschnitt 7.2.2, unter Annahme von BPSK-Modulation und AWGN-Kanal, die folgende Notation benutzen ($0 \rightarrow +1$ und $1 \rightarrow -1$):

$\mathbf{c} = (c_1, \ldots, c_n) \in \mathcal{R}(r, m)$, $n = 2^m$, sei das gesendete Codewort,

$\mathbf{y} = (y_1, \ldots, y_n)$ sei der empfangene Vektor, .

ML-Decodierer:

$$\Lambda_{\hat{c}} = \sum_{j=1}^{n} \ln \left(\frac{p\{y_j \mid c_j = \hat{c}_j\}}{p\{y_j \mid c_j = \overline{\hat{c}_j}\}} \right) .$$

Der Decodierer GMC ist in Algorithmus 9.5 beschrieben und besteht aus drei Schritten. Falls der RM-Code ein Wiederholungscode ($\mathcal{R}(0, m)$) oder ein Parity-Check-Code ($\mathcal{R}(m-1, m)$) ist, so wird er im ersten Schritt decodiert. Ein anderer RM-Code wird durch rekursive Anwendung des Decodierverfahrens in den Schritten 2a und 2b decodiert. Im dritten Schritt wird das durch den Decodierer geschätzte Codewort ausgegeben. Dabei werden SDML-Decodierer für Wiederholungscodes und für Parity-Check-Codes benutzt, die in Algorithmus 9.4 definiert sind.

Beispiel 9.44 (Decodierung des $\mathcal{R}(1,3)$ mit GMC) Wir wollen im folgenden ein Zahlenbeispiel für die einzelnen Schritte bei der Decodierung mit GMC angeben.

Algorithmus 9.4: SMDL-Decodierung für Wiederholungs- und PC-Codes.

SDML-Decodierung eines Wiederholungscodes der Länge n:

$$\hat{c}_i = \text{sign}\left(\sum_{j=1}^{n} y_j\right), \quad i = 1,\ldots,n\,.$$

SDML-Decodierung eines Parity-Check-Codes der Länge n:

$$\hat{c}_j = \text{sign}(y_j)\,, \quad j = 1,\ldots,n\,.$$

Falls $p = \displaystyle\prod_{j=1}^{n} \hat{c}_j = -1$ bestimme $i : |y_i| = \min_j\{|y_j|\}$ und setze $\hat{c}_i := -\hat{c}_i$.

Algorithmus 9.5: Decodieralgorithmus für Reed-Muller-Codes $\mathcal{R}(r,m)$.

Eingabe: $\mathbf{y} = (y_1,\ldots,y_n)$ Empfangsvektor

Schritt 1: Decodierung Wiederholungscode oder Parity-Check-Code
     Falls $r = 0$ oder $r = m - 1$, dann SDML-Decodierung von $\mathbf{y}$ gemäß
     Wiederholungscode oder Parity-Check-Code zu $\hat{\mathbf{c}}$, dann Schritt 3.

Schritt 2: Decodierung GC-Code

     Schritt 2a: Bestimmung der Metrik $\mathbf{y}^{(1)} = \big(y_1^{(1)},\ldots,y_{n/2}^{(1)}\big)$ des ersten äußeren
         Codewortes:
$$y_j^{(1)} = \text{sign}(y_{2j-1} \cdot y_{2j}) \cdot \min\{|y_{2j-1}|, |y_{2j}|\}, \quad j = 1,\ldots,n/2\,.$$
         Erste äußere Decodierung:
         Decodiere $\mathbf{y}^{(1)}$ gemäß $\mathcal{R}(r-1, m-1)$ zu $\hat{\mathbf{a}}^{(1)}$ mittels GMC.

     Schritt 2b: Bestimmung der Metrik $\mathbf{y}^{(2)} = \big(y_1^{(2)},\ldots,y_{n/2}^{(2)}\big)$ des zweiten äußeren
         Codewortes:
$$y_j^{(2)} = \tfrac{1}{2}\big(\hat{a}_j^{(1)} \cdot y_{2j-1} + y_{2j}\big), \quad j = 1,\ldots,n/2\,.$$
         Zweite äußere Decodierung:
         Decodiere $\mathbf{y}^{(2)}$ gemäß $\mathcal{R}(r, m-1)$ zu $\hat{\mathbf{a}}^{(2)}$ mittels GMC.

     Schritt 2c: Bestimmung des GC-Codewortes $\hat{\mathbf{c}}$ aus $\hat{\mathbf{a}}^{(1)}$ und $\hat{\mathbf{a}}^{(2)}$:
$$\hat{\mathbf{c}} = \big(\hat{a}_1^{(1)} \cdot \hat{a}_1^{(2)}, \hat{a}_1^{(2)}, \ldots, \hat{a}_{n/2}^{(1)} \cdot \hat{a}_{n/2}^{(2)}, \hat{a}_{n/2}^{(2)}\big)\,.$$

Schritt 3: Decodiere $\hat{\mathbf{c}} = (\hat{c}_1,\ldots,\hat{c}_n)$.

Ausgabe: $\hat{\mathbf{c}} = (\hat{c}_1,\ldots,\hat{c}_n)$ decodiertes Codewort.

Gesendetes Codewort: $\mathbf{c}$ $= (-1.0, +1.0, -1.0, +1.0, +1.0, -1.0, +1.0, -1.0)$.
Empfangenes Wort: $\mathbf{y}$ $= (-0.9, +1.2, -0.1, +0.6, -0.1, -1.3, +0.2, +0.3)$.
Schritt 2a: $\mathbf{y}^{(1)} = (-0.9, -0.1, +0.1, +0.2)$.
SDML Decodierung von $\mathbf{y}^{(1)}$ gemäß Wiederholungscode $\mathcal{R}(r=0, m=2)$ zu:
$$\hat{\mathbf{a}}^{(1)} = (-1.0, -1.0, -1.0, -1.0).$$
Schritt 2b: $\mathbf{y}^{(2)} = (+2.1, +0.7, -1.2, +0.1)$.
SDML Decodierung von $\mathbf{y}^{(2)}$ gemäß Parity-Check-Code $\mathcal{R}(r=1, m=2)$ zu:

$$\hat{\mathbf{a}}^{(2)} = (+1.0, +1.0, -1.0, -1.0).$$

Schritt 2c: $\qquad \hat{\mathbf{c}} = (-1.0, +1.0, -1.0, +1.0, +1.0, -1.0, +1.0, -1.0).$

Damit wurde das empfangene Wort y korrekt decodiert, d. h. $\hat{\mathbf{c}} = \mathbf{c}$. $\qquad\qquad \diamond$

Herleitung der Metrik

In diesem Abschnitt wollen wir die in Schritt 2a und 2b benutzte Metrik $y_j^{(1)}$ und $y_j^{(2)}$ herleiten. Dazu nehmen wir an, die Koordinaten des empfangenen Wortes seien statistisch unabhängig. Dies ist eine Näherung, da das empfangene Wort aus Codewort plus Fehler besteht. Bei einem gedächtnislosen Kanal sind zwar die Koordinaten des Fehlerwortes statistisch unabhängig, dagegen im allgemeinen nicht die Stellen eines Codewortes.

Die Eingabe in den Decodieralgorithmus ist der Empfangsvektor $\mathbf{y} = (y_1, \dots, y_n)$. Zur Erinnerung: Entsprechend den Überlegungen in Abschnitt 7.2.2 kann y_j als Zuverlässigkeit interpretiert werden und bei empfangenem Wert $\tilde{y}$ ergab sich:

$$y_j \sim \ln\left(\frac{p\{\tilde{y} \mid c_j = +1\}}{p\{\tilde{y} \mid c_j = -1\}}\right), \quad j = 1, \dots, n . \tag{9.29}$$

Für den ersten äußeren Decodierer benötigen wir die Metrik:

$$y_j^{(1)} \sim \ln\left(\frac{p\{y \mid a_j^{(1)} = +1\}}{p\{y \mid a_j^{(1)} = -1\}}\right), \quad j = 1, \dots, n/2 .$$

Unter Benutzung von Gleichung 9.27 erhalten wir die bedingten Wahrscheinlichkeiten zu:

$$p\{y \mid a_j^{(1)} = c_{2j-1} \cdot c_{2j} = +1\}$$
$$= p\{y \mid c_{2j-1} = +1\} \cdot p\{y \mid c_{2j} = +1\} + p\{y \mid c_{2j-1} = -1\} \cdot p\{y \mid c_{2j} = -1\} ,$$
$$p\{y \mid a_j^{(1)} = c_{2j-1} \cdot c_{2j} = -1\}$$
$$= p\{y \mid c_{2j-1} = +1\} \cdot p\{y \mid c_{2j} = -1\} + p\{y \mid c_{2j-1} = -1\} \cdot p\{y \mid c_{2j} = +1\} .$$

Das Verhältnis der Wahrscheinlichkeiten ergibt:

$$\frac{p\{y \mid a_j^{(1)} = +1\}}{p\{y \mid a_j^{(1)} = -1\}} = \frac{1 + \frac{p\{y \mid c_{2j-1}=-1\}}{p\{y \mid c_{2j-1}=+1\}} \cdot \frac{p\{y \mid c_{2j}=-1\}}{p\{y \mid c_{2j}=+1\}}}{\frac{p\{y \mid c_{2j-1}=-1\}}{p\{y \mid c_{2j-1}=+1\}} + \frac{p\{y \mid c_{2j}=-1\}}{p\{y \mid c_{2j}=+1\}}} .$$

Eine grobe Näherung des Logarithmus dafür ist (vergleiche L-Algebra im Anhang B):

$$\ln\left(\frac{p\{y \mid a_j^{(1)}=+1\}}{p\{y \mid a_j^{(1)}=-1\}}\right) \approx \operatorname{sign}\left(\ln\left(\frac{p\{y \mid c_{2j-1}=+1\}}{p\{y \mid c_{2j-1}=-1\}}\right) \cdot \ln\left(\frac{p\{y \mid c_{2j}=+1\}}{p\{y \mid c_{2j}=-1\}}\right)\right) \times$$
$$\times \min\left\{\left|\ln\frac{p\{y \mid c_{2j-1}=+1\}}{p\{y \mid c_{2j-1}=-1\}}\right|, \left|\ln\frac{p\{y \mid c_{2j}=+1\}}{p\{y \mid c_{2j}=-1\}}\right|\right\} .$$

Damit haben wir für $y_j^{(1)}$:

$$y_j^{(1)} \approx \text{sign}(y_{2j-1} \cdot y_{2j}) \cdot \min\{|y_{2j-1}|, |y_{2j}|\} \, , \; j = 1, \ldots, n/2 \, . \tag{9.30}$$

Simulationen haben gezeigt, daß die Verbesserung bei Kenntnis des Proportionalitätsfaktors aus Gleichung 9.29 unwesentlich ist.

Für den zweiten äußeren Decodierer benötigen wir die Metrik:

$$y_j^{(2)} \sim \ln\left(\frac{p\{y \,|\, a_j^{(1)} = \hat{a}_j^{(1)}, a_j^{(2)} = +1\}}{p\{y \,|\, a_j^{(1)} = \hat{a}_j^{(1)}, a_j^{(2)} = -1\}}\right) \, , \; j = 1, \ldots, n/2 \, .$$

Mit Gleichung 9.27 errechnen sich die bedingten Wahrscheinlichkeiten zu:

$$
\begin{aligned}
p\{y \,|\, a_j^{(1)} = \hat{a}_j^{(1)}, a_j^{(2)} = +1\} &= p\{y \,|\, c_{2j-1} = \hat{a}^{(1)} \cdot (+1), c_{2j} = +1\} \\
&= p\{y \,|\, c_{2j-1} = \hat{a}^{(1)}\} \cdot p\{y \,|\, c_{2j} = +1\} \\
p\{y \,|\, a_j^{(1)} = \hat{a}_j^{(1)}, a_j^{(2)} = -1\} &= p\{y \,|\, c_{2j-1} = \hat{a}^{(1)} \cdot (-1)\} \cdot p\{y \,|\, c_{2j} = -1\} \, .
\end{aligned}
$$

Das Verhältnis der Wahrscheinlichkeiten ergibt:

$$\frac{p\{y \,|\, a_j^{(1)} = \hat{a}_j^{(1)}, a_j^{(2)} = +1\}}{p\{y \,|\, a_j^{(1)} = \hat{a}_j^{(1)}, a_j^{(2)} = -1\}} = \frac{p\{y \,|\, c_{2j-1} = +\hat{a}^{(1)}\}}{p\{y \,|\, c_{2j-1} = -\hat{a}^{(1)}\}} \cdot \frac{p\{y \,|\, c_{2j} = +1\}}{p\{y \,|\, c_{2j} = -1\}} \, .$$

Damit erhalten wir für $y_j^{(2)}$:

$$y_j^{(2)} = \frac{1}{2}\left(\hat{a}_j^{(1)} \cdot y_{2j-1} + y_{2j}\right) \, , \; j = 1, \ldots, n/2 \, , \tag{9.31}$$

wobei der Faktor $\frac{1}{2}$ lediglich der Normierung dient. Zwei Tatsachen, die Näherungen in Gleichung 9.30 und die Annahme der statistischen Unabhängigkeit der Koordinaten des empfangenen Wortes, trennen den Algorithmus von einem ML-Decodierer.

Da der Algorithmus GMC den Schritten der Algorithmen GCD-1 und GCD-i aus Abschnitt 9.2.4 folgt und die Decodierung der inneren und äußeren Codes verbessert, ist garantiert, daß GMC bis zur halben Mindestdistanz korrigiert.

Sei $\mathbf{c} = (c_1, , \ldots, c_n) \in \mathcal{R}(r, m)$ mit $c_i \in \{-1, 1\}$ übertragen und $\mathbf{y}$ empfangen. Der Fehler eines AWGN-Kanals ist $e = y - c$. Die Hamming-Distanz des Codes ist $d = 2^{m-r}$, und die quadratische euklidische Distanz δ ergibt sich zu $\delta = 4 \cdot d = 4 \cdot 2^{m-r} = 2^{m-r+2}$.

Satz 9.23 (Korrekturfähigkeit von GMC) *Der Algorithmus GMC korrigiert alle Fehler* $\mathbf{e} = (e_1, \ldots, e_n)$, *für die gilt:*

$$\sum_{i=1}^{n} e_i^2 = \sum_{i=1}^{n} (y_i - c_i)^2 < \left(\frac{\sqrt{\delta}}{2}\right)^2 = d = 2^{m-r} \, . \tag{9.32}$$

Beweis: Wir nehmen an, daß $\mathbf{c} = (1, 1, \ldots, 1)$ gesendet wurde, und überprüfen die einzelnen Schritte des Algorithmus GMC.

Schritt 1: Die SDML-Decodierung von $\mathbf{y}$ im Falle von $r = 0$ oder $r = m - 1$ korrigiert definitionsgemäß korrekt für

$$\sum_{i=1}^{n} (e_i - 1)^2 < d \ .$$

Schritt 2a: Wir werden zeigen, daß wenn $\mathbf{y}$ unter der Annahme, daß der Fehler kleiner als die halbe euklidische Distanz ist (Gleichung 9.32), korrekt gemäß $\mathcal{R}(r, m)$ decodiert wird, dann wird auch $\mathbf{y}^{(1)}$ gemäß $\mathcal{R}(r - 1, m - 1)$ $(d = 2^{m-r})$ korrekt decodiert. Dabei ist:

$$\mathbf{y}^{(1)} = \left(y_1^{(1)}, \ldots, y_{n/2}^{(1)}\right) \quad \text{mit}$$

$$y_j^{(1)} = \text{sign}\left((1 + e_{2j-1})(1 + e_{2j})\right) \cdot \min\{|1 + e_{2j-1}|, |1 + e_{2j}|\}, \quad j = 1, \ldots, n/2 \ . \tag{9.33}$$

Ohne Beschränkung der Allgemeinheit können wir annehmen: $|1 + e_{2j-1}| \leq |1 + e_{2j}|$. Damit geht Gleichung 9.33 über in:

$$y_j^{(1)} = \text{sign}(1 + e_{2j}) \cdot (1 + e_{2j-1}) \ .$$

Es existieren 4 Fälle:

i)   Beide Stellen fehlerhaft: $1 + e_{2j-1} \leq 0$ und $1 + e_{2j} \leq 0$
$$\implies \left(y_j^{(1)} - 1\right)^2 = \left(|1 + e_{2j-1}| - 1\right)^2 \leq \left(|1 + e_{2j-1}| + 1\right)^2 = e_{2j-1}^2$$

ii)   Erste Stelle fehlerhaft: $1 + e_{2j-1} \leq 0$ und $1 + e_{2j} \geq 0$
$$\implies \left(y_j^{(1)} - 1\right)^2 = \left((1 + e_{2j-1}) - 1\right)^2 = e_{2j-1}^2$$

iii) Zweite Stelle fehlerhaft: $1 + e_{2j-1} \geq 0$ und $1 + e_{2j} \leq 0$
$$\implies \left(y_j^{(1)} - 1\right)^2 = \left(|1 + e_{2j-1}| + 1\right)^2 \leq \left(|1 + e_{2j}| + 1\right)^2 = e_{2j}^2$$

iv) Beide Stellen korrekt: $1 + e_{2j-1} \geq 0$ und $1 + e_{2j} \geq 0$
$$\implies \left(y_j^{(1)} - 1\right)^2 = \left((1 + e_{2j-1}) - 1\right)^2 = e_{2j-1}^2 \ .$$

Mit Gleichung 9.32 erhalten wir entsprechend den Abschätzungen für die 4 Fälle:

$$\sum_{j=1}^{n/2} \left(y_j^{(1)} - 1\right)^2 \leq \sum_{j=1}^{n/2} \max\{e_{2j-1}^2, e_{2j}^2\} \leq \sum_{j=1}^{n/2} e_{2j-1}^2 + e_{2j}^2 = \sum_{i=1}^{n} e_i^2 < d \ .$$

Damit kann $\mathbf{y}^{(1)}$ gemäß $\mathcal{R}(r - 1, m - 1)$ decodiert werden.

Schritt 2b: Hier müssen wir zeigen, daß $\mathbf{y}^{(2)}$ korrekt decodiert wird, unter der Annahme, daß $\mathbf{y}^{(1)}$ korrekt decodiert wurde und der Bedingung 9.32. Dabei ist

$$\mathbf{y}^{(2)} = \left(y_1^{(2)}, \ldots, y_{n/2}^{(2)}\right) \quad \text{mit}$$

$$y_j^{(2)} = 1 + \frac{1}{2}\left(e_{2j-1} + e_{2j}\right), \quad j = 1, \ldots, \frac{n}{2} \ .$$

Damit erhalten wir die folgende Abschätzung:

$$\left(y_j^{(2)} - 1\right)^2 = \frac{1}{4}(e_{2j-1} + e_{2j})^2 \leq \frac{1}{4}\left(e_{2j-1}^2 + 2|e_{2j-1} \cdot e_{2j}| + e_{2j}^2\right) \leq \frac{1}{4}\left(e_{2j-1}^2 + e_{2j}^2\right) \ .$$

Dies ergibt als Abschätzung für die Summe:

$$\sum_{j=1}^{n/2} \left(y_j^{(2)} - 1\right)^2 \leq \frac{1}{2} \sum_{j=1}^{n/2} \left(e_{2j-1}^2 + e_{2j}^2\right) = \frac{1}{2} \sum_{i=1}^{n} e_i^2 < \frac{d}{2} \; .$$

Die Distanz von $\mathcal{R}(r, m-1)$ ist aber gerade $\frac{d}{2} = 2^{m-r-1}$ und $\mathbf{y}^{(2)}$ kann decodiert werden. Durch rekursive Anwendung gelangt man zu Codes mit $r = 0$ oder $r = m-1$, die korrekt decodiert werden können, und die Behauptung ist bewiesen. $\square$

Entsprechend den Betrachtungen zu *ordered statistics* (Algorithmus 7.11 auf Seite 216) kann man die Abschätzung der Decodierfähigkeit des GMC-Algorithmus noch verbessern:
Sei Ω die Teilmenge der Mächtigkeit $d = 2^{m-r}$ der n Codestellen für die die Summe

$$\sum_{i \in \Omega} (y_i + c_i)$$

maximal wird, dann kann man mit GMC alle Fehler korrigieren, für die gilt [SB94]:

$$\sum_{i \in \Omega} (y_i + c_i) < d = 2^{m-r} \; .$$

Entsprechendes gilt für: $\displaystyle\sum_{i \in \Omega} -c_i \, (y_i + c_i) < d = 2^{m-r}.$

9.5.2   L-GMC, Listendecodierung von RM-Codes

Wir werden zunächst den erweiterten GMC-Algorithmus angeben. Anschließend werden die damit erreichten Bit- und Blockfehlerraten sowie die Decodierkomplexität untersucht.

Ein großer Nachteil des GMC-Algorithmus ist, daß immer wenn ein Code aus zwei kürzeren gebildet wird, eine endgültige Entscheidung (*hard decision*) für die kürzeren, d. h. die äußeren Codes getroffen wird. Die Idee ist nun, hier das Konzept der Listendecodierung aus Abschnitt 7.4 anzuwenden. Wir berechnen deshalb in jedem Rekursionsschritt eine Liste von L „besten" Codeworten des verketteten Codes, aus den Ergebnissen einer Listendecodierung der beiden äußeren Codes. Die besten Codeworte sind dabei die Codeworte mit der kleinsten euklidischen Distanz zum entsprechenden Teil des empfangenen Vektors. Die Wahrscheinlichkeit, daß das ML-Codewort des verketteten Codes in dieser Liste enthalten ist, ist sicher größer als ohne Liste. Eine geeignete Modifikation des GMC-Algorithmus zur Soft-Decision-Listendecodierung eines RM-Codes $\mathcal{R}(r, m)$ zeigt Algorithmus 9.6 (siehe auch [LBD98]).

Man beachte, daß sich für die Listentiefe $L = 1$ der GMC-Algorithmus ergibt. Der Algorithmus L-GMC gibt aus der in Schritt 2e erstellten Liste der Länge $L_1 \cdot L$ die L Codeworte mit der kleinsten euklidischen Distanz zu $\mathbf{y}$ in aufsteigender Reihenfolge aus (Schritt 3). Man beachte, daß dies nicht notwendigerweise die L

Algorithmus 9.6: Der L-GMC-Algorithmus.

Eingabe:	Codelänge:	m: $n = 2^m$, $m \geq 2$
	Ordnung des Codes:	r
	Empfangener Vektor:	$\mathbf{y} = (y_1, y_2, \dots, y_n)$
	Listenlänge:	$1 \leq L \leq 6$ $(1 \leq L \leq 2$ für $r = 0)$
Ausgabe:	decodierte Codeworte:	$\hat{\mathbf{c}}[i]$, $i = 1, \dots, L$

1. (a) Falls $(r = 0)$: RC-Listendecodierung von $\mathbf{y}$ mit Listenlänge L.

   (b) Falls $(r = m - 1)$: PC-Listendecodierung von $\mathbf{y}$ mit Listenlänge L.

2. (a) Falls $(r = 1)$: $L_1 := 2$, sonst: $L_1 := L$.

   (b) Falls $(L = 1 \; \wedge \; r = 1)$: $L_1 := 1$.

   (c) Berechne die Metrik für das 1. äußere Codewort:
   $$y_j^{(1)} \approx \text{sign}(y_{2j-1} \cdot y_{2j}) \cdot \min\left\{|y_{2j-1}|, |y_{2j}|\right\}, \quad j = 1, \dots, 2^{m-1}.$$

   (d) Decodiere $\mathbf{y}^{(1)}$ gemäß $\mathcal{R}(r-1, m-1)$ zu
   $\hat{\mathbf{a}}^{(1)}[i]$, $i = 1, \dots, L_1$, mittels L-GMC (Listenlänge L_1).

   (e) Für $i = 1$ bis L_1

       i. Berechne die Metrik für das 2. äußere Codewort:
   $$y_j^{(2)} = \hat{a}_j^{(1)}[i] \cdot y_{2j-1} + y_{2j}, \quad j = 1, \dots, 2^{m-1}.$$

       ii. Decodiere $\mathbf{y}^{(2)}$ gemäß $\mathcal{R}(r, m-1)$ zu
   $\hat{\mathbf{a}}^{(2)}[\ell]$, $\ell = 1, \dots, L$, mittels L-GMC (Listenlänge L).

       iii. Für $\ell = 1$ bis L bestimme die GC-Codeworte
   $\hat{\mathbf{c}}[(i-1) \cdot L + \ell] =$
   $$(\hat{a}_1^{(1)}[i] \cdot \hat{a}_1^{(2)}[\ell], \hat{a}_1^{(2)}[\ell], \dots, \hat{a}_{2^{m-1}}^{(1)}[i] \cdot \hat{a}_{2^{m-1}}^{(2)}[\ell], \hat{a}_{2^{m-1}}^{(2)}[\ell]).$$

   (f) Sortiere die Codeworte $\hat{\mathbf{c}}[i]$, $i = 1, \dots, L_1 \cdot L$, nach der euklidischen Distanz zu $\mathbf{y}$ in aufsteigender Reihenfolge.

3. Ausgabe der (sortierten) Codeworte $\hat{\mathbf{c}}[i]$, $i = 1, \dots, L$.

Codeworte des Codes mit kleinster Distanz zu dem empfangenen Vektor $\mathbf{y}$ sind, da es sich sonst um ein ML-Decodierverfahren handeln würde. Anstatt der Sortierung nach der kleinsten euklidischen Distanz kann in Schritt 3 auch gemäß des größten Skalarproduktes sortiert werden.

Beispiel 9.45 (Vergleich von GMC und L-GMC am Beispiel des $R(2,4)$-Codes) Das Nullcodewort des RM-Codes $\mathcal{R}(2,4)$, d. h. $(2; 16, 11, 4)$, werde über einen AWGN-Kanal übertragen und als $\mathbf{y}$ empfangen. Bild 9.49 zeigt die Schritte bei der Decodierung mit GMC. Dabei stellen die grau hinterlegten Werte die Fehler bei Hard-Decision dar. Man erkennt, daß der GMC-Algorithmus hier nicht korrekt decodieren kann. Nun wollen wir denselben empfangenen Vektor mit L-GMC $(L = 2)$ decodieren, was in Bild 9.50 zu sehen ist. Auch hier stellen die grau hinterlegten Werte die Fehler bei der Hard-Decision dar. Am Ende des Algorithmus stehen die $L_1 \cdot L = 4$ Codeworte, an deren Beginn der Wert des Skalarproduktes mit $\mathbf{y}$ notiert ist. Man erkennt, daß bei der Decodierung mit L-GMC das gesendete Codewort Element der Liste ist und das größte Skalarprodukt (12.4) besitzt, d. h. decodiert wird. $\diamond$

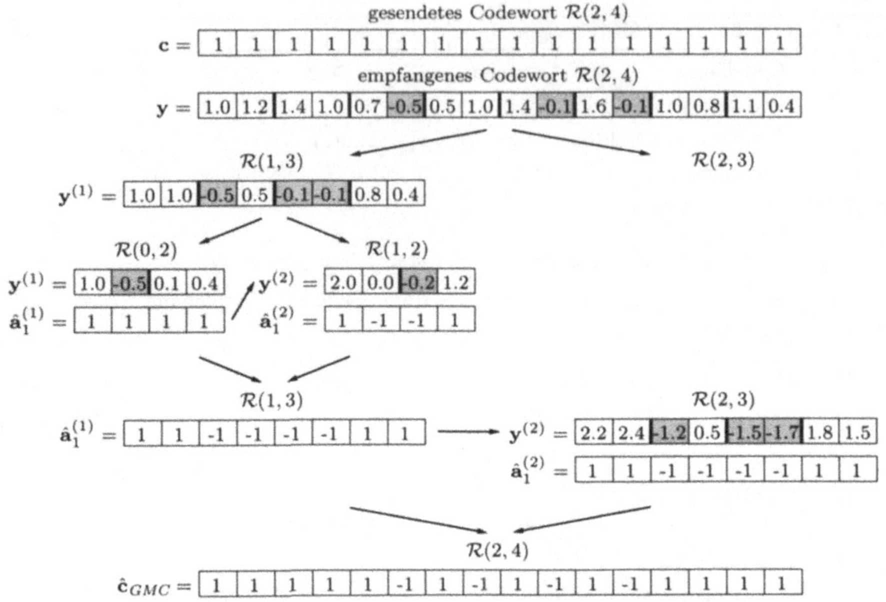

Bild 9.49: Zu Beispiel 9.45: Decodierung mit GMC.

Generell kann man nicht zeigen, ob der L-GMC-Algorithmus ein ML-Decodierverfahren ist, bzw. wieviel schlechter die Decodierung im Vergleich ist. Dies bedeutet,
man ist auf Simulationen angewiesen, und einige werden wir in Abschnitt 9.5.3
beschreiben. Für die Klasse der RM-Codes erster Ordnung können wir jedoch
folgenden Satz beweisen.

Satz 9.24 (L-GMC ist ein SDML-Decodierverfahren für $\mathcal{R}(1,m)$) *Der
Algorithmus L-GMC mit $L = 2$ decodiert alle RM-Codes erster Ordnung $\mathcal{R}(1,m)$
bzw. $(2; 2^m, m + 1, 2^{m-1})$ Soft-Decision Maximum-Likelihood (SDML).*

Beweis: Wir werden zunächst beweisen, daß wenn L-GMC den Code $\mathcal{R}(1, m-1)$ SDML
decodiert, daß dann auch der Code $\mathcal{R}(1, m)$ SDML decodiert wird. Wir wollen hier zur
Vereinfachung die folgende Darstellung wählen:

$$
\begin{array}{c}
\boxed{\mathcal{R}(1,m)} \\
= \\
\boxed{\mathcal{R}(1,m-1)\ \vert\ \mathcal{R}(1,m-1)} \\
\oplus \\
\boxed{\mathcal{R}(0,m-1)}
\end{array}
$$

Ein Codewort des $\mathcal{R}(1,m)$ ergibt sich dann zu:

$$
\hat{\mathbf{c}} = \left(\hat{a}_1^{(2)}, \ldots, \hat{a}_{n/2}^{(2)}, \hat{a}_1^{(1)} \cdot \hat{a}_1^{(2)}, \ldots, \hat{a}_{n/2}^{(1)} \cdot \hat{a}_{n/2}^{(2)} \right). \tag{9.34}
$$

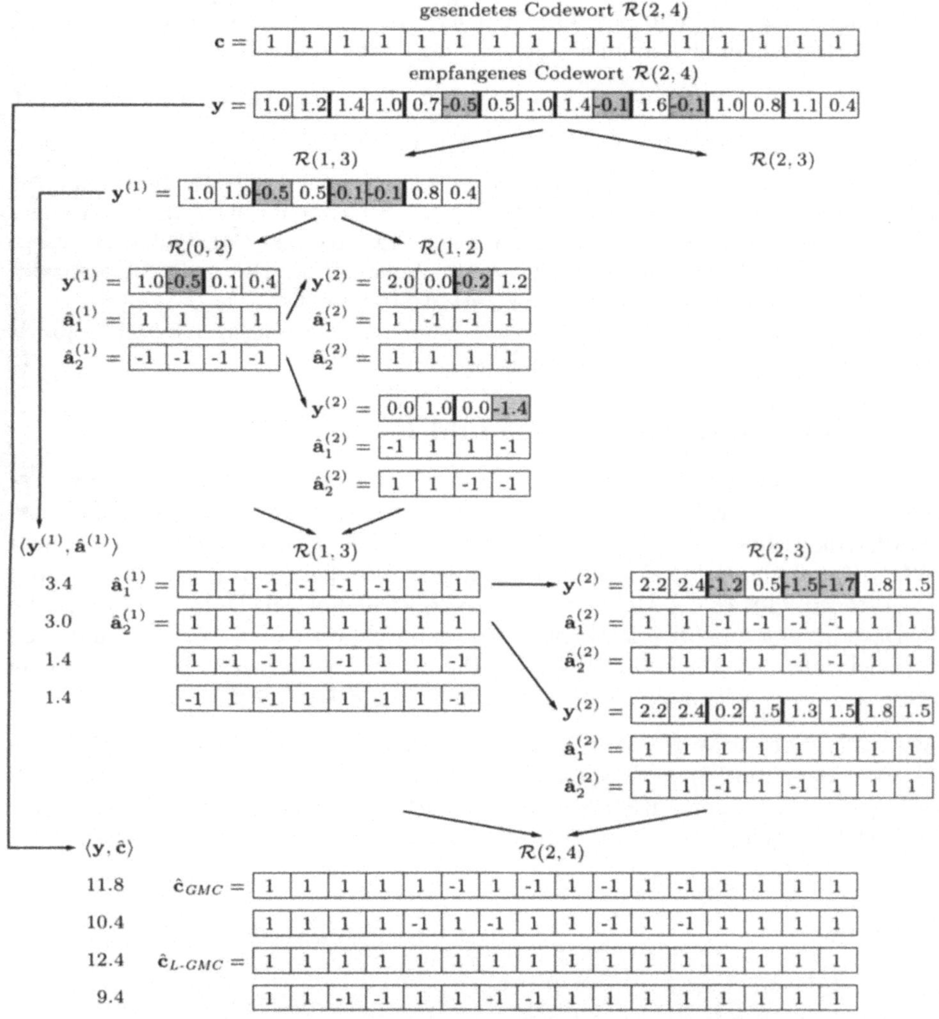

Bild 9.50: Zu Beispiel 9.45: Decodierung mit L-GMC.

mit $\hat{\mathbf{a}}^{(2)} \in \mathcal{R}(1, m-1)$ und $\hat{\mathbf{a}}^{(1)} \in \mathcal{R}(0, m-1)$. Das zu maximierende Skalarprodukt können wir wie folgt ausdrücken:

$$\langle \hat{\mathbf{c}}, \mathbf{y} \rangle = \sum_{i=1}^{n} \hat{c}_i y_i = \sum_{i=1}^{n/2} \hat{c}_i y_i + \sum_{i=n/2+1}^{n} \hat{c}_i y_i = \sum_{i=1}^{n/2} \hat{a}_i^{(2)} y_i + \sum_{i=1}^{n/2} \hat{a}_i^{(1)} \cdot \hat{a}_i^{(2)} y_{i+n/2}$$

$$= \sum_{i=1}^{n/2} \left(\hat{a}_i^{(2)} y_i + \hat{a}_i^{(1)} \cdot \hat{a}_i^{(2)} y_{i+n/2} \right) = \sum_{i=1}^{n/2} \hat{a}_i^{(2)} \cdot \underbrace{\left(y_i + \hat{a}_i^{(1)} \cdot y_{i+n/2} \right)}_{y_i^{(2)}} . \qquad (9.35)$$

Der Wiederholungscode $\mathcal{R}(0, m - 1)$ besitzt nur die beiden Codeworte $\hat{\mathbf{a}}^{(1)} = +\mathbf{1}$ und $\hat{\mathbf{a}}^{(1)} = -\mathbf{1}$. Deshalb existieren für $\mathcal{R}(1, m)$ nur die beiden Möglichkeiten

$$\{(\mathbf{u}|\mathbf{u}) \mid \mathbf{u} \in \mathcal{R}(1, m - 1)\}, \text{ für } (\hat{\mathbf{a}}^{(1)} = +\mathbf{1}) \quad \text{und}$$

$$\{(\mathbf{u}| - \mathbf{u}) \mid \mathbf{u} \in \mathcal{R}(1, m - 1)\}, \text{ für } (\hat{\mathbf{a}}^{(1)} = -\mathbf{1}) \ .$$

Gemäß Voraussetzung decodiert L-GMC den Code $\mathcal{R}(1, m - 1)$ SDML. Betrachten wir das Skalarprodukt $\langle \hat{\mathbf{c}}, \mathbf{y} \rangle$, so liefert L-GMC für die beiden Teilmengen ($\hat{\mathbf{a}}^{(1)} = +\mathbf{1}$ und $\hat{\mathbf{a}}^{(1)} = -\mathbf{1}$) jeweils das Codewort mit dem größten Skalarprodukt (ML-Codewort). Eines dieser beiden ML-Codeworte der Teilmengen muß das ML-Codewort des Gesamtcodes $\mathcal{R}(1, m)$ sein. Konsequenterweise wird $\mathcal{R}(1, m)$ SDML decodiert.

Für eine vollständige Induktion brauchen wir nur noch zu zeigen, daß $\mathcal{R}(1, 2)$ durch L-GMC SDML decodiert wird, was erfüllt ist. $\qquad\qquad\qquad\qquad\qquad\square$

9.5.3   Simulationsergebnisse und Komplexität

Wir wollen einige Simulationsergebnisse der Bit- und Blockfehlerraten von verschiedenen RM-Codes erörtern. Dabei werden wir den GMC- als Spezialfall des L-GMC-Algorithmus mit $L = 1$ auffassen. Bei allen Beispielen wurde mit einem AWGN-Kanal und BPSK-Modulation simuliert. Um die Qualität der Decodierung zu beurteilen, gibt es die Möglichkeit des Vergleichs mit ML-Decodierung. Da die ML-Decodierung nur für relativ kurze Codes durchführbar ist, benötigt man eine obere Schranke, wie die Union-Bound (siehe hierzu beispielsweise [Pro]) bzw. eine untere Schranke. Als untere Schranke kann folgende Abschätzung dienen:

Satz 9.25 (Schranke für Blockfehlerwahrscheinlichkeit) *(ohne Beweis) Ein ML-Decodierer kann keine kleinere Restblockfehlerwahrscheinlichkeit erreichen als ein Decodierer, der unter Kenntnis des gesendeten Codewortes* $\mathbf{c}$ *und des Ergebnisses eines beliebigen Decodierers* $\hat{\mathbf{c}}$ *die folgende Entscheidung* $\hat{\mathbf{a}}$ *trifft (*$\mathbf{y}$ *empfangen):*

- $\hat{\mathbf{c}} = \mathbf{c} \Longrightarrow \hat{\mathbf{a}} = \mathbf{c} = \hat{\mathbf{c}}$

- $\hat{\mathbf{c}} \neq \mathbf{c}$

$$d_E(\mathbf{y}, \mathbf{c}) \leq d_E(\mathbf{y}, \hat{\mathbf{c}}) \Longrightarrow \hat{\mathbf{a}} = \mathbf{c}$$
$$d_E(\mathbf{y}, \mathbf{c}) > d_E(\mathbf{y}, \hat{\mathbf{c}}) \Longrightarrow \hat{\mathbf{a}} = \hat{\mathbf{c}}$$

- *Decodierversagen:* $\hat{\mathbf{a}} = \mathbf{c}$

Das Verfahren kann benutzt werden, um eine untere Simulationsschranke für die SDML-Blockfehlerrate zu erhalten. Simulationen haben gezeigt, daß je näher ein Decodierer an SDML herankommt, desto dichter ist diese Schranke. Offensichtlich ist sie im Falle eines SDML-Decodierers identisch mit diesem.

Des weiteren kann die Näherung

$$P_{Bit} \approx \frac{d}{n} \cdot P_{Block}$$

benutzt werden, um bei systematischer Codierung die Bitfehlerrate aus der Blockfehlerrate zu berechnen.

Beispiel 9.46 (Simulation des $\mathcal{R}(1,5)$-Codes) Zunächst soll der relativ kurze RM-Code $\mathcal{R}(1,5)$, der ein $(32,6,16)$-Code ist, untersucht werden. Neben der Decodierung mit dem Algorithmus GMC wurden zum Vergleich eine BMD-, SDML- und HDML-Decodierung durchgeführt. Die Ergebnisse sind in Bild 9.51 dargestellt. Dabei ist die Blockfehlerwahr-

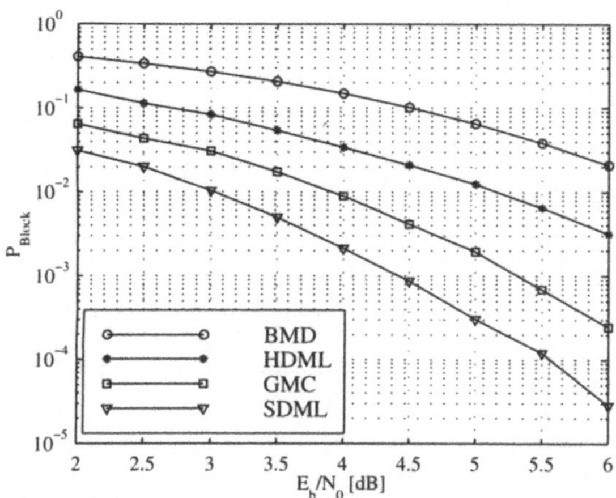

Bild 9.51: Vergleich verschiedener Decodierprinzipien beim $\mathcal{R}(1,5)$.

scheinlichkeit über dem Signal-Rauschverhältnis aufgetragen. Wir hatten in Satz 9.24 bewiesen, daß der Algorithmus L-GMC mit $L = 2$ eine ML-Decodierung darstellt. Aus dem Bild folgt, daß die Decodierung mit GMC bei $E_b/N_0 = 6\,\text{dB}$ eine etwa um den Faktor 80 kleinere Restblockfehlerwahrscheinlichkeit ergibt als die BMD-Decodierung. Man beachte, daß die SDML-Decodierung identisch mit dem Decodierergebnis von L-GMC für $L = 2$ ist. ◇

Beispiel 9.47 (Simulation der $\mathcal{R}(r,6)$-Codes) In diesem Beispiel sollen die Codes $\mathcal{R}(2,6)$ und $\mathcal{R}(4,6)$ untersucht werden. Die Bilder 9.52 und 9.53 zeigen die Blockfehlerraten für die Soft-Decision-Decodierung mit L-GMC. Dabei wurden Listenlängen von $L = 1, 2, 3, 4$ verwendet. Die Decodierung mit Listenlänge $L = 1$ entspricht dem GMC. Die RM-Codes sind systematisch codiert. Um die Decodierergebnisse gegenüber einer SDML-Decodierung einschätzen zu können, wurde jeweils die Simulationsschranke (Satz 9.25) für die Blockfehlerwahrscheinlichkeit in den Bildern mit eingetragen. Die Simulationsschranken wurden mit den entsprechenden Liste-4-Decodierern ermittelt.

Die Blockfehlerraten zeigen zusammen mit den unteren Schranken für SDML-Decodierung, daß wir mit L-GMC und einer Listenlänge $L = 4$ näherungsweise SDML-Decodierung erreichen. Des weiteren ist zu erkennen, daß der Verlust einer Decodierung mit GMC gegenüber einer SDML-Decodierung mit steigender Ordnung der RM-Codes fällt. Dieses Verhalten läßt sich wie folgt erklären: Bei der rekursiven Decodierung von RM-Codes höherer Ordnung mittels GMC werden hauptsächlich hochratige Untercodes verwendet. Dagegen enthalten RM-Codes niedriger Ordnung größtenteils niederratige Untercodes. Bei der Berechnung der Metriken zur rekursiven Decodierung wurde als Näherung die statistische Unabhängigkeit der Codesymbole vorausgesetzt. Die Codesymbole von niederratigen Codes zeigen jedoch eine höhere statistische Abhängigkeit als die Codesymbole hochratiger Codes. Diese Näherung ist deshalb bei der Metrikberechnung für RM-Codes niedriger Ordnung ungenauer als bei der Berechnung der Metrik für RM-Codes mit höherer Ordnung. ◇

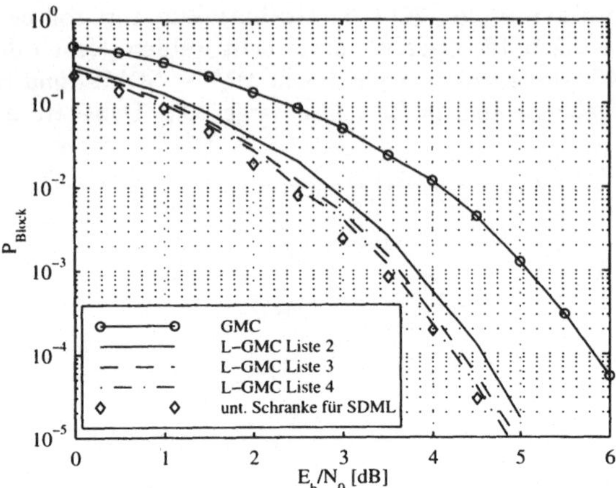

Bild 9.52: Blockfehlerraten für den $\mathcal{R}(2,6)$-Code mit L-GMC.

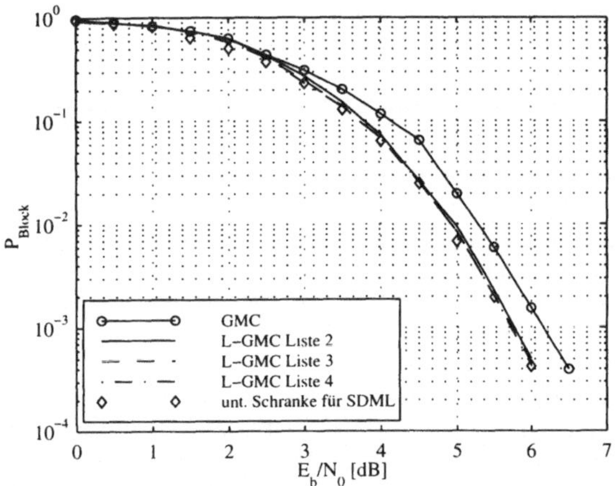

Bild 9.53: Blockfehlerraten für den $\mathcal{R}(4,6)$-Code mit L-GMC.

Da wir mit dem L-GMC Algorithmus ein effizientes Soft-Decision-Decodierverfahren mit geringer Komplexität zur Verfügung haben, wollen wir im folgenden Beispiel noch die beiden längeren RM-Codes $\mathcal{R}(4,9) = (512, 256, 32)$ und $\mathcal{R}(5,10) = (1024, 638, 32)$ untersuchen.

Beispiel 9.48 (Simulation des $\mathcal{R}(4,9)$ und des $\mathcal{R}(5,10)$-Codes) Für die Codes $\mathcal{R}(4,9) = (512, 256, 32)$ und $\mathcal{R}(5,10) = (1024, 638, 32)$ ist kein ML-Decodierverfahren bekannt.

Die Bilder 9.54 bzw. 9.55 zeigen die Bitfehlerrate der Codes $\mathcal{R}(4,9)$ und $\mathcal{R}(5,10)$ für eine Decodierung mit L-GMC und Listenlängen von 1 bis 4. Der Gewinn zwischen GMC (d. h. $L = 1$) und L-GMC mit $L = 4$ beträgt bei einer Bitfehlerrate von 10^{-4} 1.1 dB bzw. 0.8 dB. Eine untere Schranke für die Bitfehlerwahrscheinlichkeit konnte für diese Codes nicht er-

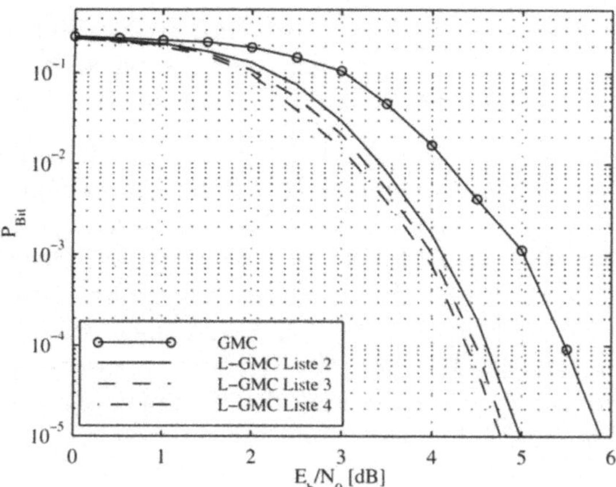

Bild 9.54: Bitfehlerraten für den $\mathcal{R}(4,9)$-Code mit L-GMC.

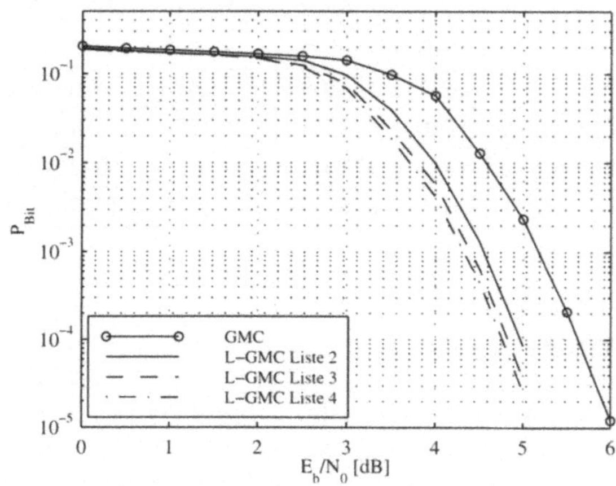

Bild 9.55: Bitfehlerraten für den $\mathcal{R}(5,10)$-Code mit L-GMC.

mittelt werden, da die Simulationsschranke (Satz 9.25) keine sinnvollen Werte liefert. Dies kann bedeuten, daß wir mit L-GMC für die betrachteten Listenlängen keine näherungsweise SDML-Decodierung erreichen. Der Verlust gegenüber einer SDML-Decodierung könnte durch die höhere Anzahl an Rekursionsschritten im Vergleich zu kürzeren RM-Codes erklärt werden. Denn die Gleichungen zur Metrikberechnung 9.30 und 9.31 müssen bei längeren Codes mehrmals (rekursiv) angewendet werden bis ein Wiederholungs- oder PC-Code zur Decodierung erreicht ist. Da bei jeder Berechnung dieser Metriken die Näherungsannahme der statistischen Unabhängigkeit der Codesymbole getroffen wird, verschlechtert sich die Metrik und somit auch das Decodierergebnis mit zunehmender Anzahl an Rekursionsschritten. ◇

Komplexität des L-GMC-Algorithmus: Die Decodierung mit L-GMC hat eine geringere Komplexität als alle bisher für RM-Codes bekannten Decodierverfahren mit Zuverlässigkeitsinformation. Z. B. benötigt die Viterbi-Decodierung des RM-Codes $\mathcal{R}(4,9) = (512, 256, 32)$ über das Trellis mehr als 10^{30} mal so viele Rechenoperationen pro Codewort als die Decodierung mit dem GMC-Algorithmus.

Als Maß für die Komplexität der Decodierung eines Codewortes werden wir die Anzahl der Fließkomma-Operationen angeben. Alle übrigen Operationen, wie z. B. Zuweisungen oder Integer-Operationen, werden nicht gezählt, da der Aufwand vergleichsweise gering ist. Tabelle 9.8 listet die Anzahl der zur Decodierung eines Codewortes benötigten Fließkomma-Operationen einiger oben behandelter Beispiele auf. Man erkennt, daß die Komplexität von $L = 1$ nach $L = 2$ nur um den Faktor 2 bis 7 zunimmt und damit schon eine große Verbesserung der Decodierung erreicht wird. Der Faktor für die Erhöhung der Komplexität wird bei einem Code mit länger werdender Liste L kleiner.

Tabelle 9.8: Komplexität des Algorithmus L-GMC.

Code	GMC	L-GMC		
		Liste 2	Liste 3	Liste 4
$\mathcal{R}(2,6)$	1615	6248	13048	25134
$\mathcal{R}(3,6)$	1687	4929	9418	16015
$\mathcal{R}(4,6)$	1140	2280	3494	4896
$\mathcal{R}(4,9)$	23531	152928	544398	1524372
$\mathcal{R}(5,10)$	53075	366817	1393418	4017037

9.6   Zusammenfassung

Die Verkettung von Codes wurde bereits im Jahre 1954 von Elias in Form von Produktcodes eingeführt. Forney [For66a] hat dann im Jahre 1966 verkettete Codes untersucht, indem er den sogenannten *Superkanal* verwendet hat. Einige Jahre später, 1974, haben Blokh und Zyablov das Konzept der verallgemeinerten Codeverkettung veröffentlicht [BZ74] und die Hard-Decision-Decodierung von GC-Codes bis zur halben Mindestdistanz beschrieben (siehe auch [Zin81] und [Eri86]). Im Jahre 1976 hat Zinoviev in [Zin76] aus nahezu trivialen Codes bis zur Länge 16 längere Codes erzeugt, die zu den besten bekannten Codes zählen (vergleiche hierzu die Tabelle [McWSl, S. 675]).

Das Grundkonzept der verallgemeinerten Verkettung bietet derart viele Möglichkeiten, daß wir die Beschreibung der weiteren Ergebnisse in unterschiedliche Gebiete aufteilen wollen. Die folgende Aufzählung der Arbeiten erhebt keinen Anspruch auf Vollständigkeit.

GC-Codes mit Blockcodes: GC-Codes zur Korrektur von Bündelfehler und Einzelfehler sind durch Zinoviev und Zyablov in [ZZ79b] untersucht worden. T. Ahlin, T. Ericson und V. Zyablov analysierten in [AEZ85] die Verwendung von GC-Codes bei Fading-Kanälen. Codes mit mehrstufigem Fehlerschutz, sogenannte

UEP-Codes (*unequal error protection codes*), wurden in [ZZ79a] analysiert (siehe auch [LL87]). Zyklische verkettete Codes wurden von Berlekamp und Justesen [BJ74] eingeführt, und Jensen hat in [Jen85], [Jen92] und [Jen96] bewiesen, daß jeder zyklische Code als GC-Code betrachtet werden kann. Damit lassen sich GC-Codes mit den gleichen inneren und äußeren Codes sowohl in zyklischer Form als auch nicht-zyklisch darstellen.

Verkettete Codes, die auf die Fehlerstruktur des Kanals angepaßt sind, lassen sich aus den Blot-Correcting-Codes [Bre97] ableiten und wurden erstmals in [GJZ97] vorgestellt. Dabei handelt es sich um das Konzept, die Redundanz erneut zu codieren und nur die Redundanz der Redundanz zu übertragen. Die Singleton-Schranke ist in [BS96] bewiesen und ergibt, daß zur Korrektur eines zweidimensionalen Bündelfehlers der Größe $b_1 \cdot b_2$ bit mindestens $2b_1b_2$ Redundanzbit notwendig sind. Interessant ist, daß dies für $b_1 = 1$ der Reiger-Schranke aus Abschnitt 6.5 entspricht.

Im Jahre 1980 wurde von Bos [Bos80] gezeigt, daß GC-Codes mit inneren Codes über beliebige Metriken konstruiert werden können. Diese Tatsache wird durch die codierte Modulation in Kapitel 10 ausgenutzt. Des weiteren wurden in [For88a] und [For88b] Spezialfälle von GC-Codes intensiv untersucht, die dort Coset-Codes genannt werden.

Weitere zahlreiche Veröffentlichungen sind zu diesem Thema seit 1985 erschienen, und einige davon sind: [AEZ85, DC87, HEK87, KL87, KTL86, Eri86] und viele mehr (siehe auch die Zusammenfassung von Kapitel 10). Auch der Standard-Code für Satellitenübertragung ist ein verketteter Code (siehe [WHPH87]).

Decodierung von GC-Codes: Die Decodierung von verketteten Codes war lange Zeit nicht zufriedenstellend gelöst. Decodiert man zunächst den inneren und dann den äußeren Code, so kann man zeigen, daß man damit nicht garantiert bis zur halben Mindestdistanz des GC-Codes korrigieren kann. Im Jahre 1974 haben Blokh und Zyablov einen Decodieralgorithmus für GC-Codes [BZ74] veröffentlicht und bewiesen, daß man damit verkettete Codes bis zur halben Mindestdistanz decodieren kann. Weitere Arbeiten zur Decodierung von GC-Codes sind [BS90, BKS92] und [SB90] (siehe auch Zusammenfassung von Kapitel 10).

GC-Codes mit Faltungscodes: Die ersten Konstruktionen von GC-Codes mit inneren Faltungscodes basieren auf (P)UM-Codes und sind in [ZySha] bzw. [ZSJ95] beschrieben. Des weiteren wurden in [JTZ88, ZJTS96] und [ZS87] Schranken für GC-Codes mit inneren UM-Codes angegeben. Die Partitionierung kann jedoch für beliebige Faltungscodes (nicht nur für UM-Codes) durchgeführt werden, wie in der Arbeit [BDS96a] aus dem Jahre 1996 gezeigt wurde. Mit Block- ([BDS96a]) und Faltungs- ([BDS96b]) Scrambler-Matrizen wird ein Faltungscodierer in einen äquivalenten Codierer überführt, der dann partitioniert werden kann. Eine Übersicht und die Beschreibung aller Verfahren findet man in [BDS97]. Darin wird auch ein Algorithmus angegeben, um Block- und Faltungsscrambler für beliebige Faltungscodes zu berechnen, der dem aus Abschnitt 9.3.3 entspricht. Die beschriebenen Methoden können als Verallgemeinerung der Verfahren aus [ZySha] aufgefaßt werden, die wir im wesentlichen in Abschnitt 9.3.1 erläutert haben. Grundlage für die

Partitionierung stellt die algebraische Beschreibung von Faltungscodes in [For70] und [JW93] dar, wo gezeigt wurde, daß viele verschiedene Codiermatrizen für einen Code existieren. Die Betrachtungsweise eines Faltungscodes als (P)UM-Code geht auf Lee [Lee76] zurück.

Die Arbeit [BGT93] zu den sogenannten Turbo Codes aus dem Jahre 1993 hat zur Decodierung von GC-Codes basierend auf Faltungscodes einen interessanten Beitrag geleistet. Die Grundidee dabei weist zahlreiche Gemeinsamkeiten mit den sogenannten Low-Density-Parity-Check-Codes auf, die von Gallager in [Gal62] eingeführt wurden. Jedoch ist das Problem der ML-Decodierung eines GC-Codes noch nicht gelöst und es fehlen theoretische Ergebnisse hierzu (vergleiche etwa [ZS92]). Zu Turbo-Codes sind zahlreiche Veröffentlichungen erschienen und einige davon sind: [BM96, BDMP95, RS95] und [WH95].

RM-Codes: Mit dem Prinzip der mehrfachen verallgemeinerten Codeverkettung konnten wir die Klasse der Reed-Muller-Codes (siehe auch Zusammenfassung von Kapitel 5) beschreiben und direkt einen Decodieralgorithmus angeben, der sehr einfach Zuverlässigkeitsinformation benutzen kann und gleichzeitig eine sehr geringe Komplexität aufweist. Die $|u|u \oplus v|$-Konstruktion wird auch Plotkin-Konstruktion genannt [Plo60] und stammt aus dem Jahre 1960 (1951 auf russisch). Die rekursive Beschreibung von RM-Codes ist auch in [Gore70] angegeben. Im Jahre 1988 veröffentlichte Forney in [For88b] eine rekursive Coset-Codes-Konstruktion, die ein Spezialfall der verallgemeinerten Codeverkettung ist. Für die Decodierung von RM-Codes ohne Zuverlässigkeitsinformation sind verschiedene Decodierverfahren bekannt. RM-Codes können durch das in Abschnitt 7.3.2 beschriebene Mehrheitsdecodierverfahren decodiert werden, z. B. mit dem Reed-Algorithmus (siehe [McWSl, Ch. 13]) oder dem Verfahren aus [TSKN82]. Weiterhin ist von Seroussi et al. in [SL83] ein ML-Decodierverfahren für punktierte $\mathcal{R}(m-3,m)$ RM-Codes beschrieben worden. Ein weiteres ML-Decodierverfahren für RM-Codes erster Ordnung $\mathcal{R}(1,m)$ ist in [McWSl, Ch. 14] oder auch Karyakin [Kar87] beschrieben.

Für die Decodierung mit Zuverlässigkeitsinformation existieren ebenfalls verschiedene Verfahren. Be'ery et al. [BS86] beschreiben ein ML-Decodierverfahren, das auf der Hadamard-Transformation basiert. Litsyn et al. beschreiben in [LS83] und [LNSM85] einen suboptimalen Algorithmus für RM-Codes erster Ordnung. Weiterhin wurde von Forney in der Arbeit [For88b] ein ML-Decodierverfahren für RM-Codes veröffentlicht, das auf der Trellisdarstellung des Codes (Abschnitt 6.7) und der Viterbi-Decodierung (Abschnitt 7.4.2 bzw. 8.4.2) basiert.

In diesem Kapitel wurden behandelt: Wir haben in diesem Kapitel das sehr mächtige Prinzip der verallgemeinerten Codeverkettung definiert und untersucht. Ausgehend von einem inneren Code in einem Raum mit einer bestimmten Metrik, und damit einer definierten Mindestdistanz, wird dieser Code in Untercodes mit größerer Mindestdistanz partitioniert. Die Untercodes können wiederum in Untercodes partitioniert werden, solange, bis die Partitionierung nur noch ein Codewort enthält. Die Partitionierungen werden numeriert und die Numerierung wird mit je einem äußeren Code geschützt. Wir haben Konstruktionsmethoden für die Partitionierung abgeleitet. Des weiteren haben wir ein Decodierverfahren angegeben, das GC-Codes bis zur halben Mindestdistanz decodieren kann.

Nach der Definition von GC-Codes war die Konstruktion von UEP-Codes offensichtlich, zu denen wir einige Ergebnisse angegeben haben. Wir haben die Korrektur von Bündelfehlern bei GC-Codes erläutert und haben das Prinzip der verallgemeinerten Codeverkettung mit Interleaving und herkömmlicher Codeverkettung verglichen.

Zyklische GC-Codes wurden definiert und erörtert und das Konzept der erneuten Codierung der Redundanz eingeführt. Die Partitionierung von Faltungscodes erlaubte GC-Codes mit inneren Faltungscodes zu konstruieren.

Damit wurden alle vier Möglichkeiten zur Konstruktion von GC-Codes mit Block- und Faltungscodes angesprochen und mehr oder weniger ausführlich behandelt. An vielen Stellen existieren noch ungelöste Probleme und offene Fragen. Das bedeutet, es sind noch viele Untersuchungen durchzuführen, die gegebenenfalls zu interessanten Ergebnissen führen können.

Anmerkungen: Bei der Decodierung von GC-Codes existieren noch ungelöste Probleme. Es fehlen theoretische Ergebnisse, um durch ML-Decodierung der beteiligten Codes eine näherungsweise ML-Decodierung des Gesamtcodes zu erreichen. In vielen Fällen ist unbekannt, wie weit man noch von einer ML-Decodierung entfernt ist.

Eine prinzipiell andere Vorgehensweise ist, nicht einen allgemein gültigen Decodieralgorithmus für beliebige Codeklassen zu entwickeln, sondern zu einem guten und effizienten Decodieralgorithmus die passenden Codes zu konstruieren. Auf dieser Idee basieren die Low-Density-Parity-Check-Codes ebenso wie die Turbo-Codes.

Eigentlich ist mit diesem Kapitel auch schon die codierte Modulation beschrieben. Um der Wichtigkeit dieses Gebietes Rechnung zu tragen, wollen wir den Spezialfall der codierten Modulation im nächsten Kapitel eingehender untersuchen.

10 Codierte Modulation

Ziel dieses Kapitels, in dem Kapitel 9 vorausgesetzt wird, ist es, die Grundkonzepte von codierter Modulation zu beschreiben. Da sich dieses Gebiet noch in der Forschung befindet, können nicht alle neuen Ergebnisse im Detail berücksichtigt werden. Vielmehr geht es um das Verständnis, warum das Konzept der verallgemeinerten Verkettung auch bei Modulation als innerem Code größere euklidische Distanzen bewirkt.

Forney u. a. schreiben in ihrer Arbeit [FGL+84] sinngemäß:

> *„Codierte Modulation erfährt momentan einen explosionsartigen Aufschwung, sowohl in der Forschung als auch in der Anwendung."*

An dieser Tatsache hat sich nichts geändert und auf diesem Gebiet wird nach wie vor sehr intensiv gearbeitet.

Zunächst soll das Grundprinzip an zwei einführenden Beispielen veranschaulicht werden. Danach definieren wir Codes im euklidischen Raum (codierte Modulation) als Spezialfall der verallgemeinerten Codeverkettung. Als äußere Codes können dabei sowohl Block- als auch Faltungscodes benutzt werden. Entsprechend dem Kapitel zur verallgemeinerten Verkettung von Codes, wollen wir hier ebenfalls zwei Fälle unterscheiden, nämlich wenn der innere Code einem Blockcode entspricht, d. h. Modulation ohne Gedächtnis und wenn der innere Code einem Faltungscode entspricht, d. h. Modulation mit Gedächtnis. Zum ersten Fall gehören u. a. PSK- (*phase shift keying*) und QAM- (*quadrature amplitude modulation*) Modulationsverfahren [Kam, Pro] und zum zweiten die CPM- (*continuous phase modulation*) Modulationsverfahren wie etwa CPFSK (*continuous phase frequency shift keying*) und MSK (*minimum shift keying*), die mittels eines Trellisses beschrieben werden können.

Obwohl die Decodierung eigentlich identisch derer von verketteten Codes im vorigen Kapitel ist, wird die Decodierung von codierter Modulation hier gesondert erläutert, unter anderem auch wegen der Metrik.

Weiterhin werden mehrdimensionale Räume und Lattices erörtert, da diese für die Partitionierung vielfältigere Möglichkeiten eröffnen, als Signale im zweidimensionalen Raum. Dies ist eng verknüpft mit dem Konzept der mehrfachen verallgemeinerten Codeverkettung. Die Partitionierung von Modulationsverfahren mit Gedächtnis wird ebenfalls diverse zusätzliche Varianten erlauben.

10.1   Einführende Beispiele

Zunächst betrachten wir ein einfaches Beispiel eines Modulationsverfahrens, dessen Signale im eindimensionalen Signalraum der reellen Zahlen $\mathbb{R}$ repräsentiert werden und somit als Punkte auf einer Geraden dargestellt werden können. Dabei könnte es sich z. B. um die eindimensionale ASK- (*amplitude shift keying*) Modulation [Kam, S. 424] handeln. Wir verwenden als Metrik des inneren Codes die quadratische euklidische Distanz gemäß Abschnitt 7.1.4 und vergleichen in dem folgenden Beispiel, die herkömmliche Verkettung mit codierter Modulation.

Beispiel 10.1 (Eindimensionale innere Modulation) Gegeben sei eine Gerade mit den vier Punkten $\{0, 1, 2, 3\}$ entsprechend Bild 10.1. Jeder Punkt ist durch zwei Bits eindeutig numeriert. Die minimale quadratische euklidische Distanz dieser Punkte ist $\delta = 1$

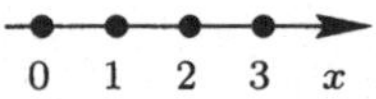

$$0 \quad 1 \quad 2 \quad 3 \quad x$$

Bild 10.1: Modulationsalphabet von 4-ASK (eindimensional).

und wir benutzen für den inneren Code die Notation $\mathcal{X}(\mathbb{R}, M = 4, \delta = 1)$, wobei M die Mächtigkeit des Modulationsalphabets kennzeichnet. Zunächst betrachten wir die einfache Verkettung von Kanalcodierung und Modulation. Anschließend stellen wir diesem das Konzept der codierten Modulation gegenüber. Zur Codierung (gemäß Bild 10.2) werden zwei Informationsbits zunächst mit dem äußeren Wiederholungscode $\mathcal{A}(2^2; 4, 1, 4)$ codiert, und dann wählt jedes der vier Symbole einen Punkt aus $\mathcal{X}$ aus. Ein Codewort besteht daher aus

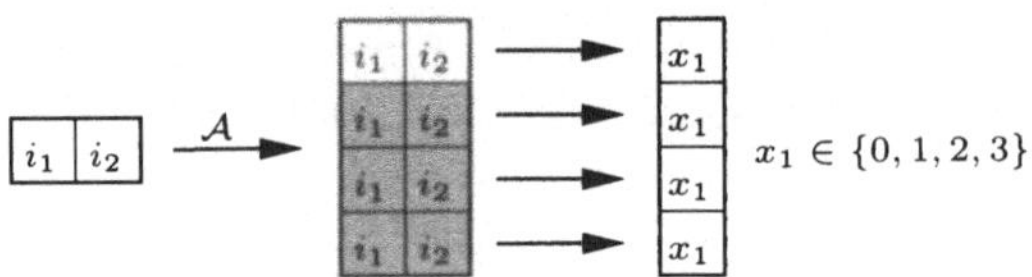

Bild 10.2: Herkömmliche Verkettung.

vier Punkten aus $\mathbb{R}$, d. h. das Codewort ist aus $\mathbb{R}^4$, und der entsprechende verkettete Code ist

$$\mathcal{C}(\mathbb{R}^4, M = 2^2, \delta = 4).$$

Dabei ist die Mindestdistanz des verketteten Codes bezüglich der gleichen Metrik, wie die des inneren Codes, zu betrachten.

Um nun codierte Modulation zu erhalten, partitionieren wir den Code $\mathcal{X}^{(1)} = \mathcal{X}$ entsprechend Bild 10.3 in 2 mal 2 Punkte, also in $\mathcal{X}_0^{(2)}$ und $\mathcal{X}_1^{(2)}$. Als äußere Codes benutzen wir $\mathcal{A}^{(1)}(2; 4, 1, 4)$ und $\mathcal{A}^{(2)}(2; 4, 4, 1)$ und erhalten damit

$$\mathcal{C}_{GC}(\mathbb{R}^4, M = 2^5, \delta = \min\{1 \cdot 4, 4 \cdot 1\})$$

Bei gleicher Mindestdistanz hat der GC-Code (die codierte Modulation) 8 mal so viele Codeworte. Die Codierung ist in Bild 10.4 dargestellt. Ein Codewort besteht hier ebenfalls aus 4 reellen Zahlen.   ◇

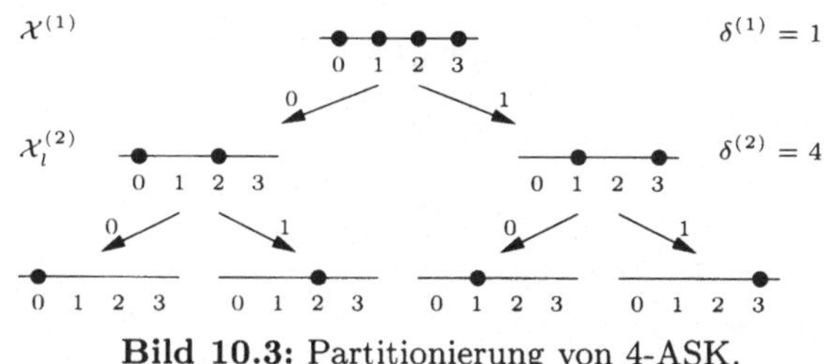

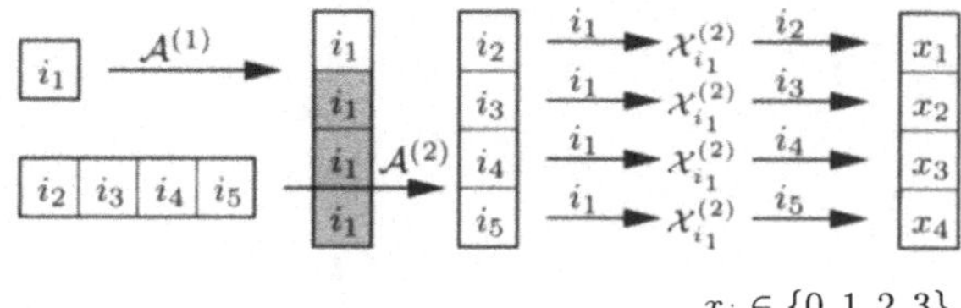

$$x_i \in \{0,1,2,3\}$$

Bild 10.4: Codierte Modulation, Codierung des GC-Codes.

Das Prinzip der codierten Modulation und von GC-Codes ist identisch. Es wird lediglich eine andere Metrik für den inneren Code benutzt. In einem zweiten Beispiel soll noch der gängige Fall einer zweidimensionalen Modulation betrachtet werden.

Beispiel 10.2 (Zweidimensionale innere Modulation) In Bild 10.5 ist 8-PSK dargestellt. Die Energie der Signalpunkte sei dabei zu 1 normiert. Dies kann ab der zweiten Stufe als Partitionierung von QPSK betrachtet werden. Jeder der 4 Punkte wird mit zwei Bits numeriert. Benutzen wir zur Codierung einen verkürzten BCH-Code $(2;30,14,8)$, so erhalten wir den verketteten Code $\mathcal{C}$. Verwenden wir die in Bild 10.5 dargestellte Partitionierung und die zwei äußeren BCH-Codes $\mathcal{A}^{(1)}(2;30,14,8)$ und $\mathcal{A}^{(2)}(2;30,24,4)$, ergibt sich der verallgemeinert verkettete Code $\mathcal{C}_{GC}$. Beide haben die Parameter

$$\mathcal{C}(\mathbb{R}^{30}, M = 2^{14}, \delta = 8 \cdot \rho = 16) \quad \text{und} \quad \mathcal{C}_{GC}(\mathbb{R}^{60}, M = 2^{38}, \delta = \min\{2 \cdot 8, 4 \cdot 4\}) \ .$$

Der Code $\mathcal{C}$ besitzt die Rate 14/30 und $\mathcal{C}_{GC}$ die größere Rate 19/30.

Konstruieren wir einen GC-Code, bei dem die Rate gleich 14/30 ist, so ergibt sich mit den zwei äußeren BCH-Codes $\mathcal{A}^{(1)}(2;30,9,12)$ und $\mathcal{A}^{(2)}(2;30,19,6)$ der Code $\mathcal{C}_{GC}(\mathbb{R}^{60}, M = 2^{28}, \delta = \min\{2 \cdot 12, 4 \cdot 6\})$ mit größerer Mindestdistanz $(24 > 16)$. ◇

Die Beispiele sollten das Konzept veranschaulichen. Wir können nun den Fall von codierter Modulation beschreiben, wenn der innere Code (die Modulation) einem Blockcode entspricht, d. h. gedächtnislos ist.

10.2 GC mit Blockmodulation

Als Blockmodulation bezeichnen wir hier alle Modulationsarten ohne Gedächtnis (siehe z. B. [Kam], [Pro]) ASK (*amplitude shift keying*), FSK (*frequency shift keying*), PSK (*phase shift keying*), QAM (*quadrature amplitude modulation*), usw. Die

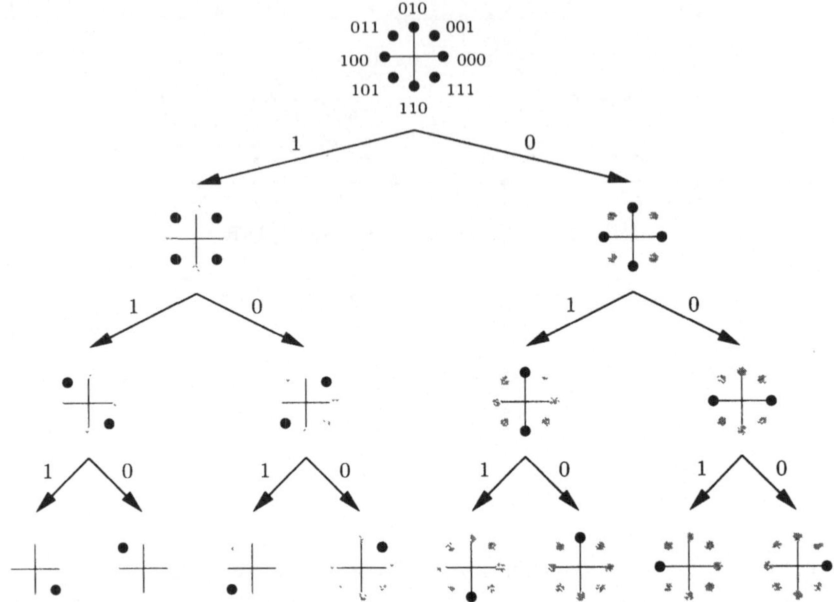

Bild 10.5: Partitionierung von 8-PSK.

bei digitaler Übertragung am häufigsten benutzten Modulationsarten sind PSK und QAM. Wir wollen zunächst die Partitionierung von diesen Modulationsarten beschreiben.

10.2.1 Partitionierung von Signalen

Zunächst wurden im Beispiel 10.1 Signale im eindimensionalen reellen Raum $\mathbb{R}$ partitioniert (ASK). Die Partitionierung von Codes über beliebigen Räumen mit euklidischer Metrik ist prinzipiell nichts anderes als bei Codes mit Hamming-Metrik. Wir müssen uns hier nur auf den euklidischen Raum $\mathbb{R}^2$ beschränken, da in der Signaltheorie die modulierten Signale in diesem Raum beschrieben werden (Betrag und Phase bzw. Inphase- und Quadraturkomponente, siehe z. B. [Kam], [Pro, S. 106]).

Eine Menge von Signalen $s_i \in \mathbb{R}^2$, $i = 1, 2, \ldots, M^{(1)}$, ist dabei eine Menge von $M^{(1)}$ Punkten, die einen Code $\mathcal{X}^{(1)}(\mathbb{R}^2, M^{(1)}, \delta^{(1)})$ über dem euklidischen Raum definieren. Die Metrik, d. h. die Distanz δ zwischen zwei Punkten $s_1 = (x_1, y_1)$ und $s_2 = (x_2, y_2)$, definieren wir als die *quadratische* euklidische Distanz entsprechend Abschnitt 7.1.4:

$$\delta = \operatorname{dist}_E(s_1, s_2) = (x_1 - x_2)^2 + (y_1 - y_2)^2 \ . \tag{10.1}$$

Dann ist die Mindestdistanz $\delta^{(1)}$ eines Codes gleich dem Minimum aller Distanzen zwischen beliebigen Punkten:

$$\delta^{(1)} = \min_{\substack{s_i, s_j \in \mathcal{X} \\ s_i \neq s_j}} \left\{ \text{dist}_E(s_i, s_j) \right\} \; .$$

Wir wollen nun den Code $\mathcal{X}^{(1)} \subset \mathbb{R}^2$ in s Untercodes partitionieren, so daß gilt:

$$\mathcal{X}^{(1)} = \bigcup_{i=1}^{s} \mathcal{X}_i^{(2)} \; ,$$

dabei ist $\mathcal{X}_i^{(2)}(2, M_i^{(2)}, \delta_i^{(2)})$ und $M^{(1)} = \sum_{i=1}^{s} M_i^{(2)}$. Die Mindestdistanz des Untercodes $\mathcal{X}_i^{(2)}$ ist definiert als das Minimum der Mindestdistanzen aller Untercodes:

$$\delta^{(2)} = \min_{i=1,\dots,s} \left\{ \delta_i^{(2)} \right\} \; .$$

Wie schon bei Codes über endlichen Körpern, kann nun jeder Untercode $\mathcal{X}_i^{(2)}$ wiederum in Untercodes $\mathcal{X}_{i \cdot j}^{(3)}$ partitioniert werden, und so weiter.

Betrachten wir Beispiele, so ist die oben beschriebene Partitionierung äquivalent zu dem sogenannten *set partitioning*, das Ungerböck in seiner bekannten Arbeit [Ung82] für 8-PSK beschrieben hat.

Für die Modulationsarten QAM und M-PSK wollen wir im folgenden die Partitionierung für eine binäre Numerierung angeben, d. h. $a^{(i)} \in GF(2)$.

2^s-**PSK:** Die Signale s_i, $i = 1, 2, \dots, M = 2^s$, sind die Punkte auf einem Einheitskreis in $\mathbb{R}^2$ mit den Phasen

$$i \cdot \Delta\phi, \qquad i = 0, 1, \dots, 2^s - 1, \quad \text{wobei} \quad \Delta\phi = \frac{2\pi}{2^s} \quad \text{ist} \; .$$

Daher gilt für die Mindestdistanz von $\mathcal{X}^{(1)}(\mathbb{R}^2, 2^s, \delta^{(1)})$:

$$\delta^{(1)} = 4 \sin^2 \frac{\Delta\phi}{2} = 2(1 - \cos \Delta\phi) \; .$$

Eine Partitionierung des Codes $\mathcal{X}^{(1)}$ der Ordnung s mit binärer Numerierung wird nun wie folgt konstruiert. Wir partitionieren zuerst den Code $\mathcal{X}^{(1)}$ in zwei Untercodes $\mathcal{X}_0^{(2)}$ und $\mathcal{X}_1^{(2)}$ mit

$$\mathcal{X}_i^{(2)}(\mathbb{R}^2, 2^{s-1}, \delta^{(2)}), i = 0, 1, \qquad \text{mit } \delta^{(2)} = 2(1 - \cos 2\Delta\phi) \; .$$

Allgemein gilt:

$$\mathcal{X}_{i_1 \cdot i_2 \cdots \cdot i_{l-1}}^{(l)}(\mathbb{R}^2, 2^{s-(l-1)}, \delta^{(l)}) \quad \text{für} \quad l = 1, 2, 3, \dots, s \; ,$$

und für die Mindestdistanzen:

$$\delta^{(l)} = 2\left(1 - \cos(2^{l-1} \cdot \Delta\phi)\right), \qquad l = 1, 2, 3, \ldots, s \ .$$

Die Nummern $i_1, \ldots, i_s$ werden durch die binären Vektoren $(a^{(1)}, a^{(2)}, \ldots, a^{(s)})$, $a^{(i)} \in GF(2)$ ausgedrückt. Wir erinnern uns, daß $a^{(s)}$ das Codewort in dem Untercode $\mathcal{X}^{(s)}_{i_1,i_2,\ldots,i_{s-1}}$ auswählt. Eine Partitionierung von 8-PSK ist in Bild 10.5 dargestellt. Die Erweiterung für höherwertige PSK-Verfahren ist selbsterklärend.

M-QAM: Die Partitionierung von M-QAM-Signalen (siehe z. B. [Kam, S. 372], [Pro, S. 189]) ist ähnlich zu der von PSK. Für eine Partitionierung mit binärer Numerierung beschränken wir uns auf den Spezialfall $M = 2^s$. Damit stellt QAM einen Code $\mathcal{X}^{(1)}(\mathbb{R}^2, M^{(1)} = 2^s, \delta^{(1)})$ mit der Mindestdistanz

$$\delta^{(1)} = \frac{6}{M - 1}$$

dar, vorausgesetzt die mittlere Signalenergie $\bar{E}_s{}^1$ ist zu Eins normiert. Für die Mindestdistanzen der Untercodes gilt die Beziehung:

$$\delta^{(j+1)} = 2\delta^{(j)}, \qquad j = 1, 2, \ldots, s - 1 \ .$$

In Bild 10.6 ist eine Partitionierung von 16-QAM dargestellt, wobei auf die Darstellung der letzten Partitionierungsstufe verzichtet wurde.

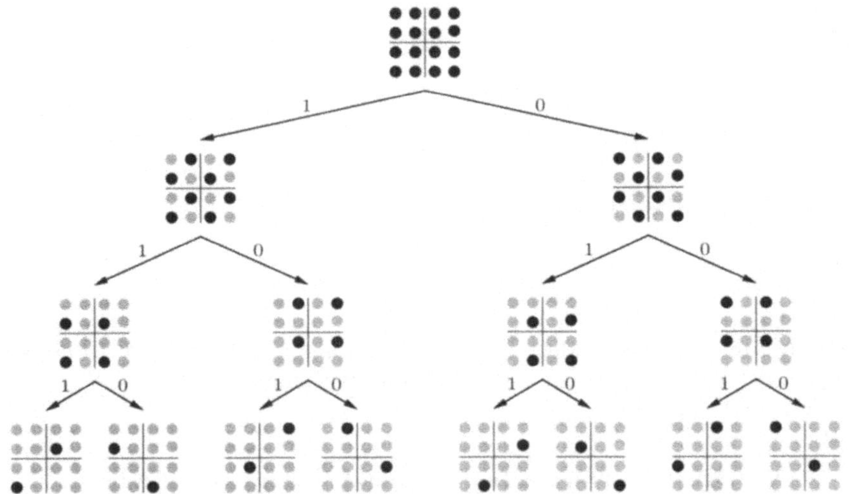

Bild 10.6: Partitionierung von 16-QAM (ohne letzte Stufe).

---

[1]Die mittlere Signalenergie ist die Summe der Einzelsignalenergien multipliziert mit deren Auftrittswahrscheinlichkeiten: $\bar{E}_s = \sum_i |s_i|^2 \cdot P(s_i)$

Natürlich können auch andere Modulationsarten ohne Gedächtnis entsprechend partitioniert werden. Außerdem gibt es keine Restriktion nur binäre Numerierungen zu verwenden.

Anmerkung: Orthogonale und biorthogonale Signale entsprechen Simplex-Codes bzw. RM-Codes erster Ordnung (vergleiche Abschnitt 5.1). Beim Simplex-Code haben die Codeworte alle gleiches Gewicht, d. h. es kann durch Partitionierung kein Untercode mit größerer Distanz konstruiert werden.

10.2.2 Definition der Codierten Modulation

Modulierte Signale können als Code über dem euklidischen Raum $\mathbb{R}^2$ angesehen werden. Damit kann jede Modulationsart, die aus $M_b^{(1)}$ Signalen besteht, als innerer Code $\mathcal{X}^{(1)}(\mathbb{R}^2, M_b^{(1)}, \delta^{(1)})$ eines GC-Codes betrachtet werden, indem eine entsprechende Partitionierung dieses Codes durchgeführt wird. Üblicherweise (nicht notwendigerweise) wird eine binäre Numerierung verwendet. Für eine Partitionierung gilt:

$$
\begin{aligned}
\mathcal{X}^{(1)} &= \bigcup_{i_1=1}^{2} \mathcal{X}_{i_1}^{(2)} \\
\mathcal{X}_{i_1}^{(2)} &= \bigcup_{i_2=1}^{2} \mathcal{X}_{i_1.i_2}^{(3)} \\
&\vdots \\
\mathcal{X}_{i_1.....i_{s-1}}^{(s)} &= \bigcup_{i_s=1}^{2} x_{i_1.i_2.....i_s} \, .
\end{aligned}
$$

Die Binärzahlen $i_1, i_2, \ldots, i_s$ mit $i_j \in GF(2)$ numerieren damit die Partitionierung und $x_{i_1.i_2.....i_s}$ ist ein Codewort (Signal) des Codes $\mathcal{X}^{(1)}$. Mit dieser Partitionierung sind ebenfalls die Mindestdistanzen $\delta^{(i)}$, $i = 1, 2, \ldots, s$, definiert. Die s äußeren Codes sind Binärcodes $\mathcal{A}^{(i)}(2; n_a, M_a^{(i)}, d_a^{(i)})$. Der damit konstruierte GC-Code ist:

$$
\mathcal{C}_{GC}\left(\mathbb{R}^{2 \cdot n_a}, M = \prod_{i=1}^{s} M_a^{(i)}, \delta \geq \min_{\imath=1.....s} \{ d_a^{(i)} \cdot \delta^{(i)} \} \right)
$$

über dem euklidischen Raum $\mathbb{R}^{2 \cdot n_a}$. Die Mindestdistanz δ ist die minimale quadratische euklidische Distanz zwischen zwei beliebigen Punkten (Codeworten) der Konstruktion (des GC-Codes). Die beschriebene Konstruktion wird häufig auch als *„multilevel coding"* bezeichnet.

Codierte Modulation mit äußeren Faltungscodes: Verwendet man äußere Faltungscodes, so erhält man codierte Modulationssysteme, die den GC-Codes aus Abschnitt 9.4 entsprechen. Es wird in der Regel die freie Distanz d_f (Abschnitt 8.1.6) benutzt, um die Eigenschaften der Konstruktion anzugeben, d. h. für die Abschätzung der Distanz gilt:

$$\delta \geq \min_{i=1,\ldots,s} \{d_f^{(i)} \cdot \delta^{(i)}\}.$$

Asymptotischer Codiergewinn: Setzt man eine konstante Nettodatenrate voraus, so ist der asymptotische Codiergewinn bei codierter Modulation definiert als:

$$\Delta = 10\log_{10}(\delta/\delta_{mod}). \tag{10.2}$$

Dabei bedeutet asymptotisch, daß dieser Codiergewinn bei sehr gutem Kanal mit additivem weißen Rauschen erreicht werden kann. In unserer Schreibweise ist δ die Mindestdistanz des GC-Codes und δ_{mod} die Mindestdistanz der uncodierten Modulation. Damit ist die Modulation gemeint, die benötigt wird, um die gleiche Informationsdatenrate zu übertragen (entsprechend der Coderate). Wird beispielsweise ein GC-Code der Rate 1/2 mit der Mindestdistanz δ, basierend auf innerer QPSK-Modulation, verwendet, so besitzt BPSK-Modulation die gleiche Informationsdatenrate und δ_{mod} entspricht der Mindestdistanz von BPSK (vergleiche auch Abschnitt 7.2.4 zum Codiergewinn).

10.2.3 Lattices und verallgemeinerte Mehrfachverkettung

Die Möglichkeiten zur Partitionierung eines Codes (Menge von Signalpunkten) im Raum $\mathbb{R}^2$ sind sehr beschränkt, gegenüber einer Partitionierung eines Codes in einem mehrdimensionalen Raum. Ein GC-Code mit Signalen aus dem Raum $\mathbb{R}^2$ als innerem Code und binären äußeren Codes $\mathcal{A}_i$ der Länge n_a kann jedoch selbst als Code in einem mehrdimensionalen Raum $\mathbb{R}^{2n_a}$ aufgefaßt werden. Eine Partitionierung eines solchen GC-Codes und die Verwendung von äußeren Codes, um die Numerierung zu schützen, ergibt einen mehrfach verallgemeinert verketteten Code.

Weitere Möglichkeiten mehrdimensionale Räume zu konstruieren, sind Spherical-Codes [EZ95] und Lattices [CoSl], die beide in engem Zusammenhang stehen. Wir wollen im folgenden einige bekannte Lattices aus [CoSl] als GC-Codes mit identischen Parametern beschreiben, wie in [BS92] gezeigt.

Lattices:

Seien $\mathbf{x}$ die Punkte des n-dimensionalen Raums $\mathbb{R}^n$:

$$\mathbf{x} = (x_1, x_2, \cdots, x_n), \quad x_i \in \mathbb{R} .$$

Eine n-dimensionale Kugel in $\mathbb{R}^n$ mit Radius ρ und dem Mittelpunkt $\mathbf{u}$ ist definiert durch:

$$\left\{ \mathbf{x} : \quad \sum_{i=1}^{n} (x_i - u_i)^2 = \rho^2 \right\} .$$

Das Volumen einer Einheitskugel (z. B. [CoSl]) ist:

$$V_n = \begin{cases} \dfrac{\pi^{\frac{n}{2}}}{\left(\frac{n}{2}\right)!} & \text{für } n \text{ gerade} \\[2ex] \dfrac{2^n \cdot \pi^{\frac{n-1}{2}} \cdot \left(\frac{n-1}{2}\right)!}{n!} & \text{für } n \text{ ungerade} \end{cases} \tag{10.3}$$

Ein Lattice ist nun definiert als alle Mittelpunkte von sich berührenden n-dimensionalen Kugeln in $\mathbb{R}^n$ mit den Bedingungen:

i) $\mathbf{0}$ ist ein Mittelpunkt.

ii) Sind $\mathbf{u}$ und $\mathbf{v}$ Mittelpunkte, dann müssen auch $\mathbf{u}+\mathbf{v}$ und $\mathbf{u}-\mathbf{v}$ Mittelpunkte sein.

Eine klassische Frage der Lattice-Theorie ist, die größtmögliche Dichte Δ, die definiert ist als

$$\text{Dichte:} \quad \Delta = \frac{\text{Volumen innerhalb der Kugeln}}{\text{Volumen des Raumes}},$$

d. h. den Anteil des gesamten Raumes, der innerhalb der Kugeln liegt (vergleiche hierzu auch die Hamming-Schranke, Abschnitt 1.1.2, die dieselbe Frage für einen Code in Hamming-Metrik beantwortet). Leider ist die Frage der größtmöglichen Dichte nur für $n \leq 8$ und $n = 24$ gelöst [CoSl]. Die bekannte Lösung für $n = 24$ geht auf die Existenz des perfekten Golay-Codes (Abschnitt 4.2) zurück.

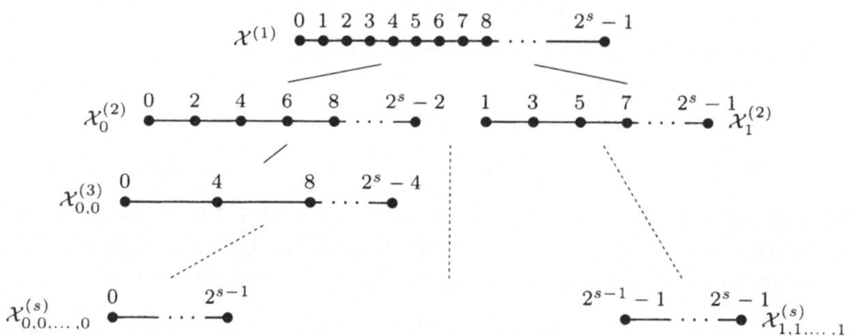

Bild 10.7: Partitionierung von 2^s Punkten auf einer Geraden.

Wir konstruieren einen GC-Code mit den s äußeren Codes

$$\mathcal{A}^{(i)}(2; n_a, M_a^{(i)}, d_a^{(i)}), \quad i = 1, 2, \dots, s .$$

Hierzu benötigen wir eine binäre Partitionierung der Ordnung s des inneren Codes, der durch 2^s Punkte auf einer Geraden definiert sein soll:

$$\mathcal{X}^{(1)}(\mathbb{R}, 2^s, \delta^{(1)} = 1) = \{0, 1, 2, 3, \dots, 2^s - 1\} .$$

Die Partitionierung ist in Bild 10.7 dargestellt. Für die quadratischen euklidischen Mindestdistanzen der Untercodes $\mathcal{X}^{(i)}, i = 1, \ldots, s$ gilt:

$$\delta^{(i)} = (2^{i-1})^2, \quad i = 1, 2, \ldots, s \ .$$

Wir haben damit den GC-Code

$$\mathcal{C}_{GC}\left(\mathbb{R}^{n_a}, M = \prod_{i=1}^{s} M_a^{(i)}, \delta \geq \min_{i=1,\ldots,s} \left\{ d_a^{(i)} \cdot (2^{i-1})^2 \right\} \right)$$

konstruiert. Wir können um jedes Codewort eine Kugel mit Radius $\frac{\sqrt{\delta}}{2}$ legen, die sich dann entsprechend der Definition von Lattices gerade berühren. Unter Berücksichtigung von Gleichung 10.3 ist das Volumen einer Kugel [CoSl]

$$V_n \cdot (\text{Radius})^n = V_n \cdot \left(\frac{\sqrt{\delta}}{2} \right)^n , \quad V_n : \text{Volumen der Einheitskugel.}$$

Das Volumen des ganzen Raumes, in dem alle M Codeworte (Kugeln) liegen, ist $(2^s)^n$. Damit ergibt sich die Dichte eines GC-Codes zu:

$$\Delta_{GC} \geq \frac{M}{(2^s)^n} \cdot V_n \cdot \left(\frac{\sqrt{\delta}}{2} \right)^n .$$

Wir wollen einige Beispiele dieser Konstruktion betrachten.

Beispiel 10.3 (Konstruktion A aus [CoSl]) Wählen wir als äußere Codes

$$\mathcal{A}^{(1)}(2; n, M, d) \quad \text{und} \quad \mathcal{A}^{(2)}(2; n, 2^n, 1)$$

und $s = 2$, so erhalten wir für die Mindestdistanz des GC-Codes $\delta \geq \min\{1 \cdot d, 4 \cdot 1\}$. Die Dichte in $\mathbb{R}^n$ errechnet sich zu:

$$\Delta_{GC} \geq \frac{M \cdot 2^n}{(2^2)^n} \cdot V_n \cdot \left(\frac{\sqrt{\min\{d \cdot 1, 1 \cdot 4\}}}{2} \right)^n = \frac{M}{2^n} \cdot V_n \cdot \min\left\{ \left(\frac{\sqrt{d}}{2} \right)^n, 1 \right\} .$$

Diese Dichte ist identisch der von Konstruktion A [CoSl, S. 137]. Es ist offensichtlich, daß es keinen Sinn macht einen äußeren Code mit der Mindestdistanz $d > 4$ zu benutzen, da sich sonst die Dichte verschlechtert, da M mit zunehmender Distanz kleiner wird. ◇

Beispiel 10.4 (Konstruktion B aus [CoSl]) Wählen wir wieder $s = 2$ und als äußere Codes

$$\mathcal{A}^{(1)}(2; n, M, d) \quad \text{und} \quad \mathcal{A}^{(2)}(2; n, 2^{n-1}, 2) ,$$

so erhalten wir für die Mindestdistanz des GC-Codes $\delta \geq \min\{1 \cdot d, 4 \cdot 2\}$. Die Dichte in $\mathbb{R}^n$ errechnet sich zu:

$$\Delta_{GC} \geq \frac{M \cdot 2^{n-1}}{(2^2)^n} \cdot V_n \cdot \left(\frac{\sqrt{\min\{d \cdot 1, 2 \cdot 4\}}}{2} \right)^n = \frac{M}{2^{n+1}} \cdot V_n \cdot \min\left\{ \left(\frac{\sqrt{d}}{2} \right)^n, 2^{n/2} \right\} .$$

Für einen GC-Code, der gemäß Mindestdistanz optimiert ist, würden wir einen äußeren Code mit $d = 8$ wählen. Die Dichte ist identisch der von Konstruktion B [CoSl, S. 141]. ◇

Aus der Betrachtungsweise von GC-Codes können wir als äußere Codes alle bekannten binären Codes verwenden (auch nichtlineare) und die Mindestdistanz, d. h. der Radius der Kugeln, ergibt sich ohne aufwendige Überlegungen. Die ersten beiden Beispiele beruhten auf einfachen äußeren Codes, dagegen benutzen die nächsten beiden aufwendigere.

Beispiel 10.5 (Konstruktion C aus [CoSl]) Hier wollen wir s äußere binäre Codes $\mathcal{A}^{(i)}(2; n_a, M_a^{(i)}, d_a^{(i)})$, $i = 1, 2, \ldots s$, voraussetzen, für deren Mindestdistanz gilt:

$$d_a^{(i)} = \gamma \cdot 4^{s-i}, \quad i = 1, 2, \ldots, s, \quad \text{mit dem Parameter } \gamma = 1, 2 .$$

Damit erhalten wir für die Mindestdistanz des GC-Codes:

$$\delta \geq \min_{i=1,\ldots,s} \left\{ d_a^{(i)} \cdot (2^{i-1})^2 \right\} = \min_{i=1,\ldots,s} \left\{ \gamma \cdot 4^{s-i} \cdot 4^{i-1} \right\} = \gamma \cdot 4^{s-1},$$

und für die Dichte:

$$\Delta_{GC} \geq \frac{M}{4^n} \cdot V_n \cdot \gamma^{n/2} .$$

Dabei ist $M = \prod_{i=1}^{s} M_a^{(i)}$. Diese Dichte ist identisch der von Konstruktion C (aus [CoSl, S. 150]). Wir könnten beispielsweise die binären äußeren Codes $\mathcal{A}^{(1)}(64, 2^1, 64)$, $\mathcal{A}^{(2)}(64, 2^{28}, 16)$, $\mathcal{A}^{(3)}(64, 2^{57}, 4)$ und $\mathcal{A}^{(4)}(64, 2^{64}, 1)$ verwenden und hätten dann einen GC-Code $\mathcal{C}_{GC}(\mathbb{R}^{64}; 2^{150}, \geq 64)$ konstruiert. Die Dichte wäre dabei ($s = 4$, $\gamma = 1$) $\Delta = 4^{11} \cdot V_n = 2^{22} \cdot V_n$. ◇

Beispiel 10.6 (Konstruktion D aus [CoSl]) In diesem Beispiel wollen wir, ähnlich wie in Beispiel 10.5, s äußere Codes $\mathcal{A}^{(i)}(2; n_a, M_a^{(i)}, d_a^{(i)})$, $i = 1, 2, \ldots s$, voraussetzen, die hier jedoch jeweils Untercodes sein sollen, d. h.

$$\mathcal{A}^{(1)}(2; n_a, M_a^{(1)}, d_a^{(1)}) \subset \mathcal{A}^{(2)}(2; n_a, M_a^{(2)}, d_a^{(2)}) \subset \cdots \subset \mathcal{A}^{(s)}(2; n_a, M_a^{(s)}, d_a^{(s)}).$$

Für deren Mindestdistanz soll hier gelten:

$$d_a^{(i)} = \frac{4^{s-i}}{\gamma}, \quad i = 1, 2, \ldots, s, \quad \gamma = 1, 2 .$$

Damit erhalten wir hier für die Mindestdistanz des GC-Codes:

$$\delta \geq \min_{i=1,\ldots,s} \left\{ d_a^{(i)} \cdot (2^{i-1})^2 \right\} = \min_{i=1,\ldots,s} \left\{ \frac{1}{\gamma} \cdot 4^{s-i} \cdot 4^{i-1} \right\} = \frac{4^{s-1}}{\gamma},$$

und für die Dichte

$$\Delta_{GC} \geq \frac{M}{4^n} \cdot V_n \cdot \frac{1}{\gamma^{n/2}} .$$

Dabei ist $M = \prod_{i=1}^{s} M_a^{(i)}$. Diese Dichte ist identisch der von Konstruktion D [CoSl, S. 232]. Benutzt man als äußere Codes RM-Codes, so wird das entsprechende Lattice Barnes-Wall-Lattice genannt. Die Tatsache, daß zur Konstruktion äußere Codes verwendet werden sollen, die jeweils Untercodes voneinander sind, ist aus der GC-Sicht nicht erklärbar, da man ja sogar nichtlineare Codes als äußere verwenden könnte. ◇

An diesen Beispielen haben wir gesehen, daß man mit verallgemeinerter Verkettung in einigen Fällen die gleichen Parameter wie mit Lattice-Konstruktionen erreichen kann. Der Zweck ist, daß man einen Code in einem mehrdimensionalen Raum vielfältiger partitionieren kann. Dies wurde auch in der bekannten Arbeit [Wei87] über 4D-codierte Modulation von Wei durchgeführt. Anstelle von Lattices können wir jedoch GC-Codes benutzen und diese dann partitionieren. Damit ergeben sich nicht nur konstruierbare Partitionierungen, sondern man kann auch die besten bekannten Codes verwenden. Dies wollen wir im folgenden beschreiben.

Mehrfachverkettung:

Das Prinzip der verallgemeinerten Codeverkettung kann um eine Stufe erweitert werden, d. h. man partitioniert den GC-Code im Raum $\mathbb{R}^{2n_a}$ und kann dann diese Partitionierung mit äußeren Codes schützen. Dadurch wird ein verallgemeinerter, mehrfach verketteter Code definiert (vergleiche auch die Konstruktion von Reed-Muller-Codes in Abschnitt 9.5). Damit haben wir eine Methode, um Codes (Signalpunkte) in mehrdimensionalen Räumen zu konstruieren. Die Partitionierung dieser GC-Codes folgt direkt aus den Untercodes der äußeren Codes $\mathcal{A}^{(i)}$. Das bedeutet, es existiert eine Konstruktionsregel, um die Partitionierung durchzuführen, und diese ist berechenbar. Selbstverständlich können Signalkonstellationen in mehrdimensionalen Räumen auch „von Hand" partitioniert werden, jedoch sind diese – in der Regel nichtlinearen Konstruktionen – dann nicht mehr berechenbar.

Wir wollen ein Beispiel für einen verallgemeinerten mehrfach verketteten Code angeben, ohne jedoch auf die Leistungsfähigkeit der Decodierung bei gegebenem Kanal einzugehen.

Beispiel 10.7 (Mehrfach verkettete codierte Modulation) Zunächst konstruieren wir einen GC-Code über dem euklidischen Raum. Dabei verwenden wir als inneren Code QPSK-Modulation mit der Numerierung entsprechend Bild 10.5 (ab Stufe 2). Als die beiden äußeren Codes wählen wir $\mathcal{A}^{(1)}(2; 8, 2^4, 4)$ und $\mathcal{A}^{(2)}(2; 8, 2^7, 2)$, also einen erweiterten Hamming-Code und einen Parity-Check-Code. Damit haben wir den GC-Code $\mathcal{C}_{GC}^{(1)}(\mathbb{R}^{16}, 2^{11}, 8)$ über dem euklidischen Raum $\mathbb{R}^{16}$ konstruiert.

Ein weiterer GC-Code über $\mathbb{R}^{16}$ ist $\mathcal{C}_{GC}^{(2)}(\mathbb{R}^{16}, 2^5, 16)$. Der innere Code ist wieder QPSK-Modulation, aber die zwei binären äußeren Codes sind ein Wiederholungscode und der erweiterte Hamming-Code: $\mathcal{A}^{(1)}(2; 8, 2^1, 8)$ und $\mathcal{A}^{(2)}(2; 8, 2^4, 4)$. Offensichtlich gilt: $\mathcal{C}_{GC}^{(2)} \subset \mathcal{C}_{GC}^{(1)}$, da die inneren Codes dieselben sind, und die äußeren Codes von $\mathcal{C}_{GC}^{(2)}$ Untercodes von denen von $\mathcal{C}_{GC}^{(1)}$ sind. Damit können wir Methode 3 aus Abschnitt 9.2.2 anwenden und erhalten eine Partitionierung des Codes $\mathcal{C}_{GC}^{(1)}$ mit der Numerierung $\mathbf{a}_i^{(1)} \in GF(2)^6$ und $\mathbf{a}_i^{(2)} \in GF(2)^5$. Zur Codierung dieser Numerierung mittels äußerer Codes wollen wir den verkürzten RS-Code $\mathcal{A}^{(1)}(2^6; 32, 2^{150}, 8)$ und den erweiterten RS-Code $\mathcal{A}^{(2)}(2^5; 32, 2^{145}, 4)$ verwenden und erhalten damit den GC-Code $\mathcal{C}_{GC}(\mathbb{R}^{512}, 2^{295}, 64)$ über dem euklidischen Raum $\mathbb{R}^{512}$, da 32 Symbole aus $\mathbb{R}^{16}$ gewählt werden.							$\diamond$

Diese Methode der verallgemeinerten Mehrfachverkettung eröffnet zahllose Möglichkeiten. Wir sehen an dem obigen Beispiel, daß der mit dieser Methode konstruierte, relativ lange GC-Code aus kurzen Codes aufgebaut ist.

10.2.4 Decodierung

Für die Decodierung von codierter Modulation kann prinzipiell der Algorithmus GCD aus Abschnitt 9.2.4 verwendet werden. Für eine effiziente Decodierung sollte für den inneren Code ein symbolweiser MAP-Decodierer (Abschnitt 8.5) eingesetzt werden, um Zuverlässigkeitsinformation für den äußeren Decodierer bereitzustellen. Damit kann dann *Stufe für Stufe* decodiert werden, wobei der innere Code (die Modulation) mehrfach bezüglich verschiedener Untercodes decodiert wird. Deshalb wird diese Art der Decodierung auch häufig als „*Multistage-Decodierung*" (*multistage decoding*) bezeichnet. Es ist leider eine Tatsache, daß die ML-Decodierung der einzelnen beteiligten äußeren Codes nicht eine ML-Decodierung des Gesamtcodes darstellt; dieses Problem konnte noch nicht gelöst werden (vergleiche Beispiel 10.8).

Zuverlässigkeitsinformation für Soft-Output-Decodierung von M-PSK
Es sei s_i das im i-ten Symbolintervall gesendete Signal gemäß Bild 10.5. Das empfangene Symbol sei entsprechend Abschnitt 7.1.2

$$y_i = s_i + n_i,$$

wobei n einem additiven weißen Gaußschen Rauschen (AWGN) mit der Varianz σ^2 entspricht. Damit kann die bedingte Wahrscheinlichkeitsdichtefunktion für die empfangenen Signale beschrieben werden als:

$$p(y_i|s_i) = \frac{1}{\sqrt{2\pi}\sigma} \exp\left(-\frac{(y_i - s_i)^2}{2\sigma^2}\right). \tag{10.4}$$

Die A-posteriori-Wahrscheinlichkeit $P(s_i|y_i)$ ergibt sich mit dem Satz von Bayes:

$$P(s_i|y_i) = \frac{P(y_i|s_i) \cdot P(s_i)}{P(y_i)}. \tag{10.5}$$

Mit

$$P(y_i|s_i) = \lim_{\epsilon \to 0} \int_{y_i}^{y_i+\epsilon} p(r_i'|s_i)dr_i'$$

und

$$\frac{P(y_i|s_i)}{P(y_i)} = \lim_{\epsilon \to 0} \frac{\int_{y_i}^{y_i+\epsilon} p(r_i'|s_i)dr_i'}{\int_{y_i}^{y_i+\epsilon} p(r_i')dr_i'} = \frac{p(y_i|s_i)}{p(y_i)}$$

kann Gleichung 10.5 in folgender Form ausgedrückt werden:

$$P(s_i|y_i) = \frac{p(y_i|s_i) \cdot P(s_i)}{p(y_i)}. \tag{10.6}$$

Die Kombination der Gleichungen 10.4 und 10.6 führt direkt zur Berechnung der bedingten Wahrscheinlichkeiten $P(s_i|y_i)$.

Wir nehmen an, daß alle Symbole gleiche Auftrittswahrscheinlichkeit besitzen, d. h. $P(s_i) = 1/M$, und betrachten den Fall von *binären* äußeren Codes. Daher muß die Zuverlässigkeit (Wahrscheinlichkeit) für jedes Bit berechnet werden. Die binäre Darstellung des M-wertigen Symbols s_i führt zu einem m-Tupel

$$c_i = (c_i^{(0)}, c_i^{(1)}, \ldots, c_i^{(l)}, \ldots, c_i^{m-1}) \quad \text{mit} \quad c_i^{(l)} \in \{0, 1\} \quad \text{und } m = \mathrm{ld}(M).$$

Des weiteren sei $\mathcal{X}_i^{(l),1}$ die Untermenge von Symbolen, für die s_i in der l-ten Komponente von $c_i^{(l)}$ eine 1 besitzt. Analog, bezeichnet $\mathcal{X}_i^{(l),0}$ die Untermenge von Symbolen, für die s_i in der l-ten Komponente von $c_i^{(l)}$ eine 0 besitzt. Die Wahrscheinlichkeit, daß die l-te Komponente von c_i einer 1 entspricht, ergibt damit

$$P(c_i^{(l)} = 1) = \sum_{s_k \in \mathcal{X}_i^{(l),1}} P(s_k|y_i) = \sum_{s_k \in \mathcal{X}_i^{(l),1}} \frac{p(y_i|s_k)P(s_k)}{p(y_i)},$$

und die Wahrscheinlichkeit, daß die l-te Komponente von c_i einer 0 entspricht, ergibt

$$P(c_i^{(l)} = 0) = \sum_{s_k \in \mathcal{X}_i^{(l),0}} P(s_k|y_i) = \sum_{s_k \in \mathcal{X}_i^{(l),0}} \frac{p(y_i|s_k)P(s_k)}{p(y_i)}.$$

Der Zuverlässigkeitswert $L_i^{(l)}$ für die l-te Komponente von c_i ergibt sich zu:

$$L_i^{(l)} = \ln \frac{P(c_i^{(l)} = 0)}{P(c_i^{(l)} = 1)}.$$

Simulationsergebnisse

Wir wollen codierte 8-PSK Modulation benutzen und einen AWGN-Kanal (Abschnitt 7.1.2) voraussetzen. Als Zuverlässigkeitskriterium wird das oben abgeleitete verwendet.

Beispiel 10.8 (ML-Decodierung: Einzelcodes – Gesamtcode) Hier wollen wir veranschaulichen, daß die ML-Decodierung der Einzelcodes nicht einer ML-Decodierung des Gesamtcodes entspricht. Als innere Modulation verwenden wir 8-PSK, die entsprechend Bild 10.5 partitioniert wird. Dazu die zwei äußeren Codes $\mathcal{A}^{(1)}(2; 8, 1, 8)$, $\mathcal{A}^{(2)}(2; 8, 7, 2)$ und $\mathcal{A}^{(3)}(2; 8, 8, 1)$, d. h. einen Wiederholungs- und einen Parity-Check-Code, die ML-decodierbar sind. Der GC-Code ist damit:

$$\mathcal{C}_{GC}(\mathbb{R}^{16}, M = 2^8, \delta \geq \min\{2 \cdot 8, 2 \cdot 4, 1 \cdot 8\}).$$

Bild 10.8 zeigt, daß die ML-Decodierung des Gesamtcodes einen zusätzlichen Gewinn von 0.5 dB bringt. Bei längeren Codes und mehreren Stufen vergrößert sich dieser Gewinn.   ◇

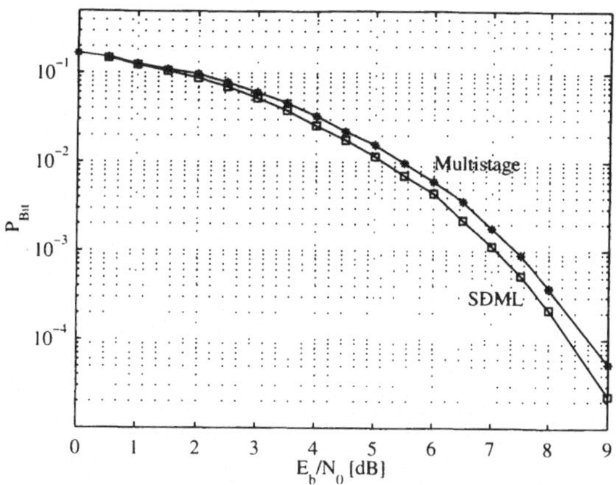

Bild 10.8: Decodierung des Gesamtcodes und der Einzelcodes.

Beispiel 10.9 (Mindestdistanz und Bitfehlerrate) Dieses Beispiel soll zeigen, daß ein GC-Code, der gemäß der Mindestdistanz optimiert wurde, d. h. bei dem δ in allen Stufen gleich groß ist, eine schlechtere Bitfehlerrate besitzt, als ein GC-Code, der als UEP-Code (Abschnitt 9.2.5) ausgelegt wurde. Dabei sollte die Mindestdistanz in der ersten Stufe am größten sein und dann kleiner werden.

Wir konstruieren uns zwei GC-Codes mit identischer Rate $R = 0.5$, aber unterschiedlicher Mindestdistanz. Die Codes besitzen die folgenden Parameter (8-PSK):

$$\mathcal{C}_{GC1}(\mathbb{R}^{64}, M = 2^{48}, \delta \geq 9.37) \qquad \mathcal{C}_{GC2}(\mathbb{R}^{64}, M = 2^{48}, \delta \geq 8)$$

$$\delta \geq \min\{9.37, 16, 16\} \qquad \delta \geq \min\{18.75, 16, 8\}$$

$$\mathcal{A}^{(1)}(2; 32, 6, 16) \qquad \mathcal{A}^{(1)}(2; 32, 1, 32)$$

$$\mathcal{A}^{(2)}(2; 32, 16, 8) \qquad \mathcal{A}^{(2)}(2; 32, 16, 8)$$

$$\mathcal{A}^{(3)}(2; 32, 26, 4) \qquad \mathcal{A}^{(3)}(2; 32, 31, 2)$$

Bild 10.9 zeigt deutlich, daß $\mathcal{C}_{GC2}$ (im betrachteten Bereich) eine wesentlich kleinere Restbitfehlerrate erreicht als $\mathcal{C}_{GC1}$, obwohl das asymptotische Verhalten von $\mathcal{C}_{GC1}$ um $0.72\,\text{dB}$ besser ist.

◇

Beispiel 10.10 (Längere Codes sind besser) Wir konstruieren uns zwei GC-Codes mit Rate ≈ 0.5 mit äußeren RM-Codes der Länge 8 (GC1) und 64 (GC2). Als Modulation verwenden wir erneut 8-PSK.

$$\mathcal{C}_{GC1}(\mathbb{R}^{16}, 2^{12}, \delta \geq 4.69) \qquad \mathcal{C}_{GC2}(\mathbb{R}^{128}, 2^{98}, \delta \geq 16)$$

$$\delta \geq \min\{4.69, 8, 8\}) \qquad \delta \geq \min\{37.50, 32, 16\})$$

$$\mathcal{A}^{(1)}(2; 8, 1, 8) \qquad \mathcal{A}^{(1)}(2; 64, 1, 64)$$

$$\mathcal{A}^{(2)}(2; 8, 4, 4) \qquad \mathcal{A}^{(2)}(2; 64, 22, 16)$$

$$\mathcal{A}^{(3)}(2; 8, 7, 2) \qquad \mathcal{A}^{(3)}(2; 64, 75, 4)$$

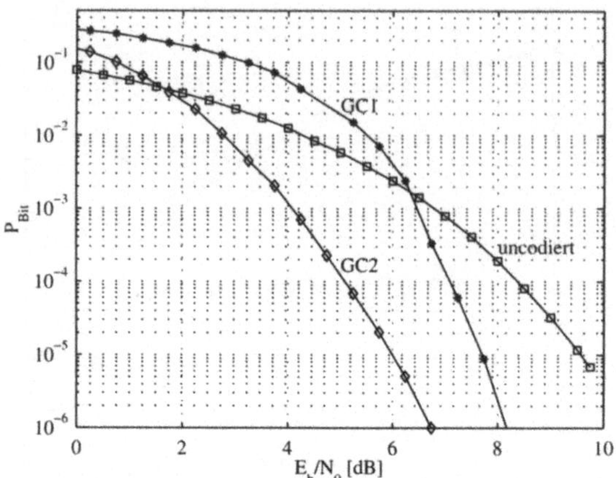

Bild 10.9: Die Optimierung eines GC-Codes hinsichtlich der Mindestdistanz ist nicht identisch mit einer Optimierung bezüglich der Bitfehlerrate.

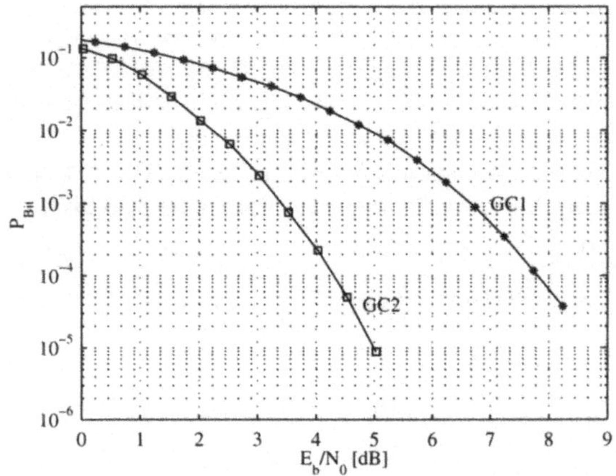

Bild 10.10: Verallgemeinert verkettete Codes unterschiedlicher Länge.

Beide Codes sind entsprechend Beispiel 10.9 nicht gemäß konstanter Mindestdistanz konstruiert. Bild 10.10 zeigt das Simulationsergebnis. Es wird deutlich, daß längere Codes besser abschneiden.   ◇

10.2.5 Trelliscodierte Modulationssysteme

Wie schon erwähnt, kann man für GC-Codes mit innerer Modulation sowohl Blockcodes als auch Faltungscodes als äußere Codes verwenden. Von sekundärer Bedeutung ist, ob die verwendeten Codes linear oder nichtlinear sind. Das Ziel ist dabei, die minimale quadratische euklidische Distanz des GC-Codes, d. h. der Signalfolge zu maximieren. Ein Spezialfall von GC-Codes zur Konstruktion von codierter

Modulation stellt die sogenannte Ungerböck-Codierung [Ung82] dar. Dort werden Faltungscodes oder allgemeiner Trelliscodes (nichtlineare Codes) benutzt und wir wollen im folgenden das Prinzip erläutern.

Wir gehen von einem Trellis aus (z. B. in Bild 10.12), und jeder Zustandsübergang bestimmt eine Codefolge, bestehend aus n Bit. Wir bilden diese Codefolgen auf die Signalpunkte derart ab, daß eine möglichst große euklidische Distanz der zugeordneten Signalpunktefolge entsteht. Es wird diejenige Abbildung ausgewählt, die die besten Distanzen gewährleistet.

Die Signale trelliscodierter Modulation gemäß [Ung82] werden wie folgt erzeugt: Wenn k Informationsbits pro Zeitschritt übertragen werden sollen, generiert ein Faltungscodierer der Rate $\tilde{k}/(\tilde{k}+1)$ aus $\tilde{k} < k$ Informationsbits $\tilde{k}+1$ Codebits. Das bedeutet, es müssen statt k Informationsbits $k+1$ codierte Bits übertragen werden, wobei $k - \tilde{k}$ uncodierte Informationsbits und $\tilde{k} + 1$ die Codebits des Faltungscodes sind. Konsequenterweise benötigt man zur Übertragung von $k + 1$ Bits eine Modulation, die aus 2^{k+1} Signalen besteht. Eine binäre Partitionierung dieser Signale besitzt die Ordnung $k + 1$. Dabei wählen die $\tilde{k} + 1$ Codebits die ersten Untermengen der Partitionierung aus und die $k - \tilde{k}$ uncodierten Informationsbits bestimmen die folgenden Untermengen. Dies bedeutet, daß die letzten Partitionierungsstufen nicht durch einen äußeren Code geschützt sind. Zur Veranschaulichung wollen wir ein Beispiel aus [Ung82] angeben, indem ein Faltungscodierer mit 4 Zuständen verwendet wird.

Beispiel 10.11 (Ungerböck-Codierung) Es wird ein systematischer Faltungscodierer gemäß Bild 10.11 mit der Rate $R = 1/2$ ($\tilde{k} = 1$) verwendet. Das Trellis des Codes weist parallele Zustandsübergänge auf. Dies erklärt sich aus der Tatsache, daß die Einflußlängen $\nu_1 = \nu_2 = 0$ sind. Der systematische Codierer bildet den Informationsblock $\mathbf{u}_t = (u_t^{(1)}, u_t^{(2)})$

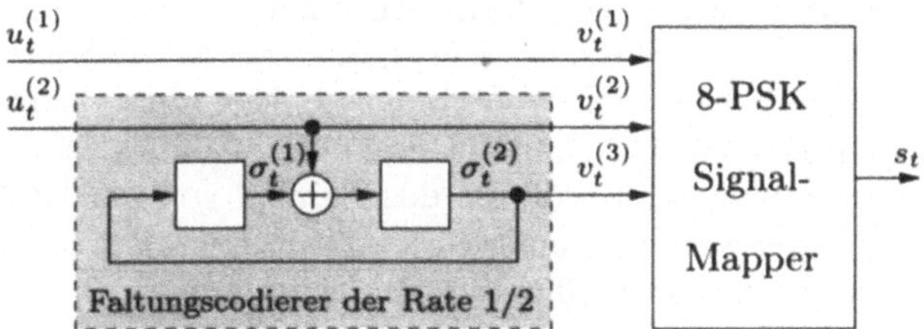

Bild 10.11: Trelliscodierer/ -modulator für 8-PSK.

in die Codefolge $\mathbf{v}_t = (v_t^{(1)}, v_t^{(2)}, v_t^{(3)})$ ab. Die trelliscodierte Modulation ergibt sich wie folgt: Die Codebits $v_t^{(2)}, v_t^{(3)}$ schützen die Auswahl einer Untermenge von 8-PSK und das Codebit $v_t^{(1)}$ wählt das Signal in der entsprechenden Untermenge aus. Die Partitionierung von 8-PSK ist dabei entsprechend Bild 10.5 verwendet. ◇

In der Praxis lassen sich durch trelliscodierte Modulation sehr gute Ergebnisse erzielen. Ein großer Vorteil ist, daß für die Decodierung direkt der Viterbi-Algorithmus (Abschnitt 8.4) verwendet werden kann, d. h. eine ML-Decodierung

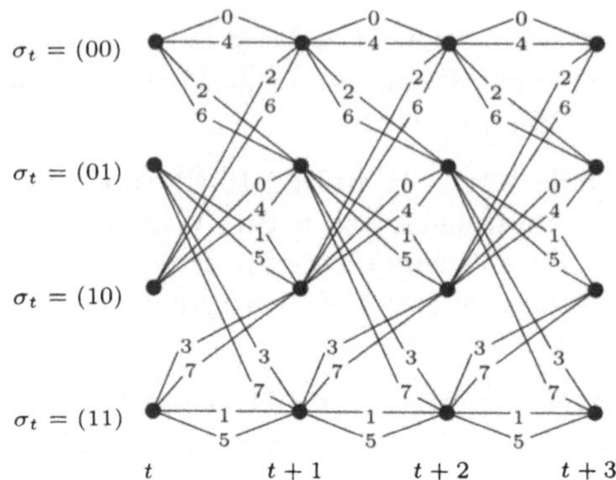

Bild 10.12: Kombiniertes Trellis mit 4 Zuständen (Numerierung gemäß Bild 10.5).

des Gesamtsystems durchgeführt wird. Damit unterliegen die benutzbaren Systeme derselben Komplexitätsbeschränkung durch die Viterbi-Decodierung, wie die entsprechenden Faltungscodes.

In den Arbeiten [Cus84, Say86] werden einige Beispiele von codierter Modulation mit Blockcodes angegeben, die Spezialfälle von GC-Codes sind. Der damit erzielte Codiergewinn wird mit den trelliscodierten Modulationssystemen aus [Ung82] verglichen mit dem Ergebnis, daß beide Autoren mit ihren Beispielen asymptotisch höhere Codiergewinne erzielen konnten. Offensichtlich sind dabei die benutzten GC-Codes gemäß der Mindestdistanz optimiert, was optimal im Falle sehr guter Kanäle ist. Für die Praxis erscheint es allerdings vorteilhafter, GC-Codes gemäß der Fehlerwahrscheinlichkeit nach der Decodierung zu optimieren (siehe Beispiel 10.9). Obwohl die Codiergewinne bei GC-Codes größer sind als bei trelliscodierter Modulation, so ist die Decodierfähigkeit von trelliscodierter Modulation bei realistischen Bitfehlerraten häufig besser. Die Ursache dafür ist die mögliche ML-Decodierung von trelliscodierter Modulation mit dem Viterbi-Algorithmus. In [HBS93] werden ebenfalls einige Spezialfälle von GC-Codes und deren Decodierung untersucht. Damit ist das Prinzip von trelliscodierter Modulation ein Spezialfall der verallgemeinerten Codeverkettung mit dem Vorteil der möglichen ML-Decodierung durch den Viterbi-Algorithmus.

Eine Erweiterung des Prinzips trelliscodierter Modulationssysteme ist in der Arbeit [Wei87] von Wei beschrieben. Er konstruiert zunächst einen mehrdimensionalen euklidischen Raum, indem er einen GC-Code verwendet (siehe hierzu Abschnitt 10.2.3). Dann wird der GC-Code partitioniert und damit ein trelliscodiertes Modulationssystem konstruiert.

10.3 GC mit Faltungsmodulation

In Abschnitt 10.2 wurden ausschließlich gedächtnislose Modulationsverfahren berücksichtigt, d. h. Verfahren bei denen das zu sendende Signal nur vom aktuellen

Eingangssymbol abhängt. Vergleichbar ist dies mit Blockcodes, bei denen ein Codewort eindeutig mit dem Informationsblock korrespondiert und umgekehrt. Im Gegensatz hierzu, ist diese Abbildung bei Faltungscodes zusätzlich abhängig von dem aktuellen Gedächtnisinhalt des Codierers. Dies gilt auch für die Faltungsmodulation. Das gesendete Signal wird durch das Eingangssymbol und den aktuellen Zustand des Modulatorgedächtnisses bestimmt. Ein Beispiel ist die Klasse der CPM-Verfahren (*continuous phase modulation*) [Sun86, AS81a, AS81b, AAS] oder auch [Kam, Pro]. Bei diesen Verfahren benutzt man das Gedächtnis zur Restriktion, ein phasen-kontinuierliches Signal zu generieren, d. h. um Phasensprünge wie sie z. B. bei PSK auftreten, zu vermeiden. Die Intention dieser Phasenformung liegt in der Verringerung des Bandbreitebedarfs.

10.3.1 Einführendes Beispiel

Im Gegensatz zu BPSK hat differentielle BPSK (DBPSK) ein Gedächtnis, bedingt durch die differentielle Vorcodierung $\mathbf{G}(D) = 1/(1 - D)$ der BPSK-Eingangssymbole.

Beispiel 10.12 (DBPSK als Faltungscode) Die differentielle Vorcodierung, $v_t = v_{t-1} + u_t$, ist ein rekursiver Faltungscodierer, wie in Bild 10.13 dargestellt. Bild 10.14 zeigt die DBPSK-Modulation als Trellis. Ein Zustand ist definiert als der Inhalt des Speicherelements,

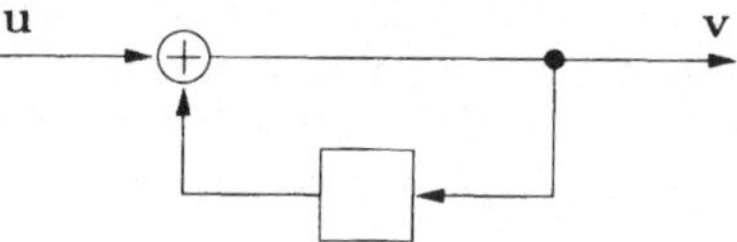

Bild 10.13: Differentieller Vorcodierer für DBPSK.

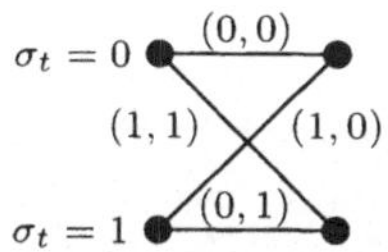

Bild 10.14: Zustandsübergänge des DBPSK-Trellisdiagramms, bezeichnet mit (u_t, v_t).

also $\sigma_t = v_{t-1}$. Damit können wir die Partitionierung von Faltungscodes aus Abschnitt 9.3.3 auf dieses Trellis anwenden, um eine Partitionierung 2. Ordnung zu erhalten. Wir bestimmen die Scramblermatrix zu:

$$\mathbf{M}(D) = \frac{1}{1 - D} \begin{pmatrix} 1 & 1 \\ D & 1 \end{pmatrix},$$

mittels derer wir einen äquivalenten Codierer gemäß Bild 10.15 erzeugen, der zur Partitionierung geeignet ist. Die Auswahl des Untercodes $\mathcal{X}_{\mathbf{z}^{(1)}}$ basiert auf der Numerierungsfolge $\mathbf{z}^{(1)}$. Die Festlegung eines Codeworts aus dem Untercode $\mathcal{X}_{\mathbf{z}^{(1)}}$ mittels der Numerierungsfolge $\mathbf{z}^{(2)}$. Die differentiellen Eigenschaften der DBPSK spiegeln sich bei diesem äquivalenten

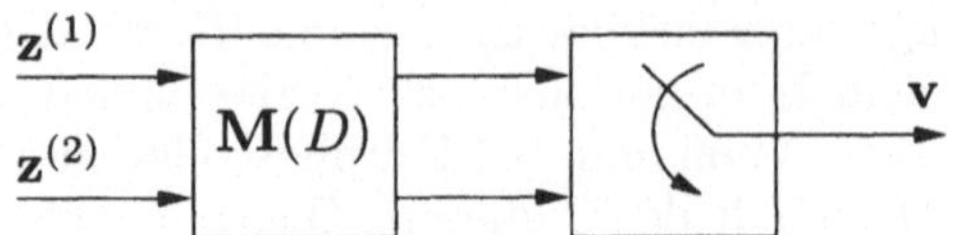

Bild 10.15: Äquivalenter Vorcodierer für DBPSK.

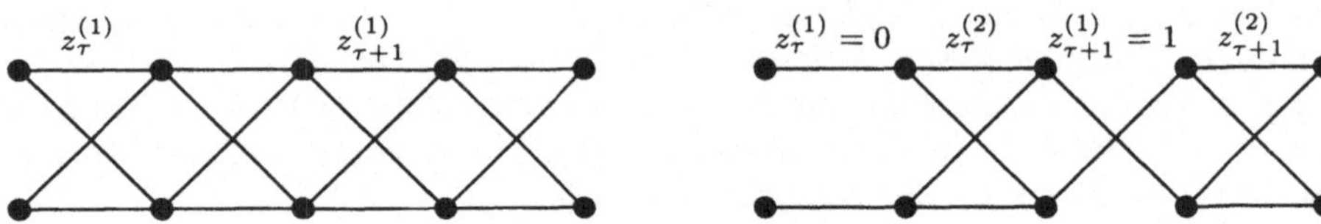

Bild 10.16: Originaltrellis $\mathcal{X}^{(1)}$ (links) und Untertrellis $\mathcal{X}^{(2)}_{\mathbf{z}^{(1)}}$ (rechts) für DBPSK.

Vorcodierer wider. Die Numerierungen $\mathbf{z}^{(1)}$ und $\mathbf{z}^{(2)}$ können direkt aus $\mathbf{u}$ abgeleitet werden.

$$z_\tau^{(1)} = u_{2\tau} \qquad z_\tau^{(2)} = u_{2\tau+1}\,.$$

Die entsprechende Partitionierung ist in Bild 10.16 in Trellisdarstellung gezeigt. Während die freie euklidische Distanz für DBPSK $\delta^{(1)} = 4$ beträgt, führt die Partitionierung zu einer Distanzerhöhung auf $\delta^{(2)} = 8$.

Damit können wir nun mit zwei äußeren Faltungscodes der Rate 1/3 und 2/3 einen GC-Code konstruieren, der die Gesamtrate 1/2 besitzt. Diesen wollen wir mit GC bezeichnen. Im Vergleich dazu, kann DBPSK mit einem Faltungscode der Rate 1/2 als verketteter Code (CC) betrachtet werden. In beiden Fällen wurden Faltungscodes mit 16 Zuständen gemäß Tabelle 8.10 für $k = 1$ und [Lee94] für $k = 2$ ausgewählt und Interleaving zwischen Codierung und Modulation eingesetzt.

In Bild 10.17 sind verschiedene Simulationsergebnisse im AWGN Kanal dargestellt. Man erkennt deutlich, daß bei der Restbitfehlerrate 10^{-5} der GC-Code GC um ungefähr 2 dB besser ist als der herkömmlich verkettete Code CC.   ◇

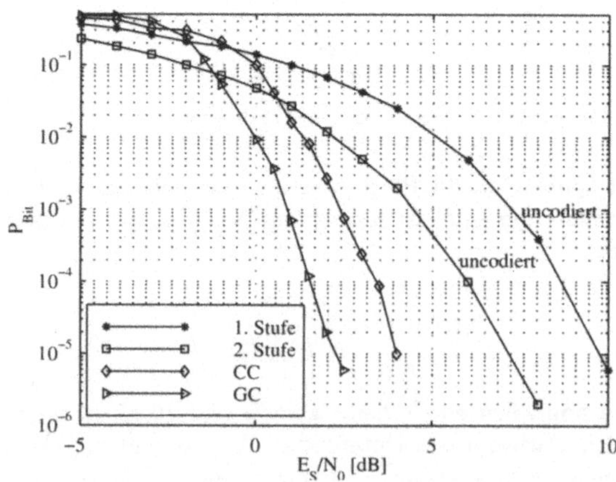

Bild 10.17: Simulationsergebnisse für DBPSK.

Diese Vorgehensweise kann auf alle Modulationsverfahren mit Gedächtnis, die in Form eines Trellisses darstellbar sind, verallgemeinert werden. Dazu benötigen wir zunächst eine algebraische Beschreibung der Modulationsverfahren.

10.3.2 Algebraische Beschreibung der Faltungsmodulation

Das Sendesignal M-wertiger CPM (*continuous phase modulation*) [AAS] läßt sich formal beschreiben als:

$$s(t, \mathbf{v}) = \sqrt{\frac{2E_s}{T_s}} \cos\left(2\pi f_0 t + \varphi(t, \mathbf{v}) + \varphi_0\right), \qquad (10.7)$$

mit der modifizierten (*tilted*) informations-beinhaltenden Phase [Rim88]

$$\varphi(t, \mathbf{v}) = 4\pi h \sum_{l=1}^{\infty} v_l g_\varphi(t), \qquad t \geq 0,$$

wobei $\mathbf{v} = (v_1, v_2, v_3, \dots)$ eine M-wertige Informationssequenz $v_l \in \{0, 1, \dots, M-1\}$, E_s die Symbolenergie, T_s die Symboldauer und h den Modulationsindex darstellen. Statt der wirklichen Trägerfrequenz f_T wird die asymmetrische Trägerfrequenz $f_0 = f_T - (M-1)h/(2T_s)$ betrachtet, da sich damit ein zeitinvariantes Trellis ergibt, wie man ihn für die Darstellung der Faltungscodes kennt. Weiterhin ist $g_\varphi(t)$ der phasenformende Puls (Phasenpuls) und φ_0 ein konstanter Phasenoffset. Im folgenden gelte $\varphi_0 = 0$.

Für *full-response* CPFSK-Modulation (*continuous phase frequency shift keying*, CPFSK) gilt:

$$g_\varphi(t) = \begin{cases} 0 & \text{für } t < 0 \\ \frac{t}{2T_s} & \text{für } 0 \leq t < T_s \\ 1/2 & \text{für } t \geq T_s \end{cases}$$

Wenn wir die Phasenwerte zu den Zeitpunkten $t = jT_s$, $j = 0, 1, 2, \dots$, betrachten, erhält man für $\varphi(t, \mathbf{v})$

$$\varphi(t = jT_s, \mathbf{v}) = 2\pi h \left(\sum_{l=1}^{j} v_l\right) - j\pi h(M-1). \qquad (10.8)$$

Der Modulationsindex $h = p/q$ sei rational und die positiven Zahlen p und q relativ prim (teilerfremd). Damit ergibt sich eine endliche Anzahl von Phasenzuständen zum Zeitpunkt $t = j \cdot T_s$. Wir betrachten der Fall $M \leq q$.

Es ist sinnvoll, die Menge aller Phasenübergänge (Gleichung 10.8), generiert durch alle möglichen Informationssequenzen $\mathbf{v}$, mit Hilfe eines Trellisses [AAS] darzustellen. Das Trellis ist mit dem Ausdruck $2\pi h \sum_{l=1}^{j} v_l$ vollständig festgelegt. Folglich kann mit diesem Term durch die Gleichung

$$\Phi(t = jT_s, \mathbf{v}) = 2\pi h \sum_{l=1}^{j} v_l$$

ein modifiziertes Trellis konstruiert werden.

Das modifizierte zeitinvariante Trellisdiagramm besteht aus q Zuständen und basiert auf der Gleichung:

$$[\Phi(t = jT_s, \mathbf{v})]_{\mathrm{mod}\,2\pi} = \left[2\pi h \sum_{l=1}^{j} v_l\right]_{\mathrm{mod}\,2\pi}. \tag{10.9}$$

Daraus erhält man:

$$[\Phi(t = jT_s, \mathbf{v})]_{\mathrm{mod}\,2\pi} = \frac{2\pi}{q} \left[\sum_{l=1}^{j} (pv_l)_{\mathrm{mod}\,q}\right]_{\mathrm{mod}\,q}.$$

Mit der Bezeichnung

$$\sigma_j = \left[\sum_{l=1}^{j} (pv_l)_{\mathrm{mod}\,q}\right]_{\mathrm{mod}\,q}, \tag{10.10}$$

können wir schreiben:

$$\frac{q}{2\pi} [\Phi(t = jT_s, \mathbf{v})]_{\mathrm{mod}\,2\pi} = \sigma_j. \tag{10.11}$$

Somit lassen sich die Phasenzustände $[\Phi(\cdot)]_{\mathrm{mod}\,2\pi}$ auf dem modifizierten Phasentrellis durch ihre isomorphen Zahlen ersetzen (σ_j) und wir können sie als Symbole des Codes $\mathcal{C}$ (ohne Redundanz) über dem Ring $\mathbb{Z}_q$ auffassen (Additionen und Multiplikationen erfolgen *modulo q*).

Beispiel 10.13 (Trellisdiagramm für 4-CPFSK mit $h = 1/4$) Ein Beispiel eines modifizierten Phasentrellisses zeigt Bild 10.18 für $M = 4, h = 1/4$.   ◇

Gleichung 10.10 ergibt eine Codiervorschrift, die in Bild 10.19 (FSM A3) dargestellt ist. Es zeigt einen seriellen Codierer als endlichen Zustandsautomaten (*finite state machine*, FSM). Das Vorcodierschema (FSM A2), entsprechend Gleichung 10.13, ist ebenfalls in Bild 10.19 zu sehen. Die parallele Realisierung von Codierer (FSM A3) und Vorcodierschema (FSM A2) mit jeweils n Eingängen und n Ausgängen zeigt Bild 10.20.

Verwenden wir die Beschreibung der Sequenzen $\mathbf{v}$ und $\boldsymbol{\sigma}$ mit Hilfe des Verzögerungsoperators D, entsprechend Abschnitt 8.1.8, so ergibt sich die Generatorma-

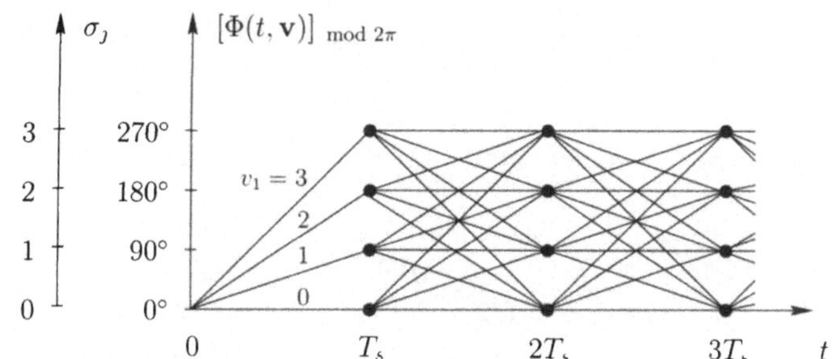

Bild 10.18: Zeitinvariantes Trellisdiagramm für $M = 4, h = 1/4$.

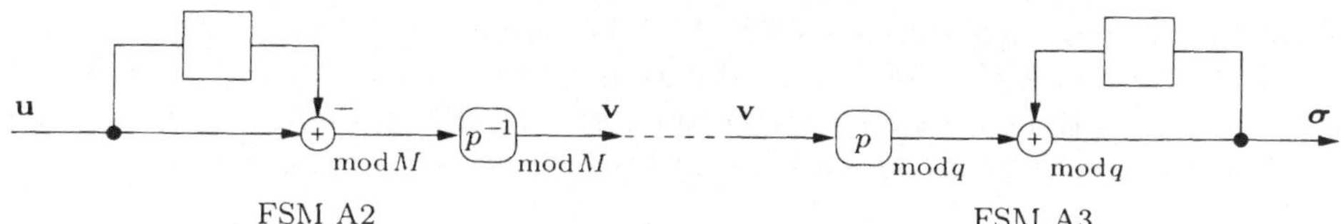

Bild 10.19: Serielle Realisierung von Vorcodierer (FSM A2) und Codierer (FSM A3).

trix des Codes $\mathcal{C}$ zu:

$$
\mathbf{G}_n(D) = \frac{p}{1-D}
\begin{pmatrix}
1 & 1 & 1 & \ldots & 1 \\
D & 1 & 1 & \ldots & 1 \\
D & D & 1 & \ldots & 1 \\
\vdots & \vdots & \ddots & \ddots & \vdots \\
D & D & D & \ldots & 1
\end{pmatrix}.
\tag{10.12}
$$

Wir bezeichnen diese Beschreibung der CPFSK-Modulation als algebraische Beschreibung, die im Prinzip bereits in [BU88, BSU88, Rim88, MMP88] und [Rim89] zu finden ist. Damit ist es möglich die Signale als Code ohne Redundanz, d. h. mit der Rate 1, über dem ganzzahligen Ring zu repräsentieren. Dies vereinfacht den Entwurf von codierten CPFSK-Systemen.

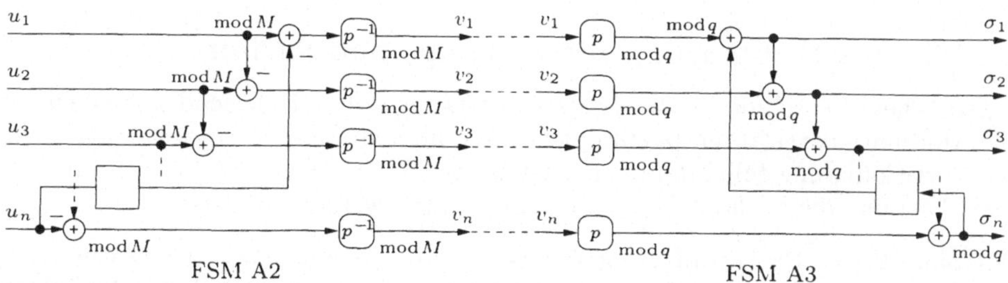

Bild 10.20: Parallele Realisierung von Vorcodierer (FSM A2) und Codierer (FSM A3).

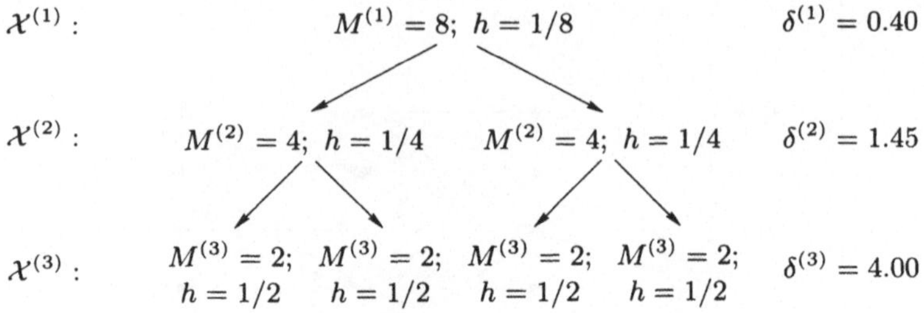

$$\mathcal{X}^{(1)}: \qquad M^{(1)} = 8;\ h = 1/8 \qquad\qquad \delta^{(1)} = 0.40$$

$$\mathcal{X}^{(2)}: \qquad M^{(2)} = 4;\ h = 1/4 \qquad M^{(2)} = 4;\ h = 1/4 \qquad \delta^{(2)} = 1.45$$

$$\mathcal{X}^{(3)}: \qquad \begin{array}{cccc} M^{(3)} = 2; & M^{(3)} = 2; & M^{(3)} = 2; & M^{(3)} = 2; \\ h = 1/2 & h = 1/2 & h = 1/2 & h = 1/2 \end{array} \qquad \delta^{(3)} = 4.00$$

Bild 10.21: Partitionierungsbaum für 8-wertige CPFSK mit $h = 1/8$.

Wenn die Eingangssymbole der CPFSK differentiell codiert werden, erhält man DCPFSK (*differential CPFSK*) Modulation. Diese ist für $M = 2$ und $q = 2$ bekannt als MSK (*minimum shift keying*) und DMSK (*differential MSK*). Die Generatormatrix des Vorcodierers für CPFSK ist mit Gleichung 10.12:

$$\mathbf{G}_n^*(D) = p^{-1} \begin{pmatrix} 1 & -1 & 0 & \dots & 0 \\ 0 & 1 & -1 & \dots & 0 \\ 0 & 0 & 1 & \dots & 0 \\ \vdots & \vdots & \ddots & \ddots & \vdots \\ -D & 0 & 0 & \dots & 1 \end{pmatrix}, \qquad (10.13)$$

wobei das inverse Element p^{-1} von p (falls es existiert) definiert ist durch $p^{-1}p = 1 \bmod M$.

Aus der Beschreibung der gedächtnisbehafteten Komponente des betrachteten Modulationsverfahrens, läßt sich ein Zustandsdiagramm bzw., unter Berücksichtigung der zeitlichen Dimension, ein Trellisdiagramm zur graphischen Repräsentation ableiten (entsprechend Kapitel 8).

Anmerkung: Prinzipiell können wir weitere CPM Verfahren, wie etwa GMSK [MH81], TFM [JD78], MSK, usw., algebraisch beschreiben (siehe hierzu [BHS+97, BSHD97, HBSD98] und [BHD+97]). CPFSK wurde stellvertretend betrachtet, um das Prinzip zu veranschaulichen.

10.3.3 Partitionierung für Faltungsmodulation

Entsprechend Abschnitt 9.3.3 zur Partitionierung von Faltungscodes, können wir alle Modulationsverfahren partitionieren, die als Faltungscode beschreibbar sind. Die Partitionierung führt dann zu „eingebetteten" Subtrellisdiagrammen mit größerer Distanz, die auch als Untercodes bezeichnet werden können.

Beispiel 10.14 (Partitionierung für 8-CPFSK) In Bild 10.21 ist schematisch ein Partitionierungsbaum für 8-CPFSK und binäre Numerierung dargestellt. Der erste Partitionierungsschritt führt ausgehend von 8-CPFSK mit $h = 1/8$ zu Untermengen, die der 4-DCPFSK mit $h = 1/4$ entsprechen, d.h. gleiche Distanzeigenschaften besitzen. Der folgende

Partitionierungsschritt führt von 4-CPFSK mit $h = 1/4$, zu 2-CPFSK mit $h = 1/2$, die auch als MSK-Modulation betrachtet werden kann. Diese Aufteilung kann man auch in Form von Trellisdiagrammen zeigen. Bild 10.22 zeigt jeweils die korrespondierenden Trellis- bzw. Subtrellisdiagramme. Dabei wurde ein Block von L gesendeten Symbolen betrachtet ($L - 1$ Informationssymbole sowie ein Terminierungssymbol).

In Bild 10.23 sind die simulierten Bitfehlerraten der einzelnen Partitionierungsstufen ohne äußere Codierung dargestellt. Sie demonstrieren den Gewinn, der aus der Erhöhung der Mindestdistanz in den Untercodes zu erwarten war. Gemäß der Decodierung von GC-Codes (Abschnitt 9.2.4) wird im ersten Schritt (1. Stufe) die Demodulation im Originaltrellis (komplettes Trellis in Bild 10.22), d. h. bezüglich der vollständigen Signalmenge mit $\delta^{(1)} = 0.4$ vorgenommen. Im folgenden Schritt (2. Stufe) wird im ersten Subtrellis demoduliert, für den $\delta^{(2)} = 1.45$ gilt. Mit Gleichung 10.2 ergibt sich ein asymptotischer Gewinn zu $\Delta_1 = 10\log_{10}(1.45/0.4) = 5.6\,\text{dB}$. Im dritten und letzten Schritt (3. Stufe) gilt $\delta^{(1)} = 4.0$. Die Distanzeigenschaften dieses Subtrellisdiagramms sind äquivalent zu dem Originaltrellis von DMSK. Im Vergleich zu Schritt 2 ergibt sich deshalb ein Codiergewinn von $\Delta_2 = 10\log_{10}(4.0/1.45) = 4.4\,\text{dB}$. Von der ersten zur dritten Stufe ist der asymptotische Gewinn daher $10\,\text{dB}$.   ◇

Am Beispiel der DCPFSK Modulation haben wir gezeigt, wie sich das Prinzip der Partitionierung auf höherwertige Modulationsverfahren anwenden läßt. Gleiches kann für zweiwertige Modulationsverfahren mit Gedächtnis, wie z. B. GMSK, TFM, MSK, etc., durchgeführt werden. Dabei kann die Theorie der Partitionierung von binären Faltungscodes basierend auf Scramblermatrizen (Abschnitt 9.3.3) eingesetzt werden, um eine optimale Aufteilung des Originalsystems (-codes) in Subsysteme (Untercodes) mit verbesserten Distanzeigenschaften zu erzielen. Dies ist in [BHD⁺97, BSHD97, BHS⁺97] gezeigt.

10.3.4 Äußere Faltungscodes

Bevor wir die Partitionierung von CPM zur Konstruktion von GC-Codes bzw. codierter Modulation verwenden, wollen wir die in der aktuellen Literatur vorgestellten Verfahren skizzieren. Diese werden wir anschließend mit GC-Codes vergleichen.

Trelliscodierte Modulation (angepaßte Faltungscodes): In [MMP88] wurde am Beispiel der MSK-Modulation gezeigt, daß „angepaßte" Faltungscodes eine effiziente Methode darstellen, um leistungsfähige Codes für MSK zu konstruieren. Dabei wird ein Supertrellis aus Modulation und Faltungscode erzeugt, der dann ML-decodiert wird. Das Prinzip wurde u. a. auch auf die CPFSK-Modulation angewandt.

Es gibt verschiedene Möglichkeiten, CPFSK-Signale mit fehlerkorrigierenden Codes zu kombinieren. Es hat sich gezeigt, daß *Faltungscodes* über ganzzahligen Ringen $\mathbb{Z}_M$ die besten Kandidaten für codierte CPFSK sind [US94, YT94, RL95].

Der DCPFSK Modulator (FSM A2 und FSM A3) kann direkt mit einem M-wertigen Faltungscodierer (FSM A1) kombiniert werden. Das komplette Übertragungsschema der codierten CPFSK zeigt Bild 10.24.

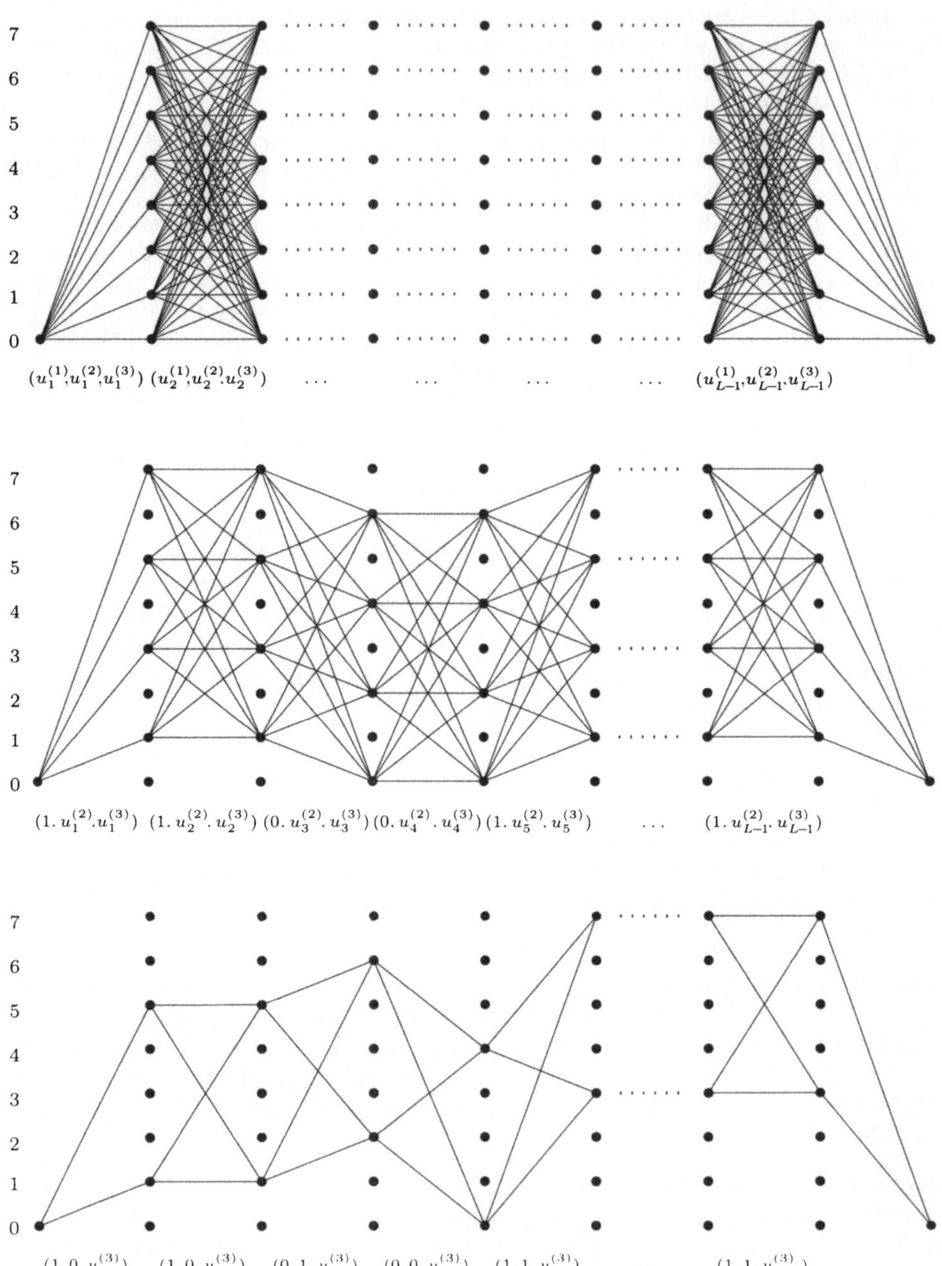

Bild 10.22: Partitionierung von 8-wertiger DCPFSK mit $h = 1/8$.

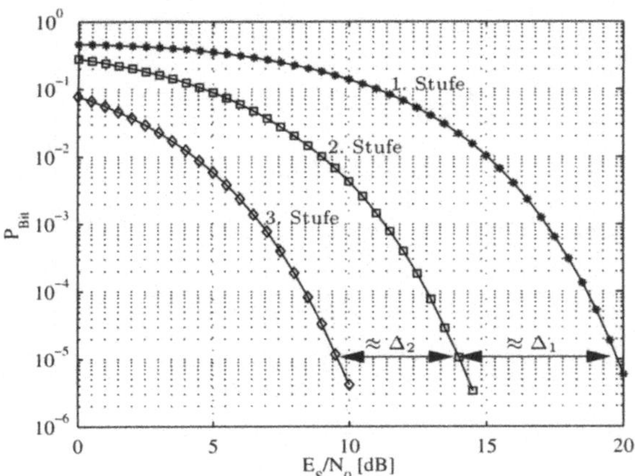

Bild 10.23: Simulierte Bitfehlerraten der inneren uncodierten Partitionierungsstufen für 8-DCFPSK mit $h = 1/8$.

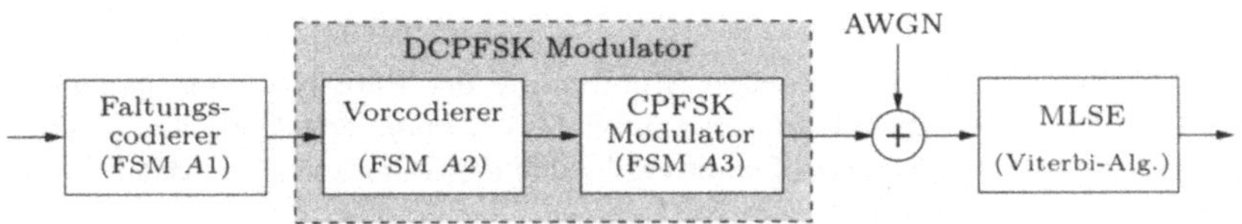

Bild 10.24: Trelliscodierte CPFSK.

Die Zustandskomplexität W des MLSE-Empfängers (Viterbi-Algorithmus) resultiert aus der Anzahl von Zuständen in dem kombinierten Trellis bestehend aus Faltungscodierer (FSM $A1$) und DCPFSK-Modulator (FSM $A1 \cup A2$). Dieses Trellis wird in der Literatur auch oft als Supertrellis bezeichnet. Das Ziel ist es nun, Codes zu finden, die für eine bestimmte Zustandskomplexität W die maximale freie quadratische euklidische Distanz aufweisen. Diese Codes werden auch als „matched" Codes bezeichnet, da sie auf die jeweilige gedächtnisbehaftete Modulation, in Bezug auf erreichte freie quadratische euklidische Distanz und korrespondierende Zustandskomplexität optimiert, und deshalb „angepaßt", sind.

Für codierte CPFSK sind verschiedene, aus einer kompletten Codesuche resultierende, Faltungscodes z. B. in [US94] zu finden.

Das gleiche Prinzip der „matched" Codes wurde auch auf andere CPM Verfahren angewandt, wie z. B. TFM/TMSK [MMHP94], MSK [MMP88] und GMSK [TH97]. Dieses Konzept der trelliscodierten DCPFSK-Modulation (TC) und der Decodierung im Supertrellis wollen wir im folgenden mit GC-Codes, basierend auf innerer DCPFSK-Modulation, vergleichen.

Beispiel 10.15 (Vergleich von *matched* Codes mit GC-Codes) Wir konstruieren den besten bekannten Trelliscode (TC) gemäß [YT94]) und einen GC-Code. Dem GC-Code liegt die Partitionierung von 8-DCPFSK aus Beispiel 10.14 zugrunde. Als äußere Faltungscodes wurden binäre Codes mit unterschiedlicher Rate, jedoch gleicher Zustandskomplexi-

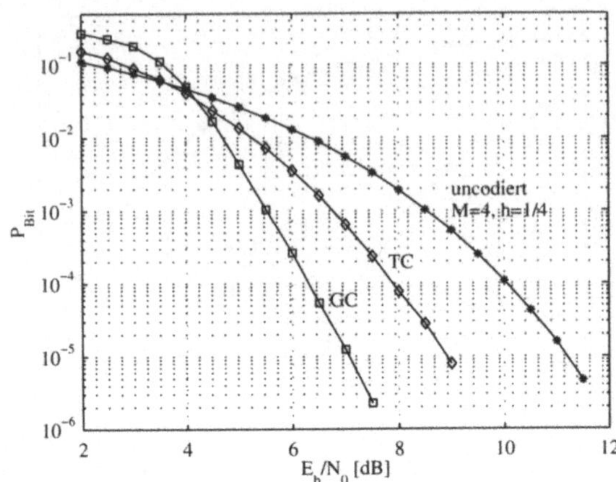

Bild 10.25: Codierte 8-DCPFSK-Modulation der Rate-2/3 basierend auf äußeren *Faltungs*codes.

tät ($W = 16$) verwendet. In der ersten Stufe wurde der Rate-1/6 Code gemäß [Pal95] eingesetzt. Für die zweite Stufe wurde der auf Rate-5/6 punktierte Code aus [YKH84] gewählt. Die letzte Stufe ist uncodiert. Damit ergibt sich die Gesamtcoderate des GC-Codes zu $R = (1/6 + 5/6 + 1)/3 = 2/3$. Diesem GC-Code wird der Trelliscode mit gleicher Coderate und gleicher Zustandskomplexität ($W = 16$) gegenübergestellt.

In Bild 10.25 sind verschiedene Bitfehlersimulationen für codierte 8-wertige DCPFSK Modulation mit Modulationindex $h = 1/8$ und Coderate $R = 2/3$ sowie, zum Vergleich, uncodierte 4-wertige CPFSK mit $h = 1/4$ dargestellt. Man erkennt, daß der GC-Code bei 10^{-4} um etwa 2 dB besser ist als der Trelliscode.

Um die Decodierkomplexität beider Codekonstruktionen zu vergleichen, verwenden wir die Zweigkomplexität wie in [For88b] vorgeschlagen. Die Zweigkomplexität für den Trelliscode beträgt $170.67 = 16 \cdot 8 \cdot 8/(2 \cdot 3)$ Zweige pro decodiertem Informationsbit. Während die Zweigkomplexität für den GC-Code nur $100 = 16 + 84$ ($16 = 6 \cdot 2 \cdot 16/12$ für die zwei Decodierschritte, da die letzte Stufe uncodiert ist, und $84 = 6 \cdot (2 \cdot 8 \cdot 8 \cdot 2 \cdot 4 \cdot 4 + 2 \cdot 2 \cdot 2)/12$ für die drei MAP-Demodulationsschritte) beträgt. Das Beispiel zeigt bei einer Bitfehlerrate von 10^{-5} einen Gewinn von ca. 1.7 dB, trotz niedrigerer Decodierkomplexität (mittlere Anzahl von Zweigen pro decodiertem Informationsbit).

Unter Verwendung des SOVA für die Soft-Output-Demodulation läßt sich die Zweigkomplexität der inneren DCPFSK-Systeme halbieren, und dabei ist nur eine geringe Verschlechterung der Bitfehlerrate zu erwarten.   ◇

10.3.5 Äußere Blockcodes

Entsprechend dem vorhergehenden Abschnitt können wir die äußeren Faltungscodes durch Blockcodes ersetzen und die Soft-Decision-Decodierung gemäß Abschnitt 7.4 anwenden. Hierfür wollen wir ein Beispiel angeben.

Beispiel 10.16 (Blockcodierte 8-DCPFSK) Wir verwenden als äußere Codes: Einen Wiederholungscode der Länge 64 ($\mathcal{A}_1 = (2; 64, 1, 64)$), einen erweiterten Hamming-Code

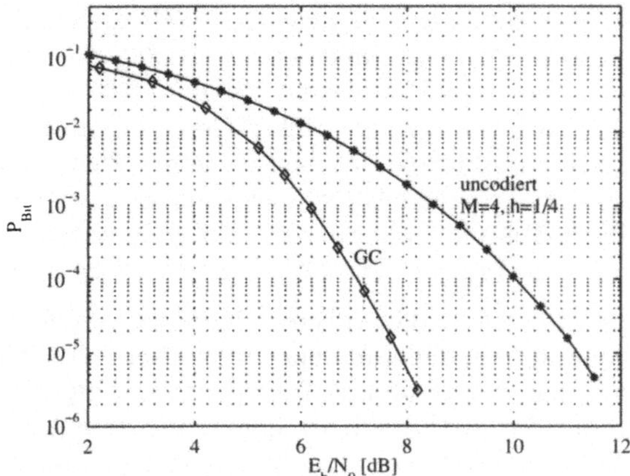

Bild 10.26: Codierte 8-DCPFSK-Modulation der Rate-2/3 basierend auf äußeren *Block*codes.

der Länge 64 ($\mathcal{A}_2 = (2; 64, 57, 4)$) und uncodiert ($\mathcal{A}_3 = (64, 64, 1)$). Die Gesamtcoderate beträgt somit $\approx 2/3$, wie in Beispiel 10.15. Die erzielte Bitfehlerwahrscheinlichkeit zeigt Bild 10.26. Man erkennt bei einer Bitfehlerrate von 10^{-5} einen Gewinn von ca. $3.2\,\mathrm{dB}$ gegenüber 4-DCPFSK. ◇

10.4 Zusammenfassung

Die Arbeiten von Imai und Hirakawa [IH77] aus dem Jahre 1977 und von Ungerböck [Ung82] aus dem Jahre 1982 haben codierte Modulation beschrieben und eine Vielzahl von Forschungsaktivitäten ausgelöst.

Wir haben hier codierte Modulation als Spezialfall von verallgemeinerter Codeverkettung beschrieben. Dabei konnten wir zeigen, daß sich die meisten bekannten Konstruktionen dadurch einheitlich darstellen lassen. Die Grundlage unserer Beschreibung war die Arbeit von Bos [Bos80], der gezeigt hat, daß GC-Codes mit inneren Codes über beliebiger Metrik konstruiert werden können. Im Jahre 1988 haben dann Zyablov, Portnoy und Shavgulidze [ZPS88] GC-Codes über euklidischen Räumen genauer untersucht. Diese Arbeit basierte auf [Por85]. Dabei wurde bewiesen, daß der Decodieralgorithmus GCD aus Abschnitt 9.2.4 ebenfalls GC-Codes über dem euklidischen Raum bis zur halben Mindestdistanz decodieren kann. Damit hat man sowohl eine elegante Beschreibung von codierter Modulation als auch Decodierverfahren dafür.

Für gedächtnislose Modulationsverfahren und äußere Blockcodes sind schon im Jahre 1984 [Cus84] und 1986 [Say86] Arbeiten zur codierten Modulation erschienen. Beides sind Spezialfälle von GC-Codes. Cusack beschreibt darin ein Verfahren in dem RM-Codes benutzt werden, um QAM-Modulation zu codieren. Er hat schon die Ergebnisse von Ungerböcks Arbeit [Ung82] benutzt, und es werden darin beachtliche asymptotische Codiergewinne für codierte QAM berechnet. Die Arbeit von Sayegh enthält ebenfalls Berechnungen des Codiergewinns, ist jedoch nicht nur auf RM-Codes und QAM beschränkt. Des weiteren sind in [SB90] und [BS90] einige Ergebnisse von codierter Modulation mit mehrfach verketteten Codes angegeben. In [HBS93] wird ein asymptotischer Gewinn von über 7 dB mit QAM und PSK als Modulation und RS-Codes nachgewiesen. Weitere Arbeiten in denen Codierung und Decodierung untersucht werden, sind die von Wörz und Hagenauer in [WH93a] bzw. [WH93b] und Calderbank [Cal89]. Zu codierter Modulation mit Lattice-Konstruktion hat Forney in [For88b] Untersuchungen durchgeführt.

Zur codierten Modulation mit gedächtnisloser Modulation und Faltungscodes existieren für die Anwendung Tabellen, in denen die besten bekannten Codes mit bestimmten Parametern aufgelistet sind. Z. B. in [Ung87a, Ung87b, Wei84a, Wei84b] und [Wei87]. Einige Aspekte zur Decodierung, u. a. auch iterative Decodierung, findet man in [WH93b] bzw. [WH93a]. Signalkonstellationen in mehrdimensionalen Räumen werden u. a. in [Wei87] verwendet.

Die Partitionierung von Modulation mit Gedächtnis basiert auf den Arbeiten [BDS96a, BDS96b, BDS98, BDS97]. Verschiedene Ergebnisse zu verketteten Systemen mit Faltungscodes als äußere Codes sind für CPFSK in [BHSD97], für MSK in [BHD$^+$97], für GMSK in [BHS$^+$97] und für TFM in [HBSD98, BSHD97] untersucht worden. Ergebnisse zur trelliscodierten Modulation basierend auf matched Faltungscodes und CPFSK sind in [Rim88, US94] zu finden. Trelliscodes für MSK wurden in [MMP88, USA94], für TFM in [MMHP94, MMHP95] und für GMSK in [TH95a, TH95b, TH97] veröffentlicht.

Zur verallgemeinerten Verkettung von Modulation mit Gedächtnis und Blockcodes existieren noch keine Veröffentlichungen.

Um die eleganten Konstruktionen effizienter einsetzen zu können, müssen hauptsächlich bei der Decodierung von GC-Codes noch Probleme gelöst werden. Ich hoffe, mit diesem Buch die Grundlage für Lösungen gelegt zu haben.

A Metriken

Im folgenden werden wir die Metrik formal definieren und einige wichtige Repräsentanten für Codes angeben. Für unterschiedliche Metriken kann dann jeweils die Mindestdistanz eines Codes definiert werden.

Definition A.1 (Metrik [HeWo]) *Eine Funktion $d : \mathcal{A} \times \mathcal{A} \to \mathbb{R}$, die je zwei Elementen a, b einer Menge $\mathcal{A}$ eine reelle Zahl $d(a, b)$ zuordnet, heißt Metrik auf $\mathcal{A}$, wenn sie den folgenden Axiomen genügt:*

$$
\begin{aligned}
&1. \quad d(a,b) \geq 0, \quad d(a,b) = 0 \Leftrightarrow a = b && \textit{positive Definitheit} \\
&2. \quad d(a,b) = d(b,a) && \textit{Symmetrie} \\
&3. \quad d(a,b) \leq d(a,z) + d(z,b) && \textit{Dreiecksungleichung}
\end{aligned}
\tag{A.1}
$$

Ein *metrischer Raum* $(\mathcal{A}, d)$ ist eine Menge $\mathcal{A}$, auf der eine Metrik d erklärt ist.

Für die Vektoren $\mathbf{a}$ eines Vektorraumes $\mathcal{A}$ über Skalarfeldern $\mathbb{R}$ oder $\mathbb{C}$ oder endlichen Feldern kann eine *Norm* definiert werden. Dabei wird jedem Vektor $\mathbf{a} \in \mathcal{A}$ eine reelle Zahl, die Norm $\|\mathbf{a}\|$ zugeordnet, die positiv definit und homogen sein muß. Für zwei Vektoren muß die Norm ihrer Summe kleiner gleich der Summe ihrer Normen sein.

Definition A.2 (Normierter Raum [HeWo]) *Ein Vektorraum $\mathcal{A}$ über $\mathbb{R}$ oder $\mathbb{C}$ heißt normierter Raum, wenn jedem $\mathbf{a} \in \mathcal{A}$ eine reelle Zahl $\|\mathbf{a}\|$ zugeordnet ist, so daß gilt:*

$$
\begin{aligned}
&1. \quad \|\mathbf{a}\| \geq 0, \|\mathbf{a}\| = 0 \Leftrightarrow \mathbf{a} = \mathbf{0} && \textit{positive Definitheit} \\
&2. \quad \|\alpha \mathbf{a}\| = |\alpha| \|\mathbf{a}\| && \textit{Homogenität} \\
&3. \quad \|\mathbf{a} + \mathbf{b}\| \leq \|\mathbf{a}\| + \|\mathbf{b}\| && \textit{Dreiecksungleichung}
\end{aligned}
\tag{A.2}
$$

Jeder normierte Raum ist metrisierbar, da $d(\mathbf{a}, \mathbf{b}) = \|\mathbf{a} - \mathbf{b}\|$ die Eigenschaften einer Metrik erfüllt (die Umkehrung gilt nicht).

A.1 Lee-Metrik

Die Lee-Metrik ist weniger geläufig und wird daher ausführlicher betrachtet. Sie eignet sich auf Grund ihrer Eigenschaften besonders gut für nicht-binäre Codes in Verbindung mit M-PSK-Modulation (siehe [Kam]). Insbesondere bauen die negazyklischen Codes aus Abschnitt 5.5 auf der Lee-Metrik auf.

Zunächst definieren wir die Repräsentation der Elemente $x \in GF(p)$ eines Primkörpers als Elemente mit kleinstem absolutem Betrag, d. h. wir wählen die betragsmäßig kleinere Zahl x oder $x - p$ als Element $(\min\{|x|, |x - p|\})$. Diese Repräsentation soll mit $GF^A(p)$ bezeichnet werden. Die Elemente sind: $\{-(p-1)/2, \ldots, -1, 0, 1, \ldots, (p-1)/2\}$. Die Modulorechnung kann entsprechend modifiziert werden. So bezeichnet mod $^A p$ die Rechnung mod p mit dem Ergebnis x oder $x - p$, je nachdem welche Zahl betragsmäßig kleiner ist.

Beispiel A.1 ($GF^A(p)$) Der Primkörper $GF(7)$ kann in gewohnter Weise repräsentiert werden,

$$GF(7) = \{0, 1, 2, 3, 4, 5, 6\} \, ,$$

oder aber als Menge der Elemente mit kleinstem Betrag $GF^A(7)$

$$GF^A(7) = \{0, 1, 2, 3, -3, -2, -1\} = \{-3, -2, -1, 0, 1, 2, 3\}.$$

Siehe hierzu auch Bild A.2. Für die Modulorechnung gilt:

$$5 + 6 = 4 \quad \bmod 7 \quad \text{aber} \quad 5 + 6 = -3 \quad \bmod {}^A 7 \, . \qquad \diamond$$

Damit wird die Lee-Metrik für $x, y \in GF^A(p)$ wie folgt definiert:

$$d_L(x, y) = |(x - y) \bmod {}^A p| \, . \tag{A.3}$$

Es ist dabei unerheblich, ob x, y Elemente aus $GF(p)$ oder aus dem dazu isomorphen Körper $GF^A(p)$ darstellen. Dies wird auch in Beispiel A.3 auf Seite 467 verdeutlicht. Es soll nun bewiesen werden, daß die obige Definition eine Metrik ist, d. h. alle Anforderungen aus Gleichung A.1 erfüllt.

Beweis:

1. Positiv definit:

$$d_L(x, y) = |(x - y) \bmod {}^A p| \geq 0 \qquad \text{wegen} \quad |z| \geq 0 \ \ \forall \, z \in GF^A(p)$$
$$d_L(x, y) = 0 \Leftrightarrow x = y \qquad \text{wegen} \quad 0 \bmod {}^A p = 0.$$

2. Symmetrisch:

$$d_L(x, y) = d_L(y, x) \qquad \text{wegen} \quad (y - x) = -(x - y) \text{ und } |-z| = |z|.$$

3. Dreiecksungleichung: $d_L(x, y) \leq d_L(x, z) + d_L(z, y)$.

   Ohne Beschränkung der Allgemeinheit können wir annehmen $x < y$. Denkt man sich die Elemente von $GF^A(p)$ auf einer Geraden angeordnet, so ist die Lee-Metrik $d_L(x, y)$ der kürzeste Weg von x nach y, d. h. entweder $x, x + 1, \ldots, y - 1, y$ oder $y, y+1, \ldots, p-1, 0, 1, \ldots, x$. Das Element z kann entweder auf dem kürzesten Weg liegen, dann gilt Gleichheit, andernfalls ist der Weg über z sicher länger. Vergleiche hierzu auch Beispiel A.2. $\square$

Die Lee-Metrik ist speziell adaptiert auf mehrwertige PSK-Modulation, wie das folgende Beispiel zeigt.

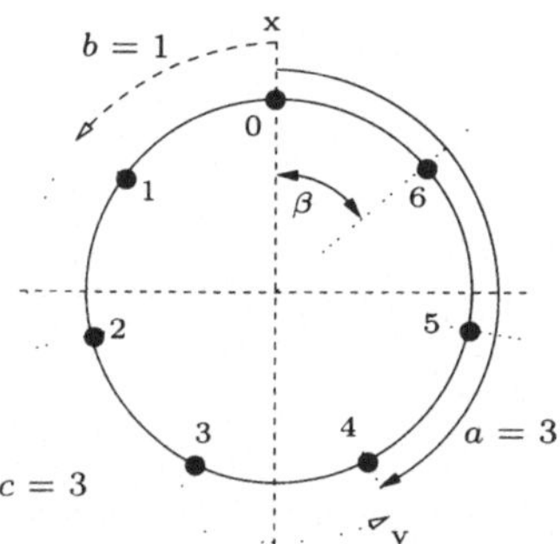

Bild A.1: 7-PSK-Modulation.

Beispiel A.2 (7-PSK-Modulation) Die Elemente von $GF^A(p)$ werden entsprechend Bild A.1 den mehrwertigen PSK-Sendesymbolen zugeordnet. Soll erreicht werden, daß benachbarte Symbole die geringste Distanz besitzen, so müssen benachbarte Elemente des Körpers auch benachbarte Sendesymbole kennzeichnen. Die Lee-Distanz $d_L(x, y)$ zwischen den Sendesymbolen x und y entspricht der Anzahl a von Kreisbögen mit Winkel $\beta = 2\pi/7$, die man zurücklegen muß, um auf kürzestem Wege auf dem Einheitskreis von Symbol x zu y zu gelangen. Daher kann bei mehrwertiger PSK-Modulation, bei der den Sendesymbolen die Elemente des $GF(7)$ zugeordnet werden, $d(x, y)$ maximal den Wert $\lfloor 7/2 \rfloor$ annehmen. Die rechte Seite der Dreiecksungleichung kann als zusammengesetzter Weg von x nach y betrachtet werden. Die Anzahl der auf diesem Weg nötigen Kreisbögen kann entweder gleich der Anzahl a von Kreisbögen auf dem kürzesten Weg sein, oder sie ist größer (z. B. gleich $b + c$), falls man den anderen Weg wählt. Es gilt demnach $a \leq b + c$. $\diamond$

Für n-dimensionale Vektoren mit Komponenten aus $GF(p)$ (oder $GF^A(p)$) läßt sich nun analog zur Hamming-Distanz die *Lee-Distanz* definieren:

$$d_L(\mathbf{x}, \mathbf{y}) = \sum_{j=0}^{n-1} d_L(x_j, y_j) \, . \tag{A.4}$$

Des weiteren ist das *Lee-Gewicht* (oder auch *Lee-Norm*) eines Vektors, seine Distanz zum Nullvektor gleicher Länge,

$$w_L(\mathbf{x}) = \sum_{j=0}^{n-1} d_L(x_j, 0) \qquad \text{allgemein} \tag{A.5}$$

$$= \sum_{j=0}^{n-1} |x_j| \qquad \text{für } x_j \in GF^A(p) \, . \tag{A.6}$$

Beispiel A.3 (Lee-Distanz, Lee-Gewicht) Hier sollen gemäß Bild A.2 die Berechnung von Lee-Metrik, -Distanz und -Gewicht mit Elementen aus $GF(7)$ und $GF^A(7)$ veranschaulicht werden.

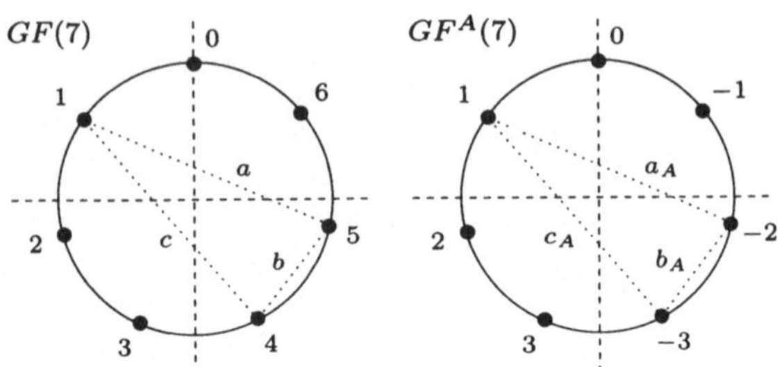

Bild A.2: Zu Beispiel A.3: Codierung der 7-PSK-Sendesymbole durch Elemente aus $GF(7)$ oder aus $GF^A(7)$.

Zunächst werden die eingezeichneten Distanzen a, b, c bzw. a_A, b_A, c_A berechnet:

$$
\begin{aligned}
a   &= d(1,5)   &&= |(1-5) \bmod {}^A 7|] &&= |(-4) \bmod {}^A 7| &&= |3| &&= 3 \\
a_A &= d(1,-2)   &&= |(1-(-2)) \bmod {}^A 7| &&= |(3) \bmod {}^A 7| &&= |3| &&= 3 \\
b   &= d(5,4)   &&= |(5-4) \bmod {}^A 7| &&= |(1) \bmod {}^A 7| &&= |1| &&= 1 \\
b_A &= d(-2,-3) &&= |(-2-(-3)) \bmod {}^A 7| &&= |(1) \bmod {}^A 7| &&= |1| &&= 1 \\
c   &= d(4,1)   &&= |(4-1) \bmod {}^A 7| &&= |(3) \bmod {}^A 7| &&= |3| &&= 3 \\
c_A &= d(-3,1)   &&= |(-3-1) \bmod {}^A 7| &&= |(-4) \bmod {}^A 7| &&= |3| &&= 3
\end{aligned}
$$

Es ergeben sich die gleichen Distanzen, unabhängig davon, ob die Menge der kleinsten Reste $GF(7)$ oder die Menge der absolut kleinsten Reste $GF^A(7)$ verwendet wird. Es gilt $a_A = a$, $b_A = b$ und $c_A = c$.

Die Lee-Distanz und die Lee-Gewichte der Vektoren $\mathbf{x} = (1,3,4,0,3)$ und $\mathbf{y} = (5,3,2,6,0)$ mit Elementen aus $GF(7)$ errechnen sich zu:

$$
d_L(\mathbf{x},\mathbf{y}) = \sum_{j=0}^{4} d_L(x_j,y_j) = 3+0+2+1+3 = 9
$$

$$
w_L(\mathbf{x}) = \sum_{j=0}^{4} d_L(x_j,0) = 1+3+3+0+3 = 10
$$

$$
w_L(\mathbf{y}) = \sum_{j=0}^{4} d_L(y_j,0) = 2+3+2+1+0 = 8 \, . \qquad\qquad \diamond
$$

A.2   Manhattan- und Mannheim-Metrik

Die **Manhattan-Metrik** wurde eingeführt [Ulr57], um die Distanzen in einem QAM-Alphabet (siehe z. B. [Kam]) zu beschreiben. Bild A.3 zeigt eine 16-QAM-Signalkonstellation. Die Manhattan-Distanz zweier Punkte eines QAM-Alphabets ist gleich der minimalen Anzahl vertikaler und horizontaler Schritte, um von einem Punkt zum anderen zu gelangen. Ein Schritt stellt dabei eine Bewegung zu einem direkt benachbarten Punkt dar. In Bild A.3 ergibt sich damit die Manhattan-Distanz zwischen **a** und **b** zu $3+1=4$.

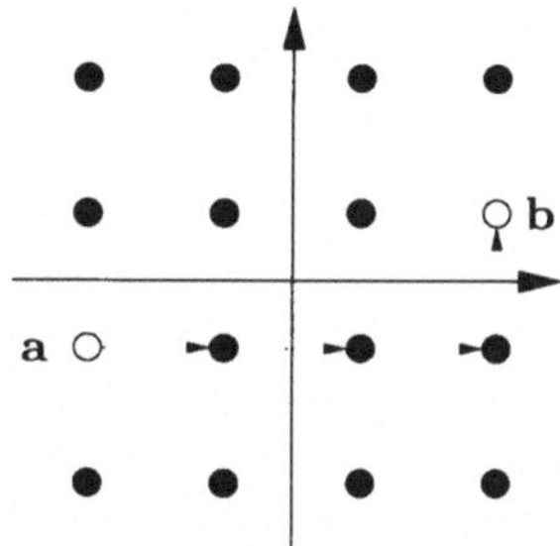

Bild A.3: Manhattan-Metrik.

Bei Vektoren mit Komponenten aus dem QAM-Alphabet ergibt sich die Distanz dann durch die Addition der Distanzen der einzelnen Komponenten.

Mannheim-Metrik: Wünschenswert für die algebraische Decodierung wäre eine Metrik, deren Werte aus dem gleichen Körper stammen wie die Codesymbole. Dies gilt nicht für die Manhattan-Metrik, denn $d_{MT} \in \mathbb{N}$, während die Elemente Zahlenpaare sind. Die Mannheim-Metrik $d_M(x, y)$, von Huber 1994 in [Hub94] eingeführt, erfüllt dieses Kriterium. Sie ist zwischen zwei Punkten x und y definiert zu $d_M(x, y) = d_{MT}(x, y) \bmod \Pi$, wobei Π eine Gaußzahl ist, wie in Abschnitt 2.3.3 beschrieben. Wählt man als Modulationsalphabet die Punkte des Gaußkörpers, so sind die Grundlagen für eine algebraische Decodierung gegeben.

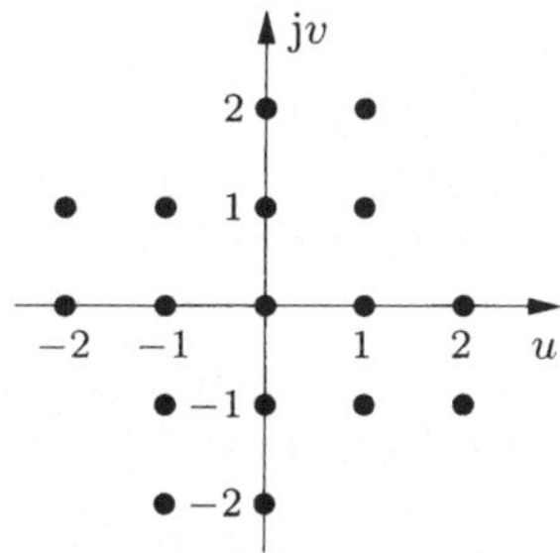

Bild A.4: Gaußkörper $\mathbb{G}_{4+j}$ als Modulationsalphabet.

A.3 Kombinatorische Metrik

Die kombinatorische Metrik wird für Matrizen definiert [Gab71]. Die nachfolgende Beschreibung folgt im wesentlichen der Arbeit [BS96].

Es sei $\mathcal{V} = \{(i, j) \mid 0 \le i < n_1. \, 0 \le j < n_2\}$ die Menge aller Indizes einer $(n_1 \times n_2)$-Matrix. Wir definieren eine Menge $\widehat{\mathcal{T}} = \{\mathcal{T}_1, \mathcal{T}_2, \ldots\}$ von Teilmengen $\mathcal{T}_i \in \mathcal{V}$. Das bedeutet jede Teilmenge $\mathcal{T}_i$ repräsentiert einen Bündelfehler, bzw. das Gebiet der Matrix, das durch diesen Bündelfehler verfälscht sein kann. Die Menge $\widehat{\mathcal{T}}$ stellt also die möglichen Bündelfehler dar. Sei nun $\mathcal{Q} \subseteq \mathcal{V}$ eine beliebige Teilmenge der Menge $\mathcal{V}$, so gibt es eine Vereinigungsmenge von l Elementen $\mathcal{T}_{i_j}$, die die Menge $\mathcal{Q}$ enthält, d.h. $\widehat{\mathcal{T}}$: $\mathcal{Q} \subseteq \bigcup_{j=1}^{l} \mathcal{T}_{i_j}$. Wir sagen dazu $\mathcal{Q}$ wird durch $\mathcal{T}_{i_j}$, $j = 1 \ldots l$, „überdeckt".

Die Distanz zweier Matrizen $\mathbf{X}$ und $\mathbf{Y}$ in der sogenannten $\widehat{\mathcal{T}}$-Metrik kann nun durch die Menge $\mathcal{Q}$ wie folgt definiert werden: Sei $\mathcal{Q}(\mathbf{X}, \mathbf{Y}) = \{(i,j) \mid x_{ij} \neq y_{ij}\}$ die Menge der Indizes in denen sich die Matrizen $\mathbf{X}$ und $\mathbf{Y}$ unterscheiden, so ist ihre Distanz $d_{\widehat{\mathcal{T}}}(\mathbf{X}, \mathbf{Y})$ gleich dem minimale l für das die Menge $\mathcal{Q}$ durch $\mathcal{T}_{i_j}$, $j = 1 \ldots l$, überdeckt werden kann, d.h. $\mathcal{Q}(\mathbf{X}, \mathbf{Y}) \subseteq \bigcup_{j=1}^{l} \mathcal{T}_{i_j}$.

Die so definierte $\widehat{\mathcal{T}}$-Distanz ist eine Metrik im mathematischen Sinne, denn sie ist positiv definit $(d_{\widehat{\mathcal{T}}}(\mathbf{X}, \mathbf{Y}) \geq 0)$, symmetrisch $(d_{\widehat{\mathcal{T}}}(\mathbf{X}, \mathbf{Y}) = d_{\widehat{\mathcal{T}}}(\mathbf{Y}, \mathbf{X}))$ und die Dreiecksungleichung ist erfüllt. Während die beiden ersten Eigenschaften offensichtlich sind, wollen wir die Gültigkeit der Dreiecksungleichung im folgenden beweisen:

Beweis: Es gelte $\mathcal{Q}(\mathbf{X}, \mathbf{Z}) = \{(i,j) \mid x_{ij} \neq z_{ij}\}$ und $\mathcal{Q}(\mathbf{Z}, \mathbf{Y}) = \{(i,j) \mid z_{ij} \neq y_{ij}\}$, dann ist $\mathcal{Q}(\mathbf{X}, \mathbf{Y}) \subseteq \mathcal{Q}(\mathbf{X}, \mathbf{Z}) \cup \mathcal{Q}(\mathbf{Z}, \mathbf{Y})$, da für jedes Element $(i,j) \in \mathcal{Q}(\mathbf{X}, \mathbf{Y})$ nicht gleichzeitig $z_{ij} = x_{ij}$ und $z_{ij} = y_{ij}$ erfüllt sein kann. Deshalb muß das Element $(i,j) \in \mathcal{Q}(\mathbf{X}, \mathbf{Y})$ mindestens in einer der Mengen $\mathcal{Q}(\mathbf{X}, \mathbf{Z})$ oder $\mathcal{Q}(\mathbf{Z}, \mathbf{Y})$ enthalten sein. Um jedoch $\mathcal{Q}(\mathbf{X}, \mathbf{Z}) \cup \mathcal{Q}(\mathbf{Z}, \mathbf{Y})$ zu überdecken benötigt man höchstens genauso viele Elemente der Menge $\widehat{\mathcal{T}}$ wie um jeweils $\mathcal{Q}(\mathbf{X}, \mathbf{Z})$ und $\mathcal{Q}(\mathbf{Z}, \mathbf{Y})$ zu überdecken. Damit ist die Dreiecksungleichung $d_{\widehat{\mathcal{T}}}(\mathbf{X}, \mathbf{Y}) \leq d_{\widehat{\mathcal{T}}}(\mathbf{X}, \mathbf{Z}) + d_{\widehat{\mathcal{T}}}(\mathbf{Z}, \mathbf{Y})$ bewiesen. $\qquad\square$

Die Mindestdistanz eines Codes $\mathcal{C}$ ist damit die minimale Distanz zwischen zwei beliebigen unterschiedlichen Codeworten $\mathbf{C}_i$ und $\mathbf{C}_j$, $d_{\widehat{\mathcal{T}}}(\mathcal{C}) = \min_{i \neq j}\{\mathbf{C}_i, \mathbf{C}_j\}$, $\mathbf{C}_i, \mathbf{C}_j \in \mathcal{C}$. Außerdem kann eine maximale Distanz $D_{\widehat{\mathcal{T}}}$ zweier Matrizen für diese Metrik angegeben werden (für die Hamming-Metrik ist dies n im Falle von Vektoren der Länge n). Man überlegt sich, daß gilt: $D_{\widehat{\mathcal{T}}} = d_{\widehat{\mathcal{T}}}(\mathbf{X}, \mathbf{Y})$, wenn $\mathcal{Q}(\mathbf{X}, \mathbf{Y}) = \mathcal{V}$ ist.

Entsprechend der Hamming-Metrik kann man auch für die $\widehat{\mathcal{T}}$-Metrik die Anzahl der korrigierbaren Fehler für einen Code mit gewisser Mindestdistanz angeben.

Satz A.3 (Fehlerkorrigierbarkeit mit $\widehat{\mathcal{T}}$-Metrik) *Ein Code $\mathcal{C}$ mit der Mindestdistanz $d = d_{\widehat{\mathcal{T}}}(\mathcal{C}) = 2t + 1$ in $\widehat{\mathcal{T}}$-Metrik kann bis zu t Bündelfehler korrigieren.*

Beweis: Die Matrix $\mathbf{C} \in \mathcal{C}$ werde übertragen und $\mathbf{X}$ empfangen. Sind bei der Übertragung $t \leq \lfloor \frac{d-1}{2} \rfloor$ Bündelfehler aufgetreten, dann ist die Menge der fehlerhaften Stellen begrenzt $\mathcal{Q}(\mathbf{C}, \mathbf{X}) \subseteq \bigcup_{j=1}^{t} \mathcal{T}_j$. Dies bedeutet, daß die Distanz zwischen $\mathbf{C}$ und $\mathbf{X}$ gleich $d_{\widehat{\mathcal{T}}}(\mathbf{C}, \mathbf{X}) \leq t < \frac{d}{2}$ ist. Da aber gilt $d_{\widehat{\mathcal{T}}}(\mathbf{C}, \mathbf{C}') \geq d_{\widehat{\mathcal{T}}}(\mathcal{C}) = d$ für ein beliebiges anderes Codewort $\mathbf{C}' \in \mathcal{C}$, $\mathbf{C} \neq \mathbf{C}'$, folgt aus der Dreiecksungleichung, daß gilt: $d_{\widehat{\mathcal{T}}}(\mathbf{X}, \mathbf{C}') \geq d_{\widehat{\mathcal{T}}}(\mathbf{C}, \mathbf{C}') - d_{\widehat{\mathcal{T}}}(\mathbf{C}, \mathbf{X}) > \frac{d}{2} > d_{\widehat{\mathcal{T}}}(\mathbf{C}, \mathbf{X})$. Damit kann bei empfangenem $\mathbf{X}$ das Codewort $\mathbf{C}$ eindeutig decodiert werden. $\qquad\square$

Translational- und zyklisch-kombinatorische Metrik: Die bisherigen Definitionen sind sehr generell und können vereinfacht werden, wenn man sich auf

Fehlerbündel beschränkt, die die gleiche Form besitzen. Das bedeutet die Teilmengen der Menge $\widehat{T}$ weisen alle dieselbe Form auf, und diese wird als Template $T = \{t_1, \ldots, t_w\}$ bezeichnet. Sie besteht aus einer Menge Indizes $t_k = (i,j) \in \mathcal{V}$ mit $t_k \neq t_l$ für $k \neq l$. Die Position des Bündelfehlers wird durch einen Vektor z angegeben, der das Template verschiebt. Damit beschreibt $T(z) = T + z = \{t_1 + z, \ldots, t_w + z\}$ einen Bündelfehler der Form T an der Stelle z. Es gibt zwei Möglichkeiten, die Indizes $t_i + z$ zu berechnen. Berechnet man sie modulo der Matrixgröße n_1 bzw. n_2, so spricht man von zyklisch-kombinatorischer Metrik. Berechnet man die Indizes jedoch in einem Zahlenring, so spricht man von translational-kombinatorischer Metrik. Beides sind Spezialfälle der kombinatorischen Metrik und daher gelten sowohl die Aussagen zur Korrektureigenschaft als auch die Bedingungen für eine Metrik.

Beispiele: Um die Definitionen zu vertiefen, sollen in den folgenden drei Beispielen die Hamming-, Burst-, und die Rechteck-Metrik als Spezialfälle der kombinatorischen Metrik beschrieben werden.

Beispiel A.4 (Hamming-Metrik) Es sei $T = \{(0,0)\}$, $T(z) = \{z\}$ und $\widehat{T} = \{T(z) \mid z \in \mathcal{V}\}$. Dies ergibt genau die Hamming-Metrik, denn jedes $T(z)$ stellt genau eine Stelle eines Codewortes dar. Daher ist die T-Distanz zweier Matrizen X und Y gleich der Anzahl der unterschiedlichen Stellen. ⬦

Beispiel A.5 (Burst-Metrik) Ein Fehlerburst der Länge b wird üblicherweise [McWSl, Rei60] so definiert, daß b benachbarte Codesymbole fehlerhaft sein können. Daher können wir das Template $T = \{0, \ldots, b-1\}$ benutzen. Ist ein Code der Länge n gegeben, so ergibt sich für $z = 0, \ldots, n - b - 1$ die translational-kombinatorische Metrik und für $z = 0, \ldots, n - 1$ die zyklisch-kombinatorische Metrik. In beiden Fällen errechnet sich die maximal mögliche Distanz zu $D_T = \lceil \frac{n}{b} \rceil$. ⬦

Beispiel A.6 (Rechteck-Metrik) Das Template $T = \{(i,j) \mid 0 \leq i < b_1, 0 \leq j < b_2\}$ beschreibt einen rechteckigen Bündelfehler der Größe $b_1 \times b_2$. Diese Metrik wird im Zusammenhang mit sogenannten *Array-Codes* (siehe etwa [Far92]) benutzt. Die maximale Distanz, die erreicht werden kann, ist: $D_T = \lceil \frac{n_1}{b_1} \rceil \lceil \frac{n_2}{b_2} \rceil$. ⬦

Das letzte Beispiel soll veranschaulichen, daß die kombinatorische Metrik nicht nur bekannte Metriken vereinheitlicht, sondern auch neuartige Metriken beschreibt.

Beispiel A.7 (Kreuz-Metrik) Die Kreuz-Metrik [BSS90] wird definiert durch das Template:

$$T = \{(0,1), (1,0), (1,1), (1,2), (2,1)\} = \left\{ \begin{array}{ccc} & (0,1) & \\ (1,0) & (1,1) & (1,2) \\ & (2,1) & \end{array} \right\}.$$

Im Falle einer $(n \times n)$-Matrix, und wenn gilt $5 \mid n$, kann die maximal mögliche Distanz berechnet werden zu: $D_T = n^2/5$. ⬦

Diese Definition der kombinatorischen Metrik wurde in [GB97] und [GB98] dazu verwendet, um Codes zu konstruieren, die spezielle Phasenfehler korrigieren können.

B Log-Likelihood-Algebra

In diesem Kapitel wir die Log-Likelihood-Algebra nach Hagenauer [HOP96] eingeführt, die sich in vielen Fällen als nützliches Hilfsmittel für das Rechnen mit logarithmierten Wahrscheinlichkeiten erwiesen hat.

Es sei $x \in X = \{+1, -1\}$ eine binäre Zufallsvariable, die mit der Wahrscheinlichkeit $P(x)$ die Werte ± 1 annimmt. Dabei sei $+1$ das neutrale Element bezüglich der $\oplus$ Addition in X. Das Log-Likelihood-Verhältnis $L(x)$ („L-Wert") wird definiert zu:

$$L(x) := \ln \left(\frac{P(x = +1)}{P(x = -1)} \right).$$ (B.1)

Wird die Zufallsvariable x bedingt unter einer anderen Zufallsvariable y beobachtet, so ist das bedingte Log-Likelihood-Verhältnis $L(x \mid y)$ gegeben zu

$$L(\hat{x}) := L(x \mid y) = \ln \frac{P(x = +1 \mid y)}{P(x = -1 \mid y)} = \ln \frac{P(y \mid x = +1)}{P(y \mid x = -1)} + \ln \frac{P(x = +1)}{P(x = -1)}$$

$$= L(y \mid x) + L(x) .$$ (B.2)

Man beachte, daß gilt $L(x \mid y) = L(x, y)$, da der Term $P(y)$ gekürzt werden kann. Das Vorzeichen von $L(y \mid x)$ entspricht der Hard-Decision und der Betrag von $L(y \mid x)$ der Zuverlässigkeit dieser Entscheidung.

Betrachtet man zwei statistisch unabhängige binäre Symbole x_1 und x_2 unter der Verknüpfung $\oplus$, so ergibt sich

$$P(x_1 \oplus x_2 = +1) =$$
$$P(x_1 = +1) \cdot P(x_2 = +1) + (1 - P(x_1 = +1)) \cdot (1 - P(x_2 = +1)) .$$

Mit

$$P(x = +1) = \frac{e^{L(x)}}{1 + e^{L(x)}}$$ (B.3)

erhält man das Log-Likelihood-Verhältnis dieser Verknüpfung:

$$L(x_1 \oplus x_2) = \ln\left(\frac{1 + e^{L(x_1)}e^{L(x_2)}}{e^{L(x_1)} + e^{L(x_2)}}\right)$$

$$\approx \operatorname{sign}(L(x_1)) \cdot \operatorname{sign}(L(x_2)) \cdot \min(|L(x_1)|, |L(x_2)|). \tag{B.4}$$

Mit obigen Definitionen führen wir nun die sogenannte „Log-Likelihood-Algebra"
für das Rechnen mit logarithmischen Wahrscheinlichkeitswerten ein.

Das Symbol $\boxplus$ definiert die Addition

$$L(x_1) \boxplus L(x_2) := L(x_1 \oplus x_2), \tag{B.5}$$

mit folgenden Regeln:

$$\begin{aligned}
L(x) \boxplus \infty &= L(x), \\
L(x) \boxplus -\infty &= -L(x), \\
L(x) \boxplus 0 &= 0.
\end{aligned} \tag{B.6}$$

Betrachtet man nun J statistisch unabhängige Zufallsvariablen $x_i, i \in [1, J]$, so
erhält man mit $\tanh(\frac{x}{2}) = \frac{(e^x - 1)}{(e^x + 1)}$ und durch vollständige Induktion

$$\sum_{i=1}^{J}\!{}^{\boxplus} L(x_i) := L\left(\sum_{i=1}^{J}\!{}^{\oplus} L(x_i)\right) = \ln\left(\frac{1 + \prod\limits_{i=1}^{J} \tanh\left(\dfrac{L(x_i)}{2}\right)}{1 - \prod\limits_{i=1}^{J} \tanh\left(\dfrac{L(x_i)}{2}\right)}\right)$$

$$\approx \left(\prod_{i=1}^{J} \operatorname{sign}\left(L(x_i)\right) \cdot \min_{i \in [1,J]}\left(|L(x_i)|\right)\right). \tag{B.7}$$

Die Zuverlässigkeit der Verknüpfung mehrerer statistisch unabhängiger Zeichen
wird also näherungsweise durch den kleinsten Wert der Zuverlässigkeiten der einzelnen Terme bestimmt (vergleiche hierzu auch die Berechnung der Zuverlässigkeit
nach Abschnitt 9.5.1).

C Lösungen zu den Übungsaufgaben

Lösung der Aufgabe 1.1

$a = \mu_1 \cdot 9 + \nu_1,\ b = \mu_2 \cdot 9 + \nu_2$

$$(a + b) \bmod 9 = \{\underbrace{\mu_1 \cdot 9}_{=0} + \nu_1 + \underbrace{\mu_2 \cdot 9}_{=0} + \nu_2\} \bmod 9$$

$$= (\nu_1 + \nu_2) \bmod 9 = \{(a \bmod 9) + (b \bmod 9)\} \bmod 9$$

$$(a \cdot b) \bmod 9 = \{(\mu_1 \cdot 9 + \nu_1)(\mu_2 \cdot 9 + \nu_2)\} \bmod 9$$

$$= \{\underbrace{\mu_1 \cdot 9 \cdot \mu_2 \cdot 9}_{=0} + \underbrace{\nu_2 \cdot \mu_1 \cdot 9}_{=0} + \underbrace{\nu_1 \cdot \mu_2 \cdot 9}_{=0} + \nu_1 \cdot \nu_2\} \bmod 9$$

$$= (\nu_1 \cdot \nu_2) \bmod 9 = \{(a \bmod 9)(b \bmod 9)\} \bmod 9$$

Eine ganze Zahl Z läßt sich darstellen als $Z = \sum\limits_{k=0}^{\infty} z_k \cdot 10^k, \quad z_k \in \{0, \dots, 9\}$

Es gilt $10^k \bmod 9 = \underbrace{10 \cdot 10 \cdot \dots \cdot 10}_{k\ \text{mal}} \bmod 9 = (10 \bmod 9)^k = 1^k = 1$, und damit:

$$Z \bmod 9 = \left\{\sum\limits_{k=0}^{\infty} z_k 10^k\right\} \bmod 9 = \left\{\sum\limits_{k=0}^{\infty} z_k\right\} \bmod 9$$

Lösung der Aufgabe 1.2

a) Wir prüfen ob $\mathbf{c}_1$ der Bedingung $\mathbf{H} \cdot \mathbf{c}^T = 0$ für Codewörter $\mathbf{c}$ genügt. Dazu multiplizieren wir $\mathbf{c}_1$ mit der Prüfmatrix $\mathbf{H}$,

$$\mathbf{H} \cdot \mathbf{c}_1^T = \begin{pmatrix} 0 & 0 & 0 & 1 & 1 & 1 & 1 \\ 0 & 1 & 1 & 0 & 0 & 1 & 1 \\ 1 & 0 & 1 & 0 & 1 & 0 & 1 \end{pmatrix} \cdot (0\ 1\ 0\ 1\ 0\ 1\ 0)^T = \begin{pmatrix} 0 \\ 1 \\ 0 \end{pmatrix} + \begin{pmatrix} 1 \\ 0 \\ 0 \end{pmatrix} + \begin{pmatrix} 1 \\ 1 \\ 0 \end{pmatrix} = \begin{pmatrix} 0 \\ 0 \\ 0 \end{pmatrix}.$$

Der Vektor $\mathbf{c}_1$ ist ein Codewort.

b) Die Länge des Codes ist gleich der Anzahl der Spalten der Prüfmatrix $\mathbf{H}$, d.h. die Länge ist $n = 7$. Die Anzahl der Prüfstellen ist gleich dem Rang der Matrix $\mathbf{H}$, der sicher ≤ 3 ist. Man errechnet $n - k = 3$. Damit ist die Anzahl k der Informationsstellen $k = n - 3 = 4$, d.h. es existieren $2^k = 2^4 = 16$ Codewörter.

Die Mindestdistanz ist die kleinste Anzahl der linear abhängigen Spalten von $\mathbf{H}$ (beliebige 2 Spalten sind linear unabhängig, es existieren 3 Spalten, die linear abhängig sind, z. B. die Spalten 1,2 und 3). Damit ist die Mindestdistanz $d = 3$. Die Coderate R errechnet sich zu $R = \frac{k}{n} = \frac{4}{7}$.

c) Wir berechnen das Syndrom des Vektors $\mathbf{c}_2$, durch multiplizieren von $\mathbf{c}_2$ mit der Prüfmatrix $\mathbf{H}$.

$$\mathbf{H} \cdot \mathbf{c}_2^T = \begin{pmatrix} 0 \\ 0 \\ 1 \end{pmatrix} + \begin{pmatrix} 0 \\ 1 \\ 0 \end{pmatrix} + \begin{pmatrix} 1 \\ 0 \\ 0 \end{pmatrix} + \begin{pmatrix} 1 \\ 0 \\ 1 \end{pmatrix} + \begin{pmatrix} 1 \\ 1 \\ 1 \end{pmatrix} = \begin{pmatrix} 1 \\ 0 \\ 1 \end{pmatrix}.$$

Das Syndrom ist ungleich 0 und für einen möglichen Fehler $\mathbf{f}$ muß gelten: $\mathbf{H} \cdot \mathbf{f}^T = (1\ 0\ 1)^T$. Damit erhält man folgende mögliche Fehlervektoren:

$$\mathbf{f}_1 = 0\ 0\ 0\ 0\ 1\ 0\ 0 \quad \text{5. Spalte}$$
$$\mathbf{f}_2 = 0\ 1\ 0\ 0\ 0\ 0\ 1 \quad \text{2. Spalte} + \text{7. Spalte}$$
$$\mathbf{f}_3 = 0\ 0\ 1\ 0\ 0\ 1\ 0 \quad \text{3. Spalte} + \text{6. Spalte}$$
$$\mathbf{f}_4 = 0\ 1\ 1\ 1\ 0\ 0\ 0 \quad \text{2. Spalte} + \text{3. Spalte} + \text{4. Spalte}$$

$$\vdots$$

Alle Vektoren des Cosets mit $\mathbf{f}_1$ als Cosetleader erzeugen dasselbe Syndrom. Den Coset, d. h. alle möglichen Fehlervektoren kann man erzeugen, indem man alle 16 Codeworte des Codes zu $\mathbf{f}_1$ addiert.

d) Wir berechnen das Syndrom des Vektors $\mathbf{c}_3$, durch multiplizieren von $\mathbf{c}_3$ mit der Prüfmatrix $\mathbf{H}$:

$$H \cdot \mathbf{c}_3^T = \begin{pmatrix} 0 \\ 1 \\ 0 \end{pmatrix} + \begin{pmatrix} 0 \\ 1 \\ 1 \end{pmatrix} + \begin{pmatrix} 1 \\ 0 \\ 0 \end{pmatrix} + \begin{pmatrix} 1 \\ 1 \\ 0 \end{pmatrix} = \begin{pmatrix} 0 \\ 1 \\ 1 \end{pmatrix}.$$

Das Syndrom entspricht der 3. Spalte der Prüfmatrix $\mathbf{H}$. Die Spalten sind derart geordnet, daß die Spaltenummer der binären Darstellungen der Zahlen 1 bis 7 entsprechen. Damit ist das Syndrom die binäre Darstellung der Fehlerstelle. Da wir annehmen müssen, daß weniger Fehler wahrscheinlicher sind als viele, ist damit die dritte Stelle fehlerhaft. $\hat{\mathbf{c}}_3 = \mathbf{c}_3 - \mathbf{f} = (0,1,0,1,0,1,0) \in \mathcal{C}$.

Lösung der Aufgabe 1.3

a) Es existieren 2^m binäre Vektoren $\mathbf{h}$ der Länge m.

b) Ohne den Nullvektor gibt es $n = 2^m - 1$ Vektoren $\mathbf{h}$. Die Anzahl der Prüfstellen ist m und die Dimension k ist: $k = 2^m - m - 1$.
Die Coderate ist damit: $R = \frac{2^m - m - 1}{2^m - 1}$.

c) Eine mögliche Prüfmatrix für $m = 4$ ist:

$$\mathbf{H} = \begin{pmatrix} 0&0&0&0&0&0&0&1&1&1&1&1&1&1&1 \\ 0&0&0&1&1&1&1&0&0&0&0&1&1&1&1 \\ 0&1&1&0&0&1&1&0&0&1&1&0&0&1&1 \\ 1&0&1&0&1&0&1&0&1&0&1&0&1&0&1 \end{pmatrix}$$

Die Mindestdistanz des Codes ist die kleinste Anzahl linear abhängiger Spalten. Die Mindestanz für Hamming-Codes ist 3 (die Spaltenvektoren sind paarweise linear unabhängig und es gibt drei Spalten, die linear abhängig sind). Der Code kann damit einen Fehler korrigieren.

Lösung der Aufgabe 1.4

a) Die Wahrscheinlichkeit, daß in einem Block der Länge n, e beliebige Stellen fehlerhaft sind, ist $P(e) = \binom{n}{e} p^e (1-p)^{n-e}$.

b) Mit dem Ergebnis aus a) erhalten wir:

$$\binom{n}{e+1} p^{e+1}(1-p)^{n-e-1} < \binom{n}{e} p^e (1-p)^{n-e}$$

$$\frac{n-e}{e+1} \cdot p < 1 - p \;\Rightarrow\; p < \frac{e+1}{n+1} \;.$$

Für die expliziten Werte gilt: $0.1 < \frac{2}{8} = 0.25$.
Die Bedingung ist für die angegebenen Werte erfüllt.

Lösung der Aufgabe 1.5

$n = 15$, $k = 11$, $m = 4$,

$$\mathbf{H} = \left(\begin{array}{ccccccccccc|cccc}
1 & 1 & 0 & 1 & 0 & 0 & 0 & 1 & 1 & 1 & 1 & 1 & 0 & 0 & 0 \\
1 & 1 & 0 & 1 & 1 & 1 & 1 & 1 & 0 & 0 & 0 & 0 & 1 & 0 & 0 \\
1 & 1 & 1 & 0 & 0 & 1 & 1 & 0 & 0 & 1 & 1 & 0 & 0 & 1 & 0 \\
1 & 0 & 1 & 1 & 1 & 0 & 1 & 0 & 1 & 0 & 1 & 0 & 0 & 0 & 1
\end{array}\right) ,$$

$$\mathbf{G} = \left(\begin{array}{ccccccccccc|cccc}
1 & 0 & 0 & 0 & 0 & 0 & 0 & 0 & 0 & 0 & 0 & 1 & 1 & 1 & 1 \\
0 & 1 & 0 & 0 & 0 & 0 & 0 & 0 & 0 & 0 & 0 & 1 & 1 & 1 & 0 \\
0 & 0 & 1 & 0 & 0 & 0 & 0 & 0 & 0 & 0 & 0 & 0 & 0 & 1 & 1 \\
0 & 0 & 0 & 1 & 0 & 0 & 0 & 0 & 0 & 0 & 0 & 1 & 1 & 0 & 1 \\
0 & 0 & 0 & 0 & 1 & 0 & 0 & 0 & 0 & 0 & 0 & 0 & 1 & 0 & 1 \\
0 & 0 & 0 & 0 & 0 & 1 & 0 & 0 & 0 & 0 & 0 & 0 & 1 & 1 & 0 \\
0 & 0 & 0 & 0 & 0 & 0 & 1 & 0 & 0 & 0 & 0 & 0 & 1 & 1 & 1 \\
0 & 0 & 0 & 0 & 0 & 0 & 0 & 1 & 0 & 0 & 0 & 1 & 1 & 0 & 0 \\
0 & 0 & 0 & 0 & 0 & 0 & 0 & 0 & 1 & 0 & 0 & 1 & 0 & 0 & 1 \\
0 & 0 & 0 & 0 & 0 & 0 & 0 & 0 & 0 & 1 & 0 & 1 & 0 & 1 & 0 \\
0 & 0 & 0 & 0 & 0 & 0 & 0 & 0 & 0 & 0 & 1 & 1 & 0 & 1 & 1
\end{array}\right) .$$

Lösung der Aufgabe 1.6

$$\begin{aligned}
E(n) &:= \sum_{i=0}^{n} i \cdot P_r(i) = \sum_{i=1}^{n} \binom{n}{i} \cdot p^i \cdot (1-p)^{n-i} \cdot i \\
&= \sum_{i=1}^{n} \frac{n}{i} \binom{n-1}{i-1} \cdot p^i \cdot (1-p)^{n-i} \cdot i \\
&= n \cdot \sum_{j=0}^{n-1} \binom{n-1}{j} \cdot p^{j+1} \cdot (1-p)^{n-j-1} \\
&= n \cdot p \cdot (p + 1 - p)^{n-1} = n \cdot p \;.
\end{aligned}$$

Lösung der Aufgabe 1.7

a) Die Mindestdistanz $d = 5$ bedeutet, daß bis zu 2 Fehler korrigiert werdenkönnen. Damit ergibt die Hamming-Schranke:

$$2^7 \cdot (1 + 15 + 105) \;\leq\; 2^{15} \;\Leftrightarrow\; 121 \;\leq\; 2^8 \;=\; 256 \;.$$

Die Hamming-Schranke ist erfüllt. Die rechte Seite minus der linken Seite ist die Anzahl der Vektoren in $\mathbb{F}_2^{15}$, die weder Codewörter sind noch durch die Addition von einem Codewort und einem Vektor mit Gewicht 1 oder durch Codewort und Vektor mit Gewicht 2 erzeugt werden können. Im Zahlenbeispiel ist dieser Wert: $(256 - 121) \cdot 2^7 = 135 \cdot 128 = 17280$. Dahingegen ist die Anzahl der Vektoren innerhalb der Korrekturkugeln $121 \cdot 128 = 15488$. Das bedeutet, daß der größere Teil der Vektoren keinem Codewort zugeordnet werden kann, d. h. anschaulich, daß der größere Teil der Vektoren nicht in den Korrekturkugeln liegt.

b) Wir berechnen die Hamming-Schranke mit $e = 3$:
$2^7 \cdot (1 + 15 + 105 + 455) \leq 2^{15}$, d. h. $576 \leq 256$ falsch, d. h. es kann keinen Code mit den angegebenen Parametern geben.

c) Wir berechnen die Hamming-Schranke mit $e = 3$:
$$2^{12} \cdot (1 + 23 + 23 \cdot 11 + 23 \cdot 11 \cdot 7) \leq 2^{23}, \, 2048 = 2048.$$
Das Gleichheitszeichen gilt! $\Rightarrow$ Perfekter Code!

Lösung der Aufgabe 1.8

Der $(4, 1, 4)$-Code ist ein Wiederholungscode der Länge $n = 4$ mit den Codeworten (0000) und (1111). Das Standard-Array lautet:

$$\mathbf{b} = (0000) : \{(0000), (1111)\} \qquad \mathbf{b} = (1000) : \{(1000), (0111)\}$$
$$\mathbf{b} = (0001) : \{(0001), (1110)\} \qquad \mathbf{b} = (1100) : \{(1100), (0011)\}$$
$$\mathbf{b} = (0010) : \{(0010), (1101)\} \qquad \mathbf{b} = (0110) : \{(0110), (1001)\}$$
$$\mathbf{b} = (0100) : \{(0100), (1011)\} \qquad \mathbf{b} = (1010) : \{(1010), (0101)\}$$

Lösung der Aufgabe 1.9

s/s-MAP: $\quad P(x_k = 0 \,|\, \mathbf{y}) = \underbrace{\frac{1}{P(\mathbf{y})} \sum_{\substack{\mathbf{x} \in C \\ x_k = 0}} P(\mathbf{y} \,|\, \mathbf{x}) P(\mathbf{x})}_{\alpha} = \alpha \sum_{\substack{\mathbf{x} \in C \\ x_k = 0}} \prod_{i=1}^{n} P(y_i \,|\, x_i) P(x_i)$

und analog: $P(x_k = 1 \,|\, \mathbf{y}) = \underbrace{\frac{1}{P(\mathbf{y})} \sum_{\substack{\mathbf{x} \in C \\ x_k = 1}} P(\mathbf{y} \,|\, \mathbf{x}) P(\mathbf{x})}_{\alpha} = \alpha \sum_{\substack{\mathbf{x} \in C \\ x_k = 1}} \prod_{i=1}^{n} P(y_i \,|\, x_i) P(x_i)$

wobei Unabhängigkeit der Codestellen vorausgesetzt wird.
Empfangenes Codewort $\mathbf{y} = (1010)$, Fehlerwahrscheinlichkeit der ersten und vierten Stelle ist $p_1 = 0.3$, der zweiten und dritten Stelle ist $p_2 = 0.1$. Weiter gilt $P(x_i) = 0.5 \, \forall i$. Im einzelnen erhält man:

$$P(x_1 = 0 \,|\, \mathbf{y}) = \tfrac{\alpha}{2} \cdot 0.0918 \qquad P(x_1 = 1 \,|\, \mathbf{y}) = \tfrac{\alpha}{2} \cdot 0.0238$$
$$P(x_2 = 0 \,|\, \mathbf{y}) = \tfrac{\alpha}{2} \cdot 0.0918 \qquad P(x_2 = 1 \,|\, \mathbf{y}) = \tfrac{\alpha}{2} \cdot 0.0238$$
$$P(x_3 = 0 \,|\, \mathbf{y}) = \tfrac{\alpha}{2} \cdot 0.0238 \qquad P(x_3 = 1 \,|\, \mathbf{y}) = \tfrac{\alpha}{2} \cdot 0.0918$$
$$P(x_4 = 0 \,|\, \mathbf{y}) = \tfrac{\alpha}{2} \cdot 0.0238 \qquad P(x_4 = 1 \,|\, \mathbf{y}) = \tfrac{\alpha}{2} \cdot 0.0918$$

$\Rightarrow$ ein MAP-Decodierer decodiert (0011).

Lösung der Aufgabe 1.10

BMD-Decodierverfahren: $P_{Block} = 1 - \sum_{j=0}^{e} \binom{n}{j} p^j (1 - p)^{n-j}$

hier: $n = 23$, $e = 3$; damit:
$$P_{Block} = 1 - \left\{ (1 - p)^{23} + 23p(1 - p)^{22} + 253p^2(1 - p)^{21} + 1771p^3(1 - p)^{20} \right\}$$

p (BSC)	0.05	0.02	0.01	0.005
P_{Block}	0.0258	0.001	$7.6 \cdot 10^{-5}$	$5.1 \cdot 10^{-6}$

Lösung der Aufgabe 1.11

Durch Multiplikation aller 2^k möglichen Informationsvektoren mit der Generatormatrix $\mathbf{G}$ erhält man alle Codeworte. Die Gewichtsverteilung lautet $\mathbf{A} = (1, 0, 0, 7, 7, 0, 0, 1)$,

d. h. $A_0 = A_7 = 1$ und $A_3 = A_4 = 7$. Damit:

$$P_{FBlock} = \sum_{j=1}^{n} A_j p^j (1-p)^{n-j} = 7p^3(1-p)^4 + 7p^4(1-p)^3 + p^7 \,.$$

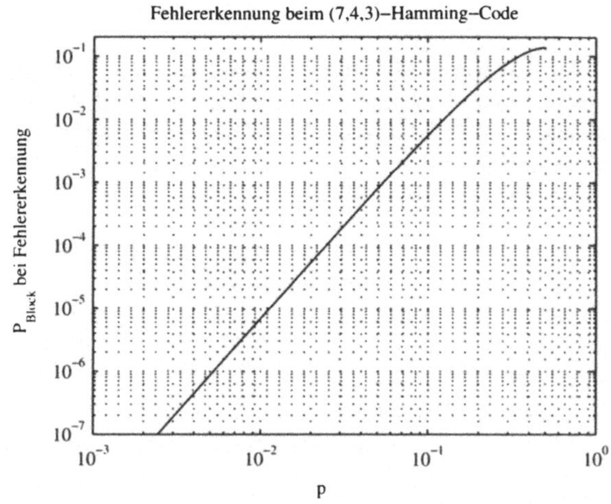

Lösung der Aufgabe 1.12

a) $\mathcal{C}(n, k, d)$: linearer Blockcode, Coset eines Vektors $\mathbf{b}$: $\mathbf{b} + \mathcal{C} = \{\mathbf{b} + \mathbf{a}, \mathbf{a} \in \mathcal{C}\}$. Sei
$\mathbf{v} = \mathbf{b} + \mathbf{a}$;
Syndrom $\mathbf{s} = \mathbf{H} \cdot \mathbf{v}^T = \mathbf{H} \cdot (\mathbf{b} + \mathbf{a})^T = \mathbf{H} \cdot \mathbf{b}^T + \underbrace{\mathbf{H} \cdot \mathbf{a}^T}_{=0\ \forall \mathbf{a} \in \mathcal{C}} = \mathbf{H} \cdot \mathbf{b}$.

b) Es kann $\lfloor \frac{d-1}{2} \rfloor = 1$ Fehler korrigiert werden.

korrigierbare Fehlermuster	Syndrom	korrigierbare Fehlermuster	Syndrom
0000001	001	0010000	110
0000010	010	0100000	101
0000100	100	1000000	011
0001000	111		

c) Jedem der $2^3 - 1$ möglichen Syndrome (ungleich 0) ist eindeutig ein Fehler vom Gewicht 1 zugeordnet und kann damit korrigiert werden. Fehler höheren Gewichts (Linearkombinationen von Einfehlermustern) können nicht korrigiert werden, da die entsprechenden Linearkombinationen der Syndrome bereits Einfehlermustern zugeordnet sind.

Lösung der Aufgabe 1.13

Da es sich um einen linearen Code handelt, muß das Null-Codewort enthalten sein: (0000) Die Eigenschaft „zyklisch" gibt an, daß alle zyklischen Verschiebungen eines Codeworts wieder ein Codewort ergeben: (0011) $\Rightarrow$ (0110), (1100), (1001) und (0101) $\Rightarrow$ (1010). Es handelt sich um einen Parity-Check-Code mit den Parametern $n = 4$, $k = \log_2 8 = 3$ und $d = \min\limits_{\mathbf{c} \in \mathcal{C}} (\mathrm{wt}(\mathbf{c})) = 2$.

Lösung der Aufgabe 1.14

a)

$$G = \begin{pmatrix} 1 & 0 & 0 & 0 & 0 & 1 & 1 \\ 0 & 1 & 0 & 0 & 1 & 0 & 1 \\ 0 & 0 & 1 & 0 & 1 & 1 & 0 \\ 0 & 0 & 0 & 1 & 1 & 1 & 1 \end{pmatrix}$$

b) 1010 soll abgebildet werden auf 0101011; in gegebener Form erhält man $(1010) \cdot G =$ (1010101). Das gewünschte Ergebnis kann man bspw. durch Vertauschung der 1. und 2., der 3. und 4. sowie der 5. und 6. Codestelle bzw. der entsprechenden Spalten der Generatormatrix erzielen.

$$\Rightarrow \hat{G} = \begin{pmatrix} 0 & 1 & 0 & 0 & 1 & 0 & 1 \\ 1 & 0 & 0 & 0 & 0 & 1 & 1 \\ 0 & 0 & 0 & 1 & 1 & 1 & 0 \\ 0 & 0 & 1 & 0 & 1 & 1 & 1 \end{pmatrix}$$

c) Es gibt prinzipiell $16! \approx 2.0923 \cdot 10^{13}$ verschiedene Möglichkeiten der Abbildung Information auf Codeworte.

d) Es gibt $7! = 5040$ mögliche Permutationen.
Es gibt $\binom{7}{2} = 21$ Möglichkeiten, genau zwei Stellen zu vertauschen.

Lösung der Aufgabe 2.1

a) Die Abgeschlossenheit ist erfüllt, das Assoziativgesetz gilt, das neutrale Element ist der Nullvektor, jeder Vektor $a \in \mathbb{F}_2^n$ ist zu sich selbst invers, d. h. die Menge $\mathbb{F}_2^n$ bildet eine Gruppe.

b) Die Menge der ganzen Zahlen bildet eine Gruppe bezüglich der Addition. Bezüglich der Multiplikation bildet die Menge der ganzen Zahlen keine Gruppe, da nicht immer ein inverses Element existiert. Beispielsweise $x \cdot 5 = 1$; $x = \frac{1}{5}$ ist kein Element der Menge der ganzen Zahlen.

Lösung der Aufgabe 2.2

Nein, wegen $c \cdot b \neq b \cdot c \rightarrow$ kein kommutativer Ring $\rightarrow$ kein Körper.

Lösung der Aufgabe 2.3

$q = 2$:

+	0	1		·	0	1
0	0	1		0	0	0
1	1	0		1	0	1

$q = 3$:

+	0	1	2		·	0	1	2
0	0	1	2		0	0	0	0
1	1	2	0		1	0	1	2
2	2	0	1		2	0	2	1

$q = 4$:

+	0	1	2	3		·	0	1	2	3
0	0	1	2	3		0	0	0	0	0
1	1	2	3	0		1	0	1	2	3
2	2	3	0	1		2	0	2	0	2
3	3	0	1	2		3	0	3	2	1

$q = 5$:

+	0	1	2	3	4		·	0	1	2	3	4
0	0	1	2	3	4		0	0	0	0	0	0
1	1	2	3	4	0		1	0	1	2	3	4
2	2	3	4	0	1		2	0	2	4	1	3
3	3	4	0	1	2		3	0	3	1	4	2
4	4	0	1	2	3		4	0	4	3	2	1

$q = 6$:

+	0	1	2	3	4	5		·	0	1	2	3	4	5
0	0	1	2	3	4	5		0	0	0	0	0	0	0
1	1	2	3	4	5	0		1	0	1	2	3	4	5
2	2	3	4	5	0	1		2	0	2	4	0	2	4
3	3	4	5	0	1	2		3	0	3	0	3	0	3
4	4	5	0	1	2	3		4	0	4	2	0	4	2
5	5	0	1	2	3	4		5	0	5	4	3	2	1

Immer wenn q durch irgendeine Zahl a, $1 < a < q$ teilbar ist, ist die Multiplikation nicht immer eindeutig und damit ergibt sich kein Körper. Nur für die Primzahlen $q = 2, 3, 5$ ergeben sich Körper.

Lösung der Aufgabe 2.4

Def.: für $m \in \mathbb{N}$: $\Phi(m) := |\{i|\,\mathrm{ggT}(i,m) = 1, 1 \le i \le m\}|$

Eigenschaften der Eulerschen Φ-Funktion:
1) $a, b \in \mathbb{Z}$, $\mathrm{ggT}(a,b) = 1 \Rightarrow \Phi(ab) = \Phi(a) \cdot \Phi(b)$
2) Primzahlen p: $\Phi(p) = p - 1$ und $\Phi(p^\alpha) = (p-1)p^{\alpha-1}$

$$\Rightarrow \Phi(70) = \Phi(2 \cdot 5 \cdot 7) = 1 \cdot 4 \cdot 6 = 24;$$
$$\Rightarrow \Phi(288) = \Phi(2^5 \cdot 3^2) = 1 \cdot 2^4 \cdot 2 \cdot 3 = 96;$$

Lösung der Aufgabe 2.5

Additionstafel für $(\mathbb{Z}_4. +)$

+	0	1	2	3
0	0	1	2	3
1	1	2	3	0
2	2	3	0	1
3	3	0	1	2

Multiplikationstafel für $(\mathbb{Z}_4. \cdot)$

$\cdot$	0	1	2	3
0	0	0	0	0
1	0	1	2	3
2	0	2	0	2
3	0	3	2	1

Additionstafel für $(\mathbb{Z}_{11}. +)$

+	0	1	2	3	4	5	6	7	8	9	10
0	0	1	2	3	4	5	6	7	8	9	10
1	1	2	3	4	5	6	7	8	9	10	0
2	2	3	4	5	6	7	8	9	10	0	1
3	3	4	5	6	7	8	9	10	0	1	2
4	4	5	6	7	8	9	10	0	1	2	3
5	5	6	7	8	9	10	0	1	2	3	4
6	6	7	8	9	10	0	1	2	3	4	5
7	7	8	9	10	0	1	2	3	4	5	6
8	8	9	10	0	1	2	3	4	5	6	7
9	9	10	0	1	2	3	4	5	6	7	8
10	10	0	1	2	3	4	5	6	7	8	9

Multiplikationstafel für $(\mathbb{Z}_{11}, \cdot)$

$\cdot$	0	1	2	3	4	5	6	7	8	9	10
0	0	0	0	0	0	0	0	0	0	0	0
1	0	1	2	3	4	5	6	7	8	9	10
2	0	2	4	6	8	10	1	3	5	7	9
3	0	3	6	9	1	4	7	10	2	5	8
4	0	4	8	1	5	9	2	6	10	3	7
5	0	5	10	4	9	3	8	2	7	1	6
6	0	6	1	7	2	8	3	9	4	10	5
7	0	7	3	10	6	2	9	5	1	8	4
8	0	8	5	2	10	7	4	1	9	6	3
9	0	9	7	5	3	1	10	8	6	4	2
10	0	10	9	8	7	6	5	4	3	2	1

a)

	$(\mathbb{Z}_4, +)$	$(\mathbb{Z}_4, \cdot)$	$(\mathbb{Z}_{11}, +)$	$(\mathbb{Z}_{11}, \cdot)$
Abgeschlossenheit	$\checkmark$	$\checkmark$	$\checkmark$	$\checkmark$
Assoziativität	$\checkmark$	$\checkmark$	$\checkmark$	$\checkmark$
Neutrales Element	$e = 0$	$e = 1$	$e = 0$	$e = 1$
Inverses Element	$\exists$	0,2 nicht inv.	$\exists$	0 nicht inv.
Kommutativität	$\checkmark$	$\checkmark$	$\checkmark$	$\checkmark$
algebraische Struktur	abelsche Gruppe	kommutative Halbgruppe	abelsche Gruppe	kommutative Halbgruppe

b) $(\mathbb{Z}_4 \backslash \{0\}, \cdot)$ ist kommutative Halbgruppe (kein inverses Element bzgl. 2).
$(\mathbb{Z}_{11} \backslash \{0\}, \cdot)$ ist abelsche Gruppe.

c) $(\mathbb{Z}_4, +, \cdot)$: abelsche Gruppe bezüglich Addition
kommutative Halbgruppe bezüglich Multiplikation
Distributivgesetz ist erfüllt $\Rightarrow$ kommutativer Ring

$(\mathbb{Z}_{11}, +, \cdot)$: abelsche Gruppe bezüglich Addition
abelsche Gruppe bezüglich Multiplikation
Distributivgesetz ist erfüllt $\Rightarrow$ Körper, Galoisfeld $GF(11)$

d) $7^1 = 7$, $7^2 = 5$, $7^3 = 2$, $7^4 = 3$, $7^5 = 10$, $7^6 = 4$, $7^7 = 6$, $7^8 = 9$, $7^9 = 8$, $7^{10} = 1$
$\Rightarrow$ ord$_{11}$ $7 = 10 \Rightarrow$ 7 ist primitives Element von $GF(11)$.

e) Eulersche Φ-Funktion liefert die Anzahl der teilerfremden Elemente und somit die Anzahl der primitiven Elemente.
$\Rightarrow$ für $GF(11)$ gilt: $\Phi(10) = 4 \,\hat{=}\,$ Anzahl der primitiven Elemente.

Lösung der Aufgabe 2.6

$$
\begin{aligned}
816 &= 2 \cdot 294 + 228 \\
294 &= 1 \cdot 228 + 66 \\
228 &= 3 \cdot 66 + 30 \qquad\qquad \Rightarrow\; \mathrm{ggT}(294, 816) = 6; \\
66 &= 2 \cdot 30 + 6 \\
30 &= 5 \cdot 6 + 0
\end{aligned}
$$

Jeder Rest kann durch 816 und 294 dargestellt werden:

$$
\begin{aligned}
816 &= 1 \cdot 816 + 0 \cdot 294 \\
294 &= 0 \cdot 816 + 1 \cdot 294 \\
228 &= (1 - 2 \cdot 0) \cdot 816 + (0 - 2 \cdot 1) \cdot 294 = 1 \cdot 816 - 2 \cdot 294 \\
66 &= (0 - 1 \cdot 1) \cdot 816 + (1 - 1 \cdot (-2)) \cdot 294 = -1 \cdot 816 + 3 \cdot 294 \\
30 &= (1 - 3 \cdot (-1)) \cdot 816 + (-2 - 3 \cdot 3) \cdot 294 = 4 \cdot 816 - 11 \cdot 294
\end{aligned}
$$

Lösung der Aufgabe 2.7

a) Der Euklidische Algorithmus liefert:

$$
\begin{aligned}
1768 &= 3 \cdot 585 + 13 \\
585 &= 45 \cdot 13 + 0 \quad \Rightarrow \quad \mathrm{ggT}(1768, 585) = 13 \;.
\end{aligned}
$$

b) Der Euklidische Algorithmus auf Polynome angewendet liefert:

$$
\begin{aligned}
x^{12} + x^{10} + x^7 + x^4 + x^3 + x^2 + x + 1 &= x \cdot (x^{11} + x^9 + x^7 + x^6 + x^5 + x + 1) \\
&\quad + (x^8 + x^6 + x^4 + x^3 + 1) \\
x^{11} + x^9 + x^7 + x^6 + x^5 + x + 1 &= x^3 \cdot (x^8 + x^6 + x^4 + x^3 + 1) \\
&\quad + (x^5 + x^3 + x + 1) \\
x^8 + x^6 + x^4 + x^3 + 1 &= x^3 \cdot (x^5 + x^3 + x + 1) \\
&\quad + (1)
\end{aligned}
$$

$\mathrm{ggT}\bigl(u(x), v(x)\bigr) = 1$, das bedeutet, $u(x)$ und $v(x)$ sind teilerfremd oder auch relativ prim.

Lösung der Aufgabe 2.8

a) Mit Hilfe des euklidischen Algorithmus wird der $\mathrm{ggT}(127, 6)$ berechnet. Da 127 eine Primzahl ist, ist der $\mathrm{ggT}(6, 127) = 1$.

$$
\begin{aligned}
\mathrm{ggT}(6, 127) &= a \cdot 6 + b \cdot 127 \\
1 &= -21 \cdot 6 + 1 \cdot 127 \quad \Rightarrow 1 = -21 \cdot 6 \mod 127
\end{aligned}
$$

$-21 = 106 \mod 127$ ist das inverse Element zu 6, d. h. $6^{-1} = 106 \mod 127$. Damit erhält man:

$$6^{-1} \cdot 6 \cdot x = 6^{-1} \cdot 47 \mod 127$$
$$x = 106 \cdot 47 \mod 127 = 29 \mod 127.$$

b) **Definition:** Sei α ein primitives Element eines Galoisfeldes $GF(p)$ und $a \in GF(p)$. Dann heißt der eindeutig bestimmte Exponent e, $0 \le e \le \Phi(p)$, mit

$$\alpha^e = a \mod p$$

Index oder diskreter Logarithmus modulo p von a zur Basis α.

$$e = \mathrm{ind}_{p.\alpha}(a)$$

Nach Bestimmung eines primitiven Elements von $GF(17)$, z. B. $\alpha = 3$ kann man wegen $3^{11} = 7 \mod 17$ und $3^5 = 5 \mod 17$ die Gleichung $7^x = 5 \mod 17$ umschreiben:

$$3^{11x} = 3^5 \mod 17 \implies 11x = 5 \mod 16$$

$$x = \frac{5}{11} = \frac{5}{-5} = -1 = 15 \mod 16$$

Lösung der Aufgabe 2.9

Teste $p(x)$ auf Nullstellen aus $GF(5)$: $p(1) = 3 + 4 + 2 + 1 = 10 = 0 \mod 5$.
$\Rightarrow p(x)$ läßt sich darstellen als Produkt zweier Polynome kleineren Grades.
$\Rightarrow p(x)$ ist *nicht* irreduzibel über $GF(5)$ und $p(x)$ ist kein primitives Polynom.

Lösung der Aufgabe 2.10

$$K_0 = \{0\}.$$
$$K_1 = \{1, 3, 9, 27\}, \quad K_{11} = \{11, 33, 19, 57\}, \quad K_{25} = \{25, 75, 65, 35\},$$
$$K_2 = \{2, 6, 18, 54\}, \quad K_{13} = \{13, 39, 37, 31\}, \quad K_{26} = \{26, 78, 74, 62\},$$
$$K_4 = \{4, 12, 36, 28\}, \quad K_{14} = \{14, 42, 46, 58\}, \quad K_{40} = \{40\},$$
$$K_5 = \{5, 15, 45, 55\}, \quad K_{16} = \{16, 48, 64, 32\}, \quad K_{41} = \{41, 43, 49, 67\}.$$
$$K_7 = \{7, 21, 63, 29\}, \quad K_{17} = \{17, 51, 73, 59\}, \quad K_{44} = \{44, 52, 76, 68\},$$
$$K_8 = \{8, 24, 72, 56\}, \quad K_{20} = \{20, 60\}, \quad K_{50} = \{50, 70\},$$
$$K_{10} = \{10, 30\}, \quad K_{22} = \{22, 66, 38, 34\}, \quad K_{53} = \{53, 79, 77, 71\},$$
$$K_{23} = \{23, 69, 47, 61\}.$$

Lösung der Aufgabe 2.11

a)

$+$	00	01	02	10	11	12	20	21	22
00	00	01	02	10	11	12	20	21	22
01	01	02	00	11	12	10	21	22	20
02	02	00	01	12	10	11	22	20	21
10	10	11	12	20	21	22	00	01	02
11	11	12	10	21	22	20	01	02	00
12	12	10	11	22	20	21	02	00	01
20	20	21	22	00	01	02	10	11	12
21	21	22	20	01	02	00	11	12	10
22	22	20	21	02	00	01	12	10	11

$\cdot$	00	01	02	10	11	12	20	21	22
00	00	00	00	00	00	00	00	00	00
01	00	01	02	10	11	12	20	21	22
02	00	02	01	20	22	21	10	12	11
10	00	10	20	11	21	01	22	02	12
11	00	11	22	21	02	10	12	20	01
12	00	12	21	01	10	22	02	11	20
20	00	20	10	22	12	02	11	01	21
21	00	21	12	02	20	11	01	22	10
22	00	22	11	12	01	20	21	10	02

b) $11 \cong \alpha^2 \neq 1;\quad (\alpha^2)^2 = \alpha^4 \neq 1;\quad (\alpha^2)^3 = \alpha^6 \neq 1;\quad (\alpha^2)^4 = \alpha^8 = \alpha^0 = 1 \quad\Rightarrow$
(1,1) hat die Ordnung 4.

c)

Exponent	Komponenten	Trace-Funktion
$-\infty$	00	
0	01	$\alpha^0 + \alpha^0 = 1 + 1 = 2$
1	10	$\alpha^1 + \alpha^3 = \alpha + 2\alpha + 1 = 1$
2	11	$\alpha^2 + \alpha^6 = \alpha + 1 + 2\alpha + 2 = 0$
3	21	$\alpha^3 + \alpha^1 = 1$
4	02	$\alpha^4 + \alpha^4 = 2 + 2 = 1$
5	20	$\alpha^5 + \alpha^7 = 2\alpha + \alpha + 2 = 2$
6	22	$\alpha^6 + \alpha^2 = \alpha + 1 + 2\alpha + 2 = 0$
7	12	$\alpha^7 + \alpha^5 = \alpha + 2 + 2\alpha = 2$

Lösung der Aufgabe 3.1

a) Galoisfeld $GF(7)$, primitives Element $\alpha = 5$, Mindestdistanz $d = 3$. Gemäß der Definition von RS-Codes müssen zwei aufeinanderfolgende Stellen 0 sein, z. B. $A_4 = A_5 = 0$.

Daraus folgt, daß für alle Codewörter $a(x)$ gilt: $a(\alpha^{-4}) = 0$, $a(\alpha^{-5}) = 0$. Das Generatorpolynom $g(x)$ errechnet sich damit zu

$$\begin{aligned}
g(x) &= (x - \alpha^{-4}) \cdot (x - \alpha^{-5}) = (x - \alpha^2) \cdot (x - \alpha^1) \\
&= (x - 4) \cdot (x - 5) = (x + 3) \cdot (x + 2) = x^2 + 5x + 6 \ .
\end{aligned}$$

b) $h(x) \cdot g(x) = x^6 - 1$
$\Rightarrow h(x) = (x^6 - 1) : g(x) = x^6 - 1 : x^2 + 5x + 6 = x^4 + 2x^3 + 5x^2 + 5x + 1$

c) Es gibt 3 Möglichkeiten, um zu testen, ob $c(x)$ ein Codewort ist.

1. Division durch das Generatorpolynom $g(x)$:

$$x^3 + 6x^2 + 4x + 6 : x^2 + 5x + 6 = x + 1$$

Es ergibt sich kein Rest, d. h. $c(x)$ ist ein Codewort.

2. Multiplikation mit dem Prüfpolynom $h(x)$:

$$x^3 + 6x^2 + 4x + 6 \ \cdot \ x^4 + 2x^3 + 5x^2 + 5x + 1 = 0 \quad \mathrm{mod}\ (x^6 - 1)$$

$c(x) \cdot h(x) = 0 \ \mathrm{mod}\ (x^n - 1)$, d. h. $c(x)$ ist ein Codewort.

3. Transformation:

Es muß gelten $A_4 = A_5 = 0$:

$A_4 = \frac{1}{n} c(\alpha^{-4}),\quad c(\alpha^{-4}) = c(\alpha^2) = c(4) = 4^3 + 6 \cdot 4^2 + 4 \cdot 4 + 6 = 1 + 5 + 2 + 6 = 0$

$A_5 = \frac{1}{n} c(\alpha^{-5}),\quad c(\alpha^{-5}) = c(\alpha^1) = c(5) = 5^3 + 6 \cdot 5^2 + 4 \cdot 5 + 6 = 6 + 3 + 6 + 6 = 0$

Die Bedingung für ein Codewort im transformierten Bereich ist erfüllt, d. h. $c(x)$ ist ein Codewort.

d) Codierung durch Multiplikation mit dem Generatorpolynom $g(x) = x^2 + 5x + 6$.

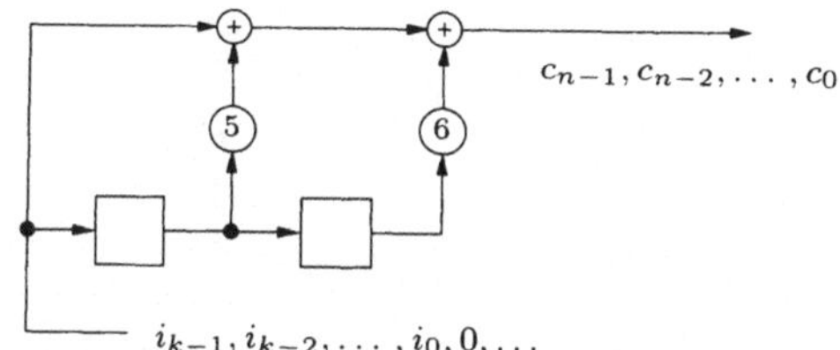

Systematische Codierung mit dem Generatorpolynom: Die k Informationssymbole sind im Codewort enthalten $a_6 x^6 + a_5 x^5 + \cdots + a_2 x^2$.

$$g(x) = x^2 + 5 \cdot x + 6 \Rightarrow -g_0 = -6 = 1; \ -g_1 = -5 = 2$$

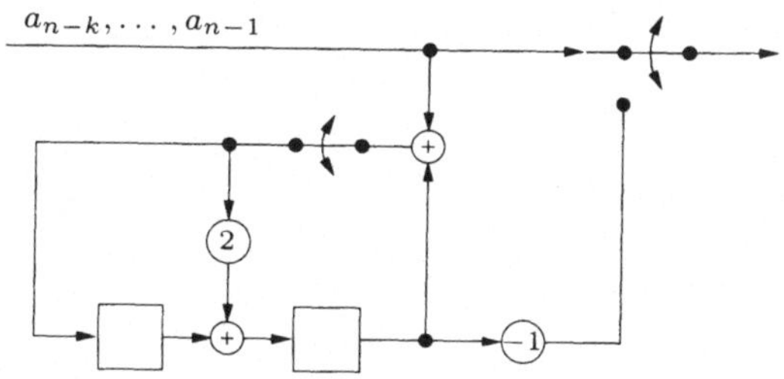

Codierung mit dem Prüfpolynom $h(x) = x^4 + 2 \cdot x^3 + 5 \cdot x^2 + 5 \cdot x + 1$:

$$
\begin{aligned}
h_0 a_j &= -h_1 \cdot a_{j-1} - h_2 \cdot a_{j-2} - h_3 \cdot a_{j-3} - h_4 \cdot a_{j-4} \\
a_j &= 2 \cdot a_{j-1} + 2 \cdot a_{j-2} + 5 \cdot a_{j-3} + 6 \cdot a_{j-4}
\end{aligned}
$$

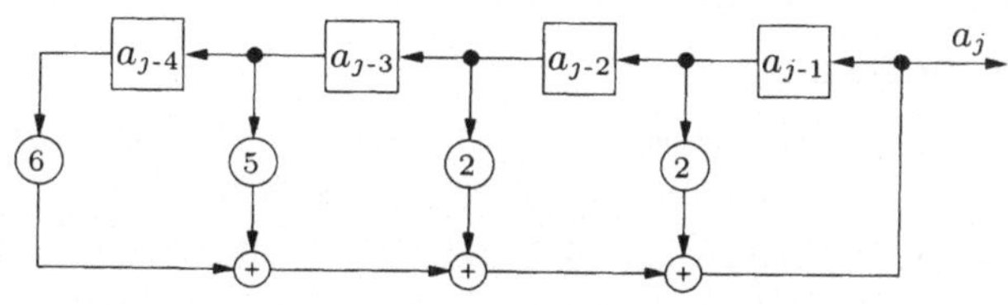

Lösung der Aufgabe 3.2

a) Beispiel: $a(x) = 5 + x + x^2$

$$a(x) \cdot f(x) = 2 \cdot x^4 + 3 \cdot x^3 + 0 \cdot x^2 + 1 \cdot x + 1$$

Eingang	Registerinhalt		Ausgang				
1	0	0	2				
1	1	0	3	2			
5	1	1	0	3	2		
0	5	1	1	0	3	2	
0	0	5	1	1	0	3	2
0	0	0					

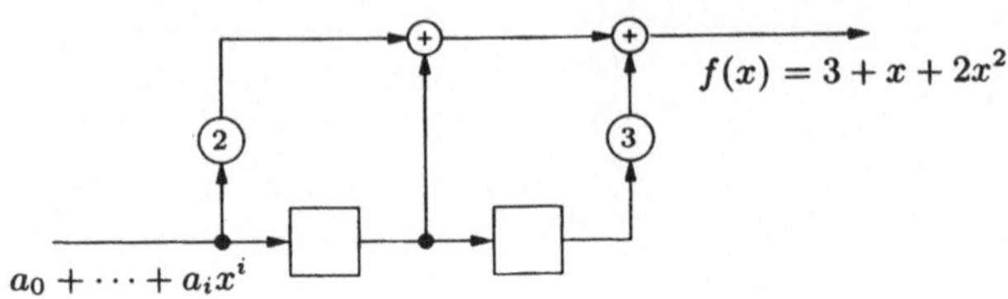

b) $a(x) = x^6 + x^5$

$$x^6 + x^5 = 5 \cdot x^3 + 4 \cdot x^2 + 6 \cdot x \quad \mathrm{mod}\ (x^4 + 2 \cdot x + 1)$$

Eingang	Register
1	0 0 0 0
1	1 0 0 0
0	1 1 0 0
0	0 1 1 0
0	0 0 1 1
0	6 5 0 1
0	6 4 5 0
0	0 6 4 5

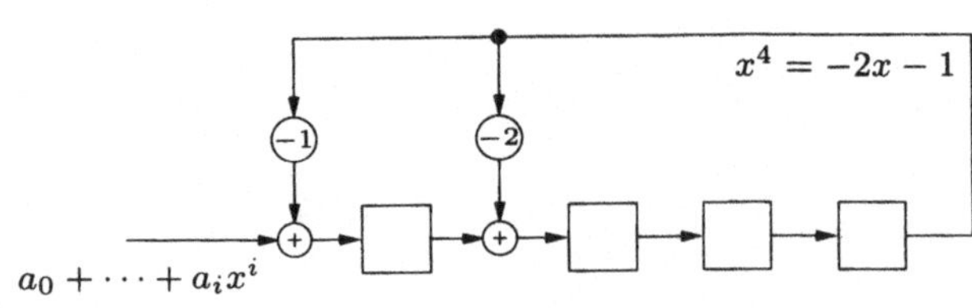

Lösung der Aufgabe 3.3

Es gilt die Beziehung: $x^i \cdot c(x) \bmod (x^n - 1) = x^i \cdot i(x) \cdot g(x) \bmod (x^n - 1)$. Die Multiplikation eines Codewortes mit dem Prüfpolynom $h(x)$ muß Null $\mathrm{mod}\,(x^n - 1)$ ergeben.

$$x^i \cdot g(x) \cdot h(x) = x^i (x^n - 1) = 0 \quad \mathrm{mod}\ (x^n - 1)$$

gilt für beliebige Informationspolynome. Jeder lineare Blockcode, der mittels eines Generatorpolynoms gebildet werden kann, ist zyklisch.

Lösung der Aufgabe 3.4

a) Die Rücktransformation liefert: $b_i = \sum B_j \cdot \alpha^{ij} = 2 \cdot (5^4)^i + 5 \cdot (5^5)^i$.
$$b_i = 2 \cdot 2^i + 5 \cdot 3^i \quad \Rightarrow \quad b = (0, 5, 4, 4, 3, 5).$$

Mit Hilfe des Faltungssatzes der DFT: $B(x) = x^4 \cdot A(x) = C(x) \cdot A(x)$.

$$C(x) = x^4 \;\bullet\!\!-\!\!\circ\; c = (1, 2, 4, 1, 2, 4)$$
$$a = (0, 6, 1, 4, 5, 3)$$
$$b_i = c_i \cdot a_i \quad \Rightarrow \quad b = (0, 5, 4, 4, 3, 5)\ .$$

b) Syndromberechnung: $r = (3, 5, 3, 4, 3, 5) \;\circ\!\!-\!\!\bullet\; R = (5, 6, 1, 5, 1, 6)$

$$\Rightarrow \quad S(x) = 5 + 6 \cdot x + x^2 + 5 \cdot x^3\ .$$

Schlüsselgleichung: $C(x) \cdot S(x) = -T(x) \bmod x^4$. Da $S(x) \neq 0$, ist r kein Codewort. Im folgenden wird angenommen, es sei ein Fehler aufgetreten, d. h. $e = 1$. Die Schlüsselgleichung ergibt dann:

$$\begin{aligned} C_0 \cdot S_2 + S_1 &= 0 & \qquad C_0 + 6 &= 0 \\ C_0 \cdot S_3 + S_2 &= 0 & \qquad C_0 \cdot 5 + 1 &= 0 \end{aligned}$$

$$\Rightarrow \left.\begin{array}{l} C_0 = 1 \\ C_0 = 4 \end{array}\right\} \quad \text{Widerspruch}$$

Unter der Annahme, daß ein Fehler aufgetreten ist, kann die Schlüsselgleichung nicht eindeutig gelöst werden. Wir müssen annehmen, es ist mehr als ein Fehler, also zwei Fehler aufgetreten ($e = 2$). Damit erhalten wir:

$$\begin{array}{ll} C_0 \cdot S_3 + C_1 \cdot S_2 + S_1 = 0 & \quad C_0 \cdot 5 + C_1 \cdot 1 + 6 = 0 \\ C_0 \cdot S_2 + C_1 \cdot S_1 + S_0 = 0 & \quad C_0 \cdot 1 + C_1 \cdot 6 + 5 = 0 \end{array}$$

$$\Rightarrow \left.\begin{array}{l} 5 \cdot C_0 + \quad C_1 = 1 \\ C_0 + \ 6 \cdot C_1 = 2 \end{array}\right\} \quad \Rightarrow \quad \begin{array}{l} C_1 = 2 \\ C_0 = 4 \ . \end{array}$$

Damit errechnet sich das Fehlerstellenpolynom zu: $C(x) = 4 + 2 \cdot x + x^2$.

Rücktransformation:

i	1	5	4	c_i	
0	4	2	1	0	←
1	4	3	4	4	
2	4	1	2	0	←
3	4	5	1	3	
4	4	4	4	5	
5	4	6	2	5	

Damit sind Fehler an 0-ter und 2-ter Position aufgetreten.

Fehlerwertberechnung:

$$f_i = n^{-1} \cdot \frac{\alpha^{-i} \cdot T(\alpha^i)}{C'(\alpha^i)}, \qquad \alpha = 5, \quad i : \text{Nullstellen von } C(x) \ .$$

Die Ableitung von $C(x)$ ergibt: $C'(x) = 2 + 2 \cdot x$.
Wir müssen noch das Fehlerwertpolynom berechnen.

$$T_j = -\sum_{i=0}^{j} C_i \cdot S_{j-i} \ ; \quad j = 0, \ldots, \underbrace{e-1}_{1} \quad \Rightarrow \quad \begin{array}{ll} T_0 = -4 \cdot 5 & = 1 \\ T_1 = -4 \cdot 6 - 2 \cdot 5 & = 1 \ . \end{array}$$

Damit ist das Fehlerwertpolynom: $T(x) = 1 + x$.
Die Fehlerwertberechnung liefert damit:

$$f_0 = \frac{6 \cdot 5^0 \cdot T(5^0)}{C'(5^0)} = 3 \qquad f_2 = \frac{6 \cdot 5^{-2} \cdot T(5^2)}{C'(5^2)} = 6 \ .$$

2 Damit haben wir den Fehler errechnet, er lautet: $f(x) = 3 + 6 \cdot x^2$.
Das gesendete Codewort war: $b(x) = r(x) - f(x) = (0, 5, 4, 4, 3, 5)$.

Lösung der Aufgabe 3.5

a) Als primitives Polynom wird $x^4 + x^3 + 1$ verwendet. Daraus ergibt sich die folgende Komponentendarstellung:

$\Rightarrow \quad \alpha^4 = \alpha^3 + 1$	Komponentendarstellung
$\alpha^0 = 1$	1 0 0 0
$\alpha^1 = \alpha$	0 1 0 0
$\alpha^2 = \alpha^2$	0 0 1 0
$\alpha^3 = \alpha^3$	0 0 0 1
$\alpha^4 = 1 + \alpha^3$	1 0 0 1
$\alpha^5 = 1 + \alpha + \alpha^3$	1 1 0 1
$\alpha^6 = 1 + \alpha + \alpha^2 + \alpha^3$	1 1 1 1
$\alpha^7 = 1 + \alpha + \alpha^2$	1 1 1 0
$\alpha^8 = \alpha + \alpha^2 + \alpha^3$	0 1 1 1
$\alpha^9 = 1 + \alpha^2$	1 0 1 0
$\alpha^{10} = \alpha + \alpha^3$	0 1 0 1
$\alpha^{11} = 1 + \alpha^2 + \alpha^3$	1 0 1 1
$\alpha^{12} = 1 + \alpha$	1 1 0 0
$\alpha^{13} = \alpha + \alpha^2$	0 1 1 0
$\alpha^{14} = \alpha^2 + \alpha^3$	0 0 1 1

$$\alpha^{15} = 1$$

b)

$$g(x) = \prod_{i=1}^{6}(x + \alpha^i)$$
$$= (x + \alpha)(x + \alpha^2)(x + \alpha^3)(x + \alpha^4)(x + \alpha^5)(x + \alpha^6)$$
$$= (x^2 + \alpha^{13}x + \alpha^3)(x^2 + x + \alpha^7)(x^2 + \alpha^2 x + \alpha^{11})$$
$$= (x^4 + \alpha^7 x^3 + \alpha^4 x^2 + \alpha^{12}x + \alpha^{10})(x^2 + \alpha^2 x + \alpha^{11})$$
$$= x^6 + \alpha^{12}x^5 + x^4 + \alpha^2 x^3 + \alpha^7 x^2 + \alpha^{11}x + \alpha^6 \ .$$

c) $r(x) = \alpha^6 + \alpha^2 x + \alpha^7 x^2 + \alpha^2 x^3 + \alpha^9 x^4 + \alpha^{12}x^5 + x^6 + \alpha^9 x^{11}$

Syndromberechnung:

$$S_0 = R_9 \ = r(\alpha^{-9}) \ = r(\alpha^6) \qquad S_3 = R_{12} = r(\alpha^{-12}) = r(\alpha^3)$$
$$S_1 = R_{10} = r(\alpha^{-10}) = r(\alpha^5) \qquad S_4 = R_{13} = r(\alpha^{-13}) = r(\alpha^2)$$
$$S_2 = R_{11} = r(\alpha^{-11}) = r(\alpha^4) \qquad S_5 = R_{14} = r(\alpha^{-14}) = r(\alpha) \ .$$

$$S_0 = r(\alpha^6) = 1 + \alpha^3 + \alpha^4 + \alpha^5 + \alpha^8 + \alpha^{12} = \alpha^{13}$$
$$S_1 = r(\alpha^5) = 1 + \alpha^4 + \alpha^6 + \alpha^{14} = \alpha^5$$
$$S_2 = r(\alpha^4) = 1 + \alpha^2 + \alpha^8 + \alpha^9 + \alpha^{10} + \alpha^{14} = \alpha^3$$
$$S_3 = r(\alpha^3) = \alpha^3 + \alpha^5 + \alpha^{11} + \alpha^{13} = \alpha^3$$
$$S_4 = r(\alpha^2) = \alpha + \alpha^2 + \alpha^4 + \alpha^6 + \alpha^7 + \alpha^8 + \alpha^{11} + \alpha^{12} = \alpha^7$$
$$S_5 = r(\alpha) = \alpha^2 + \alpha^3 + \alpha^9 + \alpha^{13} = \alpha^6$$

$$\Longrightarrow S = (S_0, S_1, S_2, S_3, S_4, S_5) = (\alpha^{13}, \alpha^5, \alpha^3, \alpha^3, \alpha^7, \alpha^6) \ .$$

Berlekamp-Massey-Algorithmus:

$\jmath\,l\,k$	$\Delta_\jmath$	$C^{(\jmath+1)}(x)$	$2l > \jmath$	$B^{(\jmath+1)}(x)$
		$C^{(0)}(x) = 1$		$B^{(0)}(x) = 0$
000	$S = \alpha^{13}$	$C^{(1)}(x) = 1$	nein	$B^{(1)}(x) = \Delta_0^{-1} C^{(0)}(x) = \alpha^2$
111	$S_1 + C_1^{(1)} S_0 = \alpha^5$	$C^{(2)}(x) = 1 + \alpha^7 x$	ja	$B^{(2)}(x) = B^{(1)}(x) = \alpha^2$
212	$S_2 + C_1^{(2)} S_1$ $= \alpha^3 + \alpha^7 \alpha^5 = \alpha^5$	$C^{(3)}(x) = 1 + \alpha^7 x + \alpha^7 x^2$	nein	$B^{(3)}(x) = \Delta_2^{-1} C^{(2)}(x)$ $= \alpha^{10} + \alpha^2 x$
321	$S_3 + C_1^{(3)} S_2 + C_2^{(3)} S_1$ $= \alpha^3 + \alpha^7 \alpha^3 + \alpha^7 \alpha^5 = 1$	$C^{(4)}(x) = 1 + \alpha^{11} x + \alpha^{12} x^2$	ja	$B^{(4)}(x) = B^{(3)}(x)$ $= \alpha^{10} + \alpha^2 x$
422	$S_4 + C_1^{(4)} S_3 + C_2^{(4)} S_2$ $= \alpha^7 + \alpha^{11} \alpha^3 + \alpha^{12} \alpha^3 = \alpha^{10}$	$C^{(5)}(x) = 1 + \alpha^{11} x + \alpha^3 x^2$ $+ \alpha^{12} x^3$	nein	$B^{(5)}(x) = \Delta_4^{-1} C^{(4)}(x)$ $= \alpha^5 + \alpha x + \alpha^2 x^2$
531	$S_5 + C_1^{(5)} S_4 + C_2^{(5)} S_3 + C_3^{(5)} S_2$ $= \alpha^6 + \alpha^{11} \alpha^7 + \alpha^3 \alpha^3 + \alpha^{12} \alpha^3$ $= \alpha^4$	$C^{(6)}(x) = 1 + \alpha^3 x + \alpha^{12} x^2$ $+ \alpha^{14} x^3$	ja	$B^{(6)}(x) = B^{(5)}(x)$

$\Rightarrow$ Fehlerstellenpolynom:
$$C(x) = 1 + \alpha^3 x + \alpha^{12} x^2 + \alpha^{14} x^3 = (1 + x\alpha^{-1})(1 + x\alpha^{-4})(1 + x\alpha^{-11}).$$

Die Nullstellen wurden durch Chien-Search gefunden. Da $C(x)$ die Wurzeln α, α^4 und α^{11} besitzt, sind somit die Komponenten r_1, r_4 und r_{11} des empfangenen Wortes r fehlerbehaftet.

Fehlerwertpolynom $T_\jmath^{(l)}$, hier: $l = -9 = 6$.

$$T_0^{(6)} = \alpha^{13}, \quad T_1^{(6)} = \alpha^4, \quad T_2^{(6)} = \alpha^{14}.$$

$$\Rightarrow \begin{cases} T^{(6)}(x) &= \alpha^{13} + \alpha^4 x + \alpha^{14} x^2 \\ C'(x) &= \alpha^3 + \alpha^{14} x^2 \end{cases}$$

Für die Fehlerwertberechnung gilt:
$$f_i = x^{-l} \cdot n \cdot x^{-1} \frac{T^{(l)}(x)}{C'(x)} \quad \text{für } x = \alpha^i$$

$$f_1 = \alpha^8 \frac{\alpha^6}{\alpha^{10}} = \alpha^4, \quad f_4 = \alpha^2 \frac{\alpha^6}{\alpha^6} = \alpha^2, \quad f_{11} = \alpha^{13} \frac{\alpha^3}{\alpha^7} = \alpha^9.$$

Damit ist das Fehlerpolynom $f(x) = \alpha^4 x + \alpha^2 x^4 + \alpha^9 x^{11}$ und für das gesendete Codewort $a(x)$ errechnet man:

$$\begin{aligned} a(x) &= r(x) - f(x) \\ &= \alpha^6 + \alpha^2 x + \alpha^7 x^2 + \alpha^2 x^3 + \alpha^9 x^4 + \alpha^{12} x^5 + x^6 + \alpha^9 x^{11} \\ &\quad - \alpha^4 x - \alpha^2 x^4 - \alpha^9 x^{11} \\ &= \alpha^6 + \alpha^{11} x + \alpha^7 x^2 + \alpha^2 x^3 + x^4 + \alpha^{12} x^5 + x^6 = g(x). \end{aligned}$$

Lösung der Aufgabe 3.6

a) $\operatorname{grad} g(x) = 4 \quad \Rightarrow \quad k = 2^m - 1 - 4 = 2^m - 5$

Ein Zeichen besteht aus m Bits, d. h. der Code besitzt $m \cdot (2^m - 5)$ binäre Informationsstellen.

b) Der Code kann zwei fehlerhafte Zeichen korrigieren. Zwei fehlerhafte Zeichen kann man durch zwei Bits erhalten. Falls alle fehlerhaften Bits in zwei Zeichen liegen, kann man $2 \cdot m$ binäre Fehler korrigieren.

Lösung der Aufgabe 3.7

a) Koeffizient a_{15} des um eine Stelle erweiterten Codes:

$$a_{15} = \sum_{i=0}^{14} a_i = \alpha^6 + \alpha^{11} + \alpha^7 + \alpha^2 + 1 + \alpha^{12} + 1 = \alpha.$$

$$\Longrightarrow c_{\text{erw}}(x) = c(x) + \alpha x^{15}$$

b) Code der Länge $n = 17$ über $GF(2^8)$ soll konstruiert werden. Benötigt wird ein primitives Element $\eta \in GF(2^8)$, denn $2^8 - 1 = 255$ und 17 teilt 255 und 15 teilt 255. Das Element $\alpha = \eta^{17}$ hat Ordnung 17 und kann damit als primitives Element von $GF(2^4)$ benutzt werden. Das Element $\beta = \eta^{15}$ ist 17. Einheitswurzel. Weiter gilt:

$$\alpha = \eta^{17}; \ \alpha^2 = \eta^{34}; \ \alpha^3 = \eta^{51}; \ \alpha^4 = \eta^{68}; \ \alpha^5 = \eta^{85}; \ \alpha^6 = \eta^{102}; \ \alpha^7 = \eta^{119}; \ \alpha^8 = \eta^{136}; \ \alpha^9 = \eta^{153}; \ \alpha^{10} = \eta^{170}; \ \alpha^{11} = \eta^{187}; \ \alpha^{12} = \eta^{204}; \ \alpha^{13} = \eta^{221}; \ \alpha^{14} = \eta^{238}; \ \alpha^{15} = \eta^{255}$$

Es gilt nun:

$$\begin{aligned}
\beta + \beta^{-1} &= \eta^{15} + \eta^{240} = \eta^{204} = \alpha^{12} & \beta^5 + \beta^{-5} &= \eta^{75} + \eta^{180} = \eta^{187} = \alpha^{11} \\
\beta^2 + \beta^{-2} &= \eta^{30} + \eta^{225} = \eta^{153} = \alpha^9 & \beta^6 + \beta^{-6} &= \eta^{90} + \eta^{165} = \eta^{221} = \alpha^{13} \\
\beta^3 + \beta^{-3} &= \eta^{45} + \eta^{210} = \eta^{238} = \alpha^{14} & \beta^7 + \beta^{-7} &= \eta^{105} + \eta^{150} = \eta^{119} = \alpha^7 \\
\beta^4 + \beta^{-4} &= \eta^{60} + \eta^{195} = \eta^{51} = \alpha^3 & \beta^8 + \beta^{-8} &= \eta^{120} + \eta^{135} = \eta^{102} = \alpha^6
\end{aligned}$$

Damit kann man $x^{17} - 1$ faktorisieren mit Elementen aus $GF(2^4)$:

$$x^{17} - 1 = (x - 1)(x^2 + \alpha^{12}x + 1)(x^2 + \alpha^9 x + 1)(x^2 + \alpha^{14}x + 1)(x^2 + \alpha^3 x + 1) \cdot$$
$$\cdot (x^2 + \alpha^{11}x + 1)(x^2 + \alpha^{13}x + 1)(x^2 + \alpha^7 x + 1)(x^2 + \alpha^6 x + 1).$$

Wir haben damit folgende Codes der Länge 17 konstruiert:

Code	Generatorpolynom $g(x)$
$\mathcal{C}(17,15,3)$	$x^2 + \alpha^6 x + 1$
$\mathcal{C}(17,14,4)$	$(x - 1)(x^2 + \alpha^{12}x + 1)$
$\mathcal{C}(17,13,5)$	$(x^2 + \alpha^7 x + 1)(x^2 + \alpha^6 x + 1)$
$\mathcal{C}(17,12,6)$	$(x - 1)(x^2 + \alpha^{12}x + 1)(x^2 + \alpha^9 x + 1)$
$\mathcal{C}(17,11,7)$	$(x^2 + \alpha^{13}x + 1)(x^2 + \alpha^7 x + 1)(x^2 + \alpha^6 x + 1)$
$\mathcal{C}(17,10,8)$	$(x - 1)(x^2 + \alpha^{12}x + 1)(x^2 + \alpha^9 x + 1)(x^2 + \alpha^{14}x + 1)$
$\mathcal{C}(17,9,9)$	$(x^2 + \alpha^{11}x + 1)(x^2 + \alpha^{13}x + 1)(x^2 + \alpha^7 x + 1)(x^2 + \alpha^6 x + 1)$
$\mathcal{C}(17,8,10)$	$(x - 1)(x^2 + \alpha^{12}x + 1)(x^2 + \alpha^9 x + 1)(x^2 + \alpha^{14}x + 1)(x^2 + \alpha^3 x + 1)$
$\mathcal{C}(17,7,11)$	$(x^2 + \alpha^3 x + 1)(x^2 + \alpha^{11}x + 1)(x^2 + \alpha^{13}x + 1)(x^2 + \alpha^7 x + 1)(x^2 + \alpha^6 x + 1)$
$\mathcal{C}(17,6,12)$	$(x-1)(x^2+\alpha^{12}x+1)(x^2+\alpha^9 x+1)(x^2+\alpha^{14}x+1)(x^2+\alpha^3 x+1)(x^2+\alpha^{11}x+1)$
$\mathcal{C}(17,5,13)$	$(x^2+\alpha^{14}x+1)(x^2+\alpha^3 x+1)(x^2+\alpha^{11}x+1)(x^2+\alpha^{13}x+1)(x^2+\alpha^7 x+1)$ $(x^2 + \alpha^6 x + 1)$
$\mathcal{C}(17,4,14)$	$(x-1)(x^2+\alpha^{12}x+1)(x^2+\alpha^9 x+1)(x^2+\alpha^{14}x+1)(x^2+\alpha^3 x+1)(x^2+\alpha^{11}x+1)$ $(x^2 + \alpha^{13}x + 1)$
$\mathcal{C}(17,3,15)$	$(x^2+\alpha^9 x+1)(x^2+\alpha^{14}x+1)(x^2+\alpha^3 x+1)(x^2+\alpha^{11}x+1)(x^2+\alpha^{13}x+1)$ $(x^2 + \alpha^7 x + 1)(x^2 + \alpha^6 x + 1)$
$\mathcal{C}(17,2,16)$	$(x-1)(x^2+\alpha^{12}x+1)(x^2+\alpha^9 x+1)(x^2+\alpha^{14}x+1)(x^2+\alpha^3 x+1)(x^2+\alpha^{11}x+1)$ $(x^2 + \alpha^{13}x + 1)(x^2 + \alpha^7 x + 1)$

Lösung der Aufgabe 4.1

Die Länge des Codes ist $n = 31$. Die Kreisteilungsklasse K_1 bezüglich der Zahl 31 lautet:
$K_1 = \{1, 2, 4, 8, 16\}$.

Wegen der zwei aufeinanderfolgenden Zahlen hat der BCH-Code die geplante Mindestdistanz $d = 3$. Das Generatorpolynom $g(x)$ lautet:

$$g(x) := \prod_{\imath \in K_1} (x - \alpha^\imath); \quad \alpha \text{ aus Tabelle}$$
$$= (x - \alpha) \cdot (x - \alpha^2) \cdot (x - \alpha^4) \cdot (x - \alpha^8) \cdot (x - \alpha^{16})$$
$$= x^5 + (\alpha^{30} + \alpha^{17})x^2 + 1 = x^5 + x^2 + 1$$

Lösung der Aufgabe 4.2

Für jedes $m \geq 2$ existiert ein Hammingcode mit folgenden Parametern: Länge $n = 2^m - 1$, Dimension $k = 2^m - m - 1 = n - m$, Mindestdistanz $d = 3$. Der Hammingcode ist ein perfekter einfehlerkorrigierender Code.

Ein einfehlerkorrigierender binärer primitiver BCH-Code mit der Kreisteilungsklasse K_1 bezüglich der Zahl $n = 2^m - 1$ konstruiert, hat die folgenden Parameter: $n = 2^m - 1$, $k = 2^m - m - 1 = n - m$, $d = 3$.
Die Kreisteilungsklasse $K_1 = \{1 = 1 \cdot 2^0, 2 = 1 \cdot 2^1, \ldots, 1 \cdot 2^{m-1}\}$ hat immer die Mächtigkeit m, da $2^m = 1 \mod 2^m - 1$ ist. Die geplante Mindestdistanz ist $d = 3$, da immer zwei aufeinanderfolgende Zahlen, nämlich 1 und 2 in K_1 enthalten sind. Damit haben die beiden Codes dieselben Parameter.

Lösung der Aufgabe 4.3

Zunächst werden die Kreisteilungsklassen bezüglich der Zahl 31 bestimmt. Sie ergeben sich wie folgt:

$$K_0 = \{0\}, \qquad K_7 = \{7, 14, 19, 25, 28\},$$
$$K_1 = \{1, 2, 4, 8, 16\}, \qquad K_{11} = \{11, 13, 21, 22, 26\},$$
$$K_3 = \{3, 6, 12, 17, 24\}, \qquad K_{15} = \{15, 23, 27, 29, 30\},$$
$$K_5 = \{5, 9, 10, 18, 20\}.$$

Daraus ergibt sich:

$$\begin{aligned}
m_0(x) &= (x - 1)\\
m_1(x) &= (x - \alpha^1)(x - \alpha^2)(x - \alpha^4)(x - \alpha^8)(x - \alpha^{16})\\
m_3(x) &= (x - \alpha^3)(x - \alpha^6)(x - \alpha^{12})(x - \alpha^{17})(x - \alpha^{24})\\
m_5(x) &= (x - \alpha^5)(x - \alpha^9)(x - \alpha^{10})(x - \alpha^{18})(x - \alpha^{20})\\
m_7(x) &= (x - \alpha^7)(x - \alpha^{14})(x - \alpha^{19})(x - \alpha^{25})(x - \alpha^{28})\\
m_{11}(x) &= (x - \alpha^{11})(x - \alpha^{13})(x - \alpha^{21})(x - \alpha^{22})(x - \alpha^{26})\\
m_{15}(x) &= (x - \alpha^{15})(x - \alpha^{23})(x - \alpha^{27})(x - \alpha^{29})(x - \alpha^{30}) \, .
\end{aligned}$$

Damit lassen sich für $2, 4, 6, 10, 14$ zusammenhängende Nullstellen die Generatorpolynome berechnen. Die Dimensionen ergeben sich zu:

$$\begin{aligned}
k_1 &= 31 - 5 &= 26 \qquad & k_5 &= 11\\
k_2 &= 31 - 2 \cdot 5 &= 21 \qquad & k_7 &= 6\\
k_3 &= 31 - 3 \cdot 5 &= 16 \, .
\end{aligned}$$

$n = 31$ ist eine Primzahl, deswegen haben die Kreisteilungsklassen (außer K_0) alle die Mächtigkeit $m = 5$. Es gilt: $\prod_{i=0}^{15} m_i = x^{31} - 1$.

Lösung der Aufgabe 4.4

$g(x)$ hat die *aufeinanderfolgenden* Nullstellen $\alpha, \alpha^2, \alpha^3, \alpha^4$.
Damit kann man aus dem empfangenen Wort $r(x)$ folgende Syndrome berechnen:

$$
\begin{aligned}
S_0 &= r(\alpha)   &&= \alpha^{10} + \alpha^8 + \alpha^6 + \alpha^2 + 1 &&= \alpha^7 \\
S_1 &= r(\alpha^2) &&= \alpha^5 + \alpha + \alpha^{12} + \alpha^4 + 1 &&= \alpha^{14} \\
S_2 &= r(\alpha^3) &&= 1 + \alpha^9 + \alpha^3 + \alpha^6 + 1 &&= \alpha^{11} \\
S_3 &= r(\alpha^4) &&= \alpha^{10} + \alpha^2 + \alpha^9 + \alpha^8 + 1 &&= \alpha
\end{aligned}
$$

Die Berechnung des Fehlerstellenpolynoms mit dem Berlekamp-Massey-Algorithmus liefert: $C(x) = 1 + \alpha^7 x + \alpha^9 x^2$.

$C(x)$ hat die Nullstellen α^0 und α^6. Die Fehlerstellen erhält man aus den inversen Nullstellen, d. h. $\frac{1}{\alpha^0} = \alpha^0$ und $\frac{1}{\alpha^6} = \alpha^9$. Damit sind die 0-te und 9-te Stelle in $r(x)$ fehlerhaft, d. h. das Fehlerpolynom lautet $e(x) = 1 + x^9$.

Das gesendete Codewort lautet damit:
$$c(x) = r(x) + e(x) = x^{10} + x^9 + x^8 + x^6 + x^2 = x^2 \cdot g(x).$$

Lösung der Aufgabe 5.1

Die quadratischen Reste $\mathcal{M}_Q$ bzgl. der Zahl 31 lauten:

$$\mathcal{M}_Q = \{1, 4, 9, 16, 25, 5, 18, 2, 19, 7, 28, 20, 14, 10, 8\}\,.$$

Die Abschätzung der Mindestdistanz bei $(31 = 4 \cdot 8 - 1)$ ergibt:

$$d^2 - d + 1 > 31 \quad \Rightarrow \quad d > 6.$$

Die Menge $\mathcal{M}_Q$ hat als längste Folge die Zahlen: 7, 8, 9, 10. Das bedeutet, daß die geplante Mindestdistanz $d = 5$ ist. Damit kann man mit dem Berlekamp-Massey-Algorithmus bis zu 2 Fehler korrigieren.

Lösung der Aufgabe 5.2

```
+| + − + + + − − − + − −
+| − + − + + + − − − + −
+| − − + − + + + − − − +
+| + − − + − + + + − − −
+| − + − − + − + + + − −
+| − − + − − + − + + + −
+| − − − + − − + − + + +
+| + − − − + − − + − + +
+| + + − − − + − − + − +
+| + + + − − − + − − + −
+| − + + + − − − + − − +
─────────────────────────
+ + + + + + + + + + + +
```

Die Kreuzkorrelation zwischen zwei beliebigen Legendre-Folgen der Matrix hat den Wert -1. Ergänzt man links die Spalte $+1$, so wird dieser Wert auf 0 erhöht, die Zeilen werden also orthogonal. Da alle Zeilen gleichanteilfrei sind, kann man als zusätzliche untere Zeile noch $+ + \cdots + $ ergänzen.

Es entsteht somit eine Hadamard-Matrix der Ordnung 12.

Lösung der Aufgabe 5.3

$\mathcal{R}(0,2) \rightarrow (4,1,4) \rightarrow$ Wiederholungscode, $\mathbf{c}_1 = (0000), \mathbf{c}_2 = (1111)$

$\mathcal{R}(1,2) \rightarrow (4,3,2) \rightarrow$ PC-Code, $2^3 = 8$ Codeworte

$\mathbf{b} = (0000)$	(0000)	(1111)
$\mathbf{b} = (0011)$	(0011)	(1100)
$\mathbf{b} = (1001)$	(1001)	(0110)
$\mathbf{b} = (1010)$	(1010)	(0101)

Die Cosetleader bilden einen $(4,2,2)$-Code.

Lösung der Aufgabe 5.4

$\mathbf{G}$ ist in systematischer Form, d. h. $\mathbf{G} = (\mathbf{I}| - \mathbf{A}^T)$; damit kann die Prüfmatrix $\mathbf{H}$ berechnet werden:

$$\mathbf{H} = (\mathbf{A}|\mathbf{I}) = \begin{pmatrix} 1 & 1 & 1 & 1 & 1 & 0 \\ 4 & 3 & 1 & 2 & 0 & 1 \end{pmatrix}.$$

Für das Syndrom gilt: $\mathbf{s} = \mathbf{r} \cdot \mathbf{H}^T = (4\ 4) = 4 \cdot (1\ 1)$. Das Syndrom entspricht der mit 4 multiplizierten 3. Spalte der Prüfmatrix. Damit ist die 3. Stelle fehlerhaft, der Fehler hat den Wert 4.

Korrektur der 3. Stelle: $2 - 4 = -2 = 3 \mod 5$.

Das gesendete Codewort lautet $\mathbf{c} = (1\ 4\ 3\ 1\ 1\ 4)$.

Lösung der Aufgabe 5.5

Bezüglich den BCH-Codes gilt: Maximale Anzahl Fehler pro Codewort: $20 \Rightarrow d_{\min} = 41$. Aus Tabelle: $\mathcal{C}_1(127,29,43)$, $\mathcal{C}_2(255,115,43)$.

Bezüglich RS-Code gilt: $n = 31 = 2^5 - 1$; jedes Symbol kann durch 5 bit dargestellt werden. Damit sind im günstigsten Fall 4 Symbole, im ungünstigsten Fall 5 Symbole fehlerhaft. Der Code muß also 5 fehlerhafte *Symbole* korrigieren können $\Rightarrow d_{\min} = 11$. Es gilt $k = n - d + 1 = 31 - 11 + 1 = 21$, damit: $\mathcal{C}_3(31,21,11)$.

Für die Coderaten gilt:
$$R_1 = \tfrac{29}{127} \approx 0.228\,, \quad R_2 = \tfrac{115}{255} \approx 0.451\,, \quad R_3 = \tfrac{21}{31} = \tfrac{21 \cdot 5}{31 \cdot 5} \approx 0.677\,.$$

$\Rightarrow$ Der binär interpretierte RS-Code hat die höchste Coderate.

Lösung der Aufgabe 5.6

a) Gewicht$= 8$ $\sqrt{}$, Verteilung der Runs $\sqrt{}$ $\Rightarrow$ PN-Folge, generiert mit primitivem Polynom $p(x) = x^4 + x + 1$ $\Rightarrow$ kann Codewort eines Simplex-Codes sein.

b) Gewicht$= 8$ $\sqrt{}$, Folge enthält einen 5-Run mit Einsen $\Rightarrow$ keine PN-Folge $\Rightarrow$ kann kein Codewort eines Simplex-Codes sein.

c) Gewicht$= 9$ $\Rightarrow$ kann kein Codewort eines Simplex-Codes sein.

Lösung der Aufgabe 5.7

Die Codeparameter von $\mathcal{R}(5,8)$ sind aus den Parametern der Codes $\mathcal{R}(4,7) = \mathcal{C}_1(128,99,8)$ und $\mathcal{R}(5,7) = \mathcal{C}_2(128,120,4)$ berechenbar. Insbesondere gilt für $k_{(5,8)} = k_{(4,7)} + k_{(5,7)} = 99 + 120 = 219$.

Der Code $\mathcal{R}(5,8)$ hat $2^{219} \approx 8.425 \cdot 10^{65}$ Codeworte.

Lösung der Aufgabe 5.8

Die wahrscheinlichst gesendete Zeile kann durch Korrelation jeder Zeile mit dem Empfangsvektor bestimmt werden.

$$\mathbf{H}_8 \cdot \mathbf{h}^T = \begin{pmatrix} 2 & 2 & -2 & 6 & -2 & -2 & 2 & 2 \end{pmatrix}^T$$

$\Rightarrow$ Das Maximum der Korrelation ist an der 4. Stelle entsprechend der 4. Zeile von $\mathbf{H}_8$.

$\Rightarrow$ Die 4. Zeile wurde wahrscheinlich gesendet.

Lösung der Aufgabe 6.1

Die Anzahl der Zweige e, die zu einem Knoten ϑ führen, sei $m(\vartheta)$. Um die Metrik eines Pfades zu berechnen, der über einen Zweig e zu ϑ führt ($\vartheta' \xrightarrow{e} \vartheta$), muß man die Metrik des vorhergehenden Knotens ϑ' und die Metrik des Zweiges e addieren. Die Anzahl der Additionen beträgt somit $|\mathcal{E}|$.

Um den besten von $m(\vartheta)$ Pfaden zu bestimmen, die zu einem Knoten ϑ führen, müssen $m(\vartheta) - 1$ binäre Vergleiche durchgeführt werden. Die Gesamtzahl von Vergleichen beträgt also

$$\sum_{\vartheta \in \mathcal{V} \setminus \vartheta_A} m(\vartheta) - 1 = \sum_{\vartheta \in \mathcal{V} \setminus \vartheta_A} m(\vartheta) - \sum_{\vartheta \in \mathcal{V} \setminus \vartheta_A} 1 = |\mathcal{E}| - (|\mathcal{V}| - 1).$$

Lösung der Aufgabe 6.2

a) Es soll der $(7, 4, 3)$-Hamming-Code verwendet werden. Eine mögliche Prüfmatrix lautet:

$$H = \begin{pmatrix} 0 & 0 & 0 & 1 & 1 & 1 & 1 \\ 0 & 1 & 1 & 0 & 0 & 1 & 1 \\ 1 & 0 & 1 & 0 & 1 & 0 & 1 \end{pmatrix}.$$

Erster Schritt: Konstruktion eines Trellisses ohne Minimierung.

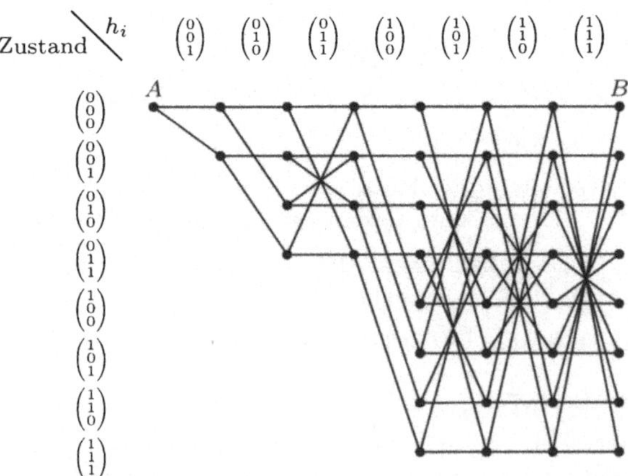

Entfernt man diejenigen Pfade, welche nicht zum Knoten B führen, so erhält man das folgenden Syndromtrellis:

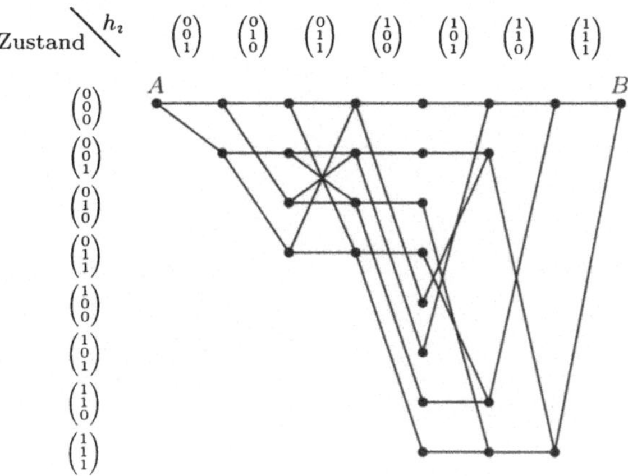

b) Eine mögliche Generatormatrix des $(7, 4, 3)$-Hamming-Codes lautet:

$$\mathbf{G} = \begin{pmatrix} 1 & 0 & 0 & 0 & 0 & 1 & 1 \\ 0 & 1 & 0 & 0 & 1 & 0 & 1 \\ 0 & 0 & 1 & 0 & 1 & 1 & 0 \\ 0 & 0 & 0 & 1 & 1 & 1 & 1 \end{pmatrix} = \begin{pmatrix} \mathbf{g}_1 \\ \mathbf{g}_2 \\ \mathbf{g}_3 \\ \mathbf{g}_4 \end{pmatrix}$$

Ein minimales Trellis erhält man dann, wenn $\mathbf{G}$ LR-Eigenschaft hat, d. h. zunächst wird $\mathbf{G}$ auf LR-Form gebracht.

1. $\mathbf{g}_1 := \mathbf{g}_1 + \mathbf{g}_4$
$$\mathbf{G}' = \begin{pmatrix} 1 & 0 & 0 & 1 & 1 & 0 & 0 \\ 0 & 1 & 0 & 0 & 1 & 0 & 1 \\ 0 & 0 & 1 & 0 & 1 & 1 & 0 \\ 0 & 0 & 0 & 1 & 1 & 1 & 1 \end{pmatrix}$$

2. $\mathbf{g}_3 := \mathbf{g}_2 + \mathbf{g}_3 + \mathbf{g}_4$
$$\mathbf{G}'' = \begin{pmatrix} 1 & 0 & 0 & 1 & 1 & 0 & 0 \\ 0 & 1 & 1 & 1 & 1 & 0 & 0 \\ 0 & 0 & 1 & 0 & 1 & 1 & 0 \\ 0 & 0 & 0 & 1 & 1 & 1 & 1 \end{pmatrix}$$

3. $\mathbf{g}_1 := \mathbf{g}_1 + \mathbf{g}_2$
$$\mathbf{G}_{LR} = \begin{pmatrix} 1 & 1 & 1 & 0 & 0 & 0 & 0 \\ 0 & 1 & 1 & 1 & 1 & 0 & 0 \\ 0 & 0 & 1 & 0 & 1 & 1 & 0 \\ 0 & 0 & 0 & 1 & 1 & 1 & 1 \end{pmatrix} = \begin{pmatrix} \mathbf{g}_1 \\ \mathbf{g}_2 \\ \mathbf{g}_3 \\ \mathbf{g}_4 \end{pmatrix}$$

Die folgenden Abbildungen zeigen, wie das minimale Trellis $T(\mathcal{C})$ durch Anwendung des Shannon Produktes auf die elementaren Trellisse $T(\mathbf{g}_i)$ ermittelt werden kann:

$$T(\mathcal{C}) = T(\mathbf{g}_1) * T(\mathbf{g}_2) * T(\mathbf{g}_3) * T(\mathbf{g}_4).$$

(Durchgezogene Linien sind mit 0, gestrichelte mit 1 numeriert).

$T(\mathbf{g}_1)$

$T(\mathbf{g}_4)$

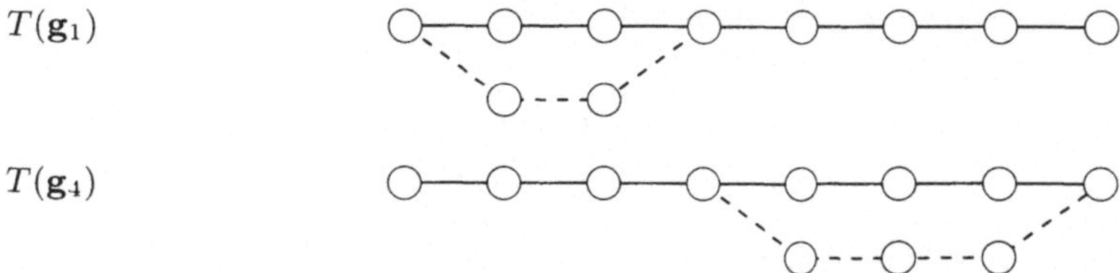

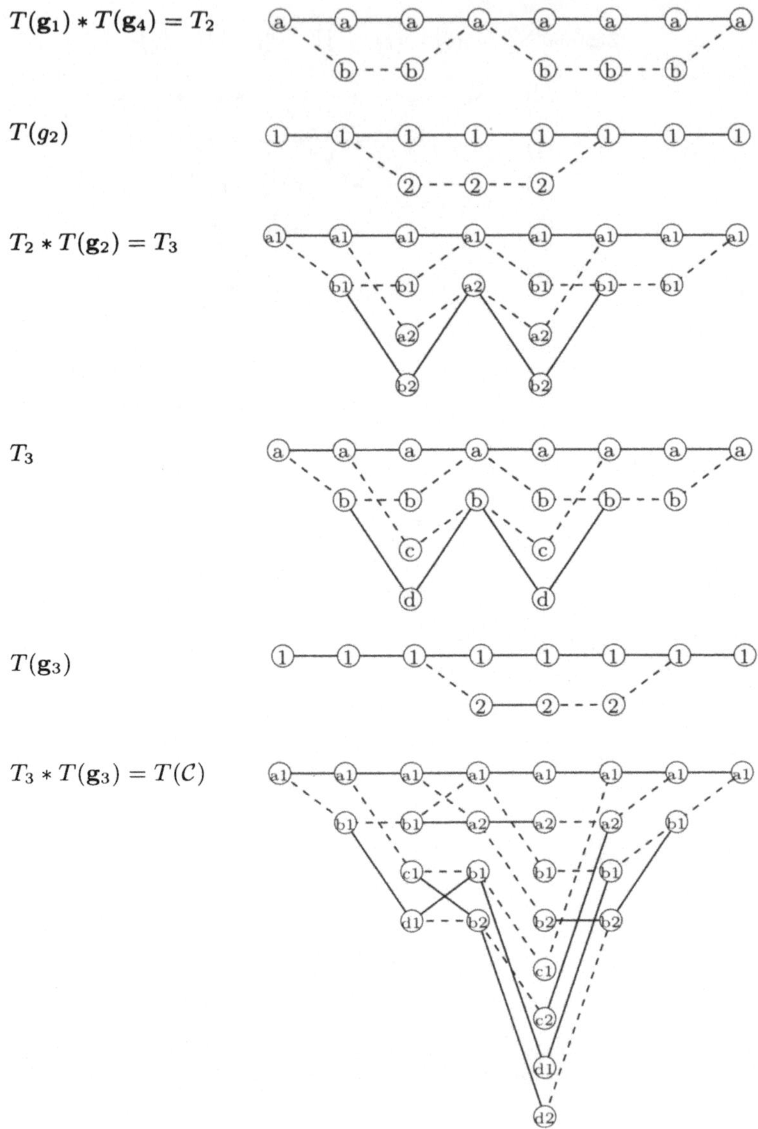

Lösung der Aufgabe 6.3

Betrachten wir den $(5, 3, 2)$-Code mit der Prüfmatrix

$$\mathbf{H} = \begin{pmatrix} 1 & 1 & 1 & 0 & 0 \\ 0 & 0 & 1 & 1 & 1 \end{pmatrix}$$

und dem korrespondierenden Syndromtrellis

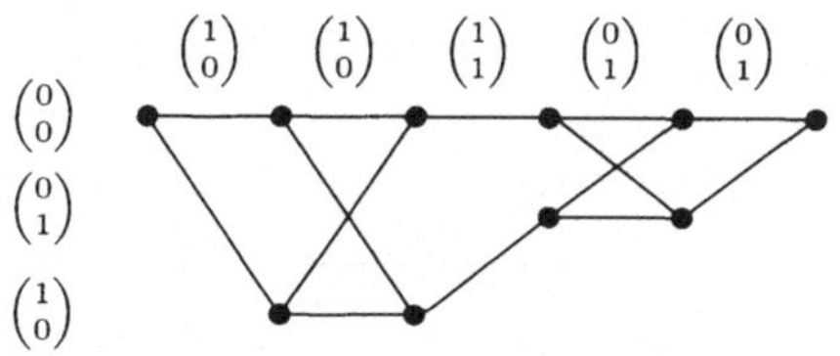

Man sieht, daß $|\mathcal{V}_t| \leq 2 < 2^{\min\{k,n-k\}} = 2^{\min\{3,2\}} = 4 \; \forall t$.

Lösung der Aufgabe 6.4

Alle minimalen Trellisse eines Codes $\mathcal{C}$ sind isomorph und das Syndromtrellis von $\mathcal{C}$ ist minimal. Somit können $|\mathcal{V}|$ und $|\mathcal{V}^\perp|$ mit Hilfe von Syndromtrellissen berechnet werden. Seien $\mathbf{G}$ und $\mathbf{H}$ eine Generator- und eine Prüfmatrix eines Codes $\mathcal{C}$. Für ein gegebenes t gelte die Aufteilung $\mathbf{G} = (\mathbf{G}_t^A | \mathbf{G}_t^B)$ und $\mathbf{H} = (\mathbf{H}_t^A | \mathbf{H}_t^B)$. Jedes beliebige Codewort $\mathbf{c} = (c_1, \ldots, c_n)$ kann dargestellt werden als $\mathbf{c} = \mathbf{u}\mathbf{G}$. Das Syndromtrellis verwendet in Tiefe t die folgenden Zustände

$$\sigma_t(\mathbf{c}) = (c_1, \ldots, c_t)(\mathbf{H}_t^A)^T = \mathbf{u}\mathbf{G}_t^A(\mathbf{H}_t^A)^T.$$

Dies bedeutet, daß $|\mathcal{V}_t| = q^{\mathrm{Rang}(\mathbf{G}_t^A(\mathbf{H}_t^A)^T)}$.

Beim dualen Code werden die Prüfmatrix und die Generatormatrix vertauscht, es gilt somit $|\mathcal{V}_t^\perp| = q^{\mathrm{Rang}(\mathbf{H}_t^A(\mathbf{G}_t^A)^T)}$.

Da für beliebige Matrizen $\mathbf{A}$ und $\mathbf{B}$ gilt: $(\mathbf{A}\mathbf{B})^T = \mathbf{B}^T\mathbf{A}^T$; $\quad \mathrm{Rang}(\mathbf{A}) = \mathrm{Rang}(\mathbf{A}^T)$, folgt die Gleichheit $|\mathcal{V}_t^\perp| = |\mathcal{V}_t|$.

Lösung der Aufgabe 6.5

Für den gegebenen (n, k)-Code wird zunächst ein nicht minimiertes Syndromtrellis konstruiert. Dieses Trellis besitzt einen Anfangsknoten ϑ_A und q^{n-k} Endknoten, die mit den $(n-k)$-Tupeln $\mathbf{s}_0 = 0, \mathbf{s}_1, \ldots, \mathbf{s}_{q^{n-k}-1}$ bezeichnet werden.

Dabei erfüllt ein Pfad $\mathbf{w}$ von ϑ_A zu einem Endknoten $\mathbf{s}_i$ die Gleichung

$$\mathbf{w}\mathbf{H}^T = \mathbf{s}_i.$$

Somit besteht eine eindeutige Zuordnung zwischen dem Coset, das zum Syndrom $\mathbf{s}_i$ gehört, und Pfaden von ϑ_A zum Endknoten $\mathbf{s}_i$ im Trellis. Wird nun der Viterbi-Algorithmus auf dieses Trellis angewendet, so wird als Ergebnis der beste Pfad von ϑ_A nach $\mathbf{s}_i$ $(i = 0, \ldots, q^{n-k} - 1)$ ermittelt. Dies entspricht einer ML-Decodierung des Cosets $\mathbf{s}_i$.

Als Beispiel soll der $(7, 4, 3)$-Hamming-Code betrachtet werden. Die Komplexität $\chi = 2|\mathcal{E}| - |\mathcal{V}| + 1$ der Viterbi Decodierung beträgt bei Verwendung des minimalen Codetrellisses $\chi = 47$ $(|\mathcal{V}| = 26, |\mathcal{E}| = 36)$. Die Komplexität einer Decodierung von 8 Cosets des Codes beträgt $\chi = 98$ $(|\mathcal{E}| = 70, |\mathcal{V}| = 43)$, es ist also nur ein doppelter Aufwand nötig, um 8 Cosets zu decodieren.

Lösung der Aufgabe 6.6

$$\mathbf{G} = \begin{pmatrix} 1 & 1 & 1 & 1 & 1 & 1 & 1 & 1 \\ 0 & 0 & 0 & 0 & 1 & 1 & 1 & 1 \\ 0 & 0 & 1 & 1 & 0 & 0 & 1 & 1 \\ 0 & 1 & 0 & 1 & 0 & 1 & 0 & 1 \end{pmatrix} \iff \mathbf{G}_{LR} = \begin{pmatrix} 1 & 1 & 1 & 1 & 0 & 0 & 0 & 0 \\ 0 & 0 & 1 & 1 & 1 & 1 & 0 & 0 \\ 0 & 0 & 0 & 0 & 1 & 1 & 1 & 1 \\ 0 & 1 & 0 & 1 & 1 & 0 & 1 & 0 \end{pmatrix}$$

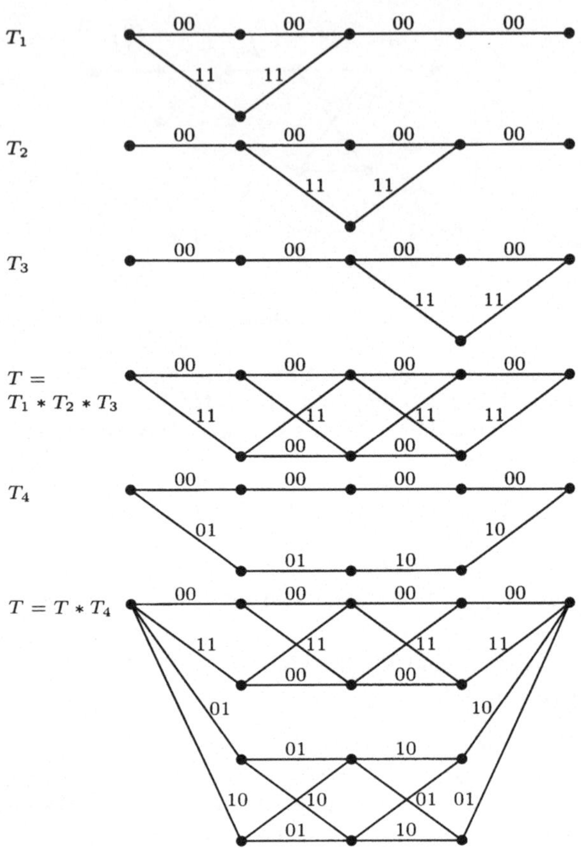

Lösung der Aufgabe 7.1

a) Die Anzahl der Vektoren eines Cosets entspricht der Anzahl der Codeworte und
die Anzahl der Cosets entspricht der Anzahl der (nicht notwendigerweise eindeutig)
korrigierbaren Fehlervektoren. In unserem Beispiel lautet das Standard-Array:

$$\{(0\,0\,0\,0)\,,\,(1\,1\,1\,1)\} \qquad \{(1\,0\,0\,0)\,,\,(0\,1\,1\,1)\}$$
$$\{(0\,0\,0\,1)\,,\,(1\,1\,1\,0)\} \qquad \{(0\,0\,1\,1)\,,\,(1\,1\,0\,0)\}$$
$$\{(0\,0\,1\,0)\,,\,(1\,1\,0\,1)\} \qquad \{(0\,1\,1\,0)\,,\,(1\,0\,0\,1)\}$$
$$\{(0\,1\,0\,0)\,,\,(1\,0\,1\,1)\} \qquad \{(1\,0\,1\,0)\,,\,(0\,1\,0\,1)\}$$

Das Array enthält alle 16 Vektoren des Raums $\mathbb{F}_2^4$.

b) Das Array muß alle Vektoren von $\mathbb{F}_2^7$, d. h. $2^7 = 128$ Vektoren enthalten. Die Anzahl
der Spalten entspricht der Anzahl der Codeworte des Hamming-Codes, also $k = 4 \Rightarrow$
$2^4 = 16$ und die Anzahl der Cosets muß demnach $2^3 = 8$ sein.

Da der Hamming-Code ein perfekter einfehlerkorrigierender Code ist, müssen die Cosetleader alle eindeutig sein. Die Menge der Cosetleader entspricht genau der Menge
aller Vektoren vom Gewicht 1 und der Nullvektor.

$$\mathcal{M}_c := \left\{ \mathbf{a} \in \mathbb{F}_2^7 \mid \mathrm{wt}(\mathbf{a}) = 1,\ 0 \right\}.$$

Lösung der Aufgabe 7.2

a) Wir benötigen eine Menge von Permutationen ϕ_i, derart, daß eine beliebige Fehlerstelle durch mindestens eine Permutation auf den Redundanzteil abgebildet wird. Mögliche vier Permutationen sind die folgenden:

	Redundanz				Information										
	0	1	2	3	4	5	6	7	8	9	10	11	12	13	14
ϕ_1	r_0	r_1	r_2	r_3	r_4	r_5	r_6	r_7	r_8	r_9	r_{10}	r_{11}	r_{12}	r_{13}	r_{14}
ϕ_2	r_{11}	r_{12}	r_{13}	r_{14}	r_0	r_1	r_2	r_3	r_4	r_5	r_6	r_7	r_8	r_9	r_{10}
ϕ_3	r_7	r_8	r_9	r_{10}	r_{11}	r_{12}	r_{13}	r_{14}	r_0	r_1	r_2	r_3	r_4	r_5	r_6
ϕ_4	r_3	r_4	r_5	r_6	r_7	r_8	r_9	r_{10}	r_{11}	r_{12}	r_{13}	r_{14}	r_0	r_1	r_2

b) Zunächst benötigen wir die Prüfmatrix des Codes. Dazu berechnen wir uns das Prüfpolynom $h(x)$, indem wir $x^n - 1$ durch das Generatorpolynom $g(x)$ teilen.

$$x^{15} - 1 : x^4 + x + 1 = x^{11} + x^8 + x^7 + x^5 + x^3 + x^2 + x + 1 \ .$$

Mit diesem Prüfpolynom berechnen wir die Prüfmatrix $\mathbf{H}$ zu:

$$\begin{pmatrix} 1 & 0 & 0 & 0 & 1 & 0 & 0 & 1 & 1 & 0 & 1 & 0 & 1 & 1 & 1 \\ 0 & 1 & 0 & 0 & 1 & 1 & 0 & 1 & 0 & 1 & 1 & 1 & 1 & 0 & 0 \\ 0 & 0 & 1 & 0 & 0 & 1 & 1 & 0 & 1 & 0 & 1 & 1 & 1 & 1 & 0 \\ 0 & 0 & 0 & 1 & 0 & 0 & 1 & 1 & 0 & 1 & 0 & 1 & 1 & 1 & 1 \end{pmatrix}$$

Dabei sind die Zeilen 2–4 das zyklisch verschobene Prüfpolynom und die Zeile 1 ist das zyklisch verschobene Prüfpolynom plus Zeile 4.

Entsprechend dem Permutationsdecodieralgorithmus in Abschnitt 7.3.1 multiplizieren wir den mit den Permutationen ϕ_1 bis ϕ_4 permutierten empfangenen Vektor $\mathbf{r}$ mit der Prüfmatrix $\mathbf{H}$ und überprüfen, ob das sich ergebende Syndrom vom Gewicht ≤ 1 ist.

$$\mathbf{H} \cdot \phi_1(\mathbf{r})^T = \begin{pmatrix} 1 & 0 & 0 & 0 & 1 & 0 & 0 & 1 & 1 & 0 & 1 & 0 & 1 & 1 & 1 \\ 0 & 1 & 0 & 0 & 1 & 1 & 0 & 1 & 0 & 1 & 1 & 1 & 1 & 0 & 0 \\ 0 & 0 & 1 & 0 & 0 & 1 & 1 & 0 & 1 & 0 & 1 & 1 & 1 & 1 & 0 \\ 0 & 0 & 0 & 1 & 0 & 0 & 1 & 1 & 0 & 1 & 0 & 1 & 1 & 1 & 1 \end{pmatrix}$$

$$\cdot (1\ 1\ 0\ 0\ 0\ 0\ 0\ 1\ 0\ 1\ 0\ 0\ 1\ 0\ 0)^T = \begin{pmatrix} 1 & 0 & 1 & 1 \end{pmatrix}^T$$

Dieses Syndrom hat Gewicht gleich $3 > 1$. Probieren wir die nächste Permutation.

$$\mathbf{H} \cdot \phi_2(\mathbf{r})^T = \begin{pmatrix} 0 & 0 & 1 & 0 \end{pmatrix}^T$$

Dieses Syndrom hat Gewicht gleich 1, d.h. wir haben den Fehler gefunden. Wir decodieren nun $\mathbf{r}$ in zwei Schritten:

1. $\mathbf{x}_1 = \phi_2(\mathbf{r}) - (S_0, \dots , S_{n-k-1}, 0, \dots , 0) = (0\ 1\ 1\ 0\ 1\ 1\ 0\ 0\ 0\ 0\ 0\ 1\ 0\ 1\ 0)$
2. $\mathbf{x}_2 = \phi_2^{-1}(\mathbf{x}_1) = (1\ 1\ 0\ 0\ 0\ 0\ 0\ 1\ 0\ 1\ 0\ 0\ 1\ 1\ 0) = \hat{\mathbf{r}}$

Lösung der Aufgabe 7.3

Für den zum Golay-Code $\mathcal{G}_{23}$ dualen Code $\mathcal{G}_{23}^{\perp}$ gilt:

$$n = 23, \ k^{\perp} = 23 - 12 = 11, \ d^{\perp} = d + 1 = 8 \ .$$

Es können höchstens $\lfloor \frac{n-1}{d^{\perp}-1} \rfloor = \lfloor \frac{22}{7} \rfloor = 3$ Prüfvektoren existieren. Damit kann nur ein Fehler decodiert werden.

Lösung der Aufgabe 7.4

Wir haben die folgenden Codeparameter: $n = 15$, $k = 11$, $d = 5$.

a) Pro Auslöschung wird der Grad des Syndroms um eins kleiner. Der Grad des Syndroms ist also $4 - 2 = 2$ und damit kann noch ein Fehler oder zwei Auslöschungen korrigiert werden, entsprechend $2e + t \leq 4 - 2$.

b) Wir verkürzen den Code um 7 Zeichen und erhalten einen Code C^* mit den Parametern: $n^* = 8$, $k^* = 4$, $d^* = 5$. Da RS-Codes die MDS-Eigenschaft (*maximum distance separable*) haben, bestimmen beliebige k^* Stellen das Codewort $a^* \in C^*$ eindeutig. Wir haben 8 Stellen, die wir folgendermaßen in Gruppen zu 2 Stellen zusammenfassen:

$$\left(r_0\, r_1\right) \quad \left(r_2\, r_3\right) \quad \left(r_4\, r_5\right) \quad \left(r_6\, r_7\right)$$

Zwei Fehler können höchstens zwei Gruppen verfälschen, d. h. mindestens zwei Gruppen (das sind 4 Stellen) sind korrekt. Damit können wir aus allen $\binom{4}{2} = 6$ möglichen Gruppenkombinationen das entsprechende Codewort berechnen. Das Codewort, das aus zwei fehlerfreien Gruppen berechnet wird, hat die Distanz $d_i \leq 2$ zum empfangenen Wort $r(x) = a(x) + f(x)$.

Für ein Codewort $a(x)$ gilt:

$$a(x) = i(x) \cdot g(x) \;,\; \mathrm{grad}\,(g(x)) = 4 \;,\; \mathrm{grad}\,(i(x)) < 4$$

$$
\begin{aligned}
a_0 &= g_0 i_0 & a_4 &= g_1 i_3 + g_2 i_2 + g_3 i_1 + g_4 i_0 \\
a_1 &= g_0 i_1 + g_1 i_0 & a_5 &= \phantom{g_1 i_3 + {}} g_2 i_3 + g_3 i_2 + g_4 i_1 \\
a_2 &= g_0 i_2 + g_1 i_1 + g_2 i_0 & a_6 &= \phantom{g_1 i_3 + g_2 i_2 + {}} g_3 i_3 + g_4 i_2 \\
a_3 &= g_0 i_3 + g_1 i_2 + g_2 i_1 + g_3 i_0 & a_7 &= \phantom{g_1 i_3 + g_2 i_2 + g_3 i_1 + {}} g_4 i_3
\end{aligned}
$$

Wir wählen entsprechend den Gruppen 4 Gleichungen aus, aus denen wir die 4 Unbekannten i_j berechnen können.

Lösung der Aufgabe 7.5

Um Schritt 1 des Decodieralgorithmus durchzuführen, benötigen wir zunächst das Syndromgewicht X. Es berechnet sich zu:

$$
X = \mathrm{WT}(\mathcal{B}, r) : \;
\begin{pmatrix}
0&0&0&0&0&0&0&1&0&0&0&1&0&1&1&0\\
0&0&0&0&0&0&1&0&0&0&1&0&1&1&0&0\\
0&0&0&0&0&1&0&0&0&1&0&1&1&0&0&0\\
0&0&0&0&1&0&0&0&1&0&1&1&0&0&0&0\\
0&0&0&1&0&0&0&1&0&1&1&0&0&0&0&0\\
0&0&1&0&0&0&1&0&1&1&0&0&0&0&0&0\\
0&1&0&0&0&1&0&1&1&0&0&0&0&0&0&0\\
1&0&0&0&1&0&1&1&0&0&0&0&0&0&0&0\\
0&0&0&1&0&1&1&0&0&0&0&0&0&0&0&1\\
0&0&1&0&1&1&0&0&0&0&0&0&0&0&1&0\\
0&1&0&1&1&0&0&0&0&0&0&0&0&1&0&0\\
1&0&1&1&0&0&0&0&0&0&0&0&1&0&0&0\\
0&1&1&0&0&0&0&0&0&0&0&1&0&0&0&1\\
1&1&0&0&0&0&0&0&0&0&1&0&0&0&1&0\\
1&0&0&0&0&0&0&0&0&1&0&0&0&1&0&1\\
0&0&0&0&0&0&0&0&1&0&0&0&1&0&1&1
\end{pmatrix}
\begin{pmatrix}
0\\0\\0\\0\\0\\1\\0\\0\\0\\0\\1\\0\\0\\0\\0\\0
\end{pmatrix}
=
\begin{pmatrix}
0\\1\\1\\1\\0\\1\\0\\1\\0\\1\\1\\0\\0\\1\\0\\0
\end{pmatrix}
$$

Das bedeutet $X = 8$.

Nun berechnen wir die ε_i: $\varepsilon = (12, 8, 8, 8, 8, 4, 8, 8, 8, 8, 4, 8, 8, 8, 8, 8)$.

Wir können nun wahlweise die 6. oder die 11. Stelle korrigieren. Wählen wir die 6. so ergibt sich ein neues ε zu: $\varepsilon = (8, 6, 6, 6, 6, 8, 6, 6, 6, 6, 0, 6, 6, 6, 6, 6)$. Die 11. Stelle ist demnach fehlerhaft. Gleichzeitig erkennt man, daß nach Korrektur dieser Stelle das Syndrom das Gewicht 0 hat und somit der korrigierte Vektor ein Codewort ist.

Lösung der Aufgabe 8.1

a)

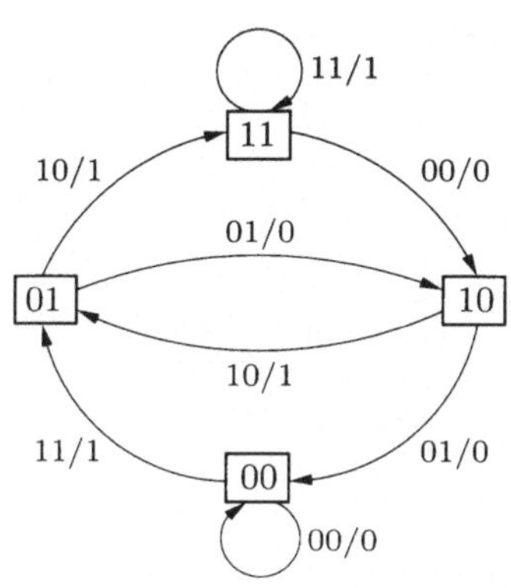

b)

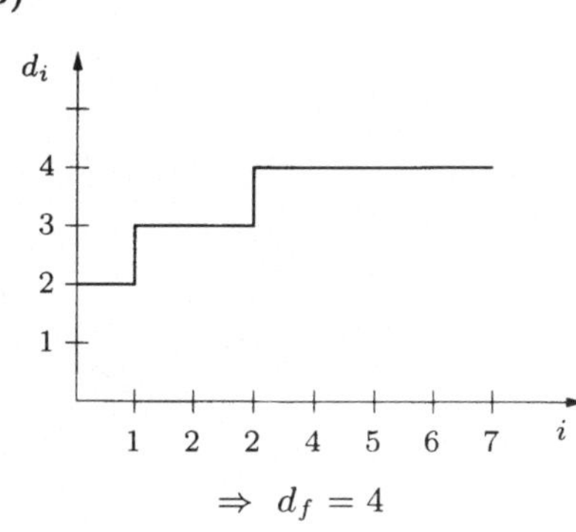

$$\Rightarrow \ d_f = 4$$

c)

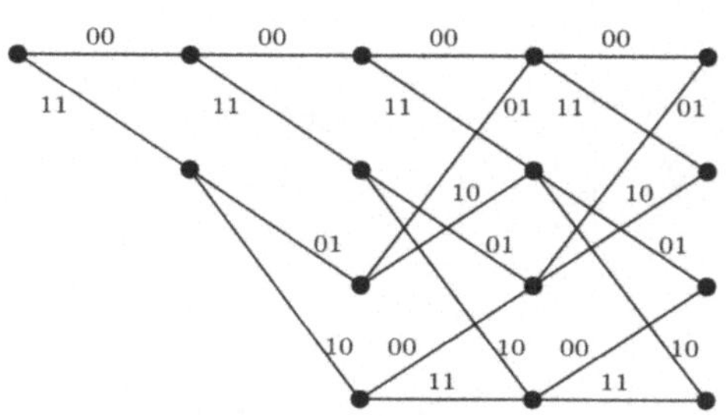

d)

Empfangsfolge

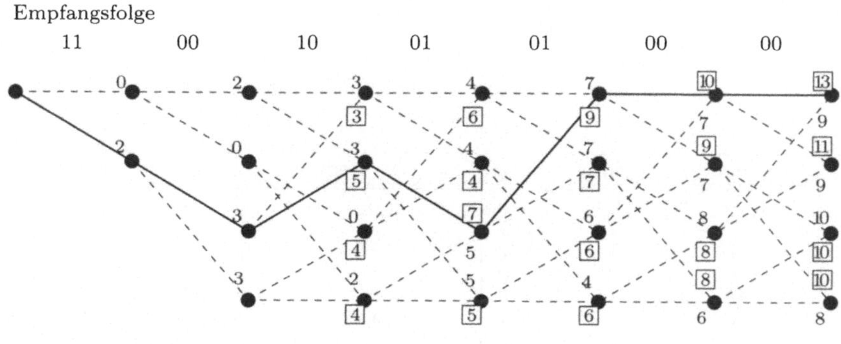

Zahlen: Anzahl der Übereinstimmungen ☐ Survivor —— Ausgabepfad

Lösung der Aufgabe 8.2

Empfangsfolge: $10\,10\,11\,11\ldots$; $p = 0.1$; $R = \frac{1}{2}$.

$$\text{Metrik für } p = 0.1 : \quad M(r_i|v_i) = \begin{cases} \log_2 2p - R & \text{für } r_i \neq v_i \\ \log_2 2(1-p) - R & \text{für } r_i = v_i \end{cases}$$

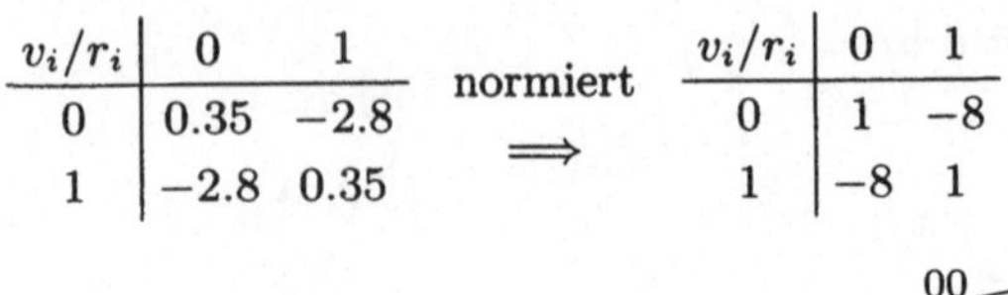

$$\begin{array}{c|cc} v_i/r_i & 0 & 1 \\ \hline 0 & 0.35 & -2.8 \\ 1 & -2.8 & 0.35 \end{array} \quad \text{normiert} \quad \Longrightarrow \quad \begin{array}{c|cc} v_i/r_i & 0 & 1 \\ \hline 0 & 1 & -8 \\ 1 & -8 & 1 \end{array}$$

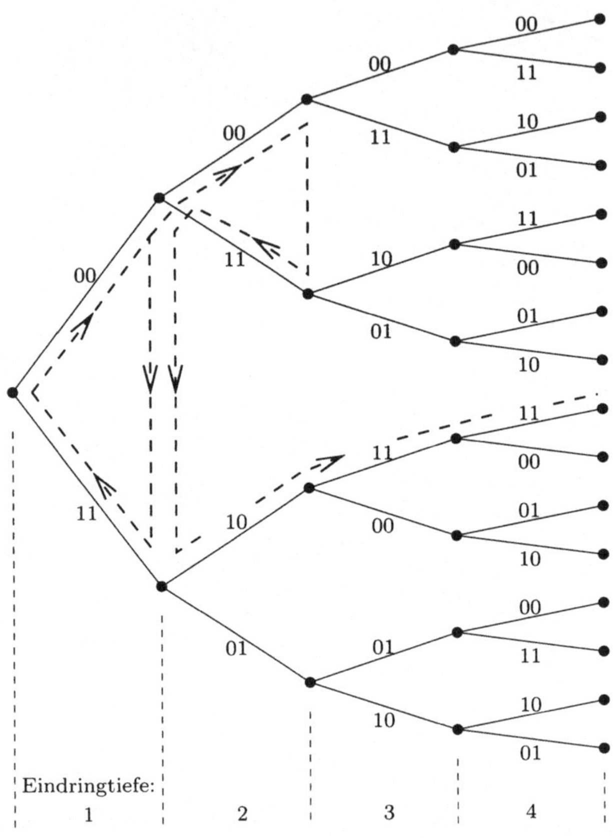

Bewegung	Tiefe q	Λ_q	Λ_{q-1}	Sequenz	T	Regel
—	0	0	$-\infty$	—	0	$1 \to V$ *
V	1	-7	0	00	0	$3 \to S$
S	1	-7	0	11	0	$3 \to R$
R	0	0	$-\infty$	—	-6	$4 \to V$
V	1	-7	0	00	-6	$3 \to S$
S	1	-7	0	11	-6	$3 \to R$
R	0	0	$-\infty$	—	-12	$4 \to V$
V	1	-7	0	00	-12	$2 \to V$
V	2	-14	-7	00 00	-12	$3 \to S$
S	2	-14	-7	00 11	-12	$3 \to R$
R	1	-7	0	00	-12	$5 \to S$
S	1	-7	0	11	-12	$2 \to V$
V	2	-5	-7	11 10	-6	$1 \to V$
V	3	-3	-5	11 10 11	-6	$1 \to V$ *
V	4	-1	-3	11 10 11 11	-6	$1 \to V$ *

* Schwellenänderung nicht möglich, Bedingung nicht erfüllt

Literaturverzeichnis

[AAS]   J. B. Anderson, T. Aulin, C.-E. Sundberg: *Digital Phase Modulation*. Plenum, 1986.

[AEZ85]   L. Ahlin, T. Ericson, V. V. Zyablov: Performance of concatenated codes in a fading channel. Report LiTH-ISY-I0736, Linköping University, Sweden, 1985.

[AM63]   E. F. Assmus, Jr., H. F. Mattson, Jr.: Error-correcting codes: An axiomatic approach. *Information and Control*, vol. 6, pp. 315–330, 1963.

[Art]   M. Artin: *Algebra*. Birkhäuser, Basel, Boston, Berlin, 1993, (aus dem engl. übersetzt von A. A'Campo).

[AS81a]   T. Aulin, C.-E. Sundberg: Continuous phase modulation—part I: Full response signaling. *IEEE Trans. on Comm.*, vol. COM-29, pp. 196–209, Mar. 1981.

[AS81b]   T. Aulin, C.-E. Sundberg: Continuous phase modulation—part II: Partial response signaling. *IEEE Trans. on Comm.*, vol. COM-29, pp. 210–225, Mar. 1981.

[BaCo]   N. Balakrishnan, A. C. Cohen: *Order Statistics and Interference*. Academic Press Inc., 1991.

[BBLK97]   M. Breitbach, M. Bossert, R. Lucas, C. Kempter: Soft-decison decoding of linear block codes as optimization problem. Erscheint in Europ. Trans. on Telecomm.

[BBZS98]   M. Breitbach, M. Bossert, V. V. Zyablov, V. R. Sidorenko: Array codes correcting a two-dimensional cluster of errors. Erscheint in IEEE Trans. on Inf. Theory.

[BCJR74]   L. R. Bahl, J. Cocke, F. Jelinek, J. Raviv: Optimal decoding of linear codes for minimizing symbol error rate. *IEEE Trans. on Inf. Theory*, vol. IT-20, pp. 284–287, Mar. 1974.

[BDG79]   G. Battail, M. C. Decouvelaere, P. Godlewski: Replication decoding. *IEEE Trans. on Inf. Theory*, vol. 25, pp. 332–345, May 1979.

[BDMP95]   S. Benedetto, D. Divsalar, G. Montorsi, F. Pollara: Bandwidth efficient parallel concatenated coding schemes. *Electr. Letters*, vol. 31, pp. 2067–2069, 1995.

[BDS96a]   M. Bossert, H. Dieterich, S. A. Shavgulidze: Generalized concatenation of convolutional codes. *Europ. Trans. on Telecomm.*, vol. 7, no. 6, pp. 483–492, Nov./Dec. 1996.

[BDS96b]   M. Bossert, H. Dieterich, S. A. Shavgulidze: Partitioning of convolutional co-
           des using a convolutional scrambler. *Electr. Letters*, vol. 32, no. 19, pp. 1758–
           1760, Sep. 1996.

[BDS97]   M. Bossert, H. Dieterich, S. A. Shavgulidze: Methods for the partitioning of
           convolutional codes. Tech. Rep. ITUU-TR-1997/05, Univ. Ulm, Abt. Infor-
           mationstechnik, Jun. 1997.

[BDS98]   M. Bossert, H. Dieterich, S. A. Shavgulidze: Some general methods for the
           partitioning of convolutional codes. In *2. ITG Fachtagung, Codierung für
           Quelle Kanal und Übertragung*, pp. 219–224, Aachen, Germany, Mar. 1998.

[Ber]   E. R. Berlekamp: *Algebraic coding theory*. Aegean Park Press, Laguna Hills,
           Cal., 1984.

[BGT93]   C. Berrou, A. Glavieux, P. Thitimajshima: Near shannon limit error-
           correcting coding and decoding: Turbo-Codes (1). In *Proc. of IEEE Int.
           Conf. on Communications '93*, pp. 1064–1070, Geneva, Switzerland, May
           1993.

[BH86]   M. Bossert, F. Herget: Hard- and soft-decision decoding beyond the half mi-
           nimum distance—An algorithm for linear codes. *IEEE Trans. on Inf. Theory*,
           vol. IT-32, pp. 709–714, Sep. 1986.

[BHD+97]   M. Bossert, A. Häutle, H. Dieterich, S. A. Shavgulidze, L. Chachua: Gene-
           ralized concatenation of encoded MSK modulation. Tech. Rep. ITUU-TR-
           1997/07, Univ. Ulm, Abt. Informationstechnik, Jun. 1997.

[BHS+97]   M. Bossert, A. Häutle, S. A. Shavgulidze, H. Dieterich, C. Krakovszky: Par-
           titionierung von M-wertigen CPM-Verfahren zur verallgemeinerten Verket-
           tung. Tech. Rep. ITUU-TR-1997/09, Univ. Ulm, Abt. Informationstechnik,
           Jun. 1997.

[BHSD97]   M. Bossert, A. Häutle, S. A. Shavgulidze, H. Dieterich: Generalized con-
           catenation of encoded CPFSK modulation. Tech. Rep. ITUU-TR-1997/06,
           Univ. Ulm, Abt. Informationstechnik, Jun. 1997.

[BJ74]   E. R. Berlekamp, J. Justesen: Some long cyclic linear binary codes are not
           so bad. *IEEE Trans. on Inf. Theory*, vol. IT-20, pp. 351–356, May 1974.

[BKS92]   M. Bossert, P. Klund, G. Schnabl: Coded modulation with generalized multi-
           ple concatenation on fading channels. In *Proceedings of the 5th Tirrenia Int.
           Workshop on Digital Communications: Coded Modulation and Bandwidth-
           Efficient Transmission*, pp. 295–303, Elsevier, 1992.

[Bla]   R. E. Blahut: *Theory and Practice of Error Control Codes*. Addison-Wesley
           Publishing Company, Reading, Massachusetts, 1983.

[BM96]   S. Benedetto, G. Montorsi: Unveiling turbo codes: Some results on paral-
           lel concatenated coding schemes. *IEEE Trans. on Inf. Theory*, vol. IT-42,
           pp. 409–428, 1996.

[BoFr]   M. Bossert, T. Frey: *Signal- und Systemtheorie*. Teubner Studienbücher,
           B. G. Teubner, Stuttgart, 1998, ISBN 3-519-06193-7.

[Bos80]   A. Bos: Codes over groups with arbitrary metrics. T.H.-Report 80-WSK-06,
           Univ. of Techn., Eindhoven, Netherlands, 1980.

[Boss87a] M. Bossert: *Ein Verfahren zur Decodierung von binären linearen Blockcodes über die halbe Mindestdistanz ohne und mit Kanalzustandsinformation.* Dissertation, TH Darmstadt, 1987.

[Boss87b] M. Bossert: On decoding binary quadratic residue codes. In *AAECC-5*, Menorca, Spain, 1987.

[BRC60a] R. C. Bose, D. K. Ray-Chaudhuri: Further results on error correcting binary group codes. *Information and Control*, vol. 3, pp. 279–290, 1960.

[BRC60b] R. C. Bose, D. K. Ray-Chaudhuri: On a class of error correcting binary group codes. *Information and Control*, vol. 3, pp. 68–79, 1960.

[Bre97] M. Breitbach: *On the Correction of Two-Dimensional Clusters of Errors.* Dissertation, Univ. Ulm, 1997.

[BS86] Y. Be'ery, J. Snyders: Optimal soft-decision block decoders based on fast hadamard transform. *IEEE Trans. on Inf. Theory*, vol. IT-32, pp. 355–364, 1986.

[BS90] M. Bossert, G. Schnabl: Multiple concatenated codes in the euclidean space. In *Proceedings of the International Workshop on Algebraic and Combinatorial Coding Theory*, Leningrad, USSR, 1990.

[BS92] M. Bossert, G. Schnabl: Konstruktion und Partitionierung von mehrdimensionalen Signalräumen für codierte Modulationssysteme. *ITG-Fachtagung, Wildbad Kreuth*, Apr. 1992.

[BS96] M. Bossert, V. R. Sidorenko: Singleton-type bounds for blot-correcting codes. *IEEE Trans. on Inf. Theory*, vol. IT-42, no. 3, pp. 1021–1023, May 1996.

[BSHD97] M. Bossert, S. A. Shavgulidze, A. Häutle, H. Dieterich: Generalized concatenation of encoded tamed frequency modulation. Tech. Rep. ITUU-TR-1997/08, Univ. Ulm, Abt. Informationstechnik, Jun. 1997.

[BSS90] E. Belitskaya, V. R. Sidorenko, P. Stenström: Testing of memory with defects of fixed configuration. In *Proc. 2nd Int. Workshop on Algebraic and Combinatorial Coding Theory*, pp. 24–28, Leningrad, USSR, Sep. 1990.

[BSU88] V. L. Banket, A. V. Salabai, N. A. Ugrelidze: Convolutional codes for channels with coherent CPFSK. *Proc. Moscow Radio Institute*, pp. 10–17, Apr./Jun. 1988.

[BU88] V. L. Banket, N. A. Ugrelidze: Convolutional codes for channels with minimum shift keying. *Radiotechnika*, pp. 11–15, Jan. 1988.

[BZ74] E. L. Blokh, V. V. Zyablov: Coding of generalized cascade codes. *Problemy Peredachi Informatsii*, vol. 10, no. 2, pp. 45–50, 1974.

[BZ95] M. Bossert, V. V. Zyablov: When and why erasures are good for Gaussian channel. In *Proc. of the 7th joint Swedish-Russian int. Workshop on Inf. Theory*, pp. 45–48, St.-Petersburg, Russia, Jun. 1995.

[Cal89] A. R. Calderbank: Multilevel codes and multistage decoding. *IEEE Trans. on Inf. Theory*, vol. IT-37, pp. 222–229, Mar. 1989.

[Cha72] D. Chase: A class of algorithms for decoding block codes with channel measurement information. *IEEE Trans. on Inf. Theory*, vol. IT-18, pp. 170–182, 1972.

[Che97]   J.-F. Cheng: On the decoding of certain generalized concatenated convolutional codes. Vorabdruck.

[ClCa]   G. C. Clark, J. B. Cain: *Error-Correction Coding for Digital Communications*. Plenum, New York, 1988.

[CMKH96]   A. R. Calderbank, G. McGuire, P. V. Kumar, T. Helleseth: Cyclic codes over $\mathbb{Z}_4$, locator polynomials and Newton's identities. *IEEE Trans. on Inf. Theory*, vol. IT-42, no. 1, pp. 217–226, Jan. 1996.

[Cos69]   D. J. Costello, Jr.: A construction technique for random-error-correcting convolutional codes. *IEEE Trans. on Inf. Theory*, vol. IT-19, pp. 631–636, 1969.

[CoSl]   J. H. Conway, N. J. A. Sloane: *Sphere Packings, Lattices and Groups*. Springer Verlag, 1988.

[Cus84]   E. L. Cusack: Error control codes for QAM signalling. *Electr. Letters*, vol. 20, pp. 62–63, 1984.

[CW80]   S. C. Chang, J. K. Wolf: A simple derivation of the MacWilliams identitiy for linear codes. *IEEE Trans. on Inf. Theory*, vol. IT-26, 1980.

[DC87]   R. H. Deng, D. J. Costello, Jr.: Reliability and throughput analysis on a concatenated coding scheme. *IEEE Trans. on Comm.*, vol. COM-35, pp. 698–705, 1987.

[Det94]   U. Dettmar: *Partial Unit Memory Codes*. Dissertation, TH Darmstadt, 1994.

[DN92]   S. M. Dodunekov, J. E. M. Nilsson: Algebraic decoding of the Zetterberg codes. *IEEE Trans. on Inf. Theory*, vol. 38, no. 5, pp. 1570–1573, Sep. 1992.

[Dor74]   B. G. Dorsch: A decoding algorithm for binary block codes and J-ary output channels. *IEEE Trans. on Inf. Theory*, vol. IT-20, pp. 391–394, May 1974.

[Dorn87]   J. L. Dornstetter: On the equivalence between Berlekamp's and Euklid's algorithms. *IEEE Trans. on Inf. Theory*, vol. IT-33, no. 3, pp. 428–431, May 1987.

[DRS93]   U. Dettmar, R. R., U. Sorger: On the trellis complexity of block and convolutional codes. *Problems of Information Transmission*, vol. 32, no. 2, pp. 10–21, Jul.–Sep. 1993, Übersetzung aus Problemy Peredachi Informatsii.

[DS92]   U. Dettmar, S. A. Shavgulidze: New optimal partial unit memory codes. *Electr. Letters*, vol. 28, no. 18, pp. 1748–1749, 1992.

[DS93]   U. Dettmar, U. Sorger: New optimal partial unit memory codes based on extended BCH codes. *Electr. Letters*, vol. 29, no. 23, pp. 2024, 1993.

[Dum96]   I. Dumer: Suboptimal decoding of linear codes: Partition technique. *IEEE Trans. on Inf. Theory*, vol. 42, no. 6, pp. 1971–1986, 1996.

[EBMS96]   A. Engelhart, M. Bossert, J. Maucher, V. R. Sidorenko: Heuristic algorithms for ordering a linear block code to reduce the number of nodes of the minimal trellis. Tech. Rep. ITUU-TR-1996/03, Univ. Ulm, Abt. Informationstechnik, Nov. 1996.

[EEI$^+$89] G. Einarsson, T. Ericson, I. Ingemarsson, R. Johannesson, K. Zigangirov, C.-E. Sundberg: *Topics in Coding Theory, In honour of Lars H. Zetterberg*. Springer Verlag, 1989.

[Eli55]   P. Elias: Coding for noisy channels. *IRE Conv. Rec. Part 4*, pp. 37–47, 1955.

[Enns87]   V. I. Enns: New bounds of decoding domain for certain methods of error correction with decision. In 3rd *Joint Soviet-Swedish Workshop on Information Theory*, pp. 347–350, Sochi, USSR, May 1987.

[Eri86]   T. Ericson: Concatenated codes—principles and possibilities. In *AAECC-4*, Karlsruhe, 1986.

[Evs83]   G. S. Evseev: On the complexity of decoding of linear block codes. *Problemy Peredachi Informatsii*, vol. 19, no. 1, pp. 3–8, 1983.

[EZ95]   T. Ericson, V. A. Zinoviev: Spherical codes generated by binary partitions of symmetric pointsets. *IEEE Trans. on Inf. Theory*, vol. IT-41, pp. 107–129, Jan. 1995.

[Fano63]   R. M. Fano: A heuristic discussion of probabalistic decoding. *IEEE Trans. on Inf. Theory*, vol. IT-9, pp. 64–74, Apr. 1963.

[Far92]   P. G. Farrell: A survey of array error control codes. *Europ. Trans. on Telecomm.*, vol. 3, no. 5, pp. 441–454, Sep./Oct. 1992.

[FB96]   T. Frey, M. Bossert: A first approach to concatenation of coding and spreading for CDMA-Systems. In *Intern. Symp. on Spread Spectrum Techniques and Applications*, pp. 667–671, Mainz, Germany, 22.–25. Sep. 1996.

[FGL^{+}84]   G. D. Forney, Jr., R. G. Gallager, G. R. Lang, F. M. Longstaff, S. U. Qureshi: Efficient modulation for band-limited channels. *IEEE Jour. on Sel. Areas in Comm.*, vol. 2, pp. 632–647, 1984.

[FL95]   M. P. C. Fossorier, S. Lin: Soft-decision decoding of linear block codes based on ordered statistics. *IEEE Trans. on Inf. Theory*, vol. IT-41, no. 5, pp. 1379–1396, Sep. 1995.

[FL96]   M. P. C. Fossorier, S. Lin: Computationally efficient soft-decision decoding of linear block codes based on ordered statistics. *IEEE Trans. on Inf. Theory*, vol. IT-42, pp. 738–751, May 1996.

[FL97]   M. P. C. Fossorier, S. Lin: Complementary reliability-based decodings of binary linear block codes. *IEEE Trans. on Inf. Theory*, vol. IT-43, no. 5, pp. 1667–1672, Sep. 1997.

[FLS97]   M. P. C. Fossorier, S. Lin, J. Synders: Reliability-based syndrome decoding of linear block codes. Erscheint in IEEE Trans. on Inf. Theory.

[For66a]   G. D. Forney, Jr.: *Concatenated Codes*. MIT, Cambridge, MA, 1966.

[For66b]   G. D. Forney, Jr.: Generalized minimum distance decoding. *IEEE Trans. on Inf. Theory*, vol. IT-12, no. 2, pp. 125–131, Apr. 1966.

[For70]   G. D. Forney, Jr.: Convolutional codes I: Algebraic structure. *IEEE Trans. on Inf. Theory*, vol. IT-16, pp. 720–738, Nov. 1970.

[For73]   G. D. Forney, Jr.: The Viterbi algorithm. *Proc. IEEE*, vol. 61, pp. 268–278, Mar. 1973.

[For74]   G. D. Forney, Jr.: Convolutional codes II: Maximum likelihood decoding. *Information and Control*, vol. 25, pp. 222–266, Jul. 1974.

[For88a]   G. D. Forney, Jr.: Coset codes—part I: Introduction and geometrical classification. *IEEE Trans. on Inf. Theory*, vol. IT-34, no. 5, pp. 1123–1151, Sep. 1988.

[For88b]   G. D. Forney, Jr.: Coset codes—part II: binary lattices and related codes. *IEEE Trans. on Inf. Theory*, vol. IT-34, no. 5, pp. 1152–1187, Sep. 1988.

[FT93]   G. D. Forney, Jr., M. D. Trott: The dynamics of group codes: state spaces, trellis diagrams, and canonical encoders. *IEEE Trans. on Inf. Theory*, vol. IT-39, pp. 1491–1513, Sep. 1993.

[Gab71]   E. M. Gabidulin: Combinatorial metrics in coding theory. In *Proc. 2nd Int. Symp. Inform. Theory*, pp. 169–176, Budapest, 1971.

[Gal]   R. G. Gallager: *Information Theory and Reliable Communication*. Wiley, New York, 1968.

[Gal62]   R. G. Gallager: Low-density parity-check codes. *IRE Trans. on Inf. Theory*, vol. 8, no. 1, pp. 21–28, Jan. 1962.

[GB97]   E. Gabidulin, M. Bossert: Phase rotation invariant block codes. In *4th International Symposium on Communication Theory and Applications*, 13–18 July 1997.

[GB98]   E. Gabidulin, M. Bossert: Hard and soft-decision decoding of phase rotation invariant block codes. In *1998 International Zürich Seminar on Broadband Communications*, February 17–19, 1998.

[Gil52]   E. Gilbert: A comparison of signalling alphabets. *Bell Systems Technical Journal*, vol. 31, pp. 504–522, 1952.

[Gil60]   E. N. Gilbert: Capacity of a burst-noise channel. *Bell Systems Technical Journal*, vol. 39, pp. 1253–1265, Sep. 1960.

[GJZ97]   T. Garde, J. Justesen, V. V. Zyablov: Generalized concatenated codes with very high rate. Vorabdruck.

[Gol]   S. W. Golomb: *Shift Register Sequences*. Aegean Park Press, Laguna Hills (Cal.), revised edn., 1982.

[Gol49]   M. J. E. Golay: Notes on digital coding. In *Proc. IEEE*, vol. 37, p. 657, 1949.

[Gol54]   M. J. E. Golay: Binary coding. *IEEE Trans. on Inf. Theory*, vol. 4, pp. 23–28, 1954.

[Gore70]   W. C. Gore: Further results on product codes. *IEEE Trans. on Inf. Theory*, vol. IT-16, pp. 446–451, 1970.

[GZ61]   D. C. Gorenstein, N. Zierler: A class of error-correcting codes in p^m symbols. *J. Soc. Indus. Applied Math.*, vol. 9, pp. 207–214, 1961.

[Hag88]   J. Hagenauer: Rate compatible punctured convolutional codes (RCPC codes) and their applications. *IEEE Trans. on Comm.*, vol. COM-36, pp. 389–400, Apr. 1988.

[Hag90]   J. Hagenauer: Soft output Viterbi decoder. Tech. rep., Deutsche Forschungsanstalt für Luft- und Raumfahrt (DLR), 1990.

[Hag95]   J. Hagenauer: Source-controlled channel coding. *IEEE Trans. on Comm.*, vol. COM-43, pp. 2449–2457, 1995.

[Ham50]   R. Hamming: Error detecting and error correcting codes. *Bell Systems Technical Journal*, vol. 29, pp. 147–160, 1950.

[HBS93]   H. Herzberg, Y. Be'ery, J. Snyders: Concatenated multilevel block coded modulation. *IEEE Trans. on Comm.*, vol. COM-41, no. 1, pp. 41–49, Jan. 1993.

[HBSD98] A. Häutle, M. Bossert, S. A. Shavgulidze, H. Dieterich: Generalized concatenation of encoded tamed frequency modulation. In *2. ITG Fachtagung, Codierung für Quelle Kanal und Übertragung*, pp. 279–284, Aachen, Germany, Mar. 1998.

[HEK87] P. C. Hershey, A. Ephremides, R. K. Khatri: Performance of RS-BCH concatenated codes and BCH single stage codes on an interference satellite channel. *IEEE Trans. on Comm.*, vol. COM-35, pp. 550–556, 1987.

[HeQu] W. Heise, P. Quattrocchi: *Informations- und Codierungstheorie*. Springer Verlag, 3. Aufl., 1995.

[HeWo] H. Heuser, H. Wolf: *Algebra, Funktionalanalysis und Codierung*. B. G. Teubner, Stuttgart, 1986.

[HH89] J. Hagenauer, P. Höher: A Viterbi algorithm with soft-decision outputs and its applications. In *Proc. GLOBECOM '89*, pp. 47.1.1–47.1.7, Dallas, Texas, Nov. 1989.

[HHC93] Y. S. Han, C. R. P. Hartmann, C.-C. Chen: Efficient priority-first search maximum-likelihood soft-decision decoding of linear block codes. *IEEE Trans. on Inf. Theory*, vol. IT-39, no. 5, pp. 1514–1523, Sep. 1993.

[HKC+94] A. R. Hammons, P. V. Kumar, A. R. Calderbank, N. J. A. Sloane, P. Sole: The $\mathbb{Z}_4$-linearity of Kerdock, Preparata, Goethals, and related code. *IEEE Trans. on Inf. Theory*, vol. IT-40, pp. 301–319, 1994.

[Hoc59] A. Hocquenghem: Codes correcteurs d'erreurs. *Chiffres*, vol. 2, pp. 147–156, 1959, (in französisch).

[Hole88] K. J. Hole: New short constraint length rate $(N-1)/N$ punctured convolutional codes for soft-decision Viterbi decoding. *IEEE Trans. on Inf. Theory*, vol. IT-34, pp. 1079–1081, Sep. 1988.

[HOP96] J. Hagenauer, E. Offer, L. Papke: Iterative decoding of binary block and convolutional codes. *IEEE Trans. on Inf. Theory*, vol. IT-42, no. 2, pp. 429–445, Mar. 1996.

[HR76] C. R. P. Hartmann, L. D. Rudolph: An optimum symbol-by-symbol decoding rule for linear codes. *IEEE Trans. on Inf. Theory*, vol. IT-22, pp. 514–517, Sep. 1976.

[HS73] H. J. Helgert, R. D. Stinaff: Minimum distance bounds for binary linear codes. *IEEE Trans. on Inf. Theory*, vol. IT-19, pp. 344–356, May 1973.

[HTV82] H. Hoeve, J. Timmermanns, L. B. Vries: Error correction and concealment in the compact disc system. *Philips Tech. Rev.*, vol. 40, no. 6, pp. 166–172, 1982.

[Hub94] K. Huber: Codes over Gaussian integers. *IEEE Trans. on Inf. Theory*, vol. IT-40, no. 1, pp. 207–216, Jan. 1994.

[IH77] H. Imai, S. H. Hirakawa: A new multilevel coding method using error-correcting codes. *IEEE Trans. on Inf. Theory*, vol. IT-23, pp. 371–377, May 1977.

[JD78] F. de Jager, C. B. Dekker: Tamed frequency modulation—a novel method to achieve spectrum economy in digital transmission. *IEEE Trans. on Comm.*, vol. COM-26, pp. 534–542, May 1978.

[Jel69]   F. Jelinek: A fast sequential decoding algorithm using a stack. *IBM Journal Research and Devel.*, vol. 13, pp. 675–685, Nov. 1969.

[Jen85]   J. M. Jensen: The concatenated structure of cyclic and abelian codes. *IEEE Trans. on Inf. Theory*, vol. IT-31, pp. 788–793, 1985.

[Jen92]   J. M. Jensen: Cyclic concatenated codes with constacyclic outer codes. *IEEE Trans. on Inf. Theory*, vol. IT-38, pp. 950–959, May 1992.

[Jen96]   J. M. Jensen: Cyclic concatenated codes. Persönliche Kommunikation.

[Joh75]   R. Johannesson: Robustly-optional rate one-half binary convolutional codes. *IEEE Trans. on Inf. Theory*, vol. IT-21, pp. 964–968, Jul. 1975.

[JTZ88]   J. Justesen, C. Thommesen, V. V. Zyablov: Concatenated codes with convolutional inner codes. *IEEE Trans. on Inf. Theory*, vol. IT-34, part II, no. 5, pp. 1217–1225, Sep. 1988.

[Jus93]   J. Justesen: Bounded distance decoding of unit memory codes. *IEEE Trans. on Inf. Theory*, vol. IT-39, no. 5, pp. 1616–1627, Sep. 1993.

[JW93]   R. Johannesson, Z. Wan: A linear algebra approach to minimal convolutional encoders. *IEEE Trans. on Inf. Theory*, vol. IT-39, pp. 1219–1233, Jul. 1993.

[JZ97]   R. Johannesson, K. S. Zigangirov: Fundamentals of convolutional codes. Buch in Bearbeitung.

[Kam]   K. D. Kammeyer: *Nachrichtenübertragung*. Informationstechnik, B. G. Teubner, Stuttgart, 2. Aufl., 1996, ISBN 3-519-16142-7.

[Kap]   E. D. Kaplan (ed.): *Understanding GPS*. Artech House, 1996.

[Kar87]   Y. D. Karyakin: Fast correlation decoding of Reed-Muller codes. *Problemy Peredachi Informatsii*, vol. 23, pp. 40–49, 1987.

[KKT$^+$96] T. Kasami, T. Koumoto, T. Takata, T. Fujiwara, S. Lin: The least stringent sufficient condition on the optimality of suboptimally decoded codewords. In *Proc. of IEEE Intern. Symposium on Inf. Theory*, p. 470, Whistler, Canada, Jun. 1996.

[KL87]   T. Kasami, S. Lin: A cascade coding scheme for error control and its performance analysys. Tech. rep., NASA-GSFC, 1987.

[KL93]   A. D. Kot, C. Leung: On the construction and dimensionality of linear block code trellises. In *Proc. of IEEE Intern. Symposium on Inf. Theory*, p. 291, 1993.

[KNIH94]   T. Kaneko, T. Nishijima, H. Inazumi, S. Hirasawa: An efficient maximum-likelihood-decoding algorithm for linear block codes with algebraic decoder. *IEEE Trans. on Inf. Theory*, vol. IT-40, no. 2, pp. 320–327, Mar. 1994.

[Kol96]   E. Kolev: Binary mapped Reed-Solomon and their weight distribution. In *Proc. of the 5th Intern. Workshop on Algebraic and Combinatorial Coding Theory*, pp. 161–169, Sozopol, Bulgaria, 1996.

[Kro89]   E. A. Krouk: A bound on the decoding complexity of linear block codes. *Problemy Peredachi Informatsii*, vol. 25, no. 3, pp. 103–106, 1989.

[KS95]   F. R. Kschischang, V. Sorokine: On the trellis structure of block codes. *IEEE Trans. on Inf. Theory*, vol. IT-41, Part II, no. 6, pp. 1924–1937, Nov. 1995.

[Ksc96]   F. Kschischang: The trellis structure of maximal fixed-cost codes. *IEEE Trans. on Inf. Theory*, vol. IT-42, no. 6, pp. 1828–1838, Nov. 1996.

[KTFL93]   T. Kasami, T. Takata, T. Fujiwara, S. Lin: On the optimum bit orders with respect to the state complexity of trellis diagrams for binary linear block codes. *IEEE Trans. on Inf. Theory*, vol. IT-39, pp. 242–245, Jan. 1993.

[KTL86]   T. Kasami, F. Tohru, S. Lin: A concatenated coding scheme for error control. *IEEE Trans. on Comm.*, vol. COM-34, pp. 481–488, 1986.

[Lar73]   K. J. Larsen: Short convolutional codes with maximal free distance for rates 1/2, 1/3 and 1/4. *IEEE Trans. on Inf. Theory*, vol. IT-19, pp. 371–372, May 1973.

[LBB96]   R. Lucas, M. Bossert, M. Breitbach: Iterative soft decision decoding of linear binary block codes. In *Proc. IEEE Intern. Symp. Inform. Theory and Its Applications*, Victoria, Canada, 1996.

[LBB98]   R. Lucas, M. Bossert, M. Breitbach: On iterative soft-decision decoding of linear binary block codes and product codes. *IEEE J. on Selected Areas in Comm.*, vol. SAC-16, no. 2, pp. 276–296, Feb. 1998.

[LBBG96]   R. Lucas, M. Bossert, M. Breitbach, H. Grießer: On iterative soft decision decoding of binary QR codes. In *Proc. of the 5th Intern. Workshop on Algebraic and Combinatorial Coding Theory*, pp. 184–189, Sozopol, Bulgaria, 1996.

[LBD98]   R. Lucas, M. Bossert, A. Dammann: Improved soft-decision decoding of Reed-Muller codes as generalized multiple concatenated codes. In *2. ITG Fachtagung, Codierung für Quelle Kanal und Übertragung*, pp. 137–141, Aachen, Germany, Mar. 1998.

[LBT93]   N. Lous, P. Bours, H. van Tilborg: On maximum likelihood soft-decision decoding of binary linear codes. *IEEE Trans. on Inf. Theory*, vol. 39, no. 1, pp. 197–203, Jan. 1993.

[Lee76]   L.-N. Lee: Short unit-memory byte-oriented binary convolutional codes having maximal free distance. *IEEE Trans. on Inf. Theory*, vol. IT-22, pp. 349–352, May 1976.

[Lee94]   L. H. C. Lee: New rate-compatible punctured convolutional codes for Viterbi decoding. *IEEE Trans. on Comm.*, vol. COM-42, pp. 3073–3079, Dec. 1994.

[LiCo]   S. Lin, D. J. Costello: *Error Control Coding, Fundamentals and Applications*. Prentice-Hall Inc., Englewood Cliffs, New Jersey 07632, 1983.

[Lint]   J. H. van Lint: *Introduction to Coding Theory*. Springer Verlag, 1982.

[LL87]   M. Lin, S. Lin: On codes with multi-level error-correction capabilities. Tech. rep., NASA-ECS, 1987.

[LNSM85]   S. N. Litsyn, E. E. Nemirovsky, O. I. Shekhovtsov, L. G. Mikhailovskaya: The fast decoding of first order Reed-Muller codes in the Gaussian channel. *Problems of Control and Information Theory*, vol. 14, pp. 189–201, 1985.

[LS83]   S. N. Litsyn, O. I. Shekhovtsov: Fast decoding algorithm for first-order Reed-Muller codes. *Problems of Information Transmission*, vol. 19, pp. 87–91, 1983, Übersetzung aus Problemy Peredachi Informatsii.

[Luc97]   R. Lucas: *Iterative Decoding of Block Codes*. Dissertation, Univ. Ulm, 1997.

[Man77]   D. M. Mandelbaum: Method for decoding of generalized Goppa codes. *IEEE Trans. on Inf. Theory*, vol. IT-23, pp. 137–140, Jan. 1977.

[Mas]   J. L. Massey: *Threshold Decoding*. M.I.T. Press, Cambridge, Mass., 1963.

[Mas69]   J. L. Massey: Shift register synthesis and BCH decoding. *IEEE Trans. on Inf. Theory*, vol. IT-15, pp. 122–127, Jan. 1969.

[Mas78]   J. L. Massey: Foundations and methods of channel coding. In *Proc. of Intern. Conf. on Inform. Theory and Systems*, vol. 65, pp. 148–157, 1978, NTG-Fachberichte.

[Mas92]   J. L. Massey: *Deep Space Communications and Coding: A Marriage Made in Heaven*. Lecture Notes in Control and Information Sciences 182, Springer Verlag, 1992.

[Mau95]   J. Maucher: A new construction of (partial) unit memory codes based on Reed-Muller codes. In *Proc. of the 7th joint Swedish-Russian int. Workshop on Inf. Theory*, pp. 180–184, St.-Petersburg, Russia, Jun. 1995.

[McE96]   R. J. McEliece: On the BCJR trellis for linear block codes. *IEEE Trans. on Inf. Theory*, vol. IT-42, pp. 1072–1092, Jul. 1996.

[McE97]   R. J. McEliece: The algebraic theory of convolutional codes. Kapitel aus „Handbook of Coding Theory“, in Bearbeitung.

[McWSl]   F. J. MacWilliams, N. J. A. Sloane: *The Theory of Error-Correcting Codes*. North Holland Publishing Company, 1996, ISBN 0-444-85193-3.

[MH81]   K. Murota, K. Hirade: GMSK modulation for digital mobile radio telphony. *IEEE Trans. on Comm.*, vol. COM-29, pp. 1044–1050, Jul. 1981.

[MMHP94] F. Morales-Moreno, W. Holubowicz, S. Pasupathy: Optimization of trellis coded TFM via matched codes. *IEEE Trans. on Comm.*, vol. COM-42, pp. 1586–1594, Feb./Mar./Apr. 1994.

[MMHP95] F. Morales-Moreno, W. Holubowicz, S. Pasupathy: Convolutional coding of binary CPM schemes with no increase in receiver complexity. *IEEE Trans. on Comm.*, vol. COM-43, pp. 1221–1224, Feb./Mar./Apr. 1995.

[MMP88]   F. Morales-Moreno, S. Pasupathy: Structure, optimization and realization of FFSK trellis codes. *IEEE Trans. on Inf. Theory*, vol. IT-34, pp. 730–751, Jul. 1988.

[MRRW77] R. J. McEliece, E. R. Rodemich, H. C. Rumsey, L. R. Welch: New upper bounds on the weight of a code via the Delsarte-MacWilliams inequalities. *IEEE Trans. on Inf. Theory*, vol. IT-23, pp. 157–166, 1977.

[Mud88]   D. J. Muder: Minimal trellises for block codes. *IEEE Trans. on Inf. Theory*, vol. IT-34, no. 5, pp. 1049–1053, Sep. 1988.

[Mul54]   D. E. Muller: Application of boolean algebra to switching circuit design and to error detection. *IEEE Transactions on Computers*, vol. 3, pp. 6–12, 1954.

[Nec91]   A. A. Nechaev: Kerdock codes in a cyclic form. *Discrete Math. and Appl.*, vol. 1, no. 4, pp. 365–384, 1991, (in russisch: *Discrete Math.* (USSR) 1989).

[NeWo]   G. L. Nemhauser, L. A. Wolsey: *Integer and Combinatorial Optimization*. Wiley, 1988.

[NK96]   A. A. Nechaev, A. S. Kuzmin: Z-4-linearity, two approaches. In *Proc. of the 5th Intern. Workshop on Algebraic and Combinatorial Coding Theory*, pp. 212–215, Sozopol, Bulgaria, 1996.

[Omu70]   J. K. Omura: A probablistic decoding algorithm for binary group codes (abstract). *IEEE Trans. on Inf. Theory*, vol. 16, no. 1, pp. 123, Jan. 1970.

[Pal95]   R. Palazzo, Jr.: A network flow approach to convolutional codes. *IEEE Trans. on Comm.*, vol. COM-43, pp. 1429–1440, Feb./Mar./Apr. 1995.

[Pet60]   W. W. Peterson: Encoding and error-correction procedures for the Bose-Chaudhuri codes. *IEEE Trans. on Inf. Theory*, vol. 6, pp. 459–470, 1960.

[PeWe]   W. W. Peterson, E. J. Weldon: *Error Correcting Codes*. MIT Press, 1981.

[Plo60]   M. Plotkin: Binary codes with specified minimum distances. *IEEE Trans. on Inf. Theory*, vol. 6, pp. 445–450, 1960.

[Por85]   S. L. Portnoy: Characteristics of coding and modulation systems from the standpoint of concatenated codes. *Problemy Peredachi Informatsii*, vol. 21, no. 3, pp. 14–27, 1985.

[Pra59]   E. Prange: The use of coset equivalence in the analysis and decoding of group codes. Tech. Report AFCRC-TR-59-164, USAF Cambridge Research Center, Bedford, Mass., USA, 1959.

[Pro]   J. G. Proakis: *Digital Communications*. MacGraw-Hill, 3rd edn., 1995.

[Reed54]   I. S. Reed: A class of multiple-error-correcting codes and the decoding scheme. *IEEE Trans. on Inf. Theory*, vol. 4, pp. 38–49, 1954.

[Rei60]   S. H. Reiger: Codes for the correction of "clustered" errors. *IRE Trans. on Inf. Theory*, vol. 6, no. 2, pp. 16–21, Mar. 1960.

[Rie98]   S. Riedel: Symbol-by-symbol MAP decoding algorithm for high-rate convolutional codes that use reciprocal dual codes. *IEEE J. on Selected Areas in Comm.*, vol. SAC-16, no. 2, pp. 175–185, Feb. 1998.

[Rim88]   B. Rimoldi: A decomposition approach to CPM. *IEEE Trans. on Inf. Theory*, vol. IT-34, pp. 260–270, Mar. 1988.

[Rim89]   B. Rimoldi: Design of coded CPFSK modulation systems for bandwidth and energy efficiency. *IEEE Trans. on Comm.*, vol. COM-37, pp. 897–905, Sep. 1989.

[RL95]   B. Rimoldi, Q. Li: Coded continuous phase modulation using ring convolutional codes. *IEEE Trans. on Comm.*, vol. COM-43, pp. 2714–2720, Nov. 1995.

[RS60]   I. S. Reed, G. Solomon: Polynomial codes over certain finite fields. *J. SIAM*, vol. 8, pp. 300–304, 1960.

[RS95]   S. Riedel, Y. V. Svirid: Iterative (turbo) decoding of threshold decodable codes. *Europ. Trans. on Telecomm.*, vol. 6, pp. 527–534, 1995.

[RVH95]   P. Robertson, E. Villebrun, P. Höher: A comparison of optimal and suboptimal MAP decoding algorithms operating in the log domain. In *IEEE Int. Conf. on Communications*, pp. 1009–1013, Seattle, WA, Jun. 1995.

[RW95]   P. Robertson, T. Wörz: Coded modulation scheme employing turbo codes. *Electr. Letters*, vol. 31, pp. 1546–1547, 1995.

[Say86]   S. I. Sayegh: A class of optimum block codes in signal space. *IEEE Trans. on Comm.*, vol. COM-34, pp. 1043–1045, 1986.

[SB89]   J. Snyders, Y. Be'ery: Maximum likelihood soft decoding of binary block codes and decoders for the Golay codes. *IEEE Trans. on Inf. Theory*, vol. 35, pp. 963–975, Sep. 1989.

[SB90]   G. Schnabl, M. Bossert: Coded modulation with generalized multiple concatenation of block codes. In *Proc. of AAECC-8*, Tokyo, Japan, 1990.

[SB94]   G. Schnabl, M. Bossert: Reed-Muller codes as generalized multiple concatenated codes with soft-decision decoding. Tech. Rep. ITUU-TR-1994/01, Univ. Ulm, Abt. Informationstechnik, Germany, 1994.

[SB95]   G. Schnabl, M. Bossert: Soft-decision decoding of Reed-Muller codes as generalized multiple concatenated codes. *IEEE Trans. on Inf. Theory*, vol. IT-41, pp. 304–308, Jan. 1995.

[Schu]   R. H. Schulz: *Codierungstheorie*. Verlag Vieweg, 1991.

[Sha48]   C. E. Shannon: A mathematical theory of communication. *Bell Systems Technical Journal*, vol. 27, pp. 379–423 and 623–656, 1948.

[Sid96]   V. R. Sidorenko: The Viterbi decoding complexity of group and some non-group codes. In *Proc. of the 5th Intern. Workshop on Algebraic and Combinatorial Coding Theory*, pp. 259–265, Sozopol, Bulgaria, Jun. 1996.

[Sid97]   V. R. Sidorenko: The Euler characteristic $|V| - |E|$ of the minimal code trellis is maximum. *Problems of Information Transmission*, vol. 32, no. 2, pp. 10–21, Jan. 1997, Übersetzung aus Problemy Peredachi Informatsii.

[Sin64]   R. C. Singleton: Maximum distance q-nary codes. *IEEE Trans. on Inf. Theory*, vol. 10, pp. 116–118, 1964.

[SKHN75]   Y. Sugiyama, M. Kasahara, S. Hirasawa, T. Namekawa: A method for solving key equation for decoding Goppa codes. *Information and Control*, vol. 27, pp. 87–99, 1975.

[SL83]   G. Seroussi, A. Lempel: Maximum likelihood decoding of certain Reed-Muller codes. *IEEE Trans. on Inf. Theory*, vol. IT-29, pp. 448–450, 1983.

[SMH96]   V. R. Sidorenko, G. Markarian, B. Honary: Minimal trellis design for linear codes based on the Shannon product. *IEEE Trans. on Inf. Theory*, vol. IT-42, no. 6, pp. 2048–2053, Nov. 1996.

[SMH97]   V. R. Sidorenko, I. Martin, B. Honary: On separability of some known nonlinear block codes. In *Proc. of IEEE Intern. Symposium on Inf. Theory*, p. 506, Jun. 1997.

[Sny91]   J. Snyders: Reduced lists of error patterns for maximum likelihood soft decoding. *IEEE Trans. on Inf. Theory*, vol. 37, no. 4, pp. 1194–1200, Jul. 1991.

[Sor93]   U. K. Sorger: A new Reed-Solomon code decoding algorithm based on Newton's interpolation. *IEEE Trans. on Inf. Theory*, vol. IT-39, no. 2, pp. 358–365, Mar. 1993.

[Sor95]   U. Sorger: *Reed-Solomon Codes und Newton Interpolation*. Dissertation, TH Darmstadt, 1995.

[Sun86]   C.-E. Sundberg: Continuous phase modulation. *IEEE Comm. Magazine*, vol. 24, no. 4, pp. 25–38, Apr. 1986.

[Svi95]   Y. V. Svirid: Weight distributions and bounds for turbo codes. *Europ. Trans. on Telecomm.*, vol. 6, pp. 543–555, 1995.

[TH95a]   P. Tyczka, W. Holubowicz: GMSK modulation combined with convolutional codes under receiver complexity constraint. In *ISCTA*, pp. 114–121, Ambleside, UK, Jul. 1995.

[TH95b]   P. Tyczka, W. Holubowicz: Trellis coding of Gaussian filtered MSK. In *Proc. of IEEE Intern. Symposium on Inf. Theory*, p. 63, Whistler, Canada, Sep. 1995.

[TH97]   P. Tyczka, W. Holubowicz: Comparison of several receiver structures for trellis-coded GMSK signals: Analytical and simulation results. In *Proc. of IEEE Intern. Symposium on Inf. Theory*, p. 193, Ulm, Germany, Jun. 1997.

[TJ83]   C. Thommesen, J. Justesen: Bounds on distances and error exponents of unit memory codes. *IEEE Trans. on Inf. Theory*, vol. IT-29, pp. 637–649, Sep. 1983.

[TP91]   D. J. Taipale, M. B. Pursely: An improvement to generalized minimum distance decoding. *IEEE Trans. on Inf. Theory*, vol. IT-37, no. 1, pp. 167–191, Jan. 1991.

[TSKN82]   K. Tokiwa, T. Sugimura, M. Kasahara, T. Namekawa: New decoding algorithm for Reed-Muller codes. *IEEE Trans. on Inf. Theory*, vol. IT-28, pp. 779–787, 1982.

[Ulr57]   W. Ulrich: Non-binary error-correcting codes. *Bell Systems Technical Journal*, vol. 36, no. 6, pp. 1341–1387, 1957.

[Ung82]   G. Ungerböck: Channel coding with multilevel/phase signals. *IEEE Trans. on Inf. Theory*, vol. IT-28, pp. 55–67, Jan. 1982.

[Ung87a]   G. Ungerböck: Trellis-coded modulation with redundant signal sets—part I. *IEEE Comm. Magazine*, vol. 25, pp. 5–11, 1987.

[Ung87b]   G. Ungerböck: Trellis-coded modulation with redundant signal sets—part II: State of the art. *IEEE Comm. Magazine*, vol. 25, no. 2, pp. 12–21, Feb. 1987.

[US94]   N. A. Ugrelidze, S. A. Shavgulidze: Convolutional codes over rings for CPFSK signalling. *Electr. Letters*, vol. 30, pp. 832–834, May 1994.

[USA94]   N. A. Ugrelidze, S. A. Shavgulidze, I. G. Asanidze: Simulated error performance of encoded MSK signals in Gaussian and Rician fading channels. *Electr. Letters*, vol. 30, no. 12, pp. 932–933, Jun. 1994.

[Var57]   R. Varshamov: Estimate of the number of signals in error correcting codes. Tech. Rep. 117, Dokl. Akad. Nauk, SSSR, 1957.

[VB91]   A. Vardy, Y. Be'ery: Bit-level soft-decision decoding of Reed-Solomon codes. *IEEE Trans. on Inf. Theory*, vol. IT-39, no. 3, Mar. 1991.

[Vit67]   A. J. Viterbi: Error bounds for convolutional codes and an asymptotically optimum decoding algorithm. *IEEE Trans. on Inf. Theory*, vol. IT-13, pp. 260–269, Apr. 1967.

[Vit71]   A. J. Viterbi: Convolutional codes and their performance in communications systems. *IEEE Trans. on Comm.*, vol. COM-19, pp. 751–772, 1971.

[VK96]   A. Vardy, F. R. Kschischang: Proof of a conjecture of McEliece regarding the expansion index of the minimal trellis. *IEEE Trans. on Inf. Theory*, vol. IT-42, no. 6, Nov. 1996.

[Wei84a]   L. F. Wei: Rotationally invariant convolutional channel coding with expanded signal space—part I. *IEEE J. on Selected Areas in Comm.*, vol. SAC-2, pp. 659–672, 1984.

[Wei84b]   L. F. Wei: Rotationally invariant convolutional channel coding with expanded signal space—part II. *IEEE J. on Selected Areas in Comm.*, vol. SAC-2, pp. 672–686, 1984.

[Wei87]   L. F. Wei: Trellis-coded modulation with multidimensional constellations. *IEEE Trans. on Inf. Theory*, vol. IT-33, no. 4, pp. 483–501, Jul. 1987.

[Wel71]   E. J. Weldon, Jr.: Decoding binary block codes on q-ary output channels. *IEEE Trans. on Inf. Theory*, vol. IT-17, pp. 713–718, 1971.

[WH93a]   T. Wörz, J. Hagenauer: Decoding of M-PSK-multilevel codes. *Europ. Trans. on Telecomm.*, vol. 4, no. 3, pp. 299–308, May/Jun. 1993.

[WH93b]   T. Wörz, J. Hagenauer: Multistage decoding of coded modulation using soft output and source information. In *IEEE Inf. Theory Workshop*, pp. 43–44, Jun. 1993.

[WH95]   U. Wachsmann, J. Huber: Power and bandwidth efficient digital communication using turbo codes in multilevel codes. *Europ. Trans. on Telecomm.*, vol. 6, pp. 557–567, 1995.

[WHPH87]   W. W. Wu, D. Haccoun, R. Peile, Y. Hirata: Coding for satellite communication. *IEEE J. on Selected Areas in Comm.*, vol. SAC-5, no. 4, pp. 724–748, May 1987.

[WLK$^+$94]   J. Wu, S. Lin, T. Kasami, T. Fujiwara, T. Takata: An upper bound on the effective error coefficent of two-stage decoding, and good two-level decompositions of some Reed-Muller codes. *IEEE Trans. on Comm.*, vol. COM-42, no. 2/3/4, pp. 813–818, Feb./Mar./Apr. 1994.

[WoJa]   J. M. Wozencraft, I. M. Jacobs: *Principles of Communication Engineering.* J. Wiley, New York, 1965.

[Wolf78]   J. K. Wolf: Efficient maximum likelihood decoding of linear block codes using a trellis. *IEEE Trans. on Inf. Theory*, vol. IT-24, no. 1, pp. 76–80, Jan. 1978.

[WoRe]   J. M. Wozencraft, B. Reiffen: *Sequential Decoding.* MIT Press, Cambridge, Mass., 1961.

[WS79]   L. R. Welch, R. A. Scholtz: Continued fractions and Berlekamp's algorithm. *IEEE Trans. on Inf. Theory*, vol. IT-25, pp. 19–27, Jan. 1979.

[YKH84]   Y. Yasuda, K. Kashiki, Y. Hirata: High-rate punctured convolutional codes for soft decision Viterbi decoding. *IEEE Trans. on Comm.*, vol. COM-32, pp. 315–319, Mar. 1984.

[YT94]   R. H.-H. Yang, D. P. Taylor: Trellis-coded continuous-phase frequency-shift keying with ring convolutional codes. *IEEE Trans. on Inf. Theory*, vol. IT-40, pp. 1057–1067, Jul. 1994.

[Zig66]   K. Zigangirov: Some sequential decoding procedures. *Problemy Peredachi Informatsii*, vol. 2, pp. 13–25, 1966.

[Zin76] V. A. Zinoviev: Generalized cascade codes. *Problemy Peredachi Informatsii*, vol. 12, no. 1, pp. 5–15, 1976.

[Zin81] V. A. Zinoviev: Generalized concatenated codes for channels with error bursts and independent errors. *Problemy Peredachi Informatsii*, vol. 17, pp. 53–56, 1981.

[ZJTS96] V. V. Zyablov, J. Justesen, C. Thommesen, S. A. Shavgulidze: Bounds on distances for unit memory concatenated codes. *Problemy Peredachi Informatsii*, vol. 32, no. 1, pp. 58–69, 1996.

[ZP91] V. V. Zyablov, S. L. Portnoy: Construction of unit memory convolutional codes based on Reed-Muller codes. *Problemy Peredachi Informatsii*, vol. 27, no. 3, pp. 3–15, Sep. 1991.

[ZPS88] V. V. Zyablov, S. L. Portnoy, S. A. Shavgulidze: The construction and charakteristics of new systems of modulation and coding. *Problemy Peredachi Informatsii*, vol. 24, no. 4, pp. 17–28, 1988.

[ZPS93] V. V. Zyablov, V. G. Potapov, V. R. Sidorenko: Maximum-likelihood list decoding using trellises. *Problemy Peredachi Informatsii*, vol. 29, no. 4, pp. 3–10, 1993.

[ZS87] V. V. Zyablov, S. A. Shavgulidze: A bound on the distance for unit memory generalized convolutional concatenated codes. *Problemy Peredachi Informatsii*, vol. 23, no. 2, pp. 17–27, 1987.

[ZS92] V. V. Zyablov, V. R. Sidorenko: Soft decision maximum likelihood decoding of partial-unit-memory codes. *Problems of Information Transmission*, vol. 28, no. 1, pp. 18–22, Jul. 1992, Übersetzung aus Problemy Peredachi Informatsii.

[ZS94] V. V. Zyablov, V. R. Sidorenko: Bounds on complexity of trellis decoding of linear block codes. *Problems of Information Transmission*, vol. 29, no. 3, pp. 1–6, 1994, Übersetzung aus Problemy Peredachi Informatsii.

[ZSJ95] V. V. Zyablov, S. A. Shavgulidze, J. Justesen: *Cryptography and Coding*, vol. 1025 of *Lecture Notes in Computer Science*, chap. Some Constructions of Generalised Concatenated Codes Based on Unit Memory Codes, pp. 237–256. Springer Verlag, Berlin, Heidelberg, 1995.

[ZySha] V. V. Zyablov, S. A. Shavgulidze: *Generalized Concatenated Constructions on the Base of Convolutional Codes*. Nauka, Moscow, 1991, (in russisch).

[ZZ79a] V. A. Zinoviev, V. V. Zyablov: Codes with unequal error protection of symbols. *Problemy Peredachi Informatsii*, vol. 15, pp. 50–58, 1979.

[ZZ79b] V. A. Zinoviev, V. V. Zyablov: Correction of error bursts and independent errors using generalized cascaded codes. *Problemy Peredachi Informatsii*, vol. 15, pp. 58–70, 1979.

Sachverzeichnis

A

abelsche Gruppe 33
Abgeschlossenheit 33, 34
Addition von Codewörtern 9
additive white Gaussian noise . . . . *siehe* AWGN
additives weißes Gaußsches Rauschen *siehe* AWGN
äquivalenter Code 157
äquivalenter Knoten 153
äußerer Code 325
aktive Distanzen 282
Akzeptanzkriterium (SDML) . . 203, 205
   $\sim$ nach Forney 204
   $\sim$ nach Kasami 207
   $\sim$ nach Taipale/Pursley 207
algebraische Beschreibung der Faltungs- modulation 455
algebraische Decodierung 65
Algorithmus
   BCJR-$\sim$ 192, 298
   Berlekamp-Massey-$\sim$ 72
   Blokh-Zyablov-$\sim$ 350
   Chase-$\sim$ 209
   Euklidischer $\sim$ 73
   Evseev-$\sim$ 178
   Forney-$\sim$ 82
   GMD-$\sim$ 203
   Kaneko-$\sim$ 211
   Viterbi-$\sim$ 188, 201, 286, 295
allgemeiner RS-Code 61
amplitude shift keying . . . . . . *siehe* ASK
angepaßte Faltungscodes 459
ASK 437
Assoziativität 33
asymptotisch schlecht 103
asymptotische Schranken 141
asymptotischer Codiergewinn 442

asymptotisches Verhalten von BCH- Codes 103
Ausgangssequenz im Bildbereich . . . 249
Auslöschung 85, 164
   $\sim$sdecodierung 203
   $\sim$skorrektur 85
Autokorrelation 112
Automorphismus 137
AWGN 165
   $\sim$-Kanal 165

B

Barnes-Wall-Lattice 445
Basisgeneratormatrix 267
   minimale $\sim$ 267
Baumdiagramm . . . . . . *siehe* Codebaum
BCH-Code 93
   $\sim$ durch DFT 96
   asymptotisches Verhalten von $\sim$s 103
   Decodierung von $\sim$s 104
   Eigenschaften von primitiven $\sim$s 96
   erweiterter $\sim$ 101
   Generatorpolynom eines $\sim$s 98
   nicht-binärer $\sim$ 102
   nicht-primitiver $\sim$ 100, 120
   primitiver $\sim$ 94, 96
   verkürzter $\sim$ 101
BCJR-Algorithmus 192, 298
Begrenzte-Mindestdistanz-Decodierung *siehe* BMD-Decodierung
Beobachterentwurf 260
Berlekamp-Massey-Algorithmus 72
Bildbereich 249
binäre Phasenumtastung 170
biorthogonale Sequenzen 115
Bitfehlerwahrscheinlichkeit 18
Blockcode 8
   äquivalenter $\sim$ 22, 157

Decodierung von ∼s 161
dualer ∼ 23, 131
Eigenschaften von ∼s 131
minimales Trellis von ∼s 143
Partitionierung von ∼s 337
quasi-zyklischer ∼ 247
zyklischer ∼ 23
Blockfehlerwahrscheinlichkeit 18
Abschätzung der ∼ für GCD . . 364
Blockinterleaver 294
Blockscrambler 388
Blokh-Zyablov-Algorithmus 350
blot correcting code 374
BMA 72
BMD 16
BMD-Decodierung 16, 18
∼ von (P)UM-Codes 315
Boolesche Funktionen 117
bounded minimum distance decoding
siehe BMD-Decodierung
BSC . . . siehe symmetrischer Binärkanal
Bündelfehler 167, 347, 361
Korrektur von ∼n 140, 361
zweidimensionaler ∼ 374
Burst-Metrik 471

C
Chase-Algorithmus 209
Chien-Search 72
Code
∼ mit mehrstufigem Fehlerschutz
326, 368
äquivalenter ∼ 22, 157
BCH-∼ .... siehe BCH-Code
dualer ∼ 23, 131, 273
Faltungs∼ 227
Golay-∼ 100
Gruppen-∼ 157
Hamming-∼ 20, 109, 110
Kerdock-∼ 126
konstazyklischer ∼ 124
linearer ∼ 9
minimaler ∼ 114, 369
negazyklischer ∼ 124
Nordstrom-Robinson-∼ 126
Parity-Check-∼ 8
Partial-Unit-Memory-∼ 309
perfekter ∼ 12, 120
Preparata-∼ 127

PUM-∼ 309
Quadratische-Reste-∼ 122
quasi-perfekter ∼ 97
RCPC-∼ 321
Reed-Muller-∼ .... siehe
Reed-Muller-Code
Reed-Solomon-∼ .... siehe
Reed-Solomon-Code
RM-∼ .... siehe Reed-Muller-Code
separierbarer ∼ 156
Simplex-∼ 107, 110, 115
Spherical-∼ 442
Turbo-∼ 405
UM-∼ 309
Unit-Memory-∼ 309
verallgemeinert verketteter ∼ siehe
verallgemeinerte Verkettung
Wiederholungs∼ 8
zyklischer ∼ 23
Codebaum 238
Codelänge 28
Coderate 8
Codetrellis 143
Codeverkettung
herkömmliche ∼ 325
verallgemeinerte ∼ .... siehe
verallgemeinerte Verkettung
Codiergewinn 179
asymptotischer ∼ 442
codierte Modulation
block∼ 441
trellis∼ 451
Codierung 60
katastrophale ∼ 254
systematische ∼ 14, 60, 254
column distance . . siehe Spaltendistanz
constraint length . . . . siehe Einflußlänge
controller canonical form .... siehe
Steuerentwurf
convolutional code . . siehe Faltungscode
Coset 17
∼leader 17
covering polynomials 182
CPFSK-Modulation 455

D
DA-Algorithmus 186
DAB 105
Decodierer

$\sim$ für binäre lineare Codes.... 186
Stack-$\sim$ ...... *siehe* ZJ-Decodierer
ZJ-$\sim$ 306
Decodierkomplexität 177
Decodierprinzipien 14, 15, 169
Decodierung
  $\sim$ als Optimierungsproblem ... 220
  $\sim$ im Coderaum $\mathcal{C}$ 202
  $\sim$ im Coderaum $\mathcal{C}^{\perp}$ 217
  $\sim$ mit Zuverlässigkeitsinformation
    siehe SD-Decodierung
  $\sim$ ohne Zuverlässigkeitsinformati-
    on .... *siehe*
    HD-Decodierung
  $\sim$ über die halbe Mindestdistanz 16
  $\sim$ von BCH-Codes 104
  $\sim$ von Blockcodes 161
  $\sim$ von GC-Codes 350
  $\sim$ von RM-Codes 416, 422
  $\sim$ von RS-Codes 65
  $\sim$ von codierter Modulation ... 447
  algebraische $\sim$ 65
  BCJR-Algorithmus 192
  BMA 72
  BMD-$\sim$ .. *siehe* BMD-Decodierung
  Chase-Algorithmus 209
  covering polynomials 182
  DA-Algorithmus 186
  error trapping 182
  Euklidischer Algorithmus 73
  falsche $\sim$ 14
  gewichtete Mehrheits-$\sim$ 195
  GMC-$\sim$ 416
  GMD-$\sim$ 203
  HD-$\sim$ ...... *siehe* HD-Decodierung
  HDML-$\sim$ .... *siehe*
    HDML-Decodierung
  iterative $\sim$ 196
  Kaneko-Algorithmus 211
  korrekte $\sim$ 14
  L-GMC 422
  Listen-$\sim$ ... 201, 202, 214, 217, 297
  MAP-$\sim$ .. *siehe* MAP-Decodierung
  Mehrheits-$\sim$ 183
  ML-$\sim$ ..... *siehe* ML-Decodierung
  Multistage-$\sim$ 447
  Ordered-Statistics-$\sim$ 214, 219, 221
  Permutations-$\sim$ 180
  SD-$\sim$ ...... *siehe* SD-Decodierung

  SDML-$\sim$ *siehe* SDML-Decodierung
  Standard-Array-$\sim$ 17
  verallgemeinerte Wagner-$\sim$ ... 219
Decodierversagen 15
DECT 105
delay operator .... *siehe*
  Verzögerungsoperator
designed distance .... *siehe* geplante
  Mindestdistanz
DFT 57
  BCH-Code durch $\sim$ 96
Dichte 443
Dichte eines GC-Codes 444
Differenzengleichungen 248
Dimension eines Codes 11
diskrete Fourier-Transformation .. *siehe*
  DFT
distance spectrum .... *siehe*
  Distanzspektrum
Distanz 9
  Hamming-$\sim$ 9
  Lee-$\sim$ 467
  Mindest$\sim$ 10
Distanzfunktion 242
  erweiterte $\sim$ 242
Distanzmaße 240, 274
Distanzprofil 275
Distanzspektrum 244
Distanzverteilung 10
Distributivität 34
Dreiecksungleichung 465
dualer Code 23, 131, 273
dualer Reed-Muller-Code 119

E

Einflußlänge 149, 232
Eingangssequenz
  $\sim$ im Bildbereich 249
Einzelfehler 361
  Korrektur von $\sim$n 361
Element
  $\sim$e des Erweiterungskörpers 45
  invertierbares $\sim$ 34
  Ordnung eines $\sim$s 36, 47
  primitives $\sim$ 36
Entropie 26
erasure .... *siehe* Auslöschung
error concealment .... *siehe*
  Fehlerverdeckung

522

error trapping 182
erweiterte Segmentdistanz 280
erweiterter BCH-Code 101
Erweiterung eines Codes 25
Erweiterungskörper 42, 44
   Eigenschaften von $\sim$n 47
   Elemente des $\sim$s 45
ESA/NASA-Code 399
euklidische Metrik 168
Euklidischer Algorithmus 37, 73, 78
   $\sim$ I 78
   $\sim$ II 79
Euler/Fermat-Theorem 35
Eulersche Φ-Funktion 34
Evseev-Algorithmus 178
Exponentendarstellung 45
extended column distance .... *siehe*
   Spaltendistanz, erweiterte $\sim$

F

falsche Decodierung 14
Faltungscode 227, 259
   äquivalenter $\sim$ 271
   dualer $\sim$ 274
   Partitionierung von $\sim$s 394
   punktierter $\sim$ 255
   RCPC-Code 321
   Tabellen von $\sim$s 317
   Terminierung eines$\sim$s 245
Faltungscodierer 260
   katastrophaler $\sim$ 254
   minimaler $\sim$ 269
   rekursiver $\sim$ 245
   systematischer $\sim$ 254
Faltungssatz 58
Faltungsscrambler 389
Fano-Decodierer 306
Fano-Metrik 304
Fehlerbündel 291
Fehlererkennung 15, 19
Fehlergewicht 394
Fehlerkorrekturfähigkeit 11
Fehlerkorrigierbarkeit 10
   $\sim$ mit kombinatorischer Metrik 470
Fehlerstellenpolynom 66
Fehlerverdeckung 16
Fehlerwahrscheinlichkeit 18
   Codesymbol$\sim$ 170
   Codewort$\sim$ 169

Fehlerwertberechnung 81, 83
Fehlerwertpolynom 82
field .... *siehe* Körper
FIR-System 232
Folge 111
Forney-Algorithmus 82
Fractional-Rate-Loss 245
freie Distanz 240, 278
frequency shift keying .... *siehe* FSK
Frequenzbereich ...... *siehe* Bildbereich
FSK 437
full-response 455
Fundamentalsatz der Algebra 55

G

Galois-Feld 35
Galois-Ring 125
Gaußkörper 41
GC-Code .... *siehe* verallgemeinerte
   Verkettung
   Decodierung von $\sim$s 350
   Modifikationen von $\sim$s 345
   zyklischer $\sim$ 369, 373
GCD-1 352
GCD-i 358
Gedächtnis 233, 264
Gedächtnisordnung 228, 232
generalisierter RS-Code 61
generalized concatenation .... *siehe*
   verallgemeinerte Verkettung
Generatormatrix 21, 234, 250, 259
   äquivalente $\sim$ 263
   Basis$\sim$ 267
   kanonische $\sim$ 269
   katastrophale $\sim$ 254, 269
   minimale Basis$\sim$ 267
   polynomiale $\sim$ 264
   Realisierungsform einer $\sim$ 261
   rechte Inverse der $\sim$ 266
   Smith-Form der $\sim$ 266
   systematische $\sim$ 22, 254, 271
Generatorpolynom
   $\sim$ eines BCH-Codes 98
   $\sim$ eines RS-Codes 58
Generatorsequenzen 231
geplante Mindestdistanz 94
Gesamteinflußlänge 232
Gewicht 9
   Hamming-$\sim$ 9

minimales ~ 10
gewichtete Hamming-Distanz 205
gewichtete Mehrheitsdecodierung .. 195
Gewichtsverteilung 9, 133, 244
~ von RM-Codes 109
Gilbert-Elliot-Modell 167
Gilbert-Schranke.................. 139
Gilbert-Varshamov-Schranke 138
gleichbenachbarte Knoten.......... 154
GMC-Algorithmus 416
GMD-Decodierung................ 203
Golay-Code 100, 123
Golombs Postulate................ 112
GPS 128
Graph 143, 236
größter gemeinsamer Teiler.......... 37
Gruppe........................... 33
abelsche ~ 33
kommutative ~ 33
Gruppen-Code.................... 157
GSM 105

H

Hadamard-Matrizen 116
Hamming-Code 20, 109, 110
q-wertiger ~ 119
Hamming-Distanz.................. 9
gewichtete ~ 205
Hamming-Gewicht 9
Hamming-Metrik.............. 168, 471
Hamming-Schranke 12, 141
hard decision decoding .... *siehe*
HD-Decodierung
HD-Decodierung .... *siehe* algebraische
Decodierung, 180, 365
HDML-Decodierung............ 173, 188
herkömmliche Codeverkettung 325
Homogenit,@dq "@prtctat 465

I

IIR-System 233, 251
Impulsantwort 231
Informationsfolge 7, 8
Initialisierung des Faltungscodierers 230,
247
innerer Code..................... 325
Interleaving.................. 294, 347
invariante Faktoren einer Matrix ... 266
inverses Element.................... 33

inverses Polynom 43
invertierbares Element 34
irreduzibles Polynom 43, 93
isomorph 124, 153, 370
isomorphes Trellis 153
iterative Decodierung 196

K

Kanal
~modell 163
AWGN-~ 165
BSC .... *siehe* symmetrischer
Binärkanal
gedächtnisloser ~ 7
Gilbert-Elliot-~ 167
Rayleigh-~ 166
Super~ 325
symmetrischer Binär~ 7
zeitvarianter ~............... 166
Kanalcodiertheorem................ 28
Kanalkapazität 25, 27
~ des BSC.................... 27
Kaneko-Algorithmus 211
kanonisches Trellis 153
katastrophaler Codierer 254
Katastrophalität................... 270
Kerdock-Code 126
Körper 35
Erweiterungs~ 44
Prim~ 35
kombinatorische Metrik............ 469
kommutative Gruppe 33
Kommutativität 33
Komponentendarstellung............ 45
konjugiert komplexe Wurzeln.... 47, 95
konstazyklischer Code 124
korrekte Decodierung 14
Korrekturkugeln 12
Kreisteilungsklasse................. 49
Kreuz-Metrik 471

L

L'Hospital, Regel von ~ 83
L-GMC-Algorithmus............... 422
L-Wert *siehe* Log-Likelihood-Verhältnis
Lattice 442
Lee-Distanz...................... 467
Lee-Gewicht 467
Lee-Metrik....................... 465

Lee-Norm 467
linearer Blockcode 11
linearer Code 9
Listendecodierung 201, 297
    $\sim$ basierend auf ordered statistics 214
    $\sim$ im Coderaum $\mathcal{C}$ 202
    $\sim$ im Coderaum $\mathcal{C}^\perp$ 217
    $\sim$ im Codetrellis 201
    L-GMC 422
Log-Likelihood-Algebra 473
Log-Likelihood-Verhältnis 172
LR-Algorithmus 151
LR-Eigenschaft 150
LTI-System 230, 248

M

m-Sequenzen 111
MacWilliams-Identität 134
    $\sim$ für nicht-binäre Codes 137
majority logic decoding . . . . *siehe* Mehrheitsdecodierung
Manhattan-Metrik 468
Mannheim-Metrik 468
MAP-Decodierung 15, 169, 192, 298
Mattson-Solomon-Polynom 57
maximum distance separable *siehe* MDS
Maximum-a-posteriori-Decodierung
    siehe MAP-Decodierung
Maximum-Likelihood-Decodierung *siehe* ML-Decodierung
McEliece-Rodemich-Rumsey-Welch-
    Schranke 142
MDS 139
Meggit-Decodierung 185
mehrdimensionaler Raum 442
Mehrfachverkettung 415, 446
    verallgemeinerte $\sim$ 415, 442
Mehrheitsdecodierung 183
    gewichtete $\sim$ 195
    Mehrschritt-$\sim$ 185
memory . . . . . . *siehe* Gedächtnisordnung
Metrik 163, 284, 465
    $\sim$ für RM-Decodierung 419
    Burst-$\sim$ 471
    euklidische $\sim$ 168
    Fano-$\sim$ 304
    Hamming-$\sim$ 9, 168, 471
    kombinatorische $\sim$ 469

Kreuz-$\sim$ 471
Lee-$\sim$ 465
Manhattan-$\sim$ 468
Mannheim-$\sim$ 468
Rechteck-$\sim$ 471
translational-kombinatorische $\sim$ 470
zyklisch-kombinatorische $\sim$ . . . 470
Mindestdistanz 10
    geplante $\sim$ 94
minimale Basisgeneratormatrix 267
minimale Distanz 275
minimaler Code 114, 369
minimales Gewicht 10
minimales Polynom 93
minimales Trellis 144
ML-Decodierung 15, 19, 169, 173
    $\sim$ von Blockcodes . . . 188, 201, 211
    $\sim$ von Faltungscodes 284
Modifikationen von GC-Codes 345
Modulation
    ASK 437
    blockcodierte $\sim$ 441
    CPFSK-$\sim$ 455
    FSK 437
    PSK 437
    QAM 437
    trelliscodierte $\sim$ 451, 459
Modulorechnung 7
multilevel coding . . . . *siehe* codierte Modulation
multistage decoding . *siehe* Decodierung von GC-Codes, 447
Musik-CD 88
Muttercode 255

N

negazyklischer Code 124
Netzdiagramm . . . . *siehe* Trellis
neutrales Element 33
nicht-binärer BCH-Code 102
nicht-primitiver BCH-Code . . . 100, 120
Nordstrom-Robinson-Code 126
normierter Raum 465
Nullstellen eines Polynoms 44
Numerierung einer Partitionierung . 338

O

observer canonical form . . . . *siehe* Beobachterentwurf

ODP-Code 319
OFD-Code......................... 318
ordered statistics 214, 219, 221
Ordnung
    $\sim$ einer Gruppe 36
    $\sim$ eines Elements 36, 47
orthogonale Prüfvektoren 184
orthogonale Sequenzen 110
overall constraint length .... *siehe*
    Gesamteinflußlänge

P

Parity-Check-Code 8
Parity-Check-Matrix 13
Partial-Unit-Memory-Code......... 309
Partitionierung 334, 337
    $\sim$ durch den Informationsteil . 341
    $\sim$ durch verlängerte Zweige ... 393
    $\sim$ linearer Codes 339
    $\sim$ von (P)UM-Codes 383
    $\sim$ von Blockcodes 337
    $\sim$ von Faltungscodes 394
    $\sim$ von Signalen 438
    $\sim$ zyklischer Codes 340
perfekter Code 12, 120
perfekter Wiederholungscode........ 13
Periode............................ 111
periodische Autokorrelation 112
periodische Folge 111
Permutationsdecodierung 180
phase shift keying .... *siehe* PSK
Plotkin-Konstruktion 118
PN-Sequenzen 111
Polynom
    Fehlerstellen$\sim$ 66
    Generator$\sim$ .... *siehe*
    Generatorpolynom
    inverses $\sim$ 43
    irreduzibles $\sim$ 43, 93
    minimales $\sim$ 93
    primitives $\sim$ 45
    Prüf$\sim$ 59
    Wurzeln eines $\sim$s 44
positive Definitheit 465
Preparata-Code................... 127
primitiver BCH-Code 94, 96
primitives Element............... 36
primitives Polynom 45
Primkörper 35

Prüfmatrix.................. 13, 273
Prüfpolynom..................... 59
pseudo noise sequences .... *siehe*
    Pseudo-Zufallsfolgen
Pseudo-Zufallsfolgen 111
PSK.............................. 437
2^s-PSK......................... 439
(P)UM-Code 309
    Partitionierung von $\sim$s........ 383
punctured convolutional code..... *siehe*
    Faltungscode, punktierter $\sim$
Punktierung von Codes 24, 255
Punktierungsmatrix................ 256

Q

q-närer symmetrischer Kanal....... 164
q-wertiger Hamming-Code 119
QAM.............................. 437
M-QAM.......................... 440
quadratische euklidische Distanz ... 438
quadratische Reste................. 50
Quadratische-Reste-Code 122
Quadratur-Amplitudenmodulation . 437
quadrature amplitude modulation *siehe*
    QAM
quasi-perfekter Code 97

R

rate compatible punctured convolutio-
    nal code .... *siehe*
    RCPC-Code
Rayleigh-Kanal 166
RCPC-Code 258, 321
Rechteck-Metrik 471
Redundanz......................... 8
Reed-Muller-Code.............. 109, 415
    $\sim$ 1. Ordnung................. 107
    $\sim$s höherer Ordnung 117
    dualer $\sim$ 119
    Gewichtsverteilung von $\sim$s 109
    mehrfach verketteter $\sim$ 415
Reed-Solomon-Code................. 56
    allgemeiner $\sim$ 61
    einfach erweiterter $\sim$.......... 62
    generalisierter $\sim$ 61
    Generatorpolynom eines $\sim$s 58
    zweifach erweiterter $\sim$ 63
Regel von L'Hospital............... 83
Reiger-Schranke 140

relativ prim .... *siehe* teilerfremd
repetition code .... *siehe*
  Wiederholungscode
Restfehlerwahrscheinlichkeit 18
Restklasse .... *siehe* Coset
 $\sim$nführer .... *siehe* Cosetleader
Restklassenring 34
Ring 34
  Galois-$\sim$ 125
  Restklassen$\sim$ 34
RM-Code ..... *siehe* Reed-Muller-Code
row distance .... *siehe* Zeilendistanz
RS-Code .... *siehe* Reed-Solomon-Code
Run 111

S

Satz von Evseev 178
Schlüsselgleichung 69, 70
Schranke
  asymptotische $\sim$ 141
  Gilbert-$\sim$ 139
  Hamming-$\sim$ 12, 141
  McEliece-Rodemich-Rumsey-
   Welch-$\sim$ 142
  Reiger$\sim$ 140
  Simulations$\sim$ 426
  Singleton-$\sim$ 139, 141
  Union-Bound 292
  Varshamov-$\sim$ 138, 142
  Varshamov-$\sim$ für nicht-binäre Co-
   des 139
  Viterbi-Bound 293
  Wolf-$\sim$ 146
Scrambler 396
  $\sim$matrix 399
  Block$\sim$ 388
  Faltungs$\sim$ 389
SD-Decodierung 190, 368
  symbolweise $\sim$ 192
SDML-Decodierung 174, 201, 211
Selbstinformation 26
separierbarer Code 156
sequentielle Decodierung 304
sequentieller Schaltkreis 229
Sequenzen
  biorthogonale $\sim$ 115
  m-$\sim$ 111
  PN-$\sim$ 111
  Walsh-$\sim$ 110

Sequenzschätzung 283
set partitioning 439
Shannon-Produkt 148
Shift 111
Signal-Rauschleistungsverhältnis ... 165
Simplex-Algorithmus 221
Simplex-Code 107, 110, 115
Simulationsschranke 426
single parity check code .... *siehe*
  Parity-Check-Code
Singleton-Schranke 139, 141
Skalarprodukt 9
Smith-Form 265
soft decision decoding .... *siehe*
  SD-Decodierung
Soft-Output-Viterbi-Algorithmus (SO-
  VA) 295
Spaltendistanz 275
  erweiterte $\sim$ 279
Spherical-Code 442
Stack-Decodierer .. *siehe* ZJ-Decodierer
Standard-Array-Decodierung 17
state diagram *siehe* Zustandsdiagramm
Steuerentwurf 260
Streichmuster 255
Superkanal 325
Survivor 286
symbolweise MAP-Decodierung ... *siehe*
  MAP-Decodierung
symmetrischer Binärkanal 7
Syndrom 14, 66
  Codierung des $\sim$s 374
Syndromformer 273
Syndromtrellis 145
systematische Codierung ... 14, 60, 254

T

Tail-Biting 247
teilerfremd 40
Teiltrellis 240
Terminierung eines Faltungscodes .. 245
threshold decoding 195
Trace-Funktion 49
Transinformation 26
translational-kombinatorische Metrik
  470
tree diagram .... *siehe* Codebaum
Trellis 143, 238
  Code$\sim$ 143

isomorphes ~ ... 153
kanonisches ~ ... 153
minimales ~ ... 144
Syndrom~ ... 145
triviales ~ ... 143
trelliscodierte Modulation ... 451, 459
trellisorientierte Generatormatrix ... 150
Truncation ... 246
Turbo-Code ... 405

U

Übertragungsfunktion ... 249
gebrochen-rationale ~ ... 252
realisierbare ~ ... 260
UEP-Code ... 368
UM-Code ... 309
unequal error protection code ... *siehe* UEP-Code
Union-Bound ... 292
Unit-Memory-Code ... 308, 309
Partial-~ ... 308
Untercodes ... 337
$| \mathbf{u} | \mathbf{u} + \mathbf{v} |$-Konstruktion ... 118

V

Varshamov-Schranke ... 138, 142
~ für nicht-binäre Codes ... 139
verallgemeinerte Verkettung ... 325, 334, 336
~ mit Blockmodulation ... 437
~ mit Faltungsmodulation ... 452
~ mit inneren Block- und äußeren Faltungscodes ... 413
~ mit inneren Faltungs- und äußeren Blockcodes ... 408
~ von Blockcodes ... 334
~ von Codes durch Codierung des Syndroms ... 374
~ von Faltungscodes ... 382
~ von zyklischen Codes ... 369
verallgemeinerte Mehrfachverkettung ... 415, 442, 446
Verkettung
herkömmliche ~ ... 325
Mehrfach-~ ... 415
verallgemeinerte ~ ... *siehe* verallgemeinerte Verkettung
verkürzter BCH-Code ... 101

Verkürzung von Codes ... 24
Verzögerungsoperator ... 249
Viterbi-Algorithmus
~ für Faltungscodes ... 286
HD-~ ... 188
SD-~ ... 201
Soft-Output-~ (SOVA) ... 295
Viterbi-Bound ... 293
Viterbi-Listendecodierung ... 297
Volumen einer Einheitskugel ... 443

W

Wagner-Decodierung ... 219
Walsh-Sequenzen ... 107, 110
Wiederholungscode ... 8
perfekter ~ ... 13
Wolf-Schranke ... 146
Wurzeln eines Polynoms ... 44

Z

$\mathcal{Z}$-Transformation ... 249
Zahlenkörper ... 33
Zeilendistanz ... 276
erweiterte ~ ... 280
zeitvarianter Kanal ... 166
ZJ-Decodierer ... 306
Zustandsautomat ... 236
Zustandsdiagramm ... 236
Zustandssequenz ... 237
Zuverlässigkeitsinformation ... 170
zyklisch-kombinatorische Metrik ... 470
zyklische Verschiebung ... 23
zyklischer Code ... 23
zyklischer GC-Code ... 369, 373
zyklischer verketteter Code ... 373
zyklomatische Zahl ... 144

Informationstechnik

Herausgegeben von
Prof. Dr.-Ing. Dr.-Ing. E.h. **Norbert Fliege**, Mannheim
Prof. Dr.-Ing. **Martin Bossert**, Ulm

Systemtheorie
Von Prof. Dr.-Ing. Dr.-Ing. E.h. **N. Fliege**, Mannheim
1991. XV, 403 Seiten mit 135 Bildern. ISBN 519-06140-6

Nachrichtenübertragung
Von Prof. Dr.-Ing. **K. D. Kammeyer**, Bremen
2., neubearbeitete und erweiterte Auflage.
1996. XVIII, 759 Seiten mit 405 Bildern. ISBN 3-519-16142-7

Multiraten-Signalverarbeitung
Von Prof. Dr.-Ing. Dr.-Ing. E.h. **N. Fliege**, Mannheim
1993. XVII, 405 Seiten mit 314 Bildern. ISBN 3-519-06155-4

Pseudorandom-Signalverarbeitung
Von Prof. Dr.-Ing. habil. **A. Finger**, Dresden
1997. XI, 308 Seiten mit 135 Bildern. ISBN 3-519-06184-8

Systemtheorie der visuellen Wahrnehmung
Von Prof. Dr.-Ing. **G. Hauske**, München
1994. XI, 270 Seiten mit 138 Bildern. ISBN 3-519-06156-2

Architekturen der digitalen Signalverarbeitung
Von Prof. Dr.-Ing. **P. Pirsch**, Hannover
1996. IX, 368 Seiten mit 207 Bildern. ISBN 3-519-06157-0

Signaltheorie
Von Dr.-Ing. **A. Mertins**, Hamburg-Harburg
1996. XI, 312 Seiten mit 101 Bildern. ISBN 3-519-06178-3

Digitale Audiosignalverarbeitung
Von Dr.-Ing. **U. Zölzer**, Hamburg-Harburg
2., durchgesehene Auflage. 1997. IX, 303 Seiten mit 277 Bildern.
ISBN 3-519-16180-X

Video-Signalverarbeitung
Von Dr.-Ing. habil. **C. Hentschel**, Eindhoven/NL
1998. VIII, 269 Seiten mit 188 Bildern. ISBN 3-519-06250-X

B. G. Teubner Stuttgart · Leipzig

Informationstechnik

Digitale Netze
Grundlegende Verfahren und Konzepte
Von Prof. Dr.-Ing. **M. Bossert** und Dr.-Ing. **M. Breitbach**, Ulm
1998. ca. 400 Seiten. ISBN 3-519-06191-0

Digitale Mobilfunksysteme
Von Dr.-Ing. **K. David**, Münster, und Dr.-Ing. **T. Benkner**, Siegen
1996. XIII, 457 Seiten mit 217 Bildern. ISBN 3-519-06181-3

Analyse und Entwurf digitaler Mobilfunksysteme
Von Priv.-Doz. Dr.-Ing. habil. **P. Jung**, Kaiserslautern
1997. XI, 416 Seiten mit 97 Bildern. ISBN 3-519-06190-2

Mobilfunknetze und ihre Protokolle
Von Prof. Dr.-Ing. **B. Walke**, Aachen
Band 1: Grundlagen, GSM, UMTS und andere zellulare Mobilfunknetze
1998. XIX, 468 Seiten mit 198 Bildern. ISBN 3-519-06430-8
Band 2: Bündelfunk, schnurlose Telefonsysteme, W-ATM, HIPERLAN,
Satellitenfunk, UPT
1998. XX, 456 Seiten mit 257 Bildern. ISBN 3-519-06431-6
Band 1 u. 2: (im Set) ISBN 3-519-06182-1

GSM
Global System for Mobile Communication
Vermittlung, Dienste und Protokolle in digitalen Mobilfunknetzen
Von Prof. Dr.-Ing. **J. Eberspächer**
und Dipl.-Ing. **H.-J. Vögel**, München
1997. XI, 342 Seiten mit 177 Bildern. ISBN 3-519-06192-9

Digitale Sprachsignalverarbeitung
Von Prof. Dr.-Ing. **P. Vary**, Aachen, Prof. Dr.-Ing. **U. Heute**, Kiel,
und Prof. Dr.-Ing. **W. Hess**, Bonn
1998. XIII, 591 Seiten mit 250 Bildern. ISBN 3-519-06165-1

Kanalcodierung
Von Prof. Dr.-Ing. **M. Bossert**, Ulm
2., neubearbeitete und erweiterte Auflage.
1998. XIV, 527 Seiten mit 194 Bildern. ISBN 3-519-16143-5

B. G. Teubner Stuttgart · Leipzig